秭归药用植物志

秭归县中医医院 秭归县中医药学会/组编
谭国际/主编

華中科技大學出版社
http://www.hustp.com

内容简介

本书是湖北省秭归县第一部资料齐全、内容翔实、系统分类的地方性专著和中药工具书，本书的出版有利于促进秭归县发展和保护野生药材资源与生态环境，有利于秭归乃至整个鄂西地区中药资源的可持续发展和利用，有利于贯彻“创新、协调、绿色、开放、共享”五大理念。

本书共收录秭归县境内药用植物163科655种，中药约1000种。每种药用植物记录别名、植物形态、生境与分布、中药名称、来源、采收加工、性味功效等内容，并配有原植物图片。

图书在版编目(CIP)数据

秭归药用植物志 / 秭归县中医医院，秭归县中医药学会 组编；谭国际 主编. -- 武汉：华中科技大学出版社，2020.9

ISBN 978-7-5680-6187-2

Ⅰ.①秭… Ⅱ.①秭… ②秭… ③谭… Ⅲ.①药用植物－植物志－秭归县 Ⅳ.① Q949.95

中国版本图书馆CIP数据核字(2020)第124734号

秭归药用植物志　　秭归县中医医院，秭归县中医药学会　组编；谭国际　主编

Zigui Yaoyong Zhiwuzhi

策划编辑：饶　静　荣　静

责任编辑：荣　静　罗　伟

封面设计：红杉林文化

责任校对：李　琴

责任监印：朱　玢

出版发行：华中科技大学出版社（中国·武汉）　电话：(027)81321913

武汉市东湖新技术开发区华工科技园　邮编：430223

录　排：华中科技大学惠友文印中心

印　刷：武汉精一佳印刷有限公司

开　本：889mm×1194mm　1/16

印　张：44

字　数：987千字

版　次：2020年9月第1版第1次印刷

定　价：498.00元

编 委 会

组　　编：秭归县中医医院、秭归县中医药学会

主　　编：谭国际

主　　审：杨　勇　万　丹

副 主 编：韩　刚　秦文洲　韩永界

编　　委：（按姓氏笔画排序）

王　宜　王昌同　王家林　田经龙　乔能斌　向　东　李　超

李学春　吴　磊　吴雯雯　何文建　余将焰　张士兵　陈幼清

易宗宝　郑承志　胡兴国　查华荣　秦士岳　秦文洲　郭从奎

黄　英　梅　俊　韩　刚　韩永界　谭国际

编写秘书：何文建　李　超　吴　磊　易宗宝　吴雯雯

摄　　影：周重建

\ 序 \

中医药是中华民族的伟大瑰宝，为中华民族的繁衍昌盛作出了不可磨灭的贡献。昔炎帝辨百谷，尝百草，而分别气味之良毒；轩辕师岐伯，遵伯高，而剖析经络之本标。中医药传承五千余年，神农尝百草而成《神农本草经》，李时珍书考八百余家，历时三十载始成《本草纲目》，历代均有本草专著问世。

湖北是炎帝神农故里、医药双圣李时珍故乡，中药资源极其丰富，是我国中药资源大省和中医药文化强省。秭归位于湖北省西部，地处川鄂咽喉长江西陵峡两岸，素有“三峡咽喉、西峡明珠”之称，是屈原文化、巴楚文化、峡江文化、柑橘文化的发祥地，物华天宝，人杰地灵，境内地形起伏、层峦叠嶂、川谷幽深，气候南北兼宜，得天独厚的自然环境，孕育了秭归丰富的野生植物资源，稀有珍贵植物红豆杉，国家一级保护植物珙桐、水杉、银杏，名贵药材黄连、杜仲、天麻、厚朴等，享誉海内外，是华中腹地一方难得的天然植物宝库。

中药资源普查是一项了解一个地区植物资源的基础性工作。2015 年，秭归县作为湖北省第四批中药资源普查试点县，在县委、县政府的高度重视和支持下，在有关部门的密切配合下，成立工作专班，着手秭归县中药资源普查工作。普查队员们夏冒酷暑，冬战严寒，跋山涉水，风餐露宿，足迹遍布全县 12 个乡镇的山山水水、沟沟坎坎，历时 3 年多，于 2018 年 12 月顺利完成秭归县中药资源普查工作，共采集野外植物标本并鉴定药用植物近 1000 种，基本摸清了秭归县药用植物种类、分布、储量、生境等信息。在此基础上，编撰出版了《秭归药用植物志》，收录境内药用植物 163 科 655 种，每种药用植物记录别名、植物形态、生境与分布、中药名称、来源、采收加工、性味功效等内容，并配有原植物彩色实地生境图片，前后历时 5 年，得以编撰成书。该书图文并茂，通俗易懂，具有较强的学术性和实用性。

《秭归药用植物志》的编撰出版，为了解秭归药用植物资源种类、分布等提供了大量基础信息和宝贵的资料，对于秭归县依托本地资源，开展药用植物资源的保护、综合开发与利用，促进生态环境建设以及县域经济可持续发展，具有十分重要的指导意义。

杏林一脉传千古，中医中药贯古今。该书付梓之际，受邀作序，我深深地被参与资源普查工作同行艰苦卓绝之精神所打动，虽感个人学识不足，仍诚惶诚恐写下只言片语，以表嘉许与祝贺，愿与各界同仁共勉，希望该书至臻至善，日见其丰。

徐远超

时任湖北省中医院院长

湖北省中医药研究院院长

湖北中医药大学副校长

2019 年 9 月 28 日

\ 前言 \

时序飞转，伟大祖国即将迎来“两个一百年”的第一个伟大节点，中华民族正以复兴的姿态走向世界舞台的正中央。作为中华民族主流医学和重要文化的中国医药学，在历经五千多年的传承和发扬后，培育出了一批以屠呦呦等为代表的中医药研究学者，将中医药推向现代化、国际化的新高地，让融合了天文、地理、物候、数学等社会哲学和自然科学的中医药学，焕发出新的时代光彩。

党的十八大以来，以习近平同志为核心的党中央坚持中西医并重，把发展中医药上升到国家发展战略高度。中共中央总书记、国家主席、中央军委主席习近平多次强调：“着力推动中医药振兴发展”“努力实现中医药健康养生文化的创造性转化、创新性发展”。2015 年 12 月 18 日，习近平总书记致信中国中医科学院：“中医药学是中国古代科学的瑰宝，也是打开中华文明宝库的钥匙。”更是将中医药学定位为中华文化复兴的开路先锋，中医药事业迎来了“天时、地利、人和”的大好时机。

“工欲善其事，必先利其器”，为了更好地继承发扬中国医学的独特优势，必须做好中药资源普查工作，全面掌握现有中药资源，建立比较完备的中药资源数据库，为网络共享服务和动态监测提供基础，逐步实现中药资源的综合管理、保护及开发利用。

中华人民共和国成立至今，已经开展了四次全国性中药资源普查。1960—1962 年开展了以调查重点品种为主要目的第一次全国中药资源普查；1969—1973 年开展了第二次全国中药资源普查，大兴中医药运动；1983—1987 年开展了第三次全国中药资源全面普查。第三次中药资源普查后的 30 多年，是我国经济社会发展最快、生态环境变化最大的时期，也是整个中药资源状况变化较大的时期，急切需要开展新一轮普查工作。2009 年，国务院决定由国家中医药管理局牵头开展全国第四次中药资源普查。2011 年，湖北省被确定为第一批普查试点省份。2015 年，秭归县作为湖北省第四批中药资源普查试点县，在县委、县政府的高度重视和支持下，在有关部门的密切配合下，组建了秭归县中药资源普查领导小组、普查办公室和普查工作队。历时 3 年多，于 2018 年 12 月，顺利完成了秭归县中药资源普查工作任务。

秭归县历史悠久，文化灿烂，是屈原文化、巴楚文化、峡江文化、柑橘文化的发祥地，为三峡工程坝上库首第一县，是著名的“中国脐橙之乡”“中国龙舟之乡”“中国诗歌之乡”“中国民间文化艺术之乡”。县城先后荣获“中国人居环境范例奖”“国家卫生县城”“国家园林县城”“省级文明县城”“全国文明县城”等称号。

秭归县位于湖北省西部，全县版图面积 2427 平方公里，地跨长江西陵峡两岸，地理坐标为东经 110°18′ ～ 111°0′，北纬 30°38′ ～ 31°11′。属亚热带大陆性季风气候，气候温和，雨量充沛，光照充足；境内群山相峙，海拔相差巨大，最高点云台荒海拔 2057 米，最低点茅坪河口海拔 40 米，海拔 800 米以上高山 128 座，2000 米以上高山 2 座，具有典型的立体气候特色。长江水系川流不息，地面切割较深，形成错综复杂的分散河谷阶地和槽冲小坝。得天独厚的自然条件，孕育了秭归丰富的中药材资源，第三次秭归县中药资源普查记载，秭归县内共有 165 科 651 种药用动植物。

在整个普查过程中，队员们夏冒酷暑、冬战严寒，身背几十斤重的普查设备在野外艰苦作业，足迹遍布全县 12 个乡镇的山山水水、沟沟坎坎，每天清晨带着馒头、快餐面等干粮出发，饿了啃几口，渴了喝山泉，累了在石头上、草丛中坐一会儿，受伤了简单处理下继续坚持，人迹罕至的高山绝壁、深谷峡缝、深山老林等地方，都留下了我们普查队员的身影和足迹。

本次中药资源普查，共采集野外标本并经鉴定药用植物 163 科 603 属 751 种基源，有近 1000 种中药（其中 2015 年版《中华人民共和国药典》品种 243 个），确定重点药材 126 种（在确定的 126 种重点药材调查中，调查到的药材 118 种，其中采集足量药材样品 105 种）。调查样地 36 个，180 套样方套，1080 个小样方，拍摄工作照、样地照、品种照等照片 2 万多张，收集整理了民族民间验方 15 个。走访调查栽培品种 46 个品种，医药公司 2 家，中药种植合作社 6 个。基本摸清了我县药用植物的种类、分布、储量、生境等信息。

以第四次全国中药资源普查为契机，在湖北省卫生健康委员会、湖北中医药大学、秭归县人民政府、秭归县卫生健康局的领导下，秭归县中医医院主持编撰了《秭归药用植物志》，本书是秭归县第一部资料齐全、内容翔实、系统分类的地方性专著和中药工具书。出版《秭归药用植物志》有利于促进我县发展和保护野生药材资源与生态环境，有利于秭归乃至整个鄂西地区中药资源的可持续发展和利用，有利于贯彻“创新、协调、绿色、开放、共享”五大理念。

本书共收录我县境内药用植物 163 科 655 种，中药约 1000 种，全书按中国植物志所采用的分类系统进行分类鉴定。每种药用植物记录别名、植物形态、生境与分布、中药名称、来源、采收加工、性味功效等内容，并配有原植物图片。

本书的编写由于受相关条件限制，且因时间紧、任务重、经验少、调查内容广，书中难免出现一些错误和不足，恳请读者批评指正。

编　者

\ 目录 \

蕨类植物门

裸子植物门

被子植物门

真菌门

苔藓植物门

蕨类植物门

Pteridophyta

一、石杉科 Huperziaceae

小型或中型蕨类，附生或土生。茎直立或附生种类的茎柔软下垂或略下垂；具原生中柱或星芒状中柱；一至多回二叉分枝。叶为小型叶，仅具中脉，一型或二型，无叶舌，螺旋状排列。孢子囊通常为肾形，具小柄，2 瓣开裂，生于全枝或枝上部叶腋，或在枝顶端形成细长线形的孢子囊穗。孢子叶较小，与营养叶同形或异形。孢子球状四面形，具孔穴状纹饰。地下生，圆柱状或线形，长可达数厘米，单一或不分枝。精子器和颈卵器生于原叶体背面。

共 2 属，广布于热带与亚热带。中国 2 属，主产于西南及华南，东北、西北及华东也有分布。

全国第四次中药资源普查秭归境内发现 1 种。

1. 蛇足石杉 *Huperzia serrata*（Thunb. ex Murray）Trev.

【别名】千层塔、金不换、宝塔花等。

【植物形态】多年生土生植物。茎直立或斜生，高 10 ～ 30 厘米，中部直径 1.5 ～ 3.5 毫米，枝连叶宽 1.5 ～ 4.0 厘米，二至四回二叉分枝，枝上部常有芽孢。叶螺旋状排列，疏生，平伸，狭椭圆形，向基部明显变狭，通直，长 1 ～ 3 厘米，宽 1 ～ 8 毫米，基部楔形，下延有柄，先端急尖或渐尖，边缘平直不皱曲，有粗大或略小而不整齐的尖齿，两面光滑，有光泽，中脉突出明显，薄革质。孢子叶与不育叶同形；孢子囊生于孢子叶的叶腋，两端露出，肾形，黄色。

【生境与分布】中国除西北地区部分省区、华北地区外均有分布。生于山顶岩石上或针阔叶混交林下阴湿处，海拔 800 ～ 1300 米，全县均有分布。

【中药名称】蛇足石杉。

【来源】为石杉科植物蛇足石杉（*Huperzia serrata*（Thunb.ex Murray）Trevis.）的全草。

【采收加工】夏末、秋初采收全草，去泥土，晒干。7—8 月间采收孢子，干燥。

【性味功效】平，苦，辛，微甘。止血散瘀，消肿止痛，清热除湿，解毒。主治跌打损伤，内伤吐血，尿血，痔疮下血，带下，肿毒，口腔溃疡，烫伤等。

【应用举例】1. 治跌打损伤：蛇足石松6克，百两金12克，浸白酒750毫升，每日服药酒1汤匙，1日3次；另用鲜蛇足草适量，白酒少许，捣烂外敷，每日换药一次。

2. 治烫伤：蛇足石松研末，桐油调搽患处，每日2次。

3. 治带下：蛇足石松1.5克，蛇莓、茅莓各15克，水煎服。

4. 治滴虫性阴道炎：蛇足石松适量，水煎洗。

二、石松科 Lycopodiaceae

小型至大型蕨类，土生。主茎伸长呈匍匐状或攀援状，或短而直立；具原生中柱或中柱为片状；侧枝二叉分枝或近合轴分枝，极少为单轴分枝状。叶为小型单叶，仅具中脉，一型；螺旋状排列，钻形、线形至披针形。孢子囊穗圆柱形或柔荑花序状，通常生于孢子枝顶端或侧生。孢子叶的形状与大小不同于营养叶，膜质，一型，边缘有锯齿；孢子囊无柄，生在孢子叶叶腋，肾形，二瓣开裂。孢子球状四面形，常具网状或拟网状纹饰。

全科共9属，全球广布；我国有6属。

全国第四次中药资源普查秭归境内发现1种。

2. 石松 *Lycopodium japonicum* Thunb. ex Murray

【别名】伸筋草、过山龙、宽筋藤、玉柏。

【植物形态】多年生土生植物。匍匐茎地上生，细长横走，二至三回分叉，绿色，被稀疏的叶；侧枝直立，高达40厘米，多回二叉分枝，稀疏，压扁状（幼枝圆柱状），枝连叶直径5～10毫米。叶螺旋状排列，密集，上斜，披针形或线状披针形，长4～8毫米，宽0.3～0.6毫米，基部楔形，下延，无柄，先端渐尖，具透明发丝，边缘全缘，草质，中脉不明显。孢子囊穗（3）4～8个集生于长达30厘米的总柄，总柄上苞片螺旋状稀疏着生，薄草质，形状如叶片；孢子囊穗不等位着生（即小柄不等长），直立，圆柱形，长2～8厘米，直径5～6毫米，具1～5厘米长的长小柄；孢子叶阔卵形，长2.5～3.0毫米，宽约2毫米，先端急尖，具芒状长尖头，边缘膜质，啮蚀状，纸质；孢子囊生于孢子叶腋，略外露，圆肾形，黄色。

【生境与分布】生于海拔290～3000米的高山草甸、疏林下灌丛中，全县有分布。

【中药名称】伸筋草。

【来源】为石松科植物石松（*Lycopodium japonicum* Thunb. ex Murray）的全草。

【采收加工】夏季采收，连根拔起，去净泥土、杂质，晒干。

【性味功效】微苦，辛，温。归肝、脾、肾经。祛风除湿，通经活络，消肿止痛。

【应用举例】1. 治风寒湿痹：关节酸痛，屈伸不利，可与羌活、独活、桂枝、白芍等配伍；若肢体软弱、肌肤麻木，宜与松节、寻骨风、威灵仙等同用。

2. 治跌打损伤：本品辛，能行散以舒筋活络、消肿止痛，治跌打损伤、瘀肿疼痛，多配苏木、土鳖虫、红花、桃仁等活血通络药，内服、外洗均可。

3. 治关节痛：伸筋草 12 克，牛尾菜 25 克，路边荆 50 克，老鼠刺 50 克，豨莶草 25 克，水煎服。

三、卷柏科 Selaginellaceae

土生，石生，极少附生，常绿或夏绿，通常为多年生草本植物。茎具原生中柱或管状中柱，单一或二叉分枝；根托生分枝的腋部，从背轴面或近轴面生出，沿茎和枝遍体通生，或只生茎下部或基部。主茎直立或长匍匐，或短匍匐，然后直立，多次分枝，或具明显的不分枝的主茎，上部呈叶状的复合分枝系统，有时攀援生长。叶螺旋排列或排成 4 行，单叶，具叶舌，主茎上的叶通常排列稀疏，一型或二型，在分枝上通常成 4 行排列。孢子叶穗生茎或枝的先端，或侧生于小枝上，紧密或疏松，四棱形或压扁，偶呈圆柱形；孢子叶 4 行排列，一型或二型，孢子叶二型时通常倒置，营养叶的中叶对应的上侧孢子叶和侧叶对应的下侧孢子叶，少有正置、不倒置的。孢子囊近轴面生于叶腋内叶舌的上方，二型，在孢子叶穗上各式排布；每个大孢子囊内有 4 个大孢子，偶有 1 个或多个；每个小孢子囊内小孢子多数，100 个以上。孢子表面纹饰多样，大孢子直径 200 ～ 600 微米，小孢子直径 20 ～ 60 微米。配子体微小，主要在孢子内发育。

全国第四次中药资源普查秭归境内发现 2 种。

3. 薄叶卷柏 *Selaginella delicatula*（Desv.）Alston

【别名】山柏枝、山扁柏、地柏、岩卷柏、地柏桠、石上柏、四叶柏、独立金鸡。

【植物形态】土生，直立或近直立，基部横卧，高 35 ～ 50 厘米，基部有游走茎。根托只生于主茎的中下部，自主茎分叉处下方生出，长 1.5 ～ 12 厘米，直径 0.4 ～ 2 毫米，根少分叉，被毛。主茎自中下部羽状分枝，不呈“之”字形，无关节，禾秆色，主茎下部直径 1.8 ～ 3 毫米，茎卵圆柱状或近四棱柱形或具沟槽，维管束 3 条，主茎顶端黑褐色或不呈黑褐色，或连同上部侧枝的基部也变成黑褐色，侧枝 5 ～ 8 对，一回羽状分枝，或基部二回，小枝较密排列规则，主茎上相邻分枝相距 2.8 ～ 5.2 厘米，分枝无毛，背腹压扁，主茎在分枝部分中部连叶宽 5 ～ 6 毫米，末回分枝连叶宽 4 ～ 5 毫米。叶（不分枝主茎上的除外）交互排列，二型，草质，表面光滑，边缘全缘，具狭窄的白边，不分枝主茎上的叶排列稀疏，不比分枝上的大，一型，绿色，卵形，背腹压扁，背部不呈龙骨状，边缘全缘。主茎上的腋叶明显大于分枝上的，（2.4～3.6）毫米 ×（1.6～2.4）毫米，长圆状卵圆形，基部钝，分枝上的不对称，窄椭圆形，（2.2～2.6）毫米 ×（0.8～1.0）毫米，边缘全缘。中叶不对称，主茎上的略大于分枝上的，分枝上的中叶斜，窄椭圆形或镰形，（1.8～2.4）毫米 ×（0.8～1.2）毫米，排列紧密，背部不呈龙骨状，先端渐尖或急尖，基部斜，边缘全缘。侧叶不对称，主茎上的较侧枝上的大，分枝上的侧叶长圆状卵形或长圆形，略上升，紧接或覆瓦状，（3.0～4.0）毫米 ×（1.2～1.6）毫米，先端急尖或具短尖头，具微齿，上侧基部不扩大，不覆盖小枝，上侧边缘全缘，下侧基部圆形，下侧边缘全缘。孢子叶穗紧密，四棱柱形，单生于小枝末端，（5.0～10（20））毫米 ×（1.4～2.8）毫米；孢子叶一型，宽卵形，边缘全缘，具白边，先端渐尖；大孢子叶分布于孢子叶穗中部的下侧。大孢子白色或褐色；小孢子橘红色或淡黄色。

【生境与分布】林下土生或生阴处岩石上，海拔 100～1000 米，全县均有分布。

【中药名称】薄叶卷柏。

【来源】为卷柏科植物薄叶卷柏（*Selaginella delicatula*（Desv.）Alston）的全草。

【采收加工】全年均可采收，鲜用或晒干。

【性味功效】苦，辛，寒。清热解毒，活血祛风。

【应用举例】内服：煎汤，10～30 克。外用：适量，鲜品捣敷；或煎水洗；或干品研末撒。

四、木贼科 Equisetaceae

小型或中型蕨类，土生、湿生或浅水生。根茎长而横行，黑色，分枝，有节，节上生根，被绒毛。地上枝直立，圆柱形，绿色，有节，中空有腔，表皮常有矽质小瘤，单生或在节上有轮生的分枝；节间有纵行的脊和沟。叶鳞片状，轮生，在每个节上合生成筒状的叶鞘（鞘筒）包围在节间基部，前段分裂呈齿状（鞘齿）。孢子囊穗顶生，圆柱形或椭圆形，有的具长柄；孢子叶轮生，盾状，彼此密接，每个孢子叶下面生有 5～10 个孢子囊。孢子近球形，有四条弹丝，无裂缝，具薄而透明周壁，有细颗粒状纹饰。

本科仅 1 属约 25 种，全世界广布；中国有 1 属 10 种 3 亚种，全国广布。

全国第四次中药资源普查秭归境内发现 3 种。

4. 问荆 *Equisetum arvense* L.

【别名】接续草、公母草、搂接草、空心草、马蜂草、节节草。

【植物形态】中小型植物。根茎斜升，直立和横走，黑棕色，节和根密生黄棕色长毛或光滑无毛。地上枝当年枯萎。枝二型。能育枝春季先萌发，高 5 ~ 35 厘米，中部直径 3 ~ 5 毫米，节间长 2 ~ 6 厘米，黄棕色，无轮茎分枝，脊不明显，有密纵沟；鞘筒栗棕色或淡黄色，长约 0.8 厘米，鞘齿 9 ~ 12 枚，栗棕色，长 4 ~ 7 毫米，狭三角形，鞘背仅上部有一浅纵沟，孢子散后能育枝枯萎。不育枝后萌发，高达 40 厘米，主枝中部直径 1.5 ~ 3.0 毫米，节间长 2 ~ 3 厘米，绿色，轮生分枝多，主枝中部以下有分枝。脊的背部弧形，无棱，有横纹，无小瘤；鞘筒狭长，绿色，鞘齿三角形，5 ~ 6 枚，中间黑棕色，边缘膜质，淡棕色，宿存。侧枝柔软纤细，扁平状，有 3 ~ 4 条狭而高的脊，脊的背部有横纹；鞘齿 3 ~ 5 个，披针形，绿色，边缘膜质，宿存。孢子囊穗圆柱形，长 1.8 ~ 4.0 厘米，直径 0.9 ~ 1.0 厘米，顶端钝，成熟时柄伸长，柄长 3 ~ 6 厘米。

【生境与分布】生于溪边或阴谷，海拔 0 ~ 3700 米。常见于河道沟渠旁、疏林、荒野和路边，潮湿的草地、沙土地、耕地、山坡及草甸等处。

【中药名称】问荆。

【来源】为木贼科植物问荆（*Equisetum arvense* L.）的全草。

【采收加工】6—9 月间割取全草，通风处阴干，或鲜用。

【性味功效】甘，苦，平。归肺、肝经。疏散风热，明目退翳。

【应用举例】1.《本草拾遗》：主结气瘤痛，上气气急。

2.《国药的药理学》：利尿。

3.《中药新编》：治鼻衄，月经过多，肠出血，咯血，痔出血等。

4.《四川中药志》：清热止咳。治吐血、衄血及女子倒经等。

5.《陕西中草药》：清热利尿，止血，消肿。治尿路感染，小便涩痛，骨折，鼻衄，咯血，肠出血等。

5. 木贼 *Equisetum hiemale* L.

【别名】千峰草、锉草、笔头草、笔筒草、节骨草。

【植物形态】大型植物。根茎横走或直立，黑棕色，节和根有黄棕色长毛。地上枝多年生。枝一型。高达 1 米或更多，中部直径（3）5 ～ 9 毫米，节间长 5 ～ 8 厘米，绿色，不分枝或直基部有少数直立的侧枝。地上枝有脊 16 ～ 22 条，脊的背部弧形或近方形，无明显小瘤或有小瘤 2 行；鞘筒 0.7 ～ 1.0 厘米，黑棕色或顶部及基部各有一圈或仅顶部有一圈黑棕色；鞘齿 16 ～ 22 枚，披针形，小，长 0.3 ～ 0.4 厘米。顶端淡棕色，膜质，芒状，早落，下部黑棕色，薄革质，基部的背面有 3 ～ 4 条纵棱，宿存或同鞘筒一起早落。孢子囊穗卵状，长 1.0 ～ 1.5 厘米，直径 0.5 ～ 0.7 厘米，顶端有小尖突，无柄。

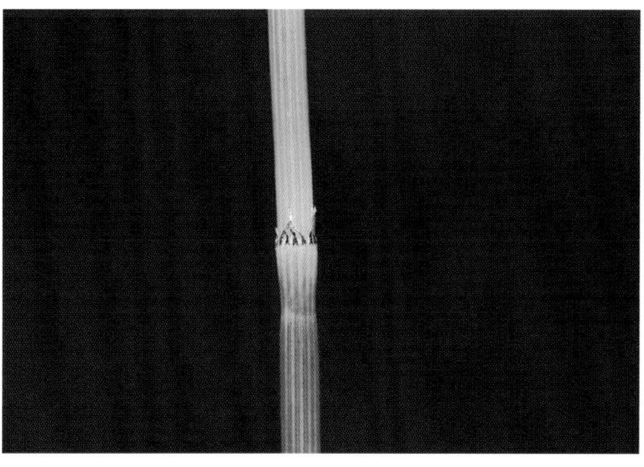

【生境与分布】喜生于山坡林下阴湿处，易生于河岸湿地、溪边，或杂草地。

【中药名称】木贼。

【来源】木贼科植物木贼（*Equisetum hiemale* L.）的全草。

【采收加工】木贼夏季采收，除去杂质，晒干或阴干储藏。药用炮制：除去枯茎及残根，喷淋清水，稍润，切段，干燥，切段。

【性味功效】甘，苦，平。归肺、肝经。疏散风热，明目退翳，止血。

【应用举例】内服：煎汤，3 ～ 10 克；或入丸、散。外用：适量，研末撒敷。

五、阴地蕨科 Botrychiaceae

陆生植物。根状茎短，直立，具肉质粗根。叶有营养叶与孢子叶之分，均出自总柄，总柄基部包有褐色鞘状托叶；营养叶一回至多回羽状分裂，具柄或几无柄，大多为三角形或五角形，少为一回羽状的披针状长圆形，叶脉分离。孢子叶无叶绿素，有长柄，或出自总叶柄，或出自营养叶的基部或中轴，聚生成圆锥花序状，孢子囊无柄，沿小穗内侧成两行排列，不陷入囊托内，横裂。孢子四面形或球圆四面形。

本科仅有阴地蕨一属，主要产自温带，很少分布在热带或南极地区。

全国第四次中药资源普查秭归境内发现1种。

6. 阴地蕨 *Botrychium ternatum*（Thunb.）Sw.

【别名】一朵云、花蕨、独立金鸡、独脚蒿。

【植物形态】根状茎短而直立，有一簇粗健肉质的根。总叶柄短，长仅2～4厘米，细瘦，淡白色，干后扁平，宽约2毫米。营养叶片的柄细长达3～8厘米，有时更长，宽2～3毫米，光滑无毛；叶片为阔三角形，长通常8～10厘米，宽10～12厘米，短尖头，三回羽状分裂；侧生羽片3～4对，几对生或近互生，有柄，下部两对相距不及2厘米，略张开，基部一对最大，几与中部等大，柄长达2厘米，羽片长、宽各约5厘米，阔三角形，短尖头，二回羽状；一回小羽片3～4对，有柄，几对生，基部下方一片较大，稍下先出，柄长约1厘米，一回羽状；末回小羽片为长卵形至卵形，基部下方一片较大，长1～1.2厘米，略浅裂，有短柄，其余较小，长4～6毫米，边缘有不整齐的细而尖的锯齿密生。第二对起的羽片渐小，长圆状卵形，长约4厘米（包括柄长约5厘米），宽2.5厘米，下先出，短尖头。叶干后为绿色，厚草质，遍体无毛，表面皱凸不平。叶脉不见。孢子叶有长柄，长12～25厘米，少有更长者，远远超出营养叶之上，孢子囊穗为圆锥状，长4～10厘米，宽2～3厘米，二至三回羽状，小穗疏松，略张开，无毛。

【生境与分布】生于海拔200～2200米的丘陵灌丛阴地或山坡草丛，全县有分布。

【中药名称】阴地蕨。

【来源】为阴地蕨科植物阴地蕨（*Botrychium ternatum*（Thunb.）Sw.）的全草。

【采收加工】冬季至次春采收，连根挖取，洗净，鲜用或晒干。

【性味功效】甘，苦，凉，微寒。归肺、肝经。清热解毒，平肝熄风，止咳，止血，明目去翳。

【应用举例】内服：煎汤，6～12克，鲜品15～30克。外用：适量，捣烂敷。

1.《本草图经》：疗肿毒，风热。

2.《天宝本草》：利膀胱，治头晕脑痛。

3.《贵州民间方药集》：镇咳，亦可解热祛风，治伤风感冒及吐血。

4.《民间常用草药汇编》：清肝火，明目，消散翳膜。

5.《四川中药志》：治肾亏及肺病吐血，散目中云翳，疗月瘕病、外包疮毒等。

六、紫萁科 Osmundaceae

陆生中型、少为树形的植物。根状茎粗肥，直立，树干状或匍匐状，包有叶柄的宿存基部，无鳞片，也无真正的毛，而幼时叶片上被有棕色黏质腺状长绒毛，老则脱落，几变为光滑。叶柄长而坚实，基部膨大，两侧有狭翅如托叶状的附属物，不以关节着生；叶片大，一至二回羽状，二型或一型，或往往同叶上的羽片为二型。叶脉分离，二叉分歧。孢子囊大，球圆形，大都有柄，裸露，着生于强度收缩变质的孢子叶（能育叶）的羽片边缘，或生于正常营养叶的下表面（后者不产于中国），其顶端具有几个增厚的细胞。常被看作为不发育的环带，纵裂为两瓣形。孢子为球圆四面形。原叶体为绿色，土表生。

本科有 3 属。其中 2 属（*Todea* 和 *Leptopteris*）特产于南半球，而紫萁属则产于北半球，它的代表种分布于欧、亚、北美三洲。

全国第四次中药资源普查秭归境内发现 1 种。

7. 紫萁　*Osmunda japonica* Thunb.

【别名】高脚贯众、水骨菜、薇、紫蕨、紫萁贯众。

【植物形态】植株高 50 ～ 80 厘米或更高。根状茎短粗，或成短树干状而稍弯。叶簇生，直立，柄长 20 ～ 30 厘米，禾秆色，幼时被密绒毛，不久脱落；叶片为三角广卵形，长 30 ～ 50 厘米，宽 25 ～ 40 厘米，顶部一回羽状，其下为二回羽状；羽片 3 ～ 5 对，对生，长圆形，长 15 ～ 25 厘米，基部宽 8 ～ 11 厘米，基部一对稍大，有柄（柄长 1 ～ 1.5 厘米），斜向上，奇数羽状；小羽片 5 ～ 9 对，对生或近对生，无柄，分离，长 4 ～ 7 厘米，宽 1.5 ～ 1.8 厘米，长圆形或长圆披针形，先端稍钝或急尖，向基部稍宽，圆形，或近截形，相距 1.5 ～ 2 厘米，向上部稍小，顶生的同形，有柄，基部往往有 1 ～ 2 片的合生圆裂片，或阔披形的短裂片，边缘有均匀的细锯齿。叶脉两面明显，自中肋斜向上，二回分歧，小脉平行，达于锯齿。叶为纸质，成长后光滑无毛，干后为棕绿色。孢子叶（能育叶）同营养叶等高，或经常稍高，羽片和小羽片均短缩，小羽片变成线形，长 1.5 ～ 2 厘米，沿中肋两侧背面密生孢子囊。

【生境与分布】生于海拔 500 ～ 1500 米，气候温凉的山区，全县有分布。

【中药名称】紫萁贯众。

【来源】为紫萁科植物紫萁（*Osmunda japonica* Thunb.）的干燥根茎和叶柄残基。

【采收加工】春、秋二季采挖，洗净，除去须根，晒干。

【性味功效】苦，微寒，有小毒。归肺、胃、肝经。清热解毒，止血，杀虫。

【应用举例】1. 防治脑炎：紫萁根 15 ～ 30 克，大青叶 15 克，水煎服。

2. 治麻疹、水痘出不透彻：紫萁贯众 3 克，赤勺 6 克，升麻 3 克，芦根 9 克，水煎服。

七、里白科 Gleicheniaceae

陆生植物，有长而横走的根状茎，具原始中柱，被鳞片或被节状毛。叶为一型，有柄，不以关节着生于根状茎；叶片一回羽状，或由于顶芽不发育，主轴都为一回至多回二叉分枝或假二叉分枝，每一分枝处的腋间有一被毛或鳞片和叶状苞片所包裹的休眠芽，有时在其两侧有一对篦齿状的托叶；顶生羽片为一至二回羽状；末回裂片（或小羽片）为线形。叶为纸质或近革质，下面往往为灰白或灰绿色；叶轴及叶下面幼时被星状毛或有睫毛的鳞片或二者混生，老则大都脱落。孢子囊小而圆，无盖，由 2 ～ 6 个无柄孢子囊组成，生于叶下面小脉的背上，成 1 行（少有 2 ～ 3 行）排列于主脉和叶边之间。孢子囊为陀螺形，有一条横绕中部的环带，从一侧以纵缝开裂。孢子为四面形或两面形，透明，无周壁。原叶体为扁形，绿色，有脉。

本科有 6 属 150 多种，大都分布于世界热带。中国有 3 属，产热带及亚热带。

全国第四次中药资源普查秭归境内发现 1 种。

8. 里白 *Diplopterygium glaucum*（Thunb. ex Houtt.）Nakai

【别名】大蕨萁、蕨萁。

【植物形态】植株高约 1.5 米。根状茎横走，粗约 3 毫米，被鳞片。柄长约 60 厘米，粗约 4 毫米，光滑，暗棕色；一回羽片对生，具短柄，长 55 ～ 70 厘米，长圆形，中部最宽，18 ～ 24 厘米，向顶端渐尖，基部稍变狭；小羽片 22 ～ 35 对，近对生或互生，平展，几无柄，长 11 ～ 14 厘米，宽 1.2 ～ 1.5 厘米，线状披针形，顶端渐尖，基部不变狭，截形，羽状深裂；裂片 20 ～ 35 对，互生，几平展，长 7 ～ 10 毫米，宽 2.2 ～ 3 毫米，宽披针形，钝头，基部汇合，缺刻尖狭，边缘全缘，干后稍内卷。中脉上面平，下面凸起，侧脉两面可见，10 ～ 11 对，叉状分枝，直达叶缘。叶草质，上面绿色，无毛，下面灰白色，沿小羽轴及中脉疏被锈色短星状毛，后变无毛。羽轴棕绿色，上面平，两侧有边，下面圆，光滑。孢子囊群圆形，中生，生于上侧小脉上，由 3 ～ 4 个孢子囊组成。

【生境与分布】气候温凉的山区，全县有分布。

【中药名称】里白。

【来源】为里白科植物里白（*Diplopterygium glaucum*（Thunb. ex Houtt.）Nakai）的根状茎、髓部。

【采收加工】秋、冬季采收，洗净，晒干。

【性味功效】味微苦，涩，凉。行气，止血，接骨。

【应用举例】内服：煎汤，9 ～ 15 克。外用：适量，研末，塞鼻；或调敷。

9. 芒萁 *Dicranopteris dichotoma*（Thunb.）Bernh.

【别名】狼萁、铁狼萁。

【植物形态】植株通常高 45 ～ 90（120）厘米。根状茎横走，粗约 2 毫米，密被暗锈色长毛。叶远生，柄长 24 ～ 56 厘米，粗 1.5 ～ 2 毫米，棕禾秆色，光滑，基部以上无毛；叶轴一至二（三）回二叉分枝，一回羽轴长约 9 厘米，被暗锈色毛，渐变光滑，有时顶芽萌发，生出的一回羽轴，长 6.5 ～ 17.5 厘米，二回羽轴长 3 ～ 5 厘米；腋芽小，卵形，密被锈黄色毛；芽苞长 5 ～ 7 毫米，卵形，边缘具不规则裂片或粗齿，偶为全缘；各回分叉处两侧均各有一对托叶状的羽片，平展，宽披针形，等大或不等，生于一回分叉处的长 9.5 ～ 16.5 厘米，宽 3.5 ～ 5.2 厘米，生于二回分叉处的较小，长 4.4 ～ 11.5 厘米，宽 1.6 ～ 3.6 厘米；末回羽片长 16 ～ 23.5 厘米，宽 4 ～ 5.5 厘米，披针形或宽披针形，向顶端变狭，尾状，基部上侧变狭，篦齿状深裂几达羽轴；裂片平展，35 ～ 50 对，线状披针形，长

1.5 ～ 2.9 厘米，宽 3 ～ 4 毫米，顶钝，常微凹，羽片基部上侧的数对极短，三角形或三角状长圆形，长 4 ～ 10 毫米，各裂片基部汇合，有尖狭的缺刻，全缘，具软骨质的狭边。侧脉两面隆起，明显，斜展，每组有 3 ～ 4（5）条并行小脉，直达叶缘。叶为纸质，上面黄绿色或绿色，沿羽轴被锈色毛，后变无毛，下面灰白色，沿中脉及侧脉疏被锈色毛。孢子囊群圆形，一列，着生于基部上侧或上下两侧小脉的弯弓处，由 5 ～ 8 个孢子囊组成。

【生境与分布】生于强酸性土壤的红壤、丘陵荒坡或马尾松林下，全县广布。

【中药名称】芒萁。

【来源】为里白科植物芒萁（*Dicranopteris dichotoma*（Thunb.）Bernh.）的根茎。

【采收加工】四季可采，鲜用或晒干。

【性味功效】甘，淡。清热解毒，祛瘀消肿，散瘀止血。

【应用举例】外用全草（或根状茎或茎心）捣烂敷，或晒干研粉敷于患处。

八、海金沙科 Lygodiaceae

陆生攀援植物。根状茎颇长，横走，有毛而无鳞片。叶远生或近生，单轴型，叶轴为无限生长，细长，缠绕攀援，常高达数米，沿叶轴相隔一定距离有向左右方互生的短枝（距），顶上有一个不发育的被茸毛的休眠小芽，从其两侧生出一对开向左右的羽片。羽片分裂图式或为一至二回二叉掌状或为一至二回羽状复叶，近二型；不育羽片通常生于叶轴下部。能育羽片位于上部；末回小羽片或裂片为披针形，或为长圆形，三角状卵形，基部常为心形、戟形或圆耳形；不育小羽片边缘为全缘或有细锯齿。叶脉通常分离，少为疏网状，不具内藏小脉，分离小脉直达加厚的叶边。各小羽柄两侧通常有狭翅，上面隆起，往往有锈毛。能育羽片通常比不育羽片狭，边缘生有流苏状的孢子囊穗，由两行并生的孢子囊组成，孢子囊生于小脉顶端，并被由叶边外长出来的一个反折小瓣包裹，形如囊群盖。孢子囊大，多少如梨形，横生短柄上，环带位于小头，由几个厚壁细胞组成，以纵缝开裂。孢子四面形。原叶体绿色，扁平。

本科为单属的科，分布于全世界热带和亚热带地区。

全国第四次中药资源普查秭归境内发现 1 种。

10. 海金沙 *Lygodium japonicum*（Thunb.）Sw.

【别名】金沙藤、左转藤、竹园荽。

【植物形态】植株高攀达 1 ～ 4 米。叶轴上面有二条狭边，羽片多数，相距 9 ～ 11 厘米，对生于叶轴上的短距两侧，平展。距长达 3 毫米。端有一丛黄色柔毛覆盖腋芽。不育羽片尖三角形，长宽几相等，10 ～ 12 厘米或较狭，柄长 1.5 ～ 1.8 厘米，同羽轴一样多少被短灰毛，两侧并有狭边，二回羽状；一回羽片 2 ～ 4 对，互生，柄长 4 ～ 8 毫米，和小羽轴都有狭翅及短毛，基部一对卵圆形，

长 4 ～ 8 厘米。宽 3 ～ 6 厘米，一回羽状；二回小羽片 2 ～ 3 对，卵状三角形，具短柄或无柄，互生，掌状三裂；末回裂片短阔，中央一条长 2 ～ 3 厘米，宽 6 ～ 8 毫米，基部楔形或心形，先端钝，顶端的二回羽片长 2.5 ～ 3.5 厘米，宽 8 ～ 10 毫米，波状浅裂；向上的一回小羽片近掌状分裂或不分裂，较短，叶缘有不规则的浅圆锯齿。主脉明显，侧脉纤细，从主脉斜上，一至二回二叉分歧，直达锯齿。叶纸质，干后绿褐色。两面沿中肋及脉上略有短毛。能育羽片卵状三角形，长宽几相等，12 ～ 20 厘米，或长稍大于宽，二回羽状；一回小羽片 4 ～ 5 对，互生，相距 2 ～ 3 厘米，长圆披针形，长 5 ～ 10 厘米，基部宽 4 ～ 6 厘米，一回羽状，二回小羽片 3 ～ 4 对。卵状三角形，羽状深裂。孢子囊穗长 2 ～ 4 毫米，往往长远超过小羽片的中央不育部分，排列稀疏，暗褐色，无毛。

【生境与分布】气候温凉的山区，全县有分布。

【中药名称】海金沙。

【来源】为海金沙科植物海金沙（*Lygodium japonicum*（Thunb.）Sw.）的成熟孢子。

【采收加工】秋季孢子未脱落时采割藤叶，晒干，搓揉或打下孢子，除去藤叶。

【性味功效】甘，咸，寒。归膀胱、小肠经。清利湿热，通淋止痛。

【应用举例】可治尿路感染，尿路结石，白浊，带下，肝炎，肾炎水肿，咽喉肿痛，痄腮，肠炎，痢疾，皮肤湿疹，带状疱疹等。

九、陵齿蕨科 Lindsaeaceae

陆生植物，少有附生（有攀援的根状茎）。根状茎短而横走，或长而蔓生，具原始中柱，有陵齿蕨型的“鳞片”（即仅由 2 ～ 4 行大而有厚壁的细胞组成，或基部为鳞片状，上面变为长针毛状）。叶同型，有柄，与根状茎之间不以关节相连，羽状分裂，或少有为二型的，草质，光滑。叶脉分离，或少有为稀疏的网状，形成斜长六角形的网眼而并不具分离的内藏细脉。孢子囊群为叶缘生的汇生囊群，着生在 2 至多条细脉的结合线上，或单独生于脉顶，位于叶边或边内，有盖，少为无盖（如竹叶蕨属 *Taenitis Willd*，其孢子囊群位于叶缘与中脉之间，横过网脉，不具囊群盖）；囊群盖为两层，里层为膜质，外层即为绿色叶边，少有变化，里层的以基部着生，或有时两侧也部分着生叶肉，向外开口；孢子囊为水龙骨形，柄长而细，有 3 行细胞；孢子四面形或两面形，不具周壁。

本科有 8 属约 230 种，分布于全世界热带及亚热带各地。中国现有 5 属 31 种。

全国第四次中药资源普查秭归境内发现 1 种。

11. 乌蕨　*Sphenomeris chinensis*（L.）Maxon

【别名】大叶金花草、小叶野鸡尾、蚣蚱参、细叶凤凰尾。

【植物形态】植株高达65厘米。根状茎短而横走，粗壮，密被赤褐色的钻状鳞片。叶近生，叶柄长达25厘米，禾秆色至褐禾秆色，有光泽，直径2毫米，圆，上面有沟，除基部外，通体光滑；叶片披针形，长20～40厘米，宽5～12厘米，先端渐尖，基部不变狭，四回羽状；羽片15～20对，互生，密接，下部的相距4～5厘米，有短柄，斜展，卵状披针形，长5～10厘米，宽2～5厘米，先端渐尖，基部楔形，下部三回羽状；一回小羽片在一回羽状的顶部下有10～15对，连接，有短柄，近菱形，长1.5～3厘米，先端钝，基部不对称，楔形，上先出，一回羽状或基部二回羽状；二回（或末回）小羽片小，倒披针形，先端截形，有齿，基部楔形，下延，其下部小羽片常再分裂成具有一二条细脉的短而同形的裂片。叶脉上面不显，下面明显，在小裂片上为二叉分枝。叶坚草质，干后棕褐色，通体光滑。孢子囊群边缘着生，每个裂片上生一枚或二枚，顶生1～2条细脉上；囊群盖灰棕色，革质，半杯形，宽，与叶缘等长，近全缘或多少啮蚀，宿存。

【生境与分布】适合生长的范围广，分布于海拔200～1900米间的山坡地、田边、路旁、溪沟、林下等。

【中药名称】乌蕨。

【来源】为陵齿蕨科植物乌蕨（*Sphenomeris chinensis*（L.）Maxon）的全草。

【采收加工】四季可采，鲜用或晒干。

【性味功效】微苦，寒。具有清热解毒，利湿，止血等功效。

【应用举例】内服：煎汤30～60克，或鲜品捣汁饮用。外用：适量，以鲜品捣烂外敷或干品研磨撒患处。

十、姬蕨科 Hypolepidaceae

陆生中型直立，少为蔓性植物。根状茎横走，有管状中柱，被多细胞的灰白色刚毛。叶同型，叶柄基部不以关节着生，叶片一至四回羽状细裂，叶轴上面有一纵沟，两侧为圆形，和叶的两面多少被与根状茎上同样或较短的毛，小羽片或末回裂片偏斜，基部不对称，下侧楔形，上侧截形，多少为耳形凸出；叶脉分离，羽状分枝。叶为草质或厚纸质，有粗糙感觉。孢子囊群圆形、小，叶缘生或近叶缘顶生于一条小脉上，囊托横断面为长圆形或圆形，不融合；囊群盖或为叶缘生的碗状，或为多少变质的向下反折的叶边的锯齿（或小裂片），或为不齐叶边生的半杯形或小口袋形，其基部和两侧着生于叶肉，上端向叶边开口，或仅以阔基部着生；孢子囊为梨形，有细长的由3行细胞组成的柄；环带直立，侧面开裂，常有线状多细胞的夹丝混生；孢子四面形或少为两面形，不具周壁，平滑或有小疣状突起。

本科约9属，分布于全世界热带及亚热带地区。中国有3属。

全国第四次中药资源普查秭归境内发现1种。

12. 姬蕨 *Hypolepis punctata*（Thunb.）Mett.

【别名】岩姬蕨、冷水蕨。

【植物形态】根状茎长而横走，粗约3毫米，密被棕色节状长毛。叶疏生，柄长22～25厘米，基部直径3毫米，暗褐色，向上为棕禾秆色，粗糙有毛。叶片长35～70厘米，宽20～28厘米，长卵状三角形，三至四回羽状深裂，顶部为一回羽状；羽片8～16对，下部1～2对，一般长20～30厘米，宽8～20厘米，卵状披针形，先端渐尖，柄长7～25毫米，密生灰色腺毛，尤以腋间为多，近互生，斜向上，第一对距第二对10～16厘米，第二对距第三对7～8厘米，二至三回羽裂；一回小羽片14～20对，长6～10厘米，2.5～4厘米，披针形或阔披针形，先端渐尖，柄长2～4毫米，有狭翅，上先出，彼此接近或远离，一至二回羽状深裂；二回羽片10～14对，基部的长1～2.5厘米，宽5～11毫米，长圆形或长圆披针形，先端圆而有齿，基部近圆形，下延，和小羽轴的狭翅相连，羽状深裂达中脉1/2～2/3处；末回裂片长5毫米左右，长圆形，钝头，边缘有钝锯齿，下面中脉隆起，侧脉羽状分枝，直达锯齿。第三对羽片向上渐短，长10～13厘米，宽4～5厘米，长圆披针形或披针形。叶坚草质或纸质，干后黄绿色或草绿色，两面沿叶脉有短刚毛；叶轴、羽轴及小羽轴和叶柄同色，上面有狭沟，粗糙，有透明的灰色节状毛。孢子囊群圆形，生于小裂片基部两侧或上侧近缺刻处，中脉两侧1～4对；囊群盖由锯齿反卷而成，棕绿色或灰绿色，不变质，无毛。

【生境与分布】常野生于低、中山谷阴湿处，喜温暖、多湿和半阴环境，全县有分布。

【中药名称】姬蕨。

【来源】为姬蕨科姬蕨（*Hypolepis punctata*（Thunb.）Mett.）的全草。

【采收加工】夏、秋季采收，洗净，鲜用或晒干。

【性味功效】苦，辛，凉。归肺、肝经。凉血止血。

【应用举例】治疗外伤：鲜嫩叶捣烂敷伤处，或用干叶研粉撒患处。

十一、蕨科 Pteridiaceae

陆生、中型或大型蕨类植物。根状茎长而横走，有穿孔的双轮管状中柱，密被锈黄色或栗色的有节长柔毛，不具鳞片。叶一型，远生，具长柄；叶片大，通常卵形、卵状长圆形或卵状三角形，三回羽状，粗裂（如蕨属）或细裂（如曲轴蕨属），革质或纸质，上面无毛，下面多少被柔毛，罕有近光滑无毛。叶脉分离。孢子囊群线形，沿叶缘生于连结小脉顶端的一条边脉上；囊群盖双层，外层为假盖，由反折变质的膜质叶边形成，线形，宿存，内层为真盖，质地较薄，不明显，或发育或近退化，除叶边顶端或缺刻外，连续不断。孢子四面形（如蕨属）或两面形（如曲轴蕨属），光滑或有细微的乳头状突起。

本科有 2 属，以泛热带为分布中心。我国 2 属均产。

全国第四次中药资源普查秭归境内发现 1 种。

13. 毛轴蕨 *Pteridium revolutum*（Bl.）Nakai

【别名】饭蕨。

【植物形态】植株高达 1 米以上。根状茎横走。叶远生；柄长 35 ～ 50 厘米，基部粗 5 ～ 8 毫米，禾秆色或棕禾秆色，上面有纵沟 1 条，幼时密被灰白色柔毛，老则脱落而渐变光滑；叶片阔三角形或卵状三角形，渐尖头，长 30 ～ 80 厘米，宽 30 ～ 50 厘米，三回羽状；羽片 4 ～ 6 对，对生，斜展，具柄，长圆形，先端渐尖，基部几平截，下部羽片略呈三角形，长 20 ～ 30 厘米，宽 10 ～ 15 厘米，柄长 2 ～ 3 厘米，二回羽状；小羽片 12 ～ 18 对，对生或互生，平展，无柄，与羽轴合生，披针形，长 6 ～ 8 厘米，宽 1 ～ 1.5 厘米，先端短尾状渐尖，基部平截，深羽裂几达小羽轴；裂片约 20 对，对生或互生，略斜向上，披针状镰刀形，长约 8 毫米，基部宽约 3 毫米，先端钝或急尖，向基部逐渐变宽，彼此连接，通常全缘；叶片的顶部为二回羽状，羽片披针形；裂片下面被灰白色或浅棕色密毛，干后近革质，边缘常反卷。叶脉上面凹陷，下面隆起；叶轴、羽轴及小羽轴的下面和上面的纵沟内均密被灰白色或浅棕色柔毛，老时渐稀疏。

【生境与分布】生长于山坡阳处或山谷疏林中的林间空地，海拔 570 ～ 2000 米。

【中药名称】饭蕨。

【来源】为蕨科毛轴蕨（*Pteridium revolutum*（Bl.）Nakai）的全草。

【采收加工】全年可采，鲜用，洗净切段，晒干。

【性味功效】涩，凉。祛风除湿，解热利尿，驱虫。用于风湿性关节痛，淋证，脱肛，疮毒，蛔虫病等。

【应用举例】幼嫩叶及根可治湿热痢疾，小便不利，妇女湿热带下，便秘等。

根状茎：涩，凉。祛风除湿，解热利尿，驱虫。用于风湿性关节痛，淋证，脱肛，疮毒，蛔虫病等。

十二、凤尾蕨科 Pteridaceae

陆生，大型或中型蕨类植物。根状茎长而横走，有管状中柱（如栗蕨属），或短而直立或斜升，有网状中柱（如凤尾蕨属），密被狭长而质厚的鳞片，鳞片以基部着生。叶一型，少为二型或近二型，疏生（如栗蕨属）或簇生（如凤尾蕨属），有柄；柄通常为禾秆色，间为栗红色或褐色，光滑，罕被刚毛或鳞片；叶片长圆形或卵状三角形，罕为五角形，一回羽状或二至三回羽裂，或罕为掌状，偶为单叶或三叉，从不细裂，草质、纸质或革质，光滑，罕被毛。叶脉分离或罕为网状，网眼内不具内藏小脉；凤尾蕨属的少数种在表皮层下具有脉状异型细胞。孢子囊群线形，沿叶缘生于连接小脉顶端的一条边脉上，有由反折变质的叶边所形成的线形、膜质的宿存假盖，不具内盖，除叶边顶端或缺刻外，连续不断；孢子为四面形，或罕为两面形（如栗蕨属），透明，表面通常粗糙或有疣状突起。

本科约 10 属，分布于全世界热带和亚热带地区，尤以热带美洲为多，我国仅有 2 属。

全国第四次中药资源普查秭归境内发现 1 种。

14. 井栏边草 *Pteris multifida* Poir.

【别名】凤尾草、井口边草、山鸡尾、井茜。

【植物形态】植株高 30 ～ 45 厘米。根状茎短而直立，粗 1 ～ 1.5 厘米，先端被黑褐色鳞片。叶多数，密而簇生，明显二型；不育叶柄长 15 ～ 25 厘米，粗 1.5 ～ 2 毫米，禾秆色或暗褐色而有禾秆色的边，稍有光泽，光滑；叶片卵状长圆形，长 20 ～ 40 厘米，宽 15 ～ 20 厘米，一回羽状，羽片通常 3 对，对生，斜向上，无柄，线状披针形，长 8 ～ 15 厘米，宽 6 ～ 10 毫米，先端渐尖，叶缘有不整齐的尖锯齿并有软骨质的边，下部 1 ～ 2 对通常分叉，有时近羽状，顶生三叉羽片及上部羽片的基部显著下延，在叶轴两侧形成宽 3 ～ 5 毫米的狭翅（翅的下部渐狭）；能育叶有较长的柄，羽片 4 ～ 6 对，狭线形，长 10 ～ 15 厘米，宽 4 ～ 7 毫米，仅不育部分具锯齿，余均全缘，基部一对有时近羽状，有长约 1 厘米的柄，余均无柄，下部 2 ～ 3 对通常 2 ～ 3 叉，上部几对的基部下延，在叶轴两侧形成宽 3 ～ 4 毫米的翅。主脉两面均隆起，禾秆色，侧脉明显，稀疏，单一或分叉，有时在侧脉间具有或多或少的与侧脉平行的细条纹（脉状异型细胞）。叶干后草质，暗绿色，遍体无毛；叶轴禾秆色，稍有光泽。

【生境与分布】常生于阴湿墙脚、井边和石灰岩石上，在有蔽阴、无日光直晒和土壤湿润、肥沃、排水良好的处所生长最盛，全县有分布。

【中药名称】井栏边草。

【来源】为凤尾蕨科植物井栏边草（*Pteris multifida* Poir.）的全草。

【采收加工】全年可采，鲜用，洗净切段，晒干。

【性味功效】淡，凉。清热利湿，解毒，凉血，收敛，止血，止痢等。

【应用举例】1.《滇南本草》：治跌打损伤，筋断骨碎，敷患处。

2.《云南中草药》：消炎止痢，舒筋接骨。治慢性肝炎，痢疾，腰背痛，骨折。

3.《昆明民间常用草药》：清热解毒，消炎利尿，活络止痛。治痢疾，肠炎，肝炎，咽喉炎，泌尿系统炎症，痈疮疖肿，风湿病，跌打疼痛。

4. 治颈淋巴结结核初起：鲜井栏边草 30 克，鸡蛋 1 个，共煮服，连服 15 日为 1 个疗程。

十三、中国蕨科 Sinopteridaceae

中生或旱生中小型植物。根状茎短而直立或斜升，少为横卧或细长横走（如金粉蕨属），有管状中柱，或少为简单的网状中柱，被以基部着生的披针形鳞片。叶簇生或罕为远生，有柄，柄为圆柱形或腹面有纵沟，通常栗色或栗黑色，很少为禾秆色，光滑，罕被柔毛或鳞片；叶一型，罕有二型或近二型，二回羽状或三至四回羽状细裂，卵状三角形至五角形或长圆形，罕为披针形。叶草质或坚纸质，下面绿色，或往往被白色或黄色蜡质粉末。叶脉分离或偶为网状（网眼内不具内藏小脉）。孢子囊群小，球形，沿叶缘着生于小脉顶端或顶部的一段，或罕有着生于叶缘的小脉顶端的连结脉上而成线形（如金粉蕨属、黑心蕨属），有盖（隐囊蕨属无盖），盖为反折的叶边部分变质所形成，连续或少有断裂，全缘，有齿或撕裂。孢子为球状四面形，暗棕色，表面具颗粒状、拟网状或刺状纹饰。

本科约 14 属，主要分布于全世界亚热带地区。我国有 9 属。

全国第四次中药资源普查秭归境内发现 2 种。

15. 银粉背蕨 *Aleuritopteris argentea*（S. G. Gmél. ）Fée

【别名】通经草、金丝草、铜丝草、金牛草、铜丝茶。

【植物形态】植株高 15 ～ 30 厘米。根状茎直立或斜升（偶有沿石缝横走）先端被披针形、棕色、有光泽的鳞片。叶簇生；叶柄长 10 ～ 20 厘米，粗约 7 毫米，红棕色、有光泽，上部光滑，基部疏被棕色披针形鳞片；叶片五角形，长宽几相等，5 ～ 7 厘米，先端渐尖，羽片 3 ～ 5 对，基部三回羽裂，中部二回羽裂，上部一回羽裂；基部一对羽片直角三角形，长 3 ～ 5 厘米，宽 2 ～ 4 厘米，水平开展或斜向上，

基部上侧与叶轴合生，下侧不下延，小羽片 3 ～ 4 对，以圆缺刻分开，基部以狭翅相连，基部下侧一片最大，长 2 ～ 2.5 厘米，宽 0.5 ～ 1 厘米，长圆披针形，先端长渐尖，有裂片 3 ～ 4 对；裂片三角形或镰刀形，基部一对较短，羽轴上侧小羽片较短，不分裂，长仅 1 厘米左右；第二对羽片为不整齐的一回羽裂，披针形，基部下延成楔形，往往与基部一对羽片汇合，先端长渐尖，有不整齐的裂片 3 ～ 4 对；裂片三角形或镰刀形，以圆缺刻分开；自第二对羽片向上渐次缩短。叶干后草质或薄革质，上面褐色、光滑，叶脉不显，下面被乳白色或淡黄色粉末，裂片边缘有明显而均匀的细齿。孢子囊群较多；囊群盖连续，狭，膜质，黄绿色，全缘，孢子极面观为钝三角形，周壁表面具颗粒状纹饰。

【生境与分布】生于山坡阴处或石隙处。

【中药名称】银粉背蕨。

【来源】中国蕨科植物银粉背蕨（*Aleuritopteris argentea*（S.G.Gmél.）Fée）的全草。

【采收加工】春秋采，拔出全草，去须根及泥土，晒干或鲜用。

【性味功效】温，淡，平，微涩，无毒。

【应用举例】1. 治月经不调、闭经腹痛：通经草 15 克，益母草 12 克，水煎服。

2. 治赤白带下：银粉背蕨 30 克，白果 9 克，水煎服。

16. 野雉尾金粉蕨 *Onychium japonicum*（Thunb.）Kunze

【别名】野鸡尾、金粉蕨、小叶野鸡尾、孔雀尾、乌蕨。

【植物形态】植株高 60 厘米左右。根状茎长而横走，粗 3 毫米左右，疏被鳞片，鳞片棕色或红棕色，披针形，筛孔明显。叶散生；柄长 2 ～ 30 厘米，基部褐棕色，略有鳞片，向上禾秆色（有时下部略饰有棕色），光滑；叶片几和叶柄等长，宽约 10 厘米或过之，卵状三角形或卵状披针形，渐尖头，四回羽状细裂；羽片 12 ～ 15 对，互生，柄长 1 ～ 2 厘米，基部一对最大，长 9 ～ 17 厘米，宽 5 ～ 6 厘米，长圆披针形或三角状披针形，先端渐尖，并具羽裂尾头，三回羽裂；各回小羽片彼此接近，均为上先出，照例基部一对最大；末回能育小羽片或裂片长 5 ～ 7 毫米，宽 1.5 ～ 2 毫米，线状披针形，有不育的急尖头；末回不育裂片短而狭，线形或短披针形，短尖头；叶轴和各回育轴上面有浅沟，下面凸起，不育裂片仅有中脉一条，能育裂片有斜上侧脉和叶缘的边脉汇合。叶干后坚草质或纸质，灰绿色或绿色，遍体无毛。孢子囊群长（3）5 ～ 6 毫米；囊群盖线形或短长圆形，膜质，灰白色，全缘。

【生境与分布】生林下沟边或溪边石上，海拔 50 ～ 2200 米。

【中药名称】金粉蕨。

【来源】中国蕨科植物野雉尾金粉蕨（*Onychium japonicum*（Thunb.）Kunze）的全草。

【采收加工】春秋采，拔出全草，去须根及泥土，晒干或鲜用。

【性味功效】叶：苦，凉。清热解毒，止血，利湿。用于跌打损伤，烫伤，泄泻，黄疸，痢疾，咳血，狂犬咬伤，食物、药物中毒。

根状茎：清热，凉血，止血。用于外感风热，咽喉痛，吐血，便血，尿血。

全草有解毒功效，可清热降火。

【应用举例】流行性感冒、咳嗽、肝炎、尿路感染、过敏性皮炎、外伤出血、烫伤、食物中毒和药物中毒。

十四、铁线蕨科 Adiantaceae

陆生中小型蕨类，体形变异很大。根状茎或短而直立或细长横走，具管状中柱，被有棕色或黑色、质厚且常为全缘的披针形鳞片。叶一型，螺旋状簇生、二列散生或聚生，不以关节着生于根状茎上；叶柄黑色或红棕色，有光泽，通常细圆，坚硬如铁丝，内有一条或基部为两条而向上合为一条的维管束；叶片多为一至三回及以上的羽状复叶或一至三回二叉掌状分枝，极少为团扇形的单叶，草质或厚纸质，少为革质或膜质，多光滑无毛；叶轴、各回羽轴和小羽柄均与叶柄同色同形；末回小羽片的形状不一，卵形、扇形、团扇形或对开式，边缘有锯齿，少有分裂或全缘，有时以关节与小柄相连，干后常脱落。叶脉分离，罕为网状，自基部向上多回二歧分叉或自基部向四周辐射，顶端二歧分叉，伸达边缘，两面可见。孢子囊群着生在叶片或羽片顶部边缘的叶脉上，无盖，而由反折的叶缘覆盖，一般称这种反折覆盖孢子囊群的特化边缘为“假囊群盖”；假囊群盖形状变化很大，一般有圆形、肾形、半月形、长方形和长圆形等等，分离、接近或连续，假囊群盖的上缘（反卷后与羽片相连的边）呈深缺刻状、浅凹陷或平截等等；孢子囊为球圆形，有长柄，环带直立，大都由 18 个（有时达到 28 个）加厚的细胞组成；孢子四面形，淡黄色，透明，光滑，不具周壁。

本科有 2 属，即铁线蕨属 *Adiantum* L. 和黑华德属 *Hewardia* J. Sm.，前者广布于世界各地，后者仅产于南美洲，但通常被认为是单属的科。

全国第四次中药资源普查秭归境内发现 3 种：月芽铁线蕨（*Adiantum edentulum* H. Christ）和灰背铁线蕨（*Adiantum myriosorum* Baker）无文献记载药用价值，有药用价值的 1 种为团羽铁线蕨（*Adiantum capillus-junonis* Rupr.）

17. 团羽铁线蕨 *Adiantum capillus-junonis* Rupr.

【别名】猪鬃草、猪鬃七。

【植物形态】植株高 8 ～ 15 厘米。根状茎短而直立，被褐色披针形鳞片。叶簇生；柄长 2 ～ 6 厘米，粗约 0.5 厘米，纤细如铁丝，深栗色，有光泽，基部被同样的鳞片，向上光滑；叶片披针形，长 8 ～ 15 厘米，宽 2.5 ～ 3.5 厘米，奇数一回羽状；羽片 4 ～ 8 对，下部的对生，上部的近对生，斜向上，具明显的柄（长约 3 厘米），柄端具关节，羽片干后易从柄端脱落而柄宿存，两对羽片相距 1.5 ～ 2 厘米，彼此疏离，下部数对羽片大小几相等，长 11 ～ 1.6 厘米，宽 1.5 ～ 2 厘米，团扇形或近圆形，基部对称，圆楔形或圆形，两侧全缘，上缘圆形，能育羽片具 2 ～ 5 个浅缺刻，不育部分具细齿；不育羽片上缘具细齿；上部羽片、顶生羽片均与下部羽片同形而略小。叶脉多回二歧分叉，直达叶边，两面均明显。叶干后膜质，草绿色，两面均无毛；羽轴及羽柄均为栗色，有光泽，叶轴先端常延伸成鞭状，能着地生根，行无性繁殖。孢子囊群每羽片 1 ～ 5 枚；囊群盖长圆形或肾形，上缘平直，纸质，棕色，宿存。孢子周壁具粗颗粒状纹饰，处理后常保存。

【生境与分布】生于石灰岩岩石缝中，全县有分布。

【中药名称】翅柄铁线蕨。

【来源】为铁线蕨科植物团羽铁线蕨（*Adiantum capillus-junonis* Rupr.）的全草。

【采收加工】全年可采收。

【性味功效】微苦，凉。治痢疾、颈淋巴结结核，外敷治蛇咬伤。

【应用举例】煎汤，15 ～ 30 克。外用：适量，捣敷。

十五、裸子蕨科 Hemionitidaceae

陆生中小型植物。根状茎横走、斜升或直立，有网状或管状中柱，被鳞片或毛。叶远生、近生或簇生，有柄，柄为禾秆色或栗色，有 U 形或圆形维管束；叶片一至三回羽状（罕为单叶而基部为心形或戟形），多少被毛或鳞片（罕为光滑），草质（罕为软革质）。绿色，罕有下面被白粉（如粉叶蕨属）；叶脉分离，罕为网状（如泽泻蕨属）、不完全网状（如凤丫蕨属部分种）或仅近叶边连结（金毛裸蕨的部分种），网眼不具内藏小脉。孢子囊群沿叶脉着生，无盖；孢子四面形或球状四面形，透明，表面有疣状、刺状突起或条纹，罕为光滑。

本科约 17 属，分布于全世界热带和亚热带地区，少数达北半球温带，中国有 5 属。

全国第四次中药资源普查秭归境内发现 1 种。

18. 凤丫蕨 *Coniogramme japonica*（Thunb.）Diels

【别名】凤丫草。

【植物形态】植株高 60 ～ 120 厘米。叶柄长 30 ～ 50 厘米，粗 3 ～ 5 毫米，禾秆色或栗褐色，基部以上光滑；叶片和叶柄等长或稍长，宽 20 ～ 30 厘米，长圆三角形，二回羽状；羽片通常 3 对，基部一对最大，长 20 ～ 35 厘米，宽 10 ～ 15 厘米，卵圆三角形，柄长 1 ～ 2 厘米，羽状（偶有二叉）；侧生小羽片 1 ～ 3 对，长 10 ～ 15 厘米，宽 1.5 ～ 2.5 厘米，披针形，有柄或向上的无柄，

顶生小羽片远较侧生的为大，长 20 ～ 28 厘米，宽 2.5 ～ 4 厘米，阔披针形，长渐尖头，通常向基部略变狭，基部为不对称的楔形或叉裂；第二对羽片三出、二叉或从这对起向上均为单一，但略渐变小，和其下羽片的顶生小羽片同形；顶羽片较其下的为大，有长柄；羽片和小羽片边缘有向前伸的疏矮齿。叶脉网状，在羽轴两侧形成 2 ～ 3 行狭长网眼，网眼外的小脉分离，小脉顶端有纺锤形水囊，不到锯齿基部。叶干后纸质，上面暗绿色，下面淡绿色，两面无毛。孢子囊群沿叶脉分布，几达叶边。

【生境与分布】生于山坡地、田边、路旁、溪沟、林下等。

【中药名称】散血莲。

【来源】为裸子蕨科植物凤丫蕨（*Coniogramme japonica*（Thunb.）Diels）的全草。

【采收加工】全年或秋季采收，洗净，鲜用或晒干。

【性味功效】甘，凉。清热解毒、消肿凉血、活血止痛、祛风除湿、止咳、强筋骨。

【应用举例】内服：煎汤，15 ～ 30 克，或泡酒。

十六、书带蕨科 Vittariaceae

附生植物。根状茎横走，密被具黄褐色绒毛的须根和鳞片；鳞片粗筛孔状，透明，基部着生；叶近生。叶一型，单叶，禾草状；叶柄较短，无关节；叶片线形至长带形，通常宽不足 1 厘米，具中肋，侧脉羽状，单一，在近叶缘处顶端彼此连接，形成狭长的网眼，无内藏小脉，或仅具中脉而无侧脉。叶草质或革质，较厚，表皮有骨针状细胞。孢子囊形成汇生囊群，线形，表面生或生于沟槽中，无囊群盖，具隔丝。孢子椭圆形，或圆钝三角形，单裂缝或三裂缝，不具周壁，外壁表面常具小疣状纹饰或纹饰模糊，淡黄色，透明。

本科有 4 属 50 余种，广泛分布于全世界热带、亚热带地区。中国有 3 属约 15 种。

全国第四次中药资源普查秭归境内发现 1 种。

19. 书带蕨 *Vittaria flexuosa* Fée

【别名】晒不死、木莲金、九根索、马尾七。

【植物形态】根状茎横走，密被鳞片；鳞片黄褐色，具光泽，钻状披针形，长 4 ～ 6 毫米，基部宽 0.2 ～ 0.5 毫米，先端纤毛状，边缘具睫毛状齿，网眼壁较厚，深褐色；叶近生，常密集成丛。叶柄短，纤细，下部浅褐色，基部被纤细的小鳞片；叶片线形，长 15 ～ 40 厘米或更长，宽 4 ～ 6

毫米，亦有小型个体，其叶片长仅 6 ～ 12 厘米，宽 1 ～ 2.5 毫米；中肋在叶片下面隆起，纤细，其上面凹陷呈一狭缝，侧脉不明显。叶薄草质，叶边反卷，遮盖孢子囊群。孢子囊群线形，生于叶缘内侧，位于浅沟槽中；沟槽内侧略隆起或扁平，孢子囊群线与中肋之间有阔的不育带，或在狭窄的叶片上为成熟的孢子囊群线充满；叶片下部和先端不育；隔丝多数，先端倒圆锥形，长与宽近相等，亮褐色。孢子长椭圆形，无色透明，单裂缝，表面具模糊的颗粒状纹饰。

【生境与分布】生于岩石上或树上。分布于中高山，多见。

【中药名称】书带蕨。

【来源】为书带蕨科植物书带蕨（*Vittaria flexuosa* Fée）的全草。

【采收加工】全年或夏、秋季采收，洗净，鲜用或晒干。

【性味功效】气微，味淡。退目翳，续筋骨，祛风除湿，理气。

【应用举例】内服：煎汤，9 ～ 30 克，鲜品可用至 60 ～ 90 克；研末或泡酒。

十七、金星蕨科 Thelypteridaceae

陆生植物。根状茎粗壮，具放射状对称的网状中柱，分枝或不分枝，直立、斜升或细长而横走，顶端被鳞片；鳞片基生，披针形，罕为卵形，棕色，质厚，筛孔狭长，背面往往有灰白色短刚毛或边缘有睫毛。叶簇生，近生或远生，柄细，禾秆色，不以关节着生，基部横断面有两条海马状的维管束，向上逐渐靠合呈 U 形，通常基部有鳞片，向上多少有与根状茎上同样的灰白色、单细胞针状毛，罕有多细胞的长毛或顶端呈星状分枝的毛。叶一型，罕近二型，多为长圆披针形或倒披针形，少为卵形或卵状三角形，通常二回羽裂，少有三至四回羽裂，罕为一回羽状，各回羽片基部对称，羽轴上面或凹陷成一纵沟，但不与叶轴上的沟互通，或圆形隆起，照例密生灰白色针状毛，羽片基部着生处下面常有一膨大的疣状气囊体。

广布于全世界热带和亚热带地区，少数产于温带，尤以亚洲为多。

本科有 20 余属近 1000 种，多生于低海拔地区。极少热带产种类达海拔 4500 米。中国有 18 属，现知约 365 种，主产于长江以南各省低海拔山区，尤以华南及西南亚热带为多，其中有些属起源于我国或以我国西南为分布中心。

全国第四次中药资源普查秭归境内发现 1 种。

20. 渐尖毛蕨 *Cyclosorus acuminatus*（Houtt.）Nakai

【别名】小叶凤凰尾巴草。

【植物形态】 植株高 70 ～ 80 厘米。根状茎长而横走，粗 2 ～ 4 毫米，深棕色，老则转为褐棕色，先端密被棕色披针形鳞片。叶二列远生，相距 4 ～ 8 厘米；叶柄长 30 ～ 42 厘米，基部粗 1.5 ～ 2 毫米，褐色，无鳞片，向上渐变为深禾秆色，略有一二根柔毛；叶片长 40 ～ 45 厘米，中部宽 14 ～ 17 厘米，长圆状披针形，先端尾状渐尖并羽裂，基部不变狭，二回羽裂；羽片 13 ～ 18 对，有极短柄，斜展或斜上，有等宽的间隔分开（间隔宽约 1 厘米），互生，或基部的对生，中部以下的羽片长 7 ～ 11 厘米，中部宽 8 ～ 12 毫米，基部较宽，披针形，渐尖头，基部不等，上侧凸出，平截，下侧圆楔形或近圆形，羽裂达 1/2 ～ 2/3；裂片 18 ～ 24 对，斜上，略弯弓，彼此密接，基部上侧一片最长，为 8 ～ 10 毫米，披针形，下侧一片长不及 5 毫米，第二对以上的裂片长 4 ～ 5 毫米，近镰状披针形，尖头或骤尖头，全缘。叶脉下面隆起，清晰，侧脉斜上，每裂片 7 ～ 9 对，单一（基部上侧一片裂片有 13 对，多半二叉），基部一对出自主脉基部，其先端交接成钝三角形网眼，并自交接点向缺刻下的透明膜质连线伸出一条短的外行小脉，第二对和第三对的上侧一脉伸达透明膜质连线。叶坚纸质，干后灰绿色，除羽轴下面疏被针状毛外，羽片上面被极短的糙毛。孢子囊群圆形，生于侧脉中部以上，每裂片 5 ～ 8 对；囊群盖大，深棕色或棕色，密生短柔毛，宿存。

【生境与分布】生于海拔 100 ～ 1200 米的田边、路旁或林下溪谷边，全县有分布。

【中药名称】渐尖毛蕨。

【来源】为金星蕨科植物渐尖毛蕨（*Cyclosorus acuminatus*（Houtt.）Nakai）的全草或根茎。

【采收加工】夏、秋季采收，晒干。

【性味功效】微苦，平。归心、肝经。清热解毒，祛风除湿，健脾。

【应用举例】内服：煎汤，15 ～ 30 克，大剂量 150 ～ 180 克。

十八、铁角蕨科 Aspleniaceae

多为中型或小型的石生或附生（少有土生）草本植物，有时为攀援。根状茎横走、卧生或直立，被具透明粗筛孔的褐色或深棕色的披针形小鳞片，无毛，有网状中柱。叶远生、近生或簇生，草质、革质或近肉质，光滑或有时疏被不规则的星芒状薄质小鳞片，有柄，基部不以关节着生；叶柄草质，常为栗色并有光泽，或为淡绿色或青灰色，上面有纵沟，基部有维管束两条，横切面呈卵圆形或椭圆肾形，左右两侧排成八字形，向上结合成 X 字形，在羽状叶上的各回羽轴上面有 1 条纵沟，两侧往往有相连的狭翅，各纵沟彼此不互通；叶形变异极大，单一（披针形、心形或圆形）、深羽裂或经常为一至三回羽状细裂，偶为四回羽状，复叶的分枝式为上先出，末回小羽片或裂片往往为斜方形或不等边四边形，基部不对称，边缘为全缘，或有钝锯齿或为撕裂。叶脉分离，上先出，一至多回二歧分枝，小脉不达叶边，有时向叶边多少结合，在细裂叶的种类，每一末回裂片仅有 1 条单脉。孢子囊群多为线形，有时近椭圆形，沿小脉上侧着生，罕有生于相近脉的下侧，通常有囊群盖（在药蕨属 *Ceterach* Willd. 近退化）；囊群盖厚膜质或薄纸质，全缘，以一侧着生于叶脉，通常开向主脉（中脉），或有时相向对开，在细裂叶的种类中，每一末回裂片只有 1 条叶脉及孢子囊群，囊群盖通常开向上侧叶边；孢子囊为水龙骨型，环带垂直，间断，约由 20 个增厚细胞组成。孢子两侧对称，椭圆形或肾形，单裂缝，周壁具褶皱，褶皱连接形成网状或不形成网状，表面具小刺或光滑，但常因不同的分类群而变化很大，外壁表面光滑。

本科有 10 属 700 余种，广布于世界各地，主产于热带。其中铁角蕨属 *Asplenium* L. 为种类最多、形体变化最大的 1 个属，为本科的中心属（其少数种类产于北半球寒温带），其他各卫星属的种类很少或只有一二种，分布区较为局限或呈现洲际间断分布。许多属和种生于干旱生境和石灰岩石缝中。中国现有 8 属 131 种，分布于全国各地，以南部和西南部为其分布中心。

全国第四次中药资源普查秭归境内发现 2 种。

21. 华南铁角蕨 *Asplenium austrochinense* Ching

【别名】铁角蕨。

【植物形态】植株高 30 ～ 40 厘米。根状茎短粗，横走，先端密被鳞片；鳞片披针形，长 7 ～ 9 毫米，基部宽约 1 毫米，膜质，褐棕色，有虹色光泽，近全缘。叶近生；叶柄长 10 ～ 20 厘米，基部粗 1 ～ 2 毫米，下部为青灰色，向上为灰禾秆色，上面有纵沟，与叶轴及羽轴下面光滑或略被一二红棕色鳞片；叶片阔披针形，长 18 ～ 26 厘米，基部宽 6 ～ 10 厘米，渐尖头，二回羽状；羽片 10 ～ 14 对，下部的对生，向上互生，斜展，有长柄（长 3 ～ 4 毫米），相距 2.5 ～ 3 厘米，基部羽片不缩短，长 4.5 ～ 8 厘米，基部宽 1.7 ～ 3 厘米，披针形，长尾头（尾长 1 ～ 2 厘米），一回羽状；小羽片 3 ～ 5 对，互生，上先出，斜向上，基部上侧一片较大，匙形，长 1 ～ 2 厘米，中部宽 6 ～ 12 毫米，钝头或圆头，基部长楔形，与羽轴合生，下侧沿羽轴下延，两侧全缘，顶部浅片裂为 2 ～ 3 个裂片，裂片顶端近撕裂；羽轴两侧有狭翅。叶脉两面均明显，上面隆起，下面多少凹陷呈沟脊状，小脉扇状二叉分枝，极斜向上，彼此密接，几达叶边。叶坚革质，干后棕色；叶轴及羽轴上面均有纵沟。孢子囊群短线形，长 3 ～ 5 毫米，褐色，极斜向上，生于小脉中部或中部以上，每小羽片有 2 ～ 6（9）枚，排列不整齐；囊群盖线形，棕色，厚膜质，全缘，有的开向主脉，有的开向叶边，宿存。

【生境与分布】生于海拔 400 ～ 1000 米的林下湿石上或路旁石缝中。

【中药名称】华南铁角蕨。

【来源】为铁角蕨科植物华南铁角蕨（*Asplenium austrochinense* Ching）的全草。

【采收加工】夏、秋季采收，洗净，晒干。

【性味功效】甘，微苦，平。利湿化浊，止血。

【应用举例】内服：煎汤，9 ～ 15 克。外用：适量，研末撒。

22. 虎尾铁角蕨 *Asplenium incisum* Thunb.

【别名】野柏树、铁脚洞里仙、丹雪凤尾、伤寒草、止血草。

【植物形态】植株高 10 ～ 30 厘米。根状茎短而直立或横卧，先端密被鳞片；鳞片狭披针形，长 3 ～ 5 毫米，宽不超过 0.5 毫米，膜质，黑色，略有虹色光泽，全缘。叶密集簇生；叶柄长 4 ～ 10 厘米，粗约 1 毫米，淡绿色，或通常为栗色或红棕色，而在上面两侧各有 1 条淡绿色的狭边，有光泽，上面有浅阔纵沟，略被少数褐色纤维状小鳞片，以后脱落；叶片阔披针形，长 10 ～ 27 厘米，中部宽 2 ～ 4（5.5）厘米，两端渐狭，先端渐尖，二回羽状（有时为一回羽状）；羽片 12 ～ 22 对，下部的对生或近对生，向上互生，斜展或近平展，有极短柄（长达 1 毫米），下部羽片逐渐缩短成卵形或半圆形，长、宽不及 5 毫米，逐渐远离，中部各对羽片相距 1 ～ 1.5 厘米，彼此疏离，间隔约等于羽片的宽度，三角状披针形或披针形，长 1 ～ 2 厘米，基部宽 6 ～ 12 毫米，先端渐尖并有粗齿，一回羽状或为深羽裂达于羽轴；小羽片 4 ～ 6 对，互生，斜展，彼此密接，基部一对较大，长 4 ～ 7 毫米，宽 3 ～ 5 毫米，椭圆形或卵形，圆头并有粗齿，基部阔楔形，无柄或多少与羽轴合生并沿羽轴下延。叶脉两面均可见，小羽片上的主脉不显著，侧脉二叉或单一，基部的常为 2 ～ 3 叉，纤细，斜向上，先端有明显的水囊，伸入齿，但不达叶边。叶薄草质，干后草绿色，光滑；叶轴淡禾秆色或下面为栗色或红棕色，有光泽，光滑，上面有浅阔纵沟，顶部两侧有线状狭翅。孢子囊群椭圆形，长约1毫米，棕色，斜向上，生于小脉中部或下部，紧靠主脉，不达叶边，基部一对小羽片常有2～4对，彼此密接，整齐；囊群盖椭圆形，灰黄色，后变淡灰色，薄膜质，全缘，开向主脉，偶有开向叶边。

【生境与分布】生于林下湿岩石上。

【中药名称】岩春草。

【来源】为铁角蕨科植物虎尾铁角蕨（*Asplenium incisum* Thunb.）的全草。

【采收加工】夏、秋季采收，洗净，晒干或鲜用。

【性味功效】苦，甘。清热解毒、平肝定惊、止血。

【应用举例】内服：煎汤，15～30克。外用：适量，捣敷。清热生用，止血炒用。

十九、球子蕨科 Onocleaceae

土生。根状茎粗短，直立或横走，有网状中柱，被膜质的卵状披针形至披针形鳞片。叶簇生或疏生，有柄，二型：不育叶绿色，草质或纸质，椭圆披针形或卵状三角形，一回羽状至二回深羽裂，羽片线状披针形至阔披针形，互生，无柄，羽裂深达1/2，裂片镰状披针形至椭圆形，全缘或有微齿，叶脉羽状，分离或连结成网状，无内藏小脉；能育叶椭圆形至线形，一回羽状，羽片强反卷成荚果状，深紫色至黑褐色，成圆柱状或球圆形，叶脉分离，在裂片上为羽状或叉状分枝，能育的末回小脉的先端常突起成囊托。孢子囊群圆形，着生于囊托上；囊群盖下位或为无盖，外为反卷的变质叶片包被；孢子囊球圆形，有长柄，环带由36～40个增厚细胞组成，纵行。孢子两侧对称，单裂缝，不具边缘，具透明的周壁，呈薄膜状，疏松地包裹于孢子外面，略微褶皱，表面上有小刺状纹饰，外壁表面光滑。

本科有2属，分布于北半球温带。我国2属均产。

全国第四次中药资源普查秭归境内发现1种。

23. 荚果蕨 *Matteuccia struthiopteris*（L.） Tod. Var. *struthiopteris*

【别名】黄瓜香、野鸡膀子。

【植物形态】植株高 70 ～ 110 厘米。根状茎粗壮，短而直立，木质，坚硬，深褐色，与叶柄基部密被鳞片；鳞片披针形，长 4 ～ 6 毫米，先端纤维状，膜质，全缘，棕色，老时中部常为褐色至黑褐色。叶簇生，二型。不育叶叶柄褐棕色，长 6 ～ 10 厘米，粗 5 ～ 10 毫米，上面有深纵沟，基部三角形，具龙骨状突起，密被鳞片，向上逐渐稀疏，叶片椭圆披针形至倒披针形，长 50 ～ 100 厘米，中部宽 17 ～ 25 厘米，向基部逐渐变狭，二回深羽裂，羽片 40 ～ 60 对，互生或近对生，斜展，相距 1.5 ～ 2 厘米，下部的向基部逐渐缩小成小耳形，中部羽片最大，披针形或线状披针形，长 10 ～ 15 厘米，宽 1 ～ 1.5 厘米，先端渐尖，无柄，羽状深裂，裂片 20 ～ 25 对，略斜展，彼此接近，为整齐齿状排列，椭圆形或近长方形，中部以下的同大，长 5 ～ 8 毫米，圆头或钝头，边缘具波状圆齿或为近全缘，通常略反卷，叶脉明显，在裂片上为羽状，小脉单一，斜向上，叶草质，干后绿色或棕绿色，无毛，仅沿叶轴、羽轴和主脉疏被柔毛和小鳞片，羽轴浅棕色或棕禾秆色，上面有浅纵沟；能育叶较不育叶短，有粗壮的长柄（长 12 ～ 20 厘米，下部粗 5 ～ 12 毫米），叶片倒披针形，长 20 ～ 40 厘米，中部以上宽 4 ～ 8 厘米，一回羽状，羽片线形，两侧强反卷成荚果状，呈念珠形，深褐色，包裹孢子囊群，小脉先端形成囊托，位于羽轴与叶边之间，孢子囊群圆形，成熟时连接而成为线形，囊群盖膜质。

【生境与分布】生于林下或山谷阴湿处，全县均有分布。

【中药名称】荚果蕨贯众。

【来源】为球子蕨科荚果蕨（*Matteuccia struthiopteris*（L.） Tod. Var. *struthiopteris*）的根茎及叶柄基部。

【采收加工】春、秋季采挖，削去叶柄、须根，除净泥土，晒干或鲜用。

【性味功效】微寒，苦。清热解毒，杀虫，止血。

【应用举例】内服：煎汤，5 ～ 15 克，大剂量可用至 50 克。外用：适量，捣敷；或煎水洗。清热解毒宜生用，止血宜炒炭。

二十、乌毛蕨科 Blechnaceae

土生，有时为亚乔木状，或有时为附生。根状茎横走或直立，偶有横卧或斜升，有时形成树干状的直立主轴（如苏铁蕨属 *Brainea* J. Sm. 和扫把蕨属 *Diploblechnum* Hayata），有网状中柱，被具细密筛孔的全缘、红棕色鳞片。叶一型或二型，有柄，叶柄内有多条维管束；叶片一至二回羽裂，罕为单叶，厚纸质至革质，无毛或常被小鳞片。叶脉分离或网状，如为分离则小脉单一或分叉，平行，如为网状则小脉常沿主脉两侧各形成 1 ～ 3 行多角形网眼，无内藏小脉，网眼外的小脉分离，直达叶缘。孢子囊群为长的汇生囊群，或为椭圆形，着生于与主脉平行的小脉上或网眼外侧的小脉上，均靠近主脉；囊群盖同形，开向主脉，很少无盖；孢子囊大，环带纵行而于基部中断。孢子椭圆形，两侧对称，单裂缝，具周壁，常形成褶皱，上面分布有颗粒，外壁表面光滑或纹饰模糊。

本科有 13 属约 240 种，主产南半球热带地区。我国有 7 属 13 种，分布于西南、华南、华中及华东。

全国第四次中药资源普查秭归境内发现 2 种。

24. 狗脊 *Woodwardia japonica*（L. f.）Sm.

【别名】金毛狗脊、猴毛头、金狗脊。

【植物形态】植株高（50）80 ～ 120 厘米。根状茎粗壮，横卧，暗褐色，粗 3 ～ 5 厘米，与叶柄基部密被鳞片；鳞片披针形或线状披针形，长约 1.5 厘米，先端长渐尖，有时为纤维状，膜质，全缘，深棕色，略有光泽，老时逐渐脱落。叶近生；柄长 15 ～ 70 厘米，粗 3 ～ 6 毫米，暗浅棕色，坚硬，下部密被与根状茎上相同而较小的鳞片，向上至叶轴逐渐稀疏，老时脱落，叶柄基部往往宿存于根状茎上；叶片长卵形，长 25 ～ 80 厘米，下部宽 18 ～ 40 厘米，先端渐尖，二回羽裂；顶生羽片卵状披针形或长三角状披针形，大于其下的侧生羽片，其基部一对裂片往往伸长，侧生羽片（4）7 ～ 16 对，下部的对生或近对生，向上的近对生或为互生，斜展或略斜向上，无柄或近无柄，疏离，基部一对略缩短，下部羽片较长，相距 3 ～ 7 厘米，线状披针形，长 12 ～ 22（25）厘米，宽 2 ～ 3.5（5）厘米，先端长渐尖，基部圆楔形或圆截形，上侧常与叶轴平行，羽状半裂；裂片 11 ～ 16 对，互生或近对生，基部一对缩小，下侧一片为圆形、卵形或耳形，长 5 ～ 10 毫米，圆头，上侧一片亦较小，向上数对裂片较大，密接，斜展，椭圆形或卵形，偶为卵状披针形，长 1.3 ～ 2.2 厘米，宽 7 ～ 10 毫米，尖头或急尖头，边缘有细密锯齿，干后略反卷。叶脉明显，羽轴及主脉均为浅棕色，两面均隆起，在羽轴及主脉两侧各有 1 行狭长网眼，其外侧尚有若干不整齐的多角形网眼，其余小脉分离，单一或分叉，直达叶边。叶近革质，干后棕色或棕绿色，两面无毛或下面疏被短柔毛；羽轴下面的下部密被棕色纤维状小鳞片，向上逐渐稀疏。孢子囊群线形，挺直，着生于主脉两侧的狭长网眼上，也有时生于羽轴两侧的狭长网眼上，不连续，呈单行排列；囊群盖线形，质厚，棕褐色，成熟时开向主脉或羽轴，宿存。

【生境与分布】生于灌丛中或溪边，海拔 100 ～ 1300 米，为酸性土指示植物，全县有分布。

【中药名称】狗脊。

【来源】为乌毛蕨科植物狗脊（*Woodwardia japonica*（L. f.）Sm.）的干燥根茎。

【采收加工】秋、冬二季采挖，除去泥沙，干燥；或去硬根、叶柄及金黄色绒毛，切厚片，干燥。

【性味功效】苦，甘，温。归肝、肾经。祛风湿，补肝肾，强腰膝。

【应用举例】内服：煎汤，10～15克；或浸酒。外用：适量，鲜品捣敷。

25. 顶芽狗脊 *Woodwardia unigemmata* (Makino) Nakai

【别名】单芽狗脊、顶芽狗脊蕨、生芽狗脊。

【植物形态】植株高达2米。根状茎横卧，粗达3厘米，黑褐色，密被鳞片；鳞片披针形，长达2.7厘米，先端纤维状，全缘，棕色，薄膜质。叶近生；柄长30～100厘米，中部粗5～8毫米，基部褐色并密被与根状茎上相同的鳞片，向上为棕禾秆色，略被少数较小的鳞片，鳞片脱落后留下弯线形的鳞痕，有时并有小刺状突起，表面颇感粗糙；叶片长卵形或椭圆形，长40～80（100）厘米，下部宽20～40（80）厘米，先端渐尖，基部圆楔形，二回深羽裂；羽片7～13（18）对，互生或下部的近对生，略斜向上或弯拱斜向上，有时斜展，疏离或接近，近无柄或有短柄，阔披针形，有时为椭圆披针形，长15～30（40）厘米，中部宽5～7（14）厘米，先端尾尖，基部圆截形，上侧常覆盖叶轴，羽状深裂达羽轴两侧的宽翅；裂片14～18（22）对，互生，斜展，彼此接近，下部几对略缩短，不变形，中部的长1～5（9）厘米，基部宽8～12（14）毫米，披针形，有时呈镰刀状，先端渐尖，有时为尾状渐尖，边缘具细密的尖锯齿，干后内卷，在大型植株的下部羽片的下部裂片边缘有时浅裂成波状，亦具尖锯齿。叶脉明显，羽轴两面及主脉上面隆起，与叶轴同为棕禾秆色，在羽轴及主脉两侧各有1行狭长网眼，狭长网眼外尚有1～2行不整齐的多角形网眼，其外的小脉分离，小脉单一或二叉，先端有纺锤形水囊，直达叶边。叶革质，干后棕色或褐棕色，无毛，叶轴及羽轴下面疏被棕色纤维状小鳞片，尤以羽片着生处较密，叶轴近先端具1枚被棕色鳞片的腋生大芽孢。孢子囊群粗短线形，挺直或略弯，着生于主脉两侧的狭长网眼上，彼此接近或略疏离，下陷于叶肉；囊群盖同形，厚膜质，棕色或棕褐色，成熟时开向主脉。

【生境与分布】生于疏林下或路边灌丛中，喜钙质土，海拔450～3000米。

【中药名称】狗脊蕨贯众。

【来源】为乌毛蕨科植物顶芽狗脊（*Woodwardia unigemmata*（Makino）Nakai）的干燥根茎。

【采收加工】春、秋采挖，削去叶柄、须根，除净泥土，晒干。

【性味功效】苦，凉。清热解毒，散瘀，杀虫。用于虫积腹痛，感冒，便血，血崩，痈疮肿毒等。

【应用举例】内服：煎汤，9～15克，大剂量可用至30克；或浸酒；或入丸、散。外用：适量，捣敷；或研末调涂。

二十一、鳞毛蕨科 Dryopteridaceae

中等大小或小型陆生植物。根状茎短而直立或斜升，具簇生叶，或横走具散生或近生叶，连同叶柄（至少下部）密被鳞片，内部为放射状结构，有高度发育的网状中柱；鳞片狭披针形至卵形，基部着生，棕色或黑色，质厚，边缘多少具锯齿或睫毛，无单细胞或多细胞的针状硬毛。叶簇生或散生，有柄；叶柄横切面具4～7个或更多的维管束，上面有纵沟，多少被鳞片；叶片一至五回羽状，极少单叶，纸质或革质，干后淡绿色，光滑，或叶轴、各回羽轴和主脉下面多少被披针形或钻形鳞片（鳞片有时呈球圆形或基部呈口袋形），如为二回以上的羽状复叶，则小羽片或为上先出（如在*Arachniodes*属）或除基部1对羽片的一回小羽片为上先出外，其余各回小羽片为下先出（如在*Dry-opteris*属）；各回小羽轴和主脉下面圆而隆起，上面具纵沟，并在着生处开向下一回小羽轴上面的纵沟，基部下侧下延，光滑无毛（偶有淡灰白色的单细胞柔毛，如在*Lepto-rumohra*属）；羽片和各回小羽片基部对称或不对称（即上侧多少呈耳状凸起，下侧斜切楔形），叶边通常有锯齿或有触痛感的芒刺。叶脉通常分离（在*Cyrtomium*属为网状），上先出或下先出，小脉单一或二叉，不达叶边，顶端往往膨大呈球秆状的小囊。孢子囊群小，圆，顶生或背生于小脉，有盖（偶无盖）；盖厚膜质，圆肾形，以深缺刻着生，或圆形，盾状着生，少为椭圆形，草质，近黑色，以外侧边中部凹点着生于囊托，成熟时开向主脉，内侧边缘有1～2个浅裂（如在*Lithostegia*属）。孢子两面形、卵圆形，具薄壁。

本科约14属1200余种，分布于世界各洲，但主要集中于北半球温带和亚热带高山地带，中国有13属472种，分布于全国各地，尤以长江以南最为丰富，从海岸起向西达4500米的高山冰川附近。

全国第四次中药资源普查秭归境内发现1种。

26. 贯众　*Cyrtomium fortunei* J. Smith

【别名】锐荷、泺、贯节、贯渠、百头、虎卷、扁符。

【植物形态】植株高25～50厘米。根茎直立，密被棕色鳞片。叶簇生，叶柄长12～26厘米，基部直径2～3毫米，禾秆色，腹面有浅纵沟，密生卵形及披针形棕色有时中间为深棕色的鳞片，鳞片边缘有齿，有时向上部秃净；叶片矩圆披针形，长20～42厘米，宽8～14厘米，先端钝，基部不变狭或略变狭，奇数一回羽状；侧生羽片 7 ～ 16 对，互生，近平伸，柄极短，披针形，多少上弯成镰状，中部的长 5 ～ 8 厘米，宽 1.2 ～ 2 厘米，先端渐尖，少数成尾状，基部偏斜，上侧近截形，有时略有钝的耳状凸，下侧楔形，边缘全缘有时有前倾的小齿；具羽状脉，小脉连结成 2 ～ 3 行网眼，腹面不明显，背面微凸起；顶生羽片狭卵形，下部有时有 1 或 2 个浅裂片，长 3 ～ 6 厘米，宽 1.5 ～ 3 厘米。叶为纸质，两面光滑；叶轴腹面有浅纵沟，疏生披针形及线形棕色鳞片。孢子囊群遍布羽片背面；囊群盖圆形，盾状，全缘。

【生境与分布】生于山坡林边及岩石湿地。

【中药名称】小贯众。

【来源】为鳞毛蕨科植物贯众（*Cyrtomium fortunei* J. Smith）的根状茎和叶柄残基。

【采收加工】洗净，除去叶柄及须根，晒干。

【性味功效】苦，微寒，有小毒。清热平肝，解毒杀虫，止血。

【应用举例】煎服，5 ～ 15 克；或入丸、散。外用：适量，研末调涂。

二十二、肾蕨科 Nephrolepidaceae

中型草本，土生或附生，少有攀援。根状茎长而横走，有腹背之分，或短而直立，辐射状，并发出极细瘦的匍匐枝，生有小块茎，二者均被鳞片，具管状或网状中柱；鳞片以伏贴的阔腹部盾状着生，向边缘色变淡而较薄，往往有睫毛。叶一型，簇生而叶柄不以关节着生于根状茎上，或为远生，2 列，而叶柄以关节着生于明显的叶足上或蔓生茎上；叶片长而狭，披针形或椭圆披针形，一回羽状，分裂度粗，羽片多数，基部不对称，无柄，以关节着生于叶轴，全缘或多少具缺刻。叶脉分离，侧脉羽状，几达叶边，小脉先端具明显的水囊，上面往往有 1 个白色的石灰质小鳞片。叶草质或纸质，无毛或很少被毛，或罕有略具糠秕状鳞片伏生。孢子囊群表面生，单一，圆形，偶有两侧汇合，顶生于每组叶脉的上侧一小脉，或背生于小脉中部，近叶边以 1 行排列或远离叶边以多行排列；囊群盖圆肾形或少为肾形，以缺刻着生，向外开，宿存或几消失；孢子囊为水龙骨型，不具隔丝；孢子两侧对称，椭圆形或肾形。

本科有3属，分布于热带地区。我国有2属。

全国第四次中药资源普查秭归境内发现1种。

27. 肾蕨 *Nephrolepis auriculata*（L.）Trimen

【别名】圆羊齿、天鹅抱蛋、凤凰草、圆蕨。

【植物形态】附生或土生。根状茎直立，被蓬松的淡棕色长钻形鳞片，下部有粗铁丝状的匍匐茎向四方横展，匍匐茎棕褐色，粗约1毫米，长达30厘米，不分枝，疏被鳞片，有纤细的褐棕色须根；匍匐茎上生有近圆形的块茎，直径1～1.5厘米，密被与根状茎上同样的鳞片。叶簇生，柄长6～11厘米，粗2～3毫米，暗褐色，略有光泽，上面有纵沟，下面圆形，密被淡棕色线形鳞片；叶片线状披针形或狭披针形，长30～70厘米，宽3～5厘米，先端短尖，叶轴两侧被纤维状鳞片，一回羽状，羽片多数，45～120对，互生，常密集而呈覆瓦状排列，披针形，中部的一般长约2厘米，宽6～7毫米，先端钝圆或有时为急尖头，基部心形，通常不对称，下侧为圆楔形或圆形，上侧为三角状耳形，几无柄，以关节着生于叶轴，叶缘有疏浅的钝锯齿，向基部的羽片渐短，常变为卵状三角形，长不及1厘米。叶脉明显，侧脉纤细，自主脉向上斜出，在下部分叉，小脉直达叶边附近，顶端具纺锤形水囊。叶坚草质或草质，干后棕绿色或褐棕色，光滑。孢子囊群成1行位于主脉两侧，肾形，少有为圆肾形或近圆形，长1.5毫米，宽不及1毫米，生于每组侧脉的上侧小脉顶端，位于从叶边至主脉的1/3处；囊群盖肾形，褐棕色，边缘色较淡，无毛。

【生境与分布】生于溪边林下，海拔30～1500米。

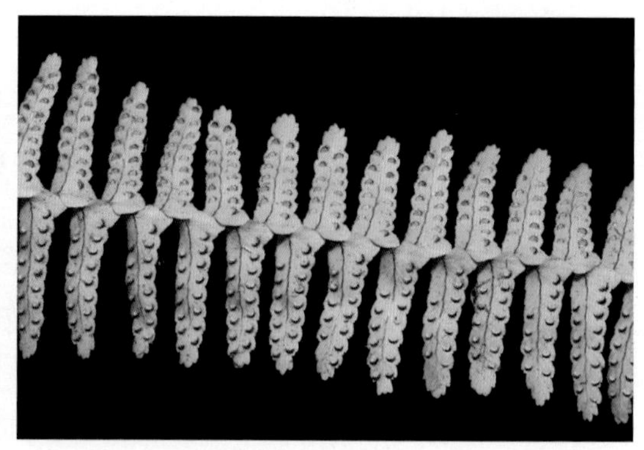

【中药名称】肾蕨。

【来源】为肾蕨科植物肾蕨（*Nephrolepis auriculata*（L.）Trimen）的全草和块茎。

【采收加工】全年均可采收。

【性味功效】苦，辛，平。治黄疸，淋浊，小便涩痛，痢疾，疝气，乳痈，瘰疬，烫伤，刀伤等。

【应用举例】鲜块茎或全草捣烂敷患处。

二十三、水龙骨科 Polypodiaceae

中型或小型蕨类，通常附生，少为土生。根状茎长而横走，有网状中柱，通常有厚壁组织，被鳞片；鳞片盾状着生，通常具粗筛孔，全缘或有锯齿，少具刚毛或柔毛。叶一型或二型，以关节着生于根状茎上，单叶，全缘，或分裂，或羽状，草质或纸质，无毛或被星状毛。叶脉网状，少为分离的，网眼内通常有分叉的内藏小脉，小脉顶端具水囊。孢子囊群通常为圆形或近圆形，或为椭圆形，或为线形，或有时布满能育叶片下面一部分或全部，无盖而有隔丝。孢子囊具长柄，有 12 ～ 18 个增厚的细胞构成的纵行环带。孢子椭圆形，单裂缝，两侧对称。

本科有 40 余属，广布于全世界，但主要产于热带和亚热带地区。中国有 25 属，现有 272 种，主产于长江以南各省区。

全国第四次中药资源普查秭归境内发现 6 种。

28. 矩圆线蕨 *Colysis henryi*（Baker）Ching

【别名】大石韦、篦梳剑、中狭线蕨、边那坡草、水剑草。

【植物形态】植株高 20 ～ 70 厘米。根状茎横走，密生鳞片；鳞片褐色，卵状披针形，长 2.95（1.7 ～ 5.0）毫米，宽 0.84（0.2 ～ 2. 1）毫米，顶端渐尖，边缘有疏锯齿。叶一型，远生，草质或薄草质，光滑无毛；叶柄长 5 ～ 35 厘米，禾秆色；叶片椭圆形或卵状披针形，长 15 ～ 50 厘米，宽 3 ～ 11 厘米，顶端渐尖或钝圆，向基部急变狭，下延成狭翅，全缘或略呈微波状；侧脉斜展，略可见，小脉网状，在每对侧脉间有 2 行网眼，内藏小脉通常单一或 1 ～ 2 次分叉。孢子囊群线形，着生于网脉上，在每对侧脉间排列成一行，从中脉斜出，多数伸达叶边，无囊群盖。孢子极面观为椭圆形，赤道面观为肾形。大小为 27.5（18.8 ～ 32.5）微米 × 40.6（35 ～ 46.3）微米。单裂缝，裂缝长度为孢子全长的 1/4 ～ 1/3。周壁表面具球形颗粒和明显的缺刻状刺。刺表面密生粗糙的颗粒状物。

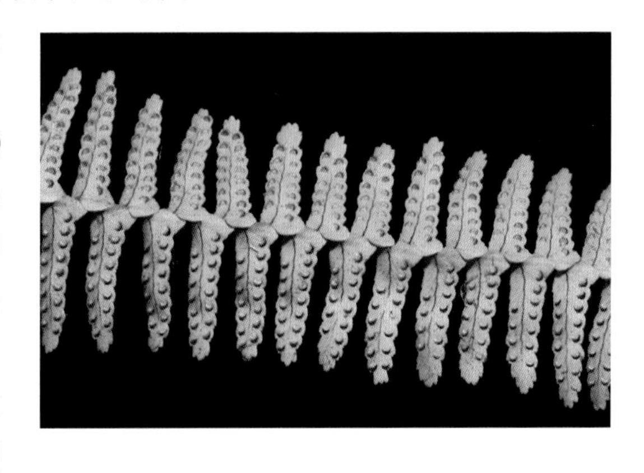

【生境与分布】生于林下或阴湿处，成片聚生，海拔 600 ～ 1260 米。全县有分布。

【中药名称】矩圆线蕨。

【来源】为水龙骨科植物矩圆线蕨（*Colysis henryi*（Baker）Ching）的全草。

【采收加工】全年均可采收，洗净，晒干或鲜用。

【性味功效】治肺热咳血，尿血，小便淋浊，痈疮肿毒，毒蛇咬伤，风湿痹痛等。

【应用举例】内服：煎汤，15 ～ 30 克；鲜品 30 ～ 120 克。外用：适量，捣敷。

29. 大瓦韦 *Lepisorus macrosphaerus*（Baker）Ching

【别名】金星凤尾草、凤尾金星、岩巫散、观音旗、黄瓦韦。

【植物形态】植株高通常 20 ～ 40 厘米。根状茎横走，密生鳞片；鳞片棕色，卵圆形，顶端钝圆，中部网眼近长方形，其壁略加厚，颜色较深，边缘的网眼近多边形，色淡，老时易脱落。叶近生；叶柄长一般 4 ～ 15 厘米，多为禾秆色；叶片披针形或狭长披针形，长 15 ～ 35 厘米，中部最宽，为 1.5 ～ 4 厘米，短尾状渐尖头，基部渐变狭并下延，全缘或略呈波状，干后上面黄绿色或褐色，下面灰绿色或淡棕色，厚革质，下面常覆盖少量鳞片。主脉上下均隆起，小脉通常不显。孢子囊群圆形或椭圆形，在叶片下面高高隆起，而在叶片背面成穴状凹陷，紧靠叶边着生，彼此间相距变化很大，远的距离约 1 厘米，近的彼此相接，甚至二者扩展为一，幼时被圆形棕色全缘的隔丝覆盖。

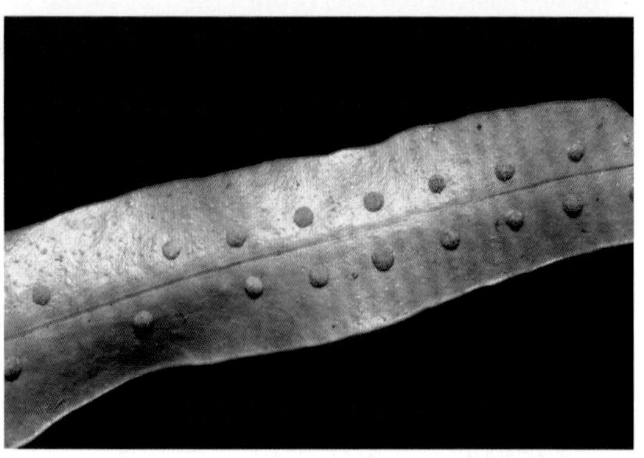

【生境与分布】附生于林下树干或岩石上，海拔 1340 ～ 3400 米。

【中药名称】大瓦韦。

【来源】为水龙骨科植物大瓦韦（*Lepisorus macrosphaerus*（Baker）Ching）的全草。

【采收加工】全年均可采收，洗净，晒干。

【性味功效】清热解毒，利尿祛湿，止血。

【应用举例】内服：煎汤，9 ～ 15 克。外用：适量，捣敷；或煎水洗。

30. 三角叶盾蕨 *Neolepisorus ovatus* Ching form. deltoideus（Hand. -Mazz.）Ching

【别名】西风剑、单叶扇蕨。

【植物形态】本变型叶片三角形，不规则浅裂或羽状深裂，裂片一至多对，披针形，彼此有阔的间隔分开，基部以阔翅（宽约 1 厘米）相连。多年生草本，高 20 ～ 40 厘米。根状茎长而横走，密被棕褐色、卵形鳞片。叶远生，叶柄长 10 ～ 17 厘米或更长，灰黑色，被鳞片；叶片卵状矩圆形或近三角形，长 13 ～ 23 厘米，宽 7 ～ 12 厘米，先端渐尖，基部宽，亚截形或圆楔形，有时为楔形，全缘或下部多少分裂；叶质坚，厚纸质，上面无毛，下面多少被鳞片；侧脉明显，细脉联结成网眼，内藏细脉叉开。孢子囊群大形，圆，在中脉两旁各 1 行或为不整齐的多行，幼时被盾形鳞片；孢子两面形，褐色。

【生境与分布】生于长林下石隙或溪边湿地。分布于西南、广西、广东、福建、台湾、浙江、江苏、江西、安徽、湖北等地。

【中药名称】西风剑。

【来源】为水龙骨科三角叶盾蕨（*Neolepisorus ovatus* Ching form. deltoideus（Hand. –Mazz.）Ching）的全草。

【采收加工】以全草或叶入药。四季可采，洗净，晒干。夏秋采收，洗净鲜用或晒干。

【性味功效】苦，凉。清热利窍，散瘀止血。治吐血，血淋，痈毒，跌打损伤，烫伤等。

【应用举例】内服：煎汤，15 ~ 25 克；或浸酒。外用：捣敷或研末调敷。

31. 金鸡脚假瘤蕨 *Phymatopteris hastata*（Thunb.）Pic. Serm.

【别名】金鸡脚、鹅掌金星草、鸭脚草。

【植物形态】土生植物。根状茎长而横走，粗约 3 毫米，密被鳞片；鳞片披针形，长约 5 毫米，棕色，顶端长渐尖，边缘全缘或偶有疏齿。叶远生；叶柄的长短和粗细均变化较大，长 2 ~ 20 厘米，直径为 0.5 ~ 2 毫米，禾秆色，光滑无毛。叶片为单叶，形态变化极大，单叶不分裂，或戟状二至三分裂；单叶不分裂叶的形态变化亦极大，从卵圆形至长条形，长 2 ~ 20 厘米，宽 1 ~ 2 厘米，顶端短渐尖或钝圆，基部楔形至圆形；分裂的叶片其形态也极其多样，常见的是戟状二至三分裂，裂片或长或短，或较宽，或较狭，但通常都是中间裂片较长和较宽。叶片（或裂片）的边缘具缺刻和加厚的软骨质边，通直或呈波状。中脉和侧脉两面明显，侧脉不达叶边；小脉不明显。叶纸质或草质，背面通常灰白色，两面光滑无毛。孢子囊群大，圆，在叶片中脉或裂片中脉两侧各一行，着生于中脉与叶缘之间；孢子表面具刺状突起。

【生境与分布】生于海拔 200 ~ 2300 米潮湿地方，郭家坝、九畹溪有分布。

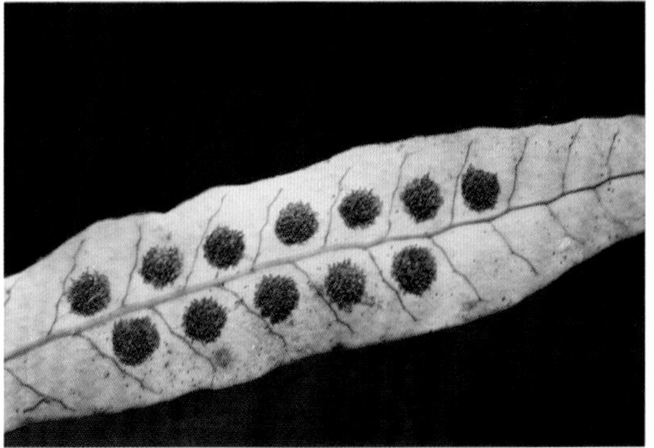

【中药名称】金鸡脚假瘤蕨。

【来源】为水龙骨科植物金鸡脚假瘤蕨（*Phymatopteris hastata*（Thunb.）Pic.Serm.）的全草。

【采收加工】以全草入药。夏秋采收，洗净鲜用或晒干。

【性味功效】苦、微辛，凉。祛风清热，利湿解毒。用于肾炎，尿路感染，疔疮，无名肿痛，扁桃体炎，菌痢，慢性肝炎等。

【应用举例】内服：煎汤，15～30克，大剂量可用至60克，鲜品加倍。外用：适量，研末撒；或鲜品捣敷。

32. 有柄石韦 *Pyrrosia petiolosa*（Christ）Ching

【别名】石韦、小石韦、长柄石韦、石茶。

【植物形态】植株高5～15厘米。根状茎细长横走，幼时密被披针形棕色鳞片；鳞片长尾状渐尖头，边缘具睫毛。叶远生，一型；具长柄，通常等于叶片长度的1/2～2倍长，基部被鳞片，向上被星状毛，棕色或灰棕色；叶片椭圆形，急尖短钝头，基部楔形，下延，干后厚革质，全缘，上面灰淡棕色，有洼点，疏被星状毛，下面被厚层星状毛，初为淡棕色，后为砖红色。主脉下面稍隆起，上面凹陷，侧脉和小脉均不显。孢子囊群布满叶片下面，成熟时扩散并汇合。

【生境与分布】多附生于干旱裸露岩石上，海拔250～2200米，全县有分布。

【中药名称】石韦。

【来源】为水龙骨科植物有柄石韦（*Pyrrosia petiolosa*（Christ）Ching）的干燥叶。

【采收加工】夏秋采收，去净泥土，晒干或阴干。

【性味功效】甘，苦，微寒。归肺、膀胱经。化痰止咳，软坚散结。用于咳嗽痰多，瘰疬痰核。

【应用举例】能清湿热、利尿通淋，治刀伤、烫伤、脱力虚损等。

33. 庐山石韦 *Pyrrosia sheareri*（Baker）Ching

【别名】大石韦、光板石韦。

【植物形态】植株通常高20～50厘米。根状茎粗壮，横卧，密被线状棕色鳞片；鳞片长渐尖头，边缘具睫毛，着生处近褐色。叶近生，一型；叶柄粗壮，粗2～4毫米，长3.5～5厘米，基部密被鳞片，向上疏被星状毛，禾秆色至灰禾秆色；叶片椭圆状披针形，近基部处最宽，向上渐狭，渐尖头，顶端钝圆，基部近圆截形或心形，长10～30厘米或更长，宽2.5～6厘米，全缘，干后软厚革质，上面淡灰绿色或淡棕色，几光滑无毛，但布满洼点，下面棕色，被厚层星状毛。主脉粗壮，两面均隆起，侧脉可见，小脉不显。孢子囊群呈不规则的点状排列于侧脉间，布满基部以上的叶片下面，无盖，幼时被星状毛覆盖，成熟时孢子囊开裂而呈砖红色。

【生境与分布】生于石上或树干上，海拔 500 ～ 2290 米。

【中药名称】石韦。

【来源】为水龙骨科植物庐山石韦（*Pyrrosia sheareri*（Baker）Ching）的干燥叶。

【采收加工】四季均可采收。除去根茎及根，晒干，切碎生用。

【性味功效】甘，苦，微寒。归肺、膀胱经。化痰止咳，软坚散结。用于咳嗽痰多，瘰疬痰核。

【应用举例】能清湿热、利尿通淋，治刀伤、烫伤、脱力虚损等。

二十四、槲蕨科 Drynariaceae

大型或中型附生植物，多年生。根状茎横生，粗肥，肉质，具穿孔的网状中柱，密被鳞片；鳞片通常大，狭长，基部盾状着生，深棕色至褐棕色，不透明，中部细胞具加厚隆起的细胞壁，不为明显的筛孔状，边缘有睫毛状锯齿。叶近生或疏生，无柄或有短柄，基部不以关节着生于根状茎上（有时有关节的痕迹，但完全无功能）；叶片通常大，坚革质或纸质，有滑润感，一回羽状或或羽状深羽裂，二型或一型或基部膨大成阔耳形；在二型叶的属中，叶分两种，一种为大而正常的能育叶，有柄，一种为短而基生的不育叶，槲斗状，坚硬的干膜质、灰棕色（有时淡绿色）、无柄或有极短的柄，又称腐殖质积聚叶；正常的能育叶羽片或裂片以关节着生于叶轴，老时或干时全部脱落，羽柄或中肋的腋间往往具腺体。叶脉为槲蕨，即一至三回叶脉粗而隆起，明显，彼此以直角相连，形成四方形的网眼，小网眼内有少数分离小脉。孢子囊群或大或小，如为小点状，则生于小网眼内的分离小脉上，有时生于几条小脉的交结点上；如为大者则孢子囊群多少沿叶脉扩展成长形或生于两脉间，不具囊群盖，也无隔丝；孢子囊为水龙骨型，环带由 11 ～ 16 个增厚细胞组成。孢子两侧对称，椭圆形，单裂缝。原叶体表面除生有多细胞的分枝毛外，还有具粗筛孔的鳞片。

本科有 8 属 32 种。多分布于亚洲，延伸到一些太平洋的热带岛屿，南至澳大利亚北部，以及非洲大陆、马达加斯加及附近岛屿。除槲蕨属有16种外，其余大都为单种属，其形态变异很大而奇特。我国有 4 属 12 种。

全国第四次中药资源普查秭归境内发现 1 种。

34. 槲蕨 *Drynaria fortunei*（Kunze）J. Sm.

【别名】骨碎补、猴姜、胡狲姜、石毛姜。

【植物形态】通常附生于岩石上，匍匐生长，或附生于树干上，螺旋状攀援生长。根状茎直径 1 ～ 2 厘米，密被鳞片；鳞片斜升，盾状着生，长 7 ～ 12 毫米，宽 0.8 ～ 1.5 毫米，边缘有齿。叶二型，基生不育叶圆形，长（2）5 ～ 9 厘米，宽（2）3 ～ 7 厘米，基部心形，浅裂至叶片宽度的 1/3，边缘全缘，黄绿色或枯棕色，厚干膜质，下面有疏短毛。正常能育叶叶柄长 4 ～ 7（13）厘米，具明显的狭翅；叶片长 20 ～ 45 厘米，宽 10 ～ 15（20）厘米，深羽裂到距叶轴 2 ～ 5 毫米处，裂片 7 ～ 13 对，互生，稍斜向上，披针形，长 6 ～ 10 厘米，宽（1.5）2 ～ 3 厘米，边缘有不明显的疏钝齿，顶端急尖或钝；叶脉两面均明显；叶干后纸质，仅上面中肋略有短毛。孢子囊群圆形、椭圆形，叶片下面全部分布，沿裂片中肋两侧各排列成 2 ～ 4 行，成熟时相邻 2 侧脉间有圆形孢子囊群 1 行，或幼时成 1 行长形的孢子囊群，混生有大量腺毛。

【生境与分布】附生于树上、山林石壁上或墙上，全县有分布。

【中药名称】骨碎补。

【来源】为槲蕨科植物槲蕨（*Drynaria fortunei*（Kunze）J.Sm.）的干燥根茎。

【采收加工】冬、春采挖，除去叶片及泥沙，晒干或蒸熟后晒干，用火燎去茸毛。

【性味功效】苦，温。归肝、肾经。疗伤止痛，补肾强骨。外用消风祛斑等。

【应用举例】1. 治牙痛：鲜槲蕨打碎，加水蒸服。勿用铁器打、煮。

2. 治肾虚耳鸣、耳聋，并牙齿浮动、疼痛难忍：骨碎补、怀熟地黄、山茱萸、茯苓、牡丹皮（俱酒炒）、泽泻（盐水炒），共研为末，炼蜜丸。食前白汤送下。

3. 治跌打损伤：槲蕨不以多少，生姜半之。上同捣烂，以罨损处，用布帛包，干即易之。

裸子植物门

Gymnospermae

二十五、苏铁科 Cycasrevoluta

苏铁科隶属于裸子植物亚门（Gymnospermae）苏铁目（Cycadales），是苏铁类植物中最原始、最大的科，广布于亚洲 、大洋洲和非洲等地。国外早在 1932 年就开始对苏铁类植物进行观察研究，以形态学和生物学性状研究较多，迄今已对数十种苏铁植物的化学成分和毒理、药理作用进行了研究。

本科共 9 属约 110 种，我国仅有苏铁属，共 8 种。

常绿木本植物，树干粗壮，圆柱形，稀在顶端呈二叉状分枝，或成块茎状，髓部大，木质部及韧皮部较窄。叶螺旋状排列，有鳞叶及营养叶，二者相互成环着生；鳞叶小，密被褐色毡毛，营养叶大，深裂成羽状，稀叉状二回羽状深裂，集生于树干顶部或块状茎上。

全国第四次中药资源普查秭归境内发现 1 种。

35. 苏铁　*Cycas revoluta* Thunb.

【别名】辟火蕉、凤尾蕉、凤尾松、凤尾草。

【植物形态】树干高约 2 米，稀达 8 米或更高，圆柱形，有明显螺旋状排列的菱形叶柄残痕。

羽状叶从茎的顶部生出，下层的向下弯，上层的斜上伸展，整个羽状叶的轮廓呈倒卵状狭披针形，长 75 ～ 200 厘米，叶轴横切面四方状圆形，柄略成四角形，两侧有齿状刺，水平或略斜向上伸展，刺长 2 ～ 3 毫米；羽状裂片达 100 对以上，条形，厚革质，坚硬，长 9 ～ 18 厘米，宽 4 ～ 6 毫米，向上斜展微成“V”字形，边缘显著地向下反卷，上部微渐窄，先端有刺状尖头，基部窄，两侧不对称，下侧下延生长，上面深绿色有光泽，中央微凹，凹槽内有稍隆起的中脉，下面浅绿色，中脉显著隆起，两侧有疏柔毛或无毛。

雄球花圆柱形，长 30 ～ 70 厘米，直径 8 ～ 15 厘米，有短梗，小孢子飞叶窄楔形，长 3.5 ～ 6 厘米，顶端宽平，其两角近圆形，宽 1.7 ～ 2.5 厘米，有急尖头，尖头长约 5 毫米，直立，下部渐窄，上面近于龙骨状，下面中肋及顶端密生黄褐色或灰黄色长绒毛，花药通常 3 个聚生；大孢子叶长 14 ～ 22 厘米，密生淡黄色或淡灰黄色绒毛，上部的顶片卵形至长卵形，边缘羽状分裂，裂片 12 ～ 18 对，条状钻形，长 2.5 ～ 6 厘米，先端有刺状尖头，胚珠 2 ～ 6 枚，生于大孢子叶柄的两侧，有绒毛。

种子红褐色或橘红色，倒卵圆形或卵圆形，稍扁，长 2 ～ 4 厘米，直径 1.5 ～ 3 厘米，密生灰黄色短绒毛，后渐脱落，中种皮木质，两侧有两条棱脊，上端无棱脊或棱脊不显著，顶端有尖头。花期 6—8 月，种子 10 月成熟。

【生境与分布】产于福建、台湾、广东，全县均有栽培。

【中药名称】苏铁叶、铁树花、铁树子、铁树根。

【来源】苏铁的根、叶、茎、花（孢子叶）。

【采收加工】根、茎、叶全年可采，初夏采花，晒干。

【性味功效】叶：收敛止血，解毒止痛。用于各种出血，胃炎，胃溃疡，高血压，神经痛，闭经，癌症等。

花：理气止痛，益肾固精。用于胃痛，遗精，带下，痛经。

种子：平肝，降血压。用于高血压。

根：祛风活络，补肾。用于肺结核咯血，肾虚牙痛，腰痛，带下，风湿关节麻木疼痛，跌打损伤。

二十六、银杏科 Ginkgoaceae Engler

落叶乔木，树干高大，分枝繁茂；枝分长枝与短枝。叶扇形，有长柄，具多数叉状并列细脉，在长枝上螺旋状排列散生，在短枝上成簇生状。球花单性，雌雄异株，生于短枝顶部的鳞片状叶的腋内，呈簇生状；雄球花具梗，葇荑花序状，雄蕊多数，螺旋状着生，排列较疏，具短梗，花药 2，药室纵裂，药隔不发达；雌球花具长梗，梗端常分 2 叉，稀不分叉或分成 3 ～ 5 叉，叉顶生珠座，各具 1 枚直立胚珠。种子核果状，具长梗，下垂，外种皮肉质，中种皮骨质，内种皮膜质，胚乳丰富；子叶常 2 枚，发芽时不出土。

本科仅 1 属 1 种，我国浙江天目山有野生状态的树木，其他各地栽培很广。

全国第四次中药资源普查秭归境内发现 1 种。

36. 银杏 *Ginkgo biloba* L.

【别名】白果、公孙树、鸭脚子、鸭掌树。

【植物形态】乔木，高达 40 米，胸径可达 4 米；幼树树皮浅纵裂，大树之皮呈灰褐色，深纵裂，粗糙；幼年及壮年树冠圆锥形，老树冠则广卵形；枝近轮生，斜上伸展（雌株的大枝常较雄株开展）；一年生的长枝淡褐黄色，二年生以上变为灰色，并有细纵裂纹；短枝密被叶痕，黑灰色，短枝上亦可长出长枝；冬芽黄褐色，常为卵圆形，先端钝尖。叶扇形，有长柄，淡绿色，无毛，

有多数叉状并列细脉，顶端宽 5 ～ 8 厘米，在短枝上常具波状缺刻，在长枝上常 2 裂，基部宽楔形，柄长 3 ～ 10（多为 5 ～ 8）厘米，幼树及萌生枝上的叶常较长而深裂（叶片长达 13 厘米，宽 15 厘米），有时裂片再分裂（这与较原始的化石种类之叶相似），叶在一年生长枝上螺旋状散生，在短枝上 3 ～ 8 叶成簇生状，秋季落叶前变为黄色。球花雌雄异株，单性，生于短枝顶端的鳞片状叶的腋内，呈簇生状；雄球花葇荑花序状，下垂，雄蕊排列疏松，具短梗，花药常 2 个，长椭圆形，药室纵裂，药隔不发；雌球花具长梗，梗端常分两叉，稀 3 ～ 5 叉或不分叉，每叉顶生一盘状珠座，胚珠着生其上，通常仅一个叉端的胚珠发育成种子，风媒传粉。种子具长梗，下垂，常为椭圆形、长倒卵形、卵圆形或近圆球形，长 2.5 ～ 3.5 厘米，直径为 2 厘米，外种皮肉质，熟时黄色或橙黄色，外被白粉，有臭叶；中种皮白色，骨质，具 2 ～ 3 条纵脊；内种皮膜质，淡红褐色；胚乳肉质，味甘略苦；子叶 2 枚，稀 3 枚，发芽时不出土，初生叶 2 ～ 5 片，宽条形，长约 5 毫米，宽约 2 毫米，先端微凹，第 4 或第 5 片起之后生叶扇形，先端具一深裂及不规则的波状缺刻，叶柄长 0.9 ～ 2.5 厘米；有主根。花期 3—4 月，种子 9—10 月成熟。

【生境与分布】生于肥沃砂质壤土和向阳地方，全县各地均有栽培。

【中药名称】白果、银杏叶。

【来源】银杏科植物银杏（*Ginkgo biloba* L.）的种子为白果，叶为银杏叶。

【采收加工】银杏叶秋季叶尚绿时采收，及时干燥。银杏果待 9 月份前后成熟后采收，干燥。

【性味功效】白果：平，甘，苦，涩，有小毒。归肺、肾经。润肺定喘，止带缩尿。

银杏叶：平，甘，苦，涩。归心、肺经。活血化瘀，通络止痛，敛肺平喘，化浊降脂。

【应用举例】1. 银杏叶制剂与降糖药合用治疗糖尿病有较好疗效，可用作糖尿病的辅助药。

2. 银杏用于支气管哮喘的治疗也有较好疗效。

3. 银杏能明显减轻经期腹痛及腰酸背痛等症状。

4. 祛痰止咳：白果味甘、苦、涩，具有敛肺定喘的功效，对于肺病咳嗽、老人虚弱体质的哮喘及各种哮喘痰多者，均有辅助食疗作用。

二十七、柏科 Cupressaceae

常绿乔木或灌木。叶交叉对生或 3 ～ 4 片轮生，稀螺旋状着生，鳞形或刺形，或同一树本兼有两型叶。球花单性，雌雄同株或异株，单生枝顶或叶腋；雄球花具 3 ～ 8 对交叉对生的雄蕊，每个雄蕊有 2 ～ 6 个花药，花粉无气囊；雌球花有 3 ～ 16 枚交叉对生或 3 ～ 4 片轮生的珠鳞，全部或部分珠鳞的腹面基部有一至多数直立胚珠，稀胚珠单心生于两珠鳞之间，苞鳞与珠鳞完全合生。球果圆球形、卵圆形或圆柱形；种鳞薄或厚，扁平或盾形，木质或近革质，熟时张开，或肉质合生呈浆果状，熟时不裂或仅顶端微开裂，发育种鳞有一至多粒种子；种子周围具窄翅或无翅，或上端有一长一短的翅。

全国第四次中药资源普查秭归境内发现 1 种。

37. 侧柏 *Platycladus orientalis*（L.） Franco

【别名】黄柏、香柏、扁柏、扁桧、香树、香柯树。

【植物形态】侧柏是乔木，高达 20 余米，胸径 1 米；树皮薄，浅灰褐色，纵裂成条片；枝条向上伸展或斜展，幼树树冠卵状尖塔形，老树树冠则为广圆形；生鳞叶的小枝细，向上直展或斜展，扁平，排成一平面。

叶鳞形，长 1 ～ 3 毫米，先端微钝，小枝中央的叶的露出部分呈倒卵状菱形或斜方形，背面中间有条状腺槽，两侧的叶船形，先端微内曲，背部有钝脊，尖头的下方有腺点。雄球花黄色，卵圆形，长约 2 毫米；雌球花近球形，直径约 2 毫米，蓝绿色，被白粉。

球果近卵圆形，长 1.5 ～ 2（2.5）厘米，成熟前近肉质，蓝绿色，被白粉，成熟后木质，开裂，红褐色；中间两对种鳞倒卵形或椭圆形，鳞背顶端的下方有一向外弯曲的尖头，上部 1 对种鳞窄长，近柱状，顶端有向上的尖头，下部 1 对种鳞极小，约 13 毫米。

种子卵圆形或近椭圆形，顶端微尖，灰褐色或紫褐色，长 6 ～ 8 毫米，稍有棱脊，无翅或有极窄之翅。花期 3—4 月，球果 10 月成熟。

【生境与分布】分布于海拔 900 米以下，以海拔 400 米以下者生长良好，全县有分布。

【中药名称】侧柏叶、柏子仁。

【来源】柏科植物侧柏（*Platycladus orientalis*（L.） Franco）的干燥枝和叶为侧柏叶，种仁为柏子仁。

【采收加工】侧柏叶：夏、秋季采收，阴干。柏子仁：秋、冬季采收成熟种子，晒干，除去种皮，收集种仁。

【性味功效】柏子仁：甘，平。归心、肾、大肠经。养心安神，润肠通便，止汗。用于阴血不足，虚烦失眠，心悸怔忡，肠燥便秘，阴虚盗汗等。

侧柏叶：苦，涩，寒。归肺、肝、脾经。凉血止血，化痰止咳，生发乌发等。

【应用举例】侧柏叶：

1. 治百日咳：侧柏叶 15 ～ 21 克，百部、沙参各 9 克，冰糖炖服。

2. 治风痹历节作痛：侧柏叶取汁，同曲米酿酒饮。

3. 治乳痈：侧柏叶同糖糟，捶烂敷乳痈，胜过蒲公英。

柏子仁：

1. 治老人虚秘：柏子仁、大麻子仁、松子仁等分。同研，溶白蜡丸梧桐子大，以少黄丹汤服二三十丸，食前服。

2. 治小儿囟开不合：防风 45 克，柏子仁、白及各 30 克。上为细末，用乳汁调涂囟门上，每日 1 次。

3. 治视力减退：柏子仁、猪肝，加适量猪油蒸后内服。

二十八、罗汉松科 Podocarpaceae Endl.

罗汉松科是罗汉松目中的一科，共 8 属 130 余种，分布于热带、亚热带及南温带地区，在南半球分布最多。我国产 2 属 14 种 3 变种，分布于长江以南各省区；常绿乔木或灌木，叶多型，球花单性，雌雄异株，稀同株，雄球花穗状。陆均松、鸡毛松可生产优良木材；长叶竹柏与竹柏等的种子可榨油供食用或作工业用油；罗汉松、短叶罗汉松等为普遍栽培的庭园树种。

全国第四次中药资源普查秭归境内发现 1 种。

38. 罗汉松 *Podocarpus macrophyllus* (Thunb.) D. Don var. *macrophyllus*

【别名】罗汉杉、长青罗汉杉、土杉、金钱松、仙柏、罗汉。

【植物形态】常绿乔木，高达 20 米，胸径达 60 厘米；树皮灰色或灰褐色，浅纵裂，成薄片状脱落；枝开展或斜展，较密。

叶螺旋状着生，条状披针形，微弯，长 7 ～ 12 厘米，宽 7 ～ 10 毫米，先端尖，基部楔形，上面深绿色，有光泽，中脉显著隆起，下面带白色、灰绿色或淡绿色，中脉微隆起。

雄球花穗状、腋生，常 3 ～ 5 个簇生于极短的总梗上，长 3 ～ 5 厘米，基部有数枚三角状苞片；雌球花单生叶腋，有梗，基部有少数苞片。

种子卵圆形，直径约 1 厘米，先端圆，熟时肉质假种皮紫黑色，有白粉，种托肉质圆柱形，红色或紫红色，柄长 1 ～ 1.5 厘米。

花期 4—5 月，种子 8—9 月成熟。

【生境与分布】罗汉松喜温暖湿润气候，生长适温 15 ～ 28℃。耐寒性弱，耐阴性强。喜排水良好湿润之砂质壤土，对土壤适应性强，盐碱土上亦能生存。全县均为栽培。少量分布。

【中药名称】罗汉松果、罗汉松根皮。

【来 源】为罗汉松科植物罗汉松（*Podocarpus macrophyllus*（Thunb.）D. Don var. *macrophyllus*）的根皮及球果入药。

【采收加工】罗汉松果与罗汉松根皮全年或秋季采挖，洗净，鲜用或晒干。

【性味功效】罗汉松果：甘，微温。益气补中。用于心胃气痛，血虚面色萎黄等。

罗汉松根皮：活血止痛，杀虫。用于跌打损伤、癣。治咳血。

【应用举例】罗汉松根皮：

1. 治跌打损伤：小罗汉松鲜根皮、苦参根等量。加黄酒捣烂敷伤处，每日换 1 次。

2. 治金钱癣：鲜罗汉松根皮（醋浸半日）、鲜羊蹄等量，红糖适量。共捣烂敷患处，每日 2 次。

二十九、三尖杉科 Cephalotaxaceae Neger

常绿乔木或灌木，髓心中部具树脂道；小枝对生或不对生，基部具宿存芽鳞。叶条形或披针状条形，稀披针形，交叉对生或近对生，在侧枝上基部扭转排列成两列，上面中脉隆起，下面有两条宽气孔带，在横切面上维管束的下方有一树脂道。球花单性，雌雄异株，稀同株；雄球花 6 ～ 11 个聚生成头状花序，单生叶腋，有梗或几无梗，基部有多数螺旋状着生的苞片，每一雄球花的基部有一枚卵形或三角状卵形的苞片，雄蕊 4 ～ 16 枚，各具 2 ～ 4（多为 3）个背腹面排列的花药，花丝短，药隔三角形，药室纵裂，花粉无气囊；雌球花具长梗，生于小枝基部（稀近枝顶）苞片的腋部，花梗上部的花轴上具数对交叉对生的苞片，每一苞片的腋部有两枚直立胚珠，胚珠生于珠托之上。种子第二年成熟，核果状，全部包于由珠托发育成的肉质假种皮中，常数个（稀 1 个）生于轴上，卵圆形、椭圆状卵圆形或圆球形，顶端具突起的小尖头，基部有宿存的苞片，外种皮质硬，内种皮薄膜质，有胚乳；子叶 2 枚，发芽时出土。

本科仅1属9种，我国产7种3变种，分布于秦岭至山东鲁山以南各省区及台湾。另有1引种栽培变种。

全国第四次中药资源普查秭归境内发现1种。

39. 三尖杉 *Cephalotaxus fortunei* Hook. f.

【别名】藏杉、桃松、狗尾松、三尖松、山榧树、头形杉。

【植物形态】乔木，高达20米，胸径达40厘米；树皮褐色或红褐色，裂成片状脱落；枝条较细长，稍下垂；树冠广圆形。叶排成两列，披针状条形，通常微弯，长4～13（多为5～10）厘米，宽3.5～4.5毫米，上部渐窄，先端有渐尖的长尖头，基部楔形或宽楔形，上面深绿色，中脉隆起，下面气孔带白色，较绿色边带宽3～5倍，绿色中脉带明显或微明显。雄球花8～10个聚生成头状，直径约1厘米，总花梗粗，通常长6～8毫米，基部及总花梗上部有18～24枚苞片，每一雄球花有6～16枚雄蕊，花药3，花丝短；雌球花的胚珠3～8枚发育成种子，总梗长1.5～2厘米。种子椭圆状卵形或近圆球形，长约2.5厘米，假种皮成熟时紫色或红紫色，顶端有小尖头；子叶2枚，条形，长2.2～3.8厘米，宽约2毫米，先端钝圆或微凹，下面中脉隆起，无气孔线，上面有凹槽，内有一窄的白粉带；初生叶镰状条形，最初5～8片，形小，长4～8毫米，下面有白色气孔带。花期4月，种子8—10月成熟。

【生境与分布】产于浙江、安徽南部、福建、江西、湖南、湖北、河南南部、陕西南部、甘肃南部、四川、云南、贵州、广西及广东等省区。在东部各省生于海拔200～1000米地带，在西南各省区分布于海拔2700～3000米，阔叶树、针叶树混交林中。

【中药名称】三尖杉、三尖杉子。

【来源】三尖杉科植物三尖杉（*Cephalotaxus fortunei* Hook.f.）的根或枝叶为三尖杉；种子为三尖杉子。

【采收加工】三尖杉：全年采收树皮晒干生用。根、枝、叶四季可采，生用或炒熟用。

三尖杉子：秋季采摘种子，生用或炒熟用。

【性味功效】三尖杉：

1. 枝、叶：苦，涩，寒。抗癌。用于恶性淋巴瘤，白血病，肺癌，胃癌，食管癌，直肠癌等。

2. 根：苦，涩，平。抗癌、活血止痛。用于直肠癌、跌打损伤。

三尖杉子：甘，涩，平。消积驱虫，润肺止咳。用于食积腹胀、小儿疳积、虫积、肺燥咳嗽。

【应用举例】三尖杉：

1. 枝叶：一般提取其中的生物碱，制成注射剂使用。总碱用量成人每天（2 ± 0.5）mg/kg，分两次肌内注射。

2. 根：10 ～ 60 克。

三尖杉子：15 ～ 18 克，早、晚饭前各服 1 次，或炒熟食。

三十、红豆杉科 Taxaceae

常绿乔木或灌木。叶条形或披针形，螺旋状排列或交叉对生，上面中脉明显、微明显或不明显，下面沿中脉两侧各有 1 条气孔带，叶内有树脂道或无。球花单性，雌雄异株，稀同株；雄球花单生叶腋或苞腋，或组成穗状花序集生于枝顶，雄蕊多数，各有 3 ～ 9 个辐射排列或向外一边排列有背腹面区别的花药，药室纵裂，花粉无气囊；雌球花单生或成对生于叶腋或苞片腋部，有梗或无梗，基部具多数覆瓦状排列或交叉对生的苞片，胚珠 1 枚，直立，生于花轴顶端或侧生于短轴顶端的苞腋，基部具辐射对称的盘状或漏斗状珠托。种子核果状，无梗则全部为肉质假种皮所包，如具长梗则种子包于囊状肉质假种皮中、其顶端尖头露出；或种子坚果状，包于杯状肉质假种皮中，有短梗或近于无梗；胚乳丰富；子叶 2 枚。

我国有 4 属 12 种 1 变种及 1 栽培种，其中榧树、云南榧树、红豆杉及云南红豆杉等树种能生产优良的木材，香榧的种子为著名的干果，亦可榨油供食用，其他树种如穗花杉、白豆杉、东北红豆杉、红豆杉及南方红豆杉等为庭园树种。

全国第四次中药资源普查秭归境内发现 1 种。

40. 南方红豆杉 *Taxus chinensis*（Pilger）Rehd. var. *mairei*（Lemée et Lévl.）Cheng et L. K. Fu

【别名】紫杉、卷柏（峨眉）、扁柏（宝兴）、红豆树（宣恩）、观音杉。

【植物形态】乔木，高达 30 米，胸径达 60 ～ 100 厘米；树皮灰褐色、红褐色或暗褐色，裂成条片脱落；大枝开展，一年生枝绿色或淡黄绿色，秋季变成绿黄色或淡红褐色，二三年生枝黄褐色、淡红褐色或灰褐色；冬芽黄褐色、淡褐色或红褐色，有光泽，芽鳞三角状卵形，背部无脊或有纵脊，脱落或少数宿存于小枝的基部。叶排列成两列，条形，微弯或较直，长 1 ～ 3（多为 1.5 ～ 2.2）厘米，宽 2 ～ 4（多为 3）毫米，上部微渐窄，先端常微急尖，稀急尖或渐尖，上面深绿色，有光泽，下面淡黄绿色，有两条气孔带，中脉带上有密生均匀而微小的圆形角质乳头状突起点，常与气孔带同色，稀色较浅。雄球花淡黄色，雄蕊 8 ～ 14 枚，花药 4 ～ 8（多为 5 ～ 6）。种子生于杯状红色肉质的假种皮中，间或生于近膜质盘状的种托（即未发育成肉质假种皮的珠托）之上，常呈卵圆形，上部渐窄，稀倒卵状，长 5 ～ 7 毫米，直径 3.5 ～ 5 毫米，微扁或圆，上部常具二钝棱脊，稀上部三角状具三条钝脊，先端有突起的短钝尖头，种脐近圆形或宽椭圆形，稀三角状圆形。

【生境与分布】常生于高山上部，茅坪镇乔家坪等地有分布。

【中药名称】红豆杉。

【来源】为红豆杉科植物南方红豆杉（*Taxus chinensis*（Pilger）Rehd. var. *mairei*（Lemée et Lévl.）Cheng et L. K. Fu）的枝叶。

【采收加工】鲜叶一年四季均可采收，枝最佳采收时间为 10 月份。及时通风阴干或晒干。

【性味功效】淡，平。归肾经。抗癌，利水消肿，温肾通经。

【应用举例】红豆杉枝叶每天 3 克，置于砂锅中。加 1 升（约 2 斤）水煮沸，用文火煎煮 10 ～ 15 分钟，饭后服用，一天内服完。

被子植物门

Angiospermae

三十一、胡桃科 Juglandaceae

落叶或半常绿乔木或小乔木，具树脂，有芳香，被有橙黄色盾状着生的圆形腺体。芽裸出或具芽鳞，常 2 ～ 3 枚重叠生于叶腋。叶互生或稀对生，无托叶，奇数或稀偶数羽状复叶；小叶对生或互生，具或不具小叶柄，羽状脉，边缘具锯齿或稀全缘。花单性，雌雄同株，风媒。花序单性或稀两性。雄花序常为葇荑花序，单独或数条成束，生于叶腋或芽鳞腋内；或生于无叶的小枝上而位于顶生的雌性花序下方，共同形成一下垂的圆锥式花序束；或者生于新枝顶端而位于一顶生的两性花序（雌花序在下端、雄花序在上端）下方，形成直立的伞房式花序束。雄花生于 1 枚不分裂或 3 裂的苞片腋内；小苞片 2 及花被片 1 ～ 4 枚，贴生于苞片内方的扁平花托周围，或无小苞片及花被片；雄蕊 3 ～ 40 枚，插生于花托上，1 至多轮排列，花丝极短或不存在，离生或在基部稍稍愈合，花药有毛或无毛，2 室，纵缝裂开，药隔不发达，或发达而或多或少伸出于花药的顶端。雌花序穗状，顶生，具少数雌花而直立，或有多数雌花而成下垂的葇荑花序。雌花生于 1 枚不分裂或 3 裂的苞片腋内，苞片与子房分离或与 2 个小苞片愈合而贴生于子房下端，或与 2 小苞片各自分离而贴生于子房下端，或与花托及小苞片形成一壶状总苞贴生于子房；花被片 2 ～ 4 枚，贴生于子房，具 2 枚时位于两侧，具 4 枚时位于正中线上者在外，位于两侧者在内；雌蕊 1，由 2 个心皮合生，子房下位，初时 1 室，后来基部发生 1 或 2 个不完全隔膜而形成不完全 2 室或 4 室，花柱极短，柱头 2 裂或稀 4 裂；胎座生于子房基底，短柱状，初时离生，后来与不完全的隔膜愈合，先端有一直立的无珠柄的直生胚珠。果实由小苞片及花被片或仅由花被片，或由总苞以及子房共同发育成核果状的假核果或坚果状；外果皮肉质或革质或者膜质，成熟时不开裂或不规则破裂、或者 4 ～ 9 瓣开裂；内果皮（果核）由子房本身形成，坚硬，骨质，一室，室内基部具 1 或 2 个骨质的不完全隔膜，因而形成不完全 2 室或 4 室；内果皮及不完全的隔膜的壁内在横切面上具或不具各式排列的大小不同的空隙（腔隙）。种子大，完全填满果室，具 1 层膜质的种皮，无胚乳；胚根向上，子叶肥大，肉质，常成 2 裂，基部渐狭或成心脏形，胚芽小，常被有盾状着生的腺体。

本科有 8 属约 60 种，大多数分布在北半球热带到温带。我国产 7 属 27 种 1 变种，主要分布在长江以南，少数种类分布到北部。

全国第四次中药资源普查秭归境内发现 4 种。

41. 胡桃楸 *Juglans mandshurica* Maxim.

【别名】马核果、楸马核果。

【植物形态】落叶乔木，高达 20 米。树皮暗灰色；小枝粗壮，具柔腺毛单数羽状复叶，互生；小叶 9 ～ 17 枚，长椭圆形或卵状长椭圆形，长 5 ～ 15 厘米，宽 2 ～ 6 厘米，先端尖，边缘有细锯齿，基部钝或近截形，上面通常无毛，下面脉上密生褐色柔毛。花单性，雌雄同株；雄花序细长，葇荑状，从上年生的枝节上叶腋间抽出，下垂，花序长达 17 ～ 18 厘米，花被 3 ～ 4，小苞 1 ～ 2 个，

花被状，雄蕊 8 ～ 40，花丝短，药隔有时伸长；雌花序穗状，直立，有花 5 ～ 10 朵，与叶同时开放，花被 4，苞及小苞合绕子房外壁，子房下位，柱头 2 裂，柱头面呈乳头状，暗红色。果序短，常具 4 ～ 7 个果实。核果球形，先端尖，不易开裂，核卵形，有棱 8 条。花期 5 月，果期 8—9 月。

【生境与分布】多生长于土质肥厚、湿润、排水良好的沟谷两旁或山坡的阔叶林中，全县均有分布。

【中药名称】核桃楸果。

【来源】为胡桃科植物胡桃楸（*Juglans mandshurica* Maxim.）的种仁。

【采收加工】8—9 月果实成熟后采收，晒干。

【性味功效】辛，微苦，平，有毒。归胃经。行气止痛，主脘腹疼痛，敛肺平喘，温补肾阳，润肠通便。

【应用举例】内服：浸酒，6 ～ 9 克。外用：适量，鲜品捣搽患处。

42. 胡桃 *Juglans regia* L.

【别名】核桃。

【植物形态】乔木，高达 20 ～ 25 米；树干较别的种类矮，树冠广阔；树皮幼时灰绿色，老时则灰白色而纵向浅裂；小枝无毛，具光泽，被盾状着生的腺体，灰绿色，后来带褐色。

奇数羽状复叶长 25 ～ 30 厘米，叶柄及叶轴幼时被极短腺毛及腺体；小叶通常 5 ～ 9 枚，稀 3 枚，椭圆状卵形至长椭圆形，长 6 ～ 15 厘米，宽 3 ～ 6 厘米，顶端钝圆或急尖、短渐尖，基部歪斜、近于圆形，边缘全缘或在幼树上者具稀疏细锯齿，上面深绿色，无毛，下面淡绿色，侧脉 11 ～ 15 对，腋内具簇短柔毛，侧生小叶具极短的小叶柄或近无柄，生于下端者较小，顶生小叶常具长 3 ～ 6 厘米的小叶柄。

雄性葇荑花序下垂，长 5 ～ 10 厘米、稀达 15 厘米。雄花的苞片、小苞片及花被片均被腺毛；雄蕊 6 ～ 30 枚，花药黄色，无毛。雌性穗状花序通常具 1 ～ 3（4）朵雌花。雌花的总苞被极短腺毛，柱头浅绿色。

果序短，杞俯垂，具 1 ～ 3 个果实；果实近于球状，直径 4 ～ 6 厘米，无毛；果核稍具皱曲，有 2 条纵棱，顶端具短尖头；隔膜较薄，内里无空隙；内果皮壁内具不规则的空隙或无空隙而仅具皱曲。花期 5 月，果期 10 月。

【生境与分布】生于海拔 400 ～ 1800 米的山坡及丘陵地带，全县有分布。

【中药名称】核桃仁。

【来源】为胡桃科植物胡桃（*Juglans regia* L.）的种子。

【采收加工】夏季采收未成熟的果实，洗净，鲜用或晒干。

【性味功效】甘，温。归肾、肺、大肠经。补肾，温肺，润肠。

43. 化香树 *Platycarya strobilacea* Sieb. et Zucc.

【别名】花木香、还香树、皮杆条、山麻柳等。

【植物形态】落叶小乔木，高 2 ~ 6 米；树皮灰色，老时则不规则纵裂。二年生枝条暗褐色，具细小皮孔；芽卵形或近球形，芽鳞阔，边缘具细短睫毛；嫩枝被有褐色柔毛，不久即脱落而无毛。

叶长 15 ~ 30 厘米，叶总柄显著短于叶轴，叶总柄及叶轴初时被稀疏的褐色短柔毛，后来脱落而近无毛，具 7 ~ 23 枚小叶；小叶纸质，侧生小叶无叶柄，对生或生于下端者偶尔有互生，卵状披针形至长椭圆状披针形，长 4 ~ 11 厘米，宽 1.5 ~ 3.5 厘米，不等边，上方一侧较下方一侧为阔，基部歪斜，顶端长渐尖，边缘有锯齿，顶生小叶具长 2 ~ 3 厘米的小叶柄，基部对称，圆形或阔楔形，小叶上面绿色，近无毛或脉上有褐色短柔毛，下面浅绿色，初时脉上有褐色柔毛，后来脱落，或在侧脉腋内、在基部两侧毛不脱落，甚或毛全不脱落，毛的疏密依不同个体及生境而变异较大。

两性花序和雄花序在小枝顶端排列成伞房状花序束，直立。两性花序通常 1 条，着生于中央顶端，长 5 ~ 10 厘米。雌花序位于下部，长 1 ~ 3 厘米，雄花序部分位于上部，有时无雄花序而仅有雌花序；雄花序通常 3 ~ 8 条，位于两性花序下方四周，长 4 ~ 10 厘米。雄花：苞片阔卵形，顶端渐尖而向外弯曲，外面的下部、内面的上部及边缘生短柔毛，长 2 ~ 3 毫米；雄蕊 6 ~ 8 枚，花丝短，稍生细短柔毛，花药阔卵形，黄色。雌花：苞片卵状披针形，顶端长渐尖、硬而不外曲，长 2.5 ~ 3 毫米；花被 2，位于子房两侧并贴于子房，顶端与子房分离，背部具翅状的纵向隆起，与子房一同增大。果序球果状，卵状椭圆形至长椭圆状圆柱形，长 2.5 ~ 5 厘米，直径 2 ~ 3 厘米；宿存苞片木质，略具弹性，长 7 ~ 10 毫米；果实小坚果状，背腹压扁状，两侧具狭翅，长 4 ~ 6 毫米，宽 3 ~ 6 毫米。种子卵形，种皮黄褐色，膜质。5—6 月开花，7—8 月果成熟。

【生境与分布】常生长在海拔 600 ~ 1300 米、有时达 2200 米的向阳山坡及杂木林中，全县有分布。

【中药名称】化香树叶。

【来源】为胡桃科植物化香树（*Platycarya strobilacea* Sieb.et Zucc.）的叶。

【采收加工】秋季果实近成熟时采收，晒干。

【性味功效】热，辣。解毒疗疮，杀虫止痒。

【应用举例】内服：煎汤，10 ～ 20 克。外用：煎水洗，或研末调敷。

44. 枫杨 *Pterocarya stenoptera* C. DC.

【别名】秤柳、麻柳、枰伦树、水麻柳、蜈蚣柳。

【植物形态】大乔木，高达 30 米，胸径达 1 米；幼树树皮平滑，浅灰色，老时则深纵裂；小枝灰色至暗褐色，具灰黄色皮孔；芽具柄，密被锈褐色盾状着生的腺体。叶多为偶数或稀奇数羽状复叶，长 8 ～ 16 厘米（稀达 25 厘米），叶柄长 2 ～ 5 厘米，叶轴具翅至翅不甚发达，与叶柄一样被有疏或密的短毛；小叶 10 ～ 16 枚（稀 6 ～ 25 枚），无小叶柄，对生或稀近对生，长椭圆形至长椭圆状披针形，长 8 ～ 12 厘米，宽 2 ～ 3 厘米，顶端常钝圆或稀急尖，基部歪斜，上方一侧楔形至阔楔形，下方一侧圆形，边缘有向内弯的细锯齿，上面被有细小的浅色疣状凸起，沿中脉及侧脉被有极短的星芒状毛，下面幼时被有散生的短柔毛，成长后脱落而仅留有极稀疏的腺体及侧脉腋内留有 1 丛星芒状毛。

雄性葇荑花序长 6 ～ 10 厘米，单独生于去年生枝条上叶痕腋内，花序轴常有稀疏的星芒状毛。雄花常具 1（稀 2 或 3）枚发育的花被片，雄蕊 5 ～ 12 枚。雌性葇荑花序顶生，长 10 ～ 15 厘米，花序轴密被星芒状毛及单毛，下端不生花的部分长达 3 厘米，具 2 枚长达 5 毫米的不孕性苞片。雌花几乎无梗，苞片及小苞片基部常有细小的星芒状毛，并密被腺体。

果序长 20 ～ 45 厘米，果序轴常被有宿存的毛。果实长椭圆形，长 6 ～ 7 毫米，基部常有宿存的星芒状毛；果翅狭，条形或阔条形，长 12 ～ 20 毫米，宽 3 ～ 6 毫米，具近于平行的脉。花期 4—5 月，果熟期 8—9 月。

【生境与分布】生于海拔 1500 米以下的沿溪涧河滩、阴湿山坡地的林中，全县均有分布。

【中药名称】枫柳皮、麻柳叶。

【来源】胡桃科植物枫杨（*Pterocarya stenoptera* C. DC.）的皮为枫柳皮，叶为麻柳叶。

【采收加工】枫柳皮：夏、秋季剥取树皮，鲜用或晒干。

麻柳叶：春、夏、秋季均可采收，除去杂质，鲜用或晒干。

【性味功效】枫柳皮：祛风止痛，杀虫，敛疮。用于风湿麻木，寒湿骨痛，头颅伤痛，齿痛，疥癣，浮肿，痔疮，烫伤，溃疡日久不敛。

麻柳叶：祛风止痛，杀虫止痒，解毒敛疮。

【应用举例】枫柳皮：外用，适量，煎水含漱或熏洗，或乙醇浸搽。

麻柳叶：

1. 内服：煎汤，6 ～ 15 克。

2. 外用：适量，煎水外洗；乙醇浸搽；或捣敷。

三十二、桦木科 Betulaceae

落叶乔木或灌木，小枝及叶有时具树脂腺体或腺点。单叶，互生，叶缘具重锯齿或单齿，较少具浅裂或全缘，叶脉羽状，侧脉直达叶缘或在近叶缘处向上弓曲相互网结成闭锁式；托叶分离，早落，很少宿存。花单性，雌雄同株，风媒；雄花序顶生或侧生，春季或秋季开放；雄花具苞鳞，有花被（桦木族）或无（榛族）；雄蕊 2 ～ 20 枚（很少 1 枚）插生在苞鳞内，花丝短，花药 2 室，药室分离或合生，纵裂，花粉粒扁球形，具 3 ～ 5 孔，很少具 2 或 8 孔，外壁光滑；雌花序为球果状、穗状、总状或头状，直立或下垂，具多数苞鳞（果时称果苞），每苞鳞内有雌花 2 ～ 3 朵，每朵雌花下部又具 1 枚苞片和 1 ～ 2 枚小苞片，无花被（桦木族）或具花被并与子房贴生（榛族）；子房 2 室或不完全 2 室，每室具 1 个倒生胚珠或 2 个倒生胚珠而其中的 1 个败育；花柱 2 枚，分离，宿存。果序球果状、穗状、总状或头状；果苞由雌花下部的苞片和小苞片在发育过程中逐渐以不同程度连合而成，木质、革质、厚纸质或膜质，宿存或脱落。果为小坚果或坚果；胚直立，子叶扁平或肉质，无胚乳。

全科有 6 属 100 余种，主要分布于北温带，中美洲和南美洲亦有 *Alnus* 属的分布。我国 6 属均有分布，约 70 种，其中虎榛子属 *Ostryopsis Decne.* 为我国特产。模式属：桦木属 *Betula* L.

全国第四次中药资源普查秭归境内发现 1 种。

45. 川榛 *Corylus heterophylla* Fisch. ex Bess. var. *sutchuenensis* Franch.

【别名】榛子。

【植物形态】落叶大灌木或小乔木。树高 3 ～ 7 米。老枝灰褐色或黄褐色，小枝黄褐色或灰褐色，具稀疏柔毛和腺毛，皮孔大而突出。芽褐色，卵圆形，顶端稍尖，叶片近圆形、倒卵形、椭圆形，长 8 ～ 15 厘米，宽 6.4 ～ 10.2 厘米，先端渐尖或尾状，基部心形，对称或不对称，边缘具不规则复式尖锯齿，中部以上具缺刻，叶面具稀疏长柔毛，叶背脉上具稀疏长柔毛；侧脉 6 ～ 9 对；叶柄长 1.4 ～ 3 厘米，具稍稀的短柔毛。

雄花序着生于小枝的上部叶腋，圆柱状直立或下垂，1 ～ 7 个总状着生，长 1.3 ～ 4.3 厘米，直径 2.7 ～ 4.1 毫米；三角形的苞片小，其上的刺毛贴附，果苞钟状，苞叶两片开张，长于坚果与

坚果等长，其上密生腺毛和柔毛，上端具浅裂，有锯齿。坚果圆球形红褐色，灰褐色，1～5个簇生，果面具短绒毛，坚果平均果径1.45厘米，单果重1.71克，果壳厚度1.80毫米，出仁率27.7%，果仁无空心。开花期3月，坚果成熟期9月中下旬。

【生境与分布】生长在海拔1300～2100米的沟谷或山坡灌木丛中，全县高山地区有分布。

【中药名称】川榛。

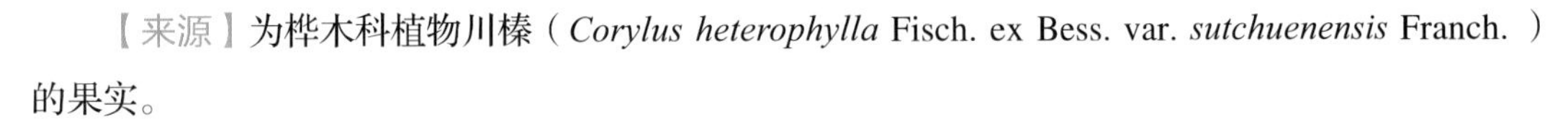

【来源】为桦木科植物川榛（*Corylus heterophylla* Fisch. ex Bess. var. *sutchuenensis* Franch.）的果实。

【采收加工】秋季果实成熟后及时采摘，晒干后除去总苞及果壳。

【性味功效】甘，平。健胃，主治食欲不佳。

【应用举例】35～40钱，水煎，冲黄酒、红糖，早晚饭前服。

三十三、山毛榉科 Fagaceae

常绿或落叶乔木，稀灌木。单叶，互生，极少轮生（*Trigo nobalanus* 属的一个种），全缘或齿裂，或不规则的羽状裂（落叶栎类多数种）；托叶早落。花单性同株，稀异株，或同序（*Lithocarpus* 属的多数种），风媒或虫媒；花被一轮，4～6（8）片，基部合生，干膜质。雄花有雄蕊4～12枚，花丝纤细，花药基着或背着，2室，纵裂，无退化雌蕊，或有但小且为卷丛毛遮盖；雌花1～5朵聚生于一壳斗 内，有时伴有可育或不育的短小雄蕊。子房下位，花柱与子房室同数，柱头面线状，近于头状，或浅裂的舌状，或几与花柱同色的窝点，子房室与心皮同数，或因隔膜退化而减少，3～6室，每室有倒生胚珠2颗，仅1颗发育，中轴胎座。雄花序下垂或直立，整序脱落，由多数单花或小花束，即变态的二歧聚伞花序簇生于花序轴（或总花梗）的顶部呈球状，或散生于总花序轴上呈穗状，稀呈圆锥花序；雌花序直立，花单朵散生或3数朵聚生成簇，分生于总花序轴上成穗状，有时单花或2～3朵花腋生。由总苞发育而成的壳斗脆壳质、木质、角质或木栓质，形状多样，包着坚果底部至全包坚果，开裂或不开裂，外壁平滑或有各式姿态的小苞片，每壳斗有坚果1～3（5）个；坚果有棱角或浑圆，顶部有稍凸起的柱座，底部的果脐又称疤痕，有时占坚果面积的大部分，凸起、近平坦，或凹陷，胚直立，不育胚珠位于种子的顶部（胚珠悬垂），或位于基部（胚珠上举），稀位于中部，无胚乳，子叶2片，平凸，稀脑叶状或镶嵌状，富含淀粉或鞣质。

据不同学者的观点，本科有7～10属，多至12属。本志认许7属900余种。除热带非洲和南非地区不产外几全世界分布，以亚洲的种类最多。*Notho fagus* 属自然分布限于南半球澳大利亚至南美大陆。*Fagus* 属除 1 种见于美洲大陆外，其余均见于北半球欧亚大陆。*Castanopsis* 属除 1 种见于美国西部外其余均产亚洲南部及东南部。至于 *Trigonobalanus* 属，则为洲际间断分布，1 种见于南美，2 种产于亚洲南及东南部。*Lithocarpus* 属仅 1 种分布于美国加利福尼亚州，其余均产于亚洲南部及东南部。*Castanea* 属的种类以中国最多。我国有 7 属约 320 种。

全国第四次中药资源普查秭归境内发现 1 种。

46. 栗 *Castanea mollissima* Bl.

【植物形态】高达 20 米的乔木，胸径 80 厘米，冬芽长约 5 毫米，小枝灰褐色，托叶长圆形，长 10 ～ 15 毫米，被疏长毛及鳞腺。叶椭圆形至长圆形，长 11 ～ 17 厘米，宽稀达 7 厘米，顶部短至渐尖，基部近截平或圆，或两侧稍向内弯而呈耳垂状，常一侧偏斜而不对称，新生叶的基部常狭楔尖且两侧对称，叶背被星芒状伏贴绒毛或因毛脱落变为几无毛；叶柄长 1 ～ 2 厘米。雄花序长 10 ～ 20 厘米，花序轴被毛；花 3 ～ 5 朵聚生成簇，雌花 1 ～ 3（5）朵发育结实，花柱下部被毛。成熟壳斗的锐刺有长有短，有疏有密，密时全遮蔽壳斗外壁，疏时则外壁可见，壳斗连刺直径 4.5 ～ 6.5 厘米；坚果高 1.5 ～ 3 厘米，宽 1.8 ～ 3.5 厘米。花期 4—6 月，果期 8—10 月。

【生境与分布】见于平地至海拔 2800 米山地，全县栽培多见。

【中药名称】栗花、栗毛球、栗树根、栗树皮、栗子、栗叶。

【来源】山毛榉科植物栗（*Castanea mollissima* Bl.）的花或花序为栗花，总苞为栗毛球，树根或根皮为栗树根，果皮为栗树皮，种子为栗子，叶为栗叶。

【采收加工】根或根皮：7—10 月采挖根部，鲜用或晒干。

叶：7—10 月采集，多鲜用。

总苞：剥取果实时收集，晒干。

花或花序：4—6 月采集，鲜用或晒干。

外果皮：剥取种子仁时，收集，晒干。

内果皮：削取栗仁时收集，阴干。

种仁：总苞由青色转黄色，微裂时采收，放冷凉处散热，搭棚遮荫，棚四周夹墙，地面铺河砂，堆栗高 30 厘米，覆盖湿砂，经常洒水保湿。10 月下旬至 11 月入窖储藏，或剥出种子，晒干。

【性味功效】栗花：微苦，涩，平。清热燥湿，止血，散结。

栗毛球：甘，涩，平。清热散结，化痰，止血。

栗树根：微苦，平。行气止痛，活血调经。

栗树皮：微苦，涩，平；解毒消肿，收敛止血。栗子养胃健脾、补肾强筋、活血止血。

栗叶：微甘，平。清肺止咳，解毒消肿。

【应用举例】根或根皮：内服，煎汤，15 ～ 30 克，或浸酒。

叶：①内服：煎汤，9 ～ 15 克。②外用：煎汤洗，或烧存性研末敷。

总苞：①内服：煎汤，9 ～ 30 克。②外用：煎水洗或研末调敷。

花或花序：内服，煎汤，9 ～ 15 克，或研末。

外果皮：①内服：煎汤，30 ～ 60 克；煅碳研末，每次 3 ～ 6 克。②外用：研末调敷。

内果皮：①内服：煎汤，3 ～ 5 克。②外用：研末吹咽喉；或外敷。

种仁：①内服：适量，生食、煮食或炒存性研末服 30 ～ 60 克。②外用：适量，捣敷。

三十四、榆科 Ulmaceae

乔木或灌木；芽具鳞片，稀裸露，顶芽通常早死，枝端萎缩成一小距状或瘤状凸起，残存或脱落，其下的腋芽代替顶芽。单叶，常绿或落叶，互生，稀对生，常二列，有锯齿或全缘，基部偏斜或对称，羽状脉或基部 3 出脉（即羽状脉的基生 1 对侧脉比较强壮），稀基部 5 出脉或掌状 3 出脉，有柄；托叶常呈膜质，侧生或生柄内，分离或连合，或基部合生，早落。单被花两性，稀单性或杂性，雌雄异株或同株，少数或多数排成疏或密的聚伞花序，或因花序轴短缩而似簇生状，或单生，生于当年生枝或去年生枝的叶腋，或生于当年生枝下部或近基部的无叶部分的苞腋；花被浅裂或深裂，花被裂片常 4 ～ 8，覆瓦状（稀镊合状）排列，宿存或脱落；雄蕊着生于花被的基底，在蕾中直立，稀内曲，常与花被裂片同数而对生，稀较多，花丝明显，花药 2 室，纵裂，外向或内向；雌蕊由 2 枚心皮连合而成，花柱极短，柱头 2，条形，其内侧为柱头面，子房上位，通常 1 室，稀 2 室，无柄或有柄，胚珠 1 枚，倒生，珠被 2 层。果为翅果、核果、小坚果或有时具翅或具附属物，顶端常有宿存的柱头；胚直立、弯曲或内卷，胚乳缺或少量，子叶扁平、折叠或弯曲，发芽时出土。

本科有 16 属约 230 种，广布于全世界热带至温带地区。我国产 8 属 46 种 10 变种，分布遍及全国。另引入栽培 3 种。

全国第四次中药资源普查秭归境内发现 2 种。

47. 朴树 *Celtis sinensis* Pers.

【别名】黄果朴、白麻子、朴、朴榆、朴仔树、沙朴。

【植物形态】落叶乔木，高达 20 米。树皮平滑，灰色。一年生枝被密毛。叶互生，革质，宽卵形至狭卵形，长 3 ～ 10 厘米，宽 1.5 ～ 4 厘米，先端急尖至渐尖，基部圆形或阔楔形，偏斜，中部以上边缘有浅锯齿，三出脉，上面无毛，下面沿脉及脉腋疏被毛。花杂性（两性花和单性花同株），1 ～ 3 朵生于当年枝的叶腋；花被片 4 枚，被毛；雄蕊 4 枚，柱头 2 个。核果单生或 2 个并生，近球形，直径 4 ～ 5 毫米，熟时红褐色，果核有穴和突肋。花期 4—5 月，果期 9—11 月。

【生境与分布】为榆科植物朴树（*Celtis sinensis* Pers.）的树皮。

【中药名称】朴树皮。

【来源】多生长于海拔 100 ～ 1500 米的路旁、山坡、林缘处，全县均有分布。

【采收加工】夏季采收，鲜用或晒干。

【性味功效】辛，苦，平。祛风透疹，消食化滞。

【应用举例】外用：适量，鲜品捣敷；或捣烂取汁涂敷。

48. 榔榆 *Ulmus parvifolia* Jacq.

【别名】小叶榆。

【植物形态】落叶乔木，或冬季叶变为黄色或红色宿存至第二年新叶开放后脱落，高达 25 米，胸径可达 1 米；树冠广圆形，树干基部有时呈板状根，树皮灰色或灰褐色，裂成不规则鳞状薄片剥落，露出红褐色内皮，近平滑，微凹凸不平；当年生枝密被短柔毛，深褐色；冬芽卵圆形，红褐色，无毛。

叶质地厚，披针状卵形或窄椭圆形，稀卵形或倒卵形，中脉两侧长宽不等，长 1.7 ～ 8（常 2.5 ～ 5）厘米，宽 0.8 ～ 3（常 1 ～ 2）厘米，先端尖或钝，基部偏斜，楔形或一边圆，叶面深绿色，有光泽，除中脉凹陷处有疏柔毛外，余处无毛，侧脉部凹陷，叶背色较浅，幼时被短柔毛，后变无毛或沿脉有疏毛，或脉腋有簇生毛，边缘从基部到先端有钝而整齐的单锯齿，稀重锯齿（如萌发枝的叶），侧脉每边 10 ～ 15 条，细脉在两面均明显，叶柄长 2 ～ 6 毫米，仅上面有毛。

花秋季开放，3 ～ 6 数，在叶脉簇生或排成簇状聚伞花序，花被上部杯状，下部管状，花被片 4，深裂至杯状花被的基部或近基部，花梗极短，被疏毛。

翅果椭圆形或卵状椭圆形，长 10 ～ 13 毫米，宽 6 ～ 8 毫米，除顶端缺口柱头面被毛外，余处无毛，果翅稍厚，基部的柄长约 2 毫米，两侧的翅较果核部分为窄，果核部分位于翅果的中上部，上端接近缺口，花被片脱落或残存，果梗较管状花被为短，长 1 ～ 3 毫米，有疏生短毛。花果期 8—10 月。

【生境与分布】山坡、林缘处，全县均有分布。

【中药名称】榔榆皮、榔榆茎。

【来源】榆科植物榔榆（*Ulmus parvifolia* Jacq.）的树皮为榔榆皮，茎为榔榆茎。

【采收加工】榔榆茎：夏、秋季均可采收，鲜用。

榔榆皮：全年均可采收，洗净，晒干。

【性味功效】榔榆茎：甘，微苦，寒。通络止痛。

榔榆皮：甘，苦，寒。清热利水，解毒消肿，凉血止血。

【应用举例】榔榆茎、叶：

1. 治疮肿尚未成脓者：鲜榔榆叶适量，洗净，红糖少许，共捣敷，日换一次。

2. 治腰背酸痛：榔榆茎半两至一两（洗净，切碎），猪脊骨数量不拘，和水、酒适量各半炖服。

3. 治牙痛：榔榆鲜叶煎汤，加醋少许，含漱。

榔榆皮：

1. 治乳痈：榔榆根白皮二至三两。水煎服，渣加白糖捣敷患处。

2. 治风毒流注：榔榆干根一至二两。水煎服。

三十五、杜仲科 Eucommiaceae

落叶乔木。叶互生，单叶，具羽状脉，边缘有锯齿，具柄，无托叶。花雌雄异株，无花被，先叶开放，或与新叶同时从鳞芽长出。雄花簇生，有短柄，具小苞片；雄蕊 5 ~ 10 个，线形，花丝极短，花药 4 室，纵裂。雌花单生于小枝下部，有苞片，具短花梗，子房 1 室，由合生心皮组成，有子房柄，扁平，顶端 2 裂，柱头位于裂口内侧，先端反折，胚珠 2 个，并立、倒生，下垂。果为不开裂，扁平，长椭圆形的翅果先端 2 裂，果皮薄革质，果梗极短；种子 1 个，垂生于顶端；胚乳丰富；胚直立，与胚乳同长；子叶肉质，扁平；外种皮膜质。

本科仅 1 属 1 种，中国特有，分布于华中、华西、西南及西北各地，现广泛栽培。

全国第四次中药资源普查秭归境内发现 1 种。

49. 杜仲 *Eucommia ulmoides* Oliv.

【别名】胶木、木绵。

【植物形态】杜仲为落叶乔木，高可达20米，胸径约50厘米。树皮灰褐色，粗糙，内含橡胶，折断拉开有多数细丝。嫩枝有黄褐色毛，不久变秃净，老枝有明显的皮孔。芽体卵圆形，外面发亮，红褐色，有鳞片6～8片，边缘有微毛。叶椭圆形、卵形或矩圆形，薄革质，长6～15厘米，宽3.5～6.5厘米。基部圆形或阔楔形，先端渐尖；上面暗绿色，初时有褐色柔毛，不久变秃净，老叶略有皱纹，下面淡绿，初时有褐毛，以后仅在脉上有毛。侧脉6～9对，与网脉在上面下陷，在下面稍突起，边缘有锯齿，叶柄长1～2厘米，上面有槽，被散生长毛。花生于当年枝基部，雄花无花被；花梗长约3毫米，无毛；苞片倒卵状匙形，长6～8毫米，顶端圆形，边缘有睫毛，早落；雄蕊长约1厘米，无毛，花丝长约1毫米，药隔突出，花粉囊细长，无退化雌蕊。雌花单生，苞片倒卵形，花梗长8毫米，子房无毛，1室，扁而长，先端2裂，子房柄极短。翅果扁平，长椭圆形，长3～3.5厘米，宽1～1.3厘米，先端2裂，基部楔形，周围具薄翅。坚果位于中央，稍突起，子房柄长2～3毫米，与果梗相接处有关节。种子扁平，线形，长1.4～1.5厘米，宽3毫米，两端圆形。早春开花，秋后果实成熟。

【生境与分布】多生长于海拔300～500米的低山、谷地或低坡的疏林里，全县均有分布，栽培为主。

【中药名称】杜仲皮、杜仲叶。

【来源】杜仲科植物杜仲（*Eucommia ulmoides* Oliv.）的干燥树皮为杜仲皮，干燥叶为杜仲叶。

【采收加工】杜仲皮：4月上旬至6月下旬。树龄15年以上的杜仲树采用环状剥皮采收。晒干。

杜仲叶：7月下旬至10月下旬，高枝剪采集绿叶。烘干。

【性味功效】杜仲皮：甘，温。归肝、肾经。补肝肾，强筋骨，安胎。用于肝肾不足。

杜仲叶：微辛，温。归肝、肾经。补肝肾，强筋骨。用于肝肾不足，头晕目眩，筋骨痿软。

【应用举例】杜仲皮：内服，煎汤，6～15克；浸酒或入丸、散。

杜仲叶：内服，煎汤，10～15克。

三十六、桑科 Moraceae

乔木或灌木，藤本，稀为草本，通常具乳液，有刺或无刺。叶互生稀对生，全缘或具锯齿，分裂或不分裂，叶脉掌状或为羽状，有或无钟乳体；托叶2枚，通常早落。花小，单性，雌雄同株或异株，无花瓣；花序腋生，典型成对，总状、圆锥状、头状、穗状或壶状，稀为聚伞状，花序托有时为肉质，增厚或封闭而为隐头花序或开张而为头状或圆柱状。雄花：花被片2～4枚，有时仅为1或更多至8枚，分离或合生，覆瓦状或镊合状排列，宿存；雄蕊通常与花被片同数而对生，花丝在芽时内折或直立，花药具尖头，或小而二浅裂无尖头，从新月形至陀螺形（具横的赤道裂口），退化雌蕊有或无。雌花：花被片4枚，稀更多或更少，宿存；子房1，稀为2室，上位、下位或半下位，或埋藏于花序轴上的陷穴中，每室有倒生或弯生胚珠1枚，着生于子房室的顶部或近顶部；花柱2裂或单一，具2或1个柱头臂，柱头非头状或盾形。果为瘦果或核果状，围以肉质变厚的花被，或藏于其内形成聚花果，或隐藏于壶形花序托内壁，形成隐花果，或陷入发达的花序轴内，形成大型的聚花果。种子大或小，包于内果皮中；种皮膜质或不存；胚悬垂，弯或直；幼根长或短，背倚子叶紧贴；子叶褶皱，对折或扁平，叶状或增厚。

本科约53属1400种。多产于热带、亚热带。少数分布在温带地区。其中榕属 *Ficus* Linn. 约1000种，一般分布于热带和亚热带，许多种类为附生植物，围绕着寄主的茎干，形成紧密的根网，最终将寄主绞死。桑属 *Morus* Linn. 多为乔木，分布于北半球温带至热带山区；中国原产的桑树 *Morus alba* 在很早时期就有栽培，到12世纪以后引入欧洲，在地中海地区生长良好；黑桑 *Morus nigra* 原产于亚洲西部伊朗，16世纪以前在亚洲和欧洲已有栽培。波罗蜜属 *Artocarpus* J. R. et G. Forst. 约40种，由斯里兰卡经印度至中国。全科在我国约12属153种和亚种，并有变种及变型59个。

全国第四次中药资源普查秭归境内发现8种。有药用价值的5种。

50. 构树 *Broussonetia papyrifera*（L.）Vent.

【别名】构桃树、构乳树、楮树、楮实子、沙纸树等。

【植物形态】叶螺旋状排列，广卵形至长椭圆状卵形，长6～18厘米，宽5～9厘米，先端渐尖，基部心形，两侧常不相等，边缘具粗锯齿，不分裂或3～5裂，小树之叶常有明显分裂，表面粗糙，疏生糙毛，背面密被绒毛，基生叶脉三出，侧脉6～7对；叶柄长2.5～8厘米，密被糙毛；托叶大，卵形，狭渐尖，长1.5～2厘米，宽0.8～1厘米。花雌雄异株；雄花序为葇荑花序，粗壮，长3～8厘米，苞片披针形，被毛，花被4裂，裂片三角状卵形，被毛，雄蕊4，花药近球形，退化雌蕊小；雌花序球形头状，苞片棍棒状，顶端被毛，花被管状，顶端与花柱紧贴，子房卵圆形，柱头线形，被毛。聚花果直径1.5～3厘米，成熟时橙红色，肉质；瘦果具与其等长的柄，表面有小瘤，龙骨双层，外果皮壳质。花期4—5月，果期6—7月。

【生境与分布】喜光，适应性强，耐干旱瘠薄，也能生于水边，多生于石灰岩山地，全县有分布。

【中药名称】楮实子。

【来源】为桑科植物构树（*Broussonetia papyrifera*（L.）Vent.）的干燥果实。

【采收加工】移栽 4 ～ 5 年，9 月果实变红时采摘，除去灰白色膜状宿萼及杂质，晒干。

【性味功效】甘。补肾清肝，明目，利尿。常用于腰膝酸软，虚劳骨蒸，目生翳膜，水肿胀满等。

【应用举例】种子 10 ～ 20 克，叶 15 ～ 30 克，皮 15 ～ 25 克。外用：割伤树皮取鲜浆汁外擦。

51. 无花果 *Ficus carica* L.

【别名】阿驲、阿驿、底珍等。

【植物形态】落叶灌木或小乔木，高达 3 ～ 10 米。全株具乳汁；多分枝，小枝粗壮，表面褐色，被稀短毛。叶互生；叶柄长 2 ～ 5 厘米，粗壮；托叶卵状披针形，长约 1 厘米，红色；叶片厚膜质，宽卵形或卵圆形，长 10 ～ 24 厘米，宽 8 ～ 22 厘米，3 ～ 5 裂，裂片卵形，边缘有不规则钝齿，上面深绿色，粗糙，下面密生细小钟乳体及黄褐色短柔毛，基部浅心形，基生脉 3 ～ 5 条，侧脉 5 ～ 7 对。雌雄异株，隐头花序，花序托单生于叶腋；雄花和瘿花生于同一花序托内；雄花生于内壁口部，雄蕊 2，花被片 3 ～ 4；瘿花花柱侧生，短；雌花生于另一花序托内，花被片 3 ～ 4，花柱侧生，柱头 2 裂。榕果（花序托）梨形，成熟时长 3 ～ 5 厘米，呈紫红色或黄绿色，肉质，顶部下陷，基部有 3 枚苞片。花果期 8—11 月。

【生境与分布】以向阳、土层深厚、疏松肥沃、排水良好的砂质壤土或黏质壤土长势较好。

【中药名称】无花果。

【来源】为桑科植物无花果（*Ficus carica* L.）的新鲜幼果。

【采收加工】7—10 月果实呈绿色时，分批采摘；或拾取落地的未成熟果实，鲜果用开水烫后，晒干或烘干。

【性味功效】治痔疗效良好。

【应用举例】内服：煎汤，9～15克，大剂量可用至30～60克；或生食鲜果1～2枚。

外用：适量，煎水洗；研末调敷或吹喉。

52. 异叶榕 *Ficus heteromorpha* Hemsl.

【别名】异叶天仙果。

【植物形态】落叶灌木或小乔木，高2～5米；树皮灰褐色；小枝红褐色，节短。叶多形，琴形、椭圆形、椭圆状披针形，长10～18厘米，宽2～7厘米，先端渐尖或为尾状，基部圆形或浅心形，表面略粗糙，背面有细小钟乳体，全缘或微波状，基生侧脉较短，侧脉6～15对，红色；叶柄长1.5～6厘米，红色；托叶披针形，长约1厘米。榕果成对生于短枝叶腋，稀单生，无总梗，球形或圆锥状球形，光滑，直径6～10毫米，成熟时紫黑色，顶生苞片脐状，基生苞片3枚，卵圆形，雄花和瘿花同生于一榕果中；雄花散生内壁，花被片4～5，匙形，雄蕊2～3；瘿花花被片5～6，子房光滑，花柱短；雌花花被片4～5，包围 子房，花柱侧生，柱头画笔状，被柔毛。瘦果光滑。花期4—5月，果期5—7月。

【生境与分布】生于山谷、坡地及林中，全县有分布。

【中药名称】奶浆果、奶浆木。

【来源】桑科植物异叶榕（*Ficus heteromorpha* Hemsl.）的果实为奶浆果，全株为奶浆木。

【采收加工】奶浆果：秋季采收。

奶浆木：全年均可采收，鲜用或晒干。

【性味功效】奶浆果：甘，酸，温。补血，下乳。治脾胃虚弱，缺乳。

奶浆木：祛风除湿、化痰止咳、活血解毒。

【应用举例】奶浆果：内服，炖肉吃，1～2两（鲜品0.5～1斤）。

奶浆木：内服，煎汤，15～30克，或浸酒。

外用：适量，煎水洗。

53. 地果 *Ficus tikoua* Bur.

【别名】地瓜、地石榴、野地瓜、满地青、地枇杷等。

【植物形态】 匍匐木质藤本，茎上生细长不定根，节膨大；幼枝偶有直立的，高达30～40厘米，叶坚纸质，倒卵状椭圆形，长2～8厘米，宽1.5～4厘米，先端急尖，基部圆形至浅心形，边缘具波状疏浅圆锯齿，基生侧脉较短，侧脉3～4对，表面被短刺毛，背面沿脉有细毛；叶柄长1～2厘米，直径立幼枝的叶柄长达6厘米；托叶披针形，长约5毫米，被柔毛。榕果成对或簇生于匍匐茎上，常埋于土中，球形至卵球形，直径 1 ～ 2 厘米，基部收缩成狭柄，成熟时深红色，表面多圆形瘤点，基生苞片 3，细小；雄花生于榕果内壁孔口部，无柄，花被片 2 ～ 6，雄蕊 1 ～ 3；雌花生于另一植株榕果内壁，有短柄。无花被，有黏膜包被子房。瘦果卵球形，表面有瘤体，花柱侧生，长，柱头 2 裂。花期 5—6 月，果期 7 月。

【生境与分布】分布于海拔 400 ～ 1000 米较阴湿的山坡路边或灌丛中，常生于荒地、草坡或岩石缝中，全县有分布。

【中药名称】地瓜果、地瓜根、地瓜藤。

【来源】桑科植物地果（*Ficus tikoua* Bur.）的隐形果为地瓜果，根为地瓜根，茎为地瓜藤。

【采收加工】地瓜果：夏季采收尚未成熟的隐花果（榕果），晒干。

地瓜根：夏、秋季间采挖全株，除去地上部分，洗净，晒干或鲜用。

地瓜藤：9—10 月采收，晒干。

【性味功效】地瓜果：清热解毒，涩精止遗。常用于咽喉肿痛，遗精滑精。

地瓜根：清热利湿，消肿止痛。

地瓜藤：清热，利湿，活血，解毒。

【应用举例】地瓜果：内服，煎汤，9 ～ 30 克，或用开水泡饮。

地瓜根：内服，煎汤，30 ～ 60 克。

地瓜藤：内服，煎汤，3 ～ 8 钱。外用，捣敷。

54. 柘树 *Maclura tricuspidata* Carr.

【别名】奴拓、灰桑、黄桑、棉拓。

【植物形态】落叶灌木或小乔木，高 1 ～ 7 米；树皮灰褐色，小枝无毛，略具棱，有棘刺，刺长 5 ～ 20 毫米；冬芽赤褐色。叶卵形或菱状卵形，偶为三裂，长 5 ～ 14 厘米，宽 3 ～ 6 厘米，先端渐尖，基部楔形至圆形，表面深绿色，背面绿白色，无毛或被柔毛，侧脉 4 ～ 6 对；叶柄长 1 ～ 2 厘米，被微柔毛。雌雄异株，雌雄花序均为球形头状花序，单生或成对腋生，具短总花梗；雄花序直径 0.5 厘米，雄花有苞片 2 枚，附着于花被片上，花被片 4，肉质，先端肥厚，内卷，内面有黄色腺体 2 个，雄蕊 4，与花被片对生，花丝在花芽时直立，退化雌蕊锥形；雌花序直径 1 ～ 1.5 厘米，花被片与雄花同数，花被片先端盾形，内卷，内面下部有 2 个黄色腺体，子房埋于花被片下部。聚花果近球形，直径约 2.5 厘米，肉质，成熟时橘红色。花期 5—6 月，果期 6—7 月。

【生境与分布】生于海拔 500 ～ 1500 米，阳光充足的山地或林缘，全县有分布。

【中药名称】穿破石、柘木、柘木白皮、柘树果实。

【来源】桑科植物柘树（*Maclura tricuspidata* Carr.）的根为穿破石，茎为柘木，皮为柘木白皮，果实为柘树果实。

【采收加工】穿破石：全年可采。挖出根后，削去支根，洗净，截段晒干，或开片晒干。

柘木：全年均可采收，砍取树干及粗枝，趁鲜剥去树皮，切段或切片，晒干。

柘木白皮：全年均可采收，剥取根皮和树皮，刮去栓皮，鲜用或晒干。

柘树果：秋季果实将成熟时采收，切片，鲜用或晒干。

【性味功效】穿破石：甘，温。祛风利湿，活血通经。

柘木：化瘀止血，清肝明目，截疟。治崩漏，飞丝入目，疟疾。

柘木白皮：补肾固精，利湿解毒，止血化瘀。

柘树果：清热凉血、舒筋活络。

【应用举例】穿破石：内服，煎汤，2～4钱（鲜者1～2两），或浸酒。外用，捣敷。

柘木：内服，煎汤，1～2两。外用，煎水洗。

柘木白皮：内服，煎汤，15～30克，大剂量可用至60克。外用，适量，捣敷。

柘树果：内服，煎汤，15～30克，或研末。

三十七、荨麻科 Urticaceae

草本、亚灌木或灌木，稀乔木或攀援藤本，有时有刺毛；钟乳体点状、杆状或条形，在叶或有时在茎和花被的表皮细胞内隆起。茎常富含纤维，有时肉质。叶互生或对生，单叶；托叶存在，稀缺。花极小，单性，稀两性，风媒传粉，花被单层，稀2层；花序雌雄同株或异株，若同株时常为单性，有时两性（即雌雄花混生于同一花序），稀具两性花而成杂性，由若干小的团伞花序排成聚伞状、圆锥状、总状、伞房状、穗状、串珠式穗状、头状，有时花序轴上端发育成球状、杯状或盘状多少呈肉质的花序托，稀退化成单花。雄花：花被片4～5，有时3或2，稀1，覆瓦状排列或镊合状排列；雄蕊与花被片同数，花药2，成熟时药壁纤维层细胞不等收缩，引起药壁破裂，并与花丝内表皮垫状细胞膨胀运动协调作用，将花粉向上弹射出；退化雌蕊常存在。雌花：花被片5～9，稀2或缺，分生或多少合生，花后常增大，宿存；退化雄蕊鳞片状，或缺；雌蕊由一心皮构成，子房1室，与花被离生或贴生，具雌蕊柄或无柄；花柱单一或无花柱，柱头头状、画笔头状、钻形、丝形、舌状或盾形；胚珠1，直立。果实为瘦果，有时为肉质核果状，常包被于宿存的花被内。种子具直生的胚；胚乳常为油质或缺；子叶肉质，卵形、椭圆形或圆形。

本科有47属约1300种，分布于两半球热带与温带。我国有25属352种26亚种63变种3变型，产于全国各地，以长江流域以南亚热带和热带地区分布最多，多数种类喜好生于阴湿环境。

全国第四次中药资源普查秭归境内发现8种。

55. 序叶苎麻 *Boehmeria clidemioides* var. *diffusa*（Wedd.）Hand. –Mazz.

【别名】水苏麻、玄麻、水苎麻。

【植物形态】多年生草本，高约1米；茎略带四棱形，有细伏毛。叶互生，卵形至卵状披针形，长2.5～9厘米，宽1.5～4厘米，顶端短至长渐尖，基部楔形，边缘密生锯齿，两面疏生平伏毛，基部3出脉；叶柄长达8厘米。花雌雄异株，有时同株，雌花成团伞花序集成穗状，主轴上有叶着生；雄花花被片3～4，下部合生，雄蕊3～4；雌花花被管状，长约0.8毫米。瘦果卵圆形，为花被管所包。花果期8—10月。

【生境与分布】生于山坡灌丛或溪边潮湿地，全县有分布。

【中药名称】水火麻。

【来源】为荨麻科植物序叶苎麻（*Boehmeria clidemioides* var. *diffusa*（Wedd.）Hand.–Mazz.）的全草。

【采收加工】秋季采收，鲜用或晒干。

【性味功效】辛，温。祛风除湿。

【应用举例】内服：煎汤，3～9克，或研末。

56. 苎麻 *Boehmeria nivea*（L.）Gaudich.

【别名】野麻、野苎麻、家麻、苎仔、青麻、白麻。

【植物形态】亚灌木或灌木，高0.5～1.5米；茎上部与叶柄均密被开展的长硬毛与近开展和贴伏的短糙毛。叶互生；叶片草质，通常圆卵形或宽卵形，少数卵形，长6～15厘米，宽4～11厘米，顶端骤尖，基部近截形或宽楔形，边缘在基部之上有齿，上面稍粗糙，疏被短伏毛，下面密被雪白色毡毛，侧脉约3对；叶柄长2.5～9.5厘米；托叶分生，钻状披针形，长7～11毫米，背面被毛。圆锥花序腋生，或植株上部的为雌性，其下的为雄性，或同一植株的全为雌性，长2～9厘米；雄团伞花序直径1～3毫米，有少数雄花；雌团伞花序直径0.5～2毫米，有多数密集的雌花。雄花：花被片 4，狭椭圆形，长约 1.5 毫米，合生至中部，顶端急尖，外面有疏柔毛；雄蕊 4，长约 2 毫米，花药长约 0.6 毫米；退化雌蕊狭倒卵球形，长约 0.7 毫米，顶端有短柱头。雌花：花被椭圆形，长 0.6 ～ 1 毫米，顶端有 2 ～ 3 个小齿，外面有短柔毛，果期菱状倒披针形，长 0.8 ～ 1.2 毫米；柱头丝形，长 0.5 ～ 0.6 毫米。瘦果近球形，长约 0.6 毫米，光滑，基部突缩成细柄。花期 8—10 月。

【生境与分布】生于山谷林边或草坡，海拔 200 ～ 1700 米，全县有分布。

【中药名称】苎花、苎麻叶、苎麻根、苎麻皮。

【来源】荨麻科植物苎麻（*Boehmeria nivea*（L.）Gaudich.）的花为苎花，叶为苎麻叶，根为苎麻根，皮为苎麻皮。

【采收加工】苎花：夏季花盛期采收，鲜用或晒干。

苎麻叶：秋季采叶，洗净、切碎、晒干或鲜用。

苎麻根：冬、春季采挖，除去地上茎和泥土，晒干。

苎麻皮：夏、秋季采收，剥取茎皮，鲜用或晒干。

【性味功效】苎花：甘，寒。清心除烦，凉血透疹。

苎麻叶：凉血止血，散瘀消肿，解毒。

苎麻根：清热止血，解毒散瘀。可治丹毒、痈肿、跌打损伤、蛇虫咬伤等。

苎麻皮：甘，寒。清热凉血，散瘀止血，解毒利尿，安胎回乳。

【应用举例】苎花：内服，煎汤，6 ～ 15 克。

苎麻叶：外用适量，煎汤外洗，或捣服。

苎麻根：内服，煎汤，7.5 ～ 15 克，或捣汁。外用，捣敷或煎水洗。

苎麻皮：内服，煎汤，3 ～ 15 克，或酒煎。外用，适量，捣敷。

57. 长叶水麻 *Debregeasia longifolia*（Burm. f.）Wedd.

【别名】麻叶树、水珠麻。

【植物形态】落叶灌木，高 1 ～ 3 米。小枝圆筒形，有浅沟，密生白色或淡黄色的糙毛，单叶互生；叶柄长 1 ～ 4 厘米；叶片披针形至长椭圆状披针形，长 9 ～ 21 厘米，宽 2 ～ 6 厘米，先端尖或尾状渐尖，基部圆形，边缘有细锯齿，上面粗糙，有时具泡状隆起，疏生短毛，下面密生灰白色毡毛；基生脉 3 条，侧脉 4 ～ 6 对，网状细脉显著。花单性，雌雄异株，花序大多生叶痕腋部，1 ～ 2（3）回两叉状分枝，每分枝顶端各生一球状的团伞花序，序梗被伸展的短毛；雄花花被片 4，长 1.5 ～ 2 毫米，雄蕊 4，小苞片较花被片短；雌花簇直径 2 ～ 3 毫米，雌花倒卵形，花被管状，先端 4 齿。果序直径 3 ～ 5 毫米；瘦果小，长 0.8 ～ 1.5 毫米，宿存管状花被橙红色，肉质。花期 5—8 月，果期 8—12 月。

【生境与分布】生于县域海拔 800 ～ 2000 米的河谷、山坡沟边向阳处或林缘潮湿处。

【中药名称】长叶水麻。

【来源】为荨麻科植物长叶水麻（*Debregeasia longifolia*（Burm.f.）Wedd.）的茎叶。

【采收加工】全年均可采，鲜用或晒干。

【性味功效】味辛、苦，性凉。祛风止咳，清热利湿。

【应用举例】内服：煎汤，9 ～ 15 克。

外用：适量，鲜品捣敷。

58. 宜昌楼梯草 *Elatostema ichangense* H. Schroter

【别名】六月寒、水水草。

【植物形态】多年生草本。茎高约 25 厘米，不分枝，无毛。叶具短柄或无柄，无毛；叶片草质或薄纸质，斜倒卵状长圆形或斜长圆形，长 6 ～ 12.4 厘米，宽 2 ～ 3 厘米，顶端尾状渐尖（渐尖部分全缘），基部在狭侧楔形或钝，在宽侧钝或圆形，边缘下部或中部之下全缘，其上有浅齿，钟乳体明显或稍明显，密，长 0.2 ～ 0.4 毫米，半离基三出脉或近三出脉，侧脉在狭侧 1 ～ 2 条，在宽侧约 3 条；叶柄长达 1.5 毫米；托叶条形或长圆形，长 2 ～ 3.5 毫米。花序雌雄异株或同株。雄花序无梗或近无梗，直径 3 ～ 6 毫米，有 10 数朵花；花序托小；苞片约 6 个，卵形或正三角形，长 3 ～ 4 毫米，无毛，2 个较大，其顶端的角状突起长 3.5 ～ 7 毫米，其他的较小，其顶端突起长 1 ～ 1.5 毫米；小苞片膜质，匙形或匙状条形或船状条形，长 2 ～ 2.5 毫米，顶部有疏睫毛。雄花无毛；花梗长达 2.5 毫米；花被片 5，狭椭圆形，长约 1.6 毫米，下部合生，外面顶端之下有长 0.1 ～ 0.3 毫米的角状突起。雌花序有梗；花序梗长达 4 毫米；花序托近方形或长方形，有时二裂呈蝴蝶形，长 3 ～ 8 毫米；苞片三角形、或宽或扁三角形，长 0.5 ～ 1 毫米，顶端有短角状突起，有时少数苞片具长 1.5 ～ 2 毫米的长角状突起；小苞片多数，密集，楔状或匙状条形，长 0.6 ～ 0.9 毫米，顶端密被短柔毛。瘦果椭圆球形，长约 0.6 毫米，约有 8 条纵肋。花期 8—9 月。

【生境与分布】生于海拔 300 ～ 900 米的山地林下或沟边石上，全县有分布。

【中药名称】宜昌楼梯草。

【来源】为荨麻科植物宜昌楼梯草（*Elatostema ichangense* H. Schroter）的茎叶。

【采收加工】随时可采，鲜用或晒干。

【性味功效】微苦，凉。清热解毒，调经止痛。

【应用举例】内服：煎汤，6 ～ 15 克。

外用：适量，鲜品捣敷。

59. 楼梯草 *Elatostema involucratum* Franch. et Sav.

【别名】蒋草、心草、冷清草。

【植物形态】多年生草本。茎高 25 ～ 60 厘米，无毛，稀上部有疏柔毛。叶无柄或近无柄；托叶狭三角形；叶片草质，斜倒披针状长圆形或斜长圆形，长 4.5 ～ 16 厘米，宽 2.2 ～ 4.5 厘米，先端骤尖，基部在狭侧楔形，在宽侧圆形或浅心形，边缘有齿，上面有少数短糙伏毛，下面无毛或沿脉有短毛；叶脉羽状，侧脉在每侧 5 ～ 8 条。雌雄同株或异株；雄花序有梗；花序托不明显，稀明显，周围有少数狭卵形苞片；小苞片条形；雄花花被片 5；雌花序有极短梗；花序托通常很小，周围有卵形苞片，中间生有多数密集的雌花。瘦果卵球形，有少数不明显纵肋。花期 5—10 月，果期 9—11 月。

【生境与分布】生于海拔 200 ～ 2000 米的山谷沟边石上、林中或灌丛中，全县有分布。

【中药名称】楼梯草。

【来源】为荨麻科植物楼梯草（*Elatostema involucratum* Franch. et Sav.）的全草。

【采收加工】春、夏、秋季采割，洗净，切碎，鲜用或晒干。

【性味功效】微苦，微寒。清热解毒，祛风除湿，利水消肿，活血止痛。

【应用举例】内服：煎汤，6～9克。外用：适量，鲜品捣敷；或捣烂和酒揉擦。

60. 糯米团 *Gonostegia hirta*（Bl.）Miq.

【别名】糯米草、糯米藤、糯米条、红石藤。

【植物形态】多年生草本，有时茎基部变木质；茎蔓生、铺地或渐升，长50～100（160）厘米，基部粗1～2.5毫米，分枝或几无分枝，上部带四棱形，有短柔毛。叶对生；叶片草质或纸质，宽披针形至狭披针形、狭卵形、稀卵形或椭圆形，长（1）3～10厘米，宽（0.7）1.2～2.8厘米，顶端长渐尖至短渐尖，基部浅心形或圆形，边缘全缘，上面稍粗糙，有稀疏短伏毛或近无毛，下面沿脉有疏毛或近无毛，基出脉3～5条；叶柄长1～4毫米；托叶钻形，长约2.5毫米。团伞花序腋生，通常两性，有时单性，雌雄异株，直径2～9毫米；苞片三角形，长约2毫米。雄花：花梗长1～4毫米；花蕾直径约2毫米，在内折线上有稀疏长柔毛；花被片5，分生，倒披针形，长2～2.5毫米，顶端短骤尖；雄蕊5，花丝条形，长2～2.5毫米，花药长约1毫米；退化雌蕊极小，圆锥状。雌花：花被菱状狭卵形，长约1毫米，顶端有2个小齿，有疏毛，果期呈卵形，长约1.6毫米，有10条纵肋，柱头长约3毫米，有密毛。瘦果卵球形，长约1.5毫米，白色或黑色，有光泽。花期5—9月。

【生境与分布】生于溪谷林下阴湿处，山麓水沟边。

【中药名称】糯米条。

【来源】为荨麻科植物糯米团（*Gonostegia hirta*（Bl.）Miq.）的全草。

【采收加工】全年均可采收，鲜用或晒干。

【性味功效】酸，辛，寒，无毒。清热解毒，健脾，止血。

【应用举例】内服：煎汤，10～30克，鲜品加倍。外用：适量，捣敷。

61. 石筋草 *Pilea plataniflora* C. H. Wright

【别名】石芹草、石稔草、石头花、狗骨节、软枝三股筋等。

【植物形态】茎肉质，高10～70厘米，粗1.5～5毫米，基部常多少木质化，干时带蓝绿色，常被灰白色蜡质，下部裸露，节间距0.5～3厘米，分枝或几无分枝。叶薄纸质或近膜质，同对的不等大或近等大，形状大小变异很大，卵形、卵状披针形、椭圆状披针形，卵状或倒卵状长圆形，长1～15厘米，宽0.6～5厘米，先端尾状渐尖或长尾状渐尖，基部常偏斜，圆形、浅心形或心形，有时变狭近楔形，边缘稍厚，全缘，有时波状，干后上面暗绿色或蓝绿色，下面淡绿色，常呈细蜂巢状，疏生腺点，钟乳体梭形，长0.3～0.4毫米，在上面明显，基出脉3～5条，其侧出的一对弧曲，伸达近先端网结或消失，侧脉多数，常不规则地结成网脉，外向的二级脉在远离边缘处彼此网结，有时二级脉不明显；叶柄长 0.5 ～ 7 厘米；托叶很小，三角形，长 1 ～ 2 毫米，渐脱落。花雌雄同株或异株，有时雌雄同序；花序聚伞圆锥状，有时仅有少数分枝，呈总状，雄花序稍长过叶或近等长，花序梗长，纤细，团伞花序疏松着生于花枝上；雌花序在雌雄异株时常为聚伞圆锥状，与叶近等长或稍短，花序梗长，纤细，团伞花序较密地着生于花枝上，在雌雄同株时，常仅有少数分枝，呈总状，与叶柄近等长，花序梗较短。雄花带绿黄色或紫红色，近无梗，在芽时长约 1.5 毫米；花被片 4，合生至中部，倒卵形，内凹，外面近先端有短角突起；雄蕊 4；退化雌蕊极小，圆锥形；雌花带绿色，近无梗；花被片 3，不等大，果时中间一枚卵状长圆形，背面增厚略呈龙骨状，长为果的 1/2 或更长；侧生的二枚三角形，稍增厚，比长的一枚短 1/2 或更长，退化雄蕊椭圆状长圆形，略长过短的花被片。瘦果卵形，顶端稍歪斜，双凸透镜状，长 0.5 ～ 0.6 毫米，熟时深褐色，有细疣点。花期（4）6—9 月，果期 7—10 月。

【生境与分布】常生长于半阴坡路边灌丛中石上或石缝内，有时生长于疏林下湿润处，海拔 200 ～ 2400 米，全县有分布。

【中药名称】石筋草。

【来源】为荨麻科植物石筋草（*Pilea plataniflora* C.H.Wright）的全草。

【采收加工】全草，夏、秋季采集，洗净，鲜用或晒干。根，秋、冬季采挖，洗净，晒干。

【性味功效】舒筋活血，消肿利尿。

【应用举例】内服：煎汤，6 ～ 15 克，或浸酒。外用：适量，捣敷。

62. 荨麻 *Urtica fissa* Pritz.

【别名】蕁草、蕁麻、蝎子草等。

【植物形态】多年生草本，茎高 60 ～ 100 厘米。生螫毛和反曲的微柔毛。叶对生；叶柄长 1 ～ 7 厘米；托叶合生，卵形；叶片宽卵形或近五角形，长、宽 5 ～ 12 厘米，先端渐尖，基部圆形或浅心形，近掌状浅裂，裂片三角形，有不规则齿，下面生微柔毛，沿脉生螫毛。雌雄同株或异株；雄花序长达 10 厘米，具稀疏分枝，在雌雄同株时生于雌花序之下；雄花直径约 2 毫米，花被片 4；雌花序较短，分枝极短，雌花小，长约 0.4 毫米，柱头画笔头状，瘦果近球形，扁平，有细柔毛。种子有黄色细点。花期 9—10 月，果期 10—11 月。

【生境与分布】生长于海拔约100米（浙江）或500～2000米的山坡、路旁或住宅旁半阴湿处，全县有分布。

【中药名称】荨麻。

【来源】为荨麻科植物荨麻（*Urtica fissa* Pritz.）的全草。

【采收加工】夏、秋季采收，切段，晒干。

【性味功效】味苦、辛，性温，有小毒。祛风定惊，消食通便。

【应用举例】内服：煎汤，5～10克。

外用：适量，捣汁擦；或捣烂外敷；或煎水洗。

三十八、檀香科 Santalaceae

草本或灌木，稀小乔木，常为寄生或半寄生，稀重寄生植物。单叶，互生或对生，有时退化呈鳞片状，无托叶。苞片多少与花梗贴生，小苞片单生或成对，通常离生或与苞片连生呈总苞状。花小，辐射对称，两性，单性或败育的雌雄异株，稀雌雄同株，集成聚伞花序、伞形花序、圆锥花序、总状花序、穗状花序或簇生，有时单花，腋生；花被一轮，常稍肉质。雄花：花被裂片3～4枚，稀5～6（8）枚，花蕾时呈镊合状排列或稍呈覆瓦状排列，开花时顶端内弯或平展，内面位于雄蕊着生处有疏毛或舌状物；雄蕊与花被裂片同数且对生，常着生于花被裂片基部，花丝丝状，花药基着或近基部背着，2室，平行或开叉，纵裂或斜裂；花盘上位或周位，边缘弯缺或分裂，有时离生呈腺体状或鳞片状，有时花盘缺。雌花或两性花具下位或半下位子房，子房1室或5～12室（由横生隔膜形成）；花被管通常比雄花的长，花柱常不分枝，柱头小，头状、截平或稍分裂；胚珠1～3（5）枚，无珠被，着生于特立中央胎座顶端或自顶端悬垂。核果或小坚果，具肉质外果皮和脆骨质或硬骨质内果皮；种子1枚，无种皮，胚小，圆柱状，直立，外面平滑或粗糙或有多数深沟槽，胚乳丰富，肉质，通常白色，常分裂。

本科约30属400种，分布于全世界热带和温带地区。我国产8属35种6变种，各省区皆产。

全国第四次中药资源普查秭归境内发现1种。

63. 百蕊草 *Thesium chinense* Turcz.

【别名】百乳草、地石榴、小草。

【植物形态】多年生半寄生草本，高 15 ～ 30 厘米。基部多分枝，枝柔细，有棱条。叶互生；线形而尖，长 2 ～ 5 厘米，宽约 2 毫米，具 1 脉。花小，腋生；具 1 个苞片和 2 个小苞片；花被钟状，绿白色，5 裂，偶 4 裂；雄蕊与裂片同数，着生于裂口内面，并与裂片对生；子房下位，柱头头状。坚果球形，直径约 2 毫米，花被宿存，网纹显著。花期 4 月，果期 5 月。

【生境与分布】生长在田野及山区沙地边缘和草地中。

【中药名称】百蕊草。

【来源】为檀香科植物百蕊草（*Thesium chinense* Turcz.）的全草。

【采收加工】春、夏采收，晒干。

【性味功效】微苦，辛，平。归脾、肾经。清热解毒，补肾涩精。

【应用举例】内服：煎汤，3 ～ 5 钱；或泡酒。

三十九、桑寄生科 Loranthaceae

半寄生性灌木、亚灌木，稀草本，寄生于木本植物的茎或枝上，稀寄生于根部为陆生小乔木或灌木。叶对生，稀互生或轮生，叶片全缘或叶退化呈鳞片状；无托叶。花两性或单性，雌雄同株或雌雄异株，辐射对称或两侧对称，排成总状、穗状、聚伞状或伞形花序等，有时单朵，腋生或顶生，具苞片，有的具小苞片；花托卵球形至坛状或辐状；副萼短，全缘或具齿缺，或无副萼；花被片 3 ～ 6（8）枚，花瓣状或萼片状，镊合状排列，离生或不同程度合生成冠管；雄蕊与花被片等数，对生，且着生其上，花丝短或缺，花药 2 ～ 4 室或 1 室，多室；心皮 3 ～ 6 枚，子房下位，贴生于花托，1 室，稀 3 ～ 4 室，特立中央胎座或基生胎座，稀不形成胎座，无胚珠，由胎座或在子房室基部的造孢细胞发育成一至数个胚囊（其功能等于胚珠），花柱 1 枚，线状，柱状或短至几无，柱头钝或头状。果实为浆果，稀核果（我国不产），外果皮革质或肉质，中果皮具黏胶质。种子 1

颗，稀 2 ～ 3 颗（我国不产），贴生于内果皮，无种皮，胚乳通常丰富，胚 1，圆柱状，有时具胚 2 ～ 3 个，子叶 2 枚，稀 3 ～ 4 枚。

本科有 65 属 1300 余种，主产于热带和亚热带地区，少数种类分布于温带。我国产 11 属 64 种 10 变种，各省区均有。

全国第四次中药资源普查秭归境内发现 1 种。

64. 锈毛钝果寄生 *Taxillus levinei*（Merr.）H. S. Kiu

【别名】李万寄生、板栗寄生、梨寄生、茶树寄生、李寄生。

【植物形态】灌木，高 0.5 ～ 2 米；嫩枝、叶、花序和花均密被锈色，稀褐色的叠生星状毛和星状毛；小枝灰褐色或暗褐色，无毛，具散生皮孔。叶互生或近对生，革质，卵形，稀椭圆形或长圆形，长 4 ～ 8（10）厘米，宽（1.5）2 ～ 3.5（4.5）厘米，顶端圆钝，稀急尖，基部近圆形，上面无毛，干后榄绿色或暗黄色，下面被绒毛，侧脉 4 ～ 6 对，在叶上面明显；叶柄长 6 ～ 12（15）毫米，被绒毛。伞形花序，1 ～ 2 个腋生或生于小枝已落叶腋部，具花约 2 朵，总花梗长 2.5 ～ 5 毫米；花梗长 1 ～ 2 毫米；苞片三角形，长 0.5 ～ 1 毫米；花红色，花托卵球形，长约 2 毫米；副萼环状，稍内卷；花冠花蕾时管状，长（1.8）2 ～ 2.2 厘米，稍弯，冠管膨胀，顶部卵球形，裂片 4 枚，匙形，长 5 ～ 7 毫米，反折；花丝长 2.5 ～ 3 毫米，花药长 1.5 ～ 2 毫米；花盘环状；花柱线状，柱头头状。果卵球形，长约 6 毫米，直径 4 毫米，两端圆钝，黄色，果皮具颗粒状体，被星状毛。花期 9—12 月，果期翌年 4—5 月。

【生境与分布】生于海拔 200 ～ 1200 米的山地或山谷常绿阔叶林中，常寄生于油茶、樟树或壳斗科植物上，县域内发现少量分布。

【中药名称】锈毛钝果寄生。

【来源】为桑寄生科植物锈毛钝果寄生（*Taxillus levinei*（Merr.）H. S. Kiu）的带叶茎枝。

【采收加工】全年均可采收，扎成束，晾干或鲜用。

【性味功效】苦，凉。清肺止咳，祛风湿。

【应用举例】内服：煎汤，10 ～ 15 克，或浸酒。外用：适量，捣敷。

四十、蛇菰科 Balanophoraceae

一年生或多年生肉质草本，无正常根，靠根茎上的吸盘寄生于寄主植物的根上。根茎粗，通常分枝，表面常有疣瘤或星芒状皮孔，顶端具开裂的裂鞘。花茎（又称总花梗）圆柱状，出自根茎顶端，常为裂鞘所包着；鳞片状苞片（简称“鳞苞片”）互生、2 列或近对生，有时轮生、旋生，稀聚生、散生或不存在；花序顶生，肉穗状或头状，花单性，雌雄花同株（序）或异株（序）；雄花常比雌花大，有梗或无梗，与雌花同序时，常混杂于雌花丛中或着生于花序顶部、中部或较多地在基部，花被存在时 3 ～ 6（8 ～ 14）裂，裂片在芽期呈镊合状排列；雄蕊在无花被花中 1 ～ 2 枚，在具花被花中常与花被裂片同数且对生，很少多数；花丝离生或合生，花药离生或连合，2 至多室，药室短裂、斜裂、纵裂或横裂。雌花微小，与附属体混生或着生于附属体的基部，无花被或花被与子房合生；子房上位，1 ～ 3 室，花柱 1 ～ 2 枚，顶生，柱头不开叉或呈头状，很少呈盘状；胚珠每室 1 枚，无珠被或具单层珠被，珠柄很短或不存在。坚果小，脆骨质或革质，1 室，有种子 1 枚；种子球形，通常与果皮贴生，种皮薄或不存在，很少厚质；胚乳丰富，颗粒状，多油质，很少粉质；胚通常微小，未分化。

模式属：蛇菰属 *Balanophora* Forst. et Forst. f.。

本科有 18 属约 120 种，分布于全世界热带至亚热带地区。我国产 2 属 20 种。

全国第四次中药资源普查秭归境内发现 1 种。

65. 疏花蛇菰 *Balanophora laxiflora* Hemsl.

【别名】地荔枝。

【植物形态】草本，高 10 ～ 20 厘米，全株鲜红色至暗红色，有时转紫红色；根茎分枝，分枝近球形，长 1 ～ 3 厘米，宽 1 ～ 2.5 厘米，表面密被粗糙小斑点和明显淡黄白色星芒状皮孔；花茎长 5 ～ 10 厘米；鳞苞片椭圆状长圆形，顶端钝，互生，8 ～ 14 枚，长 2 ～ 2.5 厘米，宽 1 ～ 1.5 厘米，基部几全包着花茎。花雌雄异株（序）；雄花序圆柱状，长 3 ～ 18 厘米，宽 0.5 ～ 2 厘米，顶端渐尖；雄花近辐射状对称，疏生于雄花序上，花被裂片通常 5（有时 4 或 6），近圆形，长 2 ～ 3 毫米，顶端尖或稍钝圆；聚药雄蕊近圆盘状，有时向两侧稍延展，中部呈脐状突起，直径 4.5 ～ 6 毫米，花药 5 枚，小药室 10；无梗或近无梗；雌花序卵圆形至长圆状椭圆形，向顶端渐尖，长 2 ～ 6 厘米，宽 0.8 ～ 2 厘米；子房卵圆形，宽约 0.5 毫米，具细长的花柱和具短子房柄，聚生于附属体的基部附近；附属体棍棒

状或倒圆锥尖状，顶端截平或顶端中部稍隆起，中部以下骤狭呈针尖状，长约1毫米。花期9—11月。

【生境与分布】生于海拔660～1700米的密林下，全县有分布。

【中药名称】鹿仙草。

【来源】为蛇菰科植物疏花蛇菰（*Balanophora laxiflora* Hemsl.）的全草。

【采收加工】秋季采挖，除去泥土、杂质，鲜用或晒干。

【性味功效】苦，凉。益肾养阴，清热止血。

【应用举例】内服：煎汤，9～15克。外用：适量，捣敷。

四十一、蓼科 Polygonaceae

草本稀灌木或小乔木。茎直立，平卧、攀援或缠绕，通常具膨大的节，稀膝曲，具沟槽或条棱，有时中空。叶为单叶，互生，稀对生或轮生，边缘通常全缘，有时分裂，具叶柄或近无柄；托叶通常联合成鞘状（托叶鞘），膜质，褐色或白色，顶端偏斜、截形或2裂，宿存或脱落。花序穗状、总状、头状或圆锥状，顶生或腋生；花较小，两性，稀单性，雌雄异株或雌雄同株，辐射对称；花梗通常具关节；花被3～5深裂，覆瓦状或花被6片成2轮，宿存，内花被片有时增大，背部具翅、刺或小瘤；雄蕊6～9，稀较少或较多，花丝离生或基部贴生，花药背着，2室，纵裂；花盘环状，腺状或缺，子房上位，1室，心皮通常3，稀2～4，合生，花柱2～3，稀4，离生或下部合生，柱头头状、盾状或画笔状，胚珠1，直生，极少倒生。瘦果卵形或椭圆形，具3棱或为双凸镜状，极少具4棱，有时具翅或刺，包于宿存花被内或外露；胚直立或弯曲，通常偏于一侧，胚乳丰富，粉末状。

本科约50属1150种，世界性分布，但主产于北温带，少数分布于热带，我国有13属235种37变种，产于全国各地。

本科有多种经济植物，大黄是我国传统的中药材，何首乌是沿用已久的中药，拳参、草血竭、赤胫散、金荞麦是民间常用的中草药，荞麦、苦荞麦是粮食作物，蓼蓝可作染料，有些种类是蜜源、观赏植物。

全国第四次中药资源普查秭归境内发现21种。

66. 金线草 *Antenoron filiforme*（Thunb.）Roberty et Vautier

【别名】重阳柳、九盘龙、毛血草蓼子七、化血七等。

【植物形态】多年生草本。根状茎粗壮。茎直立，高 50 ~ 80 厘米，具糙伏毛，有纵沟，节部膨大。叶椭圆形或长椭圆形，长 6 ~ 15 厘米，宽 4 ~ 8 厘米，顶端短渐尖或急尖，基部楔形，全缘，两面均具糙伏毛；叶柄长 1 ~ 1.5 厘米，具糙伏毛；托叶鞘筒状，膜质，褐色，长 5 ~ 10 毫米，具短缘毛。总状花序呈穗状，通常数个，顶生或腋生，花序轴延伸，花排列稀疏；花梗长 3 ~ 4 毫米；苞片漏斗状，绿色，边缘膜质，具缘毛；花被 4 深裂，红色，花被片卵形，果时稍增大；雄蕊 5；花柱 2，果时伸长，硬化，长 3.5 ~ 4 毫米，顶端呈钩状，宿存，伸出花被之外。瘦果卵形，双凸镜状，褐色，有光泽，长约 3 毫米，包于宿存花被内。花期 7—8 月，果期 9—10 月。

【生境与分布】产于陕西南部、甘肃南部、华东、华中、华南及西南地区。生于山坡林缘、山谷路旁，海拔 100 ~ 2500 米。全县均有分布。

【中药名称】金线草。

【来源】为蓼科植物金线草（*Antenoron filiforme*（Thunb.）Roberty et Vautier）的全草。

【采收加工】夏、秋季采收，晒干或鲜用。

【性味功效】辛，苦，凉。归肺、肝、脾、胃经。凉血止血，清热利湿，散瘀止痛。用于咳血，吐血，便血，血崩，泄泻，痢疾，胃痛，经期腹痛，产后血瘀腹痛，跌打损伤，风湿痹痛，瘰疬，痈肿。

【应用举例】1. 治初期肺痨咯血：金线草茎叶 30 克，水煎服。

2. 治经期腹痛，产后血瘀腹痛：金线草 30 克，甜酒 50 毫升。加水同煎，红糖冲服。

3. 治皮肤糜烂疮：金线草茎叶水煎洗患处。

67. 金荞麦 *Fagopyrum dibotrys*（D. Don）Hara

【别名】苦荞麦、野桥荞麦、天荞麦等。

【植物形态】多年生草本。根状茎木质化，黑褐色。茎直立，高 50 ~ 100 厘米，分枝，具纵棱，无毛。有时一侧沿棱被柔毛。叶三角形，长 4 ~ 12 厘米，宽 3 ~ 11 厘米，顶端渐尖，基部近戟形，边缘全缘，两面具乳头状突起或被柔毛；叶柄长可达 10 厘米；托叶鞘筒状，膜质，褐色，长 5 ~ 10 毫米，偏斜，顶端截形，无缘毛。花序伞房状，顶生或腋生；苞片卵状披针形，顶端尖，边缘膜质，长约 3 毫米，每苞内具 2 ~ 4 朵花；花梗中部具关节，与苞片近等长；花被 5 深裂，白色，花被片长椭圆形，长约 2.5 毫米，雄蕊 8，比花被短，花柱 3，柱头头状。瘦果宽卵形，具 3 锐棱，长 6 ~ 8 毫米，黑褐色，无光泽，超出宿存花被 2 ~ 3 倍。花期 7—9 月，果期 8—10 月。

【生境与分布】分布于中国陕西、华东、华中、华南及西南。生于山谷湿地、山坡灌丛，海拔 250 ～ 3200 米。全县均有分布。

【中药名称】金荞麦。

【来源】为蓼科植物金荞麦（*Fagopyrum dibotrys*（D. Don）Hara）干燥的根茎。

【采收加工】在秋季地上部分枯萎后采收，先割去茎叶，将根刨出，去净泥土，选出作种用根茎后，晒干或阴干。

【性味功效】微辛，涩，凉。归肺经。清热解毒，排脓祛瘀。用于肺痈吐脓，肺热咳喘，乳蛾肿痛。

【应用举例】1. 治妇女痛经：金荞麦 60 克，红糖 30 克。水煎，兑红糖服。

2. 治肺痈，咯吐脓痰：金荞麦 30 克，鱼腥草 30 克，甘草 6 克。水煎服。

68. 萹蓄　*Polygonum aviculare* L.

【别名】扁竹、扁蓄、粉节草、道生草、扁蔓等。

【植物形态】一年生草本。茎平卧、上升或直立，高 10 ～ 40 厘米，自基部多分枝，具纵棱。叶椭圆形，狭椭圆形或披针形，长 1 ～ 4 厘米，宽 3 ～ 12 毫米，顶端钝圆或急尖，基部楔形，边缘全缘，两面无毛，下面侧脉明显；叶柄短或近无柄，基部具关节；托叶鞘膜质，下部褐色，上部白色，撕裂脉明显。花单生或数朵簇生于叶腋，遍布于植株；苞片薄膜质；花梗细，顶部具关节；花被 5 深裂，花被片椭圆形，长 2 ～ 2.5 毫米，绿色，边缘白色或淡红色；雄蕊 8，花丝基部扩展；花柱 3，柱头头状。瘦果卵形，具 3 棱，长 2.5 ～ 3 毫米，黑褐色，密被由小点组成的细条纹，无光泽，与宿存花被近等长或稍超过。花期 5—7 月，果期 6—8 月。

【生境与分布】广泛分布于北温带，在中国各地都有分布。生长于海拔 10 ～ 4200 米的田边路、沟边湿地。全县均有分布。

【中药名称】萹蓄。

【来源】为蓼科植物萹蓄（*Polygonum aviculare* L.）的干燥地上部分。

【采收加工】夏季叶茂盛时采收，除去根和杂质，晒干。

【性味功效】苦，微寒。归膀胱经。利尿通淋，杀虫，止痒。用于热淋涩痛，小便短赤，虫积腹痛，皮肤湿疹，阴痒带下。

【应用举例】1. 治泻痢：萹蓄 30 克，仙鹤草 30 克，水煎服。

2. 治尿路结石：萹蓄、金钱草各 15 克，水煎服。

3. 治黄疸：鲜萹蓄 30 ～ 60 克，水煎，当茶饮。

69. 拳参 *Polygonum bistorta* L.

【别名】拳蓼、倒根草、紫参、拳头参等。

【植物形态】多年生草本。根状茎肥厚，直径 1 ～ 3 厘米，弯曲，黑褐色。茎直立，高 50 ～ 90 厘米，不分枝，无毛，通常 2 ～ 3 条自根状茎发出。基生叶宽披针形或狭卵形，纸质，长 4 ～ 18 厘米，宽 2 ～ 5 厘米；顶端渐尖或急尖，基部截形或近心形，沿叶柄下延成翅，两面无毛或下面被短柔毛，边缘外卷，微呈波状，叶柄长 10 ～ 20 厘米；茎生叶披针形或线形，无柄；托叶筒状，膜质，下部绿色，上部褐色，顶端偏斜，开裂至中部，无缘毛。总状花序呈穗状，顶生，长 4 ～ 9 厘米，直径 0.8 ～ 1.2 厘米，紧密；苞片卵形，顶端渐尖，膜质，淡褐色，中脉明显，每苞片内含 3 ～ 4 朵花；花梗细弱，开展，长 5 ～ 7 毫米，比苞片长；花被 5 深裂，白色或淡红色，花被片椭圆形，长 2 ～ 3 毫米；雄蕊 8，花柱 3，柱头头状。瘦果椭圆形，两端尖，褐色，有光泽，长约 3.5 毫米，稍长于宿存的花被。花期 6—7 月，果期 8—9 月。

【生境与分布】产于东北、华北、陕西、宁夏、甘肃、山东、河南、江苏、浙江、江西、湖南、湖北、安徽。生于山坡草地、山顶草甸，海拔 800 ～ 3000 米。全县均有分布。

【中药名称】拳参。

【来源】为蓼科植物拳参（*Polygonum bistorta* L.）的根。

【采收加工】春初发芽时或秋季茎叶将枯萎时采挖，除去泥沙，晒干，去须根。

【性味功效】苦，涩，微寒。归肺、肝、大肠经。清热解毒，消肿止血。用于赤痢热泻，肺热咳嗽，痈肿瘰疬，口舌生疮，血热吐衄，痔疮出血，蛇虫咬伤等。

【应用举例】1. 治咯血，鼻出血，胃溃疡：拳参 45 克，研细末。每次服 4.5 克，每日 2 次。

2. 治痔疮出血：用拳参 15 克水煎，熏洗患处。

3. 治无名肿毒：拳参根 6 ～ 9 克，水煎服。

4. 治烧烫伤：拳参研末，调麻油匀涂患处，每日 1 ～ 2 次。

70. 火炭母 *Polygonum chinense* L.

【别名】五毒草、火炭毛、乌炭子等。

【植物形态】多年生草本，基部近木质。根状茎粗壮。茎直立，高 70 ～ 100 厘米，通常无毛，具纵棱，多分枝，斜上。叶卵形或长卵形，长 4 ～ 10 厘米，宽 2 ～ 4 厘米，顶端短渐尖，基部截形或宽心形，边缘全缘，两面无毛，有时下面沿叶脉疏生短柔毛，下部叶具叶柄，叶柄长 1 ～ 2 厘米，通常基部具叶耳，上部叶近无柄或抱茎；托叶鞘膜质，无毛，长 1.5 ～ 2.5 厘米，具脉纹，顶端偏斜，无缘毛。花序头状，通常数个排成圆锥状，顶生或腋生，花序梗被腺毛；苞片宽卵形，每苞内具 1 ～ 3 朵花；花被 5 深裂，白色或淡红色，裂片卵形，果时增大，呈肉质，蓝黑色；雄蕊 8，比花被短；花柱 3，中下部合生。瘦果宽卵形，具 3 棱，长 3 ～ 4 毫米，黑色，无光泽，包于宿存的花被。花期 7—9 月，果期 8—10 月。

【生境与分布】产于陕西南部、甘肃南部、华东、华中、华南和西南。生于山谷湿地、山坡

草地，海拔 30 ～ 2400 米。全县均有分布。

【中药名称】火炭母。

【来源】为蓼科植物火炭母（*Polygonum Chinense* L.）的全草。

【采收加工】夏、秋季采收，鲜用或晒干。

【性味功效】微寒，微酸，涩。归肝、脾经。清热利湿，凉血解毒，明目退翳。

【应用举例】1. 治小儿夏季热、湿热黄疸：以鲜品 50 ～ 100 克捣烂敷患处，并煎汤内服。

2. 治皮炎、湿疹、脓疱疮：均用本品煎水外洗。

71. 稀花蓼　*Polygonum dissitiflorum* Hemsl.

【别名】白回归、连牙刺等。

【植物形态】一年生草本。茎直立或下部平卧，分枝，具稀疏的倒生短皮刺，通常疏生星状毛，高 70 ～ 100 厘米。叶卵状椭圆形，长 4 ～ 14 厘米，宽 3 ～ 7 厘米，顶端渐尖，基部戟形或心形，边缘具短缘毛，上面绿色，疏生星状毛及刺毛，下面淡绿色，疏生星状毛，沿中脉具倒生皮刺；叶柄长 2 ～ 5 厘米，通常具星状毛及倒生皮刺；托叶鞘膜质，长 0.6 ～ 1.5 厘米，偏斜，具短缘毛。花序圆锥状，顶生或腋生，花稀疏，间断，花序梗细，紫红色，密被紫红色腺毛；苞片漏斗状，包围花序轴，长 2.5 ～ 3 毫米，绿色，具缘毛，每苞内具 1 ～ 2 朵花；花梗无毛，与苞片近等长；花被 5 深裂，淡红色，花被片椭圆形，长约 3 毫米；雄蕊 7 ～ 8，比花被短；花柱 3，中下部合生。瘦果近球形，顶端微具 3 棱，暗褐色，长 33.5 毫米，包于宿存花被内。花期 6—8 月，果期 7—9 月。

【生境与分布】产于东北、河北、山西、华东、华中、陕西、甘肃、四川及贵州。生于河边湿地、山谷草丛，海拔 140 ～ 1500 米。全县均有分布。

【中药名称】稀花蓼。

【来源】为蓼科植物稀花蓼（*Polygonum dissitiflorum* Hemsl.）的全草。

【采收加工】花期采收全草，鲜用或晾干。

【性味功效】清热解毒，利湿。用于急、慢性肝炎，小便淋痛，毒蛇咬伤。

【应用举例】1. 治毒蛇咬伤：鲜草捣烂外敷。

2. 治肝炎：稀花蓼 60 克，酢浆草 15 ～ 30 克，十大功劳、车前子、茵陈、淡竹叶、柴胡、官桂皮各 9 克。水煎服。

72. 蚕茧草 *Polygonum japonicum* Meisn.

【别名】紫蓼、水咙蚣等。

【植物形态】多年生草本。根状茎横走。茎直立，淡红色，无毛有时具稀疏的短硬伏毛，节部膨大，高 50 ~ 100 厘米。叶披针形，近薄革质，坚硬，长 7 ~ 15 厘米，宽 1 ~ 2 厘米，顶端渐尖，基部楔形，全缘，两面疏生短硬伏毛，中脉上毛较密，边缘具刺状缘毛；叶柄短或近无柄；托叶鞘筒状，膜质，长 1.5 ~ 2 厘米，具硬伏毛，顶端截形，缘毛长 1 ~ 1.2 厘米。总状花序呈穗状，长 6 ~ 12 厘米，顶生，通常数个再集成圆锥状；苞片漏斗状，绿色，上部淡红色，具缘毛，每苞内具 3 ~ 6 朵花；花梗长 2.5 ~ 4 毫米；雌雄异株，花被 5 深裂，白色或淡红色，花被片长椭圆形，长 2.5 ~ 3 毫米。雄花：雄蕊 8，雄蕊比花被长。雌花：花柱 2 ~ 3，中下部合生，花柱比花被长。瘦果卵形，具 3 棱或为双凸镜状，长 2.53 毫米，黑色，有光泽，包于宿存花被内。花期 8—10 月，果期 9—11 月。

【生境与分布】产于山东、河南、陕西、江苏、浙江、安徽、江西、湖南、湖北、四川、贵州、福建、台湾、广东、广西、云南及西藏。生于路边湿地、水边及山谷草地，海拔 20 ~ 1700 米。全县均有分布。

【中药名称】蚕茧草。

【来源】为蓼科植物蚕茧草（*Polygonum japonicum* Meisn.）的全草。

【采收加工】花期采收，鲜用或晾干。

【性味功效】辛，温。解毒，止痛，透疹。用于疮疡肿痛，诸虫咬伤，腹泻，痢疾，腰膝寒痛，麻疹透发不畅。

【应用举例】1. 主蚕及诸虫咬人：煮汁服之。

2. 生捣敷疮。

73. 酸模叶蓼 *Polygonum lapathifolium* L.

【别名】鱼蓼、蓼草、大马蓼、水蓼、辣蓼等。

【植物形态】一年生草本，高 40 ~ 90 厘米。茎直立，具分枝，无毛，节部膨大。叶披针形或宽披针形，长 5 ~ 15 厘米，宽 1 ~ 3 厘米，顶端渐尖或急尖，基部楔形，上面绿色，常有一个大的黑褐色新月形斑点，两面沿中脉被短硬伏毛，全缘，边缘具粗缘毛；叶柄短，具短硬伏毛；托叶鞘筒状，长 1.5 ～ 3 厘米，膜质，淡褐色，无毛，具多数脉，顶端截形，无缘毛，稀具短缘毛。总状花序呈穗状，顶生或腋生，近直立，花紧密，通常由数个花穗再组成圆锥状，花序梗被腺体；苞片漏斗状，边缘具稀疏短缘毛；花被淡红色或白色，4（5）深裂，花被片椭圆形，外面两面较大，脉粗壮，顶端叉分，外弯；雄蕊通常 6。瘦果宽卵形，双凹，长 2 ～ 3 毫米，黑褐色，有光泽，包于宿存花被内。花期 6—8 月，果期 7—9 月。

【生境与分布】广布于我国南北各省区。生于田边、路旁、水边、荒地或沟边湿地，海拔 30 ～ 3900 米。全县均有分布。

【中药名称】鱼蓼。

【来源】为蓼科植物酸模叶蓼（*Polygonum lapathifolium L.*）的全草。

【采收加工】夏、秋间采收，晒干。

【性味功效】辛，苦，微温。解毒，除湿，活血。用于疮疡肿痛，瘰疬，腹泻，痢疾，湿疹，疳积，风湿痹痛，跌打损伤，月经不调。

【应用举例】内服：煎汤，3 ～ 10 克。外用：适量，捣敷，或煎水洗。

74. 长鬃蓼 *Polygonum longisetum* De Br.

【别名】白辣蓼、蓼子草、马蓼、假长尾叶蓼、假长尾蓼、山蓼等。

【植物形态】一年生草本。茎直立、上升或基部近平卧，自基部分枝，高 30 ～ 60 厘米，无毛，节部稍膨大。叶披针形或宽披针形，长 5 ～ 13 厘米，宽 1 ～ 2 厘米，顶端急尖或狭尖，基部楔形，上面近无毛，下面沿叶脉具短伏毛，边缘具缘毛；叶柄短或近无柄；托叶鞘筒状，长 7 ～ 8 毫米，疏生柔毛，顶端截形，缘毛。长 6 ～ 7 毫米。总状花序呈穗状，顶生或腋生，细弱，下部间断，直立，长 2 ～ 4 厘米；苞片漏斗状，无毛，边缘具长缘毛，每苞内具 5 ～ 6 朵花；花梗长 2 ～ 2.5 毫米，与苞片近等长；花被 5 深裂，淡红色或紫红色，花被片椭圆形，长 1.5 ～ 2 毫米；雄蕊 6 ～ 8；花柱 3，中下部合生，柱头头状。瘦果宽卵形，具 3 棱，黑色，有光泽，长约 2 毫米，包于宿存花被内。花期 6—8 月，果期 7—9 月。

【生境与分布】产于东北、华北、陕西、甘肃、华东、华中、华南、四川、贵州和云南。生于山谷水边、河边草地，海拔 30 ～ 3000 米。全县均有分布。

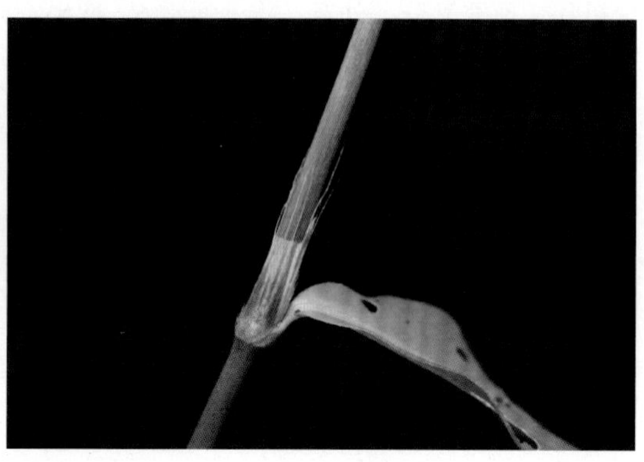

【中药名称】白辣蓼。

【来源】为蓼科植物长鬃蓼（*Polygonum longisetum* De Br.）的全草。

【采收加工】夏、秋间采收，晒干。

【性味功效】辛，温。归肝、胃、大肠经。解毒，除湿。用于肠炎，菌痢，无名肿毒，阴疳，瘰疬，毒蛇咬伤，风湿痹痛。

【应用举例】内服：煎汤，9 ～ 30 克。外用：适量，捣敷，或煎水洗。

75. 红蓼 *Polygonum orientale* L.

【别名】荭草、红草、大红蓼、东方蓼、大毛蓼、游龙、狗尾巴花等。

【植物形态】一年生草本。茎直立，粗壮，高 1 ～ 2 米，上部多分枝，密被开展的长柔毛。叶宽卵形、宽椭圆形或卵状披针形，长 10 ～ 20 厘米，宽 5 ～ 12 厘米，顶端渐尖，基部圆形或近心形，微下延，边缘全缘，密生缘毛，两面密生短柔毛，叶脉上密生长柔毛；叶柄长 2 ～ 10 厘米，具开展的长柔毛；托叶鞘筒状，膜质，长 1 ～ 2 厘米，被长柔毛，具长缘毛，通常沿顶端具草质、绿色的翅。总状花序呈穗状，顶生或腋生，长 3 ～ 7 厘米，花紧密，微下垂，通常数个再组成圆锥状；苞片宽漏斗状，长 3 ～ 5 毫米，草质，绿色，被短柔毛，边缘具长缘毛，每苞内具 3 ～ 5 朵花；花梗比苞片长；花被 5 深裂，淡红色或白色；花被片椭圆形，长 3 ～ 4 毫米；雄蕊 7，比花被长；花盘明显；花柱 2，中下部合生，比花被长，柱头头状。瘦果近圆形，双凹，直径 3 ～ 3.5 毫米，黑褐色，有光泽，包于宿存花被内。花期 6—9 月，果期 8—10 月。

【生境与分布】除西藏外，广布于全国各地，野生或栽培。生于沟边湿地、村边路旁，海拔 30 ～ 2700 米。全县均有分布。

【中药名称】水红花子。

【来源】为蓼科植物红蓼（*Polygonum orientale* L.）干燥的果实。

【采收加工】秋季果实成熟时割取其果穗，晒干，打下果实，除去杂质。

【性味功效】微寒，咸。归肝、胃经。消瘀破积，健脾利湿，全身止痛。用于胁腹征积、水臌、胃疼、食少腹胀、火眼、疮肿、瘰疬等。

【应用举例】1. 治腹中痞积：水红花子一碗，以水三碗，用文武火熬成膏，量痞大小摊贴，仍以酒调膏服。

2. 治胃痛：水红花子或全草 9～15 克，水煎服。

3. 治慢性肝炎、肝硬化腹水：水红花子 15 克，大腹皮 12 克，黑丑 9 克，水煎服。

4. 治结膜炎：水红花子 9 克，黄芩 9 克，菊花 12 克，龙胆草 6 克，水煎服。

76. 草血竭 *Polygonum paleaceum* Wall. ex Hook. f.

【别名】一口血、老腰弓、草血结等。

【植物形态】多年生草本。根状茎肥厚，弯曲，直径 2～3 厘米，黑褐色。茎直立，高 40～60 厘米，不分枝，无毛，具细条棱，单生或 2～3。基生叶革质，狭长圆形或披针形，长 6～18 厘米，宽 2～3 厘米，顶急尖或微渐尖，基部楔形，稀近圆形，边缘全缘，脉端增厚，微外卷，上面绿色，下面灰绿色，两面无毛；叶柄长 5～15 厘米；茎生叶披针形，较小，具短柄，最上部的叶为线形；托叶鞘筒状膜质，下部绿色，上部褐色，开裂。无缘毛。总状花序呈穗状，长 4～6 厘米，直径 0.8～1.2 厘米，紧密；苞片卵状披针形，膜质，顶端长渐尖；花梗细弱，长 4～5 毫米，开展，比苞片长；花被 5 深裂；淡红色或白色，花被片椭圆形，长 2～2.5 毫米；雄蕊 8；花柱 3，柱头头状。瘦果卵形，具 3 锐棱，有光泽，长约 2.5 毫米，包于宿存花被内。花期 7—8 月，果期 9—10 月。

【生境与分布】产于四川、云南、贵州。生于山坡草地、林缘，海拔 1500 ～ 3500 米。县域高山区有分布。

【中药名称】草血竭。

【来源】为蓼科植物草血竭（*Polygonum paleaceum* Wall. ex Hook. f.）的根茎。

【采收加工】秋季采挖，去净茎、叶、泥沙，晒干。

【性味功效】散血止血，下气止痛。用于慢性胃炎，胃、十二指肠溃疡，食积，症瘕积聚，月经不调，浮肿，跌打损伤，外伤出血。

【应用举例】内服：9 ～ 15 克，水煎服，或干粉 1.5 ～ 3 克，吞服。外用：适量，干粉敷患处。

77. 杠板归 *Polygonum perfoliatum* L.

【别名】蛇倒退、犁头刺、倒金钩、退血草等。

【植物形态】一年生草本。茎攀援，多分枝，长 1 ～ 2 米，具纵棱，沿棱具稀疏的倒生皮刺。叶三角形，长 3 ～ 7 厘米，宽 2 ～ 5 厘米，顶端钝或微尖，基部截形或微心形，薄纸质，上面无毛，下面沿叶脉疏生皮刺；叶柄与叶片近等长，具倒生皮刺，盾状着生于叶片的近基部；托叶鞘叶状，草质，绿色，圆形或近圆形，穿叶，直径 1.5 ～ 3 厘米。总状花序呈短穗状，不分枝顶生或腋生，长 1 ～ 3 厘米；苞片卵圆形，每苞片内具花 2 ～ 4 朵；花被 5 深裂，白色或淡红色，花被片椭圆形，长约 3 毫米，果时增大，呈肉质，深蓝色；雄蕊 8，略短于花被；花柱 3，中上部合生；柱头头状。瘦果球形，直径 3 ～ 4 毫米，黑色，有光泽，包于宿存花被内。花期 6—8 月，果期 7—10 月。

【生境与分布】产于黑龙江、吉林、辽宁、河北、山东、河南、陕西、甘肃、江苏、浙江、安徽、江西、湖南、湖北、四川、贵州、福建、台湾、广东、海南、广西、云南。生于田边、路旁、山谷湿地，海拔 80 ～ 2300 米。全县均有分布。

【中药名称】杠板归。

【来源】为蓼科植物杠板归（*Polygonum perfoliatum* L.）的全草。

【采收加工】夏季开花时采收，洗净，晒干。生用或鲜用。

【性味功效】酸，微寒。归肺、膀胱经。清热解毒，利水消肿，止咳。用于咽喉肿痛，肺热咳嗽，小儿顿咳，水肿尿少，湿热泻痢，湿疹，疖肿，蛇虫咬伤等。

【用法用量】内服：15 ～ 30 克，鲜品 60 ～ 100 克。外用：适量，捣敷或煎水洗。

【应用举例】1. 治慢性湿疹：鲜杠板归 120 克。水煎外洗，每日 1 次。

2. 治下肢关节肿痛：鲜杠板归全草 60 ～ 90 克。水煎服。

3. 治痔疮、肛瘘：杠板归 30 克，猪大肠 60 克，炖汤服。

78. 春蓼 *Polygonum persicaria* L.

【别名】桃叶蓼、多穗蓼、红辣蓼、辣蓼子等。

【植物形态】一年生草本。茎直立或上升，分枝或不分枝，疏生柔毛或近无毛，高 40 ～ 80 厘米。叶披针形或椭圆形，长 4 ～ 15 厘米，宽 1 ～ 2.5 厘米，顶端渐尖或急尖，基部狭楔形，两面疏生短硬伏毛，下面中脉上毛较密，上面近中部有时具黑褐色斑点，边缘具粗缘毛；叶柄长 5 ～ 8 毫米，被硬伏毛；托叶鞘筒状，膜质，长 1 ～ 2 厘米，疏生柔毛，顶端截形，缘毛长 1 ～ 3 毫米。总状花序呈穗状，顶生或腋生，较紧密，长 2 ～ 6 厘米，通常数个再集成圆锥状，花序梗具腺毛或无毛；苞片漏斗状，紫红色，具缘毛，每苞内含 5 ～ 7 朵花；花梗长 2.5 ～ 3 毫米，花被通常 5 深裂，紫红色，花被片长圆形，长 2.5 ～ 3 毫米，脉明显；雄蕊 6 ～ 7，花柱 2，偶 3，中下部合生，瘦果近圆形或卵形，双凸镜状，稀具 3 棱，长 2 ～ 2.5 毫米，黑褐色，平滑，有光泽，包于宿存花被内。花期 6—9 月，果期 7—10 月。

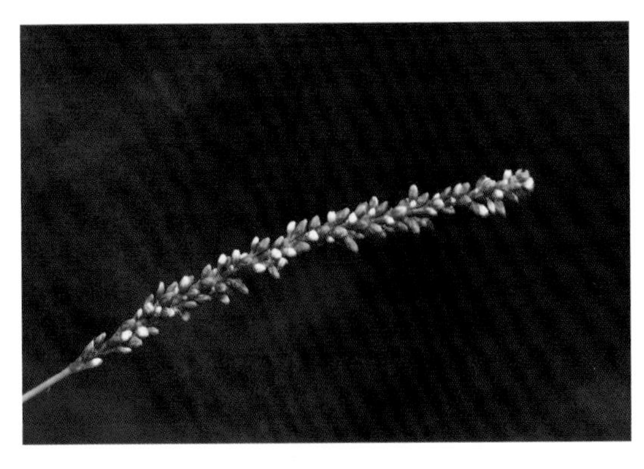

【生境与分布】产于东北、华北、西北、华中、广西、四川及贵州。生于沟边湿地，海拔 80 ～ 1800 米。全县均有分布。

【中药名称】春蓼。

【来源】为蓼科植物春蓼（*Polygonum persicaria* L.）的全草。

【采收加工】6—9 月花期采收，晒干。

【性味功效】辛，苦，温。归肺、脾、大肠经。发汗除湿，消食，杀虫。用于风寒感冒，风寒湿痹，伤食泄泻及肠道寄生虫病。

【应用举例】内服：煎汤，6～12克。

79. 赤胫散 *Polygonum runcinatum* Buch. –Ham. ex D. Don var. *sinense* Hemsl.

【别名】散血草、蛇头蓼、血当归、缺腰叶蓼、红泽兰、花蝴蝶等。

【植物形态】多年生草本，具根状茎。茎近直立或上升，高30～60厘米，具纵棱，有毛或近无毛，节部通常具倒生伏毛，叶羽裂，长4～8厘米，宽2～4厘米，顶生裂片较大，三角状卵形，顶端渐尖，侧生裂片1～3对，两面疏生糙伏毛，具短缘毛，下部叶叶柄具狭翅，基部有耳，上部叶叶柄较短或近无柄；托叶鞘膜质，筒状，松散，长约1厘米，有柔毛，顶端截形，具缘毛。花序头状，紧密，直径1～1.5厘米，顶生通常成对，花序梗具腺毛；苞片长卵形，边缘膜质；花梗细弱，比苞片短；花被5深裂，淡红色或白色，花被片长卵形，长3～3.5毫米；雄蕊通常8，比花被短，花药紫色；花柱3，中下部合生。瘦果卵形，具3棱，长2～3毫米，黑褐色，无光泽，包于宿存花被内。花期4—8月，果期6—10月。

【生境与分布】产于湖南、湖北、四川、贵州、台湾、广西、云南及西藏。生于山坡草地、山谷路旁，海拔1200～3900米。县域高山区有分布。

【中药名称】赤胫散。

【来源】蓼科植物赤胫散（*Polygonum runcinatum* Buch.–Ham. ex D. Don var. *sinense* Hemsl.），以根及全草入药。

【采收加工】夏、秋季采收，洗净切片，鲜用或晒干。

【性味功效】微苦，涩，平。清热解毒，活血止痛，解毒消肿。用于急性胃肠炎，吐血咯血，痔疮出血，月经不调，跌打损伤。外用治乳腺炎及痈疖肿毒。

【应用举例】内服：煎汤，9～15克，鲜品15～30克；或泡酒。外用：适量，鲜品捣敷；或研末调敷；或醋磨搽；或煎水熏洗。

80. 刺蓼 *Polygonum senticosum*（Meisn.）Franch. et Sav.

【别名】廊茵、急解素、蛇不钻、猫舌草等。

【植物形态】茎攀援，长1～1.5米，多分枝，被短柔毛，四棱形，沿棱具倒生皮刺。叶片三角形或长三角形，长4～8厘米，宽2～7厘米，顶端急尖或渐尖，基部戟形，两面被短柔毛，下面沿叶脉具稀疏的倒生皮刺，边缘具缘毛；叶柄粗壮，长2～7厘米，具倒生皮刺；托叶鞘筒状，边缘具叶状翅，翅肾圆形，草质，绿色，具短缘毛。花序头状，顶生或腋生，花序梗分枝，密被短腺毛；苞片长卵形，淡绿色，边缘膜质，具短缘毛，每苞内具花2～3朵；花梗粗壮，比苞片短；花被5深裂，淡红色，花被片椭圆形，长3～4毫米；雄蕊8，成2轮，比花被短；花柱3，中下部合生；柱头头状。瘦果近球形，微具3棱，黑褐色，无光泽，长2.5～3毫米，包于宿存花被内。花期6—7月，果期7—9月。

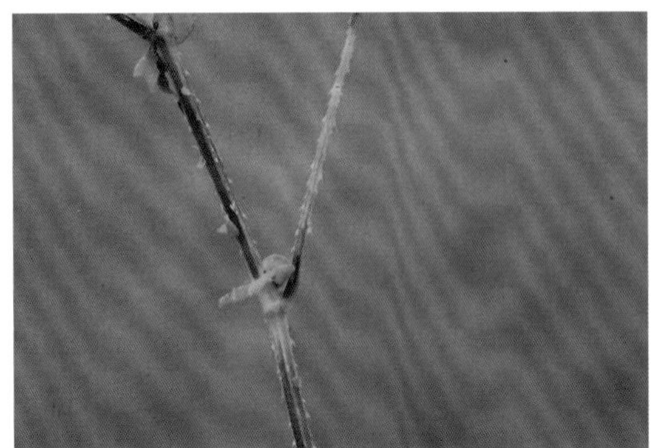

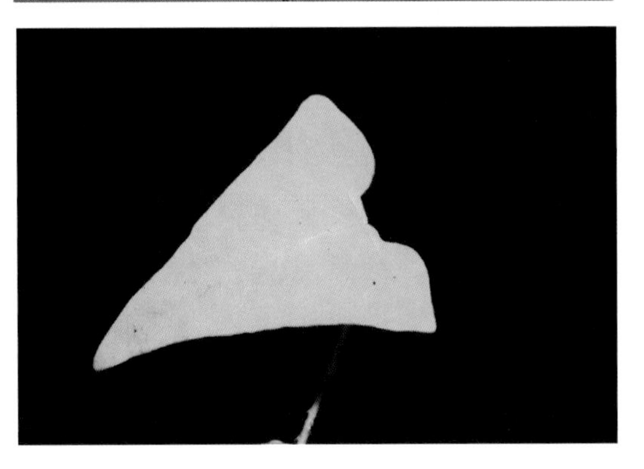

【生境与分布】产于东北、河北、河南、山东、江苏、浙江、安徽、湖南、湖北、台湾、福建、广东、广西、贵州和云南。生于山坡、山谷及林下，海拔120～1500米。全县均有分布。

【中药名称】刺蓼。

【来源】为蓼科植物刺蓼（*Polygonum senticosum*（Meisn.）Franch. et Sav.）的全草。

【采收加工】夏、秋季采收，洗净，鲜用或晒干。

【性味功效】苦，酸，微辛，平。清热解毒，和湿止痒，散瘀消肿。用于痈疮疔疖，毒蛇咬伤，婴儿胎毒，胃气疼痛，子宫脱垂，湿疹，脓疱疮，带状疱疹，跌打损伤，内痔外痔。

【应用举例】内服：煎服30～60克，研末吞服1.5～3克。外用：煎水洗或研末调敷，鲜草捣汁外涂。

81. 珠芽蓼 *Polygonum viviparum* L.

【别名】猴娃七、山高粱、蝎子七、剪刀七、染布子等。

【植物形态】多年生草本。根状茎粗壮，弯曲，黑褐色，直径1～2厘米。茎直立，高15～60厘米，不分枝，通常2～4条自根状茎发出。基生叶长圆形或卵状披针形，长3～10厘米，宽0.5～3厘米，顶端尖或渐尖，基部圆形、近心形或楔形，两面无毛，边缘脉端增厚。外卷，具长叶柄；茎生叶较小，披针形，近无柄；托叶鞘筒状，膜质，下部绿色，上部褐色，偏斜，开裂，无缘毛。总状花序呈穗状，顶生，紧密，下部生珠芽；苞片卵形，膜质，每苞内具1～2朵花；花梗细弱；花被5深裂，白色或淡红色。花被片椭圆形，长2～3毫米；雄蕊8，花丝不等长；花柱3，下部合生，柱头头状。瘦果卵形，具3棱，深褐色，有光泽，长约2毫米，包于宿存花被内。花期5—7月，果期7—9月。

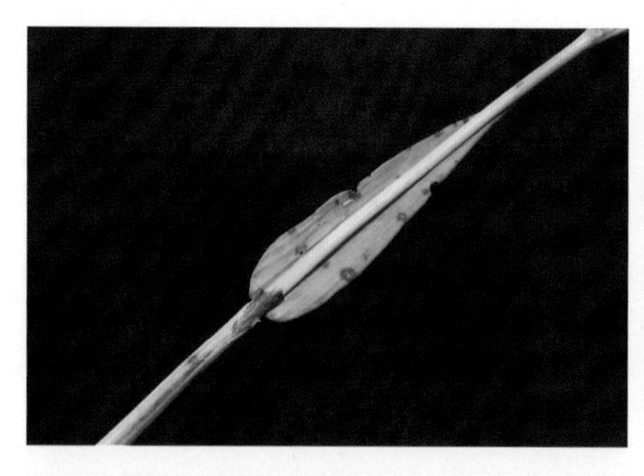

【生境与分布】产于东北、华北、河南、西北及西南。生于山坡林下、高山或亚高山草甸，海拔 1200 ～ 5100 米。县域高山区有分布。

【中药名称】珠芽蓼。

【来源】为蓼科植物珠芽蓼（*Polygonum viviparum* L.）的根茎。

【采收加工】秋季采挖，除去茎叶、细根、泥沙，晒干。

【性味功效】苦，涩，微甘，温。止泻，健胃，调经。治胃病，消化不良，腹泻，月经不调、崩漏等。

【应用举例】内服：9 克，冲服或煎汤服。

82. 虎杖 *Reynoutria japonica* Houtt.

【别名】花斑竹、酸筒杆、酸汤梗、斑杖、黄地榆等。

【植物形态】多年生草本。根状茎粗壮，横走。茎直立，高 1 ～ 2 米，粗壮，空心，具明显的纵棱，具小突起，无毛，散生红色或紫红斑点。叶宽卵形或卵状椭圆形，长 5 ～ 12 厘米，宽 4 ～ 9 厘米，近革质，顶端渐尖，基部宽楔形、截形或近圆形，边缘全缘，疏生小突起，两面无毛，沿叶脉具小突起；叶柄长 1 ～ 2 厘米，具小突起；托叶鞘膜质，偏斜，长 3 ～ 5 毫米，褐色，具纵脉，无毛，顶端截形，无缘毛，常破裂，早落。花单性，雌雄异株，花序圆锥状，长 3 ～ 8 厘米，腋生；苞片漏斗状，长 1.5 ～ 2 毫米，顶端渐尖，无缘毛，每苞内具 2 ～ 4 朵花；花梗长 2 ～ 4 毫米，中下部具关节；花被 5 深裂，淡绿色，雄花花被片具绿色中脉，无翅，雄蕊 8，比花被长；雌花花被片外面 3 片背部具翅，果时增大，翅扩展下延，花柱 3，柱头流苏状。瘦果卵形，具 3 棱，长 4 ～ 5 毫米，黑褐色，有光泽，包于宿存花被内。花期 8—9 月，果期 9—10 月。

【生境与分布】产于陕西南部、甘肃南部、华东、华中、华南、四川、云南及贵州。生于山坡灌丛、山谷、路旁、田边湿地，海拔 140 ～ 2000 米。全县均有分布。

【中药名称】虎杖。

【来源】为蓼科植物虎杖（*Reynoutria japonica* Houtt.）的干燥根茎和根。

【采收加工】春、秋二季采挖，除去须根，洗净，趁鲜切短段或厚片，晒干。

【性味功效】祛风利湿，散瘀定痛，止咳化痰。用于关节痹痛，湿热黄疸，闭经，症瘕，烫伤，跌打损伤，痈肿疮毒，咳嗽痰多。

【应用举例】内服：9～15克。外用：适量，制成煎液或油膏涂敷。

83. 何首乌 *Fallopia multiflora*（Thunb.）Harald.

【别名】多花蓼、紫乌藤、九真藤、首乌、地精、山精、夜交藤、赤首乌、山首乌、药首乌、何相公等。

【植物形态】多年生草本。块根肥厚，长椭圆形，黑褐色。茎缠绕，长2～4米，多分枝，具纵棱，无毛，微粗糙，下部木质化。叶卵形或长卵形，长3～7厘米，宽2～5厘米，顶端渐尖，基部心形或近心形，两面粗糙，边缘全缘；叶柄长1.5～3厘米；托叶鞘膜质，偏斜，无毛，长3～5毫米。花序圆锥状，顶生或腋生，长10～20厘米，分枝开展，具细纵棱，沿棱密被小突起；苞片三角状卵形，具小突起，顶端尖，每苞内具2～4朵花；花梗细弱，长2～3毫米，下部具关节，果时延长；花被5深裂，白色或淡绿色，花被片椭圆形，大小不相等，外面3片较大，背部具翅，果时增大，花被果时外形近圆形，直径6～7毫米；雄蕊8，花丝下部较宽；花柱3，极短，柱头头状。瘦果卵形，具3棱，长2.5～3毫米，黑褐色，有光泽，包于宿存花被内。花期8—9月，果期9—10月。

【生境与分布】产于陕西南部、甘肃南部、华东、华中、华南、四川、云南及贵州。生于山谷灌丛、山坡林下、沟边石隙，海拔200～3000米。全县均有分布。

【中药名称】何首乌、制何首乌、首乌藤。

【来源】蓼科植物何首乌（*Fallopia multiflora*（Thunb.）Harald.）的干燥块根为何首乌，加工品为制何首乌，干燥藤茎为首乌藤。

【采收加工】何首乌在叶枯萎时采挖，削去两端，洗净，个大的切成块，干燥，炮制加工品称制何首乌。首乌藤，秋、冬二季采割，除去残叶，捆成把，干燥。

【性味功效】何首乌：苦，甘，涩，微温。归肝、心、肾经。解毒，消痈，截疟，润肠通便。

用于疮痈，瘰疬，风疹瘙痒，久疟体虚，肠燥便秘。

制何首乌：苦，甘，涩，微温。归肝、心、肾经。补肝肾，益精血，乌须发，强筋骨，化浊降脂。用于血虚萎黄，眩晕耳鸣，须发早白，腰膝酸软，肢体麻木，崩漏带下，高脂血症。

首乌藤：甘，平。归心、肝经。养血安神，祛风通络。用于失眠多梦，血虚身痛，风湿痹痛，皮肤瘙痒。

【应用举例】何首乌、制何首乌：内服，煎汤，10～20克；熬膏、浸酒或入丸、散。外用，适量，煎水洗、研末撒或调涂。养血滋阴，宜用制何首乌；润肠通便，祛风，截疟，解毒，宜用生何首乌。

首乌藤：内服，9～15克；外用，适量，煎水洗患处。

四十二、商陆科 Phytolaccaceae

草本或灌木，稀为乔木。直立，稀攀援；植株通常不被毛。单叶互生，全缘，托叶无或细小。花小，两性或有时退化成单性（雌雄异株），辐射对称或近辐射对称，排列成总状花序或聚伞花序、圆锥花序、穗状花序，腋生或顶生；花被片4～5，分离或基部连合，大小相等或不等，叶状或花瓣状，在花蕾中覆瓦状排列，椭圆形或圆形，顶端钝，绿色或有时变色，宿存；雄蕊数目变异大，4～5或多数，着生于花盘上，与花被片互生或对生或多数成不规则生长，花丝线形或钻状，分离或基部略相连，通常宿存，花药背着，2室，平行，纵裂；子房上位，间或下位，球形，心皮1至多数，分离或合生，每心皮有一基生、横生或弯生胚珠，花柱短或无，直立或下弯，与心皮同数，宿存。果实肉质，浆果或核果，稀蒴果；种子小，侧扁，双凸镜状或肾形、球形，直立，外种皮膜质或硬脆，平滑或皱缩；胚乳丰富，粉质或油质，为一弯曲的大胚所围绕。

本科有17属约120种，广布于热带至温带地区，主产于热带美洲、非洲南部，少数产于亚洲。我国有2属5种，其中一单种属为逸生，另一属亦有一种逸生。

全国第四次中药资源普查秭归境内发现2种。

84. 商陆 *Phytolacca acinosa* Roxb.

【别名】山萝卜、见肿消等。

【植物形态】多年生草本，高0.5～1.5米，全株无毛。根肥大，肉质，倒圆锥形，外皮淡黄色或灰褐色，内面黄白色。茎直立，圆柱形，有纵沟，肉质，绿色或红紫色，多分枝。叶片薄纸质，椭圆形、长椭圆形或披针状椭圆形，长10～30厘米，宽4.5～15厘米，顶端急尖或渐尖，基部楔形，渐狭，两面散生细小白色斑点（针晶体），背面中脉凸起；叶柄长1.5～3厘米，粗壮，上面有槽，下面半圆形，基部稍扁宽。总状花序顶生或与叶对生，圆柱状，直立，通常比叶短，密生多花；花序梗长1～4厘米；花梗基部的苞片线形，长约1.5毫米，上部2枚小苞片线状披针形，均膜质；花梗细，长6～10（13）毫米，基部变粗；花两性，直径约8毫米；花被片5，白色、黄绿色，椭圆形、卵形或长圆形，顶端圆钝，长 3 ～ 4 毫米，宽约 2 毫米，大小相等，花后常反折；雄蕊 8 ～ 10，与花被片近等长，花丝白色，钻形，基部成片状，宿存，花药椭圆形，粉红色；心皮通常为 8，有时少至 5 或多至 10，分离；花柱短，直立，顶端下弯，柱头不明显。果序直立；浆果扁球形，直径约 7 毫米，熟时黑色；种子肾形，黑色，长约 3 毫米，具 3 棱。花期 5—8 月，果期 6—10 月。

【生境与分布】我国除东北、内蒙古、青海、新疆外，普遍野生于海拔 500 ～ 3400 米的沟谷、山坡林下、林缘路旁，也栽植于房前、屋后及园地中，多生于湿润肥沃地，喜生于垃圾堆上。全县均有分布。

【中药名称】商陆。

【来源】为商陆科商陆（*Phytolacca acinosa* Roxb.）的干燥根。

【采收加工】秋季至次春采挖，除去须根及泥沙，切成块或片，晒干或阴干。

【性味功效】苦，寒，有毒。归肺、脾、肾、大肠经。逐水消肿，通利二便，解毒散结。用于水肿胀满，二便不通；外治痈肿疮毒。

【应用举例】内服：3 ～ 9 克。外用：鲜品捣烂或干品研末涂敷。

85. 垂序商陆 *Phytolacca americana* L.

【别名】山萝卜、见肿消等。

【植物形态】多年生草本，高 1 ～ 2 米。根粗壮，肥大，倒圆锥形。茎直立，圆柱形，有时带紫红色。叶片椭圆状卵形或卵状披针形，长 9 ～ 18 厘米，宽 5 ～ 10 厘米，顶端急尖，基部楔形；叶柄长 1 ～ 4 厘米。总状花序顶生或侧生，长 5 ～ 20 厘米；花梗长 6 ～ 8 毫米；花白色，微带红晕，直径约 6 毫米；花被片 5，雄蕊、心皮及花柱通常均为 10，心皮合生。果序下垂；浆果扁球形，熟时紫黑色；种子肾圆形，直径约 3 毫米。花期 6—8 月，果期 8—10 月。

【生境与分布】原产于北美，引入栽培，1960 年以后遍及我国河北、陕西、山东、江苏、浙江、江西、福建、河南、湖北、广东、四川、云南，或逸生。生长在疏林下、路旁和荒地。全县均有分布。

【中药名称】商陆。

【来源】为商陆科植物垂序商陆（*Phytolacca americana* L.）的干燥根。

【采收加工】秋季至次春采挖，除去须根及泥沙，切成块或片，晒干或阴干。

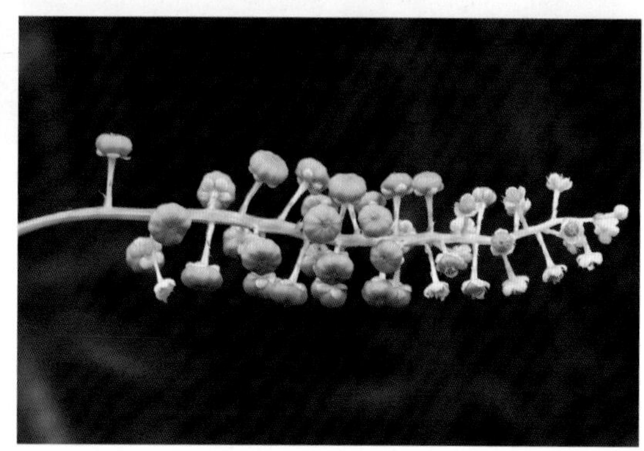

【性味功效】苦，寒，有毒。归肺、脾、肾、大肠经。逐水消肿，通利二便，解毒散结。用于水肿胀满，二便不通；外治痈肿疮毒。

【应用举例】内服：3 ～ 9 克。外用：鲜品捣烂或干品研末涂敷。

四十三、紫茉莉科 Nyctaginaceae

草本、灌木或乔木，有时为具刺藤状灌木。单叶，对生、互生或假轮生，全缘，具柄，无托叶。花辐射对称，两性，稀单性或杂性；单生、簇生或成聚伞花序、伞形花序；常具苞片或小苞片，有的苞片色彩鲜艳；花被单层，常为花冠状、圆筒形或漏斗状，有时钟形，下部合生成管，顶端 5 ～ 10 裂，在芽内镊合状或折扇状排列，宿存；雄蕊 1 至多数，通常 3 ～ 5，下位，花丝离生或基部连合，芽时内卷，花药 2 室，纵裂；子房上位，1 室，内有 1 粒胚珠，花柱单一，柱头球形，不分裂或分裂。瘦果状掺花果包在宿存花被内，有棱或槽，有时具翅，常具腺；种子有胚乳；胚直生或弯生。

本科约 30 属 300 种，分布于热带和亚热带地区，主产于热带美洲。我国有 7 属 11 种 1 变种，其中常见栽培或有逸生者 3 种，主要分布于华南和西南。

全国第四次中药资源普查秭归境内发现 2 种。

86. 光叶子花 *Bougainvillea glabra* Choisy

【别名】簕杜鹃、三角花、紫三角、紫亚兰、三角梅等。

【植物形态】藤状灌木。茎粗壮，枝下垂，无毛或疏生柔毛；刺腋生，长 5 ～ 15 毫米。叶片纸质，卵形或卵状披针形，长 5 ～ 13 厘米，宽 3 ～ 6 厘米，顶端急尖或渐尖，基部圆形或宽楔形，上面无毛，下面被微柔毛；叶柄长 1 厘米。花顶生枝端的 3 个苞片内，花梗与苞片中脉贴生，每个苞片上生一朵花；苞片叶状，紫色或洋红色，长圆形或椭圆形，长 2.5 ～ 3.5 厘米，宽约 2 厘米，纸质；花被管长约 2 厘米，淡绿色，疏生柔毛，有棱，顶端 5 浅裂；雄蕊 6 ～ 8；花柱侧生，线形，边缘扩展成薄片状，柱头尖；花盘基部合生呈环状，上部撕裂状。花期冬春间（广州、海南、昆明），北方温室栽培 3—7 月开花。

【生境与分布】原产于巴西。我国南方栽植于庭院、公园，北方栽培于温室，是美丽的观赏植物。全县均有栽培。

【中药名称】叶子花。

【来源】为紫茉莉科光叶子花（*Bougainvillea glabra* Choisy）的花。

【采收加工】冬、春季开花时采收，晒干备用。

【性味功效】苦，涩，温。归肝经。活血调经，化湿止带。用于血瘀闭经，月经不调，赤白带下。

【应用举例】治妇女赤白带下，月经不调：叶子花 9 ～ 15 克，水煎服。

87. 紫茉莉 *Mirabilis jalapa* L.

【别名】胭脂花、粉豆花、野丁香等。

【植物形态】一年生草本，高可达 1 米。根肥粗，倒圆锥形，黑色或黑褐色。茎直立，圆柱形，多分枝，无毛或疏生细柔毛，节稍膨大。叶片卵形或卵状三角形，长 3 ～ 15 厘米，宽 2 ～ 9 厘米，顶端渐尖，基部截形或心形，全缘，两面均无毛，脉隆起；叶柄长 1 ～ 4 厘米，上部叶几无柄。花常数朵簇生枝端；花梗长 1 ～ 2 毫米；总苞钟形，长约 1 厘米，5 裂，裂片三角状卵形，顶端渐尖，无毛，具脉纹，果时宿存；花被紫红色、黄色、白色或杂色，高脚碟状，筒部长 2 ～ 6 厘米，檐部直径 2.5 ～ 3 厘米，5 浅裂；花午后开放，有香气，次日午前凋萎；雄蕊 5，花丝细长，常伸出花外，花药球形；

花柱单生，线形，伸出花外，柱头头状。瘦果球形，直径 5 ～ 8 毫米，革质，黑色，表面具皱纹；种子胚乳白粉质。花期 6—10 月，果期 8—11 月。

【生境与分布】原产于热带美洲。我国南北各地常栽培，为观赏花卉，有时逸为野生。全县均有栽培。

【中药名称】紫茉莉根，紫茉莉叶。

【来源】紫茉莉科紫茉莉（*Mirabilis jalapa* L.）的干燥根为紫茉莉根，叶为紫茉莉叶。

【采收加工】紫茉莉根在播种当年 10—11 月收获。挖起全根，洗净泥沙，鲜用，或去尽芦头及须根，刮去粗皮，去尽黑色斑点，切片，立即晒干或烘干。

紫茉莉叶在生长茂盛花未开时采摘，洗净，鲜用。

【性味功效】紫茉莉根：甘，淡，微寒。清热利湿，解毒活血。用于热淋，白浊，水肿，赤白带下，关节肿痛，疮痈肿毒，乳痈，跌打损伤。

紫茉莉叶：甘，淡，微寒。清热利湿，解毒活血，祛风渗湿，活血。用于痈肿疮毒，疥癣，跌打损伤。

【应用举例】紫茉莉根：

1. 治关节肿痛：紫茉莉根 24 克，木瓜 15 克。水煎服。

2. 治乳痈：紫茉莉根研末泡酒服，每次 6 ～ 9 克。

紫茉莉叶：

1. 治疮疖，跌打损伤：紫茉莉叶（鲜）适量。捣烂外敷患处，每日 1 次。

2. 治骨折，无名肿毒：紫茉莉叶（鲜）捣烂外敷，每日 1 次。

3. 治疥疮：紫茉莉叶（鲜）一握。洗净捣烂，绞汁抹患处。

四十四、番杏科 Aizoaceae

一年生或多年生草本，或为半灌木。茎直立或平卧。单叶对生、互生或假轮生，有时肉质，有时细小，全缘，稀具疏齿；托叶干膜质，先落或无。花两性，稀杂性，辐射对称，花单生、簇生或成聚伞花序；单被或异被，花被片 5，稀 4，分离或基部合生，宿存，覆瓦状排列，花被筒与子房分离或贴生；雄蕊 3 ～ 5 或多数（排成多轮），周位或下位，分离或基部合生成束，外轮雄蕊有时变为花瓣状或线形，花药 2 室，纵裂；花托扩展成碗状，常有蜜腺，或在子房周围形成花盘；子房上位或下位，心皮 2 ～ 5 或多数，合生成 2 至多室，稀离生，花柱同心皮数，胚珠多数，稀单生，弯生、近倒生或基生，中轴胎座或侧膜胎座。蒴果或坚果状，有时为瘦果，常为宿存花被包围；种子具细长弯胚，包围粉质胚乳，常有假种皮。

本科约 130 属 1200 种，主产于非洲南部，其次在大洋洲，有些分布于全热带至亚热带干旱地区，少数为广布种。我国有 7 属约 15 种，其中 1 属约 5 种栽培。

全国第四次中药资源普查秭归境内发现 1 种。

88. 粟米草 *Mollugo stricta* L.

【别名】地麻黄、地杉树等。

【植物形态】铺散一年生草本，高 10 ～ 30 厘米。茎纤细，多分枝，有棱角，无毛，老茎通常淡红褐色。叶 3 ～ 5 片假轮生或对生，叶片披针形或线状披针形，长 1.5 ～ 4 厘米，宽 2 ～ 7 毫米，顶端急尖或长渐尖，基部渐狭，全缘，中脉明显；叶柄短或近无柄。花极小，组成疏松聚伞花序，花序梗细长，顶生或与叶对生；花梗长 1.5 ～ 6 毫米；花被片 5，淡绿色，椭圆形或近圆形，长 1.5 ～ 2 毫米，脉达花被片 2/3，边缘膜质；雄蕊通常 3，花丝基部稍宽；子房宽椭圆形或近圆形，3 室，花柱 3，短，线形。蒴果近球形，与宿存花被等长，3 瓣裂；种子多数，肾形，栗色，具多数颗粒状凸起。花期 6—8 月，果期 8—10 月。

【生境与分布】产于秦岭、黄河以南，东南至西南各地。生于空旷荒地、农田和海岸沙地。亚洲热带和亚热带地区也有。全县均有分布。

【中药名称】粟米草。

【来源】为番杏科植物粟米草（*Mollugo stricta* L.）的全草。

【采收加工】秋季采收，晒干或鲜用。

【性味功效】淡，涩，凉。归胃、肺经。清热化湿，解毒消肿。用于腹痛泄泻，痢疾，感冒咳嗽，中暑，皮肤热疹，目赤肿痛，疮疖肿毒，毒蛇咬伤，烫伤等。

【应用举例】1. 治中暑：粟米草全草 9 ～ 15 克，水煎服。

2. 治火眼：外用适量，鲜品捣敷或塞鼻。

四十五、马齿苋科 Portulacaceae

一年生或多年生草本，稀半灌木。单叶，互生或对生，全缘，常肉质；托叶干膜质或刚毛状，稀不存在。花两性，整齐或不整齐，腋生或顶生，单生或簇生，或成聚伞花序、总状花序、圆锥花序；萼片 2，稀 5，草质或干膜质，分离或基部连合；花瓣 4 ～ 5 片，稀更多，覆瓦状排列，分离或基部稍连合，常有鲜艳色，早落或宿存；雄蕊与花瓣同数，对生，或更多，分离或成束或与花瓣贴生，花丝线形，花药 2 室，内向纵裂；雌蕊 3 ～ 5，心皮合生，子房上位或半下位，1 室，基生胎座或特立中央胎座，有弯生胚珠 1 至多粒，花柱线形，柱头 2 ～ 5 裂，形成内向的柱头面。蒴果近膜质，盖裂或 2 ～ 3 瓣裂，稀为坚果；种子肾形或球形，多数，稀为 2 颗，种阜有或无，胚环绕粉质胚乳，胚乳大多丰富。

本科约 19 属 580 种，广布于全世界，主产于南美。我国应有 3 属 8 种（据记载阿尔泰有 *Claytonia* 1 种，但未见标本），现有 2 属 7 种。

全国第四次中药资源普查秭归境内发现 3 种。

89. 大花马齿苋 *Portulaca grandiflora* Hook.

【别名】松叶牡丹、龙须牡丹、金丝杜鹃、洋马齿苋、太阳花、午时花等。

【植物形态】一年生草本，高 10 ～ 30 厘米。茎平卧或斜升，紫红色，多分枝，节上丛生毛。叶密集枝端，较下的叶分开，不规则互生，叶片细圆柱形，有时微弯，长 1 ～ 2.5 厘米，直径 2 ～ 3 毫米，顶端圆钝，无毛；叶柄极短或近无柄，叶腋常生一撮白色长柔毛。花单生或数朵簇生枝端，直径 2.5 ～ 4 厘米，日开夜闭；总苞 8 ～ 9 片，叶状，轮生，具白色长柔毛；萼片 2，淡黄绿色，卵状三角形，长 5 ～ 7 毫米，顶端急尖，多少具龙骨状凸起，两面均无毛；花瓣 5 或重瓣，倒卵形，顶端微凹，长 12 ～ 30 毫米，红色、紫色或黄白色；雄蕊多数，长 5 ～ 8 毫米，花丝紫色，基部合生；花柱与雄蕊近等长，柱头 5 ～ 9 裂，线形。蒴果近椭圆形，盖裂；种子细小，多数，圆肾形，直径不及 1 毫米，铅灰色、灰褐色或灰黑色，有珍珠光泽，表面有小瘤状凸起。花期 6—9 月，果期 8—11 月。

【生境与分布】原产于巴西。我国公园、花圃常有栽培，是一种美丽的花卉，繁殖容易，扦插或播种均可。全县均有分布。

【中药名称】大花马齿苋。

【来源】为马齿苋科植物大花马齿苋（*Portulaca grandiflora* Hook.）的全草。

【采收加工】6—9 月采取。干用或鲜用。

【性味功效】苦，寒。清热，解毒。治咽喉肿痛，烫伤，跌打损伤，湿疹。

【应用举例】1. 治婴儿湿疹：鲜大花马齿苋捣烂绞汁，涂患处。

2. 治咽喉肿痛：鲜大花马齿苋捣烂，绞汁一杯，加硼砂末含漱。

90. 马齿苋 *Portulaca oleracea* L.

【别名】马齿菜、蚂蚱菜、马蛇子菜等

【植物形态】一年生草本，全株无毛。茎平卧或斜倚，伏地铺散，多分枝，圆柱形，长 10 ～ 15 厘米淡绿色或带暗红色。叶互生，有时近对生，叶片扁平，肥厚，倒卵形，似马齿状，长 1 ～ 3 厘米，宽 0.6 ～ 1.5 厘米，顶端圆钝或平截，有时微凹，基部楔形，全缘，上面暗绿色，下面淡绿色或带暗红色，中脉微隆起；叶柄粗短。花无梗，直径 4 ～ 5 毫米，常 3 ～ 5 朵簇生枝端，午时盛开；苞片 2 ～ 6，叶状，膜质，近轮生；萼片 2，对生，绿色，盔形，左右压扁，长约 4 毫米，顶端急尖，背部具龙骨状凸起，基部合生；花瓣 5，稀 4，黄色，倒卵形，长 3 ～ 5 毫米，顶端微凹，基部合生；雄蕊通常 8，或更多，长约 12 毫米，花药黄色；子房无毛，花柱比雄蕊稍长，柱头 4 ～ 6 裂，线形。蒴果卵球形，长约 5 毫米，盖裂；种子细小，多数，偏斜球形，黑褐色，有光泽，直径不及 1 毫米，具小疣状凸起。花期 5—8 月，果期 6—9 月。

【生境与分布】我国南北各地均产。性喜肥沃土壤，耐旱亦耐涝，生活力强，生于菜园、农田、路旁，为田间常见杂草。广布于全世界温带和热带地区。全县均有分布。

【中药名称】马齿苋。

【来源】为马齿苋科植物马齿苋（*Portulaca oleracea* L.）的全草。

【采收加工】夏、秋季采集，除去泥沙，用沸水略烫或略蒸晒干或鲜用。

【性味功效】酸，寒。归肝、大肠经。清热解毒，凉血止血，止痢。用于热毒血痢，痈肿疔疮，湿疹，丹毒，蛇虫咬伤，便血，痔血，崩漏下血。

【应用举例】内服：9 ～ 15 克；鲜品 30 ～ 60 克。外用：适量，捣敷患处。

1. 治小便热淋：马齿苋汁服之。

2. 治痈久不瘥：马齿苋捣汁，煎以敷之。

91. 土人参 *Talinum paniculatum*（Jacq.）Gaertn.

【别名】假人参、参草、土高丽参、红参等。

【植物形态】一年生或多年生草本，全株无毛，高 30 ～ 100 厘米。主根粗壮，圆锥形，有少数分枝，皮黑褐色，断面乳白色。茎直立，肉质，基部近木质，多少分枝，圆柱形，有时具槽。

叶互生或近对生，具短柄或近无柄，叶片稍肉质，倒卵形或倒卵状长椭圆形，长 5 ～ 10 厘米，宽 2.5 ～ 5 厘米，顶端急尖，有时微凹，具短尖头，基部狭楔形，全缘。圆锥花序顶生或腋生，较大形，常二叉状分枝，具长花序梗；花小，直径约 6 毫米；总苞片绿色或近红色，圆形，顶端圆钝，长 3 ～ 4 毫米；苞片 2，膜质，披针形，顶端急尖，长约 1 毫米；花梗长 5 ～ 10 毫米；萼片卵形，紫红色，早落；花瓣粉红色或淡紫红色，长椭圆形、倒卵形或椭圆形，长 6 ～ 12 毫米，顶端圆钝，稀微凹；雄蕊（10）15 ～ 20，比花瓣短；花柱线形，长约 2 毫米，基部具关节；柱头 3 裂，稍开展；子房卵球形，长约 2 毫米。蒴果近球形，直径约 4 毫米，3 瓣裂，坚纸质；种子多数，扁圆形，直径约 1 毫米，黑褐色或黑色，有光泽。花期 6—8 月，果期 9—11 月。

【生境与分布】原产于热带美洲。我国中部和南部均有栽植，有的逸为野生，生于阴湿地。全县均有分布。

【中药名称】土人参。

【来源】为马齿苋科植物土人参（*Talinum paniculatum*（Jacq.）Gaertn.）的干燥根。

【采收加工】8—9 月采，挖出后，洗净，除去细根，刮去表皮，蒸熟晒干。

【性味功效】甘，平。健脾润肺，止咳，调经。治脾虚劳倦、泄泻，肺痨咳痰带血，眩晕潮热，盗汗自汗，月经不调，带下等。

【应用举例】1. 治盗汗、自汗：土人参 60 克，猪肚一个。炖服。

2. 治劳倦乏力：土人参 30 克，或加墨鱼干一只。酒水炖服。

3. 治脾虚泄泻：土人参 30 克，大枣五钱。水煎服。

四十六、落葵科 Basellaceae

缠绕草质藤本，全株无毛。单叶，互生，全缘，稍肉质，通常有叶柄；托叶无。花小，两性，稀单性，辐射对称，通常成穗状花序、总状花序或圆锥花序，稀单生；苞片 3，早落，小苞片 2，宿存；花被片 5，离生或下部合生，通常白色或淡红色，宿存，在芽中覆瓦状排列；雄蕊 5，与花被片对生，花丝着生于花被上；雌蕊由3枚心皮合生，子房上位，1室，胚珠1粒，着生于子房基部，弯生，花柱单一或分叉为3。胞果，干燥或肉质，通常被宿存的小苞片和花被包围，不开裂；种子球形，种皮膜质，胚乳丰富，围以螺旋状、半圆形或马蹄状胚。

本科约4属25种，主要分布于亚洲、非洲及拉丁美洲热带地区。我国栽培2属3种。

全国第四次中药资源普查秭归境内发现1种。

92. 落葵薯 *Anredera cordifolia*（Tenore）Steenis

【别名】马德拉藤、藤三七、洋落葵、藤子三七、川七等。

【植物形态】缠绕藤本，长可达数米。根状茎粗壮。叶具短柄，叶片卵形至近圆形，长2～6厘米，宽1.5～5.5厘米，顶端急尖，基部圆形或心形，稍肉质，腋生小块茎（珠芽）。总状花序具多花，花序轴纤细，下垂，长7～25厘米；苞片狭，不超过花梗长度，宿存；花梗长2～3毫米，花托顶端杯状，花常由此脱落；下面1对小苞片宿存，宽三角形，急尖，透明，上面1对小苞片淡绿色，比花被短，宽椭圆形至近圆形；花直径约5毫米；花被片白色，渐变黑，开花时张开，卵形、长圆形至椭圆形，顶端钝圆，长约3毫米，宽约2毫米；雄蕊白色，花丝顶端在芽中反折，开花时伸出花外；花柱白色，分裂成3个柱头臂，每臂具1个棍棒状或宽椭圆形柱头。果实、种子未见。花期6—10月。

【生境与分布】原产于南美热带地区。我国江苏、浙江、福建、广东、四川、云南及北京有栽培。喜潮湿、光照充足的环境，通常生长在沟谷边、河岸岩石上、村旁墙垣、荒地或灌丛中。全县均有分布。

【中药名称】藤三七。

【来源】为落葵科植物落葵薯（*Anredera cordifolia*（Tenore）Steenis）藤上的瘤块状珠芽。

【采收加工】在珠芽形成后采摘，除去杂质，鲜用或晒干。

【性味功效】微苦，温。补肾强腰，散瘀消肿。用于腰膝酸软，病后体弱，跌打损伤，骨折。

【应用举例】1. 治跌打扭伤：藤三七、土牛膝、马苗香各适量，捣烂敷伤处。

2. 治类风湿性关节炎：藤三七50克，南蛇藤10克，泡酒服。

3. 治腰膝无力：藤三七30克，炖肉吃。

4. 治疮痈肿毒：藤三七适量，捣烂外敷。

四十七、石竹科 Caryophyllaceae

一年生或多年生草本，稀亚灌木。茎节通常膨大，具关节。单叶对生，稀互生或轮生，全缘，基部多少连合；托叶有，膜质，或缺。花辐射对称，两性，稀单性，排列成聚伞花序或聚伞圆锥花序，稀单生，少数呈总状花序、头状花序、假轮伞花序或伞形花序，有时具闭花受精花；萼片5，稀4，草质或膜质，宿存，覆瓦状排列或合生成筒状；花瓣5，稀4，无爪或具爪，瓣片全缘或分裂，通常爪和瓣片之间具2个片状或鳞片状副花冠片，稀缺花瓣；雄蕊10，二轮列，稀5或2；雌蕊1，由2～5个合生心皮构成，子房上位，3室或基部1室，上部3～5室，特立中央胎座或基底胎座，具1至多数胚珠；花柱（1）2～5，有时基部合生，稀合生成单花柱。果实为蒴果，长椭圆形、圆柱形、卵形或圆球形，果皮壳质、膜质或纸质，顶端齿裂或瓣裂，开裂数与花柱同数或为其2倍，稀为浆果状、不规则开裂或为瘦果；种子弯生，多数或少数，稀1粒，肾形、卵形、圆盾形或圆形，微扁；种脐通常位于种子凹陷处，稀盾状着生；种皮纸质，表面具有以种脐为圆心的、整齐排列为数层半环形的颗粒状、短线纹或瘤状凸起，稀表面近平滑或种皮为海绵质；种脊具槽、圆钝或锐，稀具流苏状篦齿或翅；胚环形或半圆形，围绕胚乳或劲直，胚乳偏于一侧；胚乳粉质。

本科约75（80）属2000种，世界广布，但主要在北半球的温带和暖温带，少数在非洲、大洋洲和南美洲。地中海地区为分布中心。我国有30属约388种58变种8变型，分隶属3亚科，几遍布全国，以北部和西部为主要分布区。

全国第四次中药资源普查秭归境内发现7种。

93. 狗筋蔓 *Cucubalus baccifer* L.

【别名】筋骨草、抽筋草等。

【植物形态】多年生草本，全株被逆向短绵毛。根簇生，长纺锤形，白色，断面黄色，稍肉质；根颈粗壮，多头。茎铺散，俯仰，长50～150厘米，多分枝。叶片卵形、卵状披针形或长椭圆形，长1.5～5（13）厘米，宽0.8～2（4）厘米，基部渐狭成柄状，顶端急尖，边缘具短缘毛，两面沿脉被毛。圆锥花序疏松；花梗细，具1对叶状苞片；花萼宽钟形，长9～11毫米，草质，后期膨大呈半圆球形，沿纵脉多少被短毛，萼齿卵状三角形，与萼筒近等长，边缘膜质，果期反折；雌雄蕊柄长约1.5毫米，无毛；花瓣白色，轮廓倒披针形，长约15毫米，宽约2.5毫米，爪狭长，瓣片叉状浅2裂；副花冠片不明显微呈乳头状；雄蕊不外露，花丝无毛；花柱细长，不外露。蒴果圆球形，呈浆果状，直径6～8毫米，成熟时薄壳质，黑色，具光泽，不规则开裂；种子圆肾形，肥厚，长约1.5毫米，黑色，平滑，有光泽。花期6—8月，果期7—9（10）月。

【生境与分布】产于我国辽宁、河北、山西、陕西、宁夏、甘肃、新疆、江苏、安徽、浙江、福建、台湾、河南、湖北、广西至西南。生于林缘、灌丛或草地。全县均有分布。

【中药名称】狗筋蔓。

【来源】为石竹科植物狗筋蔓（*Cucubalus baccifer* L.）的根。

【采收加工】秋末冬初采挖，洗净泥沙，晒干备用。干用或鲜用。

【性味功效】甘，淡，温。接骨生肌，散瘀止痛，祛风除湿，利尿消肿。用于骨折，跌打损伤，风湿性关节痛，小儿疳积，肾炎水肿，泌尿系统感染，肺结核。外用治疮疡疖肿，淋巴结结核。

【应用举例】内服：9 ～ 15 克；外用适量，鲜品捣烂敷患处。

94. 石竹 *Dianthus chinensis* L.

【别名】洛阳花、瞿麦、石竹子花等。

【植物形态】多年生草本，高 30 ～ 50 厘米，全株无毛，带粉绿色。茎由根颈生出，疏丛生，直立，上部分枝。叶片线状披针形，长 3 ～ 5 厘米，宽 2 ～ 4 毫米，顶端渐尖，基部稍狭，全缘或有细小齿，中脉较显。花单生枝端或数花集成聚伞花序；花梗长 1 ～ 3 厘米；苞片 4，卵形，顶端长渐尖，长达花萼 1/2 以上，边缘膜质，有缘毛；花萼圆筒形，长 15 ～ 25 毫米，直径 4 ～ 5 毫米，有纵条纹，萼齿披针形，长约 5 毫米，直伸，顶端尖，有缘毛；花瓣长 16 ～ 18 毫米，瓣片倒卵状三角形，长 13 ～ 15 毫米，紫红色、粉红色、鲜红色或白色，顶缘不整齐齿裂，喉部有斑纹，疏生髯毛；雄蕊露出喉部外，花药蓝色；子房长圆形，花柱线形。蒴果圆筒形，包于宿存萼内，顶端 4 裂；种子黑色，扁圆形。花期 5—6 月，果期 7—9 月。

【生境与分布】原产于我国北方，现在南北普遍生长。生于草原和山坡草地。全县均有分布。

【中药名称】瞿麦。

【来源】为石竹科植物石竹（*Dianthus chinensis* L.）的干燥地上部分。

【采收加工】夏、秋二季花果期采割，除去杂质，干燥。

【性味功效】苦，寒。归心、小肠经。利尿通淋，活血通经。用于热淋，血淋，石淋，小便不通，淋沥涩痛，闭经瘀阴。

【应用举例】内服：9 ～ 15 克。

瞿麦散：瞿麦 9 克、赤芍 9 克、茅根 30 克、生地 18 克、阿胶 4.5 克（溶化），地骨皮 6 克，水煎服。

95. 瞿麦 *Dianthus superbus* L.

【别名】高山瞿麦、洛阳花、巨麦、石竹子花等。

【植物形态】多年生草本，高 50 ～ 60 厘米，有时更高。茎丛生，直立，绿色，无毛，上部分枝。叶片线状披针形，长 5 ～ 10 厘米，宽 3 ～ 5 毫米，顶端锐尖，中脉特显，基部合生成鞘状，绿色，有时带粉绿色。花 1 或 2 朵生枝端，有时顶下腋生；苞片 2 ～ 3 对，倒卵形，长 6 ～ 10 毫米，约为花萼的 1/4，宽 4 ～ 5 毫米，顶端长尖；花萼圆筒形，长 2.5 ～ 3 厘米，直径 3 ～ 6 毫米，常染紫红色晕，萼齿披针形，长 4 ～ 5 毫米；花瓣长 4 ～ 5 厘米，爪长 1.5 ～ 3 厘米，包于萼筒内，瓣片宽倒卵形，边缘⍰裂至中部或中部以上，通常淡红色或带紫色，稀白色，喉部具丝毛状鳞片；雄蕊和花柱微外露。蒴果圆筒形，与宿存萼等长或微长，顶端 4 裂；种子扁卵圆形，长约 2 毫米，黑色，有光泽。花期 6—9 月，果期 8—10 月。

【生境与分布】产于东北、华北、西北及山东、江苏、浙江、江西、河南、湖北、四川、贵州、新疆。生于海拔 400 ～ 3 700 米丘陵山地疏林下、林缘、草甸、沟谷溪边。全县均有分布。

【中药名称】瞿麦。

【来源】为石竹科植物石竹（*Dianthus superbus* L.）的干燥地上部分。

【采收加工】夏、秋季花果期采割，除去杂质，干燥。

【性味功效】苦，寒。归心、小肠经。利尿通淋，活血通经。用于热淋，血淋，石淋，小便不通，淋沥涩痛，闭经瘀阴。

【应用举例】内服：9 ～ 15 克。

瞿麦散：瞿麦 9 克、赤芍 9 克、茅根 30 克、生地 18 克、阿胶 4.5 克（溶化），地骨皮 6 克，水煎服。

96. 孩儿参 *Pseudostellaria heterophylla*（Miq.）Pax

【别名】太子参、童参、四叶参、米参等。

【植物形态】多年生草本，高15～20厘米。块根长纺锤形，白色，稍带灰黄色。茎直立，单生，被2列短毛。茎下部叶常1～2对，叶片倒披针形，顶端钝尖，基部渐狭呈长柄状，上部叶2～3对，叶片宽卵形或菱状卵形，长3～6厘米，宽2～17（20）毫米，顶端渐尖，基部渐狭，上面无毛，下面沿脉疏生柔毛。开花受精花1～3朵，腋生或呈聚伞花序；花梗长1～2厘米，有时长达4厘米，被短柔毛；萼片5，狭披针形，长约5毫米，顶端渐尖，外面及边缘疏生柔毛；花瓣5，白色，长圆形或倒卵形，长7～8毫米，顶端2浅裂；雄蕊10，短于花瓣；子房卵形，花柱3，微长于雄蕊；柱头头状。闭花受精花具短梗；萼片疏生多细胞毛。蒴果宽卵形，含少数种子，顶端不裂或3瓣裂；种子褐色，扁圆形，长约1.5毫米，具疣状凸起。花期4—7月，果期7—8月。

【生境与分布】产于辽宁、内蒙古、河北、陕西、山东、江苏、安徽、浙江、江西、河南、湖北、湖南、四川。生于海拔800～2700米的山谷林下阴湿处。全县均有分布。

【中药名称】太子参。

【来源】为石竹科植物孩儿参（*Pseudostellaria heterophylla*（Miq.）Pax）的干燥块根。

【采收加工】夏季茎叶大部分枯萎时采挖，洗净，除去须根，置沸水中略烫后晒干或直接晒干。

【性味功效】甘，微苦，平。归脾、肺经。益气健脾、生津润肺。用于脾虚体倦，食欲不振，病后虚弱，气阴不足，自汗口渴，肺燥干咳。

【应用举例】内服：9～30克。

治自汗方：太子参9克，浮小麦15克，水煎服。

97. 漆姑草 *Sagina japonica*（Sw.）Ohwi

【别名】星宿草、珍珠草、瓜槌草、瓜槌草、蛇牙草、地松、地兰、虎牙草等。

【植物形态】一年生小草本，高5～20厘米，上部被稀疏腺柔毛。茎丛生，稍铺散。叶片线形，长5～20毫米，宽0.8～1.5毫米，顶端急尖，无毛。花小形，单生枝端；花梗细，长1～2厘米，被稀疏短柔毛；萼片5，卵状椭圆形，长约2毫米，顶端尖或钝，外面疏生短腺柔毛，边缘膜质；花瓣5，狭卵形，稍短于萼片，白色，顶端圆钝，全缘；雄蕊5，短于花瓣；子房卵圆形，花柱5，线形。蒴果卵圆形，微长于宿存萼，5瓣裂；种子细，圆肾形，微扁，褐色，表面具尖瘤状凸起。

花期 3—5 月，果期 5—6 月。

【生境与分布】产于东北、华北、西北（陕西、甘肃）、华东、华中和西南。生于海拔 600 ~ 1900 米河岸沙质地、撂荒地或路旁草地。全县均有分布。

【中药名称】漆姑草。

【来源】为石竹科植物漆姑草（*Sagina japonica*（Sw.）Ohwi）的全草。

【采收加工】4—5 月间采集，洗净，鲜用或晒干。

【性味功效】苦，辛，凉。归肝、胃经。凉血解毒，杀虫止痒。用于漆疮，秃疮，湿疹，丹毒，瘰疬，无名肿毒，毒蛇咬伤，鼻渊，龋齿痛，跌打内伤等。

【应用举例】1. 治毒蛇咬伤：漆姑草、雄黄捣烂敷。

2. 治瘰疬溃烂：漆姑草配五倍子树根（去皮）、野黄花根捣绒敷。

3. 治牙痛：漆姑草叶捣烂，塞入牙缝。

4. 治慢性鼻炎、鼻窦炎：鲜漆姑草全草捣烂塞鼻孔，每日 1 次，连用 1 周。

98. 鹤草 *Silene fortunei* Vis.

【别名】蝇子草、蚊子草、野蚊子草等。

【植物形态】多年生草本，高 50 ~ 80（100）厘米。根粗壮，木质化。茎丛生，直立，多分枝，被短柔毛或近无毛，分泌黏液。基生叶叶片倒披针形或披针形，长 3 ~ 8 厘米，宽 7 ~ 12（15）毫米，基部渐狭，下延成柄状，顶端急尖，两面无毛或早期被微柔毛，边缘具缘毛，中脉明显。聚伞状圆锥花序，小聚伞花序对生，具 1 ~ 3 朵花，有黏质，花梗细，长 3 ~ 12（15）毫米；苞片线形，长 5 ~ 10 毫米，被微柔毛；花萼长筒状，长 22 ~ 30 毫米，直径约 3 毫米，无毛，基部截形，果期上部微膨大呈筒状棒形，长 25 ~ 30 毫米，纵脉紫色，萼齿三角状卵形，长 1.5 ~ 2 毫米，顶端圆钝，边缘膜质，具短缘毛；雌雄蕊柄无毛，果期长 10 ~ 15（17）毫米；花瓣淡红色，爪微露出花萼，倒披针形，长 10 ~ 15 毫米，无毛，瓣片平展，轮廓楔状倒卵形，长约 15 毫米，2 裂达瓣片的 1/2 或更深，裂片呈撕裂状条裂，副花冠片小，舌状；雄蕊微外露，花丝无毛；花柱微外露。蒴果长圆形，长 12 ~ 15 毫米，直径约 4 毫米，比宿存萼短或近等长；种子圆肾形，微侧扁，深褐色，长约 1 毫米。花期 6—8 月，果期 7—9 月。

【生境与分布】产于长江流域和黄河流域南部，东达福建、台湾，西至四川和甘肃东南部，北抵山东、河北、山西和陕西南部，生于平原或低山草坡或灌丛草地。全县均有分布。

【中药名称】鹤草。

【来源】为石竹科蝇子草属植物蝇子草（*Silene fortunei* Vis.）的带根全草。

【采收加工】夏、秋季采集，洗净，鲜用或晒干。

【性味功效】辛，涩，凉。入膀胱、大肠经。清热利湿，活血解毒。用于痢疾，肠炎，热淋，带下，咽喉肿痛，虚劳发热，跌打损伤，毒蛇咬伤等。

【应用举例】1. 治痢疾、肠炎：蚊子草 30 克，糖 30 克，水煎服。

2. 治尿路感染：蚊子草 30 ～ 60 克，水煎服。

3. 治虚劳发热：蝇子草、青蒿、鳖甲各 9 克，地骨皮 15 克，胡黄连 6 克，水煎服。

4. 治小儿疳热：蝇子草、连翘、黄芩、栀子各 6 克，党参 9 克，水煎服。

99. 麦蓝菜 *Vaccaria segetalis*（Neck.）Garcke

【别名】王不留行、麦蓝子等。

【植物形态】一年生或二年生草本，高 30 ～ 70 厘米，全株无毛，微被白粉，呈灰绿色。根为主根系。茎单生，直立，上部分枝。叶片卵状披针形或披针形，长 3 ～ 9 厘米，宽 1.5 ～ 4 厘米，基部圆形或近心形，微抱茎，顶端急尖，具 3 基出脉。伞房花序稀疏；花梗细，长 1 ～ 4 厘米；苞片披针形，着生花梗中上部；花萼卵状圆锥形，长 10 ～ 15 毫米，宽 5 ～ 9 毫米，后期微膨大呈球形，棱绿色，棱间绿白色，近膜质，萼齿小，三角形，顶端急尖，边缘膜质；雌雄蕊柄极短；花瓣淡红色，长 14 ～ 17 毫米，宽 2 ～ 3 毫米，爪狭楔形，淡绿色，瓣片狭倒卵形，斜展或平展，微凹缺，有时具不明显的缺刻；雄蕊内藏；花柱线形，微外露。蒴果宽卵形或近圆球形，长 8 ～ 10 毫米；种子近圆球形，直径约 2 毫米，红褐色至黑色。花期 5—7 月，果期 6—8 月。

【生境与分布】广布于欧洲和亚洲。我国除华南外，全国都产。生于草坡、撂荒地或麦田中，为麦田常见杂草。全县均有分布。

【中药名称】王不留行。

【来源】为石竹科植物麦蓝菜（*Vaccaria segetalis*（Neck.）Garcke）干燥、成熟的种子。

【采收加工】夏季果实成热、果皮尚未开裂时采割植株，晒干，打下种子，除去杂质，再晒干。

【性味功效】苦，平。归肝、胃经。活血通经，下乳消肿，利尿通淋。用于闭经，痛经，乳汁不下，乳痈肿痛，淋证涩痛等。

【应用举例】1. 治乳痈初起：王不留行 30 克，蒲公英、瓜仁各 9 克，当归梢 9 克，酒煎服。

2. 治血淋不止：王不留行 30 克，当归身、川续断、白芍药、丹参各 6 克，水煎服。

治痈肿：王不留行（成末）2 升，甘草 150 克，野葛 60 克，桂心 120 克，当归 120 克，酒服。

四十八、藜科 Chenopodiaceae

一年生草本、半灌木、灌木，较少为多年生草本或小乔木，茎和枝有时具关节。叶互生或对生，扁平或圆柱状及半圆柱状，较少退化成鳞片状，有柄或无柄；无托叶。花为单被花，两性，较少为杂性或单性，如为单性时，雌雄同株，极少雌雄异株；有苞片或无苞片，或苞片与叶近同形；小苞片 2，舟状至鳞片状，或无小苞片；花被膜质、草质或肉质，3～5 深裂或全裂，花被片（裂片）覆瓦状，很少排列成 2 轮，果时常常增大，变硬，或在背面生出翅状、刺状、疣状附属物，较少无显著变化（在滨藜族中，雌花常常无花被，子房着生于 2 枚特化的苞片内）；雄蕊与花被片（裂片）同数对生或较少，着生于花被基部或花盘上，花丝钻形或条形，离生或基部合生，花药背着，在芽中内曲，2 室，外向纵裂或侧面纵裂，顶端钝或药隔突出形成附属物；花盘或有或无；子房上位，卵形至球形，由 2～5 个心皮合成，离生，极少基部与花被合生，1 室；花柱顶生，通常极短；柱头通常 2，很少 3～5，丝形或钻形，很少近于头状，四周或仅内侧面具颗粒状或毛状突起；胚珠 1 个，弯生。果实为胞果，很少为盖果；果皮膜质、革质或肉质，与种子贴生或贴伏。种子直立、横生或斜生，扁平圆形、双凸镜形、肾形或斜卵形；种皮壳质、革质、膜质或肉质，内种皮为膜质或无；胚乳为外胚乳，粉质或肉质，或无胚乳，胚环形、半环形或螺旋形，子叶通常狭细。

本科 100 余属 1400 余种，主要分布于非洲南部、中亚、南美、北美及大洋洲的干草原、荒漠、盐碱地，以及地中海、黑海、红海沿岸。我国有 39 属约 186 种，主要分布在我国西北、内蒙古及东北各省区，尤以新疆最为丰富。

全国第四次中药资源普查秭归境内发现 3 种。

100. 藜 *Chenopodium album* L.

【别名】灰藜、灰菜等。

【植物形态】一年生草本，高 30 ～ 150 厘米。茎直立，粗壮，具条棱及绿色或紫红色色条，多分枝；枝条斜升或开展。叶片菱状卵形至宽披针形，长 3 ～ 6 厘米，宽 2.5 ～ 5 厘米，先端急尖或微钝，基部楔形至宽楔形，上面通常无粉，有时嫩叶的上面有紫红色粉，下面多少有粉，边缘具不整齐锯齿；叶柄与叶片近等长，或为叶片长度的 1/2。花两性，花簇于枝上部排列成或大或小的穗状圆锥状或圆锥状花序；花被裂片 5，宽卵形至椭圆形，背面具纵隆脊，有粉，先端或微凹，边缘膜质；雄蕊 5，花药伸出花被，柱头 2。果皮与种子贴生。种子横生，双凸镜状，直径 1.2 ～ 1.5 毫米，边缘钝，黑色，有光泽，表面具浅沟纹；胚环形。花果期 5—10 月。

【生境与分布】分布遍及全球温带及热带地区，我国各地均产。生于路旁、荒地及田间，为很难除掉的杂草。全县均有分布。

【中药名称】灰菜、藜草。

【来源】为藜科藜属植物藜（*Chenopodium album* L.）的全草。

【采收加工】夏季采，切段晒干或鲜用。

【性味功效】甘，平，有小毒。清热利湿，枝叶透疹。用于风热感冒，痢疾，腹泻，龋齿痛；外用治皮肤瘙痒，麻疹不透。

【应用举例】内服：30 ～ 60 克。外用：适量，煎汤洗患处，或捣涂。

101. 土荆芥 *Chenopodium ambrosioides* L.

【别名】鸭脚草、臭草、杀虫芥等。

【植物形态】一年生或多年生草本，高 50 ～ 80 厘米，有强烈香味。茎直立，多分枝，有色条及钝条棱；枝通常细瘦，有短柔毛并兼有具节的长柔毛，有时近于无毛。叶片矩圆状披针形至披针形，先端急尖或渐尖，边缘具稀疏不整齐的大锯齿，基部渐狭具短柄，上面平滑无毛，下面有散生油点并沿叶脉稍有毛，下部的叶长达 15 厘米，宽达 5 厘米，上部叶逐渐狭小而近全缘。花两性及雌性，通常 3 ～ 5 个团集，生于上部叶腋；花被裂片 5，较少为 3，绿色，果时通常闭合；雄蕊 5，花药长 0.5 毫米；花柱不明显，柱头通常 3，较少为 4，丝形，伸出花被外。胞果扁球形，完全包于花被内。种子横生或斜生，黑色或暗红色，平滑，有光泽，边缘钝，直径约 0.7 毫米。花期和果期的时间都很长。

【生境与分布】原产于热带美洲，现广布于全世界热带及温带地区。我国广西、广东、福建、台湾、江苏、浙江、江西、湖南、四川等省有野生，喜生于村旁、路边、河岸等处。全县均有分布。

【中药名称】土荆芥。

【来源】为藜科植物土荆芥（*Chenopodium ambrosioides* L.）的带果穗全草。

【采收加工】8 月下旬至 9 月下旬收割全草，摊放在通风处，或捆束悬挂阴干或鲜用，避免日晒及雨淋。

【性味功效】辛，苦，微温。归脾、胃经。祛风除湿，杀虫止痒，活血消肿。用于钩虫病，蛔虫病，蛲虫病，头虱，皮肤湿疹，疥癣，风湿痹痛，闭经，痛经，口舌生疮，咽喉肿痛，跌打损伤，蛇虫咬伤等。

【应用举例】内服：煎汤，3 ～ 9 克，鲜品 15 ～ 24 克，或入丸、散。外用：煎水洗或捣敷。

1. 治钩虫病、蛔虫病：土荆芥嫩枝叶、果实阴干，研末为丸，成人每日服 5 克，分早、晚 2 次，连服 3 ～ 6 天；或用鲜土荆芥取自然汁服，疗效更佳。

2. 治头虱：土荆芥捣烂，加茶油敷。

102. 地肤 *Kochia scoparia*（L.）Schrad.

【别名】地麦、落帚、扫帚苗、扫帚菜等。

【植物形态】年生草本，高 50 ～ 100 厘米。根略呈纺锤形。茎直立，圆柱状，淡绿色或带紫红色，有多数条棱，稍有短柔毛或下部几无毛；分枝稀疏，斜上。叶为平面叶，披针形或条状披针形，长 2 ～ 5 厘米，宽 3 ～ 7 毫米，无毛或稍有毛，先端短渐尖，基部渐狭入短柄，通常有 3 条明显的主脉，边缘有疏生的锈色绢状缘毛；茎上部叶较小，无柄，1 脉。花两性或雌性，通常 1 ～ 3 个生于上部叶腋，构成疏穗状圆锥状花序，花下有时有锈色长柔毛；花被近球形，淡绿色，

花被裂片近三角形，无毛或先端稍有毛；翅端附属物三角形至倒卵形，有时近扇形，膜质，脉不很明显，边缘微波状或具缺刻；花丝丝状，花药淡黄色；柱头2，丝状，紫褐色，花柱极短。胞果扁球形，果皮膜质，与种子离生。种子卵形，黑褐色，长1.5～2毫米，稍有光泽；胚环形，胚乳块状。花期6—9月，果期7—10月。

【生境与分布】全国各地均产。生于田边、路旁、荒地等处。分布于欧洲及亚洲。全县均有分布。

【中药名称】地肤子。

【来源】为藜科植物地肤（*Kochia scoparia*（L.）Schrad.）的干燥成熟果实。

【采收加工】秋季果实成熟时采收植株，晒干，打下果实，除去杂质。

【性味功效】辛，苦，寒。归肾、膀胱经。清热利湿，祛风止痒。用于小便涩痛，阴痒带下，风疹，湿疹，皮肤瘙痒。

【应用举例】内服：9～15克。外用：适量，煎汤熏洗。

1. 治膀胱湿热，小便不利：与木通、瞿麦、冬葵子等同用，如地肤子汤。

2. 治血痢不止：地肤子150克，地榆、黄芩各30克，为末，温水调下。

四十九、苋科 Amaranthaceae

一年或多年生草本，少数为攀援藤本或灌木。叶互生或对生，全缘，少数有微齿，无托叶。花小，两性或单性同株或异株，或杂性，有时退化成不育花，花簇生在叶腋内，成疏散或密集的穗状花序、头状花序、总状花序或圆锥花序；苞片1及小苞片2，干膜质，绿色或着色；花被片3～5，干膜质，覆瓦状排列，常和果实同脱落，少有宿存；雄蕊常和花被片等数且对生，偶较少，花丝分离，或基部合生成杯状或管状，花药2室或1室；有或无退化雄蕊；子房上位，1室，具基生胎座，胚珠1个或多数，珠柄短或伸长，花柱1～3，宿存，柱头头状或2～3裂。果实为胞果或小坚果，少数为浆果，果皮薄膜质，不裂、不规则开裂或顶端盖裂。种子1个或多数，凸镜状或近肾形，光滑或有小疣点，胚环状，胚乳粉质。

本科约60属850种，分布很广。我国产13属约39种。

全国第四次中药资源普查秭归境内发现7种。

103. 土牛膝 *Achyranthes aspera* L.

【别名】倒扣草、倒钩草、鸡豚草等。

【植物形态】多年生草本，高20～120厘米；根细长，直径3～5毫米，土黄色；茎四棱形，有柔毛，节部稍膨大，分枝对生。叶片纸质，宽卵状倒卵形或椭圆状矩圆形，长1.5～7厘米，宽0.4～4厘米，顶端圆钝，具突尖，基部楔形或圆形，全缘或波状缘，两面密生柔毛，或近无毛；叶柄长5～15毫米，密生柔毛或近无毛。穗状花序顶生，直立，长10～30厘米，花期后反折；总花梗具棱角，粗壮，坚硬，密生白色伏贴或开展柔毛；花长3～4毫米，疏生；苞片披针形，长3～4毫米，顶端长渐尖，小苞片刺状，长2.5～4.5毫米，坚硬，光亮，常带紫色，基部两侧各有1个薄膜质翅，长1.5～2毫米，全缘，全部贴生在刺部，但易于分离；花被片披针形，长3.5～5毫米，长渐尖，花后变硬且锐尖，具1脉；雄蕊长2.5～3.5毫米；退化雄蕊顶端截状或细圆齿状，有具分枝流苏状长缘毛。胞果卵形，长2.5～3毫米。种子卵形，不扁压，长约2毫米，棕色。花期6—8月，果期10月。

【生境与分布】产于湖南、江西、福建、台湾、广东、广西、四川、云南、贵州。生于山坡疏林或村庄附近空旷地，海拔800～2300米。全县均有分布。

【中药名称】倒扣草、土牛膝。

【来源】苋科植物土牛膝（*Achyranthes aspera* L.）的地上部分为倒扣草，根及根茎为土牛膝。

【采收加工】夏、秋季采收全株，洗净，鲜用或晒干，地上部分为倒扣草，根及根茎为土牛膝。

【性味功效】倒扣草：甘，苦，酸，寒。活血祛瘀，泻火解毒，利尿通淋等。

土牛膝：甘，苦，酸，寒。归肝、肾经。活血祛瘀，泻火解毒，利尿通淋。用于闭经，跌打损伤，风湿性关节痛，痢疾，白喉，咽喉肿痛，疮痈，淋证，水肿等。

【应用举例】倒扣草：

1. 治血滞闭经：倒扣草 30 ～ 60 克，马鞭草鲜全草 30 克。水煎，调酒服。

2. 治冻疮：鲜倒扣草 60 克，生姜 30 克。水煎外洗，未溃、已溃均宜。

3. 治腘窝脓肿：鲜倒扣草 60 克。酒水炖服，渣捣烂敷患处。

土牛膝：

内服：煎汤，9 ～ 15 克；鲜品 30 ～ 60 克。

外用：适量，捣敷；或捣汁滴耳；或研末吹喉。

104. 红柳叶牛膝 *Achyranthes longifolia* (Makino) Makino f. rubra Ho

【别名】山牛膝、土牛膝等。

【植物形态】多年生草本，高 70 ～ 120 厘米。叶片披针形或宽披针形，长 10 ～ 20 厘米，宽 2 ～ 5 厘米，顶端尾尖；小苞片针状，长 3.5 毫米，基部有 2 个耳状薄片，仅有缘毛； 退化雄蕊方形，顶端有不显明齿。花果期 9—11 月。根淡红色至红色；叶片上面深绿色，下面紫红色至深紫色；花序带紫红色。

【生境与分布】生于山坡林下，海拔 200 ～ 1750 米。全县均有分布。

【中药名称】红柳叶牛膝、山牛膝、土牛膝。

【来源】为苋科植物红柳叶牛膝（*Achyranthes longifolia*（Makino）Makino f. rubra Ho）的根。

【采收加工】全年均可，除去茎叶，洗净，鲜用或晒干。

【性味功效】苦，辛，微寒。活血散瘀，祛湿，清热解毒。用于淋证，尿血，妇女闭经，癥瘕，风湿性关节痛，脚气水肿，痢疾，疟疾，白喉，痈肿，跌打损伤。

【应用举例】内服：煎汤，9～15克；鲜品30～60克。外用：适量，捣敷。

105. 喜旱莲子草 *Alternanthera philoxeroides*（Mart.）Griseb.

【别名】革命草、水花生、水蕹菜、空心苋等。

【植物形态】多年生草本；茎基部匍匐，上部上升，管状，不明显4棱，长55～120厘米，具分枝，幼茎及叶腋有白色或锈色柔毛，茎老时无毛，仅在两侧纵沟内保留。叶片矩圆形、矩圆状倒卵形或倒卵状披针形，长2.5～5厘米，宽7～20毫米，顶端急尖或圆钝，具短尖，基部渐狭，全缘，两面无毛或上面有贴生毛及缘毛，下面有颗粒状突起；叶柄长3～10毫米，无毛或微有柔毛。花密生，成具总花梗的头状花序，单生在叶腋，球形，直径8～15毫米；苞片及小苞片白色，顶端渐尖，具1脉；苞片卵形，长2～2.5毫米，小苞片披针形，长2毫米；花被片矩圆形，长5～6毫米，白色，光亮，无毛，顶端急尖，背部侧扁；雄蕊花丝长2.5～3毫米，基部连合成杯状；退化雄蕊矩圆状条形，和雄蕊约等长，顶端裂成窄条；子房倒卵形，具短柄，背面侧扁，顶端圆形。果实未见。花期5—10月。

【生境与分布】原产于巴西，我国引种于北京、江苏、浙江、江西、湖南、福建，后逸为野生。生于池沼、水沟内。全县均有分布。

【中药名称】空心苋。

【来源】为苋科植物喜旱莲子草（*Alternanthera philoxeroides*（Mart.）Griseb.）的全草。

【采收加工】春、夏、秋季采收，除去杂草，洗净，鲜用或晒干用。

【性味功效】苦，甘，寒。清热凉血，解毒利尿。用于咳血，尿血，感冒发热，麻疹，乙型脑炎，淋浊，湿疹，痈肿疖疮，毒蛇咬伤。

【应用举例】内服：煎汤，30～60克，鲜品加倍；或捣汁。外用：适量，捣敷，或捣汁涂。

106. 刺苋 *Amaranthus spinosus* L.

【别名】刺苋菜、野苋菜、野刺苋、假苋菜、猪母刺、白刺苋等。

【植物形态】一年生草本，高30～100厘米；茎直立，圆柱形或钝棱形，多分枝，有纵条纹，绿色或带紫色，无毛或稍有柔毛。叶片菱状卵形或卵状披针形，长3～12厘米，宽1～5.5厘米，顶端圆钝，具微凸头，基部楔形，全缘，无毛或幼时沿叶脉稍有柔毛；叶柄长1～8厘米，无毛，在其旁有2刺，刺长5～10毫米。圆锥花序腋生及顶生，长3～25厘米，下部顶生花穗常全部为雄花；苞片在腋生花簇及顶生花穗的基部者变成尖锐直刺，长5～15毫米，在顶生花穗的上部者狭披针形，长1.5毫米，顶端急尖，具凸尖，中脉绿色；小苞片狭披针形，长约1.5毫米；花被片绿色，顶端急尖，具凸尖，边缘透明，中脉绿色或带紫色，在雄花者矩圆形，长2～2.5毫米，在雌花者矩圆状匙形，长 1.5 毫米；雄蕊花丝和花被片等长或较短；柱头 3，有时 2。胞果矩圆形，长 1 ～ 1.2 毫米，在中部以下不规则横裂，包裹在宿存花被片内。种子近球形，直径约 1 毫米，黑色或带棕黑色。花果期 7—11 月。

【生境与分布】产于陕西、河南、安徽、江苏、浙江、江西、湖南、湖北、四川、云南、贵州、广西、广东、福建、台湾。生于旷地或园圃的杂草。全县均有分布。

【中药名称】刺苋菜。

【来源】为苋科植物刺苋（*Amaranthus spinosus* L.）的全草。

【采收加工】夏、秋季采挖，晒干备用或鲜用。

【性味功效】甘，淡，凉。清热利湿，解毒消肿，凉血止血。用于痢疾，肠炎，胃、十二指肠溃疡出血，痔疮便血；外用治毒蛇咬伤，皮肤湿疹，疖肿脓疡。

【应用举例】1. 治泄泻：鲜刺苋菜及根 30 ～ 60 克，凤尾草 30 克，水煎，一日 2 ～ 3 次分服。

2. 治喉咙痛：鲜刺苋菜 30 ～ 60 克捣汁或水煎，然后加白糖或蜂蜜调服。

107. 苋 *Amaranthus tricolor* L.

【别名】汉菜、苋菜、三色苋等。

【植物形态】一年生草本，高 80 ～ 150 厘米；茎粗壮，绿色或红色，常分枝，幼时有毛或无毛。叶片卵形、菱状卵形或披针形，长 4 ～ 10 厘米，宽 2 ～ 7 厘米，绿色或常成红色，紫色或黄色，或部分绿色加杂其他颜色，顶端圆钝或尖凹，具凸尖，基部楔形，全缘或波状缘，无毛；叶柄长 2 ～ 6 厘米，绿色或红色。花簇腋生，直到下部叶，或同时具顶生花簇，成下垂的穗状花序；花簇球形，直径 5 ～ 15 毫米，雄花和雌花混生；苞片及小苞片卵状披针形，长2.5～3毫米，透明，顶端有1长芒尖，背面具1绿色或红色隆起中脉；花被片矩圆形，长3～4毫米，绿色或黄绿色，顶端有1长芒尖，背面具1绿色或紫色隆起中脉；雄蕊比花被片长或短。胞果卵状矩圆形，长2～2.5毫米，环状横裂，包裹在宿存花被片内。种子近圆形或倒卵形，直径约1毫米，黑色或黑棕色，边缘钝。花期5—8月，果期7—9月。

【生境与分布】全国各地均有栽培，有时逸为半野生。全县均有分布。

【中药名称】苋、汉菜，苋实。

【来源】苋科植物苋（*Amaranthus tricolor* L.）的茎叶为苋，种子为苋实。

【采收加工】苋：春、夏季采收苋茎叶，洗净，鲜用或晒干。

苋实：秋季采收地上部分，晒干后搓揉脱下种子，扬净，晒干。

【性味功效】苋：甘，微寒。归大肠、小肠经。清热解毒，通利二便。用于痢疾，二便不通，蛇虫咬伤，疮毒等。

苋实：甘，寒。归肝、大肠、膀胱经。清热明目，通利二便。用于青盲翳障，视物模糊，白浊血尿，二便不利等。

【应用举例】苋：内服，煎汤30～60克；或煮粥。外用，适量，捣敷或煎液熏洗。

1. 治小儿紧唇：赤苋捣汁洗之。

2. 治漆疮瘙痒：苋煎汤洗之。

苋实：内服，煎汤，6～9克；或研末。

治大小便难：苋实粉15克，分2次服，以新汲水调下。

108. 青葙 *Celosia argentea* L.

【别名】青葙子、野鸡冠花、狗尾草等。

【植物形态】一年生草本，高0.3～1米，全体无毛；茎直立，有分枝，绿色或红色，具明显条纹。叶片矩圆披针形、披针形或披针状条形，少数卵状矩圆形，长5～8厘米，宽1～3厘米，绿色常带红色，顶端急尖或渐尖，具小芒尖，基部渐狭；叶柄长2～15毫米，或无叶柄。花多数，密生，在茎端或枝端成单一、无分枝的塔状或圆柱状穗状花序，长3～10厘米；苞片及小苞片披针形，长3～4毫米，白色，光亮，顶端渐尖，延长成细芒，具1中脉，在背部隆起；花被片矩圆状披针形，长6～10毫米，初为白色顶端带红色，或全部粉红色，后成白色，顶端渐尖，具1中脉，在背面凸起；花丝长5～6毫米，分离部分长2.5～3毫米，花药紫色；子房有短柄，花柱紫色，长3～5毫米。胞果卵形，长3～3.5毫米，包裹在宿存花被片内。种子凸透镜状肾形，直径约1.5毫米。花期5—8月，果期6—10月。

【生境与分布】分布几遍全国。野生或栽培，生于平原、田边、丘陵、山坡，高达海拔1100米。全县均有分布。

【中药名称】青葙子。

【来源】为苋科植物青葙（*Celosia argentea* L.）干燥成熟的种子。

【采收加工】秋季果实成熟时采割植株或摘取果穗，晒干，收集种子，除去杂质。

【性味功效】苦，微寒。归肝经。清肝，明目，退翳。用于肝热目赤，眼生翳膜，视物昏花，肝火眩晕等。

【应用举例】用量 9 ～ 15 克，内服煎汤。

1. 治视物不清：青葙子 6 克，夜明砂 60 克，蒸鸡肝或猪肝服。

2. 治暴发火眼，目赤涩痛：青葙子、黄芩、龙胆草各 9 克，菊花 12 克，生地黄 15 克，水煎服。

3. 治风热泪眼：青葙子 15 克，鸡肝炖服。

109. 千日红 *Gomphrena globosa* L.

【别名】百日红、火球花等。

【植物形态】一年生直立草本，高 20 ～ 60 厘米；茎粗壮，有分枝，枝略成四棱形，有灰色糙毛，幼时更密，节部稍膨大。叶片纸质，长椭圆形或矩圆状倒卵形，长 3.5 ～ 13 厘米，宽 1.5 ～ 5 厘米，顶端急尖或圆钝，凸尖，基部渐狭，边缘波状，两面有小斑点、白色长柔毛及缘毛，叶柄长 1 ～ 1.5 厘米，有灰色长柔毛。花多数，密生，成顶生球形或矩圆形头状花序，单一或 2 ～ 3 个，直径 2 ～ 2.5 厘米，常紫红色，有时淡紫色或白色；总苞为 2 片绿色对生叶状苞片而成，卵形或心形，长 1 ～ 1.5 厘米，两面有灰色长柔毛；苞片卵形，长 3 ～ 5 毫米，白色，顶端紫红色；小苞片三角状披针形，长 1 ～ 1.2 厘米，紫红色，内面凹陷，顶端渐尖，背棱有细锯齿缘；花被片披针形，长 5 ～ 6 毫米，不展开，顶端渐尖，外面密生白色绵毛，花期后不变硬；雄蕊花丝连合成管状，顶端 5 浅裂，花药生在裂片的内面，微伸出；花柱条形，比雄蕊管短，柱头 2，叉状分枝。胞果近球形，直径 2 ～ 2.5 毫米。种子肾形，棕色，光亮。花果期 6—9 月。

【生境与分布】原产于美洲热带地区，我国南北各省均有栽培。全县均有分布。

【中药名称】千日红。

【来源】为苋科植物千日红（*Gomphrena globosa* L.）的花序或全草。

【采收加工】夏、秋季采摘花序或拔取全株，鲜用或晒干。

【性味功效】甘，微咸，平。归肺、肝经。止咳平喘，清肝明目，解毒。用于咳嗽，哮喘，百日咳，小儿夜啼，目赤肿痛，肝热头晕，头痛，痢疾，疮疖等。

【应用举例】1. 治头痛：千日红花 9 克，马鞭草 20 克，水煎服。

2. 治小儿夜啼：千日红鲜花序 5 朵，蝉衣 3 个，菊花 7 分，水煎服。

3. 治小儿肝热：千日红鲜花序 7 ～ 14 朵，水煎服；或加冬瓜糖同炖服。

五十、仙人掌科 Cactaceae

多年生肉质草本、灌木或乔木，地生或附生。根系浅，开展，有时具块根。茎直立、匍匐、悬垂或攀援，圆柱状、球状、侧扁或叶状；节常缢缩，节间具棱、角、瘤突或平坦，具水汁，稀具乳汁；小窠螺旋状散生，或沿棱、角或瘤突着生，常有腋芽或短枝变态形成的刺，稀无刺，分枝和花均从小窠发出。叶扁平，全缘或圆柱状、针状、钻形至圆锥状，互生，或完全退化，无托叶。花通常单生，无梗，稀具梗并组成总状、聚伞状或圆锥状花序，两性花，稀单性花，辐射对称或左右对称；花托通常与子房合生，稀分生，上部常延伸成花托筒（或称花被筒），外面覆以鳞片（苞片）和小窠，稀裸露；花被片多数和无定数，螺旋状贴生于花托或花托筒上部，外轮萼片状，内轮花瓣状，或无明显分化；雄蕊多数，着生于花托或花托筒内面中部至口部，螺旋状或排成两列；花药基部着生，2 室，药室平行，纵裂。雄蕊基部至子房之间常有蜜腺或蜜腺腔。雌蕊由 3 至多数心皮合生而成；子房通常下位，稀半下位或上位，1 室，具 3 至多数侧膜胎座，或侧膜胎座简化为基底胎座状或悬垂胎座状；胚珠多数至少数，弯生至倒生；花柱 1，顶生；柱头 3 至多数，不分裂或分裂，内面具多数乳突。浆果肉质，常具黏液，稀干燥或开裂，散生鳞片和小窠，稀裸露。种子多数，稀少数至单生；种皮坚硬，有时具骨质假种皮和种阜，无毛或被绵毛；胚通常弯曲，稀直伸；胚乳存在或缺失；子叶叶状扁平至圆锥状。

本科有 108 属近 2000 种，分布于美洲热带至温带地区。本科大部分属种已被引种到东半球，其中约 10 属 40 余种在欧洲南部、非洲、大洋洲和亚洲热带地区逸为野生。我国引种栽培 60 余属 600 种以上，其中 4 属 7 种在南部及西南部归化。

全国第四次中药资源普查秭归境内发现 2 种。

110. 仙人掌 *Opuntia stricta*（Haw.）Haw. var. *dillenii*（Ker–Gawl.）Benson

【别名】仙巴掌、神仙掌、观音刺等。

【植物形态】丛生肉质灌木，高(1)1.5～3米。上部分枝宽倒卵形、倒卵状椭圆形或近圆形，长10～35（40）厘米，宽7.5～20（25）厘米，厚达1.2～2厘米，先端圆形，边缘通常不规则波状，基部楔形或渐狭，绿色至蓝绿色，无毛；小窠疏生，直径0.2～0.9厘米，明显突出，成长后刺常增粗并增多，每小窠具（1）3～10（20）根刺，密生短绵毛和倒刺刚毛；刺黄色，有淡褐色横纹，粗钻形，多少开展并内弯，基部扁，坚硬，长1.2～4（6）厘米，宽1～1.5毫米；倒刺刚毛暗褐色，长2～5毫米，直立，多少宿存；短绵毛灰色，短于倒刺刚毛，宿存。叶钻形，长4～6毫米，绿色，早落。花辐状，直径5～6.5厘米；花托倒卵形，长3.3～3.5厘米，直径1.7～2.2厘米，顶端截形并凹陷，基部渐狭，绿色，疏生突出的小窠，小窠具短绵毛、倒刺刚毛和钻形刺；萼状花被片宽倒卵形至狭倒卵形，长10～25毫米，宽6～12毫米，先端急尖或圆形，具小尖头，黄色，具绿色中肋；瓣状花被片倒卵形或匙状倒卵形，长25～30毫米，宽12～23毫米，先端圆形、截形或微凹，边缘全缘或浅啮蚀状；花丝淡黄色，长9～11毫米；花药长约1.5毫米，黄色；花柱长11～18毫米，直径1.5～2毫米，淡黄色；柱头5，长4.5～5毫米，黄白色。浆果倒卵球形，顶端凹陷，基部多少狭缩成柄状，长4～6厘米，直径2.5～4厘米，表面平滑无毛，紫红色，每侧具5～10个突起的小窠，小窠具短绵毛、倒刺刚毛和钻形刺。种子多数，扁圆形，长4～6毫米，宽4～4.5毫米，厚约2毫米，边缘稍不规则，无毛，淡黄褐色。花期6—10（12）月。

【生境与分布】南方沿海地区常见栽培，在广东、广西南部和海南沿海地区逸为野生。全县均有分布。

【中药名称】仙人掌。

【来源】为仙人掌科仙人掌（*Opuntia stricta*（Haw.）Haw. var. *dillenii*（Ker–Gawl.）Benson）的根及茎。

【采收加工】栽培1年后，即可随用随采，鲜用或晒干。

【性味功效】苦，寒。归胃、肺、大肠经。行气活血，凉血止血，解毒消肿。用于胃痛，痞块，痢疾，喉痛，肺热咳嗽，肺痨咯血，吐血，痔血，疮疡疔疖，乳痈，痄腮，癣疾，蛇虫咬伤，烫伤，冻伤等。

【应用举例】内服：煎汤，10～30克；或焙干研末，3～6克。外用：适量，鲜品捣敷。

1. 治痞块：仙人掌15～30克，捣绒，蒸甜酒吃；再用仙人掌适量，加甜酒炒热，包患处。

2. 治肠风痔血：仙人掌，与甘草浸酒饮。

3. 治痔疮出血：仙人掌30克，炖牛肉250克，炖服。

111. 梨果仙人掌 *Opuntia ficus-indica*（Linn.）Mill.

【别名】仙人掌、霸王树、火焰、神仙掌等。

【植物形态】肉质灌木或小乔木，高1.5～5米，有时基部具圆柱状主干。分枝多数，淡绿色至灰绿色，无光泽，宽椭圆形、倒卵状椭圆形至长圆形，长（20）25～60厘米，宽7～20厘米，厚达2～2.5厘米，先端圆形，边缘全缘，基部圆形至宽楔形，表面平坦，无毛，具多数小窠；小窠圆形至椭圆形，长2～4毫米，略呈垫状，具早落的短绵毛和少数倒刺刚毛，通常无刺，有时具1～6根开展的白色刺；刺针状，基部略背腹扁，稍弯曲，长0.3～3.2厘米，宽0.2～1毫米；短绵毛淡灰褐色，早落；倒刺刚毛黄色，易脱落。叶锥形，长3～4毫米，绿色，早落。花辐状，直径7～8（10）厘米；花托长圆形至长圆状倒卵形，长4～5.3厘米，先端截形并凹陷，直径1.6～2.1厘米，绿色，具多数垫状小窠，小窠密被短绵毛和黄色的倒刺刚毛，无刺或具少数刚毛状细刺；萼状花被片深黄色或橙黄色，具橙黄色或橙红色中肋，宽卵圆形或倒卵形，长0.6～2厘米，宽0.6～1.5厘米，先端圆形或截形，有时具骤尖头，边缘全缘或有小齿；瓣状花被片深黄色、橙黄色或橙红色，倒卵形至长圆状倒卵形，长2.5～3.5厘米，宽1.5～2厘米，先端截形至圆形，有时具小尖头或微凹，边缘全缘或啮蚀状；花丝长约6毫米，淡黄色；花药黄色，长1.2～1.5毫米；花柱长15毫米，直径2.5毫米，淡绿色至黄白色；柱头（6）7～10，长3～4毫米，黄白色。浆果椭圆球形至梨形，长5～10厘米，直径4～9厘米，顶端凹陷，表面平滑无毛，橙黄色（有些品种呈紫红色、白色或黄色，或兼有黄色或淡红色条纹），每侧有25～35个小窠，小窠有少数倒刺刚毛，无刺或有少数细刺。种子多数，肾状椭圆形，长4～5毫米，宽3～4毫米，厚1.5～2毫米，边缘较薄，无毛，淡黄褐色。花期5—6月。

【生境与分布】我国四川、贵州、云南、广西、广东、福建、台湾、浙江等省区有栽培，北方温室也有零星栽培，在四川西南部、云南北部及东部、广西西部、贵州西南部和西藏东南部，海拔600～2900米的干热河谷逸为野生。

【中药名称】梨果仙人掌。

【来源】为仙人掌科仙人掌（*Opuntia ficus-indica*（Linn.）Mill.）的根及茎。

【采收加工】全年可采，洗净，去皮、刺，鲜用，或烘干用。

【性味功效】苦，寒。归脾、肺经。清肺止咳，凉血解毒。用于肺热咳嗽，肺痨咯血，痢疾，痔血，乳痈，痄腮，痈疮肿毒，烫伤，秃疮疥癣，蛇虫咬伤等。

【应用举例】内服：煎汤，15～30克；或捣汁。

外用：适量，捣敷；或干品研末调敷。

1. 治肺结核咯血：梨果仙人掌30克，炖猪肉吃。

2. 治带下及子宫脱出：梨果仙人掌60克，炖肉吃。

五十一、木兰科 Magnoliaceae

木本。叶互生、簇生或近轮生，单叶不分裂，罕分裂。花顶生、腋生，罕成为2～3朵的聚伞花序。花被片通常花瓣状；雄蕊多数，子房上位，心皮多数，离生，罕合生，虫媒传粉，胚珠着生于腹缝线，胚小、胚乳丰富。

本科有3族18属约335种，主要分布于亚洲东南部、南部，北部较少，北美东南部、中美、南美北部及中部较少。我国有14属约165种，主要分布于我国东南部至西南部，渐向东北及西北而渐少。

全国第四次中药资源普查秭归境内发现5种。

112. 厚朴 *Magnolia officinalis* Rehd. et Wils.

【别名】川朴、紫油厚朴等。

【植物形态】落叶乔木，高达20米；树皮厚，褐色，不开裂；小枝粗壮，淡黄色或灰黄色，幼时有绢毛；顶芽大，狭卵状圆锥形，无毛。叶大，近革质，7～9片聚生于枝端，长圆状倒卵形，长22～45厘米，宽10～24厘米，先端具短急尖或圆钝，基部楔形，全缘而微波状，上面绿色，无毛，下面灰绿色，被灰色柔毛，有白粉；叶柄粗壮，长2.5～4厘米，托叶痕长为叶柄的2/3。花白色，直径10～15厘米，芳香；花梗粗短，被长柔毛，离花被片下1厘米处具包片脱落痕，花被片9～12（17），厚肉质，外轮3片淡绿色，长圆状倒卵形，长8～10厘米，宽4～5厘米，盛开时常向外反卷，内两轮白色，倒卵状匙形，长8～8.5厘米，宽3～4.5厘米，基部具爪，最内轮7～8.5厘米，花盛开时中内轮直立；雄蕊约72枚，长2～3厘米，花药长1.2～1.5厘米，内向开裂，花丝长4～12毫米，红色；雌蕊群椭圆状卵圆形，长2.5～3厘米。聚合果长圆状卵圆形，长9～15厘米；蓇葖具长3～4毫米的喙；种子三角状倒卵形，长约1厘米。花期5—6月，果期8—10月。

【生境与分布】产于陕西南部、甘肃东南部、河南东南部（商城、新县）、湖北西部、湖南西南部、四川（中部、东部）、贵州东北部。生于海拔300～1500米的山地林间。广西北部、江西庐山及浙江有栽培。全县均有分布。

【中药名称】厚朴、厚朴花。

【来源】木兰科植物厚朴（*Magnolia officinalis* Rehd. et wils.）干燥的干皮，根皮、枝皮为厚朴，干燥的花蕾为厚朴花。

【采收加工】厚朴：4—6 月剥取，根皮和枝皮直接阴干。

厚朴花：春季花未开放时采摘，稍蒸后，晒干或低温干燥。

【性味功效】厚朴：苦，辛，温。归脾、胃、肺 、大肠经。燥湿消痰，下气除满。用于湿滞伤中，脘痞吐泻，食积气滞，腹胀便秘，痰饮咳喘等。

厚朴花：苦，微温。归脾、胃经。芳香化湿，理气宽中。用于脾胃湿阻气滞，胸脘痞闷胀满，纳谷不香。

【应用举例】厚朴：内服，3 ～ 10 克。

1. 治腹满而便秘：与厚朴、大黄、枳实配伍。

2. 治热结便秘：配大黄、芒硝、枳实，以达峻下热结、消积导滞之效。

厚朴花：内服，3 ～ 9 克。

113. 凹叶厚朴 *Magnolia officinalis* Rehd. et Wils. subsp. *biloba*（Rehd. et Wils.）Law

【别名】厚朴、川朴、紫油厚朴等。

【植物形态】落叶乔木，高达 20 米；树皮厚，褐色，不开裂；小枝粗壮，淡黄色或灰黄色，幼时有绢毛；顶芽大，狭卵状圆锥形，无毛。叶大，近革质，7 ～ 9 片聚生于枝端，长圆状倒卵形，长 22 ～ 45 厘米，宽 10 ～ 24 厘米，先端凹缺，成 2 钝圆的浅裂片，基部楔形，全缘而微波状，上面绿色，无毛，下面灰绿色，被灰色柔毛，有白粉；叶柄粗壮，长 2.5 ～ 4 厘米，托叶痕长为叶柄的 2/3。花白色，直径 10 ～ 15 厘米，芳香；花梗粗短，被长柔毛，离花被片下 1 厘米处具包片脱落痕，花被片 9 ～ 12（17），厚肉质，外轮 3 片淡绿色，长圆状倒卵形，长 8 ～ 10 厘米，宽 4 ～ 5 厘米，盛开时常向外反卷，内两轮白色，倒卵状匙形，长 8 ～ 8.5 厘米，宽 3 ～ 4.5 厘米，基部具爪，最内轮 7 ～ 8.5 厘米，花盛开时中内轮直立；雄蕊约 72 枚，长 2 ～ 3 厘米，花药长 1.2 ～ 1.5 厘米，内向开裂，花丝长 4 ～ 12 毫米，红色；雌蕊群椭圆状卵圆形，长 2.5 ～ 3 厘米。聚合果长圆状卵圆形，长 9 ～ 15 厘米；蓇葖具长 3 ～ 4 毫米的喙；种子三角状倒卵形，长约 1 厘米。通常叶较小而狭窄，侧脉较少，呈狭倒卵形，聚合果顶端较狭尖。叶先端凹缺成2钝圆浅裂是与厚朴唯一明显的区别特征。花大单朵顶生，直径 10 ～ 15 厘米，白色芳香，与叶同时开放，花期 5—6 月，果期 8—10 月。

【生境与分布】生于海拔 300 ～ 1400 米的林中，多栽培于山麓和村舍附近。产于安徽、浙江西部、江西（庐山）、福建、湖南南部、广东北部、广西北部和东北部。全县均有分布。

【中药名称】厚朴、厚朴花。

【来源】木兰科植物凹叶厚朴（*Magnolia officinalis* Rehd. et Wils. subsp. *biloba*（Rehd. et Wils.）Law）干燥的干皮、根皮、枝皮为厚朴，干燥的花蕾为厚朴花。

【采收加工】厚朴：砍树剥取干皮和枝皮，对不进行更新的可挖根剥皮，然后 3 ～ 5 段卷叠成筒运回加工。凹叶厚朴皮只需置室内风干即成。

厚朴花：如需收花，则于花将开放时采收花蕾，先蒸 10 多分钟，取出铺开晒干或烘干。也可以置沸水中烫一下，再行干燥。

【性味功效】厚朴：苦，辛，温。归脾、胃、肺、大肠经。燥湿消痰，下气除满。用于湿滞伤中，脘痞吐泻，食积气滞，腹胀便秘，痰饮咳喘等。

厚朴花：苦，微温。归脾、胃经。芳香化湿，理气宽中。用于脾胃湿阻气滞，胸脘痞闷胀满，纳谷不香等。

【应用举例】厚朴：内服，3 ～ 10 克。

1. 治腹满而大便秘：与厚朴、大黄、枳实配伍。

2. 治热结便秘：配大黄、芒硝、枳实，以达峻下热结、消积导滞之效。

厚朴花：内服，3 ～ 9 克。

114. 鹅掌楸 *Liriodendron chinensis*（Hemsl.）Sargent.

【别名】马褂木、双飘树等。

【植物形态】乔木，高达 40 米，胸径 1 米以上，小枝灰色或灰褐色。叶马褂状，长 4 ～ 12（18）厘米，近基部每边具 1 侧裂片，先端具 2 浅裂，下面苍白色，叶柄长 4 ～ 8（16）厘米。花杯状，花被片 9，外轮 3 片绿色，萼片状，向外弯垂，内两轮 6 片、直立，花瓣状、倒卵形，长 3 ～ 4 厘米，绿色，具黄色纵条纹，花药长 10 ～ 16 毫米，花丝长 5 ～ 6 毫米，花期时雌蕊群超出花被之上，心皮黄绿色。聚合果长 7 ～ 9 厘米，具翅的小坚果长约 6 毫米，顶端钝或钝尖，具种子 1 ～ 2 颗。花期 5 月，果期 9—10 月。

【生境与分布】通常生于海拔 900 ～ 1000 米的山地林中或林缘，呈星散分布，也有的组成小片纯林。全县均有分布。

【中药名称】鹅掌楸。

【来源】为木兰科植物鹅掌楸（*Liriodendron chinense*（Hemsl.）Sargent.）的根和树皮。

【采收加工】夏、秋季采树皮切丝，秋采根，切片晒干。

【性味功效】辛，温。归肺经。驱风除湿，止咳，强筋骨。用于风湿性关节痛，肌肉痿软，风寒咳嗽等。

【应用举例】1. 治痿症（肌肉萎缩）：鹅掌楸根、大血藤各 50 克，茜草根 15 克，豇豆、木通各 25 克，红花 1.5 克。泡酒服。

2. 治风湿性关节痛：鹅掌楸根、刺桐各 50 克。煨水服。

115. 荷花玉兰 *Magnolia grandiflora* L.

【别名】广玉兰、洋玉兰、泽玉兰、木莲花等。

【植物形态】常绿乔木，在原产地高达 30 米；树皮淡褐色或灰色，薄鳞片状开裂；小枝粗壮，具横隔的髓心；小枝、芽、叶下面、叶柄均密被褐色或灰褐色短绒毛（幼树的叶下面无毛）。叶厚革质，椭圆形，长圆状椭圆形或倒卵状椭圆形，长 10 ～ 20 厘米，宽 4 ～ 7（10）厘米，先端钝或短钝尖，基部楔形，叶面深绿色，有光泽；侧脉每边 8 ～ 10 条；叶柄长 1.5 ～ 4 厘米，无托叶痕，具深沟。花白色，有芳香，直径 15 ～ 20 厘米；花被片 9 ～ 12，厚肉质，倒卵形，长 6 ～ 10 厘米，宽 5 ～ 7 厘米；雄蕊长约 2 厘米，花丝扁平，紫色，花药内向，药隔伸出成短尖；雌蕊群椭圆体形，密被长绒毛；心皮卵形，长 1 ～ 1.5 厘米，花柱呈卷曲状。聚合果圆柱状长圆形或卵圆形，长 7 ～ 10 厘米，直径 4 ～ 5 厘米，密被褐色或淡灰黄色绒毛；蓇葖背裂，背面圆，顶端外侧具长喙；种子近卵圆形或卵形，长约 14 毫米，直径约 6 毫米，外种皮红色，除去外种皮的种子，顶端延长成短颈。花期 5—6 月，果期 9—10 月。

【生境与分布】原产于北美洲东南部。我国长江流域以南各城市有栽培。本种广泛栽培，全县均有分布。

【中药名称】广玉兰。

【来源】为木兰科植物荷花玉兰（*Magnolia grandiflora* L.）的干燥花蕾和树皮。

【采收加工】春季采收开放的花蕾，白天曝晒，晚上发汗，五成干时，堆放 1 ～ 2 天，再晒至全干。干树皮随时可采。

【性味功效】辛，温。归肺、胃、肝经。祛风散寒，行气止痛。用于外感风寒，头痛鼻塞，脘腹胀痛，呕吐腹泻，高血压，偏头痛。

【应用举例】内服：煎汤，花 3 ～ 10 克，树皮 6 ～ 12 克。外用：适量，捣敷。

116. 兴山五味子 *Schisandra incarnate* Stapf

【别名】五味子、北五味子等。

【植物形态】落叶木质藤本，全株无毛，幼枝紫色或褐色，老枝灰褐色；芽鳞纸质，长圆形，最大的长 6 ～ 10 毫米。叶纸质，倒卵形或椭圆形，长 6 ～ 12 厘米，宽 3 ～ 6 厘米，先端渐尖或短急尖，基部楔形，2/3 以上边缘具胼胝质齿尖的稀疏锯齿；叶两面近同色，中脉在上面凹或平，侧脉每边 4 ～ 6 条。雄花：花梗长 1.6 ～ 3.5 厘米，花被片粉红色，膜质或薄肉质，7 ～ 8 片，椭圆形至倒卵形，最大的数片长 1 ～ 1.7 厘米，里面 2 ～ 3 片较小；雄蕊群椭圆体形或倒卵圆形，雄蕊 24 ～ 32 枚，分离，花药长 1.2 ～ 2 毫米，外侧向纵裂，药隔钝，约与花药等长，下部雄蕊的花丝舌状，长 6 ～ 8 毫米，上部雄蕊的花丝短于花药。雌花：雌花梗似雄花的而较粗，花被片似雄花的而较小；雌蕊群长圆状椭圆体形，长 7 ～ 8 毫米，雌蕊约 70 枚，子房椭圆形稍弯，长约 2 毫米，花柱长 0.2 ～ 0.3 毫米。聚合果长 5 ～ 9 厘米；小浆果深红色，椭圆形，长约 1 厘米，种子深褐色，扁椭圆形，平滑，长 4 ～ 4.5 毫米，宽 3 ～ 3.5 毫米，种脐斜 V 形，约与边平。种皮光滑。花期 5—6 月。果熟期 9 月。

【生境与分布】产于湖北西部及西南部。生于海拔 1 500 ～ 2100 米的灌丛或密林中。归州镇、水田坝乡有分布。

【中药名称】兴山五味子。

【来源】为木兰科植物兴山五味子（*Schisandra incarnate* Stapf）的果实。

【采收加工】切忌提前采收。应在果实完全成熟后采收，一般在 8 月下旬至 10 月上旬进行采收，最好选晴天进行，以便能及时放置于阳光下晒干。

【性味功效】酸，温。收敛、滋补、生津、止泻。用于肺虚咳嗽、津亏口渴、自汗、盗汗、慢性腹泻、神经衰弱以及无黄疸型肝炎。

117. 华中五味子 *Schisandra sphenanthera* Rehd. et Wils.

【别名】南五味子、香苏、红铃子等。

【植物形态】落叶木质藤本，全株无毛，很少在叶背脉上有稀疏细柔毛。冬芽、芽鳞具长缘毛，先端无硬尖，小枝红褐色，距状短枝或伸长，具颇密而凸起的皮孔。叶纸质，倒卵形、宽倒卵形，或倒卵状长椭圆形，有时圆形，很少椭圆形，长（3）5 ～ 11 厘米，宽（1.5）3 ～ 7 厘米，先端短急尖或渐尖，基部楔形或阔楔形，干膜质边缘至叶柄成狭翅，上面深绿色，下面淡灰绿色，有白色点，1/2 ～ 2/3 边缘具疏离、胼胝质齿尖的波状齿，上面中脉稍凹入，侧脉每边 4 ～ 5 条，网脉密致，干时两面不明显凸起；叶柄红色，长 1 ～ 3 厘米。花生于近基部叶腋，花梗纤细，长 2 ～ 4.5 厘米，基部具长 3 ～ 4 毫米的膜质苞片，花被片 5 ～ 9，橙黄色，近相似，椭圆形或长圆状倒卵形，中轮的长 6 ～ 12 毫米，宽 4 ～ 8 毫米，具缘毛，背面有腺点。雄花：雄蕊群倒卵圆形，直径 4 ～ 6 毫米；花托圆柱形，顶端伸长，无盾状附属物；雄蕊 11 ～ 19（23），基部的长 1.6 ～ 2.5 毫米，药室内侧向开裂，药隔倒卵形，两药室向外倾斜，顶端分开，基部近邻接，花丝长约 1 毫米，上部 1 ～ 4 枚雄蕊与花托顶贴生，无花丝。雌花：雌蕊群卵球形，直径 5 ～ 5.5 毫米，雌蕊 30 ～ 60 枚，子房近镰刀状椭圆形，长 2 ～ 2.5 毫米，柱头冠狭窄，仅花柱长 0.1 ～ 0.2 毫米，下延成不规则的附属体。聚合果果托长 6 ～ 17 厘米，直径约 4 毫米，聚合果梗长 3 ～ 10 厘米，成熟小浆果红色，长 8 ～ 12 毫米，宽 6 ～ 9 毫米，具短柄；种子长圆体形或肾形，长约 4 毫米，宽 3 ～ 3.8 毫米，高 2.5 ～ 3 毫米，种脐斜 V 形，长约为种子宽的 1/3；种皮褐色光滑，或仅背面微皱。花期 4—7 月，果期 7—9 月。

【生境与分布】产于山西、陕西、甘肃、山东、江苏、安徽、浙江、江西、福建、河南、湖北、湖南、四川、贵州、云南东北部。生于海拔 600 ～ 3 000 米的湿润山坡边或灌丛中。全县均有分布。

【中药名称】南五味子。

【来源】为木兰科植物华中五味子（*Schisandra sphenanthera* Rehd.et Wils.）干燥、成熟的果实。

【采收加工】秋季果实成熟时采摘，晒干，除去果梗和杂质。

【性味功效】味酸，甘，温。归肺、心、肾经。收敛固涩，益气生津，补肾宁心。用于久嗽虚喘，梦遗滑精，遗尿尿频，久泻不止，自汗盗汗，津伤口渴，内热消渴，心悸失眠。

【应用举例】内服：煎汤，3 ～ 6 克；研末，1 ～ 3 克；或熬膏；或入丸、散。

外用：适量，研末掺、调敷；或捣敷；或煎水洗。

治顽固性咳嗽：南五味子 6 克，炙紫菀 10 克，阿胶 15 克。

118. 铁箍散 *Schisandra propinqua* var. *sinensis* Oliv.

【别名】小血藤、合蕊五味子、血糊藤、滑藤、爬岩香、满山香、香血藤等。

【植物形态】落叶木质藤本，全株无毛，当年生枝褐色或变灰褐色，有银白色角质层。叶坚纸质，卵形、长圆状卵形或狭长圆状卵形，长 7 ～ 11（17）厘米，宽 2 ～ 3.5（5）厘米，先端渐尖或长渐尖，基部圆或阔楔形，下延至叶柄，上面干时褐色，下面带苍白色，具疏离的胼胝质齿，有时近全缘，侧脉每边 4 ～ 8 条，网脉稀疏，干时两面均凸起。花橙黄色，常单生或 2 ～ 3 朵聚生于叶腋，或 1 花梗具数花的总状花序；花梗长 6 ～ 16 毫米，具约 2 小苞片。雄蕊较少，6 ～ 9 枚，花被片椭圆形，花被片 9（15），外轮 3 片绿色，长 3 ～ 5 毫米，中轮的最大一片近圆形、倒卵形或宽椭圆形，长

5（9）～9（15）毫米，宽 4（7）～9（11）毫米，最内轮的较小；雄蕊群黄色，近球形的肉质花托直径约 6 毫米，雄蕊 12～16，每雄蕊钳入横列的凹穴内，花丝甚短，药室内向纵裂。雌花：花被片与雄花相似，雌蕊群卵球形，直径 4～6 毫米，心皮 25～45 枚，倒卵圆形，长 1.7～2.1 毫米，密生腺点，花柱长约 1 毫米。成熟心皮亦较小，10～30 枚。种子较小，肾形，近圆形长 4～4.5 毫米，种皮灰白色，种脐狭 V 形，约为宽的 1/3。花期 6—8 月，果期 8—9 月。

【生境与分布】产于陕西、甘肃南部、江西、河南、湖北、湖南、四川、贵州、云南中部至南部。生于沟谷、岩石山坡林中。海拔 500～2000 米。全县均有分布。

【中药名称】小血藤。

【来源】为木兰科植物铁箍散（*Schisandra propinqua* var. *sinensis* Oliv.）的茎藤或根。

【采收加工】10—11 月采收，晒干或鲜用。

【性味功效】辛，温。归肝、膀胱经。祛风活血，解毒消肿，止血。用于风湿麻木，筋骨疼痛，跌打损伤，月经不调，胃痛，腹胀，痈肿疮毒，劳伤吐血等。

【应用举例】1. 治跌打损伤、风湿痹痛及筋骨肢节酸痛：小血藤 30～60 克，水煎服或酒泡服。

2. 治跌打损伤、风湿麻木及关节痛：小血藤根 15～24 克，娃儿藤 15 克，煎水或兑水服。

3. 治月经不调：小血藤根 30 克，香附、益母草各 15 克，煎水兑甜酒服。

4. 治气滞腹胀：小血藤根 15 克，水煎内服。

五十二、八角茴香科 Illiciaceae

八角茴香科属于被子植物门，只有 1 属，即八角属，近 50 种，分布在东南亚和美洲的加勒比海地区。我国西南至东部为主要产区，约 30 种。八角茴香科又名八角科。

全国第四次中药资源普查秭归境内发现 1 种。

119. 红茴香 *Illicium henryi* Diels.

【别名】十四角茴香、大茴香、山木蟹、木蟹柴、大茴、红毒茴等。

【植物形态】灌木或乔木，高 3 ～ 8 米，有时可达 12 米；树皮灰褐色至灰白色。芽近卵形。叶互生或 2 ～ 5 片簇生，革质，倒披针形、长披针形或倒卵状椭圆形，长 6 ～ 18 厘米，宽 1.2 ～ 5（6）厘米，先端长渐尖，基部楔形；中脉在叶上面下凹，在下面突起，侧脉不明显；叶柄长 7 ～ 20 毫米，直径 1 ～ 2 毫米，上部有不明显的狭翅。花粉红色至深红色、暗红色，腋生或近顶生，单生或 2 ～ 3 朵簇生；花梗细长，长 15 ～ 50 毫米；花被片 10 ～ 15，最大的花被片长圆状椭圆形或宽椭圆形，长 7 ～ 10 毫米；宽 4 ～ 8.5 毫米；雄蕊 11 ～ 14 枚，长 2.2 ～ 3.5 毫米，花丝长 1.2 ～ 2.3 毫米，药室明显凸起；心皮通常 7 ～ 9 枚，有时可达 12 枚，长 3 ～ 5 毫米，花柱钻形，长 2 ～ 3.3 毫米。果梗长 15 ～ 55 毫米；蓇葖 7 ～ 9，长 12 ～ 20 毫米，宽 5 ～ 8 毫米，厚 3 ～ 4 毫米，先端明显钻形，细尖，尖头长 3 ～ 5 毫米。种子长 6.5 ～ 7.5 毫米，宽 5 ～ 5.5 毫米，厚 2.5 ～ 3 毫米。花期 4—6 月，果期 8—10 月。

【生境与分布】产于陕西南部、甘肃南部、安徽、江西、福建、河南、湖北、湖南、广东、广西、四川、贵州、云南等省区。生于海拔 300 ～ 2 500 米的山地、丘陵、盆地的密林、疏林、灌丛、山谷、溪边或峡谷的悬崖峭壁上，喜阴湿。

【中药名称】红茴香根。

【来源】为八角茴香科植物红茴香（*Illicium henryi* Diels.）的根及根皮。

【采收加工】全年可采，根挖起后除去泥土杂质，切片晒干。

根皮，在根挖起后，斩成小段晒至半干，用小刀剖开皮部除去木质部即得。

【性味功效】苦，温。祛风通络，散瘀止痛。用于跌打损伤，风湿痹痛，痈疽肿毒等。

【应用举例】内服：煎汤，根 3 ～ 6 克，根皮 1.5 ～ 4.5 克；或研末 0.6 ～ 0.9 克。

外用：适量，研末调敷。

1. 治跌打损伤、瘀血肿痛：红茴香根皮 3 ～ 6 克。水煎，冲黄酒、红糖，早晚各服一次。

2. 治风湿痛：红茴香根皮，切细，蒸三次，晒三次。每次用 6 克，水煎，冲红糖、黄酒服。

3. 治痈疽、无名肿毒：红茴香根皮，研细末，和糯米饭捣烂，敷患处。

五十三、蜡梅科 Calycanthaecae

蜡梅科有3属：蜡梅属、夏蜡梅属、洋蜡梅属。蜡梅属约6种，中国特产；夏蜡梅属1种，中国特产；洋蜡梅属5种，产于北美，中国引入栽培约2种。本科共12种2变种，分布于亚洲东部和美洲北部。我国有2属7种2栽培种2变种，分布于山东、江苏、安徽、浙江、江西、福建、湖北、湖南、广东、广西、云南、贵州、四川、陕西等省区。

全国第四次中药资源普查秭归境内发现1种。

120. 蜡梅 *Chimonanthus praecox*（Linn.）Link

【别名】金梅、蜡花、蜡梅花、蜡木、麻木紫、石凉茶、唐梅、香梅等。

【植物形态】落叶灌木，高达4米；常丛生。叶对生，纸质，椭圆状卵形至卵状披针形，先端渐尖，全缘，芽具多数覆瓦状鳞片。幼枝四方形，老枝近圆柱形，灰褐色，无毛或被疏微毛，有皮孔；鳞芽通常着生于第二年生的枝条叶腋内，芽鳞片近圆形，覆瓦状排列，外面被短柔毛。叶纸质至近革质，卵圆形、椭圆形，有时长圆状披针形，长5～25厘米，宽2～8厘米，顶端急尖至渐尖，有时具尾尖，基部急尖至圆形；除叶背脉上被疏微毛外无毛。花着生于第二年生枝条叶腋内，先花后叶，芳香，直径2～4厘米；花被片圆形、长圆形、倒卵形、椭圆形或匙形，长5～20毫米，宽5～15毫米，无毛，内部花被片比外部花被片短，基部有爪；雄蕊长4毫米，花丝比花药长或等长，花药向内弯，无毛，药隔顶端短尖，退化雄蕊长3毫米；心皮基部被疏硬毛，花柱长达子房3倍，基部被毛。果托近木质化，坛状或倒卵状椭圆形，长2～5厘米，直径1～2.5厘米，口部收缩，并具有钻状披针形的被毛附生物。冬末先叶开花，花单生于一年生枝条叶腋，有短柄及杯状花托，花被多片呈螺旋状排列，黄色，带蜡质，有浓芳香。花期11月至翌年3月，瘦果多数，果期4—11月。

【生境与分布】生于山地林中，县域发现少量分布。野生于山东、江苏、安徽、浙江、福建、江西、湖南、湖北、河南、陕西、四川、贵州、云南等省区，广西、广东等省区均有栽培。

【中药名称】蜡梅花。

【来源】为蜡梅科植物蜡梅（*Chimonanthus praecox*（Linn.）Link）的花蕾。

【性味功效】辛，凉。解暑生津，开胃散郁，止咳。用于暑热烦渴，头晕，胸闷脘痞，梅核气，咽喉肿痛，百日咳，小儿麻疹，烫伤等。

【采收加工】1—2月间采摘，晒干或烘干。

【应用举例】内服：煎汤，3～9克。外用：适量，浸油涂或滴耳。

1. 治烫伤：蜡梅花以茶油浸涂。

2. 治久咳：蜡梅花9克。泡开水服。

五十四、樟科 Lauraceae

樟科是双子叶植物纲木兰亚纲的一科，全世界有45属2000～2500种，产于热带和亚热带地区，分布中心位于东南亚和巴西。中国约有20属423种43个变种和5个变型。稀落叶，大多为乔木或灌木，仅有无根藤属为缠绕寄生草本，大部分植物体有挥发性腺体。叶互生，对生，近对生或轮生，革质，有时为膜质或纸质，全缘，极少分裂，羽状脉，三出脉或离基三出脉，小脉常为密网状；无托叶，为茜草型，局限于下表面且常凹陷。花序或为圆锥状、总状或小头状；花被片每3片一轮，有2～3轮；雄蕊9～12，排成3～4轮，第三轮雄蕊的花丝具腺体，花药2～4室，舌瓣状开裂。果实为浆果或核果，含1粒种子。

樟科植物起源较早，第三纪的古新世发现了最古老的樟科植物化石。樟科植物能够适应多种生态环境，自然分布和栽培范围很广，大多数种类集中分布在长江以南各个省区，只有少数落叶种类分布较北。

樟科植物是重要的经济和生态树种，是集材用、药用、香料、生态环境和生态文化建设于一身的多用途重要植物资源，在社会经济发展中具有重要地位。

全国第四次中药资源普查秭归境内发现6种。

121. 樟 *Cinnamomum camphora*（L.）presl

【别名】香樟、芳樟、油樟、樟木、乌樟、瑶人柴、栳樟、臭樟、乌樟等。

【植物形态】常绿大乔木，高可达30米，直径可达3米，树冠广卵形；枝、叶及木材均有樟脑气味；树皮黄褐色，有不规则的纵裂。顶芽广卵形或圆球形，鳞片宽卵形或近圆形，外面略被绢状毛。枝条呈圆柱形，淡褐色，无毛。叶互生，卵状椭圆形，长6～12厘米，宽2.5～5.5厘米，先端急尖，基部宽楔形至近圆形，边缘全缘，软骨质，有时呈微波状，上面绿色或黄绿色，有光泽，下面黄绿色或灰绿色，晦暗，两面无毛或下面幼时略被微柔毛，具离基三出脉，有时过渡到基部具不显的5脉，中脉两面明显，上部每边有侧脉1～5（7）条。基生侧脉向叶缘一侧有少数支脉，侧脉及支脉脉腋上面明显隆起，下面有明显腺窝，窝内常被柔毛；叶柄纤细，长2～3厘米，腹凹背凸，无毛。

【生境与分布】喜光，稍耐阴，喜温暖湿润气候，耐寒性不强，对土壤要求不严，较耐水湿，但在移植时要注意保持土壤湿度，水涝容易导致烂根缺氧而死，但不耐干旱、瘠薄和盐碱土。

【中药名称】樟木，天然冰片。

【来源】樟科植物樟（*Cinnamomum camphora*（L.）J.Presl）的茎为樟木，新鲜枝、叶加工品为天然冰片。

【性味功效】樟木：祛风散寒，温中理气，活血通络。

天然冰片：辛，苦，凉。开窍醒神，清热止痛。用于风寒感冒，胃寒胀痛，寒湿吐泻，风湿痹痛，脚气，跌打伤痛，疥癣风痒等。

【采收加工】樟木：定植 5 ～ 6 年成材后，通常于冬季砍收树干，锯段，劈成小块，晒干。

【应用举例】樟木：

内服：煎汤，10 ～ 20 克；研末，3 ～ 6 克；或泡酒饮。外用：适量，煎水洗。

1. 治胃寒胀痛：樟木 15 克，煎水两碗服。

2. 治搅肠痧：陈樟木、陈皮、东壁土等分，水煎去渣，连进三四服即愈。

3. 治脚气，痰壅呕逆，心胸满闷，不下饮食：樟木 1 两（涂生姜汁炙令黄），捣筛为散。每服不计时候，以粥饮调下一钱。

冰片：内服，0.3 ～ 0.9 克，入丸散服；外用，适量，研粉点敷患处。

122. 川桂 *Cinnamomum wilsonii* Gamble

【别名】肉桂、月桂、官桂、香桂等。

【植物形态】乔木，高 6 ～ 16 米，胸径 30 ～ 80 厘米。枝条圆柱形，紫褐色，小枝多少具棱角。芽卵圆形，长 2.5 毫米，有白色绢毛。叶互生或近对生，披针形，长 6 ～ 11 厘米，宽 2.5 ～ 4 厘米，先端渐尖，尖头钝，基部渐狭至近圆形，革质，上面绿色，光亮，无毛，下面苍白色，晦暗，幼时密被银色绢状毛，老时被贴生绢质短绒毛，三出脉或离基三出脉，中脉及侧脉在上面几不明显，下面凸起，中脉直贯叶端，自其上生出 1 ～ 2 条支脉，支脉在叶端弧曲，侧脉自离叶基 0 ～ 5 毫米处生出，弧曲，近叶端处消失，外侧向叶缘处生出少数不明显的支脉，有时侧脉自叶基沿叶缘生出 2 条纤细的支侧脉，横脉多数，均弧曲状，不明显；叶柄长 1 ～ 1.5 厘米，腹凹背凸，无毛。圆锥花序长 4 ～ 7（9）厘米，自当年生枝条基部生出，具 5 ～ 12 花，总梗纤细，近丝状，长 2 ～ 4 厘米，被细短柔毛。花白色，长约 5 毫米；花梗丝状，长 4 ～ 8 毫米，被短柔毛。花被内外两面密被绢状短柔毛，花被筒极短，倒锥形，长约 1.5 毫米，花被裂片倒卵形，先端锐尖，近等大，长约 3.5 毫米，外轮宽约 2 毫米，内轮稍狭。能育雄蕊 9，花丝基部略被柔毛或近无毛，第一、二轮雄蕊长约 2.5 毫米，花丝无腺体，花药与花丝近等长，宽卵圆形，先端钝，药室内向，第三轮雄蕊长约 2.6 毫米，花丝宽大，中部有一对具短柄的肾形腺体，花药与花丝近等长，长圆状卵圆形，药室外向。退化雄蕊 3，位于最内轮，心形，长 1.5 毫米，具短柄。子房卵珠形，长约 1 毫米，花柱粗壮，长 2.3 毫米，柱头增大，头状。果卵球形，长 13 毫米，宽 7 ～ 8 毫米，无毛；果托半球形，顶端全缘，宽 4 ～ 5 毫米，果梗纤细，几不增粗。花期 4—5 月，果期 8—10 月。

【生境与分布】常生于山谷或山坡阳处或沟边，疏林或密林中，海拔 800 ～ 2400 米，全县有分布。

【中药名称】川桂皮。

【来源】为樟科植物川桂（Cinnamomum wilsonii Gamble）的皮。

【性味功效】辛，甘，温。归脾、胃、肝、肾经。温中散寒，理气止痛。用于脘腹冷痛，呕吐泄泻，腰膝酸冷，寒疝腹痛，寒湿痹痛，瘀滞痛经，血痢，肠风，跌打肿痛，创伤出血等。

【采收加工】冬季剥取树皮，阴干。

【应用举例】内服：煎汤，6 ～ 12 克。外用：研末用水或酒调敷。

1. 治胃痛、腹痛：川桂皮 12 克，煎服。

2. 治跌打损伤：川桂皮研末，调水或酒敷患处。

123. 香叶子 *Lindera fragrans* Oliv.

【别名】香树等。

【植物形态】常绿小乔木，高可达 5 米；树皮黄褐色，有纵裂及皮孔。幼枝青绿或棕黄色，纤细、光滑、有纵纹，无毛或被白色柔毛。叶互生；披针形至长狭卵形，先端渐尖，基部楔形或宽楔形；上面绿色，无毛；下面绿色带苍白色，无毛或被白色微柔毛；三出脉，第一对侧脉紧沿叶缘上伸，纤细而不甚明显，但有时几与叶缘并行而近似羽状脉；叶柄长 5 ～ 8 毫米。伞形花序腋生；总苞片 4，内有花 2 ～ 4 朵。雄花黄色，有香味；花被片 6，近等长，外面密被黄褐色短柔毛；雄蕊 9，花丝无毛，第三轮的基部有 2 个宽肾形几无柄的腺体；退化子房长椭圆形，柱头盘状。雌花未见。果长卵形，长 1 厘米，宽 0.7 厘米，幼时青绿，成熟时紫黑色，果梗长 0.5 ~ 0.7 厘米，有疏柔毛，果托膨大。

【生境与分布】产于陕西、湖北、四川、贵州、广西等省区。生于海拔 700 ~ 2030 米的沟边、山坡灌丛中。

【中药名称】香叶子。

【来源】为樟科植物香叶子（*Lindera fragrans* Oliv.）的叶。

【性味功效】辛，温。归胃经。祛风散寒，行气温中。用于风寒感冒，胃脘疼痛，消化不良，风湿痹痛等。

【采收加工】全年均可采收，切碎，晒干。

【应用举例】内服：煎汤，6 ~ 10 克。

124. 黑壳楠 *Lindera megaphylla* Hemsl.

【别名】岩柴、楠木、八角香、花兰、大楠木、枇杷楠等。

【植物形态】常绿乔木，高 3 ~ 15（25）米，胸径达 35 厘米以上，树皮灰黑色。枝条圆柱形，粗壮，紫黑色，无毛，散布有木栓质凸起的近圆形纵裂皮孔。顶芽大，卵形，长 1.5 厘米，芽鳞外面被白色微柔毛。叶互生，倒披针形至倒卵状长圆形，有时长卵形，长 10 ~ 23 厘米，先端急尖或渐尖，基部渐狭，革质，上面深绿色，有光泽，下面淡绿苍白色，两面无毛；羽状脉，侧脉每边 15 ~ 21 条；叶柄长 1.5 ~ 3 厘米，无毛。伞形花序多花，雄的多达 16 朵，雌的 12 朵，通常着生于叶腋长 3.5 毫米具顶芽的短枝上，两侧各 1，具总梗；雄花序总梗长 1 ~ 1.5 厘米，雌花序总梗长 6 毫米，两者均密被黄褐色或有时近锈色微柔毛，内面无毛。雄花黄绿色，具梗；花梗长约 6 毫米，密被黄褐色柔毛；花被片 6，椭圆形，外轮长 4.5 毫米，宽 2.8 毫米，外面仅下部或背部略被黄褐色小柔毛，内轮略短；花丝被疏柔毛，第三轮的基部有二个长达 2 毫米具柄的三角漏斗形腺体；退化雌蕊长约 2.5 毫米，无毛；子房卵形，花柱纤细，柱头不明显。雌花黄绿色，花梗长 1.5 ~ 3 毫米，密被黄褐色柔毛；花被片 6，线状匙形，长 2.5 毫米，宽仅 1 毫米，外面仅下部或略沿脊部被黄褐色柔毛，内面无毛；退化雄蕊 9，线形或棍棒形，基部具髯毛，第三轮的中部有二个具柄三角漏斗形腺体；子房卵形，长 1.5 毫米，无毛，花柱极纤细，长 4.5 毫米，柱头盾形，具乳突。果椭圆形至卵形，长约 1.8 厘米，宽约 1.3 厘米，成熟时紫黑色，无毛，果梗长 1.5 厘米，向上渐粗壮，粗糙，散布有明显栓皮质皮孔；宿存果托杯状，长约 8 毫米，直径达 1.5 厘米，全缘，略成微波状。花期 2—4 月，果期 9—12 月。

【生境与分布】产于陕西、甘肃、四川、云南、贵州、湖北、湖南、安徽、江西、福建、广东、广西等省区。生于山坡、谷地湿润常绿阔叶林或灌丛中，海拔 1600 ~ 2000 米处。

【中药名称】黑壳楠。

【来源】为樟科植物黑壳楠（*Lindera megaphylla* Hemsl.）的根、树皮或枝。

【性味功效】辛，苦，温。归肝、胃经。祛风除湿，温中行气，消肿止痛。

【采收加工】四季均可采收，晒干或鲜用。

【应用举例】内服：煎汤，3 ~ 9 克。

外用：适量，炒热外敷或煎水洗。

125. 毛叶木姜子 *Litsea mollis* Hemsl.

【别名】清香木姜子、大木姜、香桂子等。

【植物形态】落叶灌木或小乔木，高达 4 米；树皮绿色，光滑，有黑斑，撕破有松节油气味。顶芽圆锥形，鳞片外面有柔毛。小枝灰褐色，有柔毛。叶互生或聚生枝顶，长圆形或椭圆形，长 4 ~ 12 厘米，宽 2 ~ 4.8 厘米，先端突尖，基部楔形，纸质，上面暗绿色，无毛，下面带绿苍白色，密被白色柔毛，羽状脉，侧脉每边 6 ~ 9 条，纤细，中脉在叶两面突起，侧脉在上面微突，在下面突起，叶柄长 1 ~ 1.5 厘米，被白色柔毛。伞形花序腋生，常 2 ~ 3 个簇生于短枝上，短枝长 1 ~ 2 毫米，花序梗长 6 毫米，有白色短柔毛，每一花序有花 4 ~ 6 朵，先叶开放或与叶同时开放；花被裂片 6，黄色，宽倒卵形，能育雄蕊 9，花丝有柔毛，第 3 轮基部腺体盾状心形，黄色；退化雌蕊无。果球形，直径约 5 毫米，成熟时蓝黑色；果梗长 5 ~ 6 毫米，有稀疏短柔毛。花期 3—4 月，果期 9—10 月。

【生境与分布】产于广东、广西、湖南、湖北、四川、贵州、云南、西藏东部。生于山坡灌丛中或阔叶林中，海拔 600 ~ 2800 米。

【中药名称】毛叶木姜子、木姜子叶。

【来源】樟科植物毛叶木姜子（Litsea mollis Hemsl.）的果为毛叶木姜子，叶为木姜子叶。

【性味功效】毛叶木姜子：温，辛。健脾，燥湿，理气，消食。用于胃寒腹痛，泄泻，食滞饱胀。

木姜子叶：苦、辛，温。归脾经。祛风行气，健脾利湿，外用解毒。用于腹痛腹胀，暑湿吐泻，关节疼痛，水肿，无名肿毒等。

【采收加工】毛叶木姜子：8—9月采收，晒干。

木姜子叶：春、夏季采收，鲜用或晒干。

【应用举例】毛叶木姜子：

内服：煎汤，3～10克；研粉，每次1～1.5克。外用：捣敷或研粉调敷。

1. 治感寒腹痛：毛叶木姜子4～5钱。水煎服。

2. 治水泻腹痛：毛叶木姜子研末，开水吞服1钱。

3. 治消化不良、胸腹胀：毛叶木姜子焙干，研末，每次吞服3～5分。

木姜子叶：

内服：煎汤，10～15克。外用：适量，煎水洗；或捣烂敷。

1. 治痧症：木姜子叶10克，水煎服。

2. 治水肿：木姜子叶60克，水煎作茶饮。

3. 治无名肿毒：木姜子叶，煎水洗。

126. 楠木 *Phoebe zhennan* S. Lee

【别名】桢楠、雅楠、楠树等。

【植物形态】大乔木，高达30余米，树干通直。芽鳞被灰黄色贴伏长毛。小枝通常较细，有棱或近于圆柱形，被灰黄色或灰褐色长柔毛或短柔毛。叶革质，椭圆形，少为披针形或倒披针形，长7～11（13）厘米，宽2.5～4厘米，先端渐尖，尖头直或呈镰状，基部楔形，最末端钝或尖，上面光亮无毛或沿中脉下半部有柔毛，下面密被短柔毛，脉上被长柔毛，中脉在上面下陷成沟，下面明显突起，侧脉每边8～13条，斜伸，上面不明显，下面明显，近边缘网结，并渐消失，横脉在下面略明显或不明显，小脉几乎看不见，不与横脉构成网格状或很少呈模糊的小网格状；叶柄细，长1～2.2厘米，被毛。

聚伞状圆锥花序十分开展，被毛，长（6）7.5～12厘米，纤细，在中部以上分枝，最下部分枝通常长2.5～4厘米，每个伞形花序有花3～6朵，一般为5朵；花中等大，长3～4毫米，花梗与花等长；花被片近等大，长3～3.5毫米，宽2～2.5毫米，外轮卵形，内轮卵状长圆形，先端钝，两面被灰黄色长或短柔毛，内面较密；第一、二轮花丝长约2毫米，第三轮长2.3毫米，均被毛，第三轮花丝基部的腺体无柄，退化雄蕊三角形，具柄，被毛；子房球形，无毛或上半部与花柱被疏柔毛，柱头盘状。果椭圆形，长1.1～1.4厘米，直径6～7毫米；果梗微增粗；宿存花被片卵形，革质、紧贴，两面被短柔毛或外面被微柔毛。花期4—5月，果期9—10月。

【生境与分布】产于湖北西部、贵州西北部及四川。野生或栽培，野生的多见于海拔 1500 米以下的阔叶林中。

【中药名称】楠木皮。

【来源】为樟科植物楠木（*Phoebe zhennan* S. Lee）的树皮。

【性味功效】苦，辛，温。归脾、胃经。暖胃、和中、降逆。用于霍乱吐泻转筋，胃冷吐逆，足肿。

【采收加工】全年均可采剥，洗净，切段，晒干。

【应用举例】内服：煎汤，6 ～ 15 克。外用：适量，煎水洗。

1. 治霍乱吐泻转筋：楠木皮，煎水洗之。

2. 治胃冷吐逆：楠木皮，煎汤汁服之。

五十五、毛茛科 Ranunculaceae

多年生或一年生草本，少有灌木或木质藤本。叶通常互生或基生，少数对生，单叶或复叶，通常掌状分裂，无托叶；叶脉掌状，偶尔羽状，网状连结，少有开放的两叉状分枝。花两性，少有单性，雌雄同株或雌雄异株，辐射对称，稀为两侧对称，单生或组成各种聚伞花序或总状花序。萼片下位，4 ～ 5，或较多，或较少，绿色，或花瓣不存在或特化成分泌器官时常较大，呈花瓣状，有颜色。花瓣存在或不存在，下位，4 ～ 5，或较多，常有蜜腺并常特化成分泌器官，这时常比萼片小得多，呈杯状、筒状、二唇状，基部常有囊状或筒状的距。雄蕊下位，多数，有时少数，螺旋状排列，花药 2 室，纵裂。退化雄蕊有时存在。心皮分生，少有合生，多数、少数或 1 枚，在多少隆起的花托上螺旋状排列或轮生，沿花柱腹面生柱头组织，柱头不明显或明显；胚珠多数、少数至 1 个，倒生。果实为蓇葖果或瘦果，少数为蒴果或浆果。种子有小的胚和丰富胚乳。

本科约 50 属 2000 余种，在世界各洲广布，主要分布在北半球温带和寒温带地区。我国有 42 属（包含引种的 1 个属，黑种草属）约 720 种，在全国广布。

全国第四次中药资源普查秭归境内发 9 种。

127. 打破碗碗花 *Anemone hupehensis* Lem.

【别名】野棉花、湖北秋牡丹、拐角七、清水胆、一把爪等。

【植物形态】多年生草本。植株高（20）30 ～ 120 厘米。根状茎斜或垂直，长约 10 厘米，粗（2）4 ～ 7 毫米。基生叶 3 ～ 5，有长柄，通常为三出复叶，有时 1 ～ 2 个或全部为单叶；中央小叶有长柄（长 1 ～ 6.5 厘米），小叶片卵形或宽卵形，长 4 ～ 11 厘米，宽 3 ～ 10 厘米，顶端急尖或渐尖，基部圆形或心形，不分裂或 3 ～ 5 浅裂，边缘有锯齿，两面有疏糙毛；侧生小叶较小；叶柄长 3 ～ 36 厘米，疏被柔毛，基部有短鞘。花葶直立，疏被柔毛；聚伞花序二至三回分枝，有较多花，偶尔不分枝，只有 3 朵花；苞片 3，有柄（长 0.5 ～ 6 厘米），稍不等大，为三出复叶，似基生叶；花梗长 3 ～ 10 厘米，有密或疏柔毛；萼片 5，紫红色或粉红色，倒卵形，长 2 ～ 3 厘米，宽 1.3 ～ 2 厘米，外面有短绒毛；雄蕊长约为萼片长度的 1/4，花药黄色，椭圆形，花丝丝形；心皮约 400，生于球形的花托上，长约 1.5 毫米，子房有长柄，有短绒毛，柱头长方形。聚合果球形，直径约 1.5 厘米；瘦果长约 3.5 毫米，有细柄，密被绵毛。7—10 月开花。

【生境与分布】分布于四川、陕西南部、湖北西部、贵州、云南东部、广西北部、广东北部、江西、浙江（天台山）。生于海拔 400 ～ 1800 米低山或丘陵的草坡或沟边。

【中药名称】打破碗花花。

【来源】为毛茛科植物打破碗花花（*Anemone hupehensis* Lem.）的根或全草。

【性味功效】苦，辛，凉，有毒。清热利湿，解毒杀虫，消肿散瘀。用于痢疾，泄泻，疟疾，蛔虫病，疮疖痈肿，瘰疬，跌打损伤等。

【采收加工】野生品夏秋季采摘，栽培品栽后第二三年，6—8 月花未开前，采收全草和根、茎、叶，分别晒干或鲜用。

【应用举例】内服：煎汤，3 ～ 9 克；或研末；或泡酒。外用：适量，煎水洗；或捣敷；或鲜叶捣烂取汁涂。

1. 治疮疖痈肿，无名肿毒：打破碗花花适量，捣烂外敷。

2. 治跌打损伤：打破碗花花 1 两，童便泡 24 小时，晒干研粉，黄酒冲服，每次 5 分至 1 钱，每日服 2 次。

3. 治疟疾：打破碗花花 3 钱，水煎服。

128. 黄连 *Coptis chinensis* Franch.

【别名】味连、川连、鸡爪连等。

【植物形态】根状茎黄色，常分枝，密生多数须根。叶有长柄；叶片稍带革质，卵状三角形，宽达 10 厘米，三全裂，中央全裂片卵状菱形，长 3 ～ 8 厘米，宽 2 ～ 4 厘米，顶端急尖，具长 0.8 ～ 1.8 厘米的细柄，3 或 5 对羽状深裂，在下面分裂最深，深裂片彼此相距 2 ～ 6 毫米，边缘生具细刺尖的锐锯齿，侧全裂片具长 1.5 ～ 5 毫米的柄，斜卵形，比中央全裂片短，不等二深裂，两面的叶脉隆起，除表面沿脉被短柔毛外，其余无毛；叶柄长 5 ～ 12 厘米，无毛。花葶 1 ～ 2 条，高12～25厘米；二歧或多歧聚伞花序有3～8朵花；苞片披针形，3或5对羽状深裂；萼片黄绿色，长椭圆状卵形，长9～12.5毫米，宽2～3毫米；花瓣线形或线状披针形，长5～6.5毫米，顶端渐尖，中央有蜜槽；雄蕊约20，花药长约1毫米，花丝长2～5毫米；心皮8～12，花柱微外弯。蓇葖长6～8毫米，柄约与之等长；种子7～8粒，长椭圆形，长约2毫米，宽约0.8毫米，褐色。2—3月开花，4—6月结果。

【生境与分布】分布于四川、贵州、湖南、湖北、陕西南部。生于海拔500～2000米的山地林中或山谷阴处，野生或栽培。

【中药名称】黄连。

【来源】为毛茛科植物黄连（*Coptis chinensis* Franch.）的干燥根茎。

【性味功效】苦，寒。归心、脾、胃、肝、胆、大肠经。清热燥湿，泻火解毒。用于湿热痞满，呕吐吞酸，泻痢，黄疸，高热神昏，心火亢盛，心烦不寐，心悸不宁，血热吐衄，目赤，牙痛，消渴，痈肿疔疮等；外治湿疹，湿疮，耳道流脓等。

【采收加工】秋季采挖，除去须根及泥沙，干燥，除去残留须根。

【应用举例】1. 治发热烦闷：黄连、黄芩、栀子各3克，水煎服。

2. 治衄热吐血、鼻血：黄连、黄芩、大黄各9克，水煎服。

3. 治痔疮：黄连60克，煎膏，加等份芒硝，冰片3克加入。痔疮敷上即消。

4. 治口舌生疮，皮肤疮疖：黄连、朴硝、白矾各15克，薄荷叶30克，水煎服。

129. 升麻 *Cimicifuga foetida* L.

【别名】龙眼根、周麻、窟窿牙根等。

【植物形态】根状茎粗壮，坚实，表面黑色，有许多内陷的圆洞状老茎残迹。茎高1～2米，基部粗达1.4厘米，微具槽，分枝，被短柔毛。叶为二至三回三出状羽状复叶；茎下部叶的叶片三角形，宽达30厘米；顶生小叶具长柄，菱形，长7～10厘米，宽4～7厘米，常浅裂，边缘有锯齿，侧生小叶具短柄或无柄，斜卵形，比顶生小叶略小，表面无毛，背面沿脉疏被白色柔毛；叶柄长达15厘米。上部的茎生叶较小，具短柄或无柄。花序具分枝3～20条，长达45厘米，下部的分枝长达15厘米；轴密被灰色或锈色的腺毛及短毛；苞片钻形，比花梗短；花两性；萼片倒卵状圆形，白色或绿白色，长3～4毫米；退化雄蕊宽椭圆形，长约3毫米，顶端微凹或二浅裂；雄蕊长4～7毫米，花药黄色或黄白色；

心皮 2 ～ 5，密被灰色毛，无柄或有极短的柄。蓇葖长圆形，长 8 ～ 14 毫米，宽 2.5 ～ 5 毫米，有伏毛，基部渐狭成长 2 ～ 3 毫米的柄，顶端有短喙；种子椭圆形，褐色，长 2.5 ～ 3 毫米，有横向的膜质鳞翅，四周有鳞翅。7—9 月开花，8—10 月结果。

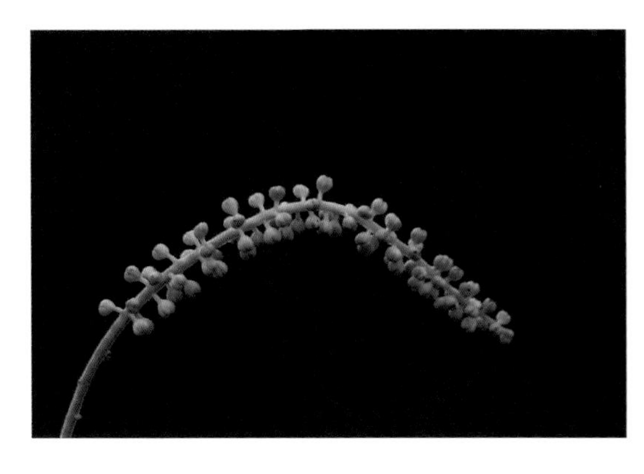

【生境与分布】在我国分布于西藏、云南、四川、青海、甘肃、陕西、河南西部和山西。生于海拔 1700 ～ 2300 米的山地林缘、林中或路旁草丛中。

【中药名称】升麻。

【来源】为毛茛科植物升麻（*Cimicifuga foetida* L.）的根茎。

【性味功效】辛，甘，微寒。发表透疹，清热解毒，升阳举陷。用于时气疫疠，头痛寒热，喉痛，口疮，斑疹不透，中气下陷，久泻久痢，脱肛，妇女崩带，子宫下坠，痈肿疮毒等。

【采收加工】采收季节主要在秋季。采收时应选择晴天，先割去地上部分枯枝茎叶，将根茎挖出，去掉泥土，洗净，晒至八成干时用火燎去须根，再晒至全干，撞去表皮及残存须根。储存于干燥通风处。

【应用举例】内服：煎汤，用于升阳，3 ～ 6 克，宜蜜炙、酒炒；用于清热解毒，可用至 15 克，宜生用；或入丸、散。外用：适量，研末调敷或煎汤含漱或淋洗。

130. 小木通 *Clematis armandii* Franch.

【别名】川木通、大木通、淡木通、大叶木通、黄防己、疏序等。

【植物形态】木质藤本，高达 6 米。茎圆柱形，有纵条纹，小枝有棱，有白色短柔毛，后脱落。三出复叶；小叶片革质，卵状披针形、长椭圆状卵形至卵形，长 4 ～ 12（16）厘米，宽 2 ～ 5（8）厘米，顶端渐尖，基部圆形、心形或宽楔形，全缘，两面无毛。聚伞花序或圆锥状聚伞花序，腋生或顶生，通常比叶长或近等长；腋生花序基部有多数宿存芽鳞，为三角状卵形、卵形至长圆形，长 0.8 ～ 3.5 厘米；

花序下部苞片近长圆形，常 3 浅裂，上部苞片渐小，披针形至钻形；萼片 4 ～ 5，开展，白色，偶

带淡红色，长圆形或长椭圆形，大小变异极大，长 1 ～ 2.5（4）厘米，宽 0.3 ～ 1.2（2）厘米，外面边缘密生短绒毛至稀疏，雄蕊无毛。瘦果扁，卵形至椭圆形，长 4 ～ 7 毫米，疏生柔毛，宿存花柱长达 5 厘米，有白色长柔毛。花期 3—4 月，果期 4—7 月。

【生境与分布】我国分布于西藏东部、云南（海拔 800 ～ 2400 米）、贵州（400 ～ 1400 米）、四川（650 ～ 2000 米）、甘肃和陕西南部（800 ～ 1000 米）、湖北、湖南、广东（300 ～ 1600 米）、广西（100 ～ 1300 米）、福建西南部。生于山坡、山谷、路边灌丛中、林边或水沟旁。越南也有分布。

【中药名称】川木通。

【来源】为毛茛科植物小木通（*Clematis armandii* Franch.）干燥的藤茎。

【性味功效】苦，寒。归心、小肠、膀胱经。利尿通淋，清心除烦，通经下乳。用于淋证，水肿，心烦尿赤，口舌生疮，闭经乳少，湿热痹痛等。

【采收加工】春、秋二季采收，除去粗皮，晒干，或趁鲜切薄片，晒干。

【应用举例】内服：煎汤，3 ～ 6 克。

1. 治水肿、淋证：治湿热壅盛的水肿，川木通可与泽泻、赤小豆、瞿麦、车前子等合用。

2. 治缺乳、闭经、痹证：治缺乳，川木通可与穿山甲、王不留行合用；治闭经，川木通可与生地、赤芍等合用；治痹证，川木通可与桑枝、牛膝等合用。

131. 威灵仙 *Clematis chinensis* Osbeck

【别名】铁脚威灵仙、铁角威灵仙、铁脚灵仙、铁脚铁线莲、铁耙头等。

【植物形态】木质藤本。干后变黑色。茎、小枝近无毛或疏生短柔毛。一回羽状复叶有 5 小叶，有时 3 或 7，偶尔基部一对而第二对 2 ～ 3 裂至 2 ～ 3 小叶；小叶片纸质，卵形至卵状披针形，或为线状披针形、卵圆形，长 1.5 ～ 10 厘米，宽 1 ～ 7 厘米，顶端锐尖至渐尖，偶有微凹，基部圆形、宽楔形至浅心形，全缘，两面近无毛，或疏生短柔毛。常为圆锥状聚伞花序，多花，腋生或顶生；花直径 1 ～ 2 厘米；萼片 4 ～ 5，开展，白色，长圆形或长圆状倒卵形，长 0.5 ～ 1（1.5）厘米，顶端常凸尖，外面边缘密生绒毛或中间有短柔毛，雄蕊无毛。瘦果扁，3 ～ 7 个，卵形至宽椭圆形，长 5 ～ 7 毫米，有柔毛，宿存花柱长 2 ～ 5 厘米。花期 6—9 月，果期 8—11 月。

【生境与分布】分布于云南南部、贵州（海拔 150 ～ 1000 米）、四川（海拔 500 ～ 1500 米）、陕西南部（海拔 1000 米以下）、广西（海拔 160 ～ 1000 米）、广东、湖南（海拔 80 ～ 700 米）、湖北、河南、福建、台湾、江西（海拔 140 ～ 700 米）、浙江、江苏南部（海拔 140 ～ 320 米）、安徽淮河以南。生于山坡、山谷灌丛中或沟边、路旁草丛中。

【中药名称】威灵仙。

【来源】为毛茛科植物威灵仙（*Clematis chinensis* Osbeck）干燥的根茎或根。

【性味功效】辛，咸，温。归膀胱经。祛风湿、通经络，用于风湿痹痛、肢体麻木、筋脉拘挛、屈伸不利等。利咽、解毒、活血消肿，用于咽喉肿痛、喉痹、喉蛾、鹤膝风、麦粒肿、结膜炎等。

【采收加工】秋季挖出，去净茎叶，洗净泥土，晒干，或切成段后晒干。

【应用举例】内服：煎汤，6～9克，治骨哽咽喉可用至30克；或入丸、散；或浸酒。外用：适量，捣敷；或煎水熏洗；或作发泡剂。

1. 治痔疮肿痛：威灵仙三两。水一斗，煎汤，先熏后洗，冷再温之。

2. 治诸骨哽咽：威灵仙一两二钱，砂仁一两，沙糖一盏。水二盅，煎一盅，温服。

132. 单叶铁线莲 *Clematis henryi* Oliv.

【别名】地里根、雪里开等。

【植物形态】木质藤本。主根下部膨大成瘤状或地瓜状，粗1.5～2厘米，表面淡褐色，内部白色。单叶；叶片卵状披针形，长10～15厘米，宽3～7.5厘米，顶端渐尖，基部浅心形，边缘具刺头状的浅齿，两面无毛或背面仅叶脉上幼时被紧贴的绒毛，基出弧形中脉3～5（7）条，在表面平坦，在背面微隆起，侧脉网状在两面均能见；叶柄长2～6厘米，幼时被毛，后脱落。聚伞花序腋生，常只有1朵花，稀有2～5朵花，花序梗细瘦，与叶柄近于等长，无毛，下部有2～4对线状苞片，交叉对生；花钟状，直径2～2.5厘米；萼片4枚，较肥厚，白色或淡黄色，卵圆形或长方卵圆形，长1.5～2.2

厘米，宽 7 ～ 12 毫米，顶端钝尖，外面疏生紧贴的绒毛，边缘具白色绒毛，内面无毛，但直的平行脉纹显著；雄蕊长 1 ～ 1.2 厘米，花药长椭圆形，花丝线形，具 1 脉，两边有长柔毛，长过花药；心皮被短柔毛，花柱被绢状毛。瘦果狭卵形，长 3 毫米，粗 1 毫米，被短柔毛，宿存花柱长达 4.5 厘米。花期 11—12 月，果期翌年 3—4 月。

【生境与分布】分布于云南（海拔 2000 ～ 2400 米）、四川南部和东部（海拔 1300 ～ 1800 米）、贵州（海拔 500 ～ 600 米）、广东北部（海拔 900 米）、广西（海拔 800 ～ 2500 米）、湖南（海拔 1000 米）、湖北西部（海拔 400 ～ 800 米）、安徽（黄山，海拔 200 ～ 700 米）、浙江西部和北部（天目山，海拔 400 ～ 1200 米）、江苏（宜兴，海拔 100 ～ 200 米）。生于溪边、山谷、阴湿的坡地、林下及灌丛中，缠绕于树上。

【中药名称】威灵仙。

【来源】为毛茛科植物单叶铁线莲（*Clematis henryi* Oliv.）干燥的根茎或根。

【采收加工】秋季挖出，去净茎叶，洗净泥土，晒干，或切成段后晒干。

【性味功效】辛，咸，温。归膀胱经。祛风湿、通经络，用于风湿痹痛、肢体麻木、筋脉拘挛、屈伸不利等。利咽、解毒、活血消肿，用于咽喉肿痛、喉痹、喉蛾、鹤膝风、麦粒肿、结膜炎等。

【应用举例】内服：煎汤，6 ～ 9 克，治骨哽咽喉可用至 30 克；或入丸、散；或浸酒。外用：适量，捣敷；或煎水熏洗；或作发泡剂。

1. 治痔疮肿痛：威灵仙三两。水一斗，煎汤，先熏后洗，冷再温之。

2. 治诸骨哽咽：威灵仙一两二钱，砂仁一两，沙糖一盏。水二盅，煎一盅，温服。

133. 还亮草 *Delphinium anthriscifolium* Hance

【别名】还魂草等。

【植物形态】一年生或二年生草本，茎高（12）30 ～ 78 厘米，无毛或上部疏被反曲的短柔毛，等距地生叶，分枝。叶为二至三回近羽状复叶，间或为三出复叶，有较长柄或短柄，近基部叶在开花时常枯萎；叶片菱状卵形或三角状卵形，长 5 ～ 11 厘米，宽 4.5 ～ 8 厘米，羽片 2 ～ 4 对，对生，稀互生，下部羽片有细柄，狭卵形，长渐尖，通常分裂近中脉，末回裂片狭卵形或披针形，通常宽 2 ～ 4 毫米，表面疏被短柔毛，背面无毛或近无毛；叶柄长 2.5 ～ 6 厘米，无毛或近无毛。总状花序有（1）2 ～ 15 朵花；轴和花梗被反曲的短柔毛；基部苞片叶状，其他苞片小，披针形至披针状钻形，长 2.5 ～ 4.5 毫米；花梗长 0.4 ～ 1.2 厘米；小苞片生花梗中部，披针状线形，长 2.5 ～ 4 毫米；花长 1 ～ 1.8（2.5）厘米；萼片堇色或紫色，椭圆形至长圆形，长 6 ～ 9（11）毫米，外面疏被短柔毛，距钻形或圆锥状钻形，长 5 ～ 9（15）毫米，稍向上弯曲或近直；花瓣紫色，无毛，上部变宽；退化雄蕊与萼片同色，无毛，瓣片斧形，二深裂近基部；雄蕊无毛；心皮 3，子房疏被短柔毛或近无毛。蓇葖长 1.1 ～ 1.6 厘米；种子扁球形，直径 2 ～ 2.5 毫米，上部有螺旋状生长的横膜翅，下部约有 5 条同心的横膜翅。3—5 月开花。

【生境与分布】分布于广东、广西、贵州、湖南、江西、福建、浙江、江苏、安徽、河南、山西南部。生于海拔 200 ～ 1200 米的丘陵或低山的山坡草丛或溪边草地。

【中药名称】还亮草。

【来源】为毛茛科植物还亮草（*Delphinium anthriscifolium* Hance）的全草。

【性味功效】辛，温，祛风除湿，止痛活络。用于风湿痛，半身不遂，痈疮癣癞等。

【采收加工】春、秋采收全草，晒干或鲜用。

【应用举例】内服：煎汤，2.4～6克。外用：捣汁涂或煎汤洗。

1. 治积食胀满、潮热：还亮草6克，麦芽12克，水煎，冲红糖服。
2. 治痈疥癣癞：鲜还亮草捣汁，涂患处或水煎洗。

134. 獐耳细辛 *Hepatica nobilis* Schred. var. *asiatica*（Nakai）Hara

【别名】及己、幼肺三七等。

【植物形态】植株高8～18厘米。根状茎短，密生须根。基生叶3～6，有长柄；叶片正三角状宽卵形，长2.5～6.5厘米，宽4.5～7.5厘米，基部深心形，三裂至中部，裂片宽卵形，全缘，顶端微钝或钝，有时有短尖头，有稀疏的柔毛；叶柄长6～9厘米，幼时被毛，后脱落变无毛。花葶1～6条，有长柔毛；苞片3，卵形或椭圆状卵形，长7～12毫米，宽3～6毫米，顶端急尖或微钝，全缘，背面稍密被长柔毛；萼片6～11，粉红色或堇色，狭长圆形，长8～14毫米，宽3～6毫米，顶端钝；雄蕊长2～6毫米，花药椭圆形，长约0.7毫米；子房密被长柔毛。瘦果卵球形，长4毫米，有长柔毛和短宿存花柱。4月至5月开花。

【生境与分布】在我国分布于浙江（天目山）、安徽（金砦）、河南（高城）、辽宁东南部。生于山地杂木林内或草坡石下阴处。

【中药名称】獐耳细辛。

【来源】为毛茛科植物獐耳细辛（*Hepatica nobilis* Schred. var. *asiatica*（Nakai）Hara）的根茎。

【性味功效】苦，平。活血祛风，杀虫止痒。用于筋骨酸痛，癣疮，头疮白秃等。

【采收加工】春、秋季采挖，洗净，切碎，晒干或鲜用。

【应用举例】内服：隔水蒸，3 ～ 4.5 克。外用：适量，研末调敷；或捣烂绞汁涂。

1. 治筋骨酸痛：獐耳细辛鲜根 2 ～ 6 克，加黄酒、红糖，盛碗内加盖蒸熟，早、晚饭前各服 1 次。

2. 治癣疮：先用鲜生姜擦患处，再以鲜獐耳细辛捣烂，绞汁外涂，每日数次。

3. 治头疮白秃：将獐耳细辛研为末，以槿木煎油调搽。

135. 白头翁 *Pulsatilla chinensis*（Bunge）Regel

【别名】羊胡子花、老冠花、将军草、大碗花、老公花、 老姑子花、毛姑朵花等。

【植物形态】植株高 15 ～ 35 厘米。根状茎粗 0.8 ～ 1.5 厘米。基生叶 4 ～ 5，通常在开花时刚刚生出，有长柄；叶片宽卵形，长 4.5 ～ 14 厘米，宽 6.5 ～ 16 厘米，三全裂，中全裂片有柄或近无柄，宽卵形，三深裂，中深裂片楔状倒卵形，少有狭楔形或倒梯形，全缘或有齿，侧深裂片不等二浅裂，侧全裂片无柄或近无柄，不等三深裂，表面变无毛，背面有长柔毛；叶柄长 7 ～ 15 厘米，有密长柔毛。花葶 1 ～ 2，有柔毛；苞片 3，基部合生成长 3 ～ 10 毫米的筒，三深裂，深裂片线形，不分裂或上部三浅裂，背面密被长柔毛；花梗长 2.5 ～ 5.5 厘米，结果时长达 23 厘米；花直立；萼片蓝紫色，长圆状卵形，长 2.8 ～ 4.4 厘米，宽 0.9 ～ 2 厘米，背面有密柔毛；雄蕊长约为萼片之半。聚合果直径 9 ～ 12 厘米；瘦果纺锤形，扁，长 3.5 ～ 4 毫米，有长柔毛，宿存花柱长 3.5 ～ 6.5 厘米，有向上斜展的长柔毛。4 月至 5 月开花。

【生境与分布】在我国分布于四川（宝兴，海拔 3200 米）、湖北北部、江苏、安徽、河南、甘肃南部、陕西、山西、山东、河北（海拔 200 ～ 1900 米）、内蒙古、辽宁、吉林、黑龙江。生于平原和低山山坡草丛中、林边或干燥多石的坡地。

【中药名称】白头翁、白头翁茎叶、白头翁花。

【来源】毛茛科植物白头翁（*Pulsatilla chinensis*（Bunge）Regel）的根为白头翁，茎叶为白头翁茎叶，花蕾为白头翁花。

【性味功效】白头翁：苦，寒。归胃、大肠经。清热解毒，凉血止痢。用于热毒血痢，阴痒带下。

白头翁茎叶：归肝、胃经。可治腰膝肢节风痛、浮肿及心脏病。

白头翁花：归肝、脾经，可治疟疾寒热、头疮白秃。

【采收加工】白头翁：春季（4—6 月）或秋季（8—9 月）挖根，除去叶及残留的花茎和须根，保留根头白色茸毛，去净泥土，晒干。

白头翁花：播种后第 2 年 4 月中旬采收鲜花，及时晒干，防止霉变。

【应用举例】白头翁：内服，煎汤，9 ～ 15 克。

白头翁茎叶：内服，煎汤，9 ～ 15 克。

白头翁花：内服，煎汤，3 ～ 6 克；外用，研末调敷。

136. 扬子毛茛 *Ranunculus sieboldii* Miq.

【别名】鸭脚板草、辣子草、地胡椒、平足草等。

【植物形态】多年生草本。须根伸长簇生。茎铺散，斜升，高 20 ～ 50 厘米，下部节偃地生根，多分枝，密生开展的白色或淡黄色柔毛。基生叶与茎生叶相似，为三出复叶；叶片圆肾形至宽卵形，长 2 ～ 5 厘米，宽 3 ～ 6 厘米，基部心形，中央小叶宽卵形或菱状卵形，3 浅裂至较深裂，边缘有锯齿，小叶柄长 1 ～ 5 毫米，生开展的柔毛；侧生小叶不等 2 裂，背面或两面疏生柔毛；叶柄长 2 ～ 5 厘米，密生开展的柔毛，基部扩大成褐色膜质的宽鞘抱茎上部叶较小，叶柄也较短。花与叶对生，直径 1.2 ～ 1.8 厘米；花梗长 3 ～ 8 厘米，密生柔毛；萼片狭卵形，长 4 ～ 6 毫米，为宽的 2 倍，外面生柔毛，花期向下反折，迟落；花瓣 5，黄色或上面变白色，狭倒卵形至椭圆形，长 6 ～ 10 毫米，宽 3 ～ 5 毫米，有 5 ～ 9 条深色脉纹，下部渐窄成长爪，蜜槽小鳞片位于爪的基部；雄蕊 20 余枚，花药长约 2 毫米；花托粗短，密生白柔毛。聚合果圆球形，直径约 1 厘米；瘦果扁平，长 3 ～ 4（5）米，宽 3 ～ 3.5 毫米，为厚的 5 倍以上，无毛，边缘有宽约 0.4 毫米的宽棱，喙长约 1 毫米，成锥状外弯。花果期 5—10 月。

【生境与分布】在我国分布于四川、云南东部、贵州、广西、湖南、湖北、江西、江苏、浙江、福建及陕西、甘肃等省区。生于海拔 300 ～ 2500 米的山坡林边及平原湿地，全县有分布。

【中药名称】鸭脚板草。

【来源】为毛茛科植物扬子毛茛（*Ranunculus sieboldii* Miq.）的全草。

【性味功效】热，苦，有毒。用于疟疾，瘿肿，毒疮，跌打损伤等。

【采收加工】春夏收采。

【应用举例】外用：适量，捣敷。内服：煎汤，3～9克。多作外用，内服宜慎。

1. 截疟：发疟前以鸭脚板草嫩枝叶捣烂，包脉筋。

2. 治毒疮或跌伤出血：鸭脚板草嫩茎叶捣烂，包伤口上，可拔脓除毒、止血生肌。

3. 治跌伤未破皮者：鸭脚板草少量，合酒涂揉之。

五十六、小檗科 Berberidaceae

灌木或多年生草本，稀小乔木，常绿或落叶，有时具根状茎或块茎。茎具刺或无。叶互生，稀对生或基生，单叶或一至三回羽状复叶；托叶存在或缺；叶脉羽状或掌状。花序顶生或腋生，花单生，簇生或组成总状花序、穗状花序、伞形花序、聚伞花序或圆锥花序；花具花梗或无；花两性，辐射对称，小苞片存在或缺如，花被通常3基数，偶2基数，稀缺如；萼片6～9，常呈花瓣状，离生，2～3轮；花瓣6，扁平，盔状或呈距状，或变为蜜腺状，基部有蜜腺或缺；雄蕊与花瓣同数而对生，花药2室，瓣裂或纵裂；子房上位，1室，胚珠多数或少数，稀1枚，基生或侧膜胎座，花柱存在或缺，有时结果时缩存。浆果、蒴果、蓇葖果或瘦果。种子1至多数，有时具假种皮，富含胚乳，胚大或小。

全国第四次中药资源普查秭归境内发现4种。

137. 八角莲 *Dysosma versipellis* (Hance) M. Cheng ex Ying

【别名】独脚莲、独荷草、羞天花、术律草、琼田草、旱荷等。

【植物形态】多年生草本，植株高40～150厘米。根状茎粗状，横生，多须根；茎直立，不分枝，无毛，淡绿色。茎生叶2枚，薄纸质，互生，盾状，近圆形，直径达30厘米，4～9掌状浅裂，裂片阔三角形，卵形或卵状长圆形，长2.5～4厘米，基部宽5～7厘米，先端锐尖，不分裂，上面无毛，背面被柔毛，叶脉明显隆起，边缘具细齿；下部叶的柄长12～25厘米，上部叶柄长1～3厘米。花梗纤细、下弯、被柔毛；花深红色，5～8朵簇生于离叶基部不远处，下垂；萼片6，长圆状椭圆形，长0.6～1.8厘米，宽6～8毫米，先端急尖，外面被短柔毛，内面无毛；花瓣6，勺状倒卵形，长约2.5厘米，宽约8毫米，无毛；雄蕊6，长约1.8厘米，花丝短于花药，药隔先端急尖，无毛；子房椭圆形，无毛，花柱短，柱头盾状。浆果椭圆形，长约4厘米，直径约3.5厘米。种子多数。

花期 3—6 月，果期 5—9 月。

【生境与分布】产于湖南、湖北、浙江、江西、安徽、广东、广西、云南、贵州、四川、河南、陕西。生于山坡林下、灌丛中、溪旁阴湿处、竹林下或石灰山常绿林下，海拔 300 ～ 2400 米。全县均有分布。

【中药名称】八角莲。

【来源】为小檗科植物八角莲（*Dysosma versipellis*（Hance）M. Cheng ex Ying）的根茎。

【采收加工】秋季采挖，洗净，晒干或鲜用。

【性味功效】苦，辛，凉，有毒。归肺、肝经。化痰散结，祛瘀止痛，清热解毒。用于咳嗽，咽喉肿痛，瘰疬，瘿瘤，痈肿，疔疮，毒蛇咬伤，跌打损伤，痹证。

【应用举例】内服：煎汤，3 ～ 12 克；磨汁，或入丸、散。

外用：适量，磨汁或浸醋、酒涂搽；捣烂敷或研末调敷。

138. 阔叶十大功劳 *Mahonia bealei*（Fort.）Carr.

【别名】土黄柏、土黄连、八角刺、刺黄柏、黄天竹等。

【植物形态】灌木或小乔木，高 0.5 ～ 4（8）米。叶狭倒卵形至长圆形，长 27 ～ 51 厘米，宽 10 ～ 20 厘米，具 4 ～ 10 对小叶，最下一对小叶距叶柄基部 0.5 ～ 2.5 厘米，上面暗灰绿色，背面被白霜，有时淡黄绿色或苍白色，两面叶脉不显，叶轴粗 2 ～ 4 毫米，节间长 3 ～ 10 厘米；小叶厚革质，硬直，自叶下部往上小叶渐次变长而狭，最下一对小叶卵形，长 1.2 ～ 3.5 厘米，宽 1 ～ 2 厘米，具 1 ～ 2 粗锯齿，往上小叶近圆形至卵形或长圆形，长 2 ～ 10.5 厘米，宽 2 ～ 6 厘米，基部阔楔形或圆形，偏斜，有时心形，边缘每边具 2 ～ 6 粗锯齿，先端具硬尖，顶生小叶较大，长 7 ～ 13 厘米，宽 3.5 ～ 10 厘米，具柄，长 1 ～ 6 厘米。总状花序直立，通常 3 ～ 9 个簇生；芽鳞卵形至卵状披针形，长 1.5 ～ 4 厘米，宽 0.7 ～ 1.2 厘米；花梗长 4 ～ 6 厘米；苞片阔卵形或卵状披针形，先端钝，长 3 ～ 5 毫米，宽 2 ～ 3 毫米；花黄色；外萼片卵形，长 2.3 ～ 2.5 毫米，宽 1.5 ～ 2.5 毫米，中萼片椭圆形，长 5 ～ 6 毫米，宽 3.5 ～ 4 毫米，内萼片长圆状椭圆形，长 6.5 ～ 7 毫米，宽 4 ～ 4.5 毫米；花瓣倒卵状椭圆形，长 6 ～ 7 毫米，宽 3 ～ 4 毫米，基部腺体明显，先端微缺；雄蕊长 3.2 ～ 4.5 毫米，药隔不延伸，顶端圆形至截形；子房长圆状卵形，长约 3.2 毫米，花柱短，胚珠 3 ～ 4 枚。浆果卵形，长约 1.5 厘米，直径 1 ～ 1.2 厘米，深蓝色，被白粉。花期 9 月至翌年 1 月，果期 3—5 月。

【生境与分布】产于浙江、安徽、江西、福建、湖南、湖北、陕西、河南、广东、广西、四川。生于阔叶林、竹林、杉木林及混交林林下或林缘，草坡，溪边，路旁或灌丛中，海拔 500 ～ 2000 米。全县均有分布。

【中药名称】功劳木。

【来源】为小檗科植物阔叶十大功劳（*Mahonia bealei*（Fort.）Carr.）的干燥茎木。

【采收加工】全年可采，晒干。

【性味功效】苦，寒。补肺气，退潮热，益肝肾。用于肺结核潮热、咳嗽、咯血、腰膝无力、头晕、耳鸣、肠炎腹泻、黄疸型肝炎、目赤肿痛、火牙。

【应用举例】1. 治痔疮：功劳木 15 克，猪脚爪 2 只，煮熟去渣，食猪爪。

2. 治目赤肿痛：功劳木、野菊花各 15 克，水煎服。

3. 治火牙：功劳木 60 克，煎水，频频含嗽。

139. 细叶十大功劳 *Mahonia fortunei*（Lindl.）Fedde

【别名】狭叶十大功劳、黄天竹、土黄柏、猫儿刺、八角刺等。

【植物形态】灌木，高 0.5 ～ 2（4）米。叶倒卵形至倒卵状披针形，长 10 ～ 28 厘米，宽 8 ～ 18 厘米，具 2 ～ 5 对小叶，最下一对小叶外形与往上小叶相似，距叶柄基部 2 ～ 9 厘米，上面暗绿色至深绿色，叶脉不显，背面淡黄色，偶稍苍白色，叶脉隆起，叶轴粗 1 ～ 2 毫米，节间 1.5 ～ 4 厘米，往上渐短；小叶无柄或近无柄，狭披针形至狭椭圆形，长 4.5 ～ 14 厘米，宽 0.9 ～ 2.5 厘米，基部楔形，边缘每边具 5 ～ 10 刺齿，先端急尖或渐尖。总状花序 4 ～ 10 个簇生，长 3 ～ 7 厘米；芽鳞披针形至三角状卵形，长 5 ～ 10 毫米，宽 3 ～ 5 毫米；花梗长 2 ～ 2.5 毫米；苞片卵形，急尖，长 1.5 ～ 2.5 毫米，宽 1 ～ 1.2 毫米；花黄色；外萼片卵形或三角状卵形，长 1.5 ～ 3 毫米，宽约 1.5 毫米，中萼片长圆状椭圆形，长 3.8 ～ 5 毫米，宽 2 ～ 3 毫米，内萼片长圆状椭圆形，长 4 ～ 5.5 毫米，宽 2.1 ～ 2.5 毫米；花瓣长圆形，长 3.5 ～ 4 毫米，宽 1.5 ～ 2 毫米，基部腺体明显，先端微缺裂，裂片急尖；雄蕊长 2 ～ 2.5 毫米，药隔不延伸，顶端平截；子房长 1.1 ～ 2 毫米，无花柱，胚珠 2 枚。浆果球形，直径 4 ～ 6 毫米，紫黑色，被白粉。花期 7—9 月，果期 9—11 月。

【生境与分布】产于广西、四川、贵州、湖北、江西、浙江。生于山坡沟谷林中、灌丛中、路边或河边，海拔 350 ～ 2000 米。全县均有分布。

【中药名称】功劳木。

【来源】为小檗科植物细叶十大功劳（*Mahonia fortunei*（Lindl.）Fedde）的干燥茎木。

【采收加工】全年可采，晒干。

【性味功效】苦，寒。补肺气，退潮热，益肝肾。用于肺结核潮热，咳嗽，咯血，腰膝无力，头晕，耳鸣，肠炎腹泻，黄疸型肝炎，目赤肿痛，火牙。

【应用举例】1. 治痔疮：功劳木 15 克，猪脚爪 2 只，煮熟去渣，食猪爪。

2. 治目赤肿痛：功劳木、野菊花各 15 克，水煎服。

3. 治火牙：功劳木 60 克，煎水，频频含嗽。

140. 南天竹 *Nandina domestica* Thunb.

【别名】南天竺、红杷子、天烛子、红枸子、钻石黄、天竹、兰竹等。

【植物形态】常绿小灌木。茎常丛生而少分枝，高 1 ～ 3 米，光滑无毛，幼枝常为红色，老后呈灰色。叶互生，集生于茎的上部，三回羽状复叶，长 30 ～ 50 厘米；二至三回羽片对生；小叶薄革质，椭圆形或椭圆状披针形，长 2 ～ 10 厘米，宽 0.5 ～ 2 厘米，顶端渐尖，基部楔形，全缘，上面深绿色，冬季变红色，背面叶脉隆起，两面无毛；近无柄。圆锥花序直立，长 20 ～ 35 厘米；花小，白色，具芳香，直径 6 ～ 7 毫米；萼片多轮，外轮萼片卵状三角形，长 1 ～ 2 毫米，向内各轮渐大，最内轮萼片卵状长圆形，长 2 ～ 4 毫米；花瓣长圆形，长约 4.2 毫米，宽约 2.5 毫米，先端圆钝；雄蕊 6，长约 3.5 毫米，花丝短，花药纵裂，药隔延伸；子房 1 室，具 1 ～ 3 枚胚珠。果柄长 4 ～ 8 毫米；浆果球形，直径 5 ～ 8 毫米，熟时鲜红色，稀橙红色。种子扁圆形。花期 3—6 月，果期 5—11 月。

【生境与分布】产于福建、浙江、山东、江苏、江西、安徽、湖南、湖北、广西、广东、四川、云南、贵州、陕西、河南。生于山地林下沟旁、路边或灌丛中，海拔 1200 米以下。

【中药名称】南天竹根、南天竹梗、南天竹叶、南天竹子。

【来源】小檗科植物南天竹（*Nandina domestica* Thunb.）的根为南天竹根，茎枝为南天竹梗，叶为南天竹叶，果实为南天竹子。

【采收加工】南天竹根：9—10 月采收，去杂质，晒干，或鲜用。

南天竹梗：全年可采，除去杂质及叶，洗净，切段，晒干。

南天竹叶：四季均可采叶，洗净，除去枝梗杂质，晒干。

南天竹子：秋季果实成熟时或至次年春季采收，晒干，置干燥处，防蛀。

【性味功效】南天竹根：苦，寒。清热，止咳，除湿，解毒等。

南天竹梗：苦，寒。用于湿热黄疸，泻痢，热淋，目赤肿痛，咳嗽，膈食病。

南天竹叶：苦，寒，清热利湿，泻火解毒。

南天竹子：酸，甘，平。敛肺止咳，平喘。

【应用举例】1. 南天竹根：治湿热黄疸，南天竺鲜根 50 ～ 100 克，水煎服。

2. 南天竹梗：内服，煎汤，10 ～ 15 克。

3. 南天竹叶：内服，煎汤，9 ～ 15 克；外用，适量，捣烂涂敷。

4. 南天竹子：治咳嗽，南天竺干果实 15 ～ 25 克，水煎调冰糖服。

五十七、大血藤科 Sargentodoxaceae

双子叶植物纲木兰亚纲的 1 科。落叶木质藤本。叶互生，具长柄，三出复叶，无托叶。总状花序下垂；花单生，雌雄异株；萼片和花瓣均 6 片，2 轮排列，黄绿色；雄花有雄蕊 6，与花瓣对生；雌花有退化雄蕊 6；心皮多数，离生，螺旋排列，胚珠 1，果实肉质，蓝黑色，有白色粉霜，多个着生于一球形的花托上。种子卵形。花粉相似于木通科，常具 2 ～ 3 个拟孔沟，长球形，外层与内层同厚或稍厚；每一沟膜具一横长而有盖的拟孔。本科仅 1 属 1 种，即大血藤（红藤）。产于秦岭至淮河一线以南的亚热带地区，老挝和越南北部也有。根和藤入药有强筋骨、活血的功效，用以治阑尾炎、跌打等症。本品对脑炎双球菌、金黄色葡萄球菌等有抑制作用。茎可供制人造棉和作造纸原料。大血藤和豆科植物鸡血藤为两种不同的药物，虽药效相近，但不宜混用。

全国第四次中药资源普查秭归境内发现 1 种。

141. 大血藤 *Sargentodoxa cuneata*（Oliv.）Rehd. et Wils.

【别名】血藤、红皮藤、千年健等。

【植物形态】落叶木质藤本，长达到 10 余米。藤径粗达 9 厘米，全株无毛；当年枝条暗红色，老树皮有时纵裂。三出复叶，或兼具单叶，稀全部为单叶；叶柄长 3 ～ 12 厘米；小叶革质，顶生小叶近棱状倒卵圆形，长 4 ～ 12.5 厘米，宽 3 ～ 9 厘米，先端急尖，基部渐狭成 6 ～ 15 毫米的短柄，全缘，侧生小叶斜卵形，先端急尖，基部内面楔形，外面截形或圆形，上面绿色，下面淡绿色，干时常变为红褐色，比顶生小叶略大，无小叶柄。总状花序长 6 ～ 12 厘米，雄花与雌花同序或异序，同序时，雄花生于基部；花梗细，长 2 ～ 5 厘米；苞片 1 枚，长卵形，膜质，长约 3 毫米，先端渐尖；萼片 6，花瓣状，长圆形，长 0.5 ～ 1 厘米，宽 0.2 ～ 0.4 厘米，顶端钝；花瓣 6，小，圆形，长约 1 毫米，蜜腺性；雄蕊长 3 ～ 4 毫米，花丝长仅为花药一半或更短，药隔先端略突出；退化雄蕊长约2毫米，先端较突出，不开裂；雌蕊多数，螺旋状生于卵状突起的花托上，子房瓶形，长约2毫米，花柱线形，柱头斜；退化雌蕊线形，长1毫米。每一浆果近球形，直径约1厘米，成熟时黑蓝色，小果柄长0.6～1.2厘米。种子卵球形，长约5毫米，基部截形；种皮，黑色，光亮，平滑；种脐显著。花期4—5月，果期6—9月。

【生境与分布】产于陕西、四川、贵州、湖北、湖南、云南、广西、广东、海南、江西、浙江、安徽。常见于山坡灌丛、疏林和林缘等，海拔常为数百米。全县均有分布。

【中药名称】大血藤。

【来源】为大血藤科植物大血藤（*Sargentodoxa cuneata*（Oliv.）Rehd.et Wils.）的干燥藤茎。

【采收加工】秋、冬季采收，除去侧枝，截段，干燥。

【性味功效】苦，平。清热解毒，活血通络，祛风止痉。用于风湿痹痛，赤痢，血淋，月经不调，疳积，虫痛，跌打损伤等。

【应用举例】内服：9～15克。

1. 治急、慢性阑尾炎，阑尾脓肿：大血藤二两，紫花地丁一两，水煎服。
2. 治风湿筋骨疼痛、闭经腰痛：大血藤六钱至一两，水煎服。
3. 治风湿腰腿痛：大血藤、牛膝各三钱，青皮、长春七、朱砂七各二钱。
4. 治肠胃炎腹痛：大血藤三至五钱，水煎服。
5. 治钩虫病：大血藤、钩藤、喇叭花、凤叉蕨各三钱，水煎服。

五十八、木通科 Lardizabalaceae

木质匍本，很少为直立灌木（猫儿屎属）。茎缠绕或攀援，木质部有宽大的髓射线；冬芽大，有二至多枚覆瓦状排列的外鳞片。叶互生，掌状或三出复叶，很少为羽状复叶（猫儿屎属），无托叶；叶柄和小柄两端膨大为节状。花辐射对称，单性，雌雄同株或异株，很少杂性，通常组成总状花序或伞房状的总状花序，少为圆锥花序，萼片花瓣状，6片，排成两轮，覆瓦状或外轮的镊合状排列，很少仅有3片；花瓣6，蜜腺状，远较萼片小，有时无花瓣；雄蕊6枚，花丝离生或多少合生成管，花药外向，2室，纵裂，药隔常突出于药室顶端而成角状或凸头状的附属体；退化心皮3枚；在雌花中有6枚退化雄蕊；心皮3，很少6～9，轮生在扁平花托上或心皮多数，螺旋状排列在膨大的花托上，上位，离生，柱头显著，近无花柱，胚珠多数或仅1枚，倒生或直生，纵行排列。

果为肉质的蓇葖果或浆果，不开裂或沿向轴的腹缝开裂；种子多数，或仅1枚，卵形或肾形，种皮脆壳质，有肉质、丰富的胚乳和小而直的胚。

全国第四次中药资源普查秭归境内发现1种。

142. 三叶木通 *Akebia trifoliata* (Thunb.) Koidz.

【别名】八月瓜藤、三叶拿藤、八月炸等。

【植物形态】落叶木质藤本。茎皮灰褐色，有稀疏的皮孔及小疣点。掌状复叶互生或在短枝上的簇生；叶柄直，长7～11厘米；小叶3片，纸质或薄革质，卵形至阔卵形，长4～7.5厘米，宽2～6厘米，先端通常钝或略凹入，具小凸尖，基部截平或圆形，边缘具波状齿或浅裂，上面深绿色，下面浅绿色；侧脉每边5～6条，与网脉同在两面略凸起；中央小叶柄长2～4厘米，侧生小叶柄长6～12毫米。总状花序自短枝上簇生叶中抽出，下部有1～2朵雌花，以上有15～30朵雄花，长6～16厘米；总花梗纤细，长约5厘米。雄花：花梗丝状，长2～5毫米；萼片3，淡紫色，阔椭圆形或椭圆形，长2.5～3毫米；雄蕊6，离生，排列为杯状，花丝极短，药室在开花时内弯；退化心皮3，长圆状锥形。雌花：花梗较雄花稍粗，长1.5～3厘米；萼片3，紫褐色，近圆形，长10～12毫米，宽约10毫米，先端圆而略凹入，开花时广展反折；退化雄蕊6枚或更多，小，长圆形，无花丝；心皮3～9枚，离生，圆柱形，直，长（3）4～6毫米，柱头头状，具乳凸，橙黄色。果长圆形，长6～8厘米，直径2～4厘米，直或稍弯，成熟时灰白略带淡紫色；种子极多数，扁卵形，长5～7毫米，宽4～5毫米，种皮红褐色或黑褐色，稍有光泽。花期4—5月，果期7—8月。

【生境与分布】产于河北、山西、山东、河南、陕西南部、甘肃东南部至长江流域各省区。生于海拔250～2000米的山地沟谷边疏林或丘陵灌丛中。

【中药名称】预知子、木通。

【来源】木通科植物三叶木通（*Akebia trifoliata*（Thunb.）Koidz.）干燥的果实为预知子，干燥的藤茎为木通。

【采收加工】预知子：三叶木通种子在9月底成熟，10月上、中旬选择软熟或已经开口的果实采种。

木通：9月采收，截取茎部，刮去外皮，阴干。

【性味功效】预知子：苦，寒。归肝、胆、胃、膀胱经。疏肝理气，活血止痛，散结，利尿。

木通：苦，寒。利尿通淋、清心除烦、通经下乳。

【应用举例】预知子：内服，煎汤，3～9克；外用，研末调敷。

木通：内服，煎汤，3～6克，或入丸、散。

五十九、防己科 Menispermaceae

攀援或缠绕藤本，稀直立灌木或小乔木，木质部常有车辐状髓线。叶螺旋状排列，无托叶，单叶，稀复叶，常具掌状脉，较少羽状脉；叶柄两端肿胀。聚伞花序，或由聚伞花序再作圆锥花序式、总状花序式或伞形花序式排列，极少退化为单花；苞片通常小，稀叶状。花通常小而不鲜艳，单性，雌雄异株，通常两被（花萼和花冠分化明显），较少单被；萼片通常轮生，每轮3片，较少4或2片，极少退化至1片，有时螺旋状着生，分离，较少合生，覆瓦状排列或镊合状排列；花瓣通常2轮，较少1轮，每轮3片，很少4或2片，有时退化至1片或无花瓣，通常分离，很少合生，覆瓦状排列或镊合状排列；雄蕊2至多数，通常6～8，花丝分离或合生，花药1～2室或假4室，纵裂或横裂，在雌花中有或无退化雄蕊；心皮3～6，较少1～2或多数，分离，子房上位，1室，常一侧肿胀，内有胚珠2颗，其中1颗早期退化，花柱顶生，柱头分裂或条裂，较少全缘，在雄花中退化雌蕊很小，或没有。核果，外果皮革质或膜质，中果皮通常肉质，内果皮骨质或有时木质，较少革质，表面有皱纹或有各式凸起，较少平坦；胎座迹半球状、球状、隔膜状或片状，有时不明显或没有；种子通常弯，种皮薄，有或无胚乳；胚通常弯，胚根小，对着花柱残迹，子叶扁平而叶状或厚而半柱状。

全国第四次中药资源普查秭归境内发现6种。

143. 木防己 *Cocculus orbiculatus*（L.）DC.

【别名】土木香、牛木香、金锁匙、紫背金锁匙、百解薯等。

【植物形态】木质藤本；小枝被绒毛至疏柔毛，或有时近无毛，有条纹。叶片纸质至近革质，形状变异极大，自线状披针形至阔卵状近圆形、狭椭圆形至近圆形、倒披针形至倒心形，有时卵状心形，顶端短尖或钝而有小凸尖，有时微缺或2裂，边全缘或3裂，有时掌状5裂，长通常3～8厘米，很少超过10厘米，宽不等，两面被密柔毛至疏柔毛，有时除下面中脉外两面近无毛；掌状脉3条，很少5条，在下面微凸起；叶柄长1～3厘米，很少超过5厘米，被稍密的白色柔毛。聚伞花序少花，腋生，或排成多花，狭窄聚伞圆锥花序，顶生或腋生，长可达10厘米或更长，被柔毛。雄花：小苞片2或1，长约0.5毫米，紧贴花萼，被柔毛；萼片6，外轮卵形或椭圆状卵形，长1～1.8毫米，内轮阔椭圆形至近圆形，有时阔倒卵形，长达2.5毫米或稍过之；花瓣6，长1～2毫米，下部边缘内折，抱着花丝，顶端2裂，裂片叉开，渐尖或短尖；雄蕊6，比花瓣短。雌花：萼片和花瓣与雄花相同；退化雄蕊6，微小；心皮6，无毛。核果近球形，红色至紫红色，直径通常7～8毫米；果核骨质，直径5～6毫米，背部有小横肋状雕纹。

【生境与分布】我国大部分地区都有分布（西北部和西藏尚未见过），以长江流域中下游及其以南各省区常见。生于灌丛、村边、林缘等处。全县均有分布。

【中药名称】木防己。

【来源】为防己科植物木防己（*Cocculus orbiculatus*（L.）DC.）的根。

【采收加工】春、秋两季采挖，以秋季采收质量较好，挖取根部，除去茎、叶、芦头，洗净，晒干。

【性味功效】苦，辛，寒。祛风止痛，行水清肿，解毒，降血压。用于风湿痹痛，神经痛，肾炎水肿，尿路感染；外治跌打损伤、蛇咬伤。

【应用举例】内服：煎汤，5～10克。

外用：适量，煎水熏洗，捣敷；或磨浓汁涂敷。

144. 轮环藤 *Cyclea racemosa* Oliv.

【别名】龙须藤、牵藤暗消等。

【植物形态】藤本。老茎木质化，枝稍纤细，有条纹，被柔毛或近无毛。叶盾状或近盾状，纸质，卵状三角形或三角状近圆形，长4～9厘米或稍过之，宽3.5～8厘米，顶端短尖至尾状渐尖，基部近截平至心形，全缘，上面被疏柔毛或近无毛，下面通常密被柔毛，有时被疏柔毛；掌状脉9～11条，向下的4～5条很纤细，有时不明显，连同网状小脉均在下面凸起；叶柄较纤细，比叶片短或与之近等长，被柔毛。聚伞圆锥花序狭窄，总状花序状，密花，长3～10厘米或稍过之，花序轴较纤细，密被柔毛，分枝长通常不超过1厘米，斜升；苞片卵状披针形，长约2毫米，顶端尾状渐尖，背面被柔毛。雄花：萼钟形，4深裂几达基部，2片阔卵形，长2.5～4毫米，宽2～2.5毫米，2片近长圆形，宽1.8～2毫米，均顶部反折；花冠碟状或浅杯状，全缘或2～6深裂几达基部；聚药雄蕊长约1.5毫米，花药4个。雌花：萼片2或1（很可能是另一片脱落），基部囊状，中部缢缩，上部稍扩大而反折，长 1.8 ~ 2.2 毫米；花瓣 2 或 1，微小，常近圆形，直径约 0.6 毫米；子房密被刚毛，柱头 3 裂。核果扁球形，疏被刚毛，果核直径 3.5 ~ 4 毫米，背部中肋两侧各有 3 行圆锥状小凸体，胎座迹明显球形。花期 4—5 月，果期 8 月。

【生境与分布】产于陕西南部，四川东部、东南部至中部，湖北西部（南陀），浙江南部，贵州中部和北部，湖南和江西各地，广东北部。生于林中或灌丛中。全县均有分布。

【中药名称】小青藤香。

【来源】防己科轮环藤（*Cyclea racemosa* Oliv.）的根、叶入药。

【采收加工】根：全年可采收，除去须根，洗净，切段，鲜用或晒干。

叶：春、夏季采收，洗净，鲜用或晒干。

【性味功效】苦，寒。归肺经。用于咽喉肿痛，白喉，热淋，石淋，牙痛，胃痛，风湿痹痛，痈肿疮毒，毒蛇咬伤。

【应用举例】内服：煎汤，9 ~ 15 克。

外用：适量，捣敷。

145. 蝙蝠葛 *Menispermum dauricum* DC.

【别名】山豆根、黄条香、山豆秧根、尼恩巴等。

【植物形态】草质、落叶藤本，根状茎褐色，垂直生，茎自位于近顶部的侧芽生出，一年生茎纤细，有条纹，无毛。叶纸质或近膜质，轮廓通常为心状扁圆形，长和宽均为 3 ~ 12 厘米，边缘有 3 ~ 9 角或 3 ~ 9 裂，很少近全缘，基部心形至近截平，两面无毛，下面有白粉；掌状脉 9 ~ 12 条，其中向基部伸展的 3 ~ 5 条很纤细，均在背面凸起；叶柄长 3 ~ 10 厘米或稍长，有条纹。圆锥花序单生或有时双生，有细长的总梗，有花数朵至 20 余朵，花密集成稍疏散，花梗纤细，长 5 ~ 10 毫米。雄花：萼片 4 ~ 8，膜质，绿黄色，倒披针形至倒卵状椭圆形，长 1.4 ~ 3.5 毫米，自外至内渐大；花瓣 6 ~ 8 片或多至 9 ~ 12 片，肉质，凹成兜状，有短爪，长 1.5 ~ 2.5 毫米；雄蕊通常 12，有时稍多或较少，长 1.5 ~ 3 毫米。雌花：退化雄蕊 6 ~ 12，长约 1 毫米，雌蕊群具长 0.5 ~ 1 毫米的柄。核果紫黑色；果核宽约 10 毫米，高约 8 毫米，基部弯缺深约 3 毫米。花期 6—7 月，果期 8—9 月。

【生境与分布】产于东北部、北部和东部，湖北（保康）也发现过。常生于路边灌丛或疏林中。全县均有分布。

【中药名称】北豆根。

【来源】为防己科植物蝙蝠葛（*Menispermum dauricum* DC.）的干燥根茎。

【采收加工】春、秋季采挖，除去茎叶及须根，洗净，晒干。

【性味功效】苦，辛，寒，无毒。降血压、解热、镇痛。用于牙龈肿痛，咳嗽，急性咽喉炎，慢性扁桃体炎，肺炎，支气管炎，风湿痹痛、麻木，水肿，脚气，痢疾，肠炎，胃痛腹胀。

【应用举例】内服：煎汤，1.5～9克。外用：适量，捣敷，或水煎加酒熏洗。

146. 金线吊乌龟 *Stephania cepharantha* Hayata

【别名】扣子藤、盘花地不容、头花千金藤等。

【植物形态】草质、落叶、无毛藤本，高通常1～2米或过之；块根团块状或近圆锥状，有时不规则，褐色，生有许多突起的皮孔；小枝紫红色，纤细。叶纸质，三角状扁圆形至近圆形，长通常2～6厘米，宽2.5～6.5厘米，顶端具小凸尖，基部圆或近截平，边全缘或多少浅波状；掌状脉7～9条，向下的很纤细；叶柄长1.5～7厘米，纤细。雌雄花序同形，均为头状花序，具盘状花托，雄花序总梗丝状，常于腋生、具小型叶的小枝上作总状花序式排列，雌花序总梗粗壮，单个腋生。雄花：萼片6，较少8（或偶有4），匙形或近楔形，长1～1.5毫米；花瓣3或4（很少6），近圆形或阔倒卵形，长约0.5毫米；聚药雄蕊很短。雌花：萼片1，偶有2～3（5），长约0.8毫米或过之；花瓣2～4，肉质，比萼片小。核果阔倒卵圆形，长约6.5毫米，成熟时红色；果核背部二侧各有10～12条小横肋状雕纹，胎座迹通常不穿孔。花期4—5月，果期6—7月。

【生境与分布】分布于西北至陕西汉中地区，东至浙江、江苏和台湾，西南至四川东部和东南部，贵州东部和南部，南至广西和广东。适应性较大，既见于村边、旷野、林缘等处土层深厚肥沃的地方（块根常入土很深），又见于石灰岩地区的石缝或石砾中（块根浮露地面）。全县均有分布。

【中药名称】白药子。

【来源】为防己科植物金线吊乌龟（*Stephania cepharantha* Hayata）的块根。

【采收加工】秋末冬初采集，除去须根，洗净后，切片、晒干备用。

【性味功效】苦，寒，有毒。入脾、肺、肾经。清热解毒，消肿止痛，利尿，降血压。用于风湿疼痛，腰肌劳损，鹤膝风，肾炎水肿，肺结核，肝硬化腹水，胃痛，胃、十二指肠溃疡，流行性腮腺炎，腹痛，痈疮疔毒等。

【应用举例】内服：干品 11.3 ～ 18.8 克，煎水服。

治风痰上壅、咽喉不利：白药 90 克，黑丑 15 克，同炒香，去黑丑一半为末，防风末 90 克，和匀，每茶服 3 克。

147. 千金藤 *Stephania japonica*（Thunb.）Miers.

【别名】小青藤、铁板膏药等。

【植物形态】稍木质藤本，全株无毛；根条状，褐黄色；小枝纤细，有直线纹。叶纸质或坚纸质，通常三角状近圆形或三角状阔卵形，长 6 ～ 15 厘米，通常不超过 10 厘米，长度与宽度近相等或略小，顶端有小凸尖，基部通常微圆，下面粉白；掌状脉 10 ～ 11 条，下面凸起；叶柄长 3 ～ 12 厘米，明显盾状着生。复伞形聚伞花序腋生，通常有伞梗 4 ～ 8 条，小聚伞花序近无柄，密集呈头状；花近无梗。雄花：萼片 6 或 8，膜质，倒卵状椭圆形至匙形，长 1.2 ～ 1.5 毫米，无毛；花瓣 3 或 4，黄色，稍肉质，阔倒卵形，长 0.8 ～ 1 毫米；聚药雄蕊长 0.5 ～ 1 毫米，伸出或不伸出。雌花：萼片和花瓣各 3 ～ 4 片，形状和大小与雄花的近似或较小；心皮卵状。果倒卵形至近圆形，长约 8 毫米，成熟时红色；果核背部有 2 行小横肋状雕纹，每行 8 ～ 10 条，小横肋常断裂，胎座迹不穿孔或偶有一小孔。

【生境与分布】我国见于河南南部（鸡公山）、四川（重庆北碚）、湖北、湖南、江苏、浙江、安徽、江西、福建。生于村边或旷野灌丛中。 全县均有分布。

【中药名称】千金藤。

【来源】防己科千金藤属植物千金藤（*Stephania japonica*（Thunb.）Miers.）以根或藤茎入药。

【采收加工】春、秋季均可采收，洗净切片，晒干。

【性味功效】苦，寒。祛风活络，利尿消肿。

【应用举例】内服：煎汤，3 ～ 5 钱。外用：适量，鲜根或全草捣烂外敷，或研末敷患处。

148. 青牛胆 *Tinospora sagittata*（Oliv.）Gagnep.

【别名】山慈姑、青鱼胆等。

【植物形态】草质藤本，具连珠状块根，膨大部分常为不规则球形，黄色；枝纤细，有条纹，常被柔毛。叶纸质至薄革质，披针状箭形或有时披针状戟形，很少卵状或椭圆状箭形，长 7 ～ 15 厘米，有时达 20 厘米，宽 2.4 ～ 5 厘米，先端渐尖，有时尾状，基部弯缺常很深，后裂片圆、钝或短尖，

常向后伸，有时向内弯以至二裂片重叠，很少向外伸展，通常仅在脉上被短硬毛，有时上面或两面近无毛；掌状脉5条，连同网脉均在下面凸起；叶柄长2.5～5厘米或稍长，有条纹，被柔毛或近无毛。花序腋生，常数个或多个簇生，聚伞花序或分枝成疏花的圆锥状花序，长2～10厘米，有时可至15厘米或更长，总梗、分枝和花梗均丝状；小苞片2，紧贴花萼；萼片6，或有时较多，常大小不等，最外面的小，常卵形或披针形，长仅1～2毫米，较内面的明显较大，阔卵形至倒卵形，或阔椭圆形至椭圆形，长达3.5毫米；花瓣6，肉质，常有爪，瓣片近圆形或阔倒卵形，很少近菱形，基部边缘常反折，长1.4～2毫米；雄蕊6，与花瓣近等长或稍长。雌花：萼片与雄花相似；花瓣楔形，长0.4毫米左右；退化雄蕊6，常棒状或其中3个稍阔而扁，长约0.4毫米；心皮3，近无毛。核果红色，近球形；果核近半球形，宽6～8毫米。花期4月，果期秋季。

【生境与分布】产于湖北西部和西南部、陕西南部（安康）、四川东部至西南部、西藏东南部、贵州东部和南部、湖南（西部、中部和南部）、江西东北部、福建西北部、广东北部和西部、广西东北部和海南北部。常散生于林下、林缘、竹林及草地上。我县均有分布。

【中药名称】金果榄、山慈姑。

【来源】防已科千金藤属植物青牛胆（*Tinospora sagittata*（Oliv.）Gagnep.）以根或藤茎入药。

【采收加工】春、秋季均可采收，洗净切片，晒干。

【性味功效】寒，苦。清凉解毒。对于治急、慢性扁桃体炎，急性咽喉炎，口腔炎，腮腺炎，乳腺炎，阑尾炎，痈疽疔疮，急、慢性肠炎，菌痢，胃痛，热嗽失音等有很好效果。

【应用举例】1. 治咽喉一切症：金果榄一二钱，煎服。

2. 治喉中疼烂：金果榄三钱，冰片一分，为末吹之。

六十、睡莲科 Nymphaeaceae

多年生，少数一年生，水生或沼泽生草本；根状茎沉水生。叶常二型：漂浮叶或出水叶互生，心形至盾形，芽时内卷，具长叶柄及托叶；沉水叶细弱，有时细裂。花两性，辐射对称，单生在花梗顶端；萼片3～12，常4～6，绿色至花瓣状，离生或附生于花托；花瓣3至多数，或渐变成雄蕊；雄蕊6至多数，花药内向、侧向或外向，纵裂；心皮3至多数，离生，或连合成一个多室子房，或嵌生在扩大的花托内，柱头离生，成辐射状或环状柱头盘，子房上位、半下位或下位，胚珠1至多数，直生或倒生，从子房顶端垂生或生在子房内壁上。坚果或浆果，不裂或由于种子外面胶质的膨胀成不规则开裂；种子有或无假种皮，有或无胚乳，胚有肉质子叶。

全国第四次中药资源普查秭归境内发现 1 种。

149. 莲 *Nelumbo nucifera* Gaertn.

【别名】莲花、芙蕖、芙蓉、菡萏、荷花等。

【植物形态】多年生水生草本；根状茎横生，肥厚，节间膨大，内有多数纵行通气孔道，节部缢缩，上生黑色鳞叶，下生须状不定根。叶圆形，盾状，直径 25 ～ 90 厘米，全缘稍呈波状，上面光滑，具白粉，下面叶脉从中央射出，有 1 ～ 2 次叉状分枝；叶柄粗壮，圆柱形，长 1 ～ 2 米，中空，外面散生小刺。花梗和叶柄等长或稍长，也散生小刺；花直径 10 ～ 20 厘米，美丽，芳香；花瓣红色、粉红色或白色，矩圆状椭圆形至倒卵形，长 5 ～ 10 厘米，宽 3 ～ 5 厘米，由外向内渐小，有时变成雄蕊，先端圆钝或微尖；花药条形，花丝细长，着生在花托之下；花柱极短，柱头顶生；花托（莲房）直径 5 ～ 10 厘米。坚果椭圆形或卵形，长 1.8 ～ 2.5 厘米，果皮革质，坚硬，熟时黑褐色；种子（莲子）卵形或椭圆形，长 1.2 ～ 1.7 厘米，种皮红色或白色。花期 6—8 月，果期 8—10 月。

【生境与分布】产于我国南北各省。自生或栽培在池塘或水田内。全县均有分布。

【中药名称】荷叶、莲房、莲须、莲子、莲子心、藕节。

【来源】睡莲科植物莲（*Nelumbo nucifera* Gaertn.）的叶为荷叶，干燥的花托为莲房，干燥的雄蕊为莲须，干燥成熟的种子为莲子，成熟种子中干燥的幼叶及胚根为莲子心，干燥的茎节部为藕节。

【采收加工】荷叶：6—9 月收采，除去叶柄，晒至七八成干，对折成半圆形，晒干。

莲房：秋季果实成熟时采收，除去果实，晒干。

莲须：夏季花开时选晴天采收，盖纸晒干或阴干。

莲子：秋季果实成熟时采割莲房，取出果实，除去果皮，干燥。

莲子心：秋季采收莲子时，从莲子中剥取，晒干。

藕节：秋、冬季采挖根茎（藕），切取节部，洗净，晒干，除去须根。

【性味功效】荷叶：苦，平。清暑化湿，升发清阳，凉血止血。

莲房：苦，涩，温。化瘀止血。

莲须：固肾涩精。

莲子：甘，涩，平。补脾止泻，止带，益肾涩精，养心安神。

莲子心：苦，寒。清心，去热，止血，涩精。治心烦、口渴、吐血、遗精，平和五脏之气。

藕节：甘，涩，平，收敛止血，化瘀。

【应用举例】1. 荷叶：①内服：煎汤，3～10克（鲜品15～30克）；荷叶炭3～6克，或入丸、散。②外用：适量，捣敷或煎水洗。

2. 莲房：①内服：煎汤，1.5～3钱；或入丸、散。②外用：煎水洗或研末调敷。

治经血不止：陈莲蓬壳，烧存性，研末。每服二钱，热酒下。

3. 莲须：内服，煎汤，0.8～1.5钱；或入丸、散。

4. 莲子：内服，6～15克

5. 莲子心：内服，煎汤，0.5～1钱；或入散剂。

用莲子心12克，每天代茶饮用，可以降脂、清热、安神、强心。

6. 藕节：内服，煎汤，3～5钱；捣汁或入散剂。

六十一、三白草科 Saururaceae

多年生草本。茎直立或匍匐状，具明显的节。叶互生，单叶；托叶贴生于叶柄上。花两性，聚集成稠密的穗状花序或总状花序，具总苞或无总苞，苞片显著，无花被；雄蕊3、6或8枚，稀更少，离生或贴生于子房基部或完全上位，花药2室，纵裂；雌蕊由3～4个心皮所组成，离生或合生，如为离生心皮，则每心皮有胚珠2～4颗，如为合生心皮，则子房1室而具侧膜胎座，在每一胎座上有胚珠6～8颗或多数，花柱离生。果为分果爿或蒴果顶端开裂；种子有少量的内胚乳和丰富的外胚乳及小的胚。

全国第四次中药资源普查秭归境内发现2种。

150. 蕺菜 *Houttuynia cordata* Thunb.

【别名】鱼腥草、狗贴耳、侧耳根等。

【植物形态】腥臭草本，高30～60厘米；茎下部伏地，节上轮生小根，上部直立，无毛或节上被毛，有时带紫红色。叶薄纸质，有腺点，背面尤甚，卵形或阔卵形，长4～10厘米，宽2.5～6

厘米，顶端短渐尖，基部心形，两面有时除叶脉被毛外余均无毛，背面常呈紫红色；叶脉5～7条，全部基出或最内1对离基约5毫米从中脉发出，如为7脉时，则最外1对很纤细或不明显；叶柄长1～3.5厘米，无毛；托叶膜质，长1～2.5厘米，顶端钝，下部与叶柄合生而成长8～20毫米的鞘，且常有缘毛，基部扩大，略抱茎。花序长约2厘米，宽5～6毫米；总花梗长1.5～3厘米，无毛；总苞片长圆形或倒卵形，长10～15毫米，宽5～7毫米，顶端钝圆；雄蕊长于子房，花丝长为花药的3倍。蒴果长2～3毫米，顶端有宿存的花柱。花期4—7月。

【生境与分布】产于我国中部、东南至西南部各省区，东起台湾，西南至云南、西藏，北达陕西、甘肃。生于沟边、溪边或林下湿地上。全县均有分布。

【中药名称】鱼腥草。

【来源】为三白草科植物蕺菜（*Houttuynia cordata* Thunb.）的干燥地上部分。

【采收加工】夏季茎叶茂盛花穗多时采割，除去杂质，晒干。

【性味功效】辛，温，有小毒。清热解毒，利尿消肿。主治尿疮，把其放在淡竹筒里煨熟，然后倒出捣烂用于敷恶疮、白秃，能散热解毒止痛，治疗痔疮脱肛、疟疾等。

【应用举例】内服：15～25克，不宜久煎；鲜品用量加倍，水煎或捣汁服。外用：适量，捣敷或煎汤熏洗患处。

1. 治病毒性肺炎、支气管炎、感冒：鱼腥草、厚朴、连翘各三钱，研末，桑枝一两，煎水冲服药末。

2. 治痢疾：鱼腥草六钱，山查炭二钱，水煎加蜜糖服。

151. 三白草 *Saururus chinensis*（Lour.）Baill.

【别名】塘边藕等。

【植物形态】湿生草本，高1米余；茎粗壮，有纵长粗棱和沟槽，下部伏地，常带白色，上部直立，绿色。叶纸质，密生腺点，阔卵形至卵状披针形，长10～20厘米，宽5～10厘米，顶端短尖或渐尖，基部心形或斜心形，两面均无毛，上部的叶较小，茎顶端的2～3片于花期常为白色，呈花瓣状；叶脉5～7条，均自基部发出，如为7脉时，则最外1对纤细，斜升2～2.5厘米即弯拱网结，网状脉明显；叶柄长1～3厘米，无毛，基部与托叶合生成鞘状，略抱茎。花序白色，长12～20厘米；总花梗长3～4.5厘米，无毛，但花序轴密被短柔毛；苞片近匙形，上部圆，无毛或有疏缘毛，下部线形，被柔毛，且贴生于花梗上；雄蕊6枚，花药长圆形，纵裂，花丝比花药略长。果近球形，直径约 3 毫米，表面多疣状凸起。花期 4—6 月。

【生境与分布】产于河北、山东、河南和长江流域及其以南各省区。生于低湿沟边、塘边或溪旁。日本、菲律宾至越南也有分布。全县均有分布。

【中药名称】三白草，三白草根。

【来源】为三白草科植物三白草（*Saururus chinensis*（Lour.）Baill.）的干燥根茎或全草。

【采收加工】三白草根：7—9 月挖掘地下根茎，去净泥土，置热水中浸泡数分钟，取出晒干。

三白草：全草全年均可采挖，洗净，晒干。7—9 月采收地上部分，晒干

【性味功效】三白草根：甘，辛，寒。归肺、膀胱经。

三白草：苦，辛，寒。归肺、脾、胃、大肠经。

清热解毒，利尿消肿。用于小便不利，淋沥涩痛，带下，尿路感染，肾炎水肿；外治疮疡肿毒，湿疹。

【应用举例】三白草根：

1. 内服：煎汤，9 ～ 15 克；鲜品 30 ～ 90 克；或捣汁。

2. 外用：适量，煎水洗，或研末调敷，或鲜品捣烂外敷。

三白草：

1. 内服：煎汤，10 ～ 30 克；鲜品倍量。

2. 外用：鲜品适量，捣烂外敷，或捣汁饮。

六十二、胡椒科 Piperaceae

草本、灌木或攀援藤本，稀为乔木，常有香气；维管束多少散生而与单子叶植物的类似。叶互生，少有对生或轮生，单叶，两侧常不对称，具掌状脉或羽状脉；托叶多少贴生于叶柄上或否，或无托叶。花小，两性、单性雌雄异株或间有杂性，密集成穗状花序或由穗状花序再排成伞形花序，极稀有成总状花序排列，花序与叶对生或腋生，少有顶生；苞片小，通常盾状或杯状，少有勺状；花被无；雄蕊 1 ～ 10 枚，花丝通常离生，花药 2 室，分离或汇合，纵裂；雌蕊由 2 ～ 5 个心皮所

组成，连合，子房上位，1室，有直生胚珠1颗，柱头1～5，无或有极短的花柱。浆果小，具肉质、薄或干燥的果皮；种子具少量的内胚乳和丰富的外胚乳。

全国第四次中药资源普查秭归境内发现1种。

152. 石南藤 *Piper wallichii*（Miq.）Hand. -Mazz.

【别名】爬岩香、巴岩香等。

【植物形态】攀援藤本；枝被疏毛或脱落变无毛，干时呈淡黄色，有纵棱。叶硬纸质，干时变淡黄色，无明显腺点，椭圆形，或向下渐次为狭卵形至卵形，长7～14厘米，宽4～6.5厘米，顶端长渐尖，有小尖头，基部短狭或钝圆，两侧近相等，有时下部的叶呈微心形，如为微心形时，则其凹缺之宽度狭于叶柄之宽度，腹面无毛，背面被长短不一的疏粗毛；叶脉5～7条，最上1对互生或近对生，离基1～2.5厘米从中脉发出，弧形上升至叶片3/4处弯拱连接，余者均基出，如为7脉时，则最外1对细弱而短，网状脉明显；叶柄长1～2.5厘米，无毛或被疏毛；叶鞘长8～10毫米。花单性，雌雄异株，聚集成与叶对生的穗状花序。雄花序于花期几与叶片等长，稀有略长于叶片者；总花梗与叶柄近等长或略长，无毛或被疏毛；花序轴被毛；苞片圆形，稀倒卵状圆形，边缘不整齐，近无柄或具被毛的短柄，盾状，直径约1毫米；雄蕊2枚，间有3枚，花药肾形，2裂，比花丝短。雌花序比叶片短；总花梗远长于叶柄，长达2～4厘米；花序轴和苞片与雄花序的相同，但苞片柄于果期延长可达2毫米，密被白色长毛；子房离生，柱头3～4，稀有5，披针形。浆果球形，直径3～3.5毫米，无毛，有疣状凸起。花期5—6月。

【生境与分布】产于湖北西南部（宜昌、兴山、巴东、恩施）、湖南西部（永顺、东安）、广西北部和西南部（龙胜、灵川、临桂、大鸣山）、贵州北部至西南部（沿河、遵义、安顺）、云南东南至西南部和西北部（西畴经双柏、景东至沧源、梁河、泸水、福贡、贡山）、四川北部（城口、昭化、青川、平武）和南部（绵竹、灌县、什邡、彭县、邛崃、天全、峨眉、马边、雷波、屏山、宜宾、庐州、江津）及东南部（酉阳、南川）、甘肃南部（文县）。生于林中荫处或湿润地，爬于石壁上或树上，海拔310～2600米。全县均有分布。

【中药名称】石南藤。

【来源】为胡椒科植物石南藤（*Piper wallichii*（Miq.）Hand.-Mazz.）干燥茎、叶或全株。

【采收加工】全株全年均可采收。茎、叶夏季采集，分别晒干。

【性味功效】辛，温。祛风湿，强筋骨，止痛，止咳。

茎入药，祛风寒，强腰膝，补肾壮阳。用于风湿痹痛、腰腿痛等。

【应用举例】1. 治风湿痹痛：石南藤、追风伞、肥猪苗各 15 克，水煎服。

2. 治筋骨冷痛：石南藤、山姜、九斯马各 30 克，泡酒服。

3. 治阳痿：石南藤、九牛造、双肾草各 50 克，泡酒服。

4. 治咳嗽：石南藤、兔耳风各 20 克，水煎服。

六十三、马兜铃科 Aristolochiaceae

草质或木质藤本、灌木或多年生草本，稀乔木；根、茎和叶常有油细胞。单叶、互生，具柄，叶片全缘或 3 ～ 5 裂，基部常心形，无托叶。花两性，有花梗，单生、簇生或排成总状、聚伞状或伞房花序，顶生、腋生或生于老茎上，花色通常艳丽而有腐肉臭味；花被辐射对称或两侧对称，花瓣状，1 轮，稀 2 轮，花被管钟状、瓶状、管状、球状或其他形状；檐部圆盘状、壶状或圆柱状，具整齐或不整齐 3 裂，或为向一侧延伸成 1 ～ 2 舌片，裂片镊合状排列；雄蕊 6 至多数，1 或 2 轮；花丝短，离生或与花柱、药隔合生成合蕊柱；花药 2 室，平行，外向纵裂；子房下位，稀半下位或上位，4 ～ 6 室或为不完全的子房室，稀心皮离生或仅基部合生；花柱短而粗厚，离生或合生而顶端 3 ～ 6 裂；胚珠每室多颗，倒生，常 1 ～ 2 行叠置，中轴胎座或侧膜胎座内侵。蒴果蓇葖果状、长角果状或为浆果状；种子多数，常藏于内果皮中，通常长圆状倒卵形、倒圆锥形、椭圆形、钝三棱形，扁平或背面凸而腹面凹入，种皮脆骨质或稍坚硬，平滑、具皱纹或疣状突起，种脊海绵状增厚或翅状，胚乳丰富，胚小。

全国第四次中药资源普查秭归境内发现 5 种。

153. 马兜铃 *Aristolochia debilis* Sieb. et Zucc.

【别名】兜铃根、独行根、青木香、天仙藤、蛇参果、三百银药、野木香根等。

【植物形态】草质藤本；根圆柱形，直径 3 ～ 15 毫米，外皮黄褐色；茎柔弱，无毛，暗紫色或绿色，有腐肉味。叶纸质，卵状三角形，长圆状卵形或戟形，长 3 ～ 6 厘米，基部宽 1.5 ～ 3.5 厘米，上部宽 1.5 ～ 2.5 厘米，顶端钝圆或短渐尖，基部心形，两侧裂片圆形，下垂或稍扩展，长 1 ～ 1.5 厘米，两面无毛；基出脉 5 ～ 7 条，邻近中脉的两侧脉平行向上，略开叉，其余向侧边延伸，各级叶脉在两面均明显；叶柄长 1 ～ 2 厘米，柔弱。花单生或 2 朵聚生于叶腋；花梗长 1 ～ 1.5 厘米，开花后期近顶端常稍弯，基部具小苞片；小苞片三角形，长 2 ～ 3 毫米，易脱落；花被长 3 ～ 5.5 厘米，基部膨大呈球形，与子房连接处具关节，直径 3 ～ 6 毫米，向上收狭成一长管，管长 2 ～ 2.5

厘米，直径 2 ～ 3 毫米，管口扩大呈漏斗状，黄绿色，口部有紫斑，外面无毛，内面有腺体状毛；檐部一侧极短，另一侧渐延伸成舌片；舌片卵状披针形，向上渐狭，长 2 ～ 3 厘米，顶端钝；花药卵形，贴生于合蕊柱近基部，并单个与其裂片对生；子房圆柱形，长约 10 毫米，6 棱；合蕊柱顶端 6 裂，稍具乳头状凸起，裂片顶端钝，向下延伸形成波状圆环。蒴果近球形，顶端圆形而微凹，长约 6 厘米，直径约 4 厘米，具 6 棱，成熟时黄绿色，由基部向上沿室间 6 瓣开裂；果梗长 2.5 ～ 5 厘米，常撕裂成 6 条；种子扁平，钝三角形，长、宽均约 4 毫米，边缘具白色膜质宽翅。花期 7—8 月，果期 9—10 月。

【生境与分布】分布于长江流域以南各省区以及山东（蒙山）、河南（伏牛山）等，广东、广西常有栽培。生于海拔 200 ～ 1500 米的山谷、沟边、路旁阴湿处及山坡灌丛中。全县均有分布。

【中药名称】马兜铃、天仙藤、青木香。

【来源】马兜铃科植物马兜铃（*Aristolochia debilis* Sieb. et Zucc.）的果实为马兜铃，干燥的地上部分为天仙藤，植物的干燥根为青木香。

【采收加工】马兜铃：秋季果实由绿变黄时采收，干燥。

天仙藤：秋季采割，除去杂质，晒干。

青木香：春、秋二季采挖，除去须根及泥沙，晒干。

【性味功效】马兜铃：苦，微辛，性寒。清肺降气，止咳平喘，清泄大肠。

天仙藤：苦，温。行气活血，通络止痛。

青木香：苦、辛，寒。平肝止痛，解毒消肿。

【应用举例】1. 马兜铃：内服，煎汤，1 ～ 3 钱。

治肺气喘嗽：马兜铃二两（只用里面子，去壳，酥半两，入碗内拌匀，慢火炒干），甘草一两（炙）。二味为末，每服一钱，水一盏，煎六分，温呷，以药末含咽津亦可。

2. 天仙藤：内服，煎汤，1.5 ～ 3 钱，或作散剂；外用，煎水洗或捣烂敷。

治产后腹痛不止及一切血气腹痛：天仙藤五两。炒焦，为细末，每服二钱。

3. 青木香：内服，煎汤，1 ～ 3 钱，或入散剂；外用，研末调敷或磨汁涂。

治肠炎及腹痛下痢：土青木香三钱，槟榔一钱五分，黄连一钱五分。共研细末。每次三至六分，开水冲服。

154. 异叶马兜铃 *Aristolochia kaempferi* Willd. f. heterophylla（Hemsl.）S. M. Hwang

【别名】大叶马兜铃、南木香、金狮藤、地黄蒲、香里藤、金腰带、痢药草等。

【植物形态】草质藤本；根圆柱形，外皮黄褐色，揉之有芳香，味苦；嫩枝细长，密被倒生长柔毛，毛渐脱落，老枝无毛，明显具纵槽纹。叶纸质，叶形各式，卵形、卵状心形、卵状披针形或戟状耳形，长 5 ~ 18 厘米，下部宽 4 ~ 8 厘米，中部宽 2 ~ 5 厘米，顶端短尖或渐尖，基部浅心形或耳形，边全缘或因下部向外扩展而有 2 个圆裂片，叶上面嫩时疏生白色短柔毛；侧脉每边 3 ~ 4 条；

叶柄长 1.5 ~ 6 厘米，密被长柔毛。花单生，稀 2 朵聚生于叶腋；花梗长 2 ~ 7 厘米，常向下弯垂，近中部或近基部具小苞片；小苞片卵形或披针形，长 5 ~ 10 毫米，无毛，无柄或具短柄，有网脉，下面密被短柔毛；花被管中部急剧弯曲，下部长圆柱形，长 2 ~ 2.5 厘米，直径 3 ~ 8 毫米，弯曲处至檐部较下部狭而稍短，外面黄绿色，有纵脉 10 条，密被白色长柔毛，内面无毛；檐部盘状，近圆形，直径 2 ~ 3 厘米，边缘 3 浅裂，裂片平展，阔卵形，近等大或在下一片稍大，顶端短尖，黄绿色，基部具紫色短线条，具网脉，外面疏被短柔毛，内面仅近基部稍被毛，其余无毛，喉部黄色；花药长圆形，成对贴生于合蕊柱近基部，并与其裂片对生；子房圆柱形，长 6 ~ 12 毫米，6 棱，密被长绒毛；合蕊柱顶端 3 裂；裂片顶端圆形，有时再二裂，边缘向下延伸，有时稍翻卷，具疣状突起。蒴果长圆状或卵形，长 3 ~ 7 厘米，近无毛，成熟时暗褐色；种子倒卵形，长 3 ~ 4 毫米，宽 2 ~ 3 毫米，背面平凸状，腹面凹入，中间具种脊。花期 4—5 月，果期 6—8 月。

【生境与分布】产于台湾、福建、江苏、江西、广东、广西、贵州、云南。生于山坡灌丛中。全县均有分布。

【中药名称】汉防己。

【来源】为马兜铃科植物异叶马兜铃（*Aristolochia kaempferi* Willd. f. heterophylla（Hemsl.）S. M. Hwang）干燥的根。

【采收加工】秋季采挖，洗净，除去粗皮，晒至半干，切段，个大者再纵切，干燥。

【性味功效】苦，辛，寒。归膀胱、肺经。祛风止痛，清热利水。

【应用举例】内服：煎汤，5 ~ 10 克；研末，2 ~ 3 克。外用：适量，捣烂外敷，或研末调搽。

155. 寻骨风 *Aristolochia mollissima* Hance

【别名】穿地筋、毛风草、猫耳朵草等。

【植物形态】木质藤本；根细长，圆柱形；嫩枝密被灰白色长绵毛，老枝无毛，干后常有纵

槽纹，暗褐色。叶纸质，卵形、卵状心形，长3.5～10厘米，宽2.5～8厘米，顶端钝圆至短尖，基部心形，基部两侧裂片广展，弯缺深1～2厘米，边全缘，上面被糙伏毛，下面密被灰色或白色长绵毛，基出脉5～7条，侧脉每边3～4条；叶柄长2～5厘米，密被白色长绵毛。花单生于叶腋，花梗长1.5～3厘米，直立或近顶端向下弯，中部或中部以下有小苞片；小苞片卵形或长卵形，长5～15毫米，宽3～10毫米，无柄，顶端短尖，两面被毛与叶相同；花被管中部急剧弯曲，下部长1～1.5厘米，直径3～6毫米，弯曲处至檐部较下部短而狭，外面密生白色长绵毛，内面无毛；檐部盘状，圆形，直径2～2.5厘米，内面无毛或稍被微柔毛，浅黄色，并有紫色网纹，外面密生白色长绵毛，边缘浅3裂，裂片平展，阔三角形，近等大，顶端短尖或钝；喉部近圆形，直径2～3毫米，稍呈领状突起，紫色；花药长圆形，成对贴生于合蕊柱近基部，并与其裂片对生；子房圆柱形，长约8毫米，密被白色长绵毛；合蕊柱顶端3裂；裂片顶端钝圆，边缘向下延伸，并具乳实状突起。蒴果长圆状或椭圆状倒卵形，长3～5米，直径1.5～2厘米，具6条呈波状或扭曲的棱或翅，暗褐色，密被细绵毛或毛常脱落而变无毛，成熟时自顶端向下6瓣开裂；种子卵状三角形，长约4毫米，宽约3毫米，背面平凸状，具皱纹和隆起的边缘，腹面凹入，中间具膜质种脊。花期4—6月，果期8—10月。

【生境与分布】产于陕西南部、山西、山东、河南南部、安徽、湖北、贵州、湖南、江西、浙江和江苏。生于海拔100～850米的山坡、草丛、沟边和路旁等处。全县均有分布。

【中药名称】寻骨风。

【来源】为马兜铃科植物寻骨风（*Aristolochia mollissima* Hance）的植物地上部分。

【采收加工】5月开花前连根挖出，切段，晒干。

【性味功效】辛，苦，平。归肝经。祛风通络，止痛。用于风湿痹痛，胃痛，跌打伤痛等。

【应用举例】内服：9～15克，煎服。

治风湿性关节痛：寻骨风全草五钱，五加根一两，地榆五钱。酒水各半，煎浓汁服。

156. 小叶马蹄香 *Asarum ichangense* C. Y. Cheng et C. S. Yang

【别名】马蹄香、土细辛等。

【植物形态】多年生草本；根状茎短，根稍肉质，直径1～2毫米。叶心形、卵心形、稀近戟形，长3～6厘米，宽3.5～7.5厘米，先端急尖或钝，基部心形，两侧裂片长2～4厘米，宽2.5～6厘米，叶面通常深绿色，有时在中脉两旁有白色云斑，在脉上或近边缘处有短毛，叶背浅绿色，或初呈紫色而逐渐消退，或紫色，无毛；叶柄长3～15厘米；芽苞叶卵形或长卵形，长约10毫米，宽7毫米，边缘有睫毛。花紫色；花梗长约1厘米，有时向下弯垂；花被管球状，直径约1厘米，喉部强度缢缩，膜环宽约1毫米，内壁有格状网眼，花被裂片三角卵形，长1～1.4厘米，宽8～10

毫米，基部有乳突皱褶区；药隔伸出，圆形，中央微内凹；子房近上位，花柱 6，柱头卵状，顶生。花期 4—5 月。

【生境与分布】产于安徽、浙江、福建、江西、湖北、湖南、广东、广西。生于海拔 330 ～ 1400 米林下草丛或溪旁阴湿地。全县均有分布。

【中药名称】杜衡。

【来源】为马兜铃科植物小叶马蹄香（*Asarum ichangense* C.Y.Cheng et C.S. Yang）的茎、根或全草。

【采收加工】4—6 月间采挖，洗净，晒干。

【性味功效】辛，温，无毒。散风逐寒，消痰行水，活血，平喘，定痛。主治风寒感冒，痰饮咳喘，水肿，风湿，跌打损伤，头痛，龋齿痛，痧气腹痛。

【应用举例】内服：煎汤，1.5 ～ 3 克；浸酒或入散剂。外用：研末吹鼻或捣敷。

治风寒头痛，伤风伤寒，头痛、发热初觉者：马蹄香为末，每服一钱，热酒调下，少顷饮热茶一碗，催之出汗。

157. 大叶马蹄香 *Asarum maximum* Hemsl.

【别名】马蹄细辛等。

【植物形态】多年生草本，植株粗壮；根状茎匍匐，长可达 7 厘米，直径 2 ～ 3 毫米，根稍肉质，直径 2 ～ 3 毫米。叶片长卵形、阔卵形或近戟形，长 6 ～ 13 厘米，宽 7 ～ 15 厘米，先端急尖，基部心形，两侧裂片长 3 ～ 7 厘米，宽 3.5 ～ 6 厘米，叶面深绿色，偶有白色云斑，脉上和近边缘有短毛，叶背浅绿色；叶柄长 10 ～ 23 厘米；芽苞叶卵形，长约 18 毫米，宽约 7 毫米，边缘密生睫毛。花紫黑色，直径 4 ～ 6 厘米；花梗长 1 ～ 5 厘米；花被管钟状，长约 2.5 厘米，直径 1.5 ～ 2 厘米，在与花柱等高处向外膨胀形成一带状环突，喉部不缢缩或稍缢缩，喉孔直径约 1 厘米，无膜环或仅有膜环状的横向间断的皱褶，内壁具纵行脊状皱褶，花被裂片宽卵形，长 2 ～ 4 厘米，宽 2 ～ 3 厘米，中部以下有半圆状污白色斑块，干后淡棕色，向下具有数行横列的乳突状皱褶；药隔伸出，钝尖；子房半下位，花柱 6，顶端 2 裂，柱头侧生。花期 4—5 月。

【生境与分布】产于湖北和四川东部。生于海拔 600 ～ 800 米林下腐植土中。全县均有分布。

【中药名称】大细辛。

【来源】为马兜铃科植物大叶马蹄香（*Asarum maximum* Hemsl.）的带根全草。

【采收加工】春、夏季采收，洗净，晒干。广西则在冬季挖取全株，洗净，风干。

【性味功效】辛，温。归肺、脾、肝经。祛风散寒，止咳祛痰，活血解毒，止痛。

【应用举例】内服：煎汤，3 ～ 6 克；或研末，每次 1 克。

六十四、芍药科 Paeoniaceae

双子叶植物纲五桠果亚纲的一小科。灌木或具根状茎的多年生草本。叶互生，为二回三出复叶，无托叶。花大，常单独顶生，两性，辐射对称，通常由甲虫传粉。萼片 5 枚，宿存。花瓣 5 ～ 10 片，覆瓦状排列，白色，粉红色，紫色或黄色。雄蕊多数，离心发育，花药外向，长圆形。花盘肉质，环状或杯状。心皮 2 ～ 5 枚，分生，子房沿腹缝线有 2 列胚珠，受精后形成具革质果皮的蓇葖果。种子大，红紫色，有假种皮和丰富的胚乳。仅芍药属 1 属约 35 种，主要分布于欧亚大陆，少数产北美洲西部。中国有 11 种，分布于西南、西北、华中、华北和东北。木本的牡丹组为中国特产。

全国第四次中药资源普查秭归境内发现 2 种。

158. 芍药 *Paeonia lactiflora* Pall.

【别名】将离、离草、婪尾春、余容、犁食、没骨花、黑牵夷等。

【植物形态】多年生草本。根粗壮，分枝黑褐色。茎高 40 ～ 70 厘米，无毛。下部茎生叶为二回三出复叶，上部茎生叶为三出复叶；小叶狭卵形，椭圆形或披针形，顶端渐尖，基部楔形或偏斜，边缘具白色骨质细齿，两面无毛，背面沿叶脉疏生短柔毛。花数朵，生茎顶和叶腋，有时仅顶端一朵开放，而近顶端叶腋处有发育不好的花芽，直径 8 ～ 11.5 厘米；苞片 4 ～ 5，披针形，大小不等；萼片 4，宽卵形或近圆形，长 1 ～ 1.5 厘米，宽 1 ～ 1.7 厘米；花瓣 9 ～ 13，倒卵形，长 3.5 ～ 6 厘米，宽 1.5 ～ 4.5 厘米，白色，有时基部具深紫色斑块；花丝长 0.7 ～ 1.2 厘米，黄色；花盘浅杯状，包裹心皮基部，顶端裂片钝圆；心皮 4 ～ 5，无毛。蓇葖长 2.5 ～ 3 厘米，直径 1.2 ～ 1.5 厘米，顶端具喙。花期 5—6 月，果期 8 月。

【生境与分布】我国分布于东北、华北、陕西及甘肃南部。在东北分布于海拔 480 ～ 700 米的山坡草地及林下，在其他各省分布于海拔 1000 ～ 2300 米的山坡草地。在朝鲜、日本、蒙古及俄罗斯西伯利亚地区也有分布。在我国四川、贵州、安徽、山东、浙江等省及各城市公园也有栽培，栽培者，花瓣各色。全县均有分布。

【中药名称】白芍、赤芍。

【来源】为毛茛科植物芍药（*Paeonia lactiflora* Pall.）或川赤芍（*Paeonia veitchii* Lynch ）的干燥根。

【采收加工】白芍：夏、秋季采挖，洗净，除去头、尾及细根，置沸水中煮后除去外皮或去皮后再煮，晒干。

赤芍：8—9月采挖，去除地上部分及泥土，晾晒至半干时，捆成小捆，晒至足干。

【性味功效】白芍：苦，酸，微寒。归肝、脾经。平肝止痛，养血调经，敛阴止汗。用于头痛眩晕，胁痛，腹痛，四肢挛痛，血虚萎黄，月经不调，自汗，盗汗。

赤芍：苦，微寒。归肝经。清热凉血，散瘀止痛。用于温毒发斑，吐血衄血，目赤肿痛，肝郁胁痛，闭经痛经，症瘕腹痛，跌打损伤，痈肿疮疡。

【应用举例】白芍：内服，煎汤，2～4钱；或入丸、散。

治妇人怀妊腹中疠痛：当归三两，白芍一斤，茯苓四两，白术四两，泽泻半斤，川芎半斤（一作三两）。上六味，杵为散。取方寸匕，酒和，日三服。

赤芍：内服，煎汤，4～10克；或入丸、散。

159. 牡丹 *Paeonia suffruticosa* Andr.

【别名】鼠姑、鹿韭、白茸、木芍药、百雨金、洛阳花等。

【植物形态】落叶灌木。茎高达2米；分枝短而粗。叶通常为二回三出复叶，偶尔近枝顶的叶为3小叶；顶生小叶宽卵形，长7～8厘米，宽5.5～7厘米，3裂至中部，裂片不裂或2～3浅裂，表面绿色，无毛，背面淡绿色，有时具白粉，沿叶脉疏生短柔毛或近无毛，小叶柄长1.2～3厘米；侧生小叶狭卵形或长圆状卵形，长4.5～6.5厘米，宽2.5～4厘米，不等2裂至3浅裂或不裂，近无柄；叶柄长5～11厘米，和叶轴均无毛。花单生枝顶，直径10～17厘米；花梗长4～6厘米；苞片5，长椭圆形，大小不等；萼片5，绿色，宽卵形，大小不等；花瓣5，或为重瓣，玫瑰色、红紫色、粉红色至白色，通常变异很大，倒卵形，长5～8厘米，宽4.2～6厘米，顶端呈不规则的波状；雄蕊长1～1.7厘米，花丝紫红色、粉红色，上部白色，长约1.3厘米，花药长圆形，长4毫米；花盘革质，杯状，紫红色，顶端有数个锐齿或裂片，完全包住心皮，在心皮成熟时开裂；心皮5，稀更多，密生柔毛。蓇葖长圆形，密生黄褐色硬毛。花期5月，果期6月。

【生境与分布】可能由产于我国陕西省延安一带的矮牡丹（*Paeonia suffruticosa* var. *spontanea*）引种而来。目前全国栽培甚广，并早已引种国外。在栽培类型中，根据花的颜色不同，可分成上百个品种。全县均有分布。

【中药名称】牡丹皮。

【来源】为毛茛科植物牡丹（*Paeonia suffruticosa* Andr.）的干燥根皮。

【采收加工】秋季采挖根部，除去细根，剥取根皮，晒干。

【性味功效】苦，辛，微寒。归心、肝、肾经。清热凉血，活血化瘀，退虚热等。

【应用举例】内服：煎汤，6～9克；或入丸、散。

治妇人恶血攻聚上面，多怒：牡丹皮半两，干漆（烧烟尽）半两。水二盅，煎一盅服。

六十五、猕猴桃科 Actinidiaceae

乔木、灌木或藤本，常绿、落叶或半落叶植物；毛被发达，多样。叶为单叶，互生，无托叶。花序腋生，聚伞式或总状式，或简化至1花单生。花两性或雌雄异株，辐射对称；萼片5片，稀2～3片，覆瓦状排列，稀镊合状排列；花瓣5片或更多，覆瓦状排列，分离或基部合生；雄蕊10（13），分2轮排列，或无数，作轮列式排列，花药背部着生，纵缝开裂或顶孔开裂；心皮无数或少至3枚，子房多室或3室，花柱分离或合生为一体，胚珠每室无数或少数，中轴胎座。果为浆果或蒴果；种子每室无数至1颗，具肉质假种皮，胚乳丰富。

全国第四次中药资源普查秭归境内发现3种。

160. 京梨猕猴桃 *Actinidia callosa* Lindl. var. *henryi* Maxim.

【别名】驼齿猕猴桃等。

【植物形态】大型落叶藤本；着花小枝长5～15厘米，一般8～12厘米，直径2.5～3毫米，洁净无毛，个别有极少量硬毛，皮孔相当显著，髓淡褐色，片层状或实心，芽体被锈色茸毛；隔年枝灰褐色，直径3～5毫米，干时有皱纹状纵棱，皮孔开裂或不开裂，髓片层状。叶卵形、阔卵形、倒卵形或椭圆形，长5～12厘米，宽3.5～8.5厘米，顶端急尖至长渐尖或钝形至圆形，基部阔楔形至圆形或截形至心形，边缘有芒刺状小齿或普通斜锯齿乃至粗大的重锯齿，齿尖通常硬化，腹面深绿色，完全无毛，仅个别变种有少量小糙伏毛，背面绿色，完全无毛或仅侧脉腋上有髯毛，叶脉比较发达，在上面下陷，在背面隆起呈圆线形，侧脉6～8对，横脉不甚显著，网状小脉不易见；叶柄水红色，长2～8厘米，洁净无毛，仅个别变种有少数硬毛；花序有花1～3朵，通常1花单生；花序柄7～15毫米，花柄11～17毫米，均无毛或有毛。花白色，直径约15毫米；萼片5片，卵形，长4～5毫米，无毛或被黄褐色短绒毛，或内面薄被短绒毛，外面洁净无毛；花瓣5片，倒卵形，长8～10毫米，花丝丝状，长3～5毫米，花药黄色，卵形箭头状，长1.5～2毫米；子房近球形，高约3毫米，被灰白色茸毛，花柱比子房稍长。果墨绿色，近球形至卵珠形或乳头形，长1.5～4.5厘米，直径1～1.7厘米，有显著的淡褐色圆形斑点，具反折的宿存萼片。种子长2～2.5毫米。

【生境与分布】产于长江以南各省区，西起云贵高原和四川内陆，东至台湾。全县均有分布。

【中药名称】水梨藤。

【来源】为猕猴桃科植物京梨猕猴桃（*Actinidia callosa* Lindl.var. *henryi* Maxim.）的根皮。

【采收加工】全年均可采，剥取根皮，鲜用或晒干。

【性味功效】涩，凉。清热利湿，消肿止痛。

【应用举例】内服：煎汤，1～2两。外用：捣敷。

161. 中华猕猴桃 *Actinidia chinensis* Planch.

【别名】阳桃、羊桃、羊桃藤、藤梨、猕猴桃等。

【植物形态】大型落叶藤本；幼枝或厚或薄地被有灰白色茸毛或褐色长硬毛或铁锈色硬毛状刺毛，老时秃净或留有断损残毛；花枝短的4～5厘米，长的15～20厘米，直径4～6毫米；隔年枝完全秃净无毛，直径5～8毫米，皮孔长圆形，比较显著或不甚显著；髓白色至淡褐色，片层状。叶纸质，倒阔卵形至倒卵形或阔卵形至近圆形，长6～17厘米，宽7～15厘米，顶端截平形并中间凹入或具突尖、急尖至短渐尖，基部钝圆形、截平形至浅心形，边缘具脉出的直伸的睫状小齿，腹面深绿色，无毛或中脉和侧脉上有少量软毛或散被短糙毛，背面苍绿色，密被灰白色或淡褐色星状茸毛，侧脉 5 ～ 8 对，常在中部以上分歧成叉状，横脉比较发达，易见，网状小脉不易见；叶柄长 3 ～ 6（10）厘米，被灰白色茸毛或黄褐色长硬毛或铁锈色硬毛状刺毛。聚伞花序具 1 ～ 3 朵花，花序柄长 7 ～ 15 毫米，花柄长 9 ～ 15 毫米；苞片小，卵形或钻形，长约 1 毫米，均被灰白色丝状茸毛或黄褐色茸毛；花初放时白色，放后变淡黄色，有香气，直径 1.8 ～ 3.5 厘米；萼片 3 ～ 7 片，通常 5 片，阔卵形至卵状长圆形，长 6 ～ 10 毫米，两面密被压紧的黄褐色绒毛；花瓣 5 片，有时少至 3 ～ 4 片或多至 6 ～ 7 片，阔倒卵形，有短距，长 10 ～ 20 毫米，宽 6 ～ 17 毫米；雄蕊极多，花丝狭条形，长 5 ～ 10 毫米，花药黄色，长圆形，长 1.5 ～ 2 毫米，基部叉开或不叉开；子房球形，直径约 5 毫米，密被金黄色的压紧交织茸毛或不压紧不交织的刷毛状糙毛，花柱狭条形。果黄褐色，近球形、圆柱形、倒卵形或椭圆形，长 4 ～ 6 厘米，被茸毛、长硬毛或刺毛状长硬毛，成熟时秃净或不秃净，具小而多的淡褐色斑点；宿存萼片反折；种子纵径 2.5 毫米。

【生境与分布】产于陕西（南端）、湖北、湖南、河南、安徽、江苏、浙江、江西、福建、广东（北部）和广西（北部）等省区。生于海拔 200 ～ 600 米低山区的山林中，一般多出现于高草灌丛、灌木林或次生疏林中，喜欢腐植质丰富、排水良好的土壤，分布于较北地区者喜生于温暖湿润、背风向阳的环境。全县均有分布。

【中药名称】中华猕猴桃根、中华猕猴桃叶、中华猕猴桃藤、猕猴桃。

【来源】猕猴桃科植物中华猕猴桃（*Actinidia chinensis* Planch.）的果实为猕猴桃，根为中华猕猴桃根，叶为中华猕猴桃叶，藤茎为中华猕猴桃藤。

【采收加工】中华猕猴桃根：全年均可采，洗净，切段，晒干或鲜用。

中华猕猴桃叶：全年均可采，洗净，鲜用或晒干，或鲜品捣汁。

中华猕猴桃藤：全年均可采，洗净，鲜用或晒干，或鲜品捣汁。

猕猴桃：9 月中、下旬至 10 月上旬采摘成熟果实，鲜用或晒干用。

【性味功效】中华猕猴桃根：清热解毒，活血消肿，祛风利湿。

中华猕猴桃叶：清热解毒，散瘀止血。

中华猕猴桃藤：和中开胃，清热利湿。

猕猴桃：酸，甘，寒。解热，止渴，健胃，通淋。

【应用举例】1. 中华猕猴桃根：内服，煎汤，30 ～ 60 克；外用，适量，捣敷。

治跌打损伤：猕猴桃鲜根白皮，加酒糟或白酒捣烂烘热，外敷伤处；同时用根二至三两，水煎服。

2. 中华猕猴桃叶：治妇人乳痈，鲜猕猴桃叶一握，和适量的酒糟、红糖捣烂，加热外敷，每天早、晚各换一次。

3. 中华猕猴桃藤：内服，煎汤，15 ～ 30 克；或捣取汁饮。

4. 猕猴桃：内服，煎汤，30 ～ 60 克；或生食，或榨汁饮。

治食欲不振，消化不良：猕猴桃干果二两。水煎服。

162. 阔叶猕猴桃 *Actinidia latifolia*（Gardn. & Champ.）Merr.

【别名】多果猕猴桃、多花猕猴桃等。

【植物形态】大型落叶藤本，着花小枝绿色至蓝绿色，一般长 15 ～ 20 厘米，直径约 2.5 毫米，基本无毛，至多幼嫩时薄被微茸毛，或密被黄褐色绒毛，皮孔显著或不显著，隔年枝直径约 8 毫米；髓白色，片层状或中空或实心。叶坚纸质，通常为阔卵形，有时近圆形或长卵形，长 8 ～ 13 厘米，宽 5 ～ 8.5 厘米，最大可达 15 厘米 ×12 厘米，顶端短尖至渐尖，基部浑圆或浅心形、截平形和阔楔形，等侧或稍不等侧，边缘具疏生的突尖状硬头小齿，腹面草绿色或榄绿色，无毛，有光泽，背面密被灰色至黄褐色紧密的星状绒毛，或较长的疏松的星状绒毛，侧脉 6 ～ 7 对，横脉显著可见，网状小脉不易见；叶柄长 3 ～ 7 厘米，无毛或略被微茸毛。花序为 3 ～ 4 歧多花的大型聚伞花序，花序柄长 2.5 ～ 8.5 厘米，花柄 0.5 ～ 1.5 厘米，果期伸长并增大，雄花花序远较雌性花的为长，从上至下厚薄不均地被黄褐色短茸毛；苞片小，条形，长 1 ～ 2 毫米；花有香气，直径 14 ～ 16 毫米；萼片 5 片，淡绿色，瓢状卵形，长 4 ～ 5 毫米，宽 3 ～ 4 毫米，花开放时反折，两面均被污黄色短茸毛，内面较薄；花瓣 5 ～ 8 片，前半部及边缘部分白色，下半部的中央部分橙黄色，长圆形或倒卵状长圆形，长 6 ～ 8 毫米，宽 3 ～ 4 毫米，开放时反折；花丝纤弱，长 2 ～ 4 毫米，花药卵形箭头状，长 1 毫米；子房圆球形，长约 2 毫米，密被污黄色茸毛，花柱长 2 ～ 3 毫米，不育子房卵形，长约 1 毫米，被茸毛。果暗绿色，圆柱形或卵状圆柱形，长 3 ～ 3.5 厘米，直径 2 ～ 2.5 厘米，具斑点，无毛或仅在两端有少量残存茸毛；种子纵径 2 ～ 2.5 毫米。

【生境与分布】产于四川、云南、贵州、安徽、浙江、台湾、福建、江西、湖南、广西、广东等省区。生长于海拔 450 ～ 800 米山地的山谷或山沟地带的灌丛中或森林迹地上。我国均有分布。

【中药名称】多花猕猴桃茎叶。

【来源】猕猴桃科植物阔叶猕猴桃（*Actinidia latifolia*（Gardn. & Champ.）Merr.）的茎叶。

【采收加工】春、夏季采集，鲜用或晒干

【性味功效】淡，涩，平。清热解毒，消肿止痛，除湿。用于咽喉肿痛，痈肿疔疮，毒蛇咬伤，烧烫伤，泄泻。

【应用举例】内服：煎汤，15～30 克。外用：鲜叶适量，煎水洗，或捣烂敷。

六十六、山茶科 Theaceae

乔木或灌木。叶革质，常绿或半常绿，互生，羽状脉，全缘或有锯齿，具柄，无托叶。花两性稀雌雄异株，单生或数花簇生，有柄或无柄，苞片 2 至多片，宿存或脱落，或苞萼不分逐渐过渡；萼片 5 至多片，脱落或宿存，有时向花瓣过渡；花瓣 5 至多片，基部连生，稀分离，白色，或红色及黄色；雄蕊多数，排成多列，稀为 4～5 数，花丝分离或基部合生，花药 2 室，背部或基部着生，直裂，子房上位，稀半下位，2～10 室；胚珠每室 2 至多数，垂生或侧面着生于中轴胎座，稀为基底着座；花柱分离或连合，柱头与心皮同数。果为蒴果，或不分裂的核果及浆果状，种子圆形，多角形或扁平，有时具翅；胚乳少或缺，子叶肉质。

全国第四次中药资源普查秭归境内发现 3 种。

163. 尖连蕊茶 *Camellia cuspidata*（Kochs）Wright ex Gard.

【别名】尖叶山茶等。

【植物形态】灌木，高达 3 米，嫩枝无毛，或最初开放的新枝有微毛，很快变秃净。叶革质，卵状披针形或椭圆形，长 5～8 厘米，宽 1.5～2.5 厘米，先端渐尖至尾状渐尖，基部楔形或略圆，上面干后黄绿色，发亮，下面浅绿色，无毛；侧脉 6～7 对，在上面略下陷，在下面不明显；边缘密具细锯齿，齿刻相隔 1～1.5 毫米，叶柄长 3～5 毫米，略有残留短毛。花单独顶生，花柄长 3 毫米，有时稍长；苞片 3～4 片，卵形，长 1.5～2.5 毫米，无毛；花萼杯状，长 4～5 毫米，萼片 5 片，无毛，不等大，分离至基部，厚革质，阔卵形，先端略尖，薄膜质，花冠白色，长 2～2.4 厘米，无毛；花瓣 6～7 片，基部连生 2～3 毫米，并与雄蕊的花丝贴生，外侧 2～3 片较小，革质，长 1.2～1.5 厘米，内侧 4 或 5 片长达 2.4 厘米；雄蕊比花瓣短，无毛，外轮雄蕊只在基部和花瓣合生，其余部分离生，花药背部着生；雌蕊长 1.8～2.3 厘米，子房无毛；花柱长 1.5～2 厘米，无毛，顶端 3 浅裂，裂片长约 2 毫米。蒴果圆球形，直径 1.5 厘米，有宿存苞片和萼片，果皮薄，1 室，种子 1 粒，圆球形。花期 4—7 月。

【生境与分布】产于江西、广西、湖南、贵州、安徽、陕西、湖北、云南、广东、福建。全县均有分布。

【中药名称】尖连蕊茶根。

【来源】为山茶科植物尖连蕊茶（*Camellia cuspidata*（Kochs）Wright ex Gard.）的根。

【采收加工】全年均可采挖，去栓皮，洗净，切段，晒干。

【性味功效】甘，温。健脾消食，补虚。用于脾虚食少，病后体弱。

【应用举例】内服：煎汤，6～15克。

164. 油茶 *Camellia oleifera* Abel.

【别名】茶子树、茶油树、白花茶等。

【植物形态】灌木或中乔木，嫩枝有粗毛。叶革质，椭圆形、长圆形或倒卵形，先端尖而有钝头，有时渐尖或钝，基部楔形，长5～7厘米，宽2～4厘米，有时较长，上面深绿色，发亮，中脉有粗毛或柔毛，下面浅绿色，无毛或中脉有长毛，侧脉在上面能见，在下面不明显，边缘有细锯齿，有时具钝齿，叶柄长4～8毫米，有粗毛。花顶生，近于无柄，苞片与萼片约10片，由外向内逐渐增大，阔卵形，长3～12毫米，背面有贴紧柔毛或绢毛，花后脱落，花瓣白色，5～7片，倒卵形，长2.5～3厘米，宽1～2厘米，有时较短或更长，先端凹入或2裂，基部狭窄，近于离生，背面有丝毛，至少在最外侧的有丝毛；雄蕊长1～1.5厘米，外侧雄蕊仅基部略连生，偶有花丝管长达7毫米的，无毛，花药黄色，背部着生；子房有黄长毛，3～5室，花柱长约1厘米，无毛，先端不同程度3裂。蒴果球形或卵圆形，直径2～4厘米，3室或1室，3爿或2爿裂开，每室有种子1粒或2粒，果爿厚3～5毫米，木质，中轴粗厚；苞片及萼片脱落后留下的果柄长3～5毫米，粗大，有环状短节。花期冬春间。

【生境与分布】从长江流域到华南各地广泛栽培，是主要的木本油料作物。长期栽培，变化较多，花大小不一，蒴果3室或5室，花丝亦出现连生的现象。海南省海拔800米以上的原生森林有野生种，呈中等乔木状。全县均有分布。

【中药名称】茶油、油茶根、油茶花、油茶子。

【来源】山茶科植物油茶（*Camellia oleifera* Abel.）的种子脂肪油为茶油，根为油茶根，花为油茶花，种子为油茶子。

【采收加工】油茶：最好在种子已经成熟而果实未开裂之前采收。

油茶根：全年均可采收，鲜用或晒干。

油茶花：冬季采收。

油茶子：秋季果实成熟时采收。

【性味功效】茶油：甘，凉。清热化湿，杀虫解毒。

油茶根：苦，平，小毒。清热解毒，理气止痛，活血消肿。

油茶花：凉血止血。用于吐血，咳血，衄血，便血，子宫出血，烫伤。

油茶子：苦，甘，平，有毒。行气，润肠，杀虫。

【应用举例】茶油：内服，冷开水送服 1 ～ 2 两；外用，涂敷。

油茶根：内服，煎汤，15 ～ 30 克；外用，适量，研末或烧灰研末，调敷。

油茶花：内服，煎汤，3 ～ 10 克；外用，适量，研末，麻油调敷

油茶子：内服，煎汤，6 ～ 10 克，或入丸、散；外用，适量，煎水洗或研末调涂。

165. 茶 *Camellia sinensis*（L.）O. Ktze.

【别名】檟、茗、荈等。

【植物形态】灌木或小乔木，嫩枝无毛。叶革质，长圆形或椭圆形，长 4 ～ 12 厘米，宽 2 ～ 5 厘米，先端钝或尖锐，基部楔形，上面发亮，下面无毛或初时有柔毛，侧脉 5 ～ 7 对，边缘有锯齿，叶柄长 3 ～ 8 毫米，无毛。花 1 ～ 3 朵腋生，白色，花柄长 4 ～ 6 毫米，有时稍长；苞片 2 片，早落；萼片 5 片，阔卵形至圆形，长 3 ～ 4 毫米，无毛，宿存；花瓣 5 ～ 6 片，阔卵形，长 1 ～ 1.6 厘米，基部略连合，背面无毛，有时有短柔毛；雄蕊长 8 ～ 13 毫米，基部连生 1 ～ 2 毫米；子房密生白毛；花柱无毛，先端 3 裂，裂片长 2 ～ 4 毫米。蒴果 3 球形或 1 ～ 2 球形，高 1.1 ～ 1.5 厘米，每球有种子 1 ～ 2 粒。花期 10 月至翌年 2 月。

【生境与分布】野生种遍见于长江以南各省的山区，为小乔木状，叶片较大，常超过 10 厘米长，长期以来，经广泛栽培，毛被及叶型变化很大。我国均有分布。

【中药名称】茶树根、茶花、茶子。

【来源】山茶科植物茶（*Camellia sinensis*（L.）O. Ktze.）的根为茶树根，花为茶花，果实为茶子。

【采收加工】茶树根：全年均可采挖，鲜用或晒干。

茶花：夏、秋季开花时采摘，鲜用或晒干。

茶子：秋果成熟时采收。

【性味功效】茶树根：苦，平。主治心脏病，口疮，银屑病。

茶花：微苦，凉。归肺、肝经。清肺平肝。主治鼻疳，高血压。

茶子：苦，寒，有毒。主治喘急咳嗽，去痰垢。

【应用举例】茶树根：内服，煎汤，15～30克，大量可用至60克；外用，适量，水煎熏洗，或磨醋涂患处。

茶花：内服，煎汤，6～15克。

茶子：内服，0.5～1.5克，或入丸、散；外用，适量，研末吹鼻。

六十七、藤黄科 Guttiferae

乔木或灌木，稀为草本，在裂生的空隙或小管道内含有树脂或油。叶为单叶，全缘，对生或有时轮生，一般无托叶。花序各式，聚伞状或伞状，或为单花；小苞片通常生于花萼之紧接下方，与花萼难以区分。花两性或单性，轮状排列或部分螺旋状排列，通常整齐，下位。萼片（2）4～5（6），覆瓦状排列或交互对生，内部的有时花瓣状。花瓣（2）4～5（6），离生，覆瓦状排列或旋卷。雄蕊多数，离生或成4～5（10）束，束离生或不同程度合生。子房上位，通常有5或3个多少合生的心皮，1～12室，具中轴或侧生或基生的胎座；胚珠在各室中1至多数，横生或倒生；花柱1～5或不存在；柱头1～12，常呈放射状。果为蒴果、浆果或核果；种子1至多颗，完全被直伸的胚所充满，假种皮有或不存在。

本科约40属1000种，分别隶属于5亚科。主要产于热带地区，但有两属即金丝桃属（*Hypericum*）和三腺金丝桃属（*Triadenum*）为温带地区分布。我国有8属87种，分别隶属于3亚科，几遍布全国各地。

全国第四次中药资源普查秭归境内发现5种。

166. 黄海棠 *Hypericum ascyron* L.

【别名】牛心菜、山辣椒、大叶金丝桃、救牛草、八宝茶等。

【植物形态】多年生草本，高0.5～1.3米。茎直立或在基部上升，单一或数茎丛生，不分枝或上部具分枝，有时于叶腋抽出小枝条，茎及枝条幼时具4棱，后明显具4纵线棱。叶无柄，叶片披针形、长圆状披针形、或长圆状卵形至椭圆形、或狭长圆形，长（2）4～10厘米，宽（0.4）1～2.7

(3.5)厘米，先端渐尖、锐尖或钝形，基部楔形或心形而抱茎，全缘，坚纸质，上面绿色，下面通常淡绿色且散布淡色腺点，中脉、侧脉及近边缘脉下面明显，脉网较密。花序具 1 ～ 35 朵花，顶生，近伞房状至狭圆锥状，后者包括多数分枝。花直径（2.5）3 ～ 8 厘米，平展或外反；花蕾卵珠形，先端圆形或钝形；花梗长 0.5 ～ 3 厘米。萼片卵形或披针形至椭圆形或长圆形，长（3）5 ～ 15（25）毫米，宽 1.5 ～ 7 毫米，先端锐尖至钝形，全缘，结果时直立。花瓣金黄色，倒披针形，长 1.5 ～ 4 厘米，宽 0.5 ～ 2 厘米，十分弯曲，具腺斑或无腺斑，宿存。雄蕊极多数，5 束，每束有雄蕊约 30 枚，花药金黄色，具松脂状腺点。子房宽卵珠形至狭卵珠状三角形，长 4 ～ 7（9）毫米，5 室，具中央空腔；花柱 5，长为子房的 1/2 至其 2 倍，自基部或至上部 4/5 处分离。蒴果为或宽或狭的卵珠形或卵珠状三角形，长 0.9 ～ 2.2 厘米，宽 0.5 ～ 1.2 厘米，棕褐色，成熟后先端 5 裂，柱头常折落。种子棕色或黄褐色，圆柱形，微弯，长 1 ～ 1.5 毫米，有明显的龙骨状突起或狭翅和细的蜂窝纹。花期 7—8 月，果期 8—9 月。

【生境与分布】除新疆及青海外，全国各地均产。生于山坡林下、林缘、灌丛间、草丛或草甸中、溪旁及河岸湿地等处，也广为庭园栽培，海拔 0 ～ 2800 米。我县均有分布。

【中药名称】红旱莲。

【来源】为藤黄科植物黄海棠（*Hypericum ascyron* L.）的全草。

【采收加工】8—9 月果实成熟时，割取地上部分，用热水泡过，在阳光下晒干或鲜用。

【性味功效】微苦，寒，无毒。平肝，止血，败毒，消肿。用于头痛，吐血，跌打损伤，疮疖。

【应用举例】治疟疾寒热：红旱莲嫩头 7 个。煎汤服。

167. 赶山鞭 *Hypericum attenuatum* Choisy

【别名】小茶叶、小金钟、小金丝桃、女儿茶、二十四节草、打字草、香龙草、小便草、乌腺金丝桃等。

【植物形态】多年生草本，高（15）30 ～ 74 厘米；根茎具发达的侧根及须根。茎数个丛生，直立，圆柱形，常有 2 条纵线棱，且全面散生黑色腺点。叶无柄；叶片卵状长圆形或卵状披针形至长圆状倒卵形，长（0.8）1.5 ～ 2.5（3.8）厘米，宽（0.3）0.5 ～ 1.2 厘米，先端圆钝或渐尖，基部渐狭或微心形，略抱茎，全缘，两面通常光滑，下面散生黑腺点，侧脉 2 对，与中脉在上面凹陷，下面凸起，边缘脉及脉网不明显。花序顶生，多花或有时少花，为近伞房状或圆锥花序；苞片长圆形，长约 0.5 厘米。花直径 1.3 ～ 1.5 厘米，平展；花蕾卵珠形；花梗长 3 ～ 4 毫米。萼片卵状披针形，长约 5 毫米，宽 2 毫米，先端锐尖，表面及边缘散生黑腺点。花瓣淡黄色，长圆状倒卵形，长 1 厘米，宽约 0.4 厘米，先端钝形，表面及边缘有稀疏的黑腺点，宿存。雄蕊 3 束，每束有雄蕊约 30 枚，花药具黑腺点。子房卵珠形，长约 3.5 毫米，3 室；花柱 3，自基部离生，与子房等长或稍长于子房。蒴果卵珠形或长圆状卵珠形，长 0.6 ～ 10 毫米，宽约 4 毫米，具长短不等的条状腺斑。种子黄绿、浅灰黄或浅棕色，圆柱形，微弯，长 1.2 ～ 1.3 毫米，宽约 0.5 毫米，两端钝形且具小尖突，两侧有龙骨状突起，表面有细蜂窝纹。花期 7—8 月，果期 8—9 月。

【生境与分布】产于黑龙江、吉林、辽宁、内蒙古、河北、山西、陕西、甘肃、山东、江苏、安徽、浙江、江西、河南、广东、广西（北部）。生于田野、半湿草地、草原、山坡草地、石砾地、草丛、林内及林缘等处，海拔在 1100 米以下。我县均有分布。

【中药名称】赶山鞭。

【来源】为藤黄科植物赶山鞭（*Hypericum attenuatum* Choisy）的全草。

【采收加工】秋季采摘，晒干。

【性味功效】苦，平。归心经。凉血止血，活血止痛，解毒消肿。用于吐血，咯血，崩漏，外伤出血，风湿痹痛，跌打损伤，痈肿疔疮，乳痈肿痛，乳汁不下，烫伤，蛇虫咬伤。

【应用举例】1. 治烫伤：赶山鞭研粉，调麻油涂患处。

2. 治多汗症：赶山鞭 60 克，水煎服。

168. 地耳草 *Hypericum japonicum* Thunb. ex Murray

【别名】四方草、千重楼、小还魂、小连翘、犁头草、和虾草、雀舌草、小蚁药、小对叶草、八金刚草、斑鸡窝等。

【植物形态】一年生或多年生草本，高 2 ～ 45 厘米。茎单一或多少簇生，直立或外倾或匍地而在基部生根，在花序下部不分枝或各式分枝，具 4 纵线棱，散布淡色腺点。叶无柄，叶片通常卵形或卵状三角形至长圆形或椭圆形，长 0.2 ～ 1.8 厘米，宽 0.1 ～ 1 厘米，先端近锐尖至圆形，基部心形抱茎至截形，边缘全缘，坚纸质，上面绿色，下面淡绿色但有时带苍白色，具 1 条基生主脉和 1 ～ 2 对侧脉，但无明显脉网，无边缘生的腺点，全面散布透明腺点。花序具 1 ～ 30 朵花，两歧状或多少呈单歧状，有或无侧生的小花枝；苞片及小苞片线形、披针形至叶状，微小至与叶等长。花直径 4 ～ 8 毫米，多少平展；花蕾圆柱状椭圆形，先端多少钝形；花梗长 2 ～ 5 毫米。萼片狭长圆形或披针形至椭圆形，长 2 ～ 5.5 毫米，宽 0.5 ～ 2 毫米，先端锐尖至钝形，全缘，无边缘生的腺点，全面散生有透明腺点或腺条纹，果时直伸。花瓣白色、淡黄至橙黄色，椭圆形或长圆形，长 2 ～ 5 毫米，宽 0.8 ～ 1.8 毫米，先端钝形，无腺点，宿存。雄蕊 5 ～ 30 枚，不成束，长约2毫米，宿存，花药黄色，具松脂状腺体。子房1室，长1.5～2毫米；花柱2～3，长0.4～1毫米，自基部离生，开展。蒴果短圆柱形至圆球形，长2.5～6毫米，宽1.3～2.8毫米，无腺条纹。种子淡黄色，圆柱形，长约0.5毫米，两端锐尖，无龙骨状突起和顶端的附属物，全面有细蜂窝纹。花期3月，果期6—10月。

【生境与分布】产于辽宁、山东至长江以南各省区。生于田边、沟边、草地以及撩荒地上，海拔0～2800米。我县均有分布。

【中药名称】田基黄。

【来源】为藤黄科植物地耳草（*Hypericum japonicum* Thunb. ex Murray）的全草。

【采收加工】春、夏季开花时采收全草，晒干或鲜用。

【性味功效】甘、苦，凉。归肺、肝、胃经。清热利湿，解毒，散瘀消肿。用于湿热黄疸，泄泻，痢疾，肠痈，痈疖肿毒，乳蛾，口疮，目赤肿痛，毒蛇咬伤，跌打损伤。

【应用举例】用法用量：内服，煎汤，15～30克，鲜品30～60克，大剂量可用至90～120克，或捣汁；外用，适量，捣烂外敷，或煎水洗。

169. 贯叶连翘 *Hypericum perforatum* L.

【别名】贯叶金丝桃、小金丝桃、小叶金丝桃、夜关门、铁帚把、千层楼等。

【植物形态】多年生草本，高20～60厘米，全体无毛。茎直立，多分枝，茎及分枝两侧各有1纵线棱。叶无柄，彼此靠近密集，椭圆形至线形，长1～2厘米，宽0.3～0.7厘米，先端钝形，基部近心形而抱茎，边缘全缘，背卷，坚纸质，上面绿色，下面白绿色，全面散布淡色但有时为黑色的腺点，侧脉每边约2条，自中脉基部1/3以下生出，斜升，至叶缘连结，与中脉两面明显，脉网稀疏，不明显。花序为5～7朵花两歧状的聚伞花序，生于茎及分枝顶端，多个再组成顶生圆锥花序；苞片及小苞片线形，长达4毫米。萼片长圆形或披针形，长3～4毫米，宽1～1.2毫米，先端渐尖至锐尖，边缘有黑色腺点，全面有2行腺条和腺斑，果时直立，略增大，长达4.5毫米。花瓣黄色，长圆形或长圆状椭圆形，两侧不相等，长约1.2毫米，宽0.5毫米，边缘及上部常有黑色腺点。雄蕊多数，3束，每束有雄蕊约15枚，花丝长短不一，长达8毫米，花药黄色，具黑腺点。子房卵珠形，长3毫米，花柱3，自基部极少开，长4.5毫米。蒴果长圆状卵珠形，长约5毫米，宽3毫米，具背生腺条及侧生黄褐色囊状腺体。种子黑褐色，圆柱形，长约1毫米，具纵向条棱，两侧无龙骨状突起，表面有细蜂窝纹。花期7—8月，果期9—10月。

【生境与分布】产于河北、山西、陕西、甘肃、新疆、山东、江苏、江西、河南、湖北、湖南、四川及贵州。生于山坡、路旁、草地、林下及河边等处，海拔500～2100米。

【中药名称】贯叶金丝桃。

【来源】为藤黄科植物贯叶连翘（*Hypericum perforatum* L.）的干燥地上部分。

【采收加工】夏、秋二季开花时采割，阴干或低温烘干。

【性味功效】辛，寒。归肝经。疏肝解郁，清热利湿，消肿通乳。用于肝气郁结，情志不畅，心胸郁闷，关节肿痛，乳痈，乳少。

【应用举例】内服：煎汤，9～15克。外用：适量，鲜品捣敷；或揉绒塞鼻；或干品研末敷。

170. 元宝草 *Hypericum sampsonii* Hance

【别名】对叶草、对对草、哨子草、散血丹、黄叶连翘、对月草、合掌草、大还魂等。

【植物形态】多年生草本，高0.2～0.8米，全体无毛。茎单一或少数，圆柱形，无腺点，上部分枝。叶对生，无柄，其基部完全合生为一体而茎贯穿其中心，或宽或狭的披针形至长圆形或倒披针形，长（2）2.5～7（8）厘米，宽（0.7）1～3.5厘米，先端钝形或圆形，基部较宽，全缘，坚纸质，上面绿色，下面淡绿色，边缘密生有黑色腺点，全面散生透明或间有黑色的腺点，中脉直贯叶端，侧脉每边约4条，

斜上升，近边缘弧状连结，与中脉两面明显，脉网细而稀疏。花序顶生，多花，伞房状，连同其下方常多达6个腋生花枝整体形成一个庞大的疏松伞房状至圆柱状圆锥花序；苞片及小苞片线状披针形或线形，长达4毫米，先端渐尖。花直径6～10（15）毫米，近扁平，基部为杯状；花蕾卵珠形，先端钝形；花梗长2～3毫米。萼片长圆形或长圆状匙形或长圆状线形，长3～7（10）毫米，宽1～3毫米，先端图形，全缘，边缘疏生黑腺点，全面散布淡色或稀为黑色腺点及腺斑，果时直伸。花瓣淡黄色，椭圆状长圆形，长4～8（13）毫米，宽1.5～4（7）毫米，宿存，边缘有无柄或近无柄的黑腺体，全面散布淡色或稀为黑色腺点和腺条纹。雄蕊3束，宿存，每束具雄蕊10～14枚，花药淡黄色，具黑腺点。子房卵珠形至狭圆锥形，长约3毫米，3室；花柱3，长约2毫米，自基部分离。蒴果宽卵珠形至或宽或狭的卵珠状圆锥形，长6～9毫米，宽4～5毫米，散布有卵珠状黄褐色囊状腺体。种子黄褐色，长卵柱形，长约1毫米，两侧无龙骨状突起，顶端

无附属物，表面有明显的细蜂窝纹。花期 5—6 月，果期 7—8 月。

【生境与分布】产于陕西至江南各省。生于路旁、山坡、草地、灌丛、田边、沟边等处，海拔 0 ～ 1200 米。我县均有分布。

【中药名称】元宝草。

【来源】为藤黄科植物元宝草（*Hypericum sampsonii* Hance）的全草。

【采收加工】夏、秋季采收，洗净，晒干或鲜用。

【性味功效】苦，辛，寒。归肝、脾经。凉血止血，清热解毒，活血调经，祛风通络。用于吐血，咯血，衄血，血淋，创伤出血，肠炎，痢疾，乳痈，痈肿疔毒，烫伤，蛇咬伤，月经不调，痛经，带下，跌打损伤，风湿痹痛，腰腿痛等。外用可治头癣、口疮、目翳。

【应用举例】1. 治吐血，衄血：元宝草 30 克，银花 15 克。水煎服。

2. 治肺结核咯血：元宝草 15 ～ 30 克，百部 12 克，仙鹤草、紫金牛、牯岭勾儿茶各 15 克。水煎服。一般需服药 1 ～ 3 个月。

3. 治溏泻：元宝草全草 9 克，水煎服。

六十八、罂粟科 Papaveraceae

草本或稀为亚灌木、小灌木或灌木，极稀乔木状（但木材软），一年生、二年生或多年生，无毛或被长柔毛，有时具刺毛，常有乳汁或有色液汁。主根明显，稀纤维状或形成块根，稀有块茎。基生叶通常莲座状，茎生叶互生，稀上部对生或近轮生状，全缘或分裂，有时具卷须，无托叶。花单生或排列成总状花序、聚伞花序或圆锥花序。花两性，规则的辐射对称至极不规则的两侧对称；萼片 2 或不常为 3 ～ 4，通常分离，覆瓦状排列，早脱；花瓣通常二倍于花萼，4 ～ 8 枚（有时近 12 ～ 16 枚）排列成 2 轮，稀无，覆瓦状排列，芽时皱褶，有时花瓣外面的 2 或 1 枚呈囊状或成距，分离或顶端黏合，大多具鲜艳的颜色，稀无色；雄蕊多数，分离，排列成数轮，或 4 枚分离，或 6 枚合成 2 束，花丝通常丝状，或稀翅状或披针形或 3 深裂，花药直立，2 室，药隔薄，纵裂，花粉粒 2 或 3 核，3 至多孔，少为 2 孔，极稀具内孔；子房上位，由 2 至多数合生心皮组成，标准的为 1 室，侧膜胎座，心皮于果时分离，或胎座的隔膜延伸到轴而成数室，或假隔膜的连合而成 2 室，胚珠多数，稀少数或 1，倒生至有时横生或弯生，直立或平伸，具 2 层珠被，厚珠心，珠孔向内，珠脊向上或侧向，花柱单生，或短或长，有时近无，柱头通常与胎座同数，当柱头分离时，则与胎座互生，当柱头合生时，则贴生于花往上面或子房先端成具辐射状裂片的盘，裂片与胎座对生。果为蒴果，瓣裂或顶孔开裂，稀成熟心皮分离开裂或不裂或横裂为单种子的小节，稀有蓇葖果或坚果。种子细小，球形、卵圆形或近肾形；种皮平滑、蜂窝状或具网纹；种脊有时具鸡冠状种阜；胚小，胚乳油质，子叶不分裂或分裂。

本科约 38 属 700 多种，主产于北温带地区，尤以地中海区、西亚、中亚至东亚及北美洲西南部为多。我国有 18 属 362 种，南北均产，但以西南部最为集中。其中血水草属为我国特有的单种属；种类较多的紫堇属和绿绒蒿属分布中心在我国西南部，而另一些多种属（如罂粟属和花菱草属）我国只有少数种或引种栽培；有些单种属或寡种属（如荷青花属、白屈菜属、博落回属和角茴香属）在我国则较广泛分布。

全国第四次中药资源普查秭归境内发现 3 种。

171. 白屈菜 *Chelidonium majus* L.

【别名】土黄连、水黄连、水黄草、断肠草、小人血七、小野人血草、雄黄草、见肿消、水黄连、观音草、黄连、八步紧、山黄连等。

【植物形态】多年生草本，高 30 ～ 60（100）厘米。主根粗壮，圆锥形，侧根多，暗褐色。茎聚伞状多分枝，分枝常被短柔毛，节上较密，后变无毛。基生叶少，早凋落，叶片倒卵状长圆形或宽倒卵形，长 8 ～ 20 厘米，羽状全裂，全裂片 2 ～ 4 对，倒卵状长圆形，具不规则的深裂或浅裂，裂片边缘圆齿状，表面绿色，无毛，背面具白粉，疏被短柔毛；叶柄长 2 ～ 5 厘米，被柔毛或无毛，基部扩大成鞘；茎生叶叶片长 2 ～ 8 厘米，宽 1 ～ 5 厘米；叶柄长 0.5 ～ 1.5 厘米，其他同基生叶。伞形花序多花；花梗纤细，长 2 ～ 8 厘米，幼时被长柔毛，后变无毛；苞片小，卵形，长 1 ～ 2 毫米。花芽卵圆形，直径 5 ～ 8 毫米；萼片卵圆形，舟状，长 5 ～ 8 毫米，无毛或疏生柔毛，早落；花瓣倒卵形，长约 1 厘米，全缘，黄色；雄蕊长约 8 毫米，花丝丝状，黄色，花药长圆形，长约 1 毫米；子房线形，长约 8 毫米，绿色，无毛，花柱长约 1 毫米，柱头 2 裂。蒴果狭圆柱形，长 2 ～ 5 厘米，粗 2 ～ 3 毫米，具通常比果短的柄。种子卵形，长约 1 毫米或更小，暗褐色，具光泽及蜂窝状小格。花果期 4—9 月。

【生境与分布】我国大部分省区均有分布，生于海拔 500 ～ 2200 米的山坡、山谷林缘草地或路旁、石缝。我县均有分布。

【中药名称】白屈菜。

【来源】为罂粟科植物白屈菜（*Chelidonium majus* L.）的带花全草。

【采收加工】盛花期采收，割取地上部分，晒干，储放于通风干燥处，亦可鲜用。

【性味功效】凉，苦，有小毒。归肺、心、肾经。镇痛、止咳、杀菌、利尿、解疮毒。

【应用举例】1. 治水肿黄疸：白屈菜、蒲公英、商陆、臭草根、茵陈，水煎服。

2. 治肠胃疼痛：白屈菜、丁香、乌贼骨、浙贝母、胆南星、冬瓜仁，水煎服。

3. 治顽癣：鲜白屈菜用 50% 的酒精浸泡，敷患处。

4. 治疮肿：鲜白屈菜捣烂敷患处。

5. 治稻田皮炎，毒虫咬伤，疥癣：白屈菜捣烂外敷或制成浸膏涂患处。

172. 石生黄堇 *Corydalis saxicola* Bunting

【别名】岩黄连、岩连、菊花黄连、土黄连、鸡爪连等。

【植物形态】淡绿色易萎软草本，高 30 ～ 40 厘米，具粗大主根和单头至多头的根茎。茎分枝或不分枝；枝条与叶对生，花葶状。基生叶长 10 ～ 15 厘米，具长柄，叶片约与叶柄等长，二回至一回羽状全裂，末回羽片楔形至倒卵形，长 2 ～ 4 厘米，宽 2 ～ 3 厘米，不等大 2 ～ 3 裂或边缘具粗圆齿。总状花序长 7 ～ 15 厘米，多花，先密集，后疏离。苞片椭圆形至披针形，全缘，下部的约长 1.5 厘米，宽 1 厘米，上部的渐狭小，全部长于花梗。花梗长约 5 毫米。花金黄色，平展。萼片近三角形，全缘，长约 2 毫米。外花瓣较宽展，渐尖，鸡冠状突起仅限于龙骨状突起之上，不伸达顶端。上花瓣长约 2.5 厘米；距约占花瓣全长的 1/4，稍下弯，末端囊状；蜜腺体短，约贯穿距长的 1/2。下花瓣长约 1.8 厘米，基部具小瘤状突起。内花瓣长约 1.5 厘米，具厚而伸出顶端的鸡冠状突起。雄蕊束披针形，中部以上渐缢缩。柱头 2 叉状分裂，各枝顶端具 2 裂的乳突。蒴果线形，下弯，长约 2.5 厘米，具 1 列种子。

【生境与分布】产于浙江、湖北（宜昌的三游洞）、陕西、四川、云南、贵州、广西，散生于海拔 600 ～ 1690 米的石灰岩缝隙中，在四川西南部海拔可升至 2800 ～ 3900 米。

【中药名称】岩黄连。

【来源】为罂粟科植物石生黄堇（*Corydalis saxicola* Bunting）的全草。

【采收加工】秋后采收，除去杂质，洗净，晒干。

【性味功效】苦，凉。归胃、大肠经。清热解毒，利湿，止痛止血。用于肝炎，口舌糜烂，火眼，目翳，痢疾，腹泻，腹痛，痔疮出血。

【应用举例】1. 治朦皮火眼翳子：岩黄连 3 克，龙胆草 3 克，上梅片 1.5 克。共研末，装瓷杯内蒸透后，用灯草蘸药点入眼内。

2. 治痔疮出血及红痢：岩黄连 15 克，蒸酒 60 克服。

173. 博落回 *Macleaya cordata*（Willd.）R. Br.

【别名】勃逻回、勃勒回、落回、菠萝筒、喇叭筒、喇叭竹、山火筒、空洞草、号筒杆、号筒管、号筒树、号筒草、大叶莲、野麻杆、黄杨杆、三钱三、黄薄荷等。

【植物形态】直立草本，基部木质化，具乳黄色浆汁。茎高 1 ～ 4 米，绿色，光滑，多白粉，中空，上部多分枝。叶片宽卵形或近圆形，长 5 ～ 27 厘米，宽 5 ～ 25 厘米，先端急尖、渐尖、钝或圆形，通常 7 或 9 深裂或浅裂，裂片半圆形、方形、三角形或其他，边缘波状、缺刻状、粗齿或多细齿，表面绿色，无毛，背面多白粉，被易脱落的细绒毛，基出脉通常 5，侧脉 2 对，稀 3 对，细脉网状，常呈淡红色；叶柄长 1 ～ 12 厘米，上面具浅沟槽。大型圆锥花序多花，长 15 ～ 40 厘米，顶生和腋生；花梗长 2 ～ 7 毫米；苞片狭披针形。花芽棒状，近白色，长约 1 厘米；萼片倒卵状长圆形，长约 1 厘米，舟状，黄白色；花瓣无；雄蕊 24 ～ 30，花丝丝状，长约 5 毫米，花药条形，与花丝等长；子房倒卵形至狭倒卵形，长 2 ～ 4 毫米，先端圆，基部渐狭，花柱长约 1 毫米，柱头 2 裂，下延于花柱上。蒴果狭倒卵形或倒披针形，长 1.3 ～ 3 厘米 . 粗 5 ～ 7 毫米，先端圆或钝，基部渐狭，无毛。种子 4 ～ 6（8）枚，卵珠形，长 1.5 ～ 2 毫米，生于缝线两侧，无柄，种皮具排成行的整齐的蜂窝状孔穴，有狭的种阜。花果期 6—11 月。

【生境与分布】生于海拔 150 ～ 830 米的丘陵或低山林中、灌丛中或草丛间。我国长江以南、南岭以北的大部分省区均有分布，南至广东，西南至贵州，西北达甘肃南部。我县均有分布。

【中药名称】博落回。

【来源】为罂粟科植物博落回（*Macleaya cordata*（Willd.）R. Br.）的带根全草。

【采收加工】夏、秋二季采挖全草，去泥土，晒干。

【性味功效】苦，辛，寒，温，大毒。散瘀，祛风，解毒，止痛，杀虫。主治痈疮疔肿，臁疮，痔疮，湿疹，蛇虫咬伤，跌打肿痛，风湿性关节痛，龋齿痛，顽癣，滴虫性阴道炎及酒糟鼻。

【应用举例】1. 治恶疮，瘿根，赘瘤，息肉，白癜风，蛊毒，溪毒，疮瘘者：博落回、百丈青、鸡桑灰等分，为末敷。

2. 治中耳炎：博落回同白酒研末，澄清后用灯芯酒滴耳内。

六十九、山柑科 Capparaceae

草本、灌木或乔木，常为木质藤本，毛被存在时分枝或不分枝，如为草本常具腺毛和有特殊气味。叶互生，很少对生，单叶或掌状复叶；托叶刺状，细小或不存在。花序为总状、伞房状、亚伞形或圆锥花序，或（1）2～10朵花排成一短纵列，腋上生，少有单花腋生；花两性，有时杂性或单性，辐射对称或两侧对称，常有苞片，但常早落；萼片4～8，常为4片，排成2轮或1轮，相等或不相等，分离或基部连生，少有外轮或全部萼片连生成帽状；花瓣4～8，常为4片，与萼片互生，在芽中的排列为闭合式或开放式，分离，无柄或有爪，有时无花瓣；花托扁平或锥形，或常延伸为长或短的雌雄蕊柄，常有各式花盘或腺体；雄蕊4～6至多数，花丝分离，在芽中时内折或成螺旋形，着生在花托上或雌雄蕊柄顶上；花药以背部近基部着生在花丝顶上，2室，内向，纵裂；雌蕊由2～8枚心皮组成，常有长或短的雌蕊柄，子房卵球形或圆柱形，1室有2至数个侧膜胎座，少有3～6室而具中轴胎座；花柱不明显，有时丝状，少有花柱3枚；柱头头状或不明显；胚珠常多数，弯生，珠被2层。果为有坚韧外果皮的浆果或瓣裂蒴果，球形或伸长，有时近念珠状；种子1至多数，肾形至多角形，种皮平滑或有各种雕刻状花纹；胚弯曲，胚乳少量或不存在。

本科有42～45属700～900种，主产于热带与亚热带地区，少数产于温带地区，10种以上的属约10个，其他都是单型属或寡种属，单型属约占属总数的二分之一。我国有5属约44种及1变种，主产于西南部至台湾。

全国第四次中药资源普查秭归境内发现1种。

174. 醉蝶花 *Cleome spinosa* Jacq.

【别名】西洋白花菜、紫龙须等。

【植物形态】一年生强壮草本，高1～1.5米，全株被黏质腺毛，有特殊臭味，有托叶刺，刺长达4毫米，尖利，外弯。叶为具5～7小叶的掌状复叶，小叶草质，椭圆状披针形或倒披针形，中央小叶较大，长6～8厘米，宽1.5～2.5厘米，最外侧的最小，长约2厘米，宽约5毫米，基部楔形，狭延成小叶柄，与叶柄相联接处稍呈蹼状，顶端渐狭或急尖，有短尖头，两面被毛，背面中脉有时也在侧脉上常有刺，侧脉10～15对；叶柄长2～8厘米，常有淡黄色皮刺。总状花序长达40厘米，密被黏质腺毛；苞片单一，叶状，卵状长圆形，长5～20毫米，无柄或近无柄，基部多少心形；花蕾圆筒形，长约2.5厘米，直径4毫米，无毛；花梗长2～3厘米，被短腺毛，单生于苞片腋内；

萼片 4，长 6 毫米，长圆状椭圆形，顶端渐尖，外被腺毛；花瓣粉红色，少见白色，在芽中时覆瓦状排列，无毛，爪长 5 ～ 12 毫米，瓣片倒卵伏匙形，长 10 ～ 15 毫米，宽 4 ～ 6 毫米，顶端圆形，基部渐狭；雄蕊 6，花丝长 3.5 ～ 4 厘米，花药线形，长 7 ～ 8 毫米；雌雄蕊柄长 1 ～ 3 毫米；雌蕊柄长 4 厘米，果时略有增长；子房线柱形，长 3 ～ 4 毫米，无毛；几无花柱，柱头头状。果圆柱形，长 5.5 ～ 6.5 厘米，中部直径约 4 毫米，两端稍钝，表面近平坦或徽呈念珠状，有细而密且不甚清晰的脉纹。种子直径约 2 毫米，表面近平滑或有小疣状突起，不具假种皮。花期初夏，果期夏末秋初。

【生境与分布】我国无野生，各大城市常见栽培。县域发现有少量栽培。

【中药名称】醉蝶花。

【来源】为山柑科植物醉蝶花（*Cleome spinosa* Jacq.）的全草。

【性味功效】辛，涩，平，有小毒。祛风散寒，杀虫止痒。

七十、十字花科 Cruciferae

一年生、二年生或多年生植物，常具有一种含黑芥子硫苷酸的细胞而产生一种特殊的辛辣气味，多数是草本，很少呈亚灌木状。植株具有各式的毛，毛为单毛、分枝毛、星状毛或腺毛，也有无毛的。根有时膨大成肥厚的块根。茎直立或铺散，有时茎短缩，它的形态在本科中变化较大。叶有二型：基生叶呈旋叠状或莲座状；茎生叶通常互生，有柄或无柄，单叶全缘、有齿或分裂，基部有时抱茎或半抱茎，有时呈各式深浅不等的羽状分裂（如大头羽状分裂）或羽状复叶；通常无托叶。花整齐，两性，少有退化成单性的；花多数聚集成一总状花序，顶生或腋生，偶有单生的，当花刚开放时，花序近似伞房状，以后花序轴逐渐伸长而呈总状花序，每花下无苞或有苞；萼片 4 片，分离，排成 2 轮，直立或开展，有时基部呈囊状；花瓣 4 片，分离，成十字形排列，花瓣白色、黄色、粉红色、淡紫色、淡紫红色或紫色，基部有时具爪，少数种类花瓣退化或缺少，有的花瓣不等大；雄蕊通常 6 个，也排列成 2 轮，外轮的 2 个，具较短的花丝，内轮的 4 个，具较长的花丝，这种 4 个长 2 个短的雄蕊称为“四强雄蕊”，有时雄蕊退化至 4 个或 2 个，或多至 16 个，花丝有时成对连合，有时向基部加宽或扩大成翅状；在花丝基部常具蜜腺，在短雄蕊基部周围的，称“侧蜜腺”，在 2 个长雄蕊基部外围或中间的，称“中蜜腺”，有时无中蜜腺；雌蕊 1 个，子房上位，由于假隔膜的形成，子房 2 室，少数无假隔膜时，子房 1 室，每室有胚珠 1 至多个，排列成 1 或 2 行，生在胎座框上，形成侧膜胎座，花柱短或缺，柱头单一或 2 裂。果实为长角果或短角果，有翅或无翅，有刺或无刺，或有其他附属物；角果成熟后自下而上成 2 果瓣开裂，也有成 4 果瓣开裂的；有的角果成一节一节地横断分裂，每节有 1 个种子，有的种类果实迟裂或不裂；有的果实变为坚果状；果瓣扁平或突起，或呈舟状，无脉或有 1 ～ 3 脉；少数顶端具或长或短的喙。种子一般较小，表面光滑或具纹理，边缘有翅或无翅，有的湿时发黏，无胚乳；子叶与胚根的排列方式，常见的有 3

种：① 子叶缘倚胚根或称子叶直叠；② 子叶背倚胚根或称子叶横；③ 子叶对折。

本科有 300 属以上，约 3200 种，主要产地为北温带地区，尤以地中海区域分布较多。我国有 95 属 425 种 124 变种和 9 个变型，全国各地均有分布，以西南、西北、东北高山区及丘陵地带为多，平原及沿海地区较少。

全国第四次中药资源普查秭归境内发现 4 种。

175. 弯曲碎米荠 *Cardamine flexuosa* With.

【别名】碎米荠、蔊菜等。

【植物形态】一年或二年生草本，高达 30 厘米。茎自基部多分枝，斜升呈铺散状，表面疏生柔毛。基生叶有叶柄，小叶 3 ～ 7 对，顶生小叶卵形、倒卵形或长圆形，长与宽各为 2 ～ 5 毫米、顶端 3 齿裂，基部宽楔形，有小叶柄，侧生小叶卵形，较顶生的形小，1 ～ 3 齿裂，有小叶柄；茎生叶有小叶 3 ～ 5 对，小叶多为长卵形或线形，1 ～ 3 裂或全缘，小叶柄有或无，全部小叶近于无毛。总状花序多数，生于枝顶，花小，花梗纤细，长 2 ～ 4 毫米；萼片长椭圆形，长约 2.5 毫米，边缘膜质；花瓣白色，倒卵状楔形，长约 3.5 毫米；花丝不扩大；雌蕊柱状，花柱极短，柱头扁球状。长角果线形，扁平，长 12 ～ 20 毫米，宽约 1 毫米，与果序轴近于平行排列，果序轴左右弯曲，果梗直立开展，长 3 ～ 9 毫米。种子长圆形而扁，长约 1 毫米，黄绿色，顶端有极窄的翅。花期 3—5 月，果期 4—6 月。

【生境与分布】分布几遍全国。生于田边、路旁及草地。我县均有分布。

【中药名称】白带菜。

【来源】为十字花科植物弯曲碎米荠（*Cardamine flexuosa* With.）的全草。

【采收加工】2—5 月采集，晒干或鲜用。

【性味功效】甘，淡，凉。清热利湿，安神，止血。主治湿热泻痢，热淋，带下，心悸，失眠，虚火牙痛，小儿疳积，吐血，便血，疔疮。

【应用举例】用法用量：内服，煎汤，15 ～ 30 克；外用，适量，捣敷。

176. 菘蓝 *Isatis indigotica* Fortune

【别名】茶蓝、板蓝根、大青叶等。

【植物形态】二年生草本，高 40 ～ 100 厘米；茎直立，绿色，顶部多分枝，植株光滑无毛，带白粉霜。基生叶莲座状，长圆形至宽倒披针形，长 5 ～ 15 厘米，宽 1.5 ～ 4 厘米，顶端钝或尖，基部渐狭，全缘或稍具波状齿，具柄；基生叶蓝绿色，长椭圆形或长圆状披针形，长 7 ～ 15 厘米，宽 1 ～ 4 厘米，基部叶耳不明显或为圆形。萼片宽卵形或宽披针形，长 2 ～ 2.5 毫米；花瓣黄白，宽楔形，长 3 ～ 4 毫米，顶端近平截，具短爪。短角果近长圆形，扁平，无毛，边缘有翅；果梗细长，微下垂。种子长圆形，长 3 ～ 3.5 毫米，淡褐色。花期 4—5 月，果期 5—6 月。

【生境与分布】原产于我国，全国各地均有栽培。县域均有栽培。

【中药名称】大青叶、板蓝根、青黛。

【来源】十字花科植物菘蓝（*Isatis indigotica* Fortune）的干燥叶为大青叶，根为板蓝根，叶或茎经加工制得的干燥粉末、团块或颗粒为青黛。

【采收加工】大青叶：8—10 月采收叶片，晒干。

板蓝根：初冬采挖，除去茎叶，洗净，晒干。

青黛：马蓝、木蓝、蓼蓝、菘蓝等茎、叶经传统工艺加工制成的粉末状物。

【性味功效】大青叶：苦，寒。归肝、心、胃、脾经。清热解毒，凉血消斑。用于热病高热烦渴，神昏，斑疹，吐血，衄血，黄疸，泻痢，丹毒，喉痹，口疮，痄腮。

板蓝根：苦，寒。归心、胃经。清热解毒，凉血利咽。

青黛：寒，咸。清热解毒，泻火定惊，凉血消斑。用于热毒发斑、吐血等症，外敷治疮疡、痄腮。

【应用举例】大青叶：预防乙脑、流脑，大青叶 25 克，黄豆 50 克，水煎服，每日 1 剂，连服 7 天。

板蓝根：治腮腺炎，板蓝根 15 克水煎服，药渣挤汁搽敷患处。

青黛：1 ～ 3 克，宜入丸散，外用适量。

177. 萝卜 *Raphanus sativus* L.

【别名】莱菔等。

【植物形态】二年或一年生草本，高 20 ～ 100 厘米；直根肉质，长圆形、球形或圆锥形，外皮绿色、白色或红色；茎有分枝，无毛，稍具粉霜。基生叶和下部茎生叶大头羽状半裂，长 8 ～ 30 厘米，宽 3 ～ 5 厘米，顶裂片卵形，侧裂片 4 ～ 6 对，长圆形，有钝齿，疏生粗毛，上部叶长圆形，有锯齿或近全缘。总状花序顶生及腋生；花白色或粉红色，直径 1.5 ～ 2 厘米；花梗长 5 ～ 15 毫米；萼片长圆形，长 5 ～ 7 毫米；花瓣倒卵形，长 1 ～ 1.5 厘米，具紫纹，下部有长 5 毫米的爪。长角果圆柱形，长 3 ～ 6 厘米，宽 10 ～ 12 毫米，在相当种子间处缢缩，并形成海绵质横隔；顶端喙长 1 ～ 1.5 厘米；果梗长 1 ～ 1.5 厘米。种子 1 ～ 6 个，卵形，微扁，长约 3 毫米，红棕色，有细网纹。花期 4—5 月，果期 5—6 月。

【生境与分布】世界各地都有种植，在气候条件适宜的地区，四季均可种植，多数地区以秋季栽培为主。全国各地普遍栽培。

【中药名称】莱菔子、萝卜。

【来源】为十字花科植物萝卜（*Raphanus sativus* L.）干燥成熟的种子。萝卜根作蔬菜食用，种子、鲜根、枯根、叶皆可入药。

【采收加工】莱菔子：夏季果实成熟时采割植株，晒干，搓出种子，除去杂质，再晒干。

【性味功效】莱菔子：辛，甘，平。归肺、脾、胃经。消食除胀，降气化痰。用于饮食停滞，脘腹胀痛，大便秘结，积滞泻痢，痰壅咳喘。

萝卜：凉，辛，甘，无毒。归肺、胃经。消积滞、化痰热、下气、宽中、解毒。用于食积胀满、痰嗽失音、肺痨咯血、呕吐反酸等。萝卜具有很强的行气功能，还能止咳化痰、除燥生津、清热解毒、利便。

萝卜枯根利二便。叶治初痢，并预防痢疾，种子榨油供工业用及食用。

【应用举例】治痢疾有积，后重不通：莱菔子 15 克，白芍药 9 克，大黄 3 克，木香 1.5 克，水煎服。

178. 蔊菜 *Rorippa indica*（L.）Hiern.

【别名】江剪刀草、香荠菜、野油菜、干油菜、野菜子、天菜子等。

【植物形态】一年或二年生直立草本，高 20 ～ 40 厘米，植株较粗壮，无毛或具疏毛。茎单一或分枝，表面具纵沟。叶互生，基生叶及茎下部叶具长柄，叶形多变化，通常大头羽状分裂，长 4 ～ 10 厘米，宽 1.5 ～ 2.5 厘米，顶端裂片大，卵状披针形，边缘具不整齐齿，侧裂片 1 ～ 5 对；茎上部叶片宽披针形或匙形，边缘具疏齿，具短柄或基部耳状抱茎。总状花序顶生或侧生，花小，多数，具细花梗；萼片 4，卵状长圆形，长 3 ～ 4 毫米；花瓣 4，黄色，匙形，基部渐狭成短爪，与萼片近等长；雄蕊 6，2 枚稍短。长角果线状圆柱形，短而粗，长 1 ～ 2 厘米，宽 1 ～ 1.5 毫米，直立或稍内弯，成熟时果瓣隆起；果梗纤细，长 3 ～ 5 毫米，斜升或近水平开展。种子每室 2 行，多数，细小，卵圆形而扁，一端微凹，表面褐色，具细网纹；子叶缘倚胚根。花期 4—6 月，果期 6—8 月。

【生境与分布】生于路旁、田边、园圃、河边、屋边墙脚及山坡路旁等较潮湿处，海拔230～1450米。产于山东、河南、江苏、浙江、福建、台湾、湖南、江西、广东、陕西、甘肃、四川、云南。我县均有分布。

【中药名称】蔊菜。

【来源】为十字花科植物蔊菜（*Rorippa indica*（L.）Hiern.）的干燥全草。

【采收加工】5—7月采收全草，鲜用或晒干。

【性味功效】辛，苦，微温。归肺、肝经。清热利尿，活血通经，镇咳化痰，健胃理气，解毒。

【应用举例】1. 治感冒发热：蔊菜15克，桑叶9克，菊花15克，水煎服。

2. 治鼻窦炎：鲜蔊菜适量，和雄黄少许捣烂，塞鼻腔内。

七十一、金缕梅科 Hamamelidaceae

常绿或落叶乔木和灌木。叶互生，很少是对生的，全缘或有锯齿，或为掌状分裂，具羽状脉或掌状脉；通常有明显的叶柄；托叶线形，或为苞片状，早落、少数无托叶。花排成头状花序、穗状花序或总状花序，两性，或单性而雌雄同株，稀雌雄异株，有时杂性；异被，放射对称，或缺花瓣，少数无花被；常为周位花或上位花，亦有为下位花；萼筒与子房分离或多少合生，萼裂片4～5数，镊合状或覆瓦状排列；花瓣与萼裂片同数，线形、匙形或鳞片状；雄蕊4～5数，或更多，有为不定数的，花药通常2室，直裂或瓣裂，药隔突出；退化雄蕊存在或缺；子房半下位或下位，亦有为上位，2室，上半部分离；花柱2，有时伸长，柱头尖细或扩大；胚珠多数，着生于中轴胎座上，或只有1个而垂生。果为蒴果，常室间及室背裂开为4片，外果皮木质或革质，内果皮角质或骨质；种子多数，常为多角形，扁平或有窄翅，或单独而呈椭圆卵形，并有明显的种脐；胚乳肉质，胚直生，子叶矩圆形，胚根与子叶等长。

本科有27属约140种，主要分布于亚洲东部，有21属100种，北美及中美有5属11种，其中2个是特有属，非洲南部1属7种，马尔加什1属14种，大洋洲2属2种。作为现代分布中心的亚洲，金缕梅科特别集中于中国南部，共计有 17 属 75 种 16 变种。此外，日本有 4 属 10 种，印度有 4 属 6 种，中南半岛有 8 属 10 种，马来西亚及印度尼西亚有 5 属 7 种，菲律宾有 2 属 2 种，亚洲西部有 3 属 3 种。在这些亚洲的区系成分中，只有 *Maingaya*、*Parrotia* 及 *Parrotiopsis* 分别为马来西亚、伊朗及印度所特有，原产菲律宾的 *Embolanthera* 已在中越边境上找到了第二个种，其余的都属于中国金缕梅植物区系的成分。

全国第四次中药资源普查秭归境内发现 2 种。

179. 枫香树 *Liquidambar formosana* Hance

【别名】大叶枫、枫子树、鸡爪枫、鸡枫树等。

【植物形态】落叶乔木，高达 30 米，胸径最大可达 1 米，树皮灰褐色，方块状剥落；小枝干后灰色，被柔毛，略有皮孔；芽体卵形，长约 1 厘米，略被微毛，鳞状苞片敷有树脂，干后棕黑色，有光泽。叶薄革质，阔卵形，掌状 3 裂，中央裂片较长，先端尾状渐尖；两侧裂片平展；基部心形；上面绿色，干后灰绿色，不发亮；下面有短柔毛，或变秃净仅在脉腋间有毛；掌状脉 3 ～ 5 条，在上下两面均显著，网脉明显可见；边缘有锯齿，齿尖有腺状突；叶柄长达 11 厘米，常有短柔毛；托叶线形，游离，或略与叶柄连生，长 1 ～ 1.4 厘米，红褐色，被毛，早落。雄性短穗状花序常多个排成总状，雄蕊多数，花丝不等长，花药比花丝略短。雌性头状花序有花 24 ～ 43 朵，花序柄长 3 ～ 6 厘米，偶有皮孔，无腺体；萼齿 4 ～ 7 个，针形，长 4 ～ 8 毫米，子房下半部藏在头状花序轴内，上半部游离，有柔毛，花柱长 6 ～ 10 毫米，先端常卷曲。头状果序圆球形，木质，直径 3 ～ 4 厘米；蒴果下半部藏于花序轴内，有宿存花柱及针刺状萼齿。种子多数，褐色，多角形或有窄翅。

【生境与分布】多生于平地、村落附近及低山的次生林。产于我国秦岭及淮河以南各省，北起河南、山东，东至台湾，西至四川、云南及西藏，南至广东。我县均有分布。

【中药名称】枫香脂、路路通。

【来源】金缕梅科植物枫香树（*Liquidambar formosana* Hance）的干燥树脂为枫香脂，干燥成熟果序为路路通。

【采收加工】枫香脂：7—8 月间割裂树干，使树脂流出，10 月至次年 4 月采收，阴干。

路路通：冬季果实成熟后采收，除去杂质，干燥。

【性味功效】枫香脂：辛，微苦，平。归肺、脾经。活血止痛，解毒生肌，凉血止血。用于跌打损伤，痈疽肿痛，吐血，衄血，外伤出血等。

路路通：苦，平。归肝、肾经。祛风活络，利水，通经。用于关节痹痛，麻木痉挛，水肿胀满，乳少，闭经等。

【应用举例】枫香脂：治虚劳咯血不止，枫香脂不计多少，细研为散，每服3克，煎人参糯米饮调下，不计时候。

路路通：治过敏性鼻炎，路路通12克，苍耳子、防风各9克，辛夷、白芷各6克，水煎服。

180. 檵木 *Loropetalum chinense*（R. Br.）Oliver

【别名】白花檵木、红花檵木等。

【植物形态】灌木，有时为小乔木，多分枝，小枝有星毛。叶革质，卵形，长2～5厘米，宽1.5～2.5厘米，先端尖锐，基部钝，不等侧，上面略有粗毛或秃净，干后暗绿色，无光泽，下面被星毛，稍带灰白色，侧脉约5对，在上面明显，在下面突起，全缘；叶柄长2～5毫米，有星毛；托叶膜质，三角状披针形，长3～4毫米，宽1.5～2毫米，早落。花3～8朵簇生，有短花梗，白色，比新叶先开放，或与嫩叶同时开放，花序柄长约1厘米，被毛；苞片线形，长3毫米；萼筒杯状，被星毛，萼齿卵形，长约2毫米，花后脱落；花瓣4片，带状，长1～2厘米，先端圆或钝；雄蕊4个，花丝极短，药隔突出成角状；退化雄蕊4个，鳞片状，与雄蕊互生；子房完全下位，被星毛；花柱极短，长约1毫米；胚珠1个，垂生于心皮内上角。蒴果卵圆形，长7～8毫米，宽6～7毫米，先端圆，被褐色星状绒毛，萼筒长为蒴果的2/3。种子圆卵形，长4～5毫米，黑色，发亮。花期3—4月。

【生境与分布】喜生于向阳的丘陵及山地，亦常出现在马尾松林及杉林下，是一种常见的灌木，在北回归线以南则未见它的踪迹。分布于我国中部、南部及西南各省。我县均有分布。

【中药名称】檵花、檵木叶、檵木根、檵木果。

【来源】金缕梅科植物檵木（*Loropetalum chinense*（R. Br.）Oliver）的花、叶、根、果，均可入药。

【采收加工】叶全年可采，鲜用或晒干。

【性味功效】檵花：微甘，涩，平。清暑解热，止咳，止血。用于咳嗽，咯血，衄血，血痢，血崩，遗精，泄泻等。

檵木叶：涩，苦，凉。收敛止血，清热解毒。用于创伤出血，烧、烫伤，扭伤，吐血，泄泻等。

檵木根：苦，涩，微温。用于咳血，跌打损伤，吐血，闭经，腹痛泄泻，关节酸痛等。

檵木果：苦，涩，平。止血，止泻，止痛，生肌。用于子宫出血，腹泻等。

【应用举例】1. 叶15～30克，外用适量，捣烂或干品研粉敷患处。

2. 治出血证：本品涩可收敛，具有较好的收敛止血作用，可用于多种出血病证。如治鼻衄，可用其花煎服；治咯血，可用其根煎服；治外伤出血，可用其花、叶鲜品捣烂外敷。

3. 治烫伤：本品既能止血生肌，又能清热解毒，可用于治烫伤。以檵木叶烧灰存性，麻油调涂，或以鲜檵木叶捣烂，滤过加茶油，清疮后，将药液涂于疮面上，治疗烧伤有效。

4. 治泄泻、痢疾：本品苦涩，功能为收敛止泻，主治泄泻、痢疾。可单用本品，用水煎服或加糖水煎服，亦可配伍骨碎补、荆芥、青木香同用。

5. 治鼻衄：檵花 20 克，水煎服。

6. 治痢疾：檵花 15 克，骨碎补 15 克，荆芥 7.5 克，青木香 10 克，水煎服。

7. 治血崩：檵花 20 克炖猪肉，一日分数次服。

8. 治遗精：檵木花 20 克，猪瘦肉 200 克，水炖，服汤食肉，每日一剂。

七十二、景天科 Crassulaceae

草本、半灌木或灌木，常有肥厚、肉质的茎、叶，无毛或有毛。叶不具托叶，互生、对生或轮生，常为单叶，全缘或稍有缺刻，少有为浅裂或为单数羽状复叶的。常为聚伞花序，或为伞房状、穗状、总状或圆锥状花序，有时单生。花两性，或为单性而雌雄异株，辐射对称，花各部常为5数或其倍数，少有为3、4或6～32数或其倍数；萼片自基部分离，少有在基部以上合生，宿存；花瓣分离，或多少合生；雄蕊1轮或2轮，与萼片或花瓣同数或为其2倍，分离，或与花瓣或花冠筒部多少合生，花丝丝状或钻形，少有变宽的，花药基生，少有为背着，内向开裂；心皮常与萼片或花瓣同数，分离或基部合生，常在基部外侧有腺状鳞片1枚，花柱钻形，柱头头状或不显著，胚珠倒生，有两层珠被，常多数，排成两行沿腹缝线排列，稀少数或一个的。蓇葖有膜质或革质的皮，稀为蒴果；种子小，长椭圆形，种皮有皱纹或微乳头状突起，或有沟槽，胚乳不发达或缺。

本科有 34 属 1500 种以上，分布于非洲、亚洲、欧洲、美洲。以我国西南部、非洲南部及墨西哥种类较多。我国有 10 属 242 种。

全国第四次中药资源普查秭归境内发现 4 种。

181. 瓦松 *Orostachys fimbriatus*（Turcz.）Berger

【别名】流苏瓦松、瓦花、瓦塔、狗指甲等。

【植物形态】二年生草本。一年生莲座丛的叶短；莲座叶线形，先端增大，为白色软骨质，半圆形，有齿；二年生花茎一般高 10～20 厘米，小的只长 5 厘米，高的有时达 40 厘米；叶互生，疏生，有刺，线形至披针形，长可达 3 厘米，宽 2～5 毫米。花序总状，紧密，或下部分枝，可呈宽 20 厘米的金字塔形；苞片线状渐尖；花梗长达 1 厘米，萼片 5，长圆形，长 1～3 毫米；花瓣 5，红色，披针状椭圆形，长 5～6 毫米，宽 1.2～1.5 毫米，先端渐尖，基部 1 毫米合生；雄蕊 10，与花瓣同长或稍短，花药紫色；鳞片 5，近四方形，长 0.3～0.4 毫米，先端稍凹。蓇葖 5，长圆形，长 5 毫米，喙细，长 1 毫米；种子多数，卵形，细小。花期 8—9 月，果期 9—10 月。

【生境与分布】产于湖北、安徽、江苏、浙江、青海、宁夏、甘肃、陕西、河南、山东、山西、河北、内蒙古、辽宁、黑龙江。生于海拔 1600 米以下，在甘肃、青海可到海拔 3500 米以下的山坡石上或屋瓦上。我县均有分布。

【中药名称】瓦松。

【来源】为景天科植物瓦松（*Orostachys fimbriatus*（Turcz.）Berger）的干燥地上部分。

【采收加工】夏、秋二季花开时采收，除去根及杂质，晒干或鲜用。

【性味功效】酸，苦，凉。归肝、肺、脾经。凉血止血，解毒，敛疮。用于清热解毒，止血，利湿，消肿。主治吐血，鼻衄，血痢，肝炎，疟疾，热淋，痔疮，湿疹，痈毒，疔疮，烫伤等。

【应用举例】1. 治肺热咳喘：鲜瓦松 60 ～ 90 克，煎水适量，加少许白糖，连渣服。

2. 治乳糜尿：瓦松 6 克，煎水适量，白糖冲服。

3. 治急性无黄疸型传染性肝炎：瓦松 60 克，麦芽 30 克，垂柳嫩枝 9 克，水煎服。

4. 治烫伤火疱：瓦松、生柏叶，同捣敷，干者为末。

182. 凹叶景天 *Sedum emarginatum* Migo

【别名】石板菜、九月寒、打不死、石板还阳、石雀还阳、岩板菜等。

【植物形态】多年生草本。茎细弱，高 10 ～ 15 厘米。叶对生，匙状倒卵形至宽卵形，长 1 ～ 2 厘米，宽 5 ～ 10 毫米，先端圆，有微缺，基部渐狭，有短距。花序聚伞状，顶生，宽 3 ～ 6 毫米，有多花，常有 3 个分枝；花无梗；萼片 5，披针形至狭长圆形，长 2 ～ 5 毫米，宽 0.7 ～ 2 毫米，先端钝；基部有短距；花瓣 5，黄色，线状披针形至披针形，长 6 ～ 8 毫米，宽 1.5 ～ 2 毫米；鳞片 5，长圆形，长 0.6 毫米，钝圆，心皮 5，长圆形，长 4 ～ 5 毫米，基部合生。蓇葖略叉开，腹面有浅囊状隆起；种子细小，褐色。花期 5—6 月，果期 6 月。

【生境与分布】产于云南、四川、湖北、湖南、江西、安徽、浙江、江苏、甘肃、陕西。生于海拔 600 ～ 1800 米处山坡阴湿处。我县均有分布。

【中药名称】马牙半支。

【来源】为景天科植物凹叶景天（*Sedum emarginatum* Migo）的全草。

【采收加工】夏、秋季采收，洗净，鲜用或置沸水中稍烫，晒干。

【性味功效】苦，酸，凉。归心、肝、大肠三经。清热解毒，凉血止血，利湿。用于痈疖，疔疮，带状疱疹，瘰疬，咯血，吐血，衄血，便血，痢疾，淋证，黄疸，崩漏，带下等。

【应用举例】1. 治便血：马牙半支 30 克，地榆 15 克，槐花 15 克，水煎服。

2. 治血崩：马牙半支 60 克，牛耳大黄 60 克，水煎服。

183. 佛甲草 *Sedum lineare* Thunb.

【别名】佛指甲、铁指甲、狗牙菜、金莿插等。

【植物形态】多年生草本，无毛。茎高 10 ～ 20 厘米。3 叶轮生，少有 4 叶轮生或对生的，叶线形，长 20 ～ 25 毫米，宽约 2 毫米，先端钝尖，基部无柄，有短距。花序聚伞状，顶生，疏生花，宽 4 ～ 8 厘米，中央有一朵有短梗的花，另有 2 ～ 3 分枝，分枝常再 2 分枝，着生花无梗；萼片 5，线状披针形，长 1.5 ～ 7 毫米，不等长，不具距，有时有短距，先端钝；花瓣 5，黄色，披针形，长 4 ～ 6 毫米，先端急尖，基部稍狭；雄蕊 10，较花瓣短；鳞片 5，宽楔形至近四方形，长 0.5 毫米，宽 0.5 ～ 0.6 毫米。蓇葖略叉开，长 4 ～ 5 毫米，花柱短；种子小。花期 4—5 月，果期 6—7 月。

【生境与分布】生于低山或平地草坡上，或栽培于庭院。产于云南、四川、贵州、广东、湖南、湖北、甘肃、陕西、河南、安徽、江苏、浙江、福建、台湾、江西。

【中药名称】佛甲草。

【来源】为景天科植物佛甲草（*Sedum lineare* Thunb.）的全草。

【采收加工】夏、秋季收割全草，洗净，在沸水中烫一下，捞起，晒干或随采随用，亦可鲜用。

【性味功效】甘，寒，微毒。清热，消肿，解毒。主治咽喉肿痛，痈肿，疔疮，丹毒，烫伤，蛇咬伤，黄疸，痢疾等。

【应用举例】1. 治无名肿毒：佛甲草加盐捣烂，敷患处。

2. 治咽喉肿痛：鲜佛甲草 60 克，捣绞汁，加米醋少许，开水一大杯冲漱喉，每日数次。

184. 垂盆草 *Sedum sarmentosum* Bunge

【别名】豆瓣菜、狗牙瓣、石头菜、佛甲草、爬景天、卧茎景天、火连草、豆瓣子菜、金钱挂、水马齿苋、野马齿苋、匍行景天、狗牙草等。

【植物形态】多年生草本。不育枝及花茎细，匍匐而节上生根，直到花序之下，长10～25厘米。3叶轮生，叶倒披针形至长圆形，长15～28毫米，宽3～7毫米，先端近急尖，基部急狭，有距。聚伞花序，有3～5分枝，花少，宽5～6厘米；花无梗；萼片5，披针形至长圆形，长3.5～5毫米，先端钝，基部无距；花瓣5，黄色，披针形至长圆形，长5～8毫米，先端有稍长的短尖；雄蕊10，较花瓣短；鳞片10，楔状四方形，长0.5毫米，先端稍有微缺；心皮5，长圆形，长5～6毫米，略叉开，有长花柱。种子卵形，长0.5毫米。花期5—7月，果期8月。

【生境与分布】生于海拔1600米以下山坡阳处或石上。产于福建、贵州、四川、湖北、湖南、江西、安徽、浙江、江苏、甘肃、陕西、河南、山东、山西、河北、辽宁、吉林、北京。我县均有分布。

【中药名称】垂盆草。

【来源】为景天科植物垂盆草（*Sedum sarmentosum* Bunge）的干燥全草。

【采收加工】7月采收，洗净，鲜用，或开水焯过，晒干。除去泥沙杂质，干品切段。

【性味功效】甘，淡，凉。归肝、胆、小肠经。利湿退黄，清热解毒。用于湿热黄疸，小便不利，痈肿疮疡等。

【应用举例】1. 治肠炎，痢疾：垂盆草30克，马齿苋30克，水煎服，每日1剂。

2. 治无名肿毒、创伤感染：鲜垂盆草配等量鲜大黄、鲜青蒿，共捣烂敷患处。

七十三、虎耳草科 Saxifragaceae

草本（通常为多年生），灌木、小乔木或藤本。单叶或复叶，互生或对生，一般无托叶。通常为聚伞状、圆锥状或总状花序，稀单花；花两性，稀单性，下位或多少上位，稀周位，一般为双被，稀单被；花被片4～5基数，稀6～10基数，覆瓦状、镊合状或旋转状排列；萼片有时花瓣状；花冠辐射对称，稀两侧对称，花瓣一般离生；雄蕊（4）5～10，或多数，一般外轮对瓣，或为单轮，如与花瓣同数，则与之互生，花丝离生，花药2室，有时具退化雄蕊；心皮2，稀3～5（10），通常多少合生；子房上位、半下位至下位，多室而具中轴胎座，或1室且具侧膜胎座，稀具顶生胎座，胚珠具厚珠心或薄珠心，有时为过渡型，通常多数，2列至多列，稀1粒，具1～2层珠被，孢原通常为单细胞；花柱离生或多少合生。蒴果、浆果、小蓇葖果或核果；种子具丰富胚乳，稀无胚乳；胚乳为细胞型，稀核型；胚小。导管在木本植物中，通常具梯状穿孔板，而在草本植物中则通常具单穿孔板。

本科有 17 亚科 80 属 1200 余种，分布极广，几遍全球，主产温带地区。我国有 7 亚科 28 属约 500 种，南北均产，主产西南，其中独根草属 *Oresitrophe* Bunge 为我国特有。

全国第四次中药资源普查秭归境内发现 6 种。

185. 落新妇 *Astilbe chinensis* (Maxim.) Franch. et Savat.

【别名】小升麻、术活、马尾参、山花七、阿根八、铁火钳、金毛三七、阴阳虎、金毛狗、红升麻等。

【植物形态】多年生草本，高 50 ～ 100 厘米。根状茎暗褐色，粗壮，须根多数。茎无毛。基生叶为二至三回三出羽状复叶；顶生小叶片菱状椭圆形，侧生小叶片卵形至椭圆形，长 1.8 ～ 8 厘米，宽 1.1 ～ 4 厘米，先端短渐尖至急尖，边缘有重锯齿，基部楔形、浅心形至圆形，腹面沿脉生硬毛，背面沿脉疏生硬毛和小腺毛；叶轴仅于叶腋部具褐色柔毛；茎生叶 2 ～ 3，较小。圆锥花序长 8 ～ 37 厘米，宽 3 ～ 4（12）厘米；下部第一回分枝长 4 ～ 11.5 厘米，通常与花序轴成 15° ～ 30° 角斜上；花序轴密被褐色卷曲长柔毛；苞片卵形，几无花梗；花密集；萼片 5，卵形，长 1 ～ 1.5 毫米，宽约 0.7 毫米，两面无毛，边缘中部以上生微腺毛；花瓣 5，淡紫色至紫红色，线形，长 4.5 ～ 5 毫米，宽 0.5 ～ 1 毫米，单脉；雄蕊 10，长 2 ～ 2.5 毫米；心皮 2，仅基部合生，长约 1.6 毫米。蒴果长约 3 毫米；种子褐色，长约 1.5 毫米。花果期 6—9 月。

【生境与分布】产于黑龙江、吉林、辽宁、河北、山西、陕西、甘肃东部和南部、青海东部、山东、浙江、江西、河南、湖北、湖南、四川、云南等省区。生于海拔 390 ～ 3600 米的山谷、溪边、林下、林缘和草甸等处。

【中药名称】红升麻。

【来源】为虎耳草科植物落新妇（*Astilbe chinensis*（Maxim.）Franch. et Savat.）的全草。

【采收加工】秋季挖取根状茎，除去须根，洗净，切片，晒干，或连根挖取。晒干备用，亦可鲜用。

【性味功效】甘，苦，微温。活血去瘀，除湿止痛。

【应用举例】1. 治闭经症瘕，产后恶露不行，产后小便淋漓，腹痛，面身浮肿，跌打损伤，气血瘀滞：红升麻茎叶，煎水服。

2. 治跌打损伤、骨折、睾丸炎、刀伤：红升麻鲜叶，捣烂敷患处。

186. 大叶金腰 *Chrysosplenium macrophyllum* Oliv.

【别名】马耳朵草、龙舌草、岩窝鸡、岩乌金菜、龙香草等。

【植物形态】多年生草本，高 17 ～ 21 厘米；不育枝长 23 ～ 35 厘米，其叶互生，具柄，叶片阔卵形至近圆形，长 0.3 ～ 1.8 厘米，宽 0.4 ～ 1.2 厘米，边缘具 11 ～ 13 圆齿，腹面疏生褐色柔毛，背面无毛，叶柄长 0.8 ～ 1 厘米，具褐色柔毛。花茎疏生褐色长柔毛。基生叶数枚，具柄，叶片革质，倒卵形，长 2.3 ～ 19 厘米，宽 1.3 ～ 11.5 厘米，先端钝圆，全缘或具不明显之微波状小圆齿，基部楔形，腹面疏生褐色柔毛，背面无毛；茎生叶通常 1 枚，叶片狭椭圆形，长 1.2 ～ 1.7 厘米，宽 0.5 ～ 0.75 厘米，

边缘通常具 13 圆齿，背面无毛，腹面和边缘疏生褐色柔毛。多歧聚伞花序长 3 ～ 4.5 厘米；花序分枝疏生褐色柔毛或近无毛；苞叶卵形至阔卵形，长 0.6 ～ 2 厘米，宽 0.5 ～ 1.4 厘米，先端钝状急尖，边缘通常具 9 ～ 15 圆齿（有时不明显），基部楔形，柄长 3 ～ 10 毫米；萼片近卵形至阔卵形，长 3 ～ 3.2 毫米，宽 2.5 ～ 3.9 毫米，先端微凹，无毛；雄蕊高出萼片，长 4 ～ 6.5 毫米；子房半下位，花柱长约 5 毫米，近直上；无花盘。蒴果长 4 ～ 4.5 毫米，先端近平截而微凹，2 果瓣近等大，喙长 3 ～ 4 毫米；种子黑褐色，近卵球形，长约 0.7 毫米，密被微乳头突起。花果期 4—6 月。

【生境与分布】生于海拔 1000 ～ 2236 米的林下或沟旁阴湿处。产于陕西南部、安徽南部、浙江西北部、江西、湖北、湖南、广东北部、四川东部、贵州和云南东部。模式标本采自湖北宜昌。

【中药名称】虎皮草。

【来源】为虎耳草科植物大叶金腰（*Chrysosplenium macrophyllum* Oliv.）的全草。

【采收加工】春、夏采收叶，晒干或鲜用。

【性味功效】苦，涩，寒。清热，平肝，解毒。治小儿惊风，臁疮，烫伤。

【应用举例】1. 治臁疮：鲜虎皮草适量，捣烂取汁，加雄黄或冰片少许，调匀涂搽患处。

2. 治烫伤：虎皮草、刺黄连根各等量。水煎熬膏，涂搽患处。

187. 常山 *Dichroa febrifuga* Lour.

【别名】恒山、蜀漆、土常山、黄常山、白常山等。

【植物形态】灌木，高 1 ～ 2 米；茎圆柱状或稍具四棱，无毛或被稀疏短柔毛，常呈紫红色。

叶形状大小变异大，常为椭圆形、倒卵形、椭圆状长圆形或披针形，长 6 ～ 25 厘米，宽 2 ～ 10 厘米，先端渐尖，基部楔形，边缘具锯齿或粗齿，稀波状，两面绿色或一至两面紫色，无毛或仅叶脉被皱卷短柔毛，稀下面被长柔毛，侧脉每边 8 ～ 10 条，网脉稀疏；叶柄长 1.5 ～ 5 厘米，无毛或疏被毛。伞房状圆锥花序顶生，有时叶腋有侧生花序，直径 3 ～ 20 厘米，花蓝色或白色；花蕾倒卵形，盛开时直径 6 ～ 10 毫米；花梗长 3 ～ 5 毫米；花萼倒圆锥形，4 ～ 6 裂；裂片阔三角形，急尖，无毛或被毛；花瓣长圆状椭圆形，稍肉质，花后反折；雄蕊 10 ～ 20 枚，一半与花瓣对生，花丝线形，扁平，初与花瓣合生，后分离，花药椭圆形；花柱 4 ～ 6，棒状，柱头长圆形，子房 3/4 下位。浆果直径 3 ～ 7 毫米，蓝色，干时黑色；种子长约 1 毫米，具网纹。花期 2—4 月，果期 5—8 月。

【生境与分布】生于海拔 200 ～ 2000 米阴湿林中。产于陕西、甘肃、江苏、安徽、浙江、江西、福建、台湾、湖北、湖南、广东、广西、四川、贵州、云南和西藏。我县均有分布。

【中药名称】常山。

【来源】为虎耳草科植物常山（*Dichroa febrifuga* Lour.）的干燥根。

【采收加工】秋季采挖，除去须根，洗净，晒干。

【性味功效】苦，辛，寒。归肺、肝、心经。涌吐痰涎，截疟。用于痰饮停聚，胸膈痞塞，疟疾等。

【应用举例】1. 治疟疾寒热：常山 3 克，厚朴、青皮、陈皮、炙甘草、槟榔、草果仁各 1.5 克。上细切，作一服，酒水各半盏，寒多加酒，热多加水，煎八分，露星月一宿，空腹冷服。忌热茶汤一日，至午食温粥。

2. 治疟疾：常山、槟榔、鳖甲各 30 克，乌梅、红枣各 9 个，甘草、生姜各 9 片，制成浓缩流浸膏 10 克。日服 1 ～ 2 次，每次 5 克。一般用 12 ～ 18 克即愈。服后无呕吐及其他副作用。

188. 绣球 *Hydrangea macrophylla*（Thunb.）Ser.

【别名】八仙花、紫绣球、粉团花、八仙绣球等。

【植物形态】灌木，高 1 ～ 4 米；茎常于基部发出多数放射枝而形成一圆形灌丛；枝圆柱形，粗壮，紫灰色至淡灰色，无毛，具少数长形皮孔。叶纸质或近革质，倒卵形或阔椭圆形，长 6 ～ 15 厘米，宽 4 ～ 11.5 厘米，先端骤尖，具短尖头，基部钝圆或阔楔形，边缘于基部以上具粗齿，两面无毛或仅下面中脉两侧被稀疏卷曲短柔毛，脉腋间常具少许髯毛；侧脉 6 ～ 8 对，直，向上斜举或上部近边缘处微弯拱，上面平坦，下面微凸，小脉网状，两面明显；叶柄粗壮，长 1 ～ 3.5 厘米，无毛。伞房状聚伞花序近球形，直径 8 ～ 20 厘米，具短的总花梗，分枝粗壮，近等长，密被紧贴短柔毛，花密集，多数不育；不育花萼片 4，卵形、近圆形或阔卵形，长 1.4 ～ 2.4 厘米，宽 1 ～ 2.4 厘米，粉红色、淡蓝色或白色；孕性花极少数，具 2 ～ 4 毫米长的花梗；萼筒倒圆锥状，长 1.5 ～ 2 毫米，与花梗疏被卷曲短柔毛，萼齿卵状三角形，长约 1 毫米；花瓣长圆形，长 3 ～ 3.5 毫米；雄蕊 10 枚，近等长，不突出或稍突出，花药长圆形，长约 1 毫米；子房大半下位，花柱 3，结果时长约 1.5 毫米，柱头稍扩大，半环状。蒴果未成熟，长陀螺状，连花柱长约 4.5 毫米，顶端突出部分长约 1 毫米，约等于蒴果长度的 1/3；种子未熟。花期 6—8 月。

【生境与分布】生于山谷溪旁或山顶疏林中，海拔 380 ～ 1700 米。产于山东、江苏、安徽、浙江、福建、河南、湖北、湖南、广东及其沿海岛屿、广西、四川、贵州、云南等省区。野生或栽培。

【中药名称】绣球。

【来源】为虎耳草科植物绣球（*Hydrangea macrophylla*（Thunb.）Ser.）的叶。

【采收加工】春、夏季采收。

【性味功效】苦，微辛，寒，有小毒。抗疟，消热。主治疟疾，心热惊悸，烦躁。

【应用举例】用法用量：煎汤，9 ～ 12 克。

189. 扯根菜 *Penthorum chinense* Pursh

【别名】干黄草、水杨柳、水泽兰等。

【植物形态】多年生草本，高 40 ～ 65（90）厘米。根状茎分枝；茎不分枝，稀基部分枝，具多数叶，中下部无毛，上部疏生黑褐色腺毛。叶互生，无柄或近无柄，披针形至狭披针形，长 4 ～ 10 厘米，宽 0.4 ～ 1.2 厘米，先端渐尖，边缘具细重锯齿，无毛。聚伞花序具多花，长 1.5 ～ 4 厘米；花序分枝与花梗均被褐色腺毛；苞片小，卵形至狭卵形；花梗长 1 ～ 2.2 毫米；花小型，黄白色；萼片 5，革质，三角形，长约 1.5 毫米，宽约 1.1 毫米，无毛，单脉；无花瓣；雄蕊 10，长约 2.5 毫米；雌蕊长约 3.1 毫米，心皮 5 ～ 6，下部合生；子房 5 ～ 6 室，胚珠多数，花柱 5 ～ 6，较粗。蒴果红紫色，直径 4 ～ 5 毫米；种子多数，卵状长圆形，表面具小丘状突起。花果期 7—10 月。

【生境与分布】生于海拔 90 ～ 2200 米的林下、灌丛草甸及水边。产于黑龙江、吉林、辽宁、河北、陕西、甘肃、江苏、安徽、浙江、江西、河南、湖北、湖南、广东、广西、四川、贵州、云南等省区。

【中药名称】水泽兰。

【来源】为虎耳草科植物扯根菜（*Penthorum chinense* Pursh）的全草。

【采收加工】秋后割取全草，晒干。

【性味功效】甘，微温，无毒。活血，行水。主治闭经，水肿，血崩，带下，跌打损伤等。

【应用举例】1. 治水肿、食肿、气肿：水泽兰 30 克，臭草根 15 克，五谷根 12 克，折耳根 9 克，石菖蒲 9 克，煎水服，日服三次。

2. 治跌打伤肿痛：水泽兰适量，捣绒敷患处；另可用水泽兰 15 克，煎酒服。

190. 虎耳草 *Saxifraga stolonifera* Curt.

【别名】石荷叶、金线吊芙蓉、老虎耳、天荷叶、金丝荷叶、丝棉吊梅、耳朵草、通耳草、天青地红等。

【植物形态】多年生草本，高 8 ～ 45 厘米。鞭匐枝细长，密被卷曲长腺毛，具鳞片状叶。茎被长腺毛，具 1 ～ 4 枚苞片状叶。基生叶具长柄，叶片近心形、肾形至扁圆形，长 1.5 ～ 7.5 厘米，宽 2 ～ 12 厘米，先端钝或急尖，基部近截形、圆形至心形，（5）7 ～ 11 浅裂（有时不明显），裂片边缘具不规则齿和腺睫毛，腹面绿色，被腺毛，背面通常红紫色，被腺毛，有斑点，具掌状达缘脉序，叶柄长 1.5 ～ 21 厘米，被长腺毛；茎生叶披针形，长约 6 毫米，宽约 2 毫米。聚伞花序圆锥状，长 7.3 ～ 26 厘米，具 7 ～ 61 朵花；花序分枝长 2.5 ～ 8 厘米，被腺毛，具 2 ～ 5 朵花；花梗长 0.5 ～ 1.6 厘米，细弱，被腺毛；花两侧对称；萼片在花期开展至反曲，卵形，长 1.5 ～ 3.5 毫米，宽 1 ～ 1.8 毫米，先端急尖，边缘具腺睫毛，腹面无毛，背面被褐色腺毛，3 脉于先端汇合成 1 疣点；花瓣白色，中上部具紫红色斑点，基部具黄色斑点，5 枚，其中 3 枚较短，卵形，长 2 ～ 4.4 毫米，宽 1.3 ～ 2 毫米，先端急尖，基部具长 0.1 ～ 0.6 毫米之爪，羽状脉序，具 2 级脉（2）3 ～ 6 条，另 2 枚较长，披针形至长圆形，长 6.2 ～ 14.5 毫米，宽 2 ～ 4 毫米，先端急尖，基部具长 0.2 ～ 0.8 毫米之爪，羽状脉序，具2级脉5～10（11）条。雄蕊长4～5.2毫米，花丝棒状；花盘半环状，围绕于子房一侧，边缘具瘤突；2心皮下部合生，长3.8～6毫米；子房卵球形，花柱2，叉开。花果期4—11月。

【生境与分布】产于河北（小五台山）、陕西、甘肃东南部、江苏、安徽、浙江、江西、福建、台湾、河南、湖北、湖南、广东、广西、四川东部、贵州、云南东部和西南部。生于海拔400～4500米的林下、灌丛、草甸和阴湿岩隙。

【中药名称】虎耳草。

【来源】为虎耳草科植物虎耳草（*Saxifraga stolonifera* Curt.）的干燥全草。

【采收加工】夏季割取地上部分，鲜用或晒干。

【性味功效】辛，苦，寒。归肺、脾、大肠经。清热解毒。用于小儿发热，咳嗽气喘等；外用治中耳炎，耳廓溃烂，疔疮，疖肿，湿疹等。

【应用举例】1. 治肺痈吐臭脓痰：虎耳草12克，忍冬叶30克，水煎2次，分服。

2. 治血崩：鲜虎耳草30～60克，加黄酒、水各半煎服。

七十四、海桐花科 Pittosporaceae

常绿乔木或灌木，秃净或被毛，偶或有刺。叶互生或偶为对生，多数革质，全缘，稀有齿或分裂，无托叶。花通常两性，有时杂性，辐射对称，稀为左右对称，除子房外，花的各轮均为5数，单生或为伞形花序、伞房花序或圆锥花序，有苞片及小苞片；萼片常分离，或略连合；花瓣分离或连合，白色、黄色、蓝色或红色；雄蕊与萼片对生、花丝线形，花药基部或背部着生，2室，纵裂或孔开；子房上位，子房柄存在或缺，心皮2～3个，有时5个，通常1室或不完全2～5室，倒生胚珠通常多数，侧膜胎座、中轴胎座或基生胎座，花柱短，简单或2～5裂，宿存或脱落。蒴果沿腹缝裂开，或为浆果；种子通常多数，常有黏质或油质包在外面，种皮薄，胚乳发达，胚小。

本科有9属约360种，分布于旧大陆热带和亚热带地区。9属均见于大洋洲，其中海桐花属 *Pittosporum* 种类最多，广泛分布于西南太平洋的岛屿、大洋洲、东南亚及亚洲东部的亚热带地区。我国只有1属44种。

全国第四次中药资源普查秭归境内发现2种。

191. 海金子 *Pittosporum illicioides* Makino

【别名】崖花海桐、崖花子等。

【植物形态】常绿灌木，高达5米，嫩枝无毛，老枝有皮孔。叶生于枝顶，3～8片簇生呈假轮生状，薄革质，倒卵状披针形或倒披针形，5～10厘米，宽2.5～4.5厘米，先端渐尖，基部窄楔形，常向下延，上面深绿色，干后仍发亮，下面浅绿色，无毛；侧脉6～8对，在上面不明显，

在下面稍突起，网脉在下面明显，边缘平展，或略皱折；叶柄长 7 ～ 15 毫米。伞形花序顶生，有花 2 ～ 10 朵，花梗长 1.5 ～ 3.5 厘米，纤细，无毛，常向下弯；苞片细小，早落；萼片卵形，长 2 毫米，先端钝，无毛；花瓣长 8 ～ 9 毫米；雄蕊长 6 毫米；子房长卵形，被糠秕或有微毛，子房柄短；侧膜胎座 3 个，每个胎座有胚珠 5 ～ 8 个，生于子房内壁的中部。蒴果近圆形，长 9 ～ 12 毫米，多少三角形，或有纵沟 3 条，子房柄长 1.5 毫米，3 片裂开，果片薄木质；种子 8 ～ 15 个，长约 3 毫米，种柄短而扁平，长 1.5 毫米；果梗纤细，长 2 ～ 4 厘米，常向下弯。

【生境与分布】分布于福建、台湾、浙江、江苏、安徽、江西、湖北、湖南、贵州等省区。县域发现有栽培。

【中药名称】山栀茶、崖花海桐叶、崖花海桐花。

【来源】海桐花科植物海金子（*Pittosporum illicioides* Makino）的干燥根为山栀茶，干燥的叶为崖花海桐叶，干燥的花为崖花海桐花。

【采收加工】山栀茶：全年可采，切片，晒干；或剥取皮部，切段，晒干或鲜用。

【性味功效】山栀茶：苦，微温。活血通络，接骨消肿，解毒止痛。用于风湿性关节炎，坐骨神经痛，骨折，胃痛，牙痛，高血压，神经衰弱，梦遗滑精，咳嗽，四肢乏力，尿血等。

【应用举例】山栀茶：治坐骨神经痛、风湿性关节痛，山栀茶 30 克，瑞香 12 克，钩藤根、独活各 15 克，水煎服或酒浸服。

192. 海桐 *Pittosporum tobira*（Thunb.）Ait.

【别名】刺桐、海桐花、山矾、七里香、宝珠香、山瑞香等。

【植物形态】常绿灌木或小乔木，高达 6 米，嫩枝被褐色柔毛，有皮孔。叶聚生于枝顶，二年生，革质，嫩时上下两面有柔毛，以后变秃净，倒卵形或倒卵状披针形，长 4 ～ 9 厘米，宽 1.5 ～ 4 厘米，上面深绿色，发亮，干后暗晦无光，先端圆形或钝，常微凹入或为微心形，基部窄楔形，侧脉 6 ～ 8 对，在靠近边缘处相结合，有时因侧脉间的支脉较明显而呈多脉状，网脉稍明显，网眼细小，全缘，干后反卷，叶柄长达 2 厘米。伞形花序或伞房状伞形花序顶生或近顶生，密被黄褐色柔毛，花梗长 1 ～ 2 厘米；苞片披针形，长 4 ～ 5 毫米；小苞片长 2 ～ 3 毫米，均被褐毛。花白色，有芳香，后变黄色；萼片卵形，长 3 ～ 4 毫米，被柔毛；花瓣倒披针形，长 1 ～ 1.2 厘米，离生；雄蕊 2 型，退化雄蕊的花丝长 2 ～ 3 毫米，花药近于不育；正常雄蕊的花丝长 5 ～ 6 毫米，花药长圆形，长 2 毫米，黄色；子房长卵形，密被柔毛，侧膜胎座 3 个，胚珠多数，2 列着生于胎座中段。蒴果圆球形，有棱或呈三角形，直径 12 毫米，多少有毛，子房柄长 1 ～ 2 毫米，3 片裂开，果片木质，厚 1.5 毫米，内侧黄褐色，有光泽，具横格；种子多数，长 4 毫米，多角形，红色，种柄长约 2 毫米。

【生境与分布】分布于长江以南滨海各省，内地多为栽培供观赏。我县均有栽培。

【中药名称】海桐叶、海桐皮、海桐子。

【来源】海桐花科植物海桐（*Pittosporum tobira*（Thunb.）Ait.）干燥的叶为海桐叶，干燥茎皮为海桐皮，种子为海桐子

【采收加工】叶四季均可采收，夏、秋两季剥取树皮，晒干。

【性味功效】海桐皮：苦，平。祛风湿，通络，止痛。

海桐叶：解毒止血。

海桐子：能涩肠、固精。

七十五、蔷薇科 Rosaceae

草本、灌木或乔木，落叶或常绿，有刺或无刺。冬芽常具数个鳞片，有时仅具 2 个。叶互生，稀对生，单叶或复叶，有显明托叶，稀无托叶。花两性，稀单性。通常整齐，周位花或上位花；花轴上端发育成碟状、钟状、杯状或圆筒状的花托（一称萼筒），在花托边缘着生萼片、花瓣和雄蕊；萼片和花瓣同数，通常 4 ～ 5，覆瓦状排列，稀无花瓣，萼片有时具副萼；雄蕊 5 至多数，稀 1 或 2，花丝离生，稀合生；心皮 1 至多数，离生或合生，有时与花托连合，每心皮有 1 至数个直立的或悬垂的倒生胚珠；花柱与心皮同数，有时连合，顶生、侧生或基生。果实为蓇葖果、瘦果、梨果或核果，稀蒴果；种子通常不含胚乳，极稀具少量胚乳；子叶为肉质，背部隆起，稀对褶或呈席卷状。

本科有 124 属 3300 余种，分布于全世界，北温带地区较多。我国有 51 属 1000 余种，产于全国各地。

全国第四次中药资源普查秭归境内发现 24 种。

193. 龙芽草 *Agrimonia pilosa* Ldb.

【别名】瓜香草、老鹤嘴、毛脚茵、施州龙芽草、石打穿、金顶龙芽、仙鹤草、路边黄、地仙草等。

【植物形态】多年生草本。根多呈块茎状，周围长出若干侧根，根茎短，基部常有 1 至数个地下芽。茎高 30 ～ 120 厘米，被疏柔毛及短柔毛，稀下部被稀疏长硬毛。叶为间断奇数羽状复叶，通常有小叶 3 ～ 4 对，稀 2 对，向上减少至 3 小叶，叶柄被稀疏柔毛或短柔毛；小叶片无柄或有短柄，倒卵形，倒卵椭圆形或倒卵披针形，长 1.5 ～ 5 厘米，宽 1 ～ 2.5 厘米，顶端急尖至圆钝，稀渐尖，

基部楔形至宽楔形，边缘有急尖到圆钝锯齿，上面被疏柔毛，稀脱落几无毛，下面通常脉上伏生疏柔毛，稀脱落几无毛，有显著腺点；托叶草质，绿色，镰形，稀卵形，顶端急尖或渐尖，边缘有尖锐锯齿或裂片，稀全缘，茎下部托叶有时卵状披针形，常全缘。花序穗状总状顶生，分枝或不分枝，花序轴被柔毛，花梗长 1 ～ 5 毫米，被柔毛；苞片通常深 3 裂，裂片带形，小苞片对生，卵形，全缘或边缘分裂；花直径 6 ～ 9 毫米；萼片 5，三角卵形；花瓣黄色，长圆形；雄蕊 5 ～ 15 枚；花柱 2，丝状，柱头头状。果实倒卵圆锥形，外面有 10 条肋，被疏柔毛，顶端有数层钩刺，幼时直立，成熟时靠合，连钩刺长 7 ～ 8 毫米，最宽处直径 3 ～ 4 毫米。花果期 5—12 月。

【生境与分布】常生于溪边、路旁、草地、灌丛、林缘及疏林下，海拔 100 ～ 3800 米。我国南北各省区均产。我县均有分布。

【中药名称】龙芽草。

【来源】为蔷薇科植物龙芽草（*Agrimonia pilosa* Ldb.）的全草。

【采收加工】全草晒干，切段即成。

【性味功效】苦，涩，平。入肺、肝、脾经。收敛止血，消炎，止痢，解毒，杀虫，益气强心。主治吐血，咯血，衄血，尿血，功能性子宫出血，痢疾，胃肠炎，滴虫性阴道炎，劳伤无力，闪挫腰痛；外用治痈疖疮疡。

194. 木瓜 *Chaenomeles sinensis*（Thouin）Koehne

【别名】榠楂、木李、海棠等。

【植物形态】灌木或小乔木，高达 5 ～ 10 米，树皮成片状脱落；小枝无刺，圆柱形，幼时被柔毛，不久即脱落，紫红色，二年生枝无毛，紫褐色；冬芽半圆形，先端圆钝，无毛，紫褐色。叶片椭圆卵形或椭圆长圆形，稀倒卵形，长 5 ～ 8 厘米，宽 3.5 ～ 5.5 厘米，先端急尖，基部宽楔形或圆形，边缘有刺芒状尖锐锯齿，齿尖有腺，幼时下面密被黄白色绒毛，不久即脱落无毛；叶柄长 5 ～ 10 毫米，微被柔毛，有腺齿；托叶膜质，卵状披针形，先端渐尖，边缘具腺齿，长约

7毫米。花单生于叶腋，花梗短粗，长5～10毫米，无毛；花直径2.5～3厘米；萼筒钟状外面无毛；萼片三角披针形，长6～10毫米，先端渐尖，边缘有腺齿，外面无毛，内面密被浅褐色绒毛，反折；花瓣倒卵形，淡粉红色；雄蕊多数，长不及花瓣之半；花柱3～5，基部合生，被柔毛，柱头头状，有不明显分裂，约与雄蕊等长或稍长。果实长椭圆形，长10～15厘米，暗黄色，木质，味芳香，果梗短。花期4月，果期9—10月。

【生境与分布】一般于山坡地、房前屋后种植，成片栽培。产于山东、陕西、湖北、江西、安徽、江苏、浙江、广东、广西。县域内多为栽培。

【中药名称】木瓜。

【来源】为蔷薇科植物木瓜（*Chaenomeles sinensis*（Thouin）Koehne）的干燥近成熟果实。

【采收加工】夏、秋二季果实绿黄时采收，置沸水中烫至外皮灰白色，对半纵剖，晒干。

【性味功效】酸，温。归肝、脾经。舒筋活络，和胃化湿。用于湿痹拘挛，腰膝关节酸重疼痛，暑湿吐泻，转筋挛痛，脚气水肿等。

【应用举例】治脚气湿热：木瓜、薏苡仁各15克，白术、茯苓各9克，黄柏6克，水煎服。

195. 湖北山楂 *Crataegus hupehensis* Sarg.

【别名】猴楂子、酸枣、大山枣等。

【植物形态】乔木或灌木，高达3～5米，枝条开展；刺少，直立，长约1.5厘米，也常无刺；小枝圆柱形，无毛，紫褐色，有疏生浅褐色皮孔，二年生枝条灰褐色；冬芽三角卵形至卵形，先端急尖，无毛，紫褐色。叶片卵形至卵状长圆形，长4～9厘米，宽4～7厘米，先端短渐尖，基部宽楔形或近圆形，边缘有圆钝锯齿，上半部具2～4对浅裂片，裂片卵形，先端短渐尖，无毛或仅下部脉腋有髯毛；叶柄长3.5～5厘米，无毛；托叶草质，披针形或镰刀形，边缘具腺齿，早落。伞房花序，直径3～4厘米，具多花；总花梗和花梗均无毛，花梗长4～5毫米；苞片膜质，线状披针形，边缘有齿，早落；花直径约1厘米；萼筒钟状，外面无毛；萼片三角卵形，先端尾状渐尖，全缘，长3～4毫米，稍短于萼筒，内外两面皆无毛；花瓣卵形，长约8毫米，宽约6毫米，白色；雄蕊20，花药紫色，比花瓣稍短；花柱5，基部被白色绒毛，柱头头状。果实近球形，直径2.5厘米，深红色，有斑点，萼片宿存，反折；小核5，两侧平滑。花期5—6月，果期8—9月。

【生境与分布】产于湖北、湖南、江西、江苏、浙江、四川、陕西、山西、河南。生于山坡灌木丛中，海拔500～2000米。模式标本采自湖北宜昌。

【中药名称】湖北山楂。

【来源】为蔷薇科植物湖北山楂（*Crataegus hupehensis* Sarg.）的果实。

【采收加工】秋季果实成熟时采收，置沸水中略烫后干燥或直接干燥。

【性味功效】酸，甘，微温。归脾、胃、肝经。消食健胃，行气散瘀，化浊降脂。用于肉食积滞，胃脘胀满，泻痢腹痛，瘀血闭经，产后瘀阻，心腹刺痛，胸痹心痛，疝气疼痛，高脂血症。

196. 山楂 *Crataegus pinnatifida* Bge.

【别名】山里红等。

【植物形态】落叶乔木，高达6米，树皮粗糙，暗灰色或灰褐色；刺长1～2厘米，有时无刺；小枝圆柱形，当年生枝紫褐色，无毛或近于无毛，疏生皮孔，老枝灰褐色；冬芽三角卵形，先端圆钝，无毛，紫色。叶片宽卵形或三角状卵形，稀菱状卵形，长5～10厘米，宽4～7.5厘米，先端短渐尖，基部截形至宽楔形，通常两侧各有3～5枚羽状深裂片，裂片卵状披针形或带形，先端短渐尖，边缘有尖锐稀疏不规则重锯齿，上面暗绿色有光泽，下面沿叶脉有疏生短柔毛或在脉腋有髯毛，侧脉6～10对，有的达到裂片先端，有的达到裂片分裂处；叶柄长2～6厘米，无毛；托叶草质，镰形，边缘有锯齿。伞房花序具多花，直径4～6厘米，总花梗和花梗均被柔毛，花后脱落，减少，花梗长4～7毫米；苞片膜质，线状披针形，长6～8毫米，先端渐尖，边缘具腺齿，早落；花直径约1.5厘米；萼筒钟状，长4～5毫米，外面密被灰白色柔毛；萼片三角卵形至披针形，先端渐尖，全缘，约与萼筒等长，内外两面均无毛，或在内面顶端有髯毛；花瓣倒卵形或近圆形，长7～8毫米，宽5～6毫米，白色；雄蕊20，短于花瓣，花药粉红色；花柱3～5，基部被柔毛，柱头头状。果实近球形或梨形，直径1～1.5厘米，深红色，有浅色斑点；小核3～5，外面稍具棱，内面两侧平滑；萼片脱落很迟，先端留一圆形深洼。花期5—6月，果期9—10月。

【生境与分布】产于黑龙江、吉林、辽宁、内蒙古、河北、河南、山东、山西、陕西、江苏。生于山坡林边或灌木丛中。海拔100～1500米。我县均有分布。

【中药名称】山楂。

【来源】为蔷薇科植物山楂（*Crataegus pinnatifida* Bge.）的干燥成熟果实。

【采收加工】秋季果实成熟时采收，切片，干燥。

【性味功效】酸，甘，微温。归脾、胃、肝经。消食健胃，行气散瘀，化浊降脂。用于肉食积滞，胃脘胀满，泻痢腹痛，瘀血闭经，产后瘀阻，心腹刺痛，胸痹心痛，疝气疼痛，高脂血症。

【应用举例】治一切食积：山楂120克，白术120克，神曲60克。上为末，蒸饼丸，梧桐子大，服七十丸，白汤下。

197. 蛇莓 *Duchesnea indica*（Andr.）Focke

【别名】蛇泡草、龙吐珠、三爪风等。

【植物形态】多年生草本；根茎短，粗壮；匍匐茎多数，长30～100厘米，有柔毛。小叶片倒卵形至菱状长圆形，长 2 ～ 3.5（5）厘米，宽 1 ～ 3 厘米，先端圆钝，边缘有钝锯齿，两面皆有柔毛，或上面无毛，具小叶柄；叶柄长 1 ～ 5 厘米，有柔毛；托叶窄卵形至宽披针形，长 5 ～ 8 毫米。花单生于叶腋；直径 1.5 ～ 2.5 厘米；花梗长 3 ～ 6 厘米，有柔毛；萼片卵形，长 4 ～ 6 毫米，先端锐尖，外面有散生柔毛；副萼片倒卵形，长 5 ～ 8 毫米，比萼片长，先端常具 3 ～ 5 锯齿；花瓣倒卵形，长 5 ～ 10 毫米，黄色，先端圆钝；雄蕊 20 ～ 30；心皮多数，离生；花托在果期膨大，海绵质，鲜红色，有光泽，直径 10 ～ 20 毫米，外面有长柔毛。瘦果卵形，长约 1.5 毫米，光滑或具不明显突起，鲜时有光泽。花期 6—8 月，果期 8—10 月。

【生境与分布】产于辽宁以南各省区。生于山坡、河岸、草地、潮湿的地方，海拔 1800 米以下。我县均有分布。

【中药名称】蛇莓。

【来源】为蔷薇科植物蛇莓（*Duchesnea indica*（Andr.）Focke）的全草。

【采收加工】6—11 月采收全草，洗净，晒干或鲜用。

【性味功效】甘，苦，性寒。归肺、肝、大肠经。清热解毒，散瘀消肿，凉血止血。用于热病，惊痫，感冒，痢疾，黄疸，目赤，口疮，咽痛，痄腮，疖肿，毒蛇咬伤，吐血，崩漏，月经不调，烫伤，跌打肿痛等。

【应用举例】1. 治感冒发热咳嗽：蛇莓鲜品 30 ～ 60 克，水煎服。

2. 治痢疾、肠炎：蛇莓全草 15 ～ 30 克，水煎服。

3. 治黄疸：蛇莓全草 15 ～ 30 克，水煎服。

198. 枇杷 *Eriobotrya japonica*（Thunb.）Lindl.

【别名】芦橘、金丸、芦枝等。

【植物形态】常绿小乔木，高可达 10 米；小枝粗壮，黄褐色，密生锈色或灰棕色绒毛。叶片革质，披针形、倒披针形、倒卵形或椭圆长圆形，长 12 ～ 30 厘米，宽 3 ～ 9 厘米，先端急尖或渐尖，基部楔形或渐狭成叶柄，上部边缘有疏锯齿，基部全缘，上面光亮，多皱，下面密生灰棕色绒毛，侧脉 11 ～ 21 对；叶柄短或几无柄，长 6 ～ 10 毫米，有灰棕色绒毛；托叶钻形，长 1 ～ 1.5 厘米，先端急尖，有毛。圆锥花序顶生，长 10 ～ 19 厘米，具多花；总花梗和花梗密生锈色绒毛；花梗长 2 ～ 8 毫米；苞片钻形，长 2 ～ 5 毫米，密生锈色绒毛；花直径 12 ～ 20 毫米；萼筒浅杯状，

长4～5毫米，萼片三角卵形，长2～3毫米，先端急尖，萼筒及萼片外面有锈色绒毛；花瓣白色，长圆形或卵形，长5～9毫米，宽4～6毫米，基部具爪，有锈色绒毛；雄蕊20，远短于花瓣，花丝基部扩展；花柱5，离生，柱头头状，无毛，子房顶端有锈色柔毛，5室，每室有2枚胚珠。果实球形或长圆形，直径2～5厘米，黄色或橘黄色，外有锈色柔毛，不久脱落；种子1～5，球形或扁球形，直径1～1.5厘米，褐色，光亮，种皮纸质。花期10—12月，果期5—6月。

【生境与分布】产于甘肃、陕西、河南、江苏、安徽、浙江、江西、湖北、湖南、四川、云南、贵州、广西、广东、福建、台湾。各地广泛栽培，四川、湖北有野生者。县域内农户常栽培。

【中药名称】枇杷叶、枇杷。

【来源】蔷薇科植物枇杷（*Eriobotrya japonica*（Thunb.）Lindl.）的叶为枇杷叶，果实为枇杷。

【采收加工】枇杷叶：全年皆可采收，以夏季采收者为多。采下后晒至七八成干，扎成小把，再晒至足干。

枇杷：枇杷果实因成熟时间不一致，宜分次采收，采黄留青，采熟留生。

【性味功效】枇杷叶：苦，微辛，微寒。归肺、胃经。清肺止咳，和胃降逆，止渴。用于肺热咳嗽，阴虚劳嗽，咳血，衄血，吐血，胃热呕哕，妊娠恶阻，小儿吐乳，消渴及肺风面疮等。

枇杷：甘，酸，凉。归肺、脾经。润肺，下气，止渴。用于肺燥咳喘，吐逆，烦渴。

【应用举例】枇杷叶：治肺热咳嗽，枇杷叶9克，桑白皮12克，黄芩6克，水煎服；或蜜炙枇杷叶12克，蜜炙桑白皮15克，水煎服。

枇杷：治肺热咳嗽，鲜枇杷肉60克，冰糖30克，水煎服。

199. 草莓 *Fragaria ananassa* Duch.

【别名】洋莓、地莓、地果、红莓、凤梨草莓等。

【植物形态】多年生草本，高10～40厘米。茎低于叶或近相等，密被开展黄色柔毛。叶三出，小叶具短柄，质地较厚，倒卵形或菱形，稀几圆形，长3～7厘米，宽2～6厘米，顶端圆钝，基部阔楔形，侧生小叶基部偏斜，边缘具缺刻状锯齿，锯齿急尖，上面深绿色，几无毛，下面淡白绿色，疏生毛，沿脉较密；叶柄长2～10厘米，密被开展黄色柔毛。聚伞花序，有花5～15朵，花序下面有具一短柄的小叶；花两性，直径1.5～2厘米；萼片卵形，比副萼片稍长，副萼片椭圆披针形，全缘，稀深2裂，果时扩大；花瓣白色，近圆形或倒卵椭圆形，基部具不明显的爪；雄蕊 20 枚，不等长；雌蕊极多。聚合果大，直径达 3 厘米，鲜红色，宿存萼片直立，紧贴于果实；瘦果尖卵形，光滑。花期 4—5 月，果期 6—7 月。

【生境与分布】我国各地栽培，原产于南美，欧洲等地广为栽培。县域内广为栽培。

【中药名称】草莓。

【来源】为蔷薇科植物草莓（*Fragaria ananassa* Duch.）的果实。

【采收加工】 草莓开花后约 30 天即可成熟，在果面着色 75% ～ 80% 时即可采收，每隔 1 ～ 2 天采收 1 次，可延续采摘 2 ～ 3 周，采摘时不要伤及花萼，必须带有果柄，轻采轻放，保证果品质量。

【性味功效】甘，微酸，凉。清凉止渴，健胃消食。用于口渴，食欲不振，消化不良。

200. 黄毛草莓 *Fragaria nilgerrensis* Schlecht. ex Gay

【别名】锈毛草莓等。

【植物形态】多年生草本，粗壮，密集成丛，高 5 ～ 25 厘米，茎密被黄棕色绢状柔毛，几与叶等长；叶三出，小叶具短柄，质地较厚，小叶片倒卵形或椭圆形，长 1 ～ 4.5 厘米，宽 0.8 ～ 3 厘米，顶端圆钝，顶生小叶基部楔形，侧生小叶基部偏斜，边缘具缺刻状锯齿，锯齿顶端急尖或圆钝，上面深绿色，被疏柔毛，下面淡绿色，被黄棕色绢状柔毛，沿叶脉上毛长而密；叶柄长 4 ～ 18 厘米，密被黄棕色绢状柔毛。聚伞花序（1）2 ～ 5（6）朵，花序下部具一或三出有柄的小叶；花两性，直径 1 ～ 2 厘米；萼片卵状披针形，比副萼片宽或近相等，副萼片披针形，全缘或 2 裂，果时增大；花瓣白色，圆形，基部有短爪；雄蕊 20 枚，不等长。聚合果圆形，白色、淡白黄色或红色，宿存萼片直立，紧贴果实；瘦果卵形，光滑。花期 4—7 月，果期 6—8 月。

【生境与分布】产于陕西、湖北、四川、云南、湖南、贵州、台湾。生于山坡草地或沟边林下，海拔 700 ～ 3000 米。

【中药名称】白草莓。

【来源】为蔷薇科植物黄毛草莓（*Fragaria nilgerrensis* Schlecht. ex Gay）的全草。

【采收加工】5—10 月采集全草，洗净，切段，阴干备用或鲜用。

【性味功效】苦，凉。祛风，清热，解毒。主治风热咳嗽，百日咳，口腔炎，痢疾，尿血，疮疖。

【应用举例】治毒蛇咬伤、疮疖：鲜白草莓适量，捣烂加红糖外敷。

201. 路边青 *Geum aleppicum* Jacq.

【别名】水杨梅、蓝布正等。

【植物形态】多年生草本。须根簇生。茎直立，高 30 ～ 100 厘米，被开展粗硬毛，稀几无毛。

基生叶为大头羽状复叶，通常有小叶 2 ～ 6 对，连叶柄长 10 ～ 25 厘米，叶柄被粗硬毛，小叶大小极不相等，顶生小叶最大，菱状广卵形或宽扁圆形，长 4 ～ 8 厘米，宽 5 ～ 10 厘米，顶端急尖或圆钝，基部宽心形至宽楔形，边缘常浅裂，有不规则粗大锯齿，锯齿急尖或圆钝，两面绿色，疏生粗硬毛；茎生叶羽状复叶，有时重复分裂，向上小叶逐渐减少，顶生小叶披针形或倒卵披针形，顶端常渐尖或短渐尖，基部楔形；茎生叶托叶大，绿色，叶状，卵形，边缘有不规则粗大锯齿。花序顶生，疏散排列，花梗被短柔毛或微硬毛；花直径 1 ～ 1.7 厘米；花瓣黄色，几圆形，比萼片长；萼片卵状三角形，顶端渐尖，副萼片狭小，披针形，顶端渐尖稀 2 裂，比萼片短 1 倍多，外面被短柔毛及长柔毛；花柱顶生，在上部 1/4 处扭曲，成熟后自扭曲处脱落，脱落部分下部被疏柔毛。聚合果倒卵球形，瘦果被长硬毛，花柱宿存部分无毛，顶端有小钩；果托被短硬毛，长约 1 毫米。花果期 7—10 月。

【生境与分布】生于山坡草地、沟边、地边、河滩、林间隙地及林缘，海拔 200 ～ 3500 米。产于黑龙江、吉林、辽宁、内蒙古、山西、陕西、甘肃、新疆、山东、河南、湖北、四川、贵州、云南、西藏。我县均有分布。

【中药名称】蓝布正、五气朝阳草。

【来源】蔷薇科植物路边青（*Geum aleppicum* Jacq.）的干燥全草为蓝布正，全草或根为五气朝阳草。

【采收加工】蓝布正：夏、秋二季采收，洗净，晒干。

五气朝阳草：夏季采收，鲜用或切段晒干。

【性味功效】蓝布正：甘，微苦，凉。益气健脾，补血养阴，润肺化痰。

五气朝阳草：苦，辛，微寒。清热解毒，活血止痛，调经止带。

【应用举例】蓝布正：水煎服，9 ～ 30 克。

五气朝阳草：治月经不调、不育及子宫癌，五气朝阳草 15 克，煮鸡或煮肉吃。

202. 石楠 *Photinia serrulata* Lindl.

【别名】千年红、扇骨木、笔树、石眼树、将军梨、石楠柴、石纲、凿角、山官木等。

【植物形态】常绿灌木或小乔木，高 4 ～ 6 米，有时可达 12 米；枝褐灰色，无毛；冬芽卵形，鳞片褐色，无毛。叶片革质，长椭圆形、长倒卵形或倒卵状椭圆形，长 9 ～ 22 厘米，宽 3 ～ 6.5 厘米，先端尾尖，基部圆形或宽楔形，边缘有疏生具腺细锯齿，近基部全缘，上面光亮，幼时中脉有绒毛，成熟后两面皆无毛，中脉显著，侧脉 25 ～ 30 对；叶柄粗壮，长 2 ～ 4 厘米，幼时有绒毛，以后无毛。复伞房花序顶生，直径 10 ～ 16 厘米；总花梗和花梗无毛，花梗长 3 ～ 5 毫米；花密生，直径 6 ～ 8 毫米；萼筒杯状，长约 1 毫米，无毛；萼片阔三角形，长约 1 毫米，先端急尖，无毛；花瓣白色，近圆形，直径 3 ～ 4 毫米，内外两面皆无毛；雄蕊 20，外轮较花瓣长，内轮较花瓣短，花药带紫色；花柱 2，有时为 3，基部合生，柱头头状，子房顶端有柔毛。果实球形，直径 5 ～ 6 毫米，红色，后成褐紫色，有 1 粒种子；种子卵形，长 2 毫米，棕色，平滑。花期 4—5 月，果期 10 月。

【生境与分布】产于陕西、甘肃、河南、江苏、安徽、浙江、江西、湖南、湖北、福建、台湾、广东、广西、四川、云南、贵州。生于杂木林中，海拔 1000 ～ 2500 米。

【中药名称】石楠叶。

【来源】为蔷薇科植物石楠（*Photinia serrulata* Lindl.）干燥的叶。

【采收加工】全年均可采，但以夏、秋两季采收者为佳，采后晒干即可。

【性味功效】平，辛，苦。祛风湿，止痒，强筋骨，益肝肾。

【应用举例】治腰膝酸痛：石楠叶、牛膝、络石藤各 9 克，枸杞 6 克，狗脊 12 克，水煎服。

203. 翻白草 *Potentilla discolor* Bge.

【别名】鸡腿根、天藕、翻白萎陵菜、叶下白、鸡爪参等。

【植物形态】多年生草本。根粗壮，下部常肥厚呈纺锤形。花茎直立，上升或微铺散，高 10 ～ 45 厘米，密被白色绵毛。基生叶有小叶 2 ～ 4 对，间隔 0.8 ～ 1.5 厘米，连叶柄长 4 ～ 20 厘米，叶柄密被白色绵毛，有时并有长柔毛；小叶对生或互生，无柄，小叶片长圆形或长圆披针形，长 1 ～ 5 厘米，宽 0.5 ～ 0.8 厘米，顶端圆钝，稀急尖，基部楔形、宽楔形或偏斜圆形，边缘具圆钝锯齿，稀急尖，上面暗绿色，被稀疏白色绵毛或脱落几无毛，下面密被白色或灰白色绵毛，脉不显或微显，茎生叶 1 ～ 2，有掌状 3 ～ 5 小叶；基生叶托叶膜质，褐色，外面被白色长柔毛，茎生叶托叶草质，绿色，卵形或宽卵形，边缘常有缺刻状齿，稀全缘，下面密被白色绵毛。聚伞花序有花数朵至多朵，疏散，花梗长 1 ～ 2.5 厘米，外被绵毛；花直径 1 ～ 2 厘米；萼片三角状卵形，副萼片披针形，比萼片短，外面被白色绵毛；花瓣黄色，倒卵形，顶端微凹或圆钝，比萼片长；花柱近顶生，基部具乳头状膨大，柱头稍微扩大。瘦果近肾形，宽约 1 毫米，光滑。花果期 5—9 月。

【生境与分布】产于黑龙江、辽宁、内蒙古、河北、山西、陕西、山东、河南、江苏、安徽、浙江、江西、湖北、湖南、四川、福建、台湾、广东。生于荒地、山谷、沟边、山坡草地、草甸及疏林下，海拔 100 ～ 1850 米。

【中药名称】翻白草。

【来源】为蔷薇科植物翻白草（*Potentilla discolor* Bge.）的干燥全草。

【采收加工】夏、秋二季开花前采挖，除去泥沙和杂质，干燥或鲜用。

【性味功效】甘，微苦，平。清热解毒，止痢，止血。

【应用举例】1. 治急性喉炎、扁桃体炎、口腔炎：翻白草鲜全草适量，捣烂取汁含咽。

2. 治慢性鼻炎、咽炎、口疮：翻白草 15 克，地丁 12 克，水煎服。

204. 蛇含委陵菜 *Potentilla kleiniana* Wight et Arn.

【别名】蛇含、五爪龙、五皮风、五皮草等。

【植物形态】一年生、二年生或多年生宿根草本。多须根。花茎上升或匍匐，常于节处生根并发育出新植株，长 10 ～ 50 厘米，被疏柔毛或开展长柔毛。基生叶为近于鸟足状 5 小叶、连叶柄长 3 ～ 20 厘米、叶柄被疏柔毛或开展长柔毛；小叶几无柄稀有短柄、小叶片倒卵形或长圆倒卵形，长 0.5 ～ 4 厘米，宽 0.4 ～ 2 厘米，顶端圆钝，基部楔形，边缘有多数急尖或圆钝锯齿，两面绿色，被疏柔毛，有时上面脱落几无毛，或下面沿脉密被伏生长柔毛，下部茎生叶有 5 小叶，上部茎生叶有 3 小叶，小叶与基生小叶相似，唯叶柄较短；基生叶托叶膜质，淡褐色，外面被疏柔毛或脱落几无毛，茎生叶托叶草质，绿色，卵形至卵状披针形，全缘，稀有 1 ～ 2 齿，顶端急尖或渐尖，外被稀疏长柔毛。聚伞花序密集枝顶如假伞形，花梗长 1 ～ 1.5 厘米，密被开展长柔毛，下有茎生叶如苞片状；花直径 0.8 ～ 1 厘米；萼片三角卵圆形，顶端急尖或渐尖，副萼片披针形或椭圆披针形，顶端急尖或渐尖，花时比萼片短，果时略长或近等长，外被稀疏长柔毛；花瓣黄色，倒卵形，顶端微凹，长于萼片；花柱近顶生，圆锥形，基部膨大，柱头扩大。瘦果近圆形，一面稍平，直径约 0.5 毫米，具皱纹。花果期 4—9 月。

【生境与分布】产于辽宁、陕西、山东、河南、安徽、江苏、浙江、湖北、湖南、江西、福建、广东、广西、四川、贵州、云南、西藏。生于田边、水旁、草甸及山坡草地，海拔 400 ～ 3000 米。

【中药名称】蛇含。

【来源】为蔷薇科植物蛇含委陵菜（*Potentilla kleiniana* Wight et Arn.）的带根全草。

【采收加工】栽种后每年可收 2 次，在 5 月和 9—10 月挖取全草，抖净泥沙，拣去杂质，晒干。

【性味功效】苦，微寒。清热定惊，截疟，止咳化痰，解毒活血等。

【应用举例】治细菌性痢疾、阿米巴痢疾：蛇含 60 克，水煎加蜂蜜调服。

205. 杏 *Armeniaca vulgaris* Lam.

【别名】杏树、杏花等。

【植物形态】乔木，高 5 ～ 8（12）米；树冠圆形、扁圆形或长圆形；树皮灰褐色，纵裂；多年生枝浅褐色，皮孔大而横生，一年生枝浅红褐色，有光泽，无毛，具多数小皮孔。叶片宽卵形或圆卵形，长 5 ～ 9 厘米，宽 4 ～ 8 厘米，先端急尖至短渐尖，基部圆形至近心形，叶边有圆钝锯齿，两面无毛或下面脉腋间具柔毛；叶柄长 2 ～ 3.5 厘米，无毛，基部常具 1 ～ 6 个腺体。花单生，直径 2 ～ 3 厘米，先于叶开放；花梗短，长 1 ～ 3 毫米，被短柔毛；花萼紫绿色；萼筒圆筒形，外面基部被短柔毛；萼片卵形至卵状长圆形，先端急尖或圆钝，花后反折；花瓣圆形至倒卵形，白色或带红色，具短爪；雄蕊 20 ～ 45，稍短于花瓣；子房被短柔毛，花柱稍长或几与雄蕊等长，下部具柔毛。果实球形，稀倒卵形，直径 2.5 厘米以上，白色、黄色至黄红色，常具红晕，微被短柔毛；果肉多汁，成熟时不开裂；核卵形或椭圆形，两侧扁平，顶端圆钝，基部对称，稀不对称，表面稍粗糙或平滑，腹棱较圆，常稍钝，背棱较直，腹面具龙骨状棱；种仁味苦或甜。花期 3—4 月，果期 6—7 月。

【生境与分布】产于全国各地，多数为栽培，尤以华北、西北和华东地区种植较多，少数地区逸为野生，在新疆伊犁一带野生成纯林或与新疆野苹果林混生，海拔可达3000米。我县均有栽培。

【中药名称】苦杏仁。

【来源】为蔷薇科植物杏（*Armeniaca vulgaris* Lam.）的成熟种子。

【采收加工】夏季采收成熟果实，除去果肉及核壳，取种子，晒干。

【性味功效】微温，苦。降气，止咳平喘，润肠通便。

【应用举例】治气喘促浮肿、小便涩：苦杏仁 30 克，去皮尖，熬研，和米煮粥极熟食用。

206. 山桃 *Amygdalus davidiana*（Carrière）de Vos ex Henry

【别名】榹桃、山毛桃、野桃等。

【植物形态】乔木，高可达 10 米；树冠开展，树皮暗紫色，光滑；小枝细长，直立，幼时无毛，老时褐色。叶片卵状披针形，长 5 ～ 13 厘米，宽 1.5 ～ 4 厘米，先端渐尖，基部楔形，两面无毛，叶边具细锐锯齿；叶柄长 1 ～ 2 厘米，无毛，常具腺体。花单生，先于叶开放，直径 2 ～ 3 厘米；花梗极短或几无梗；花萼无毛；萼筒钟形；萼片卵形至卵状长圆形，紫色，先端圆钝；花瓣倒卵形或近圆形，长 10 ～ 15 毫米，宽 8 ～ 12 毫米，粉红色，先端圆钝，稀微凹；雄蕊多数，几与花瓣等长或稍短；子房被柔毛，花柱长于雄蕊或近等长。果实近球形，直径 2.5 ～ 3.5 厘米，淡黄色，外面密被短柔毛，果梗短而深入果洼；果肉薄而干，不可食，成熟时不开裂；核球形或近球形，两侧不压扁，顶端圆钝，基部截形，表面具纵、横沟纹和孔穴，与果肉分离。花期 3—4 月，果期 7—8 月。

【生境与分布】产于山东、河北、河南、山西、陕西、甘肃、四川、云南等地。生于山坡、山谷沟底或荒野疏林及灌丛内，海拔 800 ～ 3200 米。县域内普遍栽培。

【中药名称】桃仁。

【来源】为蔷薇科植物山桃（*Amygdalus davidiana*（Carrière）de Vos ex Henry）的成熟种子。

【采收加工】果实成熟后收集果核，除去果肉和核壳，取出种子，晒干。

【性味功效】苦，甘，平。活血祛瘀，润肠通便。

【应用举例】治老人虚秘：桃仁、柏子仁、火麻仁、松子仁等份。同研，熔白蜡和丸如梧桐子大。以少黄丹汤下。

207. 李 *Prunus salicina* Lindl.

【别名】山李子、嘉庆子、嘉应子、玉皇李等。

【植物形态】落叶乔木，高 9 ～ 12 米；树冠广圆形，树皮灰褐色，起伏不平；老枝紫褐色或红褐色，无毛；小枝黄红色，无毛；冬芽卵圆形，红紫色，有数枚覆瓦状排列鳞片，通常无毛，稀鳞片边缘有极稀疏毛。叶片长圆倒卵形、长椭圆形，稀长圆卵形，长 6 ～ 8（12）厘米，宽 3 ～ 5 厘米，先端渐尖、急尖或短尾尖，基部楔形，边缘有圆钝重锯齿，常混有单锯齿，

幼时齿尖带腺，上面深绿色，有光泽，侧脉 6 ～ 10 对，不达到叶片边缘，与主脉成 45° 角，两面均无毛，有时下面沿主脉有稀疏柔毛或脉腋有髯毛；托叶膜质，线形，先端渐尖，边缘有腺，早落；叶柄长 1 ～ 2 厘米，通常无毛，顶端有 2 个腺体或无，有时在叶片基部边缘有腺体。花通常 3 朵并生；花梗 1 ～ 2 厘米，通常无毛；花直径 1.5 ～ 2.2 厘米；萼筒钟状；萼片长圆卵形，长约 5 毫米，先端急尖或圆钝，边有疏齿，与萼筒近等长，萼筒和萼片外面均无毛，内面在萼筒基部被疏柔毛；花瓣白色，长圆倒卵形，先端啮蚀状，基部楔形，有明显带紫色脉纹，具短爪，着生在萼筒边缘，比萼筒长 2 ～ 3 倍；雄蕊多数，花丝长短不等，排成不规则 2 轮，比花瓣短；雌蕊 1，柱头盘状，花柱比雄蕊稍长。核果球形、卵球形或近圆锥形，直径 3.5 ～ 5 厘米，栽培品种可达 7 厘米，黄色或红色，有时为绿色或紫色，梗凹陷入，顶端微尖，基部有纵沟，外被蜡粉；核卵圆形或长圆形，有皱纹。花期 4 月，果期 7—8 月。

【生境与分布】产于陕西、甘肃、四川、云南、贵州、湖南、湖北、江苏、浙江、江西、福建、广东、广西和台湾。生于山坡灌丛中、山谷疏林中或水边、沟底、路旁等处。海拔 400 ～ 2600 米。我国各省及世界各地均有栽培。

【中药名称】李根皮、李树叶、李核仁。

【来源】蔷薇科植物李（*Prunus salicina* Lindl.）的根皮为李根皮，叶为李树叶，种子为李核仁。

【采收加工】李根皮：9—10 月挖根，剥取根皮，晒干。

李树叶：7—10 月采叶，晒干或鲜用。

李核仁：7—8 月果实成熟时采摘，除去果肉收果核，洗净，破核取仁，晒干。

【性味功效】李根皮：苦，咸，寒。清热，下气，解毒。

李树叶：甘，酸，平。清热，解毒。

李核仁：苦，平。祛瘀，利水，润肠。

【应用举例】李根皮：治咽喉卒塞，以皂角末吹鼻取嚏，仍以李根皮，磨水涂喉处。

李树叶：治少小身热，李树叶无多少，以水煮，去滓，浴儿。

李核仁：治膨胀，李核仁研末，和面作饼子，空腹食之。

208. 火棘 *Pyracantha fortuneana*（Maxim.）Li

【别名】火把果、救兵粮、救军粮、救命粮、红子等。

【植物形态】常绿灌木，高达 3 米；侧枝短，先端成刺状，嫩枝外被锈色短柔毛，老枝暗褐色，无毛；芽小，外被短柔毛。叶片倒卵形或倒卵状长圆形，长 1.5 ～ 6 厘米，宽 0.5 ～ 2 厘米，先端圆钝或微凹，有时具短尖头，基部楔形，下延连于叶柄，边缘有钝锯齿，齿尖向内弯，近基部全缘，两面皆无毛；叶柄短，无毛或嫩时有柔毛。花集成复伞房花序，直径 3 ～ 4 厘米，花梗和总花梗近于无毛，花梗长约 1 厘米；花直径约 1 厘米；萼筒钟状，无毛；萼片三角卵形，先端钝；花瓣白色，近圆形，长约 4 毫米，宽约 3 毫米；雄蕊 20，花丝长 3 ～ 4 毫米，花药黄色；花柱 5，离生，与雄蕊等长，子房上部密生白色柔毛。果实近球形，直径约 5 毫米，橘红色或深红色。花期 3—5 月，果期 8—11 月。

【生境与分布】产于陕西、河南、江苏、浙江、福建、湖北、湖南、广西、贵州、云南、四川、西藏。生于山地、丘陵地阳坡灌丛草地及河沟路旁，海拔 500 ～ 2800 米。

【中药名称】赤阳子、红子根、救军粮叶。

【来源】蔷薇科植物火棘（*Pyracantha fortuneana*（Maxim.）Li）的果实为赤阳子，根为红子根，叶为救军粮叶。

【采收加工】赤阳子：秋季果实成熟时采摘，晒干。

红子根：9—10 月采挖，洗净，切段，晒干。

救军粮叶：全年均可采，鲜用，随采随用。

【性味功效】赤阳子：平，酸涩，无毒。健脾消积，活血止血。

红子根：酸，凉。清热凉血，化瘀止痛。

救军粮叶：苦，凉。清热解毒，止血。主治疮疡肿痛，目赤，痢疾，便血，外伤出血。

【应用举例】赤阳子：内服，煎汤，15 ～ 30 克。

红子根：治血崩，15 ～ 30 克，水煎服。

救军粮叶：内服，煎汤，10 ～ 30 克；外用，适量，捣敷。

209. 月季花 *Rosa chinensis* Jacq.

【别名】月月红、月月花等。

【植物形态】直立灌木，高 1 ～ 2 米；小枝粗壮，圆柱形，近无毛，有短粗的钩状皮刺或无刺。小叶 3 ～ 5，稀 7，连叶柄长 5 ～ 11 厘米，小叶片宽卵形至卵状长圆形，长 2.5 ～ 6 厘米，宽 1 ～ 3 厘米，先端长渐尖或渐尖，基部近圆形或宽楔形，边缘有锐锯齿，两面近无毛，上面暗绿色，常带光泽，下面颜色较浅，顶生小叶片有柄，侧生小叶片近无柄，总叶柄较长，有散生皮刺和腺毛；托叶大部贴生于叶柄，仅顶端分离部分成耳状，边缘常有腺毛。花几朵集生，稀单生，直径 4 ～ 5 厘米；花梗长 2.5 ～ 6 厘米，近无毛或有腺毛，萼片卵形，先端尾状渐尖，有时呈叶状，边缘常有羽状裂片，稀全缘，外面无毛，内面密被长柔毛；花瓣重瓣至半重瓣，红色、粉红色至白色，倒卵形，先端有凹缺，基部楔形；花柱离生，伸出萼筒口外，约与雄蕊等长。果卵球形或梨形，长 1 ～ 2 厘米，红色，萼片脱落。花期 4—9 月，果期 6—11 月。

【生境与分布】原产中国，各地普遍栽培。我县均有栽培。

【中药名称】月季花。

【来源】为蔷薇科植物月季花（*Rosa chinensis* Jacq.）的干燥花。

【采收加工】全年可采收，于晴天采摘微开的花，阴干、低温干燥或鲜用。

【性味功效】甘，温。活血调经，疏肝解郁。

【应用举例】1. 治月经不调：鲜月季花 15 ～ 21 克，开水泡服。

2. 治烫伤：月季花焙干研粉，茶油调搽患处。

3. 治月经不调、少腹胀痛：月季花 9 克，丹参 9 克，香附 9 克，水煎服。

4. 治肺虚咳嗽咯血：月季花合冰糖炖服。

5. 治高血压：月季花 9 ～ 15 克，开水泡服。

210. 小果蔷薇 *Rosa cymosa* Tratt.

【别名】倒钩竻、红荆藤、山木香等。

【植物形态】攀援灌木，高 2 ～ 5 米；小枝圆柱形，无毛或稍有柔毛，有钩状皮刺。小叶 3 ～ 5，稀 7；连叶柄长 5 ～ 10 厘米；小叶片卵状披针形或椭圆形，稀长圆披针形，长 2.5 ～ 6 厘米，宽 8 ～ 25 毫米，先端渐尖，基部近圆形，边缘有紧贴或尖锐细锯齿，两面均无毛，上面亮绿色，下面颜色较淡，中脉突起，沿脉有稀疏长柔毛；小叶柄和叶轴无毛或有柔毛，有稀疏皮刺和腺毛；托叶膜质，离生，线形，早落。花多朵成复伞房花序；花直径 2 ～ 2.5 厘米，花梗长约 1.5 厘米，幼时密被长柔毛，老时逐渐脱落近于无毛；萼片卵形，先端渐尖，常有羽状裂片，外面近无毛，稀有刺毛，内面被稀疏白色绒毛，沿边缘较密；花瓣白色，倒卵形，先端凹，基部楔形；花柱离生，稍伸出花托口外，与雄蕊近等长，密被白色柔毛。果球形，直径 4 ～ 7 毫米，红色至黑褐色，萼片脱落。花期 5—6 月，果期 7—11 月。

【生境与分布】多生于向阳山坡、路旁、溪边或丘陵地，海拔 250 ～ 1300 米。产于江西、江苏、浙江、安徽、湖南、四川、云南、贵州、福建、广东、广西、台湾等省区。我县均有分布。

【中药名称】小果蔷薇根、小果蔷薇叶。

【来源】蔷薇科植物小果蔷薇（*Rosa cymosa* Tratt.）的根为小果蔷薇根，叶为小果蔷薇叶。

【采收加工】小果蔷薇根：四季可采根，洗净切碎晒干或鲜用。

小果蔷薇叶：四季可采叶，洗净切碎晒干或鲜用。

【性味功效】小果蔷薇根：苦，涩，平。祛风除湿，收敛固脱。

小果蔷薇叶：苦，平。解毒消肿，用于治痈疖疮疡，烧烫伤。

【应用举例】小果蔷薇根：根 0.5 ～ 1 两，鲜品捣烂敷患处。

小果蔷薇叶：叶外用适量，鲜品捣烂敷患处。

211. 金樱子 *Rosa laevigata* Michx.

【别名】刺梨子、山石榴、山鸡头子、和尚头、油饼果子等。

【植物形态】常绿攀援灌木，高可达 5 米；小枝粗壮，散生扁弯皮刺，无毛，幼时被腺毛，老时逐渐脱落减少。小叶革质，通常 3，稀 5，连叶柄长 5 ～ 10 厘米；小叶片椭圆状卵形、倒卵形或披针状卵形，长 2 ～ 6 厘米，宽 1.2 ～ 3.5 厘米，先端急尖或圆钝，稀尾状渐尖，边缘有锐锯齿，上面亮绿色，无毛，下面黄绿色，幼时沿中肋有腺毛，老时逐渐脱落无毛；小叶柄和叶轴有皮刺和腺毛；托叶离生或基部与叶柄合生，披针形，边缘有细齿，齿尖有腺体，早落。花单生于叶腋，直径 5 ～ 7 厘米；花梗长 1.8 ～ 2.5 厘米，偶有 3 厘米者，花梗和萼筒密被腺毛，随果实成长变为针刺；萼片卵状披针形，先端呈叶状，边缘羽状浅裂或全缘，常有刺毛和腺毛，内面密被柔毛，比花瓣稍短；花瓣白色，宽倒卵形，先端微凹；雄蕊多数；心皮多数，花柱离生，有毛，比雄蕊短很多。果梨形、倒卵形，稀近球形，紫褐色，外面密被刺毛，果梗长约 3 厘米，萼片宿存。花期 4—6 月，果期 7—11 月。

【生境与分布】产于陕西、安徽、江西、江苏、浙江、湖北、湖南、广东、广西、台湾、福建、四川、云南、贵州等省区。喜生于向阳的山野、田边、溪畔灌木丛中，海拔 200 ～ 1600 米。

【中药名称】金樱子、金樱根、金樱叶。

【来源】蔷薇科植物金樱子（*Rosa laevigata* Michx.）的干燥成熟果实为金樱子，根或根皮为金樱根，嫩叶为金樱叶。

【采收加工】金樱子：10—11 月果实成熟变红时采收，干燥，除去毛刺。

金樱根：全年均可采收。挖取根部，除去幼根。

金樱叶：全年均可采收，多鲜用。

【性味功效】金樱子：酸，甘，涩，平。固精缩尿，固崩止带，涩肠止泻等。

金樱根：甘，酸，温，无毒。固精涩肠。主治滑精，遗尿，痢疾泄泻，崩漏带下，子宫脱垂，痔疮，烫伤等。

金樱叶：辣，平。主治痈肿，溃疡，金疮，烫伤等。

【应用举例】金樱子：治久虚泄泻下痢，金樱子（去外刺和内瓤）30 克，党参 9 克，水煎服。

金樱根：治遗精，金樱根 60 克，五味子 9 克，和猪精肉煮服之。

金樱叶：治痈肿，金樱嫩叶研烂，入盐少许涂之，留头泄气。

212. 粉团蔷薇 *Rosa multiflora* Thunb. var. *cathayensis* Rehd. et Wils.

【别名】野蔷薇、墙靡、刺花、营实墙靡、多花蔷薇、蔷薇等。

【植物形态】攀援灌木；小枝圆柱形，通常无毛，有短、粗稍弯曲皮束。小叶 5 ～ 9，近花序的小叶有时 3，连叶柄长 5 ～ 10 厘米；小叶片倒卵形、长圆形或卵形，长 1.5 ～ 5 厘米，宽 8 ～ 28 毫米，先端急尖或圆钝，基部近圆形或楔形，边缘有尖锐单锯齿，稀混有重锯齿，上面无毛，下面有柔毛；小叶柄和叶轴有柔毛或无毛，有散生腺毛；托叶篦齿状，大部贴生于叶柄，边缘有或无腺毛。花多朵，排成圆锥状花序，花梗长 1.5 ～ 2.5 厘米，无毛或有腺毛，有时基部有篦齿状小苞片；花直径 1.5 ～ 2 厘米，萼片披针形，有时中部具 2 个线形裂片，外面无毛，内面有柔毛；花瓣白色，宽倒卵形，先端微凹，基部楔形；花柱结合成束，无毛，比雄蕊稍长。果近球形，直径 6 ～ 8 毫米，红褐色或紫褐色，有光泽，无毛，萼片脱落。花为粉红色，单瓣。

【生境与分布】产于河北、河南、山东、安徽、浙江、甘肃、陕西、江西、湖北、广东、福建。

多生于山坡、灌丛或河边等处，海拔可达1300米。

【中药名称】粉团蔷薇根。

【来源】为蔷薇科植物粉团蔷薇（*Rosa multiflora* Thunb. var. *cathayensis* Rehd. et Wils.）的根。

【性味功效】根能活血通络收敛，叶外用治肿毒，种子能峻泻、利水通经。

213. 缫丝花 *Rosa roxburghii* Tratt.

【别名】刺梨、文光果等。

【植物形态】开展灌木，高1～2.5米；树皮灰褐色，成片状剥落；小枝圆柱形，斜向上升，有基部稍扁而成对皮刺。小叶9～15，连叶柄长5～11厘米，小叶片椭圆形或长圆形，稀倒卵形，长1～2厘米，宽6～12毫米，先端急尖或圆钝，基部宽楔形，边缘有细锐锯齿，两面无毛，下面叶脉突起，网脉明显，叶轴和叶柄有散生小皮刺；托叶大部贴生于叶柄，离生部分呈钻形，边缘有腺毛。花单生或2～3朵，生于短枝顶端；花直径5～6厘米；花梗短；小苞片2～3枚，卵形，边缘有腺毛；萼片通常宽卵形，先端渐尖，有羽状裂片，内面密被绒毛，外面密被针刺；花瓣重瓣至半重瓣，淡红色或粉红色，微香，倒卵形，外轮花瓣大，内轮较小；雄蕊多数着生在杯状萼筒边缘；心皮多数，着生在花托底部；花柱离生，被毛，不外伸，短于雄蕊。果扁球形，直径3～4厘米，绿红色，外面密生针刺；萼片宿存，直立。花期5—7月，果期8—10月。

【生镜与分布】产于陕西、甘肃、江西、安徽、浙江、福建、湖南、湖北、四川、云南、贵州、西藏等省区，均有野生或栽培。

【中药名称】刺梨根、刺梨。

【来源】蔷薇科植物缫丝花（*Rosa roxburghii* Tratt.）的根为刺梨根，果实为刺梨。

【采收加工】刺梨根：7—8月采收。

刺梨：自8—9月底均有果实陆续成熟，应以果实深黄色，并有果香味散发时分批采摘为好。将果实晒干、烘干即可。

【性味功效】刺梨根：甘，酸，平。健胃，消食，止泻，涩精。

刺梨：甘，酸，涩。健胃，消食。治食积饱胀。

【应用举例】刺梨根：治久咳，刺梨根加糖煎服。

214. 玫瑰 *Rosa rugosa* Thunb.

【别名】徘徊花、刺玫花等。

【植物形态】直立灌木，高可达 2 米；茎粗壮，丛生；小枝密被绒毛，并有针刺和腺毛，有直立或弯曲、淡黄色的皮刺，皮刺外被绒毛。小叶 5 ~ 9，连叶柄长 5 ~ 13 厘米；小叶片椭圆形或椭圆状倒卵形，长 1.5 ~ 4.5 厘米，宽 1 ~ 2.5 厘米，先端急尖或圆钝，基部圆形或宽楔形，边缘有尖锐锯齿，上面深绿色，无毛，叶脉下陷，有褶皱，下面灰绿色，中脉突起，网脉明显，密被绒毛和腺毛，有时腺毛不明显；叶柄和叶轴密被绒毛和腺毛；托叶大部贴生于叶柄，离生部分卵形，边缘有带腺锯齿，下面被绒毛。花单生于叶腋，或数朵簇生，苞片卵形，边缘有腺毛，外被绒毛；花梗长 5 ~ 22.5 毫米，密被绒毛和腺毛；花直径 4 ~ 5.5 厘米；萼片卵状披针形，先端尾状渐尖，常有羽状裂片而扩展成叶状，上面有稀疏柔毛，下面密被柔毛和腺毛；花瓣倒卵形，重瓣至半重瓣，芳香，紫红色至白色；花柱离生，被毛，稍伸出萼筒口外，比雄蕊短很多。果扁球形，直径 2 ~ 2.5 厘米，砖红色，肉质，平滑，萼片宿存。花期 5—6 月，果期 8—9 月。

【生境与分布】我国各地均有栽培。我县均有栽培。

【中药名称】玫瑰花。

【来源】为蔷薇科植物玫瑰（*Rosa rugosa* Thunb.）的干燥花。

【采收加工】在 4 月下旬至 5 月下旬，分期或分批采收花蕾已充分膨大而未开放的花。采后晾干或用文火烘干或鲜用。

【性味功效】甘，微苦，温，无毒。理气解郁，和血散瘀。主治肝胃气痛，新久风痹，吐血咯血，月经不调，赤白带下，痢疾，乳痈，肿毒等。

【应用举例】

1. 治气滞、胸胁胀闷作痛：玫瑰花 6 克，香附 6 克，水煎服。
2. 治肝胃气痛：玫瑰花阴干，冲汤，代茶服。
3. 治胃痛：玫瑰花 9 克，香附 12 克，川楝子、白芍各 9 克，水煎服。
4. 治肝风头痛：玫瑰花 4 ~ 5 朵，蚕豆花 9 ~ 12 克，泡开水，代茶频饮。
5. 治肺病咳嗽咯血：鲜玫瑰花捣汁，炖冰糖服。

215. 茅莓 *Rubus parvifolius* L.

【别名】红梅消、小叶悬钩子、茅莓悬钩子、草杨梅子、蛇泡簕、婆婆头等。

【植物形态】灌木，高 1 ~ 2 米；枝呈弓形弯曲，被柔毛和稀疏钩状皮刺；小叶 3 枚，在新枝上偶有 5 枚，菱状圆形或倒卵形，长 2.5 ~ 6 厘米，宽 2 ~ 6 厘米，顶端圆钝或急尖，基部圆形

或宽楔形，上面伏生疏柔毛，下面密被灰白色绒毛，边缘有不整齐粗锯齿或缺刻状粗重锯齿，常具浅裂片；叶柄长 2.5 ～ 5 厘米，顶生小叶柄长 1 ～ 2 厘米，均被柔毛和稀疏小皮刺；托叶线形，长 5 ～ 7 毫米，具柔毛。伞房花序顶生或腋生，稀顶生花序成短总状，具花数朵至多朵，被柔毛和细刺；花梗长 0.5 ～ 1.5 厘米，具柔毛和稀疏小皮刺；苞片线形，有柔毛；花直径约 1 厘米；花萼外面密被柔毛和疏密不等的针刺；萼片卵状披针形或披针形，顶端渐尖，有时条裂，在花果时均直立开展；花瓣卵圆形或长圆形，粉红至紫红色，基部具爪；雄蕊花丝白色，稍短于花瓣；子房具柔毛。果实卵球形，直径 1 ～ 1.5 厘米，红色，无毛或具稀疏柔毛；核有浅皱纹。花期 5—6 月，果期 7—8 月。

【生境与分布】产于黑龙江、吉林、辽宁、河北、河南、山西、陕西、甘肃、湖北、湖南、江西、安徽、山东、江苏、浙江、福建、台湾、广东、广西、四川、贵州。生于山坡杂木林下、向阳山谷、路旁或荒野，海拔 400 ～ 2600 米。

【中药名称】薅田藨根、薅田藨。

【来源】蔷薇科植物茅莓（*Rubus parvifolius* L.）的根为薅田藨根，地上部分为薅田藨。

【采收加工】薅田藨：7—8 月采收，割取全草，捆成小把，晒干。

【性味功效】薅田藨根：甘，苦，凉。清热解毒，祛风利湿，活血凉血等。

薅田藨：味苦，涩，性凉。清热解毒，散瘀止血，杀虫疗疮等。

【应用举例】薅田藨根：治月经不调，薅田藨根 500 克，红泽兰 120 克，刘寄奴根 120 克，泡酒服，早晚各服一酒杯。

薅田藨：治痢疾，茅莓茎叶 30 克，水煎，去渣，酌加糖调服。

216. 地榆 *Sanguisorba officinalis* L.

【别名】黄爪香、玉札、山枣子等。

【植物形态】多年生草本，高 30 ～ 120 厘米。根粗壮，多呈纺锤形，稀圆柱形，表面棕褐色或紫褐色，有纵皱及横裂纹，横切面黄白或紫红色，较平正。茎直立，有棱，无毛或基部有稀疏腺毛。基生叶为羽状复叶，有小叶 4 ～ 6 对，叶柄无毛或基部有稀疏腺毛；小叶片有短柄，卵形或长圆状卵形，长 1 ～ 7 厘米，宽 0.5 ～ 3 厘米，顶端圆钝稀急尖，基部心形至浅心形，边缘有多数粗大圆钝稀急尖的锯齿，两面绿色，无毛；茎生叶较少，小叶片有短柄至几无柄，长圆形至长圆披针形，狭长，基部微心形至圆形，顶端急尖；基生叶托叶膜质，褐色，外面无，毛或被稀疏腺毛，茎生叶托叶大，草质，半卵形，外侧边缘有尖锐锯齿。穗状花序椭圆形，圆柱形或卵球形，直立，通常长 1 ～ 3（4）厘米，横径 0.5 ～ 1 厘米，从花序顶端向下开放，花序梗光滑或偶有稀疏腺毛；苞片膜质，披针形，顶端渐尖至尾尖，比萼片短或近等长，背面及边缘有柔毛；萼片 4 枚，紫红色，椭圆形至宽卵形，背面被疏柔毛，中央微有纵棱脊，顶端常具短尖头；雄蕊 4 枚，花丝丝状，不扩大，与萼片近等长或稍短；子房外面无毛或基部微被毛，柱头顶端扩大，盘形，边缘具流苏状乳头。果实包藏在宿存萼筒内，外面有斗棱。花果期 7—10 月。

【生境与分布】产于黑龙江、吉林、辽宁、内蒙古、河北、山西、陕西、甘肃、青海、新疆、山东、河南、江西、江苏、浙江、安徽、湖南、湖北、广西、四川、贵州、云南、西藏。生于草原、草甸、山坡草地、灌丛中、疏林下，海拔 30 ～ 3000 米。

【中药名称】地榆。

【来源】为蔷薇科植物地榆（*Sanguisorba officinalis* L.）的干燥根。

【采收加工】春季将发芽时或秋季植株枯萎后采挖，除去须根，洗净，干燥，或趁鲜切片，干燥。

【性味功效】苦，酸，涩，微寒。凉血止血，解毒敛疮。用于便血，痔血，血痢，崩漏，烫伤，痈肿疮毒等。

【应用举例】1. 治小儿湿疮：地榆煮浓汁，日洗二次。

2. 治小儿面疮，赤肿：地榆 240 克。水一斗，煎五升，温洗之。

七十六、豆科 Leguminosae

乔木、灌木、亚灌木或草本，直立或攀援，常有能固氮的根瘤。叶常绿或落叶，通常互生，稀对生，常为一回或二回羽状复叶，少数为掌状复叶或 3 小叶、单小叶，或单叶，罕可变为叶状柄，叶具叶柄或无；托叶有或无，有时叶状或变为棘刺。花两性，稀单性，辐射对称或两侧对称，通常排成总状花序、聚伞花序、穗状花序、头状花序或圆锥花序；花被 2 轮；萼片 5，分离或连合成管，有时二唇形，稀退化或消失；花瓣 5，常与萼片的数目相等，稀较少或无，分离或连合成具花冠裂片的管，大小有时可不等，或有时构成蝶形花冠，近轴的 1 片称旗瓣，侧生的 2 片称翼瓣，远轴的 2 片常合生，称龙骨瓣，遮盖住雄蕊和雌蕊；雄蕊通常 10 枚，有时 5 枚或多数（含羞草亚科），分离或连合成管，单体或二体雄蕊，花药 2 室，纵裂或有时孔裂，花粉单粒或常联成复合花粉；

雌蕊通常由单心皮所组成，稀较多且离生，子房上位，1 室，基部常有柄或无，沿腹缝线具侧膜胎座，胚珠 2 至多颗，悬垂或上升，排成互生的 2 列，为横生、倒生或弯生的胚珠；花柱和柱头单一，顶生。果为荚果，形状多种，成熟后沿缝线开裂或不裂，或断裂成含单粒种子的荚节；种子通常具革质或有时膜质的种皮，生于长短不等的珠柄上，有时由珠柄形成一多少肉质的假种皮，胚大，内胚乳无或极薄。

本科约 650 属 18000 种，广布于全世界。我国有 172 属 1485 种 13 亚种 153 变种 16 变型，各省区均有分布。

全国第四次中药资源普查秭归境内发现 35 种。

217. 合萌 *Aeschynomene indica* Linn.

【别名】田皂角等。

【植物形态】一年生草本或亚灌木状，茎直立，高 0.3 ～ 1 米。多分枝，圆柱形，无毛，具小凸点而稍粗糙，小枝绿色。叶具 20 ～ 30 对小叶或更多；托叶膜质，卵形至披针形，长约 1 厘米，基部下延成耳状，通常有缺刻或啮蚀状；叶柄长约 3 毫米；小叶近无柄，薄纸质，线状长圆形，长 5 ～ 10（15）毫米，宽 2 ～ 2.5（3.5）毫米，上面密布腺点，下面稍带白粉，先端钝圆或微凹，具细刺尖头，基部歪斜，全缘；小托叶极小。总状花序比叶短，腋生，长 1.5 ～ 2 厘米；总花梗长 8 ～ 12 毫米；花梗长约 1 厘米；小苞片卵状披针形，宿存；花萼膜质，具纵脉纹，长约 4 毫米，无毛；花冠淡黄色，具紫色的纵脉纹，易脱落，旗瓣大，近圆形，基部具极短的瓣柄，翼瓣篦状，龙骨瓣比旗瓣稍短，比翼瓣稍长或近相等；雄蕊二体；子房扁平，线形。荚果线状长圆形，直或弯曲，长 3 ～ 4 厘米，宽约 3 毫米，腹缝直，背缝多少呈波状；荚节 4 ～ 8（10），平滑或中央有小疣凸，不开裂，成熟时逐节脱落；种子黑棕色，肾形，长 3 ～ 3.5 毫米，宽 2.5 ～ 3 毫米。花期 7—8 月，果期 8—10 月。

【生境与分布】除草原、荒漠外，全国林区及其边缘均有分布。我县均有分布。

【中药名称】合萌。

【来源】为豆科植物合萌（*Aeschynomene indica* Linn.）的全草。

【采收加工】夏、秋两季采收干燥，鲜用可随时采收。

【性味功效】性寒，味甘淡。清热，去风，利湿，消肿，解毒。

【应用举例】1. 治小便不利：合萌 6 ～ 15 克。煎服。

2. 治黄疸：合萌（鲜）150 克。水煎服，每日一剂。

3. 治疖痈：合萌 6 ～ 15 克。煎服。

4. 治吹奶：水茸角，不拘多少，新瓦上煅干，为细末，临卧酒调服 6 克。已破者，略出黄水，亦有效。

5. 治荨麻疹：合萌适量，煎汤外洗。

6. 治外伤出血：合萌鲜草适量，打烂外敷。

7. 治血淋：合萌鲜根或茎 30 克，鲜车前草 30 克。水煎服。

218. 合欢 *Albizia julibrissin* Durazz.

【别名】绒花树、马缨花等。

【植物形态】落叶乔木，高可达 16 米，树冠开展；小枝有棱角，嫩枝、花序和叶轴被绒毛或短柔毛。托叶线状披针形，较小叶小，早落。二回羽状复叶，总叶柄近基部及最顶一对羽片着生处各有 1 枚腺体；羽片 4 ～ 12 对，栽培的有时达 20 对；小叶 10 ～ 30 对，线形至长圆形，长 6 ～ 12 毫米，宽 1 ～ 4 毫米，向上偏斜，先端有小尖头，有缘毛，有时在下面或仅中脉上有短柔毛；中脉紧靠上边缘。头状花序于枝顶排成圆锥花序；花粉红色；花萼管状，长 3 毫米；花冠长 8 毫米，裂片三角形，长 1.5 毫米，花萼、花冠外均被短柔毛；花丝长 2.5 厘米。荚果带状，长 9 ～ 15 厘米，宽 1.5 ～ 2.5 厘米，嫩荚有柔毛，老荚无毛。花期 6—7 月，果期 8—10 月。

【生境与分布】产于我国东北至华南及西南部各省区。生于山坡或栽培。我县均有分布。

【中药名称】合欢皮、合欢花。

【来源】豆科植物合欢（*Albizia julibrissin* Durazz.）的树皮为合欢皮，初开放的花序或花蕾为合欢花。

【采收加工】合欢皮：夏、秋间采，剥下树皮，晒干。

合欢花：夏季花开放时择晴天采收或花蕾形成时采收，摊于竹匾内迅速晒干，2 ～ 3 天后花由红白色转变成黄褐色即可。

【性味功效】合欢皮：甘，平。解郁，和血，宁心，消痈肿。

合欢花：甘，平。解郁安神。

【应用举例】合欢皮：治肺痈久不敛口，合欢皮、白蔹，二味同煎服。

合欢花：治神烦不宁、抑郁失眠，合欢花、柏子仁各9克，白芍6克，龙齿15克，琥珀粉3克，分2次冲服。

219. 山槐 *Albizia kalkora*（Roxb.）Prain

【别名】山合欢、白夜合、马缨花等。

【植物形态】落叶小乔木或灌木，通常高3～8米；枝条暗褐色，被短柔毛，有显著皮孔。二回羽状复叶；羽片2～4对；小叶5～14对，长圆形或长圆状卵形，长1.8～4.5厘米，宽7～20毫米，先端圆钝而有细尖头，基部不等侧，两面均被短柔毛，中脉稍偏于上侧。头状花序2～7枚生于叶腋，或于枝顶排成圆锥花序；花初白色，后变黄，具明显的小花梗；花萼管状，长2～3毫米，5齿裂；花冠长6～8毫米，中部以下连合呈管状，裂片披针形，花萼、花冠均密被长柔毛；雄蕊长2.5～3.5厘米，基部连合呈管状。荚果带状，长7～17厘米，宽1.5～3厘米，深棕色，嫩荚密被短柔毛，老时无毛；种子4～12颗，倒卵形。花期5～6月，果期8～10月。

【生境与分布】产于我国华北、西北、华东、华南至西南部各省区。生于山坡灌丛、疏林中。我县均有分布。

【中药名称】山槐。

【来源】为豆科山槐（*Albizia kalkora*（Roxb.）Prain）的干燥根及茎皮。

【采收加工】全年采收，鲜用或晾干。

【性味功效】药用，能补气活血、消肿止痛；花有催眠作用，嫩枝幼叶可作为野菜食用。

220. 紫穗槐 *Amorpha fruticosa* Linn.

【别名】椒条、棉条、棉槐、紫槐、槐树等。

【植物形态】落叶灌木，丛生，高 1 ～ 4 米。小枝灰褐色，被疏毛，后变无毛，嫩枝密被短柔毛。叶互生，奇数羽状复叶，长 10 ～ 15 厘米，有小叶 11 ～ 25 片，基部有线形托叶；叶柄长 1 ～ 2 厘米；小叶卵形或椭圆形，长 1 ～ 4 厘米，宽 0.6 ～ 2.0 厘米，先端圆形，锐尖或微凹，有一短而弯曲的尖刺，基部宽楔形或圆形，上面无毛或被疏毛，下面有白色短柔毛，具黑色腺点。穗状花序常 1 至数个顶生和枝端腋生，长 7 ～ 15 厘米，密被短柔毛；花有短梗；苞片长 3 ～ 4 毫米；花萼长 2 ～ 3 毫米，被疏毛或几无毛，萼齿三角形，较萼筒短；旗瓣心形，紫色，无翼瓣和龙骨瓣；雄蕊 10，下部合生成鞘，上部分裂，包于旗瓣之中，伸出花冠外。荚果下垂，长 6 ～ 10 毫米，宽 2 ～ 3 毫米，微弯曲，顶端具小尖，棕褐色，表面有凸起的疣状腺点。花果期 5—10 月。

【生境与分布】本种原产于美国东北部和东南部，系多年生优良绿肥、蜜源植物，耐瘠、耐水湿和轻度盐碱土，又能固氮。现我国东北、华北、西北及山东、安徽、江苏、河南、湖北、广西、四川等省区均有栽培。

【中药名称】紫穗槐。

【来源】为豆科紫穗槐（*Amorpha fruticosa* Linn.）的干燥种子。

【采收加工】紫穗槐种子在 10 月成熟后采摘。采收后，放在阳光下摊晒，除去杂物，每日翻拌几次，5 ～ 6 天后晒干，将干净种子装袋储藏。

【性味功效】微苦，凉。祛湿消肿。主治痈肿，湿疹，烧伤，烫伤。

221. 土圞儿 *Apios fortunei* Maxim.

【别名】九子羊、疬子薯、土蛋、地栗子、野凉薯、金线吊葫芦等。

【植物形态】缠绕草本。有球状或卵状块根；茎细长，被白色稀疏短硬毛。奇数羽状复叶；小叶 3 ～ 7，卵形或菱状卵形，长 3 ～ 7.5 厘米，宽 1.5 ～ 4 厘米，先端急尖，有短尖头，基部宽楔形或圆形，上面被极稀疏的短柔毛，下面近于无毛，脉上有疏毛；小叶柄有时有毛。总状花序腋生，长 6 ～ 26 厘米；苞片和小苞片线形，被短毛；花带黄绿色或淡绿色，长约 11 毫米，花萼稍呈二唇形；旗瓣圆形，较短，长约 10 毫米，翼瓣长圆形，长约 7 毫米，龙骨瓣最长，卷成半圆形；子房有疏短毛，花柱卷曲。荚果长约 8 厘米，宽约 6 毫米。花期 6—8 月，果期 9—10 月。

【生境与分布】产于甘肃、陕西、河南、四川、贵州、湖北、湖南、江西、浙江、福建、广东、广西等省区。通常生于海拔 300 ～ 1000 米山坡灌丛中，缠绕在树上。

【中药名称】土圞儿。

【来源】为豆科植物土圞儿（*Apios fortunei* Maxim.）的块根。

【采收加工】在栽后二三年冬季倒苗前采收块根，挖大留小，可连年收获。块根挖出后，晒干或烘干，撞去泥土即可。亦可鲜用。

【性味功效】甘，微苦，平。清热解毒，止咳祛痰。主治感冒咳嗽，咽喉肿痛，百日咳，乳痈，瘰疬，无名肿毒，毒蛇咬伤，带状疱疹等。

【应用举例】1. 治小儿感冒，百日咳：土圞儿 12 克，鸡胆汁 2 只。水煎取汤加蜂蜜适量温服。

2. 治咽喉肿痛：土圞儿块根 1 个，磨汁服。

222. 落花生 *Arachis hypogaea* Linn.

【别名】花生、地豆、番豆、长生果等。

【植物形态】一年生草本。根部有丰富的根瘤；茎直立或匍匐，长 30 ～ 80 厘米，茎和分枝均有棱，被黄色长柔毛，后变无毛。叶通常具小叶 2 对；托叶长 2 ～ 4 厘米，具纵脉纹，被毛；叶柄基部抱茎，长 5 ～ 10 厘米，被毛；小叶纸质，卵状长圆形至倒卵形，长 2 ～ 4 厘米，宽 0.5 ～ 2 厘米，先端钝圆形，有时微凹，具小刺尖头，基部近圆形，全缘，两面被毛，边缘具睫毛；侧脉每边约 10 条；叶脉边缘互相连结成网状；小叶柄长 2 ～ 5 毫米，被黄棕色长毛；花长约 8 毫米；苞片 2，披针形；小苞片披针形，长约 5 毫米，具纵脉纹，被柔毛；萼管细，长 4 ～ 6 厘米；花冠黄色或金黄色，旗瓣直径 1.7 厘米，开展，先端凹入；翼瓣与龙骨瓣分离，翼瓣长圆形或斜卵形，细长；龙骨瓣长卵圆形，内弯，先端渐狭成喙状，较翼瓣短；花柱延伸于萼管咽部之外，柱头顶生，小，疏被柔毛。荚果长 2 ～ 5 厘米，宽 1 ～ 1.3 厘米，膨胀，荚厚，种子横径 0.5 ～ 1 厘米。花果期 6—8 月。

【生境与分布】宜生长于气候温暖、雨量适中的沙质土地区；在我国，山东生长最佳。现世界各地广泛栽培。我县广泛种植。

【中药名称】花生壳、花生衣、落花生枝叶。

【来源】豆科植物落花生（*Arachis hypogaea* Linn.）果实的荚壳为花生壳，种皮为花生衣，枝叶为落花生枝叶。

【采收加工】花生壳：剥取花生时收集荚壳，晒干。

花生衣：收集红色种皮，晒干。

落花生枝叶：夏、秋季采收茎叶，洗净，鲜用或切碎晒干。

【性味功效】花生壳：淡，涩，平。敛肺止咳。用于久咳气喘，咳痰带血。

花生衣：甘，微苦，涩，平。止血，散瘀，消肿。

落花生枝叶：治跌打损伤，敷伤处；失眠等。

【应用举例】花生壳：内服，煎汤，10 ～ 30 克。

花生衣：治血小板减少性紫癜，花生衣 20 克，小红枣 30 克，水煎服。

落花生枝叶：治疗失眠，取鲜花生叶 40 克（干叶 30 克），制成 200 毫升煎剂，早、晚两次分服。一般用药 4 ～ 7 剂后，睡眠情况即有不同程度的改善。

223. 云实 *Caesalpinia decapetala*（Roth）Alston

【别名】药王子、铁场豆、马豆、水皂角、天豆等。

【植物形态】藤本；树皮暗红色；枝、叶轴和花序均被柔毛和钩刺。二回羽状复叶长 20 ～ 30 厘米；羽片 3 ～ 10 对，对生，具柄，基部有刺 1 对；小叶 8 ～ 12 对，膜质，长圆形，长 10 ～ 25 毫米，宽 6 ～ 12 毫米，两端近圆钝，两面均被短柔毛，老时渐无毛；托叶小，斜卵形，先端渐尖，早落。总状花序顶生，直立，长 15 ～ 30 厘米，具多花；总花梗多刺；花梗长 3 ～ 4 厘米，被毛，在花萼下具关节，故花易脱落；萼片 5，长圆形，被短柔毛；花瓣黄色，膜质，圆形或倒卵形，长 10 ～ 12 毫米，盛开时反卷，基部具短柄；雄蕊与花瓣近等长，花丝基部扁平，下部被绵毛；子房无毛。荚果长圆状舌形，长 6 ～ 12 厘米，宽 2.5 ～ 3 厘米，脆革质，栗褐色，无毛，有光泽，沿腹缝线膨胀成狭翅，成熟时沿腹缝线开裂，先端具尖喙；种子 6 ～ 9 颗，椭圆状，长约 11 毫米，宽约 6 毫米，种皮棕色。花果期 4—10 月。

【生境与分布】产于广东、广西、云南、四川、贵州、湖南、湖北、江西、福建、浙江、江苏、安徽、河南、河北、陕西、甘肃等省区。亚洲热带和温带地区有分布。生于山坡灌丛中及平原、丘陵、河旁等地。

【中药名称】云实。

【来源】为豆科植物云实（*Caesalpinia decapetala*（Roth）Alston）的种子。

【采收加工】秋季果实成熟时采收，剥取种子，晒干。

【性味功效】味辛，性温。解毒除湿，止咳化痰，杀虫。用于痢疾，疟疾，慢性气管炎，小儿疳积，虫积等。

【应用举例】治疟疾：云实 9 克，水煎服。

224. 锦鸡儿 *Caragana sinica*（Buc'hoz）Rehd.

【别名】娘娘袜等。

【植物形态】灌木，高 1 ～ 2 米。树皮深褐色；小枝有棱，无毛。托叶三角形，硬化成针刺，长 5 ～ 7 毫米；叶轴脱落或硬化成针刺，针刺长 7 ～ 15（25）毫米；小叶 2 对，羽状，有时假掌状，上部 1 对常较下部的为大，厚革质或硬纸质，倒卵形或长圆状倒卵形，长 1 ～ 3.5 厘米，宽 5 ～ 15 毫米，先端圆形或微缺，具刺尖或无刺尖，基部楔形或宽楔形，上面深绿色，下面淡绿色。花单生，花梗长约 1 厘米，中部有关节；花萼钟状，长 12 ～ 14 毫米，宽 6 ～ 9 毫米，基部偏斜；花冠黄色，常带红色，长 2.8 ～ 3 厘米，旗瓣狭倒卵形，具短瓣柄，翼瓣稍长于旗瓣，瓣柄与瓣片近等长，耳短小，龙骨瓣宽钝；子房无毛。荚果圆筒状，长 3 ～ 3.5 厘米，宽约 5 毫米。花期 4—5 月，果期 7 月。

【生境与分布】产于河北、陕西、江苏、江西、浙江、福建、河南、湖北、湖南、广西北部、四川、贵州、云南。生于山坡和灌丛。

【中药名称】锦鸡儿根、锦鸡儿花。

【来源】豆科植物锦鸡儿（*Caragana sinica*（Buc'hoz）Rehd.）的根皮为锦鸡儿根，花或花蕾为锦鸡儿花。

【采收加工】锦鸡儿根：秋季挖根，洗净晒干或除去木心切片晒干。

锦鸡儿花：春季采花晒干。

【性味功效】锦鸡儿根：甘，辛，微苦，平。滋补强壮，活血调经，祛风利湿。用于高血压，头昏头晕，耳鸣眼花，体弱乏力，月经不调，带下，乳汁不足，风湿性关节痛，跌打损伤。

锦鸡儿花：甘，微温。祛风活血，止咳化痰。用于头晕耳鸣，肺虚咳嗽，小儿消化不良。

【应用举例】锦鸡儿根：根 15 ～ 30 克，水煎服。

锦鸡儿花：花 12 ～ 18 克，水煎服。

225. 含羞草决明 *Cassia mimosoides* Linn.

【别名】山扁豆、梦草、黄瓜香、还瞳子等。

【植物形态】一年生或多年生亚灌木状草本，高 30 ～ 60 厘米，多分枝；枝条纤细，被微柔毛。叶长 4 ～ 8 厘米，在叶柄的上端、最下一对小叶的下方有圆盘状腺体 1 枚；小叶 20 ～ 50 对，线状镰形，长 3 ～ 4 毫米，宽约 1 毫米，顶端短急尖，两侧不对称，中脉靠近叶的上缘，干时呈红褐色；托叶线状锥形，长 4 ～ 7 毫米，有明显肋条，宿存。花序腋生，1 或数朵聚生不等，总花梗顶端有 2 枚小苞片，长约 3 毫米；萼长 6 ～ 8 毫米，顶端急尖，外被疏柔毛；花瓣黄色，不等大，具短柄，略长于萼片；雄蕊 10 枚，5 长 5 短相间而生。荚果镰形，扁平，长 2.5 ～ 5 厘米，宽约 4 毫米，果柄长 1.5 ～ 2 厘米；种子 10 ～ 16 颗。花果期通常 8—10 月。

【生境与分布】分布于我国东南部至西南部。生于坡地或空旷地的灌木丛或草丛中。我县均有分布。

【中药名称】山扁豆。

【来源】为豆科决明属植物含羞草决明（*Cassia mimosoides* Linn.）的全草。

【采收加工】夏、秋季采收，洗净晒干。

【性味功效】甘，微苦，性平。清热解毒，利尿，通便。用于肾炎水肿，口渴，咳嗽痰多，习惯性便秘，毒蛇咬伤等。

【应用举例】治暑热叶泻：山扁豆 30 克，水煎服。

226. 决明 *Cassia tora* Linn.

【别名】草决明、假花生、假绿豆、马蹄决明等。

【植物形态】直立、粗壮、一年生亚灌木状草本，高 1 ～ 2 米。叶长 4 ～ 8 厘米；叶柄上无腺体；叶轴上每对小叶间有棒状的腺体 1 枚；小叶 3 对，膜质，倒卵形或倒卵状长椭圆形，长 2 ～ 6 厘米，宽 1.5 ～ 2.5 厘米，顶端圆钝而有小尖头，基部渐狭，偏斜，上面被稀疏柔毛，下面被柔毛；小叶柄长 1.5 ～ 2 毫米；托叶线状，被柔毛，早落。花腋生，通常 2 朵聚生；总花梗长 6 ～ 10 毫米；花梗长 1 ～ 1.5 厘米，丝状；萼片稍不等大，卵形或卵状长圆形，膜质，外面被柔毛，长约 8 毫米；花瓣黄色，下面 2 片略长，长 12 ～ 15 毫米，宽 5 ～ 7 毫米；能育雄蕊 7 枚，花药四方形，顶孔开裂，长约 4 毫米，花丝短于花药；子房无柄，被白色柔毛。荚果纤细，近四棱形，两端渐尖，长达 15 厘米，宽 3 ～ 4 毫米，膜质；种子约 25 颗，菱形，光亮。花果期 8—11 月。

【生境与分布】我国长江以南各省区普遍分布。生于山坡、旷野及河滩沙地上。我县均有分布。

【中药名称】决明子。

【来源】为豆科决明属植物决明（*Cassia tora* Linn.）的干燥成熟种子。

【采收加工】秋季采收成熟果实，晒干，打下种子，除去杂质。

【性味功效】甘，苦，寒，微咸。清肝明目，润肠通便。用于目赤涩痛，羞明多泪，头痛眩晕，目暗不明，大便秘结等。

【应用举例】1. 治急性结膜炎：决明子、菊花、蝉蜕、青葙子各 15 克。水煎服。

2. 治急性角膜炎：决明子 15 克、菊花 9 克、谷精草 9 克、荆芥 9 克、黄连 6 克、木通 12 克。水煎服。

3. 治习惯性便秘：决明子 18 克、郁李仁 18 克，沸水冲泡代茶。

4. 治夜盲症：决明子、枸杞各 9 克，猪肝适量。水煎，食肝服汤。

5. 治雀目：决明子 100 克 、地肤子 50 克，上药捣细罗为散，每于食后，以清粥饮调下 5 克。

227. 藤黄檀 *Dalbergia hancei* Benth.

【别名】藤檀、梣果藤、橿树等。

【植物形态】藤本。枝纤细，幼枝略被柔毛，小枝有时变钩状或旋扭。羽状复叶长 5 ～ 8 厘米；托叶膜质，披针形，早落；小叶 3 ～ 6 对，较小狭长圆形或倒卵状长圆形，长 10 ～ 20 毫米，宽 5 ～ 10 毫米，先端钝或圆，微缺，基部圆或阔楔形，嫩时两面被伏贴疏柔毛，成长时上面无毛。总状花序远较复叶短，幼时包藏于舟状、覆瓦状排列、早落的苞片内，数个总状花序常再集成腋生短圆锥花序；花梗长 1 ～ 2 毫米，与花萼和小苞片同被褐色短茸毛；基生小苞片卵形，副萼状小苞片披针形，均早落；花萼阔钟状，长约 3 毫米，萼齿短，阔三角形，除最下 1 枚先端急尖外，其余的均钝或圆，具缘毛；花冠绿白色，芳香，长约 6 毫米，各瓣均具长柄，旗瓣椭圆形，基部两侧稍呈截形，具耳，中间渐狭下延而成一瓣柄，翼瓣与龙骨瓣长圆形；雄蕊 9，单体，有时 10 枚，其中 1 枚对着旗瓣；子房线形，除腹缝略具缘毛外，其余无毛，具短的子房柄，花柱稍长，柱头小。荚果扁平，长圆形或带状，无毛，长 3 ～ 7 厘米，宽 8 ～ 14 毫米，基部收缩为一细果颈，通常有 1 粒种子，稀 2 ～ 4 粒；种子肾形，极扁平，长约 8 毫米，宽约 5 毫米。花期 4—5 月。

【生境与分布】产于安徽、浙江、江西、福建、广东、海南、广西、四川、贵州。生于山坡灌丛中或山谷溪旁。我县均有分布。

【中药名称】藤檀。

【来源】为豆科黄檀属植物藤黄檀（*Dalbergia hancei* Benth.）的茎和根。

【采收加工】全年可采，洗净切碎，晒干。

【性味功效】辛，温。理气止痛。茎用于胸胁痛，胃痛，腹痛。根用于腰腿关节痛，心胸闷痛，脘胁刺痛；外用治跌打出血。

【应用举例】治胃痛，腹痛，胸胁痛：藤檀 3 ～ 9 克，水煎服。

228. 黄檀 *Dalbergia hupeana* Hance

【别名】白檀、檀木、檀树、望水檀、不知春等。

【植物形态】乔木，高 10 ～ 20 米；树皮暗灰色，呈薄片状剥落。幼枝淡绿色，无毛。羽状复叶长 15 ～ 25 厘米；小叶 3 ～ 5 对，近革质，椭圆形至长圆状椭圆形，长 3.5 ～ 6 厘米，宽 2.5 ～ 4 厘米，先端钝 . 或稍凹入，基部圆形或阔楔形，两面无毛，细脉隆起，上面有光泽。圆锥花序顶生或生于最上部的叶腋间，连总花梗长 15 ～ 20 厘米，直径 10 ～ 20 厘米，疏被锈色短柔毛；花密集，长 6 ～ 7 毫米；花梗长约 5 毫米，与花萼同疏被锈色柔毛；基生和副萼状小苞片卵形，被柔毛，脱落；花萼钟状，长 2 ～ 3 毫米，萼齿 5，上方 2 枚阔圆形，近合生，侧方的卵形，最下一枚披针形，长为其余 4 枚之倍；花冠白色或淡紫色，长倍于花萼，各瓣均具柄，旗瓣圆形，先端微缺，翼瓣倒卵形，龙骨瓣关月形，与翼瓣内侧均具耳；雄蕊 10，成 5+5 的二体；子房具短柄，除基部与子房柄外，无毛，胚珠 2 ～ 3 粒，花柱纤细，柱头小，头状。荚果长圆形或阔舌状，长 4 ～ 7 厘米，宽 13 ～ 15 毫米，顶端急尖，基部渐狭成果颈，果瓣薄革质，对种子部分有网纹，有 1 ～ 2（3）粒种子；种子肾形，长 7 ～ 14 毫米，宽 5 ～ 9 毫米。花期 5—7 月。

【生境与分布】产于山东、江苏、安徽、浙江、江西、福建、湖北、湖南、广东、广西、四川、贵州、云南。生于山地林中或灌丛中，山沟溪旁及有小树林的坡地常见，海拔 600 ～ 1400 米。

【中药名称】檀根。

【来源】为豆科植物黄檀（*Dalbergia hupeana* Hance）的根或根皮。

【采收加工】夏、秋季采挖，洗净，切碎晒干。

【性味功效】辛，苦，平。清热解毒，止血消肿。用于疮疖疔毒，毒蛇咬伤，细菌性痢疾，跌打损伤。

【应用举例】治细菌性痢疾：檀根 30 ～ 90 克。水煎服。

229. 扁豆 *Lablab purpureus*（Linn.）Sweet

【别名】藊豆、火镰扁豆、膨皮豆、藤豆、沿篱豆、鹊豆等。

【植物形态】多年生、缠绕藤本。全株几无毛，茎长可达 6 米，常呈淡紫色。羽状复叶具 3 小叶；托叶基着，披针形；小托叶线形，长 3 ～ 4 毫米；小叶宽三角状卵形，长 6 ～ 10 厘米，宽约与长相等，侧生小叶两边不等大，偏斜，先端急尖或渐尖，基部近截平。总状花序直立，长 15 ～ 25 厘米，花序轴粗壮，总花梗长 8 ～ 14 厘米；小苞片 2，近圆形，长 3 毫米，脱落；花 2 至多朵簇生于每一节上；花萼钟状，长约 6 毫米，上方 2 裂齿几完全合生，下方的 3 枚近相等；花冠白色或紫色，旗瓣圆形，基部两侧具 2 枚长而直立的小附属体，附属体下有 2 耳，翼瓣宽倒卵形，具截平的耳，龙骨瓣呈直角弯曲，基部渐狭成瓣柄；子房线形，无毛，花柱比子房长，弯曲不逾 90°，一侧扁平，近顶部内缘被毛。荚果长圆状镰形，长 5 ～ 7 厘米，近顶端最阔，宽 1.4 ～ 1.8 厘米，扁平，直或稍向背侧弯曲，顶端有弯曲的尖喙，基部渐狭；种子 3 ～ 5 颗，扁平，长椭圆形，在白花品种中为白色，在紫花品种中为紫黑色，种脐线形，长约占种子周围的 2/5。花期 4—12 月。

【生境与分布】我国各地广泛栽培。我县广泛种植。

【中药名称】白扁豆、扁豆衣、扁豆花。

【来源】豆科植物扁豆（*Lablab purpureus*（Linn.）Sweet）的干燥成熟种子为白扁豆，种皮为扁豆衣，花为扁豆花。

【采收加工】白扁豆：秋、冬二季采收成熟果实，晒干，取出种子，再晒干。

扁豆衣：秋季采收种子，剥取种皮，晒干。

扁豆花：7—8 月间采收未完全开放的花，晒干或阴干。

【性味功效】白扁豆：微温，甘。健脾化湿，和中消暑。

扁豆衣：甘，微温。健脾和胃，消暑化湿。用于暑湿内蕴，呕吐泄泻，胸闷纳呆，脚气水肿，妇女带下等。

扁豆花：甘，平。解暑化湿，和中健脾。用于夏伤暑湿，发热，泄泻，痢疾，赤白带下，跌打伤肿等。

【应用举例】白扁豆：治慢性肾炎、贫血，白扁豆 30 克，红枣 20 粒。水煎服。

扁豆衣：内服，煎汤，3 ～ 9 克。

扁豆花：治疟疾，扁豆花 9 朵，白糖 9 克。清晨用开水泡服。

230. 皂荚 *Gleditsia sinensis* Lam.

【别名】皂角、皂荚树、猪牙皂、牙皂、刀皂等。

【植物形态】落叶乔木或小乔木，高可达 30 米；枝灰色至深褐色；刺粗壮，圆柱形，常分枝，多呈圆锥状，长达 16 厘米。叶为一回羽状复叶，长 10 ～ 18（26）厘米；小叶（2）3 ～ 9 对，纸质，卵状披针形至长圆形，长 2 ～ 8.5（12.5）厘米，宽 1 ～ 4（6）厘米，先端急尖或渐尖，顶端圆钝，具小尖头，基部圆形或楔形，有时稍歪斜，边缘具细锯齿，上面被短柔毛，下面中脉上稍被柔毛；网脉明显，在两面凸起；小叶柄长 1 ～ 2（5）毫米，被短柔毛。花杂性，黄白色，组成总状花序；花序腋生或顶生，长 5 ～ 14 厘米，被短柔毛。雄花：直径 9 ～ 10 毫米；花梗长 2 ～ 8（10）毫米；花托长 2.5 ～ 3 毫米，深棕色，外面被柔毛；萼片 4，三角状披针形，长 3 毫米，两面被柔毛；花瓣 4，长圆形，长 4 ～ 5 毫米，被微柔毛；雄蕊 8（6）；退化雌蕊长 2.5 毫米。两性花：直径 10 ～ 12 毫米；花梗长 2 ～ 5 毫米；萼、花瓣与雄花的相似，萼片长 4 ～ 5 毫米，花瓣长 5 ～ 6 毫米；雄蕊 8；子房缝线上及基部被毛（偶有少数湖北标本子房全体被毛），柱头浅 2 裂；胚珠多数。荚果带状，长 12 ～ 37 厘米，宽 2 ～ 4 厘米，直或扭曲，果肉稍厚，两面鼓起，或有的荚果短小，多少呈柱形，长 5 ～ 13 厘米，宽 1 ～ 1.5 厘米，弯曲作新月形，通常称猪牙皂，内无种子；果颈长 1 ～ 3.5 厘米；果瓣革质，褐棕色或红褐色，常被白色粉霜；种子多颗，长圆形或椭圆形，长 11 ～ 13 毫米，宽 8 ～ 9 毫米，棕色，光亮。花期 3—5 月，果期 5—12 月。

【生境与分布】产于河北、山东、河南、山西、陕西、甘肃、江苏、安徽、浙江、江西、湖南、湖北、福建、广东、广西、四川、贵州、云南等省区。生于山坡林中或谷地、路旁，海拔自平地至 2500 米。常栽培于庭院或宅旁。

【中药名称】皂角刺、大皂角、猪牙皂。

【来源】豆科植物皂荚（*Gleditsia sinensis* Lam.）的干燥棘刺为皂角刺，成熟果实为大皂角，干燥的畸形小荚果为猪牙皂。

【采收加工】皂角刺：全年均可采收，干燥，或趁鲜切片，干燥。

大皂角：秋末，将成熟的果实采下，晒干。

猪牙皂：秋末，将成熟的果实采下，晒干。

【性味功效】皂角刺：味辛，性温。消肿托毒，排脓，杀虫。用于痈疽初起或脓成不溃，外治疥癣麻风。

大皂角：辛，温，有小毒。开窍，祛痰，通便。用于卒然昏迷，口噤不开，喉中痰壅，支气管哮喘，便秘，颈淋巴结结核等。

猪牙皂：辛，咸，温，有小毒。祛痰开窍，散结消肿。用于中风口噤，昏迷不醒，癫痫痰盛，关窍不通，喉痹痰阻，顽痰咳喘，咯痰不爽，大便燥结等；外治痈肿。

【应用举例】皂角刺：治胎衣不下，皂角刺烧为末，每服3克，温酒调下。

大皂角：治脚气肿痛，大皂角、赤小豆为末，酒醋调贴肿处。

猪牙皂：治诸窍不通，因气、痰、风、火，暴病闭塞者，猪牙皂荚（去皮、弦、子，炒），为细末，吹入鼻内即通。

231. 大豆 *Glycine max*（Linn.）Merr.

【别名】菽、黄豆等。

【植物形态】一年生草本，高30～90厘米。茎粗壮，直立，或上部近缠绕状，上部多少具棱，密被褐色长硬毛。叶通常具3小叶；托叶宽卵形，渐尖，长3～7毫米，具脉纹，被黄色柔毛；叶柄长2～20厘米，幼嫩时散生疏柔毛或具棱并被长硬毛；小叶纸质，宽卵形，近圆形或椭圆状披针形，顶生一枚较大，长5～12厘米，宽2.5～8厘米，先端渐尖或近圆形，稀有钝形，具小尖凸，基部宽楔形或圆形，侧生小叶较小，斜卵形，通常两面散生糙毛或下面无毛；侧脉每边5条；小托叶披针形，长1～2毫米；小叶柄长1.5～4毫米，被黄褐色长硬毛。总状花序短的少花，长的多花；总花梗长10～35毫米或更长，通常有5～8朵无柄、紧挤的花，植株下部的花有时单生或成对生于叶腋间；苞片披针形，长2～3毫米，被糙伏毛；小苞片披针形，长2～3毫米，被伏贴的刚毛；花萼长4～6毫米，密被长硬毛或糙伏毛，常深裂成二唇形，裂片5，披针形，上部2裂片常合生至中部以上，下部3裂片分离，均密被白色长柔毛，花紫色、淡紫色或白色，长4.5～8（10）毫米，旗瓣倒卵状近圆形，先端微凹并通常外反，基部具瓣柄，翼瓣蓖状，基部狭，具瓣柄和耳，龙骨瓣斜倒卵形，具短瓣柄；雄蕊二体；子房基部有不发达的腺体，被毛。荚果肥大，长圆形，稍弯，下垂，黄绿色，长4～7.5厘米，宽8～15毫米，密被褐黄色长毛；种子2～5颗，椭圆形、近球形，卵圆形至长圆形，长约1厘米，宽5～8毫米，种皮光滑，淡绿、黄、褐和黑色等，因品种而异，种脐明显，椭圆形。花期6—7月，果期7—9月。

【生境与分布】原产我国。全国各地均有栽培，以东北最著名，亦广泛栽培于世界各地。我县广泛种植。

【中药名称】淡豆豉、大豆黄卷、黑豆、黑大豆花、黑大豆叶。

【来源】豆科植物大豆（*Glycine max*（Linn.）Merr.）成熟种子的发酵加工品为淡豆豉，成熟种子经发芽干燥的炮制加工品为大豆黄卷，黑色种子为黑豆，花为黑大豆花，叶为黑大豆叶。

【采收加工】大豆黄卷：取净大豆，用水浸泡至膨胀，放去水，用湿布覆盖，每日淋水二次，待芽长至 0.5 ～ 1 厘米时，取出，干燥。

黑大豆花：6—7 月花开时采收，晒干。

黑大豆叶：春季采叶，鲜用或晒干。

【性味功效】淡豆豉：苦，寒。解表，除烦，宣郁，解毒。用于伤寒热病，寒热，头痛，烦躁，胸闷等。

大豆黄卷：甘，平。解表祛暑，清热利湿。用于暑湿感冒，湿温初起，发热汗少，胸闷脘痞，肢体酸重，小便不利等。

黑豆：甘，平。活血，利水，祛风，解毒。用于水肿胀满，风毒脚气，黄疸浮肿，风痹筋挛，产后风痉、口噤，痈肿疮毒等。

黑大豆花：治目盲翳膜等。

黑大豆叶：治血淋，毒蛇咬伤等。

【应用举例】淡豆豉：治断奶乳胀，豆豉半斤，水煎，服一小碗，余下洗乳房。

大豆黄卷：治湿痹筋挛、骨节疼痛、肢体重着者，配薏苡仁、蚕沙、秦艽等，以祛湿蠲痹、舒筋止痛。

黑豆：治身面浮肿，用黑豆炒干，研为末，每次二钱，用米饮下。

黑大豆花：内服，煎汤，3 ～ 9 克。

黑大豆叶：治毒蛇咬伤，黑大豆叶锉、杵，敷之，日三易，良。

232. 野大豆 *Glycine soja* Sieb. et Zucc.

【别名】小落豆、小落豆秧、落豆秧、山黄豆、乌豆、野黄豆等。

【植物形态】一年生缠绕草本，长 1 ～ 4 米。茎、小枝纤细，全体疏被褐色长硬毛。叶具 3 小叶，长可达 14 厘米；托叶卵状披针形，急尖，被黄色柔毛。顶生小叶卵圆形或卵状披针形，长 3.5 ～ 6 厘米，宽 1.5 ～ 2.5 厘米，先端锐尖至钝圆，基部近圆形，全缘，两面均被绢状的糙伏毛，侧生小叶斜卵状披针形。总状花序通常短，稀长达 13 厘米；花小，长约 5 毫米；花梗密生黄色长硬毛；苞片披针形；花萼钟状，密生长毛，裂片 5，三角状披针形，先端锐尖；花冠淡红紫色或白色，旗瓣近圆形，先端微凹，基部具短瓣柄，翼瓣斜倒卵形，有明显的耳，龙骨瓣比旗瓣及翼瓣短小，密被长毛；花柱短而向一侧弯曲。荚果长圆形，稍弯，两侧稍扁，长 17 ～ 23 毫米，宽 4 ～ 5 毫米，密被长硬毛，种子间稍缢缩，干时易裂；种子 2 ～ 3 颗，椭圆形，稍扁，长 2.5 ～ 4 毫米，宽 1.8 ～ 2.5 毫米，褐色至黑色，花期 7—8 月，果期 8—10 月。

【生境与分布】除新疆、青海和海南外，遍布全国。生于海拔 150 ～ 2650 米潮湿的田边、园边、沟旁、河岸、湖边、沼泽、草甸、沿海和岛屿向阳的矮灌木丛或芦苇丛中，稀见于沿河岸疏林下。

【中药名称】野大豆藤。

【来源】为豆科植物野大豆（*Glycine soja* Sieb.et Zucc.）的茎、叶及根。

【采收加工】秋季采收。

【性味功效】辛，苦，平。清热解毒，止血消肿。用于疮疖疔毒，毒蛇咬伤，细菌性痢疾，跌打损伤等。

【应用举例】治伤筋：野大豆藤鲜根、蛇葡萄根皮、酒糟或酒，捣烂，烘热包敷患处。

233. 马棘 *Indigofera pseudotinctoria* Matsum.

【别名】狼牙草、野蓝枝子等。

【植物形态】小灌木，高 1 ～ 3 米；多分枝。枝细长，幼枝灰褐色，明显有棱，被丁字毛。羽状复叶长 3.5 ～ 6 厘米；叶柄长 1 ～ 1.5 厘米，被平贴丁字毛，叶轴上面扁平；托叶小，狭三角形，长约 1 毫米，早落；小叶（2）3 ～ 5 对，对生，椭圆形、倒卵形或倒卵状椭圆形，长 1 ～ 2.5 厘米，宽 0.5 ～ 1.1（1.5）厘米，先端圆或微凹，有小尖头，基部阔楔形或近圆形，两面有白色丁字毛，有时上面毛脱落；小叶柄长约 1 毫米；小托叶微小，钻形或不明显。总状花序，花开后较复叶为长，长 3 ～ 11 厘米，花密集；总花梗短于叶柄；花梗长约 1 毫米；花萼钟状，外面有白色和棕色平贴丁字毛，萼筒长 1 ～ 2 毫米，萼齿不等长，与萼筒近等长或略长；花冠淡红色或紫红色，旗瓣倒阔卵形，长 4.5 ～ 6.5 毫米，先端螺壳状，基部有瓣柄，外面有丁字毛，翼瓣基部有耳状附属物，龙骨瓣近等长，距长约 1 毫米，基部具耳；花药圆球形，子房有毛。荚果线状圆柱形，长 2.5 ～ 4（5.5）厘米，直径约 3 毫米，顶端渐尖，幼时密生短丁字毛，种子间有横隔，仅在横隔上有紫红色斑点；果梗下弯；种子椭圆形。花期 5—8 月，果期 9—10 月。

【生境与分布】生长在溪边、泥土、灌丛。我县均有分布。

【中药名称】马棘。

【来源】为豆科木兰属植物马棘（*Indigofera pseudotinctoria* Matsum.）的根或全株。

【采收加工】秋季挖根或采全株，洗净，切片晒干或去外皮切片晒干。也可鲜用。

【性味功效】苦，涩，平，有毒。清热解毒，消肿散结。用于感冒咳嗽，扁桃体炎，颈淋巴结结核，小儿疳积，痔疮等；外用治疔疮。

【应用举例】用法用量：内服，煎汤，25～50克；外用适量，捣敷或捣汁搽患处。过量服用会导致死亡。

234. 鸡眼草 *Kummerowia striata*（Thunb.）Schindl.

【别名】掐不齐、牛黄黄、公母草等。

【植物形态】一年生草本，披散或平卧，多分枝，高（5）10～45厘米，茎和枝上被倒生的白色细毛。叶为三出羽状复叶；托叶大，膜质，卵状长圆形，比叶柄长，长3～4毫米，具条纹，有缘毛；叶柄极短；小叶纸质，倒卵形、长倒卵形或长圆形，较小，长6～22毫米，宽3～8毫米，先端圆形，稀微缺，基部近圆形或宽楔形，全缘；两面沿中脉及边缘有白色粗毛，但上面毛较稀少，侧脉多而密。花小，单生或2～3朵簇生于叶腋；花梗下端具2枚大小不等的苞片，萼基部具4枚小苞片，其中1枚极小，位于花梗关节处，小苞片常具5～7条纵脉；花萼钟状，带紫色，5裂，裂片宽卵形，具网状脉，外面及边缘具白毛；花冠粉红色或紫色，长5～6毫米，较萼约长1倍，旗瓣椭圆形，下部渐狭成瓣柄，具耳，龙骨瓣比旗瓣稍长或近等长，翼瓣比龙骨瓣稍短。荚果圆形或倒卵形，稍侧扁，长3.5～5毫米，较萼稍长或长达1倍，先端短尖，被小柔毛。花期7—9月，果期8—10月。

【生境与分布】产我国东北、华北、华东、中南、西南等省区。生于路旁、田边、溪旁、沙质地或缓山坡草地，海拔500米以下。我县均有分布。

【中药名称】鸡眼草。

【来源】为豆科植物鸡眼草（*Kummerowia striata*（Thunb.）Schindl.）的全草。

【采收加工】7—8月采收，鲜用或晒干。

【性味功效】甘，辛，平。清热解毒，健脾利湿。主治感冒发热，暑湿吐泻，疟疾，痢疾，传染性肝炎，热淋，白浊等。

【应用举例】内服：煎汤，9～30克，鲜品30～60克；捣汁或研末。外用：适量捣敷。

235. 中华胡枝子 *Lespedeza chinensis* G. Don

【别名】华胡枝子等。

【植物形态】小灌木，高达1米。全株被白色伏毛，茎下部毛渐脱落，茎直立或铺散；分枝斜升，被柔毛。托叶钻状，长 3 ～ 5 毫米；叶柄长约 1 厘米；羽状复叶具 3 小叶，小叶倒卵状长圆形、长圆形、卵形或倒卵形，长 1.5 ～ 4 厘米，宽 1 ～ 1.5 厘米，先端截形、近截形、微凹或钝头，具小刺尖，边缘稍反卷，上面无毛或疏生短柔毛，下面密被白色伏毛。总状花序腋生，不超出叶，少花；总花梗极短；花梗长 1 ～ 2 毫米；苞片及小苞片披针形，小苞片 2，长 2 毫米，被伏毛；花萼长为花冠之半，5 深裂，裂片狭披针形，长约 3 毫米，被伏毛，边具缘毛；花冠白色或黄色，旗瓣椭圆形，长约 7 毫米，宽约 3 毫米，基部具瓣柄及 2 耳状物，翼瓣狭长圆形，长约 6 毫米，具长瓣柄，龙骨瓣长约 8 毫米，闭锁花簇生于茎下部叶腋。荚果卵圆形，长约 4 毫米，宽 2.5 ～ 3 毫米，先端具喙，基部稍偏斜，表面有网纹，密被白色伏毛。花期 8—9 月，果期 10—11 月。

【生境与分布】产于江苏、安徽、浙江、江西、福建、台湾、湖北、湖南、广东、四川等省区。生于海拔 2500 米以下的灌木丛中、林缘、路旁、山坡、林下草丛等处。

【中药名称】细叶马料梢。

【来源】为豆科植物中华胡枝子（*Lespedeza chinensis* G. Don）的根或全株。

【采收加工】夏、秋季采收。根，洗净，切片，晒干；茎叶，鲜用或切段晒干。

【性味功效】微苦，凉。清热解毒，宣肺平喘，截疟，祛风除湿。用于小儿高热，中暑发痧，哮喘，痢疾，乳痈，痈疽肿毒，疟疾，热淋，脚气，风湿痹痛等。

【应用举例】1. 治疟疾：细叶马料梢全草 60 克。水煎服。

2. 治疝气：细叶马料梢根 30 ～ 60 克。水煎服。

236. 截叶铁扫帚 *Lespedeza cuneata* G. Don

【别名】夜关门等。

【植物形态】小灌木，高达 1 米。茎直立或斜升，被毛，上部分枝；分枝斜上举。叶密集，柄短；小叶楔形或线状楔形，长 1 ～ 3 厘米，宽 2 ～ 5（7）毫米，先端截形成近截形，具小刺尖，基部楔形，上面近无毛，下面密被伏毛。总状花序腋生，具 2 ～ 4 朵花；总花梗极短；小苞片卵形或狭卵形，长 1 ～ 1.5 毫米，先端渐尖，背面被白色伏毛，边具缘毛；花萼狭钟形，密被伏毛，5 深裂，裂片披针形；花冠淡黄色或白色，旗瓣基部有紫斑，有时龙骨瓣先端带紫色，翼瓣与旗瓣近等长，龙骨瓣稍长；闭锁花簇生于叶腋。荚果宽卵形或近球形，被伏毛，长 2.5 ～ 3.5 毫米，宽约 2.5 毫米。花期 7—8 月，果期 9—10 月。

【生境与分布】产陕西、甘肃、山东、台湾、河南、湖北、湖南、广东、四川、云南、西藏等省区。生于海拔 2500 米以下的山坡路旁。

【中药名称】铁扫帚。

【来源】为豆科胡枝子属植物截叶铁扫帚（*Lespedeza cuneata* G. Don）的全草或根。

【采收加工】夏、秋季挖根及全株，洗净切碎，晒干或鲜用。

【性味功效】味甘、微苦，性平。清热利湿，消食除积，祛痰止咳。用于小儿疳积，消化不良，肠胃炎，细菌性痢疾，胃痛，黄疸型肝炎，肾炎水肿，带下，口腔炎，咳嗽，支气管炎；外用治带状疱疹，毒蛇咬伤等。

【应用举例】内服，煎汤，0.5 ～ 1 两；外用适量，鲜品捣烂敷患处。

237. 百脉根 *Lotus corniculatus* Linn.

【别名】五叶草、牛角花等。

【植物形态】多年生草本，高 15 ～ 50 厘米，全株散生稀疏白色柔毛或秃净。具主根。茎丛生，平卧或上升，实心，近四棱形。羽状复叶小叶 5 枚；叶轴长 4 ～ 8 毫米，疏被柔毛，顶端 3 小叶，基部 2 小叶呈托叶状，纸质，斜卵形至倒披针状卵形，长 5 ～ 15 毫米，宽 4 ～ 8 毫米，中脉不清晰；小叶柄甚短，长约 1 毫米，密被黄色长柔毛。伞形花序；总花梗长 3 ～ 10 厘米；花 3 ～ 7 朵集生于总花梗顶端，长（7）9 ～ 15 毫米；花梗短，基部有苞片 3 枚；苞片叶状，与萼等长，宿存；萼钟形，长 5 ～ 7 毫米，宽 2 ～ 3 毫米，无毛或稀被柔毛，萼齿近等长，狭三角形，渐尖，与萼筒等长；花冠黄色或金黄色，干后常变蓝色，旗瓣扁圆形，瓣片和瓣柄几等长，长 10 ～ 15 毫米，宽 6 ～ 8 毫米，翼瓣和龙骨瓣等长，均略短于旗瓣，龙骨瓣呈直角三角形弯曲，喙部狭尖；雄蕊两体，花丝分离部略短于雄蕊筒；花柱直，等长于子房成直角上指，柱头点状，子房线形，无毛，胚珠 35 ～ 40 粒。荚果直，线状圆柱形，长 20 ～ 25 毫米，直径 2 ～ 4 毫米，褐色，二瓣裂，扭曲；有多数种子，种子细小，

卵圆形，长约 1 毫米，灰褐色。花期 5—9 月，果期 7—10 月。

【生境与分布】产西北、西南和长江中上游各省区。生于湿润而呈弱碱性的山坡、草地、田野或河滩地。我县均有分布。

【中药名称】百脉根、地羊鹊。

【来源】豆科植物百脉根（*Lotus corniculatus* Linn.）的根为百脉根，地上部分为地羊鹊。

【采收加工】百脉根：春夏采集，切碎晒干。

地羊鹊：夏季采收地上部分，鲜用或晒干。

【性味功效】百脉根：甘，苦，微寒，无毒。下气，止渴，去热，除虚劳，补不足。

地羊鹊：甘，微苦，凉。清热解毒，止咳平喘，利湿消痞。用于风热咳嗽，咽喉肿痛，胃脘痞满疼痛，疔疮，无名肿毒，湿疹，痢疾，痔疮便血等。

【应用举例】百脉根：内服，煎汤，3 ～ 6 钱；浸酒或入丸、散。

地羊鹊：治肺热咳喘，地羊鹊 15 克，吉祥草 15 克，麦冬草 15 克。水煎服。

238. 草木犀　*Melilotus officinalis*（L.）Pall.

【别名】辟汗草、黄香草木犀等。

【植物形态】二年生草本，高 40 ～ 100（250）厘米。茎直立，粗壮，多分枝，具纵棱，微被柔毛。羽状三出复叶；托叶镰状线形，长 3 ～ 5（7）毫米，中央有 1 条脉纹，全缘或基部有 1 尖齿；叶柄细长；小叶倒卵形、阔卵形、倒披针形至线形，长 15 ～ 25（30）毫米，宽 5 ～ 15 毫米，先端钝圆或截形，基部阔楔形，边缘具不整齐疏浅齿，上面无毛，粗糙，下面散生短柔毛，侧脉 8 ～ 12 对，平行直达齿尖，两面均不隆起，顶生小叶稍大，具较长的小叶柄，侧小叶的小叶柄短。总状花序长 6 ～ 15（20）厘米，腋生，具花 30 ～ 70 朵，初时稠密，花开后渐疏松，花序轴在花期中显著伸展；苞片刺毛状，长约 1 毫米；花长 3.5 ～ 7 毫米；花梗与苞片等长或稍长；萼钟形，长约 2 毫米，脉纹 5 条，甚清晰，萼齿三角状披针形，稍不等长，比萼筒短；花冠黄色，旗瓣倒卵形，与翼瓣近等长，龙骨瓣稍短或三者均近等长；雄蕊筒在花后常宿存包于果外；子房卵状披针形，胚珠（4）6（8）粒，花柱长于子房。荚果卵形，长 3 ～ 5 毫米，宽约 2 毫米，先端具宿存花柱，表面具凹凸不平的横向细网纹，棕黑色；有种子 1 ～ 2 粒。种子卵形，长 2.5 毫米，黄褐色，平滑。花期 5—9 月，果期 6—10 月。

【生境与分布】产于东北、华南、西南各地。其余各省常见栽培。生于山坡、河岸、路旁、沙质草地及林缘。我县均有栽培。

【中药名称】辟汗草。

【来源】为豆科植物草木犀（*Melilotus officinalis*（L.）Pall.）的全草。

【采收加工】花期收割全草，阴干。

【性味功效】辛，甘，微苦，凉。清暑化湿，健胃和中。用于暑湿胸闷，头胀头痛，痢疾，疟疾，淋证，带下，口疮，口臭，疮疡，湿疮，疥癣，淋巴结结核等。

【应用举例】治痱疮、坐板疮、脓疱疮：辟汗草、黄柏、白芷、雄黄、红砒、冰片、艾绒等磨粉，卷成纸条，点燃熏。

239. 香花岩豆藤 *Millettia dielsiana* Harms

【别名】山鸡血藤、贯肠血藤、苦藤、猪婆藤、大活血。

【植物形态】攀援灌木。幼枝和花序被金黄色绒毛。羽状复叶互生，小叶 5，狭椭圆形，或披针形，长 5 ～ 15 厘米，宽 2.5 ～ 5 厘米，先端钝尖，基部圆楔形，下面疏生短毛或无毛；小托叶锥形。圆锥花序顶生，长达 15 厘米。萼钟形，密生锈色毛；花蝶形，紫色，长 1.2 ～ 2 厘米；旗瓣椭圆形，基部有短爪，外面白色，密被锈色丝状毛；雄蕊成 9+1 的两组；雌蕊的子房密被长绒毛。荚果条形，长 7 ～ 12 厘米，宽约 2 厘米，近木质，密被黄褐色绒毛。种子扁长圆形。花期夏季。果期秋季。

【生境与分布】生于山坡灌丛中。分布于浙江、江西、福建、广东、广西、湖南、湖北、四川、云南、贵州等地。

【中药名称】岩豆藤根。

【来源】为豆科植物香花崖豆藤（*Millettia dielsiana* Harms）的根。

【采收加工】全年可采。

【性味功效】苦，微甘，温。归大肠经。补血活血，祛风活络。用于气血虚弱，贫血，四肢无力，痢疾，风湿痹痛，跌打损伤，外伤出血等。

【应用举例】治红白痢：岩豆藤根 15 克，石榴皮 6 克，水煎服。

240. 含羞草 *Mimosa pudica* Linn.

【别名】知羞草、呼喝草、怕丑草等。

【植物形态】披散、亚灌木状草本，高可达 1 米；茎圆柱状，具分枝，有散生、下弯的钩刺及倒生刺毛。托叶披针形，长 5 ～ 10 毫米，有刚毛。羽片和小叶触之即闭合而下垂；羽片通常 2 对，指状排列于总叶柄之顶端，长 3 ～ 8 厘米；小叶 10 ～ 20 对，线状长圆形，长 8 ～ 13 毫米，宽

1.5～2.5毫米，先端急尖，边缘具刚毛。头状花序圆球形，直径约1厘米，具长总花梗，单生或2～3个生于叶腋；花小，淡红色，多数；苞片线形；花萼极小；花冠钟状，裂片4，外面被短柔毛；雄蕊4枚，伸出于花冠之外；子房有短柄，无毛；胚珠3～4颗，花柱丝状，柱头小。荚果长圆形，长1～2厘米，宽约5毫米，扁平，稍弯曲，荚缘波状，具刺毛，成熟时荚节脱落，荚缘宿存；种子卵形，长3.5毫米。花期3—10月，果期5—11月。

【生境与分布】产于台湾、福建、广东、广西、云南等地。生于旷野荒地、灌木丛中，长江流域常有栽培供观赏。我县均有分布。

【中药名称】含羞草、含羞草根。

【来源】豆科植物含羞草（*Mimosa pudica* Linn.）的全草为含羞草，根为含羞草根。

【采收加工】含羞草：夏季采收全草，除去泥沙，洗净，鲜用，或扎成把，晒干。

含羞草根：夏季采收根，洗净，鲜用或晒干。

【性味功效】含羞草：甘，涩，微苦，微寒。凉血解毒，清热利湿，镇静安神。用于感冒，小儿高热，支气管炎，肝炎，胃炎，肠炎，结膜炎，泌尿系统结石，水肿，劳伤咳血，鼻衄，血尿，神经衰弱，失眠，疮疡肿毒，带状疱疹，跌打损伤等。

含羞草根：涩，微苦，温。止咳化痰，利湿通络，和胃消积，明目镇静。用于慢性气管炎，风湿疼痛，慢性胃炎，小儿消化不良，闭经，头痛失眠，眼花等。

【应用举例】含羞草：治神经衰弱、失眠，含羞草30～60克（干品），水煎服。

含羞草根：治风湿痛，含羞草根15克，酒泡服。

241. 常春油麻藤 *Mucuna sempervirens* Hemsl.

【别名】常绿油麻藤、牛马藤、棉麻藤等。

【植物形态】常绿木质藤本，长可达25米。老茎直径超过30厘米，树皮有皱纹，幼茎有纵棱和皮孔。羽状复叶具3小叶，叶长21～39厘米；托叶脱落；叶柄长7～16.5厘米；小叶纸质或革质，顶生小叶椭圆形、长圆形或卵状椭圆形，长8～15厘米，宽3.5～6厘米，先端渐尖头可达15厘米，基部稍楔形，侧生小叶极偏斜，长7～14厘米，无毛；侧脉4～5对，在两面明显，下面凸起；小叶柄长4～8毫米，膨大。总状花序生于老茎上，长10～36厘米，每节上有3朵花，无香气或有臭味；苞片和小苞片不久脱落，苞片狭倒卵形，长、宽各15毫米；花梗长1～2.5厘米，

具短硬毛；小苞片卵形或倒卵形；花萼密被暗褐色伏贴短毛，外面被稀疏的金黄色或红褐色脱落的长硬毛，萼筒宽杯形，长 8 ～ 12 毫米，宽 18 ～ 25 毫米；花冠深紫色，干后黑色，长约 6.5 厘米，旗瓣长 3.2 ～ 4 厘米，圆形，先端凹达 4 毫米，基部耳长 1 ～ 2 毫米，翼瓣长 4.8 ～ 6 厘米，宽 1.8 ～ 2 厘米，龙骨瓣长 6 ～ 7 厘米，基部瓣柄长约 7 毫米，耳长约 4 毫米；雄蕊管长约 4 厘米，花柱下部和子房被毛。果木质，带形，长 30 ～ 60 厘米，宽 3 ～ 3.5 厘米，厚 1 ～ 1.3 厘米，种子间缢缩，近念珠状，边缘多数加厚，凸起为一圆形脊，中央无沟槽，无翅，具伏贴红褐色短毛和长的脱落红褐色刚毛，种子 4 ～ 12 颗，内部隔膜木质；带红色，褐色或黑色，扁长圆形，长 2.2 ～ 3 厘米，宽 2 ～ 2.2 厘米，厚 1 厘米，种脐黑色，包围着种子的 3/4。花期 4—5 月，果期 8—10 月。

【生境与分布】产四川、贵州、云南、陕西南部（秦岭南坡）、湖北、浙江、江西、湖南、福建、广东、广西。生于海拔 300 ～ 3000 米的亚热带森林，灌木丛，溪谷，河边。

【中药名称】牛马藤。

【来源】为豆科植物常春油麻藤（*Mucuna sempervirens* Hemsl.）的茎。

【采收加工】全年均可采收，晒干。

【性味功效】甘，微苦，温。活血调经，补血舒筋。用于月经不调，痛经，闭经，产后血虚，贫血，风湿痹痛，四肢麻木，跌打损伤等。

【应用举例】治血滞闭经：牛马藤 30 克，大鸡血藤 12 克，泽兰 15 克，水煎服。

242. 豆薯 *Pachyrhizus erosus*（Linn.）Urb.

【别名】沙葛、地瓜、凉薯、番葛等。

【植物形态】粗壮、缠绕、草质藤本，稍被毛，有时基部稍木质。根块状，纺锤形或扁球形，一般直径在 20 ～ 30 厘米，肉质。羽状复叶具 3 小叶；托叶线状披针形，长 5 ～ 11 毫米；小托叶锥状，长约 4 毫米；小叶菱形或卵形，长 4 ～ 18 厘米，宽 4 ～ 20 厘米，中部以上不规则浅裂，裂片小，急尖，侧生小叶的两侧极不等，仅下面微被毛。总状花序长 15 ～ 30 厘米，每节有花 3 ～ 5 朵；小苞片刚毛状，早落；萼长 9 ～ 11 毫米，被紧贴的长硬毛；花冠浅紫色或淡红色，旗瓣近圆形，长 15 ～ 20 毫米，中央近基部处有一黄绿色斑块及 2 枚胼胝状附属物，瓣柄以上有 2 枚半圆形、直立的耳，翼瓣镰刀形，基部具线形、向下的长耳，龙骨瓣近镰刀形，长 1.5 ～ 2 厘米；雄蕊二体，对旗瓣的 1 枚离生；子房被浅黄色长硬毛，花柱弯曲，柱头位于顶端以下的腹面。荚果带形，长 7.5 ～ 13 厘米，宽 12 ～ 15 毫米，扁平，被细长糙伏毛；种子每荚 8 ～ 10 颗，近方形，长、宽各 5 ～ 10 毫米，扁平。花期 8 月，果期 11 月。

【生境与分布】我国台湾、福建、广东、海南、广西、云南、四川、贵州、湖南和湖北等地均有栽培。我县有种植。

【中药名称】凉薯、凉薯子。

【来源】豆科植物豆薯（*Pachyrhizus erosus*（Linn.）Urb.）的块根为凉薯，种子为凉薯子。

【性味功效】凉薯：甘，微凉。止渴，解酒。

凉薯子：有毒，可作杀虫剂，对防治烟、甘蔗、棉蚜虫有效。外用治疥疮。

【应用举例】凉薯：块根鲜品 120 ～ 240 克，种子适量用醋煮，取汁外搽。

243. 野葛 *Pueraria lobata*（Willd.）Ohwi

【别名】葛藤、葛条等。

【植物形态】灌木状缠线藤本。枝纤细，薄被短柔毛或变无毛。叶大，偏斜；托叶基着，坡针形，早落；小托叶小，刚毛状。顶生小叶倒卵形，长 10 ～ 13 厘米，先端尾状渐尖，基部三角形，全缘，上面绿色，变无毛，下面灰色，被疏毛。总状花序长达 15 厘米，常簇生或排成圆锥花序式，总花梗长，纤细，花梗纤细，簇生于花序每节上；花萼长约 4 毫米近无毛，膜质，萼齿有时消失，有时枚宽，下部的稍觉：花冠淡红色，旗瓣倒卵形，长 1.2 厘米，基部渐狭成短瓣柄，无耳或有一极细而内弯的耳，具短附属体，翼瓣较稍弯曲的龙骨瓣为短，龙骨瓣与旗瓣相等；对旗瓣的 1 枚雄蕊仅基部离生，其余部分和雄蕊管连合。荚果直，长 7.5 ～ 12.5 厘米，宽 6 ～ 12 毫米，无毛，果瓣近骨质。花期 9—10 月。

【生境与分布】野葛适应性强，野生多分布在向阳湿润的山坡、林地路旁，喜温暖、潮湿的环境。我县均有分布。

【中药名称】葛根、葛花。

【来源】豆科植物野葛（*Pueraria lobata*（Willd.）Ohwi）的干燥根为葛根，干燥花为葛花。

【采收加工】葛根：秋、冬二季采挖，趁鲜切成厚片或小块，干燥。

葛花：秋季采集，晒干，生用。

【性味功效】葛根：甘，辛，凉。解肌退热，透疹，生津止渴，升阳止泻。用于表证发热，项背强痛，麻疹不透，热病口渴，阴虚消渴，热泻热痢，脾虚泄泻等。

葛花：甘，凉。解酒醒脾，止血。用于伤酒烦热口渴，头痛头晕，脘腹胀满，呕逆吐酸，不思饮食，吐血，肠风下血等。

【应用举例】葛根：葛根配伍黄连、黄芩，葛根解表清热、升脾胃之阳而生津、止泻，黄连、黄芩清热燥湿，三者配用共奏清热解表、燥湿止泻之功效，用于治疗湿热泻痢。

葛花：治饮酒积热、毒伤脾胃、呕血吐血、发热烦渴、小便赤少，葛花 50 克，黄连 10 克，滑石 50 克（水飞），粉草 25 克。为细末，水合为丸，每服 5 克，滚水下。

244. 刺槐 *Robinia pseudoacacia* L.

【别名】洋槐等。

【植物形态】落叶乔木，高 10 ～ 25 米；树皮灰褐色至黑褐色，浅裂至深纵裂，稀光滑。小枝灰褐色，幼时有棱脊，微被毛，后无毛；具托叶刺，长达 2 厘米；冬芽小，被毛。羽状复叶长 10 ～ 25（40）厘米；叶轴上面具沟槽；小叶 2 ～ 12 对，常对生，椭圆形、长椭圆形或卵形，长 2 ～ 5 厘米，宽 1.5 ～ 2.2 厘米，先端圆，微凹，具小尖头，基部圆至阔楔形，全缘，上面绿色，下面灰绿色，幼时被短柔毛，后变无毛；小叶柄长 1 ～ 3 毫米；小托叶针芒状，总状花序花序腋生，长 10 ～ 20 厘米，下垂，花多数，芳香；苞片早落；花梗长 7 ～ 8 毫米；花萼斜钟状，长 7 ～ 9 毫米，萼齿 5，三角形至卵状三角形，密被柔毛；花冠白色，各瓣均具瓣柄，旗瓣近圆形，长 16 毫米，宽约 19 毫米，先端凹缺，基部圆，反折，内有黄斑，翼瓣斜倒卵形，与旗瓣几等长，长约 16 毫米，基部一侧具圆耳，龙骨瓣镰状，三角形，与翼瓣等长或稍短，前缘合生，先端钝尖；雄蕊二体，对旗瓣的 1 枚分离；子房线形，长约 1.2 厘米，无毛，柄长 2 ～ 3 毫米，花柱钻形，长约 8 毫米，上弯，顶端具毛，柱头顶生。荚果褐色，或具红褐色斑纹，线状长圆形，长 5 ～ 12 厘米，宽 1 ～ 1.3（1.7）厘米，扁平，先端上弯，具尖头，果颈短，沿腹缝线具狭翅；花萼宿存，有种子 2 ～ 15 粒；种子褐色至黑褐色，微具光泽，有时具斑纹，近肾形，长 5 ～ 6 毫米，宽约 3 毫米，种脐圆形，偏于一端。花期 4—6 月，果期 8—9 月。

【生境与分布】全国各地广泛栽植。我县均有种植。

【中药名称】刺槐花。

【来源】为豆科植物刺槐（*Robinia pseudoacacia* L.）的花。

【采收加工】6—7 月盛开时采收花序，摘下花，晾干。

【性味功效】归肝经。止大肠下血、咯血，又治妇女红崩。

【应用举例】用法用量：内服，煎汤，9 ～ 15 克；或泡茶饮。

245. 苦参 *Sophora flavescens* Ait.

【别名】地槐、白茎地骨、山槐、野槐等。

【植物形态】苦参，其根呈长圆柱形，下部常有分枝，长 10 ～ 30 厘米，直径 1 ～ 6.5 厘米。表面灰棕色或棕黄色，具纵皱纹和横长皮孔样突起，外皮薄，多破裂反卷，易剥落，剥落处显黄色，光滑。质硬，不易折断，断面纤维性；切片厚 3 ～ 6 毫米；切面黄白色，具放射状纹理和裂隙，有的具异型维管束，呈同心性环列或不规则散在。对土壤要求不严，一般沙壤和黏壤上均可生长，为深根性植物，应选择地下水位低、排水良好地块种植。当年播种的幼苗多不开花，冬季叶子变黄脱落进入休眠，至翌年春重新返青生长，6 月孕蕾开花，7—8 月中旬果实成熟。

【生境与分布】生于沙地或向阳山坡草丛中及溪沟边。我县均有分布。

【中药名称】苦参。

【来源】为豆科植物苦参（*Sophora flavescens* Ait.）的干燥根。

【采收加工】春、秋二季采挖，除去根头和小支根，洗净，干燥，或趁鲜切片，干燥。

【性味功效】苦，寒。清热燥湿，杀虫，利尿。用于热痢，便血，黄疸尿闭，赤白带下，阴肿阴痒，湿疹，湿疮，皮肤瘙痒，疥癣麻风等；外用治滴虫性阴道炎。

【应用举例】治热病狂邪，不避水火：苦参末，蜜丸如梧桐子大，每服十丸，薄荷汤下；亦可为末，6 克，水煎服。

246. 槐 *Sphora japonica* Linn.

【别名】守宫槐、槐花木、槐花树、豆槐、金药树等。

【植物形态】乔木，高达 25 米；树皮灰褐色，具纵裂纹。当年生枝绿色，无毛。羽状复叶长达 25 厘米；叶轴初被疏柔毛，旋即脱净；叶柄基部膨大，包裹着芽；托叶形状多变，有时呈卵形、叶状，有时线形或钻状，早落；小叶 4 ～ 7 对，对生或近互生，纸质，卵状披针形或卵状长圆形，长 2.5 ～ 6 厘米，宽 1.5 ～ 3 厘米，先端渐尖，具小尖头，基部宽楔形或近圆形，稍偏斜，下面灰白色，初被疏短柔毛，旋变无毛；小托叶 2 枚，钻状。圆锥花序顶生，常呈金字塔形，长达 30 厘米；花梗比花萼短；小苞片 2 枚，形似小托叶；花萼浅钟状，长约 4 毫米，萼齿 5，近等大，圆形或钝三角形，被灰白色短柔毛，萼管近无毛；花冠白色或淡黄色，旗瓣近圆形，长和宽约 11 毫米，具短柄，有紫色脉纹，先端微缺，基部浅心形，翼瓣卵状长圆形，长 10 毫米，宽 4 毫米，先端浑圆，基部斜戟形，无皱褶，龙骨瓣阔卵状长圆形，与翼瓣等长，宽达 6 毫米；雄蕊近分离，宿存；子房近无毛。荚果串珠状，长 2.5 ～ 5 厘米或稍长，直径约 10 毫米，种子间缢缩不明显，种子排列较紧密，具肉质果皮，成熟后不开裂，具种子 1 ～ 6 粒；种子卵球形，淡黄绿色，干后黑褐色。花期 7—8 月，果期 8—10 月。

【生境与分布】原产于中国，现南北各省区广泛栽培，华北和黄土高原地区尤为多见。我县均有分布。

【中药名称】槐花、槐角、槐白皮、槐根、槐枝、槐叶、槐胶。

【来源】豆科植物槐（*Sphora japonica* Linn.）的干燥花及花蕾为槐花，干燥成熟果实为槐角，树皮或根皮的韧皮部为槐白皮，根为槐根，嫩枝为槐枝，叶为槐叶，树脂为槐胶。

【采收加工】槐花：夏季花蕾形成或开放时采 收，及时干燥，除去枝、梗和杂质。

槐角：冬季采收，除去杂质，干燥。

槐白皮：树皮，全年均可采收，除去栓皮用；根皮，秋冬季挖根，剥取根皮，除去外层栓皮，洗净，切段，晒干或鲜用。

槐根：全年均可采，挖取根部，洗净，晒干。

槐枝：春季采收，晒干或鲜用。

槐叶：春、夏季采收，晒干或鲜用。

槐胶：夏、秋季采收。

【性味功效】槐花：苦，微寒。凉血止血，清肝泻火。用于便血，痔血，血痢，崩漏，吐血，衄血，肝热目赤，头痛眩晕等。

槐角：苦，寒。清热泻火，凉血止血。用于肠热便血，痔肿出血，肝热头痛，眩晕目赤等。

槐白皮：苦，毒。祛风除湿，消肿止痛。主治风邪外中，身体强直，肌肤不仁，热病口疮，牙疳，喉痹，肠风下血，疽，痔，烂疮，阴部痒痛，烫伤等。

槐根：苦，平。散瘀消肿，杀虫。用于痔疮，喉痹，蛔虫病等。

槐枝：治崩漏带下，心痛，目赤，痔疮，疥疮等。

槐叶：苦，平。清肝泻火，凉血解毒，燥湿杀虫。用于小儿惊痫，壮热，肠风，尿血，痔疮，湿疹，疥癣，痈疮疔肿等。

槐胶：苦，寒。平肝，息风，化痰。用于中风口噤，筋脉抽掣拘急或四肢不收，破伤风，顽痹，风热耳聋，耳闭等。

【应用举例】槐花：煎服，15 克，外用适量，止血多炒炭用，清热泻火宜生用。

槐角：内服，煎汤，6 ~ 15 克；或入丸、散；或嫩槐角捣汁。外用，适量，水煎洗；或研末掺或油调敷。

槐白皮：治热病口疮，黄连一分（去须），槐白皮半两，甘草根半两。上药，细锉，用水一大盏，煎至半盏，去滓，温含冷吐。

槐根：治女子痔疮，槐根 60 克，葛菌 60 克，炖猪大肠服。

槐枝：治崩中或赤白，不问年月远近，槐枝，烧灰，食前酒下方寸匕。

槐叶：治霍乱吐泻、心烦闷乱，甘草一分（炙微赤，锉），槐叶一两，桑叶一两。捣筛为散。每服三钱，以水一中盘，煎至六分，去滓，不拘时候温服。

槐胶：治破伤风、身体拘急、口噤、眼亦不开，辟宫子一条（亦名守宫，酒浸三日，曝干，捣罗为末），腻粉半分。上件药，同研令匀，以煮槐胶和丸，如绿豆大。不计时候，拗口开，以温酒灌下七丸，逡巡汗出瘥，未汗再服。

247. 蚕豆 *Vicia faba* L.

【别名】南豆、胡豆、竖豆、佛豆等。

【植物形态】一年生草本，高30～100（120）厘米。主根短粗，多须根，根瘤粉红色，密集。茎粗壮，直立，直径0.7～1厘米，具四棱，中空、无毛。偶数羽状复叶，叶轴顶端卷须短缩为短尖头；托叶戟头形或近三角状卵形，长1～2.5厘米，宽约0.5厘米，略有锯齿，具深紫色密腺点；小叶通常1～3对，互生，上部小叶可达4～5对，基部较少，小叶椭圆形、长圆形或倒卵形，稀圆形，长4～6（10）厘米，宽1.5～4厘米，先端圆钝，具短尖头，基部楔形，全缘，两面均无毛。总状花序腋生，花梗近无；花萼钟形，萼齿披针形，下萼齿较长；具花2～4（6）朵呈丛状着生于叶腋，花冠白色，具紫色脉纹及黑色斑晕，长2～3.5厘米，旗瓣中部缢缩，基部渐狭，翼瓣短于旗瓣，长于龙骨瓣；雄蕊2体（9+1），子房线形无柄，胚珠2～4（6），花柱密被白柔毛，顶端远轴面有一束髯毛。荚果肥厚，长5～10厘米，宽2～3厘米；表皮绿色被绒毛，内有白色海绵状横隔膜，成熟后表皮变为黑色。种子2～4（6），长方圆形，近长方形，中间内凹，种皮革质，青绿色，灰绿色至棕褐色，稀紫色或黑色；种脐线形，黑色，位于种子一端。花期4—5月，果期5—6月。

【生境与分布】全国各地均有栽培，以长江以南为多。原产欧洲地中海沿岸，亚洲西南部至北非。生于北纬63°温暖湿地，耐－4℃低温，但畏暑。我县广为栽培。

【中药名称】蚕豆、蚕豆壳、蚕豆花、蚕豆茎、蚕豆叶。

【来源】豆科植物蚕豆（*Vicia faba* L.）的种子为蚕豆，种皮为蚕豆壳，花为蚕豆花，茎为蚕豆茎，叶或嫩苗为蚕豆叶。

【采收加工】蚕豆：夏季豆荚成熟呈黑褐色时拔取全株，晒干，打下种子，扬净后再晒干。

蚕豆壳：取蚕豆放水中浸透，剥下豆壳，晒干。

蚕豆花：清明节前后开花时采收，晒干，或烘干。

蚕豆茎：夏季采收，晒干。

蚕豆叶：夏季采收，晒干。

【性味功效】蚕豆：甘，微辛，平。健脾利水，解毒消肿。主治膈食病，水肿，疮毒等。

蚕豆壳：利尿渗湿。主治水肿，脚气，小便不利，天泡疮，黄水疮等。

蚕豆花：甘，平。凉血，止血。主治咳血，鼻衄，血痢，带下，高血压等。

蚕豆茎：止血、止泻。主治各种内出血，水泻，烫伤等。

蚕豆叶：苦，微甘，温。止血，解毒。用于咯血，吐血，外伤出血，臁疮等。

【应用举例】蚕豆：治水肿，蚕豆 60 克，冬瓜皮 15 克，水煎服。

蚕豆壳：治小便日久不通、难忍欲死，蚕豆壳 90 克，煎汤服之，如无鲜壳，取干壳代之。

蚕豆花：治咳血，蚕豆花 9 克。水煎去渣，溶化冰糖适量，一日二三回分服。

蚕豆茎：治各种内出血，蚕豆梗焙干研细末。每日 9 克，分三次吞服。

蚕豆叶：内服，捣汁，30 ～ 60 克；外用，捣敷，或研末撒。

248. 绿豆 *Vigna radiata*（Linn.）Wilczek

【别名】青小豆、菉豆、植豆等。

【植物形态】一年生直立草本，高 20 ～ 60 厘米。茎被褐色长硬毛。羽状复叶具 3 小叶；托叶盾状着生，卵形，长 0.8 ～ 1.2 厘米，具缘毛；小托叶显著，披针形；小叶卵形，长 5 ～ 16 厘米，宽 3 ～ 12 厘米，侧生的多少偏斜，全缘，先端渐尖，基部阔楔形或浑圆，两面多少被疏长毛，基部三脉明显；叶柄长 5 ～ 21 厘米；叶轴长 1.5 ～ 4 厘米；小叶柄长 3 ～ 6 毫米。总状花序腋生，有花 4 至数朵，最多可达 25 朵；总花梗长 2.5 ～ 9.5 厘米；花梗长 2 ～ 3 毫米；小苞片线状披针形或长圆形，长 4 ～ 7 毫米，有线条，近宿存；萼管无毛，长 3 ～ 4 毫米，裂片狭三角形，长 1.5 ～ 4 毫米，具缘毛，上方的一对合生成一先端 2 裂的裂片；旗瓣近方形，长 1.2 厘米，宽 1.6 厘米，外面黄绿色，里面有时粉红，顶端微凹，内弯，无毛；翼瓣卵形，黄色；龙骨瓣镰刀状，绿色而染粉红，右侧有显著的囊。荚果线状圆柱形，平展，长 4 ～ 9 厘米，宽 5 ～ 6 毫米，被淡褐色、散生的长硬毛，种子间多少收缩；种子 8 ～ 14 颗，淡绿色或黄褐色，短圆柱形，长 2.5 ～ 4 毫米，宽 2.5 ～ 3 毫米，种脐白色而不凹陷。花期初夏，果期 6—8 月。

【生境与分布】我国南北各地均有栽培。我县广为栽培。

【中药名称】绿豆、绿豆皮、绿豆花、绿豆芽、绿豆叶。

【来源】豆科植物绿豆（*Vigna radiata*（Linn.）Wilczek）的干燥成熟种子为绿豆，种皮为绿豆皮，花为绿豆花，种子经浸泡后发出的嫩芽为绿豆芽，叶为绿豆叶。

【采收加工】绿豆：立秋后种子成熟时采收，拔取全株，晒干，打下种子，簸净杂质。

绿豆皮：将绿豆用水浸胖，揉取种皮。一般取绿豆发芽后残留的皮壳晒干而得。

绿豆花：6—7 月摘取花朵，晒干。

绿豆叶：夏、秋季采收，随采随用。

【性味功效】绿豆：甘，寒。清热解毒，消暑，利尿。

绿豆皮：甘，寒。清暑止渴，利尿解毒，退目翳。主治暑热烦渴，泄泻，痢疾，水肿，丹毒，目翳等。

绿豆花：甘，寒。解酒毒。主治急、慢性酒精中毒等。

绿豆芽：甘，寒。解酒毒、热毒，利三焦，清热消暑，解毒利尿。

绿豆叶：治吐泻，斑疹，疔疮，疥癣等。

【应用举例】绿豆：内服，煎汤，15～30克，大剂量可用120克，研末，或生研绞汁；外用，适量，研末调敷。

绿豆皮：治麻疹合并肠炎，绿豆皮15克，煎水，加白糖五钱冲服，至痊愈为止。

绿豆花：内服，煎汤，30～60克。

绿豆芽：内服，煎汤，30～60克，或捣烂绞汁。

绿豆叶：治风癣干疥，绿豆叶，捣烂，和米醋少许，用旧帛擦之。

249. 豇豆 *Vigna unguiculata*（Linn.）Walp.

【别名】角豆、姜豆、带豆等。

【植物形态】一年生缠绕、草质藤本或近直立草本，有时顶端缠绕状。茎近无毛。羽状复叶具3小叶；托叶披针形，长约1厘米，着生处下延成一短距，有线纹；小叶卵状菱形，长5～15厘米，宽4～6厘米，先端急尖，边全缘或近全缘，有时淡紫色，无毛。总状花序腋生，具长梗；花2～6朵聚生于花序的顶端，花梗间常有肉质密腺；花萼浅绿色，钟状，长6～10毫米，裂齿披针形；花冠黄白色而略带青紫，长约2厘米，各瓣均具瓣柄，旗瓣扁圆形，宽约2厘米，顶端微凹，基部稍有耳，翼瓣略呈三角形，龙骨瓣稍弯；子房线形，被毛。荚果下垂，直立或斜展，线形，长7.5～70（90）厘米，宽6～10毫米，稍肉质而膨胀或坚实，有种子多颗；种子长椭圆形或圆柱形或稍肾形，长6～12毫米，黄白色、暗红色或其他颜色。花期5—8月。

【生境与分布】我县广为栽培。

【中药名称】豇豆、豇豆壳、豇豆叶、豇豆根。

【来源】豆科植物豇豆（*Vigna unguiculata*（Linn.）Walp.）的种子为豇豆，荚壳为豇豆壳，叶为豇豆叶，根为豇豆根。

【采收加工】豇豆壳：秋季采收果实，除去种子，晒干。

豇豆叶：夏、秋季采收，鲜用或晒干。

【性味功效】豇豆：甘，平。健脾利湿，补肾涩精。主治脾胃虚弱，泄泻，痢疾，吐逆，消渴，肾虚腰痛，遗精，带下，白浊，小便频数等。

豇豆壳：补肾健脾，利水消肿，镇痛，解毒。主治腰痛，肾炎，胆囊炎，带状疱疹，乳痈等。

豇豆叶：利小便，解毒。主治淋证，小便不利，蛇咬伤等。

豇豆根：健脾益气，消积，解毒。主治脾胃虚弱，食积，带下，淋浊，痔血，疔疮等。

【应用举例】豇豆：豇豆蕹菜汤，豇豆（嫩荚果）200克、蕹菜250克，加水煎汤食。亦可调以食油、盐等食之。本方有较明显的健脾利湿、通利小便的作用。用于脾虚湿盛带下量多色白，或湿热小便不利。

豇豆壳：内服，煎汤，鲜用90～150克。

豇豆叶：内服，煎汤，鲜用60～90克。

豇豆根：治妇女带下、男子白浊，豇豆根半斤、藤藤菜根半斤，炖肉或炖鸡吃。

250. 野豇豆　*Vigna vexillata*（Linn.）Rich.

【别名】山土瓜、云南山土瓜、山马豆根、云南野豇豆等。

【植物形态】多年生攀援或蔓生草本。根纺锤形，木质；茎被开展的棕色刚毛，老时渐变为无毛。羽状复叶具3小叶；托叶卵形至卵状披针形，基着，长3～5毫米，基部心形或耳状，被缘毛；小叶膜质，形状变化较大，卵形至披针形，长4～9（15）厘米，宽2～2.5厘米，先端急尖或渐尖，基部圆形或楔形，通常全缘，少数微具3裂片，两面被棕色或灰色柔毛；叶柄长1～11厘米；叶轴长0.4～3厘米；小叶柄长2～4毫米。花序腋生，有2～4朵生于花序轴顶部的花，使花序近伞形；总花梗长5～20厘米；小苞片钻状，长约3毫米，早落；花萼被棕色或白色刚毛，稀变无毛，萼管长5～7毫米，裂片线形或线状披针形，长2～5毫米，上方的2枚基部合生；旗瓣黄色、粉红或紫色，有时在基部内面具黄色或紫红斑点，长2～3.5厘米，宽2～4厘米，顶端凹缺，无毛，翼瓣紫色，基部稍淡，龙骨瓣白色或淡紫，镰状，喙部呈180°弯曲，左侧具明显的袋状附属物。荚果直立，线状圆柱形，长4～14厘米，宽2.5～4毫米，被刚毛；种子10～18颗，浅黄至黑色，无斑点或棕色至深红而有黑色之溅点，长圆形或长圆状肾形，长2～4.5毫米。花期7—9月。

【生境与分布】产于我国华东、华南至西南各省区。生于旷野、灌丛或疏林中。我县均有分布。

【中药名称】山土瓜。

【来源】为豆科豇豆属植物野豇豆（*Vigna vexillata*（Linn.）Rich.）的根。

【采收加工】秋季采挖，除去茎基、须根和泥土，晒干。

【性味功效】甘，苦，平。益气，生津，利咽，解毒。用于头昏乏力，失眠，阴挺，脱肛，乳少，暑热烦渴，风火牙痛，咽喉肿痛，瘰疬，疮疖，毒蛇咬伤等。

【应用举例】1. 治神经衰弱，血虚头晕：（野豇豆）根 15 克，女贞、丹参、首乌各 12 克，五味子 6 克，水煎服。

2. 治暑热烦渴：（野豇豆）根 9 ～ 12 克，淮山 15 克，水煎服。

251. 紫藤 *Wisteria sinensis*（Sims）Sweet

【别名】藤萝等。

【植物形态】落叶藤本。茎左旋，枝较粗壮，嫩枝被白色柔毛，后秃净；冬芽卵形。奇数羽状复叶长 15 ～ 25 厘米；托叶线形，早落；小叶 3 ～ 6 对，纸质，卵状椭圆形至卵状披针形，上部小叶较大，基部 1 对最小，长 5 ～ 8 厘米，宽 2 ～ 4 厘米，先端渐尖至尾尖，基部钝圆或楔形，或歪斜，嫩叶两面被平伏毛，后秃净；小叶柄长 3 ～ 4 毫米，被柔毛；小托叶刺毛状，长 4 ～ 5 毫米，宿存。总状花序发自去年生短枝的腋芽或顶芽，长 15 ～ 30 厘米，直径 8 ～ 10 厘米，花序轴被白色柔毛；苞片披针形，早落；花长 2 ～ 2.5 厘米，芳香；花梗细，长 2 ～ 3 厘米；花萼杯状，长 5 ～ 6 毫米，宽 7 ～ 8 毫米，密被细绢毛，上方 2 齿甚钝，下方 3 齿卵状三角形；花冠细绢毛，上方 2 齿甚钝，下方 3 齿卵状三角形；花冠紫色，旗瓣圆形，先端略凹陷，花开后反折，基部有 2 个胼胝体，翼瓣长圆形，基部圆，龙骨瓣较翼瓣短，阔镰形，子房线形，密被绒毛，花柱无毛，上弯，胚珠 6 ～ 8 粒。荚果倒披针形，长 10 ～ 15 厘米，宽 1.5 ～ 2 厘米，密被绒毛，悬垂枝上不脱落，有种子 1 ～ 3 粒；种子褐色，具光泽，圆形，宽 1.5 厘米，扁平。花期 4 月中旬至 5 月上旬，果期 5—8 月。

【生境与分布】产于河北以南黄河长江流域及陕西、河南、广西、贵州、云南。我县均有分布。

【中药名称】紫藤子、紫藤根。

【来源】豆科植物紫藤（*Wisteria sinensis*（Sims）Sweet）的种子为紫藤子，根为紫藤根。

【采收加工】紫藤子：冬季果实成熟时采收，除去果壳，晒干。

紫藤根：全年均可采，除去泥土，洗净，切片，晒干。

【性味功效】紫藤子：甘，微温，小毒。活血，通络，解毒，驱虫。主治筋骨疼痛，腹痛吐泻，小儿蛲虫病等。

紫藤根：甘，温。祛风除湿，舒筋活络。主治痛风，痹症等。

【应用举例】紫藤子：治食物中毒，紫藤子 15 克，醉鱼草根 15 克，鱼腥草 12 克，水煎，分 2 次服。

紫藤根：治痛风，紫藤根 15 克，配其他痛风药煎服。

七十七、酢浆草科 Oxalidaceae

一年生或多年生草本，极少为灌木或乔木。根茎或鳞茎状块茎，通常肉质，或有地上茎。指状或羽状复叶或小叶萎缩而成单叶，基生或茎生；小叶在芽时或晚间背折而下垂，通常全缘；无托叶或有而细小。花两性，辐射对称，单花或组成近伞形花序或伞房花序，少有总状花序或聚伞花序；萼片5，离生或基部合生，覆瓦状排列，少数为镊合状排列；花瓣5，有时基部合生，旋转排列；雄蕊10枚，2轮，5长5短，外转与花瓣对生，花丝基部通常连合，有时5枚无药，花药2室，纵裂；雌蕊由5枚合生心皮组成，子房上位，5室，每室有1至数颗胚珠，中轴胎座，花柱5枚，离生，宿存，柱头通常头状，有时浅裂。果为开裂的蒴果或为肉质浆果。种子通常为肉质、干燥时产生弹力的外种皮，或极少具假种皮、胚乳肉质。

本科有7～10属1000余种，其中酢浆草属约800种。主产于南美洲，次为非洲，亚洲极少。我国有3属约10种，分布于南北各地。其中阳桃属是已经驯化了的引进栽培乔木，是我国南方木本水果之一。

全国第四次中药资源普查秭归境内发现2种。

252. 红花酢浆草 *Oxalis corymbosa* DC.

【别名】大酸味草、铜锤草、南天七、紫花酢浆草、多花酢浆草等。

【植物形态】多年生直立草本。无地上茎，地下部分有球状鳞茎，外层鳞片膜质，褐色，背具3条肋状纵脉，被长缘毛，内层鳞片呈三角形，无毛。叶基生；叶柄长5～30厘米或更长，被毛；小叶3，扁圆状倒心形，长1～4厘米，宽1.5～6厘米，顶端凹入，两侧角圆形，基部宽楔形，表面绿色，被毛或近无毛；背面浅绿色，通常两面或有时仅边缘有干后呈棕黑色的小腺体，背面尤甚并被疏毛；托叶长圆形，顶部狭尖，与叶柄基部合生。总花梗基生，二歧聚伞花序，通常排列成伞形花序式，总花梗长10～40厘米或更长，被毛；花梗、苞片、萼片均被毛；花梗长5～25毫米，每花梗有披针形干膜质苞片2枚；萼片5，披针形，长4～7毫米，先端有暗红色长圆形的小腺体2枚，顶部腹面被疏柔毛；花瓣5，倒心形，长1.5～2厘米，为萼长的2～4倍，淡紫色至紫红色，基部颜色较深；雄蕊10枚，长的5枚超出花柱，另5枚长至子房中部，花丝被长柔毛；子房5室，花柱5，被锈色长柔毛，柱头浅2裂。花果期3—12月。

【生境与分布】生于低海拔的山地、路旁、荒地或水田中。分布于河北、陕西、华东、华中、华南、四川和云南等地。我县均有分布。

【中药名称】铜锤草。

【来源】为酢浆草科植物红花酢浆草（*Oxalis corymbosa* DC.）的全草。

【采收加工】3—6 月采收全草，洗净鲜用或晒干。

【性味功效】酸，寒。散瘀消肿，清热利湿，解毒。用于跌打损伤，月经不调，咽喉肿痛，水泻，痢疾，水肿，带下，淋浊，痔疮，痈肿疮疖，烧烫伤等。

【应用举例】1. 治跌打损伤（未破皮者）：铜锤草 30 克，小锯锯藤 15 克。拌酒糟，包敷患处。

2. 治月经不调：铜锤草 30 克。泡酒服。

3. 治扁桃体炎，鲜红花酢浆草 30 ～ 60 克，米泔水洗净，捣烂绞汁，调蜜服。

253. 酢浆草 *Oxalis corniculata* L.

【别名】酸味草、鸠酸、酸醋酱等。

【植物形态】酢浆草是草本植物，高 10 ～ 35 厘米，全株被柔毛。根茎稍肥厚。茎细弱，多分枝，直立或匍匐，匍匐茎节上生根。叶基生或茎上互生；托叶小，长圆形或卵形，边缘密被长柔毛，基部与叶柄合生，或同一植株下部托叶明显而上部托叶不明显；叶柄长 1 ～ 13 厘米，基部具关节；小叶 3，无柄，倒心形，长 4 ～ 16 毫米，宽 4 ～ 22 毫米，先端凹入，基部宽楔形，两面被柔毛或表面无毛，沿脉被毛较密，边缘具贴伏缘毛。花单生或数朵集为伞形花序状，腋生，总花梗淡红色，与叶近等长；花梗长 4 ～ 15 毫米，果后延伸；小苞片 2，披针形，长 2.5 ～ 4 毫米，膜质；萼片 5，披针形或长圆状披针形，长 3 ～ 5 毫米，背面和边缘被柔毛，宿存；花瓣 5，黄色，长圆状倒卵形，长 6 ～ 8 毫米，宽 4 ～ 5 毫米；雄蕊 10，花丝白色半透明，有时被疏短柔毛，基部合生，长、短互间，长者花药较大且早熟；子房长圆形，5 室，被短伏毛，花柱 5，柱头头状。蒴果长圆柱形，长 1 ～ 2.5 厘米，5 棱。种子长卵形，长 1 ～ 1.5 毫米，褐色或红棕色，具横向肋状网纹。花果期 2—9 月。

【生境与分布】生于山坡草池、河谷沿岸、路边、田边、荒地或林下阴湿处等。中国广布，亚洲温带和亚热带、欧洲、地中海和北美皆有分布。我县均有分布。

【中药名称】酢浆草。

【来源】为酢浆草科植物酢浆草（*Oxalis corniculata* L.）的全草。

【采收加工】全年均可采收，尤以夏、秋季为宜，洗净，鲜用或晒干。

【性味功效】酸，寒。清热利湿，凉血散瘀，解毒消肿。用于湿热泄泻，痢疾，黄疸，淋证，带下，吐血，衄血，尿血，月经不调，跌打损伤，咽喉肿痛，痈肿疔疮，丹毒，湿疹，疥癣，痔疮，麻疹，烫伤，蛇虫咬伤等。

【应用举例】治小便赤涩疼痛：酸浆草，采嫩者，洗研绞取自然汁，每服半合，酒半盏和匀，空腹服之，未通再服。

七十八、牻牛儿苗科 Geraniaceae

草本，稀为亚灌木或灌木。叶互生或对生，叶片通常掌状或羽状分裂，具托叶。聚伞花序腋生或顶生，稀花单生；花两性，整齐，辐射对称或稀为两侧对称；萼片通常 5 或稀为 4，覆瓦状排列；花瓣 5 或稀为 4，覆瓦状排列；雄蕊 10 ～ 15，2 轮，外轮与花瓣对生，花丝基部合生或分离，花药丁字着生，纵裂；蜜腺通常 5，与花瓣互生；子房上位，心皮 2 ～ 5，通常 3 ～ 5 室，每室具 1 ～ 2 粒倒生胚珠，花柱与心皮同数，通常下部合生，上部分离。果实为蒴果，通常由中轴延伸成喙，稀无喙，室间开裂或稀不开裂，每果瓣具 1 粒种子，成熟时果瓣通常爆裂或稀不开裂，开裂的果瓣常由基部向上反卷或成螺旋状卷曲，顶部通常附着于中轴顶端。种子具微小胚乳或无胚乳，子叶折叠。

本科有 11 属约 750 种，广泛分布于温带、亚热带和热带山地。我国有 4 属约 67 种，其中天竺葵属 *Pelargonium* L' Her. 为栽培观赏花卉，基余各属主要分布于温带，少数分布于亚热带山地。

全国第四次中药资源普查秭归境内发现 1 种。

254. 老鹳草 *Geranium wilfordii* Maxim.

【别名】鸭脚老鹳草、鸭脚草、五叶草、老贯筋、老鹳嘴等。

【植物形态】多年生草本，高 30 ～ 50 厘米。根茎直生，粗壮，具簇生纤维状细长须根，上部围以残存基生托叶。茎直立，单生，具棱槽，假二叉状分枝，被倒向短柔毛，有时上部混生开展腺毛。叶基生和茎生叶对生；托叶卵状三角形或上部为狭披针形，长 5 ～ 8 毫米，宽 1 ～ 3 毫米，基生叶和茎下部叶具长柄，柄长为叶片的 2 ～ 3 倍，被倒向短柔毛，茎上部叶柄渐短或近无柄；基生叶片圆肾形，长 3 ～ 5 厘米，宽 4 ～ 9 厘米，5 深裂达 2/3 处，裂片倒卵状楔形，下部全缘，上部不规则状齿裂，茎生叶 3 裂至 3/5 处，裂片长卵形或宽楔形，上部齿状浅裂，先端长渐尖，表面被短伏毛，背面沿脉被短糙毛。花序腋生和顶生，稍长于叶，总花梗被倒向短柔毛，有时混生腺毛，每梗具 2 朵花；苞片钻形，长 3 ～ 4 毫米；花梗与总花梗相似，长为花的 2 ～ 4 倍，花果期通常直立；萼片长卵形或卵状椭圆形，长 5 ～ 6 毫米，宽 2 ～ 3 毫米，先端具细尖头，背面沿脉和边缘被短柔毛，有时混生开展的腺毛；花瓣白色或淡红色，倒卵形，与萼片近等长，内面基部被疏柔毛；雄蕊稍短于萼片，花丝淡棕色，下部扩展，被缘毛；雌蕊被短糙状毛，花柱分枝紫红色。蒴果长约 2 厘米，被短柔毛和长糙毛。花期 6—8 月，果期 8—9 月。

【生境与分布】生长在海拔 1800 米以下的低山林下、草甸。分布于中国东北、华北、华东、华中、陕西、甘肃和四川。我县均有分布。

【中药名称】老鹳草。

【来源】为牻牛儿苗科植物老鹳草（*Geranium wilfordii* Maxim.）的全草。

【采收加工】夏、秋季果实将成熟时，割取地上部分或将全株拔起，去净泥土和杂质，晒干。

【性味功效】苦，微辛，平。祛风通络，活血，清热利湿。用于风湿痹痛，肌肤麻木，筋骨酸楚，跌打损伤，泄泻，痢疾，疮毒等。

【应用举例】内服：煎汤，9 ～ 15 克；或浸酒，或熬膏。外用：适量，捣烂加酒炒热外敷或制成软膏涂敷。

七十九、大戟科 Euphorbiaceae

乔木、灌木或草本，稀为木质或草质藤本；木质根，稀为肉质块根；通常无刺；常有乳状汁液，白色，稀为淡红色。叶互生，少有对生或轮生，单叶，稀为复叶，或叶退化呈鳞片状，边缘全缘或有锯齿，稀为掌状深裂；具羽状脉或掌状脉；叶柄长至极短，基部或顶端有时具有 1 ～ 2 枚腺体；托叶 2，着生于叶柄的基部两侧，早落或宿存，稀托叶鞘状，脱落后具环状托叶痕。花单性，雌雄同株或异株，单花或组成各式花序，通常为聚伞或总状花序，在大戟类中为特殊化的杯状花序（此花序由 1 朵雌花居中，周围环绕以数朵或多朵仅有 1 枚雄蕊的雄花所组成）；萼片分离或在基部合生，覆瓦状或镊合状排列，在特化的花序中有时萼片极度退化或无；花瓣有或无；花盘环状或分裂成为腺体状，稀无花盘；雄蕊 1 枚至多数，花丝分离或合生成柱状，在花蕾时内弯或直立，花药外向或内向，基生或背部着生，药室 2，稀 3 ～ 4，纵裂，稀顶孔开裂或横裂，药隔截平或突起；雄花常有退化雌蕊；子房上位，3 室，稀 2 或 4 室或更多或更少，每室有 1 ～ 2 颗胚珠着生于中轴胎座上，花柱与子房室同数，分离或基部连合，顶端常 2 至多裂，直立、平展或卷曲，柱头形状多变，常呈头状、线状、流苏状、折扇形或羽状分裂，表面平滑或有小颗粒状凸体，稀被毛或有皮刺。果为蒴果，常从宿存的中央轴柱分离成分果爿，或为浆果状或核果状；种子常有显著种阜，胚乳丰富、肉质或油质，胚大而直或弯曲，子叶通常扁而宽，稀卷叠式。

本科约 300 属 5000 种，广布于全球，但主产于热带和亚热带地区。最大的属是大戟属 *Euphorbia* Linn.，约 2000 种。我国连引入栽培共有 70 多属约 460 种，分布于全国各地，但主产地为西南至台湾。

全国第四次中药资源普查秭归境内发现 14 种。

255. 铁苋菜 *Acalypha australis* L.

【别名】海蚌含珠、蚌壳草等。

【植物形态】一年生草本，高 0.2 ～ 0.5 米，小枝细长，被贴生柔毛，毛逐渐稀疏。叶膜质，长卵形、近菱状卵形或阔披针形，长 3 ～ 9 厘米，宽 1 ～ 5 厘米，顶端短渐尖，基部楔形，稀圆钝，边缘具圆锯，上面无毛，下面沿中脉具柔毛；基出脉 3 条，侧脉 3 对；叶柄长 2 ～ 6 厘米，具短柔毛；托叶披针形，长 1.5 ～ 2 毫米，具短柔毛。雌雄花同序，花序腋生，稀顶生，长 1.5 ～ 5 厘米，花序梗长 0.5 ～ 3 厘米，花序轴具短毛，雌花苞片 1 ～ 2（4）枚，卵状心形，花后增大，长 1.4 ～ 2.5 厘米，宽 1 ～ 2 厘米，边缘具三角形齿，外面沿掌状脉具疏柔毛，苞腋具雌花 1 ～ 3 朵；花梗无；雄花生于花序上部，排列呈穗状或头状，雄花苞片卵形，长约 0. 5 毫米，苞腋具雄花 5 ～ 7 朵，簇生；花梗长 0.5 毫米。雄花：花蕾时近球形，无毛，花萼裂片 4 枚，卵形，长约 0.5 毫米；雄蕊 7 ～ 8 枚。雌花：萼片 3 枚，长卵形，长 0.5 ～ 1 毫米，具疏毛；子房具疏毛，花柱 3 枚，长约 2 毫米，裂成 5 ～ 7 条。蒴果直径 4 毫米，具 3 个分果爿，果皮具疏生毛和毛基变厚的小瘤体；种子近卵状，长 1.5 ～ 2 毫米，种皮平滑，假种阜细长。花果期 4—12 月。

【生境与分布】我国除西部高原或干燥地区外，大部分省区均产。生于海拔 20 ～ 1200 米平原或山坡较湿润耕地和空旷草地，有时石灰岩山疏林下。我县均有分布。

【中药名称】铁苋。

【来源】为大戟科植物铁苋菜（*Acalypha australis* L.）的全草。

【采收加工】5—7 月间采收，除去泥土，晒干或鲜用。

【性味功效】苦，涩，凉。清热利湿，凉血解毒，消积。用于痢疾，泄泻，吐血，衄血，尿血，便血，崩漏，小儿疳积，痈疖疮疡，皮肤湿疹等。

【应用举例】治吐血，铁苋 60 克，淡竹叶 15 克。水煎服。

256. 地锦 *Euphorbia humifusa* Willd. ex Schlecht.

【别名】地锦草、铺地锦、田代氏大戟等。

【植物形态】一年生草本。根纤细，长 10 ～ 18 厘米，直径 2 ～ 3 毫米，常不分枝。茎匍匐，自基部以上多分枝，偶尔先端斜向上伸展，基部常红色或淡红色，长达 20（30）厘米，直径 1 ～ 3 毫米，被柔毛或疏柔毛。叶对生，矩圆形或椭圆形，长 5 ～ 10 毫米，宽 3 ～ 6 毫米，先端钝圆，基部偏斜，略渐狭，边缘常于中部以上具细锯齿；叶面绿色，叶背淡绿色，有时淡红色，两面被疏柔毛；叶柄极短，长 1 ～ 2 毫米。花序单生于叶腋，基部具 1 ～ 3 毫米的短柄；总苞陀螺状，高与直径各约 1 毫米，边缘 4 裂，裂片三角形；腺体 4，矩圆形，边缘具白色或淡红色附属物。雄花数枚，近与总苞边缘等长；雌花 1 枚，子房柄伸出至总苞边缘；子房三棱状卵形，光滑无毛；花柱 3，分离；柱头 2 裂。蒴果三棱状卵球形，长约 2 毫米，直径约 2.2 毫米，成熟时分裂为 3 个分果爿，花柱宿存。种子三棱状卵球形，长约 1.3 毫米，直径约 0.9 毫米，灰色，每个棱面无横沟，无种阜。花果期 5—10 月。

【生境与分布】除海南外，分布于全国。生于原野荒地、路旁、田间、沙丘、海滩、山坡等地，较常见，特别是长江以北地区。我县均有分布。

【中药名称】地锦草。

【来源】为大戟科植物地锦（*Euphorbia humifusa* Willd. ex Schlecht. ）的干燥全草。

【采收加工】夏、秋二季采收，除去杂质，晒干。

【性味功效】辛，平。清热解毒，凉血止血，利湿退黄。用于痢疾，泄泻，咯血，尿血，便血，崩漏，疮疖痈肿，湿热黄疸等。

【应用举例】治妇女崩漏，可单用为末，姜、酒调服。

257. 通奶草 *Euphorbia hypericifolia* L.

【别名】乳汁草、痢疾草等。

【植物形态】一年生草本，根纤细，长 10 ～ 15 厘米，直径 2 ～ 3.5 毫米，常不分枝，少数由末端分枝。茎直立，自基部分枝或不分枝，高 15 ～ 30 厘米，直径 1 ～ 3 毫米，无毛或被少许短柔毛。叶对生，狭长圆形或倒卵形，长 1 ～ 2.5 厘米，宽 4 ～ 8 毫米，先端钝或圆，基部圆形，通常偏斜，不对称，边缘全缘或基部以上具细锯齿，上面深绿色，下面淡绿色，有时略带紫红色，两面被稀疏的柔毛，或上面的毛早脱落；叶柄极短，长 1 ～ 2 毫米；托叶三角形，分离或合生。苞叶 2 枚，与茎生叶同形。花序数个簇生于叶腋或枝顶，每个花序基部具纤细的柄，柄长 3 ～ 5 毫米；总苞陀螺状，高与直径各约 1 毫米或稍大；边缘 5 裂，裂片卵状三角形；腺体 4，边缘具白色或淡粉色附属物。雄花数枚，微伸出总苞外；雌花 1 枚，子房柄长于总苞；子房三棱状，无毛；花柱 3，分离；柱头 2 浅裂。蒴果三棱状，长约 1.5 毫米，直径约 2 毫米，无毛，成熟时分裂为 3 个分果爿。种子卵棱状，长约 1.2 毫米，直径约 0.8 毫米，每个棱面具数个皱纹，无种阜。花果期 8—12 月。

【生境与分布】生于旷野荒地，路旁，灌丛及田间。产于江西、台湾、湖南、广东、广西、海南、四川、贵州和云南，近年在我国北京发现逸为野生的现象。广布于世界热带和亚热带地区。我县均有分布。

【中药名称】通奶草。

【来源】为大戟科植物通奶草（*Euphorbia hypericifolia* L.）的全草。

【采收加工】夏、秋季采收，干燥或鲜用。

【性味功效】微酸，涩，微凉。清热利湿，收敛止痒。用于细菌性痢疾，肠炎腹泻，痔疮出血；外用治湿疹，过敏性皮炎，皮肤瘙痒等。

【应用举例】1. 治细菌性痢疾：通奶草 15 ～ 30 克。水煎，2 次分服。

2. 治小儿腹泻：通奶草 500 克，番石榴叶、山大颜各 250 克，加水 3000 毫升，煎成 2000 毫升。每次服 20 ～ 30 毫升，每日 3 ～ 4 次。重度脱水者要适当输液。

258. 大戟 *Euphorbia pekinensis* Rupr.

【别名】京大戟、湖北大戟等。

【植物形态】多年生草本。根圆柱状，长 20 ～ 30 厘米。直径 6 ～ 14 毫米，分枝或不分枝。

茎单生或自基部多分枝，每个分枝上部又4～5分枝，高40～80（90）厘米，直径3～6（7）厘米，被柔毛或被少许柔毛或无毛。叶互生，常为椭圆形，少为披针形或披针状椭圆形，变异较大，先端尖或渐尖，基部渐狭或呈楔形或近圆形或近平截，边缘全缘；主脉明显，侧脉羽状，不明显，叶两面无毛或有时叶背具少许柔毛或被较密的柔毛，变化较大且不稳定；总苞叶4～7枚，长椭圆形，先端尖，基部近平截；伞幅4～7，长2～5厘米；苞叶2枚，近圆形，先端具短尖头，基部平截或近平截。花序单生于二歧分枝顶端，无柄；总苞杯状，高约3.5毫米，直径3.5～4.0毫米，边缘4裂，裂片半圆形，边缘具不明显的缘毛；腺体4，半圆形或肾状圆形，淡褐色。雄花多数，伸出总苞之外；雌花1枚，具较长的子房柄，柄长3～5（6）毫米；子房幼时被较密的瘤状突起；花柱3，分离；柱头2裂。蒴果球状，长约4.5毫米，直径4.0～4.5毫米，被稀疏的瘤状突起，成熟时分裂为3个分果爿；花柱宿存且易脱落。种子长球状，长约2.5毫米，直径1.5～2.0毫米，暗褐色或微光亮，腹面具浅色条纹；种阜近盾状，无柄。花期5—8月，果期6—9月。

【生境与分布】广布于全国（除台湾、云南、西藏和新疆外），北方尤为普遍。生于山坡、灌丛、路旁、荒地、草丛、林缘和疏林内。我县均有分布。

【中药名称】京大戟。

【来源】为大戟科植物大戟（*Euphorbia pekinensis* Rupr.）的根。

【采收加工】秋、冬季采挖，除去泥土，干燥。

【性味功效】苦，寒，有毒。泻水逐饮，消肿散结。用于水肿胀满，胸腹积水，痰饮积聚，气逆咳喘，二便不利，痈肿疮毒，瘰疬痰核等。

【应用举例】治水肿：枣一斗，锅内入水，上有四指，用京大戟并根苗盖之遍，盆合之，煮熟为度，去大戟不用，旋旋吃，无时。

259. 千根草 *Euphorbia thymifolia* L.

【别名】细叶地锦草、小飞扬等。

【植物形态】一年生草本。根纤细，长约10厘米，具多数不定根。茎纤细，常呈匍匐状，自基部极多分枝，长可达10～20厘米，直径仅1～2（3）毫米，被稀疏柔毛。叶对生，椭圆形、长圆形或倒卵形，长 4 ～ 8 毫米，宽 2 ～ 5 毫米，先端圆，基部偏斜，不对称，呈圆形或近心形，边缘有细锯齿，稀全缘，两面常被稀疏柔毛，稀无毛；叶柄极短，长约 1 毫米，托叶披针形或线形，长 1 ～ 1.5 毫米，易脱落。花序单生或数个簇生于叶腋，具短柄，长 1 ～ 2 毫米，被稀疏柔毛；总苞狭钟状至陀螺状，高约 1 毫米，直径约 1 毫米，外部被稀疏的短柔毛，边缘 5 裂，裂片卵形；腺体 4，被白色附属物。雄花少数，微伸出总苞边缘；雌花 1 枚，子房柄极短；子房被贴伏的短柔毛；花柱 3，分离；柱头 2 裂。蒴果卵状三棱形，长约 1.5 毫米，直径 1.3 ～ 1.5 毫米，被贴伏的短柔毛，成熟时分裂为 3 个分果爿。种子长卵状四棱形，长约 0.7 毫米，直径约 0.5 毫米，暗红色，每个棱面具 4 ～ 5 个横沟；无种阜。花果期 6—11 月。

【生境与分布】产于湖南、江苏、浙江、台湾、江西、福建、广东、广西、海南和云南。生于路旁、屋旁、草丛、稀疏灌丛等，多见于沙质土。我县均有分布。

【中药名称】小飞扬草。

【来源】为大戟科植物千根草（*Euphorbia thymifolia* L.）的全草。

【采收加工】夏、秋季采收，鲜用或晒干。

【性味功效】味酸，涩，苦，凉。清热，解毒，利湿，止痒。用于痢疾，肠炎，过敏性皮炎，湿疹，皮肤瘙痒，乳痈等。

【应用举例】1. 治血痢：小飞扬草 30 克。水煎服。

2. 治小儿疳积：小飞扬草、地耳草、白花蛇舌草各 10 克，猪肝 30 克。水煎服。

3. 治小儿腹泻：小飞扬草、铁扫帚、叶下珠、鸡眼草各 10 克。水煎服。

260. 一叶萩 *Flueggea suffruticosa*（Pall.）Baill.

【别名】山嵩树、狗梢条、白几木、叶底珠等。

【植物形态】灌木，高 1 ～ 3 米，多分枝；小枝浅绿色，近圆柱形，有棱槽，有不明显的皮孔；全株无毛。叶片纸质，椭圆形或长椭圆形，稀倒卵形，长 1.5 ～ 8 厘米，宽 1 ～ 3 厘米，顶端急尖至钝，基部钝至楔形，全缘或间有不整齐的波状齿或细锯齿，下面浅绿色；侧脉每边 5 ～ 8 条，两面凸起，网脉略明显；叶柄长 2 ～ 8 毫米；托叶卵状披针形，长 1 毫米，宿存。花小，雌雄异株，簇生于

叶腋。雄花：3～18朵簇生；花梗长2.5～5.5毫米；萼片通常5，椭圆形、卵长1～1.5毫米，宽0.5～1.5毫米，全缘或具不明显的细齿；雄蕊5，花丝长1～2.2毫米，花药卵圆形，长0.5～1毫米；花盘腺体究退化雌蕊圆柱形，高0.6～1毫米，顶端2～3裂。雌花：花梗长2～15毫米；萼片5，椭圆形至卵形，长1～1.5毫米，近全缘，背部呈龙骨状凸起；花盘盘状，全缘或近全缘；子房卵圆形，（2）3室，花柱3，长1～1.8毫米，分离或基部合生，直立或外弯。蒴果三棱状扁球形，直径约5毫米，成熟时淡红褐色，有网纹，3爿裂；果梗长2～15毫米，基部常有宿存的萼片；种子卵形而一侧呈扁压状，长约3毫米，褐色而有小疣状凸起。花期3—8月，果期6—11月。

【生境与分布】除西北尚未发现外，全国各省区均有分布，生于山坡灌丛中或山沟、路边，海拔800～2500米。我县均有分布。

【中药名称】叶底珠。

【来源】为大戟科植物一叶萩（*Flueggea suffruticosa*（Pall.）Baill.）的叶及花。

【采收加工】春、夏、秋季均可采收，春季开花前采收一叶萩碱含量最高，将枝条距地表2～3寸处割下，晒干后敲打，取其嫩枝及叶即可。

【性味功效】甘，苦，平，有毒。祛风活血，补肾强筋。用于面神经麻痹，小儿麻痹后遗症，眩晕，耳聋，神经衰弱，嗜睡症，阳痿等。

【应用举例】用法用量：3～6克，水煎服。

261. 算盘子 *Glochidion puberum*（L.）Hutch.

【别名】红毛馒头果、野南瓜、柿子椒、狮子滚球、百家桔、矮子郎等。

【植物形态】直立灌木，高1～5米，多分枝；小枝灰褐色；小枝、叶片下面、萼片外面、子房和果实均密被短柔毛。叶片纸质或近革质，长圆形、长卵形或倒卵状长圆形，稀披针形，长3～8厘米，宽1～2.5厘米，顶端钝、急尖、短渐尖或圆，基部楔形至钝，上面灰绿色，仅中脉被疏短柔毛或几无毛，下面粉绿色；侧脉每边5～7条，下面凸起，网脉明显；叶柄长1～3毫米；托叶三角形，长约1毫米。花小，雌雄同株或异株，2～5朵簇生于叶腋内，雄花束常着生于小枝下部，雌花束则在上部，或有时雌花和雄花同生于一叶腋内。雄花：花梗长4～15毫米；萼片6，狭长圆形或长圆状倒卵形，长2.5～3.5毫米；雄蕊3，合生呈圆柱状。雌花：花梗长约1毫米；萼片6，与雄花的相似，但较短而厚；子房圆球状，5～10室，每室有2颗胚珠，花柱合生呈环状，长宽与子房几相等，与子房接连处缢缩。蒴果扁球状，直径8～15毫米，边缘有8～10条纵沟，成熟时带红色，顶端具有环状而稍伸长的宿存花柱。种子近肾形，具三棱，长约4毫米，朱红色。花期4—8月，果期7—11月。

【生境与分布】产于陕西、甘肃、江苏、安徽、浙江、江西、福建、台湾、河南、湖北、湖南、广东、海南、广西、四川、贵州、云南和西藏等省区，生于海拔 300 ~ 2200 米山坡、溪旁灌木丛中或林缘。

【中药名称】算盘子、算盘子根、算盘子叶。

【来源】大戟科植物算盘子（*Glochidion puberum*（L.）Hutch.）的果实为算盘子，根为算盘子根，叶为算盘子叶。

【采收加工】算盘子：秋季采摘，拣净杂质，晒干。

算盘子根：全年均可采挖，洗净，鲜用或晒干。

算盘子叶：夏、秋季采收，鲜用或晒干备用。

【性味功效】算盘子：苦，凉，小毒。清热除湿，解毒利咽，行气活血。用于痢疾，泄泻，黄疸，疟疾，淋浊，带下，咽喉肿痛，牙痛，疝痛，产后腹痛等。

算盘子根：苦，凉，小毒。清热，利湿，行气，活血，解毒消肿。用于感冒发热，咽喉肿痛，咳嗽，牙痛，湿热泻痢，黄疸，淋浊，带下，风湿痹痛，腰痛，疝气，痛经，闭经，跌打损伤，痈肿，瘰疬，蛇虫咬伤等。

算盘子叶：苦，涩，凉，小毒。清热利湿，解毒消肿。用于湿热泻痢，黄疸，淋浊，带下，发热，咽喉肿痛，痈疮疖肿，漆疮，湿疹，蛇虫咬伤等。

【应用举例】算盘子：治黄疸，算盘子 60 克，大米（炒焦黄）30 ~ 60 克，水煎服。

算盘子根：治感冒等，算盘子根 30 克，生姜 1.5 克，食盐 1.5 克。煎水服。

算盘子叶：治急性胃肠炎，消化不良，算盘子叶、桃金娘叶各等量。

262. 白背叶 *Mallotus apelta*（Lour.）Muell. Arg.

【别名】酒药子树、野桐、白背桐、吊粟等。

【植物形态】灌木或小乔木，高 1 ~ 3（4）米；小枝、叶柄和花序均密被淡黄色星状柔毛和散生橙黄色颗粒状腺体。叶互生，卵形或阔卵形，稀心形，长和宽均为 6 ~ 16（25）厘米，顶端急尖或渐尖，基部截平或稍心形，边缘具疏齿，上面干后黄绿色或暗绿色，无毛或被疏毛，下面被灰白色星状绒毛，散生橙黄色颗粒状腺体；基出脉 5 条，最下一对常不明显，侧脉 6 ~ 7 对；基部近叶柄处有褐色斑状腺体 2 个；叶柄长 5 ~ 15 厘米。花雌雄异株，雄花序为开展的圆锥花序或穗状，长 15 ~ 30 厘米，苞片卵形，长约 1.5 毫米，雄花多朵簇生于苞腋。雄花：花梗长 1 ~ 2.5

毫米；花蕾卵形或球形，长约2.5毫米，花萼裂片4，卵形或卵状三角形，长约3毫米，外面密生淡黄色星状毛，内面散生颗粒状腺体；雄蕊50～75枚，长约3毫米；雌花序穗状，长15～30厘米，稀有分枝，花序梗长5～15厘米，苞片近三角形，长约2毫米。雌花：花梗极短；花萼裂片3～5枚，卵形或近三角形，长2.5～3毫米，外面密生灰白色星状毛和颗粒状腺体；花柱3～4枚，长约3毫米，基部合生，柱头密生羽毛状突起。蒴果近球形，密生被灰白色星状毛的软刺，软刺线形，黄褐色或浅黄色，长5～10毫米；种子近球形，直径约3.5毫米，褐色或黑色，具皱纹。花期6—9月，果期8—11月。

【生境与分布】产于云南、广西、湖南、江西、福建、广东和海南。生于海拔30～1000米山坡或山谷灌丛中。我县均有分布。

【中药名称】白背叶、白背叶根。

【来源】大戟科植物白背叶（*Mallotus apelta*（Lour.）Muell. Arg.）的叶为白背叶，根为白背叶根。

【采收加工】白背叶：全年可采、鲜用或晒干。

白背叶根：夏、秋季采收，洗净，鲜用，或切片晒干。

【性味功效】白背叶：苦，平。清热，解毒，祛湿，止血。用于蜂窝织炎，化脓性中耳炎，鹅口疮，湿疹，跌打损伤，外伤出血等。

白背叶根：微苦，涩，平。清热，祛湿，收涩，活血。用于肝炎肠炎，淋浊，带下，脱肛，子宫下垂，肝脾肿大，跌打扭伤等。

【应用举例】白背叶：治皮肤湿痒，白背叶煎水洗。

白背叶根：治淋浊，白背叶根15克，茯神12克，茯苓9克，煎水空腹服。

263. 石岩枫 *Mallotus repandus*（Willd.）Muell. Arg.

【别名】倒挂茶、倒挂金钩等。

【植物形态】攀援状灌木；嫩枝、叶柄、花序和花梗均密生黄色星状柔毛；老枝无毛，常有皮孔。叶互生，纸质或膜质，卵形或椭圆状卵形，长3.5～8厘米，宽2.5～5厘米，顶端急尖或渐尖，基部楔形或圆形，边全缘或波状，嫩叶两面均被星状柔毛，成长叶仅下面叶脉腋部被毛和散生黄色颗粒状腺体；基出脉3条，有时稍离基，侧脉4～5对；叶柄长2～6厘米。花雌雄异株，总状花序或下部有分枝；雄花序顶生，稀腋生，长5～15厘米；苞片钻状，长约2毫米，密生星状毛，苞腋有花2～5朵；花梗长约4毫米。雄花：花萼裂片3～4，卵状长圆形，长约3毫米，外面被绒毛；雄蕊40～75枚，花丝长约2毫米，花药长圆形，药隔狭。雌花序顶生，长5～8厘米，苞片长三角形。雌花：花梗长约3毫米；花萼裂片5，卵状披针形，长约3.5毫米，外面被绒毛，具颗粒状腺体；花柱2～3枚，柱头长约3毫米，被星状毛，密生羽毛状突起。蒴果具2～3

个分果爿，直径约1厘米，密生黄色粉末状毛和具颗粒状腺体；种子卵形，直径约5毫米，黑色，有光泽。花期3—5月，果期8—9月。

【生境与分布】产于广西、广东南部、海南和台湾。生于海拔250～300米山地疏林中或林缘。我县均有分布。

【中药名称】杠香藤。

【来源】为大戟科植物石岩枫（*Mallotus repandus*（Willd.）Muell. Arg.）的根、茎、叶。

【采收加工】根、茎全年均可采，洗净，切片，晒干。夏、秋季采叶，鲜用或晒干。

【性味功效】苦，辛，温。祛风除湿，活血通络，解毒消肿，驱虫止痒。用于风湿痹证，腰腿疼痛，口眼歪斜，跌打损伤，痈肿疮疡，绦虫病，湿疹，顽癣，蛇犬咬伤等。

【应用举例】治风湿关节疼痛：杠香藤根、盐肤木根各60克，猪蹄，酒少许炖服。

264. 叶下珠 *Phyllanthus urinaria* L.

【别名】阴阳草、假油树、珍珠草、珠仔草、蓖其草等。

【植物形态】一年生草本，高10～60厘米，茎通常直立，基部多分枝，枝倾卧而后上升；枝具翅状纵棱，上部被一纵列疏短柔毛。叶片纸质，因叶柄扭转而呈羽状排列，长圆形或倒卵形，长4～10毫米，宽2～5毫米，顶端圆、钝或急尖而有小尖头，下面灰绿色，近边缘或边缘有1～3列短粗毛；侧脉每边4～5条，明显；叶柄极短；托叶卵状披针形，长约1.5毫米。花雌雄同株，直径约4毫米。雄花：2～4朵簇生于叶腋，通常仅上面1朵开花，下面的很小；花梗长约0.5毫米，基部有苞片1～2枚；萼片6，倒卵形，长约0.6毫米，顶端钝；雄蕊3，花丝全部合生成柱状；花粉粒长球形，通常具5孔沟，少数为3、4、6孔沟，内孔横长椭圆形；花盘腺体6，分离，与萼片互生。雌花：单生于小枝中下部的叶腋内；花梗长约0.5毫米；萼片6，近相等，卵状披针形，长约1毫米，边缘膜质，黄白色；花盘圆盘状，边全缘；子房卵状，有鳞片状凸起，花柱分离，顶端2裂，裂片弯卷。蒴果圆球状，直径1～2毫米，红色，表面具小凸刺，有宿存的花柱和萼片，开裂后轴柱宿存；种子长1.2毫米，橙黄色。花期4—6月，果期7—11月。

【生境与分布】产于河北、山西、陕西、华东、华中、华南、西南等省区，通常生于海拔500米以下旷野平地、旱田、山地路旁或林缘，在云南海拔1100米的湿润山坡草地亦见有生长。我县均有分布。

【中药名称】叶下珠。

【来源】为大戟科植物叶下珠（*Phyllanthus urinaria* L.）的带根全草。

【采收加工】夏、秋季采集全草，去杂质，晒干。

【性味功效】微苦，凉。清热解毒，利水消肿，明目，消积。用于痢疾，泄泻，黄疸，水肿，热淋，石淋，目赤，夜盲，疳积，痈肿，毒蛇咬伤等。

【应用举例】用法用量：内服，25 ～ 50 克，水煎服；外用，适量，鲜草捣烂敷伤口周围。

265. 蓖麻 *Ricinus communis* L.

【别名】大麻子、老麻子、草麻等。

【植物形态】一年生粗壮草本或草质灌木，高达 5 米；小枝、叶和花序通常被白霜，茎多液汁。叶轮廓近圆形，长和宽达 40 厘米或更大，掌状 7 ～ 11 裂，裂缺几达中部，裂片卵状长圆形或披针形，顶端急尖或渐尖，边缘具锯齿；掌状脉 7 ～ 11 条。网脉明显；叶柄粗壮，中空，长可达 40 厘米，顶端具 2 枚盘状腺体，基部具盘状腺体；托叶长三角形，长 2 ～ 3 厘米，早落。总状花序或圆锥花序，长 15 ～ 30 厘米或更长；苞片阔三角形，膜质，早落。雄花：花萼裂片卵状三角形，长 7 ～ 10 毫米；雄蕊束众多。雌花：萼片卵状披针形，长 5 ～ 8 毫米，凋落；子房卵状，直径约 5 毫米，密生软刺或无刺，花柱红色，长约 4 毫米，顶部 2 裂，密生乳头状突起。蒴果卵球形或近球形，长 1.5 ～ 2.5 厘米，果皮具软刺或平滑；种子椭圆形，微扁平，长 8 ～ 18 毫米，平滑，斑纹淡褐色或灰白色；种阜大。花期几全年或 6—9 月（栽培）。

【生境与分布】分布于华南和西南地区，生于海拔 20 ～ 500 米（云南海拔 2300 米）村旁疏林或河流两岸冲积地，常逸为野生，呈多年生灌木。我县均有分布。

【中药名称】蓖麻子、蓖麻根、蓖麻叶、蓖麻油。

【来源】大戟科植物蓖麻（*Ricinus communis* L.）的种子为蓖麻子，根为蓖麻根，叶为蓖麻叶，种子所榨取的脂肪油为蓖麻油。

【采收加工】蓖麻子：秋季采摘成熟果实，晒干，除去果壳，收集种子。

蓖麻根：春、秋季采挖，晒干或鲜用。

蓖麻叶：夏、秋季采摘，鲜用或晒干。

【性味功效】蓖麻子：甘，辛，平，有毒。消肿拔毒，泻下通滞。主治痈疽肿毒，瘰疬，喉痹，疥癞癣疮，水肿腹满，大便燥结等。

蓖麻根：淡，微温。镇静解痉，祛风散瘀。主治破伤风，癫痫，风湿疼痛，跌打瘀痛，瘰疬等。

蓖麻叶：气微，甘，辛。祛风除湿，拔毒消肿。主治脚气，囊肿痛，咳嗽痰喘，鹅掌风，疮疖等。

蓖麻油：主治大便燥结，疮疥，烧伤等。

【应用举例】蓖麻子：治疗疮脓肿，蓖麻子 20 多颗，去壳，和少量食盐、稀饭捣匀，敷患处，日换两次。

蓖麻根：治风湿骨痛、跌打瘀痛，蓖麻干根 9 ～ 12 克。与它药配伍，水煎服。

蓖麻叶：治鹅掌风，鲜蓖麻叶，揉软贴患处，干则再易。

蓖麻油：治舌上出血，蓖麻子油纸拈，烧烟熏鼻中。

266. 乌桕 *Sapium sebiferum*（L.）Roxb.

【别名】腊子树、桕子树、木子树等。

【植物形态】乔木，高可达 15 米，各部均无毛而具乳状汁液；树皮暗灰色，有纵裂纹；枝广展，具皮孔。叶互生，纸质，叶片菱形、菱状卵形或稀有菱状倒卵形，长 3 ～ 8 厘米，宽 3 ～ 9 厘米，顶端骤然紧缩具长短不等的尖头，基部阔楔形或钝，全缘；中脉两面微凸起，侧脉 6 ～ 10 对，纤细，斜上升，离缘 2 ～ 5 毫米弯拱网结，网状脉明显；叶柄纤细，长 2.5 ～ 6 厘米，顶端具 2 腺体；托叶顶端钝，长约 1 毫米。花单性，雌雄同株，聚集成顶生、长 6 ～ 12 厘米的总状花序，雌花通常生于花序轴最下部或罕有在雌花下部亦有少数雄花着生，雄花生于花序轴上部或有时整个花序全为雄花。雄花：花梗纤细，长 1 ～ 3 毫米，向上渐粗；苞片阔卵形，长和宽近相等约 2 毫米，顶端略尖，基部两侧各具一近肾形的腺体，每一苞片内具 10 ～ 15 朵花；小苞片 3，不等大，边缘撕裂状；花萼杯状，3 浅裂，裂片钝，具不规则的细齿；雄蕊 2 枚，罕有 3 枚，伸出于花萼之外，花丝分离，与球状花药近等长。雌花：花梗粗壮，长 3 ～ 3.5 毫米；苞片深 3 裂，裂片渐尖，基部两侧的腺体与雄花的相同，每一苞片内仅 1 朵雌花，间有 1 雌花和数雄花同聚生于苞腋内；花萼 3 深裂，裂片卵形至卵状披针形，顶端短尖至渐尖；子房卵球形，平滑，3 室，花柱 3，基部合生，柱头外卷。蒴果梨状球形，成熟时黑色，直径 1 ～ 1.5 厘米。具 3 粒种子，分果爿脱落后而中轴宿存；种子扁球形，黑色，长约 8 毫米，宽 6 ～ 7 毫米，外被白色、蜡质的假种皮。花期 4—8 月。

【生境与分布】生于旷野、塘边或疏林中。分布于中国黄河以南各省区，北达陕西、甘肃。

我县均有分布。

【中药名称】乌桕、乌桕子。

【来源】大戟科植物乌桕（*Sapium sebiferum*（L.）Roxb.）的根皮、树皮、叶入药为乌桕，种子为乌桕子。

【采收加工】乌桕：根皮及树皮四季可采，切片晒干，叶多鲜用。

乌桕子：果熟时采摘，取出种子，鲜用或晒干。

【性味功效】乌桕：苦，微温，有小毒。杀虫，解毒，利尿，通便。用于血吸虫病，肝硬化腹水，二便不利，毒蛇咬伤；外用治疔疮，鸡眼，乳腺炎，跌打损伤，湿疹，皮炎等。

乌桕子：甘，凉。拔毒消肿，杀虫止痒。湿疹，癣疮，皮肤皲裂，水肿，便秘等。

【应用举例】乌桕：内服，根皮3～9克，叶9～15克，水煎服；外用适量，鲜叶捣烂敷患处，或煎水洗。

乌桕子：治湿疹，乌桕种子（鲜）杵烂，包于纱布内，擦患处。

267. 广东地构叶 *Speranskia cantonensis*（Hance）Pax et Hoffm.

【别名】透骨草等。

【植物形态】草本，高50～70厘米；茎少分枝，上部稍被伏贴柔毛。叶纸质，卵形或卵状椭圆形至卵状披针形，长2.5～9厘米，宽1～4厘米，顶端急尖，基部圆形或阔楔形，边缘具圆齿或钝锯齿，齿端有黄色腺体，两面均被短柔毛；侧脉4～5对；叶柄长1～3.5厘米，被疏长柔毛，顶端常有黄色腺体。总状花序长4～8厘米，果时长约15厘米，通常上部有雄花5～15朵，下部有雌花4～10朵，位于花序中部的雌花两侧有时有雄花1～2朵；苞片卵形或卵状披针形，长1～2毫米，被疏毛；雄花1～2朵生于苞腋；花梗长1～2毫米；花萼裂片卵形，长约1.5毫米，顶端渐尖，外面被疏柔毛；花瓣倒心形或倒卵形，长不及1毫米，无毛，膜质；雄蕊10～12枚，花丝无毛；花盘有离生腺体5枚。雌花：花梗长约1.5毫米，花后长达6毫米；花萼裂片卵状披针形，长1～1.5毫米，顶端急渐尖，外面疏被柔毛，无花瓣；子房球形，直径约2毫米，具疣状突起和疏柔毛；花柱3，各2深裂，裂片呈羽状撕裂。蒴果扁球形，直径约7毫米，具瘤状突起；种子球形，直径约2毫米，稍具小凸起，灰褐色或暗褐色。花期2—5月，果期10—12月。

【生境与分布】产于河北、陕西、甘肃、湖北、湖南、江西、广东、广西、四川、贵州、云南等省区。生于海拔1000～2600米草地或灌丛中。

【中药名称】蛋不老。

【来源】为大戟科植物广东地构叶（*Speranskia cantonensis*（Hance）Pax et Hoffm.）的全草。

【采收加工】全年均可采，洗净，鲜用或晒干。

【性味功效】苦，平。祛风湿，通经络，破瘀止痛。用于风湿痹痛，症瘕积聚，瘰疬，疔疮肿毒，跌打损伤等。

【应用举例】治跌打损伤：蛋不老全草捣烂，酒调罨包伤处。

268. 油桐 *Vernicia fordii*（Hemsl.）Airy Shaw

【别名】桐油树、桐子树、罂子桐、荏桐等。

【植物形态】落叶乔木，高达10米；树皮灰色，近光滑；枝条粗壮，无毛，具明显皮孔。叶卵圆形，长8～18厘米，宽6～15厘米，顶端短尖，基部截平至浅心形，全缘，稀1～3浅裂，嫩叶上面被很快脱落微柔毛，下面被渐脱落棕褐色微柔毛，成长叶上面深绿色，无毛，下面灰绿色，被贴伏微柔毛；掌状脉5～7条；叶柄与叶片近等长，几无毛，顶端有2枚扁平、无柄腺体。花雌雄同株，先叶或与叶同时开放；花萼长约1厘米，2～3裂，外面密被棕褐色微柔毛；花瓣白色，有淡红色脉纹，倒卵形，长2～3厘米，宽1～1.5厘米，顶端圆形，基部爪状。雄花：雄蕊8～12枚，2轮；外轮离生，内轮花丝中部以下合生。雌花：子房密被柔毛，3～5（8）室，每室有1颗胚珠，花柱与子房室同数，2裂。核果近球状，直径4～6（8）厘米，果皮光滑；种子3～4（8）颗，种皮木质。花期3—4月，果期8—9月。

【生境与分布】产于陕西、河南、江苏、安徽、浙江、江西、福建、湖南、湖北、广东、海南、广西、四川、贵州、云南等省区。通常栽培于海拔1000米以下丘陵山地。越南也有分布。模式标本采自湖北宜昌。

【中药名称】油桐根、油桐花、油桐叶。

【来源】大戟科植物油桐（*Vernicia fordii*（Hemsl.）Airy Shaw）的根为油桐根，花为油桐花，叶为油桐叶。

【采收加工】油桐根：9—10月采集，鲜用或晒干。

油桐叶：秋季采集，鲜用或晒干。

【性味功效】油桐根：消积驱虫，祛风利湿。用于蛔虫病，食积腹胀，风湿筋骨痛，湿气水肿等。

油桐花：清热解毒，生肌。外用治烧烫伤等。

油桐叶：解毒，杀虫。外用治疮疡，癣疥等。

【应用举例】油桐根：治臌胀，桐油树根、乌桕根各三钱，阳雀花根五钱，炖猪肉吃。

油桐叶：治肠炎、细菌性痢疾、阿米巴痢疾，油桐叶 45 克，水浓煎，分 2 次服。

八十、芸香科 Rutaceae

常绿或落叶乔木，灌木或草本，稀攀援性灌木。通常有油点，有或无刺，无托叶。叶互生或对生。单叶或复叶。花两性或单性，稀杂性同株，辐射对称，很少两侧对称；聚伞花序，稀总状或穗状花序，更少单花，甚或叶上生花；萼片 4 或 5 片，离生或部分合生；花瓣 4 或 5 片，很少 2 ～ 3 片，离生，极少下部合生，覆瓦状排列，稀镊合状排列，极少无花瓣与萼片之分，则花被 5 ～ 8 片，且排列成一轮；雄蕊 4 或 5 枚，或为花瓣数的倍数，花丝分离或部分连生成多束或呈环状，花药纵裂，药隔顶端常有油点；雌蕊通常由 4 或 5 个、稀较少或更多心皮组成，心皮离生或合生，蜜盆明显，环状，有时变态成子房柄，子房上位，稀半下位，花柱分离或合生，柱头常增大，很少约与花柱同粗，中轴胎座，稀侧膜胎座，每心皮有上下叠置、稀两侧并列的胚珠 2 颗，稀 1 颗或较多，胚珠向上转，倒生或半倒生。果为蓇葖果、蒴果、翅果、核果，或具革质果皮、或具翼、或果皮稍近肉质的浆果；种子有或无胚乳，子叶平凸或皱褶，常富含油点，胚直立或弯生，很少多胚。

本科约 150 属 1600 种。全世界分布，主产于热带和亚热带地区，少数分布至温带地区。

我国连引进栽培的共 28 属约 151 种 28 变种，分布于全国各地，主产于西南和南部。

全国第四次中药资源普查秭归境内发现 12 种。

269. 臭节草 *Boenninghausenia albiflora*（Hook.）Reichb.

【别名】松风草、生风草、小黄药、白虎草、石胡椒、松气草、老蛇骚、蛇皮草、蛇根草、蛇盘草、臭虫草、断根草、烫伤草等。

【植物形态】常绿草本，分枝甚多，枝、叶灰绿色，稀紫红色，嫩枝的髓部大而空心，小枝多。叶薄纸质，小裂片倒卵形、菱形或椭圆形，长 1 ～ 2.5 厘米，宽 0.5 ～ 2 厘米，背面灰绿色，老叶常变褐红色。花序有花甚多，花枝纤细，基部有小叶；萼片长约 1 毫米；花瓣白色，有时顶部桃红色，长圆形或倒卵状长圆形，长 6 ～ 9 毫米，有透明油点；8 枚雄蕊长短相间，花丝白色，花药红褐色；子房绿色，基部有细柄。分果瓣长约 5 毫米，子房柄在结果时长 4 ～ 8 毫米，每分果瓣有种子 4 粒，稀 3 或 5 粒；种子肾形，长约 1 毫米，褐黑色，表面有细瘤状凸体。花果期 7—11 月。

【生境与分布】产于长江以南各地，南至广东北部，东南至台湾，西南至西藏东南部。见于安徽、江苏、浙江、江西、湖南、广东、广西一带的常生于海拔 700 ～ 1000 米的山地，见于四川、云南和西藏的多生于海拔 1500 ～ 2800 米山地草丛中或疏林下，土山或石岩山地也有。我县均有分布。

【中药名称】岩椒草。

【来源】为芸香科植物臭节草（*Boenninghausenia albiflora*（Hook.）Reichb.）的茎叶。

【采收加工】夏季采收，鲜用或切碎，晒干备用。

【性味功效】辛，苦，凉。解表，截疟，活血，解毒。用于感冒发热，支气管炎，疟疾，胃肠炎，跌打损伤，痈疽疮肿，烫伤等。

【应用举例】治疟疾：臭节草、柴胡、青蒿、艾叶各 9 克。水煎，于发作前 4 小时服，或用单味鲜品于发作前 2 小时，捣烂敷大椎穴。

270. 柚 *Citrus maxima*（Burm.）Merr.

【别名】抛、文旦等。

【植物形态】乔木。嫩枝、叶背、花梗、花萼及子房均被柔毛，嫩叶通常暗紫红色，嫩枝扁且有棱。叶质颇厚，色浓绿，阔卵形或椭圆形，连翼叶长 9 ～ 16 厘米，宽 4 ～ 8 厘米，或更大，顶端钝或圆，有时短尖，基部圆，翼叶长 2 ～ 4 厘米，宽 0.5 ～ 3 厘米，个别品种的翼叶甚狭窄。总状花序，有时兼有腋生单花；

花蕾淡紫红色，稀乳白色；花萼不规则 3 ～ 5 浅裂；花瓣长 1.5 ～ 2 厘米；雄蕊 25 ～ 35 枚，有时部分雄蕊不育；花柱粗长，柱头略较子房大。果圆球形，扁圆形，梨形或阔圆锥状，横径通常 10 厘米以上，淡黄或黄绿色，杂交种有朱红色的，果皮甚厚或薄，海绵质，油胞大，凸起，果心实但松软，瓢囊 10 ～ 15 或多至 19 瓣，汁胞白色、粉红或鲜红色，少有带乳黄色；种子多达 200 余粒，亦有无籽的，形状不规则，通常近似长方形，上部质薄且常截平，下部饱满，多兼有发育不全的，有明显纵肋棱，子叶乳白色，单胚。花期 4—5 月，果期 9—12 月。

【生境与分布】分布于长江以南各地，最北限见于河南省信阳及南阳一带，全为栽培。东南亚各国有栽种。我县均有栽培。

【中药名称】柚皮、柚根、柚叶。

【来源】芸香科植物柚（*Citrus maxima*（Burm.）Merr.）的果皮为柚皮，根为柚根，叶为柚叶。

【采收加工】柚皮：秋末冬初采集果皮，剖成 5 ～ 7 瓣。晒干或阴干备用。

柚根：全年均可采，挖根，洗净，切片晒干或鲜用。

柚叶：夏、秋季采叶，鲜用或晒干备用。

【性味功效】柚皮：辛，甘，苦，性温。宽中理气，消食，化痰，止咳平喘。用于气郁胸闷，脘腹冷痛，食积，泻痢，咳喘，疝气等。

柚根：辛，苦，温。理气止痛，散风寒。用于胃脘胀痛，疝气疼痛，风寒咳嗽等。

柚叶：辛，苦，温。行气止痛，解毒消肿。用于头风痛，寒湿痹痛，食滞腹痛，乳痈，扁桃体炎，中耳炎等。

【应用举例】柚皮：治气滞腹胀，柚子皮、鸡屎藤、糯米草根、隔山撬各 9 克，水煎服。

柚根：治腹痛、疟疾，鲜柚根适量，水煎温服。

柚叶：治关节痛，柚叶、生姜、桐油，共捣烂敷。

271. 柑橘 *Citrus reticulata* Blanco

【别名】宽皮橘、蜜橘、黄橘、红橘、大红蜜橘等。

【植物形态】小乔木。分枝多，枝扩展或略下垂，刺较少。单生复叶，翼叶通常狭窄，或仅有痕迹，叶片披针形，椭圆形或阔卵形，大小变异较大，顶端常有凹口，中脉由基部至凹口附近成叉状分枝，叶缘至少上半段通常有钝或圆裂齿，很少全缘。花单生或2～3朵簇生；花萼不规则3～5浅裂；花瓣通常长1.5厘米以内；雄蕊20～25枚，花柱细长，柱头头状。果形多种，通常扁圆形至近圆球形，果皮甚薄而光滑，或厚而粗糙，淡黄色，朱红色或深红色，甚易或稍易剥离，橘络甚多或较少，呈网状，易分离，通常柔嫩，中心柱大而常空，稀充实，瓢囊7～14瓣，稀较多，囊壁薄或略厚，柔嫩或颇韧，汁胞通常纺锤形，短而膨大，稀细长，果肉酸或甜，或有苦味，或另有特异气味；种子或多或少数，稀无籽，通常卵形，顶部狭尖，基部浑圆，子叶深绿、淡绿或间有近于乳白色，合点紫色，多胚，少有单胚。花期4—5月，果期10—12月。

【生境与分布】产秦岭南坡以南、伏牛山南坡诸水系及大别山区南部，东南至台湾，南至海南岛，西南至西藏东南部海拔较低地区。广泛栽培，很少半野生。我县广泛种植。

【中药名称】陈皮、青皮、橘核、橘络、橘红、橘叶。

【来源】芸香科植物柑橘（*Citrus reticulata* Blanco）及其栽培变种的干燥成熟果皮为陈皮，干燥幼果或未成熟果实的果皮为青皮，干燥成熟种子为橘核，果皮内层筋络为橘络，干燥外层果皮为橘红，叶为橘叶。

【采收加工】陈皮：10—12月间采摘。剥取果皮，晒干或低温干燥。其中10月份采摘的柑皮色偏青，11月份的呈黄色，12月份的呈红色。柑果采摘后先是剥皮，晾干，密封储藏。只有收藏了3年以上的才能称为陈皮。

青皮：5—6月收集自落的幼果，晒干，习称“个青皮”；7—8月采收未成熟的果实，在果皮上纵剖成四瓣至基部，除尽瓤瓣，晒干，习称“四化青皮”，又称“四花青皮”。

橘核：秋、冬季食用果肉时，收集种子，一般从食品加工厂收集，洗净，晒干或烘干。

橘络：夏、秋季采集，由果皮或果瓤上剥下筋膜，晒干，生用。

橘红：11—12月间采挖。用刀削下外果皮，晒干或阴干。

橘叶：随时可采，晒干或鲜用。

【性味功效】陈皮：苦，辛，温。理气健脾，燥湿化痰。用于脘腹胀满，食少吐泻，咳嗽痰多等。

青皮：苦，辛，温。疏肝破气，消积化滞。用于胸胁胀痛，疝气疼痛，乳癖，乳痈，食积气滞，脘腹胀痛等。

橘核：苦，平。理气，散结，止痛。用于疝气疼痛，睾丸肿痛，乳痈乳癖等。

橘络：苦，甘，平。通络，化痰止咳。用于咳嗽痰多，胸胁作痛等。

橘红：辛，苦，温。理气宽中，燥湿化痰。用于咳嗽痰多，食积伤酒，呕恶痞闷等。

橘叶：苦，平。疏肝，行气，化痰，消肿毒。用于胁痛，乳痈，肺痈，咳嗽，胸膈痞满，疝气等。

【应用举例】陈皮：陈皮与枳实、生姜等同用，用于胸痹胸中气塞短气者。

青皮：治心胃久痛不愈、得饮食米汤即痛极者，青皮25克，玄胡索15克（俱醋拌炒），甘草5克，大枣3个，水煎服。

橘核：治腰痛，橘核、杜仲各60克，炒研末，每服6克，盐酒下。

橘络：内服，煎汤，2.4～4.5克。

橘红：治途中心痛，橘红（去白）煎扬饮之，甚良。

橘叶：治咳嗽，橘子叶（着蜜于背上，火焙干），水煎服。

272. 甜橙 *Citrus sinensis*（L.）Osbeck

【别名】黄果、橙子、新会橙、广橘、雪柑等。

【植物形态】乔木，枝少刺或近于无刺。叶通常比柚叶略小，翼叶狭长，明显或仅具痕迹，叶片卵形或卵状椭圆形，很少披针形，长6～10厘米，宽3～5厘米，或有较大的。花白色，很少背面带淡紫红色，总状花序有花少数，或兼有腋生单花；花萼3～5浅裂，花瓣长1.2～1.5厘米；雄蕊20～25枚；花柱粗壮，柱头增大。果圆球形，扁圆形或椭圆形，橙黄至橙红色，果皮难或稍易剥离，瓢囊9～12瓣，果心实或半充实，果肉淡黄、橙红或紫红色，味甜或稍偏酸；种子少或无，种皮略有肋纹，子叶乳白色，多胚。花期3—5月，果期10—12月，迟熟品种至次年2—4月。

【生境与分布】秦岭南坡以南各地广泛栽种，西北限于陕西西南部、甘肃东南部城固、陕西洋县一带，西南至西藏东南部墨脱一带约海拔1500米以下地区。我县广泛种植。

【中药名称】枳实、甜橙。

【来源】芸香科植物甜橙（*Citrus sinensis*（L.）Osbeck）和其栽培变种的干燥幼果为枳实，果实为甜橙。

【采收加工】枳实：5—6月间采摘或采集自落的果实，自中部横切为两半，晒干或低温干燥，较小者直接晒干或低温干燥。用时洗净、闷透，切薄片，干燥。生用或麸炒用。

甜橙：11—12月果实成熟时采摘，鲜用或晒干备用。

【性味功效】枳实：苦，辛，酸，微寒。破气消积，化痰散痞。用于积滞内停，痞满胀痛，泻痢后重，大便不通，痰滞气阻，胸痹，结胸，脏器下垂等。

甜橙：疏肝行气，散结通乳，解酒。用于肝气郁滞所致胁肋疼痛，脘腹胀满，产妇乳汁不通，乳房结块肿痛，醉酒等。

【应用举例】枳实：治率患胸痹痛，枳实捣末，宜服方寸匕，日三，夜一服。

甜橙：治妇人乳结不通、红肿结硬疼痛、恶寒发热，甜橙细末6克，有新鲜者捣汁，点水酒服。

273. 黄皮树 *Phellodendron chinense* Schneid.

【植物形态】乔木植物，高10～12米。树皮开裂，无木栓层，内层黄色，有黏性，小枝粗大，光滑无毛。单数羽状复叶对生，小叶7～15，矩圆状披针形至矩圆状卵形，长9～15厘米，宽3～5厘米。花单性，雌雄异株，排成顶生圆锥花序。浆果状核果球形，直径1～1.5厘米，密集，黑色，有核5～6。

【生境与分布】生于杂木林中，也有栽培的。分布于四川、云南及湖北。

【中药名称】黄柏（川黄柏）。

【来源】为芸香科植物黄皮树（*Phellodendron chinense* Schneid.）的干燥树皮。

【采收加工】剥取树皮后，除去粗皮，晒干。

【性味功效】苦，寒。归肾、膀胱经。清热燥湿，泻火除蒸，解毒疗疮。用于湿热泻痢，黄疸尿赤，带下阴痒，热淋涩痛，脚气痿躄，骨蒸劳热，盗汗，遗精，疮疡肿毒，湿疹湿疮等。

【应用举例】1. 治伤寒身黄发热：黄柏、栀子、甘草，水煎服。

2. 治下焦湿热，白浊带下：黄柏、山药、车前子、芡实、白果，水煎服。

274. 裸芸香 *Psilopeganum sinense* Hemsl.

【别名】蛇皮草、臭草、千垂鸟、虱子草等。

【植物形态】植株高30～80厘米。根纤细。叶有柑橘叶香气，叶柄长8～15毫米；小叶椭圆形或倒卵状椭圆形，中间1片最大，长很少达3厘米，宽不到1厘米，两侧2片甚小，长4～10毫米，宽2～6毫米，顶端钝或圆，微凹缺，下部狭至楔尖，边缘有不规则亦不明显的钝裂齿，无毛，背面灰绿色。花梗在花蕾及结果时下垂，开花时挺直，花蕾时长约5毫米，结果时长至15

毫米；萼片卵形，长约 1 毫米，绿色；花瓣盛花时平展，卵状椭圆形，长 4 ～ 6 毫米，宽约 2 毫米；雄蕊略短于花瓣，花丝黄色，花药甚小；雌蕊心脏形而略长，顶部中央凹陷，花柱淡黄绿色，自雌蕊群的中央凹陷处长出，长不超过 2 毫米。蓇葖果，顶部呈口状凹陷并开裂，2 室；种子长约 1.5 毫米，厚约 1 毫米。花果期 5—8 月。

【生境与分布】产于湖北西北部、四川东北部、贵州（赤水），重庆、桂林有栽培。见于海拔约 800 米山坡，生于较温暖、湿润地方。

【中药名称】山麻黄。

【来源】为芸香科裸芸香属植物裸芸香（*Psilopeganum sinense* Hemsl.）的全草。

【采收加工】4—6 月采收，扎把晒干备用。

【性味功效】微辛，温。解表，平喘，利水，止呕。用于感冒，咳喘，呕吐，水肿，蛇咬伤等。

【应用举例】1. 治感冒发烧：山麻黄 10 克，鱼腥草 10 克，枇杷叶 10 克，一枝黄花 10 克，板蓝根 10 克，桑白皮 10 克，茯苓 15 克，水煎服。

2. 治蛇咬伤：山麻黄适量，捣烂外敷伤口周围。

275. 吴茱萸 *Evodia rutaecarpa*（Juss.）Benth.

【别名】茶辣、辣子、臭辣子等。

【植物形态】小乔木或灌木，高 3 ～ 5 米，嫩枝暗紫红色，与嫩芽同被灰黄或红锈色绒毛，或疏短毛。叶有小叶 5 ～ 11 片，小叶薄至厚纸质，卵形，椭圆形或披针形，长 6 ～ 18 厘米，宽 3 ～ 7 厘米，叶轴下部的较小，两侧对称或一侧的基部稍偏斜，边全缘或浅波浪状，小叶两面及叶轴被长柔毛，毛密如毡状，或仅中脉两侧被短毛，油点大且多。花序顶生；雄花序的花彼此疏离，雌花序的花密集或疏离；萼片及花瓣均 5 片，偶有 4 片，镊合状排列；雄花花瓣长 3 ～ 4 毫米，腹面被疏长毛，退化雌蕊 4 ～ 5 深裂，下部及花丝均被白色长柔毛，雄蕊伸出花瓣之上；雌花花瓣长 4 ～ 5 毫米，腹面被毛，退化雄蕊鳞片状或短线状或兼有细小的不育花药，子房及花柱下部被疏长毛。果序宽 3 ～ 12 厘米，果密集或疏离，暗紫红色，有大油点，每分果瓣有 1 粒种子；种子近圆球形，一端钝尖，腹面略平坦，长 4 ～ 5 毫米，褐黑色，有光泽。花期 4—6 月，果期 8—11 月。

【生境与分布】产于秦岭以南各地，但海南未见有自然分布，曾引进栽培，均生长不良。生于平地至海拔 1500 米山地疏林或灌木丛中，多见于向阳坡地。我县均有分布。

【中药名称】吴茱萸。

【来源】为芸香科植物吴茱萸（*Evodia rutaecarpa*（Juss.）Benth.）的干燥近成熟果实。

【采收加工】一般 7—8 月，当果实由绿色转为橙黄色时，就可采收。宜在早上有露水时采摘，以减少果实脱落，干燥后搓去果柄，去除杂质即成。

【性味功效】辛，苦，热。散寒止痛，降逆止呕，助阳止泻。用于厥阴头痛，寒疝腹痛，寒湿脚气，经行腹痛，脘腹胀痛，呕吐吞酸，五更泄泻等。

【应用举例】1. 治肾气上哕，肾气自腹中起上筑于咽喉，逆气连属而不能吐，或至数十声，上下不得喘息：吴茱萸（醋炒）、橘皮、附子（去皮）各 50 克，为末，面糊丸，梧桐子大。每姜汤下七十丸。

2. 治食已吞酸，胃气虚冷者：吴茱萸（汤泡七次，焙）、干姜（炮）等份，为末，汤服 5 克。

3. 治肝火：黄连 300 克，吴茱萸 50 克或 25 克，上为末，做成水丸或蒸饼丸。白汤下五十丸。

276. 飞龙掌血 *Toddalia asiatica*（L.）Lam.

【别名】黄肉树、三百棒、大救驾、三文藤、牛麻簕、鸡爪簕、黄大金根、簕钩、入山虎、小金藤、爬山虎、抽皮簕、油婆簕、画眉跳、散血飞，散血丹、烧酒钩、猫爪簕、温答、亦雷 、八大王、见血飞、黄椒根、溪椒、刺米通等。

【植物形态】老茎干有较厚的木栓层及黄灰色、纵向细裂且凸起的皮孔，三、四年生枝上的皮孔圆形而细小，茎枝及叶轴有甚多向下弯钩的锐刺，当年生嫩枝的顶部有褐或红锈色甚短的细毛，或密被灰白色短毛。小叶无柄，对光透视可见密生的透明油点，揉之有类似柑橘叶的香气，卵形、倒卵形、椭圆形或倒卵状椭圆形。长 5 ～ 9 厘米，宽 2 ～ 4 厘米，顶部尾状长尖或急尖而钝头，有时微凹缺，叶缘有细裂齿，侧脉甚多而纤细。花梗甚短，基部有极小的鳞片状苞片，花淡黄白色；萼片长不及 1 毫米，边缘被短毛；花瓣长 2 ～ 3.5 毫米；雄花序为伞房状圆锥花序；雌花序呈聚伞圆锥花序。果橙红或朱红色，直径 8 ～ 10 毫米或稍较大，有 4 ～ 8 条纵向浅沟纹，干后甚明显；种子长 5 ～ 6 毫米，厚约 4 毫米，种皮褐黑色，有极细小的窝点。花期几乎全年，在五岭以南各地，多于春季开花，沿长江两岸各地，多于夏季开花。果期多在秋冬季。

【生境与分布】见于平地至海拔 2000 米山地，较常见于灌木、小乔木的次生林中，攀援于其他树上，石灰岩山地也常见。产秦岭南坡以南各地，最北限见于陕西西乡县，南至海南，东南至台湾，西南至西藏东南部。我县均有分布。

【中药名称】飞龙掌血。

【来源】为芸香科植物飞龙掌血（*Toddalia asiatica*（L.）Lam.）的根或根皮。

【采收加工】全年均可采收，挖根，洗净，鲜用或切段晒干。

【性味功效】辛，微苦，性温，小毒。祛风止痛，散瘀止血，解毒消肿。用于风湿痹痛，腰痛，胃痛，痛经，闭经，跌打损伤，劳伤吐血，衄血，瘀滞崩漏，疮痈肿毒等。

【应用举例】治风湿性关节炎：飞龙掌血、薛荔、鸡血藤、菝葜各 18 克，威灵仙 9 克。浸白酒 500 毫升。每服 30 ～ 60 毫升，每日 3 次。

277. 竹叶花椒 *Zanthoxylum armatum* DC.

【别名】万花针、白总管、竹叶总管、山花椒、狗椒、野花椒、崖椒、秦椒、蜀椒等。

【植物形态】高 3 ～ 5 米的落叶小乔木；茎枝多锐刺，刺基部宽而扁，红褐色，小枝上的刺劲直，水平抽出，小叶背面中脉上常有小刺，仅叶背基部中脉两侧有丛状柔毛，或嫩枝梢及花序轴均被褐锈色短柔毛。叶有小叶 3 ～ 9，稀 11 片，翼叶明显，稀仅有痕迹；小叶对生，通常披针形，长 3 ～ 12 厘米，宽 1 ～ 3 厘米，两端尖，有时基部宽楔形，干后叶缘略向背卷，叶面稍粗皱；或为椭圆形，长 4 ～ 9 厘米，宽 2 ～ 4.5 厘米，顶端中央一片最大，基部一对最小；有时为卵形，叶缘有甚小且疏离的裂齿，或近于全缘，仅在齿缝处或沿小叶边缘有油点；小叶柄甚短或无柄。花序近腋生或同时生于侧枝之顶，长 2 ～ 5 厘米，有花 30 朵以内；花被片 6 ～ 8 片，形状与大小几相同，长约 1.5 毫米；雄花的雄蕊 5 ～ 6 枚，药隔顶端有一干后变褐黑色油点；不育雌蕊垫状凸起，顶端 2 ～ 3 浅裂；雌花有心皮 2 ～ 3 个，背部近顶侧各有 1 油点，花柱斜向背弯，不育雄蕊短线状。果紫红色，有微凸起少数油点，单个分果瓣直径 4 ～ 5 毫米；种子直径 3 ～ 4 毫米，褐黑色。花期 4—5 月，果期 8—10 月。

【生境与分布】产于山东以南，南至海南，东南至台湾，西南至西藏东南部。见于低丘陵坡地至海拔 2200 米山地的多类生境，石灰岩山地亦常见。我县均有分布。

【中药名称】竹叶椒。

【来源】为芸香科植物竹叶花椒（*Zanthoxylum armatum* DC.）的果实。

【采收加工】6—8 月果实成熟时采收，将果皮晒干，除去种子备用。

【性味功效】辛，微苦，温。温中燥湿，散寒止痛，驱虫止痒。用于脘腹冷痛，寒湿吐泻，蛔厥腹痛，龋齿牙痛，湿疹，疥癣痒疮等。

【应用举例】1. 治胃痛、牙痛：竹叶椒果 3 ～ 6 克，山姜根 9 克，研末。温开水送服。

2. 治痧症腹痛：竹叶椒果 9 ～ 15 克，水煎或研末，每次 1.5 ～ 3 克，黄酒送服。

3. 治虚寒胃痛：土花椒果 3 ～ 6 克，水煎服；竹叶椒果 6 克，生姜 9 克，水煎服。

4. 治腹痛泄泻：竹叶椒 6 ～ 9 克，水煎服。

5. 治蛔虫性腹痛：竹叶椒 6 克，苦楝皮 9 克，水煎服，服时兑醋适量。

278. 砚壳花椒 *Zanthoxylum dissitum* Hemsl.

【别名】麻疯刺、白皮两面针、岩花椒、铁杆椒、单面针、钻山虎等。

【植物形态】攀援藤本；老茎的皮灰白色，枝干上的刺多劲直，叶轴及小叶中脉上的刺向下弯钩，刺褐红色。叶有小叶 5 ～ 9 片，稀 3 片；小叶互生或近对生，形状多样，长达 20 厘米，宽 1 ～ 8 厘米或更宽，全缘或叶边缘有裂齿（针边砚壳花椒），两侧对称，稀一侧稍偏斜，顶部渐尖至长尾状，厚纸质或近革质，无毛，中脉在叶面凹陷，油点甚小，在扩大镜下不易察见；小叶柄长 3 ～ 10 毫米。花序腋生，通常长不超过 10 厘米，花序轴有短细毛；萼片及花瓣均 4 片，油点不显；萼片紫绿色，宽卵形，长不及 1 毫米；花瓣淡黄绿色，宽卵形，长 4 ～ 5 毫米；雄花的花梗长 1 ～ 3 毫米；雄蕊 4 枚，花丝长 5 ～ 6 毫米；退化雌蕊顶端 4 浅裂；雌花无退化雄蕊。果密集于果序上，果梗短；果棕色，外果皮比内果皮宽大，外果皮平滑，边缘较薄，干后显出弧形环圈，长 10 ～ 15 毫米，残存花柱位于一侧，长不超过 1/3 毫米；种子直径 8 ～ 10 毫米。

【生境与分布】产于陕西及甘肃二省南部，东界止于长江三峡地区，南界止于五岭北坡。见于海拔 300 ～ 1500 米坡地杂木林或灌木丛中，石灰岩山地及土山均有生长。在四川西部，它见于以刺竹、柯树、丝栗为主的阔叶混交林内。在广西与贵州，它多生于石灰岩山地。

【中药名称】大叶花椒。

【来源】为芸香科植物砚壳花椒（*Zanthoxylum dissitum* Hemsl.）的果实。

【采收加工】8—9 月果实成熟时采摘，晒干。

【性味功效】辛，温。散寒止痛，调经。用于疝气痛，月经过多等。

【应用举例】治妇女月经过多：大叶花椒 15 克，月月红（花、叶）9 克，棣棠花 6 克，水煎，加红糖服。

279. 青花椒 *Zanthoxylum schinifolium* Sieb. et Zucc.

【别名】山花椒、小花椒、王椒、香椒子、青椒、狗椒、天椒、野椒等。

【植物形态】通常高 1 ～ 2 米的灌木；茎枝有短刺，刺基部两侧压扁状，嫩枝暗紫红色。叶有小叶 7 ～ 19 片；小叶纸质，对生，几无柄，位于叶轴基部的常互生，其小叶柄长 1 ～ 3 毫米，宽卵形至披针形，或阔卵状菱形，长 5 ～ 10 毫米，宽 4 ～ 6 毫米，稀长达 70 毫米，宽 25 毫米，顶部短至渐尖，基部圆或宽楔形，两侧对称，有时一侧偏斜，油点多或不明显，叶面有在放大镜下可见的细短毛或毛状凸体，叶缘有细裂齿或近于全缘，中脉至少中段以下凹陷。花序顶生，花或多或少；萼片及花瓣均 5 片；花瓣淡黄白色，长约 2 毫米；雄花的退化雌蕊甚短，2 ～ 3 浅裂；雌花有心皮 3 个，很少 4 或 5 个。分果瓣红褐色，干后变暗苍绿或褐黑色，直径 4 ～ 5 毫米，顶端几无芒尖，油点小；种子直径 3 ～ 4 毫米。花期 7—9 月，果期 9—12 月。

【生境与分布】产于五岭以北、辽宁以南大多数省区，但不见于云南。见于平原至海拔 800 米山地疏林或灌木丛中或岩石旁等多类生境。我县均有栽培。

【中药名称】花椒。

【来源】为芸香科植物青花椒（*Zanthoxylum schinifolium* Sieb. et Zucc.）的干燥成熟果皮。

【采收加工】秋季采收成熟果实，晒干，除去种子和杂质。

【性味功效】辛，温。温中止痛，杀虫止痒。用于脘腹冷痛，呕吐泄泻，虫积腹痛等；外用治湿疹，阴痒。

【应用举例】花椒与苦参、蛇床子、地肤子、黄柏等同用，可用于湿疹瘙痒。

280. 野花椒 *Zanthoxylum simulans* Hance

【别名】刺椒、黄椒、大花椒、天角椒、黄总管、香椒等。

【植物形态】灌木或小乔术；枝干散生基部宽而扁的锐刺，嫩枝及小叶背面沿中脉或仅中脉基部两侧或有时及侧脉均被短柔毛，或各部均无毛。叶有小叶 5 ～ 15 片；叶轴有狭窄的叶质边缘，腹面呈沟状凹陷；小叶对生，无柄或位于叶轴基部的有甚短的小叶柄，卵形、卵状椭圆形或披针形，长 2.5 ～ 7 厘米，宽 1.5 ～ 4 厘米，两侧略不对称，顶部急尖或短尖，常有凹口，油点多，干后半透明且常微凸起，间有窝状凹陷，叶面常有刚毛状细刺，中脉凹陷，叶缘有疏离而浅的钝裂齿。花序顶生，长 1 ～ 5 厘米；花被片 5 ～ 8 片，狭披针形、宽卵形或近于三角形，大小及形状有时不相同，长约 2 毫米，淡黄绿色；雄花的雄蕊 5 ～ 8（10）枚，花丝及半圆形凸起的退化雌蕊均为淡绿色，药隔顶端有一干后暗褐黑色的油点；雌花的花被片为狭长披针形；心皮 2 ～ 3 个，花柱斜向背弯。果红褐色，分果瓣基部变狭窄且略延长 1 ～ 2 毫米呈柄状，油点多，微凸起，单个分果瓣直径约 5 毫米；种子长 4 ～ 4.5 毫米。花期 3—5 月，果期 7—9 月。

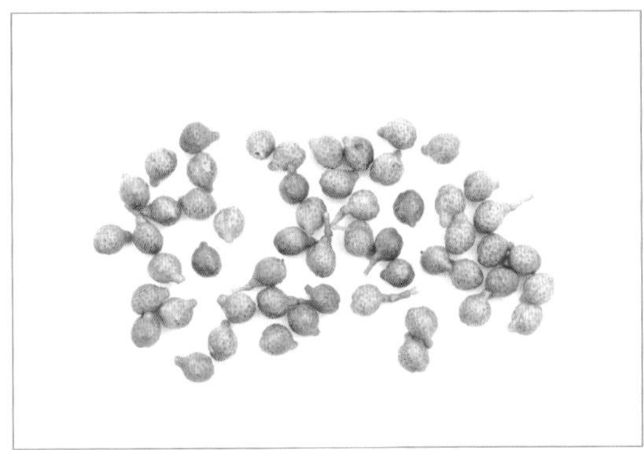

【生境与分布】产于青海、甘肃、山东、河南、安徽、江苏、浙江、湖北、江西、台湾、福建、湖南及贵州东北部。见于平地、低丘陵或略高的山地疏或密林下，喜阳光，耐干旱。

【中药名称】野花椒皮。

【来源】为芸香科植物野花椒（*Zanthoxylum simulans* Hance）的根皮或茎皮。

【采收加工】春、夏、秋季剥皮，鲜用或晒干。

【性味功效】辛，温。祛风除湿，散寒止痛，解毒。用于风寒湿痹，筋骨麻木，脘腹冷痛，吐泻，牙痛，皮肤疮疡，毒蛇咬伤等。

【应用举例】治风湿劳损：野花椒根或根皮，研末，每次 6 克，冲服。

八十一、苦木科 Simaroubaceae

落叶或常绿的乔木或灌木，树皮通常有苦味。叶互生，有时对生，通常成羽状复叶，少数单叶；托叶缺或早落。花序腋生，成总状、圆锥状或聚伞花序，很少为穗状花序；花小，辐射对称，单性、杂性或两性；萼片 3 ～ 5，镊合状或覆瓦状排列；花瓣 3 ～ 5，分离，少数退化，镊合状或覆瓦状排列；花盘环状或杯状；雄蕊与花瓣同数或为花瓣的 2 倍，花丝分离，通常在基部有一鳞片，花药长圆形，丁字形着生，2 室，纵向开裂；子房通常 2 ～ 5 裂，2 ～ 5 室，或者心皮分离，花柱 2 ～ 5，分离或多少结合，柱头头状，每室有胚珠 1 ～ 2 颗，倒生或弯生，中轴胎座。果为翅果、核果或蒴果，一般不开裂；种子有胚乳或无，胚直或弯曲，具有小胚轴及厚子叶。

本科约 20 属 120 种，主产于热带和亚热带地区，我国有 5 属 11 种 3 变种。

全国第四次中药资源普查秭归境内发现 1 种。

281. 臭椿 *Ailanthus altissima*（Mill.）Swingle

【别名】椿树、木砻树等。

【植物形态】落叶乔木，高可达 20 余米，树皮平滑而有直纹；嫩枝有髓，幼时被黄色或黄褐色柔毛，后脱落。叶为奇数羽状复叶，长 40 ～ 60 厘米，叶柄长 7 ～ 13 厘米，有小叶 13 ～ 27；小叶对生或近对生，纸质，卵状披针形，长 7 ～ 13 厘米，宽 2.5 ～ 4 厘米，先端长渐尖，基部偏斜，截形或稍圆，两侧各具 1 或 2 个粗锯齿，齿背有腺体 1 个，叶面深绿色，背面灰绿色，揉碎后具臭味。圆锥花序长 10 ～ 30 厘米；花淡绿色，花梗长 1 ～ 2.5 毫米；萼片 5，覆瓦状排列，裂片长 0.5 ～ 1 毫米；花瓣 5，长 2 ～ 2.5 毫米，基部两侧被硬粗毛；雄蕊 10，花丝基部密被硬粗毛，雄花中的花丝长于花瓣，雌花中的花丝短于花瓣；花药长圆形，长约 1 毫米；心皮 5，花柱黏合，柱头 5 裂。翅果长椭圆形，长 3 ～ 4.5 厘米，宽 1 ～ 1.2 厘米；种子位于翅的中间，扁圆形。花期 4—5 月，果期 8—10 月。

【生境与分布】我国除黑龙江、吉林、新疆、青海、宁夏、甘肃和海南外，各地均有分布。世界各地广为栽培。我县均有分布。

【中药名称】椿皮、凤眼草。

【来源】苦木科植物臭椿（*Ailanthus altissima*（Mill.）Swingle）的干燥根皮或干皮为椿皮，果实为凤眼草。

【采收加工】椿皮：全年均可剥取，晒干，或刮去粗皮晒干。

凤眼草：8—9 月果熟时采收，除去果柄，晒干。

【性味功效】椿皮：苦，涩，寒。清热燥湿，收涩止带，止泻，止血。用于赤白带下，湿热泻痢，久泻久痢，便血，崩漏等。

凤眼草：苦，涩，凉。清热燥湿，止痢，止血。用于痢疾，白浊，带下，便血，尿血，崩漏等。

【应用举例】椿皮：治痢疾，椿皮 30 克，爵床 9 克，凤尾草 15 克，水煎服。

凤眼草：治痔瘘，凤眼草、赤皮葱、花椒捣碎，浆水滚过，置盆内，令热气熏痔，但通手即洗之。

八十二、楝科 Meliaceae

乔木或灌木，稀为亚灌木。叶互生，很少对生，通常羽状复叶，很少 3 小叶或单叶；小叶对生或互生，很少有锯齿，基部多少偏斜。花两性或杂性异株，辐射对称，通常组成圆锥花序，间为总状花序或穗状花序；通常 5 基数，间为少基数或多基数；萼小，常浅杯状或短管状，4 ～ 5 齿裂或为 4 ～ 5 萼片组成，芽时覆瓦状或镊合状排列；花瓣 4 ～ 5，少有 3 ～ 7 枚的，芽时覆瓦状、镊合状或旋转排列，分离或下部与雄蕊管合生；雄蕊 4 ～ 10，花丝合生成一短于花瓣的圆筒形、圆柱形、球形或陀螺形等不同形状的管或分离，花药无柄，直立，内向，着生于管的内面或顶部，内藏或突出；花盘生于雄蕊管的内面或缺，如存在则成环状、管状或柄状等；子房上位，2 ～ 5 室，少有 1 室的，每室有胚珠 1 ～ 2 颗或更多；花柱单生或缺，柱头盘状或头状，顶部有槽纹或有小齿 2 ～ 4 个。果为蒴果、浆果或核果，开裂或不开裂；果皮革质、木质或很少肉质；种子有胚乳或无胚乳，常有假种皮。

本科约 50 属 1400 种，分布于热带和亚热带地区，少数至温带地区，我国产 15 属 62 种 12 变种，此外尚引入栽培的有 3 属 3 种，主产于长江以南各省区，少数分布至长江以北。

全国第四次中药资源普查秭归境内发现 2 种。

282. 楝 *Melia azedarach* L.

【别名】苦楝、楝树、紫花树、森树等。

【植物形态】落叶乔木，高达 10 余米；树皮灰褐色，纵裂。分枝广展，小枝有叶痕。叶为二至三回奇数羽状复叶，长 20 ～ 40 厘米；小叶对生，卵形、椭圆形至披针形，顶生一片通常略大，长 3 ～ 7 厘米，宽 2 ～ 3 厘米，先端短渐尖，基部楔形或宽楔形，多少偏斜，边缘有钝锯齿，幼时被星状毛，后两面均无毛，侧脉每边 12 ～ 16 条，广展，向上斜举。圆锥花序约与叶等长，无毛或幼时被鳞片状短柔毛；花芳香；花萼 5 深裂，裂片卵形或长圆状卵形，先端急尖，外面被微柔毛；花瓣淡紫色，倒卵状匙形，长约 1 厘米，两面均被微柔毛，通常外面较密；雄蕊管紫色，无毛或近无毛，长 7 ～ 8 毫米，有纵细脉，管口有钻形、2 ～ 3 齿裂的狭裂片 10 枚，花药 10 枚，着生于裂片内侧，且与裂片互生，长椭圆形，顶端微凸尖；子房近球形，5 ～ 6 室，无毛，每室有胚珠 2 颗，花柱细长，柱头头状，顶端具 5 齿，不伸出雄蕊管。核果球形至椭圆形，长 1 ～ 2 厘米，宽 8 ～ 15 毫米，内果皮木质，4 ～ 5 室，每室有种子 1 颗；种子椭圆形。花期 4—5 月，果期 10—12 月。

【生境与分布】产于我国黄河以南各省区，较常见。生于低海拔旷野、路旁或疏林中，目前已广泛引为栽培。广布于亚洲热带和亚热带地区，温带地区也有栽培。我县均有分布。

【中药名称】苦楝皮、苦楝子。

【来源】楝科植物楝（*Melia azedarach* L.）的干燥树皮和根皮为苦楝皮，果实为苦楝子。

【采收加工】苦楝皮：春、秋二季剥取，晒干，或除去粗皮，晒干。

苦楝子：秋、冬二季果实成熟呈黄色时采收，或收集落下的果实。晒干、阴干或烘干。

【性味功效】苦楝皮：苦，寒。杀虫，疗癣。用于蛔虫病，蛲虫病，虫积腹痛等；外用治疥癣瘙痒。

苦楝子：苦，寒，有小毒。行气止痛，杀虫。用于脘腹胁肋疼痛，疝痛，虫积腹痛，头癣，冻疮等。

【应用举例】苦楝皮：杀蛲虫，苦楝皮 10 克，苦参 10 克，蛇床子 5 克，皂角 2.5 克，共为末，以蜜炼成丸，如枣大，纳入肛门或阴道内。

苦楝子：治胃痛、肝气不舒的胸胁痛、疝痛，苦楝子、延胡索各 9 克，水煎服。

283. 香椿 *Toona sinensis*（A. Juss.）Roem.

【别名】椿、春阳树、春甜树、椿芽、毛椿等。

【植物形态】乔木；树皮粗糙，深褐色，片状脱落。叶具长柄，偶数羽状复叶，长 30 ～ 50 厘米或更长；小叶 16 ～ 20，对生或互生，纸质，卵状披针形或卵状长椭圆形，长 9 ～ 15 厘米，宽 2.5 ～ 4 厘米，先端尾尖，基部一侧圆形，另一侧楔形，不对称，边全缘或有疏离的小锯齿，两面均无毛，无斑点，背面常呈粉绿色，侧脉每边 18 ～ 24 条，平展，与中脉几成直角开出，背面略凸起；小叶柄长 5 ～ 10 毫米。圆锥花序与叶等长或更长，被稀疏的锈色短柔毛或有时近无毛，小聚伞花序生于短的小枝上，多花；花长 4 ～ 5 毫米，具短花梗；花萼 5 齿裂或浅波状，外面被柔毛，且有睫毛；花瓣 5，白色，长圆形，先端钝，长 4 ～ 5 毫米，宽 2 ～ 3 毫米，无毛；雄蕊 10，其中 5 枚能育，5 枚退化；花盘无毛，近念珠状；子房圆锥形，有 5 条细沟纹，无毛，每室有胚珠 8 颗，花柱比子房长，柱头盘状。蒴果狭椭圆形，长 2 ～ 3.5 厘米，深褐色，有小而苍白色的皮孔，果瓣薄；种子基部通常钝，上端有膜质的长翅，下端无翅。花期 6—8 月，果期 10—12 月。

【生境与分布】产于华北、华东、中部、南部和西南部各省区，生于山地杂木林或疏林中，各地广泛栽培。我县均有分布。

【中药名称】椿白皮、椿叶、香椿子。

【来源】楝科植物香椿（*Toona sinensis*（A. Juss.）Roem.）的树皮、根皮的韧皮部为椿白皮，叶为椿叶，果实为香椿子。

【采收加工】椿白皮：全年均可采，干皮可从树上剥下，鲜用或晒干；根皮须先将树根挖出，刮去外面黑皮，以木锤轻捶之，使皮部与木质部分离，再行剥取，并宜仰面晒干，以免发霉发黑，亦可鲜用。

椿叶：春季采收，多鲜用。

香椿子：秋季采收，晒干。

【性味功效】椿白皮：气微，苦、涩，凉，微寒。除热，燥湿，涩肠，止血，止带，杀虫。用于泄泻，痢疾，肠风便血，崩漏，带下，蛔虫病，丝虫病，疮癣等。

椿叶：苦，平。祛暑化湿，解毒，杀虫。用于暑湿伤中，恶心呕吐，食欲不振，泄泻，痢疾，痈疽肿毒，疥疮，白秃疮等。

香椿子：辛，苦，温。祛风，散寒，止痛。用于外感风寒，风湿痹痛，胃痛，疝气痛，痢疾等。

【应用举例】椿白皮：治淋浊、带下，椿根白皮 60 克，酌加水煎服。

椿叶：治赤白痢疾，椿叶 60 ～ 120 克，酌加水煎服。

香椿子：治胸痛，香椿子、龙骨，研末冲开水服。

八十三、远志科 Polygalaceae

一年生或多年生草本，或灌木或乔木，罕为寄生小草本。单叶互生、对生或轮生，具柄或无柄，叶片纸质或革质，全缘，具羽状脉，稀退化为鳞片状；通常无托叶，若有，则为棘刺状或鳞片状。花两性，两侧对称，白色、黄色或紫红色，排成总状花序、圆锥花序或穗状花序，腋生或顶生，具柄或无，基部具苞片或小苞片；花萼下位，宿存或脱落，萼片 5，分离或稀基部合生，外面 3 枚小，里面 2 枚大，常呈花瓣状，或 5 枚几相等；花瓣 5，稀全部发育，通常仅 3 枚，基部通常合生，中间 1 枚常内凹，呈龙骨瓣状，顶端背面常具一流苏状或蝶结状附属物，稀无；雄蕊 8，或 7、5、4，花丝通常合生成向后开放的鞘（管），或分离，花药基底着生，顶孔开裂；花盘通常无，若有，则为环状或腺体状；子房上位，通常 2 室，每室具 1 粒倒生下垂的胚珠，稀 1 室具多数胚珠，花柱 1，直立或弯曲，柱头 2，稀 1，头状。果实或为蒴果，2 室，或为翅果、坚果，开裂或不开裂，具种子 2 粒，或因 1 室败育，仅具 1 粒。种子卵形、球形或椭圆形，黄褐色、暗棕色或黑色，无毛或被毛，具种阜或无，胚乳有或无。

本科有 13 属近 1000 种，广布于全世界，尤以热带和亚热带地区最多。我国有 4 属 51 种 9 变种，南北均产，而以西南和华南地区最盛。

全国第四次中药资源普查秭归境内发现 1 种。

284. 瓜子金 *Polygala japonica* Houtt.

【别名】金锁匙、神砂草、地藤草、远志草、日本远志、产后草、小叶地丁草、小叶瓜子草、高脚瓜子草、歼疟草、散血丹、小英雄、通性草、黄瓜仁草、银不换、小金不换、竹叶地丁、辰砂草、苦草、卵叶远志等。

【植物形态】多年生草本，高 15 ～ 20 厘米；茎、枝直立或外倾，绿褐色或绿色，具纵棱，被卷曲短柔毛。单叶互生，叶片厚纸质或亚革质。卵形或卵状披针形，稀狭披针形，长 1 ～ 2.3（3）厘米，宽（3）5 ～ 9 毫米，先端钝，具短尖头，基部阔楔形至圆形，全缘，叶面绿色，背面淡绿色，两面无毛或被短柔毛，主脉上面凹陷，背面隆起，侧脉 3 ～ 5 对，两面凸起，并被短柔毛；叶柄长约 1 毫米，被短柔毛。总状花序与叶对生，或腋外生，最上 1 个花序低于茎顶。花梗细，长约 7 毫米，被短柔毛，基部具 1 披针形、早落的苞片；萼片 5，宿存，外面 3 枚披针形，长 4 毫米，外面被短柔毛，里面2枚花瓣状，卵形至长圆形，长约6.5毫米，宽约3毫米，先端圆形，具短尖头，基部具爪；花瓣3，白色至紫色，基部合生，侧瓣长圆形，长约6毫米，基部内侧被短柔毛，龙骨瓣舟状，具流苏状鸡冠状附属物；雄蕊8，花丝长6毫米，全部合生成鞘，鞘1/2以下与花瓣贴生，且具缘毛，花药无柄，顶孔开裂；子房倒卵形，直径约2毫米，具翅，花柱长约5毫米，弯曲，柱头2，间隔排列。蒴果圆形，直径约6毫米，短于内萼片，顶端凹陷，具喙状突尖，边缘具有横脉的阔翅，无缘毛。种子2粒，卵形，长约3毫米，直径约1.5毫米，黑色，密被白色短柔毛，种阜2裂下延，疏被短柔毛。花期4—5月，果期5—8月。

【生境与分布】产于东北、华北、西北、华东、华中和西南地区，生于山坡草地或田埂上，海拔800～2100米。我县均有分布。

【中药名称】瓜子金。

【来源】为远志科植物瓜子金（*Polygala japonica* Houtt.）的干燥全草。

【采收加工】春、夏、秋季采挖，除去泥沙，晒干。

【性味功效】辛，苦，平。祛痰止咳，活血消肿，解毒止痛等。

【应用举例】1. 治百日咳：瓜子金15克，煎水，兑蜂蜜服。

2. 治吐血：瓜子金15克，煎水服。

八十四、马桑科 Coriariaceae

灌木或多年生亚灌木状草本；小枝具棱角。单叶，对生或轮生，全缘，无托叶。花两性或单性，辐射对称，小，单生或排列成总状花序；萼片5，小，覆瓦状排列；花瓣5，比萼片小，里面龙骨状，肉质，宿存，花后增大而包于果外；雄蕊10，分离或与花瓣对生的雄蕊贴生于龙骨状突起上，花药大，伸出，2室，纵裂；心皮5～10，分离，子房上位，每心皮有1个自顶端下垂的倒生胚珠，花柱顶生，分离，线形，柱头外弯。浆果状瘦果，成熟时红色至黑色；种子无胚乳，胚直立。

本科有1属约15种，分布于地中海地区、新西兰、中南美洲、日本和中国。我国有3种，分布于西北、西南及台湾。

全国第四次中药资源普查秭归境内发现1种。

285. 马桑 *Coriaria nepalensis* Wall.

【别名】马鞍子、水马桑、野马桑、马桑柴、醉鱼儿、闹鱼儿、黑龙须、紫桑等。

【植物形态】灌木，高1.5～2.5米，分枝水平开展，小枝四棱形或成四狭翅，幼枝疏被微柔毛，后变无毛，常带紫色，老枝紫褐色，具显著圆形突起的皮孔；芽鳞膜质，卵形或卵状三角形，长1～2毫米，紫红色，无毛。叶对生，纸质至薄革质，椭圆形或阔椭圆形，长2.5～8厘米，宽1.5～4厘米，先端急尖，基部圆形，全缘，两面无毛或沿脉上疏被毛，基出3脉，弧形伸至顶端，在叶面微凹，叶背突起；叶短柄，长2～3毫米，疏被毛，紫色，基部具垫状突起物。总状花序生于二年生的枝条上，雄花序先叶开放，长1.5～2.5厘米，多花密集，序轴被腺状微柔毛；苞片和小苞片卵圆形，长约2.5毫米，宽约2毫米，膜质，半透明，内凹，上部边缘具流苏状细齿；花梗长约1毫米，无毛；萼片卵形，长1.5～2毫米，宽1～1.5毫米，边缘半透明，上部具流苏状细齿；花瓣极小，卵形，长约0.3毫米，里面龙骨状；雄蕊10，花丝线形，长约1毫米，开花时伸长，长3～3.5毫米，花药长圆形，长约2毫米，具细小疣状体，药隔伸出，花药基部短尾状；不育雌蕊存在；雌花序与叶同出，长4～6厘米，序轴被腺状微柔毛；苞片稍大，长约4毫米，带紫色；花梗长1.5～2.5毫米；萼片与雄花同；花瓣肉质，较小，龙骨状；雄蕊较短，花丝长约0.5毫米，花药长约0.8毫米，心皮5，耳形，长约0.7毫米，宽约0.5毫米，侧向压扁，花柱长约1毫米，具小疣体，柱头上部外弯，紫红色，具多数小疣体。果球形，果期花瓣肉质增大包于果外，成熟时由红色变紫黑色，直径4～6毫米；种子卵状长圆形。

【生境与分布】产于云南、贵州、四川、湖北、陕西、甘肃、西藏，生于海拔400～3200米的灌丛中。

【中药名称】马桑根、马桑叶。

【来源】马桑科植物马桑（*Coriaria nepalensis* Wall.）的根为马桑根，叶为马桑叶。

【采收加工】马桑根：秋、冬季采挖，除净泥土，晒干。

马桑叶：4—5月采收，鲜用或晒干。

【性味功效】马桑根：苦，酸，凉，有毒。祛风除湿，清热解毒。用于风湿麻木，痈疮肿毒，风火牙痛，痞块，瘰疬，痔疮，急性结膜炎，烫伤，跌打损伤等。

马桑叶：味辛、苦，性寒，有毒。清热解毒，消肿止痛，杀虫。用于痈疽肿毒，疥癣，黄水疮，烫伤，痔疮，跌打损伤等。

【应用举例】马桑根：治风湿麻木、大便不利，马桑根 30 克，铁连环 12 克，牛耳大黄 12 克，水煎服。

马桑叶：治目赤痛，马桑叶、大血藤叶，捣烂敷。

八十五、漆树科 Anacardiaceae

乔木或灌木，稀为木质藤本或亚灌木状草本，韧皮部具裂生性树脂道。叶互生，稀对生，单叶，掌状三小叶或奇数羽状复叶，无托叶或托叶不显。花小，辐射对称，两性或多为单性或杂性，排列成顶生或腋生的圆锥花序；通常为双被花，稀为单被或无被花；花萼多少合生，3～5裂，极稀分离，有时呈佛焰苞状撕裂或呈帽状脱落，裂片在芽中覆瓦状或镊合状排列，花后宿存或脱落；花瓣 3～5，分离或基部合生，通常下位，覆瓦状或镊合状排列，脱落或宿存，有时花后增大，雄蕊着生于花盘外面基部或有时着生在花盘边缘，与花盘同数或为其 2 倍，稀仅少数发育 [腰果属 *Anacardium*（L.）Rottboell 和杧果属 *Mangifera* L.]，极稀更多，花丝线形或钻形，分离，花药卵形或长圆形或箭形，2 室，内向或侧向纵裂；花盘环状或坛状或杯状，全缘或 5～10 浅裂或呈柄状突起；心皮 1～5，稀较多，分离（山様子属 *Buchanania* Spreng.），仅 1 个发育或合生，子房上位，少有半下位或下位，通常 1 室，少有 2～5 室，每室有胚珠 1 颗，倒生，珠柄自子房室基部直立或伸长至室顶而下垂或沿子房壁上升。果多为核果，有的花后花托肉质膨大呈棒状或梨形的假果 [*Anacardium*（L.）Rottboell] 或花托肉质下凹包于果之中下部（*Semecarpus* L. f.），外果皮薄，中果皮通常厚，具树脂，内果皮坚硬，骨质或硬壳质或革质，1 室或 3～5 室，每室具种子 1 颗；胚稍大，肉质，弯曲，子叶膜质扁平或稍肥厚，无胚乳或有少量薄的胚乳。

本科约 60 属 600 余种，分布于全球热带、亚热带地区，少数延伸到北温带地区。中国有 16 属 59 种。

全国第四次中药资源普查秭归境内发现 5 种。

286. 黄栌 *Cotinus coggygria* Scop.

【别名】黄栌木、黄栌树、黄栌台、摩林罗、黄杨木、乌牙木、烟树等。

【植物形态】落叶灌木或乔木，高达 8 米。单叶互生，倒卵形，长 3～8 厘米，宽 2.5～6 厘米，先端圆或微凹，基部圆或阔楔形，全缘，无毛或仅下面脉上有短柔毛，侧脉 6～11 对，先端常分叉；叶柄细，长 1.5 厘米。大型圆锥花序顶生；花杂性，直径约 3 毫米；萼片 5，披针形；花瓣5，长圆形，长数倍于萼片；雄蕊5，短于花瓣；子房上位，具2～3枚短而侧生的花柱。果穗长5～20厘米，有多数不孕花的细长花梗宿存，成紫绿色羽毛状。核果肾形，直径3～4毫米，熟时红色。花期4月，果期6月。

【生境与分布】常生于向阳山坡。分布于华北、西南和浙江、陕西等地。我县均有分布。

【中药名称】黄栌。

【来源】为漆树科植物黄栌（*Cotinus coggygria* Scop.）的木材。

【采收加工】6月下旬至7月上旬果实成熟变为黄褐色时，及时采收，否则遇风容易将种子全部吹落。将种子采集后风干，去杂，过筛，精选，晾干，存放到干燥阴凉处备用。

【性味功效】苦，寒，无毒。除烦热，解酒毒、黄疸、目黄。

【应用举例】1. 治黄疸型传染性肝炎：黄栌9克，水煎服。

2. 治烫伤皮肤未破及漆疮：黄栌适量，煎汤洗患处。

287. 黄连木 *Pistacia chinensis* Bunge

【别名】木黄连、黄连芽、木萝树、田苗树、黄儿茶、鸡冠木、烂心木、鸡冠果、黄连树、药术、药树、茶树、凉茶树、岩拐角、黄连茶、楷木等。

【植物形态】落叶乔木，高达20余米；树干扭曲，树皮暗褐色，呈鳞片状剥落，幼枝灰棕色，具细小皮孔，疏被微柔毛或近无毛。奇数羽状复叶互生，有小叶5～6对，叶轴具条纹，被微柔毛，叶柄上面平，被微柔毛；小叶对生或近对生，纸质，披针形或卵状披针形或线状披针形，长5～10厘米，宽1.5～2.5厘米，先端渐尖或长渐尖，基部偏斜，全缘，两面沿中脉和侧脉被卷曲微柔毛或近无毛，侧脉和细脉两面突起；小叶柄长1～2毫米。花单性异株，先花后叶，圆锥花序腋生，雄花序排列紧密，长6～7厘米，雌花序排列疏松，长15～20厘米，均被微柔毛；花小，花梗长约1毫米，被微柔毛；苞片披针形或狭披针形，内凹，长1.5～2毫米，外面被微柔毛，边缘具睫毛。雄花：花被片2～4，披针形或线状披针形，大小不等，长1～1.5毫米，边缘具睫毛；雄蕊3～5，花丝极短，长不到0.5毫米，花药长圆形，大，长约2毫米；雌蕊缺。雌花：花被片7～9，大小不等，长0.7～1.5毫米，宽0.5～0.7毫米，外面2～4片较狭，披针形或线状披针形，外面被柔毛，边缘具睫毛，里面5片卵形或长圆形，外面无毛，边缘具睫毛；不育雄蕊缺；子房球形，无毛，直径约0.5毫米，花柱极短，柱头3，厚，肉质，红色。核果倒卵状球形，略压扁，直径约5毫米，成熟时紫红色，干后具纵向细条纹，先端细尖。

【生境与分布】产于长江以南各省区及华北、西北，生于海拔140～3550米的石山林中。我县均有分布。

【中药名称】黄楝树。

【来源】为漆树科植物黄连木（*Pistacia chinensis* Bunge）的叶芽、叶或根、树皮。

【采收加工】春季采集叶芽，鲜用；夏、秋季采叶，鲜用或晒干；根及树皮全年可采，洗净，切片，晒干。

【性味功效】苦、涩，寒。清暑，生津，解毒，利湿。用于暑热口渴，咽喉肿痛，口舌糜烂，吐泻，痢疾，淋证，无名肿毒，疮疹等。

【应用举例】治风湿疮或漆疮初起：黄楝树叶或树皮 150 克，板栗根皮 120 ～ 150 克。捣细，用初沸米汤冲泡，加盖闷 1 ～ 2 小时后擦洗患处。

288. 盐肤木 *Rhus chinensis* Mill.

【别名】五倍子树、五倍柴、五倍子、山梧桐、木五倍子、乌桃叶、乌盐泡、乌烟桃、乌酸桃、红叶桃、盐树根、土椿树、酸酱头、红盐果、倍子柴、角倍、肤杨树、盐肤子、盐酸白等。

【植物形态】落叶小乔木或灌木，高 2 ～ 10 米；小枝棕褐色，被锈色柔毛，具圆形小皮孔。奇数羽状复叶有小叶（2）3 ～ 6 对，叶轴具宽的叶状翅，小叶自下而上逐渐增大，叶轴和叶柄密被锈色柔毛；小叶多形，卵形或椭圆状卵形或长圆形，长 6 ～ 12 厘米，宽 3 ～ 7 厘米，先端急尖，基部圆形，顶生小叶基部楔形，边缘具粗锯齿或圆齿，叶面暗绿色，叶背粉绿色，被白粉，叶面沿中脉疏被柔毛或近无毛，叶背被锈色柔毛，脉上较密，侧脉和细脉在叶面凹陷，在叶背突起；小叶无柄。圆锥花序宽大，多分枝，雄花序长 30 ～ 40 厘米，雌花序较短，密被锈色柔毛；苞片披针形，长约 1 毫米，被微柔毛，小苞片极小，花白色，花梗长约 1 毫米，被微柔毛。雄花：花萼外面被微柔毛，裂片长卵形，长约 1 毫米，边缘具细睫毛；花瓣倒卵状长圆形，长约 2 毫米，开花时外卷；雄蕊伸出，花丝线形，长约 2 毫米，无毛，花药卵形，长约 0.7 毫米；子房不育。雌花：花萼裂片较短，长约 0.6 毫米，外面被微柔毛，边缘具细睫毛；花瓣椭圆状卵形，长约 1.6 毫米，边缘具细睫毛，里面下部被柔毛；雄蕊极短；花盘无毛；子房卵形，长约 1 毫米，密被白色微柔毛，花柱 3，柱头头状。核果球形，略压扁，直径 4 ～ 5 毫米，被具节柔毛和腺毛，成熟时红色，果核直径 3 ～ 4 毫米。花期 8—9 月，果期 10 月。

【生境与分布】我国除东北、内蒙古和新疆外，其余省区均有分布，生于海拔 170 ～ 2700 米的向阳山坡、沟谷、溪边的疏林或灌丛中。我县均有分布。

【中药名称】五倍子、盐肤木。

【来源】漆树科植物盐肤木（*Rhus chinensis* Mill.）叶上的虫瘿为五倍子，根、叶、花、果实为盐肤木。

【采收加工】五倍子：秋季采摘，置沸水中略煮或蒸至表面呈灰色，杀死蚜虫，取出，干燥。

盐肤木：根全年可采，夏、秋季采叶，晒干。

【性味功效】五倍子：酸，涩，寒。敛肺降火，涩肠止泻，敛汗，止血，收湿敛疮。用于肺虚久咳，肺热痰嗽，久泻久痢，自汗盗汗，消渴，便血痔血，外伤出血，痈肿疮毒，皮肤湿烂等。

盐肤木：酸，咸，凉。清热解毒，散瘀止血。用于感冒发热，支气管炎，咳嗽咯血，腹泻，痢疾，痔疮出血等；根、叶外用可治跌打损伤，毒蛇咬伤，漆疮等。

【应用举例】五倍子：治疮口不收，五倍子，焙，研末，以腊醋脚调涂四围。

盐肤木：治漆疮，盐肤木叶适量，煎水洗患处。

289. 红麸杨 *Rhus punjabensis* Stewart var. *sinica*（Diels）Rehd. et Wils.

【别名】漆倍子、倍子树、旱倍子等。

【植物形态】落叶乔木或小乔木，高 4 ～ 15 米，树皮灰褐色，小枝被微柔毛。奇数羽状复叶有小叶 3 ～ 6 对，叶轴上部具狭翅，极稀不明显；叶卵状长圆形或长圆形，长 5 ～ 12 厘米，宽 2 ～ 4.5 厘米，先端渐尖或长渐尖，基部圆形或近心形，全缘，叶背疏被微柔毛或仅脉上被毛，侧脉较密，约 20 对，不达边缘，在叶背明显突起；叶无柄或近无柄。圆锥花序长 15 ～ 20 厘米，密被微绒毛；苞片钻形，长 1 ～ 2 厘米，被微绒毛；花小，直径约 3 毫米，白色；花梗短，长约 1 毫米；花萼外面疏被微柔毛，裂片狭三角形，长约 1 毫米，宽约 0.5 毫米，边缘具细睫毛，花瓣长圆形，长约 2 毫米，宽约 1 毫米，两面被微柔毛，边缘具细睫毛，开花时先端外卷；花丝线形，长约 2 毫米，中下部被微柔毛，在雌花中较短，长约 1 毫米，花药卵形；花盘厚，紫红色，无毛；子房球形，密被白色柔毛，直径约 1 毫米，雄花中有不育子房。核果近球形，略压扁，直径约 4 毫米，成熟时暗紫红色，被具节柔毛和腺毛；种子小。

【生境与分布】产于云南（东北至西北部）、贵州、湖南、湖北、陕西、甘肃、四川、西藏，生于海拔 460 ～ 3000 米的石灰山灌丛或密林中。

【中药名称】五倍子、红麸杨根。

【来源】漆树科植物红麸杨（*Rhus punjabensis* Stewart var.*sinica*（Diels）Rehd.et Wils.）叶上的虫瘿为五倍子，根为红麸杨根。

【采收加工】五倍子：秋季采摘，置沸水中略煮或蒸至表面呈灰色，杀死蚜虫，取出，干燥。

红麸杨根：秋季采挖，洗净，切片晒干。

【性味功效】五倍子：酸，涩，寒。敛肺降火，涩肠止泻，敛汗，止血，收湿敛疮。用于肺虚久咳，肺热痰嗽，久泻久痢，自汗盗汗，消渴，便血痔血，外伤出血，痈肿疮毒，皮肤湿烂等。

红麸杨根：酸，涩，平。涩肠止泻。主治痢疾，泄泻等。

【应用举例】五倍子：治自汗、盗汗，五倍子研末，津调填脐中，缚定一夜即止也。

红麸杨根：内服，煎汤，9 ～ 15 克。

290. 漆 *Toxicodendron vernicifluum*（Stokes）F. A. Barkl.

【别名】干漆、大木漆、小木漆、山漆、植苜、瞎妮子等。

【植物形态】落叶乔木，高达 20 米。树皮灰白色，粗糙，呈不规则纵裂，小枝粗壮，被棕黄色柔毛，后变无毛，具圆形或心形的大叶痕和突起的皮孔；顶芽大而显著，被棕黄色绒毛。奇数羽状复叶互生，常螺旋状排列，有小叶 4 ～ 6 对，叶轴圆柱形，被微柔毛；叶柄长 7 ～ 14 厘米，被微柔毛，近基部膨大，半圆形，上面平；小叶膜质至薄纸质，卵形或卵状椭圆形或长圆形，长 6 ～ 13 厘米，宽 3 ～ 6 厘米，先端急尖或渐尖，基部偏斜，圆形或阔楔形，全缘，叶面通常无毛或仅沿中脉疏被微柔毛，叶背沿脉上被平展黄色柔毛，稀近无毛，侧脉 10 ～ 15 对，两面略突；小叶柄长 4 ～ 7 毫米，上面具槽，被柔毛。圆锥花序长 15 ～ 30 厘米，与叶近等长，被灰黄色微柔毛，序轴及分枝纤细，疏花；花黄绿色，雄花花梗纤细，长 1 ～ 3 毫米，雌花花梗短粗；花萼无毛，裂片卵形，长约 0.8 毫米，先端钝；花瓣长圆形，长约 2.5 毫米，宽约 1.2 毫米，具细密的褐色羽状脉纹，先端钝，开花时外卷；雄蕊长约 2.5 毫米，花丝线形，与花药等长或近等长，在雌花中较短，花药长圆形，花盘 5 浅裂，无毛；子房球形，直径约 1.5 毫米，花柱 3。果序多少下垂，核果肾形或椭圆形，不偏斜，略压扁，长 5 ～ 6 毫米，宽 7 ～ 8 毫米，先端锐尖，基部截形，外果皮黄色，无毛，具光泽，成熟后不裂，中果皮蜡质，具树脂道条纹，果核棕色，与果同形，长约 3 毫米，宽约 5 毫米，坚硬。花期 5—6 月，果期 7—10 月。

【生境与分布】除黑龙江、吉林、内蒙古和新疆外，其余省区均产，生于海拔 800 ～ 2800 米的向阳山坡林内，也有栽培。我县均有栽培。

【中药名称】干漆、漆树根、漆树皮、漆叶、漆子、生漆、漆树木心。

【来源】漆树科植物漆（*Toxicodendron vernicifluum*（Stokes）F. A. Barkl.）的树脂经加工后的干燥品为干漆，根为漆树根，树皮或根皮为漆树皮，叶为漆叶，种子为漆子，树脂为生漆，心材为漆树木心。

【采收加工】干漆：一般收集盛漆器具底留下的漆渣，干燥。

漆树根：全年均可采，挖出根后，洗净，切片，鲜用或晒干。

漆树皮：全年均可采，剥取树皮，或挖根，洗净，剥取根皮，鲜用。

漆叶：夏、秋季采叶，随采随有，鲜用。

漆子：9—10 月果实成熟时，采摘种子，除去果梗，晒干。

生漆：4—5 月采收，砍破树皮，收集溢出的脂液，储存备用。

漆树木心：全年均可采，将木材砍碎，晒干备用。

【性味功效】干漆：辛，温，有毒。破瘀血，消积，杀虫。主治妇女闭经，瘀血症瘕，虫积腹痛等。

漆树根：辛，温。活血散瘀，通经止痛。主治跌打瘀肿疼痛，闭经腹痛等。

漆树皮：辛，温。接骨。主治跌打骨折等。

漆叶：辛，温。活血解毒，杀虫敛疮。主治紫云疯，面部紫肿，外伤瘀肿出血，疮疡溃烂，疥癣，漆中毒等。

漆子：辛，温。活血止血，温经止痛。主治出血夹瘀的便血，尿血，崩漏及瘀滞腹痛、闭经等。

生漆：辛，温，大毒。杀虫。主治虫积，水蛊等。

漆树木心：辛，温。行气，活血，止痛。主治气滞血瘀所致胸胁胀痛，脘腹气痛等。

【应用举例】干漆：治五劳七伤，干漆、柏子仁、山茱萸、酸枣仁各等份，为末蜜丸，如梧桐子大，服二七丸，温酒下，日二服。

漆树根：治打伤久积（胸部伤适宜），漆树鲜根 15～30 克（干品减半），洗净切片，鸡 1 只（去头脚、内脏、尾椎），和水酒各半，炖服。

漆树皮：外用，适量，捣烂用酒炒敷。

漆叶：治漆中毒，漆叶取汁搽，或煎水候冷洗，忌洗暖水及饮酒。

漆子：治吐泻腹痛，漆树子 6 克，八角莲 6 克，九盏灯 6 克，女儿红 9 克，共研末，每次 9 克，开水冲服。

生漆：治钩虫病，生漆用饭包如黄豆大，每次吞服一粒。

漆树木心：内服，煎汤，3～6克。

八十六、无患子科 Sapindaceae

乔木或灌木，有时为草质或木质藤本。羽状复叶或掌状复叶，很少单叶，互生，通常无托叶。聚伞圆锥花序顶生或腋生；苞片和小苞片小；花通常小，单性，很少杂性或两性，辐射对称或两侧对称。雄花：萼片4或5，有时6片，等大或不等大，离生或基部合生，覆瓦状排列或镊合状排列；花瓣4或5，很少6片，有时无花瓣或只有1～4个发育不全的花瓣，离生，覆瓦状排列，内面基部通常有鳞片或被毛；花盘肉质，环状、碟状、杯状或偏于一边，全缘或分裂，很少无花盘；雄蕊5～10，通常8，偶有多数，着生在花盘内或花盘上，常伸出，花丝分离，极少基部至中部连生，花药背着，纵裂，退化雌蕊很小，常密被毛。雌花：花被和花盘与雄花相同，不育雄蕊的外貌与雄花中能育雄蕊常相似，但花丝较短，花药有厚壁，不开裂；雌蕊由2～4枚心皮组成，子房上位，通常3室，很少1或4室，全缘或2～4裂，花柱顶生或着生在子房裂片间，柱头单一或2～4裂；胚珠每室1或2颗，偶有多颗，通常上升着生在中轴胎座上，很少为侧膜胎座。果为室背开裂的蒴果，或不开裂而浆果状或核果状，全缘或深裂为分果爿，1～4室；种子每室1颗，很少2或多颗，种皮膜质至革质，很少骨质，假种皮有或无；胚通常弯拱，无胚乳或有很薄的胚乳，子叶肥厚。

本科约150属2000左右种，分布于全世界的热带和亚热带地区，温带地区很少。我国有25属53种2亚种3变种，多数分布在西南部至东南部，北部很少。

全国第四次中药资源普查秭归境内发现3种。

291. 倒地铃 *Cardiospermum halicacabum* L.

【别名】风船葛、金丝苦楝藤、野苦瓜、包袱草等。

【植物形态】草质攀援藤本，长1～5米；茎、枝绿色，有5或6棱和同数的直槽，棱上被皱曲柔毛。二回三出复叶，轮廓为三角形；叶柄长3～4厘米；小叶近无柄，薄纸质，顶生的斜披针形或近菱形，长3～8厘米，宽1.5～2.5厘米，顶端渐尖，侧生的稍小，卵形或长椭圆形，边缘有疏锯齿或羽状分裂，腹面近无毛或有稀疏微柔毛，背面中脉和侧脉上被疏柔毛。圆锥花序少花，与叶近等长或稍长，总花梗直，长4～8厘米，卷须螺旋状；萼片4，被缘毛，外面2片圆卵形，长8～10毫米，内面2片长椭圆形，比外面2片约长1倍；花瓣乳白色，倒卵形；雄蕊（雄花）与花瓣近等长或稍长，花丝被疏而长的柔毛；子房（雌花）倒卵形或有时近球形，被短柔毛。蒴果梨形、陀螺状倒三角形或有时近长球形，高1.5～3厘米，宽2～4厘米，褐色，被短柔毛；种子黑色，有光泽，直径约5毫米，种脐心形，鲜时绿色，干时白色。花期夏、秋季，果期秋季至初冬。

【生境与分布】我国东部、南部和西南部很常见，北部较少。生长于田野、灌丛、路边和林缘，也有栽培。我县均有分布。

【中药名称】三角泡。

【来源】为无患子科植物倒地铃（*Cardiospermum halicacabum* L.）的全草或果实。

【采收加工】夏、秋季采收全草，清除杂质，晒干，秋、冬季采果实，晒干。

【性味功效】苦，辛，寒。清热利湿，凉血解毒。用于黄疸，淋证，湿疹，疔疮肿毒，毒蛇咬伤，跌打损伤等。

【应用举例】1. 治诸淋：干倒地铃 9 克，金钱薄荷 6 克，煎汤服。

2. 治大小便不通：干倒地铃 15 克，煎汤冲黄酒服。

292. 复羽叶栾树 *Koelreuteria bipinnata* Franch.

【别名】花楸树、泡花树、灯笼花、马鞍树等。

【植物形态】乔木，高可达 20 余米；皮孔圆形至椭圆形；枝具小疣点。叶平展，二回羽状复叶，长 45 ～ 70 厘米；叶轴和叶柄向轴面常有一纵行皱曲的短柔毛；小叶 9 ～ 17 片，互生，很少对生，纸质或近革质，斜卵形，长 3.5 ～ 7 厘米，宽 2 ～ 3.5 厘米，顶端短尖至短渐尖，基部阔楔形或圆形，略偏斜，边缘有内弯的小锯齿，两面无毛或上面中脉上被微柔毛，下面密被短柔毛，有时杂以皱曲的毛；小叶柄长约 3 毫米或近无柄。圆锥花序大型，长 35 ～ 70 厘米，分枝广展，与花梗同被短柔毛；萼 5 裂达中部，裂片阔卵状三角形或长圆形，有短而硬的缘毛及流苏状腺体，边缘呈啮蚀状；花瓣 4，长圆状披针形，瓣片长 6 ～ 9 毫米，宽 1.5 ～ 3 毫米，顶端钝或短尖，瓣爪长 1.5 ～ 3 毫米，被长柔毛，鳞片深 2 裂；雄蕊 8 枚，长 4 ～ 7 毫米，花丝被白色、开展的长柔毛，下半部毛较多，花药有短疏毛；子房三棱状长圆形，被柔毛。蒴果椭圆形或近球形，具 3 棱，淡紫红色，老熟时褐色，长 4 ～ 7 厘米，宽 3.5 ～ 5 厘米，顶端钝或圆；有小凸尖，果瓣椭圆形至近圆形，外面具网状脉纹，内面有光泽；

种子近球形，直径 5 ～ 6 毫米。花期 7—9 月，果期 8—10 月。

【生境与分布】产于云南、贵州、四川、湖北、湖南、广西、广东等省区。生于海拔 400 ～ 2500 米的山地疏林中。

【中药名称】摇钱树、摇钱树根。

【来源】无患子科植物复羽叶栾树（*Koelreuteria bipinnata* Franch.）的花和果实为摇钱树，根、根皮为摇钱树根。

【采收加工】摇钱树：7—9 月采花，晾干；9—10 月采果，晒干。

摇钱树根：常年均可采挖，剥皮或切片，洗净晒干。

【性味功效】摇钱树：苦，寒。清肝明目，行气止痛。用于目痛泪出，疝气痛，腰痛等。

摇钱树根：微苦，平。祛风清热，止咳，散瘀，杀虫。用于风热咳嗽，风湿热痹，跌打肿痛，蛔虫病等。

【应用举例】摇钱树：治目痛泪出，复羽叶栾树花 1 ～ 2 枚，水煎服。

摇钱树根：治跌打损伤、瘀血阻滞肿痛，摇钱树根 30 克，水煎服，或加大血藤 12 克、川芎 12 克浸酒服。

293. 无患子 *Sapindus mukorossi* Gaertn.

【别名】木患子、油患子、苦患树、黄目树、目浪树、油罗树、洗手果等。

【植物形态】落叶大乔木，高可达 20 余米，树皮灰褐色或黑褐色；嫩枝绿色，无毛。叶连柄长 25 ～ 45 厘米或更长，叶轴稍扁，上面两侧有直槽，无毛或被微柔毛；小叶 5 ～ 8 对，通常近对生，叶片薄纸质，长椭圆状披针形或稍呈镰形，长 7 ～ 15 厘米或更长，宽 2 ～ 5 厘米，顶端短尖或短渐尖，基部楔形，稍不对称，腹面有光泽，两面无毛或背面被微柔毛；侧脉纤细而密，15 ～ 17 对，近平行；小叶柄长约 5 毫米。花序顶生，圆锥形；花小，辐射对称，花梗常很短；萼片卵形或长圆状卵形，大的长约 2 毫米，外面基部被疏柔毛；花瓣 5，披针形，有长爪，长约 2.5 毫米，外面基部被长柔毛或近无毛，鳞片 2 个，小耳状；花盘碟状，无毛；雄蕊 8，伸出，花丝长约 3.5 毫米，中部以下密被长柔毛；子房无毛。果的发育分果爿近球形，直径 2 ～ 2.5 厘米，橙黄色，干时变黑。花期春季，果期夏秋。

【生境与分布】分布于我国东部、南部至西南部。各地寺庙、庭园和村边常有栽培。我县均有分布。

【中药名称】无患子、无患子皮、无患子树皮。

【来源】无患子科植物无患子（*Sapindus mukorossi* Gaertn.）的种子为无患子，果皮为无患子皮，树皮为无患子树皮。

【采收加工】无患子：秋季采摘成熟果实，除去果肉和果皮，取种子晒干。

无患子皮：秋季果实成熟时，剥取果肉，晒干。

无患子树皮：全年均可采，剥取皮，晒干。

【性味功效】无患子：苦，辛，寒。清热，祛痰，消积，杀虫。用于喉痹肿痛，肺热咳喘，音哑，食滞，疳积，蛔虫病，滴虫性阴道炎，癣疾，肿毒等。

无患子皮：苦，平。清热化痰，止痛，消积。用于喉痹肿痛，心胃气痛，疝气疼痛，风湿痛，虫积，食滞，肿毒等。

无患子树皮：苦，辛，平。解毒，利咽，祛风杀虫。用于白喉，疥癞，疳疮等。

【应用举例】无患子：治喉痹，无患子研末，内喉中立开。

无患子皮：治虫积食滞，无患果肉 9 克，水煎服。

无患子树皮：治白喉，无患树皮 15 克，水煎，含漱，每日 4 ～ 6 次。

八十七、凤仙花科 Balsaminaceae

一年生或多年生草本，稀附生或亚灌木，茎通常肉质，直立或平卧，下部节上常生根。单叶，螺旋状排列，对生或轮生，具柄或无柄，无托叶或有时叶柄基具1对托叶状腺体，羽状脉，边缘具圆齿或锯齿，齿端具小尖头，齿基部常具腺状小尖。花两性，雄蕊先熟，两侧对称，常呈180°倒置，排成腋生或近顶生总状或假伞形花序，或无总花梗，束生或单生，萼片3，稀5枚，侧生萼片离生或合生，全缘或具齿，下面倒置的1枚萼片（亦称唇瓣）大，花瓣状，通常呈舟状，漏斗状或囊状，基部渐狭或急收缩成具蜜腺的距；距短或细长，直，内弯或拳卷，顶端肿胀，急尖或稀2裂，稀无距；花瓣5枚，分离，位于背面的1枚花瓣（即旗瓣）离生，小或大，扁平或兜状，背面常有鸡冠状突起，下面的侧生花瓣成对合生成2裂的翼瓣，基部裂片小于上部的裂片，雄蕊5枚，与花瓣互生，花丝短，扁平，内侧具鳞片状附属物，在雌蕊上部连合或贴生，环绕子房和柱头，在柱头成熟前脱落；花药2室，缝裂或孔裂；雌蕊由4或5心皮组成；子房上位，4或5室，每室具2至多数倒生胚珠；花柱1，极短或无花柱，柱头1～5。果实为假浆果或多少肉质，具4～5片裂爿弹裂的蒴果。种子从开裂的裂爿中弹出，无胚乳，种皮光滑或具小瘤状突起。

本科仅有水角属 *Hydrocera* Bl. 和凤仙花属 *Impatiens* L. 两个属，全世界有900余种。主要分布于亚洲热带和亚热带地区及非洲，少数种在欧洲，亚洲温带地区及北美洲也有分布。前者为单种属，产于印度和东南亚，而后者是本科中最大的属。我国2属均产，已知有220余种。

全国第四次中药资源普查秭归境内发现1种。

294. 凤仙花 *Impatiens balsamina* L.

【别名】指甲花、急性子、凤仙透骨草等。

【植物形态】一年生草本，高60～100厘米。茎粗壮，肉质，直立，不分枝或有分枝，无毛或幼时被疏柔毛，基部直径可达8毫米，具多数纤维状根，下部节常膨大。叶互生，最下部叶有时对生；叶片披针形、狭椭圆形或倒披针形，长4～12厘米、宽1.5～3厘米，先端尖或渐尖，基部楔形，边缘有锐锯齿，向基部常有数对无柄的黑色腺体，两面无毛或被疏柔毛，侧脉4～7对；叶柄长1～3厘米，上面有浅沟，两侧具数对具柄的腺体。花单生或2～3朵簇生于叶腋，无总花梗，白色、粉红色或紫色，单瓣或重瓣；花梗长2～2.5厘米，密被柔毛；苞片线形，位于花梗的基部；侧生萼片2，卵形或卵状披针形，长2～3毫米，唇瓣深舟状，长13～19毫米，宽4～8毫米，被柔毛，基部急尖成长1～2.5厘米内弯的距；旗瓣圆形，兜状，先端微凹，背面中肋具狭龙骨状突起，顶端具小尖，翼瓣具短柄，长23～35毫米，2裂，下部裂片小，倒卵状长圆形，上部裂片近圆形，先端2浅裂，外缘近基部具小耳；雄蕊5，花丝线形，花药卵球形，顶端钝；子房纺锤形，密被柔毛。蒴果宽纺锤形，长10～20毫米，两端尖，密被柔毛。种子多数，圆球形，直径1.5～3毫米，黑褐色。花期7—10月。

【生境与分布】我国各地庭园广泛栽培，为常见的观赏花卉。我县均有栽培。

【中药名称】急性子、凤仙花、凤仙根、凤仙透骨草。

【来源】凤仙花科植物凤仙花（*Impatiens balsamina* L.）的干燥成熟种子为急性子，干燥花蕾为凤仙花，根为凤仙根，干燥茎为凤仙透骨草。

【采收加工】急性子：8—9 月当蒴果由绿转黄时，要及时分批采摘，否则果实过熟就会将种子弹射出去，造成损失。将蒴果脱粒，筛去果皮杂质，即得药材急性子。

凤仙花：夏、秋季开花时采收，鲜用或阴干、烘干。

凤仙根：秋季采挖根部，洗净，鲜用或晒干。

凤仙透骨草：夏、秋间植株生长茂盛时割取地上部分，除去叶及花果，洗净，晒干。

【性味功效】急性子：微苦，辛，温，小毒。破血消积，软坚散结。用于闭经，积块，噎膈，外疡坚肿，骨鲠在喉等。

凤仙花：甘，温，小毒。活血通经，祛风止痛，外用解毒。用于闭经，跌打损伤，瘀血肿痛，风湿性关节炎，痈疖疔疮，蛇咬伤，手癣等。

凤仙根：苦，辛，平。活血止痛，利湿消肿。用于跌打肿痛，风湿骨痛，带下，水肿等。

凤仙透骨草：苦，辛，温，小毒。祛风湿，活血，解毒。用于风湿痹痛，跌打肿痛，闭经，痛经，痈肿，丹毒，鹅掌风，蛇虫咬伤等。

【应用举例】急性子：治跌打损伤、阴囊入腹疼痛，急性子、沉香各五份，研末冲开水送下。

凤仙花：治腰胁引痛不可忍者，凤仙花研饼，晒干，为末，空腹每酒服三钱。

凤仙根：治跌打损伤、红肿紫瘀、溃烂，凤仙根、茎捣敷。

凤仙透骨草：内服，煎汤，3～9克，或鲜品捣汁；外用，适量，鲜品捣敷，或煎汤熏洗。

八十八、冬青科 Aquifoliaceae

乔木或灌木，常绿或落叶植物；单叶，互生，稀对生或假轮生，叶片通常革质、纸质，稀膜质，具锯齿、腺状锯齿或具刺齿，或全缘，具柄；托叶无或小，早落。花小，辐射对称，单性，稀两性或杂性，雌雄异株，排列成腋生，腋外生或近顶生的聚伞花序、假伞形花序、总状花序、圆锥花序或簇生，稀单生；花萼4～6片，覆瓦状排列，宿存或早落；花瓣4～6，分离或基部合生，通常圆形，或先端具1内折的小尖头，覆瓦状排列，稀镊合状排列；雄蕊与花瓣同数，且与之互生，花丝短，花药2室，内向，纵裂；或4～12，一轮，花丝短而粗或缺，药隔增厚，花药延长或增厚成花瓣状（雌花中退化雄蕊存在，常呈箭头状）；花盘缺；子房上位，心皮2～5，合生，2至多室，每室具1，稀2枚悬垂、横生或弯生的胚珠，花柱短或无，柱头头状、盘状或浅裂（雄花中败育雌蕊存在，近球形或叶枕状）。果通常为浆果状核果，具2至多数分核，通常4枚，稀1枚，每分核具1粒种子；种子含丰富的胚乳，胚小，直立，子房扁平。

本科有4属400～500种，其中绝大部分种为冬青属，分布中心为热带美洲和热带至暖带亚洲，仅有3种到达欧洲，其分布式样应归入热亚－热美－热大（洋洲），是一古老的类型，北美、非洲均无分布。我国产1属约204种，分布于秦岭南坡、长江流域及其以南地区，以西南地区最盛。

全国第四次中药资源普查秭归境内发现1种。

295. 枸骨 *Ilex cornuta* Lindl. et Paxt.

【别名】猫儿刺、老虎刺、八角刺、鸟不宿、构骨、狗骨刺、猫儿香、老鼠树等。

【植物形态】常绿灌木或小乔木，高（0.6）1～3米；幼枝具纵脊及沟，沟内被微柔毛或变无毛，二年生枝褐色，三年生枝灰白色，具纵裂缝及隆起的叶痕，无皮孔。叶片厚革质，二型，四角状长圆形或卵形，长4～9厘米，宽2～4厘米，先端具3枚尖硬刺齿，中央刺齿常反曲，基部圆形或近截形，两侧各具1～2刺齿，有时全缘（此情况常出现在卵形叶），叶面深绿色，具光泽，背淡绿色，无光泽，两面无毛，主脉在上面凹下，背面隆起，侧脉5或6对，于叶

缘附近网结，在叶面不明显，在背面凸起，网状脉两面不明显；叶柄长 4 ～ 8 毫米，上面具狭沟，被微柔毛；托叶胼胝质，宽三角形。花序簇生于二年生枝的叶腋内，基部宿存鳞片近圆形，被柔毛，具缘毛；苞片卵形，先端钝或具短尖头，被短柔毛和缘毛；花淡黄色，4 基数。雄花：花梗长 5 ～ 6 毫米，无毛，基部具 1 ～ 2 枚阔三角形的小苞片；花萼盘状；直径约 2.5 毫米，裂片膜质，阔三角形，长约 0.7 毫米，宽约 1.5 毫米，疏被微柔毛，具缘毛；花冠辐状，直径约 7 毫米，花瓣长圆状卵形，长 3 ～ 4 毫米，反折，基部合生；雄蕊与花瓣近等长或稍长，花药长圆状卵形，长约 1 毫米；退化子房近球形，先端钝或圆形，不明显的 4 裂。雌花：花梗长 8 ～ 9 毫米，果期长达 13 ～ 14 毫米，无毛，基部具 2 枚小的阔三角形苞片；花萼与花瓣像雄花；退化雄蕊长为花瓣的 4/5，略长于子房，败育花药卵状箭头形；子房长圆状卵球形，长 3 ～ 4 毫米，直径 2 毫米，柱头盘状，4 浅裂。果球形，直径 8 ～ 10 毫米，成熟时鲜红色，基部具四角形宿存花萼，顶端宿存柱头盘状，明显 4 裂；果梗长 8 ～ 14 毫米。分核 4，轮廓倒卵形或椭圆形，长 7 ～ 8 毫米，背部宽约 5 毫米，遍布皱纹和皱纹状纹孔，背部中央具 1 纵沟，内果皮骨质。花期 4—5 月，果期 10—12 月。

【生境与分布】产于江苏、上海、安徽、浙江、江西、湖北、湖南等省区，云南昆明等城市庭园有栽培，欧美一些国家植物园等也有栽培。生于海拔 150 ～ 1900 米的山坡、丘陵等的灌丛、疏林中以及路边、溪旁和村舍附近。

【中药名称】枸骨叶、枸骨根、枸骨子。

【来源】冬青科植物枸骨（*Ilex cornuta* Lindl. et Paxt.）的干燥叶为枸骨叶，根皮为枸骨根，果实为枸骨子。

【采收加工】枸骨叶：秋季采收，除去杂质，晒干。

枸骨根：全年可采，洗净晒干。

枸骨子：冬季采摘成熟的果实，拣去果柄杂质，晒干。

【性味功效】枸骨叶：苦，凉。清热养阴，益肾，平肝。用于肺痨咯血，骨蒸潮热，头晕目眩等。

枸骨根：苦，凉。补肝肾，清风热。用于腰膝痿弱，关节疼痛，头风，赤眼，牙痛等。

枸骨子：苦、涩，微温。滋阴，益精，活络。用于阴虚身热，淋浊，崩带，筋骨疼痛等。

【应用举例】枸骨叶：治劳伤失血痿弱，每用枸骨叶数斤，去刺，入红枣二三斤，熬膏蜜收。

枸骨根：治劳动伤腰，枸骨根一两至一两五钱，乌贼干二个，酌加酒、水各半炖服。

枸骨子：内服，煎汤，6 ～ 10 克；或泡酒。

八十九、卫矛科 Celastraceae

常绿或落叶乔木、灌木或藤本灌木及匍匐小灌木。单叶对生或互生，少为三叶轮生并类似互生；托叶细小，早落或无，稀明显而与叶俱存。花两性或退化为功能性不育的单性花，杂性同株，较少异株；聚伞花序 1 至多次分枝，具有较小的苞片和小苞片；花 4 ～ 5 数，花部同数或心皮减数，花萼花冠分化明显，极少萼冠相似或花冠退化，花萼基部通常与花盘合生，花萼分为4～5萼片，花冠具4～5分离花瓣，少为基部贴合，常具明显肥厚花盘，极少花盘不明显或近无，雄蕊与花瓣同数，着生花盘之上或花盘之下，花药2室或1室，心皮2～5，合生，子房下部常陷入花盘而与之合生或与之融合而无明显界线，或仅基部与花盘相连，大部游离，子房室与心皮同数或退化成不完全室或1室，倒生胚珠，通常每室2～6，少为1，轴生、室顶垂生，较少基生。多为蒴果，亦有核果、翅果或浆果；种子多少被肉质具色假种皮包围，稀无假种皮，胚乳肉质丰富。

本科约60属850种，主要分布于热带、亚热带及温暖地区，少数进入寒温带。我国有12属201种，全国均产，其中引进栽培有1属1种。

全国第四次中药资源普查秭归境内发现5种。

296. 南蛇藤 *Celastrus orbiculatus* Thunb.

【别名】蔓性落霜红、南蛇风、大南蛇、香龙草、果山藤等。

【植物形态】小枝光滑无毛，灰棕色或棕褐色，具稀而不明显的皮孔；腋芽小，卵状到卵圆状，长1～3毫米。叶通常阔倒卵形，近圆形或长方椭圆形，长5～13厘米，宽3～9厘米，先端圆阔，具有小尖头或短渐尖，基部阔楔形到近钝圆形，边缘具锯齿，两面光滑无毛或叶背脉上具稀疏短柔毛，侧脉3～5对；叶柄细长1～2厘米。聚伞花序腋生，间有顶生，花序长1～3厘米，小花1～3朵，偶仅1～2朵，小花梗关节在中部以下或近基部；雄花萼片钝三角形；花瓣倒卵椭圆形或长方形，长3～4厘米，宽2～2.5毫米；花盘浅杯状，裂片浅，顶端圆钝；雄蕊长2～3毫米，退化雌蕊不发达；雌花花冠较雄花窄小，花盘稍深厚，肉质，退化雄蕊极短小；子房近球状，花柱长约1.5毫米，柱头3深裂，裂端再2浅裂。蒴果近球状，直径8～10毫米；种子椭圆状稍扁，长4～5毫米，直径2.5～3毫米，赤褐色。花期5—6月，果期7—10月。

【生境与分布】产于黑龙江、吉林、辽宁、内蒙古、河北、山东、山西、河南、陕西、甘肃、江苏、安徽、浙江、江西、湖北、四川，为我国分布最广泛的种之一。生长于海拔450～2200米山坡灌丛。

【中药名称】南蛇藤、南蛇藤根、南蛇藤叶。

【来源】卫矛科植物南蛇藤（*Celastrus orbiculatus* Thunb.）的茎藤为南蛇藤，根为南蛇藤根，叶为南蛇藤叶。

【采收加工】南蛇藤：春、秋季采收，鲜用或切段晒干。

南蛇藤根：8—10 月采收，洗净鲜用或晒干。

南蛇藤叶：春季采收，晒干。

【性味功效】南蛇藤：苦，辛，微温。祛风除湿，通经止痛，活血解毒。用于风湿性关节痛，四肢麻木，瘫痪，头痛，牙痛，疝气，痛经，闭经，小儿惊风，跌打扭伤，痢疾，痧症，带状疱疹等。

南蛇藤根：辛，苦，平。祛风除湿，活血通经，消肿解毒。用于风湿痹痛，跌打肿痛，闭经，头痛，腰痛，疝气痛，痢疾，肠风下血，痈疽肿毒，烫伤，毒蛇咬伤等。

南蛇藤叶：苦，辛，平。祛风除湿，解毒消肿，活血止痛。用于风湿痹痛，疮疡疖肿，疱疹，湿疹，跌打损伤，蛇虫咬伤等。

【应用举例】南蛇藤：治风湿性筋骨痛、腰痛、关节痛，南蛇藤、凌霄花各 120 克，八角枫根 60 克，白酒 250 克，浸泡 7 天，每日临睡前服 15 克。

南蛇藤根：治关节痛，南蛇藤根 30 克，猪蹄 1 个，酌加酒水各半煎服。

南蛇藤叶：治蜂、虫伤，南蛇藤叶捣烂外敷。

297. 卫矛 *Euonymus alatus*（Thunb.）Sieb.

【别名】鬼箭羽等。

【植物形态】灌木，高 1 ～ 3 米；小枝常具 2 ～ 4 列宽阔木栓翅；冬芽圆形，长 2 毫米左右，芽鳞边缘具不整齐细坚齿。叶卵状椭圆形、窄长椭圆形，偶为倒卵形，长 2 ～ 8 厘米，宽 1 ～ 3 厘米，边缘具细锯齿，两面光滑无毛；叶柄长 1 ～ 3 毫米。聚伞花序具 1 ～ 3 朵花；花序梗长约 1 厘米，小花梗长 5 毫米；花白绿色，直径约 8 毫米，4 数；萼片半圆形；花瓣近圆形；雄蕊着生于花盘边缘处，花丝极短，开花后稍增长，花药宽阔长方形，2 室顶裂。蒴果 1 ～ 4 深裂，裂瓣椭圆状，长 7 ～ 8 毫米；种子椭圆状或阔椭圆状，长 5 ～ 6 毫米，种皮褐色或浅棕色，假种皮橙红色，全包种子。花期 5—6 月，果期 7—10 月。

【生境与分布】除东北、新疆、青海、西藏、广东及海南以外，全国名省区均产。生长于山坡、沟地边沿。我县均有分布。

【中药名称】鬼箭羽。

【来源】为卫矛科植物卫矛（*Euonymus alatus*（Thunb.）Sieb.）的具翅状物的枝条或翅状附属物。

【采收加工】全年可采，割取枝条后，除去嫩枝及叶，晒干；或收集其翅状物，晒干。

【性味功效】苦，辛，寒。破血通经，解毒消肿，杀虫。用于症瘕结块，心腹疼痛，闭经，痛经，崩中漏下，产后瘀滞腹痛，恶露不下，疝气，历节痹痛，疮肿，跌打伤痛，虫积腹痛，烫伤，毒蛇咬伤等。

【应用举例】治产后血运欲绝：当归30克，鬼箭羽60克，上二味，粗捣筛。每服三钱匕，酒一盏，煎至六分，去滓温服，相次再服。

298. 冬青卫矛 *Euonymus japonicus* Thunb.

【别名】正木、大叶黄杨等。

【植物形态】灌木，高可达3米；小枝四棱，具细微皱突。叶革质，有光泽，倒卵形或椭圆形，长3～5厘米，宽2～3厘米，先端圆阔或急尖，基部楔形，边缘具有浅细钝齿；叶柄长约1厘米。聚伞花序具5～12朵花，花序梗长2～5厘米，2～3次分枝，分枝及花序梗均扁壮，第三次分枝常与小花梗等长或较短；小花梗长3～5毫米；花白绿色，直径5～7毫米；花瓣近卵圆形，长、宽各约2毫米，雄蕊花药长圆状，内向；花丝长2～4毫米；子房每室具2枚胚珠，着生于中轴顶部。蒴果近球状，直径约8毫米，淡红色；种子每室1粒，顶生，椭圆状，长约6毫米，直径约4毫米，假种皮橘红色，全包种子。花期6—7月，果熟期9—10月。

【生境与分布】我国南北各省区均有栽培。我县均有栽培。

【中药名称】大叶黄杨根。

【来源】为卫矛科植物冬青卫矛（*Euonymus japonicus* Thunb.）的根。

【采收加工】冬季采挖根部，洗去泥土，切片，晒干。

【性味功效】辛，苦，温。归肝经。活血调经，祛风湿。用于月经不调，痛经，风湿痹痛。

【应用举例】用法用量：内服，煎汤，15～30克。

299. 白杜 *Euonymus maackii* Rupr.

【别名】明开夜合、丝绵木等。

【植物形态】小乔木，高达6米。叶卵状椭圆形、卵圆形或窄椭圆形，长4～8厘米，宽2～5厘米，先端长渐尖，基部阔楔形或近圆形，边缘具细锯齿，有时极深而锐利；叶柄通常细长，常为叶片的1/4～1/3，但有时较短。聚伞花序有3至多朵花，花序梗略扁，长1～2厘米；花4数，淡白绿色或黄绿色，直径约8毫米；小花梗长2.5～4毫米；雄蕊花药紫红色，花丝细长，长1～2毫米。蒴果倒圆心状，4浅裂，长6～8毫米，直径9～10毫米，成熟后果皮粉红色；种子长椭圆状，长 5～6 毫米，直径约 4 毫米，种皮棕黄色，假种皮橙红色，全包种子，成熟后顶端常有小口。花期 5—6 月，果期 9 月。

【生境与分布】产地广阔，北起黑龙江包括华北、内蒙古各省区，南到长江南岸各省区，西至甘肃，除陕西、西南和两广未见野生外，其他各省区均有，但长江以南常以栽培为主。我县均有分布。

【中药名称】丝绵木。

【来源】为卫矛科植物白杜（*Euonymus maackii* Rupr.）的根、树皮。

【采收加工】全年均可采，洗净，切片，晒干。

【性味功效】苦，辛，凉。祛风除湿，活血通络，解毒止血。用于风湿性关节炎，腰痛，跌打伤肿，血栓性闭塞性脉管炎，肺痈，衄血，疔疮肿毒等。

【应用举例】1. 治腰痛：丝绵木树皮 12～30 克，水煎服。

2. 治血栓闭塞性脉管炎：丝绵木根、牛膝各 15 克，煎水，黄酒适量冲服。

300. 刺茶美登木 *Maytenus variabilis*（Hemsl.）C. Y. Cheng

【别名】皮胡椒等。

【植物形态】灌木，高达 5 米；小枝先端常粗壮刺状，腋生刺较细，生于较潮湿环境时小枝刺较少。叶纸质，椭圆形、窄椭圆形或椭圆披针形，少为倒披针形，大小变化甚大，长 3～12 厘米，宽 1～4 厘米，先端急尖或钝，基部楔形，边缘有明显的密浅锯齿，侧脉较细弱，小脉也细弱不明显；叶柄长 3～6 毫米。聚伞花序着生于刺状小枝上及非刺状长枝上，1～3 次二歧分枝；花序梗长 3～13 毫米；小苞片长约 1 毫米；花淡黄色，直径 5～6 毫米，萼片卵形，有细微齿缘；花瓣长圆形；雄蕊较花瓣稍短，花盘较圆而肥厚；子房基部约 1/3 与花盘合生，花柱短，柱头 3 裂，裂片扁。蒴果三角宽倒卵状，长 1.2～1.5 厘米，红紫色，3 室，每室常只有 1 个种子成熟；种子倒卵柱状，长约 7 毫米，直径 4～5 毫米，深棕色，平滑有光泽，基部具浅杯状淡黄色假种皮。花期 6—10 月，果期 7—12 月。

【生境与分布】产于湖北西部、四川东部、贵州及云南南部。生长于岩边、草地和多石斜坡。我县均有分布。

【中药名称】刺茶美登木。

【来源】为卫矛科植物刺茶美登木（*Maytenus variabilis*（Hemsl.）C. Y. Cheng）的叶。

【采收加工】春、夏季采收，鲜用或晒干。

【性味功效】苦，辛，微寒。解毒，燥湿，抗癌。用于下肢溃疡，头癣，牛皮癣，肿瘤等。

【应用举例】内服：煎汤，15～30克；或入丸、散。外用：适量，研末调敷；或鲜品捣敷。

九十、省沽油科 Staphyleaceae

乔木或灌木。叶对生或互生，奇数羽状复叶或稀为单叶，有托叶或稀无托叶；叶有锯齿。花整齐，两性或杂性，稀为雌雄异株，在圆锥花序上花少（但有时花极多）；萼片5，分离或连合，覆瓦状排列；花瓣5，覆瓦状排列；雄蕊5，互生，花丝有时多扁平，花药背着，内向；花盘通常明显，且多少有裂片，有时缺；子房上位，3室，稀2或4，联合，或分离，每室有1至几个倒生胚珠，花柱各式分离到完全联合。果实为蒴果状，常为多少分离的蓇葖果或不裂的核果或浆果；种子数枚，肉质或角质。

本科有5属约60种，产于热带亚洲和美洲及北温带地区。我国有4属22种，主产南方各省。

全国第四次中药资源普查秭归境内发现2种。

301. 野鸦椿 *Euscaphis japonica*（Thunb.）Dippel

【别名】酒药花、鸡肾果、鸡眼睛、小山辣子、山海椒、芽子木、红棕等。

【植物形态】落叶小乔木或灌木，高2～6（8）米，树皮灰褐色，具纵条纹，小枝及芽红紫色，枝叶揉碎后发出恶臭气味。叶对生，奇数羽状复叶，长（8）12～32厘米，叶轴淡绿色，小叶5～9，稀3～11，厚纸质，长卵形或椭圆形，稀为圆形，长4～6（9）厘米，宽2～3（4）厘米，先端渐尖，基部钝圆，边缘具疏短锯齿，齿尖有腺体，两面除背面沿脉有白色小柔毛外余无毛，主脉在上面明显，在背面突出，侧脉8～11，在两面可见，小叶柄长1～2毫米，小托叶线形，基部较宽，先端尖，有微柔毛。圆锥花序顶生，花梗长达21厘米，花多，较密集，黄白色，直径4～5毫米，萼片与花瓣均5，椭圆形，萼片宿存，花盘盘状，心皮3，分离。蓇葖果长1～2厘米，每一朵花发育为1～3个蓇葖，果皮软革质，紫红色，有纵脉纹，种子近圆形，直径约5毫米，假种皮肉质，黑色，有光泽。

花期5—6月，果期8—9月。

【生境与分布】除西北各省外，全国均产，主产于江南各省，西至云南东北部。我县均有分布。

【中药名称】野鸦椿根、野鸦椿子。

【来源】省沽油科植物野鸦椿（*Euscaphis japonica*（Thunb.）Dippel）的根或根皮为野鸦椿根，果实或种子为野鸦椿子。

【采收加工】野鸦椿根：9—10月采挖，洗净切片，晒干。

野鸦椿子：秋季采收成熟果实或种子，晒干。

【性味功效】野鸦椿根：辛，苦，平。祛风解表，清热利湿。用于外感头痛，风湿腰痛，痢疾，泄泻，跌打损伤等。

野鸦椿子：辛，微苦，温。祛风散寒，行气止痛，消肿散结。用于胃痛，寒疝疼痛，泄泻，痢疾，脱肛，月经不调，子宫下垂，睾丸肿痛等。

【应用举例】野鸦椿根：治关节或肌肉痛，野鸦椿根90克，煎服。

野鸦椿子：治头痛，野鸦椿干果15～30克，水煎服。

302. 省沽油 *Staphylea bumalda* DC.

【别名】水条等。

【植物形态】落叶灌木，高约2米，稀达5米，树皮紫红色或灰褐色，有纵棱；枝条开展，绿白色复叶对生，有长柄，柄长2.5～3厘米，具三小叶；小叶椭圆形、卵圆形或卵状披针形，长（3.5）4.5～8厘米，宽（2）2.5～5厘米，先端锐尖，具尖尾，尖尾长约1厘米，基部楔形或圆形，边缘有细锯齿，齿尖具尖头，上面无毛，背面青白色，主脉及侧脉有短毛；中间小叶柄长5～10毫米，两侧小叶柄长1～2毫米。圆锥花序顶生，直立，花白色；萼片长椭圆形，浅黄白色，花瓣5，白色，倒卵状长圆形，较萼片稍大，长5～7毫米，雄蕊5，与花瓣略等长。蒴果膀胱状，扁平，2室，先端2裂；种子黄色，有光泽。花期4—5月，果期8—9月。

【生境与分布】产于黑龙江、吉林、辽宁、河北、山西、陕西、浙江、湖北、安徽、江苏、四川。生于路旁、山地或丛林中。

【中药名称】省沽油根。

【来源】为省沽油科植物省沽油（*Staphylea bumalda* DC.）的根。

【采收加工】全年均可采挖，洗净切片，鲜用或晒干。

【性味功效】辛，平。活血化瘀。用于妇女产后恶露不净。

【应用举例】治妇女产后瘀血不净：鲜省沽油根 90 克，红花 15 克，茜草 30 克。水煎，冲红糖、黄酒，早、晚饭前各服 1 次。

九十一、黄杨科 Buxaceae

常绿灌木、小乔木或草本。单叶，互生或对生，全缘或有齿，羽状脉或离基三出脉，无托叶。花小，整齐，无花瓣；单性，雌雄同株或异株；花序总状或密集的穗状，有苞片；雄花萼片 4，雌花萼片 6（*Notobuxus* 萼片 4），均二轮，覆瓦状排列，雄蕊 4，与萼片对生（*Notobuxus* 雄蕊 6，其中两对和内轮萼片相对），分离，花药大，2 室，花丝多少扁阔；雌蕊通常由 3 心皮（稀由 2 心皮）组成，子房上位，3 室（稀 2 室），花柱 3（稀 2），常分离，宿存，具多少向下延伸的柱头，子房每室有 2 枚并生、下垂的倒生胚珠，脊向背缝线。果实为室背裂开的蒴果，或肉质的核果状果。种子黑色、光亮，胚乳肉质，胚直，有扁薄或肥厚的子叶。

本科全世界有 4 属（*Buxus*，*Sarcococca*，*Pachysandra*，*Notobuxus*）约 100 种，生于热带、温带地区。除 *Notobuxus*（7 种）见于非洲热带地区和非洲南部以及马达加斯加岛外，其余 3 属，我国均产；在我国已知有 27 种，分布于西南部、西北部、中部、东南部，直至台湾省。

全国第四次中药资源普查秭归境内发现 3 种。

303. 黄杨 *Buxus sinica*（Rehd. et Wils.）Cheng

【别名】黄杨木、瓜子黄杨、锦熟黄杨等。

【植物形态】灌木或小乔木，高 1 ～ 6 米；枝圆柱形，有纵棱，灰白色；小枝四棱形，全面被短柔毛或外方相对两侧面无毛，节间长 0.5 ～ 2 厘米。叶革质，阔椭圆形、阔倒卵形、卵状椭圆形或长圆形，大多数长 1.5 ～ 3.5 厘米，宽 0.8 ～ 2 厘米，先端圆或钝，常有小凹口，不尖锐，基部圆或急尖或楔形，叶面光亮，中脉凸出，下半段常有微细毛，侧脉明显，叶背

中脉平坦或稍凸出，中脉上常密被白色短线状钟乳体，全无侧脉，叶柄长 1 ～ 2 毫米，上面被毛。花序腋生，头状，花密集，花序轴长 3 ～ 4 毫米，被毛，苞片阔卵形，长 2 ～ 2.5 毫米，背部多少有毛。雄花：约 10 朵，无花梗，外萼片卵状椭圆形，内萼片近圆形，长 2.5 ～ 3 毫米，无毛，雄蕊连花药长 4 毫米，不育雌蕊有棒状柄，末端膨大，高 2 毫米左右（高度约为萼片长度的 2/3 或和萼片几等长）。雌花：萼片长 3 毫米，子房较花柱稍长，无毛，花柱粗扁，柱头倒心形，下延达花柱中部。蒴果近球形，长 6 ～ 8（10）毫米，宿存花柱长 2 ～ 3 毫米。花期 3 月，果期 5—6 月。

【生境与分布】产于陕西、甘肃、湖北、四川、贵州、广西、广东、江西、浙江、安徽、江苏、山东各省区，有部分属于栽培。多生于山谷、溪边、林下，海拔 1200 ～ 2600 米。

【中药名称】黄杨根、黄杨木、黄杨叶、黄杨子。

【来源】黄杨科植物黄杨（*Buxus sinica*（Rehd. et Wils.）Cheng）的根为黄杨根，茎枝为黄杨木，叶为黄杨叶，果实为黄杨子。

【采收加工】黄杨根：全年均可采挖，洗净鲜用，或切片晒干。

黄杨木：全年可采，晒干。

黄杨叶：全年可采，鲜用或晒干。

黄杨子：全年可采，鲜用或晒干。

【性味功效】黄杨根：苦，辛，平。祛风止咳，清热除湿。用于风湿痹痛，伤风咳嗽，湿热黄疸等。

黄杨木：苦，平，无毒。祛风湿，理气，止痛。用于风湿疼痛，胸腹气胀，牙痛，疝痛，跌打损伤等。

黄杨叶：苦，平。清热解毒，消肿散结。用于疮疖肿毒，风火牙痛，跌打伤痛等。

黄杨子：凉，无毒。用于暑中伏热，面上生疖等。

【应用举例】黄杨根：治目赤肿痛，细叶黄杨根 30 克，水煎，冲白糖或蜜糖，早、晚空腹服。

黄杨木：治跌打损伤，黄杨木干枝叶 30 克，青石蚕（水龙骨）12 ～ 15 克，嫩竹叶、厚朴各 9 ～ 12 克。水煎，早、晚空腹各服一次。

黄杨叶：内服，煎汤，9 克，或浸酒；外用，适量，鲜叶捣烂敷。

黄杨子：内服，煎汤，3 ～ 9 克；外用，适量，捣敷。

304. 顶花板凳果 *Pachysandra terminalis* Sieb. et Zucc.

【别名】粉蕊黄杨、顶蕊三角咪等。

【植物形态】亚灌木，茎稍粗壮，被极细毛，下部根茎状，长约 30 厘米，横卧，屈曲或斜上，布满长须状不定根，上部直立，高约 30 厘米，生叶。叶薄革质，在茎上每间隔 2 ～ 4 厘米，有 4 ～ 6 片叶接近着生，似簇生状，叶片菱状倒卵形，长 2.5 ～ 5（9）厘米，宽 1.5 ～ 3（6）厘米，上部边缘有齿，基部楔形，渐狭成长 1 ～ 3 厘米的叶柄，叶面脉上有微毛。花序顶生，长

2～4厘米，直立，花序轴及苞片均无毛，花白色，雄花数超过15，几占花序轴的全部，无花梗，雌花1～2，生于花序轴基部，有时最上1～2片叶的叶腋，又各生一雌花。雄花：苞片及萼片均阔卵形，苞片较小，萼片长2.5～3.5毫米，花丝长约7毫米，不育雌蕊高约0.6毫米。雌花：连柄长4毫米，苞片及萼片均卵形，覆瓦状排列，花柱受粉后伸出花外甚长，上端旋曲。果卵形，长5～6毫米，花柱宿存，粗而反曲，长5～10毫米。花期4—5月。

【生境与分布】产于甘肃、陕西、四州、湖北、浙江等省区，生于山区林下阴湿地，海拔1000～2600米地区。

【中药名称】雪山林。

【来源】为黄杨科植物顶花板凳果（*Pachysandra terminalis* Sieb.et Zucc.）的全株。

【采收加工】全年均可采，洗净，切段，鲜用或晒干。

【性味功效】苦，辛，凉。祛风湿，舒筋活血，通经止带。用于风湿热痹，小腿转筋，月经不调，带下等。

【应用举例】1. 治肢体曲伸不利、转筋疼痛：雪山林9克，水煎服或酒泡服。

2. 治胃痛：雪山林研粉，每次3～6克。

3. 治蛇咬伤、跌打损伤：鲜雪山林捣烂外敷。

305. 野扇花 *Sarcococca ruscifolia* Stapf

【别名】清香桂等。

【植物形态】灌木，高1～4米，分枝较密，有一主轴及发达的纤维状根系；小枝被密或疏的短柔毛。叶阔椭圆状卵形、卵形、椭圆状披针形、披针形或狭披针形，较小的长2～3厘米，宽7～12毫米，较狭的长4～7厘米，宽7～14毫米，较大的长6～7厘米，宽2.5～3厘米，变化很大，但常见的为卵形或椭圆状披针形，长3.5～5.5厘米，宽1～2.5厘米。先端急尖或渐尖，兹部急尖或渐狭或圆，一般中部或中部以下较宽，叶面亮绿，叶背淡绿，叶面中脉凸出，无毛，稀被微细毛，大多数中脉近基部有一对互生或对生的侧脉，多少成离基三出脉（四川峨眉山所产植株，干后叶面全部侧脉隆起，且有明显的离基三出脉），叶背中脉稍平或凸出，无毛，全面平滑，侧脉不显；叶柄长3～6毫米。花序短总状，长1～2厘米，花序轴被微细毛；苞片披针形或卵状披针形；花白色，芳香；雄花2～7，占花序轴上方的大部，雌花2～5，生于花序轴下部，通常下方雄花有长约2毫米的花梗，具2个小苞片，小苞片卵形，长为萼片的1/3～2/3，上方雄花近无梗，有的无小苞片。雄花：萼片通常4，亦有3或5，内方的阔椭圆形或阔卵形，先端圆，有小尖凸头，外方的卵形，渐尖头，长各3毫米，雄蕊连花药长约7毫米。雌花：连柄长6～8毫米，柄上小苞多片，狭卵形，覆瓦状排列，萼片长1.5～2毫米。果实球形，直径7～8毫米，熟时猩红至暗红色，宿存花柱3或2，长2毫米。花果期10月至翌年2月。

【生境与分布】产于云南、四川、贵州、广西、湖南、湖北、陕西、甘肃，生于山坡、林下或沟谷中，耐阴性强，海拔200～2600米。

【中药名称】胃友、胃友果。

【来源】黄杨科野扇花属植物野扇花（*Sarcococca ruscifolia* Stapf）的根为胃友，果实为胃友果。

【采收加工】胃友：全年均可采挖，洗净，鲜用或晒干。

胃友果：秋、冬、春季采收果实，鲜用或晒干。

【性味功效】胃友：辛，苦，平。行气活血，祛风止痛。用于胃脘胀痛，风寒湿痹，跌打损伤等。

胃友果：甘，微酸，平。养肝安神。用于头晕，目花，心悸，夜眠不安等。

【应用举例】胃友：治风湿疼痛，胃友9～15克，水煎服。

胃友果：治头晕、心悸、视力减退，胃友果9～15克，水煎服。

九十二、鼠李科 Rhamnaceae

灌木、藤状灌木或乔木，稀草本，通常具刺，或无刺。单叶互生或近对生，全缘或具齿，具羽状脉，或三至五基出脉；托叶小，早落或宿存，或有时变为刺。花小，整齐，两性或单性，稀杂性，雌雄异株，常排成聚伞花序、穗状圆锥花序、聚伞总状花序、聚伞圆锥花序，或有时单生或数个簇与，通常4基数，稀5基数；萼钟状或筒状，淡黄绿色，萼片镊合状排列，常坚硬，内面中肋中部有时具喙状突起，与花瓣互生；花瓣通常较萼片小，极凹，匙形或兜状，基部常具爪，或有时无花瓣，着生于花盘边缘下的萼筒上；雄蕊与花瓣对生，为花瓣抱持；花丝着生于花药外面或基部，与花瓣爪部离生，花药2室，纵裂，花盘明显发育，薄或厚，贴生于萼筒上，或填塞于萼筒内面，杯状、壳斗状或盘状，全缘，具圆齿或浅裂；子房上位、半下位至下位，通常3或2室，稀4室，每室有1基生的倒生胚珠，花柱不分裂或上部3裂。核果、浆果状核果、蒴果状核果或蒴果，沿腹缝线开裂或不开裂，或有时果实顶端具纵向的翅或具平展的翅状边缘，基部常为宿存的萼筒所包围，1至4室，具2～4个开裂或不开裂的分核，每分核具1粒种子，种子背部无沟或具沟，或基部具孔状开口，通常有少而明显分离的胚乳或有时无胚乳，胚大而直，黄色或绿色。

本科约58属900种以上，广泛分布于温带至热带地区。我国产14属133种32变种和1变型，分别隶属于鼠李族、枣族、翼核果族和咀签族，全国各省区均有分布，以西南和华南地区的种类最为丰富。

全国第四次中药资源普查秭归境内发现7种。

306. 多花勾儿茶 *Berchemia floribunda*（Wall.）Brongn.

【别名】勾儿茶、牛鼻圈、牛儿藤、金刚藤、扁担藤、扁担果、牛鼻拳、牛鼻角秧等。

【植物形态】藤状或直立灌木；幼枝黄绿色，光滑无毛。叶纸质，上部叶较小，卵形或卵状椭圆形至卵状披针形，长 4 ～ 9 厘米，宽 2 ～ 5 厘米，顶端锐尖，下部叶较大，椭圆形至矩圆形，长达 11 匣米，宽达 6.5 厘米，顶端钝或圆形，稀短渐尖，基部圆形，稀心形，上面绿色，无毛，下面干时栗色，无毛，或仅沿脉基部被疏短柔毛，侧脉每边 9 ～ 12 条，两面稍凸起；叶柄长 1 ～ 2 厘米，稀 5.2 厘米，无毛；托叶狭披针形，宿存。花多数，通常数个簇生排成顶生宽聚伞圆锥花序，或下部兼腋生聚伞总状花序，花序长可达 15 厘米，侧枝长在 5 厘米以下，花序轴无毛或被疏微毛；花芽卵球形，顶端急狭成锐尖或渐尖；花梗长 1 ～ 2 毫米；萼三角形，顶端尖；花瓣倒卵形，雄蕊与花瓣等长。核果圆柱状椭圆形，长 7 ～ 10 毫米，直径 4 ～ 5 毫米，有时顶端稍宽，基部有盘状的宿存花盘；果梗长 2 ～ 3 毫米，无毛。花期 7—10 月，果期翌年 4—7 月。

【生境与分布】产于山西、陕西、甘肃、河南、安徽、江苏、浙江、江西、福建、广东、广西、湖南、湖北、四川、贵州、云南、西藏。生于海拔 2600 米以下的山坡、沟谷、林缘、林下或灌丛中。

【中药名称】黄鳝藤。

【来源】为鼠李科植物多花勾儿茶（*Berchemia floribunda*（Wall.）Brongn.）的茎叶。

【采收加工】夏、秋季采收。

【性味功效】寒，凉。清热，凉血，利尿，解毒。主治衄血，黄疸，风湿腰痛，经前腹痛，风毒流注，伤口红肿等。

【应用举例】1. 治慢性骨髓炎：黄鳝藤、苦刺根各 60 克，羊肉 125 克，酌加酒炖服。

2. 治血小板减少症：黄鳝藤、疑吴根、埔盐根、金英根各 30 克，水煎服。

307. 勾儿茶 *Berchemia sinica* Schneid.

【别名】牛鼻足秧等。

【植物形态】藤状或攀援灌木，高达 5 米。幼枝无毛，老枝黄褐色，平滑无毛。叶纸质至厚纸质，互生或在短枝顶端簇生，卵状椭圆形或卵状矩圆形，长 3 ～ 6 厘米，宽 1.6 ～ 3.5 厘米，顶端圆形或钝，常有小尖头，基部圆形或近心形，上面绿色，无毛，下面灰白色，仅脉腋被疏微毛，侧脉每边 8 ～ 10 条；叶柄纤细，长 1.2 ～ 2.6 厘米，带红色，无毛。花芽卵球形，顶端短锐尖或钝；花黄色或淡绿色，

单生或数个簇生，无或有短总花梗，在侧枝顶端排成具短分枝的窄聚伞状圆锥花序，花序轴无毛，长达10厘米，分枝长达5厘米，有时为腋生的短总状花序；花梗长2毫米。核果圆柱形，长5～9毫米，直径2.5～3毫米，基部稍宽，有皿状的宿存花盘，成熟时紫红色或黑色；果梗长3毫米。花期6—8月，果期翌年5—6月。

【生境与分布】产于河南、山西、陕西、甘肃、四川、云南、贵州、湖北。常生于山坡、沟谷灌丛或杂木林中，海拔1000～2500米。

【中药名称】勾儿茶。

【来源】为鼠李科勾儿茶属植物勾儿茶（*Berchemia sinica* Schneid.）的根。

【采收加工】全年可采。

【性味功效】微涩，平。祛风湿，活血通络，止咳化痰，健脾益气。主治风湿性关节痛，腰痛，痛经，肺结核，瘰疬，小儿疳积，肝炎，胆道蛔虫病，毒蛇咬伤，跌打损伤等。

【应用举例】1. 治风湿性关节痛、腰痛：勾儿茶60～90克，炖猪蹄一个或鸡蛋二个吃。

2. 治肺结核咳嗽、内伤咳血、肝炎：勾儿茶30～60克，水煎服。

3. 治胆道蛔虫病：勾儿茶60克，水煎加糖服。

4. 治跌打损伤、蛇咬伤：勾儿茶适量，酒浸外擦。

308. 枳椇 *Hovenia acerba* Lindl.

【别名】拐枣、鸡爪子、枸、万字果、鸡爪树、金果梨、南枳椇等。

【植物形态】高大乔木，高10～25米；小枝褐色或黑紫色，被棕褐色短柔毛或无毛，有明显白色的皮孔。叶互生，厚纸质至纸质，宽卵形、椭圆状卵形或心形，长8～17厘米，宽6～12厘米，顶端长渐尖或短渐尖，基部截形或心形，稀近圆形或宽楔形，边缘常具整齐浅而钝的细锯齿，上部或近顶端的叶有不明显的齿，稀近全缘，上面无毛，下面沿脉或脉腋常被短柔毛或 无毛；叶柄长2～5厘米，无毛。二歧式聚伞圆锥花序，顶生和腋生，被棕色短柔毛；花两性，直径5～6.5毫米；萼片具网状脉或纵条纹，无毛，长1.9～2.2毫米，宽1.3～2毫米；花瓣椭圆状匙形，长2～2.2毫米，宽1.6～2毫米，具短爪；花盘被柔毛；花柱半裂，稀浅裂或深裂，长1.7～2.1毫米，无毛。浆果状核果近球形，直径5～6.5毫米，无毛，成熟时黄褐色或棕褐色；果序轴明显膨大；种子暗褐色或黑紫色，直径3.2～4.5毫米。花期5—7月，果期8—10月。

【生境与分布】产于甘肃、陕西、河南、安徽、江苏、浙江、江西、福建、广东、广西、湖南、湖北、四川、云南、贵州。生于海拔2100米以下的开阔地、山坡林缘或疏林中，庭院宅旁常有栽培。

【中药名称】枳椇子。

【来源】为鼠李科枳椇属植物枳椇（*Hovenia acerba* Lindl.）的成熟种子。

【采收加工】10—11月果实成熟时连肉质花序轴一并摘下，晒干，取出种子。

【性味功效】甘，平。解酒毒，止渴除烦，止呕，利大小便。用于醉酒，烦渴，呕吐，二便不利等。

【应用举例】1. 治醉酒：鲜拐枣30克，煎水冷服；或枳椇子12克（杵碎），葛花9克，煎水冷服。

2. 治热病烦渴、小便不利：枳椇子、知母各9克，金银花24克，灯心3克，水煎服。

3. 治伤暑烦渴、头晕、少尿：枳椇子、竹叶各30克，水煎服。

309. 猫乳 *Rhamnella franguloides*（Maxim.）Weberb.

【别名】长叶绿柴、山黄、鼠矢枣等。

【植物形态】落叶灌木或小乔木，高2～9米；幼枝绿色，被短柔毛或密柔毛。叶倒卵状矩圆形、倒卵状椭圆形、矩圆形、长椭圆形，稀倒卵形，长4～12厘米，宽2～5厘米，顶端尾状渐尖、渐尖或骤然收缩成短渐尖，基部圆形，稀楔形，稍偏斜，边缘具细锯齿，上面绿色，无毛，下面黄绿色，被柔毛或仅沿脉被柔毛，侧脉每边5～11（13）条；叶柄长2～6毫米，被密柔毛；托叶披针形，长3～4毫米，基部与茎离生，宿存。花黄绿色，两性，6～18个排成腋生聚伞花序；总花梗长1～4毫米，被疏柔毛或无毛；萼片三角状卵形，边缘被疏短毛；花瓣宽倒卵形，顶端微凹；花梗长1.5～4毫米，被疏毛或无毛。核果圆柱形，长7～9毫米，直径3～4.5毫米，成熟时红色或橘红色，干后变黑色或紫黑色；果梗长3～5毫米，被疏柔毛或无毛。花期5—7月，果期7—10月。

【生境与分布】产于陕西南部、山西南部、河北、河南、山东、江苏、安徽、浙江、江西、湖南、湖北西部。生于海拔1100米以下的山坡、路旁或林中。

【中药名称】鼠矢枣。

【来源】为鼠李科植物猫乳（*Rhamnella franguloides*（Maxim.）Weberb.）的成熟果实或根。

【采收加工】果实成熟后采收，晒干。秋后采根，洗净，切片晒干。

【性味功效】苦，平。补脾益肾，疗疮。用于体质虚弱，劳伤乏力，疥疮等。

【应用举例】治霉季或暑天劳伤乏力：鼠矢枣根 30 克，石菖蒲、仙鹤草各 15 ～ 18 克，坚漆柴根、野刚子根各 9 ～ 12 克，水煎，冲糖，酒服。

310. 长叶冻绿 *Rhamnus crenata* Sieb. et Zucc.

【别名】黄药、长叶绿柴、冻绿、绿柴、山绿篱、绿篱柴、山黑子、过路黄、山黄、水冻绿、苦李根、钝齿鼠李等。

【植物形态】落叶灌木或小乔木，高达 7 米；幼枝带红色，被毛，后脱落，小枝被疏柔毛。叶纸质，倒卵状椭圆形、椭圆形或倒卵形，稀倒披针状椭圆形或长圆形，长 4 ～ 14 厘米，宽 2 ～ 5 厘米，顶端渐尖、尾状长渐尖或骤缩成短尖，基部楔形或钝，边缘具圆齿状齿或细锯齿，上面无毛，下面被柔毛或沿脉多少被柔毛，侧脉每边 7 ～ 12 条；叶柄长 4 ～ 10（12）毫米，被密柔毛。花数个或 10 余个密集成腋生聚伞花序，总花梗长 4 ～ 10，稀 15 毫米，被柔毛，花梗长 2 ～ 4 毫米，被短柔毛；萼片三角形与萼管等长，外面有疏微毛；花瓣近圆形，顶端 2 裂；雄蕊与花瓣等长而短于萼片；子房球形，无毛，3 室，每室具 1 粒胚珠，花柱不分裂，柱头不明显。核果球形或倒卵状球形，绿色或红色，成熟时黑色或紫黑色，长 5 ～ 6 毫米，直径 6 ～ 7 毫米，果梗长 3 ～ 6 毫米，无或有疏短毛，具 3 分核，各有种子 1 个；种子无沟。花期 5—8 月，果期 8—10 月。

【生境与分布】产于陕西、河南、安徽、江苏、浙江、江西、福建、台湾、广东、广西、湖南、湖北、四川、贵州、云南。常生于海拔 2000 米以下的山地林下或灌丛中。

【中药名称】黎辣根。

【来源】为鼠李科植物长叶冻绿（*Rhamnus crenata* Sieb.et Zucc.）的根、根皮。

【采收加工】秋后采收，鲜用或切片晒干，或剥皮晒干。

【性味功效】苦，辛，平，有毒。清热解毒，杀虫利湿。用于疥疮，顽癣，疮疖，湿疹，荨麻疹，癞痢头，跌打损伤等。

【应用举例】1. 治癞痢头：黎辣根 9 克，水煎服；或煎汤洗擦患处。

2. 治疮毒、癞子：黎辣根、叶煎水外洗；或用根皮研末调茶油擦。

311. 枣 *Ziziphus jujuba* Mill.

【别名】枣树、枣子、大枣、红枣树、刺枣、枣子树、贯枣、老鼠屎等。

【植物形态】落叶小乔木，稀灌木，高达 10 余米；树皮褐色或灰褐色；有长枝，短枝和无芽小枝（即新枝）比长枝光滑，紫红色或灰褐色，呈之字形曲折，具 2 个托叶刺，长刺可达 3 厘米，粗直，短刺下弯，长 4 ～ 6 毫米；短枝短粗，矩状，自老枝发出；当年生小枝绿色，下垂，单生或 2 ～ 7 个簇生于短枝上。叶纸质，卵形，卵状椭圆形，或卵状矩圆形；长 3 ～ 7 厘米，宽 1.5 ～ 4 厘米，顶端钝或圆形，稀锐尖，具小尖头，基部稍不对称，近圆形，边缘具圆齿状锯齿，上面深绿色，无毛，下面浅绿色，无毛或仅沿脉多少被疏微毛，基生三出脉；叶柄长 1 ～ 6 毫米，或在长枝上的可达 1 厘米，无毛或有疏微毛；托叶刺纤细，后期常脱落。花黄绿色，两性，5 基数，无毛，具短总花梗，单生或 2 ～ 8 个密集成腋生聚伞花序；花梗长 2 ～ 3 毫米；萼片卵状三角形；花瓣倒卵圆形，基部有爪，与雄蕊等长；花盘厚，肉质，圆形，5 裂；子房下部藏于花盘内，与花盘合生，2 室，每室有 1 粒胚珠，花柱 2 半裂。核果矩圆形或长卵圆形，长 2 ～ 3.5 厘米，直径 1.5 ～ 2 厘米，成熟时红色，后变红紫色，中果皮肉质，厚，味甜，核顶端锐尖，基部锐尖或钝，2 室，具 1 或 2 粒种子，果梗长 2 ～ 5 毫米；种子扁椭圆形，长约 1 厘米，宽 8 毫米。花期 5—7 月，果期 8—9 月。

【生境与分布】产于吉林、辽宁、河北、山东、山西、陕西、河南、甘肃、新疆、安徽、江苏、浙江、江西、福建、广东、广西、湖南、湖北、四川、云南、贵州。生长于海拔 1700 米以下的山区、丘陵或平原。广为栽培。

【中药名称】大枣、枣树根、枣树皮、枣叶。

【来源】鼠李科植物枣（*Ziziphus jujuba* Mill.）的干燥成熟果实为大枣，根为枣树根，树皮为枣树皮，叶为枣叶。

【采收加工】大枣：秋季果实成熟时采收，晒干。

枣树根：秋后采挖，鲜用或切片晒干。

枣树皮：全年皆可收采，春季最佳，用月牙形镰刀，从枣树主干上将老皮刮下，晒干。

枣叶：春、夏季采收，鲜用或晒干。

【性味功效】大枣：甘，温。补中益气、养血安神。用于脾虚食少，乏力便溏，妇人脏躁。

枣树根：甘，温。调经止血，祛风止痛，补脾止泻。用于月经不调，不孕，崩漏，吐血，胃痛，痹痛，脾虚泄泻，风疹，丹毒等。

枣树皮：苦，涩，温。涩肠止泻，镇咳止血。用于泄泻，痢疾，咳嗽，崩漏，外伤出血，烧烫伤等。

枣叶：甘，温。清热解毒。用于小儿发热，疮疖，烫伤等。

【应用举例】大枣：治反胃吐食，大枣一枚（去核），班蝥一枚（去头翅）入内喂热，去蝥，空腹食之，白汤下。

枣树根：治胃痛，鲜枣树根 60 克，猪舌头 1 个，炖熟吃。

枣树皮：治腹泄，枣树皮一束，炒焦为末，车前子 9 克煎汤送下，早晚各服五分，饭前服。

枣叶：治火灼疮，枣叶、菊花，上煎汤，用猪胆水汤和浴。

312. 酸枣 *Ziziphus jujuba* Mill. var. *spinosa*（Bunge）Hu ex H. F. Chow

【别名】棘、酸枣树、角针、硬枣、山枣树等。

【植物形态】常为灌木，叶较小，核果小，近球形或短矩圆形，直径 0.7 ～ 1.2 厘米，具薄的中果皮，味酸，核两端钝，与上述的变种显然不同。花期 6—7 月，果期 8—9 月。

【生境与分布】分布于辽宁、内蒙古、河北、山东、山西、河南、陕西、甘肃、宁夏、新疆、江苏、安徽等。常生于向阳、干燥山坡、丘陵、岗地或平原。

【中药名称】酸枣仁、棘叶、酸枣树皮、酸枣肉。

【来源】鼠李科植物酸枣（*Ziziphus jujuba* Mill. var. *spinosa*（Bunge）Hu ex H. F. Chow）的干

燥成熟种子为酸枣仁，叶为棘叶，树皮为酸枣树皮，果肉为酸枣肉。

【采收加工】酸枣仁：秋季果实成熟时采收，将果实浸泡一宿，搓去果肉，捞出，用石碾碾碎果核，取出种子，晒干。

棘叶：春、夏季采叶，鲜用或晒干。

酸枣树皮：全年均可采剥，晒干。

酸枣肉：秋后果实成熟时采收，去除果核，晒干。

【性味功效】酸枣仁：甘，平。养肝，宁心，安神，敛汗。用于虚烦不眠，惊悸怔忡，烦渴，虚汗等。

棘叶：苦，平。敛疮解毒。用于臁疮等。

酸枣树皮：涩，平。敛疮生肌，解毒止血。用于烧伤，烫伤，外伤出血，月经不调，崩漏等。

酸枣肉：甘、酸，平。止血止泻。用于水泻等。

【应用举例】酸枣仁：治睡中盗汗，酸枣仁、人参、茯苓各等份，上为细末，米饮调下半盏。

棘叶：外用，适量，捣敷；或研末调敷。

酸枣树皮：治外伤出血，酸枣树白皮研细粉，撒敷患处，加压包扎。

酸枣肉：治水泻，酸枣肉、椿根白皮粉末各等量，共捣和丸，如梧桐子大，早晚空腹时各服 9 克，米汤送下。

九十三、葡萄科 Vitaceae

攀援木质藤本，稀草质藤本，具有卷须，或直立灌木，无卷须。单叶、羽状或掌状复叶，互生；托叶通常小而脱落，稀大而宿存。花小，两性或杂性同株或异株，排列成伞房状多歧聚伞花序、复二歧聚伞花序或圆锥状多歧聚伞花序，4～5 基数；萼呈碟形或浅杯状，萼片细小；花瓣与萼片同数，分离或凋谢时呈帽状黏合脱落；雄蕊与花瓣对生，在两性花中雄蕊发育良好，在单性花雌花中雄蕊常较小或极不发达，败育；花盘呈环状或分裂，稀极不明显；子房上位，通常 2 室，每室有 2 颗胚珠，或多室而每室有 1 颗胚珠，果实为浆果，有种子 1 至数颗。胚小，胚乳形状各异，W 形、T 形或呈嚼烂状。

本科有 16 属 700 余种，主要分布于热带和亚热带地区，少数种类分布于温带地区。我国有 9 属 150 余种，南北各省均产，野生种类主要集中分布于华中、华南及西南各省区，东北、华北各省区种类较少，新疆和青海迄今未发现有野生。

全国第四次中药资源普查秭归境内发现 4 种。

313. 白蔹 *Ampelopsis japonica*（Thunb.）Makino

【别名】鹅抱蛋、猫儿卵、箭猪腰、五爪藤等。

【植物形态】木质藤本。小枝圆柱形，有纵棱纹，无毛。卷须不分枝或卷须顶端有短的分叉，相隔3节以上间断与叶对生。叶为掌状3～5小叶，小叶片羽状深裂或小叶边缘有深锯齿而不分裂，羽状分裂者裂片宽0.5～3.5厘米，顶端渐尖或急尖，掌状5小叶者中央小叶深裂至基部并有1～3个关节，关节间有翅，翅宽2～6毫米，侧小叶无关节或有1个关节，3小叶者中央小叶有1个或无关节，基部狭窄呈翅状，翅宽2～3毫米，上面绿色，无毛，下面浅绿色，无毛或有时在脉上被稀疏短柔毛；叶柄长1～4厘米，无毛；托叶早落。聚伞花序通常集生于花序梗顶端，直径1～2厘米，通常与叶对生；花序梗长1.5～5厘米，常呈卷须状卷曲，无毛；花梗极短或几无梗，无毛；花蕾卵球形，高1.5～2毫米，顶端圆形；萼碟形，边缘呈波状浅裂，无毛；花瓣5，卵圆形，高1.2～2.2毫米，无毛；雄蕊5，花药卵圆形，长宽近相等；花盘发达，边缘波状浅裂；子房下部与花盘合生，花柱短棒状，柱头不明显扩大。果实球形，直径0.8～1厘米，成熟后带白色，有种子1～3颗；种子倒卵形，顶端圆形，基部喙短钝，种脐在种子背面中部呈带状椭圆形，向上渐狭，表面无肋纹，背部种脊突出，腹部中棱脊突出，两侧洼穴呈沟状，从基部向上达种子上部1/3处。花期5—6月，果期7—9月。

【生境与分布】产于辽宁、吉林、河北、山西、陕西、江苏、浙江、江西、河南、湖北、湖南、广东、广西、四川。生于山坡地边、灌丛或草地，海拔100～900米。

【中药名称】白蔹。

【来源】为葡萄科植物白蔹（*Ampelopsis japonica*（Thunb.）Makino）的干燥块根。

【采收加工】春秋二季采挖，除去泥沙及细根，切成纵瓣或斜片，晒干。

【性味功效】苦，微寒。清热解毒，消痈散结，敛疮生肌。用于痈疽发背，疔疮，瘰疬，烫伤等。

【应用举例】用法用量：内服，5～10克，水煎服；外用适量，煎汤洗或研成极细末。

314. 尖叶乌蔹莓 *Cayratia japonica*（Thunb.）Gagnep. var. *pseudotrifolia*（W. T. Wang）C. L. Li

【别名】过路边、小拦蛇、蜈蚣藤等。

【植物形态】草质藤本。茎带紫色；卷须与叶对生；幼枝无毛或疏生短柔毛。三出复叶，具长柄；中间小叶较大，椭圆形至卵圆形，长8～12厘米，宽4～5.5厘米，先端渐尖，基部钝圆或宽楔形，侧生小叶较小，有时2裂，边缘具不规则锯齿，两面近无毛。花两性，聚伞花序与叶对生，有时生于侧枝顶端，花序长达13厘米，花序梗长约8厘米；花小，4数，淡黄绿色；花萼浅杯状；花瓣长圆形；花药近圆形或卵圆形；花盘肉质，浅杯状，粉红色；子房陷于花盘内，花柱锥状。浆果扁球形，直径 6 ～ 8 毫米，熟时黑色。花期 6—7 月，果期 7—8 月。

【生境与分布】生于海拔 600 ～ 1350 米的山谷沟边及山坡灌丛中。分布于西南及陕西、甘肃、湖北、湖南等地。

【中药名称】母猪藤根。

【来源】为葡萄科植物尖叶乌蔹莓（*Cayratia japonica*（Thunb.）Gagnep. var. *pseudotrifolia*（W. T. Wang）C. L. Li）的根。

【采收加工】夏、秋季挖取根部，洗净，切片，鲜用或晒干。

【性味功效】辛，凉。清热解毒。用于肺痈，疮疖等。

【应用举例】治疮疖：鲜母猪藤根适量，加甜酒少许，捣烂敷患处。

315. 三叶崖爬藤 *Tetrastigma hemsleyanum* Diels et Gilg

【别名】蛇附子、三叶青、石老鼠、石猴子等。

【植物形态】草质藤本。小枝纤细，有纵棱纹，无毛或被疏柔毛。卷须不分枝，相隔 2 节间断与叶对生。叶为 3 小叶，小叶披针形、长椭圆披针形或卵披针形，长 3 ～ 10 厘米，宽 1.5 ～ 3 厘米，顶端渐尖，稀急尖，基部楔形或圆形，侧生小叶基部不对称，近圆形，边缘每侧有 4 ～ 6 个锯齿，锯齿细或有时较粗，上面绿色，下面浅绿色，两面均无毛；侧脉 5 ～ 6 对，网脉两面不明显，无毛；叶柄长 2 ～ 7.5 厘米，中央小叶柄长 0.5 ～ 1.8 厘米，侧生小叶柄较短，长 0.3 ～ 0.5 厘米，无毛或被疏柔毛。花序腋生，长 1 ～ 5 厘米，比叶柄短、近等长或较叶柄长，下部有节，节上有苞片，或假顶生而基部无节和苞片，二级分枝通常 4，集生成伞形，花二歧状着生在分枝末端；花序梗长 1.2 ～ 2.5 厘米，被短柔毛；花梗长 1 ～ 2.5 毫米，通常被灰色短柔毛；花蕾卵圆形，高 1.5 ～ 2 毫米，顶端圆形；萼碟形，萼齿细小，卵状三角形；花瓣 4，卵圆形，高 1.3 ～ 1.8 毫米，顶端有小角，外展，无毛；雄蕊 4，花药黄色；花盘明显，4 浅裂；子房陷在花盘中呈短圆锥状，花柱短，柱头 4 裂。果实近球形或倒卵球形，直径约 0.6 厘米，有种子 1 颗；种子倒卵椭圆形，顶端微凹，基部圆钝，表面光滑，种脐在种子背面中部向上呈椭圆形，腹面两侧洼穴呈沟状，从下部近 1/4 处向上斜展直达种子顶端。花期 4—6 月，果期 8—11 月。

【生境与分布】产于江苏、浙江、江西、福建、台湾、广东、广西、湖北、湖南、四川、贵州、云南、西藏。生于山坡灌丛、山谷、溪边林下岩石缝中，海拔 300 ～ 1300 米。

【中药名称】蛇附子。

【来源】为葡萄科植物三叶崖爬藤（*Tetrastigma hemsleyanum* Diels et Gilg）的块根。

【采收加工】冬季挖根部，除去泥土，洗净，切片，鲜用或晒干。

【性味功效】苦，辛，凉。消热解毒，祛风活血。用于高热惊厥，肺炎，咳喘，肝炎，肾炎，风湿痹痛，跌打损伤，痈疔疮疖，湿疹，蛇咬伤等。

【应用举例】1. 治小儿高热惊厥：蛇附子 3 克，钩藤 6 克，七叶一枝花根 6 克，水煎服。

2. 治肺炎：蛇附子根、瓜子金、枸骨根各 9 克，水煎服，每日 1 剂。

3. 治哮喘：蛇附子根、贝母、桔梗各 3 克，水煎服，每日 1 剂。

316. 葡萄 *Vitis vinifera* L.

【别名】蒲陶、草龙珠、赐紫樱桃、菩提子、山葫芦等。

【植物形态】木质藤本。小枝圆柱形，有纵棱纹，无毛或被稀疏柔毛。卷须 2 叉分枝，每隔 2 节间断与叶对生。叶卵圆形，显著 3 ～ 5 浅裂或中裂，长 7 ～ 18 厘米，宽 6 ～ 16 厘米，中裂片顶端急尖，裂片常靠合，基部常缢缩，裂缺狭窄，间或宽阔，基部深心形，基缺凹成圆形，两侧常靠合，边缘有 22 ～ 27 个锯齿，齿深而粗大，不整齐，齿端急尖，上面绿色，下面浅绿色，无毛或被疏柔毛；基生脉 5 出，中脉有侧脉 4 ～ 5 对，网脉不明显突出；叶柄长 4 ～ 9 厘米，几无毛；托叶早落。圆锥花序密集或疏散，多花，与叶对生，基部分枝发达，长 10 ～ 20 厘米，花序梗长 2 ～ 4 厘米，几无毛或疏生蛛丝状绒毛；花梗长 1.5 ～ 2.5 毫米，无毛；花蕾倒卵圆形，高 2 ～ 3 毫米，顶端近圆形；萼浅碟形，边缘呈波状，外面无毛；花瓣 5，呈帽状黏合脱落；雄蕊 5，花丝丝状，长 0.6 ～ 1 毫米，花药黄色，卵圆形，长 0.4 ～ 0.8 毫米，在雌花内显著短而败育或完全退化；花盘发达，5 浅裂；雌蕊 1，在雄花中完全退化，子房卵圆形，花柱短，柱头扩大。果实球形或椭圆形，直径 1.5 ～ 2 厘米；种子倒卵椭圆形，顶短近圆形，基部有短喙，种脐在种子背面中部呈椭圆形，种脊微突出，腹面中棱脊突起，两侧洼穴宽沟状，向上达种子 1/4 处。花期 4—5 月，果期 8—9 月。

【生境与分布】我国各地栽培。原产于亚洲西部，现世界各地栽培。我县均有分布。

【中药名称】葡萄、葡萄根。

【来源】葡萄科植物葡萄（*Vitis vinifera* L.）的果实为葡萄，根为葡萄根。

【采收加工】葡萄：夏末秋初果熟时采收，阴干。

葡萄根：秋季采挖取根部，洗净，切片，鲜用或晒干。

【性味功效】葡萄：甘，酸，平。补气血，强筋骨，利小便。用于气血虚弱，肺虚咳嗽，心悸盗汗，风湿痹病，淋证，浮肿等。

葡萄根：甘，平。祛风通络，利湿消肿，解毒。用于风湿痹痛，肢体麻木，跌打损伤，水肿，小便不利，痈肿疔毒等。

【应用举例】葡萄：治吹乳，葡萄一枚，于灯焰上燎过，研细，热酒调服。

葡萄根：治吐血，葡萄根、白茅根、侧柏叶、红茶花、茜草根、藕节，炖肉服。

九十四、锦葵科 Malvaceae

草本、灌木至乔木。叶互生，单叶或分裂，叶脉通常掌状，具托叶。花腋生或顶生，单生、簇生、聚伞花序至圆锥花序；花两性，辐射对称；萼片 3 ～ 5 片，分离或合生；其下面附有总苞状的小苞片（又称副萼）3 至多数；花瓣 5 片，彼此分离，但与雄蕊管的基部合生；雄蕊多数，连合成一管称雄蕊柱，花药 1 室，花粉被刺；子房上位，2 至多室，通常以 5 室较多，由 2 ～ 5 枚或较多的心皮环绕中轴而成，花柱上部分枝或者为棒状，每室被胚珠 1 至多枚，花柱与心皮同数或为其 2 倍。蒴果，常几枚果爿分裂，很少浆果状，种子肾形或倒卵形，被毛至光滑无毛，有胚乳。子叶扁平，折叠状或回旋状。

本科约 50 属 1000 种，分布于热带至温带地区。我国有 16 属 81 种 36 变种或变型，产于全国各地，以热带和亚热带地区种类较多。

全国第四次中药资源普查秭归境内发现 8 种。

317. 咖啡黄葵 *Abelmoschus esculentus*（Linn.）Moench

【别名】越南芝麻、羊角豆、糊麻、秋葵等。

【植物形态】一年生草本，高 1 ～ 2 米；茎圆柱形，疏生散刺。叶掌状 3 ～ 7 裂，直径 10 ～ 30 厘米，裂片阔至狭，边缘具粗齿及凹缺，两面均被疏硬毛；叶柄长 7 ～ 15 厘米，被长硬毛；托叶线形，长 7 ～ 10 毫米，被疏硬毛。花单生于叶腋间，花梗长 1 ～ 2 厘米，疏被糙硬毛；小苞片 8 ～ 10，线形，长约 1.5 厘米，疏被硬毛；花萼钟形，较长于小苞片，密被星状短绒毛；花黄色，内面基部紫色，直径 5 ～ 7 厘米，花瓣倒卵形，长 4 ～ 5 厘米。蒴果筒状尖塔形，长 10 ～ 25 厘米，直径 1 ～ 5 厘米，顶端具长喙，疏被糙硬毛；种子球形，多数，直径 4 ～ 5 毫米，具毛脉纹。花期 5—9 月。

【生境与分布】原产于印度。我国河北、山东、江苏、浙江、湖南、湖北、云南和广东等省引入栽培。由于生长周期短，耐干热，已广泛栽培于热带和亚热带地区。我国湖南、湖北等省栽培面积也极广。

【中药名称】秋葵。

【来源】为锦葵科植物咖啡黄葵（*Abelmoschus esculentus*（Linn.）Moench）的根、叶、花或种子。

【采收加工】根于 11 月到第 2 年 2 月前挖取，抖去泥土，晒干或烘干。叶于 9—10 月采收，晒干。花于 6—8 月采摘，晒干。种子于 9—10 月果成熟时采摘，脱粒，晒干。

【性味功效】淡，寒。利咽，通淋，下乳，调经。用于咽喉肿痛，小便淋涩，产后乳汁稀少，月经不调等。

【应用举例】1. 治咽喉热痛：秋葵花、辛夷花（包）各 6 ～ 9 克，薄荷 3 克，水煎服。

2. 治热淋涩痛：秋葵根、白茅根、车前草各 10 ～ 15 克，水煎服。

318. 黄葵 *Abelmoschus moschatus* Medicus

【别名】山油麻、野油麻、野棉花、芙蓉麻、鸟笼胶、假三稔、山芙蓉、香秋葵等。

【植物形态】一年生或二年生草本，高 1 ～ 2 米，被粗毛。叶通常掌状 5 ～ 7 深裂，直径 6 ～ 15 厘米，裂片披针形至三角形，边缘具不规则锯齿，偶有浅裂似械叶状，基部心形，两面均疏被硬毛；叶柄长 7 ～ 15 厘米，疏被硬毛；托叶线形，长 7 ～ 8 毫米。花单生于叶腋间，花梗长 2 ～ 3 厘米，被倒硬毛；小苞片 8 ～ 10，线形，长 10 ～ 13 毫米；花萼佛焰苞状，长 2 ～ 3 厘米，5 裂，常早落；花黄色，内面基部暗紫色，直径 7 ～ 12 厘米；雄蕊柱长约 2.5 厘米，平滑无毛；花柱分枝 5，柱头盘状。蒴果长圆形，长 5 ～ 6 厘米，顶端尖，被黄色长硬毛；种子肾形，具腺状脉纹，具香味。花期 6—10 月。

【生境与分布】我国台湾、广东、广西、江西、湖南和云南等省区栽培或野生。常生于平原、山谷、溪涧旁或山坡灌丛中。我县均有分布。

【中药名称】黄葵。

【来源】为锦葵科植物黄葵（*Abelmoschus moschatus* Medicus）的根或叶。

【采收加工】夏、秋季采收。

【性味功效】甘，凉。清热解毒，下乳通便。用于高热不退，肺热咳嗽，痢疾，大便秘结，产后乳汁不通，骨折，痈疮脓肿，无名肿毒及烫伤等。

【应用举例】用法用量：内服，煎汤，9 ～ 15 克；外用，适量，鲜品捣敷。

319. 苘麻 *Abutilon theophrasti* Medicus

【别名】椿麻、塘麻、孔麻、青麻、白麻、桐麻、磨盘草、车轮草等。

【植物形态】一年生亚灌木状草本，高达 1 ～ 2 米，茎枝被柔毛。叶互生，圆心形，长 5 ～ 10 厘米，先端长渐尖，基部心形，边缘具细圆锯齿，两面均密被星状柔毛；叶柄长 3 ～ 12 厘米，被星状细柔毛；托叶早落。花单生于叶腋，花梗长 1 ～ 13 厘米，被柔毛，近顶端具节；花萼杯状，密被短绒毛，裂片 5，卵形，长约 6 毫米；花黄色，花瓣倒卵形，长约 1 厘米；雄蕊柱平滑无毛，心皮 15 ～ 20，长 1 ～ 1.5 厘米，顶端平截，具扩展、被毛的长芒 2，排列成轮状，密被软毛。蒴果半球形，直径约 2 厘米，长约 1.2 厘米，分果爿 15 ～ 20，被粗毛，顶端具长芒 2；种子肾形，褐色，被星状柔毛。花期 7—8 月。

【生境与分布】我国除青藏高原不产外，其他各省区均产，东北各地有栽培。常见于路旁、荒地和田野间。我县均有分布。

【中药名称】苘麻子、苘麻、苘麻根。

【来源】锦葵科植物苘麻（*Abutilon theophrasti* Medicus）的干燥成熟种子为苘麻子，全草或叶为苘麻，根为苘麻根。

【采收加工】苘麻子：秋季果实成熟时采收，晒干，脱粒，扬净。

苘麻：夏季采收，鲜用或晒干。

苘麻根：立冬后挖取，除去茎叶，洗净晒干。

【性味功效】苘麻子：苦，平。清热利湿，解毒，退翳。用于赤白痢疾，淋证涩痛，痈肿，目翳等。

苘麻：苦，平。清热利湿，解毒开窍。用于痢疾，中耳炎，耳鸣，耳聋，睾丸炎，化脓性扁桃体炎，痈疽肿毒等。

苘麻根：苦，平。利湿解毒。用于小便淋沥，痢疾，急性中耳炎，睾丸炎等。

【应用举例】苘麻子：治赤白痢，苘麻子 30 克，炒令香熟，为末，以蜜浆下 3 克，不过再服。

苘麻：治化脓性扁桃体炎，苘麻、一枝花各 15 克，天胡妥 9 克，水煎服或捣烂绞汁服。

苘麻根：治小便淋沥，取苘麻根 50 ～ 100 克，酌加水煎，饭前服，每日 2 次。

320. 蜀葵 *Althaea rosea*（Linn.）Cavan.

【别名】一丈红、麻杆花、棋盘花、栽秧花、斗蓬花等。

【植物形态】二年生直立草本，高达 2 米，茎枝密被刺毛。叶近圆心形，直径 6 ～ 16 厘米，掌状 5 ～ 7 浅裂或波状棱角，裂片三角形或圆形，中裂片长约 3 厘米，宽 4 ～ 6 厘米，上面疏被星状柔毛，粗糙，下面被星状长硬毛或绒毛；叶柄长 5 ～ 15 厘米，被星状长硬毛；托叶卵形，长约8毫米，先端具3尖。花腋生，单生或近簇生，排列成总状花序式，具叶状苞片，花梗长约5毫米，果时延长至1～2.5厘米，被星状长硬毛；小苞片杯状，常6～7裂，裂片卵状披针形，长10毫米，密被星状粗硬毛，基部合生；萼钟状，直径2～3厘米，5齿裂，裂片卵状三角形，长1.2～1.5厘米，密被星状粗硬毛；花大，直径6～10厘米，有红、紫、白、粉红、黄和黑紫等色，单瓣或重瓣，花瓣倒卵状三角形，长约4厘米，先端凹缺，基部狭，爪被长髯毛；雄蕊柱无毛，长约2厘米，花丝纤细，长约2毫米，花药黄色；花柱分枝多数，微被细毛。果盘状，直径约2厘米，被短柔毛，分果爿近圆形，多数，背部厚达1毫米，具纵槽。花期2—8月。

【生境与分布】本种系原产于我国西南地区，全国各地广泛栽培供园林观赏用。世界各国均有栽培供观赏用。我县均有种植。

【中药名称】蜀葵子、蜀葵花、蜀葵根、蜀葵苗。

【来源】锦葵科植物蜀葵（*Althaea rosea*（Linn.）Cavan.）的种子为蜀葵子，花为蜀葵花，根为蜀葵根，茎叶为蜀葵苗。

【采收加工】蜀葵子：秋季果实成熟后摘取果实，晒干，打下种子，筛去杂质，再晒干。

蜀葵花：夏、秋季采收，晒干。

蜀葵根：冬季挖取，刮去栓皮，洗净，切片，晒干。

蜀葵苗：夏、秋季采收，鲜用或晒干。

【性味功效】蜀葵子：甘，寒。利尿通淋，解毒排脓，润肠。用于水肿，淋证，带下，乳汁不通，疮疥，无名肿毒等。

蜀葵花：甘，咸，凉。和血止血，解毒散结。用于吐血，衄血，月经过多，赤白带下，二便不通，小儿风疹，疟疾，痈疽疖肿，蜂蝎螫伤，烫伤，火伤等。

蜀葵根：甘，咸，微寒。清热利湿，凉血止血，解毒排脓。用于淋证，带下，痢疾，吐血，血崩，外伤出血，疮疡肿毒，烫伤烧伤等。

蜀葵苗：甘，凉。清热利湿，解毒。用于热毒下痢，淋证，无名肿毒，烫伤，金疮等。

【应用举例】蜀葵子：治水肿、大小便不畅、尿路结石，蜀葵子研粉，每服6克，开水送服，每日2次。

蜀葵花：治月经不调，蜀葵花3～9克，水煎服。

蜀葵根：治赤白带下，蜀葵根15克，椿根白皮12克，鸡冠花根30克，煎服，或蜀葵花研细末，每次 3 克，每日 2 次，加白糖适量，米汤调服。

蜀葵苗：治疮疖、烫伤，鲜蜀葵苗捣烂外敷，干则换，或干品研末，麻油调敷患处，每日 2 次。

321. 木芙蓉 *Hibiscus mutabilis* Linn.

【别名】芙蓉花、酒醉芙蓉等。

【植物形态】落叶灌木或小乔木，高 2 ～ 5 米；小枝、叶柄、花梗和花萼均密被星状毛与直毛相混的细绵毛。叶宽卵形至圆卵形或心形，直径 10 ～ 15 厘米，常 5 ～ 7 裂，裂片三角形，先端渐尖，具钝圆锯齿，上面疏被星状细毛和点，下面密被星状细绒毛；主脉 7 ～ 11 条；叶柄长 5 ～ 20 厘米；托叶披针形，长 5 ～ 8 毫米，常早落。花单生于枝端叶腋间，花梗长 5 ～ 8 厘米，近端具节；小苞片 8，线形，长 10 ～ 16 毫米，宽约 2 毫米，密被星状绵毛，基部合生；萼钟形，长 2.5 ～ 3 厘米，裂片 5，卵形，渐尖头；花初开时白色或淡红色，后变深红色，直径约 8 厘米，花瓣近圆形，直径 4 ～ 5 厘米，外面被毛，基部具髯毛；雄蕊柱长 2.5 ～ 3 厘米，无毛；花柱枝 5，疏被毛。蒴果扁球形，直径约 2.5 厘米，被淡黄色刚毛和绵毛，分果爿 5；种子肾形，背面被长柔毛。花期 8—10 月。

【生境与分布】我国辽宁、河北、山东、陕西、安徽、江苏、浙江、江西、福建、台湾、广东、广西、湖南、湖北、四川、贵州和云南等省区有栽培，系我国湖南原产。

【中药名称】木芙蓉花、木芙蓉根、木芙蓉叶。

【来源】锦葵科植物木芙蓉（*Hibiscus mutabilis* Linn.）的花为木芙蓉花，根为木芙蓉根，叶为木芙蓉叶。

【采收加工】木芙蓉花：10 月采摘初开放的花朵，晒干。

木芙蓉根：秋、冬季采集干燥。

木芙蓉叶：夏、秋二季，剪下叶片，晒干，须经常复晒，存放于干燥通风处。

【性味功效】木芙蓉花：辛，微苦，凉。清热解毒，凉血止血，消肿排脓。用于肺热咳嗽，吐血，目赤肿痛，崩漏，带下，腹泻，腹痛，痈肿，疮疖，毒蛇咬伤，烫伤，跌打损伤等。

木芙蓉根：解热毒。用于痈肿，秃疮，臁疮，咳嗽气喘，妇女带下等。

木芙蓉叶：辛，平。凉血，解毒，消肿，止痛。用于痈疽喉肿，缠身蛇丹，烫伤，目赤肿痛，跌打损伤等。

【应用举例】木芙蓉花：治痈疽肿毒，木芙蓉花、叶，丹皮，煎水洗。

木芙蓉根：外用，捣敷或研末调敷；内服，煎汤，鲜者 30 ～ 60 克。

木芙蓉叶：治跌打扭伤，木芙蓉鲜叶、花适量，捣烂外敷；或晒干研粉，酒、醋或茶汁调搽。

322. 木槿 *Hibiscus syriacus* Linn.

【别名】木棉、荆条、朝开暮落花、喇叭花等。

【植物形态】落叶灌木，高 3 ～ 4 米，小枝密被黄色星状绒毛。叶菱形至三角状卵形，长 3 ～ 10 厘米，宽 2 ～ 4 厘米，具深浅不同的 3 裂或不裂，先端钝，基部楔形，边缘具不整齐齿缺，下面沿叶脉微被毛或近无毛；叶柄长 5 ～ 25 毫米，上面被星状柔毛；托叶线形，长约 6 毫米，疏被柔毛。花单生于枝端叶腋间，花梗长 4 ～ 14 毫米，被星状短绒毛；小苞片 6 ～ 8，线形，长 6 ～ 15 毫米，宽 1 ～ 2 毫米，密被星状疏绒毛；花萼钟形，长 14 ～ 20 毫米，密被星状短绒毛，裂片 5，三角形；花钟形，淡紫色，直径 5 ～ 6 厘米，花瓣倒卵形，长 3.5 ～ 4.5 厘米，外面疏被纤毛和星状长柔毛；雄蕊柱长约 3 厘米；花柱枝无毛。蒴果卵圆形，直径约 12 毫米，密被黄色星状绒毛；种子肾形，背部被黄白色长柔毛。花期 7—10 月。

【生境与分布】我国台湾、福建、广东、广西、云南、贵州、四川、湖南、湖北、安徽、江西、浙江、江苏、山东、河北、河南、陕西等省区均有栽培，系我国中部各省原产。

【中药名称】木槿子、木槿花、木槿皮、木槿叶。

【来源】锦葵科植物木槿（*Hibiscus syriacus* Linn.）的果实为木槿子，花为木槿花，茎皮或根皮为木槿皮，叶为木槿叶。

【采收加工】木槿子：9—10 月果实现黄绿色时采收，晒干。

木槿花：夏、秋季选晴天早晨，花半开时采摘，晒干。

木槿皮：茎皮于 4—5 月剥取，晒干；根皮于秋末挖取根，剥取根皮，晒干。

木槿叶：全年均可采，鲜用或晒干。

【性味功效】木槿子：甘，寒。清肺化痰，止头痛，解毒。用于痰喘咳嗽，支气管炎，偏正头痛，黄水疮，湿疹等。

木槿花：甘，苦，凉。清热利湿，凉血解毒。用于肠风泻血，赤白下痢，痔疮出血，肺热咳嗽，咳血，带下，疮疖痈肿，烫伤等。

木槿皮：甘，苦，寒。清热利湿，杀虫止痒。用于湿热泻痢，肠风泻血，脱肛，痔疮，赤白带下，阴道滴虫，皮肤疥癣，阴囊湿疹等。

木槿叶：苦，寒。清热解毒。用于赤白痢疾，肠风，痈肿疮毒。

【应用举例】木槿子：治咳嗽痰喘，木槿子 9 ～ 15 克，丝瓜藤 50 克，煎服。

木槿花：治风痰壅逆，木槿花晒干，焙研，每服一二匙，空腹沸汤下，白花尤良。

木槿皮：治大肠脱肛，木槿皮或叶煎汤熏洗，后以白矾、五倍末敷之。

木槿叶：治疔疮疖肿，木槿鲜叶，与食盐一起捣烂敷患处。

323. 锦葵 *Malva sinensis* Cavan.

【别名】荆葵、钱葵、小钱花、金钱紫花葵、小白淑气花、棋盘花等。

【植物形态】二年生或多年生直立草本，高 50 ～ 90 厘米，分枝多，疏被粗毛。叶圆心形或肾形，具 5 ～ 7 圆齿状钝裂片，长 5 ～ 12 厘米，宽几相等，基部近心形至圆形，边缘具圆锯齿，两面均无毛或仅脉上疏被短糙伏毛；叶柄长 4 ～ 8 厘米，近无毛，但上面槽内被长硬毛；托叶偏斜，卵形，具锯齿，先端渐尖。花 3 ～ 11 朵簇生，花梗长 1 ～ 2 厘米，无毛或疏被粗毛；小苞片 3，长圆形，长 3 ～ 4 毫米，宽 1 ～ 2 毫米，先端圆形，疏被柔毛；萼裂片 5，宽三角形，两面均被星状疏柔毛；花紫红色或白色，直径 3.5 ～ 4 厘米，花瓣 5，匙形，长 2 厘米，先端微缺，爪具髯毛；雄蕊柱长 8 ～ 10 毫米，被刺毛，花丝无毛；花柱分枝 9 ～ 11，被微细毛。果扁圆形，直径 5 ～ 7 毫米，分果爿 9 ～ 11，肾形，被柔毛；种子黑褐色，肾形，长 2 毫米。花期 5—10 月。

【生境与分布】为我国南北各城市常见的栽培植物，偶有逸生。南自广东、广西，北至内蒙古、辽宁，东起台湾，西至新疆和西南各省区，均有分布。我县均有分布。

【中药名称】锦葵。

【来源】为锦葵科植物锦葵（*Malva sinensis* Cavan.）的花、叶和茎。

【采收加工】夏、秋季采收，晒干。

【性味功效】咸，寒。利尿通便，清热解毒。用于大小便不畅，带下，淋巴结结核，咽喉肿痛等。

【应用举例】治胸膜炎：锦葵 6 ～ 9 克，水煎服。

324. 地桃花 *Urena lobata* Linn.

【别名】野棉花、田芙蓉、粘油子、厚皮草、野鸡花、半边月、千下槌、红孩儿、石松毛、牛毛七、毛桐子等。

【植物形态】直立亚灌木状草本，高达1米，小枝被星状绒毛。茎下部的叶近圆形，长4～5厘米，宽5～6厘米，先端浅3裂，基部圆形或近心形，边缘具锯齿；中部的叶卵形，长5～7厘米，3～6.5厘米；上部的叶长圆形至披针形，长4～7厘米，宽1.5～3厘米；叶上面被柔毛，下面被灰白色星状绒毛；叶柄长1～4厘米，被灰白色星状毛；托叶线形，长约2毫米，早落。花腋生，单生或稍丛生，淡红色，直径约15毫米；花梗长约3毫米，被绵毛；小苞片5，长约6毫米，基部1/3合生；花萼杯状，裂片5，较小苞片略短，两者均被星状柔毛；花瓣5，倒卵形，长约15毫米，外面被星状柔毛；雄蕊柱长约15毫米，无毛；花柱枝10，微被长硬毛。果扁球形，直径约1厘米，分果爿被星状短柔毛和锚状刺。花期7—10月。

【生境与分布】产于长江以南各省区。我县均有分布。

【中药名称】地桃花。

【来源】为锦葵科植物地桃花（*Urena lobata* Linn.）的根或全草。

【采收加工】全草全年均可采，除去杂质，切碎，晒干。根部于冬季挖取，洗去泥沙，切片，晒干。

【性味功效】甘，辛，凉。祛风利湿，活血消肿，清热解毒。用于感冒，风湿痹痛，痢疾，泄泻，淋证，带下，月经不调，跌打肿痛，喉痹，乳痈，疮疖，毒蛇咬伤等。

【应用举例】1. 治感冒：地桃花根24克，水煎服。

2. 治风湿痹痛：地桃花、三桠苦、两面针、昆明鸡血藤各30克，水煎服。

3. 治痈疮、拔脓：生地、桃花根捣烂敷。

九十五、椴树科 Tiliaceae

乔木，灌木或草本。单叶互生，稀对生，具基出脉，全缘或有锯齿，有时浅裂；托叶存在或缺，如果存在往往早落或有宿存。花两性或单性雌雄异株，辐射对称，排成聚伞花序或再组成圆锥花序；

苞片早落，有时大而宿存；萼片通常5数，有时4片，分离或多少连生，镊合状排列；花瓣与萼片同数，分离，有时或缺；内侧常有腺体，或有花瓣状退化雄蕊，与花瓣对生；雌雄蕊柄存在或缺；雄蕊多数，稀5数，离生或基部连生成束，花药2室，纵裂或顶端孔裂；子房上位，2～6室，有时更多，每室有胚珠1至数颗，生于中轴胎座，花柱单生，有时分裂，柱头锥状或盾状，常有分裂。果为核果、蒴果、裂果，有时浆果状或翅果状，2～10室；种子无假种皮，胚乳存在，胚直，子叶扁平。

本科约52属500种，主要分布于热带及亚热带地区。我国有13属85种。近年来从东南亚引入原产热带美洲的文定果 *Muntingia colabura* Linn. 栽培于广州、海南、台湾及福建等地。

全国第四次中药资源普查秭归境内发现2种。

325. 田麻 *Corchoropsis tomentosa*（Thunb.）Makino

【别名】黄花喉草、白喉草、野络麻等。

【植物形态】一年生草本，高40～60厘米；分枝有星状短柔毛。叶卵形或狭卵形，长2.5～6厘米，宽1～3厘米，边缘有钝齿，两面均密生星状短柔毛，基出脉3条；叶柄长0.2～2.3厘米；托叶钻形，长2～4毫米，脱落。花有细柄，单生于叶腋，直径1.5～2厘米；萼片5片，狭窄披针形，长约5毫米；花瓣5片，黄色，倒卵形；发育雄蕊15枚，每3枚成一束，退化雄蕊5枚，与萼片对生，匙状条形，长约1厘米；子房被短茸毛。蒴果角状圆筒形，长1.7～3厘米，有星状柔毛。果期秋季。

【生境与分布】产于东北、华北、华东、华中、华南及西南等地区。我县均有分布。

【中药名称】田麻。

【来源】为椴树科田麻属植物田麻（*Corchoropsis tomentosa*（Thunb.）Makino）的全草。

【采收加工】夏、秋季采收，切段，鲜用或晒干。

【性味功效】苦，凉。清热利湿，解毒止血。用于痈疖肿毒，咽喉肿痛，疥疮，小儿疳积，白带过多，外伤出血等。

【应用举例】治疳积，痈疖肿毒：毛果田麻叶或全草9～15克，水煎服。

326. 甜麻 *Corchorus aestuans* L.

【别名】假黄麻、针筒草等。

【植物形态】一年生草本，高约 1 米，茎红褐色，稍被淡黄色柔毛；枝细长，披散。叶卵形或阔卵形，长 4.5 ～ 6.5 厘米，宽 3 ～ 4 厘米，顶端短渐尖或急尖，基部圆形，两面均有稀疏的长粗毛，边缘有锯齿，近基部一对锯齿往往延伸成尾状的小裂片，基出脉 5 ～ 7 条；叶柄长 0.9 ～ 1.6 厘米，被淡黄色的长粗毛。花单独或数朵组成聚伞花序生于叶腋或腋外，花序柄或花柄均极短或近于无；萼片 5 片，狭窄长圆形，长约 5 毫米，上部半凹陷如舟状，顶端具角，外面紫红色；花瓣 5 片，与萼片近等长，倒卵形，黄色；雄蕊多数，长约 3 毫米，黄色；子房长圆柱形，被柔毛，花柱圆棒状，柱头如喙，5 齿裂。蒴果长筒形，长约 2.5 厘米，直径约 5 毫米，具 6 条纵棱，其中 3 ～ 4 棱呈翅状突起，顶端有 3 ～ 4 条向外延伸的角，角二叉，成熟时 3 ～ 4 瓣裂，果瓣有浅横隔；种子多数。花期夏季。

【生境与分布】产于长江以南各省区。生长于荒地、旷野、村旁。为南方各地常见的杂草。我县均有分布。

【中药名称】野黄麻。

【来源】为椴树科植物甜麻（*Corchorus aestuans* L.）的全草。

【采收加工】9—10 月选晴天挖取全株，洗去泥土，切段，晒干。

【性味功效】淡，寒。清热解暑，消肿解毒。用于中暑发热，咽喉肿痛，痢疾，小儿疳积，麻疹，跌打损伤，疮疥疖肿等。

【应用举例】解暑热：野黄麻嫩叶适量，作菜汤食。

九十六、梧桐科 Sterculiaceae

乔木或灌木，稀为草本或藤本，幼嫩部分常有星状毛，树皮常有黏液和富含纤维。叶互生，单叶，稀为掌状复叶，全缘、具齿或深裂，通常有托叶。花序腋生，稀顶生，排成圆锥花序、聚伞花序、总状花序或伞房花序，稀为单生花；花单性、两性或杂性；萼片 5 枚，稀为 3 ～ 4 枚，或多或少合生，稀完全分离，镊合状排列；花瓣 5 片或无花瓣，分离或基部与雌雄蕊柄合生，排成旋转的覆瓦状排列；通常有雌雄蕊柄；雄蕊的花丝常合生成管状，有 5 枚舌状或线状的退化雄蕊与萼片对生，或无退化雄蕊，花药 2 室，纵裂；雌蕊由 2 ～ 5（稀 10 ～ 12）个合生的心皮或单心皮所组成，子房上位，室数与心皮数相同，每室有胚珠 2 个或多个，稀为 1 个，花柱 1 枚或与心皮同数。果通常为蒴果或蓇葖果，开裂或不开裂，极少为浆果或核果。种子有胚乳或无胚乳，胚直立或弯生，胚轴短。

中国梧桐科植物，连栽培的种类在内，共有 19 属 82 种 3 变种，主要分布在华南和西南各省，而以云南为最盛。云南有 56 种，占全国种数的 68.3%，其次为广东，有 36 种，占全国种数的 43.9%，广西有 35 种，占全国种数的 42.7%。贵州、四川、福建、台湾、湖南也有不少梧桐科植物生长。其分布范围一般不超过长江以北，并以北回归线以南分布最多。

本科有 68 属约 1100 种，分布在东、西两半球的热带和亚热带地区，只有个别种可分布到温带地区。

全国第四次中药资源普查秭归境内发现 2 种。

327. 梧桐 *Firmiana platanifolia*（L. f. ）Marsili

【别名】中国梧桐、国桐、桐麻、桐麻碗、瓢儿果树、青桐皮等。

【植物形态】落叶乔木，高达 16 米；树皮青绿色，平滑。叶心形，掌状 3 ～ 5 裂，直径 15 ～ 30 厘米，裂片三角形，顶端渐尖，基部心形，两面均无毛或略被短柔毛，基生脉 7 条，叶柄与叶片等长。圆锥花序顶生，长 20 ～ 50 厘米，下部分枝长达 12 厘米，花淡黄绿色；萼 5 深裂几至基部，萼片条形，向外卷曲，长 7 ～ 9 毫米，外面被淡黄色短柔毛，内面仅在基部被柔毛；花梗与花几等长；雄花的雌雄蕊柄与萼等长，下半部较粗，无毛，花药 15 个不规则地聚集在雌雄蕊柄的顶端，退化子房梨形且甚小；雌花的子房圆球形，被毛。蓇葖果膜质，有柄，成熟前开裂成叶状，长 6 ～ 11 厘米、宽 1.5 ～ 2.5 厘米，外面被短茸毛或几无毛，每个蓇葖果有种子 2 ～ 4 个；种子圆球形，表面有皱纹，直径约 7 毫米。花期 6 月。

【生境与分布】产于我国南北各省，从广东海南岛到华北均产。我县均有分布。

【中药名称】梧桐叶、梧桐子、梧桐花、梧桐根、梧桐白皮。

【来源】梧桐科梧桐属植物梧桐（*Firmiana platanifolia*（L.f.）Marsili）的叶为梧桐叶，种子为梧桐子，花为梧桐花，根为梧桐根，去掉栓皮的树皮为梧桐白皮。

【采收加工】梧桐叶：春、秋季采集。随采随用，或晒干。

梧桐子：秋季种子成熟时将果枝采下，打落种子，簸去杂质，晒干。

梧桐花：6 月采收。筛净泥屑，拣去杂质，晒干。

梧桐根：全年均可采挖，切片，鲜用或晒干。

梧桐白皮：全年均可采，剥取韧皮部，晒干。

【性味功效】梧桐叶：苦，寒。祛风除湿，解毒消肿，降血压。用于风湿痹痛，跌打损伤，痈疮肿毒，痔疮，小儿疳积，泻痢，高血压。

梧桐子：甘，平。顺气，和胃，消食。主治伤食，胃痛，疝气，小儿口疮。

梧桐花：甘，平。利湿消肿，消热解毒。用于水肿，小便不利，无名肿毒，创伤红肿，头癣，烫伤。

梧桐根：甘，平。祛风除湿，调经止血，解毒疗疮。用于风湿性关节痛，吐血，肠风下血，月经不调，跌打损伤。

梧桐白皮：甘，苦，凉。祛风除湿，活血通经。用于风湿痹痛，月经不调，痔疮，丹毒，恶疮，跌打损伤。

【应用举例】梧桐叶：治软疖，用梧桐叶，将白水煮三炷香火，叶冷贴患处。

梧桐子：治疝气，梧桐子炒香，剥（去）壳食之。

梧桐花：治烧烫伤，梧桐花研粉调涂。

梧桐根：内服，煎汤，9 ～ 15 克，鲜品 30 ～ 60 克，或捣汁；外用适量，捣敷。

梧桐白皮：内服，煎汤，10 ～ 30 克；外用适量，捣敷，或煎水洗。

328. 马松子 *Melochia corchorifolia* L.

【别名】野路葵等。

【植物形态】半灌木状草本，高不及 1 米；枝黄褐色，略被星状短柔毛。叶薄纸质，卵形、矩圆状卵形或披针形，稀有不明显的 3 浅裂，长 2.5 ～ 7 厘米，宽 1 ～ 1.3 厘米，顶端急尖或钝，基部圆形或心形，边缘有锯齿，上面近于无毛，下面略被星状短柔毛，基生脉 5 条；叶柄长 5 ～ 25 毫米；托叶条形，长 2 ～ 4 毫米。花排成顶生或腋生的密聚伞花序或团伞花序；小苞片条形，混生在花序内；萼钟状，5 浅裂，长约 2.5 毫米，外面被长柔毛和刚毛，内面无毛，裂片三角形；花瓣 5 片，白色，后变为淡红色，矩圆形，长约 6 毫米，基部收缩；雄蕊 5 枚，下部连合成筒，与花瓣对生；子房无柄，5 室，密被柔毛，花柱 5 枚，线状。蒴果圆球形，有 5 棱，直径 5 ～ 6 毫米，被长柔毛，每室有种子 1 ～ 2 个；种子卵圆形，略成三角状，褐黑色，长 2 ～ 3 毫米。花期夏秋。

【生境与分布】本种广泛分布在长江以南各省、台湾和四川内江地区。生于田野间或低丘陵地原野间。亚洲热带地区多有分布。我县均有分布。

【中药名称】木达地黄。

【来源】为梧桐科植物马松子（*Melochia corchorifolia* L.）的茎、叶。

【采收加工】夏秋季采收，扎成把，晒干。

【性味功效】淡，平。清热利湿，止痒。主治急性黄疸型肝炎，皮肤痒疹。

【应用举例】内服：煎汤，10 ～ 30 克。外用：适量，煎水洗。

九十七、瑞香科 Thymelaeaceae

落叶或常绿灌木或小乔木，稀草本；茎通常具韧皮纤维。单叶互生或对生，革质或纸质，稀草质，边缘全缘，基部具关节，羽状叶脉，具短叶柄，无托叶。花辐射对称，两性或单性，雌雄同株或异株，头状、穗状、总状、圆锥或伞形花序，有时单生或簇生，顶生或腋生；花萼通常为花冠状，白色、黄色或淡绿色，稀红色或紫色，常连合成钟状、漏斗状、筒状的萼筒，外面被毛或无毛，裂片 4 ～ 5，在芽中呈覆瓦状排列；花瓣缺，或鳞片状，与萼裂片同数；雄蕊通常为萼裂片的 2 倍或同数，稀退化为 2，多与裂片对生，或另一轮与裂片互生，花药卵形、长圆形或线形，2 室，向内直裂，稀侧裂；花盘环状、杯状或鳞片状，稀不存；子房上位，心皮 2 ～ 5 个合生，稀 1 个，1 室，稀 2 室，每室有悬垂胚珠 1 颗，稀 2 ～ 3 颗，近室顶端倒生，花柱长或短，顶生或近顶生，有时侧生，柱头通常头状。浆果、核果或坚果，稀为 2 瓣开裂的蒴果，果皮膜质、革质、木质或肉质；种子下垂或倒生；胚乳丰富或无胚乳，胚直立，子叶厚而扁平，稍隆起。

瑞香科约 48 属 650 种以上，广布于南北两半球的热带和温带地区，多分布于非洲、大洋洲和地中海沿岸。我国有 10 属 100 种左右，各省均有分布，但主产于长江流域及其以南地区。

全国第四次中药资源普查秭归境内发现 1 种。

329. 芫花 *Daphne genkwa* Sieb. et Zucc.

【别名】药鱼草、老鼠花、闹鱼花、头痛花、闷头花、头痛皮、石棉皮、泡米花、泥秋树、黄大戟、蜀桑、鱼毒等。

【植物形态】落叶灌木，高 0.3 ～ 1 米，多分枝；树皮褐色，无毛；小枝圆柱形，细瘦，干燥后多具皱纹，幼枝黄绿色或紫褐色，密被淡黄色丝状柔毛，老枝紫褐色或紫红色，无毛。叶对生，稀互生，纸质，卵形或卵状披针形至椭圆状长圆形，长 3 ～ 4 厘米，宽 1 ～ 2 厘米，先端急尖或短渐尖，基部宽楔形或钝圆形，边缘全缘，上面绿色，干燥后黑褐色，下面淡绿色，干燥后黄褐

色，幼时密被绢状黄色柔毛，老时则仅叶脉基部散生绢状黄色柔毛，侧脉 5 ～ 7 对，在下面较上面显著；叶柄短或几无，长约 2 毫米，具灰色柔毛。花比叶先开放，花紫色或淡蓝紫色，常 3 ～ 6 朵花簇生于叶腋或侧生，比叶先开放，易于与其他种相区别。花梗短，具灰黄色柔毛；花萼筒细瘦，筒状，长 6 ～ 10 毫米，外面具丝状柔毛，裂片 4，卵形或长圆形，长 5 ～ 6 毫米，宽 4 毫米，顶端圆形，外面疏生短柔毛；雄蕊 8，2 轮，分别着生于花萼筒的上部和中部，花丝短，长约 0.5 毫米，花药黄色，卵状椭圆形，长约 1 毫米，伸出喉部，顶端钝尖；花盘环状，不发达；子房长倒卵形，长 2 毫米，密被淡黄色柔毛，花柱短或无，柱头头状，橘红色。果实肉质，白色，椭圆形，长约 4 毫米，包藏于宿存的花萼筒的下部，具 1 颗种子。花期 3—5 月，果期 6—7 月。

【生境与分布】生于海拔 300 ～ 1000 米。产于河北、山西、陕西、甘肃、山东、江苏、安徽、浙江、江西、福建、台湾、河南、湖北、湖南、四川、贵州等省区。

【中药名称】芫花、芫花根。

【来源】瑞香科植物芫花（*Daphne genkwa* Sieb. et Zucc.）的干燥花蕾为芫花，根或根皮为芫花根。

【采收加工】芫花：春季花未开放时采收，除去杂质，干燥。

芫花根：全年均可采，挖根或剥取根皮，洗净，鲜用或切片晒干。

【性味功效】芫花：苦，辛，寒，有毒。泻水逐饮，解毒杀虫。用于水肿胀满，胸腹积水，痰饮积聚，气逆咳喘，二便不利等；外治疥癣秃疮，冻疮。

芫花根：辛，苦，温。逐水，解毒，散结。用于水肿，瘰疬，乳痈，痔瘘，疥疮，风湿痹痛。

【应用举例】芫花：用醋炒芫花配合雄黄，研末内服，治虫积腹痛；以芫花研末，用猪油拌和，外涂治头癣。

芫花根：治水气浮肿、小便涩，芫花根 30 克，锉，微炒，捣细罗为末。每服以温水调下 3 克，利便消肿。

九十八、胡颓子科 Elaeagnaceae

常绿或落叶直立灌木或攀援藤本，稀乔木，有刺或无刺，全体被银白色或褐色至锈盾形鳞片或星状绒毛。单叶互生，稀对生或轮生，全缘，羽状叶脉，具柄，无托叶。花两性或单性，稀杂性。单生或数花组成叶腋生的伞形总状花序，通常整齐，白色或黄褐色，具香气，虫媒花；花萼常连合成筒，顶端 4 裂，稀 2 裂，在子房上面通常明显收缩，花蕾时镊合状排列；无花瓣；雄蕊着生于萼筒喉部或上部，与裂片互生，或着生于基部，与裂片同数或为其倍数，花丝分离，短或几无，花药内向，2 室纵裂，背部着生，通常为丁字药，花粉粒钝三角形或近圆形（*Shepherdia* 则为椭圆形）；子房上位，包被于花萼管内，1 心皮，1 室，1 胚珠，花柱单一，直立或弯曲，柱头棒状或偏向一边膨大；花盘通常不明显，稀发达成锥状。果实为瘦果或坚果，为增厚的萼管所包围，核果状，红色或黄色；味酸甜或无味，种皮骨质或膜质；无或几无胚乳，胚直立，较大，具 2 枚肉质子叶。

本科有 3 属 80 余种，主要分布于亚洲东南地区，亚洲其他地区、欧洲及北美洲也有。我国有 2 属约 60 种，遍布全国各地。

全国第四次中药资源普查秭归境内发现 1 种。

330. 胡颓子 *Elaeagnus pungens* Thunb.

【别名】蒲颓子、半含春、卢都子、雀儿酥、甜棒子、牛奶子根、石滚子、四枣、半春子、柿模、三月枣、羊奶子等。

【植物形态】常绿直立灌木，高 3 ～ 4 米，具刺，刺顶生或腋生，长 20 ～ 40 毫米，有时较短，深褐色；幼枝微扁棱形，密被锈色鳞片，老枝鳞片脱落，黑色，具光泽。叶革质，椭圆形或阔椭圆形，稀矩圆形，长 5 ～ 10 厘米，宽 1.8 ～ 5 厘米，两端钝形或基部圆形，边缘微反卷或皱波状，上面幼时具银白色和少数褐色鳞片，成熟后脱落，具光泽，干燥后褐绿色或褐色，下面密被银白色和少数褐色鳞片，侧脉 7 ～ 9 对，

与中脉开展成 50° ～ 60° 角，近边缘分叉而互相连接，上面显著凸起，下面不甚明显，网状脉在上面明显，下面不清晰；叶柄深褐色，长 5 ～ 8 毫米。花白色或淡白色，下垂，密被鳞片，1 ～ 3 朵花生于叶腋锈色短小枝上；花梗长 3 ～ 5 毫米；萼筒圆筒形或漏斗状圆筒形，长 5 ～ 7 毫米，在子房上骤收缩，裂片三角形或矩圆状三角形，长 3 毫米，顶端渐尖，内面疏生白色星状短柔毛；雄蕊的花丝极短，花药矩圆形，长 1.5 毫米；花柱直立，无毛，上端微弯曲，超过雄蕊。果实椭圆形，长 12 ～ 14 毫米，幼时被褐色鳞片，成熟时红色，果核内面具白色丝状绵毛；果梗长 4 ～ 6 毫米。花期 9 — 12 月，果期次年 4 — 6 月。

【生境与分布】生于海拔 1000 米以下的向阳山坡或路旁。产江苏、浙江、福建、安徽、江西、湖北、湖南、贵州、广东、广西。

【中药名称】胡颓子、胡颓子根、胡颓子叶。

【来源】胡颓子科植物胡颓子（*Elaeagnus pungens* Thunb.）的果实为胡颓子，根为胡颓子根，

叶为胡颓子叶。

【采收加工】胡颓子：4—6 月果实成熟时采收，晒干。

胡颓子根：9—10 月采挖，晒干。

胡颓子叶：全年均可采，鲜用或晒干。

【性味功效】胡颓子：酸，涩，平。收敛止泻，健脾消食，止咳平喘，止血。主治泄泻，痢疾，食欲不振，消化不良，咳嗽气喘，崩漏，痔疮下血。

胡颓子根：苦，酸，平。主治咳喘，吐血，咯血，便血，月经过多，风湿性关节痛，泻痢，小儿疳积，咽喉肿痛。

胡颓子叶：酸，微温。止咳平喘，止血，解毒。用于肺虚咳嗽，气喘，咳血，吐血，外伤出血，痈疽，痔疮肿痛。

【应用举例】胡颓子：内服，煎汤，9 ～ 15 克；外用适量，煎水洗。

胡颓子根：治风寒肺喘，胡颓子根 30 克，红糖 15 克，水煎，饭后服。

胡颓子叶：治蜂、蛇咬伤，鲜胡颓子叶捣烂绞汁和酒服，渣敷患处。

九十九、大风子科 Flacourtiaceae

常绿或落叶乔木或灌木，多数无刺，稀有枝刺和皮刺（如菲柞、鼻烟盒树、箣柊、锡兰莓、刺篱木、柞木等属）。单叶，互生，稀对生和轮生（我国无），有时排成二列或螺旋式，全缘或有锯齿，多数在齿尖有圆腺体，有的有透明或半透明的腺点和腺条，有时在叶基有腺体和腺点；叶柄常基部和顶部增粗，有的有腺点（如山桐子属）；托叶小，通常早落或缺，稀有大的和叶状的，或宿存。花通常小，稀较大，两性，或单性，雌雄异株或杂性同株，稀同序的（如山拐枣属）；单生或簇生，排成顶生或腋生的总状花序、圆锥花序、团伞花序（聚伞花序）；花梗常在基部或中部处有关节，有的花梗完全和中脉及叶柄联合（我国无）；萼片 2 ～ 7 片或更多，覆瓦状排列，稀镊合状和螺旋状排列，分离或在基部联合成萼管；花瓣 2 ～ 7 片，稀更多或缺，稀为有翼瓣片，分离或基部联合，通常花瓣与萼片相似而同数，稀比萼片更多，覆瓦状排列，或镊合状排列，稀轮状排列，排列整齐，早落或宿存，通常与萼片互生；花托通常有腺体，或腺体开展成花盘，有的花盘中央变深而成为花盘管；雄蕊通常多数，稀少数，有的与花瓣同数而和花瓣对生，花丝分离，稀联合成管状和束状与腺体互生，药隔有一短的附属物；雌蕊由 2 ～ 10 个心皮形成；子房上位、半下位，稀完全下位，通常 1 室；有 2 ～ 10 个侧膜胎座和 2 至多数胚珠；侧膜胎座有时向内突出到子房室的中央而形成多室的中轴胎座；胚珠倒生或半倒生。果实为浆果和蒴果，稀为核果和干果（我国无），有的有棱条，角状或多刺；有 1 至多粒种子；种子有时有假种皮，或种子边缘有翅，稀被绢状毛，通常有丰富的、肉质的胚乳，胚直立或弯曲，子叶通常较大，心状或叶状。

本科约有 93 属 1300 余种，主要分布于热带和亚热带一些地区，其中非洲约有 41 属 500 余种，美洲约有31属410余种，亚洲有22属310余种，大洋洲仅1属，有2～5种。我国现有13属和2栽培属（鼻烟盒树属 *Oncoba* Forssk. 和锡兰莓属 *Dovyalis* E. Mey ex Arn.），约54种。主产于华南、西南，少数种类分布于秦岭和长江以南各省、区。

全国第四次中药资源普查秭归境内发现1种。

331. 柞木 *Xylosma racemosum*（Sieb. et Zucc.）Miq.

【别名】凿子树、蒙子树、葫芦刺、红心刺等。

【植物形态】常绿大灌木或小乔木，高4～15米；树皮棕灰色，不规则从下面向上反卷呈小片，裂片向上反卷；幼时有枝刺，结果株无刺；枝条近无毛或有疏短毛。叶薄革质，雌雄株稍有区别，通常雌株的叶有变化，菱状椭圆形至卵状椭圆形，长4～8厘米，宽2.5～3.5厘米，先端渐尖，基部楔形或圆形，边缘有锯齿，两面无毛或在近基部中脉有毛；叶柄短，长约2毫米，有短毛。花小，总状花序腋生，长1～2厘米，花梗极短，长约3毫米；花萼4～6片，卵形，长2.5～3.5毫米，外面有短毛；花瓣缺；雄花有多数雄蕊，花丝细长，长约4.5毫米，花药椭圆形，底着药；花盘由多数腺体组成，包围着雄蕊；雌花的萼片与雄花同；子房椭圆形，无毛，长约4.5毫米，1室，有2侧膜胎座，花柱短，柱头2裂；花盘圆形，边缘稍波状。浆果黑色，球形，顶端有宿存花柱，直径4～5毫米；种子2～3粒，卵形，长2～3毫米，鲜时绿色，干后褐色，有黑色条纹。花期春季，果期冬季。

【生境与分布】产于秦岭以南和长江以南各省区。生于海拔800米以下的林边、丘陵和平原或村边附近灌丛中。我县均有分布。

【中药名称】柞木皮、柞木根、柞木叶。

【来源】大风子科植物柞木（*Xylosma racemosum*（Sieb. et Zucc.）Miq.）的树皮为柞木皮，根为柞木根，枝叶为柞木叶。

【采收加工】柞木皮：夏、秋季采剥取树皮，晒干。

柞木根：秋季采挖根，洗净，切片晒干备用，亦可鲜用。

柞木叶：全年均可采，晒干。

【性味功效】柞木皮：苦，酸，微寒。清热利湿，催产。用于湿热黄疸，痢疾，瘰疬，梅疮溃烂，瘰疬，难产，死胎不下等。

柞木根：苦，平。解毒，利湿，散瘀，催产。用于黄疸，痢疾，水肿，肺结核咯血，瘰疬，跌打肿痛，难产，死胎不下。

柞木叶：苦，涩，寒。清热燥湿，解毒，散瘀消肿。用于婴幼儿泄泻，痢疾，痈疖肿毒，跌打骨折，扭伤脱臼，死胎不下。

【应用举例】柞木皮：治鼠咬伤，柞木皮 6 克，当归 0.9 克，川芎 0.9 克，金银花 3 克，大黄 1.5 克，甘草 0.3 克，水煎服。

柞木根：治肺结核咯血，鲜柞木根皮 60 ～ 120 克，水煎服。

柞木叶：治痈疖初起，鲜柞木叶，捣烂敷患处，干则更换。

一百、堇菜科 Violaceae

多年生草本、半灌木或小灌木，稀为一年生草本、攀援灌木或小乔木。叶为单叶，通常互生，少数对生，全缘、有锯齿或分裂，有叶柄；托叶小或叶状。花两性或单性，少有杂性，辐射对称或两侧对称，单生或组成腋生或顶生的穗状、总状或圆锥状花序，有 2 枚小苞片，有时有闭花受精花；萼片下位，5，同形或异形，覆瓦状，宿存；花瓣下位，5，覆瓦状或旋转状，异形，下面 1 枚通常较大，基部囊状或有距；雄蕊 5，通常下位，花药直立，分离，或围绕子房成环状靠合，药隔延伸于药室顶端成膜质附属物，花丝很短或无，下方 2 枚雄蕊基部有距状蜜腺；子房上位，完全被雄蕊覆盖，1 室，由 3 ～ 5 枚心皮联合构成，具 3 ～ 5 个侧膜胎座，花柱单一稀分裂，柱头形状多变化，胚珠 1 至多数，倒生。果实为沿室背弹裂的蒴果或为浆果状；种子无柄或具极短的种柄，种皮坚硬，有光泽，常有油质体，有时具翅，胚乳丰富，肉质，胚直立。

本科约有 22 属 900 多种，广布于世界各洲，温带、亚热带及热带地区均产。我国有 4 属 130 多种。

全国第四次中药资源普查秭归境内发现 1 种。

332. 七星莲 *Viola diffusa* Ging.

【别名】蔓茎堇菜、茶匙黄等。

【植物形态】一年生草本，全体被糙毛或白色柔毛，或近无毛，花期生出地上匍匐枝。匍匐枝先端具莲座状叶丛，通常生不定根。根状茎短，具多条白色细根及纤维状根。基生叶多数，丛生呈莲座状，或于匍匐枝上互生；叶片卵形或卵状长圆形，长 1.5 ～ 3.5 厘米，宽 1 ～ 2 厘米，先端钝或稍尖，基部宽楔形或截形，稀浅心形，明显下延于叶柄，边缘具钝齿及缘毛，幼叶两面密被白色柔毛，后渐变稀疏，但叶脉上及两侧边缘仍被较密的毛；叶柄长 2 ～ 4.5 厘米，具明显的翅，通常有毛；托叶基部与叶柄合生，2/3 离生，线状披针形，长 4 ～ 12 毫米，先端渐尖，边缘具稀疏的细齿或疏生流苏状齿。花较小，淡紫色或浅黄色，具长梗，生于基生叶或匍匐枝叶丛的叶腋间；花梗纤细，长 1.5 ～ 8.5 厘米，无毛或被疏柔毛，中部有 1 对线形苞片；萼片披针形，长 4 ～ 5.5 毫米，先端尖，基部附属物短，末端圆或具稀疏细齿，边缘疏生睫毛；侧方花瓣倒卵形或长圆状倒卵形，长 6 ～ 8 毫米，无须毛，下方花瓣连距长约 6 毫米，较其他花瓣显著短；距极短，长仅 1.5 毫米，稍露出萼片附属物之外；下方 2 枚雄蕊背部的距短而宽，呈三角形；子房无毛，花柱棍棒状，基部稍曲，上部渐增粗，柱头两侧及后方具肥厚的缘边，中央部分稍隆起，前方具短喙。蒴果长圆形，直径约 3 毫米，长约 1 厘米，无毛，顶端常具宿存的花柱。花期 3—5 月，果期 5—8 月。

【生境与分布】生于山地林下、林缘、草坡、溪谷旁、岩石缝隙中。产于浙江、台湾、四川、云南、西藏。我县均有分布。

【中药名称】七星莲。

【来源】为堇菜科植物七星莲（*Viola diffusa* Ging.）的全草。

【采收加工】夏、秋季挖取全草，洗净，除去杂质，晒干或鲜用。

【性味功效】苦，寒。清热解毒，消肿排脓，清肺止咳。用于疮毒疖痈，毒蛇咬伤，小儿久咳音嘶，风热咳嗽，顿咳，肺痈，目赤，跌打损伤等。

【应用举例】1. 治感冒、百日咳、目赤肿痛、痢疾、肝炎、淋浊：煎服，9 ～ 15 克。

2. 治痈肿疔疮、跌打损伤、烫伤、蛇咬伤、疥疮：鲜品捣敷。

一百零一、旌节花科 Stachyuraceae

灌木或小乔木，有时为攀援状灌木；落叶或常绿；小枝明显具髓。冬芽小，具 2 ～ 6 枚鳞片。单叶互生，膜质至革质，边缘具锯齿；托叶线状披针形，早落。总状花序或穗状花序腋生，直立或下垂；花小，整齐，两性或雌雄异株，具短梗或无梗；花梗基部具苞片 1 枚，花基部具小苞片 2 枚，基部连合；萼片 4，覆瓦状排列；花瓣 4，覆瓦状排列，分离或靠合；雄蕊 8，2 轮，花丝钻形，花药丁字形着生，内向纵裂（能结实花的雄蕊比雌蕊短，花药色浅，不含花粉，胚珠发育较大；

不能结实花的雄蕊几等长于雌蕊，花药黄色，有花粉，后渐脱落）；子房上位，4室，胚珠多数，着生于中轴胎座上；花柱短而单一，柱头头状，4浅裂。果实为浆果，外果皮革质；种子小，多数，具柔软的假种皮，胚乳肉质，胚直立，子叶椭圆形，胚根短。

东亚特有科，仅1属。我国有产。

全国第四次中药资源普查秭归境内发现1种。

333. 中国旌节花 *Stachyurus chinensis* Franch.

【别名】水凉子、萝卜药、旌节花等。

【植物形态】落叶灌木，高2～4米。树皮光滑，紫褐色或深褐色；小枝粗状，圆柱形，具淡色椭圆形皮孔。叶于花后发出，互生，纸质至膜质，卵形、长圆状卵形至长圆状椭圆形，长5～12厘米，宽3～7厘米，先端渐尖至短尾状渐尖，基部钝圆至近心形，边缘为圆齿状锯齿，侧脉5～6对，在两面均凸起，细脉网状，上面亮绿色，无毛，下面灰绿色，无毛或仅沿主脉和侧脉疏被短柔毛，后很快脱落；叶柄长1～2厘米，通常暗紫色。穗状花序腋生，先叶开放，长5～10厘米，无梗；花黄色，长约7毫米，近无梗或有短梗；苞片1枚，三角状卵形，顶端急尖，长约3毫米；小苞片2枚，卵形，长约2厘米；萼片4枚，黄绿色，卵形，长约3.5毫米，顶端钝；花瓣4枚，卵形，长约6.5毫米，顶端圆形；雄蕊8枚，与花瓣等长，花药长圆形，纵裂，2室；子房瓶状，连花柱长约6毫米，被微柔毛，柱头头状，不裂。果实圆球形，直径6～7厘米，无毛，近无梗，基部具花被的残留物。花粉粒球形或近球形，赤道面观为近圆形或圆形，极面观为三裂圆形或近圆形，具三孔沟。花期3—4月，果期5—7月。

【生境与分布】生于海拔400～3000米的山坡谷地林中或林缘。越南北部也有分布。产于河南、陕西、西藏、浙江、安徽、江西、湖南、湖北、四川、贵州、福建、广东、广西和云南。

【中药名称】小通草。

【来源】为旌节花科植物中国旌节花（*Stachyurus chinensis* Franch.）的干燥茎髓。

【采收加工】秋季割取茎，截成段，趁鲜取出髓部，理直，晒干。

【性味功效】甘，淡，寒。清热，利水，通乳。主治热病烦渴，小便黄赤，尿少或尿闭，急性膀胱炎，肾炎，水肿，小便不利，乳汁不通等。

【应用举例】1. 治小便黄赤：小通草 6 克，木通 4.5 克，车前子 9 克（布包），煎服。

2. 治热病烦躁、小便不利：小通草 6 克，栀子、生地、淡竹叶、知母、黄芩各 9 克，煎服。

3. 治急性尿道炎：小通草 6 克，地肤子、车前子（布包）各 15 克，煎服。

4. 治小便不利：小通草 15 克，车前仁 15 克，水菖蒲 15 克，水灯草 3 克，生石膏 3 克，煎服。

5. 治淋证、小便不利：滑石 30 克，甘草 6 克，小通草 9 克，水煎服。

一百零二、西番莲科 Passifloraceae

草质或木质藤本，稀为灌木或小乔木。腋生卷须卷曲。单叶、稀为复叶，互生或近对生，全缘或分裂，具柄，常有腺体，通常具托叶。聚伞花序腋生，有时退化仅存 1 ～ 2 朵花；通常有苞片 1 ～ 3 枚。花辐射对称，两性、单性、罕有杂性；萼片 5 枚，偶有 3 ～ 8 枚；花瓣 5 枚，稀 3 ～ 8 枚，罕有不存在；外副花冠与内副花冠型式多样，有时不存在；雄蕊 4 ～ 5 枚，偶有 4 ～ 8 枚或不定数；花药 2 室，纵裂；心皮 3 ～ 5 枚，子房上位，通常着生于雌雄蕊柄上，1 室，侧膜胎座，具少数或多数倒生胚珠，花柱与心皮同数，柱头头状或肾形。果为浆果或蒴果，不开裂或室背开裂；种子数颗，种皮具网状小窝点；胚乳肉质，胚大，茎直。

本科有 16 属 500 余种，主产于世界热带和亚热带地区。我国有 2 属。

全国第四次中药资源普查秭归境内发现 1 种。

334. 鸡蛋果 *Passiflora edulis* Sims

【别名】洋石榴、紫果西番莲等。

【植物形态】草质藤本，长约 6 米；茎具细条纹，无毛。叶纸质，长 6 ～ 13 厘米，宽 8 ～ 13 厘米，基部楔形或心形，掌状 3 深裂，中间裂片卵形，两侧裂片卵状长圆形，裂片边缘细锯齿，近裂片缺弯的基部有 1 ～ 2 个杯状小腺体，无毛。聚伞花序退化仅存 1 朵花，与卷须对生；花芳香，直径约 4 厘米；花梗长 4 ～ 4.5 厘米；苞片绿色，宽卵形或菱形，长 1 ～ 1.2 厘米，边缘有不规则细锯齿；萼片 5 枚，外面绿色，内面绿白色，长 2.5 ～ 3 厘米，外面顶端具 1 角状附属器；花瓣 5 枚，与萼片等长；外副花冠裂片 4 ～ 5 轮，外 2 轮裂片丝状，约与花瓣近等长，基部淡绿色，中部紫色，顶部白色，内 3 轮裂片窄三角形，长约 2 毫米；内副花冠非褶状，顶端全缘或为不规则撕裂状，高 1 ～ 1.2 毫米；花盘膜质，高约 4 毫米；雌雄蕊柄长 1 ～ 1.2 厘米；雄蕊 5 枚，花丝分离，基部合生，长 5 ～ 6 毫米，扁平；花药长圆形，长 5 ～ 6 毫米，淡黄绿色；子房倒卵球形，长约 8 毫米，被短柔毛；花柱 3 枚，扁棒状，柱头肾形。浆果卵球形，直径 3 ～ 4 厘米，无毛，熟时紫色；种子多数，卵形，长 5 ～ 6 毫米。花期 6 月，果期 11 月。

【生境与分布】生于海拔 180 ～ 1900 米的山谷丛林中。栽培于广东、海南、福建、云南、台湾。我县均有分布。

【中药名称】鸡蛋果。

【来源】本品为西番莲科植物鸡蛋果（*Passiflora edulis* Sims）的果实。

【采收加工】8—11 月当果皮紫色时即成熟，应分批采收。鲜用或晒干。

【性味功效】甘，酸，平。清肺润燥，安神止痛，和血止痢。用于咳嗽，咽干，声嘶，大便秘结，痛经，关节痛，痢疾等。

【应用举例】治失眠：鸡蛋果 15 克，仙鹤草 30 克，煨水服。

一百零三、秋海棠科 Begoniaceae

多年生肉质草本，稀为亚灌木。茎直立，匍匐状稀攀援状或仅具根状茎、球茎或块茎。单叶互生，偶为复叶，边缘具齿或分裂极稀全缘，通常基部偏斜，两侧不相等；具长柄；托叶早落。花单性，雌雄同株，偶异株，通常组成聚伞花序；花被片花瓣状；雄花被片 2 ～ 4（10），离生极稀合生，雄蕊多数，花丝离生或基部合生；花药 2 室，药隔变化较大；雌花被片 2 ～ 5（6 ～ 10），离生，稀合生；雌蕊由 2 ～ 5（7）枚心皮形成；子房下位稀半下位，1 室，具 3 个侧膜胎座或 2 ～ 4（5 ～ 7）室，而具中轴胎座，每室胎座有 1 ～ 2 裂片，裂片通常不分枝，偶尔分枝，花柱离生或基部合生；柱头呈螺旋状、头状、肾状以及 U 字形，并带刺状乳头。蒴果，有时呈浆果状，通常具不等大 3 翅，稀近等大，少数种无翅而带棱；种子极多数。

本科有 5 属 1000 多种，广布于热带和亚热带地区。中国仅有 1 属 130 多种，主要分布于南部和中部。

全国第四次中药资源普查秭归境内发现 2 种。

335. 中华秋海棠 *Begonia grandis* Dry subsp. *sinensis*（A. DC.）Irmsch

【别名】秋海棠、八香、无名断肠草、无名相思草等。

【植物形态】多年生草本。根状茎近球形，直径 8 ～ 20 毫米，具密集而交织的细长纤维状根。茎直立，有分枝，高 40 ～ 60 厘米，有纵棱，近无毛。基生叶未见。茎生叶互生，具长柄；叶片两侧不相等，轮廓宽卵形至卵形，长 10 ～ 18 厘米，宽 7 ～ 14 厘米，先端渐尖至长渐尖，基部心形，偏斜，窄侧宽 1.6 ～ 4 厘米，宽侧向下延伸长达 3 ～ 6.5 厘米，宽 4 ～ 8 厘米，边缘

具不等大的三角形浅齿，齿尖带短芒，并常呈波状或宽三角形的极浅齿，在宽侧出现较多，上面褐绿色，常有红晕，幼时散生硬毛，逐渐脱落，老时近无毛，下面色淡，带红晕或紫红色，沿脉散生硬毛或近无毛，掌状 7（9）条脉，带紫红色，窄侧常 2（3）条，宽侧 3 ～ 4（5）条，近中部分枝，呈羽状脉；叶柄长 4 ～ 13.5 厘米，有棱，近无毛；托叶膜质，长圆形至披针形，长约 10 毫米，宽 2 ～ 4 毫米，先端渐尖，早落。花葶高 7.1 ～ 9 厘米，有纵棱，无毛；花粉红色，较多数，（2）3 ～ 4 回二歧聚伞状，花序梗长 4.5 ～ 7 厘米，基部常有 1 小叶，二次分枝长 2 ～ 3.5 厘米，三次分枝长 1.2 ～ 2 厘米，有纵棱，均无毛；苞片长圆形，长 5 ～ 6 毫米，宽 2 ～ 3 毫米，先端钝，早落。雄花：花梗长约 8 毫米，无毛，花被片 4，外面 2 枚宽卵形或近圆形，长 1.1 ～ 1.3 厘米，宽 7 ～ 10 毫米，先端圆，内面 2 枚倒卵形至倒卵长圆形，长 7 ～ 9 毫米，宽 3 ～ 5 毫米，先端圆或钝，基部楔形，无毛；雄蕊多数，基部合生长达（1）2 ～ 3 毫米，整个呈球形，花药倒卵球形，长约 0.9 毫米，先端微凹。雌花：花梗长约 2.5 厘米，无毛，花被片 3，外面 2 枚近圆形或扁圆形，长约 12 毫米，宽和长几相等，先端圆，内面 1 枚，倒卵形，长约 8 毫米，宽约 6 毫米，先端圆，子房长圆形，长约 10 毫米，直径约 5 毫米，无毛，3 室，中轴胎座，每室胎座具 2 裂片，具不等 3 翅或 2 短翅退化呈檐状，花柱 3，1/2 部分合生或微合生或离生，柱头常 2 裂或呈头状或肾状，外向膨大呈螺旋状扭曲，或 U 字形并带刺状乳头。蒴果下垂，果梗长 3.5 厘米，细弱，无毛；轮廓长圆形，长 10 ～ 12 毫米，直径约 7 毫米，无毛，具不等 3 翅，大的斜长圆形或三角长圆形，长约 1.8 厘米，上方的边呈平的，下方的边从下向上斜，另 2 翅极窄，呈窄三角形，长 3 ～ 5 毫米，上方的边平，下方的边斜，或 2 窄翅呈窄檐状或完全消失，均无毛或几无毛；种子极多数，小，长圆形，淡褐色，光滑。花期 7 月开始，果期 8 月开始。

【生境与分布】生于山谷阴湿岩石上、滴水的石灰岩边、疏林阴处、荒坡阴湿处以及山坡林下，海拔 300 ～ 2900 米。产于河北、山东、河南、山西、甘肃（南部）、陕西、四川（东部）、贵州、广西、湖北、湖南、江苏、浙江、福建。我县均有栽培。

【中药名称】红白二丸。

【来源】为秋海棠科秋海棠属植物中华秋海棠（*Begonia grandis* Dry subsp. *sinensis*（A. DC.）Irmsch），以块茎、全草入药。

【采收加工】秋季采收，分别晒干。

【性味功效】苦，酸，微寒。活血调经，止血止痢，镇痛。主治崩漏，月经不调，赤白带下，外伤出血，痢疾，胃痛，腹痛，腰痛，瘿气痛，痛经，跌打瘀痛。

【应用举例】2 ～ 5 钱，水煎服。

336. 独牛 *Begonia henryi* Hemsl.

【别名】柔毛秋海棠等。

【植物形态】多年生无茎草本。根状茎球形，直径 8 ～ 10 毫米，有残存褐色的鳞片，周围长出多数长短不等纤维状之根。叶均基生，通常 1（2）片，具长柄；叶片两侧不相等或微不相等，轮廓三角状卵形或宽卵形，稀近圆形，长 3.5 ～ 6 厘米，宽 4 ～ 7.5 厘米，先端急尖或短渐尖，基部偏斜或稍偏斜，呈深心形，向外开展，窄侧呈圆形，宽侧略伸长，呈宽圆耳状，边缘有大小不等三角形单或重之圆齿，上面深绿色或褐绿色，散生淡褐色柔毛，下面色淡，散生褐色柔毛，沿脉较密或常有卷曲之毛，掌状 5 ～ 7 条脉，下面较明显；叶柄长、短变化较大，长 6 ～ 13 厘米，被褐色卷曲长毛；托叶膜质，卵状披针形，边有睫毛，早落。花葶高 7.5 ～ 12 厘米，细弱，疏被细毛或近无毛；花粉红色，通常 2 或 4 朵，呈二至三回二歧聚伞状，分枝长 5 ～ 9 毫米，花梗长约 10 毫米，被疏柔毛；苞片膜质，长圆形或椭圆形，长约 5 毫米，宽约 4 毫米，先端急尖，边有齿；雄花，花被片 2，扁圆形或宽卵形，长 8 ～ 12 毫米，宽 10 ～ 13 毫米，先端圆，基部微心形，雄蕊多数，花丝离生，长 1.2 ～ 1.5 厘米，花药倒卵形，长约 1.2 毫米，先端微凹；雌花，花被片 2，扁圆形，长 6 ～ 8 毫米，宽 7 ～ 8 毫米，先端圆，基部微心形；子房倒卵状长圆形，长可达 1.5 厘米，直径约 4 毫米，无毛，3 室，有中轴胎座，每室胎座具 1 裂片，具有不等 3 翅，花柱 3，柱头 2 裂，裂片膨大呈头状，并带刺状乳头。蒴果下垂，果梗柔弱，长 1.3 ～ 1.7 厘米，无毛；轮廓长圆形，长约 11 毫米，直径约 5 毫米，无毛；3 翅不等大，大的呈斜三角形，长 5 ～ 7 毫米，上面的边平，下面的边斜，另 2 翅较小，窄三角形，上方的边平，下方的边斜；种子极多数，小，长圆形，淡褐色，平滑。花期 9—10 月，果期 10 月开始。

【生境与分布】生于山坡阴处岩石上、石灰岩山坡岩石隙缝中、山坡路边阴湿处和常绿阔叶混交林下，海拔 850 ～ 2600 米。产于云南、四川、贵州西南部、湖北（宜昌）、广西北部。

【中药名称】岩酸。

【来源】本品为秋海棠科植物独牛（*Begonia henryi* Hemsl.）的块茎。

【采收加工】秋后采挖，洗净，晒干或鲜用。

【性味功效】苦，酸，微寒。活血消肿，止血，解毒利湿。主治跌打损伤，骨折，关节肿痛，狂犬咬伤，咯血，尿血，红崩白带，淋证。

【应用举例】内服：煎汤，9 ～ 15 克。外用：适量，鲜品捣敷。

一百零四、葫芦科 Cucurbitaceae

一年生或多年生草质或木质藤本，极稀为灌木或乔木状；一年生植物的根为须根，多年生植物常为球状或圆柱状块根；茎通常具纵沟纹，匍匐或借助卷须攀援。具卷须或极稀无卷须，卷须侧生叶柄基部，单一，或二至多歧，大多数在分歧点之上旋卷，少数在分歧点上下同时旋卷，稀伸直、仅顶端钩状。叶互生，通常为2/5叶序，无托叶，具叶柄；叶片不分裂，或掌状浅裂至深裂，稀为鸟足状复叶，边缘具锯齿或稀全缘，具掌状脉。花单性（罕两性），雌雄同株或异株，单生、簇生，或集成总状花序、圆锥花序或近伞形花序。雄花：花萼辐状、钟状或管状，5裂，裂片覆瓦状排列或开放式；花冠插生于花萼筒的檐部，基部合生成筒状或钟状，或完全分离，5裂，裂片在芽中覆瓦状排列或内卷式镊合状排列，全缘或边缘成流苏状；雄蕊5或3，插生在花萼筒基部、近中部或檐部，花丝分离或合生成柱状，花药分离或靠合，药室在5枚雄蕊中，全部1室，在具3枚雄蕊中，通常为1枚1室，2枚2室或稀全部2室，药室通直、弓曲或S形折曲至多回折曲，药隔伸出或不伸出，纵向开裂，花粉粒圆形或椭圆形；退化雌蕊有或无。雌花：花萼与花冠同雄花；退化雄蕊有或无；子房下位或稀半下位，通常由3心皮合生而成，极稀具4～5心皮，3室或1（2）室，有时为假4～5室，侧膜胎座，胚珠通常多数，在胎座上常排列成2列，水平生、下垂或上升呈倒生胚珠，有时仅具几个胚珠、极稀具1枚胚珠；花柱单一或在顶端3裂、稀完全分离，柱头膨大，2裂或流苏状。果实大型至小型，常为肉质浆果状或果皮木质，不开裂或在成熟后盖裂或3瓣纵裂，1室或3室。种子常多数，稀少数至1枚，扁压状，水平生或下垂生，种皮骨质、硬革质或膜质，有各种纹饰，边缘全缘或有齿；无胚乳；胚直，具短胚根，子叶大、扁平，常含丰富的油脂。

本科有113属800种，大多数分布于热带和亚热带地区，少数种类散布到温带地区。我国有32属154种35变种，主要分布于西南部和南部，少数散布到北部。

全国第四次中药资源普查秭归境内发现12种。

337. 冬瓜 *Benincasa hispida*（Thunb.）Cogn.

【别名】白瓜、水芝、蔬秬、白冬瓜、地芝、濮瓜、蔬苽、东瓜、枕瓜等。

【植物形态】一年生蔓生或架生草本；茎被黄褐色硬毛及长柔毛，有棱沟。叶柄粗壮，长5～20厘米，被黄褐色的硬毛和长柔毛；叶片肾状近圆形，宽15～30厘米，5～7浅裂或有时中裂，裂片宽三角形或卵形，先端急尖，边缘有小齿，基部深心形，弯缺张开，近圆形，深、宽均为2.5～3.5厘米，表面深绿色，稍粗糙，有疏柔毛，老后渐脱落，变近无毛；背面粗糙，

灰白色，有粗硬毛，叶脉在叶背面稍隆起，密被毛。卷须 2 ～ 3 歧，被粗硬毛和长柔毛。雌雄同株，花单生。雄花梗长 5 ～ 15 厘米，密被黄褐色短刚毛和长柔毛，常在花梗的基部具一苞片，苞片卵形或宽长圆形，长 6 ～ 10 毫米，先端急尖，有短柔毛；花萼筒宽钟形，宽 12 ～ 15 毫米，密生刚毛状长柔毛，裂片披针形，长 8 ～ 12 毫米，有锯齿，反折；花冠黄色，辐状，裂片宽倒卵形，长 3 ～ 6 厘米，宽 2.5 ～ 3.5 厘米，两面有稀疏的柔毛，先端钝圆，具 5 脉；雄蕊 3，离生，花丝长 2 ～ 3 毫米，基部膨大，被毛，花药长 5 毫米，宽 7 ～ 10 毫米，药室 3 回折曲，雌花梗长不及 5 厘米，密生黄褐色硬毛和长柔毛；子房卵形或圆筒形，密生黄褐色茸毛状硬毛，长 2 ～ 4 厘米；花柱长 2 ～ 3 毫米，柱头 3，长 12 ～ 15 毫米，2 裂。果实长圆柱状或近球状，大型，有硬毛和白霜，长 25 ～ 60 厘米，直径 10 ～ 25 厘米。种子卵形，白色或淡黄色，压扁，有边缘，长 10 ～ 11 毫米，宽 5 ～ 7 毫米，厚 2 毫米。

【生境与分布】对土壤要求不严格，沙壤土或枯壤土均可栽培，但需避免连作。我国各地有栽培。我县均有种植。

【中药名称】冬瓜皮、冬瓜瓤、冬瓜子、冬瓜藤、冬瓜叶。

【来源】葫芦科植物冬瓜（*Benincasa his*pida（Thunb.）Cogn.）的干燥外层果皮为冬瓜皮，果瓤为冬瓜瓤，干燥种子为冬瓜子，茎为冬瓜藤，叶为冬瓜叶。

【采收加工】冬瓜皮：夏末初秋果实成熟时采收。

冬瓜瓤：食用冬瓜时，收集瓜瓤鲜用。

冬瓜子：洗净晒干。

冬瓜藤：夏、秋季采收，鲜用或晒干。

冬瓜叶：夏季采取，阴干或鲜用。

【性味功效】冬瓜皮：甘，凉。归脾、小肠经。利尿消肿。用于水肿胀满，小便不利，暑热口渴，小便短赤等。

冬瓜瓤：甘，平。清热，止渴，利水，消肿。主治烦渴，水肿，淋证，痈肿。

冬瓜子：甘，凉。润肺，化痰，消痈，利水。主治痰热咳嗽，肺痈，肠痈，淋证，水肿，脚气，痔疮等。

冬瓜藤：主治肺热痰火，脱肛。

冬瓜叶：主治消渴，疟疾，泻痢，蜂蜇，肿毒。

【应用举例】冬瓜皮：治跌打损伤，用干冬瓜皮一两，真牛皮胶一两，锉入锅内炒存性，研末。

冬瓜瓤：内服，煎汤，30 ～ 60 克，或绞汁；外用适量，煎水洗。

冬瓜子：治消渴不止、小便多，干冬瓜子、麦门冬、黄连各二两，水煎饮之。

冬瓜藤：内服，煎汤或捣汁，9 ～ 15 克，鲜品加倍；外用适量，煎水或烧灰洗。

冬瓜叶：治积热泻痢，冬瓜叶嫩心，拖面煎饼食之。

338. 西瓜 *Citrullus lanatus* (Thunb.) Matsum. et Nakai

【别名】夏瓜、寒瓜、青门绿玉房等。

【植物形态】一年生蔓生藤本；茎、枝粗壮，具明显的棱沟，被长而密的白色或淡黄褐色长柔毛。卷须较粗壮，具短柔毛，2 歧，叶柄粗，长 3 ～ 12 厘米，粗 0.2 ～ 0.4 厘米，具不明显的沟纹，密被柔毛；叶片纸质，轮廓三角状卵形，带白绿色，长 8 ～ 20 厘米，宽 5 ～ 15 厘米，两面具短硬毛，脉上和背面较多，3 深裂，中裂片较长，倒卵形、长圆状披针形或披针形，顶端急尖或渐尖，裂片羽状或二重羽状浅裂或深裂，边缘波状或有疏齿，末次裂片通常有少数浅锯齿，先端钝圆，叶片基部心形，有时形成半圆形的弯缺，弯缺宽 1 ～ 2 厘米，深 0.5 ～ 0.8 厘米。雌雄同株。雌、雄花均单生于叶腋。雄花：花梗长 3 ～ 4 厘米，密被黄褐色长柔毛；花萼筒宽钟形，密被长柔毛，花萼裂片狭披针形，与花萼筒近等长，长 2 ～ 3 毫米；花冠淡黄色，直径 2.5 ～ 3 厘米，外面带绿色，被长柔毛，裂片卵状长圆形，长 1 ～ 1.5 厘米，宽 0.5 ～ 0.8 厘米，顶端钝或稍尖，脉黄褐色，被毛；雄蕊 3，近离生，1 枚 1 室，2 枚 2 室，花丝短，药室折曲。雌花：花萼和花冠与雄花同；子房卵形，长 0.5 ～ 0.8 厘米，宽 0.4 厘米，密被长柔毛，花柱长 4 ～ 5 毫米，柱头 3，肾形。果实大型，近于球形或椭圆形，肉质，多汁，果皮光滑，色泽及纹饰各式。种子多数，卵形，黑色、红色，有时为白色、黄色、淡绿色或有斑纹，两面平滑，基部钝圆，通常边缘稍拱起，长 1 ～ 1.5 厘米，宽 0.5 ～ 0.8 厘米，厚 1 ～ 2 毫米，花果期夏季。

【生境与分布】宜选择土层深厚、土质疏松肥沃、排灌方便的沙质壤土，旱地 5 年以内、水田 3 年以内未种过瓜类作物的田块栽培。我国各地栽培，品种甚多。我县均有种植。

【中药名称】西瓜霜、西瓜皮、西瓜子仁。

【来源】葫芦科植物西瓜（*Citrullus lanatus*（Thunb.）Matsum. et Nakai）的成熟果实与芒硝经加工而成的白色结晶粉末为西瓜霜，果皮为西瓜皮，种仁为西瓜子仁。

【采收加工】西瓜霜：将西瓜皮切碎（约 5 公斤）和芒硝（2.5 公斤）拌匀，装入黄沙罐内，盖好，挂于阴凉通风处，待罐外面有白霜冒出，用干净毛笔或纸片刷下，装入瓶内备用。

西瓜皮：7—8 月收集西瓜皮，削去内层柔软部分，晒干。

西瓜子仁：夏季食用西瓜时，收集瓜子，洗净晒干，去壳取仁用。

【性味功效】西瓜霜：咸，寒。归肺、胃、大肠经。清热泻火，消肿止痛。用于咽喉肿痛，喉痹，口疮。

西瓜皮：甘，凉。归脾、胃二经。清暑解热，止渴，利小便。主治暑热烦渴，小便短少，水肿，口舌生疮。

西瓜子仁：甘，平。清肺润肠，和中止渴。

【应用举例】西瓜霜：取药粉少许，吹至患处，一日 3 次。

西瓜皮：治疗小便不利，用西瓜皮（或西瓜）1 ～ 2 公斤，捣烂挤水，加红糖 200 克，一次内服。

西瓜子仁：内服，煎汤，3 ～ 5 钱；生食或炒熟食。

339. 甜瓜 *Cucumis melo* L.

【别名】香瓜、哈密瓜、白兰瓜、华莱士瓜等。

【植物形态】一年生匍匐或攀援草本；茎、枝有棱，有黄褐色或白色的糙硬毛和疣状突起。卷须纤细，单一，被微柔毛。叶柄长 8 ～ 12 厘米，具槽沟及短刚毛；叶片厚纸质，近圆形或肾形，长、宽均 8 ～ 15 厘米，上面粗糙，被白色糙硬毛，背面沿脉密被糙硬毛，边缘不分裂或 3 ～ 7 浅裂，裂片先端圆钝，有锯齿，基部截形或具半圆形的弯缺，具掌状脉。花单性，雌雄同株。雄花：数朵簇生于叶腋；花梗纤细，长 0.5 ～ 2 厘米，被柔毛；花萼筒狭钟形，密被白色长柔毛，长 6 ～ 8 毫米，裂片近钻形，直立或开展，比筒部短；花冠黄色，长 2 厘米，裂片卵状长圆形，急尖；雄蕊 3，花丝极短，药室折曲，药隔顶端引长；退化雌蕊长约 1 毫米。雌花：单生，花梗粗糙，被柔毛；子房长椭圆形，密被长柔毛和长糙硬毛，花柱长 1 ～ 2 毫米，柱头靠合，长约 2 毫米。果实的形状、颜色因品种而异，通常为球形或长椭圆形，果皮平滑，有纵沟纹，或斑纹，无刺状突起，果肉白色、黄色或绿色，有香甜味；种子污白色或黄白色，卵形或长圆形，先端尖，基部钝，表面光滑，无边缘。花果期夏季。

【生境与分布】全国各地广泛栽培，主要分布于长江中下游梅雨区，包括江苏、安徽、上海、浙江、江西、湖北、湖南等地。我县均有栽培。

【中药名称】甜瓜子、甜瓜蒂、甜瓜皮、甜瓜叶。

【来源】葫芦科植物甜瓜（*Cucumis melo* L.）的干燥成熟种子为甜瓜子，干燥果柄为甜瓜蒂，果皮为甜瓜皮，叶为甜瓜叶。

【采收加工】甜瓜子：夏、秋季收集食用甜瓜时遗下的种子，晒干。

甜瓜蒂：夏季采收成熟果实，在食用时将摘下的果柄收集，阴干或晒干。

甜瓜皮：采摘成熟的果实，刨取果皮，晒干或鲜用。

甜瓜叶：夏、秋季采取，鲜用或晒干。

【性味功效】甜瓜子：甘，寒。归肺、胃、大肠经。清肺，润肠，化瘀，排脓，疗伤止痛。用于肺热咳嗽，便秘，肺痈，肠痈，跌打损伤，筋骨折伤。

甜瓜蒂：苦，寒，有毒。归脾、胃、肝经。涌吐痰食，除湿退黄。用于中风，癫痫，喉痹，痰涎壅盛，呼吸不利，宿食不化，胸脘胀痛，湿热黄疸。

甜瓜皮：治热，去烦渴。泡水可止牙痛。

甜瓜叶：生发，去瘀血。主治小儿疳，洗风癞。

【应用举例】甜瓜子：治腰腿疼痛，甜瓜子三两，酒浸十日，为末。每服三钱，空腹酒下，每日三次。

甜瓜蒂：内服，煎汤，3～6克；或涌吐顽痰，入丸、散剂，0.3～1.5克。外用，阴干或晒干适量，研末吹鼻可退黄。

甜瓜皮：内服，煎汤，3～9克。外用适量，泡水漱口。

甜瓜叶：生捣汁（涂），生发。研末酒服，去瘀血，治小儿疳。

340. 黄瓜 *Cucumis sativus* L.

【别名】胡瓜、刺瓜、王瓜、勤瓜、青瓜、唐瓜、吊瓜等。

【植物形态】一年生蔓生或攀援草本；茎、枝伸长，有棱沟，被白色的糙硬毛。卷须细，不分歧，具白色柔毛。叶柄稍粗糙，有糙硬毛，长10～16（20）厘米；叶片宽卵状心形，膜质，长、宽均7～20厘米，两面甚粗糙，被糙硬毛，3～5个角或浅裂，裂片三角形，有齿，有时边缘有缘毛，先端急尖或渐尖，基部弯缺半圆形，宽2～3厘米，深2～2.5厘米，有时基部向后靠合。雌雄同株。雄花：常数朵在叶腋簇生；花梗纤细，长0.5～1.5厘米，被微柔毛；花萼筒狭钟状或近圆筒状，长8～10毫米，密被白色的长柔毛，花萼裂片钻形，开展，与花萼筒近等长；花冠黄白色，长约2厘米，花冠裂片长圆状披针形，急尖；雄蕊3，花丝近无，花药长3～4毫米，药隔伸出，长约1毫米。雌花：单生或稀簇生；花梗粗壮，被柔毛，长1～2厘米；子房纺锤形，粗糙，有小刺状突起。果实长圆形或圆柱形，长10～30（50）厘米，熟时黄绿色，表面粗糙，有具刺尖的瘤状突起，极稀近于平滑。种子小，狭卵形，白色，无边缘，两端近急尖，长5～10毫米。花果期夏季。

【生境与分布】黄瓜喜温暖，不耐寒冷。我国各地普遍栽培，且许多地区均有温室或塑料大棚栽培。我县广泛种植。

【中药名称】黄瓜霜、黄瓜子、黄瓜叶。

【来源】葫芦科植物黄瓜（*Cucumis sativus* L.）的果皮和朱砂、芒硝混合制成的白色结晶性粉末为黄瓜霜，干燥种子为黄瓜子，叶片为黄瓜叶。

【采收加工】黄瓜霜：将成熟的果实剮去瓜瓤，用朱砂、芒硝各9克，两药混匀，灌入瓜内，倒吊阴干，待瓜外出霜，刮下晒干备用。

黄瓜子：夏、秋季采收成熟的果实，剖开，取出种子，洗净，晒干。

黄瓜叶：夏、秋季采收，晒干或鲜用。

【性味功效】黄瓜霜：甘，咸，凉。清热明目，消肿止痛。用于火眼赤痛，咽喉肿痛，口舌生疮，牙龈肿痛，跌打焮肿。

黄瓜子：续筋接骨，祛风，消痰。用于骨折筋伤，风湿痹痛，老年痰喘。

黄瓜叶：用于腹泻，痢疾等。

【应用举例】黄瓜霜：外用适量，点眼、吹喉或撒布。

黄瓜子：内服，研末，3 ～ 10 克；或入丸、散剂。外用适量，研末调敷。

黄瓜叶：治小儿风热腹泻、湿热痢疾，黄瓜叶一大把，搓汁，兑开水加白糖服。

341. 南瓜 *Cucurbita moschata*（Duch. ex Lam.）Duch. ex Poiret

【别名】番瓜、北瓜、笋瓜、金瓜等。

【植物形态】一年生蔓生草本；茎常节部生根，伸长达 2 ～ 5 米，密被白色短刚毛。叶柄粗壮，长 8 ～ 19 厘米，被短刚毛；叶片宽卵形或卵圆形，质稍柔软，有 5 角或 5 浅裂，稀钝，长 12 ～ 25 厘米，宽 20 ～ 30 厘米，侧裂片较小，中间裂片较大，三角形，上面密被黄白色刚毛和茸毛，常有白斑，叶脉隆起，各裂片之中脉常延伸至顶端，成一小尖头，背面色较淡，毛更明显，边缘有小而密的细齿，顶端稍钝。卷须稍粗壮，与叶柄一样被短刚毛和茸毛，3 ～ 5 歧。雌雄同株。雄花单生；花萼筒钟形，长 5 ～ 6 毫米，裂片条形，长 1 ～ 1.5 厘米，被柔毛，上部扩大成叶状；花冠黄色，钟状，长 8 厘米，直径 6 厘米，5 中裂，裂片边缘反卷，具皱褶，先端急尖；雄蕊 3，花丝腺体状，长 5 ～ 8 毫米，花药靠合，长 15 毫米，药室折曲。雌花单生；子房 1 室，花柱短，柱头 3，膨大，顶端 2 裂。果梗粗壮，有棱和槽，长 5 ～ 7 厘米，瓜蒂扩大成喇叭状；瓠果形状多样，因品种而异，外面常有数条纵沟或无。种子多数，长卵形或长圆形，灰白色，边缘薄，长 10 ～ 15 毫米，宽 7 ～ 10 毫米。

【生境与分布】南瓜是喜温的短日照植物，耐旱性强，对土壤要求不严格，但以肥沃、中性或微酸性沙壤土为好。世界各地普遍栽培。现我县广泛种植。

【中药名称】南瓜子、南瓜花、南瓜藤、南瓜瓤、南瓜根。

【来源】葫芦科南瓜属植物南瓜（*Cucurbita moschata*（Duch. ex Lam.）Duch. ex Poiret）的干燥成熟种子为南瓜子，花为南瓜花，茎为南瓜藤，果瓤为南瓜瓤，根为南瓜根。

【采收加工】南瓜子：秋季采摘成熟果实，取出种子，洗净晒干。

南瓜花：6—7 月开花时采收，鲜用或晒干。

南瓜藤：夏、秋季采收。

南瓜瓤：秋季将成熟的南瓜剖开，取出瓜瓤，除去种子，鲜用。

南瓜根：夏、秋季采挖，洗净，晒干或鲜用。

【性味功效】南瓜子：甘，平。归胃、大肠经。驱虫。用于绦虫病、血吸虫病。

南瓜花：甘，凉。清湿热，消肿毒。用于黄疸，痢疾，咳嗽，痈疽肿毒。

南瓜藤：甘，苦，微寒。归肝、脾二经。清肺，和胃，通络。用于肺结核低热，胃痛，月经不调，烫伤。

南瓜瓤：归脾经。用于烫伤，创伤。

南瓜根：利湿热，通乳汁。用于淋证，黄疸，痢疾，乳汁不通。

【应用举例】南瓜子：治百日咳，南瓜子，瓦上炙焦，研细粉。赤砂糖汤调服少许，一日数回。

南瓜花：内服，煎汤，9～15 克；外用，捣烂或研末调敷。

南瓜藤：治虚劳内热，秋后南瓜藤齐根剪断，插瓶内，取汁服。

南瓜瓤：治烫伤，伏月收老南瓜瓤连子，装入瓶内，愈久愈佳。凡遇烫伤者，以此敷之。

南瓜根：治火淋及小便赤热涩痛，南瓜根、车前草、水案板、水灯芯，同煎服。

342. 绞股蓝 *Gynostemma pentaphyllum*（Thunb.）Makino

【别名】七叶胆、五叶参、七叶参、小苦药等。

【植物形态】草质攀援植物；茎细弱，具分枝，具纵棱及槽，无毛或疏被短柔毛。叶膜质或纸质，鸟足状，具 3～9 小叶，通常 5～7 小叶，叶柄长 3～7 厘米，被短柔毛或无毛；小叶片卵状长圆形或披针形，中央小叶长 3～12 厘米，宽 1.5～4 厘米，侧生小叶小，先端急尖或短渐尖，基部渐狭，边缘具波状齿或圆齿，上面深绿色，背面淡绿色，两面均疏被短硬毛，侧脉 6～8 对，上面平坦，背面凸起，细脉网状；小叶柄略叉开，长 1～5 毫米。卷须纤细，2 歧，稀单一，无毛或基部被短柔毛。花雌雄异株。雄花圆锥花序，花序轴纤细，多分枝，长 10～15（30）厘米，分枝广展，长 3～4（15）厘米，有时基部具小叶，被短柔毛；花梗丝状，长 1～4 毫米，基部具钻状小苞片；花萼筒极短，5 裂，裂片三角形，长约 0.7 毫米，先端急尖；花冠淡绿色或白色，5 深裂，裂片卵状披针形，长 2.5 ～ 3 毫米，宽约 1 毫米，先端长渐尖，具 1 脉，边缘具缘毛状小齿；雄蕊 5，花丝短，联合成柱，花药着生于柱之顶端。雌花圆锥花序远较雄花的短小，花萼及花冠似雄花；子房球形，2 ～ 3 室，花柱 3 枚，短而叉开，柱头 2 裂；具短小的退化雄蕊 5 枚。果实肉质不裂，球形，直径 5 ～ 6 毫米，成熟后黑色，光滑无毛，内含倒垂种子 2 粒。种子卵状心形，直径约 4 毫米，灰褐色或深褐色，顶端钝，基部心形，压扁，两面具乳突状凸起。花期 3—11 月，果期 4—12 月。

【生境与分布】生于海拔 300 ～ 3200 米的山谷密林中、山坡疏林、灌丛中或路旁草丛中。绞股蓝在四川、云南、湖北、湖南、广东、广西、陕西、福建等地均有分布。主要分布于神龙架。

【中药名称】绞股蓝。

【来源】为葫芦科植物绞股蓝（*Gynostemma pentaphyllum*（Thunb.）Makino）的全草。

【采收加工】每年夏、秋两季可采收 3 ～ 4 次，洗净、晒干。

【性味功效】寒，苦。消炎解毒，止咳祛痰。现多用作滋补强壮药。

【应用举例】内服：煎汤，15 ～ 30 克，研末，3 ～ 6 克；或泡茶饮。外用：适量，捣烂涂擦。

343. 葫芦 *Lagenaria siceraria*（Molina）Standl.

【别名】葫芦壳、抽葫芦、壶芦、蒲芦等。

【植物形态】一年生攀援草本；茎、枝具沟纹，被黏质长柔毛，老后渐脱落，变近无毛。叶柄纤细，长 16 ～ 20 厘米，有和茎枝一样的被毛，顶端有 2 个腺体；叶片卵状心形或肾状卵形，长、宽均 10 ～ 35 厘米，不分裂或 3 ～ 5 裂，具 5 ～ 7 掌状脉，先端锐尖，边缘有不规则的齿，基部心形，弯缺开张，半圆形或近圆形，深 1 ～ 3 厘米，宽 2 ～ 6 厘米，两面均被微柔毛，叶背及脉上较密。卷须纤细，初时有微柔毛，后渐脱落，变光滑无毛，上部分 2 歧。雌雄同株，雌、雄花均单生。雄花：花梗细，比叶柄稍长，花梗、花萼、花冠均被微柔毛；花萼筒漏斗状，长约 2 厘米，裂片披针形，长 5 毫米；花冠黄色，裂片皱波状，长 3 ～ 4 厘米，宽 2 ～ 3 厘米，先端微缺而顶端有小尖头，5 脉；雄蕊 3，花丝长 3 ～ 4 毫米，花药长 8 ～ 10 毫米，长圆形，药室折曲。雌花花梗比叶柄稍短或近等长；花萼和花冠似雄花；花萼筒长 2 ～ 3 毫米；子房中间缢细，密生黏质长柔毛，花柱粗短，柱头 3，膨大，2 裂。果实初为绿色，后变白色至带黄色，由于长期栽培，果形变异很大，因不同品种或变种而异，有的呈哑铃状，中间缢细，下部和上部膨大，上部大于下部，长数十厘米，有的仅长 10 厘米（小葫芦），有的呈扁球形、棒状，成熟后果皮变木质。种子白色，倒卵形或三角形，顶端截形或2齿裂，长约20毫米。花期夏季，果期秋季。

【生境与分布】生于排水良好、土质肥沃的平川及低洼地和有灌溉条件的岗地。中国各地有栽培。

【中药名称】壶卢秧、壶卢子。

【来源】葫芦科植物葫芦（*Lagenaria siceraria*（Molina）Standl.）的茎、叶、花、须为壶卢秧，种子为壶卢子。

【采收加工】壶卢秧：夏、秋季采收，晒干。

壶卢子：秋后采收成熟果实，剖取种子，晒干。

【性味功效】壶卢秧：甘，平。解毒，散结。用于食物、药物中毒，牙痛，鼠瘘，痢疾。

壶卢子：清热解毒，消肿止痛。用于肺炎，肠痈，牙痛。

【应用举例】壶卢秧：内服，煎汤，6～30克；或煅存性研末。

壶卢子：治齿龈或肿或露、齿摇疼痛，壶卢子八两，牛膝四两，每服五钱，煎水含漱，每日三四次。

344. 瓠瓜 *Lagenaria siceraria*（Molina）Standl. var. *depressa*（Ser.）Hara

【别名】瓠子、扁蒲、葫芦、夜开花、乌瓠等。

【植物形态】一年生攀援草本；茎、枝具沟纹，被黏质长柔毛，老后渐脱落，变近无毛。叶柄纤细，长16～20厘米，有和茎枝一样的毛被，顶端有2个腺体；叶片卵状心形或肾状卵形，长、宽均10～35厘米，不分裂或3～5裂，具5～7掌状脉，先端锐尖，边缘有不规则的齿，基部心形，弯缺开张，半圆形或近圆形，深1～3厘米，宽2～6厘米，两面均被微柔毛，叶背及脉上较密。卷须纤细，初时有微柔毛，

后渐脱落，变光滑无毛，上部分2歧。雌雄同株，雌、雄花均单生。雄花：花梗细，比叶柄稍长，花梗、花萼、花冠均被微柔毛；花萼筒漏斗状，长约2厘米，裂片披针形，长5毫米；花冠黄色，

裂片皱波状，长 3 ～ 4 厘米，宽 2 ～ 3 厘米，先端微缺而顶端有小尖头，5 脉；雄蕊 3，花丝长 3 ～ 4 毫米，花药长 8 ～ 10 毫米，长圆形，药室折曲。雌花花梗比叶柄稍短或近等长；花萼和花冠似雄花；花萼筒长 2 ～ 3 毫米；子房中间缢细，密生黏质长柔毛，花柱粗短，柱头 3，膨大，2 裂。果实初为绿色，后变白色至带黄色，由于长期栽培，果形变异很大，因不同品种或变种而异，有的呈哑铃状，中间缢细，下部和上部膨大，上部大于下部，长数十厘米，有的仅长 10 厘米（小葫芦），有的呈扁球形、棒状，成熟后果皮变木质。种子白色，倒卵形或三角形，顶端截形或 2 齿裂，稀圆，长约 20 毫米。花期夏季，果期秋季。

【生境与分布】瓠瓜为喜温植物。生长适温 20 ～ 25 ℃。栽培时一般先育苗，然后定植到露地。不耐涝、旱，在多雨地区要注意排水，干旱时要及时灌溉。各地都有栽培，我县均有种植。

【中药名称】壶卢秧、壶卢子。

【来源】葫芦科植物瓠瓜（*Lagenaria siceraria*（Molina）Standl. var. *depressa*（Ser.）Hara）的茎、叶、花、须为壶卢秧，种子为壶卢子。

【采收加工】壶卢秧：夏、秋季采收，晒干。

壶卢子：秋后采收成熟果实，剖取种子，晒干。

【性味功效】壶卢秧：甘，平。解毒，散结。用于食物、药物中毒，龋齿痛，鼠瘘，痢疾。

壶卢子：清热解毒，消肿止痛。用于肺炎，肠痈，牙痛。

【应用举例】壶卢秧：内服，煎汤，6 ～ 30 克；或煅存性研末。

壶卢子：治齿龈或肿或露、齿摇疼痛，壶卢子八两，牛膝四两，每服五钱，煎水含漱，每日三四次。

345. 丝瓜 *Luffa cylindrica*（L.）Roem.

【别名】胜瓜、菜瓜等。

【植物形态】一年生攀援藤本；茎、枝粗糙，有棱沟，被微柔毛。卷须稍粗壮，被短柔毛，通常 2 ～ 4 歧。叶柄粗糙，长 10 ～ 12 厘米，具不明显的沟，近无毛；叶片三角形或近圆形，长、宽 10 ～ 20 厘米，通常掌状 5 ～ 7 裂，裂片三角形，中间的较长，长 8 ～ 12 厘米，顶端急尖或渐尖，边缘有锯齿，基部深心形，弯缺深 2 ～ 3 厘米，宽 2 ～ 2.5 厘米，上面深绿色，粗糙，有疣点，下面浅绿色，有短柔毛，脉掌状，具白色的短柔毛。雌雄同株。雄花：通常具 15 ～ 20 朵花，生于总状花序上部，花序梗稍粗壮，长 12 ～ 14 厘米，被柔毛；花梗长 1 ～ 2 厘米，花萼筒宽钟形，直径 0.5 ～ 0.9 厘米，被短柔毛，裂片卵状披针形或近三角形，上端向外反折，长 0.8 ～ 1.3 厘米，宽 0.4 ～ 0.7 厘米，里面密被短柔毛，边缘尤为明显，外面毛被较少，先端渐尖，具 3 脉；花冠黄色，辐状，开展时直径 5 ～ 9 厘米，裂片长圆形，长 2 ～ 4 厘米，宽 2 ～ 2.8 厘米，里面基部密被黄白色长柔毛，外面具 3 ～ 5 条凸起的脉，脉上密被短柔毛，顶端钝圆，基部狭窄；雄蕊通常 5，稀 3，花丝长 6 ～ 8 毫米，基部有白色短柔毛，花初开放时稍靠合，最后完全分离，药室多回折曲。雌花：单生，花梗长 2 ～ 10 厘米；子房长圆柱状，有柔毛，柱头 3，膨大。果实圆柱状，直或稍弯，长 15 ～ 30 厘米，直径 5 ～ 8 厘米，表面平滑，通常有深色纵条纹，未熟时肉质，成熟后干燥，里面呈网状纤维，由顶端盖裂。种子多数，黑色，卵形，扁，平滑，边缘狭翼状。花果期夏、秋季。

【生境与分布】我国南、北各地普遍栽培，也广泛栽培于世界温带、热带地区。我县广泛种植。

【中药名称】丝瓜络、丝瓜子、丝瓜藤、丝瓜叶、丝瓜根、丝瓜皮。

【来源】葫芦科植物丝瓜（*Luffa cylindrica*（L.）Roem.）的干燥成熟果实的维管束为丝瓜络，种子为丝瓜子，茎为丝瓜藤，叶片为丝瓜叶，根为丝瓜根，果皮为丝瓜皮。

【采收加工】丝瓜络：夏、秋季果实成熟、果皮变黄、内部干枯时采摘，除去外皮及果肉，洗净，晒干，除去种子。

丝瓜子：9—11 月果实老熟后，在采制丝瓜络时，收集种子，晒干。

丝瓜藤：夏、秋季采收、洗净、鲜用或晒干。

丝瓜叶：夏、秋季采收，晒干或鲜用。

丝瓜根：秋季采收，洗净晒干。

丝瓜皮：夏、秋季食用丝瓜时，收集刨下的果皮，鲜用或晒干。

【性味功效】丝瓜络：甘，平。归胃、肺、肝经。祛风，通络，活血，下乳。用于痹痛拘挛，胸胁胀痛，乳汁不通，乳痈肿痛等。

丝瓜子：苦，寒。清热，利水，通便，驱虫。用于水肿，石淋，肺热咳嗽，肠风下血，痔瘘，便秘，蛔虫病等。

丝瓜藤：苦，微寒。归心、脾、肾经。舒筋活血，止咳化痰，解毒杀虫。用于腰膝酸痛，肢体麻木，月经不调，咳嗽痰多，鼻渊，龋齿等。

丝瓜叶：苦，微寒。清热解毒，止血，祛暑。用于痈疽，疔肿，疮癣，蛇咬伤，烫伤，咽喉肿痛，创伤出血，暑热烦渴等。

丝瓜根：甘，微苦，寒。活血通络，清热解毒。用于偏头痛，腰痛，痹证，乳腺炎，鼻炎，鼻窦炎，喉风肿痛，肠风下血，痔瘘等。

丝瓜皮：甘，凉。清热解毒。用于金疮，痈肿，疔疮，坐板疮等。

【应用举例】丝瓜络：治胸胁疼痛，炒丝瓜络、赤芍、白芍、延胡索各 9 克，青皮 6 克，煎服。

丝瓜子：治腰痛不止，丝瓜子炒焦，擂酒服，以渣敷之。

丝瓜藤：治鼻中时时流臭黄水，甚至脑亦时痛，丝瓜藤近根三五寸许，烧至细末，酒调服之。

丝瓜叶：治烫伤，丝瓜叶焙研，入辰粉一钱，蜜调搽之，生者捣敷。

丝瓜根：治偏头痛，鲜丝瓜根三两，鸭蛋二个，水煮服。

丝瓜皮：治坐板疮痒者，丝瓜皮阴干为细末，烧酒调搽。

346. 苦瓜 *Momordica charantia* L.

【别名】癞葡萄、凉瓜等。

【植物形态】一年生攀援状柔弱草本，多分枝；茎、枝被柔毛。卷须纤细，长达 20 厘米，具微柔毛，不分歧。叶柄细，初时被白色柔毛，后变近无毛，长 4 ～ 6 厘米；叶片轮廓卵状肾形或近圆形，膜质，长、宽均为 4 ～ 12 厘米，上面绿色，背面淡绿色，脉上密被明显的微柔毛，其余毛较稀疏，5 ～ 7 深裂，裂片卵状长圆形，边缘具粗齿或有不规则小裂片，先端多半钝圆形稀急尖，基部弯缺半圆形，叶脉掌状。雌雄同株。雄花：单生叶腋，花梗纤细，被微柔毛，长 3 ～ 7 厘米，中部或下部具 1 苞片；苞片绿色，肾形或圆形，全缘，稍有缘毛，两面被疏柔毛，长、宽均 5 ～ 15 毫米；花萼裂片卵状披针形，被白色柔毛，长 4 ～ 6 毫米，宽 2 ～ 3 毫米，急尖；花冠黄色，裂片倒卵形，先端钝，急尖或微凹，长 1.5 ～ 2 厘米，宽 0.8 ～ 1.2 厘米，被柔毛；雄蕊 3，离生，药室 2 回折曲。雌花：单生，花梗被微柔毛，长 10 ～ 12 厘米，基部常具 1 苞片；子房纺锤形，密生瘤状突起，柱头 3，膨大，2 裂。果实纺锤形或圆柱形，多瘤皱，长 10 ～ 20 厘米，成熟后橙黄色，由顶端 3 瓣裂。种子多数，长圆形，具红色假种皮，两端各具 3 小齿，两面有刻纹，长 1.5 ～ 2 厘米，宽 1 ～ 1.5 厘米。花果期 5—10 月。

【生境与分布】广泛栽培于世界热带、温带地区。我国南北均普遍栽培。我县广泛种植。

【中药名称】苦瓜、苦瓜子、苦瓜根、苦瓜藤。

【来源】葫芦科植物苦瓜（*Momordica charantia* L.）的果实为苦瓜，种子为苦瓜子，根为苦瓜根，茎为苦瓜藤。

【采收加工】苦瓜：夏季采集，分别处理，晒干。

苦瓜子：秋后采收成熟果实，剖开，收取种子，洗净，晒干。

苦瓜根：夏、秋季采收。

苦瓜藤：夏、秋季采取，洗净，切段，鲜用或晒干。

【性味功效】苦瓜：苦，寒。归心、脾、肺经。祛暑涤热，明目，解毒。用于暑热烦渴，消渴，赤眼疼痛，痢疾，疮痈肿毒等。

苦瓜子：苦，甘，温。归肾、脾经。温补肾阳。用于肾阳不足，小便频数，遗尿，遗精，阳痿等。

苦瓜根：苦，寒。归脾、胃经。清湿热，解毒。用于湿热泻痢，便血，疔疮肿毒，风火牙痛等。

苦瓜藤：苦，寒。归脾、胃经。清热解毒。用于痢疾，疮痈肿毒，胎毒，牙痛等。

【应用举例】苦瓜：治烦热口渴，鲜苦瓜一个，剖开去瓤，切碎，水煎服。

苦瓜子：治阳痿、早泄，苦瓜子炒熟，研成细末，每次服 10 克，每日 2 ～ 3 次，黄酒送服。

苦瓜根：治痢疾腹痛、滞下黏液，苦瓜根二两，冰糖二两，加水炖服。

苦瓜藤：治红白痢疾，苦瓜藤一握，红痢煎水服，白痢煎酒服。

347. 南赤爮 *Thladiantha nudiflora* Hemsl. ex Forbes et Hemsl.

【别名】土瓜、赤爮子、野丝瓜、丝瓜南等。

【植物形态】全体密生柔毛状硬毛，根块状。茎草质攀援状，有较深的棱沟。叶柄粗壮，长 3 ～ 10 厘米；叶片质稍硬，卵状心形，宽卵状心形或近圆心形，长 5 ～ 15 厘米，宽 4 ～ 12 厘米，先端渐尖或锐尖，边缘具胼胝状小尖头的细锯齿，基部弯缺开放或有时闭合，弯缺深 2 ～ 2.5 厘米，宽 1 ～ 2 厘米，上面深绿色，粗糙，有短而密的细刚毛，背面色淡，密被淡黄色短柔毛，基部侧脉沿叶基弯缺向外展开。卷须稍粗壮，密被硬毛，下部有明显的沟纹，上部 2 歧。雌雄异株。雄花为总状花序，多数花集生于花序轴的上部。花序轴纤细，长 4 ～ 8 厘米，密生短柔毛；花梗纤细，长 1 ～ 1.5 厘米；花萼密生淡黄色长柔毛，筒部宽钟形，上部宽 5 ～ 6 毫米，裂片卵状披针形，长 5 ～ 6 毫米，基部宽 2.5 毫米，顶端急尖，3 脉；花冠黄色，裂片卵状长圆形，长 1.2 ～ 1.6 厘米，宽 0.6 ～ 0.7 厘米，顶端急尖或稍钝，5 脉；雄蕊 5，着生在花萼筒的上部，花丝有微柔毛，长 4 毫米，花药卵状长圆形，长 2.5 毫米。雌花单生，花梗细，长 1 ～ 2 厘米，有长柔毛；花萼和花冠同雄花，但较之为大；子房狭长圆形，长 1.2 ～ 1.5 厘米，直径 0.4 ～ 0.5 厘米，密被淡黄色的长柔毛状硬毛，上部渐狭，基部钝圆，花柱粗短，自 2 毫米长处 3 裂，分生部分长 1.5 毫米，柱头膨大，圆肾形，2 浅裂；退化雄蕊 5，棒状，长 1.5 毫米。果梗粗壮，长 2.5 ～ 5.5 厘米；果实长圆形，干后红色或红褐色，长 4 ～ 5 厘米，直径 3 ～ 3.5 厘米，顶端稍钝或有时渐狭，基部钝圆，有时密生毛及不甚明显的纵纹，后渐无毛。种子卵形或宽卵形，长 5 毫米，宽 3.5 ～ 4 毫米，厚 1 ～ 1.5 毫米，顶端尖，基部圆，表面有明显的网纹，两面稍拱起。春、夏季开花，秋季果成熟。

【生境与分布】常生于海拔 900 ～ 1700 米的沟边、林缘或山坡灌丛中。产于我国秦岭及长江中下游以南各省区。我县均有分布。

【中药名称】南赤爮。

【来源】为葫芦科植物南赤爮（*Thladiantha nudiflora* Hemsl. ex Forbes et Hemsl.）的根或叶。

【采收加工】春、夏季采叶，鲜用或晒干。秋季挖根，鲜用或切片晒干。

【性味功效】苦，凉。归胃、大肠经。清热解毒，消食化滞。用于痢疾，肠炎，消化不良，脘腹胀闷，毒蛇咬伤。

【应用举例】治肠炎、细菌性痢疾：南赤爮叶 18 克，人苋、水蓼各 9 克，水煎服。

348. 栝楼 *Trichosanthes kirilowii* Maxim.

【别名】天撤、苦瓜、山金匏等。

【植物形态】攀援藤本，长达 10 米；块根圆柱状，粗大肥厚，富含淀粉，淡黄褐色。茎较粗，

多分枝，具纵棱及槽，被白色伸展柔毛。叶片纸质，轮廓近圆形，长、宽均为 5 ～ 20 厘米，常 3 ～ 5（7）浅裂至中裂，稀深裂或不分裂而仅有不等大的粗齿，裂片菱状倒卵形、长圆形，先端钝，急尖，边缘常再浅裂，叶基心形，弯缺深 2 ～ 4 厘米，上表面深绿色，粗糙，背面淡绿色，两面沿脉被长柔毛状硬毛，基出掌状脉 5 条，细脉网状；叶柄长 3 ～ 10 厘米，具纵条纹，被长柔毛。卷须 3 ～ 7 歧，被柔毛。花雌雄异株。雄总状花序单生，或与一单花并生，或在枝条上部者单生，总状花序长 10 ～ 20 厘米，粗壮，具纵棱与槽，被微柔毛，顶端有 5 ～ 8 朵花，单花花梗长约 15 厘米，花梗长约 3 毫米，小苞片倒卵形或阔卵形，长 1.5 ～ 2.5（3）厘米，宽 1 ～ 2 厘米，中上部具粗齿，基部具柄，被短柔毛；花萼筒状，长 2 ～ 4 厘米，顶端扩大，直径约 10 毫米，中、下部直径约 5 毫米，被短柔毛，裂片披针形，长 10 ～ 15 毫米，宽 3 ～ 5 毫米，全缘；花冠白色，裂片倒卵形，长 20 毫米，宽 18 毫米，顶端中央具 1 绿色尖头，两侧具丝状流苏，被柔毛；花药靠合，长约 6 毫米，直径约 4 毫米，花丝分离，粗壮，被长柔毛。雌花单生，花梗长 7.5 厘米，被短柔毛；花萼筒圆筒形，长 2.5 厘米，直径 1.2 厘米，裂片和花冠同雄花；子房椭圆形，绿色，长 2 厘米，直径 1 厘米，花柱长 2 厘米，柱头 3。果梗粗壮，长 4 ～ 11 厘米；果实椭圆形或圆形，长 7 ～ 10.5 厘米，成熟时黄褐色或橙黄色；种子卵状椭圆形，压扁，长 11 ～ 16 毫米，宽 7 ～ 12 毫米，淡黄褐色，近边缘处具棱线。花期 5—8 月，果期 8—10 月。

【生境与分布】生于海拔 200 ～ 1800 米的山坡林下、灌丛中、草地和村旁田边。分布于朝鲜、日本、越南和老挝等。在我国产于辽宁、华北、华东、中南、陕西、甘肃、四川、贵州和云南。杨林桥镇有栽培。

【中药名称】瓜蒌、瓜蒌子、瓜蒌皮、天花粉、炒瓜蒌子。

【来源】葫芦科植物栝楼（*Trichosanthes kirilowii* Maxim.）的干燥成熟果实为瓜蒌，干燥成熟种子为瓜蒌子，干燥成熟果皮为瓜蒌皮，干燥根为天花粉，瓜蒌子炮制加工品为炒瓜蒌子。

【采收加工】瓜蒌：秋季果实成熟时，连果梗剪下，置通风处阴干。

瓜蒌子：秋季采摘成熟果实，剖开，取出种子，洗净，晒干。

瓜蒌皮：秋季采摘成熟果实，剖开，除去果瓤及种子，阴干。

天花粉：秋、冬季采挖，洗净，除去外皮，切段或纵剖成瓣，干燥。

炒瓜蒌子：用文火炒至微鼓起，取出，放凉。

【性味功效】瓜蒌：寒，甘，微苦。清热涤痰，宽胸散结，润肠。用于肺热咳嗽，痰浊黄稠，胸痹心痛，乳痈，肺痈，肠痈肿痛。

瓜蒌子：甘，寒。归肺、胃、大肠经。润肺化痰，滑肠通便。用于燥咳痰黏，肠燥便秘。

瓜蒌皮：甘，寒。归肺、胃经。清化热痰，利气宽胸。用于痰热咳嗽，胸闷胁痛。

天花粉：甘，微苦，微寒。归肺、胃经。清热泻火，生津止渴，消肿排脓。用于热病烦渴，肺热燥咳，内热消渴，疮疡肿毒。

炒瓜蒌子：甘，寒。归肺、胃、大肠经。润肺化痰，滑肠通便。用于燥咳痰黏，肠燥便秘。

【应用举例】瓜蒌：9～15克，水煎服。

瓜蒌子：9～15克，水煎服。

瓜蒌皮：6～9克，水煎服。

天花粉：可用于痈肿疮疡，偏于热毒炽盛者，常与连翘、蒲公英、金银花、浙贝母等配伍，以奏解毒消肿之效。

炒瓜蒌子：9～15克，水煎服。

349. 中华栝楼 *Trichosanthes rosthornii* Harms var. *rosthornil*

【别名】双边栝楼等。

【植物形态】攀援藤本；块根条状，肥厚，淡灰黄色，具横瘤状突起。茎具纵棱及槽，疏被短柔毛，有时具鳞片状白色斑点。叶片纸质，轮廓阔卵形至近圆形，长（6）8～12（20）厘米，宽（5）7～11（16）厘米，3～7深裂，通常5深裂，几达基部，裂片线状披针形、披针形至倒披针形，先端渐尖，边缘具短尖头状细齿，或偶尔具1～2粗齿，叶基心形，弯缺深1～2厘米，上表面深绿色，疏被短硬毛，背面淡绿色，无毛，密具颗粒状突起，掌状脉5～7条，上面凹陷，被短柔毛，背面突起，侧脉弧曲，网结，细脉网状；叶柄长2.5～4厘米，具纵条纹，疏被微柔毛。卷须2～3歧。花雌雄异株。雄花或单生，或为总状花序，或两者并生；单花花梗长可达7厘米，总花梗长8～10厘米，顶端具5～10朵花；小苞片菱状倒卵形，长6～14毫米，宽5～11毫米，先端渐尖，中部以上具不规则的钝齿，基部渐狭，被微柔毛；小花梗长5～8毫米；花萼筒狭喇叭形，长2.5～3（3.5）厘米，顶端直径约7毫米，中下部直径约3毫米，被短柔毛，裂片线形，长约10毫米，基部宽1.5～2毫米，先端尾状渐尖，全缘，被短柔毛；花冠白色，裂片倒卵形，长约15毫米，宽约10毫米，被短柔毛，顶端具丝状长流苏；花药柱长圆形，长5毫米，直径3毫米，花丝长2毫米，被柔毛。雌花单生，花梗长5～8厘米，被微柔毛；花萼筒圆筒形，长2～2.5厘米，直径5～8毫米，被微柔毛，裂片和花冠同雄花；子房椭圆形，长1～2厘米，直径5～10毫米，被微柔毛。果实球形或椭圆形，长8～11厘米，直径7～10厘米，光滑无毛，成熟时果皮及果瓤均橙黄色；果梗长4.5～8厘米。种子卵状椭圆形，扁平，长15～18毫米，宽8～9毫米，厚2～3毫米，褐色，距边缘稍远处具一圈明显的棱线。花期6—8月，果期8—10月。

【生境与分布】生于海拔400～1850米的山谷密林中、山坡灌丛中及草丛中，产于甘肃东南部、陕西南部、湖北西南部、四川东部、贵州、云南东北部、江西。杨林桥镇有栽培。

【中药名称】瓜蒌、瓜蒌子、瓜蒌皮、天花粉、炒瓜蒌子。

【来源】葫芦科中华栝楼（*Trichosanthes rosthornii Harms* var. *rosthornil.*）的干燥成熟果实为瓜蒌，干燥成熟种子为瓜蒌子，干燥成熟果皮为瓜蒌皮，干燥根为天花粉，瓜蒌子炮制加工品为炒瓜蒌子。

【采收加工】瓜蒌：秋季果实成熟时，连果梗剪下，置通风处阴干。

瓜蒌子：秋季采摘成熟果实，剖开，取出种子，洗净，晒干。

瓜蒌皮：秋季采摘成熟果实，剖开，除去果瓤及种子，阴干。

天花粉：秋、冬季采挖，洗净，除去外皮，切段或纵剖成瓣，干燥。

炒瓜蒌子：用文火炒至微鼓起，取出，放凉。

【性味功效】瓜蒌：寒，甘，微苦。清热涤痰，宽胸散结，润肠。用于肺热咳嗽，痰浊黄稠，胸痹心痛，乳痈、肺痈、肠痈肿痛。

瓜蒌子：甘，寒。归肺、胃、大肠经。润肺化痰，滑肠通便。用于燥咳痰黏，肠燥便秘。

瓜蒌皮：甘，寒。归肺、胃经。清化热痰，利气宽胸。用于痰热咳嗽，胸闷胁痛。

天花粉：甘，微苦，微寒。归肺、胃经。清热泻火，生津止渴，消肿排脓。用于热病烦渴，肺热燥咳，内热消渴，疮疡肿毒。

炒瓜蒌子：甘，寒。归肺、胃、大肠经。润肺化痰，滑肠通便。用于燥咳痰黏，肠燥便秘。

【应用举例】瓜蒌：9～15克，水煎服。

瓜蒌子：9～15克，水煎服。

瓜蒌皮：6～9克，水煎服。

天花粉：可用于痈肿疮疡，偏于热毒炽盛者，常与连翘、蒲公英、金银花、浙贝母等配伍，以奏解毒消肿之效。

炒瓜蒌子：9～15克，水煎服。

一百零五、千屈菜科 Lythraceae

草本、灌木或乔木；枝通常四棱形，有时具棘状短枝。叶对生，稀轮生或互生，全缘，叶片下面有时具黑色腺点；托叶细小或无托叶。花两性，通常辐射对称，稀左右对称，单生或簇生，或组成顶生或腋生的穗状花序、总状花序或圆锥花序；花萼筒状或钟状，平滑或有棱，有时有距，与子房分离而包围子房，3～6裂，很少至16裂，镊合状排列，裂片间有或无附属体；花瓣与萼裂片同数或无花瓣，花瓣如存在，则着生萼筒边缘，在花芽时成皱褶状，雄蕊通常为花瓣的倍数，有时较多或较少，着生于萼筒上，但位于花瓣的下方，花丝不在芽时常内折，花药 2 室，纵裂；子房上位，通常无柄，2 ～ 16 室，每室具倒生胚珠数颗，极少减少到 3 或 2 颗，着生于中轴胎座上，其轴有时不到子房顶部，花柱单生，长短不一，柱头头状，稀 2 裂。蒴果革质或膜质，2 ～ 6 室，稀 1 室，横裂、瓣裂或不规则开裂，稀不裂；种子多数，形状不一，有翅或无翅，无胚乳；子叶平坦，稀折叠。

本科有 25 属 550 种，广布于全世界，但主要分布于热带和亚热带地区。我国有 11 属 47 种，南北均有。

全国第四次中药资源普查秭归境内发现 2 种。

350. 紫薇 *Lagerstroemia indica* L.

【别名】入惊儿树、百日红、满堂红、痒痒树等。

【植物形态】落叶灌木或小乔木，高可达 7 米；树皮平滑，灰色或灰褐色；枝干多扭曲，小枝纤细，具 4 棱，略成翅状。叶互生或有时对生，纸质，椭圆形、阔矩圆形或倒卵形，长 2.5 ～ 7 厘米，宽 1.5 ～ 4 厘米，顶端短尖或钝形，有时微凹，基部阔楔形或近圆形，无毛或下面沿中脉有微柔毛，侧脉 3 ～ 7 对，小脉不明显；无柄或叶柄很短。花淡红色或紫色、白色，直径 3 ～ 4 厘米，常组成 7 ～ 20 厘米的顶生圆锥花序；花梗长 3 ～ 15 毫米，中轴及花梗均被柔毛；花萼长 7 ～ 10 毫米，外面平滑无棱，但鲜时萼筒有微突起短棱，两面无毛，裂片 6，三角形，直立，无附属体；花瓣 6，皱缩，长 12 ～ 20 毫米，具长爪；雄蕊 36 ～ 42，外面 6 枚着生于花萼上，比其余的长得多；子房 3 ～ 6 室，无毛。蒴果椭圆状球形或阔椭圆形，长 1 ～ 1.3 厘米，幼时绿色至黄色，成熟时或干燥时呈紫黑色，室背开裂；种子有翅，长约 8 毫米。花期 6—9 月，果期 9—12 月。

【生境与分布】半阴生，喜生于肥沃湿润的土壤上，也能耐旱，不论钙质土或酸性土都生长良好。我国广东、广西、湖南、福建、江西、浙江、江苏、湖北、河南、河北、山东、安徽、陕西、

四川、云南、贵州及吉林均有生长或栽培。我县均有栽培。

【中药名称】紫薇花、紫薇根、紫薇皮、紫薇叶。

【来源】千屈菜科植物紫薇（*Lagerstroemia indica* L.）的花为紫薇花，根为紫薇根，茎皮和根皮为紫薇皮，叶为紫薇叶。

【采收加工】紫薇花：5—8 月采花，晒干。

紫薇根：全年可采。

紫薇皮：5—6 月剥取茎皮，秋、冬季挖根，剥取根皮，洗净，切片，晒干。

紫薇叶：春、夏季采收，洗净，鲜用，或晒干备用。

【性味功效】紫薇花：苦，微酸，寒。归肝经。清热解毒，活血止血。用于疮疖痈疽，小儿胎毒，疥癣，血崩，带下，肺痨咳血，小儿惊风等。

紫薇根：微苦，微寒。归肝、大肠经。清热利湿，活血止血，止痛。用于痢疾，水肿，烧烫伤，湿疹，痈肿疮毒，跌打损伤，血崩，偏头痛，牙痛，痛经，产后腹痛等。

紫薇皮：苦，寒。归肝、胃经。清热解毒，利湿祛风，散瘀止血。用于无名肿毒，丹毒，乳痈，咽喉肿痛，肝炎，疥癣，鹤膝风，跌打损伤，内外伤出血，崩漏带下等。

紫薇叶：微苦，涩，寒。归肺、脾、大肠经。清热解毒，利湿止血。用于痈疮肿毒，乳痈，痢疾，湿疹，外伤出血等。

【应用举例】紫薇花：治风丹，紫薇花一两，煎水煮老糟服。

紫薇根：治痈疽肿毒、头面疮疖、手脚生疮，紫薇根或花研末，醋调敷，亦可煎服。

紫薇皮：内服，煎汤，10 ～ 15 克，或浸酒，或研末；外用适量，研末调敷，或煎水洗。

紫薇叶：治创伤出血，紫薇叶一两，野南瓜根一两，六月冻一两，胎发灰一钱半，研细末，外用。

351. 千屈菜 *Lythrum salicaria* L.

【别名】水枝柳、水柳、对叶莲等。

【植物形态】多年生草本，根茎横卧于地下，粗壮；茎直立，多分枝，高 30 ～ 100 厘米，全株青绿色，略被粗毛或密被绒毛，枝通常具 4 棱。叶对生或三叶轮生，披针形或阔披针形，长 4 ～ 6（10）厘米，宽 8 ～ 15 毫米，顶端钝形或短尖，基部圆形或心形，有时略抱茎，全缘，无柄。花组成小聚伞花序，簇生，因花梗及总梗极短，因此花枝全形似一大型穗状花序；苞片阔披针形至三角状卵形，长 5 ～ 12 毫米；萼筒长 5 ～ 8 毫米，有纵棱 12 条，稍被粗毛，裂片 6，三角形；附属体针状，直立，长 1.5 ～ 2 毫米；花瓣 6，红紫色或淡紫色，倒披针状长椭圆形，基部楔形，长 7 ～ 8 毫米，着生于萼筒上部，有短爪，稍皱缩；雄蕊 12，6 长 6 短，伸出萼筒之外；子房 2 室，花柱长短不一。蒴果扁圆形。

【生境与分布】生于河岸、湖畔、溪沟边和潮湿草地。产于全国各地，亦有栽培。

【中药名称】千屈菜。

【来源】为千屈菜科植物千屈菜（*Lythrum salicaria* L.）的全草。

【采收加工】秋季采收。

【性味功效】苦，寒。归大肠、肝经。清热解毒，收敛止血。用于痢疾，泄泻，便血，血崩，疮疡溃烂，吐血，衄血，外伤出血。

【应用举例】治泄泻、痢疾、便血、血崩：煎服，6～12克。

一百零六、菱科 Trapaceae

一年生浮水或半挺水草本。根二型：着泥根细长，黑色，呈铁丝状，生于水底泥中；同化根由托叶边缘衍生而来，生于沉水叶叶痕两侧，对生或轮生状，呈羽状丝裂，淡绿褐色，不脱落，是具有同化和吸收作用的不定根。茎常细长柔软，分枝，出水后节间缩短。叶二型：沉水叶互生，仅见于幼苗或幼株上，叶片小，宽圆形，边缘有锯齿，叶柄半圆柱状、肉质、早落；浮水叶互生或轮生状，先后发出多数绿叶集聚于茎的顶部，呈旋叠莲座状镶嵌排列，形成菱盘，叶片菱状圆形，边缘中上部具凹圆形或不整齐的缺刻状锯齿，边缘中下部宽楔形或半圆形，全缘；叶柄上部膨大成海绵质气囊；托叶2枚，生于沉水叶或浮水叶的叶腋，卵形或卵状披针形，膜质，早落，着生在水下的常衍生出羽状丝裂的同化根。花小，两性，单生于叶腋，由下向上顺序发生，水面开花，具短柄；花萼宿存或早落，与子房基部合生，裂片4，排成2轮，其中1片、2片、3片或4片膨大形成刺角，或部分或全部退化；花瓣4，排成1轮，在芽内呈覆瓦状排列，白色或带淡紫色，着生在上部花盘的边缘；花盘常呈鸡冠状分裂或全缘；雄蕊4，排成2轮，与花瓣交互对生；花丝纤细，花药背着，呈丁字形着生，内向；雌蕊，基部膨大为子房，花柱细，柱头头状，子房半下位或稍呈周位，2室，每室胚珠1颗，生于室内之上部，下垂，仅1胚珠发育。果实为坚果状，革质或木质，在水中成熟，有刺状角1个、2个、3个或4个，稀无角，不开裂，果的顶端具1果喙；胚芽、胚根和胚茎三者共形成一个锥状体，藏于果颈和果喙内的空腔中，胚根向上，位于胚芽的一侧而较胚芽为小，萌发时由果喙伸出果外，果实表面有时由花萼、花瓣、雄蕊退化残存而成各形结节物和形成刺角。种子1颗，子叶2片，通常1大1小，其间有一细小子叶柄相连接，较大一片萌发后仍保留在果实内，另一片极小，鳞片状，位于胚芽和胚根之间，随胚茎伸长而伸出果外，有时亦有2片子叶等大的，萌发后，均留在果内；胚乳不存在。开花在水面之上，果实成熟后掉落水底；子叶肥大，充满果腔，内富含淀粉。

本科仅有1属，约30种和变种，分布于欧亚及非洲热带、亚热带和温带地区，北美和澳大利亚有引种栽培。我国有15种和11变种，产于全国各地，以长江流域亚热带地区分布与栽培最多。

全国第四次中药资源普查秭归境内发现1种。

352. 菱 *Trapa bispinosa* Roxb.

【别名】风菱、乌菱、菱实、薢茩、芰实、蕨攈等。

【植物形态】一年生浮水水生草本。根二型：着泥根细铁丝状，着生水底水中；同化根，羽状细裂，裂片丝状。茎柔弱分枝。叶二型：浮水叶互生，聚生于主茎或分枝茎的顶端，呈旋叠状镶嵌排列在水面成莲座状的菱盘，叶片菱圆形或三角状菱圆形，长 3.5 ～ 4 厘米，宽 4.2 ～ 5 厘米，表面深亮绿色，无毛，背面灰褐色或绿色，主侧脉在背面稍突起，密被淡灰色或棕褐色短毛，脉间有棕色斑块，叶边缘中上部具不整齐的圆凹齿或锯齿，边缘中下部全缘，基部楔形或近圆形；叶柄中上部膨大不明显，长 5 ～ 17 厘米，被棕色或淡灰色短毛；沉水叶小，早落。花小，单生于叶腋两性；萼筒 4 深裂，外面被淡黄色短毛；花瓣 4，白色；雄蕊 4；雌蕊，具半下位子房，2 心皮，2 室，每室具 1 倒生胚珠，仅 1 室胚珠发育；花盘鸡冠状。果三角状菱形，高 2 厘米，宽 2.5 厘米，表面具淡灰色长毛，2 肩角直伸或斜举，肩角长约 1.5 厘米，刺角基部不明显粗大，腰角位置无刺角，丘状突起不明显，果喙不明显，果颈高 1 毫米，直径 4 ～ 5 毫米，内具一白种子。花期 5—10 月，果期 7—11 月。

【生境与分布】生于湖湾、池塘、河湾。产于黑龙江、吉林、辽宁、陕西、河北、河南、山东、江苏、浙江、安徽、湖北、湖南、江西、福建、广东、广西等省区水域，我县均有栽培。

【中药名称】菱、菱粉、菱叶、菱茎。

【来源】菱科植物菱（*Trapa bispinosa* Roxb.）的果肉为菱，果肉捣汁澄出的淀粉为菱粉，叶为菱叶，茎为菱茎。

【采收加工】菱：秋末采集，除果鲜用外，其余部分分别晒干。

菱粉：果实成熟后采收，去壳，取其果肉，捣汁澄出淀粉，晒干。

菱叶：夏季采收，鲜用或晒干。

菱茎：夏季开花时采收，鲜用或晒干。

【性味功效】菱：甘，凉。归脾、胃经。健脾益胃，除烦止渴，解毒。用于脾虚泄泻，暑热烦渴，消渴，饮酒过度，痢疾。

菱粉：甘，凉。归心、肺、脾、胃经。健脾养胃，清暑解毒。用于脾虚乏力，暑热烦渴，消渴。

菱叶：甘，凉。归肝、脾经。清热解毒。用于小儿走马牙疳，疮肿。

菱茎：甘，凉。归肺、胃经。清热解毒。用于胃溃疡，疣赘，疮毒。

【应用举例】菱：内服，煎汤 9 ～ 15 克，大剂量可用至 60 克；或生食。清暑热、除烦渴，宜生用；补脾益胃，宜熟用。

菱粉：内服，10 ～ 30 克，沸水冲。

菱叶：内服，煎汤，1 ～ 1.5 钱；外用，研末调敷。

菱茎：内服，煎汤，鲜者 1 ～ 1.5 两；外用，捣烂敷、擦。

一百零七、石榴科 Punicaceae

落叶乔木或灌木；冬芽小，有2对鳞片。单叶，通常对生或簇生，有时呈螺旋状排列，无托叶。花顶生或近顶生，单生或几朵簇生或组成聚伞花序，两性，辐射对称；萼革质，萼管与子房贴生，且高于子房，近钟形，裂片5～9，镊合状排列，宿存；花瓣5～9，多皱褶，覆瓦状排列；雄蕊生于萼筒内壁上部，多数，花丝分离，芽中内折，花药背部着生，2室纵裂，子房下位或半下位，心皮多数，1轮或2～3轮，初呈同心环状排列，后渐成叠生（外轮移至内轮之上），最低一轮具中轴胎座，较高的1～2轮具侧膜胎座，胚珠多数。浆果球形，顶端有宿存花萼裂片，果皮厚；种子多数，种皮外层肉质，内层骨质；胚直，无胚乳，子叶旋卷。

本科有1属2种，产于地中海至亚洲西部地区。我国引入栽培的有1种。

全国第四次中药资源普查秭归境内发现1种。

353. 石榴 *Punica granatum* L.

【别名】安石榴、山力叶、丹若，若榴木等。

【植物形态】落叶灌木或乔木，高通常3～5米，稀达10米，枝顶常成尖锐长刺，幼枝具棱角，无毛，老枝近圆柱形。叶通常对生，纸质，矩圆状披针形，长2～9厘米，顶端短尖、钝尖或微凹，基部短尖至稍钝形，上面光亮，侧脉稍细密；叶柄短。花大，1～5朵生于枝顶；萼筒长2～3厘米，通常红色或淡黄色，裂片略外展，卵状三角形，长8～13毫米，外面近顶端有1个黄绿色腺体，边缘有小乳突；花瓣通常大，红色、黄色或白色，长1.5～3厘米，宽1～2厘米，顶端圆形；花丝无毛，长达13毫米；花柱长超过雄蕊。浆果近球形，直径5～12厘米，通常为淡黄褐色或淡黄绿色，有时白色，稀暗紫色。种子多数，钝角形，红色至乳白色，肉质的外种皮供食用。

【生境与分布】生于海拔300～1000米的山上。中国三江流域海拔1700～3000米的察偶河两岸的荒坡上也分布有大量野生古老石榴群落。我县均有栽培。

【中药名称】石榴皮、石榴花、石榴根、石榴叶、酸石榴。

【来源】石榴科植物石榴（*Punica granatum* L.）的干燥果皮为石榴皮，花蕾为石榴花，根为石榴根、叶为石榴叶，酸味果实为酸石榴。

【采收加工】石榴皮：秋季果实厚熟，顶端开裂时采摘，除去种子及隔瓤，切瓣晒干，或微火烘干。

石榴花：夏、秋季采，晒干。

石榴根：秋季采挖，忌用铁器。

石榴叶：夏、秋季采收，洗净，鲜用或晒干。

酸石榴：9—10 月果熟时采收，鲜用。

【性味功效】石榴皮：酸，涩，温。归大肠经。涩肠止泻，止血，驱虫。用于久泻，久痢，便血，脱肛，崩漏，带下，虫积腹痛等。

石榴花：酸，涩，平。用于鼻衄，中耳炎，创伤出血等。

石榴根：酸，涩，温。归脾、胃、大肠经。驱虫，涩肠，止带。用于蛔虫病，绦虫病，久泻，久痢，赤白带下等。

石榴叶：酸，涩，温。归肝经。收敛止泻，解毒杀虫。用于泄泻，痘风疮，癞疮，跌打损伤等。

酸石榴：酸，温。归胃、大肠经。止渴，涩肠，止血。用于津伤燥渴，滑泄，久痢，崩漏，带下等。

【应用举例】石榴皮：治小儿冷热痢，酸石榴皮三分（炙令焦，锉），黄连三分（去须，锉），赤石脂三分，上药捣粗罗为末，以水二升，煎至五合，去滓，纳蜡一两，更煎三五沸。不计时候，温服半合，量儿大小，以意加减。

石榴花：治九窍出血，石榴花，揉塞之。

石榴根：治肾结石，石榴根、金钱草各一两，煎服。

石榴叶：15 ～ 30 克，外用适量，煎水洗，或捣敷。

酸石榴：治肠滑久痢，酸石榴一枚，擘破，炭火簇烧令烟尽，急取出不令作灰，用瓷碗盖一宿，出火毒，捣为散，每服用酸石榴一瓣，以水一盏，煎汤调下。久泻亦治。

一百零八、野牡丹科 Melastomataceae

草本、灌木或小乔木，直立或攀援，陆生或少数附生，枝条对生。单叶，对生或轮生，叶片全缘或具锯齿，通常为 3 ～ 5（7）基出脉，稀 9 条，侧脉通常平行，多数，极少为羽状脉；具叶柄或无，无托叶。花两性，辐射对称，通常为 4 ～ 5 数，稀 3 或 6 数；呈聚伞花序、伞形花序、伞房花序，或由上述花序组成的圆锥花序或蝎尾状聚伞花序，稀单生、簇生或穗状花序；具苞片或无，小苞片对生，常早落；花萼漏斗形、钟形或杯形，常四棱，与子房基部合生，常具隔片，稀分离，裂片各式，稀平截；花瓣通常具鲜艳的颜色，着生于萼管喉部，与萼片互生，通常呈螺旋状排列或覆瓦状排列，常偏斜；雄蕊为花被片的 1 倍或同数，与萼片及花瓣两两对生，或与萼片对生，异形或同形，等长或不等长，着生于萼管喉部，分离，花蕾时内折；花丝丝状，常向下渐粗；花药 2 室，极少 4 室（我国不产），通常单孔开裂，稀 2 孔裂，更少纵裂，基部具小瘤或附属体或无；药隔通常膨大，下延成长柄或短距，或各式形状；子房下位或半下位，稀上位，子房室与花被片同数或1室，顶端具冠或无，花柱单1，柱头点尖；中轴胎座或特立中央胎座，稀侧膜胎座，胚珠多数或数枚。蒴果或浆果，通常顶孔开裂，与宿存萼贴生；种子极小，通常长不到1毫米，近马蹄形或楔形，稀倒卵形，无胚乳，胚小且直立，通常与种子同形，或种子1枚，胚弯曲。

本科有240属3000余种，分布于各大洲热带及亚热带地区，以美洲最多。我国有25属160种25变种，产于西藏至台湾、长江流域以南各省区。

全国第四次中药资源普查秭归境内发现2种。

354. 金锦香 *Osbeckia chinensis* L.

【别名】杯子草、小背笼、细花包、张天缸、昂天巷子、朝天罐子、细九尺、金香炉、马松子、天香炉等。

【植物形态】直立草本或亚灌木，高20～60厘米；茎四棱形，具紧贴的糙伏毛。叶片坚纸质，线形或线状披针形，极稀卵状披针形，顶端急尖，基部钝或几圆形，长2～4（5）厘米，宽3～8（15）毫米，全缘，两面被糙伏毛，3～5基出脉，于背面隆起，细脉不明显；叶柄短或几无，被糙伏毛。头状花序，顶生，有花2～8（10）朵，基部具叶状总苞2～6枚，苞片卵形，被毛或背面无毛，无花梗，萼管长约6毫米，通常带红色，无毛或具1～5枚刺毛突起，裂片4，三角状披针形，与萼管等长，具缘毛，各裂片间外缘具1枚刺毛突起，果时随萼片脱落；花瓣4，淡紫红色或粉红色，倒卵形，长约1厘米，具缘毛；雄蕊常偏向1侧，花丝与花药等长，花药顶部具长喙，喙长为花药长的1/2，药隔基部微膨大呈盘状；子房近球形，顶端有刚毛16条。蒴果紫红色，卵状球形，4纵裂，宿存萼坛状，长约6毫米，直径约4毫米，外面无毛或具少数刺毛突起。花期7—9月，果期9—11月。

【生境与分布】生于海拔1100米以下的荒山草坡、路旁、田地边或疏林下阳处。产于广西以东、长江流域以南各省区。湖北分布于宣恩、恩施、宜昌、当阳、远安、天门、石首、能山、通城。

【中药名称】天香炉。

【来源】为野牡丹科植物金锦香（*Osbeckia chinensis* L.）的全草或根。

【采收加工】全年均可采，洗净切段晒干。

【性味功效】辛，淡，平。归肺、脾、肝、大肠经。化痰利湿，祛瘀止血，解毒消肿。用于咳嗽，哮喘，小儿疳积，泄泻痢疾，风湿痹痛，咯血，衄血，吐血，便血，崩漏，痛经，闭经，产后瘀滞腹痛，牙痛，脱肛，跌打伤肿，毒蛇咬伤。

【应用举例】1. 治赤白痢：金锦香全草五钱至一两，水煎服。

2. 治脱肛：金锦香二至五钱，水煎服。

3. 治风寒咳嗽：金锦香五钱，水煎服。

355. 楮头红 *Sarcopyramis nepalensis* Wall.

【别名】风槙斗草、卫环草等。

【植物形态】直立草本，高 10 ～ 30 厘米；茎四棱形，肉质，无毛，上部分枝。叶膜质，广卵形或卵形，稀近披针形，顶端渐尖，基部楔形或近圆形，微下延，长（2）5 ～ 10 厘米，宽（1）2.5 ～ 4.5 厘米，边缘具细锯齿，3 ～ 5 基出脉，叶面被疏糙伏毛，基出脉微凹，侧脉微隆起，背面被微柔毛或几无毛，基出脉、侧脉隆起；叶柄长（0.8）1.2 ～ 2.8 厘米，具狭翅。聚伞花序，生于分枝顶端，有花 1 ～ 3 朵，基部具 2 枚叶状苞片；苞片卵形，近无柄；花梗长 2 ～ 6 毫米，四棱形，棱上具狭翅；花萼长约 5 毫米，四棱形，棱上有狭翅，裂片顶端平截，具流苏状长缘毛膜质的盘；花瓣粉红色，倒卵形，顶端平截，偏斜，另 1 侧具小尖头，长约 7 毫米；雄蕊等长，花丝向下渐宽，花药长为花丝的 1/2，药隔基部下延成极短的距或微突起，距长为药室长的 1/4 ～ 1/3，上弯；子房顶端具膜质冠，冠缘浅波状，微 4 裂。蒴果杯形，具四棱，膜质冠伸出萼 1 倍；宿存萼及裂片与花时同。花期 8—10 月，果期 9—12 月。

【生境与分布】生于海拔 1300 ～ 3200 米的密林下阴湿的地方或溪边。产于西藏、云南、四川、贵州、湖北、湖南、广西、广东、江西、福建。我县少量分布。

【中药名称】楮头红。

【来源】为野牡丹科植物楮头红（*Sarcopyramis nepalensis* Wall.）的全草。

【采收加工】秋季采，鲜用或晒干。

【性味功效】凉，酸，无毒。清肺热，去肝火。用于风湿痹痛，耳鸣、耳聋及目雾羞明。

【应用举例】内服：煎汤，0.5 ～ 1 两；或炖肉。

一百零九、柳叶菜科 Onagraceae

一年生或多年生草本，有时为半灌木或灌木，稀为小乔木，有的为水生草本。叶互生或对生；

托叶小或不存在。花两性，稀单性，辐射对称或两侧对称，单生于叶腋或排成顶生的穗状花序、总状花序或圆锥花序。花通常 4 数，稀 2 或 5 数；萼片（2）4 或 5；花瓣（0 ～ 2）4 或 5，在芽时常旋转或覆瓦状排列，脱落；雄蕊（2）4，或 8 或 10 排成 2 轮；花药丁字形着生，稀基部着生；花粉单一，或为四分体，花粉粒间以黏丝连接；子房下位，（1 ～ 2）4 ～ 5 室，每室有少数或多数胚珠，中轴胎座；花柱 1，柱头头状、棍棒状或具裂片。果为蒴果，室背开裂、室间开裂或不开裂，有时为浆果或坚果。种子为倒生胚珠，多数或少数，稀 1，无胚乳。

本科有 15 属约 650 种，广泛分布于全世界温带与热带地区，以温带为多，大多数分布于北美西部。我国有 7 属 68 种 8 亚种，其中分布于旧大陆的 3 个属我国均产，广布于全国各地，3 属系引种并逸为野生，1 属为引种栽培。

全国第四次中药资源普查秭归境内发现 4 种。

356. 露珠草 *Circaea cordata* Royle

【别名】 泷草、心叶露珠草等。

【植物形态】粗壮草本，高 20 ～ 150 厘米，被平伸的长柔毛、镰状外弯的曲柔毛和顶端头状或棒状的腺毛，毛被通常较密；根状茎不具块茎。叶狭卵形至宽卵形，中部的长 4 ～ 11（13）厘米，宽 2.3 ～ 7（11）厘米，基部常呈心形，有时阔楔形至阔圆形或截形，先端短渐尖，边缘具锯齿至近全缘。单总状花序顶生，或基部具分枝，长 2 ～ 20 厘米；花梗长 0.7 ～ 2 毫米，与花序轴垂直生或在花序顶端簇生，被毛，基部有一极小的刚毛状小苞片；花芽或多或少被直或微弯稀具钩的长毛；花管长 0.6 ～ 1 毫米；萼片卵形至阔卵形，长 2 ～ 3.7 毫米，宽 1.4 ～ 2 毫米，白色或淡绿色，开花时反曲，先端钝圆形，花瓣白色，倒卵形至阔倒卵形，长 1 ～ 2.4 毫米，宽 1.2 ～ 3.1 毫米，先端倒心形，凹缺深至花瓣长度的 1/2 ～ 2/3，花瓣裂片阔圆形；雄蕊伸展，略短于花柱或与花柱近等长；蜜腺不明显，全部藏于花管之内。果实斜倒卵形至透镜形，长 3 ～ 3.9 毫米，直径 1.8 ～ 3.3 毫米，2 室，具 2 粒种子，背面压扁，基部斜圆形或斜截形，边缘及子房室之间略显木栓质增厚，但不具明显的纵沟；成熟果实连果梗长 4.4 ～ 7 毫米。花期 6—8 月，果期 7—9 月。

【生境与分布】 生于排水良好的落叶林，稀见于北方针叶林，垂直分布于海平面以上至海拔 3500 米。产于黑龙江、吉林、辽宁、河北、山西、陕西、甘肃、山东、安徽、浙江、江西、台湾、河南、湖北、湖南、四川、贵州、云南及西藏。

【中药名称】牛泷草。

【来源】为柳叶菜科植物露珠草（*Circaea cordata* Royle）的全草。

【采收加工】秋季采收全草，鲜用或晒干。

【性味功效】苦，辛，微寒。归脾、肺经。清热解毒，止血生肌。用于疮痈肿毒，疥疮，外伤出血。

【应用举例】治疥疮、脓疱：烘干研末，配硫黄、雄黄粉适量，用菜油调或干扑于溃烂处。

357. 柳叶菜 *Epelobium hirsutum* L.

【别名】水丁香、地母怀胎草、菜籽灵、通经草等。

【植物形态】多年生粗壮草本，有时近基部木质化，在秋季自根颈常平卧生出长可达 1 米多粗壮 地下匍匐根状茎，茎上疏生鳞片状叶，先端常生莲座状叶芽。茎高 25 ～ 120(250)厘米，粗 3 ～ 12（22）毫米，常在中上部多分枝，周围密被伸展长柔毛，常混生较短而直的腺毛，尤花序上如此，稀密被白色绵毛。叶草质，对生，茎上部的互生，无柄，并多少抱茎；茎生叶披针状椭圆形至狭倒卵形或椭圆形，稀狭披针形，长 4 ～ 12（20）厘米，宽 0.3 ～ 3.5（5）厘米，先端锐尖至渐尖，基部近楔形，边缘每侧具 20 ～ 50 枚细锯齿，两面被长柔毛，有时在背面混生短腺毛，稀背面密被绵毛或近无毛，侧脉常不明显，每侧 7 ～ 9 条。总状花序直立；苞片叶状。花直立，花蕾卵状长圆形，长 4.5 ～ 9 毫米，直径 2.5 ～ 5 毫米；子房灰绿色至紫色，长 2 ～ 5 厘米，密被长柔毛与短腺毛，有时主要被腺毛，稀被绵毛并无腺毛；花梗长 0.3 ～ 1.5 厘米；花管长 1.3 ～ 2 毫米，直径 2 ～ 3 毫米，在喉部有一圈长白毛；萼片长圆状线形，长 6 ～ 12 毫米，宽 1 ～ 2 毫米，背面隆起成龙骨状，被毛如子房上的；花瓣常玫瑰红色，或粉红、紫红色，宽倒心形，长 9 ～ 20 毫米，宽 7 ～ 15 毫米，先端凹缺，深 1 ～ 2 毫米；花药乳黄色，长圆形，长 1.5 ～ 2.5 毫米，宽 0.6 ～ 1 毫米；花丝外轮长 5 ～ 10 毫米，内轮长 3 ～ 6 毫米；花柱直立，长 5 ～ 12 毫米，白色或粉红色，无毛，稀疏生长柔毛；柱头白色，4 深裂，裂片长圆形，长 2 ～ 3.5 毫米，初时直立，彼此合生，开放时展开，不久下弯，外面无毛或有稀疏的毛，长稍高过雄蕊。蒴果长 2.5 ～ 9 厘米，被毛同子房上的；果梗长 0.5 ～ 2 厘米。种子倒卵状，长 0.8 ～ 1.2 毫米，直径 0.35 ～ 0.6 毫米，顶端具很短的喙，深褐色，表面具粗乳突；种缨长 7 ～ 10 毫米，黄褐色或灰白色，易脱落。花期 6—8 月，果期 7—9 月。

【生境与分布】产于吉林、辽宁、内蒙古、河北、山西、山东、河南、陕西、宁夏南部、青海东部、甘肃、新疆、安徽、江苏、浙江、江西、广东、湖南、湖北、四川、贵州、云南和西藏东部；在北京、南京、广州等许多城市有栽培；在黄河流域以北生于海拔（150）500 ～ 2000 米，

在西南生于海拔（180）700～2800（3500）米河谷、溪流河床沙地或石砾地或沟边、湖边向阳湿处，也生于灌丛、荒坡、路旁，常成片生长。

【中药名称】柳叶菜、柳叶菜根、柳叶菜花。

【来源】柳叶菜科植物柳叶菜（*Epelobium hirsutum* L.）的全草为柳叶菜，根为柳叶菜根，花为柳叶菜花。

【采收加工】柳叶菜：全年均可采，鲜用或晒干。

柳叶菜根：秋季采挖，洗净，切段，晒干。

柳叶菜花：夏、秋季采收，阴干。

【性味功效】柳叶菜：苦，淡，寒。归肝、脾、胃、大肠经。清热解毒，利湿止泻，消食理气，活血接骨。用于湿热泻痢，食积，脘腹胀痛，牙痛，月经不调，闭经，带下，跌打骨折，疮肿，烫伤，疥疮等。

柳叶菜根：苦，平。归肝、胃经。理气消积，活血止痛，解毒消肿。用于食积，脘腹疼痛，闭经，痛经，带下，咽肿，牙痛，口疮，目赤肿痛，疮肿，跌打瘀肿，骨折，外伤出血等。

柳叶菜花：苦，微甘，凉。归肝、胃经。清热止痛，调经涩带。用于牙痛，咽喉肿痛，目赤肿痛，月经不调，白带过多等。

【应用举例】柳叶菜：治食积腹胀、胃痛，柳叶菜、矮子常山各 15 克，九牛股 9 克，水煎服。

柳叶菜根：治闭经，柳叶菜根 9～15 克，水煎加冰糖少许内服。

柳叶菜花：治牙痛、火眼、月经不调，柳叶菜花 9～15 克，水煎服。

358. 细花丁香蓼 *Ludwigia perennis* L.

【别名】小花水丁香等。

【植物形态】一年生直立草本，高（10）30～80 厘米，粗（2）3～8 毫米；茎常分枝，幼茎枝被微柔毛或近无毛，其余部分无毛或近无毛。叶椭圆状或卵状披针形，稀线形，长（3）5～8（10）厘米，宽（0.4）0.7～1.6（2.5）厘米，先端渐狭或长渐尖，基部狭楔形，侧脉每侧 7～12 条，在近边缘处不明显环结，两面无毛或近无毛，边缘有稀疏缘毛；叶柄长 3～15 毫米，两侧有下延的叶片形成柄翅；托叶很小，三角状卵形，长 1～2 毫米，或完全退化。萼片 4，稀 5，卵状三角形，长 2～3 毫米，宽 1～1.5 毫米，无毛或疏被微柔毛；花瓣黄色，椭圆形或倒卵状长圆形，长 1.4～2.5 毫米，宽 0.6～1.5 毫米，先端圆形，基部楔形；雄蕊与萼片同数，稀更多，花丝长 0.6～1.2 毫米；花药宽椭圆状，直径约 0.4 毫米，开花时以四合花粉授于柱头上；花柱与花丝近等长，柱头近头状，直径 0.4～0.5 毫米，顶端微凹；花盘围以柱头基部，果时革质；子房近无毛或疏被微柔毛。蒴

果圆柱状，果壁薄，长 0.8 ～ 1.5 厘米，粗 2.5 ～ 3.5 毫米，带紫红色，后转淡褐色，顶端截形，果 4 室，熟时迅速不规则室背开裂；果梗长 2 ～ 6 毫米，常多少下垂。种子在每室多列，游离生，椭圆状或倒卵状肾形，长 0.3 ～ 0.5 毫米，直径约 0.2 毫米，表面具褐色细纹线；种脊狭长，不明显，淡白色。花期 4—6 月，果期 7—8 月。

【生境与分布】生于池塘、水田湿地，海拔 100 ～ 600 米。产于福建、台湾、海南、广西与云南南部。我县均有分布。

【中药名称】细花丁香蓼。

【来源】为柳叶菜科植物细花丁香蓼（*Ludwigia perennis* L.）的全草。

【采收加工】夏秋采收地上部分，洗净，切段，鲜用或晒干。

【性味功效】微苦，淡，寒。归肺、肝经。清热解毒，杀虫止痒。用于咽喉肿痛，口舌生疮，乳痈，疮肿，肛门瘙痒。

【应用举例】治钩虫性皮炎：取干细花丁香蓼 30 ～ 60 克（鲜品 250 ～ 500 克），加适量清水，煮沸 15 分钟，倒出药液，先趁热熏蒸患部，并用净布蘸浸药液行局部热敷，待药液稍冷时，将患肢放在药液中浸泡。每次熏洗时间不少于 1 小时。为提高熏洗效果，可反复加热，或把药盆放在木炭炉上加热。

359. 黄花月见草 *Oenothera glazioviana* Mich.

【别名】红萼月见草、月见草等。

【植物形态】直立二年生至多年生草本，具粗大主根；茎高 70 ～ 150 厘米，粗 6 ～ 20 毫米，不分枝或分枝，常密被曲柔毛与疏生伸展长毛，在茎枝上部常密生短腺毛。基生叶莲座状，倒披针形，长 15 ～ 25 厘米，宽 4 ～ 5 厘米，先端锐尖或稍钝，基部渐狭并下延为翅，边缘自下向上有远离的浅波状齿，侧脉 5 ～ 8 对，白色或红色，上部深绿色至亮绿色，两面被曲柔毛与长毛；叶柄长 3 ～ 4 厘米；茎生叶螺旋状互生，狭椭圆形至披针形，自下向上变小，长 5 ～ 13 厘米，宽 2.5 ～ 3.5 厘米，先端锐尖或稍钝，基部楔形，边缘疏生远离的齿突，侧脉 8 ～ 2 对，毛被同基生叶的；叶柄长 2 ～ 15 毫米，向上变短。花序穗状，生茎枝顶，密生曲柔毛、长毛与短腺毛；苞片卵形至披针形，无柄，长 1 ～ 3.5 厘米，宽 5 ～ 12 毫米，毛被同花序上的。花蕾锥状披针形，斜展，长 2.5 ～ 4 厘米，直径 5 ～ 7 毫米，顶端具长约 6 毫米的喙；花管长 3.5 ～ 5 厘米，粗 1 ～ 1.3 毫米，疏被曲柔毛、长毛与腺毛；萼片黄绿色，狭披针形，长 3 ～ 4 厘米，宽 5 ～ 6 毫米，先端尾状，彼此靠合，开花时反折，毛被同花管的，但较密；花瓣黄色，宽倒卵形，长 4 ～ 5 厘米，宽 4 ～ 5.2 厘米，先端钝圆或微凹；花丝近等长，长 1.8 ～ 2.5 厘米；花药长 10 ～ 12 毫米；花粉约 50%发育；子房绿色，圆柱状，具 4 棱，长 8 ～ 12 毫米，直径 1.5 ～ 2 毫米，毛被同萼片上的；花柱长 5 ～ 8 厘米，伸出花管部分长 2 ～ 3.5

厘米；柱头开花时伸出花药，裂片长 5 ～ 8 毫米。蒴果锥状圆柱形，向上变狭，长 2.5 ～ 3.5 厘米，直径 5 ～ 6 毫米，具纵棱与红色的槽，毛被同子房的，但较稀疏。种子菱形，长 1.3 ～ 2 毫米，直径 1 ～ 1.5 毫米，褐色，具棱角，各面具不整齐洼点，有约一半败育。花期 5—10 月，果期 8—12 月。

【生境与分布】常生于空旷荒地、田园路边。我国东北、华北、华东、西南常见栽培，并逸为野生。我县均有栽培。

【中药名称】月见草油。

【来源】为柳叶菜科植物黄花月见草（*Oenothera glazioviana* Mich.）种子的脂肪油。

【采收加工】7—8 月果实成熟时，晒干，压碎并筛去果壳，收集种子，用 CO_2 超临界萃取等方法取得月见草油。

【性味功效】苦，微辛，微甘，平。活血通络，息风平肝，消肿敛疮。用于胸痹心痛，中风偏瘫，虚风内动，小儿多动，风湿麻痛，腹痛泄泻，痛经，疮疡，湿疹。

【应用举例】内服：制成胶丸、软胶囊等，每次 1 ～ 2 克，每日 2 ～ 3 次。

一百一十、八角枫科 Alangiaceae

落叶乔木或灌木，稀攀援，极稀有刺。枝圆柱形，有时略呈“之”字形。单叶互生，有叶柄，无托叶，全缘或掌状分裂，基部两侧常不对称，羽状叶脉或由基部生出 3 ～ 7 条主脉成掌状。花序腋生，聚伞状，极稀伞形或单生，小花梗常分节；苞片线形、钻形或三角形，早落。花两性，淡白色或淡黄色，通常有香气，花萼小，萼管钟形与子房合生，具 4 ～ 10 枚齿状的小裂片或近截形，花瓣 4 ～ 10，线形，在花芽中彼此密接，镊合状排列，基部常互相黏合或否，花开后花瓣的上部常向外反卷；雄蕊与花瓣同数而互生或为花瓣数目的 2 ～ 4 倍，花丝略扁，线形，分离或其基部和花瓣微黏合，内侧常有微毛，花药线形，2 室，纵裂；花盘肉质，子房下位，1（2）室，花柱位于花盘的中部，柱头头状或棒状，不分裂或 2 ～ 4 裂，胚珠单生，下垂，有 2 层珠被。核果椭圆形、卵形或近球形，顶端有宿存的萼齿和花盘；种子 1 颗，具大的胚和丰富的胚乳，子叶矩圆形至近圆形。

本科仅有 1 属。

全国第四次中药资源普查秭归境内发现 1 种。

360. 瓜木 *Alangium platanifolium* (Siebold & Zucc.) Harms

【别名】篠悬叶瓜木、八角枫等。

【植物形态】落叶灌木或小乔木，高 5 ～ 7 米；树皮平滑，灰色或深灰色；小枝纤细，近圆柱形，常稍弯曲，略呈“之”字形，当年生枝淡黄褐色或灰色，近无毛；冬芽圆锥状卵圆形，鳞片三角状卵形，覆瓦状排列，外面有灰色短柔毛。叶纸质，近圆形，稀阔卵形或倒卵形，顶端钝尖，基部近于心

形或圆形，长 11 ～ 13（18）厘米，宽 8 ～ 11（18）米，不分裂或稀分裂，分裂者裂片钝尖或锐尖至尾状锐尖，深仅达叶片长度的 1/4 ～ 1/3，稀 1/2，边缘呈波状或钝锯齿状，上面深绿色，下面淡绿色，两面除沿叶脉或脉腋幼时有长柔毛或疏柔毛外，其余部分近无毛；主脉 3 ～ 5 条，由基部生出，常呈掌状，侧脉 5 ～ 7 对，和主脉相交成锐角，均在叶上面显著，下面微凸起，小叶脉仅在下面显著；叶柄长 3.5 ～ 5（10）厘米，圆柱形，稀上面稍扁平或略呈沟状，基部粗壮，向顶端逐渐细弱，有稀疏的短柔毛或无毛。聚伞花序生于叶腋，长 3 ～ 3.5 厘米，通常有 3 ～ 5 朵花，总花梗长 1.2 ～ 2 厘米，花梗长 1.5 ～ 2 厘米，几无毛，花梗上有线形小苞片 1 枚，长 5 毫米，早落，外面有短柔毛；花萼近钟形，外面具稀疏短柔毛，裂片 5，三角形，长、宽均约 1 毫米，花瓣 6 ～ 7，线形，紫红色，外面有短柔毛，近基部较密，长 2.5 ～ 3.5 厘米，宽 1 ～ 2 毫米，基部黏合，上部开花时反卷；雄蕊 6 ～ 7，较花瓣短，花丝略扁，长 8 ～ 14 毫米，微有短柔毛，花药长 1.5 ～ 2.1 厘米，药隔内面无毛，外面无毛或有疏柔毛；花盘肥厚，近球形，无毛，微现裂痕；子房 1 室，花柱粗壮，长 2.6 ～ 3.6 厘米，无毛，柱头扁平。核果长卵圆形或长椭圆形，长 8 ～ 12 毫米，直径 4 ～ 8 毫米，顶端有宿存的花萼裂片，有短柔毛或无毛，有种子 1 颗。花期 3—7 月，果期 7—9 月。

【生境与分布】产于吉林、辽宁、河北、山西、河南、陕西、甘肃、山东、浙江、台湾、江西、湖北、四川、贵州和云南东北部。生于海拔 2000 米以下土质比较疏松而肥沃的向阳山坡或疏林中。

【中药名称】八角枫花、八角枫根、八角枫叶。

【来源】八角枫科植物八角枫（*Alangium chinense*（Lour.）Harms）和瓜木（*Alangium platanifolium*（Siebold & Zucc.）Harms）的花为八角枫花，根为八角枫根，叶为八角枫叶。

【采收加工】八角枫花：5—7 月采花，晒干。

八角枫根：全年可采，挖取支根或须根，洗净，晒干。

八角枫叶：6—9 月采收，鲜用或晒干研粉。

【性味功效】八角枫花：辛，平。用于头风痛及胸腹胀痛。

八角枫根：辛，温，有毒。祛风，通络，散瘀，镇痛。用于风湿疼痛，麻木瘫痪，心力衰竭，劳伤腰痛，跌打损伤等。

八角枫叶：辛，苦，平。归肝、肾经。解毒消肿，化瘀止痛。用于跌打瘀肿，骨折，疮肿，乳痈，乳头皲裂，漆疮，疥癣，鹤膝风，外伤出血等。

【应用举例】八角枫花：内服，煎汤，3 ～ 10 克，或研末蒸鸡蛋服。

八角枫根：治风湿麻木，八角枫根，男用二钱五分，女用一钱五分，泡酒六两，每次服药酒五钱。

八角枫叶：外用，鲜品捣敷，煎汤洗，研末撒。

一百一十一、蓝果树科 Nyssaceae

落叶乔木，稀灌木。单叶互生，有叶柄，无托叶，卵形、椭圆形或矩圆状椭圆形，全缘或边缘锯齿状。花序头状、总状或伞形；花单性或杂性，异株或同株，常无花梗或有短花梗。雄花：花萼小，花瓣 5，覆瓦状排列；雄蕊常为花瓣的 2 倍或较少，常排列成 2 轮。雌花：花萼的管状部分常与子房合生，花瓣小，5 或 10，排列成覆瓦状；子房下位，1 室或 6 ～ 10 室，每室有 1 枚下垂的倒生胚珠。核果或翅果。胚乳肉质。

本科有 3 属 10 余种，分布于亚洲和美洲。

全国第四次中药资源普查秭归境内发现 1 种。

361. 喜树　*Camptotheca acuminata* Decne.

【别名】旱莲木、千丈树等。

【植物形态】落叶乔木，高达 20 余米。树皮灰色或浅灰色，纵裂成浅沟状。小枝形，平展，当年生枝紫绿色，有灰色微柔毛，多年生枝淡褐色或浅灰色，无毛，冬芽腋生，锥状，有 4 对卵形的鳞片，外面有短柔毛。叶互生，纸质，矩圆状卵形或矩圆状椭圆形，长 12 ～ 28 厘米，宽 6 ～ 12 厘米，顶端短锐尖，基部近圆形或阔楔形，全缘，上面亮绿色，幼时脉上有短柔毛，其后无毛，下面淡绿色，疏生短柔毛，叶脉上更密，中脉在上面微下凹，在下面凸起，侧脉 11 ～ 15 对，在上面显著，在下面略凸起；叶柄长 1.5 ～ 3 厘米，上面扁平或略呈浅沟状，下面圆形，幼时有微柔毛，其后几无毛。头状花序近球形，直径 1.5 ～ 2 厘米，常由 2 ～ 9 个头状花序组成圆锥花序，顶生或腋生，通常上部为雌花序，下部为雄花序，总花梗圆柱形，长 4 ～ 6 厘米，幼时有微柔毛，其后无毛。花杂性，同株；苞片 3 枚，三角状卵形，长 2.5 ～ 3 毫米，内外两面均有短柔毛；花萼杯状，5 浅裂，裂片齿状，边缘睫毛状；花瓣 5 枚，淡绿色，矩圆形或矩圆状卵形，顶端锐尖，长 2 毫米，外面密被短柔毛，早落；花盘显著，微裂；雄蕊 10，外轮 5 枚较长，常长于花瓣，内轮 5 枚较短，花丝纤细，无毛，花药 4 室；子房在两性花中发育良好，下位，花柱无毛，长 4 毫米，顶端通常分 2 枝。翅果矩圆形，长 2 ～ 2.5 厘米，顶端具宿存的花盘，两侧具窄翅，幼时绿色，干燥后黄褐色，着生成近球形的头状果序。花期 5—7 月，果期 9 月。

【生境与分布】常生于海拔 1000 米以下的林边或溪边。产于江苏南部、浙江、福建、江西、湖北、湖南、四川、贵州、广东、广西、云南等省区。

【中药名称】喜树、喜树皮、喜树叶。

【来源】珙桐科植物喜树（*Camptotheca acuminata* Decne.）的果实或根为喜树，树皮为喜树皮，叶为喜树叶。

【采收加工】喜树：果实于 10—11 月成熟时采收，晒干。根及根皮全年可采，但以秋季采剥为好，除去外层粗皮，晒干或烘干。

喜树皮：全年均可采，剥取树皮，切碎晒干。

喜树叶：夏、秋季采，鲜用。

【性味功效】喜树：苦，辛，寒，有毒。归脾、胃、肝经。清热解毒，散结消症。用于食管癌，贲门癌，胃癌，肠癌，肝癌，白血病，牛皮癣，疮肿。

喜树皮：苦，寒。归肝经。活血解毒，祛风止痒。用于牛皮癣。

喜树叶：苦，寒。归心、肝经。清热解毒，祛风止痒。用于痈疮疖肿，牛皮癣。

【应用举例】喜树：内服，煎汤，根皮 9 ~ 15 克，果实 3 ~ 9 克；或研末吞；或制成针剂、片剂。

喜树皮：治牛皮癣，喜树皮（或树枝）切碎，水煎浓缩，然后加羊毛脂、凡士林，调成 10% ~ 20% 油膏外搽。另取树皮或树枝一至二两，水煎服，每天一剂。亦可取叶加水浓煎后，外洗患处。

喜树叶：治痈疮疖肿、疮痈初起，喜树嫩叶一握，加食盐少许（捣烂）外敷。

一百一十二、山茱萸科 Cornaceae

落叶乔木或灌木等。单叶对生，稀互生或近于轮生，通常叶脉羽状，稀为掌状叶脉，边缘全缘或有锯齿；无托叶或托叶纤毛状。花两性或单性异株，为圆锥、聚伞、伞形或头状等花序，有苞片或总苞片；花 3 ～ 5 数；花萼管状与子房合生，先端有齿状裂片 3 ～ 5；花瓣 3 ～ 5，通常白色，稀黄色、绿色及紫红色，镊合状或覆瓦状排列；雄蕊与花瓣同数而与之互生，生于花盘的基部；子房下位，1 ～ 4（5）室，每室有 1 枚下垂的倒生胚珠，花柱短或稍长，柱头头状或截形，有时有 2 ～ 3（5）裂片。果为核果或浆果状核果；核骨质，稀木质；种子 1 ～ 4（5）枚，种皮膜质或薄革质，胚小，胚乳丰富。

中国产 9 属 60 余种，其中特有种达 40 余种。除新疆、宁夏外，其余各省区均有分布。

全国第四次中药资源普查秭归境内发现 4 种。

362. 灯台树 *Cornus controversum* Hemsl.

【别名】女儿木、六角树、瑞木等。

【植物形态】落叶乔木，高 6 ～ 15 米，稀达 20 米；树皮光滑，暗灰色或带黄灰色；枝开展，柱形，无毛或疏生短柔毛，当年生枝紫红绿色，二年生枝淡绿色，有半月形的叶痕和圆形皮孔。冬芽顶生或腋生，卵圆形或圆锥形，长 3 ～ 8 毫米，无毛。叶互生，纸质，阔卵形、阔椭圆状卵形或披针状椭圆形，长 6 ～ 13 厘米，宽 3.5 ～ 9 厘米，先端突尖，基部圆形或急尖，全缘，上面黄绿色，无毛，下面灰绿色，密被淡白色平贴短柔毛，中脉在上面微凹陷，下面凸出，微带紫红色，无毛，侧脉 6 ～ 7 对，弓形内弯，在上面明显，下面凸出，无毛；叶柄紫红绿色，长 2 ～ 6.5 厘米，无毛，上面有浅沟，下面圆形。伞房状聚伞花序，顶生，宽 7 ～ 13 厘米，稀生浅褐色平贴短柔毛；总花梗淡黄绿色，长 1.5 ～ 3 厘米；花小，白色，直径 8 毫米，花萼裂片 4，三角形，长约 0.5 毫米，长于花盘，外侧被短柔毛；花瓣 4，长圆披针形，长 4 ～ 4.5 毫米，宽 1 ～ 1.6 毫米，先端钝尖，外侧疏生平贴短柔毛；雄蕊 4，着生于花盘外侧，与花瓣互生，长 4 ～ 5 毫米，稍伸出花外，花丝线形，白色，无毛，长 3 ～ 4 毫米，花药椭圆形，淡黄色，长约 1.8 毫米，2 室，丁字形着生；花盘垫状，无毛，厚约 0.3 毫米；花柱圆柱形，长 2 ～ 3 毫米，无毛，柱头小，头状，淡黄绿色；子房下位，花托椭圆形，长 1.5 毫米，直径 1 毫米，淡绿色，密被灰白色贴生短柔毛；花梗淡绿色，长 3 ～ 6 毫米，疏生平贴短柔毛。核果球形，直径 6 ～ 7 毫米，成熟时紫红色至蓝黑色；核骨质，球形，直径 5 ～ 6 毫米，有 8 条肋纹，顶端有一个方形孔穴；果梗长 2.5 ～ 4.5 毫米，无毛。花期 5—6 月，果期 7—8 月。

【生境与分布】生于海拔 250 ～ 2600 米的常绿阔叶林或针阔叶混交林中。我县均有分布。

【中药名称】灯台树果。

【来源】为山茱萸科植物灯台树（*Cornus controversa* Hemsl.）的果实。

【采收加工】夏、秋季果熟时采摘，晒干。

【性味功效】苦，凉。归胃、大肠经。清热解毒，润肠通便，驱蛔。用于肝炎，肠燥便秘，蛔虫病。

【应用举例】内服：煎汤，3 ～ 10 克。

363. 四照花 *Cornus kousa* subsp. *chinensis*（Osborn.）Q. Y. Xiang

【别名】石枣、羊梅、山荔枝等。

【植物形态】落叶小乔木；小枝纤细，幼时淡绿色，微被灰白色贴生短柔毛，老时暗褐色。叶对生，薄纸质，卵形或卵状椭圆形，长 5.5 ～ 12 厘米，宽 3.5 ～ 7 厘米，先端渐尖，有尖尾，基部宽楔形或圆形，边缘全缘或有明显的细齿，上面绿色，疏生白色细伏毛，下面淡绿色，被白色贴生短柔毛，脉腋具黄色的绢状毛，中脉在上面明显，下面凸出，侧脉 4 ～ 5 对，在上面稍明显或微凹下，在下面微隆起；叶柄细圆柱形，长 5 ～ 10 毫米，被白色贴生短柔毛，上面有浅沟，下面圆形。头状花序球形，由 40 ～ 50 朵花聚集而成；总苞片 4，白色，卵形或卵状披针形，先端渐尖，两面近于无毛；总花梗纤细，被白色贴生短柔毛；花小，花萼管状，上部 4 裂，裂片钝圆形或钝尖形，外侧被白色细毛，内侧微被白色短柔毛；花瓣和雄蕊未详；花盘垫状；子房下位，花柱圆柱形，密被白色粗毛。果序球形，成熟时红色，微被白色细毛；总果梗纤细，长 5.5 ～ 6.5 厘米，近于无毛。花期及果期不明。

【生境与分布】喜温暖气候和阴湿环境，适生于肥沃而排水良好的土壤。生于海拔 600 ～ 2200 米的森林中。产于内蒙古、山西、陕西、甘肃、江苏、安徽、浙江、江西、福建、台湾、河南、湖北、湖南、四川、贵州、云南等省区。我县均有分布。

【中药名称】四照花、四照花果。

【来源】山茱萸科植物四照花（*Cornus kousa* subsp. *chinensis*（Osborn）Q. Y. Xiang）的花果。

【采收加工】四照花：夏、秋季采摘，鲜用或晒干。

四照花果：秋季采摘，晒干。

【性味功效】四照花：苦，涩，凉。清热解毒，收敛止血。用于痢疾，肝炎，烫伤，外伤出血等。

四照花果：甘，苦，平。驱蛔，消积。用于蛔虫腹痛，饮食积滞等。

【应用举例】四照花：治外伤出血，四照花捣敷，或研末外敷。

四照花果：治胎盘滞留，四照花果 9 克，水煎服。

364. 山茱萸 *Cornus officinalis* Sieb. et Zucc.

【别名】山萸肉、山芋肉、山于肉等。

【植物形态】落叶乔木或灌木，高 4 ～ 10 米；树皮灰褐色；小枝细圆柱形，无毛或稀被贴生短柔毛，冬芽顶生及腋生，卵形至披针形，被黄褐色短柔毛。叶对生，纸质，卵状披针形或卵状椭圆形，长 5.5 ～ 10 厘米，宽 2.5 ～ 4.5 厘米，先端渐尖，基部宽楔形或近于圆形，全缘，上面绿色，无毛，下面浅绿色，稀被白色贴生短柔毛，脉腋密生淡褐色丛毛，中脉在上面明显，下面凸起，近于无毛，侧脉 6 ～ 7 对，弓形内弯；叶柄细圆柱形，长 0.6 ～ 1.2 厘米，上面有浅沟，下面圆形，稍被贴生疏柔毛。伞形花序生于枝侧，有总苞片 4，卵形，厚纸质至革质，长约 8 毫米，带紫色，两侧略被短柔毛，开花后脱落；总花梗粗壮，长约 2 毫米，微被灰色短柔毛；花小，两性，先叶开放；花萼裂片 4，阔三角形，与花盘等长或稍长，长约 0.6 毫米，无毛；花瓣 4，舌状披针形，长 3.3 毫米，黄色，向外反卷；雄蕊 4，与花瓣互生，长 1.8 毫米，花丝钻形，花药椭圆形，2 室；花盘垫状，无毛；子房下位，花托倒卵形，长约 1 毫米，密被贴生疏柔毛，花柱圆柱形，长 1.5 毫米，柱头截形；花梗纤细，长 0.5 ～ 1 厘米，密被疏柔毛。核果长椭圆形，长 1.2 ～ 1.7 厘米，直径 5 ～ 7 毫米，红色至紫红色；核骨质，狭椭圆形，长约 12 毫米，有几条不整齐的肋纹。花期 3—4 月，果期 9—10 月。

【生境与分布】生于海拔 400 ～ 1500 米，高达 2100 米的林缘或森林中。产于中国山西、陕西、甘肃、山东、江苏、浙江、安徽、江西、河南、湖南等省区。朝鲜、日本也有分布。我县均有分布。

【中药名称】山茱萸。

【来源】为山茱萸科植物山茱萸（*Cornus officinalis* Sieb. et Zucc.）的干燥成熟果肉。

【采收加工】秋末冬初采收。用文火烘焙或置沸水中略烫，及时挤出果核。晒干或烘干用。

【性味功效】酸，涩，微温。归肝、肾经。补益肝肾，收涩固脱。用于眩晕耳鸣，腰膝酸痛，阳痿遗精，遗尿尿频，崩漏带下，大汗虚脱，内热消渴。

【应用举例】治大汗不止、体虚欲脱、大汗欲脱或久病虚脱者，配人参、附子、龙骨等同用，如来复汤。

365. 鞘柄木 *Toricellia tiliifolia* DC.

【别名】烂泥树、叨里木、大接骨、烂泥树等。

【植物形态】落叶小乔木，高 3.5 ～ 12 米；树皮灰黑色；小枝圆柱形，灰绿色，无毛，有不完全的环形叶痕，髓部宽，松软，白色。叶互生，纸质，椭圆状卵形至宽卵形，长 10 ～ 15 厘米，宽 8 ～ 16.2 厘米，上面绿色，下面淡绿色，先端突尖，基部浅心形，边缘的粗锯齿有须，有时有

波状棱角，掌状叶脉 7 ～ 9 条，在上面微凸，近于无毛，下面明显突出，疏生短柔毛，网脉在下面明显；叶柄淡绿色，无毛，有纵行的条纹，上部圆柱形，向下逐渐扩展成鞘，长 4.5 ～ 8.5 厘米。总状圆锥花序顶生，下垂，微被短柔毛，长 12 ～ 22 厘米；花小，雄花的花萼管短，有裂片 5，先端钝尖，长约 0.3 毫米；花瓣 5，长椭圆形，长约 5 毫米，白色，无毛，先端钩状内弯；雄蕊 5，与花瓣互生，花丝短，无毛，长约 0.5 毫米，花药长方形，长 1.5 毫米；花盘平坦，近于圆形，中间有 1 ～ 3 个小圆锥状的退化花柱；花梗短，圆柱形，长 2 ～ 2.5 毫米，疏被短柔毛或近于无毛，有小苞片 2 枚，干膜质，披针形，长 1 ～ 2.5 毫米；雌花的花萼裂片 3 ～ 5，不整齐，三角形，锐尖；无毛瓣及雄蕊；花盘不显著；子房卵圆形，长约 5 毫米，无毛，花柱 3 ～ 4 裂，略粗壮，长 3 ～ 4 毫米，多数先端 2 裂。果实核果状，卵形，长 5 ～ 6 毫米，直径 3 毫米，无毛，花柱宿存，成熟时紫红色至灰黑色。花期 11 月至次年 3 月，果期 3—4 月。

【生境与分布】生于水边或村旁。我县均有分布。

【中药名称】接骨丹。

【来源】为山茱萸科植物鞘柄木（*Toricellia tiliifolia* DC.）的根皮、茎皮、叶片。

【采收加工】夏、秋季采叶，秋季剥取根皮，晒干或鲜用；冬、春季采花，阴干。

【性味功效】辛，甘，平。活血止痛，解毒消肿。用于跌打瘀痛，骨折筋伤，风湿痹痛，痈疮疖肿。

【应用举例】治骨折：接骨丹鲜品适量，捣烂外包；或干粉调水外包，亦可配方外包。隔日换药一次。

一百一十三、五加科 Araliaceae

多年生草本、灌木、乔木，有时攀援藤状，茎具刺或无刺。叶互生，稀对生或轮生，单叶或羽状复叶或掌状复叶；花小，两性或单性，辐射对称，常排成伞形花序或头状花序，稀为穗状花序和总状花序；萼小，与子房合生；花瓣 5 ～ 10，常分离，有时合生成帽状体；雄蕊与花瓣同数或 2 倍之或更多，着生于花盘的边缘；子房下位，1 ～ 15 室，每室有胚珠 1 颗；果为浆果或核果。

全世界有 80 属 900 多种，广布于世界温带、热带地区，中国有 23 属 160 种。

全国第四次中药资源普查秭归境内发现 8 种。

366. 白簕 *Acanthopanax trifoliatus*（L.）Merr.

【别名】鹅掌簕、禾掌簕、三加皮、三叶五加等。

【植物形态】灌木，高 1 ～ 7 米；枝软弱铺散，常依附他物上升，老枝灰白色，新枝黄棕色，疏生下向刺；刺基部扁平，先端钩曲。叶有小叶 3，稀 4 ～ 5；叶柄长 2 ～ 6 厘米，有刺或无刺，无毛；小叶片纸质，稀膜质，椭圆状卵形至椭圆状长圆形，稀倒卵形，长 4 ～ 10 厘米，宽 3 ～ 6.5 厘米，先端尖至渐尖，基部楔形，两侧小叶片基部歪斜，两面无毛，或上面脉上疏生刚毛，边缘有细锯齿或钝齿，侧脉 5 ～ 6 对，明显或不甚明显，网脉不明显；小叶柄长 2 ～ 8 毫米，有时几无小叶柄。伞形花序 3 ～ 10 个，稀多至 20 个组成顶生复伞形花序或圆锥花序，直径 1.5 ～ 3.5 厘米，有花多数，稀少数；总花梗长 2 ～ 7 厘米，无毛；花梗细长，长 1 ～ 2 厘米，无毛；花黄绿色；萼长约 1.5 毫米，无毛，边缘有 5 个三角形小齿；花瓣 5，三角状卵形，长约 2 毫米，开花时反曲；雄蕊 5，花丝长约 3 毫米；子房 2 室；花柱 2，基部或中部以下合生。果实扁球形，直径约 5 毫米，黑色。花期 8—11 月，果期 9—12 月。

【生境与分布】生于村落、山坡路旁、林缘和灌丛中，垂直分布于海平面以上至海拔 3200 米，我县少有分布。

【中药名称】三加皮、白簕枝叶。

【来源】五加科植物白簕（*Acanthopanax trifoliatus*（L.）Merr.）的根或根皮为三加皮，嫩枝叶为白簕枝叶。

【采收加工】三加皮：9—10 月间挖取，鲜用，或趁鲜时剥取根皮，晒干。

白簕枝叶：全年均可采，鲜用或晒干。

【性味功效】三加皮：苦，辛，凉。归脾、肝经。清热解毒，祛风利湿，活血舒筋。用于感冒发热，咽痛，头痛，咳嗽胸痛，胃脘疼痛，泄泻，痢疾，胁痛，黄疸，石淋，带下，风湿痹痛，腰腿酸痛，筋骨拘挛麻木，跌打骨折，痄腮，乳痈，疮疡肿毒，蛇虫咬伤。

白簕枝叶：清热解毒，活血消肿，除湿敛疮。用于感冒发热，咳嗽胸痛，痢疾，风湿痹痛，跌打损伤，骨折，刀伤，痈疮疔疖，口疮，湿疹，疥疮，毒虫咬伤。

【应用举例】三加皮：治咳嗽痰中带血，三加皮根 12 克，九重根（土百部）、果上叶、割鸡尾、白及各 9 克，煎水服。

白簕枝叶：内服，煎汤，9 ～ 30 克，或开水泡服；外用适量，捣敷，或煎汤洗。

367. 食用土当归 *Aralia cordata* Thunb.

【别名】食用楤木、独活、水白芷、心叶大眼独等。

【植物形态】多年生草本，地下有长圆柱状根茎；地上茎高 0.5 ～ 3 米，粗壮，基部直径可达 2 厘米。叶为二回或三回羽状复叶；叶柄长 15 ～ 30 厘米，无毛或疏生短柔毛；托叶和叶柄基部合生，先端离生部分锥形，长约 3 毫米，边缘有纤毛；羽片有小叶 3 ～ 5； 小叶片膜质或薄纸质，长卵形至长圆状卵形，长 4 ～ 15 厘米，宽 3 ～ 7 厘米，先端突尖，基部圆形至心形，侧生小叶片基部歪斜，上面无毛，下面脉上疏生短柔毛，边缘有粗锯齿，基部有放射状脉 3 条，中脉有侧脉 6 ～ 8 对，上面不甚明显，下面隆起而明显，网脉在上面不明显，下面明显；小叶柄长达 2.5 厘米，顶生的长可达 5 厘米。圆锥花序大，顶生或腋生，长达 50 厘米，稀疏；分枝少，着生数个总状排列的伞形花序；伞形花序直径 1.5 ～ 2.5 厘米，有花多数或少数；总花梗长 1 ～ 5 厘米，有短柔毛；苞片线形，长 3 ～ 5 毫米；花梗通常丝状，长 10 ～ 12 毫米，有短柔毛；小苞片长约 2 毫米；花白色；萼无毛，长 1.2 ～ 1.5 毫米，边缘有 5 个三角形尖齿；花瓣 5，卵状三角形，长约 1.5 毫米，开花时反曲；雄蕊 5，长约 2 毫米；子房 5 室；花柱 5，离生。果实球形，紫黑色，直径约 3 毫米，有 5 棱；宿存花柱长约 2 毫米，离生或仅基部合生。花期 7—8 月，果期 9—10 月。

【生境与分布】生于林荫下或山坡草丛中，海拔 1300 ～ 1600 米。分布于湖北（宣恩、恩施）、安徽、江苏、广西、江西、福建，我县均有分布。

【中药名称】九眼独活。

【来源】为五加科植物食用土当归（*Aralia cordata* Thunb.）的根状茎。

【采收加工】春、秋季采挖，除去地上茎及泥土，晒干。

【性味功效】辛，苦，温。归肝、肾经。祛风燥湿，活血止痛，消肿。用于风湿性腰腿痛，腰肌劳损。

【应用举例】用量：1 ～ 3 钱，水煎服。

368. 楤木 *Aralia chinensis* L.

【别名】鹊不踏、虎阳刺、海桐皮、鸟不宿、通刺、黄龙苞、刺龙柏、刺树椿、飞天蜈蚣等。

【植物形态】灌木或乔木，高 2 ～ 5 米，稀达 8 米，胸径达 10 ～ 15 厘米；树皮灰色，疏生粗壮直刺；小枝通常淡灰棕色，有黄棕色绒毛，疏生细刺。叶为二回或三回羽状复叶，长

60 ～ 110 厘米；叶柄粗壮，长可达 50 厘米；托叶与叶柄基部合生，纸质，耳廓形，长 1.5 厘米或更长，叶轴无刺或有细刺；羽片有小叶 5 ～ 11，稀 13，基部有小叶 1 对；小叶片纸质至薄革质，卵形、阔卵形或长卵形，长 5 ～ 12 厘米，稀长达 19 厘米，宽 3 ～ 8 厘米，先端渐尖或短渐尖，基部圆形，上面粗糙，疏生糙毛，下面有淡黄色或灰色短柔毛，脉上更密，边缘有锯齿，稀为细锯齿或不整齐粗重锯齿，侧脉 7 ～ 10 对，两面均明显，网脉在上面不甚明显，下面明显；小叶无柄或有长 3 毫米的柄，顶生小叶柄长 2 ～ 3 厘米。圆锥花序大，长 30 ～ 60 厘米；分枝长 20 ～ 35 厘米，密生淡黄棕色或灰色短柔毛；伞形花序直径 1 ～ 1.5 厘米，有花多数；总花梗长 1 ～ 4 厘米，密生短柔毛；苞片锥形，膜质，长 3 ～ 4 毫米，外面有毛；花梗长 4 ～ 6 毫米，密生短柔毛，稀为疏毛；花白色，芳香；萼无毛，长约 1.5 毫米，边缘有 5 个三角形小齿；花瓣 5，卵状三角形，长 1.5 ～ 2 毫米；雄蕊 5，花丝长约 3 毫米；子房 5 室；花柱 5，离生或基部合生。果实球形，黑色，直径约 3 毫米，有 5 棱；宿存花柱长 1.5 毫米，离生或合生至中部。花期 7—9 月，果期 9—12 月。

【生境与分布】生于森林、灌丛或林缘路边，垂直分布于海滨至海拔 2700 米。我县均有分布。

【中药名称】楤木、楤木叶。

【来源】五加科植物楤木（*Aralia chinensis* L.）的根皮和茎皮为楤木，嫩叶为楤木叶。

【采收加工】楤木：全年可采，切段，晒干。

楤木叶：春季采摘，洗净鲜用。

【性味功效】楤木：甘，微苦，平。祛风除湿，利尿消肿，活血止痛。用于肝炎，淋巴结肿大，肾炎水肿，糖尿病，带下，胃痛，风湿性关节痛，腰腿痛，跌打损伤。

楤木叶：用于腹泻、痢疾。

【应用举例】楤木：0.3 ～ 1 两。

楤木叶：楤木叶炖肉，猪肉 250 克，切块，加水适量，先用小火炖 1 小时，放入鲜楤木叶 60 克，继续炖至极熟，分作 1 ～ 2 次食。本方以楤木叶利水消肿，猪肉补虚。用于脾虚水肿，小便不利。

369. 细柱五加 *Eleutherococcus nodiflorus*（Dunn）S. Y. Hu

【别名】五加、白簕树、五叶路刺、白刺尖、五叶木等。

【植物形态】灌木，有时蔓生状，高 2 ～ 3 米。枝灰棕色，无刺或在叶柄基部单生扁平的刺。叶为掌状复叶，在长枝上互生，在短枝上簇生；叶柄长 3 ～ 8 厘米，常有细刺；小叶 5，稀为 3 或 4，中央一片最大，倒卵形至倒披针形，长 3 ～ 8 厘米，宽 1 ～ 3.5 厘米，先端尖或短渐尖，基部楔形，两面无毛，或沿脉上疏生刚毛，下面脉腋间有淡棕色簇毛，边缘有细锯齿。伞形花序腋生或单生于短枝顶端，直径约 2 厘米；总花梗长 1 ～ 2 厘米；花梗长 6 ～ 10 毫米；萼 5 齿裂；花黄绿色，花瓣 5，长圆状卵形，先端尖，开放时反卷；雄蕊 5，花丝细长；子房 2 室，花柱 2，分离或基部合生，柱头圆状。核果浆果状，扁球形，直径 5 ～ 6 毫米，成熟时黑色，宿存花柱反曲。种子 2 粒，细小，淡褐色。花期 4—7 月，果期 7—10 月。

【生境与分布】生于海拔 200 ～ 1600 米的灌木丛林、林缘、山坡路旁和村落中。分布于中国陕西、河南、山东、安徽、江苏、浙江、江西、湖北、湖南、四川、云南、贵州、广西和广东等地。我县均有分布。

【中药名称】五加皮。

【来源】为五加科植物细柱五加（*Eleutherococcus nodiflorus*（Dunn）S. Y. Hu）的干燥根皮。

【采收加工】夏、秋季采挖，剥取根皮，晒干。切厚片，生用。

【性味功效】辛，苦，温。归肝、肾经。祛风除湿，补益肝肾，强筋壮骨，利水消肿。用于风湿痹病，筋骨痿软，小儿行迟，体虚乏力，水肿，脚气。

【应用举例】治水肿、小便不利，每与茯苓皮、大腹皮、生姜皮、地骨皮配伍，如五皮散；若风寒湿壅滞之脚气肿痛，可与远志同用，如五加皮丸。

370. 常春藤 *Hedera nepalensis* K. Koch var. *sinensis*（Tobler）Rehder

【别名】爬树藤、爬墙虎、三角枫、牛一枫、山葡萄、三角藤、狗姆蛇、爬崖藤等。

【植物形态】常绿攀援灌木；茎长 3 ～ 20 米，灰棕色或黑棕色，有气生根；一年生枝疏生锈色鳞片，鳞片通常有 10 ～ 20 条辐射肋。叶片革质，在不育枝上通常为三角状卵形或三角状长圆形，稀三角形或箭形，长 5 ～ 12 厘米，宽 3 ～ 10 厘米，先端短渐尖，基部截形，稀心形，边缘全缘或 3 裂，花枝上的叶片通常为椭圆状卵形至椭圆状披针形，略歪斜而带菱形，稀卵形或披针形，极稀为阔卵形、圆卵形或箭形，

长 5 ～ 16 厘米，宽 1.5 ～ 10.5 厘米，先端渐尖或长渐尖，基部楔形或阔楔形，稀圆形，全缘或有 1 ～ 3 浅裂，上面深绿色，有光泽，下面淡绿色或淡黄绿色，无毛或疏生鳞片，侧脉和网脉两面均明显；

叶柄细长，长 2 ～ 9 厘米，有鳞片，无托叶。伞形花序单个顶生，或 2 ～ 7 个总状排列或伞房状排列成圆锥花序，直径 1.5 ～ 2.5 厘米，有花 5 ～ 40 朵；总花梗长 1 ～ 3.5 厘米，通常有鳞片；苞片小，三角形，长 1 ～ 2 毫米；花梗长 0.4 ～ 1.2 厘米；花淡黄白色或淡绿白色，芳香；萼密生棕色鳞片，长 2 毫米，边缘近全缘；花瓣 5，三角状卵形，长 3 ～ 3.5 毫米，外面有鳞片；雄蕊 5，花丝长 2 ～ 3 毫米，花药紫色；子房 5 室；花盘隆起，黄色；花柱全部合生成柱状。果实球形，红色或黄色，直径 7 ～ 13 毫米；宿存花柱长 1 ～ 1.5 毫米。花期 9—11 月，果期次年 3—5 月。

【生境与分布】常攀援于林缘树木、林下路旁、岩石和房屋墙壁上，庭园中也常栽培。垂直分布于海拔数十米至 3500 米。我县均有分布。

【中药名称】常春藤、常春藤子。

【来源】五加科植物常春藤（*Hedera nepalensis* K.Koch var. *sinensis*（Tobler）Rehder）的茎、叶为常春藤，果实为常春藤子。

【采收加工】常春藤：秋季采收。

常春藤子：秋季果熟时采收，晒干。

【性味功效】常春藤：苦，凉。祛风，利湿，平肝，解毒。用于风湿性关节炎，肝炎，头晕，口眼歪斜，衄血，目翳，痈疽肿毒等。

常春藤子：补肝肾，强腰膝，行气止痛。用于体虚，腰膝酸软，血痹，脘腹冷痛等。

【应用举例】常春藤：治关节风痛及腰部酸痛，常春藤茎及根三至四钱，黄酒、水各半煎服，并用水煎汁洗患处。

常春藤子：内服，煎汤，1 ～ 3 钱；或浸酒。

371. 刺楸 *Kalopanax septemlobus*（Thunb.）Koidz.

【别名】鼓钉刺、刺枫树、刺桐、云楸、茨楸、棘楸、辣枫树等。

【植物形态】落叶乔木，高约 10 米，最高可达 30 米，胸径达 70 厘米以上，树皮暗灰棕色；小枝淡黄棕色或灰棕色，散生粗刺；刺基部宽阔扁平，通常长 5 ～ 6 毫米，基部宽 6 ～ 7 毫米，在茁壮枝上的长达 1 厘米以上，宽 1.5 厘米以上。叶片纸质，在长枝上互生，在短枝上簇生，圆形或近圆形，直径 9 ～ 25 厘米，稀达 35 厘米，掌状 5 ～ 7 浅裂，裂片阔三角状卵形至长圆状卵形，长不及全叶片的 1/2，茁壮枝上的叶片分裂较深，裂片长超过全叶片的 1/2，先端渐尖，基部心形，上面深绿色，无毛或几无毛，下面淡绿色，幼时疏生短柔毛，边缘有细锯齿，放射状主脉 5 ～ 7 条，两面均明显；叶柄细长，长 8 ～ 50 厘米，无毛。圆锥花序大，长 15 ～ 25 厘米，直径 20 ～ 30 厘米；伞形花序直径 1 ～ 2.5 厘米，有花多数；总花梗细长，长 2 ～ 3.5 厘米，无毛；花梗细长，无关节，无毛或稍有短柔毛，长 5 ～ 12 毫米；花白色或淡绿黄色；萼无毛，长约 1 毫米，边缘有 5 小齿；花瓣 5，三角状卵形，长约 1.5

毫米；雄蕊 5；花丝长 3 ～ 4 毫米；子房 2 室，花盘隆起；花柱合生成柱状，柱头离生。果实球形，直径约 5 毫米，蓝黑色；宿存花柱长 2 毫米。花期 7—10 月，果期 9—12 月。

【生境与分布】多生于森林、灌木林中和林缘，水湿丰富、腐殖质较多的密林，向阳山坡，甚至岩质山地也能生长。除野生外，也有栽培。我县均有分布。

【中药名称】刺楸树根、刺楸树皮。

【来源】五加科植物刺楸（*Kalopanax septemlobus*（Thunb.）Koidz.）的根或根皮为刺楸树根，树皮为刺楸树皮。

【采收加工】刺楸树根：夏末秋初采挖，洗净晒干。

刺楸树皮：全年可采，剥取树皮，洗净，晒干。

【性味功效】刺楸树根：凉，苦。凉血，散瘀，祛风，除湿。用于肠风痔血，跌打损伤，风湿骨痛等。

刺楸树皮：祛风，除湿，杀虫，活血。用于风湿痹痛，腰膝痛，痈疽，疮癣等。

【应用举例】刺楸树根：治小儿脱肛，刺楸树根、五倍子各五钱至一两，煎水洗。

刺楸树皮：内服，煎汤，3 ～ 5 钱。外用，煎水洗、捣敷或研末调敷。

372. 异叶梁王茶 *Nothopanax davidii*（Franch.）Harms ex Diels

【别名】梁王茶、大卫梁王茶等。

【植物形态】灌木或乔木，高 2 ～ 12 米。叶为单叶，稀在同一枝上有 3 小叶的掌状复叶；叶柄长 5 ～ 20 厘米；叶片薄革质至厚革质，长圆状卵形至长圆状披针形，或三角形至卵状三角形，不分裂、掌状 2 ～ 3 浅裂或深裂，长 6 ～ 21 厘米，宽 2.5 ～ 7 厘米，先端长渐尖，基部阔楔形或圆形，有主脉 3 条，上面深绿色，有光泽，下面淡绿色，两面均无毛，边缘疏生细锯齿，有时为锐尖锯齿，侧脉 6 ～ 8 对，上面明显，下面不明显，网脉不明显；小叶片披针形，几无小叶柄。圆锥花序顶生，长达 20 厘米；伞形花序直径约 2 厘米，有花 10 余朵；总花梗长 1.5 ～ 2 厘米；花梗有关节，长 7 ～ 10 毫米；花白色或淡黄色，芳香；萼无毛，长约 1.5 毫米，边缘有 5 小齿；花瓣 5，三角状卵形，长约 1.5 毫米；雄蕊 5，花丝长约 1.5 毫米；子房 2 室，花盘稍隆起；花柱 2，合生至中部，上部离生，反曲。果实球形，侧扁，直径 5 ～ 6 毫米，黑色；宿存花柱长 1.5 ～ 2 毫米。花期 6—8 月，果期 9—11 月。

【生境与分布】生于疏林或向阳灌木林中、林缘，路边和岩石山上也有生长，在湖北、四川和贵州通常分布于海拔 800 ～ 1800 米。我县均有分布。

【中药名称】树五加。

【来源】为五加科植物异叶梁王茶（*Nothopanax davidii*（Franch.）Harms ex Diels）的茎皮、根皮或叶。

【采收加工】秋、冬季剥取茎皮，或挖根剥取根皮，洗净，切片，鲜用或晒干。夏、秋季采叶，鲜用。

【性味功效】苦，微辛，凉。归肝经。祛风除湿，活血止痛。用于风湿痹痛，劳伤腰痛，跌打损伤，骨折，月经不调。

【应用举例】治风湿性关节痛、肩关节周围炎、跌打损伤：树王加根皮 9 ～ 15 克，煎服或泡酒服；外用，鲜皮、叶捣敷。

373. 鹅掌藤 *Schefflera arboricola* Hay.

【别名】七加皮等。

【植物形态】藤状灌木，高 2 ～ 3 米；小枝有不规则纵皱纹，无毛。叶有小叶 7 ～ 9，稀 5 ～ 6 或 10；叶柄纤细，长 12 ～ 18 厘米，无毛；托叶和叶柄基部合生成鞘状，宿存或与叶柄一起脱落；小叶片革质，倒卵状长圆形或长圆形，长 6 ～ 10 厘米，宽 1.5 ～ 3.5 厘米，先端急尖或钝形，稀短渐尖，基部渐狭或钝形，上面深绿色，有光泽，下面灰绿色，两面均无毛，边缘全缘，中脉仅在下面隆起，侧脉 4 ～ 6 对，和稠密的网脉在两面微隆起；小叶柄有狭沟，长 1.5 ～ 3 厘米，无毛。圆锥花序顶生，长 20 厘米以下，主轴和分枝幼时密生星状绒毛，后毛渐脱净；伞形花序十几个至几十个总状排列在分枝上，有花 3 ～ 10 朵；苞片阔卵形，长 0.5 ～ 1.5 厘米，外面密生星状绒毛，早落；总花梗长不及 5 毫米，花梗长 1.5 ～ 2.5 毫米，均疏生星状绒毛；花白色，长约 3 毫米；萼长约 1 毫米，边缘全缘，无毛；花瓣 5 ～ 6，有 3 脉，无毛；雄蕊和花瓣同数而等长；子房 5 ～ 6 室；无花柱，柱头 5 ～ 6；花盘略隆起。果实卵形，有 5 棱，连花盘长 4 ～ 5 毫米，直径 4 毫米；花盘五角形，长为果实的 1/4 ～ 1/3。花期 7 月，果期 8 月。

【生境与分布】生于谷地密林下或溪边较湿润处，常附生于树上，在海南岛分布于海拔 400 ～ 900 米。产于台湾、广西（防城港）及广东、海南（保亭、崖县、澄迈）。我县均有分布。

【中药名称】七叶莲。

【来源】为五加科植物鹅掌藤（*Schefflera arboricola* Hay.）的根或茎叶。

【采收加工】全年均可采收，洗净，鲜用或切片晒干。

【性味功效】辛，微苦，温。祛风止痛，活血消肿。用于风湿痹痛，头痛，牙痛，脘腹疼痛，痛经，产后腹痛，跌打肿痛，骨折，疮肿。

【应用举例】治风湿性关节痛：①干七叶莲茎 500 克，浸酒 1000 克，浸 7 天后饮。每次 15 克。②七叶莲、红龙船花叶、大风艾各适量，共捣烂，用酒炒热后敷患处。

一百一十四、伞形科 Umbelliferae

一年生至多年生草本，很少是矮小的灌木（在热带与亚热带地区）。根通常真生，肉质而粗，有时为圆锥形或有分枝自根颈斜出，很少根成束、圆柱形或棒形。茎直立或匍匐上升，通常圆形，稍有棱和槽，或有钝棱，空心或有髓。叶互生，叶片通常分裂或多裂，一回掌状分裂或一至四回羽状分裂的复叶，或一至二回三出式羽状分裂的复叶，很少为单叶；叶柄的基部有叶鞘，通常无托叶，稀为膜质。花小，两性或杂性，成顶生或腋生的复伞形花序或单伞形花序，很少为头状花序；伞形花序的基部有总苞片，全缘、齿裂，很少羽状分裂；小伞形花序的基部有小总苞片，全缘或很少羽状分裂；花萼与子房贴生，萼齿5或无；花瓣5，在花蕾时呈覆瓦状或镊合状排列，基部窄狭，有时成爪或内卷成小囊，顶端钝圆或有内折的小舌片或顶端延长如细线；雄蕊5，与花瓣互生。子房下位，2室，每室有一个倒悬的胚珠，顶部有盘状或短圆锥状的花柱基；花柱2，直立或外曲，柱头头状。果实在大多数情况下是干果，通常裂成两个分生果，很少不裂，呈卵形、圆心形、长圆形至椭圆形，果实由2个背面或侧面扁压的心皮合成，成熟时2心皮从合生面分离，每个心皮有1纤细的心皮柄和果柄相连而倒悬其上，因此2个分生果又称双悬果，心皮柄顶端分裂或裂至基部，心皮的外面有5条主棱（1条背棱，2条中棱，2条侧棱），外果皮表面平滑或有毛、皮刺、瘤状突起，棱和棱之间有沟槽，有时槽处发展为次棱，而主棱不发育，很少全部主棱和次棱（共9条）都同样发育；中果皮层内的棱槽内和合生面通常有纵行的油管1至多数。胚乳软骨质，胚乳的腹面有平直、凸出或凹入的，胚小。

本科有200余属2500种，广布于全球温、热带地区。我国90余属。

全国第四次中药资源普查秭归境内发现15种。

374. 白芷 *Angelica dahurica*（Fisch. ex Hoffm.）Benth. et Hook. f. ex Franch. et Sav.

【别名】芷、芳香、苻蓠、泽芬、白茝、香白芷等。

【植物形态】多年生高大草本，高1～2.5米。根圆柱形，有分枝，直径3～5厘米，外表皮黄褐色至褐色，有浓烈气味。茎基部直径2～5厘米，有时可达7～8厘米，通常带紫色，中空，有纵长沟纹。基生叶一回羽状分裂，有长柄，叶柄下部有管状抱茎边缘膜质的叶鞘；茎上部叶二至三回羽状分裂，叶片轮廓为卵形至三角形，长15～30厘米，宽10～25厘米，叶柄长至15厘米，下部为囊状膨大的膜质叶鞘，无毛或稀有毛，常带紫色；末回裂片长圆形，卵形或线状披针形，多无柄，长2.5～7厘米，宽1～2.5厘米，急尖，边缘有不规则的白色软骨质粗锯齿，具短尖头，基部两侧常不等大，沿叶轴下延成翅状；花序下方的叶简化成无叶的、显著膨大的囊状叶鞘，外面无毛。复伞形花序顶生或侧生，直径10～30厘米，花序梗长5～20厘米，花序梗、伞辐和花柄均有短糙毛；伞辐18～40，中央主伞有时伞辐多至70；总苞片通常缺或有1～2，成长卵形膨大的鞘；小总苞片5～10，线状披针形，膜质，花白色；无萼齿；花瓣倒卵形，顶端内曲成凹头状；

子房无毛或有短毛；花柱比短圆锥状的花柱基长 2 倍。果实长圆形至卵圆形，黄棕色，有时带紫色，长 4 ～ 7 毫米，宽 4 ～ 6 毫米，无毛，背棱扁，厚而钝圆，近海绵质，远较棱槽为宽，侧棱翅状，较果体狭；棱槽中有油管 1，合生面油管 2。花期 7—8 月，果期 8—9 月。

【生境与分布】常生长于林下、林缘、溪旁、灌丛及山谷草地。产我国东北及华北地区。茅坪镇有少量栽培。

【中药名称】白芷。

【来源】为伞形科植物白芷（*Angelica dahurica*（Fisch. ex Hoffm.）Benth. et Hook. f. ex Franch. et Sav.）的干燥根。

【采收加工】除去须根及泥沙，晒干或低温干燥。

【性味功效】辛，温。归肺、脾、胃经。解表散寒，祛风止痛，通鼻窍，燥湿止带，消肿排脓，祛风止痒。用于风寒感冒，头痛、牙痛、风湿痹痛，鼻渊，带下，疮痈肿毒。

【应用举例】治外感风寒、头身疼痛、鼻塞流涕之证，常与防风、羌活、川芎等祛风散寒止痛药同用，如九味羌活汤。

375. 旱芹 *Apium graveolens* L.

【别名】芹菜、药芹等。

【植物形态】二年生或多年生草本，高 15 ～ 150 厘米，有强烈香气。根圆锥形，支根多数，褐色。茎直立，光滑，有少数分枝，并有棱角和直槽。根生叶有柄，柄长 2 ～ 26 厘米，基部略扩大成膜质叶鞘；叶片轮廓为长圆形至倒卵形，长 7 ～ 18 厘米，宽 3.5 ～ 8 厘米，通常 3 裂达中部或 3 全裂，裂片近菱形，边缘有圆锯齿或锯齿，叶脉两面隆起；较上部的茎生叶有短柄，叶片轮廓为阔三角形，通常分裂为 3 小叶，小叶倒卵形，中部以上边缘疏生钝锯齿以至缺刻。复伞形花序顶生或与叶对生，花序梗长短不一，有时缺少，通常无总苞片和小总苞片；伞辐细弱，3 ～ 16，长 0.5 ～ 2.5 厘米；小伞形花序有花 7 ～ 29 朵，花柄长 1 ～ 1.5 毫米，萼齿小或不明显；花瓣白色或黄绿色，圆卵形，长约 1 毫米，宽 0.8 毫米，顶端有内折的小舌片；花丝与花瓣等长或稍长于花瓣，花药卵圆形，长约 0.4 毫米；花柱基扁压，花柱幼时极短，成熟时长约 0.2 毫米，向外反曲。分生果圆形或长椭圆形，长约 1.5 毫米，宽 1.5 ～ 2 毫米，果棱尖锐，合生面略收缩；每棱槽内有油管 1，合生面油管 2，胚乳腹面平直。花期 4—7 月。

【生境与分布】我国南北各省区均有栽培。分布于欧洲、亚洲、非洲及美洲。我县均有种植。

【中药名称】旱芹。

【来源】为伞形科植物旱芹（*Apium graveolens* L.）的带根全草。

【性味功效】甘，辛，微苦，凉。归肝、胃、肺经。平肝，清热，祛风，利水，止血，解毒。用于肝阳眩晕，风热头痛，咳嗽，黄疸，小便淋痛，尿血，崩漏，带下，疮疡肿毒等。

【应用举例】治早期原发性高血压：鲜旱芹四两，马兜铃三钱，大、小蓟各五钱。制成流浸膏，每次 10 毫升，每日服三次。

376. 柴胡 *Bupleurum chinense* DC.

【别名】地熏、茈胡、山菜等。

【植物形态】多年生草本，高 40 ～ 85 厘米。主根较粗大，坚硬。茎单一或数茎丛生，上部多回分枝，微作“之”字形曲折。叶互生；基生叶倒披针形或广椭圆形，长 4 ～ 7 厘米，宽 6 ～ 8 毫米，先端渐尖，基部收缩成柄；茎生叶长圆状披针形，长 4 ～ 12 厘米，宽 6 ～ 18 毫米，有时达 3 厘米，先端渐尖或急尖，有短芒尖头，基部收缩成叶鞘，抱茎，脉 7 ～ 9，上面鲜绿色，下面淡绿色，常有白霜。复伞形花序多分枝，顶生或侧生，梗细，常水平伸出，形成疏松的圆锥状；总苞片 2 ～ 3，或无，狭披针形，长 1 ～ 5 毫米，宽 0.5 ～ 1.2 毫米，很少 1 ～ 5 脉；伞辐 3 ～ 8，纤细，不等长，长 1 ～ 3 厘米；小总苞片 5 ～ 7，披针形，长 3 ～ 3.5 毫米，宽 0.6 ～ 1 毫米，先端尖锐，3 脉，向叶背凸出；小伞形花序有花 5 ～ 10 朵，花柄长约 1.2 毫米，直径 1.2 ～ 1.8 毫米；花瓣鲜黄色，上部内折，中肋隆起，小舌片半圆形，先端 2 浅裂；花柱基深黄色，宽于子房。双悬果广椭圆形，棕色，两侧略扁，长 2.5 ～ 3 毫米，棱狭翼状，淡棕色，每棱槽中有油管 3，很少 4，合生面 4。花期 7—9 月，果期 9—11 月。

【生境与分布】生于沙质草原、沙丘草甸及阳坡疏林下。原产于中国，主产于湖北、四川等地。朝鲜、日本、俄罗斯也有分布。我县有种植。

【中药名称】柴胡。

【来源】为伞形科植物柴胡（*Bupleurum chinense* DC.）的干燥根。

【采收加工】春、秋季采挖，除去茎叶及泥沙，切段，晒干。全草则在春末、夏初拔起全草晒干。

【性味功效】辛，苦，微寒。归肝、胆、肺经。和解表里，疏肝解郁，升阳举陷，退热截疟。用于感冒发热，寒热往来，胸胁胀痛，月经不调，子宫脱垂，脱肛等。

【应用举例】煎服，3～10克。解表退热用量宜稍重，且宜用生品。疏肝解郁宜醋炙，升阳举陷可生用或醋炙，其用量均宜稍轻。

377. 积雪草 *Centella asiatica*（L.）Urban

【别名】崩大碗、马蹄草等。

【植物形态】多年生草本，茎匍匐，细长，节上生根。叶片膜质至草质，圆形、肾形或马蹄形，长1～2.8厘米，宽1.5～5厘米，边缘有钝锯齿，基部阔心形，两面无毛或在背面脉上疏生柔毛；掌状脉5～7，两面隆起，脉上部分叉；叶柄长1.5～27厘米，无毛或上部有柔毛，基部叶鞘透明，膜质。伞形花序梗2～4个，聚生于叶腋，长0.2～1.5厘米，有或无毛；苞片通常2，很少3，卵形，膜质，长3～4毫米，宽2.1～3毫米；每一伞形花序有花3～4朵，聚集呈头状，花无柄或有1毫米长的短柄；花瓣卵形，紫红色或乳白色，膜质，长1.2～1.5毫米，宽1.1～1.2毫米；花柱长约0.6毫米；花丝短于花瓣，与花柱等长。果实两侧扁压，圆球形，基部心形至平截形，长2.1～3毫米，宽2.2～3.6毫米，每侧有纵棱数条，棱间有明显的小横脉，网状，表面有毛或平滑。花果期4—10月。

【生境与分布】喜生于阴湿的草地或水沟边，海拔200～1900米。分布于陕西、江苏、安徽、浙江、江西、湖南、湖北、福建、台湾、广东、广西、四川、云南等地区。

【中药名称】积雪草。

【来源】为伞形科植物积雪草（*Centella asiatica*（L.）Urban）的干燥全草。

【采收加工】夏、秋季采收，除去泥沙，晒干。

【性味功效】苦，辛，寒。归肝、脾、肾经。清热利湿，解毒消肿。用于湿热黄疸，中暑腹泻，石淋血淋，痈肿疮毒，跌打损伤等。

【应用举例】用于止痛：取积雪草晒干研细，每日 1 ～ 1.5 钱，3 次分服。

378. 鸭儿芹 *Cryptotaenia japonica* Hassk.

【别名】三叶、野蜀葵等。

【植物形态】多年生草本，高 20 ～ 100 厘米。主根短，侧根多数，细长。茎直立，光滑，有分枝。表面有时略带淡紫色。基生叶或上部叶有柄，叶柄长 5 ～ 20 厘米，叶鞘边缘膜质；叶片轮廓三角形至广卵形，长 2 ～ 14 厘米，宽 3 ～ 17 厘米，通常为 3 小叶；中间小叶片呈菱状倒卵形或心形，长 2 ～ 14 厘米，宽 1.5 ～ 10 厘米，顶端短尖，基部楔形；两侧小叶片斜倒卵形至长卵形，长 1.5 ～ 13 厘米，宽 1 ～ 7 厘米，近无柄，所有的小叶片边缘有不规则的尖锐重锯齿，表面绿色，背面淡绿色，两面叶脉隆起，最上部的茎生叶近无柄，小叶片呈卵状披针形至窄披针形，边缘有锯齿。复伞形花序呈圆锥状，花序梗不等长，总苞片 1，呈线形或钻形，长 4 ～ 10 毫米，宽 0.5 ～ 1.5 毫米；伞辐 2 ～ 3，不等长，长 5 ～ 35 毫米；小总苞片 1 ～ 3，长 2 ～ 3 毫米，宽不及 1 毫米。小伞形花序有花 2 ～ 4 朵；花柄极不等长；萼齿细小，呈三角形；花瓣白色，倒卵形，长 1 ～ 1.2 毫米，宽约 1 毫米，顶端有内折的小舌片；花丝短于花瓣，花药卵圆形，长约 0.3 毫米；花柱基圆锥形，花柱短，直立。分生果线状长圆形，长 4 ～ 6 毫米，宽 2 ～ 2.5 毫米，合生面略收缩，胚乳腹面近平直，每棱槽内有油管 1 ～ 3，合生面油管 4。花期 4—5 月，果期 6—10 月。

【生境与分布】生于海拔 200 ～ 2400 米的山地、山沟及林下较阴湿的地区。产于河北、安徽、

江苏、浙江、福建、江西、广东、广西、湖北、湖南、山西、陕西、甘肃、四川、贵州、云南等地区。

【中药名称】鸭儿芹根、鸭儿芹果。

【来源】伞形科植物鸭儿芹（*Cryptotaenia japonica* Hassk.）的根为鸭儿芹根，果实为鸭儿芹果。

【采收加工】鸭儿芹根：夏、秋间采挖，去其茎叶，洗净，晒干备用。

鸭儿芹果：7—10 月采收成熟的果序，除去杂质，洗净，晒干。

【性味功效】鸭儿芹根：辛，温。归肺经。发表散寒，止咳化痰，活血止痛。用于风寒感冒，咳嗽，跌打肿痛。

鸭儿芹果：辛，温。归脾、胃经。消积顺气。用于食积腹胀。

【应用举例】鸭儿芹根：治风寒感冒，鸭儿芹根 9 克，紫苏、铁筷子、陈皮各 6 克，煨水服。

鸭儿芹果：治食积，鸭儿芹干果实 6～9 克，地骷髅（结籽后的萝卜枯根）1000 克，煎水当茶饮。

379. 野胡萝卜 *Daucus carota* L.

【别名】虱子草、野胡萝卜子等。

【植物形态】二年生草本，高 15～120 厘米。茎单生，全体有白色粗硬毛。基生叶薄膜质，长圆形，二至三回羽状全裂，末回裂片线形或披针形，长 2～15 毫米，宽 0.5～4 毫米，顶端尖锐，有小尖头，光滑或有糙硬毛；叶柄长 3～12 厘米；茎生叶近无柄，有叶鞘，末回裂片小或细长。复伞形花序，花序梗长 10～55 厘米，有糙硬毛；总苞有多数苞片，呈叶状，羽状分裂，少有不裂的，裂片线形，长 3～30 毫米；伞辐多数，长 2～7.5 厘米，结果时外缘的伞辐向内弯曲；小总苞片 5～7，线形，不分裂或 2～3 裂，边缘膜质，具纤毛；花通常白色，有时带淡红色；花柄不等长，长 3～10 毫米。果实卵圆形，长 3～4 毫米，宽 2 毫米，棱上有白色刺毛。花期 5—7 月。

【生境与分布】生长于山坡路旁、旷野或田间。产于四川、贵州、湖北、江西、安徽、江苏、浙江等地区。

【中药名称】南鹤虱。

【来源】为伞形科植物野胡萝卜（*Daucus carota* L.）的干燥成熟果实。

【采收加工】秋季果实成熟时割取果枝，晒干，打下果实，除去杂质。

【性味功效】苦，辛，平。归脾、胃经。杀虫消积。用于蛔虫病、蛲虫病、绦虫病，虫积腹痛，小儿疳积。

【应用举例】内服：煎汤，6 ～ 9 克；或入丸、散剂。外用：适量，煎水熏洗。

380. 茴香 *Foeniculum vuLgare* Mill.

【别名】蘹香、小茴香等。

【植物形态】草本，高 0.4 ～ 2 米。茎直立，光滑，灰绿色或苍白色，多分枝。较下部的茎生叶柄长 5 ～ 15 厘米，中部或上部的叶柄部分或全部成鞘状，叶鞘边缘膜质；叶片轮廓为阔三角形，长 4 ～ 30 厘米，宽 5 ～ 40 厘米，四至五回羽状全裂，末回裂片线形，长 1 ～ 6 厘米，宽约 1 毫米。复伞形花序顶生与侧生，花序梗长 2 ～ 25 厘米 ；伞辐 6 ～ 29，不等长，长 1.5 ～ 10 厘米；小伞形花序有花 14 ～ 39 朵；花柄纤细，不等长；无萼齿；花瓣黄色，倒卵形或近倒卵圆形，长约 1 毫米，先端有内折的小舌片，中脉 1 条；花丝略长于花瓣，花药卵圆形，淡黄色；花柱基圆锥形，花柱极短，向外叉开或贴伏在花柱基上。果实长圆形，长 4 ～ 6 毫米，宽 1.5 ～ 2.2 毫米，主棱 5 条，尖锐；每棱槽内有油管 1，合生面油管 2；胚乳腹面近平直或微凹。花期 5—6 月，果期 7—9 月。

【生境与分布】原产于地中海地区。我国各地区都有栽培。我县有栽培。

【中药名称】小茴香。

【来源】为伞形科植物茴香（*Foeniculum vuLgare* Mill.）的干燥成熟果实。

【采收加工】秋季果实初熟时，采割植株，晒干，打下果实，除去杂质。

【性味功效】辛，温。归肝、肾、脾、胃经。散寒止痛，理气和胃。用于寒疝腹痛，睾丸偏坠，痛经，少腹冷痛，脘腹胀痛，食少吐泻，经寒腹痛等。

【应用举例】吸脓：将叶捣碎，贴于患部，每天换 3 次，自然消退。

381. 红马蹄草 *Hydrocotyle nepalensis* Hook.

【别名】马蹄肺筋草、铜钱草、一串钱、人马蹄草等。

【植物形态】多年生草本，高 5 ～ 45 厘米。茎匍匐，有斜上分枝，节上生根。叶片膜质至硬膜质，圆形或肾形，长 2 ～ 5 厘米，宽 3.5 ～ 9 厘米，边缘通常 5 ～ 7 浅裂，裂片有钝锯齿，基部心形，掌状脉 7 ～ 9，疏生短硬毛；叶柄长 4 ～ 27 厘米，上部密被柔毛，下部无毛或有毛；托叶膜质，顶端钝圆或有浅裂，长 1 ～ 2 毫米。伞形花序数个簇生于茎端叶腋，花序梗短于叶柄，长 0.5 ～ 2.5 厘米，有柔毛；小伞形花序有花 20 ～ 60 朵，常密集成球形的头状花序；花柄极短，长 0.5 ～ 1.5 毫米，很少无柄或超过 2 毫米，花柄基部有膜质、卵形或倒卵形的小总苞片；无萼齿；花瓣卵形，白色或乳白色，有时有紫红色斑点；花柱幼时内卷，花后向外反曲，基部隆起。果长 1 ～ 1.2 毫米，宽 1.5 ～ 1.8 毫米，基部心形，两侧扁压，光滑或有紫色斑点，成熟后常呈黄褐色或紫黑色，中棱和背棱显著。花果期 5—11 月。

【生境与分布】生长于山坡、路旁、阴湿地、水沟和溪边草丛中，海拔 350 ～ 2080 米。产于陕西、安徽、浙江、江西、湖南、湖北、广东、广西、四川、贵州、云南、西藏等地区。

【中药名称】红马蹄草。

【来源】为伞形科植物红马蹄草（*Hydrocotyle nepalensis* Hook.）的全草。

【采收加工】夏、秋季采收，洗净，鲜用或晒干。

【性味功效】苦，寒。归肺、肝、大肠经。清热利湿，化瘀止血，解毒。用于感冒，咳嗽，痰中带血，痢疾，泄泻，痛经，月经不调，跌打伤肿，外伤出血，痈疮肿毒。

【应用举例】治皮肤丹毒、带状疱疹：鲜红马蹄草适量，捣烂兑水、醋外搽，每日 5 ～ 6 次。

382. 天胡荽 *Hydrocotyle sibthorpioides* Lam.

【别名】满天星、鸡肠菜、破钱草等。

【植物形态】多年生草本，有气味。茎细长而匍匐，平铺地上成片，节上生根。叶片膜质至草质，圆形或肾圆形，长 0.5 ～ 1.5 厘米，宽 0.8 ～ 2.5 厘米，基部心形，两耳有时相接，不分裂或 5 ～ 7 裂，裂片阔倒卵形，边缘有钝齿，表面光滑，背面脉上疏被粗伏毛，有时两面光滑或密被柔毛；叶柄长 0.7 ～ 9 厘米，无毛或顶端有毛；托叶略呈半圆形，薄膜质，全缘或稍有浅裂。伞形花序与叶对生，单生于节上；花序梗纤细，长 0.5 ～ 3.5 厘米，短于叶柄 1 ～ 3.5 倍；小总苞片卵形至卵状披针形，长 1 ～ 1.5 毫米，膜质，有黄色透明腺点，背部有 1 条不明显的脉；小伞形花序有花 5 ～ 18 朵，花无柄或有极短的柄，花瓣卵形，长约 1.2 毫米，绿白色，有腺点；花丝与花瓣同长或稍超出，花药卵形；花柱长 0.6 ～ 1 毫米。果实略呈心形，长 1 ～ 1.4 毫米，宽 1.2 ～ 2 毫米，两侧扁压，中棱在果熟时极为隆起，幼时表面草黄色，成熟时有紫色斑点。花果期 4—9 月。

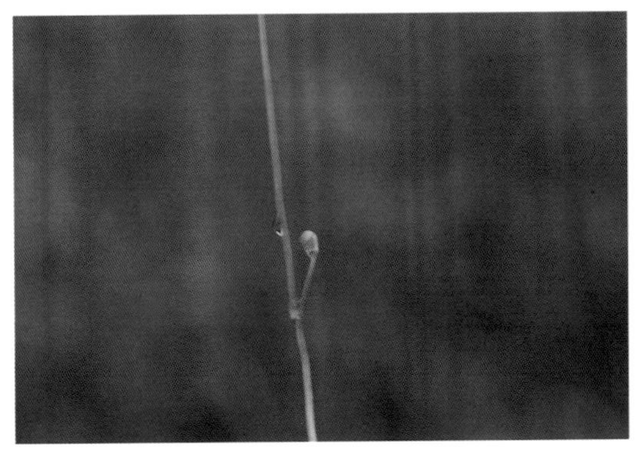

【生境与分布】生长在湿润的草地、河沟边、林下，海拔 475 ～ 3000 米。产于陕西、江苏、安徽、浙江、江西、福建、湖南、湖北、广东、广西、台湾、四川、贵州、云南等地区。

【中药名称】天胡荽。

【来源】为伞形科植物天胡荽（*Hydrocotyle sibthorpioides* Lam.）的全草。

【采收加工】夏、秋季花叶茂盛时采收全草，洗净，阴干或鲜用。

【性味功效】辛，微苦，凉。归肺、脾经。清热利湿，解毒消肿。用于黄疸，痢疾，水肿，淋证，目翳，喉肿，痈肿疮毒，带状疱疹，跌打损伤等。

【应用举例】治肝炎、胆囊炎：鲜天胡荽60克，水煎，调冰糖敷。

383. 川芎 *Ligusticum chuanxiong* Hort.

【别名】山鞠穷、香果、雀脑芎等。

【植物形态】多年生草本，高40～60厘米。根茎发达，形成不规则的结节状拳形团块，具浓烈香气。茎直立，圆柱形，具纵条纹，上部多分枝，下部茎节膨大呈盘状（苓子）。茎下部叶具柄，柄长3～10厘米，基部扩大成鞘；叶片轮廓卵状三角形，长12～15厘米，宽10～15厘米，三至四回三出羽状全裂，羽片4～5对，卵状披针形，长6～7厘米，宽5～6厘米，末回裂片线状披针形至长卵形，长2～5毫米，宽1～2毫米，具小尖头；茎上部叶渐简化。复伞形花序顶生或侧生；总苞片3～6，线形，长0.5～2.5厘米；伞辐7～24，不等长，长2～4厘米，内侧粗糙；小总苞片4～8，线形，长3～5毫米，粗糙；萼齿不发育；花瓣白色，倒卵形至心形，长1.5～2毫米，先端具内折小尖头；花柱基圆锥状，花柱2，长2～3毫米，向下反曲。幼果两侧扁压，长2～3毫米，宽约1毫米；背棱槽内油管1～5，侧棱槽内油管2～3，合生面油管6～8。花期7—8月，果期9—10月。

【生境与分布】栽培植物，主产于四川（灌县），分布于云南、贵州、广西、湖北、江西、浙江、江苏、陕西、甘肃、内蒙古、河北等地区。屈原镇有少量栽培。

【中药名称】川芎。

【来源】为伞形科植物川芎（*Ligusticum chuanxiong* Hort.）的干燥根茎。

【采收加工】以栽后的第2年的小满后4～5天收获为最适期。及时加工采收后要尽快干燥，一般用火烘干。除净泥沙和须根。

【性味功效】辛，温。归肝、胆、心包经。活血行气，祛风止痛。用于月经不调，闭经痛经，癥瘕腹痛，胸胁刺痛，跌打损伤，头痛，风湿痹痛。

【应用举例】治风热头痛：川芎一钱，茶叶二钱，水一盅，煎五分，食前热服。

384. 水芹 *Oenanthe javanica*（Bl.）DC.

【别名】水英、细本山芹菜、牛草、楚葵、刀芹、蜀芹、野芹菜等。

【植物形态】多年生草本，高15～80厘米，茎直立或基部匍匐。基生叶有柄，柄长达10厘米，基部有叶鞘；叶片轮廓三角形，一至二回羽状分裂，末回裂片卵形至菱状披针形，长 2 ~ 5 厘米，宽 1 ~ 2 厘米，边缘有齿；茎上部叶无柄，裂片和基生叶的裂片相似，较小。复伞形花序顶生，花序梗长 2 ~ 16 厘米；无总苞；伞辐 6 ~ 16，不等长，长 1 ~ 3 厘米，直立和展开；小总苞片 2 ~ 8，线形，长 2 ~ 4 毫米；小伞形花序有花 20 余朵，花柄长 2 ~ 4 毫米；萼齿线状披针形，长与花柱基相等；花瓣白色，倒卵形，长 1 毫米，宽 0.7 毫米，有一长而内折的小舌片；花柱基圆锥形，花柱直立或两侧分开，长 2 毫米。果实近于四角状椭圆形或筒状长圆形，长 2.5 ~ 3 毫米，宽 2 毫米，侧棱较背棱和中棱隆起，木栓质，分生果横剖面近于五边状的半圆形；每棱槽内油管 1，合生面油管 2。花期 6—7 月，果期 8—9 月。

【生境与分布】产于我国各地。多生于浅水低洼地方或池沼、水沟旁。农舍附近常见栽培。

【中药名称】水芹。

【来源】本品为伞形科植物水芹（*Oenanthe javanica*（Bl.）DC.）的全草。

【采收加工】夏、秋季采集，洗净晒干或鲜用。

【性味功效】甘，辛，凉。归肺、胃经。清热，利水。用于暴热烦渴，黄疸，水肿，淋证，带下，瘰疬，痄腮。

【应用举例】10 ~ 15 克，鲜品可捣汁饮。

385. 紫花前胡 *Peucedanum decusivum*（Miq.）Maxim.

【别名】土当归、鸭脚七、野辣菜、山芫荽、桑根子苗等。

【植物形态】多年生草本。根圆锥状，有少数分枝，直径 1 ~ 2 厘米，外表棕黄色至棕褐色，有强烈气味。茎高 1 ~ 2 米，直立，单一，中空，光滑，常为紫色，无毛，有纵沟纹。根生叶和茎生叶有长柄，柄长 13 ~ 36 厘米，基部膨大成圆形的紫色叶鞘，抱茎，外面无毛；叶片三角形至卵圆形，坚纸质，长 10 ~ 25 厘米，一回三全裂或一至二回羽状分裂；第一回裂片的小叶柄翅状延长，侧方裂片和顶端裂片的基部联合，沿叶轴呈翅状延长，翅边缘有锯齿；

末回裂片卵形或长圆状披针形，长 5 ～ 15 厘米，宽 2 ～ 5 厘米，顶端锐尖，边缘有白色软骨质锯齿，齿端有尖头，表面深绿色，背面绿白色，主脉常带紫色，表面脉上有短糙毛，背面无毛；茎上部叶简化成囊状膨大的紫色叶鞘。复伞形花序顶生和侧生，花序梗长 3 ～ 8 厘米，有柔毛；伞辐 10 ～ 22，长 2 ～ 4 厘米；总苞片 1 ～ 3，卵圆形，阔鞘状，宿存，反折，紫色；小总苞片 3 ～ 8，线形至披针形，绿色或紫色，无毛；伞辐及花柄有毛；花深紫色，萼齿明显，线状锥形或三角状锥形，花瓣倒卵形或椭圆状披针形，顶端通常不内折成凹头状，花药暗紫色。果实长圆形至卵状圆形，长 4 ～ 7 毫米，宽 3 ～ 5 毫米，无毛，背棱线形隆起，尖锐，侧棱有较厚的狭翅，与果体近等宽，棱槽内有油管 1 ～ 3，合生面油管 4 ～ 6，胚乳腹面稍凹入。花期 8—9 月，果期 9—11 月。

【生境与分布】生长于山坡林缘、溪沟边或杂木林灌丛中。产于辽宁、河北、陕西、河南、四川、湖北、安徽、江苏、浙江、江西、广西、广东、台湾等地。

【中药名称】紫花前胡。

【来源】为伞形科植物紫花前胡（*Peucedanum decusivum*（Miq.）Maxim.）的干燥根。

【采收加工】秋、冬季地上部分枯萎时采挖，除去须根，晒干。

【性味功效】寒，苦，辛。归肺经。降气化痰，散风清热。用于痰热喘满，咯痰黄稠，风热咳嗽痰多。

【应用举例】用量 3 ～ 9 克，内服煎汤，或入丸、散剂。

386. 白花前胡 *Peucedanum praeruptorum* Dunn

【别名】鸡脚前胡、官前胡、山独活等。

【植物形态】多年生草本，高 0.6 ～ 1 米。根颈粗壮，直径 1 ～ 1.5 厘米，灰褐色，存留多数越年枯鞘纤维；根圆锥形，末端细瘦，常分叉。茎圆柱形，下部无毛，上部分枝多有短毛，髓部充实。基生叶具长柄，叶柄长 5 ～ 15 厘米，基部有卵状披针形叶鞘；叶片轮廓宽卵形或三角状卵形，三出二至三回分裂，第一回羽片具柄，柄长 3.5 ～ 6 厘米，末回裂片菱状倒卵形，先端渐尖，基部楔形至截形，无柄或具短柄，边缘具不整齐的 3 ～ 4 粗或圆锯齿，有时下部锯齿呈浅裂或深裂状，长 1.5 ～ 6 厘米，宽 1.2 ～ 4 厘米，下表面叶脉明显突起，两面无毛，或有时在下表面叶脉上以及边缘有稀疏短毛；茎下部叶具短柄，叶片形状与茎生叶相似；茎上部叶无柄，叶鞘稍宽，边缘膜质，叶片三出分裂，裂片狭窄，基部楔形，中间一枚基部下延。复伞形花序多数，顶生或侧生，伞形花序直径 3.5 ～ 9 厘米；花序梗上端多短毛；总苞片无或 1 至数片，线形；伞辐 6 ～ 15，不等长，长 0.5 ～ 4.5 厘米，内侧有短毛；小总苞片 8 ～ 12，卵状披针形，在同一小伞形花序上，宽度和大小常有差异，比花柄长，与果柄近等长，有短糙毛；小伞形花序有花 15 ～ 20 朵；花瓣卵形，小舌片内曲，白色；萼齿不显著；花柱短，弯曲，花柱基圆锥形。果实卵圆形，背部扁压，长约 4 毫米，宽 3 毫米，棕色，有稀疏短毛，背棱线形稍突起，侧棱呈翅状，比果体窄，稍厚；棱槽内油管 3 ～ 5，合生面油管 6 ～ 10；胚乳腹面平直。花期 8—9 月，果期 10—11 月。

【生境与分布】生长于海拔 250 ～ 2000 米的山坡林缘、路旁或半阴性的山坡草丛中。产于甘肃、河南、贵州、广西、四川、湖北、湖南、江西、安徽、江苏、浙江、福建（武夷山）。模式标本采自湖北宜昌。

【中药名称】前胡。

【来源】为伞形科植物白花前胡（*Peucedanum praeruptorum* Dunn）的干燥根。

【采收加工】冬季至次年春季茎叶枯萎或未抽花茎时采挖，除去须根，洗净，晒干或低温干燥。

【性味功效】苦，辛，微寒。归肺经。降气化痰，散风清热。用于痰热喘满，咯痰黄稠，风热咳嗽痰多。

【应用举例】内服：煎汤，5～10克；或入丸、散剂。

387. 薄片变豆菜 *Sanicula lamelligera* Hance

【别名】鹅掌脚草、山芹菜、野芹菜、散血草、肺筋草等。

【植物形态】多年生矮小草本，高13～30厘米。根茎短，有结节，侧根多数，细长、棕褐色。茎2～7，直立，细弱，上部有少数分枝。基生叶圆心形或近五角形，长2～6厘米，宽3～9厘米，掌状3裂，中间裂片楔状倒卵形或椭圆状倒卵形至菱形，长2～6厘米，宽1～3厘米，上部3浅裂，基部楔形，有短柄，侧面裂片阔卵状披针形或斜倒卵形，通常2深裂或在外侧边缘有1缺刻，所有的裂片表面绿色，背面淡绿色或紫红色；叶柄长4～18厘米，基部有膜质鞘；最上部的茎生叶小，3裂至不分裂，裂片线状披针形或倒卵状披针形，长3～15（20）毫米，宽1～10毫米，顶端渐尖。花序通常2～4回二歧分枝或2～3叉，分叉间的小伞形花序短缩；总苞片细小，线状披针形，长1.5～3毫米；伞辐3～7，长2～10毫米；小总苞片4～5，线形；小伞形花序有花5～6，通常6；雄花4～5，花柄长2～3毫米；萼齿线形或呈刺毛状，长约1毫米；花瓣白色、粉红色或淡蓝紫色，倒卵形，基部渐窄，顶端内凹；花丝长于萼齿1～1.5倍；两性花1，无柄；萼齿和花瓣的形状同雄花，花柱略长于花丝，向外反曲。果实长卵形或卵形，长2.5毫米，宽2毫米，幼果表面有啮蚀状或微波状的薄层，成熟后成短而直的皮刺，基部连成薄片；分生果的横剖面呈圆形；油管 5，中等大小。胚乳腹面平直。花果期 4—11 月。

【生境与分布】生于海拔 510 ～ 2000 米的山坡林下、沟谷、溪边及湿润的沙质土壤。产于安徽、浙江、台湾、江西、湖北、广东、广西、四川、贵州等地区。

【中药名称】薄片变豆菜。

【来源】为伞形科植物薄片变豆菜（*Sanicula lamelligera* Hance）的全草。

【性味功效】治风寒感冒，咳嗽，闭经。

388. 小窃衣 *Torilis japonica*（Houtt.）DC.

【别名】破子草、大叶山胡萝卜等。

【植物形态】一年或多年生草本，高 20 ～ 120 厘米。主根细长，圆锥形，棕黄色，支根多数。茎有纵条纹及刺毛。叶柄长 2 ～ 7 厘米，下部有窄膜质的叶鞘；叶片长卵形，一至二回羽状分裂，两面疏生紧贴的粗毛，第一回羽片卵状披针形，长 2 ～ 6 厘米，宽 1 ～ 2.5 厘米，先端渐窄，边缘羽状深裂至全缘，有 0.5 ～ 2 厘米长的短柄，末回裂片披针形以至长圆形，边缘有条裂状的粗齿至缺刻或分裂。复伞形花序顶生或腋生，花序梗长 3 ～ 25 厘米，有倒生的刺毛；总苞片 3 ～ 6，长 0.5 ～ 2 厘米，通常线形，极少叶状；伞辐 4 ～ 12，长 1 ～ 3 厘米，开展，有向上的刺毛；小总苞片 5 ～ 8，线形或钻形，长 1.5 ～ 7 毫米，宽 0.5 ～ 1.5 毫米；小伞形花序有花 4 ～ 12 朵，花柄长 1 ～ 4 毫米，短于小总苞片；萼齿细小，三角形或三角状披针形；花瓣白色、紫红或蓝紫色，倒圆卵形，顶端内折，长与宽均 0.8 ～ 1.2 毫米，外面中间至基部有紧贴的粗毛；花丝长约 1 毫米，花药圆卵形，长约 0.2 毫米；花柱基部平压状或圆锥形，花柱幼时直立，果熟时向外反曲。果实圆卵形，长 1.5 ～ 4 毫米，宽 1.5 ～ 2.5 毫米，通常有内弯或呈钩状的皮刺；皮刺基部阔展，粗糙；胚乳腹面凹陷，每棱槽有油管 1。花果期 4—10 月。

【生境与分布】除黑龙江、内蒙古及新疆外，全国各地均产。生长于杂木林下、林缘、路旁、河沟边以及溪边草丛，海拔 150 ～ 3060 米。

【中药名称】窃衣。

【来源】为伞形科植物小窃衣（*Torilis japonica*（Houtt.）DC.）的果实或全草。

【采收加工】夏末秋初采收，晒干或鲜用。

【性味功效】苦，辛，平。归脾、大肠经。杀虫止泻，收湿止痒。用于虫积腹痛，泻痢，疮疡溃烂，阴痒带下，风湿疹。

【应用举例】治腹痛：鲜窃衣 30 克，水煎，去渣，调冬蜜 30 克服。

一百一十五、鹿蹄草科 Pyrolaceae

常绿草本状小半灌木，具细长的根茎或为多年生腐生肉质草本植物，无叶绿素，全株无色，半透明。叶为单叶，基生，互生，稀为对生或轮生，有时退化成鳞片状叶，边缘有细锯齿或全缘；无托叶。花单生或聚成总状花序、伞房花序或伞形花序，两性花，整齐；萼 5（2 ～ 4 或 6）全裂或无萼片；花瓣 5，稀 3 ～ 4 或 6，雄蕊 10，稀 6 ～ 8 及 12，花药顶孔裂，纵裂或横裂；花粉四分子型或单独；子房上位，基部有花盘或无，5（4）心皮合生，胚珠多数，中轴胎座或侧膜胎座，花柱单一，柱头多少浅裂或圆裂。果为蒴果或浆果；种子小，多数。

本科植物多为矮小喜阴的森林植物，14 属 60 余种，分布于北半球，多数种集中于温带和寒温带地区。我国有 7 属 40 种 5 变种，产于全国各地，但以东北与西南较为集中，尤其西南有不少是我国特产种，约占我国全部种的 52.5%。

全国第四次中药资源普查秭归境内发现 2 种。

389. 水晶兰 *Monotropa uniflora* L.

【别名】梦兰花、水兰草、银锁匙等。

【植物形态】多年生草本，腐生；茎直立，单一，不分枝，高 10 ～ 30 厘米，全株无叶绿素，白色，肉质，干后变黑褐色。根细而分枝密，交结成鸟巢状。叶鳞片状，直立，互生，长圆形或狭长圆形或宽披针形，长 1.4 ～ 1.5 厘米，宽 4 ～ 4.5 毫米，先端钝头，无毛或上部叶稍有毛，边缘近全缘。花单一，顶生，先下垂，后直立，花冠筒状钟形，长 1.4 ～ 2 厘米，直径 1.1 ～ 1.6 厘米；苞片鳞片状，与叶同形；萼片鳞片状，早落；花瓣 5 ～ 6，离生，楔形或倒卵状长圆形，长 1.2 ～ 1.6 厘米，上部最宽 5.5 ～ 7 毫米，有不整齐的齿，内侧常有密长粗毛，早落；雄蕊 10 ～ 12，花丝有粗毛，花药黄色；花盘 10 齿裂；子房中轴胎座，5 室；花柱长 2 ～ 3 毫米，柱头膨大成漏斗状。蒴果椭圆状球形，直立，向上，长 1.3 ～ 1.4 厘米。花期 8—9 月，果期（9）10—11 月。

【生境与分布】生于海拔 800 ～ 3850 米山地林下。产于山西、陕西、甘肃、青海、浙江、安徽、台湾、湖北、江西、云南、四川、贵州、西藏等地区。

【中药名称】水晶兰。

【来源】为鹿蹄草科植物水晶兰（*Monotropa uniflora* L.）的根或全草。

【采收加工】夏、秋季采集，晒干。

【性味功效】甘，平。归肺经。补肺止咳。用于肺虚咳嗽。

【应用举例】内服：煎汤，9 ～ 15 克；或炖肉食。

390. 鹿蹄草 *Pyrola calliantha* H. Andres

【别名】小秦王草、破血丹、纸背金牛草等。

【植物形态】常绿草本状小半灌木，高（10）15 ～ 30 厘米；根茎细长，横生，斜升，有分枝。叶 4 ～ 7，基生，革质；椭圆形或圆卵形，稀近圆形，长（2.5）3 ～ 5.2 厘米，宽（1.7）2.2 ～ 3.5 厘米，先端钝头或圆钝头，基部阔楔形或近圆形，边缘近全缘或有疏齿，上面绿色，下面常有白霜，有时带紫色；叶柄长 2 ～ 5.5 厘米，有时带紫色。花葶有 1 ～ 2（4）枚鳞片状叶，卵状披针形或披针形，长 7.5 ～ 8 毫米，宽 4 ～ 4.5 毫米，先端渐尖或短渐尖，基部稍抱花葶。总状花序长 12 ～ 16 厘米，有 9 ～ 13 朵花，密生，花倾斜，稍下垂，花冠广开，较大，直径 1.5 ～ 2 厘米，白色，有时稍带淡红色；花梗长 5 ～ 8（10）毫米，腋间有长舌形苞片，长 6 ～ 7.5 毫米，宽 1.6 ～ 2 毫米，先端急尖；萼片舌形，长（3）5 ～ 7.5 毫米，宽（1.5）2 ～ 3 毫米，先端急尖或钝尖，边缘近全缘；花瓣倒卵状椭圆形或倒卵形，长 6 ～ 10 毫米，宽 5 ～ 8 毫米；雄蕊 10，花丝无毛，花药长圆柱形，长（2.1）2.5 ～ 4 毫米，宽 1 ～ 1.4 毫米，有小角，黄色；花柱长 6 ～ 8（10）毫米，常带淡红色，倾斜，近直立或上部稍向上弯曲，伸出或稍伸出花冠，顶端增粗，有不明显的环状突起，柱头 5 圆裂。蒴果扁球形，高 5 ～ 5.5 毫米，直径 7.5 ～ 9 毫米。花期 6—8 月，果期 8—9 月。

【生境与分布】生于海拔 700 ～ 4100 米山地针叶林、针阔叶混交林或阔叶林下。产于陕西、青海、甘肃、山西、山东、河北、河南、安徽、江苏、浙江、福建、湖北、湖南、江西、四川、贵州、云南、西藏等地。

【中药名称】鹿衔草。

【来源】为鹿蹄草科植物鹿蹄草（*Pyrola calliantha* H. Andres）的干燥全草。

【采收加工】栽后3～4年采收，在9—10月结合分株进行。除去杂草，晒至发软，堆积发汗，盖麻袋等物，使叶片变紫红色或紫褐色后，晒或烘干。

【性味功效】甘，苦，温。归肝、肾经。祛风湿，强筋骨，止血，止咳。用于风湿痹痛，肾虚腰痛，腰膝无力，月经过多，久咳劳嗽。

【应用举例】内服：煎汤，15～30克；研末，6～9克。外用：适量，捣敷或研撒；或煎水洗。

一百一十六、紫金牛科 Myrsinaceae

灌木、乔木或攀援灌木，稀藤本或近草本。单叶互生，稀对生或近轮生，通常具腺点或脉状腺条纹，稀无，全缘或具各式齿，齿间有时具边缘腺点；无托叶。总状花序、伞房花序、伞形花序、聚伞花序及上述各式花序组成的圆锥花序或花簇生，腋生、侧生、顶生或生于侧生特殊花枝顶端，或生于具覆瓦状排列的苞片的小短枝顶端；具苞片，有的具小苞片；花通常两性或杂性，稀单性，有时雌雄异株或杂性异株，辐射对称，覆瓦状或镊合状排列，或螺旋状排列，4或5数，稀6数；花萼基部连合或近分离，或与子房合生，通常具腺点，宿存；花冠通常仅基部连合或成管，稀近分离，裂片各式，通常具腺点或脉状腺条纹；雄蕊与花冠裂片同数，对生，着生于花冠上，分离或仅基部合生，稀呈聚药（我国不产）；花丝长、短或几无；花药2室，纵裂，稀孔裂或室内具横隔（蜡烛果属），有时在雌花中常退化；雌蕊1，子房上位，稀半下位或下位（杜茎山属），1室，中轴胎座或特立中央胎座（有时为基生胎座）；胚珠多数，1或多轮，通常埋藏于多分枝的胎座中，倒生或半弯生，常仅1枚发育，稀多数发育；花柱1，长或短；柱头点尖或分裂，扁平、腊肠形或流苏状。浆果核果状，外果皮肉质、微肉质或坚脆，内果皮坚脆，有种子1枚或多数；种子具丰富的肉质或角质胚乳；胚圆柱形，通常横生。

本科有32～35属1000余种，主要分布于南、北半球热带和亚热带地区，南非及新西兰亦有。我国有6属129种18变种，主要产于长江流域以南各地区。

全国第四次中药资源普查秭归境内发现3种。

391. 朱砂根 *Ardisia crenata* Sims

【别名】大罗伞、红铜盘、八角金龙、金玉满堂等。

【植物形态】灌木，高1～2米，稀达3米；茎粗壮，无毛，除侧生特殊花枝外，无分枝。叶片革质或坚纸质，椭圆形、椭圆状披针形至倒披针形，顶端急尖或渐尖，基部楔形，长7～15厘米，宽2～4厘米，边缘具皱波状或波状齿，具明显的边缘腺点，两面无毛，有时背面具极小的鳞片，侧脉12～18对，构成不规则的边缘脉；叶柄长约1厘米。伞形花序或聚伞花序，着生于侧生特殊花枝顶端；花枝近顶端常具2～3片叶或更多，或无叶，长4～16厘米；花梗长7～10

毫米，儿无毛；花长 4 ～ 6 毫米，花萼仅基部连合，萼片长圆状卵形，顶端圆形或钝，长 1.5 毫米或略短，稀达 2.5 毫米，全缘，两面无毛，具腺点；花瓣白色，稀略带粉红色，盛开时反卷，卵形，顶端急尖，具腺点，外面无毛，里面有时近基部具乳头状突起；雄蕊较花瓣短，花药三角状披针形，背面常具腺点；雌蕊与花瓣近等长或略长，子房卵珠形，无毛，具腺点；胚珠 5 枚，1 轮。果球形，直径 6 ～ 8 毫米，鲜红色，具腺点。花期 5—6 月，果期 10—12 月，有时翌年 2—4 月。

【生境与分布】常生于海拔 90 ～ 2400 米的疏、密林下阴湿的灌木丛中。产于我国西藏东南部至台湾，湖北至海南岛等地区。

【中药名称】朱砂根、朱砂根叶。

【来源】紫金牛科植物朱砂根（*Ardisia crenata* Sims）的干燥根为朱砂根，叶为朱砂根叶。

【采收加工】朱砂根：秋季采挖根部，洗净，切段，鲜用或晒干。

朱砂根叶：4—10 月采收，晒干。

【性味功效】朱砂根：微苦，辛，平。归肺、肝经。解毒消肿，活血止痛，祛风除湿。用于咽喉肿痛，风湿痹痛，跌打损伤。

朱砂根叶：活血化瘀。用于咳嗽咳血，无名肿毒，跌打损伤。

【应用举例】朱砂根：治跌打损伤、关节风痛，朱砂根 9 ～ 15 克，水煎或冲黄酒服。

朱砂根叶：治咳嗽咳血，鲜朱砂根叶五钱，甘草一钱，水煎服。

392. 百两金 *Ardisia crispa*（Thunb.）A. DC.

【别名】山豆根、地杨梅、开喉箭、珍珠伞、矮茶、白八爪、八爪金龙等。

【植物形态】灌木，高 60 ～ 100 厘米，具匍匐生根的根茎，直立茎除侧生特殊花枝外，无分枝，花枝多，幼嫩时具细微柔毛或疏鳞片。叶片膜质或近坚纸质，椭圆状披针形或狭长圆状披针形，顶端长渐尖，稀急尖，基部楔形，长 7 ～ 12（15）厘米，宽 1.5 ～ 3（4）厘米，全缘或略呈波状，具明显的边缘腺点，两面无毛，背面多少具细鳞片，无腺点或具极疏的腺点，侧脉约 8 对，边缘脉不明显；叶柄长 5 ～ 8 毫米。亚伞形花序，着生于侧生特殊花枝顶端，花枝长 5 ～ 10 厘米，通常无叶，长 13 ～ 18 厘米者，则中部以上具叶或仅近顶端有 2 ～ 3 片叶；花梗长 1 ～ 1.5 厘米，被微柔毛；花长 4 ～ 5 毫米，花萼仅基部连合，萼片长圆状卵形或披针形，顶端急尖或狭圆形，长 1.5 毫米，多少具腺点，无毛；花瓣白色或粉红色，卵形，长 4 ～ 5 毫米，顶端急尖，外面无毛，里面多少被细微柔毛，具腺点；雄蕊较花瓣略短，花药狭长圆状披针形，背部无腺点或有；雌蕊与花瓣等长或略长，子房卵珠形，无毛；胚珠 5 枚，1 轮。果球形，直径 5 ～ 6 毫米，鲜红色，具腺点。花期 5—6 月，果期 10—12 月，有时植株上部开花，下部果熟。

【生境与分布】产于长江流域以南各省区（海南岛未发现），海拔 100 ～ 2400 米的山谷、山坡，疏、密林下或竹林下。我县均有分布。

【中药名称】百两金、百两金叶。

【来源】紫金牛科植物百两金（*Ardisia crispa*（Thunb.）A. DC.）的根及根茎为百两金，叶片为百两金叶。

【采收加工】百两金：全年可采，以秋、冬季采较好，采后洗净鲜用或晒干。

百两金叶：全年可采，以秋、冬季采较好，采后洗净鲜用或晒干。

【性味功效】百两金：苦，辛，凉。清热利咽，祛痰利湿，活血解毒。用于咽喉肿痛，咳嗽咯痰不畅，湿热黄疸，小便淋痛，风湿痹痛，跌打损伤，疔疮，无名肿毒，蛇咬伤等。

百两金叶：包损伤，涂诸疮，通淋等。

【应用举例】百两金：治喉头溃烂，百两金三钱，水煎，用猪肝汤兑服。

百两金叶：治胃气痛，百两金叶三钱，研末，开水冲服，每日 2 ～ 3 次。

393. 紫金牛 *Ardisia japonica*（Thunb.）Bl.

【别名】小青、矮茶、短脚三郎、不出林、凉伞盖珍珠等。

【植物形态】小灌木或亚灌木，近蔓生，具匍匐生根的根茎；直立茎长达 30 厘米，稀达 40 厘米，不分枝，幼时被细微柔毛，以后无毛。叶对生或近轮生，叶片坚纸质或近革质，椭圆形至椭圆状倒卵形，顶端急尖，基部楔形，长 4 ～ 7 厘米，宽 1.5 ～ 4 厘米，边缘具细锯齿，多少具腺点，两面无毛或有时背面仅中脉被细微柔毛，侧脉 5 ～ 8 对，细脉网状；叶柄长 6 ～ 10 毫米，被微柔毛。亚伞形花序，腋生或生于近茎顶端的叶腋，总梗长约 5 毫米，有花 3 ～ 5 朵；花梗长 7 ～ 10 毫米，常下弯，二者均被微柔毛；花长 4 ～ 5 毫米，有时 6 数，花萼基部连合，萼片卵形，顶端急尖或钝，长约 1.5 毫米或略短，两面无毛，具缘毛，有时具腺点；花瓣粉红色或白色，广卵形，长 4 ～ 5 毫米，无毛，具密腺点；雄蕊较花瓣略短，花药披针状卵形或卵形，背部具腺点；雌蕊与花瓣等长，子房卵珠形，无毛；胚珠 15 枚，3 轮。果球形，直径 5 ～ 6 毫米，鲜红色转黑色，多少具腺点。花期 5—6 月，果期 11—12 月，有时 5—6 月仍有果。

【生境与分布】见于海拔 1200 米以下的山间林下或竹林下阴湿的地方。产于陕西及长江流域以南各地区。我县均有分布。

【中药名称】矮地茶。

【来源】为紫金牛科植物紫金牛 (*Ardisia japonica*（Thunb.）Bl.) 的干燥全草。

【采收加工】夏、秋二季茎叶茂盛时采挖，除去泥沙，置阴凉干燥处。

【性味功效】平，辛，微苦。归肺、肝经。化痰止咳，清利湿热，活血化瘀。用于新久咳嗽，喘满痰多，湿热黄疸，闭经瘀阻，风湿痹痛，跌打损伤等。

【应用举例】治肺结核、结核性胸膜炎：矮地茶、夏枯草各 12 克，百部、白及、天冬、功劳叶、桑白皮各 9 克，水煎服。

一百一十七、报春花科 Primulaceae

多年生或一年生草本，稀为亚灌木。茎直立或匍匐，具互生、对生或轮生之叶，或无地上茎而叶全部基生，并常形成稠密的莲座丛。花单生或组成总状、伞形或穗状花序，两性，辐射对称；花萼通常 5 裂，稀 4 或 6 ～ 9 裂，宿存；花冠下部合生成短或长筒，上部通常 5 裂，稀 4 或 6 ～ 9 裂，仅 1 单种属（海乳草属）无花冠；雄蕊多贴生于花冠上，与花冠裂片同数而对生，极少具 1 轮鳞片状退化雄蕊，花丝分离或下部连合成筒；子房上位，仅 1 属（水茴草属）半下位，1 室；花柱单一；胚珠通常多数，生于特立中央胎座上。蒴果通常 5 齿裂或瓣裂，稀盖裂；种子小，有棱角，常为盾状，种脐位于腹面的中心；胚小而直，藏于丰富的胚乳中。

本科共 22 属近 1000 种，分布于全世界，主产于北半球温带地区。我国有 13 属近 500 种，产于全国各地，尤以西部高原和山区种类特别丰富。四川西部、云南西北部和西藏东南部是报春花属、点地梅属和独花报春属的现代分布中心；珍珠菜属主要分布于我国西南和中南部地区；羽叶点地梅属则为我国所特有。

全国第四次中药资源普查秭归境内发现 4 种。

394. 矮桃 *Lysimachia clethroides* Duby

【别名】珍珠草、调经草、尾脊草、刨鸡尾、劳伤药、伸筋散、九节莲等。

【植物形态】多年生草本，全株多少被黄褐色卷曲柔毛。根茎横走，淡红色。茎直立，高 40 ～ 100 厘米，圆柱形，基部带红色，不分枝。叶互生，长椭圆形或阔披针形，长 6 ～ 16 厘米，宽 2 ～ 5 厘米，先端渐尖，基部渐狭，两面散生黑色粒状腺点，近于无柄或具长 2 ～ 10 毫米的柄。总状花序顶生，盛花期长约 6 厘米，花密集，常转向一侧，后渐伸长，果时长 20 ～ 40 厘米；苞片线状钻

形，比花梗稍长；花梗长 4 ～ 6 毫米；花萼长 2.5 ～ 3 毫米，分裂近达基部，裂片卵状椭圆形，先端圆钝，周边膜质，有腺状缘毛；花冠白色，长 5 ～ 6 毫米，基部合生部分长约 1.5 毫米，裂片狭长圆形，先端圆钝；雄蕊内藏，花丝基部约 1 毫米连合并贴生于花冠基部，分离部分长约 2 毫米，被腺毛；花药长圆形，长约 1 毫米；花粉粒具 3 孔沟，长球形［（29.5 ～ 36.5）微米 ×（22 ～ 26）微米］，表面近于平滑；子房卵珠形，花柱稍粗，长 3 ～ 3.5 毫米。蒴果近球形，直径 2.5 ～ 3 毫米。花期 5—7 月，果期 7—10 月。

【生境与分布】生于山坡林缘和草丛中。产于我国东北、华中、西南、华南、华东各地区以及河北、陕西等省。我县均有分布。

【中药名称】珍珠菜。

【来源】为报春花科植物矮桃（*Lysimachia clethroides* Duby）的根或全草。

【采收加工】秋季采收。鲜用或干用。

【性味功效】苦，辛，平。归肝、脾经。清热利湿，活血散瘀，解毒消痈。用于水肿，热淋，黄疸，痢疾，风湿热痹，带下，闭经，跌打损伤，骨折，外伤出血，乳痈，疔疮，蛇咬伤等。

【应用举例】治月经不调：珍珠菜、蓼子草、小血藤、大血藤、当归、牛膝、红花、紫草各二钱，泡酒一斤，每服药酒五钱至一两。

395. 巴东过路黄 *Lysmiachia patungensis* Hand.-Mazz.

【别名】四儿风、四叶黄、四片瓦、四块瓦等。

【植物形态】茎纤细，匍匐伸长，节上生根，长 10 ～ 40 厘米，密被铁锈色多细胞柔毛；分枝上升，长 3 ～ 10 厘米，节间长 1 ～ 3.5 厘米。叶对生，茎端的 2 对（其中 1 对常缩小成苞片状）密聚，呈轮生状，叶片阔卵形或近圆形，极少近椭圆形，长 1.3 ～ 3.8 厘米，宽 8 ～ 30 毫米，先端钝圆、圆形或有时微凹，基部宽截形，稀为楔形，草质而稍厚，上面绿色，下面粉绿色，两面密布具节糙伏毛，边缘透光可见透明粗腺条，中肋稍宽，在下面微隆起，侧脉不明显；叶柄长约为叶片的一半或与叶片近等长，密被柔毛。花 2 ～ 4 朵集生于茎和枝的顶端，无苞片；花梗长 6 ～ 25 毫米，密被铁锈色柔毛；花萼长 6 ～ 7 毫米，分裂近达基部，裂片披针形，宽约 1.5 毫米，顶端稍钝，具极狭的膜质边缘，背面被疏柔毛；花冠黄色，内面基部橙红色，长 12 ～ 14 毫米，基部合生部分长 2 ～ 3 毫米，裂片长圆形，宽 3 ～ 5 毫米，先端圆钝，有少数透明粗腺条（干后有时呈淡褐色）；花丝下部合生成高 2 ～ 3 毫米的筒，分离部分长4～6毫米；花药卵状长圆形，长约1.5毫米；花粉粒具3孔沟，近球形［（28～30）微米×（25～27）微米］，表面具网状纹饰；子房上部被毛，花柱长达6毫米。蒴果球形，直径4～5毫米。花期5—6月，果期7—8月。

【生境与分布】生于山谷溪边和林下，垂直分布上限可达海拔1000米。产于湖北、湖南、广东、江西、安徽、浙江、福建等地区。

【中药名称】大四块瓦。

【来源】为报春花科植物巴东过路黄（*Lysmiachia patungensis* Hand.-Mazz.）的全草。

【采收加工】夏季采收，晒干或鲜用。

【性味功效】辛，温。祛风除湿，活血止痛。用于风寒咳嗽，风湿痹痛，跌打损伤。

【应用举例】内服：煎汤，15～30克；或泡酒。外用：适量，鲜品捣敷。

396. 落地梅 *Lysimachia paridiformis* Franch.

【别名】重楼排草、四块瓦、四叶黄、四儿风等。

【植物形态】根茎粗短或成块状；根簇生，纤维状，直径约1毫米，密被黄褐色绒毛。茎通常二至数条簇生，直立，高10～45厘米，无毛，不分枝，节部稍膨大。叶4～6片在茎端轮生，极少出现第二轮叶，下部叶退化呈鳞片状，叶片倒卵形至椭圆形，长5～17厘米，宽3～10厘米，先端短渐尖，基部楔形，无柄或近于无柄，干时坚纸质，无毛，两面散生黑色腺条，有时腺条颜色不显现，仅见条状隆起，

侧脉4～5对，在下面稍隆起，网脉隐蔽。花集生茎端成伞形花序，有时亦有少数花生于近茎端的1对鳞片状叶腋；花梗长5～15毫米；花萼长8～12毫米，分裂近达基部，裂片披针形或自卵形的基部长渐尖，无毛或具稀疏缘毛，有时具稀疏黑腺条；花冠黄色，长12～14毫米，基部合生部分长约3毫米，裂片狭长圆形，宽约4.5毫米，先端钝或圆形；花丝基部合生成高2毫米的筒，分离部分长3～5毫米；花药椭圆形，长约1.5毫米；花粉粒具3孔沟，近球形［（29.5～31.5）微米×（26～30）微米］，表面具网状纹饰；子房无毛，花柱长约8.5毫米。蒴果近球形，直径3.5～4毫米。花期5—6月，果期7—9月。

【生境与分布】生于山谷林下湿润处，垂直分布上限可达海拔1400米。产于四川、贵州、湖北、湖南等地区。

【中药名称】重楼排草。

【来源】为报春花科植物落地梅（*Lysimachia paridiformis* Franch.）的全草。

【采收加工】全年均可采收，晒干。

【性味功效】辛，苦，温。宽胸利膈，祛痰，镇咳，止痛。用于肺结核，久咳，胃肠炎，胃痛，风湿腰痛，产后腹痛；外用治跌打损伤、毒蛇咬伤、疖肿。

【应用举例】0.5～1两，外用鲜品适量，捣烂敷患处。

397. 鄂报春 *Primula obconica* Hance

【别名】四季报春花、四季樱草等。

【植物形态】多年生草本。根状茎粗短或有时伸长，向下发出棕褐色长根。叶卵圆形、椭圆形或矩圆形，长3～14（17）厘米，宽2.5～11厘米，先端圆形，基部心形或有时圆形，边缘近全缘具小齿或呈浅波状而具圆齿状裂片，干时纸质或近膜质，上面近于无毛或被毛，毛极短，呈小刚毛状或为多细胞柔毛，下面沿叶脉被多细胞柔毛，其余部分无毛或疏被柔毛，中肋及4～6对侧脉在下面显著；叶柄长3～14厘米，被白色或褐色的多细胞柔毛，基部增宽，多少呈鞘状。花葶1至多枚自叶丛中抽出，高6～28厘米，被毛同叶柄，但通常较稀疏；伞形花序具2～13朵花，在栽培条件下可出现第二轮花序；苞片线形至线状披针形，长5～10毫米，被柔毛；花梗长5～20（25）毫米，被柔毛；花萼杯状或阔钟状，长5～10毫米，具5脉，外面被柔毛，通常基部毛较长且稍密，5浅裂，裂片长0.5～2毫米，阔三角形或半圆形而具小骤尖头，花冠玫瑰红色，稀白色，冠筒长于花萼0.5～1倍，喉部具环状附属物，冠檐直径1.5～2.5厘米，裂片倒卵形，先端2裂。花异型或同型：长花柱花，雄蕊靠近冠筒基部着生，花柱长近达冠筒口；短花柱花，雄蕊着生于冠筒中上部，花柱长2～2.5毫米；同型花，雄蕊着生处和花柱长均近达冠筒口。蒴果球形，直径约3.5毫米。花期3—6月。

【生境与分布】生长于林下、水沟边和湿润岩石上，海拔500～2200米。产于云南、四川、贵州、湖北（西部）、湖南、广西、广东（北部）和江西（宜丰）。

【中药名称】鄂报春。

【来源】为报春花科植物鄂报春（*Primula obconica* Hance）的根。

【采收加工】秋季或初春采挖，除去地上部分，洗净，晒干。

【性味功效】苦，凉。归脾、胃经。解酒毒，止腹痛。用于嗜酒无度，酒毒伤脾，腹痛便泄。

【应用举例】内服：煎汤，9～15克。

一百一十八、柿科 Ebenaceae

乔木或直立灌木，不具乳汁，少数有枝刺。叶为单叶，互生，很少对生，排成二列，全缘，无托叶，具羽状叶脉。花多半单生，通常雌雄异株，或为杂性，雌花腋生，单生，雄花常生在小聚伞花序上或簇生，或为单生，整齐；花萼 3 ～ 7 裂，多少深裂，在雌花或两性花中宿存，常在果时增大，裂片在花蕾中镊合状或覆瓦状排列，花冠 3 ～ 7 裂，早落，裂片旋转排列，很少覆瓦状排列或镊合状排列；雄蕊离生或着生在花冠管的基部，常为花冠裂片数的 2 ～ 4 倍，很少和花冠裂片同数而与之互生，花丝分离或两枚连生成对，花药基着，2 室，内向，纵裂，雌花常具退化雄蕊或无雄蕊；子房上位，2 ～ 16 室，每室具 1 ～ 2 个悬垂的胚珠；花柱 2 ～ 8 枚，分离或基部合生；柱头小，全缘或 2 裂；在雄花中，雌蕊退化或缺。浆果多肉质；种子有胚乳，胚乳有时为嚼烂状，胚小，子叶大，叶状；种脐小。

本科有 3 属 500 余种，主要分布于两半球热带地区，在亚洲的温带和美洲的北部种类少。我国有 1 属约 57 种。

全国第四次中药资源普查秭归境内发现 1 种。

398. 柿 *Diospyros kaki* Thunb.

【别名】朱果、猴枣等。

【植物形态】落叶大乔木，通常高达 10 ～ 14 米，胸径达 65 厘米，高龄老树有时高达 27 米；树皮深灰色至灰黑色，者黄灰褐色至褐色，沟纹较密，裂成长方块状；树冠球形或长圆球形，老树冠直径达 10 ～ 13 米，有时高达 18 米。枝开展，绿色至褐色，无毛，散生纵裂的长圆形或狭长圆形皮孔 ；嫩枝初时有棱，有棕色柔毛或绒毛或无毛。冬芽小，卵形，长 2 ～ 3 毫米，先端钝。叶纸质，卵状椭圆形至倒卵形或近圆形，通常较大，长 5 ～ 18 厘米，宽 2.8 ～ 9 厘米，先端渐尖或钝，基部楔形，钝，圆形或近截形，很少为心形，新叶疏生柔毛，老叶上面有光泽，深绿色，无毛，下面绿色，有柔毛或无毛，中脉在上面凹下，有微柔毛，在下面凸起，侧脉每边 5 ～ 7 条，上面平坦或稍凹下，下面略凸起，下部的脉较长，上部的较短，向上斜生，稍弯，将近叶缘网结，小脉纤细，在上面平坦或微凹下，连成小网状；叶柄长 8 ～ 20 毫米，变无毛，上面有浅槽。花雌雄异株，但间或雄株中有少数雌花，雌株中有少数雄花的，花序腋生，为聚伞花序；雄花序小，长 1 ～ 1.5 厘米，弯垂，有短柔毛或绒毛，有花 3 ～ 5 朵，通常有花 3 朵；总花梗长约 5 毫米，有微小苞片；雄花小，长 5 ～ 10 毫米；花萼钟状，两面有毛，深 4 裂，裂片卵形，长约 3 毫米，有睫毛；花冠钟状，不长过花萼的两倍，黄白色，外面或两面有毛，长约 7 毫米，4 裂，裂片卵形或心形，开展，两面有绢毛或外面脊上有长伏柔毛，里面近无毛，先端钝，雄蕊 16 ～ 24 枚，着生在花冠管的基部，连生成对，腹面 1 枚较短，花丝短，先端有柔毛，花药椭圆状长圆形，顶端渐尖，药隔背部有柔毛，退化子房微小；花梗长约 3 毫米。雌花单生叶腋，长约 2 厘米，花萼绿色，有光泽，直径约3厘米或更大，深4裂，萼管近球状钟形，肉质，长约5毫米，直径7～10毫米，外面密生伏柔毛，里面有绢毛，裂片开展，阔卵形或半圆形，有脉，长约1.5厘米，两面疏生伏柔毛或近无毛，先端钝或急尖，两端略向背后弯卷；花冠淡黄白色或黄白色而带紫红色，壶形或近钟形，较花萼短小，长和直径各1.2～1.5厘米，4裂，花冠管近四棱形，直径6～10毫米，裂片阔卵形，长5～10毫米，宽4～8毫米，上部向外弯曲；退化雄蕊8枚，着生在花冠管的基部，带白色，有长柔毛；子房近扁球形，直径约6毫米，多少具4棱，无毛或有短柔毛，8室，每室有胚珠1颗；花柱4深裂，柱头2浅裂；花梗长6～20毫米，密生短柔毛。果形各种，有球形、扁球形、球形而略呈方形、卵形，等，直径3.5～8.5厘米，基部通常有棱，嫩时绿色，后变黄色、橙黄色，果肉较脆硬，熟时果肉柔软多汁，呈橙红色或大红色等，有种子数颗；种子褐色，椭圆状，长约2厘米，宽约1厘米，侧扁，在栽培品种中通常无种子或有少数种子；宿存萼在花后增大增厚，宽3～4厘米，4裂，方形或近圆形，近平扁，厚革质或干时近木质，外面有伏柔毛，后变无毛，里面密被棕色绢毛，裂片革质，宽1.5～2厘米，长1～1.5厘米，两面无毛，有光泽；果柄粗壮，长6～12毫米。花期5—6月，果期9—10月。

【生境与分布】原产于中国长江流域，各省、区多有栽培。

【中药名称】柿蒂、柿子、柿霜、柿根、柿木皮。

【来源】柿科植物柿（*Diospyros kaki* Thunb.）的干燥宿萼为柿蒂，果实为柿子，果实制成“柿饼”时外表所生的白色粉霜为柿霜，根或根皮为柿根，树皮为柿木皮。

【采收加工】柿蒂：秋、冬季收集成熟柿子的果蒂（带宿存花萼），去柄，晒干。

柿霜：取近成熟的柿子，剥去外皮，日晒夜露（防雨、防虫蝇、防尘），经月余后，放置于席圈内，再经月余，即成柿饼。其上生有白色粉霜，用洁净竹片刮下即成柿霜。除去杂质及残留宿萼，过40目筛。将柿霜放于锅内加热融化，成蚀状时，倒入模型中，晾至七成干，用刀铲下，再晾至全干，刷净，即成柿霜饼。

柿根：9—10月采挖，洗净，鲜用或晒干。

柿木皮：全年均可采收，剥取树皮，晒干。

【性味功效】柿蒂：苦，涩，平。归胃经。降逆止呃。用于呃逆等。

柿子：甘，涩，凉。归心、肺、大肠经。清热，润肺，生津，解毒。用于咳嗽，吐血，热渴，口疮，热痢，便血等。

柿霜：甘，凉。归心、肺、胃经。润肺止咳，生津利咽，止血。用于肺热燥咳，咽干喉痛，口舌生疮，吐血，咯血，消渴等。

柿根：涩，平。清热解毒，凉血止血。用于血崩、血痢，痔疮等。

柿木皮：涩，平。清热解毒，止血。用于下血，烫伤等。

【应用举例】柿蒂：治呃逆，柿蒂、丁香、人参等份，为细末，水煎，食后服。

柿子：治寒泻、水泻，柿饼2个，放饭上蒸熟食。

柿霜：治咽喉嗽痛，柿霜、硼砂、天冬、麦冬各二钱，元参一钱，乌梅肉五分，蜜丸含化。

柿根：治血痢、红崩，柿根、红斑鸠各60克。第1剂煎水服，第2剂炖肉服。

柿木皮：治下血不止，柿木皮，晒干，筛末，服之。

一百一十九、木犀科 Oleaceae

乔木，直立或藤状灌木。叶对生，稀互生或轮生，单叶、三出复叶或羽状复叶，稀羽状分裂，全缘或具齿；具叶柄，无托叶。花辐射对称，两性，稀单性或杂性，雌雄同株、异株或杂性异株，通常聚伞花序排列成圆锥花序，或为总状、伞状、头状花序，顶生或腋生，或聚伞花序簇生于叶腋，稀花单生；花萼4裂，有时多达12裂，稀无花萼；花冠4裂，有时多达12裂，浅裂、深裂至近离生，或有时在基部成对合生，稀无花冠，花蕾时呈覆瓦状或镊合状排列；雄蕊2枚，稀4枚，着生于花冠管上或花冠裂片基部，花药纵裂，花粉通常具3沟；子房上位，由2心皮组成2室，每室具胚珠2枚，有时1或多枚，胚珠下垂，稀向上，花柱单一或无花柱，柱头2裂或头状。果为翅果、蒴果、核果、浆果或浆果状核果；种子具1枚伸直的胚；具胚乳或无胚乳；子叶扁平；胚根向下或向上。

本科有27属400余种，广布于世界热带和温带地区，亚洲地区种类尤为丰富。我国产12属178种6亚种25变种15变型，其中14种1亚种7变型系栽培，南北各地均有分布。连翘属、丁香属、女贞属和木犀属的绝大部分种类均产我国，故我国为上述各属的现代分布中心。

全国第四次中药资源普查秭归境内发现8种。

399. 连翘 *Forsythia suspensa*（Thunb.）Vahl

【别名】黄花杆、黄寿丹等。

【植物形态】落叶灌木。枝开展或下垂，棕色、棕褐色或淡黄褐色，小枝土黄色或灰褐色，略呈四棱形，疏生皮孔，节间中空，节部具实心髓。叶通常为单叶，或3裂至三出复叶，叶片卵形、宽卵形或椭圆状卵形至椭圆形，长2～10厘米，宽1.5～5厘米，先端锐尖，基部圆形、宽楔形至楔形，叶缘除基部外具锐锯齿或粗锯齿，上面深绿色，下面淡黄绿色，两面无毛；叶柄长0.8～1.5厘米，无毛。花通常单生或2至数朵着生于叶腋，先于叶开放；花梗长5～6毫米；花萼绿色，裂片长圆形或长圆状椭圆形，长（5）6～7毫米，先端钝或锐尖，边缘具睫毛，与花冠管近等长；花冠黄色，裂片倒卵状长圆形或长圆形，长1.2～2厘米，宽6～10毫米；在雌蕊长5～7毫米花中，雄蕊长3～5毫米，在雄蕊长6～7毫米的花中，雌蕊长约3毫米。果卵球形、卵状椭圆形或长椭圆形，长1.2～2.5厘米，宽0.6～1.2厘米，先端喙状渐尖，表面疏生皮孔；果梗长0.7～1.5厘米。花期3—4月，果期7—9月。

【生境与分布】产于河北、山西、陕西、山东、安徽西部、河南、湖北、四川。生于山坡灌丛、林下或草丛中，或山谷、山沟疏林中，海拔 250 ～ 2200 米。茅坪镇、泄滩乡有种植。

【中药名称】连翘。

【来源】本品为木犀科植物连翘（*Forsythia suspensa*（Thunb.）Vahl）的干燥果实。

【采收加工】药用分青翘、老翘两种。青翘在 9 月上旬、果皮呈青色尚未成熟时采下，置沸水中稍煮片刻或放蒸笼内蒸约 0.5 小时，取出晒干。老翘在 10 月上旬果实熟透变黄、果壳裂开时采收，晒干，筛去种子及杂质。

【性味功效】苦，微寒。归肺、心、小肠经。清热解毒，消肿散结，疏散风热。用于痈疽，瘰疬，乳痈，丹毒，风热感冒，温病初起，温热入营，高热烦渴，热淋尿闭等。

【应用举例】1. 治肠痈：连翘 15 克，黄芩、栀子各 12 克，金银花 18 克，水煎服。

2. 治舌破生疮：连翘 15 克，黄柏 9 克，甘草 6 克，水煎含漱。

400. 清香藤 *Jasminum lanceolarium* Roxb.

【别名】川清茉莉、光清香藤、北清香藤等。

【植物形态】大型攀援灌木，高 10 ～ 15 米。小枝圆柱形，稀具棱，节处稍压扁，光滑无毛或被短柔毛。叶对生或近对生，三出复叶，有时花序基部侧生小叶退化成线状而成单叶；叶柄长（0.3）1 ～ 4.5 厘米，具沟，沟内常被微柔毛；叶片上面绿色，光亮，无毛或被短柔毛，下面色较淡，光滑或疏被至密被柔毛，具凹陷的小斑点；小叶片椭圆形，长圆形、卵圆形、卵形或披针形，稀近圆形，长 3.5 ～ 16 厘米，宽 1 ～ 9 厘米，先端钝、锐尖、渐尖或尾尖，稀近圆形，基部圆形或楔形，顶生小叶柄稍长或等长于侧生小叶柄，长 0.5 ～ 4.5 厘米。复聚伞花序常排列呈圆锥状，顶生或腋生，有花多朵，密集；苞片线形，长 1 ～ 5 毫米；花梗短或无，果时增粗增长，无毛或密被毛；花芳香；花萼筒状，光滑或被短柔毛，果时增大，萼齿三角形，不明显，或几近截形；花冠白色，高脚碟状，花冠管纤细，长 1.7 ～ 3.5 厘米，裂片 4 ～ 5 枚，披针形、椭圆形或长圆形，长 5 ～ 10 毫米，宽 3 ～ 7 毫米，先端钝或锐尖；花柱异长。果球形或椭圆形，长 0.6 ～ 1.8 厘米，直径 0.6 ～ 1.5 厘米，两心皮基部相连或仅一心皮成熟，黑色，干时呈橘黄色。花期 4—10 月，果期 6 月至翌年 3 月。

【生境与分布】产于长江流域以南各省区以及台湾、陕西、甘肃。生于山坡、灌丛、山谷密林中，海拔 2200 米以下。我县均有分布。

【中药名称】破骨风。

【来源】为木犀科植物清香藤（*Jasminum lanceolarium* Roxb.）的根及茎叶。

【采收加工】秋、冬季采挖根部，洗净，切片；茎叶夏、秋季采，切段，鲜用或晒干。

【性味功效】苦，辛，平。归肺、心经。祛风除湿，凉血解毒。用于风湿痹痛，跌打损伤，头痛，外伤出血，无名毒疮，蛇咬伤。

【应用举例】1. 治风湿性关节炎：破骨风鲜藤30克，五加皮、川牛膝、当归各15克，桂枝9克。米酒引，水煎服，每日1剂。

2. 治腰痛：破骨风、白牛胆各30克，兰香草15克，水煎服。

401. 茉莉花 *Jasminum sambac*（L.）Ait.

【别名】茉莉等。

【植物形态】直立或攀援灌木，高达3米。小枝圆柱形或稍压扁状，有时中空，疏被柔毛。叶对生，单叶，叶片纸质，圆形、椭圆形、卵状椭圆形或倒卵形，长4～12.5厘米，宽2～7.5厘米，两端圆或钝，基部有时微心形，侧脉4～6对，在上面稍凹入，下面凸起，细脉在两面常明显，微凸起，除下面脉腋间常具簇毛外，其余无毛；叶柄长2～6毫米，被短柔毛，具关节。聚伞花序顶生，通常有花3朵，有时单花或多达5朵；花序梗长1～4.5厘米，被短柔毛；苞片微小，锥形，长4～8毫米；花梗长0.3～2厘米；花极芳香；花萼无毛或疏被短柔毛，裂片线形，长5～7毫米；花冠白色，花冠管长0.7～1.5厘米，裂片长圆形至近圆形，宽5～9毫米，先端圆或钝。果球形，直径约1厘米，呈紫黑色。花期5—8月，果期7—9月。

【生境与分布】栽培于庭院、盆景中。我县均有分布。

【中药名称】茉莉花、茉莉根、茉莉叶。

【来源】木犀科植物茉莉花（*Jasminum sambac*（L.）Ait.）的干燥花为茉莉花，根为茉莉根，叶为茉莉叶。

【采收加工】茉莉花：夏季花初开时采收，立即晒干或烘干。

茉莉根：秋、冬季采挖根部，洗净，切片，鲜用或晒干。

茉莉叶：夏、秋季采收，洗净，鲜用或晒干。

【性味功效】茉莉花：辛，微甘，温。归脾、胃、肝经。理气，开郁，辟秽，和中。用于下痢腹痛，结膜炎，疮毒等。

茉莉根：苦，热。归肝经。麻醉，止痛。用于跌打损伤及龋齿疼痛，亦治头痛、失眠等。

茉莉叶：辛，微苦，温。归肺、胃经。疏风解表，消肿止痛。用于外感发热，泻痢腹胀，毒虫螫伤等。

【应用举例】茉莉花：治腹胀腹泻，茉莉花、厚朴各 6 克，木香 9 克，山楂 30 克，水煎服。

茉莉根：续筋接骨止痛，茉莉根捣绒，酒炒包患处。

茉莉叶：治赤白痢，茉莉叶捣车前草汁，和蜜一匙，顿服一升，一日三次。

402. 女贞 *Ligustrum lucidum* Ait.

【别名】青蜡树、大叶蜡树、白蜡树、蜡树等。

【植物形态】灌木或乔木，高可达 25 米；树皮灰褐色。枝黄褐色、灰色或紫红色，圆柱形，疏生圆形或长圆形皮孔。叶片常绿，革质，卵形、长卵形或椭圆形至宽椭圆形，长 6 ～ 17 厘米，宽 3 ～ 8 厘米，先端锐尖至渐尖或钝，基部圆形或近圆形，有时宽楔形或渐狭，叶缘平坦，上面光亮，两面无毛，中脉在上面凹入，下面凸起，侧脉 4 ～ 9 对，两面稍凸起或有时不明显；叶柄长 1 ～ 3 厘米，上面具沟，无毛。

圆锥花序顶生，长 8 ～ 20 厘米，宽 8 ～ 25 厘米；花序梗长 0 ～ 3 厘米；花序轴及分枝轴无毛，紫色或黄棕色，果时具棱；花序基部苞片常与叶同型，小苞片披针形或线形，长 0.5 ～ 6 厘米，宽 0.2 ～ 1.5 厘米，凋落；花无梗或近无梗，长不超过 1 毫米；花萼无毛，长 1.5 ～ 2 毫米，齿不明显或近截形；花冠长 4 ～ 5 毫米，花冠管长 1.5 ～ 3 毫米，裂片长 2 ～ 2.5 毫米，反折：花丝长 1.5 ～ 3 毫米，花药长圆形，长 1 ～ 1.5 毫米；花柱长 1.5 ～ 2 毫米，柱头棒状。果肾形或近肾形，长 7 ～ 10 毫米，直径 4 ～ 6 毫米，深蓝黑色，成熟时呈红黑色，被白粉；果梗长 0 ～ 5 毫米。花期 5—7 月，果期 7 月至翌年 5 月。

【生境与分布】产于长江以南至华南、西南各省区，向西北分布至陕西、甘肃。生于海拔 2900 米以下疏、密林中。我县均有分布。

【中药名称】女贞子。

【来源】为木犀科植物女贞（*Ligustrum lucidum* Ait.）的果实。

【采收加工】冬季果实成熟时采摘，除去枝叶晒干，或将果实略熏后，晒干，或置热水中烫过后晒干。

【性味功效】甘，苦，凉。归肝、肾经。滋补肝肾，明目乌发。用于眩晕耳鸣，腰膝酸软，须发早白，目暗不明等。

【应用举例】1. 治阴虚骨蒸潮热：女贞子、地骨皮各 9 克，青蒿、夏枯草各 6 克，水煎服。

2. 治视神经炎：女贞子、决明子、青葙子各 30 克，水煎服。

403. 小叶女贞 *Ligustrum quihoui* Carr.

【别名】小叶冬青、小白蜡、楝青、小叶水蜡树等。

【植物形态】落叶灌木，高 1 ～ 3 米。小枝淡棕色，圆柱形，密被微柔毛，后脱落。叶片薄革质，形状和大小变异较大，披针形、长圆状椭圆形、椭圆形、倒卵状长圆形至倒披针形或倒卵形，长 1 ～ 4（5.5）厘米，宽 0.5 ～ 2（3）厘米，先端锐尖、钝或微凹，基部狭楔形至楔形，叶缘反卷，上面深绿色，下面淡绿色，常具腺点，两面无毛，稀沿中脉被微柔毛，中脉在上面凹入，下面凸起，侧脉 2 ～ 6 对，不明显，在上面微凹入，下面略凸起，近叶缘处网结不明显；叶柄长 0 ～ 5 毫米，无毛或被微柔毛。圆锥花序顶生，近圆柱形，长 4 ～ 15（22）厘米，宽 2 ～ 4 厘米，分枝处常有 1 对叶状苞片；小苞片卵形，具睫毛；花萼无毛，长 1.5 ～ 2 毫米，萼齿宽卵形或钝三角形；花冠长 4 ～ 5 毫米，花冠管长 2.5 ～ 3 毫米，裂片卵形或椭圆形，长 1.5 ～ 3 毫米，先端钝；雄蕊伸出裂片外，花丝与花冠裂片近等长或稍长。果倒卵形、宽椭圆形或近球形，长 5 ～ 9 毫米，直径 4 ～ 7 毫米，呈紫黑色。花期 5—7 月，果期 8—11 月。

【生境与分布】产于陕西南部、山东、江苏、安徽、浙江、江西、河南、湖北、四川、贵州西北部、云南、西藏察隅。生于沟边、路旁或河边灌丛中或山坡，海拔 100 ～ 2500 米。

【中药名称】小白蜡条。

【来源】为木犀科女贞属植物小叶女贞（*Ligustrum quihoui* Carr.）的根皮、叶及果。

【采收加工】全年采根皮，夏、秋季采叶，秋、冬季采果，晒干或鲜用。

【性味功效】苦，凉。清热解毒。用于小儿口腔炎，烧烫伤，黄水疮。

【应用举例】用法用量：9 ～ 18 克，外用适量，研粉，香油调敷或鲜品捣汁涂患处。

404. 小蜡 *Ligustrum sinense* Lour.

【别名】黄心柳、水黄杨、千张树等。

【植物形态】落叶灌木或小乔木，高 2 ～ 4（7）米。小枝圆柱形，幼时被淡黄色短柔毛或柔毛，老时近无毛。叶片纸质或薄革质，卵形、椭圆状卵形、长圆形、长圆状椭圆形至披针形，或近圆形，长 2 ～ 7（9）厘米，宽 1 ～ 3（3.5）厘米，先端锐尖、短渐尖至渐尖，或钝而微凹，基部宽楔形至近圆形，或为楔形，上面深绿色，疏被短柔毛或无毛，或仅沿中脉被短柔毛，下面淡绿色，疏被短柔毛或无毛，常沿中脉被短柔毛，侧脉 4 ～ 8 对，上面微凹入，下面略凸起；叶柄长 28 毫米，被短柔毛。圆锥花序顶生或腋生，塔形，长 4 ～ 11 厘米，宽 3 ～ 8 厘米；花序轴被较密淡黄色短柔毛或柔毛以至近无毛；花梗长 1 ～ 3 毫米，被短柔毛或无毛；花萼无毛，长 1 ～ 1.5 毫米，先端呈截形或呈浅波状齿；花冠长 3.5 ～ 5.5 毫米，花冠管长 1.5 ～ 2.5 毫米，裂片长圆状椭圆形或卵状椭圆形，长 2 ～ 4 毫米；花丝与裂片近等长或长于裂片，花药长圆形，长约 1 毫米。果近球形，直径 5 ～ 8 毫米。花期 3—6 月，果期 9—12 月。

【生境与分布】产于江苏、浙江、安徽、江西、福建、台湾、湖北、湖南、广东、广西、贵州、四川、云南。生于山坡、山谷、溪边、河旁、路边的密林、疏林或混交林中，海拔 200 ～ 2600 米。

【中药名称】小蜡树。

【来源】为木犀科植物小蜡（*Ligustrum sinense* Lour.）的树皮及枝叶。

【采收加工】夏、秋季采树皮及枝叶，鲜用或晒干。

【性味功效】苦，凉。清热利湿，解毒消肿。用于感冒发热，肺热咳嗽，咽喉肿痛，口舌生疮，湿热黄疸，痢疾，痈肿疮毒，湿疹，皮炎，跌打损伤，烫伤等。

【应用举例】治黄疸型肝炎：小蜡树鲜枝叶 15 ～ 30 克，水煎服。

405. 木犀 *Osmanthus fragrans*（Thunb.）Lour.

【别名】桂花等。

【植物形态】常绿乔木或灌木，高 3 ～ 5 米，最高可达 18 米；树皮灰褐色。小枝黄褐色，无毛。叶片革质，椭圆形、长椭圆形或椭圆状披针形，长 7 ～ 14.5 厘米，宽 2.6 ～ 4.5 厘米，先端渐尖，基部渐狭呈楔形或宽楔形，全缘或通常上半部具细锯齿，两面无毛，腺点在两面连成小水泡状突起，中脉在上面凹入，下面凸起，侧脉 6 ～ 8 对，多达 10 对，在上面凹入，下面凸起；叶柄长 0.8 ～ 1.2 厘米，最长可达 15 厘米，无毛。聚伞花序簇生于叶腋，或近于帚状，每腋内有花多朵；苞片宽卵形，质厚，长 2 ～ 4 毫米，具小尖头，无毛；花梗细弱，长 4 ～ 10 毫米，无毛；花极芳香；花萼长约 1 毫米，裂片稍不整齐；花冠黄白色、淡黄色、黄色或橘红色，长 3 ～ 4 毫米，花冠管仅长 0.5 ～ 1 毫米；雄蕊着生于花冠管中部，花丝极短，长约 0.5 毫米，花药长约 1 毫米，药隔在花药先端稍延伸，呈不明显的小尖头；雌蕊长约 1.5 毫米，花柱长约 0.5 毫米。果歪斜，椭圆形，长 1 ～ 1.5 厘米，呈紫黑色。花期 9—10 月上旬，果期翌年 3 月。

【生境与分布】原产于我国西南部。现各地广泛栽培。我县均有栽培。

【中药名称】桂花、桂花子。

【来源】木犀科植物木犀（*Osmanthus fragrans*（Thunb.）Lour.）的花为桂花，果实为桂花子。

【采收加工】桂花：9—10 月开花时采收，拣去杂质，阴干，密闭储藏。

桂花子：4—5 月果实成熟时采收，用温水浸泡后，晒干。

【性味功效】桂花：辛，温。归肺、脾、肾经。温肺化饮，散寒止痛。用于痰饮咳喘，脘腹冷痛，肠风血痢，闭经痛经，寒疝腹痛，牙痛，口臭等。

桂花子：甘，辛，温。归肝、胃经。温中行气止痛。用于胃寒疼痛，肝胃气痛等。

【应用举例】桂花：治胃寒腹痛，桂花、高良姜各 4.5 克，小茴香 3 克，煎服。

桂花子：治胃寒疼痛，桂花子、砂仁各 6 克，香附、高良姜各 9 克。水煎服，一日 1 剂。

406. 探春花 *Jasminum floridum* Bunge

【别名】迎夏、鸡蛋黄、牛虱子等。

【植物形态】直立或攀援灌木，高 0.4 ～ 3 米。小枝褐色或黄绿色，当年生枝草绿色，扭曲，四棱，无毛。叶互生，复叶，小叶 3 或 5 枚，稀 7 枚，小枝基部常有单叶；叶柄长 2 ～ 10 毫米；叶片和小叶片上面光亮，干时常具横皱纹，两面无毛，稀沿中脉被微柔毛；小叶片卵形、卵状椭圆形至椭圆形，稀倒卵形或近圆形，长 0.7 ～ 3.5 厘米，宽 0.5 ～ 2 厘米，先端急尖，具小尖头，稀钝或圆形，基部楔形或圆形，中脉在上面凹入，下面凸起，侧脉不明显；顶生小叶片常稍大，具小叶柄，长 0.2 ～ 1.2 厘米，侧生小叶片近无柄；单叶通常为宽卵形、椭圆形或近圆形，长 1 ～ 2.5 厘米，宽 0.5 ～ 2 厘米。聚伞花序或伞状聚伞花序顶生，有花 3 ～ 25 朵；苞片锥形，长 3 ～ 7 毫米；花梗缺或长达 2 厘米；花萼具 5 条突起的肋，无毛，萼管长 1 ～ 2 毫米，裂片锥状线形，长 1 ～ 3 毫米；花冠黄色，近漏斗状，花冠管长 0.9 ～ 1.5 厘米，裂片卵形或长圆形，长 4 ～ 8 毫米，宽 3 ～ 5 毫米，先端锐尖，稀圆钝，边缘具纤毛。果长圆形或球形，长 5 ～ 10 毫米，直径 5 ～ 10 毫米，成熟时呈黑色。花期 5—9 月，果期 9—10 月。

【生境与分布】生于海拔 2000 米以下的坡地、山谷或林中。产于河北、陕西南部、山东、河南西部、湖北西部、四川、贵州北部。茅坪、泄滩乡有种植。

【中药名称】探春花。

【来源】为木犀科植物探春花（*Jasminum floridum* Bunge）的干燥花。

【性味功效】主治咳逆上气、喉痹等；嫩花炒食，其味甘甜。

一百二十、马钱科 Loganiaceae

乔木、灌木、藤本或草本；根、茎、枝和叶柄通常具有内生韧皮部；植株无乳汁，毛被为单毛、星状毛或腺毛；通常无刺，稀枝条变态而成伸直或弯曲的腋生棘刺。单叶对生或轮生，稀互生，全缘或有锯齿；通常为羽状脉，稀3～7条基出脉；具叶柄；托叶存在或缺，分离或连合成鞘，或退化成连接2个叶柄间的托叶线。花通常两性，辐射对称，单生或孪生，或组成2～3歧聚伞花序，再排成圆锥花序、伞形花序或伞房花序、总状或穗状花序，有时也密集成头状花序或为无梗的花束；有苞片和小苞片；花萼4～5裂，裂片覆瓦状或镊合状排列；合瓣花冠，4～5裂，少数8～16裂，裂片在花蕾时为镊合状或覆瓦状排列，少数为旋卷状排列；雄蕊通常着生于花冠管内壁上，与花冠裂片同数，且与其互生，稀退化为1枚，内藏或略伸出，花药基生或略呈背部着生，2室，稀4室，纵裂，内向，基部浅或深2裂，药隔凸尖或圆；无花盘或有盾状花盘；子房上位，稀半下位，通常2室，稀为1室或3～4室，中轴胎座或子房1室为侧膜胎座，花柱通常单生，柱头头状，全缘或2裂，稀4裂，胚珠每室多颗，稀1颗，横生或倒生。果为蒴果、浆果或核果；种子通常小而扁平或椭圆状球形，有时具翅，有丰富的肉质或软骨质的胚乳，胚细小，直立，子叶小。

本科约28属550种，分布于热带至温带地区。钩吻属 *Gelsemium* Juss. 间断分布于北美和亚洲东南部；*Logania* R. Br. 仅出现于澳大利亚和新西兰；马钱属 *Strychnos* Linn. 及醉鱼草属 *Buddleja* Linn. 均广泛分布于热带地区；其他属只在局限范围内有分布。我国产8属54种9变种，分布于西南部至东部，少数西北部，分布中心在云南。

全国第四次中药资源普查秭归境内发现1种。

407. 醉鱼草 *Buddleja lindleyana* Fort.

【别名】闭鱼花、痒见消、鱼尾草、樚木、五霸蔷等。

【植物形态】灌木，高1～3米。茎皮褐色；小枝具四棱，棱上略有窄翅；幼枝、叶片下面、叶柄、花序、苞片及小苞片均密被星状短绒毛和腺毛。叶对生，萌芽枝条上的叶为互生或近轮生，叶片膜质，卵形、椭圆形至长圆状披针形，长3～11厘米，宽1～5厘米，顶端渐尖，基部宽楔形至圆形，边缘全缘或具有波状齿，上面深绿色，幼时被星状短柔毛，后变无毛，下面灰黄绿色；侧脉每边6～8条，上面扁平，干后凹陷，下面略凸起；叶柄长2～15毫米。穗状聚伞花序顶生，长4～40厘米，宽2～4厘米；苞片线形，长达10毫米；小苞片线状披针形，长2～3.5毫米；花紫色，芳香；花萼钟状，长约4毫米，外面与花冠外面同被星状毛和小鳞片，内面无毛，花萼裂片宽三角形，长和宽约1毫米；花冠长13～20毫米，内面被柔毛，花冠管弯曲，长11～17毫米，上部直径2.5～4毫米，下部直径1～1.5毫米，花冠裂片阔卵形或近圆形，长约3.5毫米，宽约3毫米；雄蕊着生于花冠管下部或近基部，花丝极短，花药卵形，顶端具尖头，基部耳状；子房卵形，长1.5～2.2毫米，直径1～1.5毫米，无毛，花柱长0.5～1毫米，柱头卵圆形，长约 1.5 毫米。果序穗状；蒴果长圆状或椭圆状，长 5 ～ 6 毫米，直径 1.5 ～ 2 毫米，无毛，有鳞片，基部常有宿存花萼；种子淡褐色，小，无翅。花期 4—10 月，果期 8 月至翌年 4 月。

【生境与分布】生于海拔 200 ～ 2700 米山地路旁、河边灌木丛中或林缘。产于江苏、安徽、浙江、江西、福建、湖北、湖南、广东、广西、四川、贵州和云南等省区。

【中药名称】醉鱼草。

【来源】为马钱科植物醉鱼草（*Buddleja lindleyana* Fort.）的茎叶。

【采收加工】夏、秋季采收，切碎，晒干或鲜用。

【性味功效】辛，苦，温，有毒。祛风解毒，驱虫，化骨鲠。用于痈肿瘰疬，蛔虫病，钩虫病，诸鱼骨鲠。

【应用举例】治流行性感冒：醉鱼草五钱到一两，水煎服。

一百二十一、龙胆科 Gentianaceae

一年生或多年生草本。茎直立或斜升，有时缠绕。单叶，稀为复叶，对生，少有互生或轮生，全缘，基部合生，筒状抱茎或为一横线所连接；无托叶。花序一般为聚伞花序或复聚伞花序，有时减退至顶生的单花；花两性，极少数为单性，辐射状或在个别属中为两侧对称，一般 4 ～ 5 数，稀达 6 ～ 10 数；花萼筒状、钟状或辐状；花冠筒状、漏斗状或辐状，基部全缘，稀有距，裂片在蕾中右向旋转排列，稀镊合状排列；雄蕊着生于冠筒上与裂片互生，花药背着或基着，二室，雌蕊由 2 个心皮组成，子房上位，一室，侧膜胎座，稀心皮结合处深入而形成中轴胎座，致使子房变成二室；柱头全缘或 2 裂；胚珠常多数；腺体或腺窝着生于子房基部或花冠上。蒴果 2 瓣裂，稀不开裂。种子小，常多数，具丰富的胚乳。

本科约 80 属 700 种，广布于世界各洲，但主要分布于北半球温带和寒温带地区。我国有 22 属 427 种，绝大多数的属和种集中于西南山岳地区。

全国第四次中药资源普查秭归境内发现 3 种。

408. 椭圆叶花锚 *Halenia elliptica* D. Don

【别名】青鱼胆、四棱草等。

【植物形态】一年生草本，高 15 ～ 60 厘米。根具分枝，黄褐色。茎直立，无毛、四棱形，上部具分枝。基生叶椭圆形，有时略呈圆形，长 2 ～ 3 厘米，宽 5 ～ 15 毫米，先端圆形或急尖呈钝头，基部渐狭呈宽楔形，全缘，具宽扁的柄，柄长 1 ～ 1.5 厘米，叶脉 3 条；茎生叶卵形、椭圆形、长椭圆形或卵状披针形，长 1.5 ～ 7 厘米，宽 0.5 ～ 2（3.5）厘米，先端圆钝或急尖，基部圆形或宽楔形，全缘，叶脉 5 条，无柄或茎下部叶具极短而宽扁的柄，抱茎。聚伞花序腋生和顶生；花梗长短不相等，长 0.5 ～ 3.5 厘米；花 4 数，直径 1 ～ 1.5 厘米；花萼裂片椭圆形或卵形，长（3）4 ～ 6 毫米，宽 2 ～ 3 毫米，先端通常渐尖，常具小尖头，具 3 脉；花冠蓝色或紫色，花冠筒长约 2 毫米，裂片卵圆形或椭圆形，长约 6 毫米，宽 4 ～ 5 毫米，先端具小尖头，距长 5 ～ 6 毫米，向外水平开展；雄蕊内藏，花丝长 3 ～ 5 毫米，花药卵圆形，长约 1 毫米；子房卵形，长约 5 毫米，花柱极短，长约 1 毫米，柱头 2 裂。花果期 7—9 月。

【生境与分布】生于高山林下及林缘、山坡草地、灌丛中、山谷水沟边，海拔 700 ～ 4100 米。产于西藏、云南、四川、贵州、青海、新疆、陕西、甘肃、山西、内蒙古、辽宁、湖南、湖北。

【中药名称】黑及草。

【来源】为龙胆科植物椭圆叶花锚（*Halenia elliptica* D. Don）的全草。

【采收加工】秋季采挖，洗净晒干。

【性味功效】苦，寒。归肺经。清热解毒，疏肝利胆，疏风止痛。用于急、慢性肝炎，胆囊炎，肠胃炎，流感，咽喉痛，牙痛，外伤感染发热，中暑腹痛，外伤出血。

【应用举例】治中暑腹痛：黑及草一两，煎服。

409. 贵州獐牙菜 *Swertia kouitchensis* Franch.

【别名】四棱草等。

【植物形态】一年生草本，高 30 ～ 60 厘米。主根明显。茎直立，四棱形，棱上具窄翅，多分枝，枝斜伸，开展。叶无柄或有短柄，叶片披针形，长至 5 厘米，宽达 1.5 厘米，茎上部及枝上叶较小，两端渐狭，叶脉 1 ～ 3 条，于下面明显突起。圆锥状复聚伞花序多花，开展；花梗直立，四棱形，在花时长 4 ～ 15 毫米，果时强烈伸长，长达 6.5 厘米；花多 4 数，仅枝上侧花有 5 数，直径达 1 厘米；

花萼绿色，叶状，在花时与花冠等长，果时增长，长于花冠，裂片狭椭圆形，长7～20毫米，先端急尖，具短小尖头，背面中脉突起；花冠黄白色、黄绿色，裂片椭圆形或卵状椭圆形，长6～12毫米，果时略增长，先端渐尖，具长尖头，基部具2个腺窝，腺窝狭椭圆形，沟状，边缘具柔毛状流苏；花丝线形，长达8毫米，花药椭圆形，长约0.8毫米；子房无柄，卵状披针形，花柱短，不明显，柱头2裂，裂片半圆形。蒴果无柄，卵形，长1～1.3厘米；种子黄褐色，圆球形，长0.7～0.9毫米，表面近平滑。花果期8—10月。

【生境与分布】生于河边、草坡、林下，海拔750～2000米。产于云南东北部、四川东部及东南部、贵州、湖北、甘肃南部、陕西南部。

【中药名称】贵州獐牙菜。

【来源】为龙胆科植物贵州獐牙菜（*Swertia kouitchensis* Franch.）的全草。

【采收加工】夏、秋季采收，洗净，晒干。

【性味功效】苦，凉。清热解毒，利湿。用于小儿高热，口苦潮热，湿热黄疸，咽喉肿痛，消化不良，胃炎，口疮，牙痛，火眼，毒蛇咬伤。

【应用举例】治小儿高热：贵州獐牙菜、荆芥各6～10克，薄荷水送服。

410. 双蝴蝶 *Tripterospermum chinense*（Migo）H. Smith

【别名】肺形草、黄金线、胡地莲等。

【植物形态】多年生缠绕草本。具短根茎，根黄褐色或深褐色，细圆柱形。茎绿色或紫红色，近圆形具细条棱，上部螺旋扭转，节间长7～17厘米。基生叶通常2对，着生于茎基部，紧贴地面，密集呈双蝴蝶状，卵形、倒卵形或椭圆形，长3～12厘米，宽（1）2～6厘米，先端急尖或呈圆形，基部圆形，近无柄或具极短的叶柄，全缘，上面绿色，有白色或黄绿色斑纹或否，下面淡绿色或紫红色；茎生叶通常卵状披针形，少为卵形，向上部变小呈披针形，长5～12厘米，宽2～5厘米，先端渐尖或呈尾状，基部心形或近圆形，叶脉3条，全缘，叶柄扁平，长4～10毫米。具多花，2～4朵呈聚伞花序，少单花、腋生；花梗短，通常不超过1厘米，具1～3对小苞片或否；花萼钟形，萼筒长9～13毫米，具狭翅或无翅，裂片线状披针形，长6～9毫米，通常短于萼筒或等长，弯缺截形；花冠蓝紫色或淡紫色，褶色较淡或呈乳白色，钟形，长3.5～4.5厘米，裂片卵状三角形，长5～7毫米，宽4～5毫米，褶半圆形，长1～2毫米，比裂片短约5毫米，宽约3毫米，先端浅

波状；雄蕊着生于冠筒下部，不整齐，花丝线形，长 1.3 ～ 1.9 厘米，花药卵形，长约 1.5 毫米；子房长椭圆形，两端渐狭，长 1.3 ～ 1.7 厘米，柄长 8 ～ 12 毫米，柄基部具长约 1.5 毫米的环状花盘，花柱线形，长 8 ～ 11 毫米，柱头线形，2 裂，反卷。蒴果内藏或先端外露，淡褐色，椭圆形，扁平，长 2 ～ 2.5 厘米，宽 0.7 ～ 0.8 厘米，柄长 1 ～ 1.5 厘米，花柱宿存；种子淡褐色，近圆形，长、宽约相等，直径约 2 毫米，具盘状双翅。花果期 10—12 月。

【生境与分布】生于山坡林下、林缘、灌木丛或草丛中，海拔 300 ～ 1100 米。产于江苏、浙江、安徽、江西、福建、广西。我县均有分布。

【中药名称】双蝴蝶。

【来源】为龙胆科植物双蝴蝶（*Tripterospermum chinense*（Migo）H. Smith）的全草。

【采收加工】全年可采，晒干，生用，亦可用鲜品。

【性味功效】清热解毒，止咳止血。用于支气管炎，肺结核咯血，肺炎，肺脓疡，肾炎，泌尿系统感染等。外用治疗疮疖肿，乳腺炎，外伤出血。

【应用举例】治肺热咳嗽、劳伤吐血：双蝴蝶五至六钱（鲜者加倍量），冰糖一两，水煎服。

一百二十二、夹竹桃科 Apocynaceae

乔木，直立灌木或木质藤木，也有多年生草本；具乳汁或水液；无刺，稀有刺。单叶对生、轮生，稀互生，全缘，稀有细齿；羽状脉；通常无托叶或退化成腺体，稀有假托叶。花两性，辐射对称，单生或多花组成聚伞花序，顶生或腋生；花萼裂片 5 枚，稀 4 枚，基部合生成筒状或钟状，裂片通常为双盖覆瓦状排列，基部内面通常有腺体；花冠合瓣，高脚碟状、漏斗状、坛状、钟状、盆状稀辐状，裂片 5 枚，稀 4 枚，覆瓦状排列，其基部边缘向左或向右覆盖，稀镊合状排列，花冠喉部通常有副花冠或鳞片或膜质或毛状附属体；雄蕊 5 枚，着生在花冠筒上或花冠喉部，内藏或伸出，花丝分离，花药长圆形或箭头状，2 室，分离或互相黏合并贴生在柱头上；花粉颗粒状；花盘环状、杯状或成舌状，稀无花盘；子房上位，稀半下位，1 ～ 2 室，或为 2 枚离生或合生心皮所组成；花柱 1 枚，基部合生或裂开；柱头通常环状、头状或棍棒状，顶端通常 2 裂；胚珠 1 至多颗，着生于腹面的侧膜胎座上。果为浆果、核果、蒴果或蓇葖果；种子通常一端被毛，稀两端被毛或仅有膜翅或毛翅均缺，通常有胚乳及直胚。

本科共 250 属 2000 余种，分布于全世界热带、亚热带地区，少数在温带地区。我国产 46 属 176 种 33 变种，主要分布于长江以南各省区及台湾省等沿海岛屿，少数分布于北部及西北部。

全国第四次中药资源普查秭归境内发现 3 种。

411. 夹竹桃 *Nerium indicum* Mill.

【别名】柳叶桃、绮丽、半年红、甲子桃、枸那、叫出冬等。

【植物形态】常绿直立大灌木，高达 5 米，枝条灰绿色，含水液；嫩枝条具棱，被微毛，老时毛脱落。叶 3 ～ 4 枚轮生，下枝为对生，窄披针形，顶端急尖，基部楔形，叶缘反卷，长 11 ～ 15 厘米，宽 2 ～ 2.5 厘米，叶面深绿，无毛，叶背浅绿色，有多数洼点，幼时被疏微毛，老时毛渐脱落；中脉在叶面陷入，在叶背凸起，侧脉两面扁平，纤细，密生而平行，每边达 120 条，直达叶缘；叶柄扁平，基部稍宽，长 5 ～ 8 毫米，幼时被微毛，老时毛脱落；叶柄内具腺体。聚伞花序顶生，着花数朵；总花梗长约 3 厘米，被微毛；花梗长 7 ～ 10 毫米；苞片披针形，长 7 毫米，宽 1.5 毫米；花芳香；花萼 5 深裂，红色，披针形，长 3 ～ 4 毫米，宽 1.5 ～ 2 毫米，外面无毛，内面基部具腺体；花冠深红色或粉红色，栽培演变有白色或黄色，花冠为单瓣呈 5 裂时，其花冠为漏斗状，长和直径约 3 厘米，其花冠筒圆筒形，上部扩大呈钟形，长 1.6 ～ 2 厘米，花冠筒内面被长柔毛，花冠喉部具 5 片宽鳞片状副花冠，每片其顶端撕裂，并伸出花冠喉部之外，花冠裂片倒卵形，顶端圆形，长 1.5 厘米，宽 1 厘米；花冠为重瓣呈 15 ～ 18 枚时，裂片组成三轮，内轮为漏斗状，外面二轮为辐状，分裂至基部或每 2 ～ 3 片基部连合，裂片长 2 ～ 3.5 厘米，宽 1 ～ 2 厘米，每花冠裂片基部具长圆形而顶端撕裂的鳞片；雄蕊着生在花冠筒中部以上，花丝短，被长柔毛，花药箭头状，内藏，与柱头连生，基部具耳，顶端渐尖，药隔延长呈丝状，被柔毛；无花盘；心皮 2，离生，被柔毛，花柱丝状，长 7 ～ 8 毫米，柱头近球圆形，顶端凸尖；每心皮有胚珠多颗。蓇葖 2，离生，平行或并连，长圆形，两端较窄，长 10 ～ 23 厘米，直径 6 ～ 10 毫米，绿色，无毛，具细纵条纹；种子长圆形，基部较窄，顶端钝、褐色，种皮被锈色短柔毛，顶端具黄褐色绢质种毛；种毛长约 1 厘米。花期几乎全年，夏、秋季为最盛；果期一般在冬、春季，栽培者很少结果。

【生境与分布】常在公园、风景区、道路旁或河旁、湖旁栽培，长江以北栽培者须在温室越冬。全国各省区有栽培，尤以南方为多。

【中药名称】夹竹桃。

【来源】为夹竹桃科植物夹竹桃（*Nerium indicum* Mill.）的叶、树皮及根。

【采收加工】叶全年可采收；树皮及根在培育 3 ～ 4 年后采收，晒干。

【性味功效】苦，寒，有毒。强心利尿，祛痰定喘，镇痛，去瘀。用于心脏病心力衰竭，喘息咳嗽，癫痫，跌打损伤肿痛，闭经等。

【应用举例】1. 治腰痛、湿疹、皮肤瘙痒、皮肤黑斑等：取适量夹竹桃叶，用水煮烂成糊，敷于患处。

2. 治疮疡不愈：取适量干夹竹桃叶，研成细粉，撒于患处。

3. 治子宫疼痛：取适量夹竹桃叶，煎汤制成灌阴剂，灌入阴道。

4. 治性欲低下、早泄：取适量夹竹桃根，用适量牛乳煎煮，取油脂，每日食用少量。

412. 白花夹竹桃 *Nerium indicum* Mill. cv. Paihua

【别名】夹竹桃、柳叶桃树、洋桃、叫出冬、柳叶树、洋桃梅、枸那等。

【植物形态】常绿直立大灌木，高达5米，枝条灰绿色，含水液；嫩枝条具棱，被微毛，老时毛脱落。叶3～4枚轮生，下枝为对生，窄披针形，顶端急尖，基部楔形，叶缘反卷，长11～15厘米，宽2～2.5厘米，叶面深绿，无毛，叶背浅绿色，有多数洼点，幼时被疏微毛，老时毛渐脱落；中脉在叶面陷入，在叶背凸起，侧脉两面扁平，纤细，密生而平行，每边达120条，直达叶缘；叶柄扁平，基部稍宽，长5～8毫米，幼时被微毛，老时毛脱落；叶柄内具腺体。聚伞花序顶生，着花数朵；总花梗长约3厘米，被微毛；花梗长7～10毫米；苞片披针形，长7毫米，宽1.5毫米；花芳香；花萼5深裂，红色，披针形，长3～4毫米，宽1.5～2毫米，外面无毛，内面基部具腺体；花为白色。花冠深红色或粉红色，栽培演变有白色或黄色，花冠为单瓣呈5裂时，其花冠为漏斗状，长和直径约3厘米，其花冠筒圆筒形，上部扩大呈钟形，长1.6～2厘米，花冠筒内面被长柔毛，花冠喉部具5片宽鳞片状副花冠，每片其顶端撕裂，并伸出花冠喉部之外，花冠裂片倒卵形，顶端圆形，长1.5厘米，宽1厘米；花冠为重瓣呈15～18枚时，裂片组成三轮，内轮为漏斗状，外面二轮为辐状，分裂至基部或每2～3片基部连合，裂片长2～3.5厘米，宽1～2厘米，每花冠裂片基部具长圆形而顶端撕裂的鳞片；雄蕊着生在花冠筒中部以上，花丝短，被长柔毛，花药箭头状，内藏，与柱头连生，基部具耳，顶端渐尖，药隔延长呈丝状，被柔毛；无花盘；心皮2，离生，被柔毛，花柱丝状，长7～8毫米，柱头近球圆形，顶端凸尖；每心皮有胚珠多颗。蓇葖2，离生，平行或并连，长圆形，两端较窄，长10～23厘米，直径6～10毫米，绿色，无毛，具细纵条纹；种子长圆形，基部较窄，顶端钝、褐色，种皮被锈色短柔毛，顶端具黄褐色绢质种毛；种毛长约1厘米。花期几乎全年，夏秋为最盛；果期一般在冬春季，栽培者很少结果。

【生境与分布】全国各省区有栽培，尤以南方为多，常在公园、风景区、道路旁或河旁、湖旁周围栽培；长江以北栽培者须在温室越冬。

【中药名称】白花夹竹桃。

【来源】为夹竹桃科植物白花夹竹桃（*Nerium indicum* Mill. cv. Paihua）的干燥带叶藤茎。

【性味功效】苦，微寒。归心、肝、肾经。祛风通络，凉血消肿。用于风湿热痹，筋脉拘挛，腰膝酸痛，喉痹，跌打损伤。

413. 络石 *Trachelospermum jasminoides*（Lindl.）Lem

【别名】石龙藤、耐冬、白花藤、络石藤、万字茉莉、软筋藤、扒墙虎、石盘藤、过桥风、墙络藤、藤络、骑墙虎、石邦藤等。

【植物形态】常绿木质藤本，长达10米，具乳汁；茎赤褐色，圆柱形，有皮孔；小枝被黄色柔毛，老时渐无毛。叶革质或近革质，椭圆形至卵状椭圆形或宽倒卵形，长2～10厘米，宽1～4.5厘米，顶端锐尖至渐尖或钝，有时微凹或有小凸尖，基部渐狭至钝，叶面无毛，叶背被疏短柔毛，老渐无毛；叶面中脉微凹，侧脉扁平，叶背中脉凸起，侧脉每边6～12条，扁平或稍凸起；叶柄短，被短柔毛，老渐无毛；叶柄内和叶腋外腺体钻形，长约1毫米。二歧聚伞花序腋生或顶生，花多朵组成圆锥状，与叶等长或较长；花白色，芳香；总花梗长2～5厘米，被柔毛，老时渐无毛；苞片及小苞片狭披针形，长1～2毫米；花萼5深裂，裂片线状披针形，顶部反卷，长2～5毫米，外面被有长柔毛及缘毛，内面无毛，基部具10枚鳞片状腺体；花蕾顶端钝，花冠筒圆筒形，中部膨大，外面无毛，内面在喉部及雄蕊着生处被短柔毛，长5～10毫米，花冠裂片长5～10毫米，无毛；雄蕊着生在花冠筒中部，腹部粘生在柱头上，花药箭头状，基部具耳，隐藏在花喉内；花盘环状5裂与子房等长；子房由2个离生心皮组成，无毛，花柱圆柱状，柱头卵圆形，顶端全缘；每心皮有胚珠多颗，着生于2个并生的侧膜胎座上。蓇葖双生，叉开，无毛，线状披针形，向先端渐尖，长10～20厘米，宽3～10毫米；种子多颗，褐色，线形，长1.5～2厘米，直径约2毫米，顶端具白色绢质种毛；种毛长1.5～3厘米。花期3—7月，果期7—12月。

【生境与分布】分布于湖北、湖南、广东、广西、云南、贵州、四川、陕西等省区。生于山野、溪边、路旁、林缘或杂木林中，常缠绕于树上或攀援于墙壁上、岩石上，亦有移栽于园圃。

【中药名称】络石藤。

【来源】为夹竹桃科植物络石（*Trachelospermum jasminoides*（Lindl.）Lem.）的带叶茎藤。

【采收加工】冬季至次年春季采割，晒干。

【性味功效】苦，微寒。归肝经。祛风通络，凉血消肿。用于风湿热痹，筋脉拘挛，腰膝酸痛，喉痹，痈肿，跌打损伤。

【应用举例】治疗中风：全虫（研末服）、丹参各30克，土鳖虫、地龙、白僵蚕、钩藤、忍冬藤、海风藤、络石藤各15克，鸡血藤60克，蜈蚣3条，乌梢蛇9克，黄芪120克，当归12克，随证加减，水煎服。

一百二十三、萝藦科 Asclepiadaceae

具有乳汁的多年生草本、藤本、直立或攀援灌木；根部木质或肉质成块状。叶对生或轮生，具柄，全缘，羽状脉；叶柄顶端通常具有丛生的腺体，稀无叶；通常无托叶。聚伞花序通常伞形，有时成伞房状或总状，腋生或顶生；花两性，整齐，5 数；花萼筒短，裂片 5，双盖覆瓦状或镊合状排列，内面基部通常有腺体；花冠合瓣，辐状、坛状，稀高脚碟状，顶端 5 裂片，裂片旋转，覆瓦状或镊合状排列；副花冠通常存在，为 5 枚离生或基部合生的裂片或鳞片所组成，有时双轮，生在花冠筒上或雄蕊背部或合蕊冠上，稀退化成 2 纵列毛或瘤状突起；雄蕊 5，与雌蕊粘生成中心柱，称合蕊柱；花药连生成一环而腹部贴生于柱头基部的膨大处；花丝合生成为 1 个有蜜腺的筒，称合蕊冠，或花丝离生，药隔顶端通常具有阔卵形而内弯的膜片；花粉粒联合包在 1 层软韧的薄膜内而成块状，称花粉块，通常通过花粉块柄而系结于着粉腺上，每花药有花粉块 2 个或 4 个；或花粉器通常为匙形，直立，其上部为载粉器，内藏有四合花粉，载粉器下面有 1 载粉器柄，基部有 1 粘盘，粘于柱头上，与花药互生，稀有 4 个载粉器粘生成短柱状，基部有 1 共同的载粉器柄和粘盘；无花盘；雌蕊 1，子房上位，由 2 个离生心皮所组成，花柱 2，合生，柱头基部具五棱，顶端各式；胚珠多数，数排，着生于腹面的侧膜胎座上。蓇葖双生，或因 1 个不发育而成单生；种子多数，其顶端具有丛生的白（黄）色绢质的种毛；胚直立，子叶扁平。

本科有 180 属 2200 种，多数分布于世界热带、亚热带，少数分布于温带地区。我国产 44 属 245 种 33 变种，分布于西南及东南部为多，少数分布于西北与东北各省区。

全国第四次中药资源普查秭归境内发现 4 种。

414. 牛皮消 *Cynanchum auriculatum* Royle ex Wight

【别名】飞来鹤、耳叶牛皮消、隔山消、牛皮冻、何首乌等。

【植物形态】蔓性半灌木；宿根肥厚，呈块状；茎圆形，被微柔毛。叶对生，膜质，被微毛，宽卵形至卵状长圆形，长 4～12 厘米，宽 4～10 厘米，顶端短渐尖，基部心形。聚伞花序伞房状，着花 30 朵；花萼裂片卵状长圆形；花冠白色，辐状，裂片反折，内面具疏柔毛；副花冠浅杯状，裂片椭圆形，肉质，钝头，在每裂片内面的中部有 1 个三角形的舌状鳞片；花粉块每室 1 个，下垂；柱头圆锥状，顶端 2 裂。蓇葖双生，披针形，长 8 厘米，直径 1 厘米；种子卵状椭圆形；种毛白色绢质。花期 6—9 月，果期 7—11 月。

【生境与分布】产于山东、河北、河南、陕西、甘肃、西藏、安徽、江苏、浙江、福建、台湾、江西、湖南、湖北、广东、广西、贵州、四川、云南等。

【中药名称】白首乌。

【来源】为萝藦科植物牛皮消（*Cynanchum auriculatum* Royle ex Wight）的块根。

【采收加工】早春幼苗未萌发前或 11 月采收，以早春采收最好。采收时，不要损伤块根。挖出后洗净泥土，除去残茎和须根，晒干，或切片晒干。

【性味功效】苦，平。归肝、肾、脾、胃经。补肝肾，强筋骨，益精血，健脾消食，解毒疗疮。用于腰膝酸软，阳痿遗精，头晕耳鸣，心悸失眠，食欲不振，小儿疳积，产后乳汁稀少，疮痈肿痛，毒蛇咬伤等。

【应用举例】1. 治腰腿疼痛、关节不利：白首乌 15 克，牛膝 6 克，菟丝子 9 克，补骨脂 6 克，枸杞子 9 克，水煎服。

2. 治阳痿：白首乌、淫羊藿、山药、党参各 9 ～ 12 克，水煎服。

3. 治神经衰弱、阳痿、遗精：白首乌 15 克，酸枣仁 9 克，太子参 9 克，枸杞子 12 克，水煎服。

4. 治胃痛、痢疾腹痛：白首乌、蒲公英各 9 克，水煎服。

5. 治脚气水肿：白首乌、车前子各 6 克，水煎去渣，每日分 2 次服。

415. 柳叶白前 *Cynanchum stauntonii*（Decne.）Schltr. ex Levl.

【别名】石杨柳、水杨柳、竹叶白前、鹅管白前、草白前等。

【植物形态】直立半灌木，高约 1 米，无毛，分枝或不分枝；须根纤细、节上丛生。叶对生，纸质，狭披针形，长 6 ～ 13 厘米，宽 3 ～ 5 毫米，两端渐尖；中脉在叶背显著，侧脉约 6 对；叶柄长约 5 毫米。伞形聚伞花序腋生；花序梗长达 1 厘米，小苞片众多；花萼 5 深裂，内面基部腺体不多；花冠紫红色，辐状，内面具长柔毛；副花冠裂片盾状，隆肿，比花药为短；花粉块每室 1 个，长圆形，下垂；柱头微凸，包在花药的薄膜内。蓇葖单生，长披针形，长达 9 厘米，直径 6 毫米。花期 5—8 月，果期 9—10 月。

【生境与分布】生长于低海拔的山谷湿地、水旁，半浸在水中。全县均有分布。

【中药名称】白前。

【来源】为萝藦科植物柳叶白前（*Cynanchum stauntonii*（Decne.）Schltr. ex Levl.）的干燥根茎和根。

【采收加工】8 月间挖根，或拔起全株，割去地上部分，洗净，晒干。

【性味功效】辛，苦，微温。归肺经。降气，消痰，止咳。用于肺气壅实，咳嗽痰多，胸满喘急等。

【应用举例】1. 治肝炎：白前鲜根 30 克，白英 30 克，阴行草 15 克，水煎服。

2. 治水肿：白前鲜根 30 克，星宿菜根、地菍根、灯心草各 15 克，水煎，酌加红糖调服。

3. 治胃痛：白前根、威灵仙根各 15 克，肖梵天花根 24 克，水煎服。

416. 萝藦 *Metaplexis japonica*（Thunb.）Makino

【别名】芄兰、斫合子、白环藤、羊婆奶、婆婆针落线包等。

【植物形态】多年生草质藤本，长达 8 米，具乳汁；茎圆柱状，下部木质化，上部较柔韧，表面淡绿色，有纵条纹，幼时密被短柔毛，老时被毛渐脱落。叶膜质，卵状心形，长 5 ～ 12 厘米，宽 4 ～ 7 厘米，顶端短渐尖，基部心形，叶耳圆，长 1 ～ 2 厘米，两叶耳展开或紧接，叶面绿色，叶背粉绿色，两面无毛，或幼时被微毛，老时被毛脱落；侧脉每边 10 ～ 12 条，在叶背略明显；叶柄长，长 3 ～ 6 厘米，顶端具丛生腺体。总状式聚伞花序腋生或腋外生，具长总花梗；总花梗长 6 ～ 12 厘米，被短柔毛；花梗长 8 毫米，被短柔毛，着花通常 13 ～ 15 朵；小苞片膜质，披针形，长 3 毫米，顶端渐尖；花蕾圆锥状，顶端尖；花萼裂片披针形，长 5 ～ 7 毫米，宽 2 毫米，外面被微毛；花冠白色，有淡紫红色斑纹，近辐状，花冠筒短，花冠裂片披针形，张开，顶端反折，基部向左覆盖，内面被柔毛；副花冠环状，着生于合蕊冠上，短 5 裂，裂片兜状；雄蕊连生成圆锥状，并包围雌蕊在其中，花药顶端具白色膜片；花粉块卵圆形，下垂；子房无毛，柱头延伸成 1 长喙，顶端 2 裂。蓇葖叉生，纺锤形，平滑无毛，长 8 ～ 9 厘米，直径 2 厘米，顶端急尖，基部膨大；种子扁平，卵圆形，长 5 毫米，宽 3 毫米，有膜质边缘，褐色，顶端具白色绢质种毛；种毛长 1.5 厘米。花期 7—8 月，果期 9—12 月。

【生境与分布】生长于林边荒地、山脚、河边、路旁灌木丛中。日本、朝鲜和俄罗斯也有。分布于东北、华北、华东以及甘肃、陕西、贵州、河南和湖北等省区。

【中药名称】萝藦、萝藦子。

【来源】萝藦科植物萝藦（*Metaplexis japonica*（Thunb.）Makino）的干燥全草或根为萝藦，干燥成熟果实为萝藦子。

【采收加工】秋季采收成熟果实，晒干。7—8 月采收全草，鲜用或晒干。块根夏、秋季采挖，洗净，晒干。

【性味功效】萝藦：甘，辛，平。补精益气，通乳，解毒。用于跌损劳伤，阳痿，遗精，带下，乳汁不足，丹毒，瘰疬，疔疮，蛇虫咬伤。

萝藦子：甘，微辛，温。补益精气，生肌止血，解毒。主治虚劳，阳痿，金疮出血等。

【应用举例】1. 治吐血虚损：萝藦、地骨皮、柏子仁、五味子各三两，上为细末，空腹饮下。

2. 治阳痿：萝藦根、淫羊藿根、仙茅根各三钱，水煎服，每日一剂。

3. 治肾炎水肿：萝藦根一两，水煎服，每日一剂。

4. 治痨伤：萝藦藤根，炖鸡服。

5. 治瘰疬：萝藦根七钱至一两，水煎服，甜酒为引，每日一剂。

417. 黑龙骨 *Periploca forrestii* Schltr.

【别名】青蛇胆、铁骨头、牛尾蕨、铁散沙、飞仙藤、达风藤、西南杠柳等。

【植物形态】藤状灌木，长达10米，具乳汁，多分枝，全株无毛。叶革质，披针形，长3.5～7.5厘米，宽5～10毫米，顶端渐尖，基部楔形；中脉两面略凸起，侧脉纤细，密生，几平行，两面扁平，在叶缘前连结成1条边脉；叶柄长1～2毫米。聚伞花序腋生，比叶为短，着花1～3朵；花序梗和花梗柔细；花小，直径约5毫米，黄绿色；花萼裂片卵圆形或近圆形，长1.5毫米，无毛；花冠近辐状，花冠筒短，裂片长圆形，长2.5毫米，两面无毛，中间不加厚，不反折；副花冠丝状，被微毛；花粉器匙形，四合花粉藏在载粉器内；雄蕊着生于花冠基部，花丝背部与副花冠裂片合生，花药彼此粘生，包围并粘在柱头上；子房无毛，心皮离生，胚珠多个，柱头圆锥状，基部具五棱。蓇葖双生，长圆柱形，长达11厘米，直径5毫米；种子长圆形，扁平，顶端具白色绢质种毛；种毛长3厘米。花期3—4月，果期6—7月。

【生境与分布】生于海拔2000米以下的山地疏林向阳处或阴湿的杂木林下或灌木丛中。产于西藏、青海、四川、贵州、云南和广西等省区。我县均有分布。

【中药名称】黑龙骨。

【来源】为萝藦科植物黑龙骨（*Periploca forrestii* Schltr.）的全草。

【采收加工】秋、冬季采集，洗净切片，晒干。

【性味功效】苦，凉，有小毒。舒筋活络、祛风除湿。用于风湿性关节炎、跌打损伤、胃痛、消化不良、闭经、疟疾等。

一百二十四、茜草科 Balanophoraceae

乔木、灌木或草本，有时为藤本，少数为具肥大块茎的适蚁植物；植物体中常累积铝；含多种生物碱，以吲哚类生物碱最常见；草酸钙结晶存在于叶表皮细胞和薄壁组织中，类型多样，以针晶为多；茎有时有不规则次生生长，但无内生韧皮部，节为单叶隙，较少为3叶隙。叶对生或有时轮生，有时具不等叶性，通常全缘，极少有齿缺；托叶通常生叶柄间，较少生叶柄内，分离或程度不等地合生，宿存或脱落，极少退化至仅存一条连接对生叶叶柄间的横线纹，里面常有黏液毛。花序各式，均由聚伞花序复合而成，很少单花或少花的聚伞花序；花两性、单性或杂性，通常花柱异长，动物（主要是昆虫）传粉；萼通常4～5裂，很少更多裂，极少2裂，裂片通常小或几乎消失，有时其中 1 或几个裂片明显增大成叶状，其色白或艳丽；花冠合瓣，管状、漏斗状、高脚碟状或辐状，通常 4 ～ 5 裂，很少 3 裂或 8 ～ 10 裂，裂片镊合状、覆瓦状或旋转状排列，整齐，很少不整齐，偶有二唇形；雄蕊与花冠裂片同数而互生，偶有 2 枚，着生在花冠管的内壁上，花药 2 室，纵裂或少有顶孔开裂；雌蕊通常由 2 心皮、极少 3 或更多个心皮组成，合生，子房下位，极罕上位或半下位（*Tsiangia*，*Gaertnera*，*Pagamea*），子房室数与心皮数相同，有时隔膜消失而为 1 室，或由于假隔膜的形成而为多室，通常为中轴胎座或有时为侧膜胎座，花柱顶生，具头状或分裂的柱头，很少花柱分离（*Galium* 等）；胚珠每子房室 1 至多数，倒生、横生或曲生。浆果、蒴果或核果，或干燥而不开裂，或为分果，有时为双果爿（*Galium*）；种子裸露或嵌于果肉或肉质胎座中，种皮膜质或革质，较少脆壳质，极少骨质，表面平滑、蜂巢状或有小瘤状凸起，有时有翅或有附属物，胚乳核型，肉质或角质，有时退化为一薄层或无胚乳（*Guettarda* 等），坚实或嚼烂状；胚直或弯，轴位于背面或顶部，有时棒状而内弯，子叶扁平或半柱状，靠近种脐或远离，位于上方或下方。

我国有 18 族 98 属约 676 种，其中有 5 属是自国外引种的经济植物或观赏植物。主要分布于东南部、南部和西南部，少数分布于西北部和东北部。

全国第四次中药资源普查秭归境内发现 8 种。

418. 细叶水团花 *Adina rubella* Hance

【别名】水杨梅、水杨柳、小叶水团花、水石榴。

【植物形态】落叶小灌木，高 1 ～ 3 米；小枝延长，具赤褐色微毛，后无毛；顶芽不明显，被开展的托叶包裹。叶对生，近无柄，薄革质，卵状披针形或卵状椭圆形，全缘，长 2.5 ～ 4 厘米，宽 8 ～ 12 毫米，顶端渐尖或短尖，基部阔楔形或近圆形；侧脉 5 ～ 7 对，被稀疏或稠密短柔毛；托叶小，早落。头状花序不计花冠直径 4 ～ 5 毫米，单生，顶生或兼有腋生，总花梗略被柔毛；小苞片线形或线状棒形；花萼管疏被短柔毛，萼裂片匙形或匙状棒形；花冠管长 2 ～ 3 毫米，5 裂，花冠裂片三角状，紫红色。果序直径 8 ～ 12 毫米；小蒴果长卵状楔形，长 3 毫米。花果期 5—12 月。

【生境与分布】生于低海拔疏林中或旷野，全县有分布。

【中药名称】水杨梅根。

【来源】为茜草科植物细叶水团花（*Adina rubella* Hance）的根。

【采收加工】夏、秋季采挖多年老植株的根，洗净，切片鲜用或晒干。

【性味功效】苦，辛，平。归肺、肝、肾经。清热解表，活血解毒。用于感冒发热，咳嗽，腮腺炎，咽喉肿痛，肝炎，风湿性关节痛，创伤出血等。

【应用举例】1. 治流感：水杨梅根、贯众各 30 克，生姜 15 克，水煎服。

2. 治肺热咳嗽：水杨梅根 10 克，鱼腥草 30 克，水煎服。

3. 治肝炎：水杨梅根、薏苡仁、虎杖各用鲜根 30 克，水煎服。

419. 栀子 *Gardenia jasminoides* Ellis

【别名】黄栀子、黄果树、山栀子、红枝子等。

【植物形态】灌木，高 0.3 ～ 3 米；嫩枝常被短毛，枝圆柱形，灰色。叶对生，革质，稀为纸质，少为 3 枚轮生，叶形多样，通常为长圆状披针形、倒卵状长圆形、倒卵形或椭圆形，长 3 ～ 25 厘米，宽 1.5 ～ 8 厘米，顶端渐尖、骤然长渐尖或短尖而钝，基部楔形或短尖，两面常无毛，上面亮绿，下面色较暗；侧脉 8 ～ 15 对，在下面凸起，在上面平；叶柄长 0.2 ～ 1 厘米；托叶膜质。花芳香，通常单朵生于枝顶，花梗长 3 ～ 5 毫米；萼管倒圆锥形或卵形，长 8 ～ 25 毫米，有纵棱，萼檐管形，膨大，顶部 5 ～ 8 裂，通常 6 裂，裂片披针形或线状披针形，长 10 ～ 30 毫米，宽 1 ～ 4 毫米，结果时增长，宿存；花冠白色或乳黄色，高脚碟状，喉部有疏柔毛，冠管狭圆筒形，长 3 ～ 5 厘米，宽 4 ～ 6 毫米，顶部 5 ～ 8 裂，通常 6 裂，裂片广展，倒卵形或倒卵状长圆形，长 1.5 ～ 4 厘米，宽 0.6 ～ 2.8 厘米；花丝极短，花药线形，长 1.5 ～ 2.2 厘米，伸出；花柱粗厚，长约 4.5 厘米，柱头纺锤形，伸出，长 1 ～ 1.5 厘米，宽 3 ～ 7 毫米，子房直径约 3 毫米，黄色，平滑。果卵形、近球形、椭圆形或长圆形，黄色或橙红色，长 1.5 ～ 7 厘米，直径 1.2 ～ 2 厘米，有翅状纵棱 5 ～ 9 条，顶部的宿存萼片长达 4 厘米，宽达 6 毫米；种子多数，扁，近圆形而稍有棱角，长约 3.5 毫米，宽约 3 毫米。花期 3—7 月，果期 5 月至翌年 2 月。

【生境与分布】生于丘陵山地或山坡灌林中。常栽培于花坛、庭院中。郭家坝镇有大规模栽培。

【中药名称】栀子、焦栀子、栀子花、栀子叶、栀子根。

【来源】茜草科植物栀子（*Gardenia jasminoides* Ellis）的干燥成熟果实为栀子，栀子的炮制加工品为焦栀子，花为栀子花，叶为栀子叶，根为栀子根。

【采收加工】栀子：除去果梗及杂质，蒸至上汽或置沸水中略烫，取出，干燥，碾碎。

焦栀子：为栀子的炮制加工品。

栀子花：6—7 月采摘，鲜用或晾干。

栀子叶：春、夏季采收，晒干。

栀子根：全年均可采，洗净鲜用或切片晒干。

【性味功效】栀子：苦，寒。归心、肺、三焦经。泻火除烦，清热利湿，凉血解毒；外用消肿止痛。用于热病心烦，湿热黄疸，淋证涩痛，血热吐衄，目赤肿痛，火毒疮疡等；外治扭挫伤痛等。

焦栀子：苦，寒。归心、肺、三焦经。凉血止血。用于血热吐衄，尿血崩漏等。

栀子花：苦，寒。归肺、肝经。清肺止咳，凉血止血。用于肺热咳嗽，鼻衄等。

栀子叶：苦，涩，寒。归心、肝、肺经。活血消肿，清热解毒。用于跌打损伤，疔毒，痔疮，下疳等。

栀子根：甘，苦，寒。归肝、胆、胃经。清热利湿，凉血止血。用于黄疸型肝炎，痢疾，胆囊炎，感冒高热，吐血，衄血，尿路感染，肾炎水肿，乳腺炎，风火牙痛，疮痈肿毒，跌打损伤等。

【应用举例】栀子：煎服，6～10克；外用生品适量，研末调敷。

焦栀子：治热郁心烦，常与豆豉同用，治温病热在气分，烦热，躁扰不宁，有泻热除烦的作用。如栀子豉汤，原方用生栀子，因生品服后易致恶心呕吐，故现多炒用。连翘栀豉汤，治外邪初陷于心胸之间，心包气郁，轻则虚烦失眠，重则心中懊侬，反复颠倒，胸脘苦闷，或心下结痛，起卧不安，用焦栀子与淡豆豉、连翘、枳壳、郁金等同用，有宣散热邪、解郁除烦的作用。

治风热外障，可与菊花、黄芩、白蒺藜、石膏、羌活等同用，治暴风客热，证见胞睑红肿，白睛暴赤，羞明多泪，兼有头痛发热等，具有疏风泻热的作用，如菊花通圣散。

栀子花：治伤风，肺有实痰、实火，肺热咳嗽，栀子花3朵，蜂蜜少许，同煎服。治鼻血不止，栀子花数片，焙干，为末，吹鼻。

栀子叶：治跌打损伤，栀子9克，鸡血藤（鲜）9克，桑叶6克，茜草6克，捣碎外敷。治蛇虫咬伤，栀子9克，白花蛇舌草6克，大青叶6克，捣碎外敷。

栀子根：治黄疸，栀子根30～60克，煮瘦肉食。治感冒高热，山栀子根60克，山麻仔根30克，鸭脚树二层皮60克，红花痴头婆根30克，煎服，或加酒少许服。

420. 纤花耳草 *Hedyotis tenelliflora* Bl.

【别名】虾子草、红虾子草、箭头草、铁青草等。

【植物形态】柔弱披散多分枝草本，高15～40厘米，全株无毛；枝的上部方柱形，有4锐棱，下部圆柱形。叶对生，无柄，薄革质，线形或线状披针形，长2～5厘米，宽2～4毫米，顶端短尖或渐尖，基部楔形，微下延，边缘干后反卷，上面变黑色，密被圆形、透明的小鳞片，下面光滑，颜色较淡；中脉在上面压入，侧脉不明显；托叶长3～6毫米，基部合生，略被毛，顶部撕裂，裂片刚毛状。花无梗，1～3朵簇生于叶腋内，有针形、长约1毫米、边缘有小齿的苞片；萼管倒卵状，长约1毫米，萼檐裂片4，线状披针形，长约1.8毫米，具缘毛；花

冠白色，漏斗形，长 3 ～ 3.5 毫米，冠管长约 2 毫米，裂片长圆形，长 1 ～ 1.5 毫米，顶端钝；雄蕊着生于冠管喉部，花丝长约 1.5 毫米，花药伸出，长圆形，两端钝，比花丝略短；花柱长约 4 毫米，柱头 2 裂，裂片极短。蒴果卵形或近球形，长 2 ～ 2.5 毫米，直径 1.5 ～ 2 毫米，宿存萼檐裂片仅长 1 毫米，成熟时仅顶部开裂；种子每室多数，微小。花期 4—11 月。

【生境与分布】生于田边、路旁或旷野草丛中。全县均有分布。

【中药名称】石枫药。

【来源】为茜草科植物纤花耳草（*Hedyotis tenelliflora* Bl.）的全草。

【采收加工】夏、秋季采收，鲜用或晒干。

【性味功效】微苦，平。归肺、肝、胃、大肠经。清热解毒，活血止痛。用于肺热咳嗽，慢性肝炎，臌胀，阑尾炎，痢疾，风火牙痛，小儿疝气，跌打损伤，蛇咬伤等。

【应用举例】1. 治肺热咳嗽：纤花耳草全草 30 克，贝母 9 克，水煎服。

2. 治慢性肝炎：纤花耳草 9 ～ 15 克，水煎冲白糖服。

3. 治肝硬化腹水：纤花耳草 480 克，琥珀 12 克，共研成细末，每日 1 次，每次 6 克，水炖，调冰糖服。

421. 白花蛇舌草　*Hedyotis diffusa* Willd.

【别名】蛇舌草、蛇舌癀、蛇针草。

【植物形态】干燥全草，扭缠成团状，灰绿色至灰棕色。有主根一条，粗 2 ～ 4 毫米，须根纤细，淡灰棕色；茎细而卷曲，质脆易折断，中央有白色髓部。叶多破碎，极皱缩，易脱落；有托叶，长 1 ～ 2 毫米。花腋生。花期春季。

【生境与分布】生长于山地岩石上，多见于水田、田埂和湿润的旷地。全县均有分布。

【中药名称】白花蛇舌草。

【来源】为茜草科植物白花蛇舌草（*Hedyotis diffusa* Willd.）的干燥全草。

【采收加工】除去杂质和泥土，晒干。

【性味功效】微苦，寒。归胃、大肠、小肠经。清热解毒，利湿通淋。用于肺热咳喘，咽喉肿痛，肠痈，疖肿疮疡，毒蛇咬伤，热淋涩痛，水肿，痢疾，肠炎，湿热黄疸，癌肿等。

【应用举例】1. 治痢疾、尿道炎：白花蛇舌草一两，水煎服。

2. 治急性阑尾炎：白花蛇舌草二至四两，羊蹄草一至二两，两面针根三钱，水煎服。

3. 治小儿惊热、不能入睡：鲜白花蛇舌草打汁一汤匙服。

422. 玉叶金花 *Mussaenda pubescens* Ait. f.

【别名】白纸扇、野白纸扇、山甘草、土甘草等。

【植物形态】攀援灌木，嫩枝被贴伏短柔毛。叶对生或轮生，膜质或薄纸质，卵状长圆形或卵状披针形，长5～8厘米，宽2～2.5厘米，顶端渐尖，基部楔形，上面近无毛或疏被毛，下面密被短柔毛；叶柄长3～8毫米，被柔毛；托叶三角形，长4～7毫米，深2裂，裂片钻形，长4～6毫米。聚伞花序顶生，密花；苞片线形，有硬毛，长约4毫米；花梗极短或无梗；花萼管陀螺形，长3～4毫米，被柔毛，萼裂片线形，通常比花萼管长2倍以上，基部密被柔毛，向上毛渐稀疏；花叶阔椭圆形，长2.5～5厘米，宽2～3.5厘米，有纵脉5～7条，顶端钝或短尖，基部狭窄，柄长1～2.8厘米，两面被柔毛；花冠黄色，花冠管长约2厘米，外面被贴伏短柔毛，内面喉部密被棒形毛，花冠裂片长圆状披针形，长约4毫米，渐尖，内面密生金黄色小疣突；花柱短，内藏。浆果近球形，长8～10毫米，直径6～7.5毫米，疏被柔毛，顶部有萼檐脱落后的环状瘢痕，干时黑色，果柄长4～5毫米，疏被毛。花期6—7月。

【生境与分布】生于山坡、路旁及灌丛中。全县均有分布。

【中药名称】白常山、山甘草。

【来源】茜草科植物玉叶金花（*Mussaenda pubescens* Ait.f.）的根为白常山，茎叶为山甘草。

【采收加工】白常山：8—10月采挖，晒干。

山甘草：夏季采收，晒干。

【性味功效】白常山：寒，苦，有毒。解热抗疟。主治疟疾等。

山甘草：甘，微苦，凉。归膀胱、肺、大肠经。清热利湿，解毒消肿。用于感冒，中暑发热，咳嗽，咽喉肿痛，泄泻，痢疾，肾炎水肿，湿热小便不利，疮疡脓肿，毒蛇咬伤等。

【应用举例】白常山：治疟疾发寒热，白常山、散寒草、乌梅、牛膝、野烟、藿香6～8克，水煎服。

山甘草：治感冒、预防中暑，（玉叶金花）茎、叶60～90克，黄荆叶30～45克，水煎分次服。治支气管炎，玉叶金花15克，福建胡颓子9克，水煎服。

423. 鸡矢藤 *Paederia scandens*（Lour.）Merr.

【别名】斑鸠饭、女青、主屎藤、却节等。

【植物形态】藤本，茎长3～5米，无毛或近无毛。叶对生，纸质或近革质，形状变化很大，卵形、卵状长圆形至披针形，长5～9（15）厘米，宽1～4（6）厘米，顶端急尖或渐尖，基部楔形或

近圆或截平，有时浅心形，两面无毛或近无毛，有时下面脉腋内有束毛；侧脉每边4～6条，纤细；叶柄长1.5～7厘米；托叶长3～5毫米，无毛。圆锥花序式的聚伞花序腋生和顶生，扩展，分枝对生，末次分枝上着生的花常呈蝎尾状排列；小苞片披针形，长约2毫米；花具短梗或无；萼管陀螺形，长1～1.2毫米，萼檐裂片5，裂片三角形，长0.8～1毫米；花冠浅紫色，管长7～10毫米，外面被粉末状柔毛，里面被绒毛，顶部5裂，裂片长1～2毫米，顶端急尖而直，花药背着，花丝长短不齐。果球形，成熟时近黄色，有光泽，平滑，直径5～7毫米，顶冠有宿存的萼檐裂片和花盘；小坚果无翅，浅黑色。花期5—7月。

【生境与分布】生于溪边、河边、路边、林旁及灌木林中，常攀援于其他植物或岩石上。全县均有分布。

【中药名称】鸡屎藤。

【来源】为茜草科植物鸡矢藤（*Paederia scandens*（Lour.）Merr.）的全草及根。

【采收加工】夏、秋季采收地上部分，除去杂质，晒干。

【性味功效】甘，酸，平。祛风活血，止痛解毒，消食导滞，除湿消肿。用于风湿疼痛，腹泻痢疾，胁腹疼痛，气虚浮肿，头昏食少，肝脾肿大，瘰疬，肠痈，无名肿毒，跌打损伤。

【应用举例】内服：煎汤，10～15克（大剂量30～60克）；或浸酒。

外用：适量，捣敷；或煎水洗。

424. 东南茜草 *Rubia argyi*（Lévl. et Vand.）Hara ex Lauener et D. K. Ferguson

【别名】血茜草、血见愁、蒨草等。

【植物形态】多年生草质藤本。茎、枝均有4直棱，或4狭翅，棱上有倒生钩状皮刺，无毛。叶4片轮生，茎生的偶有6片轮生，通常一对较大，另一对较小，叶片纸质，心形至阔卵状心形，有时近圆心形，长0.1～5厘米或过之，宽1～4.5厘米或过之，顶端短尖或骤尖，基部心形，极少近浑圆，边缘和叶背面的基出脉上通常有短皮刺，两面粗糙，或兼有柔毛；基出脉通常5～7条，在上面凹陷，在下面多少凸起；叶柄长通常0.5～5厘米，有时可达9厘米，有直棱，棱上生许多皮刺。聚伞花序分枝成圆锥花序式，顶生和小枝上部腋生，有时结成顶生、带叶的大型圆锥花序，花序梗和总轴均有4直棱，棱上通常有小皮刺，多少被柔毛或有时近无毛；小苞片卵形或椭圆状卵形，长1.5～3毫米；花梗稍粗壮，长1～2.5毫米，近无毛或稍被硬毛；萼管近球形，干时黑色；花冠白色，干时变黑，质地稍厚，冠管长0.5～0.7毫米，裂片（4）5，伸展（非反折），卵形至披针形，长 1.3 ～ 1.4 毫米，外面稍被毛或近无毛，里面通常有许多微小乳突；雄蕊 5，花丝短，带状，花药通常微露出冠管口外；花柱粗短，2 裂，柱头 2，头状。浆果近球形（1 心皮发育），直径 5 ～ 7 毫米，有时臀状（2 心皮均发育），宽达 9 毫米，成熟时黑色。

【生境与分布】常生于林缘、灌丛或村边园篱等处。全县均有分布。

【中药名称】东南茜草。

【来源】为茜草科植物东南茜草（*Rubia argyi*（Lévl. et Vand.）Hara ex Lauener et D. K. Ferguson）的根及根状茎。

【采收加工】春、秋季采挖，除去泥沙，晒干。

【性味功效】凉血，止血，祛瘀，通经。用于吐血，衄血，崩漏下血，外伤出血，闭经，关节痹痛，跌打肿痛。

【应用举例】治吐血：用东南茜草根一两，捣成末，每服二钱，水煎，用水调末二钱服亦可。

治妇女闭经：用东南茜草根一两，煎酒服。

治蛊毒（吐血、下血如猪肝）：用东南茜草根、蘘荷叶各三分，加水四升，煮成二升服。

425. 白马骨 *Serissa serissoides*（DC.）Druce

【别名】六月雪。

【植物形态】小灌木，通常高达 1 米；枝粗壮，灰色，被短毛，后毛脱落变无毛，嫩枝被微柔毛。叶通常丛生，薄纸质，倒卵形或倒披针形，长 1.5 ～ 4 厘米，宽 0.7 ～ 1.3 厘米，顶端短尖或近短尖，基部收狭成一短柄，除下面被疏毛外，其余无毛；侧脉每边 2 ～ 3 条，上举，在叶片两面均凸起，小脉疏散不明显；托叶具锥形裂片，长 2 毫米，基部阔，膜质，被疏毛。花无梗，生于小枝顶部，有苞片；苞片膜质，斜方状椭圆形，长渐尖，长约 6 毫米，具疏散小缘毛；花托无毛；萼檐裂片 5，坚挺延伸呈披针状锥形，极尖锐，长 4 毫米，具缘毛；花冠管长 4 毫米，外面无毛，喉部被毛，裂片 5，长圆状披针形，长 2.5 毫米；花药内藏，长 1.3 毫米；花柱柔弱，长约 7 毫米，2 裂，裂片长 1.5 毫米。花期 4—6 月。

【生境与分布】生于山坡、路边、溪旁、灌木丛中。全县均有分布。

【中药名称】白马骨、白马骨根。

【来源】茜草科植物白马骨（*Serissa serissoides*（DC.）Druce）的全草为白马骨，根为白马骨根。

【采收加工】白马骨：栽后 1 ～ 2 年，于 4—6 月采收茎叶。洗净，切段，鲜用或晒干。

白马骨根：秋季挖根，洗净，切段，鲜用或晒干。

【性味功效】白马骨：苦，辛，凉。归肝、脾经。祛风，利湿，清热，解毒。用于感冒，黄疸型肝炎，肾炎水肿，咳嗽，肠炎，痢疾，腰腿疼痛，咳血，尿血，妇女闭经，带下，小儿疳积，惊风，风火牙痛，痈疽肿毒，跌打损伤等。

白马骨根：凉。祛风，清热，利湿。主治偏正头痛，牙痛，喉痛，目赤肿痛，湿热黄疸，带下等。

【应用举例】白马骨：

1. 治水痢：白马骨茎叶煮汁服。

2. 治肝炎：白马骨二两，过路黄一两，水煎服。

3. 治骨蒸劳热、小儿疳积：白马骨一至二两，水煎服。

白马骨根：

1. 治湿热黄疸：白马骨根一两，小金钱草（天胡荽）一两，水煎，二次分服。

2. 治肠风、脏毒便血：白马骨根一至二两，以猪大肠半斤炖汤，以汤煎药服。

一百二十五、旋花科 Convolvulaceae

草本、亚灌木或灌木，偶为乔木（产马达加斯加的 *Humbertia* 属），在干旱地区有些种类变成多刺的矮灌丛，或为寄生植物（菟丝子属 *Cuscuta*）；被各式单毛或分叉的毛；植物体常有乳汁；具双韧维管束；有些种类地下具肉质的块根。茎缠绕或攀援，有时平卧或匍匐，偶有直立。叶互生，螺旋排列，寄生种类无叶或退化成小鳞片，通常为单叶，全缘，或不同深度的掌状或羽状分裂，甚至全裂，叶基常心形或戟形；无托叶，有时有假托叶（为缩短的腋枝的叶）；通常有叶柄。花通常美丽，单生于叶腋，或少花至多花组成腋生聚伞花序，有时总状、圆锥状、伞形或头状，极少为二歧蝎尾状聚伞花序。苞片成对，通常很小，有时叶状，有时总苞状，或在盾苞藤属 *Neuropeltis* 苞片在果期极增大托于果下。花整齐，两性，5 数；花萼分离或仅基部连合，外萼片常比内萼片大，宿存，有些种类在果期增大。花冠合瓣，漏斗状、钟状、高脚碟状或坛状；冠檐近全缘或 5 裂，极少每裂片又具 2 小裂片，蕾期旋转折扇状或镊合状至内向镊合状；花冠外常有 5 条明显的被毛或无毛的瓣中带。雄蕊与花冠裂片等数互生，着生花冠管基部或中部稍下，花丝丝状，有时基部稍扩大，等长或不等长；花药 2 室，内向开裂或侧向纵长开裂；花粉粒无刺或有刺；在菟丝子属中，花冠管内雄蕊之下有流苏状的鳞片。花盘环状或杯状。子房上位，由 2（稀 3 ～ 5）心皮组成，1 ～ 2 室，或因有发育的假隔膜而为 4 室，稀 3 室，心皮合生，极少深 2 裂；中轴胎座，每室有 2 枚倒生无柄胚珠，子房 4 室时每室 1 胚珠；花柱 1 ～ 2，丝状，顶生或少有着生心皮基底间，不裂或上部 2 尖裂，或几无花柱；柱头各式。通常为蒴果，室背开裂、周裂、盖裂或不规则破裂，或为不开裂的肉质浆果，或果皮干燥坚硬呈坚果状。种子和胚珠同数，或由于不育而减少，通常呈三棱形，种皮光滑或有各式毛；胚乳小，肉质至软骨质；胚大，具宽的、折皱或折扇状、全缘或凹头或 2 裂的子叶。

本科有 56 属 1800 种以上，广泛分布于热带、亚热带和温带地区，主产于美洲和亚洲的热带、亚热带地区。我国有 22 属约 125 种，南北均有，大部分属种则产于西南和华南。

全国第四次中药资源普查秭归境内发现 10 种。

426. 打碗花 *Calystegia hederacea* Wall. ex. Roxb.

【别名】走丝牡丹、面根藤、钩耳藤、喇叭花、小旋花、扶苗、扶子苗、旋花苦蔓等。

【植物形态】一年生草本，全体不被毛，植株通常矮小，高 8 ~ 30（40）厘米，常自基部分枝，具细长白色的根。茎细，平卧，有细棱。基部叶片长圆形，长 2 ~ 3(5.5)厘米，宽 1 ~ 2.5 厘米，顶端圆，基部戟形，上部叶片 3 裂，中裂片长圆形或长圆状披针形，侧裂片近三角形，全缘或 2 ~ 3 裂，叶片基部心形或戟形；叶柄长 1 ~ 5 厘米。花腋生，1 朵，花梗长于叶柄，有细棱；苞片宽卵形，长 0.8 ~ 1.6 厘米，顶端钝或锐尖至渐尖；萼片长圆形，长 0.6 ~ 1 厘米，顶端钝，具小短尖头，内萼片稍短；花冠淡紫色或淡红色，钟状，长 2 ~ 4 厘米，冠檐近截形或微裂；雄蕊近等长，花丝基部扩大，贴生花冠管基部，被小鳞毛；子房无毛，柱头 2 裂，裂片长圆形，扁平。蒴果卵球形，长约 1 厘米，宿存萼片与之近等长或稍短。种子黑褐色，长 4 ~ 5 毫米，表面有小疣。

【生境与分布】全国各地均有，从平原至高海拔地方都有生长，为农田、荒地、路旁常见的杂草。

【中药名称】面根藤。

【来源】为旋花科植物打碗花（*Calystegia hederacea* Wall. ex. Roxb.）的全草或根。

【采收加工】夏、秋季采收，洗净，鲜用或晒干。

【性味功效】甘，微苦，平，无毒。归肝、肾经。健脾、利湿、调经。用于脾胃虚弱，消化不良，小儿吐乳，疳积，五淋，带下，月经不调等。

【应用举例】内服：煎汤，10 ~ 30 克。

1. 治小儿脾弱气虚：面根藤根、鸡屎藤做糕服。

2. 治肾虚耳聋：鲜面根藤根、响铃草各 120 克，炖猪耳朵服。

427. 旋花 *Calystegia sepium*（L.）R. Br.

【别名】狗狗秧、打碗花等。

【植物形态】多年生草本，全体不被毛。茎缠绕，伸长，有细棱。叶形多变，三角状卵形或宽卵形，长 4 ~ 10(15)厘米以上，宽 2 ~ 6（10）厘米或更宽，顶端渐尖或锐尖，基部戟形或心形，全缘或基部稍伸展为具 2 ~ 3 个大齿缺的裂片；叶柄常短于叶片或两者近等长。花腋生，1 朵；花梗通常稍长于叶柄，长达 10 厘米，有细棱或有时具狭翅；苞片宽卵形，长

1.5 ～ 2.3 厘米，顶端锐尖；萼片卵形，长 1.2 ～ 1.6 厘米，顶端渐尖或有时锐尖；花冠通常白色或有时淡红或紫色，漏斗状，长 5 ～ 6（7）厘米，冠檐微裂；雄蕊花丝基部扩大，被小鳞毛；子房无毛，柱头 2 裂，裂片卵形，扁平。蒴果卵形，长约 1 厘米，为增大宿存的苞片和萼片所包被。种子黑褐色，长 4 毫米，表面有小疣。

【生境与分布】我国大部分地区均有。生于海拔 140 ～ 2080 米（2600）米的路旁、溪边草丛、农田边或山坡林缘。

【中药名称】旋花、旋花根。

【来源】旋花科植物旋花（*Calystegia sepium*（L.）R.Br.）的干燥花为旋花，根为旋花根。

【采收加工】旋花：6—7 月开花时采收，晾干。

旋花根：3 月或 9 月采挖，洗净，晒干或鲜用。

【性味功效】旋花：甘，温。归肺、肾经。益气，养颜，涩精。用于面皯，遗精，遗尿。

旋花根：甘，微苦，温。归肺、肝、肾经。益气补虚，续筋接骨，解毒，杀虫。用于丹毒，劳损，金疮，蛔虫病。

【应用举例】旋花：内服，煎汤，6 ～ 10 克；或入丸剂。

旋花根：内服，煎汤，10 ～ 15 克；或绞汁。外用捣敷。

428. 南方菟丝子 *Cuscuta australis* R. Br.

【别名】女萝、金线藤、飞扬藤、欧洲菟丝子等。

【植物形态】一年生寄生草本。茎缠绕，金黄色，纤细，直径 1 毫米左右，无叶。花序侧生，少花或多花簇生成小伞形或小团伞花序，总花序梗近无；苞片及小苞片均小，鳞片状；花梗稍粗壮，长 1 ～ 2.5 毫米；花萼杯状，基部连合，裂片 3 ～ 5，长圆形或近圆形，通常不等大，长 0.8 ～ 1.8 毫米，顶端圆；花冠乳白色或淡黄色，杯状，长约 2 毫米，裂片卵形或长圆形，顶端圆，约与花冠管近等长，直立，宿存；雄蕊着生于花冠裂片弯缺处，比花冠裂片稍短；鳞片小，边缘短流苏状；子房扁球形，花柱 2，等长或稍不等长，柱头球形。蒴果扁球形，直径 3 ～ 4 毫米，下半部为宿存花冠所包，成熟时不规则开裂，不为周裂。通常有 4 粒种子，淡褐色，卵形，长约 1.5 毫米，表面粗糙。

【生境与分布】产于吉林、辽宁、河北、山东、甘肃、宁夏、新疆、陕西、安徽、江苏、浙江、福建、江西、湖南、湖北、四川、云南、广东、台湾等省区。寄生于田边、路旁的豆科、菊科蒿子、马鞭草科牡荆属等草本或小灌木上，海拔 50 ～ 2000 米。

【中药名称】菟丝子。

【来源】为旋花科植物南方菟丝子（*Cuscuta australis* R.Br.）的干燥成熟种子。

【采收加工】秋季果实成熟时采收植株，晒干，打下种子，除去杂质。

【性味功效】甘，温。归肝、肾、脾经。滋补肝肾，固精缩尿，安胎，明目，止泻。用于阳痿遗精，尿有余沥，遗尿尿频，腰膝酸软，目昏耳鸣，肾虚胎漏，胎动不安，脾肾虚泻；外治白癜风。

【应用举例】内服，6 ～ 12 克。外用适量。

429. 金灯藤 *Cuscuta japonica* Choisy

【别名】大菟丝子、菟丝子、无娘藤、金灯笼、无根藤、飞来藤、无根草、山老虎、金丝藤、无头藤、红无根藤、雾水藤、红雾水藤、金丝草、黄丝藤、飞来花、天蓬草等。

【植物形态】一年生寄生缠绕草本，茎较粗壮，肉质，直径 1 ～ 2 毫米，黄色，常带紫红色瘤状斑点，无毛，多分枝，无叶。花无柄或几无柄，形成穗状花序，长达 3 厘米，基部常多分枝；苞片及小苞片鳞片状，卵圆形，长约 2 毫米，顶端尖，全缘，沿背部增厚；花萼碗状，肉质，长约 2 毫米，5 裂几达基部，裂片卵圆形或近圆形，相等或不相等，顶端尖，背面常有紫红色瘤状突起；花冠钟状，淡红色或绿白色，长 3 ～ 5 毫米，顶端 5 浅裂，裂片卵状三角形，钝，直立或稍反折，短于花冠筒 2 ～ 2.5 倍；雄蕊 5，着生于花冠喉部裂片之间，花药卵圆形，黄色，花丝无或几无；鳞片 5，长圆形，边缘流苏状，着生于花冠筒基部，伸长至冠筒中部或中部以上；子房球状，平滑，无毛，2 室，花柱细长，合生为 1，与子房等长或稍长，柱头 2 裂。蒴果卵圆形，长约 5 毫米，近基部周裂。种子 1 ～ 2 个，光滑，长 2 ～ 2.5 毫米，褐色。花期 8 月，果期 9 月。

【生境与分布】分布于我国南北各省区。寄生于草本或灌木上。

【中药名称】日本菟丝子。

【来源】为旋花科植物金灯藤（*Cuscuta japonica* Choisy）的干燥成熟种子。

【采收加工】秋季果实成熟时采收植株，晒干，打下种子，除去杂质。

【性味功效】平补肾、肝、脾。用于肾虚腰痛、阳痿遗精、尿频、宫冷不孕、目暗便溏之肾阴阳虚证。

【应用举例】内服：煎汤，6 ～ 15 克；或入丸、散剂。外用：适量，炒研调敷。

430. 土丁桂 *Evolvulus alsinoides*（L.）L.

【别名】毛辣花、白鸽草、白毛将、白头妹、过饥草、毛将军、银花草、暴臭蛇、烟油花等。

【植物形态】多年生草本，茎少数至多数，平卧或上升，细长，具贴生的柔毛。叶长圆形，椭圆形或匙形，长（7）15 ～ 25 毫米，宽 5 ～ 9（10）毫米，先端钝及具小短尖，基部圆形或渐狭，两面或多或少被贴生疏柔毛，或有时上面少毛至无毛，中脉在下面明显，上面不显，侧脉两面均不显；叶柄短至近无柄。总花梗丝状，较叶短或长得多，长 2.5 ～ 3.5 厘米，被贴生毛；花单 1 或数朵组成聚伞花序，花柄与萼片等长或通常较萼片长；苞片线状钻形至线状披针形，长 1.5 ～ 4

毫米；萼片披针形，锐尖或渐尖，长 3 ～ 4 毫米，被长柔毛；花冠辐状，直径 7 ～ 8（10）毫米，蓝色或白色；雄蕊 5，内藏，花丝丝状，长约 4 毫米，贴生于花冠管基部；花药长圆状卵形，先端渐尖，基部钝，长约 1.5 毫米；子房无毛；花柱 2，每 1 花柱 2 尖裂，柱头圆柱形，先端稍棒状。蒴果球形，无毛，直径 3.5 ～ 4 毫米，4 瓣裂；种子 4 或较少，黑色，平滑。花期 5—9 月。

【生境与分布】我国长江以南各省区及台湾省有分布。生于海拔 300 ～ 1800 米的草坡、灌丛及路边。

【中药名称】土丁桂。

【来源】为旋花科植物土丁桂（*Evolvulus alsinoides*（L.）L.）的全草。

【采收加工】秋季采集，晒干或鲜用。

【性味功效】苦，涩，平。止咳平喘，清热利湿，散瘀止痛。用于支气管哮喘，咳嗽，黄疸，胃痛，消化不良，急性肠炎，痢疾，泌尿系统感染，带下，跌打损伤，腰腿痛。

【应用举例】内服：煎汤，3 ～ 10 克（鲜者 30 ～ 60 克）；或捣汁饮。外用：适量，捣敷或煎水洗。

431. 蕹菜 *Ipomoea aquatica* Forsk.

【别名】空心菜、通菜蓊、蓊菜、藤藤菜、通菜等。

【植物形态】一年生草本，蔓生或漂浮于水。茎圆柱形，有节，节间中空，节上生根，无毛。叶片形状、大小有变化，卵形、长卵形、长卵状披针形或披针形，长 3.5 ～ 17 厘米，宽 0.9 ～ 8.5 厘米，顶端锐尖或渐尖，具小短尖头，基部心形、戟形或箭形，偶尔截形，全缘或波状，或有时基部有少数粗齿，两面近无毛或偶有稀疏柔毛；叶柄长 3 ～ 14 厘米，无毛。聚伞花序腋生花序梗长 1.5 ～ 9 厘米，基部被柔毛，向上无毛，具 1 ～ 3（5）朵花；苞片小鳞片状，长 1.5 ～ 2 毫米；花梗长 1.5 ～ 5 厘米，无毛；萼片近于等长，卵形，长 7 ～ 8 毫米，顶端钝，具小短尖头，外面无毛；花冠白色、淡红色或紫红色，漏斗状，长 3.5 ～ 5 厘米；雄蕊不等长，花丝基部被毛；子房圆锥状，无毛。蒴果卵球形至球形，直径约 1 厘米，无毛。种子密被短柔毛或有时无毛。

【生境与分布】本种原产我国，现已作为一种蔬菜广泛栽培，有时逸为野生状态。我国中部及南部各省区常见栽培，北方比较少见，宜生长于气候温暖湿润，土壤肥沃多湿的地方，不耐寒，遇霜冻茎、叶枯死。

【中药名称】蕹菜。

【来源】为旋花科植物蕹菜（*Ipomoea aquatica* Forsk.）的茎叶。

【采收加工】夏、秋季采收，鲜用或分别晒干。

【性味功效】甘，淡，凉。清热解毒，利尿，止血。用于中毒，如黄藤、钩吻、砒霜、野菇中毒，小便不利，尿血，鼻衄，咳血等；外用治疮疡肿毒等。

【应用举例】内服：煎汤，60～120克；或捣汁。外用：适量，煎水洗；或捣敷。

1. 治皮肤湿痒：鲜蕹菜，水煎数沸，候微温洗患部，日洗1次。

2. 治蛇咬伤：蕹菜洗净捣烂，取汁约半碗和酒服之，渣涂患处。

3. 治蜈蚣咬伤：鲜蕹菜，食盐少许，共搓烂，擦患处。

432. 番薯 *Ipomoea batatas*（L.）Lam.

【别名】甘储、甘薯、朱薯、金薯、红山药、朱薯、唐薯等。

【植物形态】一年生草本，地下部分具圆形、椭圆形或纺锤形的块根，块根的形状、皮色和肉色因品种或土壤不同而异。茎平卧或上升，偶有缠绕，多分枝，圆柱形或具棱，绿或紫色，被疏柔毛或无毛，茎节易生不定根。叶片形状、颜色常因品种不同而异，也有时在同一植株上具有不同叶形，通常为宽卵形，长4～13厘米，宽3～13厘米，全缘或3～5（7）裂，裂片宽卵形、三角状卵形或线状披针形，叶片基部心形或近于平截，顶端渐尖，两面被疏柔毛或近于无毛，叶色有浓绿、黄绿、紫绿等，顶叶的颜色为品种的特征之一；叶柄长短不一，长2.5～20厘米，被疏柔毛或无毛。聚伞花序腋生，有1～7朵花聚集成伞形，花序梗长2～10.5厘米，稍粗壮，无毛或有时被疏柔毛；苞片小，披针形，长2～4毫米，顶端芒尖或骤尖，早落；花梗长2～10毫米；萼片长圆形或椭圆形，不等长，外萼片长7～10毫米，内萼片长8～11毫米，顶端骤然成芒尖状，无毛或疏生缘毛；花冠粉红色、白色、淡紫色或紫色，钟状或漏斗状，长3～4厘米，外面无毛；雄蕊及花柱内藏，花丝基部被毛；子房2～4室，被毛或有时无毛。开花习性随品种和生长条件而不同，有的品种容易开花，有的品种在气候干旱时会开花，在气温高、日照短的地区常见开花，温度较低的地区很少开花。蒴果卵形或扁圆形，有假隔膜分为4室。种子1～4粒，通常2粒，无毛。由于番薯属于异花授粉，自花授粉常不结实，所以有时只见开花不见结果。

【生境与分布】全县广泛种植。

【中药名称】番薯。

【来源】为旋花科植物番薯（*Ipomoea batatas*（L.）Lam.）的块根。

【采收加工】秋、冬季采挖，洗净，切片，晒干。

【性味功效】甘，平。归脾、肾经。补中和血，益气生津，宽肠胃，通便秘。用于脾虚水肿，便泄，疮疡肿毒，大便秘结。

【应用举例】内服：适量，生食或煮食。外用：适量，捣敷。

433. 裂叶牵牛 *Pharbitis nil*（L.）Choisy

【别名】喇叭花子等。

【植物形态】一年生攀援性草本植物，叶心形，叶互生；叶柄长 2 ~ 15 厘米；叶片宽卵形或近圆形，深或浅 3 裂，偶有 5 裂，长 4 ~ 15 厘米，宽 4.5 ~ 14 厘米，基部心形，中裂片长圆形或卵圆形，渐尖或骤尖，侧裂片较短，三角形，裂口锐或圆，叶面被微硬的柔毛。花腋生，单一或 2 ~ 3 朵着生于花序梗顶端，花序梗长短不一，被毛；苞片 2，线形或叶状；萼片 5，近等长，狭披针形，外面有毛；花冠漏斗状，长 5 ~ 10 厘米，蓝紫色或紫红色，花冠管色淡；雄蕊 5，不伸出花冠外，花丝不等长，基部稍阔，有毛；雌蕊 1，子房无毛，3 室，柱头头状；蒴果近球形，直径 0.8 ~ 1.3 厘米，3 瓣裂。种子 5 ~ 6 颗，卵状三棱形、黑褐色或米黄色、花期 7—9 月，果期 8—10 月。

【生境与分布】我国除西北和东北的一些省区外，大部分地区都有分布，原产于热带美洲和澳大利亚，花美，可栽培供观赏。生于山野灌丛中、村边、路旁。我县均有分布。

【中药名称】牵牛子。

【来源】为旋花科植物裂叶牵牛（*Pharbitis nil*（L.）Choisy）的干燥成熟种子。

【性味功效】苦，寒，有毒。泻水通便，消痰涤饮，杀虫攻积。

【应用举例】内服：入丸、散剂，1 ~ 3 分；煎汤，1.5 ~ 3 钱。

434. 圆叶牵牛 *Pharbitis purpurea*（L.）Voigt

【别名】牵牛花、喇叭花、连簪簪、打碗花、紫花牵牛等。

【植物形态】一年生缠绕草本，茎上被倒向的短柔毛，杂有倒向或开展的长硬毛。叶圆心形或宽卵状心形，长 4 ~ 18 厘米，宽 3.5 ~ 16.5 厘米，基部圆，心形，顶端锐尖、骤尖或渐尖，通常全缘，偶有 3 裂，两面疏或密被刚伏毛；叶柄长 2 ~ 12 厘米，毛被与茎同。花腋生，单一或 2 ~ 5 朵着生于花序梗顶端成伞形聚伞花序，花序梗比叶柄短或近等长，长 4 ~ 12 厘米，毛被与茎相同；苞片线形，长 6 ~ 7 毫米，被开展的长硬毛；花梗长 1.2 ~ 1.5 厘米，被倒向短柔毛及长硬毛；萼

片近等长，长1.1～1.6厘米，外面3片长椭圆形，渐尖，内面2片线状披针形，外面均被开展的硬毛，基部更密；花冠漏斗状，长4～6厘米，紫红色、红色或白色，花冠管通常白色，瓣中带于内面色深，外面色淡；雄蕊与花柱内藏；雄蕊不等长，花丝基部被柔毛；子房无毛，3室，每室2胚珠，柱头头状；花盘环状。蒴果近球形，直径9～10毫米，3瓣裂。种子卵状三棱形，长约5毫米，黑褐色或米黄色，被极短的糠粃状毛。

【生境与分布】我国大部分地区有分布，生于平地至海拔2800米的田边、路边、宅旁或山谷林内，栽培或沦为野生。

【中药名称】牵牛子。

【来源】为旋花科植物圆叶牵牛（*Pharbitis purpurea*（L.）Voigt）的干燥成熟种子。

【采收加工】除去杂质。用时捣碎。

【性味功效】苦，寒，有毒。泻水通便，消痰涤饮，杀虫攻积。

【应用举例】内服：入丸、散剂，1～3分；煎汤，1.5～3钱。

435. 茑萝松 *Quamoclit pennata*（Desr.）Boj.

【别名】茑萝、锦屏封、金丝线等。

【植物形态】一年生柔弱缠绕草本，无毛。叶卵形或长圆形，长2～10厘米，宽1～6厘米，羽状深裂至中脉，具10～18对线形至丝状的平展的细裂片，裂片先端锐尖；叶柄长8～40毫米，基部常具假托叶。花序腋生，由少数花组成聚伞花序；总花梗大多超过叶，长1.5～10厘米，花直立，花柄较花萼长，长9～20毫米，在果时增厚成棒状；萼片绿色，稍不等长，椭圆形至长圆状匙形，外面1个稍短，长约5毫米，先端钝而具小凸尖；花冠高脚碟状，长2.5厘米以上，深红色，无毛，管柔弱，上部稍膨大，冠檐开展，直径1.7～2厘米，5浅裂；雄蕊及花柱伸出；花丝基部具毛；子房无毛。蒴果卵形，长7～8毫米，4室，4瓣裂，隔膜宿存，透明。种子4，卵状长圆形，长5～6毫米，黑褐色。

【生境与分布】全县均有栽培，为庭园观赏植物。

【中药名称】茑萝松。

【来源】为旋花科植物茑萝松（*Quamoclit pennata*（Desr.）Boj.）的全草。

【采收加工】6—9月采收，晒干，鲜用多随采随用。

【性味功效】甘，寒。解毒，凉血。用于耳疔，痔瘘，蛇咬伤。

【应用举例】内服：煎汤，6～9克。外用：鲜品捣敷，或煎水洗。

一百二十六、紫草科 Boraginaceae

多数为草本，较少为灌木或乔木，一般被有硬毛或刚毛。叶为单叶，互生，极少对生，全缘或有锯齿，不具托叶。花序为聚伞花序或镰状聚伞花序，极少花单生，有苞片或无苞片。花两性，辐射对称，很少左右对称；花萼具5个基部至中部合生的萼片，大多宿存；花冠筒状、钟状、漏斗状或高脚碟状，一般可分筒部、喉部、檐部三部分，檐部具5裂片，裂片在蕾中覆瓦状排列，很少旋转状，喉部或筒部具或不具5个附属物，附属物大多为梯形，较少为其他形状；雄蕊5，着生于花冠筒部，稀上升到喉部，轮状排列，极少螺旋状排列，内藏，稀伸出花冠外，花药内向，2室，基部背着，纵裂；蜜腺在花冠筒内面基部环状排列，或在子房下的花盘上；雌蕊由2心皮组成，子房2室，每室含2胚珠，或由内果皮形成隔膜而成4室，每室含1胚珠，或子房4（2）裂，每裂瓣含1胚珠，花柱顶生或生在子房裂瓣之间的雌蕊基上，不分枝或分枝；胚珠近直生、倒生或半倒生；雌蕊基果期平或不同程度升高呈金字塔形至锥形。果实为含1～4粒种子的核果，或为子房4（2）裂瓣形成的4（2）个小坚果，果皮多汁或大多干燥，常具各种附属物。种子直立或斜生，种皮膜质，无胚乳，稀含少量内胚乳；胚伸直，很少弯曲，子叶平，肉质，胚根在上方。

本科约100属2000种，分布于世界的温带和热带地区，地中海区为其分布中心。我国有48属（其中 *Anchusa*、*Symphytum* 二属系引种的属）269种，遍布全国，但以西南部最为丰富。

全国第四次中药资源普查秭归境内发现1种。

436. 粗糠树 *Ehretia macrophylla* Wall.

【别名】破布子等。

【植物形态】落叶乔木，高约15米，胸径20厘米；树皮灰褐色，纵裂；枝条褐色，小枝淡褐色，均被柔毛。叶宽椭圆形、椭圆形、卵形或倒卵形，长8～25厘米，宽5～15厘米，先端尖，基部宽楔形或近圆形，边缘具开展的锯齿，上面密生具基盘的短硬毛，极粗糙，下面密生短柔毛；叶柄长1～4厘米，被柔毛。聚伞花序顶生，呈伞房状或圆锥状，宽6～9厘米，具苞片或无；花无梗或近无梗；苞片线形，长约5毫米，被柔毛；花萼长3.5～4.5毫米，裂至近中部，裂片卵形或长圆形，具柔毛；花冠筒状钟形，白色至淡黄色，芳香，长 8 ～ 10 毫米，基部直径 2 毫米，喉部直径 6 ～ 7 毫米，裂片长圆形，长 3 ～ 4 毫米，比筒部短；雄蕊伸出花冠外，花药长 1.5 ～ 2 毫米，花丝长 3 ～ 4.5 毫米，着生花冠筒基部以上 3.5 ～ 5.5 毫米处；花柱长 6 ～ 9 毫米，无毛或稀具伏毛，分枝长 1 ～ 1.5 毫米。核果黄色，近球形，直径 10 ～ 15 毫米，内果皮成熟时分裂为 2 个具 2 粒种子的分核。花期 3—5 月，果期 6—7 月。

【生境与分布】产于西南、华南、华东、台湾、河南、陕西、甘肃南部和青海南部。生于海拔 125 ～ 2300 米山坡疏林及土质肥沃的山脚阴湿处。

【中药名称】粗糠树皮。

【来源】为紫草科植物粗糠树（*Ehretia macrophylla* Wall.）的树皮。

【采收加工】多于秋季剥取，阴干。

【性味功效】微苦，辛，凉。归肝、肾经。散瘀消肿。用于跌打损伤。

【应用举例】内服：煎汤，3 ～ 9 克。外用：适量，捣敷。

一百二十七、马鞭草科 Verbenaceae

灌木或乔木，有时为藤本，极少数为草本。叶对生，很少轮生或互生，单叶或掌状复叶，很少羽状复叶；无托叶。花序顶生或腋生，多数为聚伞、总状、穗状、伞房状聚伞或圆锥花序；花两性，极少退化为杂性，左右对称或很少辐射对称；花萼宿存，杯状、钟状或管状，稀漏斗状，顶端有 4 ～ 5 齿或为截头状，很少有 6 ～ 8 齿，通常在果实成熟后增大或不增大，或有颜色；花冠管圆柱形，管口裂为二唇形或略不相等的 4 ～ 5 裂，很少多裂，裂片通常向外开展，全缘或下唇中间 1 裂片的边缘呈流苏状；雄蕊 4，极少 2 或 5 ～ 6 枚，着生于花冠管上，花丝分离，花药通常 2 室，基部或背部着生于花丝上，内向纵裂或顶端先开裂而成孔裂；花盘通常不显著；子房上位，通常为 2 心皮组成，少为 4 或 5，全缘或微凹或 4 浅裂，极稀深裂，通常 2 ～ 4 室，有时被假隔膜分为 4 ～ 10 室，每室有 2 胚珠，或因假隔膜而每室有 1 胚珠；胚珠倒生而基生，半倒生而侧生，或直立，或顶生而悬垂，珠孔向下；花柱顶生，极少数多少下陷于子房裂片中；柱头明显分裂或不裂。果实为核果、蒴果或浆果状核果，外果皮薄，中果皮干或肉质，内果皮多少质硬成核，核单一或可分为 2 或 4 个，有时有 8 ～ 10 个分核。种子通常无胚乳，胚直立，有扁平、多少厚或折皱的子叶，胚根短，通常下位。

本科有 80 余属 3000 余种，主要分布于热带和亚热带地区，少数延至温带；我国现有 21 属 175 种 31 变种 10 变型。

全国第四次中药资源普查秭归境内发现 5 种。

437. 紫珠 *Callicarpa bodinieri* Levl.

【别名】珍珠枫、漆大伯、大叶鸦鹊饭、白木姜、爆竹紫等。

【植物形态】灌木，高约2米；小枝、叶柄和花序均被粗糠状星状毛。叶片卵状长椭圆形至椭圆形，长7～18厘米，宽4～7厘米，顶端长渐尖至短尖，基部楔形，边缘有细锯齿，表面干后暗棕褐色，有短柔毛，背面灰棕色，密被星状柔毛，两面密生暗红色或红色细粒状腺点；叶柄长0.5～1厘米。聚伞花序宽3～4.5厘米，4～5次分歧，花序梗长不超过1厘米；苞片细小，线形；花柄长约1毫米；花萼长约1毫米，外被星状毛和暗红色腺点，萼齿钝三角形；花冠紫色，长约3毫米，被星状柔毛和暗红色腺点；雄蕊长约6毫米，花药椭圆形，细小，长约1毫米，药隔有暗红色腺点，药室纵裂；子房有毛。果实球形，熟时紫色，无毛，直径约2毫米。花期6—7月，果期8—11月。

【生境与分布】产于河南（南部）、江苏（南部）、安徽、浙江、江西、湖南、湖北、广东、广西、四川、贵州、云南。生于海拔200～2300米的林中、林缘及灌丛中。

【中药名称】珍珠风。

【来源】为马鞭草科植物紫珠（*Callicarpa bodinieri* Levl.）的根、茎叶。

【采收加工】夏、秋季采收，根洗净，切片晒干，叶晒干研末。

【性味功效】微苦，平。凉血止血。主治吐血，便血，衄血，崩漏，外伤出血。

【应用举例】内服：煎汤，15～30克。外用：适量，研末撒。

438. 臭牡丹 *Clerodendrum bungei* Steud.

【别名】臭枫根、大红袍、矮桐子、臭梧桐、臭八宝等。

【植物形态】灌木，高1～2米，植株有臭味；花序轴、叶柄密被褐色、黄褐色或紫色脱落性的柔毛；小枝近圆形，皮孔显著。叶片纸质，宽卵形或卵形，长8～20厘米，宽5～15厘米，顶端尖或渐尖，基部宽楔形、截形或心形，边缘具粗或细锯齿，侧脉4～6对，表面散生短柔毛，背面疏生短柔毛和散生腺点或无毛，基部脉腋有数个盘状腺体；叶柄长4～17厘米。伞房状聚伞花序顶生，密集；苞片叶状，披针形或卵状披针形，长约3厘米，早落或花时不落，早落后在花序梗上残留凸起的痕迹，小苞片披针形，长约1.8厘米；花萼钟状，长2～6毫米，被短柔毛及少数盘状腺体，萼齿三角形或狭三角形，长1～3毫米；花冠淡红色、红色或紫红色，花冠管长2～3厘米，裂片倒卵形，长5～8毫米；雄蕊及花柱均突出花冠外；花柱短于、等于或稍长于雄蕊；柱头2裂，子房4室。核果近球形，直径0.6～1.2厘米，成熟时蓝黑色。花果期5—11月。

【生境与分布】产于华北、西北、西南以及江苏、安徽、浙江、江西、湖南、湖北、广西。生于海拔 2500 米以下的山坡、林缘、沟谷、路旁、灌丛湿润处。

【中药名称】臭牡丹、臭牡丹根。

【来源】马鞭草科植物臭牡丹（*Clerodendrum bungei* Steud.）的干燥茎、叶为臭牡丹，干燥根为臭牡丹根。

【采收加工】臭牡丹：夏季采叶。鲜用或晒干备用。

臭牡丹根：9—10 月间采收，晒干或鲜用。

【性味功效】臭牡丹：苦，辛，平。祛风除湿，解毒散瘀。外用治痈疖疮疡，痔疮发炎，湿疹，还可做灭蛆用。

臭牡丹根：辛，苦，温。行气健脾，祛风平肝，消肿解毒。

【应用举例】臭牡丹：鲜叶外用适量，捣烂敷患处。

臭牡丹根：内服，煎汤，9 ～ 18 克（鲜者 30 ～ 60 克）；或浸酒。外用捣敷或煎水熏洗。

439. 海州常山 *Clerodendrum trichotomum* Thunb.

【别名】臭梧桐、泡火桐、臭梧、追骨风、后庭花、香楸等。

【植物形态】灌木或小乔木，高 1.5 ～ 10 米；幼枝、叶柄、花序轴等多少被黄褐色柔毛或近于无毛，老枝灰白色，具皮孔，髓白色，有淡黄色薄片状横隔。叶片纸质，卵形、卵状椭圆形或三角状卵形，长 5 ～ 16 厘米，宽 2 ～ 13 厘米，顶端渐尖，基部宽楔形至截形，偶有心形，表面深绿色，背面淡绿色，两面幼时被白色短柔毛，老时表面光滑无毛，背面仍被短柔毛或无毛，或沿脉毛较密，侧脉 3 ～ 5 对，全缘或有时边缘具波状齿；叶柄长 2 ～ 8 厘米。伞房状聚伞花序顶生或腋生，通常二歧分枝，疏散，末次分枝着花 3 朵，花序长 8 ～ 18 厘米，花序梗长 3 ～ 6 厘米，多少被黄褐色柔毛或无毛；苞片叶状，椭圆形，早落；花萼蕾时绿白色，后紫红色，基部合生，中部略膨大，有 5 棱脊，顶端 5 深裂，裂片三角状披针形或卵形，顶端尖；花香，花冠白色或带粉红色，花冠管细，长约 2 厘米，顶端 5 裂，裂片长椭圆形，长 5 ～ 10 毫米，宽 3 ～ 5 毫米；雄蕊 4，花丝与花柱同伸出花冠外；花柱较雄蕊短，柱头 2 裂。核果近球形，直径 6 ～ 8 毫米，包藏于增大的宿萼内，成熟时外果皮蓝紫色。花果期 6—11 月。

【生境与分布】产于辽宁、甘肃、陕西以及华北、中南、西南各地。生于海拔 2400 米以下的

山坡灌丛中。

【中药名称】臭梧桐根、臭梧桐叶、臭梧桐子、臭梧桐花。

【来源】马鞭草科植物海州常山（*Clerodendrum trichotomum* Thunb.）的根为臭梧桐根，叶及嫩枝为臭梧桐叶，果实或带宿萼的果实为臭梧桐子，花为臭梧桐花。

【采收加工】臭梧桐根：秋后采收，除去泥沙及茎叶。

臭梧桐叶：6—10月采收，捆扎成束，晒干。

臭梧桐子：9—10月果实成熟时采收，晒干或鲜用。

臭梧桐花：6—7月采花，晾干或鲜用。

【性味功效】臭梧桐根：用于疟疾，风湿痹痛，高血压，食积饱胀，小儿疳积，跌打损伤等。

臭梧桐叶：辛，苦，甘，凉。归肝、脾经。祛风湿，降血压。用于风湿痹痛，肢体麻木，高血压，臁疮，湿疹，痔疮，鹅掌风等。

臭梧桐子：苦，微辛，平。归肺、肝经。祛风，止痛，平喘。用于风湿痹痛，牙痛，气喘等。

臭梧桐花：苦，微辛，平。归肺、肝、大肠经。祛风，降压，止痢。用于风头痛，高血压，痢疾，疝气等。

【应用举例】臭梧桐根：内服，煎汤，9～15克；捣汁冲酒，30～60克。

1. 治风湿痛：臭梧桐根9～15克，水煎服。

2. 治跌打损伤：臭梧桐根煎酒服之。

臭梧桐叶：煎汤，10～15克，鲜品30～60克；或浸酒；或入丸、散剂。外用适量，煎水洗；或捣敷；研末掺或调敷。

臭梧桐子：止牙痛，臭梧桐子，捣烂，和灰面、胡椒末共煎饼，贴在腮边。内服，煎汤，10～15克。外用适量，捣敷。

臭梧桐花：内服，煎汤，6～9克；研末或浸酒。

1. 治风气头风：臭梧桐花阴干，烧存性为末。每服6克，临卧用酒送服。

2. 止痢：来年臭梧桐花，煎汤服。

3. 治疝气偏坠：鲜臭梧桐花15克，捣烂泡酒服。

440. 马鞭草 *Verbena officinalis* L.

【别名】铁马鞭、马鞭子、马鞭稍、透骨草、蛤蟆裸、兔子草、风须草、蜻蜓草等。

【植物形态】多年生草本，高30～120厘米。茎四方形，近基部可为圆形，节和棱上有硬毛。叶片卵圆形至倒卵形或长圆状披针形，长2～8厘米，宽1～5厘米，基生叶的边缘通常有粗锯齿和缺刻，茎生叶多数3深裂，裂片边缘有不整齐锯齿，两面均有硬毛，背面脉上尤多。穗状花序顶生和腋生，细弱，结果时长达25厘米，花小，无柄，最初密集，结果时疏离；苞片稍短于花萼，具硬毛；花萼长约2毫米，有硬毛，有5脉，脉间凹穴处质薄而色淡；花冠淡紫至蓝色，长4～8毫米，外面有微毛，裂片5；雄蕊4，着生于花冠管的中部，花丝短；子房无毛。果长圆形，长约2毫米，外果皮薄，成熟时4瓣裂。花期6—8月，果期7—10月。

【生境与分布】产于山西、陕西、甘肃、江苏、安徽、浙江、福建、江西、湖北、湖南、广东、广西、四川、贵州、云南、新疆、西藏。常生长于低至高海拔的路边、山坡、溪边或林旁。

【中药名称】马鞭草。

【来源】为马鞭草科植物马鞭草（*Verbena officinalis* L.）的干燥地上部分。

【采收加工】6—8 月花开时采收，割取地上部分，去净杂质，晒干或鲜用。

【性味功效】凉，苦。归肝、脾经。活血化瘀，截疟，解毒，利水消肿。属活血化瘀药下属分类的活血调经药。

【应用举例】用量 4.5 ～ 9 克，煎汤服。

1. 治传染性肝炎、肝硬化腹水：马鞭草、车前草、鸡内金各 15 克，水煎服。

2. 治急性胆囊炎：马鞭草、地锦草各 15 克，玄明粉 9 克，水煎服。痛甚者加三叶鬼针草 30 克。

3. 治肠炎、痢疾、泌尿系统感染、尿血：鲜马鞭草 30 ～ 60 克，水煎服。

4. 治痛经：马鞭草、香附、益母草各 15 克，水煎服。

5. 治乳痈肿痛：马鞭草一握，酒一碗，生姜一块，擂汁服，渣敷之。

6. 治急、慢性湿疹：鲜马鞭草全草 90 克，洗净置于瓦器中（忌用金属类器），加水 500 毫升，煮沸，待冷后，外洗患处，每日数次。

441. 牡荆 *Vitex negundo* L. var. *cannabifolia*（Sieb. et Zucc.）Hand. Mazz.

【别名】黄荆、小荆等。

【植物形态】灌木或小乔木；小枝四棱形，密生灰白色绒毛。掌状复叶，小叶 5，少有 3；小叶片长圆状披针形至披针形，顶端渐尖，基部楔形，全缘或每边有少数粗锯齿，表面绿色，背面密生灰白色绒毛；中间小叶长 4 ～ 13 厘米，宽 1 ～ 4 厘米，两侧小叶依次渐小，若具 5 小叶时，中间 3 片小叶有柄，最外侧的 2 片小叶无柄或近于无柄。聚伞花序排成圆锥花序式，顶生，长 10 ～ 27 厘米，花序梗密生灰白色绒毛；花萼钟状，顶端有 5 裂齿，外有灰白色绒毛；花冠淡紫色，外有微柔毛，顶端 5 裂，二唇形；

雄蕊伸出花冠管外；子房近无毛。核果近球形，直径约 2 毫米；宿萼接近果实的长度。花期 4—6 月，果期 7—10 月。

【生境与分布】主要产于长江以南各省，北达秦岭淮河。生于山坡路旁或灌木丛中。

【中药名称】牡荆叶、牡荆子、牡荆根。

【来源】马鞭草科植物牡荆（*Vitex negundo* L. var. *cannabifolia*（Sieb. et Zucc.）Hand. Mazz.）的叶为牡荆叶，果实为牡荆子，干燥根为牡荆根。

【采收加工】牡荆叶：生长季节均可采收，鲜用或晒干。

牡荆子：秋季果实成熟时采收，用手搓下，扬净，晒干。

牡荆根：秋后采收，洗净，切片，晒干。

【性味功效】牡荆叶：辛，苦，平。归肺、大肠经。解表化湿，祛痰平喘，解毒。用于伤风感冒，咳嗽哮喘，胃痛，腹痛，暑湿泻痢，脚气肿胀，风疹瘙痒，脚癣，乳痈肿痛，蛇虫咬伤等。

牡荆子：苦，辛，温。归肺、大肠经。化湿祛痰，止咳平喘，理气止痛。用于咳嗽气喘，胃痛，泄泻，痢疾，疝气痛，脚气肿胀，带下，白浊等。

牡荆根：辛，微甘，温。归肺、肝、脾经。祛风解表，除湿止痛。用于感冒头痛，牙痛，疟疾，风湿痹痛等。

【应用举例】牡荆叶：内服，煎汤 9 ～ 15 克，鲜者可用至 30 ～ 60 克；或捣汁饮。外用适量，捣敷，或煎水熏洗。

1. 治风寒感冒：鲜牡荆叶 24 克，或加鲜紫苏叶 12 克，水煎服。

2. 预防中暑：牡荆叶嫩叶 6 ～ 9 克，水煎代茶饮。

牡荆子：内服，煎汤，6 ～ 9 克；或研末，或浸酒。

治寒咳、哮喘：牡荆子 12 克，炒黄研末，每次 6 ～ 9 克，每日 3 次，开水送服。

牡荆根：内服，煎汤，10 ～ 15 克。

1. 治感冒头痛：牡荆根 9 ～ 15 克，冲开水炖服，每日 2 次。

2. 治疟疾：牡荆根 30 克，水煎。第 1 煎于疟疾发作前 2 小时加冰糖 30 克冲服，第 2 煎当茶饮。

3. 治关节风湿痛：牡荆根 30 克，水炖服。

4. 治牙痛：牡荆根 9 ～ 15 克，水煎服。

一百二十八、唇形科 Labiatae

多年生至一年生草本，半灌木或灌木，极稀乔木或藤本，常具含芳香油的表皮，有柄或无柄的腺体，以及各种单毛、具节毛，甚至星状毛和树枝状毛，常具有四棱及沟槽的茎和对生或轮生的枝条。根纤维状，稀增厚成纺锤形，极稀具小块根。偶有新枝形成具多少退化叶的气生地走茎或地下匍匐茎，后者往往具肥短节间及无色叶片。叶为单叶，全缘至具有各种锯齿，浅裂至深裂，稀为复叶，对生（常交互对生），稀 3 ～ 8 枚轮生，极稀部分互生。花很少单生。花序聚伞式，通常由两个小的三至多花的二歧聚伞花序在节上形成明显轮状的轮伞花序（假轮）；或多分枝而过渡到成为一对单歧聚伞花序，稀仅为具 1 ～ 3 朵花的小聚伞花序，后者形成每节双花的现象。由于主轴完全退化而形成密集的无柄花序，或主轴及侧枝均或多或少发达，苞叶退化成苞片状，而由数个至许多轮伞花序聚合成顶生或腋生的总状、穗状、圆锥状、稀头状的复合花序，稀由于花向主轴一面聚集而成背腹状（开向一面），极稀每苞叶承托一花，由于花亦互生而形成真正的总状花序。苞叶常在茎上向上逐渐过渡成苞片，每花下常又有一对纤小的小苞片（在单歧花序中则仅一片发达）；很少有不具苞片及小苞片，或苞片及小苞片趋于发达而有色，具针刺，叶状或特殊形状。花两侧对称，稀辐射对称，两性，或经过退化而成雌花两性花异株，稀杂性，极稀花为两型而具闭花受精的花，较稀有大小花或大中小花不同株的现象。花萼下位，宿存（稀二片盾形，其中至少一片脱落），在果时常有不同程度的增大，加厚，甚至肉质，钟状、管状或杯状，稀壶状或球形，直至弯，合萼，5（稀 4）基数，芽时开放，有分离相等或近相等的齿或裂片，极稀分裂至近底部，如连合则常形成各式各样的二唇形（3/2 或 1/4 式，极稀 5/0 式），主脉 5 条，其间简单、交叉或重复，分枝的第二次脉在较大或小的范围内发育，因之形成 8、11、13、15 至 19 脉，贯入萼齿内的侧脉有时缘边或网结，齿间极稀有侧脉连结形成的胼胝体，脉尖偶形成附属物或附齿，如此，则齿有 10 枚（有时 5 长 5 短），萼口部平或斜，喉内面有时被毛，或在萼筒内中部形成毛环（果盖），萼外有时被各种毛茸及腺体。花冠合瓣，通常有色，大小不一，具相当发育的，通常伸出萼外（稀内藏），管状或向上宽展，直或弯（极稀倒扭）的花冠筒，筒内有时有各式的毛茸或毛环（蜜腺盖），基部极稀具囊或距，内有蜜腺；冠檐 5（稀 4）裂，通常经过不同形式和程度的联合而成二唇形（2/3 式，或较少 4/1 式），稀成假单唇形或单唇形（0/5 式），稀 5（4）裂片近相等，卷叠式覆瓦状，通常在芽内开放，或双盖覆瓦状，后裂片在芽时在最外，如为二唇形，则上唇常外凸或盔状，较稀扁平，下唇中裂片常最发达，多半平展，侧裂片有时不发达，稀形成盾片或小齿，颚上有时有褶襞或加厚部分，但在 4/1 式中则下唇有时成舟状、囊状或各种形状。雄蕊在花冠上着生，与花冠裂片互生，通常 4 枚，二强，有时退化为 2 枚，稀具第 5 枚（后）退化雄蕊，分离或药室贴近两两成对，极稀在基部连合或成鞘状（如鞘蕊花属 *Coleus* Lour.），通常前对较长，稀后对较长（荆芥族 *Nepeteae* Benth.），通常不同程度地伸出花冠筒外，稀内藏，通常两两平行，上升而靠于花冠的盔状上唇内，或平展而直伸向前，稀下倾，平卧于花冠下唇上或包于其内（罗勒族 *Ocimeae* Kudo，p.p.），稀两对不互相平行（则后对雄蕊下倾或上升）；花丝有毛或否，通常直伸，稀在芽时内卷，有时较长，稀在花后伸出很长，后对花丝基部有时有各式附属器；药隔伸出或否；花药通常长圆形，卵圆形至线形，稀球形，2 室，内向，有时平行，但通常不同程度的叉开、平叉开或甚至平展开，每室纵裂，稀在花后贯通为 1 室，有时前对或后对药室退化为 1 室形成半药，有时平展开（则花药球形），稀被发达的药隔分开，后者变成丝状并在着生于花丝处具关节（鼠尾草族 *Salvieae* Dumort.），无毛或被各式毛。下位花盘通常肉质，显著，全缘至通常 2 ～ 4 浅裂，至具与子房裂片对生或互生的裂片，前（或偶有后）裂片有时呈指状增大，稀不具而花托中央有一突起（保亭花属 *Wenchengia* C. Y.

Wu et S. Chow）。雌蕊早期即因收缩而分裂为 4 枚具胚珠的裂片，极稀浅裂或不裂（筋骨草亚科 Ajugoideae Benth. 部分，保亭花亚科 Wenchengioideae C. Y. Wu et S. Chow）；子房上位，无柄，稀具柄（黄芩属 *Scutellaria* Linn.）；胚珠单被，倒生，直立，基生，着生于中轴胎座上，珠脊向轴，珠孔向下，极稀侧生而多少半倒生，直立，例外的为多少弯生；花柱一般着生于子房基部，稀着生点高于子房基部，顶端具 2 枚等长稀不等长的裂片，稀不裂，例外为 4 裂。果通常裂成 4 枚果皮干燥的小坚果，稀核果状（锥花亚科 Prasioideae Brig.）而具多少坚硬的内果皮及肉质或多汁的外果皮，倒卵圆形或四棱形，光滑，具毛或有皱纹、雕纹，稀具边或顶生或周生的翅（有时背腹压扁，稀背腹分化），具小的基生果脐，稀由于侧腹面相接而形成大而显著、高度有时超过果轴一半的果脐，极稀近背面相接（具基部一背部的合生面，如薰衣草属 *Lavandula* Linn.），稀花托的小部分与小坚果分离而形成一油质体（如筋骨草属 *Ajuga* Linn.、野芝麻属 *Laxnium* Linn. 及迷迭香属 *Rosmarinus* Linn.）；种子单生，直立，极稀横生而皱曲，具薄而以后常全部被吸收的种皮，基生，稀侧生。胚乳在果时无或如存在则极不发育。胚具扁平，稀凸或有折，微肉质，与果轴平行或横生的子叶；幼根短，在下面，例外的为弯曲而位于一片子叶上（即背依子叶，如黄芩属 *Scutellaria* Linn.）。

本科为一世界性分布的较大的科。全世界有 10 亚科 220 余属 3500 余种，其中单种属约占三分之一，寡种属亦约占三分之一。我国有 99 属 800 余种。

全国第四次中药资源普查秭归境内发现 18 种。

442. 藿香 *Agastache rugosa*（Fisch. et Mey.）O. Ktze.

【别名】何香、山茴香、红花小茴香等。

【植物形态】多年生草本。茎直立，高 0.5 ～ 1.5 米，四棱形，粗达 7 ～ 8 毫米，上部被极短的细毛，下部无毛，在上部具能育的分枝。叶心状卵形至长圆状披针形，长 4.5 ～ 11 厘米，宽 3 ～ 6.5 厘米，向上渐小，先端尾状长渐尖，基部心形，稀截形，边缘具粗齿，纸质，上面橄榄绿色，近无毛，下面略淡，被微柔毛及点状腺体；叶柄长 1.5 ～ 3.5 厘米。轮伞花序多花，在主茎或侧枝上组成顶生密集的圆筒形穗状花序，穗状花序长 2.5 ～ 12 厘米，直径 1.8 ～ 2.5 厘米；花序基部的苞叶长不超过 5 毫米，宽 1 ～ 2 毫米，披针状线形，长渐尖，苞片形状与之相似，较小，长 2 ～ 3 毫米；轮伞花序具短梗，总梗长约 3 毫米，被腺微柔毛。花萼管状倒圆锥形，长约 6 毫米，宽约 2 毫米，被腺微柔毛及黄色小腺体，多少染成浅紫色或紫红色，喉部微斜，萼齿三角状披针形，后 3 齿长约 2.2 毫米，前 2 齿稍短。花冠淡紫蓝色，长约 8 毫米，外被微柔毛，冠筒基部宽约 1.2 毫米，微超出于萼，向上渐宽，至喉部宽约 3 毫米，冠檐二唇形，上唇直伸，先端微缺，下唇 3 裂，中裂片较宽大，长约 2 毫米，宽约 3.5 毫米，平展，边缘波状，基部宽，侧裂片半圆形。雄蕊伸出花冠，花丝细，扁平，无毛。花柱与雄蕊近等长，丝状，先端相等的 2 裂。花盘厚环状。子房裂片顶部具绒毛。成熟小坚果卵状长圆形，长约 1.8 毫米，宽约 1.1 毫米，腹面具棱，先端具短硬毛，褐色。花期 6—9 月，果期 9—11 月。

【生境与分布】各地广泛分布，常见栽培，供药用。

【中药名称】藿香、藿梗。

【来源】为唇形科植物藿香（*Agastache rugosa*（Fisch. et Mey.）O. Ktze.）的地上部分。

【采收加工】藿香：拣去杂质，除去残根及老茎，先将叶摘下另放，茎用水润透，切段，晒干，然后与叶和匀。

藿梗：取老茎，水浸润透，切片晒干。

【性味功效】辛，温。归脾、胃、肺经。化湿醒脾，辟秽和中，解暑，发表。用于湿阻脾胃，脘腹胀满，湿温初起，呕吐，泄泻，暑湿，发热恶寒，胸脘满闷等。

【应用举例】一钱至三钱，鲜者加倍，煎服。

443. 细风轮菜 *Clinopodium gracile*（Benth.）Matsum.

【别名】野凉粉草、假韩酸草、花花王根草、假仙菜、剪刀草、箭头草、玉如意、野薄荷、野仙人草、苦草、小叶仙人草、瘦风轮等。

【植物形态】纤细草本。茎多数，自匍匐茎生出，柔弱，上升，不分枝或基部具分枝，高 8 ~ 30 厘米，直径约 1.5 毫米，四棱形，具槽，被倒向的短柔毛。最下部的叶圆卵形，细小，长约 1 厘米，宽 0.8 ~ 0.9 厘米，先端钝，基部圆形，边缘具疏圆齿，较下部或全部叶均为卵形，较大，长 1.2 ~ 3.4 厘米，宽 1 ~ 2.4 厘米，先端钝，基部圆形或楔形，边缘具疏齿或圆齿状锯齿，薄纸质，上面榄绿色，近无毛，下面较淡，脉上被疏短硬毛，侧脉 2 ~ 3 对，与中肋两面微隆起但下面明显呈白绿色，叶柄长 0.3 ~ 1.8 厘米，腹凹背凸，基部常染紫红色，密被短柔毛；上部叶及苞叶卵状披针形，先端锐尖，边缘具锯齿。轮伞花序分离，或密集于茎端成短总状花序，疏花；苞片针状，远较花梗为短；花梗长 1 ~ 3 毫米，被微柔毛。花萼管状，基部圆形，花时长约 3 毫米，果时下倾，基部一边膨胀，长约 5 毫米，13 脉，外面沿脉上被短硬毛，其余部分被微柔毛或几无毛，内面喉部被稀疏小柔毛，上唇 3 齿，短，三角形，果时外反，下唇 2 齿，略长，先端钻状，平伸，齿均被睫毛。花冠白至紫红色，超过花萼长约 1/2 倍，外面被微柔毛，内面在喉部被微柔毛，冠筒向上渐扩大，冠檐二唇形，上唇直伸，先端微缺，下唇 3 裂，中裂片较大。雄蕊 4，前对能育，与上唇等齐，花药 2 室，室略叉开。花柱先端略增粗，2 浅裂，前裂片扁平，披针形，后裂片消失。花盘平顶。子房无毛。小坚果卵球形，褐色，光滑。花期 6—8 月，果期 8—10 月。

【生境与分布】产于江苏、浙江、福建、台湾、安徽、江西、湖南、广东、广西、贵州、云南、四川、湖北及陕西南部。生于路旁、沟边、空旷草地、林缘、灌丛中，海拔可达 2400 米。

【中药名称】瘦风轮。

【来源】为唇形科植物细风轮菜（*Clinopodium gracile*（Benth.）Matsum.）的全草。

【采收加工】鲜用或扎成小把晒干。

【性味功效】辛，苦，凉。疏风清热，解毒止痢，止血。用于感冒，中暑，痢疾，肝炎；外用治疗疮肿毒，皮肤瘙痒，外伤出血。

【应用举例】内服，3 ～ 5 钱；外用鲜品适量捣烂敷患处，或煎水洗患处，或干叶研粉敷患处。

444. 麻叶风轮菜 *Clinopodium urticifolium*（Hance）C. Y. Wu et Hsuan ex H. W. Li

【别名】蜂窝草、节节草等。

【植物形态】多年生直立草本，根茎木质。茎高 25 ～ 80 厘米，钝四棱形，具细条纹，坚硬，基部半木质，常带紫红色，有时近圆柱形，疏被向下的短硬毛，上部常具分枝，沿棱及节上较密被向下的短硬毛。叶卵圆形，卵状长圆形至卵状披针形，长 3 ～ 5.5 厘米，宽 1.2 ～ 3 厘米，先端钝或急尖，基部近平截至圆形，边缘锯齿状，坚纸质，上面榄绿色，被极疏的短硬毛，下面略淡，主要沿各级脉上被稀疏贴生具节疏柔毛，侧脉 6 ～ 7 对，与中肋在上面微凹陷下面明显隆起；下部叶叶柄较长，长 1 ～ 1.2 厘米，向上渐短，长 2 ～ 5 毫米，腹凹背凸，密被具节疏柔毛。轮伞花序多花密集，半球形，位于下部者直径达 3 厘米，上部者直径约 2 厘米，彼此远隔；苞叶叶状，下部者超出轮伞花序，上部者与轮伞花序等长，且呈苞片状；苞片线形，常染紫红色，明显具肋，为花萼长 2/3 ～ 3/4，被白色缘毛；总梗长 3 ～ 5 毫米，分枝多数；花梗长 1.5 ～ 2.5 毫米，与总梗及序轴密被腺微柔毛。花萼狭管状，长约 8 毫米，上部染紫红色，外面主要沿脉上被白色纤毛，余部被腺微柔毛，内面在齿上疏被疏柔毛，果时基部稍一边膨胀，上唇 3 齿，齿近外反，长三角形，先端具短芒尖，下唇 2 齿，齿直伸，稍长，先端芒尖。花冠紫红色，长约1.2厘米，外被微柔毛，内面在下唇下方喉部具二列茸毛，冠筒伸出，基部宽1毫米，自基部1/3向上渐宽大，至喉部宽约3毫米，冠檐二唇形，上唇直伸，先端微缺，下唇3裂，中裂片稍大。雄蕊4，前对稍长，几不露出或微露出，花药2室，室略叉开。花柱微露出，先端不相等2浅裂，裂片扁平。花盘平顶。子房无毛。小坚果倒卵形，长约1毫米，宽约0.8毫米，褐色，无毛。花期6—8月，果期8—10月。

【生境与分布】生长于海拔300～2240米的林下。产于黑龙江、辽宁、吉林、河北、河南、山西、陕西、四川西北部、山东及江苏。

【中药名称】麻叶风轮菜。

【来源】为唇形科植物麻叶风轮菜（*Clinopodium urticifolium*（Hance）C. Y. Wu et Hsuan ex H. W. Li）的全草。

【采收加工】夏、秋季采收，洗净，切段，晒干或鲜用。

【性味功效】苦，凉。疏风清热，解毒止痢，活血止血。用于感冒，中暑，痢疾，肝炎，急性胆囊炎，痄腮，目赤红肿，疔疮肿毒，皮肤瘙痒，妇女各种出血，尿血，外伤出血。

【应用举例】内服：煎汤，10～15克；或捣汁。外用：适量，捣敷或煎水洗。

445. 活血丹 *Glechoma longituba*（Nakai）Kupr.

【别名】钹儿草、佛耳草、连钱草、金钱草、连金钱、方梗金钱草、遍地金钱、大金钱草、对叶金钱草、大叶金钱（草）、金钱薄荷、金钱菊等。

【植物形态】多年生草本，具匍匐茎，上升，逐节生根。茎高10～20（30）厘米，四棱形，基部通常呈淡紫红色，几无毛，幼嫩部分被疏长柔毛。叶草质，下部者较小，叶片心形或近肾形，叶柄长为叶片的1～2倍；上部者较大，叶片心形，长1.8～2.6厘米，宽2～3厘米，先端急尖或钝三角形，基部心形，边缘具圆齿或粗锯齿状圆齿，上面被疏粗伏毛或微柔毛，叶脉不明显，下面常带紫色，被疏柔毛或长硬毛，常仅限于脉上，脉隆起，叶柄长为叶片的1.5倍，被长柔毛。轮伞花序通常具2朵花，稀具4～6朵花；苞片及小苞片线形，长达4毫米，被缘毛。花萼管状，长9～11毫米，外面被长柔毛，尤沿肋上为多，内面多少被微柔毛，齿5，上唇3齿，较长，下唇2齿，略短，齿卵状三角形，长为萼长1/2，先端芒状，边缘具缘毛。花冠淡蓝、蓝至紫色，下唇具深色斑点，冠筒直立，上部渐膨大成钟形，有长筒与短筒两型，长筒者长1.7～2.2厘米，短筒者通常藏于花萼内，长1～1.4厘米，外面多少被长柔毛及微柔毛，内面仅下唇喉部被疏柔毛或几无毛，冠檐二唇形。上唇直立，2裂，裂片近肾形，下唇伸长，斜展，3裂，中裂片最大，肾形，较上唇片大1～2倍，先端凹入，两侧裂片长圆形，宽为中裂片之半。雄蕊4，内藏，无毛，后对着生于上唇下，较长，前对着生于两侧裂片下方花冠筒中部，较短；花药2室，略叉开。子房4裂，无毛。花盘杯状，微斜，前方呈指状膨大。花柱细长，无毛，略伸出，先端近相等2裂。成熟小坚果深褐色，长圆状卵形，长约1.5毫米，宽约1毫米，顶端圆，基部略成三棱形，无毛，果脐不明显。花期4—5月，果期5—6月。

【生境与分布】除青海、甘肃、新疆及西藏外，全国各地均产。生于林缘、疏林下、草地中、溪边等阴湿处，海拔50～2000米。

【中药名称】连钱草。

【来源】为唇形科植物活血丹（*Glechoma longituba*（Nakai）Kupr.）的干燥地上部分。

【采收加工】4—5月采收全草，晒干或鲜用。

【性味功效】苦，辛，凉。归肝、胆、膀胱经。利湿通淋，清热解毒，散瘀消肿。主治热淋石淋，湿热黄疸，疮痈肿痛，跌打损伤。

【应用举例】内服：煎汤，15～30克；或浸酒，或捣汁。外用：适量，捣敷或绞汁涂敷。

446. 益母草 *Leonurus artemisia*（Laur.）S. Y. Hu

【别名】野故草、鸡母草、红花艾、坤草、野天麻、云母草、鸭母草、红花艾、坤草、三角小胡麻、爱母草、红花益母草、臭艾、益母艾、燕艾等。

【植物形态】一年生或二年生草本，有于其上密生须根的主根。茎直立，通常高30～120厘米，钝四棱形，微具槽，有倒向糙伏毛，在节及棱上尤为密集，在基部有时近于无毛，多分枝，或仅于茎中部以上有能育的小枝条。叶轮廓变化很大，茎下部叶轮廓为卵形，基部宽楔形，掌状3裂，裂片呈长圆状菱形至卵圆形，通常长2.5～6厘米，宽1.5～4厘米，裂片上再分裂，上面绿色，有糙伏毛，叶脉稍下陷，下面淡绿色，被疏柔毛及腺点，叶脉突出，叶柄纤细，长2～3厘米，由于叶基下延而在上部略具翅，腹面具槽，背面圆形，被糙伏毛；茎中部叶轮廓为菱形，较小，通常分裂成3个或偶有多个长圆状线形的裂片，基部狭楔形，叶柄长0.5～2厘米；花序最上部的苞叶近于无柄，线形或线状披针形，长3～12厘米，宽2～8毫米，全缘或具稀牙齿。轮伞花序腋生，具8～15朵花，轮廓为圆球形，直径2～2.5厘米，多数远离而组成长穗状花序；小苞片刺状，向上伸出，基部略弯曲，比萼筒短，长约5毫米，有贴生的微柔毛；花梗无。花萼管状钟形，长6～8毫米，外面有贴生微柔毛，内面离基部1/3以上被微柔毛，5脉，显著，齿5，前2齿靠合，长约3毫米，后3齿较短，等长，长约2毫米，齿均宽三角形，先端刺尖。花冠粉红至淡紫红色，长1～1.2厘米，外面于伸出萼筒部分被柔毛，冠筒长约6毫米，等大，内面在离基部1/3处有近水平向的不明显鳞毛毛环，毛环在背面间断，其上部多少有鳞状毛，冠檐二唇形，上唇直伸，内凹，长圆形，长约7毫米，宽4毫米，全缘，内面无毛，边缘具纤毛，下唇略短于上唇，内面在基部疏被鳞状毛，3裂，中裂片倒心形，先端微缺，边缘薄膜质，基部收缩，侧裂片卵圆形，细小。雄蕊4，均延伸至上唇片之下，平行，前对较长，花丝丝状，扁平，疏被鳞状毛，花药卵圆形，二室。花柱丝状，略超出于雄蕊而与上唇片等长，无毛，先端相等2浅裂，裂片钻形。花盘平顶。子房褐色，无毛。小坚果长圆状三棱形，长2.5毫米，顶端截平而略宽大，基部楔形，淡褐色，光滑。花期通常在6—9月，果期9—10月。

【生境与分布】产全国各地；生长于多种生境，尤以阳处为多，海拔可高达3400米。

【中药名称】益母草、茺蔚子、益母草花。

【来源】唇形科植物益母草（*Leonurus artemisia*（Laur.）S. Y. Hu）的新鲜或干燥地上部分为益母草，干燥成熟果实为茺蔚子，花为益母草花。

【采收加工】益母草：鲜品春季幼苗期至初夏花前期采割；干品夏季茎叶茂盛、花未开或初开时采割，晒干，或切段晒干。

茺蔚子：秋季果实成熟时采收全株，晒干，打下果实，除去叶片、杂质。

益母草花：夏季花初开时采收，去净杂质，晒干。

【性味功效】益母草：苦，辛，微寒。归肝、心包、膀胱经。活血调经，利尿消肿，清热解毒。用于月经不调，闭经痛经，恶露不尽，水肿尿少，疮疡肿毒等。

茺蔚子：辛，苦，微寒。归心包、肝经。活血调经，清肝明目。用于月经不调，闭经痛经，目赤翳障，头晕胀痛等。

益母草花：甘，微苦，凉。归肺、肝经。养血，活血，利水。用于贫血，疮疡肿毒，闭经痛经，产后瘀阻腹痛，恶露不下等。

【应用举例】益母草：

1. 治堕胎下血：小蓟根叶、益母草五两，水两大碗，煮汁一碗，再煎至一盏，分两服，一日服尽。

2. 治产后血晕、心气欲绝：益母草研汁，服一盏。

3. 治产后血闭不下者：益母草汁一小盏，入酒一合，温服。

茺蔚子：用量5～10克。用于肝热头痛、目赤肿痛等。

益母草花：内服，煎汤，6～9克。

447. 地笋 *Lycopus lucidus* Turcz.

【别名】提娄、地参等。

【植物形态】多年生草本，高0.6～1.7米；根茎横走，具节，节上密生须根，先端肥大呈圆柱形，此时于节上具鳞叶及少数须根，或侧生有肥大的具鳞叶的地下枝。茎直立，通常不分枝，四棱形，具槽，绿色，常于节上多少带紫红色，无毛，或在节上疏生小硬毛。叶具极短柄或近无柄，长圆状披针形，多少弧弯，通常长4～8厘米，宽1.2～2.5厘米，先端渐尖，基部渐狭，边缘具锐尖锯齿，两面或上面具光泽，亮绿色，两面均无毛，下面具凹陷的腺点，侧脉6～7对。轮伞花序无梗，轮廓圆球形，花时直径1.2～1.5厘米，多花密集，其下承以小苞片；小苞片卵圆形至披针形，先端刺尖，位于外方者超过花萼，长达5毫米，具3脉，位于内方者，长2～3毫米，短于或等于花萼，具1脉，边缘均具小纤毛。花萼钟形，长3毫米，两面无毛，外面具腺点，萼齿 5，披针状三角形，长 2 毫米，具刺尖头，边缘具小缘毛。花冠白色，长 5 毫米，外面在冠檐上具腺点，内面在喉部具白色短柔毛，冠筒长约 3 毫米，冠檐不明显二唇形，上唇近圆形，下唇 3 裂，中裂片较大。雄蕊仅前对能育，超出于花冠，先端略下弯，花丝丝状，无毛，花药卵圆形，2 室，室略叉开，后对雄蕊退化，丝状，先端棍棒状。花柱伸出花冠，先端相等 2 浅裂，裂片线形。花盘平顶。小坚果倒卵圆状四边形，基部略狭，长 1.6 毫米，宽 1.2 毫米，褐色，边缘加厚，背面平，腹面具棱，有腺点。花期 6—9 月，果期 8—11 月。

【生境与分布】产于黑龙江、吉林、辽宁、河北、陕西、四川、贵州、云南。生于沼泽地、水边、沟边等潮湿处、海拔 320 ～ 2100 米。

【中药名称】地笋。

【来源】为唇形科植物地笋（*Lycopus lucidus* Turcz.）的根茎。

【采收加工】秋季采挖，除去地上部分，洗净，晒干。

【性味功效】甘，辛，平。化瘀止血，益气利水。用于衄血，吐血，产后腹痛，黄疸，水肿，带下，气虚乏力。

【应用举例】治产后腹痛：地笋 30 克，赤芍 10 克，当归 9 克，乳香 9 克，没药 9 克，桃仁 9 克，红花 6 克，水煎服，每日 1 剂。

448. 薄荷 *Mentha haplocalyx* Briq.

【别名】野薄荷、南薄荷、夜息香、野仁丹草、见肿消、水薄荷、水益母、接骨草、水薄荷、土薄荷、鱼香草、香薷草等。

【植物形态】多年生草本。茎直立，高 30 ～ 60 厘米，下部数节具纤细的须根及水平匍匐根状茎，锐四棱形，具四槽，上部被倒向微柔毛，下部仅沿棱上被微柔毛，多分枝。叶片长圆状披针形、披针形、椭圆形或卵状披针形，稀长圆形，长 3 ～ 5（7）厘米，宽 0.8 ～ 3 厘米，先端锐尖，基部楔形至近圆形，边缘在基部以上疏生粗大的锯齿，侧脉 5 ～ 6 对，与

中肋在上面微凹陷下面显著，上面绿色；沿脉上密生余部疏生微柔毛，或除脉外余部近于无毛，上面淡绿色，通常沿脉上密生微柔毛；叶柄长 2 ～ 10 毫米，腹凹背凸，被微柔毛。轮伞花序腋生，轮廓球形，花时直径约 18 毫米，具梗或无梗，具梗时梗可长达 3 毫米，被微柔毛；花梗纤细，长 2.5 毫米，被微柔毛或近于无毛。花萼管状钟形，长约 2.5 毫米，外被微柔毛及腺点，内面无毛，10 脉，不明显，萼齿 5，狭三角状钻形，先端长锐尖，长 1 毫米。花冠淡紫，长 4 毫米，外面略被微柔毛，内面在喉部以下被微柔毛，冠檐 4 裂，上裂片先端 2 裂，较大，其余 3 裂片近等大，长圆形，先端钝。雄蕊 4，前对较长，长约 5 毫米，均伸出于花冠之外，花丝丝状，无毛，花药卵圆形，2 室，室平行。花柱略超出雄蕊，先端近相等 2 浅裂，裂片钻形。花盘平顶。小坚果卵珠形，黄褐色，具小腺窝。花期 7—9 月，果期 10 月。

【生境与分布】产于南北各地，生于水旁潮湿地，海拔可高达 3500 米。

【中药名称】薄荷。

【来源】为唇形科植物薄荷（*Mentha haplocalyx* Briq.）的干燥地上部分。

【采收加工】拣净杂质，除去残根，先将叶抖下另放，然后将茎喷洒清水，润透后切段，晒干，再与叶和匀。

【性味功效】辛，凉。归肺、肝经。宣散风热，清头目，透疹。用于风热感冒，风温初起，头痛，目赤，喉痹，口疮，风疹，麻疹，胸胁胀闷。

【应用举例】内服，3 ～ 6 克，入煎剂宜后下。

449. 留兰香 *Mentha spicata* Linn.

【别名】香薄荷、土薄荷、鱼香菜、绿薄荷、假薄荷、土薄荷、香花菜等。

【植物形态】多年生草本。茎直立，高 40 ～ 130 厘米，无毛或近于无毛，绿色，钝四棱形，具槽及条纹，不育枝仅贴地生。叶无柄或近于无柄，卵状长圆形或长圆状披针形，长 3 ～ 7 厘米，宽 1 ～ 2 厘米，先端锐尖，基部宽楔形至近圆形，边缘具尖锐而不规则的锯齿，草质，上面绿色，下面灰绿色，侧脉 6 ～ 7 对，与中脉在上面多少凹陷下面明显隆起且带白色。轮伞花序生于茎及分枝顶端，呈长 4 ～ 10 厘米、间断但向上密集的圆柱形穗状花序；小苞片线形，长过于花萼，长 5 ～ 8 毫米，无毛；花梗长 2 毫米，无毛。花萼钟形，花时连齿长 2 毫米，外面无毛，具腺点，内面无毛，5 脉，不显著，萼齿 5，三角状披针形，长 1 毫米。花冠淡紫色，长 4 毫米，两面无毛，冠筒长 2 毫米，冠檐具 4 裂片，裂片近等大，上裂片微凹。雄蕊 4，伸出，近等长，花丝丝状，无毛，花药卵圆形，2 室。花柱伸出花冠很多，先端相等 2 浅裂，裂片钻形。花盘平顶。子房褐色，无毛。花期 7—9 月。

【生境与分布】全县有分布。

【中药名称】留兰香。

【来源】为唇形科植物留兰香（*Mentha spicata* Linn.）的全草。

【采收加工】全年可采，鲜用或阴干。

【性味功效】辛，甘，微温。祛风散寒，止咳，消肿解毒。用于感冒咳嗽，胃痛，腹胀，神经性头痛；外用治跌打损伤，眼结膜炎，小儿疮疖。

【应用举例】内服，0.5～1两；外用适量，捣烂敷患处，绞汁点眼。

450. 石香薷 *Mosla chinensis* Maxim.

【别名】香薷、香菜、香草、香茹草、香茅、香绒、青香薷等。

【植物形态】直立草本。茎高9～40厘米，纤细，自基部多分枝，或植株矮小不分枝，被白色疏柔毛。叶线状长圆形至线状披针形，长1.3～2.8（3.3）厘米，宽2～4（7）毫米，先端渐尖或急尖，基部渐狭或楔形，边缘具疏而不明显的浅锯齿，上面榄绿色，下面较淡，两面均被疏短柔毛及棕色凹陷腺点；叶柄长3～5毫米，被疏短柔毛。总状花序头状，长1～3厘米；苞片覆瓦状排列，偶见稀疏排列，圆倒卵形，长4～7毫米，宽3～5毫米，先端短尾尖，全缘，两面被疏柔毛，下面具凹陷腺点，边缘具睫毛，5脉，自基部掌状生出；花梗短，被疏短柔毛。花萼钟形，长约3毫米，宽约1.6毫米，外面被白色绵毛及腺体，内面在喉部以上被白色绵毛，下部无毛，萼齿5，钻形，长约为花萼长之2/3，果时花萼增大。花冠紫红、淡红至白色，长约5毫米，略伸出于苞片，外面被微柔毛，内面在下唇之下方冠筒，上略被微柔毛，余部无毛。雄蕊及雌蕊内藏。花盘前方呈指状膨大。小坚果球形，直径约1.2毫米，灰褐色，具深雕纹，无毛。花期6—9月，果期7—11月。

【生境与分布】产于山东、江苏、浙江、安徽、江西、湖南、湖北、贵州、四川、广西、广东、福建及台湾；生于草坡或林下，海拔至1400米。

【中药名称】香薷。

【来源】为唇形科植物石香薷（*Mosla chinensis* Maxim.）的干燥地上部分。

【采收加工】夏、秋季茎叶茂盛，花初开时采割，阴干或晒干，捆成小把。

【性味功效】辛，微温。归肺、胃经。发汗解表，化湿和中。用于暑湿感冒，恶寒发热，头痛无汗，腹痛吐泻，水肿，小便不利。

【应用举例】内服：煎汤，2～4钱；或研末。

外用：煎洗、捣烂或研末调敷。

451. 罗勒 *Ocimum basilicum* L.

【别名】兰香、香菜、翳子草、薰草、家佩兰、省头草、光明子、薰草香草、香荆芥、缠头花椒、佩兰、家薄荷、香草头、香叶草等。

【植物形态】一年生草本，高 20 ～ 80 厘米，具圆锥形主根及自其上生出的密集须根。茎直立，钝四棱形，上部微具槽，基部无毛，上部被倒向微柔毛，绿色，常染有红色，多分枝。叶卵圆形至卵圆状长圆形，长 2.5 ～ 5 厘米，宽 1 ～ 2.5 厘米，先端微钝或急尖，基部渐狭，边缘具不规则齿或近于全缘，两面近无毛，下面具腺点，侧脉 3 ～ 4 对；叶柄伸长，长约 1.5 厘米，近于扁平，向叶基多少具狭翅，被微柔毛。总状花序顶生于茎、枝上，各部均被微柔毛，通常长 10 ～ 20 厘米，由多数具 6 朵花交互对生的轮伞花序组成，下部的轮伞花序远离，彼此相距可达 2 厘米，上部轮伞花序靠近；苞片细小，倒披针形，长 5 ～ 8 毫米，短于轮伞花序，先端锐尖，基部渐狭，无柄，边缘具纤毛，常具色泽；花梗明显，花时长约 3 毫米，果时伸长，长约 5 毫米，先端明显下弯。花萼钟形，长 4 毫米，宽 3.5 毫米，外面被短柔毛，内面在喉部被疏柔毛，萼筒长约 2 毫米，萼齿 5，呈二唇形，上唇 3 齿，中齿最宽大，长 2 毫米，宽 3 毫米，近圆形，内凹，具短尖头，边缘下延至萼筒，侧齿宽卵圆形，长 1.5 毫米，先端锐尖，下唇 2 齿，披针形，长 2 毫米，具刺尖头，齿边缘均具缘毛，果时花萼宿存，明显增大，长达 8 毫米，宽 6 毫米，明显下倾，脉纹显著。花冠淡紫色，或上唇白色下唇紫红色，伸出花萼，长约 6 毫米，外面在唇片上被微柔毛，内面无毛，冠筒内藏，长约 3 毫米，喉部多少增大，冠檐二唇形，上唇宽大，长 3 毫米，宽 4.5 毫米，4 裂，裂片近相等，近圆形，常具波状皱曲，下唇长圆形，长 3 毫米，宽 1.2 毫米，下倾，全缘，近扁平。雄蕊 4，分离，略超出花冠，插生于花冠筒中部，花丝丝状，后对花丝基部具齿状附属物，其上有微柔毛，花药卵圆形，汇合成 1 室。花柱超出雄蕊之上，先端相等 2 浅裂。花盘平顶，具 4 齿，齿不超出子房。小坚果卵珠形，长 2.5 毫米，宽 1 毫米，黑褐色，有具腺的穴陷，基部有 1 白色果脐。花期通常 7—9 月，果期 9—12 月。

【生境与分布】产于新疆、吉林、河北、浙江、江苏、安徽、江西、湖北、湖南、广东、广西、福建、台湾、贵州、云南及四川，多为栽培，我国南部各省区有逸为野生的。

【中药名称】罗勒、罗勒子、罗勒根。

【来源】唇形科植物罗勒（*Ocimum basilicum* L.）的全草为罗勒，果实为罗勒子，根为罗勒根。

【采收加工】罗勒：夏、秋季采收全草，除去细根和杂质，切细晒干。

罗勒子：9 月间采收，筛去泥沙杂质（不宜水洗，遇水易粘连成团），晒干。

罗勒根；9 月间采挖，除去茎叶，洗净，晒干。

【性味功效】罗勒：辛，甘，温。归肺、脾、胃、大肠经。疏风解表，化湿和中，活血，解毒消肿。用于感冒头痛，发热咳嗽，中暑，食积不化，脘腹胀满疼痛，呕吐泻痢，风湿痹痛，遗精，月经不调，皮肤湿疮，跌打损伤，蛇虫咬伤。

罗勒子：甘，辛，凉。归肺经。清热，明目，祛翳。用于目赤肿痛，倒睫目翳，走马牙疳。

罗勒根：苦，平。归心经。收湿敛疮。用于黄烂疮。

【应用举例】罗勒：内服，3 ～ 5 钱；外用适量，鲜品捣烂敷或煎水洗患处。

罗勒子：内服，煎汤，0.8 ～ 1.5 钱；外用，研末点目。

罗勒根：外用，适量，炒炭存性，研末敷。

452. 牛至 *Origanum vulgare* L.

【别名】土香薷、白花茵陈、五香草、暑草、琦香、满坡香、满山香、小甜草等。

【植物形态】多年生草本或半灌木，芳香；根茎斜生，其节上具纤细的须根，多少木质。茎直立或近基部伏地，通常高 25 ～ 60 厘米，多少带紫色，四棱形，具倒向或微蜷曲的短柔毛，多数，从根茎发出，中上部各节有具花的分枝，下部各节有不育的短枝，近基部常无叶。叶具柄，柄长 2 ～ 7 毫米，腹面具槽，背面近圆形，被柔毛，叶片卵圆形或长圆状卵圆形，长 1 ～ 4 厘米，宽 0.4 ～ 1.5 厘米，先端钝或稍钝，基部宽楔形至近圆形或微心形，全缘或有远离的小锯齿，上面亮绿色，常带紫晕，具不明显的柔毛及凹陷的腺点，下面淡绿色，明显被柔毛及凹陷的腺点，侧脉 3 ～ 5 对，与中脉在上面不显著，下面多少突出；苞叶大多无柄，常带紫色。花序呈伞房状圆锥花序，张开，多花密集，由多数长圆状在果时多少伸长的小穗状花序所组成；苞片长圆状倒卵形至倒卵形或倒披针形，锐尖，绿色或带紫晕，长约 5 毫米，具平行脉，全缘。花萼钟状，连齿长 3 毫米，外面被小硬毛或近无毛，内面在喉部有白色柔毛环，13 脉，萼齿 5，三角形，等大，长 0.5 毫米。花冠紫红、淡红至白色，管状钟形，长 7 毫米，两性花冠筒长 5 毫米，显著超出花萼，而雌性花冠筒短于花萼，长约 3 毫米，外面疏被短柔毛，内面在喉部被疏短柔毛，冠檐明显二唇形，上唇直立，卵圆形，长 1.5 毫米，先端 2 浅裂，下唇开张，长 2 毫米，3 裂，中裂片较大，侧裂片较小，均长圆状卵圆形。雄蕊 4，在两性花中，后对短于上唇，前对略伸出花冠，在雌性花中，前后对近相等，内藏，花丝丝状，扁平，无毛，花药卵圆形，2 室，两性花由三角状楔形的药隔分隔，室叉开，而雌性花中药隔退化雄蕊的药室近于平行。花盘平顶。花柱略超出雄蕊，先

端不相等2浅裂，裂片钻形。小坚果卵圆形，长约0.6毫米，先端圆，基部骤狭，微具棱，褐色，无毛。花期7—9月，果期10—12月。

【生境与分布】产于河南、江苏、浙江、安徽、江西、福建、台湾、湖北、湖南、广东、贵州、四川、云南、陕西、甘肃、新疆及西藏。生于路旁、山坡、林下及草地，海拔500～3600米。

【中药名称】牛至。

【来源】为唇形科植物牛至（*Origanum vulgare* L.）的全草。

【采收加工】夏末秋初开花时采收，将全草齐根头割起，或将全草连根拔起，抖净泥沙，晒干后扎成小把。

【性味功效】辛，微苦，凉。解表，理气，清暑，利湿。用于感冒发热，中暑，胸膈胀满，腹痛吐泻，痢疾，黄疸，水肿，带下，小儿疳积，麻疹，皮肤瘙痒，疮疡肿痛，跌打损伤。

【应用举例】内服：煎汤，3～9克，大剂量用至15～30克；或泡茶。

外用：适量，煎水洗；或鲜品捣敷。

453. 紫苏 *Perilla frutescens*（L.）Britt.

【别名】赤苏、红苏、红紫苏、皱紫苏等。

【植物形态】一年生、直立草本。茎高0.3～2米，绿色或紫色，钝四棱形，具四槽，密被长柔毛。叶阔卵形或圆形，长7～13厘米，宽4.5～10厘米，先端短尖或突尖，基部圆形或阔楔形，边缘在基部以上有粗锯齿，膜质或草质，两面绿色或紫色，或仅下面紫色，上面被疏柔毛，下面被贴生柔毛，侧脉7～8对，位于下部者稍靠近，斜上升，与中脉在上面微突起下面明显突起，色稍淡；叶柄长3～5厘米，背腹扁平，密被长柔毛。轮伞花序2花，组成长1.5～15厘米、密被长柔毛、偏向一侧的顶生及腋生总状花序；苞片宽卵圆形或近圆形，长、宽约4毫米，先端具短尖，外被红褐色腺点，无毛，边缘膜质；花梗长1.5毫米，密被柔毛。花萼钟形，10脉，长约3毫米，直伸，下部被长柔毛，夹有黄色腺点，内面喉部有疏柔毛环，结果时增大，长至1.1厘米，平伸或下垂，基部一边肿胀，萼檐二唇形，上唇宽大，3齿，中齿较小，下唇比上唇稍长，2齿，齿披针形。花冠白色至紫红色，长3～4毫米，外面略被微柔毛，内面在下唇片基部略被微柔毛，冠筒短，长2～2.5毫米，喉部斜钟形，冠檐近二唇形，上唇微缺，下唇3裂，中裂片较大，侧裂片与上唇相近似。雄蕊4，几不伸出，前对稍长，离生，插生喉部，花丝扁平，花药2室，室平行，其后略叉开或极叉开。花柱先端相等2浅裂。花盘前方呈指状膨大。小坚果近球形，灰褐色，直径约1.5毫米，具网纹。花期8—11月，果期8—12月。

【生境与分布】全县广泛栽培。

【中药名称】紫苏叶、紫苏梗、紫苏子。

【来源】唇形科植物紫苏（*Perilla frutescens*（L.）Britt.）的干燥叶（或带嫩枝）为紫苏叶，干燥茎为紫苏梗，干燥成熟果实为紫苏子。

【采收加工】紫苏叶：夏季枝叶茂盛时采收，除去杂质，晒干。

紫苏梗：除去杂质，稍浸，润透，切厚片，干燥。

紫苏子：秋季果实成熟时采收，除去杂质，晒干。

【性味功效】紫苏叶：辛，温。归肺、脾经。解表散寒，行气和胃。用于风寒感冒，咳嗽呕吐，妊娠呕吐，鱼蟹中毒。

紫苏梗：辛，温。归肺、脾经。理气宽中，止痛，安胎。用于胸膈痞闷，胃脘疼痛，嗳气呕吐，胎动不安。

紫苏子：辛，温。归肺经。降气消痰，平喘，润肠。用于痰壅气逆，咳嗽气喘，肠燥便秘等。

【应用举例】紫苏叶：内服，煎汤，5～10克；外用适量，捣敷、研末掺或煎汤洗。

紫苏梗：内服，煎汤，5～10克；或入散剂。

紫苏子：

1. 治小儿久咳、喉内痰声如拉锯、老年人咳嗽吼喘：紫苏子一钱，八达杏仁一两（去皮、尖），老年人加白蜜二钱，共为末，大人每服三钱，小儿服一钱，白滚水送下。

2. 治冷气心腹痛、腹胀不能下食：紫苏子一合（微炒），桂心末二钱，捣碎紫苏子，以水二大盏，绞滤取汁，入米二合，煮粥候热，入桂心末食之。

3. 顺气、滑大便：紫苏子、麻子仁，上二味不拘多少，研烂，水滤取汁，煮粥食之。

4. 治食蟹中毒：紫苏子捣汁饮之。

内服：煎汤，5～10克；或入丸、散剂。

454. 夏枯草 *Prunella vulgaris* L.

【别名】麦夏枯、铁线夏枯、燕面、铁色草、滁州夏枯草、牯牛岭、丝线吊铜钟、毛虫药、小本蛇药草、土枇杷、金疮小草等。

【植物形态】多年生草本；根茎匍匐，在节上生须根。茎高20～30厘米，上升，下部伏地，自基部多分枝，钝四棱形，其浅槽，紫红色，被稀疏的糙毛或近于无毛。茎叶卵状长圆形或卵圆形，大小不等，长1.5～6厘米，宽0.7～2.5厘米，先端钝，基部圆形、截形至宽楔形，下延至叶柄成狭翅，边缘具不明显的波状齿或几近全缘，草质，上面橄榄绿色，具短硬毛或几无毛，下面淡绿色，几无毛，侧脉3～4对，在下面略突出，叶柄长0.7～2.5厘米，自下部向上渐变短；花序下方的一对苞叶似茎叶，近卵圆形，无柄或具不明显的短柄。轮伞花序密集组成顶生长2～4厘米的穗状花序，每一轮伞花序下承以苞片；苞片宽心形，通常长约7毫米，宽约11毫米，先端具长1～2毫米的骤尖头，脉纹放射状，外面在中部以下沿脉上疏生刚毛，内面无毛，边缘具睫毛，膜质，浅紫色。花萼钟形，连齿长约10毫米，筒长4毫米，倒圆锥形，外面疏生刚毛，二唇形，上唇扁平，宽大，近扁圆形，先端几截平，具3个不很明显的短齿，中齿宽大，齿尖均呈刺状微尖，下唇较狭，2深裂，裂片达唇片之半或以下，边缘具缘毛，先端渐尖，尖头微刺状。花冠紫、蓝紫或红紫色，长约13毫米，略超出于萼，冠筒长7毫米，基部宽约1.5毫米，其上向前方膨大，至喉部宽约 4 毫米，外面无毛，内面约近基部 1/3 处具鳞毛毛环，冠檐二唇形，上唇近圆形，直径约 5.5 毫米，内凹，多少呈盔状，先端微缺，下唇约为上唇 1/2，3 裂，中裂片较大，近倒心形，先端边缘具流苏状小裂片，侧裂片长圆形，垂向下方，细小。雄蕊 4，前对长很多，均上升至上唇片之下，彼此分离，花丝略扁平，无毛，前对花丝先端 2 裂，1 裂片能育具花药，另 1 裂片钻形，长过花药，稍弯曲或近于直立，后对花丝的不育裂片微呈瘤状突出，花药 2 室，室极叉开。花柱纤细，先端相等 2 裂，裂片钻形，外弯。花盘近平顶。子房无毛。小坚果黄褐色，长圆状卵珠形，长 1.8 毫米，宽约 0.9 毫米，微具沟纹。花期 4—6 月，果期 7—10 月。

【生境与分布】产于陕西、甘肃、新疆、河南、湖北、湖南、江西、浙江、福建、台湾、广东、广西、贵州、四川及云南等省区；生于荒坡、草地、溪边及路旁等湿润地上，海拔高可达 3000 米。

【中药名称】夏枯草。

【来源】为唇形科植物夏枯草（*Prunella vulgaris* L.）的干燥果穗。

【采收加工】夏季果穗呈棕红色时采收，除去杂质，晒干。

【性味功效】辛，苦，寒。归肝、胆经。清肝泻火，明目，散结消肿。用于目赤肿痛，头痛眩晕，瘰疬，瘿瘤，乳痈，乳癖，乳房胀痛等。

【应用举例】内服：煎汤，6 ～ 15 克，大剂量可用至 30 克；熬膏或入丸、散剂。外用：适量，煎水洗或捣敷。

455. 华鼠尾草 *Salvia chinensis* Benth.

【别名】石见穿、石打穿、紫参、月下红、紫参、半支莲、活血草、野沙参等。

【植物形态】一年生草本；根略肥厚，多分枝，紫褐色。茎直立或基部倾卧，高 20 ～ 60 厘米，单一或分枝，钝四棱形，具槽，被短柔毛或长柔毛。叶全为单叶或下部具 3 小叶的复叶，叶柄长 0.1 ～ 7 厘米，疏被长柔毛，叶片卵圆形或卵圆状椭圆形，先端钝或锐尖，基部心形或圆形，边缘有圆齿或钝锯齿，两面除叶脉被短柔毛外余部近无毛，单叶叶片长 1.3 ～ 7 厘米，宽 0.8 ～ 4.5 厘米，复叶时顶生小叶片较大，长 2.5 ～ 7.5 厘米，小叶柄长 0.5 ～ 1.7 厘米，侧生小叶较小，长 1.5 ～ 3.9 厘米，宽 0.7 ～ 2.5 厘米，有极短的小叶柄。轮伞花序 6 花，在下部的疏离，上部较密集，组成长 5 ～ 24 厘米顶生的总状花序或总状圆锥花序；苞片披针形，长 2 ～ 8 毫米，宽 0.8 ～ 2.3 毫米，先端渐尖，基部宽楔形或近圆形，在边缘及脉上被短柔毛，比花梗稍长；花梗长1.5～2毫米，与花序轴被短柔毛。花萼钟形，长4.5～6毫米，紫色，外面沿脉上被长柔毛，内面喉部密被长硬毛环，萼筒长4～4.5毫米，萼檐二唇形，上唇近半圆形，长1.5毫米，宽3毫米，全缘，先端有3个聚合的短尖头，3脉，两边侧脉有狭翅，下唇略长于上唇，长约2毫米，宽3毫米，半裂成2齿，齿长三角形，先端渐尖。花冠蓝紫或紫色，长约1厘米，伸出花萼，外被短柔毛，内面离冠筒基部1.8～2.5毫米有斜向的不完全疏柔毛毛环，冠筒长约6.5毫米，基部宽不及1毫米，向上渐宽大，至喉部宽达3毫米，冠檐二唇形，上唇长圆形，长3.5毫米，宽3.3毫米，平展，先端微凹，下唇长约5毫米，宽7毫米，3裂，中裂片倒心形，向下弯，长约4毫米，宽约7毫米，顶端微凹，边缘具小圆齿，基部收缩，侧裂片半圆形，直立，宽1.25毫米。能育雄蕊2，近外伸，花丝短，长1.75毫米，药隔长约4.5毫米，关节处有毛，上臂长约3.5毫米，具药室，下臂瘦小，无药室，分离。花柱长1.1厘米，稍外伸，先端不相等2裂，前裂片较长。花盘前方略膨大。小坚果椭圆状卵圆形，长约1.5毫米，直径0.8毫米，褐色，光滑。花期8—10月。

【生境与分布】产于山东、江苏南部、安徽南部、浙江、湖北、江西、湖南、福建、台湾、广东北部、广西东北部、四川；生于山坡或平地的林荫处或草丛中，海拔120～500米。

【中药名称】石见穿。

【来源】为唇形科植物华鼠尾草（*Salvia chinensis* Benth.）的全草。

【采收加工】夏至到处暑间采收。

【性味功效】辛，苦，微寒。归肝、脾经。活血化瘀，清热利湿，散结消肿。主治月经不调，痛经，闭经，崩漏，便血，湿热黄疸，热毒血痢，淋痛，带下，风湿骨痛，瘰疬，疮肿，乳痈，带状疱疹，麻风，跌打伤肿。

【应用举例】内服：煎汤，15～30克。

456. 荔枝草 *Salvia plebeia* R. Br.

【别名】皮葱、雪里青、过冬青、凤眼草、黑紫苏、荠苎、野芝麻等。

【植物形态】一年生或二年生草本；主根肥厚，向下直伸，有多数须根。茎直立，高15～90厘米，粗壮，多分枝，被向下的灰白色疏柔毛。叶椭圆状卵圆形或椭圆状披针形，长2～6厘米，宽0.8～2.5厘米，先端钝或急尖，基部圆形或楔形，边缘具圆齿或尖锯齿，草质，上面被稀疏的微硬毛，下面被短疏柔毛，余部散布黄褐色腺点；叶柄长 4 ～ 15 毫米，腹凹背凸，密被疏柔毛。轮伞花序具 6 朵花，多数，在茎、枝顶端密集组成总状或总状圆锥花序，花序长 10 ～ 25 厘米，结果时延长；苞片披针形，长于或短于花萼；先端渐尖，基部渐狭，全缘，两面被疏柔毛，下面较密，边缘具缘毛；花梗长约 1 毫米，与花序轴密被疏柔毛。花萼钟形，长约 2.7 毫米，外面被疏柔毛，散布黄褐色腺点，内面喉部有微柔毛，二唇形，唇裂约至花萼长 1/3，上唇全缘，先端具 3 个小尖头，下唇深裂成 2 齿，齿三角形，锐尖。花冠淡红、淡紫、紫、蓝紫至蓝色，稀白色，长 4.5 毫米，冠筒外面无毛，内面中部有毛环，冠檐二唇形，上唇长圆形，长约 1.8 毫米，宽 1 毫米，先端微凹，外面密被微柔毛，两侧折合，下唇长约 1.7 毫米，宽 3 毫米，外面被微柔毛，3 裂，中裂片最大，阔倒心形，顶端微凹或呈浅波状，侧裂片近半圆形。能育雄蕊 2，着生于下唇基部，略伸出花冠外，花丝长 1.5 毫米，药隔长约 1.5 毫米，弯成弧形，上臂和下臂等长，上臂具药室，二下臂不育，膨大，互相联合。花柱和花冠等长，先端不相等 2 裂，前裂片较长。花盘前方微隆起。小坚果倒卵圆形，直径 0.4 毫米，成熟时干燥，光滑。花期 4—5 月，果期 6—7 月。

【生境与分布】除新疆、甘肃、青海及西藏外，几产于全国各地；生于山坡、路旁、沟边、田野潮湿的土壤上，海拔可至 2800 米。

【中药名称】荔枝草。

【来源】为唇形科植物荔枝草（*Salvia plebeia* R. Br.）的全草。

【采收加工】6—7 月采收，洗净，切细，鲜用或晒干。

【性味功效】苦，辛，凉。清热，解毒，凉血，利尿。用于咽喉肿痛，支气管炎，肾炎水肿，痈肿；外治乳腺炎，痔疮肿痛，出血。

【应用举例】内服，0.5 ～ 1 两。外用适量，鲜品捣烂外敷，或煎水洗。

457. 半枝莲 *Scutellaria barbata* D. Don

【别名】瘦黄芩、牙刷草、田基草、水黄芩、狭叶韩信草等。

【植物形态】根茎短粗，生出簇生的须状根。茎直立，高 12 ～ 35（55）厘米，四棱形，基部组 1 ～ 2 毫米，无毛或在序轴上部疏被紧贴的小毛，不分枝或具或多或少的分枝。叶具短柄或近无柄，柄长 1 ～ 3 毫米，腹凹背凸，疏被小毛；叶片三角状卵圆形或卵圆状披针形，有时卵圆形，长 1.3 ～ 3.2 厘米，宽 0.5 ～ 1（1.4）厘米，先端急尖，基部宽楔形或近截形，边缘生有疏而钝的浅齿，上面橄榄绿色，下面淡绿有时带紫色，两面沿脉上疏被紧贴的小毛或几无毛，侧脉 2 ～ 3 对，与中脉在上面凹陷下面凸起。花单生于茎或分枝上部叶腋内，具花的茎部长 4 ～ 11 厘米；苞叶下部者似叶，但较小，长达 8 毫米，上部者更变小，长 2 ～ 4.5 毫米，椭圆形至长椭圆形，全缘，上面散布下面沿脉疏被小毛；花梗长 1 ～ 2 毫米，被微柔毛，中部有一对长约 0.5 毫米具纤毛的针状小苞片。花萼开花时长约 2 毫米，外面沿脉被微柔毛，边缘具短缘毛，盾片高约 1 毫米，果时花萼长 4.5 毫米，盾片高 2 毫米。花冠紫蓝色，长 9 ～ 13 毫米，外被短柔毛，内在喉部疏被疏柔毛；冠筒基部囊大，宽 1.5 毫米，向上渐宽，至喉部宽达 3.5 毫米；冠檐 2 唇形，上唇盔状，半圆形，长 1.5 毫米，先端圆，下唇中裂片梯形，全缘，长 2.5 毫米，宽 4 毫米，2 侧裂片三角状卵圆形，宽 1.5 毫米，先端急尖。雄蕊 4，前对较长，微露出，具能育半药，退化半药不明显，后对较短，内藏，具全药，药室裂口具髯毛；花丝扁平，前对内侧后对两侧下部被小疏柔毛。花柱细长，先端锐尖，微裂。花盘盘状，前方隆起，后方延伸成短子房柄。子房 4 裂，裂片等大。小坚果褐色，扁球形，直径约 1 毫米，具小疣状突起。花果期 4—7 月。

【生境与分布】产于河北、山东、陕西南部、河南、江苏、浙江、台湾、福建、江西、湖北、湖南、广东、广西、四川、贵州、云南等省区；生于水田边、溪边或湿润草地上，海拔 2000 米以下。

【中药名称】半枝莲。

【来源】为唇形科植物半枝莲（*Scutellaria barbata* D. Don）的干燥全草。

【采收加工】夏、秋季茎叶茂盛时采挖，洗净，晒干。

【性味功效】辛，苦，寒。归肺、肝、肾经。清热解毒，化瘀利尿。用于疔疮肿毒，咽喉肿痛，毒蛇咬伤，跌打损伤，水肿，黄疸。

【应用举例】内服，15 ～ 30 克；鲜品 30 ～ 60 克。外用鲜品适量，捣敷患处。

458. 韩信草 *Scutellaria indica* L.

【别名】大力草、烟管草、偏向花、顺经草、调羹草、红叶犁头尖、三合香等。

【植物形态】多年生草本；根茎短，向下生出多数簇生的纤维状根，向上生出 1 至多数茎。茎高 12 ～ 28 厘米，上升直立，四棱形，粗 1 ～ 1.2 毫米，通常带暗紫色，被微柔毛，尤以茎上部及沿棱角为密集，不分枝或多分枝。叶草质至近坚纸质，心状卵圆形或圆状卵圆形至椭圆形，长 1.5 ～ 2.6（3）厘米，宽 1.2 ～ 2.3 厘米，先端钝或圆，基部圆形、浅心形至心形，边缘密生整齐

圆齿，两面被微柔毛或糙伏毛，尤以下面为甚；叶柄长 0.4 ～ 1.4（2.8）厘米，腹平背凸，密被微柔毛。花对生，在茎或分枝顶上排列成长 4 ～ 8（12）厘米的总状花序；花梗长 2.5 ～ 3 毫米，与序轴均被微柔毛；最下一对苞片叶状，卵圆形，长达 1.7 厘米，边缘具圆齿，其余苞片均细小，卵圆形至椭圆形，长 3 ～ 6 毫米，宽 1 ～ 2.5 毫米，全缘，无柄，被微柔毛。花萼开花时长约 2.5 毫米，被硬毛及微柔毛，果时十分增大，盾片花时高约 1.5 毫米，果时竖起，增大一倍。花冠蓝紫色，长 1.4 ～ 1.8 厘米，外疏被微柔毛，内面仅唇片被短柔毛；冠筒前方基部膝曲，其后直伸，向上逐渐增大，至喉部宽约 4.5 毫米；冠檐二唇形，上唇盔状，内凹，先端微缺，下唇中裂片圆状卵圆形，两侧中部微内缢，先端微缺，具深紫色斑点，两侧裂片卵圆形。雄蕊 4，二强；花丝扁平，中部以下具小纤毛。花盘肥厚，前方隆起；子房柄短。花柱细长。子房光滑，4 裂。成熟小坚果栗色或暗褐色，卵形，长约 1 毫米，直径不到 1 毫米，具瘤，腹面近基部具一果脐。花果期 2—6 月。

【生境与分布】产于江苏、浙江、安徽、江西、福建、台湾、广东、广西、湖南、河南、陕西、贵州、四川及云南等地；生于海拔 1500 米以下的山地或丘陵地、疏林下、路旁空地及草地上。

【中药名称】韩信草。

【来源】为唇形科植物韩信草（*Scutellaria indica* L.）的全草。

【采收加工】春、夏季采收，洗净，鲜用或晒干。取原药材，除去杂质，洗净，沥干水，切成段，干燥，筛去灰屑。

【性味功效】辛，苦，寒。归心、肝、肺经。清热解毒，活血止痛，止血消肿。用于痈肿疔毒，肺痈，肠痈，瘰疬，毒蛇咬伤，肺热咳喘，牙痛，喉痹，咽痛，筋骨疼痛，吐血，咯血，便血，跌打损伤，创伤出血，皮肤瘙痒。

【应用举例】内服：煎汤，10 ～ 15 克；或捣汁，鲜品 30 ～ 60 克；或浸酒。外用：适量，捣敷；或煎汤洗。

459. 二齿香科科 *Teucrium bidentatum* Hemsl.

【别名】细沙虫草。

【植物形态】多年生草本。茎直立，不分枝或分枝，常具早年残存的茎基，基部近圆柱形，上部四棱形，无槽，高 60 ～ 90 厘米，绿色，分枝常近水平，具不明显的向下弯曲的微柔毛。叶柄长 5 ～ 9 毫米，被不明显的微柔毛；叶片卵圆形、卵圆状披针形至披针形，长 4 ～ 11 厘米，宽 1.5 ～ 4 厘米，先端渐尖至尾状渐尖，基部楔形或阔楔形下延，边缘在中部以下全缘中部以上具 3 ～ 4 对粗锯齿，两面除中肋及侧脉被不明显微柔毛外无毛，下面具细乳突，侧脉 4 ～ 6 对，与中肋在两面明显隆起。轮伞花序具 2 朵花，在茎及短于叶的腋生短枝上组成假穗状花序，假穗状花序长 1.5 ～ 4.5 厘米，序轴上被微柔毛；苞片微小，卵圆状披针形，边缘被小缘毛，其余部近于无毛，与花梗等长或超过花梗；花梗长3毫米，被微柔毛或近无毛。花萼钟形，前方基部一面臌，长4.6毫米，宽4毫米，外面除基部被微柔毛外余部无毛，喉部内面具毛环，10脉，二唇形，上唇3齿，中齿极发达，扁圆形，宽达3.5毫米，侧齿近圆形，微小，常附于中齿基部的两侧，下唇与上唇同高，2齿，极合生，缺弯常不达下唇长的1/3，各齿均具发达的网状侧脉。花冠白色，长约1厘米，外面无毛，冠筒稍伸出，长约5毫米，宽1.8毫米，唇片与花冠筒成直角，中裂片极发达，近圆形，内凹，直径3毫米，先端圆，基部渐收缢，前方一对侧裂片长圆形，长1.2毫米，宽0.8毫米，后方一对侧裂片近圆形，长1.2毫米，宽1.5毫米。雄蕊超出花冠筒一倍，药室平叉分，肾形。花柱稍超出雄蕊，先端2浅裂。花盘小，盘状，全缘。子房球形，4浅裂。小坚果卵圆形，长1.2毫米，宽1毫米，黄棕色，具网纹，合生面为果长1/2。

【生境与分布】产于台湾、湖北西部、四川、贵州、广西北部及云南东北部；生于山地林下，海拔950～1300米。模式标本采自湖北宜昌及四川峨眉山。

【中药名称】细沙虫草。

【来源】为唇形科植物二齿香科科（*Teucrium bidentatum* Hemsl.）的根或全草。

【性味功效】辛，微甘，平。归脾、胃经。祛风，利湿，解毒。用于感冒，头痛，鼻塞，痢疾，湿疹，白斑。

一百二十九、茄科 Solanaceae

一年生至多年生草本、半灌木、灌木或小乔木；直立、匍匐、扶升或攀援；有时具皮刺，稀具棘刺。单叶全缘、不分裂或分裂，有时为羽状复叶，互生或在开花枝段上有大小不等的二叶双生；无托叶。花单生，簇生或为蝎尾式、伞房式、伞状式、总状式、圆锥式聚伞花序，稀为总状花序；顶生、枝腋或叶腋生、或腋外生；两性或稀杂性，辐射对称或稍微两侧对称，通常5基数、稀4基数。花萼通常具5齿、5中裂或5深裂，稀具2、3、4至10齿或裂片，极稀截形而无裂片，裂片在花蕾中呈镊合状、外向镊合状、内向镊合状或覆瓦状排列、或不闭合，花后几乎不增大或极度增大，果时宿存，稀自近基部周裂而仅基部宿存；花冠具短筒或长筒，辐状、漏斗状、高脚碟状、钟状或坛状，檐部5（稀4～7或10）浅裂、中裂或深裂，裂片大小相等或不相等，在花蕾中呈覆瓦状、镊合状、内向镊合状排列或折合而旋转；雄蕊与花冠裂片同数而互生，伸出或不伸出于花冠，同形或异形（即花丝不等长或花药大小或形状相异），有时其中1枚较短而不育或退化，插生于花冠筒上，花丝丝状或在基部扩展，花药基底着生或背面着生、直立或向内弓曲、有时靠合或合生成管状而围绕花柱，药室2，纵缝开裂或顶孔开裂；子房通常由2枚心皮合生而成，2室、有时1室或有不完全的假隔膜而在下部分隔成4室、稀3～5（6）室，2心皮不位于正中线上而偏斜，花柱细瘦，具头状或2浅裂的柱头；中轴胎座；胚珠多数、稀少数至1枚，倒生、弯生或横生。果实为多汁浆果或干浆果，或者为蒴果。种子圆盘形或肾脏形；胚乳丰富、肉质；胚弯曲成钩状、环状或螺旋状卷曲、位于周边而埋藏于胚乳中，或直而位于中轴位上。

本科约30属3000种，广泛分布于全世界温带及热带地区，美洲热带种类最为丰富。我国产24属105种35变种。

全国第四次中药资源普查秭归境内发现11种。

460. 辣椒 *Capsicum annuum* L.

【别名】辣子、辣角、牛角椒、红海椒、海椒、番椒、大椒、辣虎等。

【植物形态】一年生或有限多年生植物；高40～80厘米。茎近无毛或微生柔毛，分枝稍之字形折曲。叶互生，枝顶端节不伸长而成双生或簇生状，矩圆状卵形、卵形或卵状披针形，长4～13厘米，宽1.5～4厘米，全缘，顶端短渐尖或急尖，基部狭楔形；叶柄长4～7厘米。花单生，俯垂；花萼杯状，不显著5齿；花冠白色，裂片卵形；花药灰紫色。果梗较粗壮，俯垂；果实长指状，顶端渐尖且常弯曲，未成熟时绿色，成熟后成红色、橙色或紫红色，味辣。种子扁肾形，长3～5毫米，淡黄色。花果期5—11月。

【生境与分布】全县广泛种植。

【中药名称】辣椒、辣椒头、辣椒茎、辣椒叶。

【来源】茄科植物辣椒（*Capsicum annuum* L.）的干燥成熟果实为辣椒，干燥根为辣椒头，干燥茎为辣椒茎，叶为辣椒叶。

【采收加工】辣椒：6—7月果红时采收，晒干。

辣椒头：秋季采挖根部，洗净，晒干。

辣椒茎：9—10月将倒苗前采收，切段，晒干。

辣椒叶：夏、秋季植株生长茂盛时采摘叶，鲜用或晒干。

【性味功效】辣椒：辛，热。归心、脾经。温中散寒，开胃消食。用于胃滞腹痛，呕吐，泻痢，冻疮。

辣椒头：辛，甘，热。散寒除湿，活血消肿。用于手足无力，冻疮等。

辣椒茎：辛，甘，热。归脾、胃经。散寒除湿，活血化瘀。用于风湿冷痛，冻疮。

辣椒叶：苦，温。消肿活络，杀虫止痒。用于水肿，顽癣，疥疮，冻疮，痈肿。

【应用举例】辣椒：内服，1～3钱；根外用适量，煎水洗患处。

辣椒头：内服，煎汤，9～15克；外用适量，煎水洗，或热敷。

辣椒茎：外用适量，煎水洗。

辣椒叶：外用适量，鲜品捣敷。

461. 枸杞 *Lycium chinense* Mill.

【别名】西枸杞、中宁枸杞、山枸杞、杞红实、甜菜子等。

【植物形态】多分枝灌木，高0.5～1米，栽培时可达2米多；枝条细弱，弓状弯曲或俯垂，淡灰色，有纵条纹，棘刺长0.5～2厘米，生叶和花的棘刺较长，小枝顶端锐尖成棘刺状。叶纸质或栽培者质稍厚，单叶互生或2～4枚簇生，卵形、卵状菱形、长椭圆形、卵状披针形，顶端急尖，基部楔形，长1.5～5厘米，宽0.5～2.5厘米，栽培者较大，可长达10厘米以上，宽达4厘米；叶柄长0.4～1厘米。花在长枝上单生或双生于叶腋，在短枝上则同叶簇生；花梗长1～2厘米，向顶端渐增粗。花萼长3～4毫米，通常3中裂或4～5齿裂，裂片多少有缘毛；花冠漏斗状，长9～12毫米，淡紫色，筒部向上骤然扩大，稍短于或近等于檐部裂片，5深裂，裂片卵形，顶端圆钝，平展或稍向外反曲，边缘有缘毛，基部耳显著；雄蕊较花冠稍短，或因花冠裂片外展而伸出花冠，花丝在近基部处密生一圈绒毛并交织成椭圆状的毛丛，与毛丛等高处的花冠筒内壁亦密生一环绒毛；花柱稍伸出雄蕊，上端弓弯，柱头绿色。浆果红色，卵状，栽培者可成长矩圆状或长椭圆状，顶端尖或钝，长7～15毫米，栽培者长可达2.2厘米，直径5～8毫米。种子扁肾脏形，长2.5～3毫米，黄色。花果期6—11月。

【生境与分布】分布于我国东北、河北、山西、陕西、甘肃南部以及西南、华中、华南和华东各省区；常生于山坡、荒地、丘陵地、盐碱地、路旁及村边宅旁。在我国除普遍野生外，各地也有作药用、蔬菜或绿化栽培。

【中药名称】枸杞子、枸杞叶、地骨皮。

【来源】茄科植物枸杞（*Lycium chinense* Mill.）的成熟果实为枸杞子，叶子为枸杞叶，干燥根皮为地骨皮。

【采收加工】夏、秋季果实呈橙红色时采收，晾至皮皱后，再曝晒至外皮干硬、果肉柔软，除去果梗；或热风低温烘干，除去果梗。

【性味功效】枸杞子：甘，平。养肝，滋肾，润肺。

枸杞叶：苦，甘，凉。补虚益精，清热明目。

地骨皮：甘，寒。归肺、肝、肾经。凉血除蒸，清肺降火。用于阴虚潮热，骨蒸盗汗，肺热咳嗽，咯血，衄血，内热消渴。

【应用举例】1. 用量：6～12 克，水煎服；或入丸、散、膏、酒剂。

2. 用法：

①治肾虚腰痛：枸杞子、地骨皮各 1 斤，萆薢、杜仲各 300 克。俱晒，微炒，以好酒三斗，净坛内浸之，煮一日，滤出渣。早晚随量饮之。

②治风湿痹证：枸杞子 1 斤，真汉防己 120 克（俱用酒拌炒），羌活、独活各 30 克，川牛膝、木瓜各 15 克。俱微炒，研为末，炼蜜丸梧桐子大。每早服 9 克，白汤下。

③治虚劳烦渴不止：枸杞子（酒拌微炒）240 克，地骨皮（微炒）300 克，共研为末；麦门冬（去心）、熟地黄各 120 克，酒煮捣膏，和前药共为丸，梧桐子大。每日早晚各服 12 克，白酒下。

462. 烟草 *Nicotiana tabacum* L.

【别名】野烟、淡把姑、担不归、金丝烟、相思草、返魂烟、仁草、八角草、烟酒、金毕醺、淡肉要、淡巴菰、鼻烟、水烟、贪极草、延合草、穿墙草等。

【植物形态】一年生或有限多年生草本，全体被腺毛；根粗壮。茎高 0.7～2 米，基部稍木质化。叶矩圆状披针形、披针形、矩圆形或卵形，顶端渐尖，基部渐狭至茎成耳状而半抱茎，长 10～30（70）厘米，宽 8～15（30）厘米，柄不明显或成翅状柄。花序顶生，圆锥状，多花；花梗长 5～20 毫米。花萼筒状或筒状钟形，长 20～25 毫米，裂片三角状披针形，长短不等；花冠漏斗状，淡红色，筒部色更淡，稍弓曲，长 3.5～5 厘米，檐部宽 1～1.5 厘米，裂片急尖；雄蕊中 1 枚显著较其余 4 枚短，不伸出花冠喉部，花丝基部有毛。蒴果卵状或矩圆状，长约等于宿存萼。种子圆形或宽矩圆形，直径约 0.5 毫米，褐色。夏、秋季开花结果。

【生境与分布】我国南北各省区广为栽培。

【中药名称】烟叶。

【来源】为茄科植物烟草（*Nicotiana tabacum* L.）的叶。

【采收加工】常于 7 月间，当烟叶由深绿变成淡黄，叶尖下垂时，可按叶的成熟先后，分数次采摘。采后晒干或烘干，再经回潮、发酵、干燥后即可用。亦可鲜用。

【性味功效】辛，温，有毒。行气止痛，燥湿，消肿，解毒杀虫。用于食滞饱胀，气结疼痛，关节痹痛，痈疽，疔疮，疥癣，湿疹，毒蛇咬伤，扭挫伤。

【应用举例】多外用。鲜草捣烂外敷，或用烟油擦涂患处。除四害时可将烟草制成 5% 浸出液喷洒，或点烟熏。

463. 酸浆 *Physalis alkekengi* L.

【别名】挂金灯、金灯、灯笼果、红姑娘等。

【植物形态】多年生草本，基部常匍匐生根。茎高 40 ～ 80 厘米，基部略带木质，分枝稀疏或不分枝，茎节不甚膨大，常被有柔毛，尤其以幼嫩部分较密。叶长 5 ～ 15 厘米，宽 2 ～ 8 厘米，长卵形至阔卵形、有时菱状卵形，顶端渐尖，基部不对称狭楔形、下延至叶柄，全缘波状或有粗齿、有时每边具少数不等大的三角形大齿，两面被有柔毛，沿叶脉较密，上面的毛常不脱落，沿叶脉亦有短硬毛；叶柄长 1 ～ 3 厘米。花梗长 6 ～ 16 毫米，开花时直立，后来向下弯曲，密生柔毛而果时也不脱落；花萼阔钟状，长约 6 毫米，密生柔毛，萼齿三角形，边缘有硬毛；花冠辐状，白色，直径 15 ～ 20 毫米，裂片开展，阔而短，顶端骤然狭窄成三角形尖头，外面有短柔毛，边缘有缘毛；雄蕊及花柱均较花冠为短。果梗长 2 ～ 3 厘米，多少被宿存柔毛；果萼卵状，长 2.5 ～ 4 厘米，直径 2 ～ 3.5 厘米，薄革质，网脉显著，有 10 纵肋，橙色或火红色，被宿存的柔毛，顶端闭合，基部凹陷；浆果球状，橙红色，直径 10 ～ 15 毫米，柔软多汁。种子肾脏形，淡黄色，长约 2 毫米。花期 5—9 月，果期 6—10 月。

【生境与分布】产于甘肃、陕西、河南、湖北、四川、贵州和云南。常生长于空旷地或山坡。

【中药名称】锦灯笼、酸浆。

【来源】茄科植物酸浆（*Physalis alkekengi* L.）的干燥宿萼或带果实的宿萼为锦灯笼，全草为酸浆。

【采收加工】锦灯笼：秋季果实成熟、宿萼呈红色或橙红色时采收，干燥。

【性味功效】锦灯笼：苦，寒。归肺经。清热解毒，利咽化痰，利尿通淋。用于咽痛音哑，痰热咳嗽，小便不利，热淋涩痛；外治天疱疮、湿疹。

酸浆：清热毒，利咽喉，通利二便。用于咽喉肿痛，肺热咳嗽，黄疸，痢疾，水肿，小便淋涩，大便不通，黄水疮，湿疹，丹毒。

【应用举例】锦灯笼：内服，5 ～ 9 克。外用适量，捣敷患处。

酸浆：内服，煎汤，9 ～ 15 克；或捣汁，研末。外用适量，煎水洗；研末调敷或捣敷。

464. 苦蘵 *Physalis angulata* L.

【别名】灯笼草、天泡子、天泡草、黄姑娘、小酸浆、朴朴草、打额泡等。

【植物形态】一年生草本，被疏短柔毛或近无毛，高常 30 ～ 50 厘米；茎多分枝，分枝纤细。叶柄长 1 ～ 5 厘米，叶片卵形至卵状椭圆形，顶端渐尖或急尖，基部阔楔形或楔形，全缘或有不等大的齿，两面近无毛，长 3 ～ 6 厘米，宽 2 ～ 4 厘米。花梗长 5 ～ 12 毫米，纤细和花萼一样生短柔毛，长 4 ～ 5 毫米，5 中裂，裂片披针形，生缘毛；花冠淡黄色，喉部常有紫色斑纹，长 4 ～ 6 毫米，直径 6 ～ 8 毫米；花药蓝紫色或有时黄色，长约 1.5 毫米。果萼卵球状，直径 1.5 ～ 2.5 厘米，薄纸质，浆果直径约 1.2 厘米。种子圆盘状，长约 2 毫米。花果期 5—12 月。

【生境与分布】分布于我国华东、华中、华南及西南。常生于海拔 500 ～ 1500 米的山谷林下及村边路旁。

【中药名称】苦蘵、苦蘵根。

【来源】茄科植物苦蘵（*Physalis angulata* L.）的全草为苦蘵，根为苦蘵根。

【采收加工】苦蘵：夏、秋季采集，鲜用或晒干。

苦蘵根：夏、秋季采挖，洗净，鲜用或晒干。

【性味功效】苦蘵：苦，酸，寒。归肺经。清热，利尿，解毒，消肿。用于感冒，肺热咳嗽，咽喉肿痛，牙龈肿痛，湿热黄疸，痢疾，水肿，热淋，天疱疮，疔疮。

苦蘵根：苦，寒。归肝、肺、肾经。利水通淋。用于水肿腹胀，黄疸，热淋。

【应用举例】苦蘵：内服，0.5 ～ 1 两；外用适量，鲜品捣汁敷患处。

苦蘵根：内服，煎汤，15 ～ 30 克。

465. 小酸浆 *Physalis minima* L.

【别名】天泡子、挂金灯、灯笼果、打额泡、天泡草等。

【植物形态】一年生草本，根细瘦；主轴短缩，顶端多二歧分枝，分枝披散而卧于地上或斜升，生短柔毛。叶柄细弱，长 1 ～ 1.5 厘米；叶片卵形或卵状披针形，长 2 ～ 3 厘米，宽 1 ～ 1.5 厘米，顶端渐尖，基部歪斜楔形，全缘而波状或有少数粗齿，两面脉上有柔毛。花具细弱的花梗，花梗长约 5 毫米，生短柔毛；花萼钟状，长 2.5 ～ 3 毫米，外面生短柔毛，裂片三角形，顶端短渐尖，缘毛密；花冠黄色，长约 5 毫米；花药黄白色，长约 1 毫米。果梗细瘦，长不及 1 厘米，俯垂；果萼近球状或卵球状，直径 1 ～ 1.5 厘米；果实球状，直径约 6 毫米。

【生境与分布】产于云南、广东、广西及四川。生于海拔 1000 ～ 1300 米的山坡、田间、路旁等。

【中药名称】灯笼泡。

【来源】为茄科酸浆属植物小酸浆（*Physalis minima* L.）的全草。

【采收加工】夏、秋季采收，洗净晒干，或鲜用。

【性味功效】苦，凉。清热利湿，祛痰止咳，软坚散结。用于感冒发热，咽喉肿痛，支气管炎，肺脓疡，腮腺炎，膀胱炎，血尿，颈淋巴结核；外用治脓疱疮，湿疹，疖肿。

【应用举例】内服，0.5～1两；外用适量，鲜品捣烂敷，或煎水洗或煅灰存性撒患处。

466. 喀西茄 *Solanum khasianum* C. B. Clarke

【别名】刺天茄、刺茄子、大苦葛、苦颠茄、金弹子、黄角刺、狗茄子、添钱果等。

【植物形态】直立草本至亚灌木，高1～2米，最高达3米，茎、枝、叶及花柄多混生黄白色具节的长硬毛、短硬毛、腺毛及淡黄色基部宽扁的直刺，刺长2～15毫米，宽1～5毫米，基部暗黄色。叶阔卵形，长6～12厘米，宽约与长相等，先端渐尖，基部戟形，5～7深裂，裂片边缘又作不规则的齿裂及浅裂；上面深绿，毛被在叶脉处更密；下面淡绿，除被有与上面相同的毛被外，还被有稀疏分散的星状毛；侧脉与裂片数相等，在上面平，在下面略凸出，其上分散着生基部宽扁的直刺，刺长5～15毫米；叶柄粗壮，长约为叶片之半。花序腋外生，短而少花，单生或2～4朵，花梗长约1厘米；萼钟状，绿色，直径约1厘米，长约7毫米，5裂，裂片长圆状披针形，长约5毫米，宽约1.5毫米，外面具细小的直刺及纤毛，边缘的纤毛更长而密；花冠筒淡黄色，隐于萼内，长约1.5毫米；冠檐白色，5裂，裂片披针形，长约14毫米，宽约4毫米，具脉纹，开放时先端反折；花丝长约1.5毫米，花药在顶端延长，长约7毫米，顶孔向上；子房球形，被微绒毛，花柱纤细，长约8毫米，光滑，柱头截形。浆果球状，直径2～2.5厘米，初时绿白色，具绿色花纹，成熟时淡黄色，宿萼上具纤毛及细直刺，后逐渐脱落；种子淡黄色，近倒卵形，扁平，直径约2.5毫米。花期春、夏季，果熟期冬季。

【生境与分布】除东北及西北部外均产，广西偶有发现。喜生于沟边、路边灌丛、荒地、草

坡或疏林中，海拔 1300 ～ 2300 米。

【中药名称】刺天茄、刺天茄叶。

【来源】茄科植物喀西茄（*Solanum khasianum* C.B.Clarke）的果实为刺天茄，叶为刺天茄叶。

【采收加工】刺天茄：秋季采收，晒干。

刺天茄叶：夏、秋季采集，晒干或鲜用。

【性味功效】刺天茄：微苦，寒，有小毒。消炎解毒，镇静止痛。主治风湿跌打疼痛，神经性头痛，胃痛，牙痛，乳腺炎，腮腺炎等。

刺天茄叶：微苦，寒。消炎止痛，解毒止痉。主治小儿惊厥。

【应用举例】刺天茄：内服，煎汤，1 ～ 2 钱。外用，捣涂或研末调敷。

1. 治将要出头的疮毒：刺天茄叶、果晒干研末，加重楼粉、蜂蜜调匀外敷。

2. 治牙痛：刺天茄鲜果实捣烂，置于牙痛处。

刺天茄叶：内服，煎汤，1 ～ 2 钱。

467. 白英 *Solanum lyratum* Thunb.

【别名】白毛藤、白草、毛千里光、毛风藤、排风藤、毛秀才、葫芦草、金线绿毛龟等。

【植物形态】草质藤本，长 0.5 ～ 1 米，茎及小枝均密被具节长柔毛。叶互生，多数为琴形，长 3.5 ～ 5.5 厘米，宽 2.5 ～ 4.8 厘米，基部常 3 ～ 5 深裂，裂片全缘，侧裂片愈近基部的愈小，端钝，中裂片较大，通常卵形，先端渐尖，两面均被白色发亮的长柔毛，中脉明显，侧脉在下面较清晰，通常每边 5 ～ 7 条；少数在小枝上部的为心形，小，长 1 ～ 2 厘米；叶柄长 1 ～ 3 厘米，被有与茎枝相同的毛被。聚伞花序顶生或腋外生，疏花，总花梗长 2 ～ 2.5 厘米，被具节的长柔毛，花梗长 0.8 ～ 1.5 厘米，无毛，顶端稍膨大，基部具关节；萼环状，直径约 3 毫米，无毛，萼齿 5 枚，圆形，顶端具短尖头；花冠蓝紫色或白色，直径约 1.1 厘米，花冠筒隐于萼内，长约 1 毫米，冠檐长约 6.5 毫米，5 深裂，裂片椭圆状披针形，长约 4.5 毫米，先端被微柔毛；花丝长约 1 毫米，花药长圆形，长约 3 毫米，顶孔略向上；子房卵形，直径不及 1 毫米，花柱丝状，长约 6 毫米，柱头小，头状。浆果球状，成熟时红黑色，直径约 8 毫米；种子近盘状，扁平，直径约 1.5 毫米。花期夏、秋季，果熟期秋末。

【生境与分布】产于甘肃、陕西、山西、河南、山东、江苏、浙江、安徽、江西、福建、台湾、

广东、广西、湖南、湖北、四川、云南等省区。喜生于山谷草地或路旁、田边，海拔 600 ～ 2800 米。

【中药名称】鬼目、白毛藤根。

【来源】茄科植物白英（*Solanum lyratum* Thunb.）的果实为鬼目，根为白毛藤根。

【采收加工】鬼目：冬季果实成熟时采收。

白毛藤根：夏、秋季采挖，洗净，鲜用或晒干。

【性味功效】鬼目：酸，平。归肝、胃经。明目，止痛。用于眼花目赤，迎风流泪，翳障，牙痛等。

白毛藤根：苦，辛，平。清热解毒，消肿止痛。用于风火牙痛，头痛，瘰疬，痈肿，痔瘘等。

【应用举例】鬼目：内服，煎汤，6 克；或研末服。外用适量，研末涂。

白毛藤根：内服，煎汤，0.5 ～ 1 两。

1. 治风火牙痛：白毛藤根、地骨皮、枸骨根、龙胆草、白牛膝等份，炖内服。

2. 治痔疮、漏管：白毛藤根，鲜的一两至一两五钱，干的八钱至一两二钱，和猪大肠（洗净）一斤，清水同煎，饭前分两次吃下。

3. 治乳痛：白毛藤根一两，酒、水各半煎服，取渣加酒糟调敷患处。

468. 茄 *Solanum melongena* L.

【别名】矮瓜、吊菜子、茄子、落苏、紫茄、白茄等。

【植物形态】直立分枝草本至亚灌木，高可达 1 米，小枝，叶柄及花梗均被 6 ～ 8（10）分枝，平贴或具短柄的星状绒毛，小枝多为紫色（野生的往往有皮刺），渐老则毛被逐渐脱落。叶大，卵形至长圆状卵形，长 8 ～ 18 厘米或更长，宽 5 ～ 11 厘米或更宽，先端钝，基部不相等，边缘浅波状或深波状圆裂，上面被 3 ～ 7（8）分枝短而平贴的星状绒毛，下面密被 7 ～ 8 分枝较长而平贴的星状绒毛，侧脉每边 4 ～ 5 条，在上面疏被星状绒毛，在下面则较密，中脉的毛被与侧脉的相同（野生种的中脉及侧脉在两面均具小皮刺），叶柄长 2 ～ 4.5 厘米（野生的具皮刺）。能孕花单生，花柄长 1 ～ 1.8 厘米，毛被较密，花后常下垂，不孕花蝎尾状与能孕花并出；萼近钟形，直径约 2.5 厘米或稍大，外面密被与花梗相似的星状绒毛及小皮刺，皮刺长约 3 毫米，萼裂片披针形，先端锐尖，内面疏被星状绒毛，花冠辐状，外面星状毛被较密，内面仅裂片先端疏被星状绒毛，花冠筒长约 2 毫米，冠檐长约 2.1 厘米，裂片三角形，长约 1 厘米；花丝长约 2.5 毫米，花药长约 7.5 毫米；子房圆形，顶端密被星状毛，花柱长 4 ～ 7 毫米，中部以下被星状绒毛，柱头浅裂。果的形状大小变异极大。

【生境与分布】全县广泛栽培。

【中药名称】茄子、茄蒂、茄花、茄叶、茄根 .

【来源】 茄科植物茄（*Solanum melongena* L.）的果实为茄子，宿萼为茄蒂，花为茄花，叶为茄叶，根为茄根。

【采收加工】茄子：夏、秋季果熟时采收。

茄蒂：夏、秋季采收，鲜用或晒干。

茄花：夏、秋季采收，晒干。

茄叶：夏季采收，鲜用或晒干。

茄根：9—10月间，全植物枯萎时连根拔起，除去干叶，洗净泥土，晒干。

【性味功效】茄子：甘，凉。归胃、脾、大肠经。清热，活血，消肿。用于肠风下血，热毒疮痈，皮肤溃疡等。

茄蒂：凉血，解毒。用于肠风下血，痈肿，口疮，牙痛等。

茄花：甘，平。敛疮，止痛，利湿。用于创伤，牙痛，妇女白带过多等。

茄叶：甘，辛，平。散血消肿。用于血淋，血痢，肠风下血，痈肿，冻伤等。

茄根：甘，辛，寒。祛风利湿，清热止血。用于风湿热痹，脚气，血痢，便血，痔血，血淋，妇女阴痒，皮肤瘙痒，冻疮等。

【应用举例】茄子：内服，煎汤，15～30克。外用适量，捣敷。

茄蒂：内服，煎汤，6～9克，或研末。外用适量，研末掺或生擦。

茄花：

1. 治牙痛：秋茄花干之，旋烧研涂痛处。

2. 治妇女白带如崩：白茄花15克，土茯苓30克，水煎服。

内服：烘干研末，2～3克。外用：适量，研末涂敷。

茄叶：

1. 治血淋疼痛：茄叶熏干为末，每服二钱，温酒或盐汤下。隔年者尤佳。

2. 治肠风下血：茄叶熏干为末，每服二钱，米饮下。

3. 治钩虫初感染：茄茎叶煎浓洗。

4. 治发痈未溃：白茄叶捣烂，和黑醋煮敷。

内服：研末，6～9克。外用：适量，煎水浸洗；捣敷；或烧存性研末调敷。

茄根：内服，煎汤，9～18克；或入散剂。外用适量，煎水洗；捣汁或烧存性研末调敷。

469. 龙葵 *Solanum nigrum* L.

【别名】龙葵草、天茄子、黑天天、苦葵、野辣椒、黑茄子、野葡萄等。

【植物形态】一年生直立草本，高0.25～1米，茎无棱或棱不明显，绿色或紫色，近无毛或被微柔毛。叶卵形，长2.5～10厘米，宽1.5～5.5厘米，先端短尖，基部楔形至阔楔形而下延至叶柄，全缘或每边具不规则的波状粗齿，光滑或两面均被稀疏短柔毛，叶脉每边5～6条，叶柄长1～2厘米。蝎尾状花序腋外生，由3～6（10）朵花组成，总花梗长1～2.5厘米，花梗长约5毫米，近无毛或具短柔毛；萼小，浅杯状，直径1.5～2毫米，齿卵圆形，先端圆，基部两齿间连接处成一定角度；花冠白色，筒部隐于萼内，长不及1毫米，冠檐长约2.5毫米，5深裂，裂片卵圆形，长约2毫米；花丝短，花药黄色，长约1.2毫米，约为花丝长度的4倍，顶孔向内；子房

卵形，直径约 0.5 毫米，花柱长约 1.5 毫米，中部以下被白色绒毛，柱头小，头状。浆果球形，直径约 8 毫米，熟时黑色。种子多数，近卵形，直径 1.5 ～ 2 毫米，两侧压扁。

【生境与分布】我国几乎全国均有分布。喜生于田边、荒地及村庄附近。

【中药名称】龙葵、龙葵根、龙葵子。

【来源】茄科植物龙葵（*Solanum nigrum* L.）的全草为龙葵，根为龙葵根，种子为龙葵子。

【采收加工】龙葵：夏秋采收，鲜用或晒干。

龙葵根：夏、秋季采挖，鲜用或晒干。

龙葵子：秋季果实成熟时采收，鲜用或晒干。

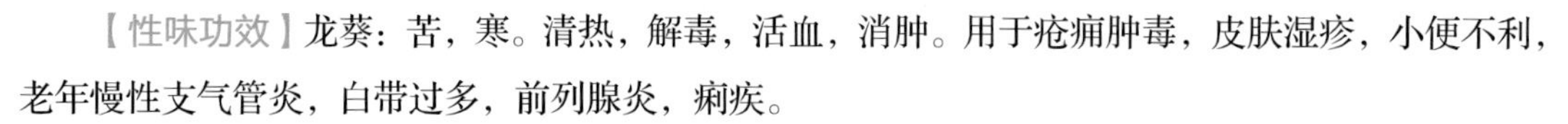

【性味功效】龙葵：苦，寒。清热，解毒，活血，消肿。用于疮痈肿毒，皮肤湿疹，小便不利，老年慢性支气管炎，白带过多，前列腺炎，痢疾。

龙葵根：苦，寒。清热利湿，活血解毒。用于痢疾，淋浊，尿路结石，带下，风火牙痛，跌打损伤，痈疽肿毒。

龙葵子：苦，寒。清热解毒，化痰止咳。用于咽喉肿痛，疔疮，咳嗽痰喘等。

【应用举例】龙葵：内服，0.3 ～ 1 两；外用适量，鲜品捣烂敷患处。

龙葵根：内服，煎汤，9 ～ 15 克，鲜品加倍；外用适量，捣敷或研末调敷。

龙葵子：

1. 治急性扁桃体炎：①龙葵子 9 克，煎汤含漱，吐出。②龙葵果实 9 克，鲜荔枝草 30 克，煎水含漱。

2. 治咳嗽痰喘：龙葵果实 9 克，煎水，加冰糖适量溶化服。

3. 治慢性气管炎：龙葵果实 250 克，用白酒 500 毫升，浸泡 20 ～ 30 天后取酒服用，每日 3 次，每次 15 毫升；或果实 18 克，白芥子（炒）9 克，附子 6 克，细辛 3 克。水煎成浓缩制粒压片，分 2 次 1 天服完。

外服：适量，煎水含漱或捣敷。内服：煎汤，6 ～ 9 克；或浸酒。

470. 珊瑚樱 *Solanum pseudocapsicum* L.

【别名】珊瑚子、冬珊瑚等。

【植物形态】直立分枝小灌木，高达 2 米，全株光滑无毛。叶互生，狭长圆形至披针形，长 1 ～ 6 厘米，宽 0.5 ～ 1.5 厘米，先端尖或钝，基部狭楔形下延成叶柄，边全缘或波状，两面均光滑无毛，中脉在下面凸出，侧脉 6 ～ 7 对，在下面更明显；叶柄长 2 ～ 5 毫米，与叶片不能截然分开。花多单生，很少成蝎尾状花序，无总花梗或近于无总花梗，腋外生或近对叶生，花梗长 3 ～ 4 毫米；花小，白色，直径 0.8 ～ 1 厘米；萼绿色，直径约 4 毫米，5 裂，裂片长约 1.5 毫米；花冠筒隐于萼内，长不及 1 毫米，冠檐长约 5 毫米，裂片 5，卵形，长约 3.5 毫米，宽约 2 毫米；花丝长不及

1 毫米，花药黄色，矩圆形，长约 2 毫米；子房近圆形，直径约 1 毫米，花柱短，长约 2 毫米，柱头截形。浆果橙红色，直径 1 ～ 1.5 厘米，萼宿存，果柄长约 1 厘米，顶端膨大。种子盘状，扁平，直径 2 ～ 3 毫米。花期初夏，果期秋末。

【生境与分布】栽培种植，有的逸生于路边、沟边和空旷地。

【中药名称】玉珊瑚根。

【来源】为茄科植物珊瑚樱（*Solanum pseudocapsicum* L.）的根。

【采收加工】秋季采挖，晒干。

【性味功效】辛，微苦，温，有毒。归肾、膀胱经。活血止痛。用于腰肌劳损，闪挫扭伤。

【应用举例】内服：浸酒，1.5 ～ 3 克。

一百三十、玄参科 Scrophulariaceae

草本、灌木或少有乔木。叶互生、下部对生而上部互生、或全对生、或轮生，无托叶。花序总状、穗状或聚伞状，常合成圆锥花序，向心或更多离心。花常不整齐；萼下位，常宿存；花冠 4 ～ 5 裂，裂片多少不等或作二唇形；雄蕊常 4 枚，而有 1 枚退化，少有 2 ～ 5 枚或更多，花药 1 ～ 2 室，药室分离或多少汇合；花盘常存在，环状，杯状或小而似腺；子房 2 室，极少仅有 1 室；花柱简单，柱头头状或 2 裂或 2 片状；胚珠多数，少有各室 2 枚，倒生或横生。果为蒴果，少有浆果状，生于一游离的中轴上或着生于果爿边缘的胎座上；种子细小，有时具翅或有网状种皮，脐点侧生或在腹面，胚乳肉质或缺少；胚伸直或弯曲。

本科约 200 属 3000 种，广布于全球各地。我国有 56 属。

全国第四次中药资源普查秭归境内发现 7 种。

471. 来江藤 *Brandisia hancei* Hook. f.

【别名】红花金银藤等。

【植物形态】灌木高 2 ～ 3 米，全体密被锈黄色星状绒毛，枝及叶上面逐渐变无毛。叶片卵状披针形，长 3 ～ 10 厘米，宽达 3.5 厘米，顶端锐尖头，基部近心脏形，稀圆形，全缘，很少具锯齿；叶柄短，长者达 5 毫米，有锈色绒毛。花单生于叶腋，花梗长达 1 厘米，中上部有 1 对披针形小苞片，均有毛；萼宽钟形，长、宽均约 1 厘米，外面密生锈黄色星状绒毛，内面密生绢毛，具脉 10 条，5 裂至 1/3 处；萼齿宽短，宽过于长或几相等，宽卵形至三角状卵形，顶端凸突或短锐头，齿间的缺刻底部尖锐；花冠橙红色，长约 2 厘米，外面有星状绒毛，上唇宽大，2 裂，裂片三角形，下唇较上唇低 4 ～ 5 毫米，3 裂，裂片舌状；雄蕊约与上唇等长；子房卵圆形，与花柱均被星毛。蒴果卵圆形，略扁平，有短喙，具星状毛。花期 11 月至翌年 2 月，果期 3—4 月。

【生境与分布】分布于我国华中、西南、华南。生于海拔 500 ～ 2600 米的林中及林缘。

【中药名称】蜜桶花。

【来源】为玄参科植物来江藤（*Brandisia hancei* Hook. f.）的全株。

【采收加工】夏、秋季采收，切段晒干或鲜用。

【性味功效】微苦，凉。祛风利湿，清热解毒。用于风湿筋骨痛，浮肿，泻痢，黄疸，痨伤吐血，骨髓炎，骨膜炎，疮疖。

【应用举例】内服：煎汤，6 ～ 9 克。外用：鲜品适量，捣敷。

472. 胡麻草 *Centranthera cochinchinensis*（Lour.）Merr.

【别名】皮虎怀、蓝胡麻草、兰胡麻草等。

【植物形态】直立草本，高 30 ～ 60 厘米，稀仅高 13 厘米。茎基部略呈圆柱形，上部多四方形，具凹槽，通常自中、上部分枝。叶对生，无柄，下面中脉凸起，边缘多少背卷，两面与茎、苞片及萼同被基部带有泡沫状凸起的硬毛，条状披针形，全缘，中部的长 2 ～ 3 厘米，宽 3 ～ 4 毫米，向两端逐渐缩小。花具极短的梗，单生上部苞腋；萼长 7 ～ 10 毫米，宽 4 ～ 5 毫米，顶端收缩为稍弯而通常浅裂而成的 3 枚短尖头；花冠长 15 ～ 22 毫米，通常黄色，裂片均为宽椭圆形，长约 4 毫米，宽 7 ～ 8 毫米；雄蕊前方一对长约 10 毫米，后方一对长 6 ～ 7 毫米；花丝均被绵毛；子房无毛；柱头条状椭圆形，长约 3 毫米，宽约 1 毫米，被柔毛。蒴果卵形，长 4 ～ 6 毫米，顶部具短尖头。种子小，黄色，具螺旋状条纹。花果期 6—10 月。

【生境与分布】分布于长江流域以南各省区。生于海拔 500 ～ 1400 米间的路旁草地，干燥或湿润处。

【中药名称】胡麻草。

【来源】为玄参科植物胡麻草（*Centranthera cochinchinensis*（Lour.）Merr.）的全草。

【采收加工】夏、秋季采收，晒干。

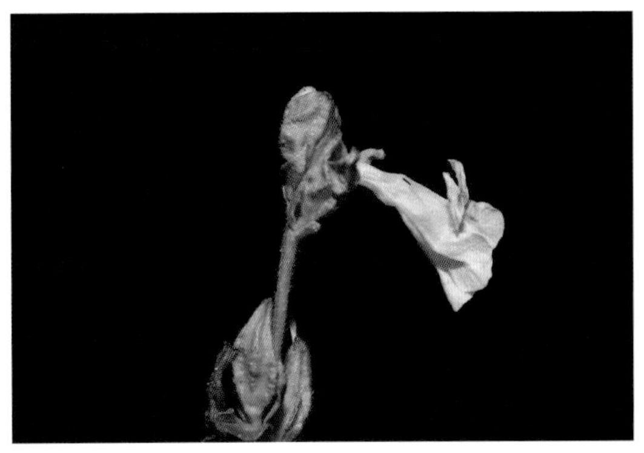

【性味功效】酸，微辛，温。消肿散瘀，止血止痛。用于咯血，咳血，吐血，跌打内伤瘀血，风湿性关节炎。

【应用举例】内服：煎汤，0.5～1两。外用：捣敷。

473. 松蒿 *Phtheirospermum japonicum*（Thunb.）Kanitz

【别名】小盐灶菜等。

【植物形态】一年生草本，高可达100厘米，但有时高仅5厘米即开花，植体被多细胞腺毛。茎直立或弯曲而后上升，通常多分枝。叶具长5～12毫米边缘有狭翅之柄，叶片长三角状卵形，长15～55毫米，宽8～30毫米，近基部的羽状全裂，向上则为羽状深裂；小裂片长卵形或卵圆形，多少歪斜，边缘具重锯齿或深裂，长4～10毫米，宽2～5毫米。花具长2～7毫米之梗，萼长4～10毫米，萼齿5枚，叶状，披针形，长2～6毫米，宽1～3毫米，羽状浅裂至深裂，裂齿先端锐尖；花冠紫红色至淡紫红色，长8～25毫米，外面被柔毛；上唇裂片三角状卵形，下唇裂片先端圆钝；花丝基部疏被长柔毛。蒴果卵珠形，长6～10毫米。种子卵圆形，扁平，长约1.2毫米。花果期6—10月。

【生境与分布】分布于我国除新疆、青海以外各省区。生于海拔150～1900米山坡灌丛阴处。

【中药名称】松蒿。

【来源】为玄参科植物松蒿（*Phtheirospermum japonicum*（Thunb.）Kanitz）的全草。

【采收加工】秋季采集，鲜用或晒干。

【性味功效】微辛，凉。归肺、脾、胃经。清热利湿，解毒。用于黄疸，浮肿，风热感冒，口疮，鼻炎，疮疖肿毒。

【应用举例】内服：煎汤，15～30克。

外用：适量，煎水洗；或研末调敷。

474. 玄参 *Scrophularia ningpoensis* Hemsl.

【别名】元参、乌元参、黑参等。

【植物形态】高大草本，可达1米余。支根数条，纺锤形或胡萝卜状膨大，粗可达3厘米以上。茎四棱形，有浅槽，无翅或有极狭的翅，无毛或多少有白色卷毛，常分枝。叶在茎下部多对生而具柄，上部的有时互生而柄极短，柄长者达4.5厘米，叶片多变化，多为卵形，有时上部的为卵状披针形至披针形，基部楔形、圆形或近心形，边缘具细锯齿，稀为不规则的细重锯齿，大者长达30厘米，宽达19厘米，上部最狭者长约8厘米，宽仅1厘米。花序为疏散的大圆锥花序，由顶生和腋生的聚伞圆锥花序合成，长可达50厘米，但在较小的植株中，仅有顶生聚伞圆锥花序，长不及10厘米，聚伞花序常二至四回复出，花梗长3～30毫米，有腺毛；花褐紫色，花萼长2～3毫米，裂片圆形，边缘稍膜质；花冠长8～9毫米，花冠筒多少球形，上唇长于下唇约2.5毫米，裂片圆形，相邻边缘相互重叠，下唇裂片多少呈卵形，中裂片稍短；雄蕊稍短于下唇，花丝肥厚，退化雄蕊大而近于圆形；花柱长约3毫米，稍长于子房。蒴果卵圆形，连同短喙长8～9毫米。花期6—10月，果期9—11月。

【生境与分布】为我国特产，是一分布较广，变异较大的种类，产于河北（南部）、河南、山西、陕西（南部）、湖北、安徽、江苏、浙江、福建、江西、湖南、广东、贵州、四川。生于海拔1700米以下的竹林、溪旁、丛林及高草丛中，常有栽培。

【中药名称】玄参。

【来源】为参科植物玄参（*Scrophularia ningpoensis* Hemsl.）的干燥根。

【采收加工】冬季茎叶枯萎时采挖。除去根茎、幼芽、须根及泥沙，晒或烘至半干，堆放3～6天，反复数次至干燥。

【性味功效】甘，苦，咸，微寒。归肺、胃、肾经。凉血滋阴，泻火解毒。用于热病伤阴，舌绛烦渴，温毒发斑，津伤便秘，骨蒸劳嗽，目赤，咽痛，瘰疬，白喉，痈肿疮毒。

【应用举例】内服，9～15克。

475. 阴行草 *Siphonostegia chinensis* Benth.

【别名】茵陈、鬼油麻、罐子茵陈、吊钟草、黄花茵陈、土茵陈、狗牙子草等。

【植物形态】一年生草本，直立，高30～60厘米，有时可达80厘米，干时变为黑色，密被锈色短毛。主根不发达或稍稍伸长，木质，直径约 2 毫米，有的增粗，直径可达 4 毫米，很快即分为多数粗细不等的侧根而消失，侧根长 3 ～ 7 厘米，常水平开展，须根多数，散生。茎多单条，中空，基部常有少数宿存膜质鳞片，下部常不分枝，而上部多分枝；枝对生，1 ～ 6 对，细长，坚挺，多少以 45° 角叉分，稍具棱角，密被无腺短毛。叶对生，全部为茎出，下部者常早枯，上部者茂密，相距很近，仅 1 ～ 2 厘米，无柄或有短柄，柄长可达 1 厘米，叶片基部下延，扁平，密被短毛；叶片厚纸质，广卵形，长 8 ～ 55 毫米，宽 4 ～ 60 毫米，两面皆密被短毛，中肋在上面微凹入，背面明显凸出，缘作疏远的二回羽状全裂，裂片仅约 3 对，仅下方两枚羽状开裂，小裂片 1 ～ 3 枚，外侧者较长，内侧裂片较短或无，线形或线状披针形，宽 1 ～ 2 毫米，锐尖头，全缘。花对生于茎枝上部，或有时假对生，构成稀疏的总状花序；苞片叶状，较萼短，羽状深裂或全裂，密被短毛；花梗短，长 1 ～ 2 毫米，纤细，密被短毛，有一对小苞片，线形，长约 10 毫米；花萼管部很长，顶端稍缩紧，长 10 ～ 15 毫米，厚膜质，密被短毛，10 条主脉质地厚而粗壮，显著凸出，使处于其间的膜质部分凹下成沟，无网纹，齿 5 枚，绿色，质地较厚，密被短毛，长为萼管的 1/4 ～ 1/3，线状披针形或卵状长圆形，近于相等，全缘，或偶有 1 ～ 2 锯齿；花冠上唇红紫色，下唇黄色，长 22 ～ 25 毫米，外面密被长纤毛，内面被短毛，花管伸直，纤细，长 12 ～ 14 毫米，顶端略膨大，稍伸出于萼管外，上唇镰状弓曲，顶端截形，额稍圆，前方突然向下前方作斜截形，有时略呈啮痕状，其上角有一对短齿，背部密被特长的纤毛，毛长 1 ～ 2 毫米；下唇约与上唇等长或稍长，顶端 3 裂，裂片卵形，端均具小凸尖，中裂与侧裂等见而较短，向前凸出，褶襞的前部高凸并作袋状伸长，向前伸出与侧裂等长，向后方渐低而终止于管喉，不被长纤毛，沿褶缝边缘质地较薄，并有啮痕状齿；雄蕊着生于花管的中上部，前方一对花丝较短，着生的部位较高，花药 2 室，长椭圆形，背着，纵裂，开裂后常成新月形弯曲；子房长卵形，长约 4 毫米，柱头头状，常伸出于盔外。蒴果被包于宿存的萼内，约与萼管等长，披针状长圆形，长约 15 毫米，直径约 2.5 毫米，顶端稍偏斜，有短尖头，黑褐色，稍具光泽，并有 10 条不明显的纵沟；种子多数，黑色，长卵圆形，长约 0.8 毫米，具微高的纵横凸起，横的 8 ～ 12 条，纵的约 8 条，将种皮隔成许多横长的网眼，纵凸中有 5 条凸起较高成窄翅，一面有 1 条龙骨状宽厚而肉质半透明之翅，其顶端稍外卷。花期 6—8 月。

【生境与分布】我国分布甚广，东北、华北、华中、华南、西南等省区都有，生于海拔 800 ～ 3400 米的干燥山坡与草地中。

【中药名称】北刘寄奴。

【来源】为玄参科植物阴行草（*Siphonostegia chinensis* Benth.）的干燥全草。

【采收加工】夏秋采收，除去杂质，洗净，切段，干燥。

【性味功效】苦，寒。归脾、胃、肝、胆经。活血祛瘀，通络止痛，凉血止血，清热利湿。用于跌打损伤，外伤出血，血瘀闭经，月经不调，产后瘀痛，症瘕积聚，血痢，血淋，湿热黄疸，水肿腹胀，白带过多等。

【应用举例】煎服 6 ～ 9 克。外用适量，研末撒或调敷，亦可用鲜品捣烂外敷。

1. 治跌打损伤、瘀滞肿痛：可单用研末以酒调服，亦可配伍骨碎补、延胡索等。

2. 治血瘀闭经：可配桃仁、当归、川芎等。

3. 治食积不化、腹痛泻痢：可单用煎服，亦可配伍山楂、麦芽、鸡内金、白术等。

476. 呆白菜 *Triaenophora rupestris*（Hemsl.）Soler.

【别名】岩壁菜、石白菜、岩七、红岩七、雪头开花、亮叶子等。

【植物形态】植株密被白色绵毛，在茎、花梗、叶柄及萼上的绵毛常结成网膜状，高 25 ～ 50 厘米；茎单一或基部分枝，多少木质化。基生叶较厚，多少革质，具长 3 ～ 6 厘米之柄；叶片卵状矩圆形，长椭圆形，长 7 ～ 13 厘米，两面被白色绵毛或近于无毛，边缘具粗锯齿或为多少带齿的浅裂片，顶部钝圆，基部近于圆形或宽楔形。花具长 0.6 ～ 2 厘米之梗；小苞片条形，长约 5 毫米，着生于花梗中部；萼长 1 ～ 1.5 厘米，小裂齿长 3 ～ 6 毫米；花冠紫红色，狭筒状，伸直或稍弯曲，长约 4 厘米，外面被多细胞长柔毛；上唇裂片宽卵形，长约 5 毫米，宽 6 毫米；下唇裂片矩圆状卵形，长约 6 毫米，宽 5 毫米；花丝无毛，着生处被长柔毛；子房卵形，无毛，长约 5 毫米；花柱稍超过雄蕊，先端 2 裂，裂片近于圆形。蒴果矩圆形。种子小，矩圆形。花期 7—9 月。

【生境与分布】分布于湖北。生于海拔 290 ～ 1200 米的悬岩上。

【中药名称】巴东岩白菜。

【来源】玄参科植物呆白菜（*Triaenophora rupestris*（Hemsl.）Soler.）的全草。

【采收加工】5—6 月采全草，晒干备用。栽培 2 年，每年挖大留小，洗去泥沙，除去靠近根头的枯朽叶片，晒干或鲜用。

【性味功效】甘，涩，凉。归肝、肺、脾经。滋补强壮，止咳止血。主治虚弱头晕，劳伤咯血，吐血，淋浊，带下。

【应用举例】内服：煎汤，6 ～ 12 克。

外用：适量，鲜品捣敷；或研末调敷。

477. 阿拉伯婆婆纳 *Veronica persica* Poir.

【别名】灯笼草、灯笼婆婆纳等。

【植物形态】铺散多分枝草本，高10～50厘米。茎密生两列多细胞柔毛。叶2～4对（腋内生花的称苞片，见下面），具短柄，卵形或圆形，长6～20毫米，宽5～18毫米，基部浅心形，平截或浑圆，边缘具钝齿，两面疏生柔毛。总状花序很长；苞片互生，与叶同形且几乎等大；花梗比苞片长，有的超过1倍；花萼花期长仅3～5毫米，果期增大达8毫米，裂片卵状披针形，有睫毛，三出脉；花冠蓝色、紫色或蓝紫色，长4～6毫米，裂片卵形至圆形，喉部疏被毛；雄蕊短于花冠。蒴果肾形，长约5毫米，宽约7毫米，被腺毛，成熟后几乎无毛，网脉明显，凹口角度超过90°，裂片钝，宿存的花柱长约2.5毫米，超出凹口。种子背面具深的横纹，长约1.6毫米。花期3—5月。

【生境与分布】分布于华东、华中及贵州、云南、西藏东部及新疆（伊宁），为路边及荒野杂草。

【中药名称】肾子草。

【来源】为玄参科植物阿拉伯婆婆纳（*Veronica persica* Poir.）的全草。

【采收加工】夏季采收，鲜用或晒干。

【性味功效】辛，苦，咸，平。归肺、肾经。祛风除湿，壮腰，截疟。用于风湿疼痛，肾虚腰痛，久疟等。

【应用举例】1. 治久疟：灯笼草30克，臭常山3克，水煎服。

2. 治风湿疼痛：灯笼草30克，煮酒温服。

3. 治肾虚腰痛：灯笼草30克，炖肉吃。

4. 治疥疮：灯笼草适量，煎水洗。

5. 治小儿阴囊肿大：灯笼草90克，煎水熏洗。

内服：煎汤，15～30克。外用：适量，煎水熏洗。

一百三十一、紫葳科 Bignoniaceae

乔木、灌木或木质藤本，稀为草本；常具有各式卷须及气生根。叶对生、互生或轮生，单叶或羽叶复叶，稀掌状复叶；顶生小叶或叶轴有时呈卷须状，卷须顶端有时变为钩状或为吸盘而攀援它物；无托叶或具叶状假托叶；叶柄基部或脉腋处常有腺体。花两性，左右对称，通常大而美丽，组成顶生、腋生的聚伞花序、圆锥花序或总状花序或总状式簇生，稀老茎生花；苞片及小苞片存在或早落。花萼钟状、筒状，平截，或具2～5齿，或具钻状腺齿。花冠合瓣，钟状或漏斗状，常二唇形，5裂，裂片覆瓦状或镊合状排列。能育雄蕊通常4枚，具1枚后方退化雄蕊，有时能育雄蕊2枚，具或不具3枚退化雄蕊，稀5枚雄蕊均能育，着生于花冠筒上。花盘存在，环状，肉质。子房上位，2室稀1室，或因隔膜发达而成4室；中轴胎座或侧膜胎座；胚珠多数，叠生；花柱丝状，柱头二唇形。蒴果，室间或室背开裂，形状各异，光滑或具刺，通常下垂，稀为肉质不开裂；隔膜各式，圆柱状、板状增厚，稀为十字形（横切面），与果瓣平行或垂直。种子通常具翅或两端有束毛，薄膜质，极多数，无胚乳。

本科共120属约650种，广布于热带、亚热带地区，少数种类延伸到温带地区，但欧洲、新西兰不产。我国有12属约35种，南北均产，但大部分种类集中于南方各省区，引进栽培的有16属19种。

全国第四次中药资源普查秭归境内发现2种。

478. 凌霄 *Campsis grandiflora*（Thunb.）Schum.

【别名】苕华、堕胎花、白狗肠、搜骨风、藤五加、接骨丹、五爪龙等。

【植物形态】攀援藤本；茎木质，表皮脱落，枯褐色，以气生根攀附于它物之上。叶对生，为奇数羽状复叶；小叶7～9枚，卵形至卵状披针形，顶端尾状渐尖，基部阔楔形，两侧不等大，长3～6（9）厘米，宽1.5～3（5）厘米，侧脉6～7对，两面无毛，边缘有粗锯齿；叶轴长4～13厘米；小叶柄长5（10）毫米。顶生疏散的短圆锥花序，花序轴长15～20厘米。花萼钟状，长3厘米，分裂至中部，裂片披针形，长约1.5厘米。花冠内面鲜红色，外面橙黄色，长约5厘米，裂片半圆形。雄蕊着生于花冠筒近基部，花丝线形，细长，长2～2.5厘米，花药黄色，个字形着生。花柱线形，长约3厘米，柱头扁平，2裂。蒴果顶端钝。花期5—8月。

【生境与分布】产于长江流域各地，以及河北、山东、河南、福建、广东、广西、陕西，在台湾有栽培。

【中药名称】凌霄花、紫葳根、紫葳茎叶。

【来源】紫葳科植物凌霄（*Campsis grandiflora*（Thunb.）Schum.）或厚萼凌霄（*Campsis radicans*（L.）Seem.）的干燥花为凌霄花，干燥根为紫葳根，干燥茎叶为紫葳茎叶。

【采收加工】凌霄花：夏、秋季花盛开时采收，干燥。

紫葳根：全年均可采，洗净，切片，晒干。

紫葳茎叶：夏、秋季采收，晒干。

【性味功效】凌霄花：辛，微寒。归肝经。破血通经，凉血祛风。用于血瘀闭经，月经不调，症瘕积聚，风热痒疹等。

紫葳根：甘，酸，寒。凉血，祛风，行瘀。用于血热生风，身痒，腰脚不遂，痛风。

紫葳茎叶：苦，平。归肝、肾经。清热，凉血，散瘀。用于血热生风，身痒，风疹，手脚酸软麻木，咽喉肿痛。

【应用举例】凌霄花：花 5 ～ 9 克，根 0.3 ～ 1 两，外用鲜根适量，捣烂敷患处。

紫葳根：内服，煎汤，6 ～ 9 克；或入丸、散剂；或浸酒。外用鲜品适量，捣敷。

紫葳茎叶：内服，煎汤，9 ～ 15 克。

479. 厚萼凌霄 *Campsis radicans*（L.）Seem.

【别名】美洲凌霄、杜凌霄、凌霄等。

【植物形态】藤本，具气生根，长达 10 米。小叶 9 ～ 11 枚，椭圆形至卵状椭圆形，长 3.5 ～ 6.5 厘米，宽 2 ～ 4 厘米，顶端尾状渐尖，基部楔形，边缘具齿，上面深绿色，下面淡绿色，被毛，至少沿中肋被短柔毛。花萼钟状，长约 2 厘米，口部直径约 1 厘米，5 浅裂至萼筒的 1/3 处，裂片齿卵状三角形，外向微卷，无凸起的纵肋。花冠筒细长，漏斗状，橙红色至鲜红色，筒部为花萼长的 3 倍，6 ～ 9 厘米，直径约 4 厘米。蒴果长圆柱形，长 8 ～ 12 厘米，顶端具喙尖，沿缝线具龙骨状突起，粗约 2 毫米，具柄，硬壳质。

【生境与分布】原产于美洲。在广西、江苏、浙江、湖南栽培作庭园观赏植物；在越南、印度、巴基斯坦也有栽培。

【中药名称】凌霄花、紫葳根、紫葳茎叶。

【来源】紫葳科植物凌霄（*Campsis grandiflora*（Thunb.）Schum.）或厚萼凌霄（*Campsis radicans*（L.）Seem.）的干燥花为凌霄花，干燥根为紫葳根，干燥茎叶为紫葳茎叶。

【采收加工】凌霄花：夏、秋季花盛开时采收，干燥。

紫葳根：全年均可采，洗净，切片，晒干。

紫葳茎叶：夏、秋季采收，晒干。

【性味功效】凌霄花：辛，微寒。归肝经。破血通经，凉血祛风。用于血瘀闭经，月经不调，症瘕积聚，风热痒疹等。

紫葳根：甘，酸，寒。凉血，祛风，行瘀。用于血热生风，身痒，腰脚不遂，痛风。

紫葳茎叶：苦，平。归肝、肾经。清热，凉血，散瘀。用于血热生风，身痒，风疹，手脚酸软麻木，咽喉肿痛。

【应用举例】凌霄花：花 5 ～ 9 克，根 0.3 ～ 1 两，外用鲜根适量，捣烂敷患处。

紫葳根：内服，煎汤，6 ～ 9 克；或入丸、散剂；或浸酒。外用鲜品适量，捣敷。

紫葳茎叶：内服，煎汤，9 ～ 15 克。

480. 梓 *Catalpa ovata* G. Don

【别名】楸、花楸、水桐、河楸、臭梧桐、黄花楸、水桐楸、木角豆等。

【植物形态】乔木，高达 15 米；树冠伞形，主干通直，嫩枝具稀疏柔毛。叶对生或近于对生，有时轮生，阔卵形，长、宽近相等，长约 25 厘米，顶端渐尖，基部心形，全缘或浅波状，常 3 浅裂，叶片上面及下面均粗糙，微被柔毛或近于无毛，侧脉 4 ～ 6 对，基部掌状脉 5 ～ 7 条；叶柄长 6 ～ 18 厘米。顶生圆锥花序；花序梗微被疏毛，长 12 ～ 28 厘米。花萼蕾时圆球形，2 唇开裂，长 6 ～ 8 毫米。花冠钟状，淡黄色，内面具 2 个黄色条纹及紫色斑点，长约 2.5 厘米，直径约 2 厘米。能育雄蕊 2，花丝插生于花冠筒上，花药叉开；退化雄蕊 3。子房上位，棒状。花柱丝形，柱头 2 裂。蒴果线形，下垂，长 20 ～ 30 厘米，粗 5 ～ 7 毫米。种子长椭圆形，长 6 ～ 8 毫米，宽约 3 毫米，两端具有平展的长毛。

【生境与分布】产长江流域及以北地区，日本也有。多栽培于村庄附近及公路两旁，野生者已不可见，海拔（500）1900 ～ 2500 米。

【中药名称】梓白皮、梓实、梓叶。

【来源】紫葳科植物梓（*Catalpa ovata* G. Don）的根皮或树的韧皮部为梓白皮，果实为梓实，叶为梓叶。

【采收加工】梓白皮：全年可采，洗去泥沙，将皮剥下，晒干。

梓实：冬间摘取成熟果实，晒干。

梓叶：春、夏季采摘，鲜用或晒干。

【性味功效】梓白皮：苦，寒。归胆、胃经。清热利湿，降逆止吐，杀虫止痒。用于湿热黄疸，胃逆呕吐，疮疥，湿疹，皮肤瘙痒等。

梓实：甘，平。归肾、膀胱经。利水消肿。用于小便不利，浮肿，腹水。

梓叶：苦，寒。归心、肝经。清热解毒，杀虫止痒。用于小儿发热，疮疖，疥癣。

【应用举例】梓白皮：内服，煎汤，5～9克。外用适量，研末调敷或煎水洗浴。

梓实：内服，水煎，9～15克。

治慢性肾炎、浮肿、蛋白尿：梓实五钱，水煎服。

梓叶：内服，适量，煎汤洗；或煎汁涂；或鲜品捣敷。

治风癣疙瘩：梓叶、木绵子、羯羊屎、鼠屎等份，入瓶中，合定，烧取其汁涂之。

一百三十二、爵床科 Acanthaceae

草本、灌木或藤本，稀为小乔木。叶对生，稀互生，无托叶，极少数羽裂，叶片、小枝和花萼上常有条形或针形的钟乳体。花两性，左右对称，无梗或有梗，通常组成总状花序、穗状花序、聚伞花序，伸长或头状，有时单生或簇生而不组成花序；苞片通常大，有时有鲜艳色彩（头状的花序的属常具总苞片，无小苞片），或小；小苞片2枚或有时退化；花萼通常5裂（包括3深裂，其中2裂至基部，另一裂再3浅裂；和2深裂，各裂片再作2，3裂）或4裂，稀多裂或环状而平截，裂片镊合状或覆瓦状排列；花冠合瓣，具长或短的冠管，直或不同程度扭弯，冠管逐渐扩大成喉部，或在不同高度骤然扩大，有高脚碟形，漏斗形，不同长度的多种钟形，冠檐通常5裂，整齐或2唇形，上唇2裂，有时全缘，稀退化成单唇，下唇3裂，稀全缘，冠檐裂片旋转状排列，双盖覆瓦状排列；发育雄蕊4或2（稀5枚），通常为2强，后对雄蕊等长或不等长，前对雄蕊较短或消失，着生于冠管或喉部，花丝分离或基部成对联合，或联合成一体的开口雄蕊管，花药背着，稀基着，2室或退化为1室，若为2室，药室邻接或远离，等大或一大一小，平行排列或叠生，一上一下，有时基部有附属物（芒或距），纵向开裂；药隔多样（具短尖头，蝶形），花粉粒具多种类型，大小均有，有长圆球形、圆球形，萌发孔有螺旋孔、3孔、2孔、3孔沟、2孔沟、隐孔、具假沟等，外壁纹饰有光滑、刺状、不同程度和方式网状、不同形式和不同结构肋条状；具不育雄蕊1～3或无；子房上位，其下常有花盘，2室，中轴胎座，每室有2至多粒、倒生、成2行排列的胚珠，花柱单一，柱头通常2裂。蒴果室背开裂为2果爿，或中轴连同爿片基部一同弹起；每室有1～2至多粒胚珠，通常借助珠柄钩（由珠柄生成的钩状物）将种子弹出，仅少数属不具珠柄钩（如山牵牛属 *Thunbergia*、叉柱花属 *Staurogyne*、蛇根叶属 *Ophiorrhiziphyllon*、瘤子草属 *Nelsonia*）。种子扁或透镜形，光滑无毛或被毛，若被毛基部具圆形基区。

本科共约250属3450种。

全国第四次中药资源普查秭归境内发现4种。

481. 白接骨 *Asystasiella neesiana*（Wall.）Lindau

【别名】玉龙盘、无骨苎麻、玉梗半枝莲等。

【植物形态】草本，具白色、富黏液、竹节形根状茎；茎高达1米；略呈4棱形。叶卵形至椭圆状矩圆形，长5～20厘米，顶端尖至渐尖，边缘微波状至具浅齿，基部下延成柄，叶片纸质，侧脉6～7条，两面凸起，疏被微毛。总状花序或基部有分枝，顶生，长6～12厘米；花单生或对生；苞片2，微小，长1～2毫米；花萼裂片5，长约6毫米，主花轴和花萼被有柄腺毛；花冠淡紫红色，漏斗状，外疏生腺毛，花冠筒细长，长3.5～4厘米，裂片5，略不等，长约1.5厘米；雄蕊2强，长花丝3.5毫米，短花丝2毫米，着生于花冠喉部，2药室等高。蒴果长18～22毫米，上部具4粒种子，下部实心细长似柄。

【生境与分布】生于山坡、山谷林下阴湿的石缝内和草丛中，溪边亦有。

【中药名称】白接骨。

【来源】为爵床科植物白接骨（*Asystasiella neesiana*（Wall.）Lindau）的全草。

【采收加工】夏、秋季采全草、根茎。

【性味功效】苦，淡，凉。归肺经。化瘀止血，续筋接骨，利尿消肿，清热解毒。主治吐血，便血，外伤出血，跌打瘀肿，扭伤骨折，风湿肢肿，腹水，疮疡溃烂，咽喉肿痛等。

【应用举例】内服：煎汤，1～3钱（鲜根1～2两）；或研末。外用：捣敷或研末撒。

1. 治外伤出血：白接骨根茎或全草捣烂外敷。

2. 断指再植：鲜白接骨全草加食盐捣烂外敷，再包扎固定。每日换药一次。

3. 治扭伤：白接骨根茎、黄栀子、麦粉各等量，加食盐捣烂，包敷伤处；或白接骨根加蒴藋根等量，捣烂外敷，每天换一次。

4. 治上消化道出血：白接骨根茎或全草研末冲服。

482. 九头狮子草 *Peristrophe japonica*（Thunb.）Bremek.

【别名】川白牛膝、九节篱、六角英、化痰青、绿豆青、竹叶青等。

【植物形态】草本，高20～50厘米。叶卵状矩圆形，长5～12厘米，宽2.5～4厘米，顶端渐尖或尾尖，基部钝或急尖。花序顶生或腋生于上部叶腋，由2～8（10）个聚伞花序组成，每个聚伞花序下托以2枚总苞状苞片，一大一小，卵形，长1.5～2.5厘米，宽5～12毫米，顶端急尖，基部宽楔形或平截，全缘，近无毛，羽脉明显，内有1至少数花；花萼裂片5，钻形，长约3毫米；花冠粉红色至微紫色，长2.5～3厘米，外疏生短柔毛，2唇形，下唇3裂；雄蕊2，花丝细长，伸出，花药被长硬毛，2室叠生，一上一下，线形纵裂。蒴果长1～1.2厘米，疏生短柔毛，开裂时胎座不弹起，上部具 4 粒种子，下部实心；种子有小疣状突起。

【生境与分布】产于河南、安徽、江苏、浙江、江西、福建、湖北、广东、广西、湖南、重庆（南川）、贵州、云南。生于路边、草地、林下、溪边等阴湿处，低海拔地区分布广。

【中药名称】九头狮子草。

【来源】为爵床科植物九头狮子草（*Peristrophe japonica*（Thunb.）Bremek.）的全草。

【采收加工】秋季采收。拔取全草，除去杂质，晒干。

【性味功效】辛，微苦，甘，凉。祛风清热，凉肝定惊，散瘀解毒。用于感冒发热，肺热咳喘，肝热目赤，小儿惊风，咽喉肿痛，肿痛疔毒，乳痈，痔疮，蛇虫咬伤，跌打损伤。

【应用举例】内服，用量 15 ～ 30 克；外用鲜品适量，捣烂敷患处。

483. 爵床 *Rostellularia procumbens*（L.）Nees

【别名】小青草、六角英、赤眼老母草、麦穗癀、鼠尾癀、孩儿草、野万年青、节节寒、大鸭草、毛泽兰等。

【植物形态】草本，茎基部匍匐，通常有短硬毛，高 20 ～ 50 厘米。叶椭圆形至椭圆状长圆形，长 1.5 ～ 3.5 厘米，宽 1.3 ～ 2 厘米，先端锐尖或钝，基部宽楔形或近圆形，两面常被短硬毛；叶柄短，长 3 ～ 5 毫米，被短硬毛。穗状花序顶生或生上部叶腋，长 1 ～ 3 厘米，宽 6 ～ 12 毫米；苞片 1，小苞片 2，均呈披针形，长 4 ～ 5 毫米，有缘毛；花萼裂片 4，线形，约与苞片等长，有膜质边缘和缘毛；花冠粉红色，长 7 毫米，2 唇形，下唇 3 浅裂；雄蕊 2，药室不等高，下方 1 室有距，蒴果长约 5 毫米，上部具 4 粒种子，下部实心似柄状。种子表面有瘤状皱纹。

【生境与分布】产于秦岭以南，东至江苏、台湾，南至广东，海拔 1500 米以下，西南至云南、西藏（吉隆），海拔 2200 ～ 2400 米。生于山坡林间草丛中，为常见野草。

【中药名称】爵床。

【来源】为爵床科植物爵床（*Rostellularia procumbens*（L.）Nees）的全草。

【采收加工】夏、秋季采集，鲜用或晒干。

【性味功效】苦，咸，辛，寒。归肺、肝、膀胱经。清热解毒，利湿消积，活血止痛。用于感冒发热，咳嗽，咽喉肿痛，目赤肿痛，疳积，湿热泻痢，疟疾，黄疸，浮肿，小便淋浊，筋肌疼痛，跌打损伤，痈疽疔疮，湿疹。

【应用举例】内服，15～30克；外用适量，鲜品捣烂敷患处。

484. 黄猄草 *Championella tetrasperma*（Champ. ex Benth.）Bremek.

【别名】四子马蓝、岩冬菜、猪肝菜等。

【植物形态】直立或匍匐草本；茎细瘦，近无毛。叶纸质，卵形或近椭圆形，顶端钝，基部渐狭或稍收缩，边缘具圆齿，长2～7厘米，宽1～2.5厘米；侧脉每边3～4条；叶柄长5～25毫米。穗状花序短而紧密，通常仅有花数朵；苞片叶状，倒卵形或匙形，具羽状脉，长约15毫米，和2枚线形、长5～6毫米的小苞片及萼裂片均被扩展、流苏状缘毛；花萼5裂，裂片长6～7毫米，稍钝头；花冠淡红色或淡紫色，长约2厘米，外面被短柔毛，内有长柔毛，冠檐裂片几相等，直径约3毫米，被缘毛。雄蕊4枚，2强，花丝基部有膜相连，有1枚退化雄蕊残迹，花粉粒圆球形具种阜形纹饰。蒴果长约10毫米，顶部被柔毛。花期：秋季。

【生境与分布】产于四川、重庆、贵州、湖北、湖南、江西、福建、广东、香港、海南、广西。生于密林中。

【中药名称】岩冬菜。

【来源】为爵床科植物黄猄草（*Championella tetrasperma*（Champ. ex Benth.）Bremek.）的全草。

【采收加工】夏、秋季采收，晒干，或取鲜草使用。

【性味功效】辛，微苦，寒。归肺、肝、胃经。疏散风热，活络，解毒。用于风热感冒，风湿骨痛，跌打损伤，疮疖肿毒。

【应用举例】内服：15～30克，煎汤。外用：捣敷患处。

治风热感冒：黄猄草全草15克，鸭跖草15克，一支黄花、黄荆叶、葱白各9克，水煎服。

一百三十三、胡麻科 Pedaliaceae

一年生或多年生草本，稀为灌木。叶对生或生于上部的互生，全缘、有齿缺或分裂。花左右对称，单生、腋生或组成顶生的总状花序，稀簇生；花梗短，苞片缺或极小。花萼4～5深裂。花冠筒状，一边肿胀，呈不明显二唇形，檐部裂片5，蕾时覆瓦状排列。雄蕊4枚，2强，常有1退化雄蕊。花药2室，内向，纵裂。花盘肉质。子房上位或很少下位，2～4室，很少为假一室，中轴胎座，花柱丝形，柱头2浅裂，胚珠多数，倒生。蒴果不开裂，常覆以硬钩刺或翅。种子多数，具薄肉质胚乳及小型劲直的胚。

本科共 14 属约 50 种，分布于旧大陆热带与亚热带的沿海地区及沙漠地带，一些种类已在新大陆热带驯化。我国有胡麻属 *Sesamum* L. 和茶菱属 *Trapella* Oliv.，前者为栽培油料作物，后者为野生种类。

全国第四次中药资源普查秭归境内发现 1 种。

485. 芝麻 *Sesamum indicum* L.

【别名】胡麻、脂麻、黑芝麻等。

【植物形态】一年生直立草本。高 60 ～ 150 厘米，分枝或不分枝，中空或具有白色髓部，微有毛。叶矩圆形或卵形，长 3 ～ 10 厘米，宽 2.5 ～ 4 厘米，下部叶常掌状 3 裂，中部叶有齿缺，上部叶近全缘；叶柄长 1 ～ 5 厘米。花单生或 2 ～ 3 朵同生于叶腋内。花萼裂片披针形，长 5 ～ 8 毫米，宽 1.6 ～ 3.5 毫米，被柔毛。花冠长 2.5 ～ 3 厘米，筒状，直径 1 ～ 1.5 厘米，长 2 ～ 3.5 厘米，白色而常有紫红色或黄色的彩晕。雄蕊 4，内藏。子房上位，4 室（云南西双版纳栽培植物可至 8 室），被柔毛。蒴果矩圆形，长 2 ～ 3 厘米，直径 6 ～ 12 毫米，有纵棱，直立，被毛，分裂至中部或至基部。种子有黑白之分。花期夏末秋初。

【生境与分布】我国各地有栽培。全县广泛栽培。

【中药名称】黑芝麻。

【来源】为胡麻科植物芝麻（*Sesamum indicum* L.）的干燥成熟种子。

【采收加工】 8—9 月间果实呈黄黑色时采收，割取全草，捆成小把，顶端向上，晒干，打下种子，除去杂质，再晒干。

【性味功效】甘，平。归肝、肾、大肠经。补肝肾，益精血，润肠燥。用于头晕眼花，耳鸣耳聋，须发早白，病后脱发，肠燥便秘。

【应用举例】1. 内服，用量 9 ～ 15 克，水煎服或入丸、散剂。

2. 治风眩，返白发为黑：黑芝麻、茯苓、菊花等份，炼蜜丸如梧桐子大，每服 9 克，清晨白汤下。

一百三十四、苦苣苔科 Gesneriaceae

多年生草本，常具根状茎、块茎或匍匐茎，或为灌木，稀为乔木、一年生草本或藤本，陆生或附生，地上茎存在或不存在。叶为单叶，不分裂，稀羽状分裂或为羽状复叶（复叶唇柱苦苣），对生或轮生，或基生成簇，稀互生，通常草质或纸质，稀革质，无托叶。花序通常为双花聚伞花序（有 2 朵顶生花），或为单歧聚伞花序，稀为总状花序；苞片 2，稀 1、3 或更多，分生，稀合生。花两性，明显，通常左右对称，较少辐射对称（辐花苣苔属 *Thamnocharis*、四数苣苔属 *Bournea*）。花萼（4）5 全裂或深裂，辐射对称，稀左右对称，2 唇形（扁蒴苣苔属 *Cathayanthe*、唇萼苣苔属 *Trisepalum*），裂片镊合状排列，稀覆瓦状排列。花冠紫色、白色或黄色，辐状或钟状，檐部（4）5 裂（辐花苣苔属、四数苣苔属），通常筒状，檐部多少二唇形，上唇 2 裂，下唇 3 裂，偶尔上唇 4 裂（朱红苣苔属 *Calcareoboea*、异唇苣苔属 *Allocheilos*），或上唇不分裂（圆唇苣苔属 *Gyrocheilos*），裂片覆瓦状排列。雄蕊 4 ～ 5，与花冠筒多少愈合，通常有 1 或 3 枚退化，较少全部能育（辐花苣苔属、四数苣苔属），花丝通常狭线形，有时中部变宽（唇柱芭苔属 *Chirita*），或膝状弯曲并上部变粗（蛛毛苣苔属 *Paraboea* 部分种）或上部分枝（喜鹊苣苔属 *Ornithoboea* 部分种）；花药分生（辐花苣苔属、马铃苣苔属），通常成对以顶端或整个腹面连着，偶尔合生，围绕花柱成筒（苦苣苔属 *Conandron*），2 室，药室平行、略叉开或极叉开，顶端不汇合或汇合，纵裂或偶尔孔裂（细蒴苣苔属 *Leptoboea*、短筒苣苔属 *Boeica*）。花盘位于花冠及雌蕊之间，环状或杯状，或由 1 ～ 5 个腺体组成，偶尔不存在（石蝴蝶属 *Petrocosmea*）。雌蕊由 2 枚心皮构成，子房上位，半下位或完全下位，长圆形，线形，卵球形或球形，一室，侧膜胎座 2，稀 1（单座苣苔属、唇柱苣苔属少数种），偶尔 2 侧膜胎座在子房室中央相遇并合生而形成中轴胎座，并使子房形成 2 室（独叶苣苔属 *Monophyllaea*、异叶苣苔属 *Whytockia*），或下面一室的胎座退化（筒花苣苔属 *Briggsiopsis*、半蒴苣苔属 *Hemiboea*、唇柱苣苔属少数种），胚珠多数，倒生；花柱 1 条；柱头 2 或 1 枚，呈片状、头状、扁球状或盘状。果实线形、长圆形、椭圆球形或近球形，通常为蒴果，室背开裂或室间开裂，稀为盖裂（盾座苣苔属 *Epithema*），或为不开裂的浆果（浆果苣苔属 *Cyrtandra*、菱子苣苔属 *Besleria*）。种子多数，小，通常椭圆形或纺锤形，偶尔在两端具突出的附属物（芒毛苣苔族 *Trichosporeae*），有或无胚乳，胚直，2 枚子叶等大或不等大，有时较大的子叶发育成个体的唯一营养叶（好望角苣苔属 *Streptocarpus* 部分种，独叶苣苔属）。本科共 140 属 2000 余种。

全国第四次中药资源普查秭归境内发现 6 种。

486. 旋蒴苣苔 *Boea hygrometrica*（Bunge）R. Br.

【别名】猫耳朵、牛耳草、八宝茶、石花子等。

【植物形态】多年生草本。叶全部基生，莲座状，无柄，近圆形，圆卵形，卵形，长 1.8 ～ 7 厘米，宽 1.2 ～ 5.5 厘米，上面被白色贴伏长柔毛，下面被白色或淡褐色贴伏长绒毛，顶端圆形，边缘具波状浅齿，叶脉不明显。聚伞花序伞状，2 ～ 5 条，每花序具 2 ～ 5 朵花；花序梗长 10 ～ 18 厘米，被淡褐色短柔毛和腺状柔毛；苞片 2，极小或不明显；花梗长 1 ～ 3 厘米，被短柔毛。花萼钟状，5 裂至近基部，裂片稍不等，上唇 2 枚略小，线伏披针形，长 2 ～ 3 毫米，宽约 0.8 毫米，外面被短柔毛，顶端钝，全缘。花冠淡蓝紫色，长 8 ～ 13 毫米，直径 6 ～ 10 毫米，外面近无毛；筒长约 5 毫米；檐部稍二唇形，上唇 2 裂，裂片相等，长圆形，长约 4 毫米，比下唇裂片短而窄，下唇 3 裂，裂片相等，宽卵形或卵形，长 5 ～ 6 毫米，宽 6 ～ 7 毫米。雄蕊 2，花丝扁平，长约 1 毫米，无毛，着生于距花冠基部 3 毫米处，花药卵圆形，长约 2.5 毫米，顶端连着，药室 2，顶端汇合；退化雄蕊 3，极小。无花盘。雌蕊长约 8 毫米，不伸出花冠外，子房卵状长圆形，长约 4.5 毫米，直径约 1.2 毫米，被短柔毛，花柱长约 3.5 毫米，无毛，柱头 1，头状。蒴果长圆形；长 3 ～ 3.5 厘米，直径 1.5 ～ 2 毫米，外面被短柔毛，螺旋状卷曲。种子卵圆形，长约 0.6 毫米。花期 7—8 月，果期 9 月。

【生境与分布】产于浙江、福建、江西、广东、广西、湖南、湖北、河南、山东、河北、辽宁、山西、陕西、四川及云南。生于山坡路旁岩石上，海拔 200 ～ 1320 米。

【中药名称】牛耳草。

【来源】为苦苣苔科植物旋蒴苣苔（*Boea hygrometrica*（Bunge）R. Br.）的全草。

【采收加工】四季可采，洗净，鲜用或晒干。

【性味功效】苦，平。归肺经。散瘀止血，清热解毒，化痰止咳。用于吐血，便血，外伤出血，跌打损伤，聤耳，咳嗽痰多。

【应用举例】鲜品适量，捣烂外敷或干品研粉撒敷。

487. 鄂西粗筒苣苔 *Briggsia speciosa*（Hemsl.）Craib

【别名】雅头还阳、丫头还阳等。

【植物形态】多年生无茎草本。叶全部基生，具叶柄；叶片长圆形或椭圆状狭长圆形，长 3 ～ 8 厘米，宽 0.8 ～ 3.2 厘米，顶端钝，向基部渐窄而偏斜，边缘具锯齿和钝齿，两面被白色贴伏柔毛，侧脉每边 4 ～ 5 条，下面微凹陷；叶柄长 4.5 ～ 12 厘米，密被白色柔毛。聚伞花序，1 ～ 6 条，每花序具 1 ～ 2 朵花；花序梗长 9 ～ 16 厘米，被褐色长柔毛；苞片 2，长圆形至卵状披针形，长

3～7毫米，宽1.5～2毫米，被白色短柔毛，顶端钝，全缘。花萼5裂至近基部，裂片卵形至卵状长圆形，长4～6毫米，宽1～3毫米，外面被褐色柔毛，内面无毛。花冠粗筒状，紫红色，下方肿胀，长3.8～5.3厘米，外面疏生短柔毛，内面下唇一侧具两条黄褐色斑纹，有时有紫色斑点；筒长3.6厘米；上唇长9毫米，2裂至中部，裂片宽三角形，长5毫米，宽4～5毫米，顶端钝，下唇长1.2～1.7厘米，3裂至中部，裂片长圆形，长7～10毫米，宽5～6毫米，顶端圆形。上雄蕊长约2.4厘米，着生于距花冠基部0.5毫米处，下雄蕊长约3厘米，着生于距花冠基部1毫米处，花丝疏被腺状柔毛，花药肾形，长约1.2毫米，药室顶端不汇合；退化雄蕊长约4毫米，着生于距花冠基部1毫米处。花盘环状，高1.5毫米，雌蕊疏被腺状短柔毛，子房线状长圆形，长约2厘米，直径约1.8毫米，花柱短，长约3毫米，柱头2，近圆形，长0.4毫米。蒴果线状披针形，长6～6.8厘米，直径2～2.2毫米。花期6—7月。

【生境与分布】产于四川东部、湖北西部及湖南西南部。生于山坡阴湿岩石上，海拔300～1600米。

【中药名称】岩青菜。

【来源】为苦苣苔科植物鄂西粗筒苣苔（*Briggsia speciosa*（Hemsl.）Craib）的全草。

【采收加工】春、夏季采收，鲜用或晒干。

【性味功效】辛，苦，平。归肺、脾经。祛风解表，解毒消肿。用于感冒头痛，筋骨疼痛，痈疮肿毒。

【应用举例】内服，9～15克。外用适量，捣敷。

488. 牛耳朵 *Chirita eburnea* Hance

【别名】爬面虎、山金兜菜、岩青菜等。

【植物形态】多年生草本，具粗根状茎。叶均基生，肉质；叶片卵形或狭卵形，长3.5～17厘米，宽2～9.5厘米，顶端微尖或钝，基部渐狭或宽楔形，边缘全缘，两面均被贴伏的短柔毛，有时上面毛稀疏，侧脉约4对；叶柄扁，长1～8厘米，宽达1厘米，密被短柔毛。聚伞花序2～10条，不分枝或一回分枝，每花序有（1）2～13（17）朵花；花序梗长6～30厘米，被短柔毛；苞片2，对生，卵形、宽卵形或圆卵形，长1～4.5厘米，宽0.8～2.8厘米，密被短柔毛；花梗长达2.3厘米，密被短柔毛及短腺毛。花萼长0.9～1厘米，5裂达基部，裂片狭披

针形，宽 2 ～ 2.5 毫米，外面被短柔毛及腺毛，内面被疏柔毛。花冠紫色或淡紫色，有时白色，喉部黄色，长 3 ～ 4.5 厘米，两面疏被短柔毛，与上唇 2 裂片相对有 2 条纵毛；筒长 2 ～ 3 厘米，口部直径 1 ～ 1.4 厘米；上唇长 5 ～ 9 毫米，2 浅裂，下唇长 1.2 ～ 1.8 厘米，3 裂。雄蕊的花丝着生于距花冠基部 1.2 ～ 1.6 厘米处，长 9 ～ 10 毫米，下部宽，被疏柔毛，向上变狭，并膝状弯曲，花药长约 5 毫米；退化雄蕊 2，着生于距基部 1.1 ～ 1.5 毫米处，长 4 ～ 6 毫米，有疏柔毛。花盘斜，高约 2 毫米，边缘有波状齿。雌蕊长 2.2 ～ 3 厘米，子房及花柱下部密被短柔毛，柱头二裂。蒴果长 4 ～ 6 厘米，粗约 2 毫米，被短柔毛。花期 4—7 月。

【生境与分布】产于广东北部、广西北部、贵州、湖南东南部、四川南部及东部、湖北西部。生于石灰山林中石上或沟边林下，海拔 100 ～ 1500 米。

【中药名称】牛耳岩白菜。

【来源】为苦苣苔科植物牛耳朵（*Chirita eburnea* Hance）的全草。

【采收加工】四季均可采收，鲜用或晒干。

【性味功效】甘，微苦，凉。清肺止咳，凉血止血，解毒消痈。用于阴虚肺热，咳嗽咯血，崩漏带下，痈肿疮毒，外伤出血。

【应用举例】内服：煎汤，根茎 3 ～ 9 克，全草 15 ～ 30 克。

外用：鲜品适量，捣敷。

489. 半蒴苣苔 *Hemiboea henryi* Clarke

【别名】石花、牛蹄草、牛舌头、石构麦、乌梗子、岩茄子、岩苋菜、降蛇草、妈拐菜、麻脚杆、岩莴苣、石莴苣、降龙草等。

【植物形态】多年生草本。茎上升，高 10 ～ 40 厘米，具 4 ～ 8 节，不分枝，肉质，散生紫斑，无毛或上部疏生短柔毛。叶对生；叶片椭圆形或倒卵状椭圆形，顶端急尖或渐尖，基部下延，长 4 ～ 22 厘米，宽 2 ～ 11.5 厘米，全缘或有波状浅钝齿，稍肉质，干时草质，无毛或被白色短柔毛，上面深绿色，背面淡绿色或带紫色；皮下散生蠕虫状石细胞：侧脉每侧 5 ～ 7 条；叶柄长 1 ～ 7（9）厘米，具翅，翅合生成船形。聚伞花序假顶生或腋生，具 3 ～ 10 朵花；花序梗长 1 ～ 7 厘米；总苞球形，直径 1 ～ 2.5 厘米，顶端具尖头，淡绿色，无毛，开放后呈船形；花梗粗，长 2 ～ 5 毫米，无毛。萼片 5，长圆状披针形，长（0.9）1 ～ 1.2 厘米，宽 3 ～ 4.5 毫米，无毛，干时膜质。花冠白色，具紫色斑点，长 3.5 ～ 4 厘米，外面疏被腺状短柔毛；筒长 3 ～ 3.4 厘米，内面基部上方 6 ～ 7 毫米处具一毛环，口部直径 10 ～ 15 毫米；上唇长 5 ～ 7 毫米，2 浅裂，裂片半圆形，下唇长 7 ～ 9 毫米，3 深裂，裂片卵圆形。雄蕊：花丝狭线形，生于距花冠基部 15 ～ 20 毫米处，长 8 ～ 12 毫米，花药长椭圆形，长 3.5 ～ 4.5 毫米，顶端连着；退化雄蕊 3，中间 1 个长 2 ～ 6 毫米，侧面 2 个长 4 ～ 7 毫米，顶端小头状，连

着或分离。花盘环状，高 1 ~ 1.2 毫米。雌蕊长 3 ~ 4 厘米，无毛，柱头钝，略宽于花柱。蒴果线状披针形，多少弯曲，长 1.5 ~ 2.5 厘米，基部宽 3 ~ 4 毫米，无毛。花期 8—10 月，果期 9—11 月。

【生境与分布】产于陕西南部、甘肃南部、江苏南部、安徽南部、浙江、江西、福建、河南、湖北、湖南、广东北部、广西、四川、贵州。生于海拔 350 ~ 2100 米的山谷林下或沟边阴湿处。

【中药名称】半蒴苣苔。

【来源】为苦苣苔科植物半蒴苣苔（*Hemiboea henryi* Clarke）的全草。

【采收加工】夏、秋季采收，鲜用或晒干。

【性味功效】微苦，平。清热，利湿，解毒。用于湿热黄疸，咽喉肿痛，毒蛇咬伤，烫伤。

【应用举例】内服：煎汤，15 ~ 30 克。

外用：适量，捣敷，或鲜品绞汁涂。

490. 吊石苣苔 *Lysionotus pauciflorus* Maxim.

【别名】黑乌骨、石豇豆、石泽兰、小泽兰、巴岩草、肺红草、瓜子草、石花、石三七、石虎、岩参、石杨梅、岩头三七、岩条子、竹勿刺、吊兰、地枇杷等。

【植物形态】小灌木。茎长 7 ~ 30 厘米，分枝或不分枝，无毛或上部疏被短毛。叶 3 枚轮生，有时对生或轮生，具短柄或近无柄；叶片革质，形状变化大，线形、线状倒披针形、狭长圆形或倒卵状长圆形，少有为狭倒卵形或长椭圆形，长 1.5 ~ 5.8 厘米，宽 0.4 ~ 1.5（2）厘米，顶端急尖或钝，基部钝、宽楔形或近圆形，边缘在中部以上或上部有少数齿，有时近全缘，两面无毛，中脉上面下陷，侧脉每侧 3 ~ 5 条，不明显；叶柄长 1 ~ 4（9）毫米，上面常被短伏毛。花序有 1 ~ 2（5）朵花；花序梗纤细，长 0.4 ~ 2.6（4）厘米，无毛；苞片披针状线形，长 1 ~ 2 毫米，疏被短毛或近无毛；花梗长 3 ~ 10 毫米，无毛。花萼长 3 ~ 4（5）毫米，5 裂达或近基部，无毛或疏被短伏毛；裂片狭三角形或线状三角形。花冠白色带淡紫色条纹或淡紫色，长 3.5 ~ 4.8 厘米，无毛；筒细漏斗状，长 2.5 ~ 3.5 厘米，口部直径 1.2 ~ 1.5 厘米；上唇长约 4 毫米，2 浅裂，下唇长 10 毫米，3 裂。雄蕊无毛，花丝着生于距花冠基部 13 ~ 15 毫米处，狭线形，长约 12 毫米，花药直径约 1.2 毫米，药隔背面突起长约 0.8 毫米；退化雄蕊 3，无毛，中央的长约 1 毫米，侧生的狭线形，长约 5 毫米，弧状弯曲。花盘杯状，高 2.5 ~ 4 毫米，有尖齿。雌蕊长 2 ~ 3.4 厘米，无毛。蒴果线形，长 5.5 ~ 9 厘米，宽 2 ~ 3 毫米，无毛。种子纺锤形，长 0.6 ~ 1 毫米，毛长 1.2 ~ 1.5 毫米。花期 7—10 月。

【生境与分布】产于云南东部、广西、广东、福建、台湾、浙江、江苏南部、安徽、江西、湖南、湖北、贵州、四川、陕西南部。生于丘陵或山地林中或阴处石崖上或树上，海拔 300 ~ 2000 米。

【中药名称】石吊兰。

【来源】为苦苣苔科植物吊石苣苔（*Lysionotus pauciflorus* Maxim.）的干燥地上部分。

【采收加工】8—9 月采收，鲜用或晒干。

【性味功效】辛，平。归肝、肺经。祛风除湿，化痰止咳，祛瘀通经。用于风湿痹痛，咳嗽痰多，月经不调，痛经，跌打损伤等。

【应用举例】内服：煎汤，9 ～ 15 克；或浸酒服。

外用：适量，捣敷；或煎水外洗。

1. 治腰痛、四肢痛：石吊兰、杜仲各 9 克，水煎服。

2. 治风寒咳嗽：石吊兰 15 克，前胡 6 克，生姜 3 片，煎服。

3. 治热咳：岩豇豆（石吊兰）、青鱼胆草、岩白菜各 15 克，水煎服。

4. 治肺脓疡：石吊兰 30 克，天花粉、野豇豆根各 15 克，七叶一枝花 9 克，米泔水煎服。

5. 治跌打损伤：石吊兰 15 克，水煎，兑酒服；外用，捣烂敷伤处。

491. 厚叶蛛毛苣苔 *Paraboea crassifolia*（Hemsl.）Burtt

【别名】石灰草、岩石白菜等。

【植物形态】多年生草本。根状茎圆柱形，长 0.5 ～ 1.5 厘米，直径 5 ～ 9 毫米，具多数须根。叶全部基生，近无柄；叶片厚而肉质，狭倒卵形，倒卵状匙形，长 3.5 ～ 9 厘米，宽 1.5 ～ 3.2 厘米，顶端圆形或钝，基部渐狭，边缘向上反卷，具不整齐锯齿，上面被灰白色绵毛，渐变近无毛，下面被淡褐色蛛丝状绵毛，侧脉每边 4 ～ 6 条，下面隆起。聚伞花序伞状，2 ～ 4 条，每花序具 4 ～ 12 朵花；花序梗长 8 ～ 12 厘米，被淡褐色蛛丝状绵毛，变近无毛；苞片 2，钻形，长 2 ～ 3 毫米，宽不及 1 毫米，被淡褐色蛛丝状绵毛。花萼长约 3 毫米，5 裂至近基部，裂片相等，狭线形，长约 2 毫米，宽不及 1 毫米，外面被淡褐色短绒毛。花冠紫色，无毛，长 1 ～ 1.4 厘米，直径约 9 毫米；筒短而宽，长 6 ～ 7 毫米，直径约 6 毫米；檐部二唇形，上唇 2 裂，裂片相等，长 3 ～ 4 毫米，下唇 3 裂，裂片近圆形，长 3 ～ 4 毫米。雄蕊 2，着生于花冠近基部，内藏，花丝狭线形，长 5.5 ～ 7 毫米，无毛，上部稍膨大，成直角弯曲，花药大，狭长圆形，两端尖，长 2.5 ～ 3 毫米，宽 1 ～ 1.2 毫米，顶端连着，药室汇合；退化雄蕊 2，长 2 ～ 2.5 毫米，着生于距花冠基 1.5 毫米处。无花盘。雌蕊无毛，长 8 ～ 10 毫米，子房长圆形，比花柱短，长 3 ～ 4 毫米，直径 0.8 ～ 1 毫米，花柱纤细，长 5.5 ～ 6 毫米，柱头 1，头状。蒴果未见。花期 6—7 月。

【生境与分布】产于湖北西部、四川东南部及贵州。生于山地石崖上，海拔 700 米左右。

【中药名称】厚叶牛耳草。

【来源】为苦苣苔科植物厚叶蛛毛苣苔（*Paraboea crassifolia*（Hemsl.）Burtt）的全草。

【采收加工】5—6 月采收，晒干。

【性味功效】甘，平。补肺止咳，凉血止血。用于肺虚咳喘，咯血，血崩。

【应用举例】内服：煎汤，30～60克。

一百三十五、车前草科 Plantaginaceae

车前草科即车前科，该科属于被子植物门双子叶植物纲车前目。车前草科为一年生、二年生或多年生草本，稀为小灌木，陆生、沼生，稀为水生。根为直根系或须根系。茎通常变态成紧缩的根茎，根茎通常直立，少数具直立和节间明显的地上茎。叶螺旋状互生，通常排成莲座状，或于地上茎上互生、对生或轮生。该科在世界广泛分布，我国南北均有分布。该科植物有重要的药用价值和食用价值。本科共3属约200种，广布于全世界。中国有1属20种，分布于南北各地。

全国第四次中药资源普查秭归境内发现1种。

492. 车前 *Plantago asiatica* L.

【别名】车前草、车轮草、猪耳草、牛耳朵草等。

【植物形态】二年生或多年生草本。须根多数。根茎短，稍粗。叶基生呈莲座状，平卧、斜展或直立；叶片薄纸质或纸质，宽卵形至宽椭圆形，长4～12厘米，宽2.5～6.5厘米，先端钝圆至急尖，边缘波状、全缘或中部以下有锯齿或裂齿，基部宽楔形或近圆形，多少下延，两面疏生短柔毛；脉5～7条；叶柄长2～15（27）厘米，基部扩大成鞘，疏生短柔毛。花序3～10个，直立或弓曲上升；花序梗长5～30厘米，有纵条纹，疏生白色短柔毛；穗状花序细圆柱状，长3～40厘米，紧密或稀疏，下部常间断；苞片狭卵状三角形或三角状披针形，长2～3毫米，长过于宽，龙骨突宽厚，无毛或先端疏生短毛。花具短梗；花萼长2～3毫米，萼片先端钝圆或钝尖，龙骨突不延至顶端，前对萼片椭圆形，龙骨突较宽，两侧片稍不对称，后对萼片宽倒卵状椭圆形或宽倒卵形。花冠白色，无毛，冠筒与萼片约等长，裂片狭三角形，长约1.5毫米，先端渐尖或急尖，具明显的中脉，于花后反折。雄蕊着生于冠筒内面近基部，与花柱明显外伸，花药卵状椭圆形，长1～1.2毫米，顶端具宽三角形突起，白色，干后变淡褐色。胚珠7～15（18）。蒴果纺锤状卵形、卵球形或圆锥状卵形，长3～4.5毫米，于基部上方周裂。种子5～6（12），卵状椭圆形或椭圆形，长（1.2）1.5～2毫米，具角，黑褐色至黑色，背腹面微隆起；子叶背腹向排列。花期4—8月，果期6—9月。

【生境与分布】产于黑龙江、吉林、辽宁、内蒙古、河北、山西、陕西、甘肃、新疆、山东、江苏、安徽、浙江、江西、福建、台湾、河南、湖北、湖南、广东、广西、海南、四川、贵州、云南、西藏。生于草地、沟边、河岸湿地、田边、路旁或村边空旷处，海拔 3200 米以下。

【中药名称】车前子、车前草。

【来源】车前草科植物车前（*Plantago asiatica* L.）的种子为车前子，全草为车前草。

【性味功效】车前子：甘，寒。清热，利尿通淋，渗湿止泻，明目，祛痰。

车前草：甘，寒。清热，利尿通淋，祛痰，凉血，解毒。

【采收加工】车前草：秋季采收除去杂质，洗净，切段，晒干。

车前子：夏、秋季种子成熟时采收除去杂质，取车前子，照盐水炙法炒至起爆裂声时，喷洒盐水，炒干。

【应用举例】车前草：9 ～ 30 克，鲜品 30 ～ 60 克，煎服或捣汁服；外用鲜品适量，捣敷患处。

车前子：

1. 与木通、滑石、瞿麦等同用，可用于湿热下注于膀胱而致小便淋沥涩痛者。

2. 与香薷、茯苓、猪苓等同用，可用于暑湿泄泻。

3. 与菊花、决明子等同用，可用于目赤涩痛。煎服，9 ～ 15 克，宜包煎。

一百三十六、忍冬科 Caprifoliaceae

忍冬科是双子叶植物纲的一科。灌木或木质藤本，有时为小乔木或小灌木，叶对生，很少为奇数羽状复叶（接骨木属），无托叶或具叶柄间托叶，花序聚伞状，常具发达的小苞片。花两性，花冠合瓣，辐状、筒状、高脚碟状、漏斗状或钟状，有时花冠两唇形，子房下位，每室含胚珠。果实为肉质浆果、核果、蒴果、瘦果或坚果。

本科有 13 属约 500 种，主要分布于北温带和热带高海拔山地，东亚和北美东部种类最多，个别属分布在大洋洲和南美洲。中国有 12 属 200 余种，大多分布于华中和西南各省区，其中七子花属 *Heptacodium*、蝟实属 *Kolkwitzia* 和双盾木属 *Dipelta* 为中国的特有属。六道木属 *Abelia*、毛核木属 *Symphoricarpos* 和莛子藨属 *Triosteum* 均为东亚和北美洲的对应分类群。

全国第四次中药资源普查秭归境内发现 7 种。

493. 糯米条 *Abelia chinensis* R. Br.

【别名】茶树条等。

【植物形态】落叶多分枝灌木，高达 2 米；嫩枝纤细，红褐色，被短柔毛，老枝树皮纵裂。叶有时三枚轮生，圆卵形至椭圆状卵形，顶端急尖或长渐尖，基部圆或心形，长 2 ～ 5 厘米，宽 1 ～ 3.5 厘米，边缘有稀疏圆锯齿，上面初时疏被短柔毛，下面基部主脉及侧脉密被白色长柔毛，花枝上部叶向上逐渐变小。聚伞花序生于小枝上部叶腋，由多数花序集合成一圆锥状花簇，总花梗被短柔毛，果期光滑；花芳香，具3对小苞片；小苞片矩圆形或披针形，具睫毛；萼筒圆柱形，被短柔毛，稍扁，具纵条纹，萼檐5裂，裂片椭圆形或倒卵状矩圆形，长5～6毫米，果期变红色；花冠白色至红色，漏斗状，长1～1.2厘米，为萼齿的一倍，外面被短柔毛，裂片5，圆卵形；雄蕊着生于花冠筒基部，花丝细长，伸出花冠筒外；花柱细长，柱头圆盘形。果实具宿存而略增大的萼裂片。

【生境与分布】我国长江以南各省区广泛分布，在浙江、江西、福建、台湾、湖北、湖南、广东、广西、四川、贵州和云南海拔170～1500米的山地常见。

【中药名称】糯米条。

【来源】为忍冬科植物糯米条（*Abelia chinensis* R. Br.）的茎叶。

【性味功效】苦，寒。清热解毒，凉血止血。根：用于牙痛。枝、叶：清热解毒，凉血止血。用于跌打损伤，痄腮，小儿口腔破溃。花：用于头痛，牙痛。

【采收加工】春、夏、秋季均可采收，鲜用或切段晒干。

【应用举例】内服：煎汤，6～15克；或生品捣汁。

外用：煎汤外洗或捣敷。

494. 苦糖果 *Lonicera fragrantissima* Lindl. et Paxt. subsp. *Standishii*（Carr.）Hsu et H. J. Wang

【别名】大花金银、羊奶头、羊奶子、裤裆果、杈八果、杈杈果等。

【植物形态】落叶灌木，高达2米；幼枝无毛或疏被倒刚毛，间或夹杂短腺毛，毛脱落后留有小瘤状突起，小枝和叶柄有时具短糙毛。老枝灰褐色。冬芽有1对顶端尖的外鳞片，将内鳞片盖没。叶卵形、椭圆形或卵状披针形，呈披针形或近卵形者较少，通常两面被刚伏毛及短腺毛或至少下面中脉被刚伏毛，有时中脉下部或基部两侧夹杂短糙毛。长3～7（8.5）厘米，边缘多少有硬睫毛或几无毛；叶柄长2～5毫米，有刚毛。花先于叶或与叶同时开放，芳香，生于幼枝基部苞腋，总花梗长（2）5～10毫米；苞片披针形至近条形，长为萼筒的2～4倍；相邻两萼筒约连合至中部，长1.5～3毫米，萼檐近截形或微5裂；花冠白色或淡红色，长1～1.5厘米，外面无毛或稀有疏糙毛，唇形，筒长4～5毫米，内面密生柔毛，基部有浅囊，上唇长7～8毫米，裂片深达中部，下唇舌状，长8～10毫米，反曲；雄蕊内藏，花丝长短不一；花柱无毛。果实鲜红色，矩圆形，长约1厘米，部分连合；种子褐色，稍扁，矩圆形，长约 3.5 毫米，有细凹点。花柱下部疏生糙毛。花期 1 月下旬至 4 月上旬，果熟期 5—6 月。

【生境与分布】产于陕西和甘肃的南部，山东北部，安徽南部和西部，浙江（定海、杭州、天目山）、江西（修水），河南，湖北西部和东南部，湖南（慈利），四川西部、东北部和东南部及贵州北部和西部（威宁）。生于向阳山坡林中、灌丛中或溪涧旁，海拔 100 ～ 2000 米（四川西部达 2700 米）。

【中药名称】苦糖果。

【来源】为忍冬科植物苦糖果（*Lonicera fragrantissima* Lindl. et Paxt. subsp. *Standishii*（Carr.）Hsu et H. J. Wang）的茎叶及根。

【性味功效】甘，寒。祛风除湿，清热止痛。用于风湿性关节痛，外用治疔疮。

【采收加工】夏、秋季采收茎叶，秋后挖根，均鲜用或切断晒干。

【应用举例】内服 9 ～ 15 克。外用适量，鲜嫩枝叶适量，捣烂敷患处。

1. 治风湿性关节痛：苦糖果根 15 克，水煎服。

2. 治疔疮：苦糖果嫩叶适量，捣烂外敷。

495. 忍冬 *Lonicera japonica* Thunb.

【别名】金银藤、银藤、二色花藤、二宝藤等。

【植物形态】半常绿藤本；幼枝红褐色，密被黄褐色、开展的硬直糙毛、腺毛和短柔毛，下部常无毛。叶纸质，卵形至矩圆状卵形，有时卵状披针形，稀圆卵形或倒卵形，极少有 1 至数个钝缺刻，长 3 ～ 5（9.5）厘米，顶端尖或渐尖，少有钝、圆或微凹缺，基部圆或近心形，有糙缘毛，上面深绿色，下面淡绿色，小枝上部叶通常两面均密被短糙毛，下部叶常平滑无毛而下面多少带青灰色；叶柄长 4 ～ 8 毫米，密被短柔毛。总花梗通常单生于小枝上部叶腋，与叶柄等长或稍较短，下方者则长达 2 ～ 4 厘米，密被短柔毛，并夹杂腺毛；苞片大，叶状，卵形至椭圆形，长达 2 ～ 3 厘米，两面均有短柔毛或有时近无毛；小苞片顶端圆形或截形，长约 1 毫米，为萼筒的 1/2 ～ 4/5，有短糙毛和腺毛；萼筒长约 2 毫米，无毛，萼齿卵状三角形或长三角形，顶端尖而有长毛，外面和边缘都有密毛；花冠白色，有时基部向阳面呈微红，后变黄色，长（2）3 ～ 4.5（6）

厘米，唇形，筒稍长于唇瓣，很少近等长，外被多少倒生的开展或半开展糙毛和长腺毛，上唇裂片顶端钝形，下唇带状而反曲；雄蕊和花柱均高出花冠。果实圆形，直径 6 ～ 7 毫米，熟时蓝黑色，有光泽；种子卵圆形或椭圆形，褐色，长约 3 毫米，中部有 1 凸起的脊，两侧有浅的横沟纹。花期 4—6 月（秋季亦常开花），果熟期 10—11 月。

【生境与分布】除黑龙江、内蒙古、宁夏、青海、新疆、海南和西藏无自然生长外，全国各省均有分布。生于山坡灌丛或疏林中、乱石堆、山路旁及村庄篱笆边，海拔最高达 1500 米。也常栽培。

【中药名称】金银花、忍冬藤、金银花子。

【来源】忍冬科植物忍冬（*Lonicera japonica* Thunb.）的干燥花蕾或初开的花为金银花，干燥茎枝为忍冬藤，干燥果实为金银花子。

【性味功效】金银花：甘，寒。归肺、心、胃经。清热解毒，疏散风热。用于痈肿疔疮，喉痹，丹毒，热毒血痢，风热感冒，温病发热等。

忍冬藤：甘，寒。归肺、胃经。清热解毒，疏风通络。用于温病发热，热毒血痢，痈肿疮疡，风湿热痹，关节红肿热痛等。

金银花子：苦，涩，微甘，凉。清肠化湿。用于肠风泄泻，赤痢等。

【采收加工】金银花：开花时间集中，应及时分批采摘，一般在 5 月中下旬采第一次花，6 月中下旬采第二次花。当花蕾上部膨大、由绿变白、尚未开放时采收最适宜。金银花采后应立即晾干或烘干，防止沤花发霉变质。

忍冬藤：资源丰富。四季均可入药。随手可得。干鲜无异，采集容易。

金银花子：在秋末冬初采收，晒干。

【应用举例】金银花：内服，煎汤，10 ～ 20 克；或入丸、散剂。外用，适量，捣敷。

忍冬藤：内服，煎汤，9 ～ 30 克；或入丸、散剂或浸酒。外用，煎水熏洗、熬膏贴或研末调敷。

金银花子：内服，煎汤，3 ～ 9 克。

496. 金银忍冬 *Lonicera maackii* (Rupr.) Maxim.

【别名】忍冬、金银藤、银藤、二色花藤、二宝藤、金银木、树金银、木银花、金银藤、王作骨头、千层皮、鸡骨头、北金银花等。

【植物形态】金银忍冬是落叶灌木，高达 6 米，茎干直径达 10 厘米；凡幼枝、叶两面脉上、叶柄、苞片、小苞片及萼檐外面都被短柔毛和微腺毛。冬芽小，卵圆形，有 5 ～ 6 对或更多鳞片。叶纸质，形状变化较大，通常卵状椭圆形至卵状披针形，稀矩圆状披针形或倒卵状矩圆形，更少菱状矩圆形或圆卵形，长 5 ～ 8 厘米，顶端渐尖或长渐尖，基部宽楔形至圆形；叶柄长 2 ～ 5（8）毫米。

花芳香，生于幼枝叶腋，总花梗长 1 ～ 2 毫米，短于叶柄；苞片条形，有时条状倒披针形而呈叶状，长 3 ～ 6 毫米；小苞片多少连合成对，长为萼筒的 1/2 至几相等，顶端截形；相邻两萼筒分离，长约 2 毫米，无毛或疏生微腺毛，萼檐钟状，为萼筒长的 2/3 至相等，干膜质，萼齿宽三角形或披针形，不相等，顶尖，裂隙约达萼檐之半；花冠先白色后变黄色，长（1）2 厘米，外被短伏毛或无毛，唇形，筒长约为唇瓣的 1/2，内被柔毛；雄蕊与花柱长约达花冠的 2/3，花丝中部以下和花柱均有向上的柔毛。果实暗红色，圆形，直径 5 ～ 6 毫米；种子具蜂窝状微小浅凹点。花期 5—6 月，果熟期 8—10 月。

【生境与分布】产于黑龙江、吉林、辽宁三省的东部，河北、山西南部、陕西、甘肃东南部、山东东部和西南部、江苏、安徽、浙江北部、河南、湖北、湖南西北部和西南部（新宁）、四川东北部、贵州（兴义）、云南东部至西北部及西藏（吉隆）。生于林中或林缘溪流附近的灌木丛中，海拔达 1800 米（云南和西藏达 3000 米）。

【中药名称】金银忍冬。

【来源】为忍冬科植物金银忍冬（*Lonicera maackii*（Rupr.）Maxim.）的茎叶及花。

【性味功效】甘，淡，寒。祛风，清热，解毒。用于感冒，咳嗽，咽喉肿痛，目赤肿痛，肺痈，乳痈，湿疮。

【采收加工】5—6 月采花，夏、秋季采茎叶，鲜用或切段晒干。

【应用举例】内服：煎汤，9 ～ 15 克。

外用：适量，捣敷；或煎水洗。

497. 接骨草 *Sambucus chinensis* Lindl.

【别名】红母鸡药、红毛母鸡、壮阳草等。

【植物形态】高大草本或半灌木，高 1 ～ 2 米；茎有棱条，髓部白色。羽状复叶的托叶叶状或有时退化成蓝色的腺体；小叶 2 ～ 3 对，互生或对生，狭卵形，长 6 ～ 13 厘米，宽 2 ～ 3 厘米，嫩时上面被疏长柔毛，先端长渐尖，基部钝圆，两侧不等，边缘具细锯齿，近基部或中部以下边缘常有 1 或数枚腺齿；顶生小叶卵形或倒卵形，基部楔形，有时与第一对小叶相连，小叶无托叶，基部一对小叶有时有短柄。复伞形花序顶生，大而疏散，总花梗基部托以叶状总苞片，分枝 3 ～ 5 出，纤细，被黄色疏柔毛；杯形不孕性花不脱落，可孕性花小；萼筒杯状，萼齿三角形；花冠白色，仅基部联合，花药黄色或紫色；子房 3 室，花柱极短或几无，柱头 3 裂。果实红色，近圆形，直径 3 ～ 4 毫米；核 2 ～ 3 粒，卵形，长 2.5 毫米，表面有小疣状突起。花期 4—5 月，果期 8—9 月。

【生境与分布】产于陕西、甘肃、江苏、安徽、浙江、江西、福建、台湾、河南、湖北、湖南、广东、广西、四川、贵州、云南、西藏等省区。生于海拔 300 ～ 2600 米的山坡、林下、沟边和草丛中，亦有栽培。

【中药名称】接骨草。

【来源】为忍冬科植物接骨草（*Sambucus chinensis* Lindl. ）的全草。

【性味功效】苦，平。祛瘀生新，舒筋活络。浸酒服，能强壮筋骨，治风湿骨痛，去风湿，通经活血，解毒消炎。用于跌打，接骨。

【采收加工】全年可采。

【应用举例】内服：4.5 ～ 9 克。

498. 宜昌荚蒾 *Viburnum erosum* Thunb.

【别名】荚蒾、红仔仔、羊三木、猪婆子藤、皮崽子树等。

【植物形态】落叶灌木，高达 3 米。幼枝密被星状毛和柔毛，冬芽小而有毛，具 2 对外鳞片。叶对生；叶柄长 3 ～ 5 毫米，有钻形托叶；叶纸质，卵形至卵状披针形，长 3.5 ～ 7 厘米，宽 1.5 ～ 3.5 厘米，先端渐尖，基部心形，边缘有齿，叶面粗糙，上面疏生有疣基的叉毛，下面密生星状毡毛，近基部两侧有少数腺体，侧脉 6 ～ 9 对，伸达齿端，与叶主脉在叶上面凹陷，在下面突起。复伞形聚伞花序生于具1对叶的侧生短枝之顶，直径2～4厘米，有毛；有总梗，第一级辐射枝5条；苞片和小苞片线形，长4～5毫米；花生于第2至第3级辐射枝上；萼筒长约1.5毫米，5萼齿微小，卵状三角形；花冠白色，辐状，直径约6毫米，裂片圆卵形，稍长于花冠筒；雄蕊5，稍短至等长于花冠。核果卵圆形，长约7毫米，红色；核扁，具3条浅腹沟和2条浅背沟。花期4—5月，果期6—9月。

【生境与分布】分布于华东、华中、西南及陕西、广东、广西。生于海拔300～1800米的山坡林下或灌丛中。

【中药名称】宜昌荚蒾、宜昌荚蒾叶。

【来源】忍冬科植物宜昌荚蒾的（*Viburnum erosum* Thunb.）根为宜昌荚蒾，茎叶为宜昌荚蒾叶。

【性味功效】宜昌荚蒾：涩，平。归肝经。祛风，除湿。用于风湿麻痹等。

宜昌荚蒾叶：涩，平。归胃、脾经。解毒、祛湿，止痒。用于口腔炎，脚丫湿烂等。

【采收加工】根全年均可采挖，鲜用或切段、切片晒干。叶春、夏、秋季采收，鲜用。

【应用举例】宜昌荚蒾：内服，煎汤，6～9克。

治风寒湿痹：宜昌荚蒾9克，木防己24克，豨莶草15克，摇竹消9克，水煎服。

宜昌荚蒾叶：外用，适量，捣汁涂。

治口腔炎：宜昌荚蒾鲜叶适量，加淘米水，捣烂取汁，洗口腔，每日3～4次；另以金银花、茵陈各等量，焙干研粉，吹入口腔，每日2～4次。

499. 烟管荚蒾 *Viburnum utile* Hemsl.

【别名】酸汤杆、苦柴子等。

【植物形态】常绿灌木，高达2米；叶下面、叶柄和花序均被由灰白色或黄白色簇状毛组成的细绒毛；当年小枝被黄褐色或带灰白色绒毛，后变无毛，翌年变红褐色，散生小皮孔。叶革质，卵圆状矩圆形，有时卵圆形至卵圆状披针形，长2～5（8.5）厘米，顶端圆至稍钝，有时微凹，基部圆形，全缘或很少有少数不明显疏浅齿，边稍内卷，上面深绿色有光泽而无毛，或暗绿色而疏被簇状毛，侧脉5～6对，近缘前互相网结，上面略凸起或不明显，下面稍隆起，有时被锈色簇状毛；叶柄长5～10（15）毫米。聚伞花序直径5～7厘米，总花梗粗壮，长1～3厘米，第一级辐射枝通常5条，花通常生于第二至第三级辐射枝上；萼筒筒状，长约2毫米，无毛，萼齿卵状三角形，长约0.5毫米，无毛或具少数簇状缘毛；花冠白色，花蕾时带淡红色，辐状，直径6～7毫米，无毛，裂片圆卵形，长约2毫米，与筒等长或略较长；雄蕊与花冠裂片几等长，花药近圆形，直径约1毫米；花柱与萼齿近于等长。果实红色，后变黑色，椭圆状矩圆形至椭圆形，长（6）7～8毫米；核稍扁，椭圆形或倒卵形，长（5）7毫米，直径（4）5毫米，有2条极浅背沟和3条腹沟。花期3—4月，果期8月。

【生境与分布】产于陕西西南部、湖北西部、湖南西部至北部、四川及贵州东北部。生于山坡林缘或灌丛中，海拔 500 ~ 1800 米。

【中药名称】羊屎条花、羊屎条叶、羊屎条根。

【来源】忍冬科植物烟管荚蒾（*Viburnum utile* Hemsl.）的花为羊屎条花，茎叶为羊屎条叶，根为羊屎条根。

【性味功效】羊屎条花：苦，涩，寒。解毒，和络。用于羊毛疔，跌打损伤。

羊屎条叶：苦，涩，平。止血，接骨。用于外伤出血，骨折，流感。

羊屎条根：苦，涩，平。归肺、肝、胆、大肠经。利湿解毒，活血通络。用于痢疾，脱肛，痔疮下血，带下，风湿痹痛，跌打损伤，痈疽，湿疮等。

【采收加工】羊屎条花：夏、秋季采收，烘干。

羊屎条叶：夏、秋季采收，鲜用或晒干。

羊屎条根：全年均可采挖，洗净，切片晒干。

【应用举例】羊屎条花：外用适量，研末捣敷。

羊屎条叶：外用适量，研末敷。内服，煎汤，15 ~ 60 克。

1. 接骨：羊屎条叶打末调苦浓茶外涂。

2. 预防流感：羊屎条茎叶 60 克。煎水服。

羊屎条根：内服，煎汤，15 ~ 30 克；或泡酒。外用适量，捣敷；或煎水洗。

治风湿性关节痛：羊屎条根 30 克加水适量，酒 30 克。熬水服，每日 1 次。

一百三十七、败酱科 Valerianaceae

本科有 13 属约 400 种，大多数分布于北温带地区，有些种类分布于亚热带、寒带地区，大洋洲不产；我国有 3 属 30 余种，分布于全国各地。

本科有些种类可供药用，或作调香原料，少数种类的嫩叶可食用。本科植物与忍冬科有密切的亲缘关系，可能由已绝灭的共同祖先进化来的，两者都同样具有对生叶、聚伞花序、5 数的合瓣花冠、子房下位等特征，因此，Airy Shaw（1973）曾认为忍冬科通过荚蒾属与败酱科相联系，但忍冬科的双盾属的花冠筒基部一侧是囊肿，其内具蜜腺，果实与增大成圆翅状小苞片贴生，与败酱属的关系更密切。

全国第四次中药资源普查秭归境内发现2种。

500. 墓头回 *Patrinia heterophylla* Bunge

【别名】追风箭、脚汗草、铜班道、虎牙草、摆子草等。

【植物形态】多年生草本，高（15）30～80（100）厘米；根状茎较长，横走；茎直立，被倒生微糙伏毛。基生叶丛生，长3～8厘米，具长柄，叶片边缘圆齿状或具糙齿状缺刻，不分裂或羽状分裂至全裂，具1～4（5）对侧裂片，裂片卵形至线状披针形，顶生裂片常较大，卵形至卵状披针形；茎生叶对生，茎下部叶常2～3（6）对羽状全裂，顶生裂片较侧裂片稍大或近等大，卵形或宽卵形，罕线状披针形，长7（9）厘米，宽5（6）厘米，先端渐尖或长渐尖，中部叶常具1～2对侧裂片，顶生裂片最大，卵形、卵状披针形或近菱形，具圆齿，疏被短糙毛，叶柄长1厘米，上部叶较窄，近无柄。花黄色，组成顶生伞房状聚伞花序，被短糙毛或微糙毛；总花梗下苞叶常具1或2对（较少为3～4对）线形裂片，分枝下者不裂，线形，常与花序近等长或稍长；萼齿5，明显或不明显，圆波状、卵形或卵状三角形至卵状长圆形，长0.1～0.3毫米；花冠钟形，冠筒长1.8～2（2.4）毫米，上部宽1.5～2毫米，基部一侧具浅囊肿，裂片5，卵形或卵状椭圆形，长0.8～1.8毫米，宽1.6毫米；雄蕊4伸出，花丝2长2短，近蜜囊者长3～3.6毫米，余者长1.9～3毫米，花药长圆形，长1.2毫米；子房倒卵形或长圆形，长0.7～0.8毫米，花柱稍弯曲，长2.3～2.7毫米，柱头盾状或截头状。瘦果长圆形或倒卵形，顶端平截，不育子室上面疏被微糙毛，能育子室下面及上缘被微糙毛或几无毛；翅状果苞干膜质，倒卵形、倒卵状长圆形或倒卵状椭圆形，稀椭圆形，顶端钝圆，有时极浅3裂，或仅一侧9月有1浅裂，长5.5～6.2毫米，宽4.5～5.5毫米，网状脉常具2主脉，较少3主脉。花期7月，果期8—10月。

【生境与分布】产于辽宁东部和西部、内蒙古南部、河北、山西、山东、河南、陕西、宁夏南部、甘肃南部、青海东部、安徽和浙江。生于海拔（300）800～2100（2600）米的山地岩缝中、草丛中、路边、沙质坡或土坡上。

【中药名称】墓头回。

【来源】为败酱科植物墓头回（*Patrinia heterophylla* Bunge）的根。

【性味功效】苦，微酸涩，凉。归心、肝经。燥湿止带，收敛止血，清热解毒。用于赤白带下，崩漏，泄泻痢疾，黄疸，疟疾，肠痈，疮疡肿毒，跌打损伤，宫颈癌，胃癌等。

【采收加工】秋季采根，除去茎叶，洗净，鲜用或晒干去净泥土。

【应用举例】内服：煎汤，9～15克。外用：适量，捣敷。

501. 攀倒甑 *Patrinia villosa*（Thunb.）Juss.

【别名】白花败酱等。

【植物形态】多年生草本，高50～100（120）厘米；地下根状茎长而横走，偶在地表匍匐生长；茎密被白色倒生粗毛或仅沿二叶柄相连的侧面具纵列倒生短粗伏毛，有时几无毛。基生叶丛生，叶片卵形、宽卵形或卵状披针形至长圆状披针形，长4～10（25）厘米，宽2～5（18）厘米，先端渐尖，边缘具粗钝齿，基部楔形下延，不分裂或大头羽状深裂，常有1～2（3～4）对生裂片，叶柄较叶片稍长；茎生叶对生，与基生叶同形，或菱状卵形，先端尾状渐尖或渐尖，基部楔形下延，边缘具粗齿，上部叶较窄小，常不分裂，上面均鲜绿色或浓绿色，背面绿白色，两面被糙伏毛或近无毛；叶柄长1～3厘米，上部叶渐近无柄。由聚伞花序组成顶生圆锥花序或伞房花序，分枝达5～6级，花序梗密被长粗糙毛或仅二纵列粗糙毛；总苞叶卵状披针形至线状披针形或线形；花萼小，萼齿5，浅波状或浅钝裂状，长0.3～0.5毫米，被短糙毛，有时疏生腺毛；花冠钟形，白色，5深裂，裂片不等形，卵形、卵状长圆形或卵状椭圆形，长（0.75）1.25～2毫米，宽1.1～1.65（1.75）毫米，蜜囊顶端的裂片常较大，冠筒常比裂片稍长，长1.5～2.25（2.6）毫米，宽1.7～2.3毫米，内面有长柔毛，筒基部一侧稍囊肿；雄蕊4，伸出；子房下位，花柱较雄蕊稍短。瘦果倒卵形，与宿存增大苞片贴生；果苞倒卵形、卵形、倒卵状长圆形或椭圆形，有时圆形，长（2.8）4～5.5（6.5）毫米，宽（2.5）4～5.5（8）毫米，顶端钝圆，不分裂或微3裂，基部楔形或钝，网脉明显，具主脉2条，极少有3条的，下面中部2主脉内有微糙毛。花期8—10月，果期9—11月。

【生境与分布】产于台湾、江苏、浙江、江西、安徽、河南、湖北、湖南、广东、广西、贵州和四川。生于海拔（50）400～1500（2000）米的山地林下、林缘或灌丛中。

【中药名称】败酱草。

【来源】为败酱科植物攀倒甑（*Patrinia villosa*（Thunb.）Juss.）的全草。

【性味功效】凉，辛，苦。归肝、胃、大肠经。清热解毒，祛痰排脓。用于肠痈，肺痈，痢疾，产后瘀血腹痛，痈肿疔疮等。

【采收加工】夏季开花前采挖，晒至半干，扎成束，再阴干。

【应用举例】煎服，6～15克。外用鲜品适量，捣烂敷患处，可治疗痈肿疔疮。

1. 治吐血、衄血，因积热妄行者：败酱草60克，黑山栀9克，熟地黄15克，灯心草3克，水煎，徐徐服。

2. 治无名肿毒：鲜（败酱）全草30～60克。酒、水各半煎服，渣捣烂敷患处。

治肋间神经痛：败酱草60克，水煎服。

一百三十八、川续断科 Dipsacaceae

本科约12属300种，主产于地中海区、亚洲及非洲南部。我国产5属25种5变种，主要分布于东北、华北、西北、西南及台湾等地。

本科是一个小科，经济植物有拉毛果，为纺织业不可缺少的起绒原料；川续断、大花双参、匙叶翼首花、圆萼刺参等根可入药，此外，华北蓝盆花、紫盆花等均可栽培，供观赏用。

全国第四次中药资源普查秭归境内发现1种。

502. 川续断 *Dipsacus asperoides* C. Y. Cheng et T. M. Ai

【别名】川续断然、刺芹儿等。

【植物形态】多年生草本，高达2米；主根1条或在根茎上生出数条，圆柱形，黄褐色，稍肉质；茎中空，具6～8条棱，棱上疏生下弯粗短的硬刺。基生叶稀疏丛生，叶片琴状羽裂，长15～25厘米，宽5～20厘米，顶端裂片大，卵形，长达15厘米，宽9厘米，两侧裂片3～4对，侧裂片一般为倒卵形或匙形，叶面被白色刺毛或乳头状刺毛，背面沿脉密被刺毛；叶柄长可达25厘米；茎生叶在茎的中下部为羽状深裂，中裂片披针形，长11厘米，宽5厘米，先端渐尖，边缘具疏粗锯齿，侧裂片2～4对，披针形或长圆形，基生叶和下部的茎生叶具长柄，向上叶柄渐短，上部叶披针形，不裂或基部3裂。头状花序球形，直径2～3厘米，总花梗长达55厘米；总苞片5～7枚，叶状，披针形或线形，被硬毛；小苞片倒卵形，长7～11毫米，先端稍平截，被短柔毛，具长3～4毫米的喙尖，喙尖两侧密生刺毛或稀疏刺毛，稀被短毛；小总苞四棱倒卵柱状、每个侧面具两条纵纵沟；花萼四棱、皿状、长约1毫光、不裂或4浅裂至深裂，外面被短毛；花冠淡黄色或白色，花冠管长9～11毫米，基部狭缩成细管，顶端4裂，1裂片稍大，外面被短柔毛；雄蕊4，着生于花冠管上，明显超出花冠，花丝扁平，花药椭圆形，紫色；子房下位，花柱通常短于雄蕊，柱头短棒状。瘦果长倒卵柱状，包藏于小总苞内，长约4毫米，仅顶端外露于小总苞外。花期7—9月，果期9—11月。

【生境与分布】产于湖北、湖南、江西、广西、云南、贵州、四川和西藏等省区。生于沟边、草丛、林缘和田野路旁。

【中药名称】续断。

【来源】为川续断科植物川续断（*Dipsacus asperoides* C. Y. Cheng et T. M. Ai）的干燥根。

【性味功效】苦，辛，微温。归肝、肾经。补肝肾，强筋骨，调血脉，止崩漏。主治腰膝酸痛，肢节痿痹，跌打损伤，损筋折骨，胎动漏红，血崩，遗精，带下，痈疽疮肿。

【采收加工】秋季采挖，除去根头及须根，用微火烘至半干，堆置“发汗”至内心变绿色时，再烘干。

【应用举例】内服：煎汤，6 ～ 15 克；或入丸、散剂。

外用：鲜品适量，捣敷。

一百三十九、桔梗科 Campanulaceae

花两性，稀少单性或雌雄异株，大多 5 数，辐射对称或两侧对称。花萼 5 裂，筒部与子房贴生，有的贴生于子房顶端，有的仅贴生于子房下部，也有的花萼无筒，5 全裂，完全不与子房贴生，裂片大多离生，常宿存，镊合状排列。花冠为合瓣的，浅裂或深裂至基部而成为 5 个花瓣状的裂片，整齐，或后方纵缝开裂至基部，其余部分浅裂，使花冠为两侧对称，裂片在花蕾中镊合状排列，极少覆瓦状排列，雄蕊 5 枚，通常与花冠分离，或贴生于花冠筒下部，彼此间完全分离，或借助于花丝基部的长绒毛而在下部黏合成筒，或花药联合而花丝分离，或完全联合；花丝基部常扩大成片状，无毛或边缘密生绒毛；花药内向，极少侧向，在两侧对称的花中，花药常不等大，常有两个或更多个花药有顶生刚毛，别处有或无毛。花盘有或无，如有则为上位，分离或为筒状（或环状）。子房下位，或半上位，少完全上位的，2 ～ 5（6）室；花柱单一，常在柱头下有毛，柱头 2 ～ 5（6）裂，胚珠多数，大多着生于中轴胎座上。果通常为蒴果，顶端瓣裂或在侧面（在宿存的花萼裂片之下）孔裂，或盖裂，或为不规则撕裂的干果，少为浆果。种子多数，有或无棱，胚直，具胚乳。一年生草本或多年生草本，具根状茎，或具茎基（*Caulorhiza* 属或 *Caudex* 属），茎基以 *Adenophora* 和 *Codonopsis* 两属最为典型，有时基茎具横走分枝，有时植株具地下块根。稀少为灌木，小乔木或草质藤本。大多数种类具乳汁管，分泌乳汁。叶为单叶，互生，少对生或轮生。花常常集成聚伞花序，有时聚伞花序演变为假总状花序，或集成圆锥花序，或缩成头状花序，有时花单生。

全科有 60 ～ 70 属约 2000 种。世界广布，但主产地为温带和亚热带地区。最大的两个属是 *Campanula* 和 *Lobelia*，它们各自都有数百种，前者主产北温带地区，后者主产热带和亚热带地区，尤其是南美洲。我国产 16 属约 170 种，其中 *Adenophora* 属和 *Codonopsis* 属主产于我国，*Cyananthus* 属和 *Leptocodon* 属仅仅分布于中国喜马拉雅区系，*Homocodon* 属则为我国西南地区所特有。

全国第四次中药资源普查秭归境内发现 8 种。

503. 杏叶沙参 *Adenophora hunanensis* Nannf.

【别名】挺枝沙参、沙参、南沙参等。

【植物形态】多年生草本。根圆柱形，茎高 60 ～ 120 厘米，不分枝，无毛或稍有白色短硬毛。

茎生叶至少下部的具柄，很少近无柄，叶片卵圆形、卵形至卵状披针形，基部常楔状渐尖，或近于平截形而突然变窄，沿叶柄下延，顶端急尖至渐尖，边缘具疏齿，两面或疏或密地被短硬毛，较少被柔毛，也有全无毛的，长 3 ～ 10（15）厘米，宽 2 ～ 4 厘米。花序分枝长，几乎平展或弓曲向上，常组成大而疏散的圆锥花序，极少分枝很短或长而几乎直立因而组成窄的圆锥花序。花梗极短而粗壮，常仅 2 ～ 3 毫米长，极少达 5 毫米，花序轴和花梗有短毛或近无毛；花萼常有或疏或密的白色短毛，有的无毛，筒部倒圆锥状，裂片卵形至长卵形，长 4 ～ 7 毫米，宽 1.5 ～ 4 毫米，基部通常彼此重叠；花冠钟状，蓝色、紫色或蓝紫色，长 1.5 ～ 2 厘米，裂片三角状卵形，为花冠长的 1/3；花盘短筒状，长（0.5）1 ～ 2.5 毫米，顶端被毛或无毛；花柱与花冠近等长。蒴果球状椭圆形，或近于卵状，长 6 ～ 8 毫米，直径 4 ～ 6 毫米。种子椭圆状，有一条棱，长 1 ～ 1.5 毫米。花期 7—9 月。

【生境与分布】生于海拔 2000 米以下的山坡草地和林缘草地。

【中药名称】杏叶沙参。

【来源】为桔梗科植物杏叶沙参（*Adenophora hunanensis* Nannf.）的干燥根。

【性味功效】甘，微苦，凉。归肺、肝经。养阴清肺，祛痰止咳。主治肺热燥咳，虚痨久咳，阴伤咽干喉痛等。

【采收加工】秋季采挖，除去茎叶及须根，洗净泥土，刮去栓皮，晒干或烘干。

【应用举例】内服：熬汤，9 ～ 15 克；或入丸、散剂。

1. 治失血后脉微手足厥冷之证：杏叶沙参适量，浓煎频频而少少饮服。

2. 治产后无乳：杏叶沙参四钱，煮猪肉食。

3. 治虚火牙痛：杏叶沙参五钱至二两，煮鸡蛋服。

504. 紫斑风铃草 *Campanula punctata* Lam.

【别名】灯笼花、吊钟花、山小菜等。

【植物形态】多年生草本，全体被刚毛，具细长而横走的根状茎。茎直立，粗壮，高 20 ～ 100 厘米，通常在上部分枝。基生叶具长柄，叶片心状卵形；茎生叶下部的有带翅的长柄，上部的无柄，三角状卵形至披针形，边缘具不整齐钝齿。花顶生于主茎及分枝顶端，下垂；花萼裂片长三角形，裂片间有一个卵形至卵状披针形而反折的附属物，它的边缘有芒状长刺毛；花冠

白色，带紫斑，筒状钟形，长 3 ～ 6.5 厘米，裂片有睫毛。蒴果半球状倒锥形，脉很明显。种子灰褐色，矩圆状，稍扁，长约 1 毫米。花期 6—9 月，果期 9—10 月。

【生境与分布】产于东北、内蒙古、河北、山西、河南（西部）、陕西、甘肃（东部）、四川（东北部）、湖北（西部）。朝鲜、日本和俄罗斯远东地区也有。生于山地林中、灌丛及草地中，在南方可在海拔 2300 米处生长。

【中药名称】紫斑风铃草。

【来源】为桔梗科植物紫斑风铃草（*Campanula punctata* Lam.）的干燥全草。

【性味功效】苦，凉。清热解毒，止痛。用于咽喉炎，头痛等。

【采收加工】7—8 月采割全草。去泥土杂质，晒干。

【应用举例】内服：5 ～ 10 克，煎汤。

505. 羊乳 *Codonopsis lanceolata*（Sieb. et Zucc.）Trautv.

【别名】山海螺、奶树、四叶参等。

【植物形态】植株全体光滑无毛或茎叶偶疏生柔毛。茎基略近于圆锥状或圆柱状，表面有多数瘤状茎痕，根常肥大呈纺锤状而有少数细小侧根，长 10 ～ 20 厘米，直径 1 ～ 6 厘米，表面灰黄色，近上部有稀疏环纹，而下部则疏生横长皮孔。茎缠绕，长约 1 米，直径 3 ～ 4 毫米，常有多数短细分枝，黄绿而微带紫色。叶在主茎上的互生，披针形或菱状狭卵形，细小，长 0.8 ～ 1.4 厘米，宽 3 ～ 7 毫米；在小枝顶端通常 2 ～ 4 叶簇生，而近于对生或轮生状，叶柄短小，长 1 ～ 5 毫米，叶片菱状卵形、狭卵形或椭圆形，长 3 ～ 10 厘米，宽 1.3 ～ 4.5 厘米，顶端尖或钝，基部渐狭，通常全缘或有疏波状锯齿，上面绿色，下面灰绿色，叶脉明显。花单生或对生于小枝顶端；花梗长 1 ～ 9 厘米；花萼贴生至子房中部，筒部半球状，裂片弯缺尖狭，或开花后渐变宽钝，裂片卵状三角形，长 1.3 ～ 3 厘米，宽 0.5 ～ 1 厘米，端尖，全缘；花冠阔钟状，长 2 ～ 4 厘米，直径 2 ～ 3.5 厘米，浅裂，裂片三角状，反卷，长 0.5 ～ 1 厘米，黄绿色或乳白色内有紫色斑；花盘肉质，深绿色；花丝钻状，基部微扩大，长 4 ～ 6 毫米，花药 3 ～ 5 毫米；子房下位。蒴果下部半球状，上部有喙，直径 2 ～ 2.5 厘米。种子多数，卵形，有翼，细小，棕色。花果期 7—8 月。

【生境与分布】生长于海拔 190 米至 1500 米的地区，常生长在山坡灌木林下沟边阴湿地。分布于东北及河北、山西、山东、河南、安徽、江西、湖北、江苏、浙江、福建、广西等地。

【中药名称】山海螺。

【来源】为桔梗科植物羊乳（*Codonopsis lanceolata*（Sieb. et Zucc.）Trautv.）的根。

【采收加工】秋季采挖，洗净、晒干，生用，亦可用鲜品。

【性味功效】甘，辛，平，凉。归肺、肝、脾、大肠经。

【应用举例】煎剂：15 ～ 30 克（鲜品倍量，捣汁同）。膏剂：18 克。外用适量。

1. 补气养血，用于气血不足、气血两亏：山海螺 30 克，熟地黄 15 克，熬膏服。

2. 消肿排脓，用于痈肿脓疡、痞积痞肿：山海螺、仙茅各 15 克，猪瘦肉同炖服。乳痈疮疡：山海螺、金银花、蒲公英各 15 克，冬瓜仁、薏苡仁各 9 克，水煎服。另用鲜山海螺、金银花等份，浓煎，洗并敷。

506. 半边莲 *Lobelia chinensis* Lour.

【别名】急解索、细米草、水仙花草等。

【植物形态】多年生草本。茎细弱，匍匐，节上生根，分枝直立，高 6 ～ 15 厘米，无毛。叶互生，无柄或近无柄，椭圆状披针形至条形，长 8 ～ 25 厘米，宽 2 ～ 6 厘米，先端急尖，基部圆形至阔楔形，全缘或顶部有明显的锯齿，无毛。花通常 1 朵，生分枝的上部叶腋；花梗细，长 1.2 ～ 2.5（3.5）厘米，基部有长约 1 毫米的小苞片 2 枚、1 枚或者没有，小苞片无毛；花萼筒倒长锥状，基部渐细而与花梗无明显区分，长 3 ～ 5 毫米，无毛，裂片披针形，约与萼筒等长，全缘或下部有 1 对小齿；花冠粉红色或白色，长 10 ～ 15 毫米，背面裂至基部，喉部以下生白色柔毛，裂片全部平展于下方，呈一个平面，2 侧裂片披针形，较长，中间 3 枚裂片椭圆状披针形，较短；雄蕊长约 8 毫米，花丝中部以上连合，花丝筒无毛，未连合部分的花丝侧面生柔毛，花药管长约 2 毫米，背部无毛或疏生柔毛。蒴果倒锥状，长约 6 毫米。种子椭圆状，稍扁压，近肉色。花果期 5—10 月。

【生境与分布】生于田埂、草地、溪边、沟边潮湿处。分布于江苏、安徽、浙江、江西、福建、台湾、湖北、湖南、广东、广西、四川、贵州、云南等地。

【中药名称】半边莲。

【来源】为桔梗科植物半边莲（*Lobelia chinensis* Lour.）的干燥全草。

【采收加工】夏季采收，除去杂质，洗净，切段，干燥。

【性味功效】辛，平。归心、小肠、肺经。清热解毒，利尿消肿。用于痈肿疔疮，蛇虫咬伤，臌胀水肿，湿热黄疸，湿疹湿疮等。

【应用举例】1. 用鲜品捣烂外敷，可用于乳痈肿痛。

2. 与白花蛇舌草、虎杖、茜草等同用，可用于毒蛇咬伤、蜂蝎蜇伤等。

3. 与金钱草、大黄、枳实等同用，可用于水湿停蓄，腹水。

煎服，干品 10 ～ 15 克，鲜品 30 ～ 60 克。外用适量。

507. 江南山梗菜 *Lobelia davidii* Franch.

【别名】大半边莲、野靛、江南大将军、白苋菜等。

【植物形态】多年生草本，高可达 180 厘米。主根粗壮，侧根纤维状。茎直立，分枝或不分枝，幼枝有隆起的条纹，无毛或有极短的倒糙毛，或密被柔毛。叶螺旋状排列，下部的早落；叶片卵状椭圆形至长披针形，大的长可达 17 厘米，宽达 7 厘米，先端渐尖，基部渐狭成柄；叶柄两边有翅，向基部变窄，柄长可达 4 厘米。总状花序顶生，长 20 ～ 50 厘米，花序轴无毛或有极短的柔毛。苞片卵状披针形至披针形，比花长；花梗长 3 ～ 5 毫米，有极短的毛和很小的小苞片 1 或 2 枚；花萼筒倒卵状，长约 4 毫米，基部浑圆，被极短的柔毛，裂片条状披针形，长 5 ～ 12 毫米，宽 1 ～ 1.5 毫米，边缘有小齿；花冠紫红色，长 1.1 ～ 2.5（2.8）厘米，近二唇形，上唇裂片条形，下唇裂片长椭圆形或披针状椭圆形，中肋明显，无毛或生微毛，喉部以下生柔毛；雄蕊在基部以上连合成筒，花丝筒无毛或在近花药处生微毛，下方 2 枚花药顶端生髯毛。蒴果球状，直径 6 ～ 10 毫米，底部常背向花序轴，无毛或有微毛。种子黄褐色，稍压扁，椭圆状，一边厚而另一边薄，薄边颜色较淡。花果期 8—10 月。

【生境与分布】产于福建、江西、浙江、安徽、湖南、湖北、四川、贵州、云南、广西和广东。生于海拔 2300 米以下的山地林边或沟边较阴湿处。

【中药名称】大种半边莲。

【来源】为桔梗科植物江南山梗菜（*Lobelia davidii* Franch.）的根或全草。

【采收加工】夏、秋季采收，洗净，鲜用或晒干。

【性味功效】根：辛，甘，平。用于痈肿疮毒，胃寒痛等。全草：辛，平，有小毒。宣肺化痰，清热，利尿，消肿。用于咳嗽痰喘，水肿，痈肿疔毒，胃寒痛，毒蛇咬伤，蜂蜇，疔疮等。

【应用举例】内服：煎汤，3 ～ 9 克。外用：鲜品适量，捣敷。

1. 治痈肿疔毒：江南山梗菜根（鲜）适量，白糖、熟盐少许，捣烂外敷。

2. 治下肢溃烂：江南山梗菜 500 ～ 1000 克，煎水，外洗患处。

508. 桔梗 *Platycodon grandiflorus*（Jacq.）A. DC.

【别名】包袱花、铃铛花、僧帽花等。

【植物形态】茎高 20 ～ 120 厘米，通常无毛，偶密被短毛，不分枝，极少上部分枝。叶全部轮生，部分轮生至全部互生，无柄或有极短的柄，叶片卵形、卵状椭圆形至披针形，长 2 ～ 7 厘米，宽 0.5 ～ 3.5 厘米，基部宽楔形至圆钝，急尖，上面无毛而绿色，下面常无毛而有白粉，有时脉上有短毛或瘤突状毛，边缘具细锯齿。花单朵顶生，或数朵集成假总状花序，或有花序分枝而集成圆锥花序；花萼钟状五裂片，被白粉，裂片三角形，或狭三角形，有时齿状；花冠大，长 1.5 ～ 4.0 厘米，蓝色、紫色或白色。蒴果球状，或球状倒圆锥形，或倒卵状，长 1 ～ 2.5 厘米，直径约 1 厘米。花期 7—9 月。

【生境与分布】产于东北、华北、华东、华中各省以及广东、广西（北部）、贵州、云南东南部（蒙自、砚山、文山）、四川（平武、凉山以东）、陕西。生于海拔 2000 米以下的阳处草丛、灌丛中，少数生于林下。

【中药名称】桔梗。

【来源】为桔梗科植物桔梗（*Platycodon grandiflorum*（Jacq.）A. DC.）的干燥根。

【采收加工】春、秋季采挖，洗净，除去须根，趁鲜剥去外皮或不去外皮，干燥。

【性味功效】苦，辛，平。归肺、肾经。宣肺，利咽，祛痰，排脓。用于咳嗽痰多，胸闷不畅，咽痛，音哑，肺痈吐脓，疮疡脓成不溃等。

【应用举例】内服：3 ～ 10 克。

1. 治肺痈，咳而胸满，振寒脉数，咽干不渴，时出浊唾腥臭，久久吐脓如米粥者：桔梗一两，甘草二两，上二味，以水三升，煮取一升，分次温服。

2. 治伤寒腹胀（阴阳不和）：用桔梗、半夏、陈皮各三钱，生姜五片，煎水二杯，成一杯服。

3. 治虫牙肿痛：用桔梗、薏苡仁等份为末，内服。

4. 治喉痹及毒气：桔梗二两，水三升，煮取一升，顿服之。

509. 铜锤玉带草 *Pratia nummularia*（Lam.）A. Br. et Aschers.

【别名】扣子草、马莲草、铜锤草、红头带、土油甘、白路桥、三脚丁等。

【植物形态】多年生草本，有白色乳汁。茎平卧，长 12 ～ 55 厘米，被开展的柔毛，不分枝或在基部有长或短的分枝，节上生根。叶互生，叶片圆卵形、心形或卵形，长 0.8 ～ 1.6 厘米，宽 0.6 ～ 1.8 厘米，先端钝圆或急尖，基部斜心形，边缘有齿，两面疏生短柔毛，叶脉掌状至掌状羽脉；叶柄长 2 ～ 7 毫米，生开展短柔毛。花单生叶腋；花梗长 0.7 ～ 3.5 厘米，无毛；花萼筒坛状，长 3 ～ 4 毫米，宽 2 ～ 3 毫米，无毛，裂片条状披针形，伸直，长 3 ～ 4 毫米，每边生 2 或 3 枚小齿；花冠紫红色、淡紫色、绿色或黄白色，长 6 ～ 7（10）毫米，花冠筒外面无毛，内面生柔毛，檐部二唇形，裂片 5，上唇 2 裂片条状披针形，下唇裂片披针形；雄蕊在花丝中部以上连合，花丝筒无毛，花药管长 1 毫米余，背部生柔毛，下方 2 枚花药顶端生髯毛。果为浆果，紫红色，椭圆状球形，长 1 ～ 1.3 厘米。种子多数，近圆球状，稍压扁，表面有小疣突。在热带地区整年可开花结果。

【生境与分布】生于田边、路旁以及丘陵、低山草披或疏林中的潮湿地。分布于华东、西南、华南以及台湾、湖北、湖南、西藏等地。

【中药名称】铜锤玉带草。

【来源】为桔梗科植物铜锤玉带草（*Pratia nummularia*（Lam.）A. Br. et Aschers.）的全草。

【采收加工】夏季采收，洗净，鲜用或晒干。

【性味功效】辛，苦，平。祛风除湿，活血，解毒。用于风湿疼痛，跌打损伤，月经不调，目赤肿痛，乳痈，无名肿毒等。

【应用举例】内服：煎汤，9 ～ 15 克。外用：适量，捣敷。

1. 治风湿疼痛、月经不调、子宫脱垂：铜锤玉带草 9 ～ 15 克，煎水服或配伍用。

2. 治跌打损伤、骨折：鲜铜锤玉带草捣烂敷患处。

510. 蓝花参 *Wahlenbergia marginata*（Thunb.）A. DC.

【别名】兰花参、细叶沙参、金线吊葫芦、毛鸡脚、拐棍参、寒草、雀舌草、罐罐草等。

【植物形态】多年生草本，有白色乳汁。根细长，外面白色，细胡萝卜状，直径可达 4 毫米，长约 10 厘米。茎自基部多分枝，直立或上升，长 10 ～ 40 厘米，无毛或下部疏生长硬毛。叶互生，无柄或具长至 7 毫米的短柄，常在茎下部密集，下部的匙形、倒披针形或椭圆形，上部的条状披针形或椭圆形，长 1 ～ 3 厘米，宽 2 ～ 8 毫米，边缘波状或具疏锯齿，或全缘，无毛或疏生长硬毛。花梗极长，细而伸直，长可达 15 厘米；花萼无毛，筒部倒卵状圆锥形，裂片三角状钻形；花冠钟状，蓝色，长 5 ～ 8 毫米，分裂达 2/3，裂片倒卵状长圆形。蒴果倒圆锥状或倒卵状圆锥形，有 10

条不甚明显的肋，长 5 ～ 7 毫米，直径约 3 毫米。种子矩圆状，光滑，黄棕色，长 0.3 ～ 0.5 毫米。花果期 2—5 月。

【生境与分布】生于低海拔的田边、路边和荒地中，有时生于山坡或沟边，在云南可达海拔 2800 米的地方。产于长江流域以南各省区。

【中药名称】蓝花参。

【来源】为桔梗科蓝花参属植物蓝花参（*Wahlenbergia marginata*（Thunb.）A. DC.）的根或全草。

【采收加工】秋季采根，春、夏、秋季采挖全草，鲜用或晒干。

【性味功效】甘，平。益气补虚，祛痰，截疟。用于病后体虚，小儿疳积，支气管炎，肺虚咳嗽，疟疾，高血压，带下等。

【应用举例】内服：煎汤，6 ～ 15 克（鲜者 30 ～ 60 克）。外用：捣烂敷。

1. 治小儿惊风：蓝花参全草四钱，开水炖服。

2. 治痢疾初起：鲜蓝花参二两，水煎服。

3. 治虚火牙痛：蓝花参全草五钱，鸡蛋一个，冰糖五钱，加水适量炖服。

一百四十、菊科 Compositae

草本、亚灌木或灌木，稀为乔木。有时有乳汁管或树脂道。叶通常互生，稀对生或轮生，全缘或具齿或分裂，无托叶，或有时叶柄基部扩大成托叶状；花两性或单性，极少有单性异株，整齐或左右对称，五基数，少数或多数密集成头状花序或为短穗状花序，为 1 层或多层总苞片组成的总苞所围绕；头状花序单生或数个至多数排列成总状、聚伞状、伞房状或圆锥状；花序托平或凸起，具窝孔或无窝孔，无毛或有毛；具托片或无托片；萼片不发育，通常形成鳞片状、刚毛状或毛状的冠毛；花冠常辐射对称，管状，或左右对称，两唇形，或舌状，头状花序盘状或辐射状，有同形的小花，全部为管状花或舌状花，或有异形小花，即外围为雌花，舌状，中央为两性的管状花；雄蕊 4 ～ 5 个，着生于花冠管上，花药内向，合生成筒状，基部钝，锐尖，戟形或具尾；

花柱上端两裂，花柱分枝上端有附器或无附器；子房下位，合生心皮2枚，1室，具1个直立的胚珠；果为不开裂的瘦果；种子无胚乳，具2个，稀1个子叶。

本科有1000属25000～30000种，广布于全世界，热带较少。我国有200余属2000多种，产于全国各地。

全国第四次中药资源普查秭归境内发现47种。

511. 藿香蓟 *Ageratum conyzoides* L.

【别名】胜红蓟、一枝香等。

【植物形态】一年生草本植物，高50～100厘米，有时又不足10厘米。无明显主根。茎粗壮，基部直径4毫米，或少有纤细的，而基部直径不足1毫米，不分枝或自基部或自中部以上分枝，或下基部平卧而节常生不定根。全部茎枝淡红色，或上部绿色，被白色尘状短柔毛或上部被稠密开展的长绒毛。叶对生，有时上部互生，常有腋生的不发育的叶芽。中部茎叶卵形或椭圆形或长圆形，长3～8厘米，宽2～5厘米；自中部叶向上向下及腋生小枝上的叶渐小或小，卵形或长圆形，有时植株全部叶小形，长仅1厘米，宽仅达0.6毫米。全部叶基部钝或宽楔形，基出三脉或不明显五出脉，顶端急尖，边缘圆锯齿，有长1～3厘米的叶柄，两面被白色稀疏的短柔毛且有黄色腺点，上面沿脉处及叶下面的毛稍多，有时下面近无毛，上部叶的叶柄或腋生幼枝及腋生枝上的小叶的叶柄通常被白色稠密开展的长柔毛。头状花序4～18个在茎顶排成通常紧密的伞房状花序；花序直径1.5～3厘米，少有排成松散伞房花序式的。花梗长0.5～1.5厘米，被短柔毛。总苞钟状或半球形，宽5毫米。总苞片2层，长圆形或披针状长圆形，长3～4毫米，外面无毛，边缘撕裂。花冠长1.5～2.5毫米，外面无毛或顶端有尘状微柔毛，檐部5裂，淡紫色。瘦果黑褐色，5棱，长1.2～1.7毫米，有白色稀疏细柔毛。冠毛膜片5或6个，长圆形，顶端急狭或渐狭成长或短芒状，或部分膜片顶端截形而无芒状渐尖；全部冠毛膜片长1.5～3毫米。花果期全年。

【生境与分布】由低海拔到海拔2800米的地区都有分布。我国广东、广西、云南、贵州、四川、江西、福建等地，有栽培的，也有归化野生分布的。生于山谷、山坡林下或林缘、河边或山坡草地、田边或荒地上。

【中药名称】胜红蓟。

【来源】为菊科植物藿香蓟（*Ageratum conyzoides* L.）的全草。

【采收加工】夏、秋季采收，除去根部，鲜用或切段晒干。

【性味功效】辛，微苦，凉。清热解毒，止血，止痛。用于感冒发热，咽喉肿痛，口舌生疮，咯血，衄血，崩漏，脘腹疼痛，风湿痹痛，跌打损伤，外伤出血，痈肿疮毒，湿疹瘙痒等。

【应用举例】内服：煎汤，15～30克，鲜品加倍；或研末；或鲜品捣汁。外用：适量，捣敷；研末吹喉或调敷。

1. 治感冒发热：胜红蓟60克，水煎服。

2. 治喉症（包括白喉）：胜红蓟鲜叶30～60克，洗净，绞汁。调冰糖服，每日3次。或取鲜叶晒干，研为末，作吹喉散。

3. 治崩漏、鹅口疮、疔疮红肿：胜红蓟10～15克，水煎服。

512. 杏香兔儿风 *Ainsliaea fragrans* Champ.

【别名】一支香、兔耳风、兔耳一支香、朝天一支香、四叶一支香、扑地金钟等。

【植物形态】多年生草本。根状茎短或伸长，有时可离地面近2厘米，圆柱形，直或弯曲，直径1～3毫米，根颈被褐色绒毛，具簇生细长须根。茎直立，单一，不分枝，花葶状，高25～60厘米，被褐色长柔毛。叶聚生于茎的基部，莲座状或呈假轮生，叶片厚纸质，卵形、狭卵形或卵状长圆形，长2～11厘米，宽1.5～5厘米，顶端钝或中脉延伸具一小的凸尖头，基部深心形，边全缘或具疏离的胼胝体状小齿，有向上弯拱的缘毛，上面绿色，无毛或被疏毛，下面淡绿色或有时多少带紫红色，被较密的长柔毛，脉上尤甚；基出脉5条，在下面明显增粗并凸起，中脉中上部复具1～2对侧脉，网脉略明显，网眼大；叶柄长1.5～6厘米，稀更长，无翅，密被长柔毛。头状花序通常有小花3朵，具被短柔毛的短梗或无梗，于花葶之顶排成间断的总状花序，花序轴被深褐色的短柔毛，并有3～4毫米长的钻形苞叶；总苞圆筒形，直径3～3.5毫米；总苞片约5层，背部有纵纹，无毛，有时顶端带紫红色，外1～2层卵形，长1.8～2毫米，宽约1毫米，顶端尖，中层近椭圆形，长3～8毫米，宽1.5～2毫米，顶端钝，最内层狭椭圆形，长约11毫米，宽约2毫米，顶端渐尖，基部长渐狭，具爪，边缘干膜质；花托狭，不平，直径约0.5毫米，无毛。花全部两性，白色，开放时具杏仁香气，花冠管纤细，长约6毫米，冠檐显著扩大，于管口上方5深裂，裂片线形，与花冠管近等长；花药长约4.5毫米，顶端钝，基部箭形的尾部长约2毫米；花柱分枝伸出药筒之外，长约0.5毫米，顶端钝头。瘦果棒状圆柱形或近纺锤形，栗褐色，略压扁，长约4毫米，被8条显著的纵棱，被较密的长柔毛。冠毛多数，淡褐色，羽毛状，长约7毫米，基部联合。花期11—12月。

【生境与分布】产于台湾、福建、浙江、安徽、江苏、江西、湖北、四川、湖南、广东、广西等省区。生于山坡灌木林下或路旁、沟边草丛中，海拔30～850米。

【中药名称】金边兔耳。

【来源】为菊科兔耳风属植物杏香兔耳风（*Ainsliaea fragrans* Champ.），以全草入药。

【采收加工】夏、秋季采收，洗净，鲜用或晒干备用。

【性味功效】苦，辛，平。清热解毒，消积散结，止咳，止血。用于上呼吸道感染，肺脓疡，肺结核咯血，黄疸，小儿疳积，消化不良，乳腺炎；外用治中耳炎，毒蛇咬伤。

【应用举例】内服：煎汤，9～15克。外用：适量，鲜全草捣烂敷患处。

513. 牛蒡 *Arctium lappa* L.

【别名】恶实、荔实、大力子、蒡翁菜、便牵牛、蝙蝠刺等。

【植物形态】二年生草本，具粗大的肉质直根，长达15厘米，直径可达2厘米，有分枝支根。茎直立，高达2米，粗壮，基部直径达2厘米，通常带紫红或淡紫红色，有多数高起的条棱，分枝斜升，多数，全部茎枝被稀疏的乳突状短毛及长蛛丝毛并混杂以棕黄色的小腺点。基生叶宽卵形，长达30厘米，宽达21厘米，边缘稀疏的浅波状凹齿或齿尖，基部心形，有长达32厘米的叶柄，两面异色，上面绿色，有稀疏的短糙毛及黄色小腺点，下面灰白色或淡绿色，被薄绒毛或绒毛稀疏，有黄色小腺点，叶柄灰白色，被稠密的蛛丝状绒毛及黄色小腺点，但中下部常脱毛。茎生叶与基生叶同形或近同形，具等样的及等量的毛被，接花序下部的叶小，基部平截或浅心形。头状花序多数或少数在茎枝顶端排成疏松的伞房花序或圆锥状伞房花序，花序梗粗壮。总苞卵形或卵球形，直径1.5～2厘米。总苞片多层，多数，外层三角状或披针状钻形，宽约1毫米，中内层披针状或线状钻形，宽1.5～3毫米；全部苞近等长，长约1.5厘米，顶端有软骨质钩刺。小花紫红色，花冠长1.4厘米，细管部长8毫米，檐部长6毫米，外面无腺点，花冠裂片长约2毫米。瘦果倒长卵形或偏斜倒长卵形，长5～7毫米，宽2～3毫米，两侧压扁，浅褐色，有多数细脉纹，有深褐色的色斑或无色斑。冠毛多层，浅褐色；冠毛刚毛糙毛状，不等长，长达3.8毫米，基部不连合成环，分散脱落。花果期6—9月。

【生境与分布】普遍分布。生于山坡、山谷、林缘、林中、灌木丛中、河边潮湿地、村庄路旁或荒地，海拔750～3500米。瘦果和根入药，全国各地亦有普遍栽培。

【中药名称】牛蒡子、牛蒡根、牛蒡茎叶。

【来源】菊科兔耳风属植物牛蒡（*Arctium lappa* L.）的干燥成熟果实为牛蒡子，干燥根为牛蒡根，茎叶为牛蒡茎叶。

【采收加工】牛蒡子：秋季采收，采收后将果序摊开曝晒，充分干燥后用木板打出果实种子，除净杂质晒至全干。

牛蒡根：10 月间采挖 2 年以上的根，洗净，晒干。

牛蒡茎叶：6—9 月采收，晒干或鲜用。

【性味功效】牛蒡子：辛，苦，寒。归肺、胃经。疏散风热，宣肺透疹，解毒利咽。用于风热感冒，咳嗽痰多，麻疹，风疹，咽喉肿痛，痄腮丹毒，痈肿疮毒等。

牛蒡根：苦，微甘，凉。归肺、心经。散风热，消毒肿。用于风热感冒，头痛，咳嗽，热毒面肿，咽喉肿痛，齿龈肿痛，风湿痹痛，症瘕积块，痈疖恶疮，痔疮脱肛。

牛蒡茎叶：苦，微甘，凉。归肺、心、肝经。清热除烦，消肿止痛。用于风热头痛，心烦口干，咽喉肿痛，小便涩少，痈肿疮疖，皮肤风痒，白屑风等。

【应用举例】牛蒡子：煎服，6 ～ 12 克。

1. 治咽喉肿痛：牛蒡子 9 克，板蓝根 15 克，桔梗 6 克，薄荷、甘草各 3 克，水煎服。

2. 治麻疹不透：牛蒡子、葛根各 6 克，蝉蜕、薄荷、荆芥各 3 克，水煎服。

牛蒡根：内服，煎汤，6 ～ 15 克；或捣汁；或研末；或浸酒。外用适量，捣敷，或熬膏涂，或煎水洗。

牛蒡茎叶：内服，煎汤，10 ～ 15 克，鲜品加倍；或捣汁。外用适量，鲜品捣敷；或绞汁。

514. 黄花蒿 *Artemisia annua* L.

【别名】草蒿、青蒿、臭蒿、犱蒿等。

【植物形态】一年生草本；植株有浓烈的挥发性香气。根单生，垂直，狭纺锤形；茎单生，高 100 ～ 200 厘米，基部直径可达 1 厘米，有纵棱，幼时绿色，后变褐色或红褐色，多分枝；茎、枝、叶两面及总苞片背面无毛或初时背面微有极稀疏短柔毛，后脱落无毛。叶纸质，绿色；茎下部叶宽卵形或三角状卵形，长 3 ～ 7 厘米，宽 2 ～ 6 厘米，绿色，两面具细小脱落性的白色腺点及细小凹点，三（至四）回栉齿状羽状深裂，每侧有裂片 5 ～ 8（10）枚，裂片长椭圆状卵形，再次分裂，小裂片边缘具多枚栉齿状三角形或长三角形的深裂齿，裂齿长 1 ～ 2 毫米，宽 0.5 ～ 1 毫米，中肋明显，在叶面上稍隆起，中轴两侧有狭翅而无小栉齿，稀上部有数枚小栉齿，叶柄长 1 ～ 2 厘米，基部有半抱茎的假托叶；中部叶二（至三）回栉齿状的羽状深裂，小裂片栉齿状三角形。稀少为细短狭线形，具短柄；上部叶与苞片叶一（至二）回栉齿状羽状深裂，近无柄。头状花序球形，多数，直径 1.5 ～ 2.5 毫米，有短梗，下垂或倾斜，基部有线形的小苞叶，在分枝上排成总状或复总状花序，并在茎上组成开展、尖塔形的圆锥花序；总苞片 3 ～ 4 层，内、外层近等长，外层总苞片长卵形或狭长椭圆形，中肋绿色，边膜质，中层、内层总苞片宽卵形或卵形，花序托凸起，半球形；花深黄色，雌花 10 ～ 18 朵，花冠狭管状，檐部具 2（3）裂齿，外面有腺点，花柱线形，伸出花冠外，先端 2 叉，叉端钝尖；两性花 10 ～ 30 朵，结实或中央少数花不结实，花冠管状，花药线形，上端附属物尖，长三角形，基部具短尖头，花柱近与花冠等长，先端 2 叉，叉端截形，有短睫毛。瘦果小，椭圆状卵形，略扁。花果期 8—11 月。

【生境与分布】遍及全国，东部省区分布在海拔 1500 米以下地区，西北及西南省区分布在海拔 2000 ～ 3000 米地区，西藏分布在海拔 3650 米地区。生境适应性强，东部、南部省区生长在路旁、荒地、山坡、林缘等处，其他省区还生长在草原、森林草原、干河谷、半荒漠及砾质坡地等，也见于盐渍化的土壤上，局部地区可成为植物群落的优势种或主要伴生种。

【中药名称】青蒿、青蒿子、青蒿根。

【来源】菊科植物黄花蒿（*Artemisia annua* L.）的干燥地上部分为青蒿，干燥果实为青蒿子，干燥根为青蒿根。

【采收加工】青蒿：秋季花盛开时采割，除去老茎，阴干。

青蒿子：秋季果实成熟时，采取果枝，打下果实晒干。

青蒿根：秋、冬季采挖，洗净，切段，晒干。

【性味功效】青蒿：苦，辛，寒。归肝、胆经。清虚热，除骨蒸，解暑热，截疟，退黄。用于温邪伤阴，夜热早凉，阴虚发热，骨蒸劳热，暑邪发热，疟疾寒热，湿热黄疸。

青蒿子：甘，平。归肝、肾经。清热明目，杀虫。用于劳热骨蒸，痢疾，恶疮，疥癣，风疹。

青蒿根：辛，苦，凉。归肾、肝经。清热除蒸，燥湿除痹，凉血止血。用于劳热骨蒸，关节酸痛，大便下血。

【应用举例】青蒿：用量 6 ～ 12 克，煎服，入煎剂宜后下。

青蒿子：内服，煎汤，3 ～ 6 克；或研末。外用适量，煎水洗。

青蒿根：内服，煎汤，3 ～ 15 克。

515. 艾 *Artemisia argyi* Levl. et Van.

【别名】艾蒿、遏草、香艾、蕲艾、灸草、医草等。

【植物形态】艾草是多年生草本或略成半灌木状植物，植株有浓烈香气。主根明显，略粗长，直径达 1.5 厘米，侧根多；常有横卧地下根状茎及营养枝。茎单生或少数，高 80 ～ 150（250）厘米，有明显纵棱，褐色或灰黄褐色，基部稍木质化，上部草质，并有少数短的分枝，枝长 3 ～ 5 厘米；茎、枝均被灰色蛛丝状柔毛。叶厚纸质，上面被灰白色短柔毛，并有白色腺点与小凹点，背面密被灰白色蛛丝状密绒毛；基生叶具长柄，花期萎谢；茎下部叶近圆形或宽卵形，羽状深裂，每侧具裂片 2 ～ 3 枚，裂片椭圆形或倒卵状长椭圆形，每裂片有 2 ～ 3 枚小裂齿，干后背面主、侧脉多为深褐色或锈色，叶柄长 0.5 ～ 0.8 厘米；中部叶卵形、三角状卵形或近菱形，长 5 ～ 8 厘米，宽 4 ～ 7 厘米，一（至二）回羽状深裂至半裂，每侧裂片 2 ～ 3 枚，裂片卵形、卵状披针形或披针形，长 2.5 ～ 5

厘米，宽1.5～2厘米，不再分裂或每侧有1～2枚缺齿，叶基部宽楔形渐狭成短柄，叶脉明显，在背面凸起，干时锈色，叶柄长0.2～0.5厘米，基部通常无假托叶或极小的假托叶；上部叶与苞片叶羽状半裂、浅裂或3深裂或3浅裂，或不分裂，而为椭圆形、长椭圆状披针形、披针形或线状披针形。无梗或近无梗，每数枚至10余枚在分枝上排成小型的穗状花序或复穗状花序，并在茎上通常再组成狭窄、尖塔形的圆锥花序，花后头状花序下倾；总苞片3～4层，覆瓦状排列，外层总苞片小，草质，卵形或狭卵形，背面密被灰白色蛛丝状绵毛，边缘膜质，中层总苞片较外层长，长卵形，背面被蛛丝状绵毛，内层总苞片质薄，背面近无毛；花序托小；雌花6～10朵，花冠狭管状，檐部具2裂齿，紫色，花柱细长，伸出花冠外甚长，先端2叉；两性花8～12朵，花冠管状或高脚杯状，外面有腺点，檐部紫色，花药狭线形，先端附属物尖，长三角形，基部有不明显的小尖头，花柱与花冠近等长或略长于花冠，先端2叉，花后向外弯曲，叉端截形，并有睫毛。瘦果长卵形或长圆形。花果期7—10月。

【生境与分布】分布广，除极干旱与高寒地区外，几遍及全国。生于低海拔至中海拔地区的荒地、路旁河边及山坡等地，也见于森林草原及草原地区，局部地区为植物群落的优势种。

【中药名称】艾叶、艾实。

【来源】菊科植物艾（*Artemisia argyi* Levl. et Van.）的干燥叶为艾叶，干燥果实为艾实。

【采收加工】艾叶：夏季花未开时采摘，除去杂质，晒干。

艾实：9—10月，果实成熟后采收。

【性味功效】艾叶：辛，苦，温。归肝、脾、肾经。温经止血，散寒止痛；外用祛湿止痒。用于吐血，衄血，崩漏，月经过多，胎漏下血，少腹冷痛，经寒不调，宫冷不孕；外治皮肤瘙痒。醋艾炭温经止血，用于虚寒性出血。

艾实：温，苦，辛。明目，壮阳，助水藏，利腰、膝及暖子宫。

【应用举例】艾叶：煎服，3～9克，或入丸、散剂；或捣汁。外用适量，供灸治或熏洗用。

1. 治产后泻血不止：干艾叶15克（炙熟），老生姜15克，浓煎汤。一服便止。

2. 治转筋吐泻：艾叶、木瓜各15克，盐6克，水煎，待冷饮。

艾实：内服，研末，1.5～4.5克；或为丸剂。

516. 茵陈蒿 *Artemisia capillaris* Thunb.

【别名】白蒿、绒蒿、臭蒿等。

【植物形态】半灌木状草本，植株有浓烈的香气。主根明显木质，垂直或斜向下伸长；根茎直径5～8毫米，直立，稀少斜上展或横卧，常有细的营养枝。茎单生或少数，高40～120厘米或更长，红褐色或褐色，有不明显的纵棱，基部木质，上部分枝多，向上斜伸展；茎、枝初时密生灰白色或灰黄色绢质柔毛，后渐稀疏或脱落无毛。营养枝端有密集叶丛，基生叶密集着生，常成莲座状；基生叶、茎下部叶与营养枝叶两面均被棕黄色或灰黄色绢质柔毛，后期茎下部叶被毛脱落，叶卵圆形或卵状椭圆形，长 2 ～ 4（5）厘米，宽 1.5 ～ 3.5 厘米，二（至三）回羽状全裂，每侧有裂片 2 ～ 3（4）枚，每裂片再 3 ～ 5 全裂，小裂片狭线形或狭线状披针形，通常细直，不弧曲，长 5 ～ 10 毫米，宽 0.5 ～ 1.5（2）毫米，叶柄长 3 ～ 7 毫米，花期上述叶均萎谢；中部叶宽卵形、近圆形或卵圆形，长 2 ～ 3 厘米，宽 1.5 ～ 2.5 厘米，（一至）二回羽状全裂，小裂片狭线形或丝线形，通常细直、不弧曲，长 8 ～ 12 毫米，宽 0.3 ～ 1 毫米，近无毛，顶端微尖，基部裂片常半抱茎，近无叶柄；上部叶与苞片叶羽状 5 全裂或 3 全裂，基部裂片半抱茎。头状花序卵球形，稀近球形，多数，直径 1.5 ～ 2 毫米，有短梗及线形的小苞叶，在分枝的上端或小枝端偏向外侧生长，常排成复总状花序，并在茎上端组成大型、开展的圆锥花序；总苞片 3 ～ 4 层，外层总苞片草质，卵形或椭圆形，背面淡黄色，有绿色中肋，无毛，边膜质，中、内层总苞片椭圆形，近膜质或膜质；花序托小，凸起；雌花 6 ～ 10 朵，花冠狭管状或狭圆锥状，檐部具 2（3）裂齿，花柱细长，伸出花冠外，先端 2 叉，叉端尖锐；两性花 3 ～ 7 朵，不孕育，花冠管状，花药线形，先端附属物尖，长三角形，基部圆钝，花柱短，上端棒状，2 裂，不叉开，退化子房极小。瘦果长圆形或长卵形。花果期 7—10 月。

【生境与分布】生于低海拔地区河岸、河岸附近的湿润沙地、路旁及低山坡地区。分布于中国辽宁、河北、陕西（东部、南部）、山东、江苏、安徽、浙江、江西、福建、台湾、河南（东部、南部）、湖北、湖南、广东、广西及四川等地。

【中药名称】茵陈。

【来源】为菊科植物茵陈蒿（*Artemisia capillaris* Thunb.）的干燥地上部分。

【采收加工】通常春季幼茎高 6 ～ 10 厘米时采收，不能采成蒿的老茎。挖取全株后，拣去杂质，去净泥土，晒干或阴干即可。

【性味功效】苦，辛，微寒。清利湿热，利胆退黄等。

【应用举例】内服：煎汤，15 ～ 25 克。外用：煎水洗。

1. 治大便自利而灰：茵陈 9 克，栀子、黄连各 6 克，水二盏，煎至八分，去滓服。

2. 治发黄、脉沉细迟、肢体逆冷、腰以上自汗：茵陈 60 克，附子 1 个，干姜（炮）45 克，甘草（炙）30 克，上为粗末，分作四帖，水煎服。

517. 蒌蒿 *Artemisia selengensis* Turcz. ex Bess.

【别名】蒌、蒿蒌、白蒿等。

【植物形态】多年生草本，植株具清香气味。主根不明显或稍明显，具多数侧根与纤维状须根；根状茎稍粗，直立或斜向上，直径 4 ～ 10 毫米，有匍匐地下茎。茎少数或单，高 60 ～ 150 厘米，初时绿褐色，后为紫红色，无毛，有明显纵棱，下部通常半木质化，上部有着生头状花序的分枝，枝长 6 ～ 10（12）厘米，稀更长，斜向上。叶纸质或薄纸质，上面绿色，无毛或近无毛，背面密被灰白色蛛丝状平贴的绵毛；茎下部叶宽卵形或卵形，长 8 ～ 12 厘米，宽 6 ～ 10 厘米，近成掌状或指状，5 或 3 全裂或深裂，稀间有 7 裂或不分裂的叶，分裂叶的裂片线形或线状披针形，长 5 ～ 7（8）厘米，宽 3 ～ 5 毫米，不分裂的叶片为长椭圆形、椭圆状披针形或线状披针形，长 6 ～ 12 厘米，宽 5 ～ 20 毫米，先端锐尖，边缘通常具细锯齿，偶有少数短裂齿白，叶基部渐狭成柄，叶柄长 0.5 ～ 2（5）厘米，无假托叶，花期下部叶通常凋谢；中部叶近成掌状，5 深裂或为指状 3 深裂，稀间有不分裂之叶，分裂叶之裂片长椭圆形、椭圆状披针形或线状披针形，长 3 ～ 5 厘米，宽 2.5 ～ 4 毫米，不分裂之叶为椭圆形、长椭圆形或椭圆状披针形，宽可达 1.5 厘米，先端通常锐尖，叶缘或裂片边缘有锯齿，基部楔形，渐狭成柄状；上部叶与苞片叶指状 3 深裂，2 裂或不分裂，裂片或不分裂的苞片叶为线状披针形，边缘具疏锯齿。头状花序多数，长圆形或宽卵形，直径 2 ～ 2.5 毫米，近无梗，直立或稍倾斜，在分枝上排成密穗状花序，并在茎上组成狭而伸长的圆锥花序；总苞片 3 ～ 4 层，外层总苞片略短，卵形或近圆形，背面初时疏被灰白色蛛丝状短绵毛，后渐脱落，边狭膜质，中、内层总苞片略长，长卵形或卵状匙形，黄褐色，背面初时微被蛛丝状绵毛，后脱落无毛，边宽膜质或全为半膜质；花序托小，凸起；雌花 8 ～ 12 朵，花冠狭管状，檐部具一浅裂，花柱细长，伸出花冠外甚长，先端长，2 叉，叉端尖；两性花 10 ～ 15 朵，花冠管状，花药线形，先端附属物尖，长三角形，基部圆钝或微尖，花柱与花冠近等长，先端微叉开，叉端截形，有睫毛。瘦果卵形，略扁，上端偶有不对称的花冠着生面。花果期 7—10 月。

【生境与分布】分布于中国黑龙江、吉林、辽宁、内蒙古（南部）、河北、山西、陕西（南部）、甘肃（南部）、山东、江苏、安徽、江西、河南、湖北、湖南、广东（北部）、四川、云南及贵

州等省区。多生长在低海拔地区的河湖岸边与沼泽地带，在沼泽化草甸地区常形成小区域植物群落的优势种与主要伴生种；可葶立水中生长，也见于湿润的疏林中、山坡、路旁、荒地等。

【中药名称】蒌蒿。

【来源】为菊科植物蒌蒿（*Artemisia selengensis* Turcz. ex Bess.）的全草。

【采收加工】春季采收嫩根苗，鲜用。

【性味功效】苦，辛，温。利膈开胃。用于食欲不振。

【应用举例】内服：煎汤，5～10克。

518. 三脉紫菀 *Aster ageratoides* Turcz.

【别名】野白菊花、山白菊、山雪花、白升麻、三脉叶马兰等。

【植物形态】多年生草本，根状茎粗壮。茎直立，高40～100厘米，细或粗壮，有棱及沟，被柔毛或粗毛，上部有时屈折，有上升或开展的分枝。下部叶在花期枯落，叶片宽卵圆形，急狭成长柄；中部叶椭圆形或长圆状披针形，长5～15厘米，宽1～5厘米，中部以上急狭成楔形具宽翅的柄，顶端渐尖，边缘有3～7对浅或深锯齿；上部叶渐小，有浅齿或全缘，全部叶纸质，上面被短糙毛，下面浅色被短柔毛常有腺点，或两面被短茸毛而下面沿脉有粗毛，有离基（有时长达7厘米）三出脉，侧脉3～4对，网脉常显明。头状花序直径1.5～2厘米，排列成伞房或圆锥伞房状，花序梗长0.5～3厘米。总苞倒锥状或半球状，直径4～10毫米，长3～7毫米；总苞片3层，覆瓦状排列，线状长圆形，下部近革质或干膜质，上部绿色或紫褐色，外层长达2毫米，内层长约4毫米，有短缘毛。舌状花十余个，管部长2毫米，舌片线状长圆形，长达11毫米，宽2毫米，紫色，浅红色或白色，管状花黄色，长4.5～5.5毫米，管部长1.5毫米，裂片长1～2毫米；花柱附片长达1毫米。冠毛浅红褐色或污白色，长3～4毫米。瘦果倒卵状长圆形，灰褐色，长2～2.5毫米，有边肋，被短粗毛。花果期7—12月。

【生境与分布】广泛分布于我国东北部、北部、东部、南部至西部、西南部及西藏南部。也分布于喜马拉雅南部、朝鲜、日本及亚洲东北部。生于林下、林缘、灌丛及山谷湿地，海拔100～3350米。湖南、江西草医常用以煎洗无名肿毒。贵州用于治风热感冒，湖北用于代马兰或紫菀。

【中药名称】山白菊。

【来源】为菊科植物三脉紫菀（*Aster ageratoides* Turcz.）的全草或根。

【采收加工】夏、秋季采收，洗净，鲜用或扎把晾干。

【性味功效】苦，辛，凉。清热解毒，祛痰镇咳，凉血止血。用于感冒发热，扁桃体炎，支气管炎，肝炎，肠炎，痢疾，热淋，血热吐衄，痈肿疔毒，蛇虫咬伤等。

【应用举例】内服：煎汤，15～60克。外用：适量，鲜品捣敷。

1. 治支气管炎、扁桃体炎：山白菊30克，水煎服。

2. 治小儿肠炎、热痢：山白菊30克，马齿苋、车前草各15克，水煎服。

519. 小舌紫菀 *Aster albescens*（DC.）Hand. -Mazz.

【别名】青菀、紫倩、小辫、返魂草、山白菜等。

【植物形态】灌木，高30～180厘米，多分枝；老枝褐色，无毛，有圆形皮孔；当年枝黄褐色或有时灰白色，具短柔毛和腺毛，有密或疏生的叶。叶卵圆、椭圆或长圆状，披针形，长3～17厘米，宽1～3稀达7厘米，基部楔形或近圆形，全缘或有浅齿，顶端尖或渐尖，上部叶小，多少披针形，全部叶近纸质，近无毛或上面被短柔毛而下面被白色或灰白色蛛丝状毛或茸毛，常杂有腺点或沿脉有粗毛；中脉和数个至十余对侧脉在下面凸起，侧脉在远离边缘处相互联结，网脉多少显明。头状花序直径5～7毫米，多数在茎和枝端排列成复伞房状；花序梗长5～10毫米，有钻形苞叶。总苞倒锥状，长约5毫米，上部直径4～7毫米；总苞片3～4层，覆瓦状排列，被疏柔毛或茸毛或近无毛；外层狭披针形，长约1毫米，内层线状披针形，长3.5～4.8毫米，宽0.6～0.8毫米，顶端稍尖，常带红色，近中脉草质，边缘宽膜质或基部稍革质。舌状花15～30个；管部长2.5毫米，舌片白色，浅红色或紫红色，长4～5毫米，宽0.6～1.2毫米；管状花黄色，长4.5～5.5毫米，管部长2毫米，裂片长0.5毫米，常有腺；花柱附片宽三角形，长0.5毫米。冠毛污白色，后红褐色，1层，长4毫米，有多数近等长的微糙毛。瘦果长圆形，长1.7～2.5毫米，宽0.5毫米，有4～6肋，被白色短绢毛。花期6—9月，果期8—10月。

【生境与分布】生于低山至高山林下及灌丛中。产于西藏、云南、贵州、四川、湖北、甘肃及陕西南部。

【中药名称】小舌紫菀。

【来源】为菊科植物小舌紫菀（*Aster albescens*（DC.）Hand.–Mazz.）的全草。

【采收加工】全年可采，晒干。

【性味功效】苦，凉。解毒消肿，杀虫，止咳。

【应用举例】内服：煎汤，3～9克。

520. 茅苍术 *Atractylodes lancea* (Thunb.) DC.

【别名】苍术、茅术、南苍术、穹窿术等。

【植物形态】多年生草本，高 30 ～ 60 厘米。茎直立或上部少分枝。叶互生，革质，卵状披针形或椭圆形，边缘具刺状齿，上部叶多不裂，无柄；下部叶常 3 裂，有柄或无柄。头状花序顶生，下有羽裂叶状总苞一轮；总苞圆柱形，总苞片 6 ～ 8 层；两性花有羽状长冠毛；花冠白色，细长管状。瘦果被黄白色毛。花期 8—10 月，果期 9—10 月。

【生境与分布】生于山坡草地、林下、灌丛及岩缝隙中。主产于江苏、湖北、河南、安徽。磨坪乡、郭家坝镇有大面积栽培。

【中药名称】苍术。

【来源】为菊科植物茅苍术（*Atractylodes lancea*（Thunb.）DC.）的干燥根茎。

【采收加工】春、秋季采挖，除去泥沙，晒干，去须根。

【性味功效】辛，苦，温。归脾、胃、肝经。燥湿健脾，祛风散寒，明目。用于湿阻中焦，脘腹胀满，泄泻，水肿，脚气，风湿痹痛，风寒感冒，夜盲，眼目昏涩等。

【应用举例】内服：煎汤，3 ～ 9 克；或入丸、散剂。

1. 治筋骨疼痛因湿热者：黄柏、苍术，上二味为末，沸汤入姜汁调服。

2. 治时暑暴泻及疗饮食所伤、胸肠痞闷：神曲（炒）、苍术（米泔浸一宿，焙干）各等份为末。面糊为丸，如梧桐子大。每服三十丸，不拘时，米饮吞下。

3. 补虚明目，健骨和血：苍术（米泔浸）120 克，熟地黄（焙）60 克，研为末，酒糊丸如梧桐子大。每温酒下三五十丸，每日三服。

521. 白术 *Atractylodes macrocephala* Koidz.

【别名】于术、冬术、浙术、种术等。

【植物形态】多年生草本，高 20 ～ 60 厘米，根状茎结节状。茎直立，通常自中下部长分枝，全部光滑无毛。中部茎叶有长 3 ～ 6 厘米的叶柄，叶片通常 3 ～ 5 羽状全裂，极少兼杂不裂而叶为长椭圆形的。侧裂片 1 ～ 2 对，倒披针形、椭圆形或长椭圆形，长 4.5 ～ 7 厘米，宽 1.5 ～ 2 厘米；顶裂片比侧裂片大，倒长卵形、长椭圆形或椭圆形；自中部茎叶向上向下，叶渐小，与中部茎叶等样分裂，接花序下部的叶不裂，椭圆形或长椭圆形，无柄；或大部茎叶不裂，但总兼杂有 3 ～ 5

羽状全裂的叶。全部叶质薄，纸质，两面绿色，无毛，边缘或裂片边缘有长或短针刺状缘毛或细刺齿。头状花序单生茎枝顶端，植株通常有6～10个头状花序，但不形成明显的花序式排列。苞叶绿色，长3～4厘米，针刺状羽状全裂。总苞大，宽钟状，直径3～4厘米。总苞片9～10层，覆瓦状排列；外层及中外层长卵形或三角形，长6～8毫米；中层披针形或椭圆状披针形，长11～16毫米；最内层宽线形，长2厘米，顶端紫红色。全部苞片顶端钝，边缘有白色蛛丝毛。小花长1.7厘米，紫红色，冠檐5深裂。瘦果倒圆锥状，长7.5毫米，被顺向顺伏的稠密白色的长直毛。冠毛刚毛羽毛状，污白色，长1.5厘米，基部结合成环状。花果期8—10月。

【中药名称】白术。

【来源】为菊科植物白术（*Atractylodes macrocephala* Koidz.）的干燥根茎。

【生境与分布】生于山坡草地及山坡林下。现广为栽培，安徽、江苏、浙江、福建、江西、湖南、湖北、四川、贵州等地均有，而以浙江栽培的数量最大。主产于浙江、安徽。此外，湖南、湖北、江西、福建等地亦产。茅坪镇有少量栽培。

【采收加工】冬季下部叶枯黄、上部叶变脆时采挖，除去泥沙，烘干或晒干，再除去须根。

【性味功效】苦，甘，温。归脾、胃经。健脾益气，燥湿利水，止汗，安胎。用于脾虚食少，腹胀泄泻，痰饮眩悸，水肿，自汗，胎动不安等。

【应用举例】内服：煎汤6～12克；或熬膏，或入丸、散剂。

1. 治脾虚胀满：白术60克，橘皮120克，为末，酒糊丸，如梧桐子大。每食前木香汤送下三十丸。

2. 治痞，消食，强胃：白术60克，枳实30克，研为极细末，荷叶裹烧饭为丸，如梧桐子大。每服五十丸，多用白汤下。

3. 治嘈杂：白术120克，黄连60克，研为末，神曲糊丸，如黍米大。每服百余丸，姜汤下。

522. 婆婆针 *Bidens bipinnata* L.

【别名】鬼针草、刺针草等。

【植物形态】一年生草本。茎直立，高30～120厘米，下部略具四棱，无毛或上部被稀疏柔毛，基部直径2～7厘米。叶对生，具柄，柄长2～6厘米，背面微凸或扁平，腹面沟槽，槽内及边缘具疏柔毛，叶片长5～14厘米，二回羽状分裂，第一次分裂深达中肋，裂片再次羽状分裂，小裂片三角状或菱状披针形，具1～2对缺刻或深裂，顶生裂片狭，先端渐尖，边缘有稀疏不规整的粗齿，两面均被疏柔毛。头状花序直径6～10毫米；花序梗长1～5厘米（果时长2～10厘米）。总苞杯形，基部有柔毛，外层苞片5～7枚，条形，开花时长2.5毫米，果时长达5毫米，草质，先端钝，被稍密的短柔毛，内层苞片膜质，椭圆形，长3.5～4毫米，花后伸长为狭披针形，及果时长6～8毫米，背面褐色，被短柔毛，具黄色边缘；托片狭披针形，长约5毫米，果时长可达

12毫米。舌状花通常1～3朵，不育，舌片黄色，椭圆形或倒卵状披针形，长4～5毫米，宽2.5～3.2毫米，先端全缘或具2～3齿，盘花筒状，黄色，长约4.5毫米，冠檐5齿裂。瘦果条形，略扁，具3～4棱，长12～18毫米，宽约1毫米，具瘤状突起及小刚毛，顶端芒刺3～4枚，很少2枚的，长3～4毫米，具倒刺毛。

【生境与分布】生于路边荒地、山坡及田间。产于东北、华北、华中、华东、华南、西南及陕西、甘肃等地。

【中药名称】鬼针草。

【来源】为菊科植物婆婆针（*Bidens bipinnata* L.）的全草。

【采收加工】在春、秋季开花盛期，收割地上部分，拣去杂草，鲜用或晒干。

【性味功效】苦，微寒。清热解毒，散瘀活血。用于上呼吸道感染，咽喉肿痛，急性阑尾炎，急性黄疸型肝炎，胃肠炎，风湿关节疼痛，疟疾，外用治疮疖、毒蛇咬伤、跌打肿痛。

【应用举例】9～16克，水煎服。治急性单纯性阑尾炎：鬼针草与败酱草各30克，水煎服，每日2次。

523. 大狼杷草　*Bidens frondosa* L.

【别名】接力草、外国脱力草等。

【植物形态】一年生草本。茎直立，分枝，高20～120厘米，被疏毛或无毛，常带紫色。叶

对生，具柄，为一回羽状复叶，小叶 3 ～ 5 枚，披针形，长 3 ～ 10 厘米，宽 1 ～ 3 厘米，先端渐尖，边缘有粗锯齿，通常背面被稀疏短柔毛，顶生者具明显的柄。头状花序单生茎端和枝端，连同总苞苞片直径 12 ～ 25 毫米，高约 12 毫米。总苞钟状或半球形，外层苞片 5 ～ 10 枚，通常 8 枚，披针形或匙状倒披针形，叶状，边缘有缘毛，内层苞片长圆形，长 5 ～ 9 毫米，膜质，具淡黄色边缘，无舌状花或舌状花不发育，极不明显，筒状花两性，花冠长约 3 毫米，冠檐 5 裂。瘦果扁平，狭楔形，长 5 ～ 10 毫米，近无毛或是糙伏毛，顶端芒刺 2 枚，长约 2.5 毫米，有倒刺毛。

【生境与分布】现中国上海近郊有野生，由国外传入。生于田野湿润处，适应性强，山坡、山谷、溪边、草丛及路旁均可生，喜温暖潮湿环境。生于水边湿地、沟渠及浅水滩，亦生于路边荒野及稻田边。

【中药名称】大狼杷草。

【来源】为菊科植物大狼杷草（*Bidens frondosa* L.）的全草。

【采收加工】8—9 月除保留种植株外，割取地上部分，晒干或鲜用。

【性味功效】苦，平。归脾、肺经。补虚清热。用于体虚乏力，盗汗，咯血，小儿疳积，痢疾等。

【应用举例】内服：煎汤，10 ～ 30 克，鲜品加倍；或捣汁饮。

外用：适量，捣敷，研末撒或调敷。

1. 治肺结核咯血、盗汗：大狼杷草 12 克，墨旱莲 12 克，红枣 4 枚，炖汤服。

2. 治急性肠炎、急性菌痢、泌尿系统感染：大狼杷草 30 克，水煎服。

524. 鬼针草 *Bidens pilosa* L.

【别名】鬼钗草、虾钳草、蟹钳草、对叉草、粘人草、粘连子、豆渣草等。

【植物形态】鬼针草为一年生草本植物，茎直立，高 30 ～ 100 厘米，钝四棱形，无毛或上部被极稀疏的柔毛，基部直径可达 6 毫米。茎下部叶较小，3 裂或不分裂，通常在开花前枯萎，中部叶具长 1.5 ～ 5 厘米无翅的柄，三出，小叶 3 枚，很少为具 5（7）小叶的羽状复叶，两侧小叶椭圆形或卵状椭圆形，长 2 ～ 4.5 厘米，宽 1.5 ～ 2.5 厘米，先端锐尖，基部近圆形或阔楔形，有时偏斜，不对称，具短柄，边缘有锯齿、顶生小叶较大，长椭圆形或卵状长圆形，长 3.5 ～ 7 厘米，先端渐尖，基部渐狭或近圆形，具长 1 ～ 2 厘米的柄，边缘有锯齿，无毛或被极稀疏的短柔毛，上部叶小，3 裂或不分裂，条状披针形。头状花序，直径 8 ～ 9 毫米，有长 1 ～ 6（果时长 3 ～ 10）厘米的花序梗。总苞基部被短柔毛，苞片 7 ～ 8 枚，条状匙形，上部稍宽，开花时长 3 ～ 4 毫米，果时长至 5 毫米，草质，边缘疏被短柔毛或几无毛，外层托片披针形，果时长 5 ～ 6 毫米，干膜质，背面褐色，具黄色边缘，内层较狭，条状披针形。无舌状花，盘花筒状，长约 4.5 毫米，冠檐 5 齿裂。花果期8—10月份。瘦果黑色，条形，略扁，具棱，长7～13毫米，宽约1毫米，上部具稀疏瘤状突起及刚毛，顶端芒刺3～4枚，长1.5～2.5毫米，具倒刺毛。

【生境与分布】产于中国华东、华中、华南、西南各省区。生于村旁、路边及荒地中。

【中药名称】盲肠草。

【来源】为菊科植物鬼针草（*Bidens pilosa* L.）的全草。

【采收加工】11月果实成熟，割全草，晒干，脱粒，备用。

【性味功效】甘，微苦，凉。清热，解毒，利湿，健脾。用于咽喉肿痛，黄疸肝炎，暑湿吐泻，肠炎，痢疾，肠痈，小儿疳积，血虚黄肿，痔疮，蛇虫咬伤。

【应用举例】内服：煎汤，15～30克（鲜者30～60克）；或捣汁。

外用：捣敷或煎水熏洗。

525. 天名精 *Carpesium abrotanoides* L.

【别名】菊藪、豕首、麦句姜、虾蟆蓝、天门精、玉门精等。

【植物形态】多年生粗壮草本。茎高60～100厘米，圆柱状，下部木质，近于无毛，上部密被短柔毛，有明显的纵条纹，多分枝。基叶于开花前凋萎，茎下部叶广椭圆形或长椭圆形，长8～16厘米，宽4～7厘米，先端钝或锐尖，基部楔形，三面深绿色，被短柔毛，老时脱落，几无毛，叶面粗糙，下面淡绿色，密被短柔毛，有细小腺点，边缘具不规整的钝齿，齿端有腺体状胼胝体；叶柄长5～15毫米，密被短柔毛；茎上部节间长1～2.5厘米，叶较密，长椭圆形或椭圆状披针形，先端渐尖或锐尖，基部阔楔形，无柄或具短柄。头状花序多数，生茎端及沿茎、枝生于叶腋，近无梗，成穗状花序式排列，着生于茎端及枝端者具椭圆形或披针形长6～15毫米的苞叶2～4枚，腋生头状花序无苞叶或有时具1～2枚甚小的苞叶。总苞钟球形，基部宽，上端稍收缩，成熟时开展成扁球形，直径6～8毫米；苞片3层，外层较短，卵圆形，先端钝或短渐尖，膜质或先端草质，具缘毛，背面被短柔毛，内层长圆形，先端圆钝或具不明显的啮蚀状小齿。雌花狭筒状，长1.5毫米，两性花筒状，长2～2.5毫米，向上渐宽，冠檐5齿裂。瘦果长约3.5毫米。

【生境与分布】产于华东、华南、华中、西南各省区及河北、陕西等地。生于村旁、路边荒地、溪边及林缘，垂直分布可达海拔2000米。

【中药名称】天名精。

【来源】为菊科植物天名精（*Carpesium abrotanoides* L.）的全草。

【采收加工】7—8月采收，洗净，鲜用或晒干。

【性味功效】苦，辛，寒。归肝、肺经。清热，化痰，解毒，杀虫，破瘀，止血。用于乳蛾，喉痹，急慢惊风，牙痛，疔疮肿毒，痔瘘，皮肤痒疹，毒蛇咬伤，虫积，吐血，衄血，血淋，创伤出血。

【应用举例】1. 内服：煎汤，9～15克；或研末，3～6克；或捣汁；或入丸、散剂。外用：适量，捣敷；或煎水熏洗及含漱。

2. 治黄疸型肝炎：鲜天名精全草120克，生姜3克，水煎服。

526. 红花　*Chelonopsis pseudobracteata* var. *rubra* C. Y. Wu et H. W. Li

【别名】红蓝花、刺红花等。

【植物形态】小灌木，高0.5～1.5米。枝粗壮，圆柱形，具条纹，密被平展刺毛及具腺小疏柔毛。叶片卵圆形，长6～8厘米，宽3.5～5厘米，在花序上者渐变小，先端渐尖，基部微心形，边缘具圆齿，间或有重圆齿，齿端具胼胝体，坚纸质，上面绿色，疏被刺毛，沿中肋及侧脉被白色小疏柔毛，下面色较淡，疏被刺毛，侧脉5～6对，干时两面显著；叶柄长4～5厘米，在花序上部的则较短，长仅2厘米，粗壮，腹面具槽，背面圆形，密被平展刺毛及具腺小疏柔毛，上方有1～3对小羽片。聚伞花序腋生及顶生，具3～7朵花，每一叶腋内1～2出；总梗长2～4厘米，花梗花时长1～2.5厘米，两者密被平展刺毛及具腺小疏柔毛；苞片叶状，线形至披针形，长1～3厘米，具刺毛，常位于外侧花的花梗基部，由于花梗伸长而从不包被聚伞花序。花萼钟形，长1.6厘米，果时长达2.3厘米，外面沿脉上内面仅于喉部被小疏柔毛，脉10，显著，其间由横向小脉连接，果时尤为显著，齿5，长三角形，前2齿稍大，长6～7毫米，先端骤尖，具外折的小尖头。花冠黄至粉红色，长3.6厘米，喉部宽约1厘米，前伸，中部以上微囊状膨大，外面在上部被小疏柔毛，内面无毛，冠檐二唇形，上唇不显著，长3毫米，全缘，下唇较上唇长，3裂，中裂片长5毫米，先端微凹，侧裂片长2毫米。雄蕊4，均内藏，后对稍短，花丝扁平，后对全长被小疏柔毛，前对仅基部被微柔毛，花药卵珠形，二室，平叉开，长约2毫米，具须状毛。花盘斜向，后裂片指状。花柱细长，稍伸出于药外，先端具短而近等大的2裂。子房无毛。小坚果椭圆形，具翅，连翅长1厘米，宽0.5

厘米，扁平，淡褐色，具细脉。花期 9—11 月，果期 11 月。

【生境与分布】产于云南西北部及四川西南部。生于亚热带林林缘、林内及草丛中，海拔 2000 ~ 2300 米。

【中药名称】红花。

【来源】为菊科植物红花（*Chelonopsis pseudobracteata* var. *rubra* C. Y. Wu et H. W. Li）的干燥花。

【采收加工】夏季花由黄变红时采摘，阴干或晒干。

【性味功效】辛，温。归心、肝经。活血通经，散瘀止痛。用于闭经痛经，恶露不行，症瘕痞块，胸痹心痛，瘀滞腹痛，胸胁刺痛，跌打损伤，疮疡肿痛等。

【应用举例】煎服，3 ~ 10 克。

1. 治痛经：红花 6 克，鸡血藤 24 克，水煎调黄酒适量服。

2. 治逆经咳嗽气急：红花、黄芩、苏木各 2.4 克，天花粉 1.8 克，水煎服。

527. 石胡荽 *Centipeda minima*（L.）A. Br. et Aschers.

【别名】地胡椒。

【植物形态】一年生小草本。茎多分枝，高 5 ~ 20 厘米，匍匐状，微被蛛丝状毛或无毛。叶互生，楔状倒披针形，长 7 ~ 18 毫米，顶端钝，基部楔形，边缘有少数锯齿，无毛或背面微被蛛丝状毛。头状花序小，扁球形，直径约 3 毫米，单生于叶腋，无花序梗或极短；总苞半球形；总苞片 2 层，椭圆状披针形，绿色，边缘透明膜质，外层较大；边缘花雌性，多层，花冠细管状，长约 0.2 毫米，淡绿黄色，顶端 2 ~ 3 微裂；盘花两性，花冠管状，长约 0.5 毫米，顶端 4 深裂，淡紫红色，下部有明显的狭管。瘦果椭圆形，长约 1 毫米，具 4 棱，棱上有长毛，无冠状冠毛。花果期 6—10 月。

【生境与分布】产于我国东北、华北、华中、华东、华南、西南。生于路旁、荒野阴湿地。

【中药名称】鹅不食草。

【来源】为菊科植物石胡荽（*Centipeda minima*（L.）A. Br. et Aschers.）的全草。

【采收加工】夏季开花时采集，鲜用或晒干用。

【性味功效】辛，温，无毒。通窍散寒，祛风利湿，散瘀消肿。用于伤风感冒，急、慢性鼻炎，慢性支气管炎，疟疾，跌打损伤，风湿痹痛，蛔虫性肠梗阻，毒蛇咬伤等。

【应用举例】用量 3 ～ 10 克，鲜品加倍，捣汁服可用至 60 克；外用适量。

1. 治伤风头痛、鼻塞：鹅不食草（鲜或干均可）搓揉，嗅其气，即打喷嚏，每日 2 次。

2. 治鼻炎、鼻窦炎、鼻息肉、鼻出血：鹅不食草、辛夷花各 3 克，研末吹入鼻孔，每日 2 次；或加凡士林 20 克，做成膏状涂鼻。

3. 治支气管哮喘：鹅不食草、瓜蒌、莱菔子各 9 克，煎服。

528. 刺儿菜　*Cirsium setosum*（Willd.）MB.

【别名】小蓟、青青草、蓟蓟草、刺狗牙、刺蓟、枪刀菜、小恶鸡婆等。

【植物形态】多年生草本。茎直立，高 30 ～ 80（100 ～ 120）厘米，基部直径 3 ～ 5 毫米，有时可达 1 厘米，上部有分枝，花序分枝无毛或有薄绒毛。基生叶和中部茎叶椭圆形、长椭圆形或椭圆状倒披针形，顶端钝或圆形，基部楔形，有时有极短的叶柄，通常无叶柄，长 7 ～ 15 厘米，宽 1.5 ～ 10 厘米，上部茎叶渐小，椭圆形或披针形或线状披针形，或全部茎叶不分裂，叶缘有细密的针刺，针刺紧贴叶缘。或叶缘有刺齿，齿顶针刺大小不等，针刺长达 3.5 毫米，或大部茎叶羽状浅裂或半裂或边缘粗大圆锯齿，裂片或锯齿斜三角形，顶端钝，齿顶及裂片顶端有较长的针刺，齿缘及裂片边缘的针刺较短且贴伏。全部茎叶两面同色，绿色或下面色淡，两面无毛，极少两面异色，上面绿色，无毛，下面被稀疏或稠密的绒毛而呈现灰色的，亦极少两面同色，灰绿色，两面被薄绒毛。头状花序单生茎端，或植株含少数或多数头状花序在茎枝顶端排成伞房花序。总苞卵形、长卵形或卵圆形，直径 1.5 ～ 2 厘米。总苞片约 6 层，覆瓦状排列，向内层渐长，外层与中层宽 1.5 ～ 2 毫米，包括顶端针刺长 5 ～ 8 毫米；内层及最内层长椭圆形至线形，长 1.1 ～ 2 厘米，宽 1 ～ 1.8 毫米；中外层苞片顶端有长不足 0.5 毫米的短针刺，内层及最内层渐尖，膜质，短针刺。小花紫红色或白色，雌花花冠长 2.4 厘米，檐部长 6 毫米，细管部细丝状，长 18 毫米，两性花花冠长 1.8 厘米，檐部长 6 毫米，细管部细丝状，长 1.2 毫米。瘦果淡黄色，椭圆形或偏斜椭圆形，压扁，长 3 毫米，宽 1.5 毫米，顶端斜截形。冠毛污白色，多层，整体脱落；冠毛刚毛长羽毛状，长 3.5 厘米，顶端渐细。花果期 5—9 月。

【生境与分布】除西藏、云南、广东、广西外，几遍布于全国各地。分布于平原、丘陵和山地。生于山坡、河旁或荒地、田间，海拔 170 ～ 2650 米。

【中药名称】小蓟。

【来源】为菊科植物刺儿菜（*Cirsium setosum*（Willd.）MB.）的干燥地上部分。

【采收加工】5—6 月盛开期，割取全草晒干或鲜用。

【性味功效】甘，苦，凉。凉血止血，散瘀解毒消痈。

【应用举例】内服：煎汤，5 ～ 10 克；鲜品可用 30 ～ 60 克，或捣汁。

外用：适量，捣敷。

529. 蓟 *Cirsium japonicum* Fisch. ex DC.

【别名】大刺儿菜、大刺盖、马蓟、刺蓟、草鞋刺等。

【植物形态】多年生草本，块根纺锤状或萝卜状，直径达7毫米。茎直立，30（100）～80（150）厘米，分枝或不分枝，全部茎枝有条棱，被稠密或稀疏的多细胞长节毛，接头状花序下部灰白色，被稠密绒毛及多细胞节毛。基生叶较大，全形卵形、长倒卵形、椭圆形或长椭圆形，长8～20厘米，宽2.5～8厘米，羽状深裂或几全裂，基部渐狭成短或长翼柄，柄翼边缘有针刺及刺齿；侧裂片6～12对，中部侧裂片较大，向下的侧裂片渐小，全部侧裂片排列稀疏或紧密，卵状披针形、半椭圆形、斜三角形、长三角形或三角状披针形，宽狭变化极大，或宽达3厘米，或狭至0.5厘米，边缘有稀疏大小不等小锯齿，或锯齿较大而使整个叶片呈现较为明显的二回状分裂状态，齿顶针刺长可达6毫米，短可至2毫米，齿缘针刺小而密或几无针刺；顶裂片披针形或长三角形。自基部向上的叶渐小，与基生叶同形并等样分裂，但无柄，基部扩大半抱茎。全部茎叶两面同色，绿色，两面沿脉有稀疏的多细胞长或短节毛或几无毛。头状花序直立，少有下垂的，少数生茎端而花序极短，不呈明显的花序式排列，少有头状花序单生茎端的。总苞钟状，直径3厘米。总苞片约6层，覆瓦状排列，向内层渐长，外层与中层卵状三角形至长三角形，长0.8～1.3厘米，宽3～3.5毫米，顶端长渐尖，有长1～2毫米的针刺；内层披针形或线状披针形，长1.5～2厘米，宽2～3毫米，顶端渐尖呈软针刺状。全部苞片外面有微糙毛并沿中肋有黏腺。瘦果压扁，偏斜楔状倒披针状，长4毫米，宽2.5毫米，顶端斜截形。小花红色或紫色，长2.1厘米，檐部长1.2厘米，不等5浅裂，细管部长9毫米。冠毛浅褐色，多层，基部联合成环，整体脱落；冠毛刚毛长羽毛状，长达2厘米，内层向顶端纺锤状扩大或渐细。花果期4—11月。

【生境与分布】广布于河北、山东、陕西、江苏、浙江、江西、湖南、湖北、四川、贵州、云南、广西、广东、福建和台湾。生于山坡林中、林缘、灌丛中、草地、荒地、田间、路旁或溪旁，海拔400～2100米。

【中药名称】大蓟。

【来源】为菊科植物蓟（*Cirsium japonicum* Fisch. ex DC.）的干燥地上部分。

【采收加工】大蓟在每年秋、冬季采收。采收时先割除地上茎叶，挖出块根，除去残茎及须根，洗去附泥，摊放在水泥晒场曝晒或用炭火烘烤至足干备用或鲜用。

【性味功效】甘，苦，凉。凉血止血，祛瘀消肿。用于衄血，吐血，尿血，便血，崩漏下血，外伤出血，痈肿疮毒。

【应用举例】煎服，9 ～ 15 克，鲜品可用 30 ～ 60 克。外用鲜品适量，捣敷。

1. 月经过多：大蓟、小蓟、茜草、炒蒲黄各 9 克，女贞子、旱莲草各 12 克，水煎服。

2. 治肺痈：鲜大蓟 120 克，煎汤，早晚饭后服。

530. 香丝草 *Conyza bonariensis*（L.）Cronq.

【别名】草蒿、臭蒿、臭青蒿、酒饼草等。

【植物形态】一年生或二年生草本，根纺锤状，常斜升，具纤维状根。茎直立或斜升，高 20 ～ 50 厘米，稀更高，中部以上常分枝，常有斜上不育的侧枝，密被贴短毛，杂有开展的疏长毛。叶密集，基部叶花期常枯萎，下部叶倒披针形或长圆状披针形，长 3 ～ 5 厘米，宽 0.3 ～ 1 厘米，顶端尖或稍钝，基部渐狭成长柄，通常具粗齿或羽状浅裂，中部和上部叶具短柄或无柄，狭披针形或线形，长 3 ～ 7 厘米，宽 0.3 ～ 0.5 厘米，中部叶具齿，上部叶全缘，两面均密被贴糙毛。头状花序多数，直径 8 ～ 10 毫米，在茎端排列成总状或总状圆锥花序，花序梗长 10 ～ 15 毫米；总苞椭圆状卵形，长约 5 毫米，宽约 8 毫米，总苞片 2 ～ 3 层，线形，顶端尖，背面密被灰白色短糙毛，外层稍短或短于内层之半，内层长约 4 毫米，宽 0.7 毫米，具干膜质边缘。花托稍平，有明显的蜂窝孔，直径 3 ～ 4 毫米；雌花多层，白色，花冠细管状，长 3 ～ 3.5 毫米，无舌片或顶端仅有 3 ～ 4 个细齿；两性花淡黄色，花冠管状，长约 3 毫米，管部上部被疏微毛，上端具 5 齿裂；瘦果线状披针形，长 1.5 毫米，扁压，被疏短毛；冠毛 1 层，淡红褐色，长约 4 毫米。花期 5—10 月。

【生境与分布】产于我国中部、东部、南部至西南部各省区；原产于南美洲，现广泛分布于热带及亚热带地区。常生于荒地、田边、路旁，为一种常见的杂草。

【中药名称】野塘蒿。

【来源】为菊科植物香丝草（*Conyza bonariensis*（L.）Cronq.）的全草。

【采收加工】夏、秋季采收，鲜用或切断晒干。

【性味功效】苦，凉。归心、胃、肝经。清热解毒，除湿止痛，止血。用于感冒，疟疾，风湿性关节炎，疮疡脓肿，外伤出血等。

【应用举例】1. 内服：煎汤，9 ～ 12 克。外用：适量，捣敷。

2. 治肿毒化脓：野塘蒿鲜叶，捣烂敷患处。

531. 秋英 *Cosmos bipinnata* Cav.

【别名】波斯菊、大波斯菊、秋樱等。

【植物形态】一年生或多年生草本，高1～2米。根纺锤状，多须根，或近茎基部有不定根。茎无毛或稍被柔毛。叶二回羽状深裂，裂片线形或丝状线形。头状花序单生，直径3～6厘米；花序梗长6～18厘米。总苞片外层披针形或线状披针形，近革质，淡绿色，具深紫色条纹，上端长狭尖，较内层与内层等长，长10～15毫米，内层椭圆状卵形，膜质。托片平展，上端成丝状，与瘦果近等长。舌状花紫红色，粉红色或白色；舌片椭圆状倒卵形，长2～3厘米，宽1.2～1.8厘米，有3～5钝齿；管状花黄色，长6～8毫米，管部短，上部圆柱形，有披针状裂片；花柱具短突尖的附器。瘦果黑紫色，长8～12毫米，无毛，上端具长喙，有2～3尖刺。花期6—8月，果期9—10月。

【生境与分布】原产于墨西哥，在我国栽培甚广，在路旁、田埂、溪岸也常自生。云南、四川西部有大面积归化，海拔可达2700米。

【中药名称】秋英。

【来源】为菊科植物秋英（*Cosmos bipinnata* Cav.）的全草。

【采收加工】夏、秋季采收，鲜用或切断晒干。

【性味功效】甘，平。清热解毒，明目化湿。主治急、慢性痢疾，目赤肿痛；外用治痈疮肿毒。

【应用举例】全草30～60克，水煎服；外用鲜全草加红糖适量，捣烂外敷。

532. 野茼蒿 *Crassocephalum crepidioides*（Benth.）S. Moore

【别名】假茼蒿、冬风菜、飞机菜、满天飞、安南草、金黄花草、皇爷膏、假苦荠、观皮芥、解放草、飞花菜、土三七等。

【植物形态】直立草本，高20～120厘米，茎有纵条棱，无毛叶膜质，椭圆形或长圆状椭圆形，长7～12厘米，宽4～5厘米，顶端渐尖，基部楔形，边缘有不规则锯齿或重锯齿，或有时基部羽状裂，两面无毛或近无毛；叶柄长2～2.5厘米。头状花序数个在茎端排成伞房状，直径约3厘米，总苞钟状，长1～1.2厘米，基部截形，有数枚不等长的线形小苞片；总苞片1层，线状披针形，等长，宽约1.5毫米，具狭膜质边缘，顶端有簇状毛，小花全部管状，两性，花冠红褐色或橙红色，檐部5齿裂，花柱基部呈小球状，分枝，顶端尖，被乳头状毛。瘦果狭圆柱形，赤红色，有肋，被毛；冠毛极多数，白色，绢毛状，易脱落。花期 7—12 月。

【生境与分布】产于江西、福建、湖南、湖北、广东、广西、贵州、云南、四川、西藏。山坡路旁、水边、灌丛中常见，海拔 300 ～ 1800 米，是一种在泛热带广泛分布的一种杂草。

【中药名称】野木耳菜。

【来源】为菊科植物野茼蒿（*Crassocephalum crepidioides*（Benth.）S. Moore）的全草。

【采收加工】夏季采收，鲜用或晒干。

【性味功效】微苦，辛，平。清热解毒，调和脾胃。主治感冒，肠炎，痢疾，口腔炎，乳腺炎，消化不良。

【应用举例】内服：煎汤，30 ～ 60 克；或绞汁。外用：适量，捣敷。

533. 大丽花 *Dahlia pinnata* Cav.

【别名】天竺牡丹、西番莲、大理菊、苕菊、洋芍药等。

【植物形态】多年生草本，有巨大棒状块根。茎直立，多分枝，高 1.5 ～ 2 米，粗壮。叶一至三回羽状全裂，上部叶有时不分裂，裂片卵形或长圆状卵形，下面灰绿色，两面无毛。头状花序大，有长花序梗，常下垂，宽 6 ～ 12 厘米。总苞片外层约 5 个，卵状椭圆形，叶质，内层膜质，椭圆状披针形。舌状花 1 层，白色，红色，或紫色，常卵形，顶端有不明显的 3 齿，或全缘；管状花黄色，有时在栽培种全部为舌状花。瘦果长圆形，长 9 ～ 12 毫米，宽 3 ～ 4 毫米，黑色，扁平，有 2 个不明显的齿。花期 6—12 月，果期 9—10 月。

【生境与分布】我县庭院中普遍栽培。

【中药名称】大理菊。

【来源】为菊科植物大丽花（*Dahlia pinnata* Cav.）的块根。

【采收加工】秋季挖根，洗净，晒干或鲜用。

【性味功效】辛，甘，平。清热解毒，散瘀止痛。用于腮腺炎，龋齿疼痛，无名肿毒，跌打损伤。

【应用举例】内服：煎汤，6 ～ 12 克。外用：适量，捣敷。

534. 鳢肠 *Eclipta prostrata*（L.）L.

【别名】墨旱莲、旱莲草、墨斗草、白花蟛蜞菊、白花蟛蜞、黑墨草、墨汁旱莲草、鳢肠草、莲蓬草等。

【植物形态】一年生草本。茎直立，斜升或平卧，高达60厘米，通常自基部分枝，被贴生糙毛。叶长圆状披针形或披针形，无柄或有极短的柄，长3～10厘米，宽0.5～2.5厘米，顶端尖或渐尖，边缘有细锯齿或有时仅波状，两面被密硬糙毛。头状花序直径6～8毫米，有长2～4厘米的细花序梗；总苞球状钟形，总苞片绿色，草质，5～6个排成2层，长圆形或长圆状披针形，外层较内层稍短，背面及边缘被白色短伏毛；外围的雌花2层，舌状，长2～3毫米，舌片短，顶端2浅裂或全缘，中央的两性花多数，花冠管状，白色，长约1.5毫米，顶端4齿裂；花柱分枝钝，有乳头状突起；花托凸，有披针形或线形的托片。托片中部以上有微毛；瘦果暗褐色，长2.8毫米，雌花的瘦果三棱形，两性花的瘦果扁四棱形，顶端截形，具1～3个细齿，基部稍缩小，边缘具白色的肋，表面有小瘤状突起，无毛。花期6—9月。

【生境与分布】产于全国各省区。生于河边、田边或路旁。

【中药名称】墨旱莲。

【来源】为菊科植物鳢肠（*Eclipta prostrate*（L.）L.）的全草。

【采收加工】夏、秋季割取全草，除净泥沙，晒干或阴干。

【性味功效】甘，酸，凉。归肝、肾经。凉血，止血，补肾，益阴。用于吐血，咳血，衄血，尿血，便血，血痢，刀伤出血，须发早白，白喉，淋浊，带下，阴部湿痒等。

【应用举例】煎汤内服，用量6～12克，或熬膏，或捣汁，或入丸、散剂；外用适量，捣敷，或捣绒。

1. 治咯血、便血：墨旱莲、白及各10克，研末，开水冲服。塞鼻，研末敷。

2. 治刀伤出血：鲜墨旱莲捣烂，敷伤处；干者研末，敷伤处。

3. 治白浊：墨旱莲15克，车前子9克，金银花15克，土茯苓15克，水煎服。

535. 多须公 *Eupatorium chinense* L.

【别名】刘寄奴、班骨相思等。

【植物形态】多年生草本，高70～100厘米，全部茎草质，或小灌木或半小灌木状，高2～2.5米，基部，下部或中部以下茎木质。全株多分枝，分枝斜升，茎上部分枝伞房状；全部茎枝被污白色短柔毛，花序分枝及花梗上的毛密集，茎枝下部花期全部脱毛、疏毛。叶对生，无柄或几无柄；

中部茎叶卵形、宽卵形，少有卵状披针形、长卵形或披针状卵形的，长4.5～10厘米，宽3～5厘米，基部圆形，顶端渐尖或钝，羽状脉3～7对，叶两面粗涩，被白色短柔毛及黄色腺点，下面及沿脉的毛较密，自中部向上及向下部的茎叶渐小，与茎中部的叶同形同质，茎基部叶花期枯萎，全部茎叶边缘有规则的圆锯齿。头状花序多数在茎顶及枝端排成大型疏散的复伞房花序，花序直径达30厘米。总苞钟状，长约5毫米，有5个小花；总苞片3层，覆瓦状排列；外层苞片短，卵形或披针状卵形，外面被短柔毛及稀疏腺点，长1～2毫米；中层及内层苞片渐长，长椭圆形或长椭圆状披针形，长5～6毫米，上部及边缘白色、膜质，背面无毛但有黄色腺点。花白色、粉色或红色；花冠长5毫米，外面被稀疏黄色腺点。瘦果淡黑褐色，椭圆状，长3毫米，有5棱，散布黄色腺点。花果期6—11月。

【生境与分布】产于我国东南及西南部（浙江、福建、安徽、湖北、湖南、广东、广西、云南、四川及贵州）。生于山谷、山坡林缘、林下、灌丛或山坡草地上，村舍旁及田间等，海拔800～1900米。

【中药名称】多须公。

【来源】为菊科植物多须公（*Eupatorium Chinense* L.）的全草。

【采收加工】春、秋季采收。挖取全株，除去泥土，晒干或鲜用。

【性味功效】微苦，凉。清热解毒，利咽化痰。用于咽喉炎，扁桃体炎，白喉，支气管炎，风湿性关节炎，麻疹，肺炎，感冒发热，痈疖肿毒，毒蛇咬伤等。

【应用举例】内服：煎汤，10～20克，鲜品30～60克。外用：适量，捣敷或煎水洗。

1. 治喉部疾病：多须公根30克，水煎服。

2. 治劳伤出血：多须公根30克，藕节120克，水煎冲蜜冷服。

3. 治烫伤：多须公全草水煎取浓汁，冷敷患处。

536. 牛膝菊 *Galinsoga parviflora* Cav.

【别名】辣子草、向阳花、珍珠草、铜锤草等。

【植物形态】一年生草本，高10～80厘米。茎纤细，基部直径不足1毫米，或粗壮，基部直径约4毫米，不分枝或自基部分枝，分枝斜升，全部茎枝被疏散或上部稠密的贴伏短柔毛和少量腺毛，茎基部和中部花期脱毛或稀毛。叶对生，卵形或长椭圆状卵形，长（1.5）2.5～5.5厘米，宽（0.6）1.2～3.5厘米，基部圆形、宽或狭楔形，顶端渐尖或钝，基出三脉或不明显五出脉，在叶下面稍突起，在上面平，有叶柄，柄长1～2厘米；向上及花序下部的叶渐小，通常披针形；全部茎叶两面粗涩，被白色稀疏贴伏的短柔毛，沿脉和叶柄上的毛较密，边缘具浅或钝锯齿或波状浅锯齿，在花序下部的叶有时全缘或近全缘。头状花序半球形，有长花梗，多数在茎枝顶端排

成疏松的伞房花序，花序直径约3厘米。总苞半球形或宽钟状，宽3～6毫米；总苞片1～2层，约5个，外层短，内层卵形或卵圆形，长3毫米，顶端圆钝，白色，膜质。舌状花4～5个，舌片白色，顶端3齿裂，筒部细管状，外面被稠密白色短柔毛；管状花花冠长约1毫米，黄色，下部被稠密的白色短柔毛。托片倒披针形或长倒披针形，纸质，顶端3裂或不裂或侧裂。瘦果长1～1.5毫米，三棱或中央的瘦果4～5棱，黑色或黑褐色，常压扁，被白色微毛。舌状花冠毛毛状，脱落；管状花冠毛膜片状，白色，披针形，边缘流苏状，固结于冠毛环上，正体脱落。花果期7—10月。

【生境与分布】产于四川、云南、贵州、西藏等省区。生于林下、河谷地、荒野、河边、田间、溪边或市郊路旁。

【中药名称】辣子草。

【来源】为菊科植物牛膝菊（*Galinsoga parviflora* Cav.）的全草。

【采收加工】秋季采摘，晒干。

【性味功效】苦，酸，平。活血化瘀，祛湿利水，清热解毒。主治淋证，尿血，妇女闭经，症瘕，风湿性关节痛，脚气，水肿，痢疾，疟疾，白喉，痈肿，跌打损伤。

【应用举例】内服：煎汤，9～15克（鲜者30～60克）。

外用：捣敷，捣汁滴耳或研末吹喉。

537. 鼠麴草 *Gnaphalium affine* D. Don

【别名】鼠耳、无心、鼠耳草、香茅、蚍蜉酒草、黄花白艾、佛耳草、茸母、黄蒿、米曲等。

【植物形态】一年生草本。茎直立或基部发出的枝下部斜升，高10～40厘米或更高，基部直径约3毫米，上部不分枝，有沟纹，被白色厚绵毛，节间长8～20毫米，上部节间罕有达5厘米。叶无柄，匙状倒披针形或倒卵状匙形，长5～7厘米，宽11～14毫米，上部叶长15～20毫米，宽2～5毫米，基部渐狭，稍下延，顶端圆，具刺尖头，两面被白色绵毛，上面常较薄，叶脉1条，在下面不明显。头状花序较多或较少数，直径2～3毫米，近无柄，在枝顶密集成伞房花序，花黄色至淡黄色；总苞钟形，直径2～3毫米；总苞片2～3层，金黄色或柠檬黄色，膜质，有光泽，外层倒卵形或匙状倒卵形，背面基部被绵毛，顶端圆，基部渐狭，长约2毫米，内层长匙形，背面通常无毛，顶端钝，长2.5～3毫米；花托中央稍凹入，无毛。雌花多数，花冠细管状，长约2毫米，花冠顶端扩大，3齿裂，裂片无毛。两性花较少，管状，长约3毫米，向上渐扩大，檐部5浅裂，裂片三角状渐尖，无毛。瘦果倒卵形或倒卵状圆柱形，长约0.5毫米，有乳头状突起。冠毛粗糙，污白色，易脱落，长约1.5毫米，基部联合成2束。花期1—4月，果期8—11月。

【生境与分布】产于我国台湾、华东、华南、华中、华北、西北及西南各省区。生于低海拔干地或湿润草地上，尤以稻田常见。

【中药名称】鼠曲草。

【来源】为菊科植物鼠麴草（*Gnaphalium affine* D. Don）的全草。

【采收加工】春季开花时采收，去尽杂质，晒干，储藏于干燥处。鲜品随采随用。

【性味功效】甘，微酸，平。归肺经。化痰止咳，祛风除湿，解毒。用于咳喘痰多，风湿痹痛，泄泻，浮肿，蚕豆病，赤白带下，痈肿疔疮，阴囊湿痒，荨麻疹，高血压等。

【应用举例】内服：煎汤，6～15克；或研末；或浸酒。外用：适量，煎水洗；或捣敷。

1. 治支气管炎、哮喘：鼠曲草、款冬花各60克，胡桃肉、松子仁各120克，水煎混合浓缩，用白蜂蜜50克作膏。每次服1个月。

2. 治筋骨痛、脚膝肿痛、跌打损伤：鼠曲草30～60克，水煎服。

3. 治脾虚浮肿：鲜鼠曲草60克，水煎服。

538. 红凤菜 *Gynura bicolor*（Roxb. ex Willd.）DC.

【别名】两色三七草、红菜、玉枇杷、金枇杷、白背三七等。

【植物形态】多年生草本，高50～100厘米，全株无毛。茎直立，柔软，基部稍木质，上部有伞房状分枝，干时有条棱。叶具柄或近无柄。叶片倒卵形或倒披针形，稀长圆状披针形，长5～10厘米，宽2.5～4厘米，顶端尖或渐尖，基部楔状渐狭成具翅的叶柄，或近无柄而多少扩大，但不形成叶耳。边缘有不规则的波状齿或小尖齿，稀近基部羽状浅裂，侧脉7～9对，弧状上弯，上面绿色，下面干时变紫色，两面无毛；上部和分枝上的叶小，披针形至线状披针形，具短柄或近无柄。头状花序多数直径10毫米，在茎、枝端排列成疏伞房状；花序梗细，长3～4厘米，有1～2（3）枚丝状苞片。总苞狭钟状，长11～15毫米，宽8～10毫米，基部有7～9个线形小苞片；总苞片1层，约13个，线状披针形或线形，长11～15毫米，宽0.9～1.5（2）毫米，顶端尖或渐尖，边缘干膜质，背面具3条明显的肋，无毛。小花橙黄色至红色，花冠明显伸出总苞，长13～15毫米，管部细，长10～12毫米；裂片卵状三角形；花药基部圆形，或稍尖；花柱分枝钻形，被乳头状毛。瘦果圆柱形，淡褐色，长约4毫米，具10～15肋，无毛；冠毛丰富，白色，绢毛状，易脱落。花果期5—10月。

【生境与分布】产于云南（麻栗坡、屏边、西畴、福贡）、贵州（望谟、贵阳、福泉、荔波）、四川（峨眉山）、广西（平乐、蒙山、岑溪、北流、灵山、防城、上思等）、广东（怀集）、台湾（台北、宜兰）。生于山坡林下、岩石上或河边湿处，海拔 600 ～ 1500 米。

【中药名称】紫背菜。

【来源】为菊科植物红凤菜（*Gynura bicolor*（Roxb. ex Willd.）DC.）的全草。

【采收加工】全年均可采收，鲜用或晒干。

【性味功效】辛，甘，凉。清热凉血，活血，止血，解毒消肿。用于咳血、崩漏、外伤出血、痛经、痢疾、疮疡毒、跌打损伤、溃疡久不收敛等。根茎止渴、解暑。叶健胃镇咳。

【应用举例】内服：煎汤，25 ～ 50 克，鲜品 100 ～ 200 克。外用：鲜品适量，捣烂或干品研末，敷患处。

1. 治盆腔炎：紫背菜嫩叶 30 克，水煎服。
2. 治肾盂肾炎腰痛：鲜紫背菜 60 克，仙鹤草 15 克，水煎服。
3. 治疔疮痈肿：鲜紫背菜适量，加少许食盐或白糖同捣烂，外敷患处。
4. 治甲沟炎：鲜紫背菜适量，捣烂加白酒少许，外敷患处。

539. 菊三七 *Gynura japonica*（Thunb.）Juel.

【别名】菊叶三七、三七草、血当归等。

【植物形态】高大多年生草本，高 60 ～ 150 厘米，或更高。根粗大成块状，直径 3 ～ 4 厘米，有多数纤维状根茎直立，中空，基部木质，直径达 15 毫米，有明显的沟棱，幼时被卷柔毛，后变无毛，多分枝，小枝斜升。基部叶在花期常枯萎。基部和下部叶较小，椭圆形，不分裂至大头羽状，顶裂片大，中部叶大，具长或短柄，叶柄基部有圆形，具齿或羽状裂的叶耳，多少抱茎；叶片椭圆形或长圆状椭圆形，长 10 ～ 30 厘米，宽 8 ～ 15 厘米，羽状深裂，顶裂片大，倒卵形、长圆形至长圆状披针形，侧生裂片（2）3 ～ 6 对，椭圆形、长圆形至长圆状线形，长 1.5 ～ 5 厘米，宽 0.5 ～ 2（2.5）厘米，顶端尖或渐尖，边缘有大小不等的粗齿或锐锯齿、缺刻，稀全缘。上面绿色，下面绿色或变紫色，两面被贴生短毛或近无毛。上部叶较小，羽状分裂，渐变成苞叶。头状花序多数，直径 1.5 ～ 1.8 厘米，花茎枝端排成伞房状圆锥花序；每一花序枝有 3 ～ 8 个头状花序；花序梗细，长 1 ～ 3（6）厘米，被短柔毛，有 1 ～ 3 枚线形的苞片；总苞狭钟状或钟状，长 10 ～ 15 毫米，宽 8 ～ 15 毫米，基部有 9 ～ 11 枚线形小苞片；总苞片 1 层，13 个，线状披针形，长 10 ～ 15 毫米，宽 1 ～ 1.5 毫米，顶端渐尖，边缘干膜质，背面无毛或被疏毛。小花 50 ～ 100 个，花冠黄色或橙黄色，长 13 ～ 15 毫米，管部细，长 10 ～ 12 毫米上部扩大，裂片卵形，顶端尖；花药基部钝；花柱分枝有钻形附器，被乳头状毛。瘦果圆柱形，棕褐色，长 4 ～ 5 毫米，具 10 肋，肋间被微毛。冠毛丰富，白色，绢毛状，易脱落。花果期 8—10 月。

【生境与分布】产于四川（西部、西南部、中部至东部）、云南（西北部中部至南部）、贵州（瓮安、兴义、毕节、安顺、大方、贵阳等）、湖北（利川、当阳、神农架）、湖南（新宁）、陕西（洋县、佛坪）、安徽（石门、九华山）、浙江（天目山）、江西（德兴）、福建（建阳）、台湾、广西（南丹）。常生于山谷、山坡草地、林下或林缘，海拔 1200 ～ 3000 米。

【中药名称】三七草。

【来源】为菊科植物菊三七（*Gynura japonica*（Thunb.）Juel.）的全草。

【采收加工】夏、秋季采全草，洗净，鲜用或晒干。

【性味功效】甘，微苦，温。止血，散瘀，消肿止痛，清热解毒。用于吐血，衄血，咯血，便血，崩漏，外伤出血，痛经，产后瘀滞腹痛，跌打损伤，风湿痛，疮痈疽疔，蛇虫咬伤。

【应用举例】内服：全草，10 ～ 30 克。外用：适量，鲜品捣敷；或研末敷患处。

治蛇咬伤：三七草根捣烂敷患处。

540. 向日葵丈菊 *Helianthus annuus* L.

【别名】天葵子、葵子等。

【植物形态】一年生高大草本。茎直立，高 1 ～ 3 米，粗壮，被白色粗硬毛，不分枝或有时上部分枝。叶互生，心状卵圆形或卵圆形，顶端急尖或渐尖，有三基出脉，边缘有粗锯齿，两面被短糙毛，有长柄。头状花序极大，直径 10 ～ 30 厘米，单生于茎端或枝端，常下倾。总苞片多层，叶质，覆瓦状排列，卵形至卵状披针形，顶端尾状渐尖，被长硬毛或纤毛。花托平或稍凸、有半膜质托片。舌状花多数，黄色、舌片开展，长圆状卵形或长圆形，不结实。管状花棕色或紫色，有披针形裂片，结果实。瘦果倒卵形或卵状长圆形，稍扁压，长 10 ～ 15 毫米，有细肋，常被白色短柔毛，上端有 2 个膜片状早落的冠毛。花期 7—9 月，果期 8—9 月。

【生境与分布】县域内常为栽培。

【中药名称】向日葵子、向日葵根、向日葵花、向日葵茎髓。

【来源】菊科植物向日葵丈菊（*Helianthus annuus* L.）的种子为向日葵子，根为向日葵根，花为向日葵花，茎内髓心为向日葵茎髓。

【采收加工】向日葵子：秋季果实成熟后，割取花盘，晒干，打下果实，再晒干。

向日葵根：夏、秋季采挖，洗净，鲜用或晒干。

向日葵花：夏季开花时采摘，鲜用或晒干。

向日葵茎髓：秋季采收，鲜用或晒干。

【性味功效】向日葵子：用于血痢，透痈脓。

向日葵根：甘，淡，微寒。清热利湿，行气止痛。用于淋浊，水肿，带下，疝气，脘腹胀痛，跌打损伤等。

向日葵花：苦，平。祛风，平肝，利胆。用于头晕，耳鸣，小便淋沥等。

向日葵茎髓：甘，平。清热，利尿，止咳。用于淋浊，带下，乳糜尿，百日咳，风疹等。

【应用举例】向日葵子：内服，15 ～ 30 克，捣碎或开水炖；外用适量，捣敷或榨油涂。

治血痢：向日葵子 30 克，冲开水炖 1 小时，加冰糖服。

向日葵根：内服，煎汤，9 ～ 15 克，鲜者加倍；或研末。外用适量，捣敷。

1. 治胃胀胸痛：向日葵根、芫荽子、小茴香各 9 克，水煎服。

2. 治疝气：鲜葵花根 30 克，加红糖煎水服。

向日葵花：内服，煎汤，15 ～ 30 克。

治肝肾虚头晕：鲜向日葵花 30 克，炖鸡服。

向日葵茎髓：内服，煎汤，9 ～ 15 克。

1. 治小便淋痛：向日葵茎髓 30 克，车前草、灯心草各 15 克，淡竹叶 9 克，煎服。

2. 治带下：向日葵茎髓 15 ～ 30 克，水煎加糖服。

541. 菊芋 *Helianthus tuberosus* L.

【别名】五星草、洋羌、番羌等。

【植物形态】多年生草本，高 1 ～ 3 米，有块状的地下茎及纤维状根。茎直立，有分枝，被白色短糙毛或刚毛。叶通常对生，有叶柄，但上部叶互生；下部叶卵圆形或卵状椭圆形，有长柄，长 10 ～ 16 厘米，宽 3 ～ 6 厘米，基部宽楔形或圆形，有时微心形，顶端渐细尖，边缘有粗锯齿，有离基三出脉，上面被白色短粗毛、下面被柔毛，叶脉上有短硬毛，上部叶长椭圆形至阔披针形，基部渐狭，下延成短翅状，顶端渐尖，短尾状。头状花序较大，少数或多数，单生于枝端，有 1 ～ 2 个线状披针形的苞叶，直立，直径 2 ～ 5 厘米，总苞片多层，披针形，长 14 ～ 17 毫米、宽 2 ～ 3 毫米，顶端长渐尖，背面被短伏毛，边缘被开展的缘毛；托片长圆形，长 8 毫米，背面有肋、上端不等三浅裂。舌状花通常 12 ～ 20 个，舌片黄色，开展，长椭圆形，长 1.7 ～ 3 厘米；管状花花冠黄色，长 6 毫米。瘦果小，楔形，上端有 2 ～ 4 个有毛的锥状扁芒。花期 8—9 月。

【生境与分布】县域内常见栽培。

【中药名称】菊芋。

【来源】为菊科植物菊芋（*Helianthus tuberosus* L.）的块茎或茎叶。

【采收加工】秋季采挖块茎，夏、秋季采收茎叶，鲜用或晒干。

【性味功效】甘，微苦，凉。清热凉血，接骨。用于热病，肠热泻血，跌打骨伤。

【应用举例】内服：煎汤，10 ～ 15 克，或块根一个，生嚼服。

542. 线叶旋覆花 *Inula lineariifolia* Turcz.

【别名】蚂蚱膀子、驴耳朵、窄叶旋覆花等。

【植物形态】多年生草本，基部常有不定根。茎直立，单生或 2 ～ 3 个簇生，高 30 ～ 80 厘米，粗壮，有细沟，被短柔毛，上部常被长毛，杂有腺体，中部以上或上部有多数细长常稍直立的分枝，全部有稍密的叶，节间长 1 ～ 4 厘米。基部叶和下部叶在花期常生存，线状披针形，有时椭圆状披针形，长 5 ～ 15 厘米，宽 0.7 ～ 1.5 厘米，下部渐狭成长柄，边缘常反卷，有不明显的小锯齿，顶端渐尖，质较厚，上面无毛，下面有腺点，被蛛丝状短柔毛或长伏毛；中脉在上面稍下陷，网脉有时明显；中部叶渐无柄，上部叶渐狭小，线状披针形至线形。头状花序直径 1.5 ～ 2.5 厘米，在枝端单生或 3 ～ 5 个排列成伞房状；花序梗短或细长。总苞半球形，长 5 ～ 6 毫米；总苞片约 4 层，多少等长或外层较短，线状披针形，上部叶质，被腺和短柔毛，下部革质，但有时最外层叶状，较总苞稍长；内层较狭，顶端尖，除中脉外干膜质，有缘毛。舌状花较总苞长 2 倍；舌片黄色，长圆状线形，长达 10 毫米。管状花长 3.5 ～ 4 毫米，有尖三角形裂片。冠毛 1 层，白色，与管状花花冠等长，有多数微糙毛。子房和瘦果圆柱形，有细沟，被短粗毛。花期 7—9 月，果期 8—10 月。

【生境与分布】广产于我国东北部、北部、中部和东部各省。生于山坡、荒地、路旁、河岸，极常见，海拔 150 ～ 500 米。

【中药名称】旋覆花。

【来源】为菊科植物线叶旋覆花（*Inula lineariifolia* Turcz.）的干燥根。

【采收加工】夏、秋季花开放时采收，除去杂质，阴干或晒干。旋覆花：除去梗、叶及杂质。蜜旋覆花：取净旋覆花，照蜜炙法炒至不黏手。

【性味功效】苦，辛，咸，微温。归肺、脾、胃、大肠经。降气，消痰，行水，止呕。用于风寒咳嗽，痰饮蓄结，胸膈痞闷，咳喘痰多，呕吐噫气，心下痞硬。

【应用举例】1. 治外感风寒，内蕴痰湿，咳嗽痰多：常与半夏、麻黄等同用，如金沸草散。

2. 治痰饮内停，湿浊上犯而致咳嗽气促，胸膈痞闷：可与泻肺化痰、利水行气之桑白皮、槟榔等同用，如旋覆花汤。

3. 治痰浊中阻，胃气上逆而噫气呕吐，胃脘痞闷：常与代赭石、半夏、生姜等同用，如旋覆代赭汤。3 ～ 9 克，包煎。

543. 全叶马兰 *Kalimeris integrifolia* Turcz. ex DC.

【别名】全叶鸡儿肠等。

【植物形态】多年生草本，有长纺锤状直根。茎直立，高 30 ～ 70 厘米，单生或数个丛生，被细硬毛，中部以上有近直立的帚状分枝。下部叶在花期枯萎；中部叶多而密，条状披针形、倒披针形或矩圆形，长 2.5 ～ 4 厘米，宽 0.4 ～ 0.6 厘米，顶端钝或渐尖，常有小尖头，基部渐狭无柄，全缘，边缘稍反卷；上部叶较小，条形；全部叶下面灰绿，两面密被粉状短绒毛；中脉在下面凸起。头状花序单生枝端且排成疏伞房状。总苞半球形，直径 7 ～ 8 毫米，长 4 毫米；总苞片 3 层，覆瓦状排列，外层近条形，长 1.5 毫米，内层矩圆状披针形，长几达 4 毫米，顶端尖，上部单质，有短粗毛及腺点。舌状花 1 层，20 余个，管部长 1 毫米，有毛；舌片淡紫色，长 11 毫米，宽 2.5 毫米。管状花花冠长 3 毫米，管部长 1 毫米，有毛。瘦果倒卵形，长 1.8 ～ 2 毫米，宽 1.5 毫米，浅褐色，扁，有浅色边肋，或一面有肋而果呈三棱形，上部有短毛及腺。冠毛带褐色，长 0.3 ～ 0.5 毫米，不等长，弱而易脱落。花期 6—10 月，果期 7—11 月。

【生境与分布】广泛分布于我国西部、中部、东部、北部及东北部（四川、陕西南部、湖北、湖南、安徽、浙江、江苏、山东、河南、山西、河北、辽宁、吉林、黑龙江及内蒙古东部）。生于山坡、林缘、灌丛、路旁。

【中药名称】全叶马兰。

【来源】为菊科植物全叶马兰（*Kalimeris integrifolia* Turcz.ex DC.）的全草。

【采收加工】8—9 月采收，洗净，晒干或鲜用。

【性味功效】苦，寒。清热解毒，止咳。用于感冒发热，咳嗽，咽炎等。

【应用举例】内服：煎汤，15～30 克。

1. 治老年慢性支气管炎：①全叶马兰根 15 克，水煎，饭后服。②全叶马兰、紫菀、款冬花、百部、前胡各 10 克，甘草 6 克，水煎服。

2. 治大便下血：全叶马兰根或全草 30 克，猪瘦肉 120 克，煮服。

3. 治吐血：①全叶马兰 30 克，白茅根、侧柏叶各 20 克，水煎服。②全叶马兰、仙鹤草各 15 克，槐花 12 克，白茅根 30 克，水煎服。

4. 治牙痛：鲜全叶马兰根 30 克，水煎汤，以汤同鸭蛋 2 个煮服。

5. 治急性支气管炎：全叶马兰根 100 克，白豆腐 1～2 块，同煮，放盐不放油，吃豆腐饮汤，每日 1 剂。孕妇忌服。

544. 莴苣 *Lactuca sativa* L.

【别名】莴苣菜、千金菜、莴笋、莴菜、藤菜等。

【植物形态】一年生或二年草本，高 25～100 厘米。根垂直直伸。茎直立，单生，上部圆锥状花序分枝，全部茎枝白色。基生叶及下部茎叶大，不分裂，倒披针形、椭圆形或椭圆状倒披针形，长 6～15 厘米，宽 1.5～6.5 厘米，顶端急尖、短渐尖或圆形，无柄，基部心形或箭头状半抱茎，边缘波状或有细锯齿，向上的渐小，与基生叶及下部茎叶同形或披针形，圆锥花序分枝下部的叶及圆锥花序分枝上的叶极小，卵状心形，无柄，基部心形或箭头状抱茎，边缘全缘，全部叶两面无毛。头状花序多数或极多数，在茎枝顶端排成圆锥花序。总苞果期卵球形，长 1.1 厘米，宽 6 毫米；总苞片 5 层，最外层宽三角形，长约 1 毫米，宽约 2 毫米，外层三角形或披针形，长 5～7 毫米，宽约 2 毫米，中层披针形至卵状披针形，长约 9 毫米，宽 2～3 毫米，内层线状长椭圆形，长 1 厘米，宽约 2 毫米，全部总苞片顶端急尖，外面无毛。舌状小花约 15 枚。瘦果倒披针形，长 4 毫米，宽 1.3 毫米，压扁，浅褐色，每面有 6～7 条细脉纹，顶端急尖成细喙，喙细丝状，长约 4 毫米，与瘦果几等长。冠毛 2 层，纤细，微糙毛状。花果期 2—9 月。

【生境与分布】全国大部分地区均有栽培。

【中药名称】莴苣。

【来源】为菊科植物莴苣（*Lactuca sativa* L.）的茎或叶。

【采收加工】春季嫩茎肥大时采收，晒干，多为鲜用。

【性味功效】苦，甘，凉。归胃、小肠经。利尿，通乳，清热解毒。

【应用举例】内服：煎汤，30 ~ 60 克。外用：适量，捣敷。

1. 治小便不下：莴苣捣成泥，做饼贴脐。
2. 治小便尿血：莴苣，捣敷贴于脐上。
3. 治沙虱水毒：敷莴苣菜汁。

545. 金光菊 *Rudbeckia laciniata* L.

【别名】太阳菊、黑眼菊等。

【植物形态】多年生草本，高 50 ~ 200 厘米。茎上部有分枝，无毛或稍有短糙毛。叶互生，无毛或被疏短毛。下部叶具叶柄，不分裂或羽状 5 ~ 7 深裂，裂片长圆状披针形，顶端尖，边缘具不等的疏锯齿或浅裂；中部叶 3 ~ 5 深裂，上部叶不分裂，卵形，顶端尖，全缘或有少数粗齿，背面边缘被短糙毛。头状花序单生于枝端，具长花序梗，直径 7 ~ 12 厘米。总苞半球形；总苞片 2 层，长圆形，长 7 ~ 10 毫米，上端尖，稍弯曲，被短毛。花托球形；托片顶端截形，被毛，与瘦果等长。舌状花金黄色；舌片倒披针形，长约为总苞片的 2 倍，顶端具 2 短齿；管状花黄色或黄绿色。瘦果无毛，压扁，稍有 4 棱，长 5 ~ 6 毫米，顶端有具 4 齿的小冠。花期 7—10 月。

【生境与分布】我国各地庭园常见栽培。

【中药名称】金光菊。

【来源】为菊科植物金光菊（*Rudbeckia laciniata* L.）的叶。

【采收加工】夏、秋季采集，洗净，鲜用或晒干。

【性味功效】苦，寒。清湿热，解毒消痈。用于湿热吐泻，腹痛，痈疽疮毒。

【应用举例】内服：煎汤，9～12克。外用：适量，鲜叶捣敷。

546. 风毛菊 *Saussurea japonica*（Thunb.）DC.

【别名】八棱麻、八楞麻、三棱草、八面风等。

【植物形态】二年生草本，高50～150（200）厘米。根倒圆锥状或纺锤形，黑褐色，生多数须根。茎直立，基部直径1厘米，通常无翼，极少有翼，被稀疏的短柔毛及金黄色的小腺点。基生叶与下部茎叶有叶柄，柄长3～3.5（6）厘米，有狭翼，叶片全形椭圆形、长椭圆形或披针形，长7～22厘米，宽3.5～9厘米，羽状深裂，侧裂片7～8对，长椭圆形、椭圆形、偏斜三角形、线状披针形或线形，中部的侧裂片较大，向两端的侧裂片较小，全部侧裂片顶端钝或圆形，边缘全缘或极少边缘有少数大锯齿，顶裂片披针形或线状披针形，较长，极少基生叶不分裂，披针形或线状披针形，全缘或有大锯齿；中部茎叶与基生叶及下部茎叶同形并等样分裂，但渐小，有短柄；上部茎叶与花序分枝上的叶更小，羽状浅裂或不裂，无柄；全部两面同色，绿色，下面色淡，两面有稠密的凹陷性的淡黄色小腺点。头状花序多数，在茎枝顶端排成伞房状或伞房圆锥花序，有小花梗。总苞圆柱状，直径5～8毫米，被白色稀疏的蛛丝状毛；总苞片6层，外层长卵形，长2.8毫米，宽约1毫米，顶端微扩大，紫红色，中层与内层倒披针形或线形，长4～9毫米，顶端有扁圆形的紫红色的膜质附片，附片边缘有锯齿。小花紫色，长10～12毫米，细管部长6毫米，檐部长4～6毫米。瘦果深褐色，圆柱形，长4～5毫米。冠毛白色，2层，外层短，糙毛状，长2毫米，内层长，羽毛状，长8毫米。花果期6—11月。

【生境与分布】生于县域内的山坡、山谷、林下、荒坡、水旁、田中。广布于中国。

【中药名称】风毛菊。

【来源】为菊科植物风毛菊（*Saussurea japonica*（Thunb.）DC.）的全草。

【采收加工】夏、秋季采收，鲜用或晒干。

【性味功效】苦，辛，温。祛风活络，散瘀止痛。用于风湿性关节痛，腰腿痛，跌打损伤。

【应用举例】内服，9～15 克，水煎或泡酒服。

547. 千里光 *Senecio scandens* Buch. -Ham. ex D. Don

【别名】九里明、千里急、眼明草、九龙光、百花草等。

【植物形态】多年生攀援草本，根状茎木质，粗，直径达 1.5 厘米。茎伸长，弯曲，长 2～5 米，多分枝，被柔毛或无毛，老时变木质，皮淡色。叶具柄，叶片卵状披针形至长三角形，长 2. 5～12 厘米，宽 2～4.5 厘米，顶端渐尖，基部宽楔形，截形，戟形或稀心形，通常具浅或深齿，稀全缘，有时具细裂或羽状浅裂，至少基部具 1～3 对较小的侧裂片，两面被短柔毛至无毛；羽状脉，侧脉 7～9 对，弧状，叶脉明显；叶柄长 0.5～1（2）厘米，具柔毛或近无毛，无耳或基部有小耳；上部叶变小，披针形或线状披针形，长渐尖。头状花序有舌状花，多数，在茎枝端排列成顶生复聚伞圆锥花序；分枝和花序梗被密至疏短柔毛；花序梗长 1～2 厘米，具苞片，小苞片通常 1～10，线状钻形。总苞圆柱状钟形，长 5～8 毫米，宽 3～6 毫米，具外层苞片；苞片约 8，线状钻形，长 2～3 毫米。总苞片 12～13，线状披针形，渐尖，上端和上部边缘有缘毛状短柔毛，草质，边缘宽干膜质，背面有短柔毛或无毛，具 3 脉。舌状花 8～10，管部长 4.5 毫米；舌片黄色，长圆形，长 9～10 毫米，宽 2 毫米，钝，具 3 细齿，具 4 脉；管状花多数；花冠黄色，长 7.5 毫米，管部长 3.5 毫米，檐部漏斗状；裂片卵状长圆形，尖，上端有乳头状毛。花药长 2.3 毫米，基部有钝耳；耳长约为花药颈部 1/7；附片卵状披针形；花药颈部伸长，向基部略膨大；花柱分枝长 1.8 毫米，顶端截形，有乳头状毛。瘦果圆柱形，长 3 毫米，被柔毛；冠毛白色，长 7.5 毫米。

【生境与分布】产于西藏、陕西、湖北、四川、贵州、云南、安徽、浙江、江西、福建、湖南、广东、广西、台湾等省区。常生于森林、灌丛中，攀援于灌木、岩石上或溪边，海拔 50～3200 米。

【中药名称】千里光。

【来源】为菊科植物千里光（Senecio scandens Buch. -Ham. ex D.Don）的干燥地上部分。

【采收加工】9—10 月采收，割取地上部分，洗净，鲜用或晒干。

【性味功效】寒，苦。归肝、肺经。清热解毒，凉血消肿，清肝明目，杀虫止痛。

【应用举例】内服：水煎，9 ～ 15 克。外用：煎水洗、捣敷或熬膏涂。

548. 腺梗豨签草 *Sigesbeckia pubescens*（Makino）Makino

【别名】珠草、肥猪草、粘不扎等。

【植物形态】茎略呈方柱形，多分枝，长 30 ～ 110 厘米，直径 0.3 ～ 1 厘米；表面灰绿色、黄棕色或紫棕色，有纵沟及细纵纹，被灰色柔毛；节明显，略膨大；质脆，易折断，断面黄白色或带绿色，髓部宽广，类白色，中空。叶对生，叶片多皱缩、卷曲，展平后呈卵圆形，灰绿色，边缘有钝锯齿，两面皆有白色柔毛，主脉3出。有的可见黄色头状花序，总苞片匙形。

【生境与分布】生于林缘、林下、荒野、路边。分布于东北、华北、华东、中南、西南。

【中药名称】豨莶草。

【来源】为菊科植物腺梗豨莶草（*Sigesbeckia pubescens*（Makino）Makino）的干燥地上部分。

【采收加工】夏、秋二季花开前和花期均可采割，除去杂质，晒干。

【性味功效】苦，辛，寒。归肝、肾经。祛风湿，利关节，解毒。用于风湿痹痛，筋骨无力，腰膝酸软，四肢麻痹，半身不遂，风疹湿疮。

【应用举例】内服，9 ～ 12 克，煎服。

549. 一枝黄花 *Solidago decurrens* Lour.

【别名】蛇头王、见血飞等。

【植物形态】多年生草本，高（9）35 ～ 100 厘米。茎直立，通常细弱，单生或少数簇生，不分枝或中部以上有分枝。中部茎叶椭圆形、长椭圆形、卵形或宽披针形，长 2 ～ 5 厘米，宽 1 ～ 1.5（2）厘米，下部楔形渐窄，有具翅的柄，仅中部以上边缘有细齿或全缘；向上叶渐小；下部叶与中部茎叶同形，有长 2 ～ 4 厘米或更长的翅柄。全部叶质地较厚，叶两面、沿脉及叶缘有短柔毛或下面无毛。头状花序较小，长 6 ～ 8 毫米，宽 6 ～ 9 毫米，多数在茎上部排列成紧密或疏松的长 6 ～ 25 厘米的总状花序或伞房圆锥花序，少有排列成复头状花序。总苞片 4 ～ 6 层，披针形或披狭针形，顶端急尖或渐尖，中内层长 5 ～ 6 毫米。舌状花舌片椭圆形，长 6 毫米。瘦果长 3 毫米，无毛，极少有在顶端被稀疏柔毛的。花果期 4—11 月。

【生境与分布】这是一个产于我国南方的种。江苏、浙江、安徽、江西、四川、贵州、湖南、湖北、广东、广西、云南及陕西南部、台湾等地广为分布。生于阔叶林缘、林下、灌丛中及山坡草地上，海拔 565 ～ 2850 米。

【中药名称】一枝黄花。

【来源】为菊科植物一枝黄花（*Solidago decurrens* Lour.）的干燥全草。

【采收加工】秋季花果期采挖，除去泥沙，晒干。

【性味功效】微苦，辛，平。疏风清热，抗菌消炎。用于感冒，急性咽喉炎，扁桃体炎，疮疖肿毒。

【应用举例】内服，9 ～ 15 克。

550. 钻叶紫菀 *Aster subulatus* Michx.

【别名】钻形紫菀、剪刀菜、白菊花、土柴胡、九龙箭等。

【植物形态】多年生草本，高 25 ～ 80 厘米。茎基部略带红色，上部有分枝。叶互生，无柄；基部叶倒披针形，花期凋落；中部叶线状披针形，长 6 ～ 10 厘米，宽 0.5 ～ 1 厘米，先端尖或钝，全缘，上部叶渐狭线形。头状花序顶生，排成圆锥花序；总苞钟状；总苞片 3 ～ 4 层，外层较短，内层较长，线状钻形，无毛，背面绿色，先端略带红色；舌状花细狭、小，红色；管状花多数，短于冠毛。瘦果略有毛。花期 9—11 月。

【生境与分布】生于海拔 1100 ～ 1900 米的山坡灌丛中、草坡、沟边、路旁或荒地。江苏、浙江、

江西、湖北、湖南、四川、贵州均有逸生。

【中药名称】瑞连草。

【来源】为菊科植物钻叶紫菀（*Aster subulatus* Michx.）的全草。

【采收加工】秋季采收，切段，鲜用或晒干。

【性味功效】苦，酸，凉。清热解毒。

【应用举例】内服：煎汤，10～30克。外用：适量，捣敷。

551. 兔儿伞 *Syneilesis aconitifolia*（Bge.）Maxim.

【别名】小鬼伞、铁灯台、龙头七等。

【植物形态】多年生草本。根状茎短，横走，具多数须根，茎直立，高70～120厘米，下部直径2.5～6毫米，紫褐色，无毛，具纵肋，不分枝。叶通常2，疏生；下部叶具长柄；叶片盾状圆形，直径20～30厘米，掌状深裂；裂片7～9，每裂片再次2～3浅裂；小裂片宽4～8毫米，线状披针形，边缘具不等长的锐齿，顶端渐尖，初时反折呈闭伞状，被密蛛丝状绒毛，后开展成伞状，变无毛，上面淡绿色，下面灰色；叶柄长10～16厘米，无翅，无毛，基部抱茎；中部叶较小，直径12～24厘米；裂片通常4～5；叶柄长2～6厘米。其余的叶呈苞片状，披针形，向上渐小，无柄或具短柄。头状花序多数，在茎端密集成复伞房状，干时宽6～7毫米；花序梗长5～16毫米，具数枚线形小苞片；总苞筒状，长9～12毫米，宽5～7毫米，基部有3～4个小苞片；总苞片1层，5，长圆形，顶端钝，边缘膜质，外面无毛。小花8～10，花冠淡粉白色，长10毫米，管部窄，长3.5～4毫米，檐部窄钟状，5裂；花药变紫色，基部短箭形；花柱分枝伸长，扁，顶端钝，被笔状微毛。瘦果圆柱形，长5～6毫米，无毛，具肋；冠毛污白色或变红色，糙毛状，长8～10毫米。花期6—7月，果期8—10月。

【生境与分布】产于东北、华北、华中和陕西、甘肃、贵州。生于山坡荒地林缘或路旁，海拔500～1800米。

【中药名称】兔儿伞。

【来源】为菊科植物兔儿伞（*Syneilesis aconitifolia*（Bge.）Maxim.）的全草。

【采收加工】5—8月采收，鲜用或切段晒干。取原药材，除去杂质，用水洗净，内外湿度一致，切段，干燥，筛去灰屑。

【性味功效】苦，辛，温。归肺、大肠经。温肺祛痰，祛风止痢，消肿杀虫。用于外感风寒，咳嗽，温寒痢，腹泻，下痢，肠风下血，风虚牙肿，疔头疮，便毒初起，眉癣，疥疮等。

【应用举例】内服：煎汤，1.5～3 克；或入丸、散剂。外用：适量，鲜品捣敷；研末撒或调涂；或煎水洗；或取汁涂。

1. 治颈淋巴结结核：兔儿伞根、蛇莓各 30 克，香茶菜根 15 克，水煎服。另以鲜八角莲根捣烂，敷患处。

2. 治痔疮：兔儿伞适量，水煎熏洗患处；另可用根茎磨汁或捣烂涂患处。

552. 万寿菊 *Tagetes erecta* L.

【别名】蜂窝菊、金盏菊、臭菊花、臭芙蓉、芙蓉花等。

【植物形态】一年生草本，高 50～150 厘米。茎直立，粗壮，具纵细条棱，分枝向上平展。叶羽状分裂，长 5～10 厘米，宽 4～8 厘米，裂片长椭圆形或披针形，边缘具锐锯齿，上部叶裂片的齿端有长细芒；沿叶缘有少数腺体。头状花序单生，直径 5～8 厘米，花序梗顶端棍棒状膨大；总苞长 1.8～2 厘米，宽 1～1.5 厘米，杯状，顶端具齿尖；舌状花黄色或暗橙色；长 2.9 厘米，舌片倒卵形，长 1.4 厘米，宽 1.2 厘米，基部收缩成长爪，顶端微弯缺；管状花花冠黄色，长约 9 毫米，顶端具 5 齿裂。瘦果线形，基部缩小，黑色或褐色，长 8～11 毫米，被短微毛；冠毛有 1～2 个长芒和 2～3 个短而钝的鳞片。花期 7—9 月。

【生境与分布】我国各地均有栽培。

【中药名称】万寿菊花。

【来源】为菊科植物万寿菊（*Tagetes erecta* L.）的花。

【采收加工】秋、冬季采花，鲜用或晒干用。

【性味功效】苦，凉。清热解毒，化痰止咳。

【应用举例】内服：煎汤，9～15 克。外用：适量，花研粉，醋调匀搽患处。鲜根捣烂敷患处。

553. 孔雀草 *Tagetes patula* L.

【别名】小万寿菊、红黄草、西番菊、臭菊花、缎子花等。

【植物形态】一年生草本，高 30～100 厘米，茎直立，通常近基部分枝，分枝斜开展。叶羽状分裂，长 2 ～ 9 厘米，宽 1.5 ～ 3 厘米，裂片线状披针形，边缘有锯齿，齿端常有长细芒，齿的基部通常有 1 个腺体。头状花序单生，直径 3.5 ～ 4 厘米，花序梗长 5 ～ 6.5 厘米，顶端稍增粗；总苞长 1.5 厘米，宽 0.7 厘米，长椭圆形，上端具锐齿，有腺点；舌状花金黄色或橙色，带有红色斑；舌片近圆形，长 8 ～ 10 毫米，宽 6 ～ 7 毫米，顶端微凹；管状花花冠黄色，长 10 ～ 14 毫米，与冠毛等长，具 5 齿裂。瘦果线形，基部缩小，长 8 ～ 12 毫米，黑色，被短柔毛，冠毛鳞片状，其中 1 ～ 2 个长芒状，2 ～ 3 个短而钝。花期 7—9 月。

【生境与分布】我国各地庭园常有栽培。

【中药名称】孔雀草。

【来源】为菊科植物孔雀草（*Tagetes patula* L.）的全草。

【采收加工】夏、秋季采收，鲜用或晒干。

【性味功效】苦，凉。归肺经。清热解毒，止咳。用于风热感冒，咳嗽，百日咳，痢疾，腮腺炎，乳痈，疖肿，牙痛，口腔炎，目赤肿痛等。

【应用举例】治头痛发热：孔雀草加生姜，熬水吃。

内服：煎汤，9 ～ 15 克；或研末。外用：适量，研末醋调敷；或鲜品捣敷。

554. 蒲公英 *Taraxacum mongolicum* Hand.-Mazz.

【别名】蒙古蒲公英、黄花地丁、婆婆丁、灯笼草、姑姑英等。

【植物形态】多年生草本。根圆柱状，黑褐色，粗壮。叶倒卵状披针形、倒披针形或长圆状披针形，长 4 ～ 20 厘米，宽 1 ～ 5 厘米，先端钝或急尖，边缘有时具波状齿或羽状深裂，有时倒向羽状深裂或大头羽状深裂，顶端裂片较大，三角形或三角状戟形，全缘或具齿，每侧裂片 3 ～ 5 片，裂片三角形或三角状披针形，通常具齿，平展或倒向，裂片间常夹生小齿，基部渐狭成叶柄，叶柄及主脉常带红紫色，疏被蛛丝状白色柔毛或几无毛。花葶 1 至数个，与叶等长或稍长，高 10 ～ 25 厘米，上部紫红色，密被蛛丝状白色长柔毛；头状花序直径 30 ～ 40 毫米；总苞钟状，

长 12 ～ 14 毫米，淡绿色；总苞片 2 ～ 3 层，外层总苞片卵状披针形或披针形，长 8 ～ 10 毫米，宽 1 ～ 2 毫米，边缘宽膜质，基部淡绿色，上部紫红色，先端增厚或具小到中等的角状突起；内层总苞片线状披针形，长 10 ～ 16 毫米，宽 2 ～ 3 毫米，先端紫红色，具小角状突起；舌状花黄色，舌片长约 8 毫米，宽约 1.5 毫米，边缘花舌片背面具紫红色条纹，花药和柱头暗绿色。瘦果倒卵状披针形，暗褐色，长 4 ～ 5 毫米，宽 1 ～ 1.5 毫米，上部具小刺，下部具成行排列的小瘤，顶端逐渐收缩为长约 1 毫米的圆锥形至圆柱形喙基，喙长 6 ～ 10 毫米，纤细；冠毛白色，长约 6 毫米。花期 4—9 月，果期 5—10 月。

【生境与分布】产于黑龙江、吉林、辽宁、内蒙古、河北、山西、陕西、甘肃、青海、山东、江苏、安徽、浙江、福建（北部）、台湾、河南、湖北、湖南、广东（北部）、四川、贵州、云南等省区。广泛生于中、低海拔地区的山坡草地、路边、田野、河滩。

【中药名称】蒲公英。

【来源】为菊科植物蒲公英（*Taraxacum mongolicum* Hand.–Mazz.）的干燥全草。

【采收加工】除去杂质，洗净，切段，干燥。

【性味功效】苦，甘，寒。归肝、胃经。清热解毒，消肿散结，利尿通淋。用于疔疮肿毒，乳痈，瘰疬，目赤，咽痛，肺痈，肠痈，湿热黄疸，热淋涩痛。

【应用举例】内服，10 ～ 15 克。

555. 苍耳 *Xanthium sibiricum* Patrin ex Widder

【别名】菒耳、粘头婆、虱马头、苍耳子、老苍子、野茄子、敝子、道人头、刺八裸、苍浪子、绵苍浪子、羌子裸子、青棘子等。

【植物形态】一年生草本，高 20 ～ 90 厘米。根纺锤状，分枝或不分枝。茎直立不分枝或少有分枝，下部圆柱形，直径 4 ～ 10 毫米，上部有纵沟，被灰白色糙伏毛。叶三角状卵形或心形，长 4 ～ 9 厘米，宽 5 ～ 10 厘米，近全缘，或有 3 ～ 5 不明显浅裂，顶端尖或钝，基部稍心形或截形，与叶柄连接处成相等的楔形，边缘有不规则的粗锯齿，有三基出脉，侧脉弧形，直达叶缘，脉上密被糙伏毛，上面绿色，下面苍白色，被糙伏毛；叶柄长 3 ～ 11 厘米。雄性的头状花序球形，直径 4 ～ 6 毫米，有或无花序梗，总苞片长圆状披针形，长 1 ～ 1.5 毫米，被短柔毛，花托柱状，托片倒披针形，长约 2 毫米，顶端尖，有微毛，有多数的雄花，花冠钟形，管部上端有 5 宽裂片；花药长圆状线形；雌性的头状花序椭圆形，外层总苞片小，披针形，长约 3 毫米，被短柔毛，内层总苞片结合成囊状，宽卵形或椭圆形，绿色，淡黄绿色或有时带红褐色，在瘦果成熟时变坚硬，连同喙部长 12 ～ 15 毫米，宽 4 ～ 7 毫米，外面有疏生的具钩状的刺，刺极细而直，基部微增粗或几不增粗，长 1 ～ 1.5 毫米，基部被柔毛，常有腺点，或全部无毛；喙坚硬，锥形，上端略呈镰刀状，长 1.5 ～ 2.5 毫米，常不等长，少有结合而成 1 个喙。瘦果 2，倒卵形。花期 7—8 月，果期 9—10 月。

【生境与分布】广泛分布于东北、华北、华东、华南、西北及西南各省区。常生长于平原、丘陵、低山、荒野路边、田边。

【中药名称】苍耳子、苍耳根、苍耳花。

【来源】菊科植物苍耳（*Xanthium sibiricum* Patrin ex Widder）的干燥成熟带总苞的果实为苍耳子，根为苍耳根，花为苍耳花。

【采收加工】苍耳子：取原药材，除去杂质，用时捣碎。

苍耳花：夏季采收，鲜用或阴干。

苍耳根：秋后采挖，鲜用或切片晒干。

【性味功效】苍耳子：苦，甘，辛，温。归肺、肝经。发散风寒，通鼻窍，祛风湿，止痛。用于风寒感冒，鼻渊，风湿痹痛，风疹瘙痒等。

苍耳根：用于疔疮，痈疽，缠喉风，丹毒，高血压，痢疾。

苍耳花：用于白癞顽痒。

【应用举例】苍耳子：治鼻渊，与辛夷、白芷等散风寒、通鼻窍药配伍，如苍耳子散。煎服，3 ～ 9 克；或入丸、散剂。

苍耳根：内服，煎汤，鲜者 0.5 ～ 1 两；捣汁或熬膏；外用，煎水熏洗或熬膏涂。

苍耳花：内服，煎汤，9 ～ 21 克；外用，捣敷。

556. 黄鹌菜 *Youngia japonica* (L.) DC.

【别名】苦菜药、三枝香等。

【植物形态】一年生草本，高 10 ～ 100 厘米。根垂直直伸，生多数须根。茎直立，单生或少数茎成簇生，粗壮或细，顶端伞房花序状分枝或下部有长分枝，下部被稀疏的皱波状长或短毛。基生叶倒披针形、椭圆形、长椭圆形或宽线形，长 2.5 ～ 13 厘米，宽 1 ～ 4.5 厘米，大头羽状深裂或全裂，极少有不裂的，叶柄长 1 ～ 7 厘米，有狭或宽翼或无翼，顶裂片卵形、倒卵形或卵状披针形，顶端圆形或急尖，边缘有锯齿或几全缘，侧裂片 3 ～ 7 对，椭圆形，向下渐小，最下方的侧裂片耳状，全部侧裂片边缘有锯齿或细锯齿或边缘有小尖头，极少边缘全缘；无茎叶或极少有 1（2）枚茎生叶，且与基生叶同形并等样分裂；全部叶及叶柄被皱波状长或短柔毛。头状花序含 10 ～ 20 枚舌状小花，少数或多数在茎枝顶端排成伞房花序，花序梗细。总苞圆柱状，长 4 ～ 5 毫米，极少长 3.5 ～ 4 毫米；总苞片 4 层，外层及最外层极短，宽卵形或宽形，长、宽均不足 0.6 毫米，顶端急尖，内层及最内层长，长 4 ～ 5 毫米，极少长 3.5 ～ 4 毫米，宽 1 ～ 1.3 毫米，披针形，顶端急尖，边缘白色宽膜质，内面有贴伏的短糙毛；全部总苞片外面无毛。舌状小花黄色，花冠管外面有短柔毛。瘦果纺锤形，压扁，褐色或红褐色，长 1.5 ～ 2 毫米，向顶端有收缢，顶端无喙，有 11 ～ 13 条粗细不等的纵肋，肋上有小刺毛。冠毛长 2.5 ～ 3.5 毫米，糙毛状。花果期 4—10 月。

【生境与分布】生于山坡、山谷及山沟林缘、林下、林间草地及潮湿地、河边沼泽地、田间与荒地上。分布于北京、陕西（洋县）、甘肃（西固）、山东（烟台）、江苏（宜兴）、安徽（歙县）、浙江（昌化、丽水、临海）、江西（萍乡、兴国）、福建（顺昌）、河南（商城）、湖北（宣恩、巴东）、湖南（新宁、龙山）、广东（翁源、乳源、信宜）、广西（百色）、四川（天全、峨眉、康定、泸定、石棉、攀枝花）、云南（大理、昆明）、西藏（聂拉木、林芝）等地。

【中药名称】黄鹌菜。

【来源】为菊科植物黄鹌菜（*Youngia japonica*（L.）DC.）的全草或根。

【采收加工】春、秋季采收。鲜用或晒干。

【性味功效】甘，微苦，凉，无毒。清热，解毒，消肿，止痛。用于感冒，咽痛，乳腺炎，结膜炎，疮疖，尿路感染，带下，风湿性关节炎。

【应用举例】内服：煎汤，3 ～ 5 钱（鲜品 30 ～ 60 克）。外用：捣敷或捣汁含漱。

1. 治咽喉炎症：鲜黄鹌菜，洗净，捣汁，加醋适量含漱（治疗期间忌吃油腻食物）。
2. 治乳腺炎：鲜黄鹌菜 30 ～ 60 克，水煎酌加酒服，渣捣烂加热外敷患处。
3. 治肝硬化腹水：鲜黄鹌菜根 12 ～ 18 克，水煎服。
4. 治胼胝：鲜黄鹌菜 30 ～ 60 克，水、酒各半煎服，渣外敷。
5. 治狂犬咬伤：鲜黄鹌菜 30 ～ 60 克，绞汁泡开水服，渣外敷。

557. 百日菊 *Zinnia elegans* Jacq.

【别名】百日草、火毡花、鱼尾菊、节节高、步步登高等。

【植物形态】一年生草本。茎直立，高 30 ～ 100 厘米，被糙毛或长硬毛。叶宽卵圆形或长圆状椭圆形，长 5 ～ 10 厘米，宽 2.5 ～ 5 厘米，基部稍心形抱茎，两面粗糙，下面被密的短糙毛，基出三脉。头状花序直径 5 ～ 6.5 厘米，单生枝端，无中空肥厚的花序梗。总苞宽钟状；总苞片多层，宽卵形或卵状椭圆形，外层长约 5 毫米，内层长约 10 毫米，边缘黑色。托片上端有延伸的附片；

附片紫红色，流苏状三角形。舌状花深红色、玫瑰色、紫堇色或白色，舌片倒卵圆形，先端2～3齿裂或全缘，上面被短毛，下面被长柔毛。管状花黄色或橙色，长7～8毫米，先端裂片卵状披针形，上面被黄褐色密茸毛。雌花瘦果倒卵圆形，长6～7毫米，宽4～5毫米，扁平，腹面正中和两侧边缘各有1棱，顶端截形，基部狭窄，被密毛；管状花瘦果倒卵状楔形，长7～8毫米，宽3.5～4毫米，极扁，被疏毛，顶端有短齿。花期6—9月，果期7—10月。

【生境与分布】在我国各地栽培很广，有时成为野生。在云南（西双版纳、蒙自等）、四川西南部有引种。

【中药名称】百日菊。

【来源】为菊科植物百日菊（*Zinnia elegans* Jacq.）的全株。

【采收加工】春、夏季采收，鲜用或切段晒干。

【性味功效】苦，辛，凉。清热，利湿，解毒。用于湿热痢疾、淋证、乳痈、疖肿。

【应用举例】内服：煎汤，15～30克。外用：鲜品适量，捣敷患处。

一百四十一、泽泻科 Alismataceae

多年生，稀一年生，沼生或水生草本；具乳汁或无；具根状茎、匍匐茎、球茎、珠芽。叶基生，直立，挺水、浮水或沉水；叶片条形、披针形、卵形、椭圆形、箭形等，全缘；叶脉平行；叶柄长短随水位深浅有明显变化，基部具鞘，边缘膜质或否。花序总状、圆锥状或呈圆锥状聚伞花序，稀1～3朵花单生或散生。花两性、单性或杂性，辐射对称；花被片6枚，排成2轮，覆瓦状，外轮花被片宿存，内轮花被片易枯萎、凋落；雄蕊6枚或多数，花药2室，外向，纵裂，花丝分离，向下逐渐增宽，或上下等宽；心皮多数，轮生，或螺旋状排列，分离，花柱宿存，胚珠通常1枚，着生于子房基部。瘦果两侧压扁，或为小坚果，多少胀圆。种子通常褐色、深紫色或紫色；胚马蹄形，无胚乳。

本科有11属约100种，主要产于北半球温带至热带地区，大洋洲、非洲亦有分布。我国有4

属 20 种 1 亚种 1 变种 1 变型，野生或引种栽培，南北均有分布。

全国第四次中药资源普查秭归境内发现 1 种。

558. 矮慈姑 *Sagittaria pygmaea* Miq.

【别名】凤梨草、瓜皮草、线叶慈姑等。

【植物形态】一年生，稀多年生沼生或沉水草本。有时具短根状茎；匍匐茎短细，根状，末端的芽几乎不膨大，通常当年萌发形成新株，稀有越冬者。叶条形，稀披针形，长 2 ～ 30 厘米，宽 0.2 ～ 1 厘米，光滑，先端渐尖，或稍钝，基部鞘状，通常具横脉。花葶高 5 ～ 35 厘米，直立，通常挺水。花序总状，长 2 ～ 10 厘米，具花 2（3）轮；苞片长 2 ～ 3 毫米，宽约 2 毫米，椭圆形，膜质；花单性，外轮花被片绿色，倒卵形，长 5 ～ 7 毫米，宽 3 ～ 5 毫米，具条纹，宿存，内轮花被片白色，长 1 ～ 1.5 厘米，宽 1 ～ 1.6 厘米，圆形或扁圆形；雌花 1 朵，单生，或与两朵雄花组成 1 轮，心皮多数，两侧压扁，密集成球状，花柱从腹侧伸出，向上；雄花具梗，雄蕊多，花丝长短、宽窄随花期不同而异，通常长 1 ～ 2 毫米，宽 0.5 ～ 1 毫米，花药长椭圆形，长 1 ～ 1.5 毫米。瘦果两侧压扁，具翅，近倒卵形，长 3 ～ 5 毫米，宽 2.5 ～ 3.5 毫米，背翅具鸡冠状齿裂；果喙自腹侧伸出，长 1 ～ 1.5 毫米。花果期 5—11 月。

【生境与分布】产于陕西、山东、江苏、安徽、浙江、江西、福建、台湾、河南、湖北、湖南、广东、海南、广西、四川、贵州、云南等省区。生于沼泽、水田、沟溪浅水处。

【中药名称】鸭舌头。

【来源】为泽泻科植物矮慈姑（*Sagittaria pygmaea* Miq.）的全草。

【采收加工】夏、秋季采收，鲜用或晒干备用。

【性味功效】淡，寒。归脾经。清肺利咽，利湿解毒。用于肺热咳嗽，咽喉肿痛，小便热痛，痈疖肿毒，湿疮，烫伤，蛇咬伤。

【应用举例】治喉火：鲜鸭舌头 30 克，水煎服，同时另取一部分捣敷颌下。

内服：煎汤，鲜品 15 ～ 30 克。外用：适量，捣敷。

一百四十二、百合科 Liliaceae

通常为具根状茎、块茎或鳞茎的多年生草本，很少为亚灌木、灌木或乔木状。叶基生或茎生，后者多为互生，较少为对生或轮生，通常具弧形平行脉，极少具网状脉。花两性，很少为单性异株或杂性，通常辐射对称，极少两侧对称；花被片 6，少有 4 或多数，离生或不同程度的合生（成筒），一般为花冠状；雄蕊通常与花被片同数，花丝离生或贴生于花被筒上；花药基着或丁字状着生；药室 2，纵裂，较少汇合成一室而为横缝开裂；心皮合生或不同程度的离生；子房上位，极少半下位，一般 3 室（很少为 2、4、5 室），具中轴胎座，少有 1 室而具侧膜胎座；每室具 1 至多数倒生胚珠。果实为蒴果或浆果，较少为坚果。种子具丰富的胚乳，胚小。

全国第四次中药资源普查秭归境内发现 26 种。

559. 粉条儿菜 *Aletris spicata*（Thunb.）Franch.

【别名】金线吊白米等。

【植物形态】植株具多数须根，根毛局部膨大；膨大部分长 3 ～ 6 毫米，宽 0.5 ～ 0.7 毫米，白色。叶簇生，纸质，条形，有时下弯，长 10 ～ 25 厘米，宽 3 ～ 4 毫米，先端渐尖。花莛高 40 ～ 70 厘米，有棱，密生柔毛，中下部有几枚长 1.5 ～ 6.5 厘米的苞片状叶；总状花序长 6 ～ 30 厘米，疏生多花；苞片 2 枚，窄条形，位于花梗的基部，长 5 ～ 8 毫米，短于花；花梗极短，有毛；花被黄绿色，上端粉红色，外面有柔毛，长 6 ～ 7 毫米，分裂部分占 1/3 ～ 1/2；裂片条状披针形，长 3 ～ 3.5 毫米，宽 0.8 ～ 1.2 毫米；雄蕊着生于花被裂片的基部，花丝短，花药椭圆形；子房卵形，花柱长 1.5 毫米。蒴果倒卵形或矩圆状倒卵形：有棱角，长 3 ～ 4 毫米，宽 2.5 ～ 3 毫米，密生柔毛。花期 4—5 月，果期 6—7 月。

【生境与分布】产于江苏、浙江、安徽、江西、福建、台湾、广东、广西、湖南、湖北、河南、河北、山西、陕西（秦岭以南）和甘肃（南部）。生于山坡上、路边、灌丛边或草地上，海拔 350 ～ 2500 米。我县均有分布。

【中药名称】小肺筋草。

【来源】为百合科植物粉条儿菜（*Aletris spicata*（Thunb.）Franch.），以根及全草入药。

【采收加工】四季采全草，洗净晒干或鲜用；夏、秋季挖根，洗净晒干。

【性味功效】甘，平。润肺止咳，养心安神，消积驱蛔。用于支气管炎，百日咳，神经官能症，小儿疳积，蛔虫病，腮腺炎等。

【应用举例】内服：0.3 ～ 1 两。

治结核性骨髓炎：用鲜小肺筋草全草 4 两（干品 1 ～ 2 两），水煎服，每天 1 剂。

560. 薤 *Allium chinense* Bunge

【别名】薤白、小根蒜、密花小根蒜、团葱等。

【植物形态】鳞茎近球状，粗 0.7 ～ 1.5（2）厘米，基部常具小鳞茎（因其易脱落故在标本上不常见）；鳞茎外皮带黑色，纸质或膜质，不破裂，但在标本上多因脱落而仅存白色的内皮。叶 3 ～ 5 枚，半圆柱状，或因背部纵棱发达而为三棱状半圆柱形，中空，上面具沟槽，比花葶短。花葶圆柱状，高 30 ～ 70 厘米，1/4 ～ 1/3 被叶鞘；总苞 2 裂，比花序短；伞形花序半球状至球状，具多而密集的花，或间具珠芽或有时全为珠芽；小花梗近等长，比花被片长 3 ～ 5 倍，基部具小苞片；珠芽暗紫色，基部亦具小苞片；花淡紫色或淡红色；花被片矩圆状卵形至矩圆状披针形，长 4 ～ 5.5 毫米，宽 1.2 ～ 2 毫米，内轮的常较狭；花丝等长，比花被片稍长直到比其长 1/3，在基部合生并与花被片贴生，分离部分的基部呈狭三角形扩大，向上收狭成锥形，内轮的基部约为外轮基部宽的 1.5 倍；子房近球状，腹缝线基部具有帘的凹陷蜜穴；花柱伸出花被外。花果期 5—7 月。

【生境与分布】除新疆、青海外，全国各省区均产。生于海拔 1500 米以下的山坡、丘陵、山谷或草地上，极少数地区（云南和西藏）在海拔 3000 米的山坡上也有分布。

【中药名称】薤白。

【来源】为百合科植物小根蒜（*Allium macrostemon* Bunge）或薤 (*Allium chinensis* Bunge) 的干燥鳞茎。

【采收加工】夏、秋季采挖，洗净，除去须根，蒸透或置沸水中烫透，晒干。

【性味功效】辛，苦，温。归肺、胃、大肠经。通阳散结，行气导滞。用于胸痹疼痛，痰饮咳喘，泻痢后重等。

【应用举例】内服：煎汤，1.5～3钱（鲜者1～2两）；或入丸、散剂。外用：捣敷或捣汁涂。

561. 韭 *Allium tuberosum* Rottle ex Sprengle

【别名】扁韭、山韭、丰本、扁菜、草钟乳、起阳草、长生韭、懒人菜等。

【植物形态】具倾斜的横生根状茎。鳞茎簇生，近圆柱状；鳞茎外皮暗黄色至黄褐色，破裂成纤维状，呈网状或近网状。叶条形，扁平，实心，比花葶短，宽1.5～8毫米，边缘平滑。花葶圆柱状，常具2纵棱，高25～60厘米，下部被叶鞘；总苞单侧开裂，或2～3裂，宿存；伞形花序半球状或近球状，具多但较稀疏的花；小花梗近等长，比花被片长2～4倍，基部具小苞片，且数枚小花梗的基部又为1枚共同的苞片所包围；花白色；花被片常具绿色或黄绿色的中脉，内轮的矩圆状倒卵形，稀为矩圆状卵形，先端具短尖头或钝圆，长4～7（8）毫米，宽2.1～3.5毫米，外轮的常较窄，矩圆状卵形至矩圆状披针形，先端具短尖头，长4～7（8）毫米，宽1.8～3毫米；花丝等长，为花被片长度的2/3～4/5，基部合生并与花被片贴生，合生部分高0.5～1毫米，分离部分狭三角形，内轮的稍宽；子房倒圆锥状球形，具3圆棱，外壁具细的疣状突起。花果期7—9月。

【生境与分布】全国广泛栽培，亦有野生植株，但北方的为野化植株。原产于亚洲东南部。现在世界上已普遍栽培。

【中药名称】韭菜子。

【来源】为百合科植物韭（*Allium tuberosum* Rottle ex Sprengle）的干燥成熟种子。

【采收加工】叶子长到三寸长时即可收割，若要收种子就只收割一次。九月份收种子，它的种子呈黑色，形状扁平，需放在通风之处阴干，不可放在潮湿的地方。

【性味功效】辛，微酸，涩，温，无毒。补肾助阳，温中开胃。

花：食之动风。

根：可治各种癣证。

籽：可治梦中遗精、便血，可暖腰膝，治小便频繁、遗尿，以及妇女白带过多。

【应用举例】籽：内服，3～9克。

将其研成末，拌入白糖可治腹泻，拌入红糖则可治腹泻及便血。

562. 芦荟　*Aloe vera* var. *chinensis*（Haw.）Berg

【别名】油葱、卢会、讷会、象胆、奴会、劳伟等。

【植物形态】茎较短。叶近簇生或稍二列（幼小植株），肥厚多汁，条状披针形，粉绿色，长15～35厘米，基部宽4～5厘米，顶端有几个小齿，边缘疏生刺状小齿。花葶高60～90厘米，不分枝或有时稍分枝；总状花序具几十朵花；苞片近披针形，先端锐尖；花点垂，稀疏排列，淡黄色而有红斑；花被长约2.5厘米，裂片先端稍外弯；雄蕊与花被近等长或略长，花柱明显伸出花被外。

【生境与分布】南方各省区和温室常见栽培，也有由栽培变为野生的。我县均有分布。

【中药名称】芦荟、芦荟花、芦荟根。

【来源】百合科植物芦荟（*Aloe vera* var. *chinensis*（Haw.）Berg.）的根为芦荟根，花为芦荟花，叶的汁液为芦荟。

【采收加工】芦荟：四季可采，一般鲜用，或割取叶片收集流出的液汁蒸发到适当浓度，逐渐冷却凝固，即得干浸膏。

芦荟花：7—8月间采收，鲜用或阴干。

芦荟根：全年均可采，切段晒干。

【性味功效】芦荟：苦，寒，无毒。归肝、胃、大肠经。泻火，解毒，化瘀，杀虫。主治目赤，便秘，白浊，尿血，小儿惊痫，疳积，烧烫伤，妇女闭经，痔疮，疥疮，痈疖肿毒，跌打损伤等。芦荟花：苦，寒，无毒；主治热风烦闷，胸膈间热气，小儿癫痫惊风，痔病疮瘘等。

芦荟根：甘，淡，凉。归胃、膀胱经。主治小儿疳积，尿路感染等。

【应用举例】1. 芦荟：内服，2～5克；外用适量，研末敷患处。

小儿脾疳：芦荟、使君子等份，为末，每次饮服一至二钱。

2. 芦荟根：内服，煎汤，15～30克。

3. 芦荟花：内服，煎汤一至二钱；外用，煎水洗。

治咳嗽、咳血：芦荟花（干品）三至五钱，水煎服。

563. 羊齿天门冬　*Asparagus filicinus* D. Don

【别名】滇百部、月牙一支蒿、土百部、千锤打等。

【植物形态】直立草本，通常高50～70厘米。根成簇，从基部开始或在距基部几厘米处成纺锤状膨大，膨大部分长短不一，一般长 2 ～ 4 厘米，宽 5 ～ 10 毫米。茎近平滑，分枝通常有棱，有时稍具软骨质齿。叶状枝每 5 ～ 8 枚成簇，扁平，镰刀状，长 3 ～ 15 毫米，宽 0.8 ～ 2 毫米，有中脉；鳞片状叶基部无刺。花每 1 ～ 2 朵腋生，淡绿色，有时稍带紫色；花梗纤细，长 12 ～ 20 毫米，关节位于近中部。雄花：花被长约 2.5 毫米，花丝不贴生于花被片上；花药卵形，长约 0.8 毫米。雌花和雄花近等大或略小。浆果直径 5 ～ 6 毫米，有 2 ～ 3 颗种子。花期 5—7 月，果期 8—9 月。

【生境与分布】产于山西（西南部）、河南、陕西（秦岭以南）、甘肃（南部）、湖北、湖南、浙江、四川、贵州和云南（中部至西北部）。生于海拔 1200 ～ 3000 米的丛林下或山谷阴湿处。我县均有分布。

【中药名称】羊齿天冬。

【来源】为百合科植物羊齿天门冬（*Asparagus filicinus* D. Don）的块根。

【采收加工】秋季采挖，除去茎，洗净，煮沸约 30 分钟，捞出，剥除外皮，晒干。

【性味功效】甘，淡，平。归肺经。润肺止咳，杀虫止痒。用于肺结核久咳，肺脓疡，百日咳，咯痰带血，支气管哮喘。

【应用举例】内服：煎汤，6 ～ 15 克。

外用：适量，煎汤洗；或研末调敷。

564. 蜘蛛抱蛋 *Aspidistra elatior* Blume

【别名】大叶万年青、竹叶盘、九龙盘、竹节伸筋、赶山鞭、斩龙剑等。

【植物形态】根状茎近圆柱形，直径 5 ～ 10 毫米，具节和鳞片。叶单生，彼此相距 1 ～ 3 厘米，矩圆状披针形、披针形至近椭圆形，长 22 ～ 46 厘米，宽 8 ～ 11 厘米，先端渐尖，基部楔形，边缘皱波状，两面绿色，有时稍具黄白色斑点或条纹；叶柄明显，粗壮，长 5 ～ 35 厘米。总花梗长 0.5 ～ 2 厘米；苞片 3 ～ 4 枚，其中 2 枚位于花的基部，宽卵形，长 7 ～ 10 毫米，宽约 9 毫米，淡绿色，

有时有紫色细点；花被钟状，长 12 ～ 18 毫米，直径 10 ～ 15 毫米，外面带紫色或暗紫色，内面下部淡紫色或深紫色，上部（6）8 裂；花被筒长 10 ～ 12 毫米，裂片近三角形，向外扩展或外弯，长 6 ～ 8 毫米，宽 3.5 ～ 4 毫米，先端钝，边缘和内侧的上部淡绿色，内面具特别肥厚的肉质脊状隆起，中间的 2 条细而长，两侧的 2 条粗而短，中部高达 1.5 毫米，紫红色；雄蕊（6）8 枚，生于花被筒近基部，低于柱头；花丝短，花药椭圆形，长约 2 毫米；雌蕊高约 8 毫米，子房几不膨大；花柱无关节；柱头盾状膨大，圆形，直径 10 ～ 13 毫米，紫红色，上面具（3）4 深裂，裂缝两边多少向上凸出，中心部分微凸，裂片先端微凹，边缘常向上反卷。

【生境与分布】我国各地公园多有栽培。我县均有分布。

【中药名称】蜘蛛抱蛋。

【来源】百合科蜘蛛抱蛋属植物蜘蛛抱蛋（*Aspidistra elatior* Blume），以根状茎入药。

【采收加工】四季可采，晒干或鲜用。

【性味功效】甘，温。活血化瘀，补虚止咳。用于跌打损伤，风湿筋骨痛，腰痛，肺虚咳嗽，咯血。

【应用举例】内服：煎汤，9 ～ 15 克，鲜品 30 ～ 60 克；或作酒剂。

外用：适量，捣敷。

565. 荞麦叶大百合 *Cardiocrinum cathayanum*（Wils.）Stearn

【别名】大叶百合、山菠萝根、荞麦叶贝母等。

【植物形态】小鳞茎高 2.5 厘米，直径 1.2 ～ 1.5 厘米。茎高 50 ～ 150 厘米，直径 1 ～ 2 厘米。除基生叶外，约离茎基部 25 厘米处开始有茎生叶，最下面的几枚常聚集在一处，其余散生；叶纸质，具网状脉，卵状心形或卵形，先端急尖，基部近心形，长 10 ～ 22 厘米，宽 6 ～ 16 厘米，上面深绿色，下面淡绿色；叶柄长 6 ～ 20 厘米，基部扩大。总状花序有花 3 ～ 5 朵；花梗短而粗，向上斜伸，每花具一枚苞片；苞片矩圆形，长 4 ～ 5.5 厘米，宽 1.5 ～ 1.8 厘米；花狭喇叭形，乳白色或淡绿色，内具紫色条纹；花被片条状倒披针形，长 13 ～ 15 厘米，宽 1.5 ～ 2 厘米，外轮的先端急尖，内轮的先端稍钝；花丝长 8 ～ 10 厘米，长为花被片的 2/3，花药长 8 ～ 9 毫米；子房圆柱形，长 3 ～ 3.5 厘米，宽 5 ～ 7 毫米；花柱长 6 ～ 6.5 厘米，柱头膨大，微 3 裂。蒴果近球形，长 4 ～ 5 厘米，宽 3 ～ 3.5 厘米，红棕色。种子扁平，红棕色，周围有膜质翅。花期 7—8 月，果期 8—9 月。

【生境与分布】产于湖北、湖南、江西、浙江、安徽和江苏。生于山坡林下阴湿处，海拔 600 ～ 1050 米。我县均有分布。

【中药名称】水百合。

【来源】百合科心叶百合属植物荞麦叶大百合（*Cardiocrinum cathayanum*（Wils.）Stearn），

以鳞茎入药。

【采收加工】夏季采挖，洗净晒干。

【性味功效】甘，淡，凉。清肺止咳，解毒。用于肺尘，肺结核咯血，鼻窦炎，中耳炎。

【应用举例】内服：煎汤，6～15 克。外用：适量，捣烂绞汁，滴鼻、耳；或捣敷。

566. 吊兰 *Chlorophytum comosum* (Thunb.) Baker

【别名】垂盆草、挂兰、钓兰、兰草、折鹤兰等。

【植物形态】根状茎短，根稍肥厚。叶剑形，绿色或有黄色条纹，长 10～30 厘米，宽 1～2 厘米，向两端稍变狭。花葶比叶长，有时长可达 50 厘米，常变为匍匐枝而在近顶部具叶簇或幼小植株；花白色，常 2～4 朵簇生，排成疏散的总状花序或圆锥花序；花梗长 7～12 毫米，关节位于中部至上部；花被片长 7～10 毫米，3 脉；雄蕊稍短于花被片；花药矩圆形，长 1～1.5 毫米，明显短于花丝，开裂后常卷曲。蒴果三棱状扁球形，长约 5 毫米，宽约 8 毫米，每室具种子 3～5 颗。花期 5 月，果期 8 月。

【生境与分布】原产于非洲南部，各地广泛栽培，供观赏。我县均有分布。

【中药名称】吊兰。

【来源】百合科吊兰属植物吊兰（*Chlorophytum comosum*（Thunb.）Baker），以全草入药。

【采收加工】全年均可采收，洗净鲜用。

【性味功效】甘，微苦，凉。化痰止咳，散瘀消肿，清热解毒。用于痰热咳嗽，跌打损伤，骨折，痈肿，痔疮，烧伤等。

【应用举例】内服：煎汤，6～15克，鲜品15～30克。

外用：适量，捣敷；或煎水洗。

567. 万寿竹 *Disporum cantoniense*（Lour.）Merr.

【别名】白龙须、白毛七、白毛须、百尾笋等。

【植物形态】根状茎横出，质地硬，呈结节状；根粗长，肉质。茎高50～150厘米，直径约1厘米，上部有较多的叉状分枝。叶纸质，披针形至狭椭圆状披针形，长5～12厘米，宽1～5厘米，先端渐尖至长渐尖，基部近圆形，有明显的3～7脉，下面脉上和边缘有乳头状突起，叶柄短。伞形花序有花3～10朵，着生在与上部叶对生的短枝顶端；花梗长（1）2～4厘米，稍粗糙；花紫色；花被片斜出，倒披针形，长1.5～2.8厘米，宽4～5毫米，先端尖，边缘有乳头状突起，基部有长2～3毫米的距；雄蕊内藏，花药长3～4毫米，花丝长8～11毫米；子房长约3毫米，花柱连同柱头长为子房的3～4倍。浆果直径8～10毫米，具2～3（5）颗种子。种子暗棕色，直径约5毫米。花期5—7月，果期8—10月。

【生境与分布】产于台湾、福建、安徽、湖北、湖南、广东、广西、贵州、云南、四川、陕西和西藏。生于灌丛中或林下，海拔700～3000米。我县均有分布。

【中药名称】竹叶参。

【来源】为百合科植物万寿竹（*Disporum cantoniense*（Lour.）Merr.）的干燥根及根茎。

【采收加工】夏、秋季采挖，洗净，干燥。

【性味功效】甘，凉。归肺、脾、肝经。用于肺热咳嗽，虚劳损伤，风湿疼痛，手足麻木，小儿高热，烫伤，毒蛇咬伤等。

【应用举例】内服：煎汤；9～15克；或浸酒、炖鸡，研末为散。外用：捣敷患处。

治小儿高热：竹叶参适量，研末。每次一钱，每日二次，冷开水送服。

568. 长蕊万寿竹 *Disporum bodinieri* (Levl. et Vant.) Wang et Tang

【别名】石竹根、万花梢、黄牛尾巴、百尾笋等。

【植物形态】根状茎横出，呈结节状，有残留的茎基和圆盘状瘢痕；根肉质，长可达 30 厘米，粗 1 ～ 4 毫米，有纵皱纹或细毛，灰黄色。茎高 30 ～ 70（100）厘米，上部有分枝。叶厚纸质，椭圆形、卵形至卵状披针形，长 5 ～ 15 厘米，宽 2 ～ 6 厘米，先端渐尖至尾状渐尖，下面脉上和边缘稍粗糙，基部近圆形；叶柄长 0.5 ～ 1 厘米。伞形花序有花 2 ～ 6 朵，生于茎和分枝顶端；花梗长 1.5 ～ 2.5 厘米，有乳头状突起；花被片白色或黄绿色，倒卵状披针形，长 10 ～ 19 毫米，先端尖，基部有长 1（2）毫米的短距；花丝等长或稍长于花被片，花药长 3 毫米，露出于花被外；花柱连同 3 裂柱头 4 ～ 5 倍长于子房，明显高出花药之上。浆果直径 5 ～ 10 毫米，有 3 ～ 6 颗种子。种子珠形或三角状卵形，直径 3 ～ 4 毫米，棕色，有细皱纹。花期 3—5 月，果期 6—11 月。

【生境与分布】产于贵州、云南、四川、湖北、陕西（秦岭以南）、甘肃（南部）和西藏。生于灌丛、竹林中或林下岩石上，海拔 400 ～ 800 米。我县均有分布。

【中药名称】竹林霄。

【来源】百合科万寿竹属植物长蕊万寿竹（*Disporum bodinieri*（Levl. et Vant.）Wang et Tang），以根部入药。

【采收加工】夏、秋季采挖，洗净，鲜用或晒干。

【性味功效】甘，淡，平。润肺止咳，健脾消食，舒筋活络，清热解毒。用于肺热咳嗽，肺痨咯血，食积胀满，风湿痹痛，腰腿痛，骨折，烧伤，烫伤。

【应用举例】内服：煎汤，9 ～ 15 克。外用：适量，鲜品捣敷；熬膏涂擦，或研粉调敷。

569. 黄花菜 *Hemerocallis citrina* Baroni

【别名】臭矢菜、羊角草、向天癀、黄花蝴蝶草、蚝猪钻床等。

【植物形态】植株一般较高大；根近肉质，中下部常有纺锤状膨大。叶 7 ～ 20 枚，长 50 ～ 130 厘米，宽 6 ～ 25 毫米。花葶长短不一，一般稍长于叶，基部三棱形，上部多少圆柱形，有分枝；苞片披针形，下面的长可达 3 ～ 10 厘米，自下向上渐短，宽 3 ～ 6 毫米；花梗较短，通常长不到 1 厘米；花多朵，最多可达 100 朵以上；花被淡黄色，有时在花蕾时顶端带黑紫色；花被管长 3 ～ 5 厘米，花被裂片长（6）7 ～ 12 厘米，内三片宽 2 ～ 3 厘米。蒴果钝三棱状椭圆形，长 3 ～ 5 厘米。种子约 20 个，黑色，有棱，从开花到种子成熟需 40 ～ 60 天。花果期 5—9 月。

【生境与分布】产于秦岭以南各省区（包括甘肃和陕西的南部，不包括云南）以及河北、山西和山东。生于海拔 2000 米以下的山坡、山谷、荒地或林缘。我县均有分布。

【中药名称】萱草根。

【来源】为百合科植物黄花菜（*Hemerocallis citrina* Baroni）的全草。

【采收加工】秋季采，鲜用或晒干。

【性味功效】苦，辛，温。归肝、膀胱经。散瘀消肿，祛风止痛，生肌疗疮。用于跌打肿痛，劳伤腰痛，疝气疼痛，头痛，痢疾，疮疡溃烂，耳尖流脓，眼红痒痛，白带淋浊。

【应用举例】内服：煎汤，6 ～ 9 克。外用：适量，捣敷或煎水洗；或研粉撒敷。

1. 治跌打肿痛、劳伤腰痛：用黄花菜鲜全草捣烂外敷。

2. 治疮疡溃烂：用黄花菜全草水煎外洗，并用全草研粉撒布患处。

570. 萱草 *Hemerocallis fulva*（L.）L.

【别名】忘萱草、忘郁等。

【植物形态】萱草在我国有悠久的栽培历史，早在两千多年前的《诗经》中就有记载。后来的许多植物学著作中，如《救荒本草》《花镜》《本草纲目》等多有记述。《花镜》中还首次记载了重瓣萱草，并指出它的花有毒，不可食用。由于长期的栽培，萱草的类型极多，如叶的宽窄、质地，花的色泽，花被管的长短，花被裂片的宽窄等变异很大，不易划分，加上各地常有栽培后逸为野生的，分布区也难于判断。李时珍早就注意到，在不同土质上栽培的萱草，花的质地、色泽的深浅和花期的长短是有变化的。如果只根据少数栽培植株的某些差异来进行分类，则不甚可靠。林奈在发表本种时，曾说是杂种，后来又说来自中国。他所根据的植物可能是欧洲广泛栽培的一个品种（在欧洲虽然有野生萱草，但是从未见关于果实的记载），但究竟是否自我国引去，已无从查考。一般认为，在长期而又广泛栽培的情况下，要考虑到种以下多系品种这个可能性，因而不宜轻率地定为种或变种。

本种的主要特征：根近肉质，中下部有纺锤状膨大；叶一般较宽；花早上开晚上凋谢，无香味，橘红色至橘黄色，内花被裂片下部一般有“∧”形斑。这些特征可以区别于本国产的其他种类。花果期为 5—7 月。

【生境与分布】全国各地常见栽培，秦岭以南各省区有野生的。我县均有分布。

【中药名称】萱草。

【来源】百合科萱草属植物萱草（*Hemerocallis fulva*（L.）L.）和黄花菜，以根入药。

【采收加工】夏、秋季采挖，除去残茎、须根，洗净泥土，晒干。

【性味功效】甘，凉。清热利尿，凉血止血。用于腮腺炎，黄疸，膀胱炎，尿血，小便不利，乳汁缺乏，月经不调，衄血，便血。外用可治乳腺炎。

【应用举例】内服：煎汤，2～4钱。外用：适量，捣烂敷患处。

571. 玉簪 *Hosta plantaginea*（Lam.）Aschers.

【别名】玉春棒、白鹤花、玉泡花、白玉簪等。

【植物形态】根状茎粗厚，粗1.5～3厘米。叶卵状心形、卵形或卵圆形，长14～24厘米，宽8～16厘米，先端近渐尖，基部心形，具6～10对侧脉；叶柄长20～40厘米。花葶高40～80厘米，具几朵至十几朵花；花的外苞片卵形或披针形，长2.5～7厘米，宽1～1.5厘米；内苞片很小；花单生或2～3朵簇生，长10～13厘米，白色，芳香；花梗长约1厘米；雄蕊与花被近等长或略短，基部15～20毫米贴生于花被管上。蒴果圆柱状，有三棱，长约6厘米，直径约1厘米。花果期8—10月。

【生境与分布】产于四川、湖北，湖南、江苏、安徽、浙江、福建和广东等。生于海拔2200米以下的林下、草坡或岩石边。各地常见栽培，公园尤多，供观赏。我县均有分布。

【中药名称】玉簪花、玉簪根、玉簪。

【来源】百合科植物玉簪（*Hosta plantaginea*（Lam.）Aschers.）的全草为玉簪，根为玉簪根，花为玉簪花。

【采收加工】玉簪花：花多在夏季含苞待放时采，阴干。

玉簪根：秋后采挖，鲜用或晒干。

玉簪：夏、秋季采收，洗净，鲜用或晾干。

【性味功效】玉簪：苦，辛，寒，有毒。清热解毒，散结消肿。

玉簪根：苦，辛，寒，有毒。清热解毒，下骨鲠。

玉簪花：苦，甘，凉，小毒。清热解毒，利水，通经。

【应用举例】内服：煎汤，鲜品 15 ～ 30 克。外用：适量，捣敷；或捣汁涂。

根：鲜品适量捣烂敷患处，或捣烂取汁滴耳中。

叶：鲜叶浸入菜油中数天，然后用此叶贴患处，每天换药一次。

花：内服，3 ～ 6 克。外用适量。

572. 紫萼 *Teucrium tsinlingense* C. Y. Wu et S. Chow var. *porphyreum* C. Y. Wu et S. Chow

【别名】紫玉簪等。

【植物形态】具匍匐茎的草本。茎直立，分枝或不分枝，高 40 ～ 80 厘米，四棱形，具四槽，基部无毛，中部以上被长达 2.5 毫米的平展长柔毛。叶柄长 0.6 ～ 1.5 厘米，被长柔毛；叶片卵圆状披针形，长 3.5 ～ 7 厘米，宽 1 ～ 2.5 厘米，先端急尖或渐尖，基部截形或近心形，边缘具锯齿，上面疏被微柔毛，下面脉上被短柔毛，其他处近无毛，但散布腺点。假穗状花序生于主茎及上部分枝的顶端，长 1.5 ～ 4.5 厘米，主茎上者由于下部有短的侧生花序因而俨如圆锥花序，均由上下密接的 2 花的轮伞花序组成；苞片线状披针形，与序轴均被疏柔毛；花梗长 2 毫米左右，无毛。花萼钟形，外面除萼齿具缘毛外余部无毛而具明亮的腺点，长 3.5 ～ 4 毫米，萼齿 5，三角形，几等大。花冠粉红色，长约 1.1 厘米，冠筒与花萼平齐，唇片发达，中裂片近圆形，侧裂片前对卵圆形，后对先端急尖。雄蕊伸出。子房球形，被泡状毛。小坚果未见。

【生境与分布】产于陕西。生于地埂湿处，海拔约 1200 米。我县均有分布。

【中药名称】紫玉簪、紫玉簪根、紫玉簪叶。

【来源】百合科植物紫萼（*Teucrium tsinlingense* C. Y. Wu et S. Chow var. *porphyreum* C. Y. Wu et S. Chow）的叶为紫玉簪叶，根为紫玉簪根，花为紫玉簪。

【采收加工】紫玉簪叶：夏、秋季采收，鲜用或晒干。

紫玉簪根：根秋后采挖，洗净鲜用或晒干。

紫玉簪：夏、秋间采收，晾干。

【性味功效】紫玉簪叶：苦，微甘，凉。凉血止血，解毒。

紫玉簪根：苦，微辛，凉。清热解毒，散瘀止痛，止血，下骨鲠。

紫玉簪：甘，微苦，凉。凉血止血，解毒。

【应用举例】紫玉簪叶：内服，煎汤，9～15克，鲜品倍量；外用适量；捣敷，或用沸水泡软敷。

紫玉簪根：内服，煎汤，9～15克，鲜品倍量；外用适量，捣敷。

紫玉簪：内服，煎汤，9～15克。

573. 野百合 *Lilium brownii* F.E.Br. ex Miellez

【别名】农吉利、紫花野百合、倒挂山芝麻、羊屎蛋等。

【植物形态】直立草本，体高30～100厘米，基部常木质，单株或茎上分枝，被紧贴粗糙的长柔毛。托叶线形，长2～3毫米，宿存或早落；单叶，叶片形状常变异较大，通常为线形或线状披针形，两端渐尖，长3～8厘米，宽0.5～1厘米，上面近无毛，下面密被丝质短柔毛；叶柄近无。总状花序顶生、腋生或密生枝顶形似头状，亦有叶腋生出单花，花一至多数；苞片线状披针形，长4～6毫米，小苞片与苞片同形，成对生于萼筒部基部；花梗短，长约2毫米；花萼二唇形，长10～15毫米，密被棕褐色长柔毛，萼齿阔披针形，先端渐尖；花冠蓝色或紫蓝色，包被萼内，旗瓣长圆形，长7～10毫米，宽4～7毫米，先端钝或凹，基部具胼胝体二枚，翼瓣长圆形或披针状长圆形，约与旗瓣等长，龙骨瓣中部以上变狭，形成长喙；子房无柄。荚果短圆柱形，长约10毫米，苞被萼内，下垂紧贴于枝，秃净无毛；种子10～15颗。花果期5月至翌年2月。

【生境与分布】产于辽宁、河北、山东、江苏、安徽、浙江、江西、福建、台湾、湖南、湖北、广东、海南、广西、四川、贵州、云南、西藏。生于荒地路旁及山谷草地，海拔70～1500米。我县均有分布。

【中药名称】野百合。

【来源】为百合科植物野百合（*Lilium brownii* F.E.Br. ex Miellez）的全草。

【采收加工】夏、秋季采集。

【性味功效】清热，利湿，解毒。用于痢疾，疮疖，小儿疳积。

【应用举例】内服：煎汤，0.5～1两。外用：捣敷。

574. 百合 *Lilium brownii* var. *viridulum* Baker

【别名】强瞿、番韭、山丹、倒仙、野百合、喇叭筒、山百合、药百合、家百合等。

【植物形态】鳞茎球形，直径 2 ~ 4.5 厘米；鳞片披针形，长 1.8 ~ 4 厘米，宽 0.8 ~ 1.4 厘米，无节，白色。茎高 0.7 ~ 2 米，有的有紫色条纹，有的下部有小乳头状突起。叶散生，通常自下向上渐小，披针形、窄披针形至条形，长 7 ~ 15 厘米，宽（0.6）1 ~ 2 厘米，先端渐尖，基部渐狭，具 5 ~ 7 脉，全缘，两面无毛。花单生或几朵排成近伞形；花梗长 3 ~ 10 厘米，稍弯；苞片披针形，长 3 ~ 9 厘米，宽 0.6 ~ 1.8 厘米；花喇叭形，有香气，乳白色，外面稍带紫色，无斑点，向外张开或先端外弯而不卷，长 13 ~ 18 厘米；外轮花被片宽 2 ~ 4.3 厘米，先端尖；内轮花被片宽 3.4 ~ 5 厘米，蜜腺两边具小乳头状突起；雄蕊向上弯，花丝长 10 ~ 13 厘米，中部以下密被柔毛，少有具稀疏的毛或无毛；花药长椭圆形，长 1.1 ~ 1.6 厘米；子房圆柱形，长 3.2 ~ 3.6 厘米，宽 4 毫米，花柱长 8.5 ~ 11 厘米，柱头 3 裂。蒴果矩圆形，长 4.5 ~ 6 厘米，宽约 3.5 厘米，有棱，具多数种子。花期 5—6 月，果期 9—10 月。

【生境与分布】产于广东、广西、湖南、湖北、江西、安徽、福建、浙江、四川、云南、贵州、陕西、甘肃和河南。生于山坡、灌木林下、路边、溪旁或石缝中，海拔（100）600 ~ 2150 米。我县均有分布。

【中药名称】百合。

【来源】为百合科植物百合（*Lilium brownii* var. *viridulum* Baker）的干燥肉质鳞叶。

【采收加工】秋季采挖，洗净，剥取鳞叶，置于沸水中略烫，干燥。

【性味功效】甘，微苦，微寒。归心、肺经。养阴润肺，清心安神。主治阴虚久嗽，痰中带血，热病后期，余热未清，或情志不遂所致的虚烦惊悸、失眠多梦、精神恍惚，痈肿，湿疮。

【应用举例】内服：煎汤，6 ~ 12 克；或入丸、散剂；亦可蒸食、煮粥。外用：适量，捣敷。

575. 卷丹 *Lilium tigrinum* Ker Gawl.

【别名】虎皮百合、倒垂莲、药百合、黄百合、宜兴百合等。

【植物形态】鳞茎近宽球形，高约 3.5 厘米，直径 4 ~ 8 厘米；鳞片宽卵形，长 2.5 ~ 3 厘米，宽 1.4 ~ 2.5 厘米，白色。茎高 0.8 ~ 1.5 米，带紫色条纹，具白色绵毛。叶散生，矩圆状披针形或披针形，长 6.5 ~ 9 厘米，宽 1 ~ 1.8 厘米，两面近无毛，先端有白毛，边缘有乳头状突起，有 5 ~ 7 条脉，上部叶腋有珠芽。花 3 ~ 6 朵或更多；苞片叶状，卵状披针形，长 1.5 ~ 2 厘米，宽 2 ~ 5 毫米，先端钝，有白绵毛；花梗长 6.5 ~ 9 厘米，紫色，有白色绵毛；花下垂，花被片披针形，反卷，橙红色，有紫黑色斑点；外轮花被片长 6 ~ 10 厘米，宽 1 ~ 2 厘米；内轮花被片稍宽，蜜腺两边有乳头状突起，尚有流苏状突起；雄蕊四面张开；花丝长 5 ～ 7 厘米，淡红色，无毛，花药矩圆形，长约 2 厘米；子房圆柱形，长 1.5 ～ 2 厘米，宽 2 ～ 3 毫米；花柱长 4.5 ～ 6.5 厘米，柱头稍膨大，3 裂。蒴果狭长卵形，长 3 ～ 4 厘米。花期 7—8 月，果期 9—10 月。

【生境与分布】产于江苏、浙江、安徽、江西、湖南、湖北、广西、四川、青海、西藏、甘肃、陕西、山西、河南、河北、山东和吉林等省区。生于山坡灌木林下、草地，路边或水旁，海拔 400 ～ 2500 米。各地有栽培。我县均有分布。

【中药名称】百合。

【来源】百合科植物卷丹（*Lilium tigrinum* Ker Gawl.）的肉质鳞片。

【采收加工】秋季采挖，洗净，剥取鳞叶，置于沸水中略烫，干燥。

【性味功效】甘，微苦，微寒。归心、肺经。养阴润肺，清心安神。有滋补、强壮、镇咳、祛痰之功效，对肺结核及慢性气管炎的治疗有很好的疗效。

【应用举例】内服：煎汤，6 ～ 12 克；或入丸、散剂；亦可蒸食、煮粥。外用：适量，捣敷。

576. 山麦冬 *Liriope spicata*（Thunb.）Lour.

【别名】大麦冬、土麦冬、鱼子兰、麦门冬等。

【植物形态】植株有时丛生；根稍粗，直径 1 ～ 2 毫米，有时分枝多，近末端处常膨大成矩圆形、椭圆形或纺锤形的肉质小块根；根状茎短，木质，具地下走茎。叶长 25 ～ 60 厘米，宽 4 ～ 6（8）毫米，先端急尖或钝，基部常包以褐色的叶鞘，上面深绿色，背面粉绿色，具 5 条脉，中脉比较明显，边缘具细锯齿。花葶通常长于或几等长于叶，少数稍短于叶，长 25 ～ 65 厘米；总状花序长 6 ～ 15（20）厘米，具多数花；花通常（2）3 ～ 5 朵簇生于苞片腋内；苞片小，披针形，最下面的长 4 ～ 5 毫米，干膜质；花梗长约 4 毫米，关节位于中部以上或近顶端；花被片矩圆形、矩圆状披针形，长 4 ～ 5 毫米，先端钝圆，淡紫色或淡蓝色；花丝长约 2 毫米；花药狭矩圆形，长约 2 毫米；子房近球形，花柱长约 2 毫米，稍弯，柱头不明显。种子近球形，直径约 5 毫米。花期 5—7 月，果期 8—10 月。

【生境与分布】除东北、内蒙古、青海、新疆、西藏各省区外，其他地区广泛分布和栽培。生于海拔 50 ～ 1400 米的山坡、山谷林下、路旁或湿地，为常见栽培的观赏植物。我县均有分布。

【中药名称】山麦冬。

【来源】为百合科植物山麦冬（*Liriope spicata*（Thunb.）Lour.）的干燥块根。

【采收加工】夏初采挖，洗净，反复曝晒、堆置，至近干，除去须根，干燥。

【性味功效】甘，微苦，微寒。归心、肺、胃经。养阴生津，润肺清心。用于肺燥干咳，虚劳咳嗽，津伤口渴，心烦失眠，肠燥便秘。

【应用举例】内服：煎汤，9～15克；熬膏；或入丸、散剂。外用：适量，研末调敷，煎汤洗，或鲜品捣汁搽。

治燥伤肺胃阴分或热或咳者：沙参15克，山麦冬15克，玉竹10克，生甘草5克，冬桑叶7克，扁豆7克，花粉7克，水五杯，煮取二杯，每日服。

577. 湖北麦冬 *Liriope spicata* (Thunb.) Lour. var. *prolifera* Y .T.Ma

【别名】寸冬、土麦冬、山麦冬等。

【植物形态】多年生草本，植株有时丛生；根稍粗，近末端处常膨大成矩圆形、纺锤形小块根；根状茎短，具地下走茎。叶基生，禾叶状，长20～45厘米，宽4～6毫米；先端急尖或钝，具5条脉，边缘具细锯齿。花葶通常长于或近等长于叶，长20～50厘米；总状花序在花后于苞片腋内长出叶簇或小苗；苞片小，披针形；花梗长约4毫米；花被片矩圆状披针形，紫色；花丝长约2毫米；花药长约2毫米；子房近球形，花柱长约2毫米；柱头不明显；种子近球形。花期5—7月，果期8—10月。

【生境与分布】生于山坡林下，多为栽培供药用，主产于湖北。我县均有分布。

【中药名称】山麦冬。

【来源】为百合科植物湖北麦冬（*Liriope spicata*（Thunb.）Lour. var. *prolifera* Y .T.Ma）的块根。

【采收加工】夏初采挖，洗净，反复暴晒、堆置，至近干，除去须根，干燥。

【性味功效】甘，微苦，微寒。归心、肺、胃经。养阴生津，润肺清心。用于肺燥干咳，虚劳咳嗽，津伤口渴，心烦失眠，肠燥便秘。

【应用举例】内服：煎汤，9～15克；熬膏；或入丸、散剂。外用：适量，研末调敷，煎汤洗，或鲜品捣汁搽。

治燥伤肺胃阴分或热或咳者：沙参 15 克，山麦冬 15 克，玉竹 10 克，生甘草 5 克，冬桑叶 7 克，扁豆 7 克，花粉 7 克，水五杯，煮取二杯，每日服。

578. 七叶一枝花 *Paris polyphylla* Smith

【别名】重楼、金钱重楼、灯台七、铁灯台、蚤休、海螺七、螺丝七等。

【植物形态】植株高 35 ～ 100 厘米，无毛；根状茎粗厚，直径达 1 ～ 2.5 厘米，外面棕褐色，密生多数环节和许多须根。茎通常带紫红色，直径（0.8）1 ～ 1.5 厘米，基部有灰白色干膜质的鞘 1 ～ 3 枚。叶（5）7 ～ 10 枚，矩圆形、椭圆形或倒卵状披针形，长 7 ～ 15 厘米，宽 2.5 ～ 5 厘米，先端短尖或渐尖，基部圆形或宽楔形；叶柄明显，长 2 ～ 6 厘米，带紫红色。花梗长 5 ～ 16（30）厘米；外轮花被片绿色，（3）4 ～ 6 枚，狭卵状披针形，长（3）4.5 ～ 7 厘米；内轮花被片狭条形，通常比外轮长；雄蕊 8 ～ 12 枚，花药短，长 5 ～ 8 毫米，与花丝近等长或稍长，药隔突出部分长 0.5 ～ 1（2）毫米；子房近球形，具棱，顶端具一盘状花柱基，花柱粗短，具（4）5 分枝。蒴果紫色，直径 1.5 ～ 2.5 厘米，3 ～ 6 瓣裂开。种子多数，具鲜红色多浆汁的外种皮。花期 4—7 月，果期 8—11 月。

【生境与分布】产于西藏（东南部）、云南、四川和贵州。生于海拔 1800 ～ 3200 米的林下。我县均有分布。

【中药名称】重楼。

【来源】为百合科植物七叶一枝花（*Paris polyphylla* Smith）的干燥根茎。

【采收加工】采集加工野生品夏、秋季采挖。栽培品栽后 3 ～ 5 年秋末地上部枯萎后采挖。洗净切片，晒干。

【性味功效】苦，寒。归心、肝、肺经。

【应用举例】内服：4.5 ～ 9 克。外用：适量，磨水或研末调醋敷患处。

579. 多花黄精 *Polygonatum cyrtonema* Hua

【别名】黄精、长叶黄精、白芨黄精、山捣臼、山姜等。

【植物形态】根状茎肥厚，通常连珠状或结节成块，少有近圆柱形，直径 1 ～ 2 厘米。茎高 50 ～ 100 厘米，通常具 10 ～ 15 枚叶。叶互生，椭圆形、卵状披针形至矩圆状披针形，少有稍作镰状弯曲，长 10 ～ 18 厘米，宽 2 ～ 7 厘米，先端尖至渐尖。花序具（1）2 ～ 7（14）朵花，伞形，总花梗长 1 ～ 4（6）厘米，花梗长 0.5 ～ 1.5（3）厘米；苞片微小，位于花梗中部以下，或不存在；花被黄绿色，全长 18 ～ 25 毫米，裂片长约 3 毫米；花丝长 3 ～ 4 毫米，两侧扁或稍扁，具乳头状突起至具短绵毛，顶端稍膨大至具囊状突起，花药长 3.5 ～ 4 毫米；子房长 3 ～ 6 毫米，花柱长 12 ～ 15 毫米。浆果黑色，直径约 1 厘米，具 3 ～ 9 颗种子。花期 5—6 月，果期 8—10 月。

【生境与分布】产于四川、贵州、湖南、湖北、河南（南部和西部）、江西、安徽、江苏（南部）、浙江、福建、广东（中部和北部）、广西（北部）。生于林下、灌丛或山坡阴处，海拔 500 ～ 2100 米。我县均有分布。

【中药名称】黄精。

【来源】为百合科植物多花黄精（*Polygonatum cyrtonema* Hua）的干燥根茎。

【采收加工】一般春、秋季采收，以秋季采收质量好，栽培 3 ～ 4 年秋季地上部枯萎后采收，挖取根茎，除去地上部分及须根，洗去泥土，置蒸笼内蒸至呈现油润时，取出晒干或烘干，或置水中煮沸后，捞出晒干或烘干。

【性味功效】甘，平。补气养阴，健脾，润肺，益肾。用于脾虚胃弱，体倦乏力，口干食少，肺虚燥咳，精血不足，内热消渴。

【应用举例】内服：煎汤，10 ～ 15 克，鲜品 30 ～ 60 克；或入丸、散剂或熬膏。

外用：适量，煎汤洗；熬膏涂；或浸酒搽。

580. 玉竹 *Polygonatum odoratum* (Mill.) Druce

【别名】萎、地管子、尾参、铃铛菜等。

【植物形态】根状茎圆柱形，直径 5 ~ 14 毫米。茎高 20 ~ 50 厘米，具 7 ~ 12 叶。叶互生，椭圆形至卵状矩圆形，长 5 ~ 12 厘米，宽 3 ~ 16 厘米，先端尖，下面带灰白色，下面脉上平滑至呈乳头状粗糙。花序具 1 ~ 4 朵花（在栽培情况下，可多至 8 朵），总花梗（单花时为花梗）长 1 ~ 1.5 厘米，无苞片或有条状披针形苞片；花被黄绿色至白色，全长 13 ~ 20 毫米，花被筒较直，裂片长 3 ~ 4 毫米；花丝丝状，近平滑至具乳头状突起，花药长约 4 毫米；子房长 3 ~ 4 毫米，花柱长 10 ~ 14 毫米。浆果蓝黑色，直径 7 ~ 10 毫米，具 7 ~ 9 颗种子。花期 5—6 月，果期 7—9 月。

【生境与分布】产于黑龙江、吉林、辽宁、河北、山西、内蒙古、甘肃、青海、山东、河南、湖北、湖南、安徽、江西、江苏、台湾。生于林下或山野阴坡，海拔 500 ~ 3000 米。我县均有分布。

【中药名称】玉竹。

【来源】为百合科植物玉竹（*Polygonatum odoratum*（Mill.）Druce）的干燥根茎。

【采收加工】秋季采挖，洗净，晒至柔软后，反复揉搓，晾晒至无硬心，晒干，或蒸透后，揉至半透明，晒干，切厚片或段用。

【性味功效】甘，微寒。归肺、胃经。养阴润燥，生津止渴。用于肺胃阴伤，燥热咳嗽，咽干口渴，内热消渴。

【应用举例】内服：煎汤，2 ~ 3 钱；熬膏或入丸、散剂。

581. 吉祥草 *Reineckia carnea*（Andr.）Kunth

【别名】松寿兰、小叶万年青竹根七、蛇尾七等。

【植物形态】茎粗 2 ~ 3 毫米，蔓延于地面，逐年向前延长或发出新枝，每节上有一残存的叶鞘，顶端的叶簇由于茎的连续生长，有时似长在茎的中部，两叶簇间可相距几厘米至十多厘米。叶每簇有 3 ~ 8 枚，条形至披针形，长 10 ~ 38 厘米，宽 0.5 ~ 3.5 厘米，先端渐尖，向下渐狭成柄，深绿色。花葶长 5 ~ 15 厘米；穗状花序长 2 ~ 6.5 厘米，上部的花有时仅具雄蕊；苞片长 5 ~ 7 毫米；花芳香，粉红色；裂片矩圆形，长 5 ~ 7 毫米，先端钝，稍肉质；雄蕊短于花柱，花丝丝状，花药近矩圆形，两端微凹，长 2 ~ 2.5 毫米；子房长 3 毫米，花柱丝状。浆果直径 6 ~ 10 毫米，熟时鲜红色。花果期 7—11 月。

【生境与分布】产于江苏、浙江、安徽、江西、湖南、湖北、河南、陕西（秦岭以南）、四川、云南、贵州、广西和广东。生于阴湿山坡、山谷或密林下，海拔 170 ～ 3200 米。我县均有分布。

【中药名称】吉祥草。

【来源】为百合科吉祥草属植物吉祥草（*Reineckia carnea*（Andr.）Kunth），以全草入药。

【采收加工】全年可采，洗净，鲜用或切段晒干。

【性味功效】苦，平。润肺止咳，固肾，接骨。

【应用举例】内服：煎汤，2 ～ 3 钱（鲜者 0.5 ～ 1 两）。外用：捣敷。

1. 治遗精：吉祥草 30 克，金樱子 15 克，水煎服。
2. 治急惊风：吉祥草 30 克，冰片少许。将鲜吉祥草捣烂，绞汁，加冰片少许，灌服 2 ～ 3 匙。
3. 治哮喘：吉祥草 30 克，百部、白果各 9 克，水煎服。

582. 绵枣儿 *Scilla scilloides*（Lindl.）Druce

【别名】石枣儿、天蒜等。

【植物形态】鳞茎卵形或近球形，高 2 ～ 5 厘米，宽 1 ～ 3 厘米，鳞茎皮黑褐色。基生叶通常 2 ～ 5 枚，狭带状，长 15 ～ 40 厘米，宽 2 ～ 9 毫米，柔软。花葶通常比叶长；总状花序长 2 ～ 20 厘米，具多数花；花紫红色、粉红色至白色，小，直径 4 ～ 5 毫米，在花梗顶端脱落；花梗长 5 ～ 12 毫米，基部有 1 ～ 2 枚较小的、狭披针形苞片；花被片近椭圆形、倒卵形或狭椭圆形，长 2.5 ～ 4 毫米，宽约 1.2 毫米，基部稍合生而成盘状，先端钝而且增厚；雄蕊生于花被片基部，稍短于花被片；花丝近披针形，边缘和背面常多少具小乳突，基部稍合生，中部以上骤然变窄，变窄部分长约 1 毫米；子房长 1.5 ～ 2 毫米，基部有短柄，表面多少有小乳突，3 室，每室 1 个胚珠；花柱长约为子房的 1/2 ～ 2/3。果近倒卵形，长 3 ～ 6 毫米，宽 2 ～ 4 毫米。种子 1 ～ 3 颗，黑色，矩圆状狭倒卵形，长 2.5 ～ 5 毫米。花果期 7—11 月。

【生境与分布】产于东北、华北、华中以及四川（木里）、云南（洱源、中甸）、广东（北部）、江西、江苏、浙江和台湾。生于海拔 2600 米以下的山坡、草地、路旁或林缘。我县均有分布。

【中药名称】绵枣儿。

【来源】为百合科绵枣儿属植物绵枣儿（*Scilla scilloides*（Lindl.）Druce）的鳞茎或全草。

【采收加工】6—7 月采收，洗净，鲜用或晒干。

【性味功效】苦，甘，寒。归肝、大肠经。强心利尿，消肿止痛，解毒。用于跌打损伤，腰腿疼痛，筋骨痛，牙痛，心脏病水肿；外用治痈疽，乳腺炎，毒蛇咬伤等。

【应用举例】内服：煎汤，3 ~ 9 克。外用：适量，捣敷。

1. 治无名肿毒：绵枣儿适量，捣烂外敷。

2. 治乳腺炎：鲜鳞茎捣烂外敷。

3. 治腰腿疼痛：绵枣儿全草 9 克，水煎服。

583. 土茯苓 *Smilax glabra* Roxb.

【别名】刺猪苓、过山龙等。

【植物形态】攀援灌木；根状茎粗厚，块状，常由匍匐茎相连接，粗 2 ~ 5 厘米。茎长 1 ~ 4 米，枝条光滑，无刺。叶薄革质，狭椭圆状披针形至狭卵状披针形，长 6 ~ 12（15）厘米，宽 1 ~ 4（7）厘米，先端渐尖，下面通常绿色，有时带苍白色；叶柄长 5 ~ 15（20）毫米，约占全长的 3/5，1/4 具狭鞘，有卷须，脱落点位于近顶端。伞形花序通常具 10 余朵花；总花梗长 1 ~ 5（8）毫米，通常明显短于叶柄，极少与叶柄近等长；在总花梗与叶柄之间有一芽；花序托膨大，连同多数宿存的小苞片多少呈莲座状，宽 2 ~ 5 毫米；花绿白色，六棱状球形，直径约 3 毫米；雄花外花被片近扁圆形，宽约 2 毫米，兜状，背面中央具纵槽；内花被片近圆形，宽约 1 毫米，边缘有不规则的齿；雄蕊靠合，与内花被片近等长，花丝极短；雌花外形与雄花相似，但内花被片边缘无齿，具 3 枚退化雄蕊。浆果直径 7 ~ 10 毫米，熟时紫黑色，具粉霜。花期 7—11 月，果期 11 月至翌年 4 月。

【生境与分布】产于甘肃（南部）和长江流域以南各省区，直到台湾、海南岛和云南。生于海拔 1800 米以下的林中、灌丛下、河岸或山谷中，也见于林缘与疏林中。我县均有分布。

【中药名称】土茯苓。

【来源】为百合科植物土茯苓（*Smilax glabra* Roxb.）的干燥块茎。

【采收加工】常于夏、秋季采挖，除去须根，洗净后干燥、入药；或趁鲜切成薄片后干燥、入药。

【性味功效】甘，淡，平，无毒。归肝、胃、脾经。解毒，除湿，利关节。主治梅毒，淋浊，筋骨挛痛，脚气，疔疮，痈肿，瘰疬，梅毒及汞中毒所致的肢体拘挛，筋骨疼痛。

【应用举例】内服：煎汤，25～50克。外用：研末调敷。

584. 油点草 *Tricyrtis macropoda* Miq.

【别名】紫海葱等。

【植物形态】植株高可达1米。茎上部疏生或密生短的糙毛。叶卵状椭圆形、矩圆形至矩圆状披针形，长（6）8～16（19）厘米，宽（4）6～9（10）厘米，先端渐尖或急尖，两面疏生短糙伏毛，基部心形抱茎或圆形而近无柄，边缘具短糙毛。二歧聚伞花序顶生或生于上部叶腋，花序轴和花梗生有淡褐色短糙毛，并间生有细腺毛；花梗长1.4～2.5（3）厘米；苞片很小；花疏散；花被片绿白色或白色，内面具多数紫红色斑点，卵状椭圆形至披针形，长1.5～2厘米，开放后自中下部向下反折；外轮3片较内轮为宽，在基部向下延伸而呈囊状；雄蕊约等长于花被片，花丝中上部向外弯垂，具紫色斑点；柱头稍微高出雄蕊或有时近等高，3裂；裂片长1～1.5厘米，每裂片上端又二深裂，小裂片长约5毫米，密生腺毛。蒴果直立，长2～3厘米。花果期6—10月。

【生境与分布】产于浙江、江西、福建、安徽、江苏（宜兴、溧阳）、湖北（建始）、湖南、广东、广西和贵州（东南部）。生于海拔800～2400米的山地林下、草丛中或岩石缝隙中。我县均有分布。

【中药名称】红酸七。

【来源】为百合科油点草属植物油点草（*Tricyrtis macropoda* Miq.）的根。

【采收加工】夏、秋季采挖，洗净，晒干。

【性味功效】甘，温。归肺经。补虚止咳。主治肺虚咳嗽。

【应用举例】内服：煎汤，12～18克。

一百四十三、百部科 Stemonaceae

多年生草本或半灌木，攀援或直立，全体无毛，通常具肉质块根，较少具横走根状茎。叶互生、对生或轮生，具柄或无柄。花序腋生或贴生于叶片中脉；花两性，整齐，通常花叶同期，罕有先花后叶者；花被片4枚，2轮，上位或半上位；雄蕊4枚，生于花被片基部，短于或几等长于花被片；花丝极短，离生或基部多少合生成环；花药线形，背着或底着，2室，内向，纵裂，顶端具附属物或无；药隔通常伸长，突出于药室之外，呈钻状线形或线状披针形；子房上位或近半下位，1室；花柱不明显；柱头小，不裂或2～3浅裂；胚珠2至多数，直立于室底或悬垂于室顶，珠柄长或短。蒴果卵圆形，稍扁，熟时裂为2爿。种子卵形或长圆形，具丰富胚乳，种皮厚，具多数纵槽纹；胚细长，坚硬。

全国第四次中药资源普查秭归境内发现1种。

585. 大百部 *Stemona tuberosa* Lour.

【别名】对叶百部、山百部、九重根等。

【植物形态】块根通常纺锤状，长达30厘米。茎常具少数分枝，攀援状，下部木质化，分枝表面具纵槽。叶对生或轮生，极少兼有互生，卵状披针形、卵形或宽卵形，长6～24厘米，宽(2)5～17厘米，顶端渐尖至短尖，基部心形，边缘稍波状，纸质或薄革质；叶柄长3～10厘米。花单生或2～3朵排成总状花序，生于叶腋或偶贴生于叶柄上，花柄或花序柄长2.5～5(12)厘米；苞片小，披针形，长5～10毫米；花被片黄绿色带紫色脉纹，长3.5～7.5厘米，宽7～10毫米，顶端渐尖，内轮比外轮稍宽，具7～10脉；雄蕊紫红色，短于或几等长于花被；花丝粗短，长约5毫米；花药长1.4厘米，其顶端具短钻状附属物；药隔肥厚，向上延伸为长钻状或披针形的附属物；子房小，卵形，花柱近无。蒴果光滑，具多数种子。花期4—7月，果期（5）7—8月。

【生境与分布】产于长江流域以南各省区。生于海拔370～2240米的山坡丛林下、溪边、路旁以及山谷和阴湿岩石中。我县均有分布。

【中药名称】百部。

【来源】为百部科植物大百部（*Stemona tuberosa* Lour.）的干燥块根。

【采收加工】春、秋季采挖，除去须根，洗净，置沸水中略烫或蒸至无白心，取出，晒干。

【性味功效】甘，苦，微温。归肺经。润肺下气止咳，杀虫灭虱。主治新久咳嗽，肺痨咳嗽，顿咳等。外治头虱，体虱，蛲虫病，阴痒。蜜百部润肺止咳，用于阴虚劳嗽。

【应用举例】煎服，3～9克。外用适量，水煎或酒浸。

1. 治新久咳嗽：配麻黄、杏仁治小儿风寒咳喘；配紫菀、贝母、寒水石治小儿肺热咳嗽。

2. 治蛲虫病：浓煎灌肠治蛲虫病。

一百四十四、石蒜科 Amaryllidaceae

多年生草本，极少数为半灌木、灌木以至乔木状。具鳞茎、根状茎或块茎。叶多数基生，多少呈线形，全缘或有刺状锯齿。花单生或排列成伞形花序、总状花序、穗状花序、圆锥花序，通常具佛焰苞状总苞，总苞片1至数枚，膜质；花两性，辐射对称或为左右对称；花被片6，2轮；花被管和副花冠存在或不存在；雄蕊通常6，着生于花被管喉部或基生，花药背着或基着，通常内向开裂；子房下位，3室，中轴胎座，每室具有胚珠多数或少数，花柱细长，柱头头状或3裂。蒴果多数背裂或不整齐开裂，很少为浆果状；种子含有胚乳。

全国第四次中药资源普查秭归境内发现5种。

586. 仙茅 *Curculigo orchioides* Gaertn.

【别名】地棕、独茅、山党参、仙茅参、海南参、婆罗门参、芽瓜子等。

【植物形态】根状茎近圆柱状，粗厚，直生，直径约1厘米，长可达10厘米。叶线形、线状披针形或披针形，大小变化甚大，长10～45（90）厘米，宽5～25毫米，顶端长渐尖，基部渐狭成短柄或近无柄，两面散生疏柔毛或无毛。花茎甚短，长6～7厘米，大部分藏于鞘状叶柄基部之内，亦被毛；苞片披针形，长2.5～5厘米，具缘毛；总状花序多少呈伞房状，通常具4～6朵花；花黄色；花梗长约2毫米；花被裂片长圆状披针形，长8～12毫米，宽2.5～3毫米，外轮的背面有时散生长柔毛；雄蕊长约为花被裂片的1/2，花丝长1.5～2.5毫米，花药长2～4毫米；柱头3裂，分裂部分较花柱为长；子房狭长，顶端具长喙，连喙长达7.5毫米（喙约占1/3），被疏毛。浆果近纺锤状，长1.2～1.5厘米，宽约6毫米，顶端有长喙。种子表面具纵凸纹。花果期4—9月。

【生境与分布】产于浙江、江西、福建、台湾、湖南、广东、广西、四川南部、云南和贵州。生于海拔1600米以下的林中、草地或荒坡上。我县均有分布。

【中药名称】仙茅。

【来源】为石蒜科植物仙茅（*Curculigo orchioides* Gaertn.）的干燥根茎。

【采收加工】秋、冬季采挖，除去根头和须根，洗净，干燥。

【性味功效】辛，温，有毒。归肾、肝、脾经。温肾阳壮，祛除寒湿。主治阳痿精冷，小便失禁，脘腹冷痛，腰膝酸痛，筋骨软弱，下肢拘挛，更年期综合征等。

【应用举例】1. 治硬皮病：仙茅、淫羊藿、桂枝、红花、芍药各 9 克，川芎 12 克，生、熟地黄各 3 克，炙甘草 3 克，煎服，每日一剂。

2. 治阳痿精冷、白浊：仙茅 15 克，莲心 6 克，水煎服。

587. 忽地笑 *Lycoris aurea*（L'Hér.）Herb.

【别名】铁色箭等。

【植物形态】鳞茎卵形，直径约 5 厘米。秋季出叶，叶剑形，长约 60 厘米，最宽处达 2.5 厘米，向基部渐狭，宽约 1.7 厘米，顶端渐尖，中间淡色带明显。花茎高约 60 厘米；总苞片 2 枚，披针形，长约 35 厘米，宽约 0.8 厘米；伞形花序有花 4 ～ 8 朵；花黄色；花被裂片背面具淡绿色中肋，倒披针形，长约 6 厘米，宽约 1 厘米，强度反卷和皱缩，花被筒长 12 ～ 15 厘米；雄蕊略伸出于花被外，比花被长 1/6 左右，花丝黄色；花柱上部玫瑰红色。蒴果具三棱，室背开裂；种子少数，近球形，直径约 0.7 厘米，黑色。花期 8—9 月，果期 10 月。

【生境与分布】分布于福建、台湾、湖北、湖南、广东、广西、四川、云南。生于阴湿山坡，庭园也有栽培。我县均有分布。

【中药名称】忽地笑。

【来源】为石蒜科植物忽地笑（*Lycoris aurea*（L'Hér.）Herb.）的鳞茎。

【采收加工】春、秋季采挖，去净苗叶、泥土，晒干。

【性味功效】微温，辛，甘，有毒。解疮毒，消痈肿，杀虫。主治痈肿，疔疮结核，火灼伤。

【应用举例】内服：煎汤，一日量鲜者 2 ～ 4 钱；或入散剂。

外用：捣敷或捣汁涂。

588. 石蒜 *Lycoris radiata*（L'Her.）Herb.

【别名】蟑螂花、龙爪花等。

【植物形态】鳞茎近球形，直径 1 ～ 3 厘米。秋季出叶，叶狭带状，长约 15 厘米，宽约 0.5 厘米，顶端钝，深绿色，中间有粉绿色带。花茎高约 30 厘米；总苞片 2 枚，披针形，长约 35 厘米，宽约 0.5 厘米；伞形花序有花 4 ～ 7 朵，花鲜红色；花被裂片狭倒披针形，长约 3 厘米，宽约 0.5 厘米，强度皱缩和反卷；雄蕊显著伸出于花被外，比花被长 1 倍左右。花期 8—9 月，果期 10 月。

【生境与分布】分布于山东、河南、安徽、江苏、浙江、江西、福建、湖北、湖南、广东、广西、陕西、四川、贵州、云南。野生于阴湿山坡和溪沟边，庭院也有栽培。我县均有分布。

【中药名称】石蒜。

【来源】为石蒜科石蒜属植物石蒜（*Lycoris radiata*（L'Her.）Herb.）的鳞茎。

【采收加工】秋季挖出鳞茎，选大者洗净晒干入药，小者做种。野生品四季均可采挖，鲜用或洗净晒干备用。

【性味功效】辛，甘，温，有小毒。解毒，祛痰，利尿，催吐。用于咽喉肿痛，水肿，小便不利，痈肿疮毒，瘰疬，咳嗽痰喘，食物中毒。

【应用举例】内服：煎汤，0.5 ～ 1 钱。外用：捣敷或煎水熏洗。

589. 稻草石蒜 *Lycoris straminea* Lindl.

【别名】乌蒜、老鸦蒜、独蒜、野蒜、龙爪草头等。

【植物形态】鳞茎近球形，直径约 3 厘米。秋季出叶，叶带状，长约 30 厘米，宽约 1.5 厘米，顶端钝，绿色，中间淡色带明显。花茎高约 35 厘米；总苞片 2 枚，披针形，长约 3 厘米，基部宽约 0.5 厘米；伞形花序有花 5 ～ 7 朵；花稻草色；花被裂片腹面散生少数粉红色条纹或斑点，盛开时消失，倒披针形，长约 4 厘米，宽约 0.6 厘米，强度反卷和皱缩，花被筒长约 1 厘米；雄蕊明显伸出于花被外，比花被长 1/3；子房近球形，直径约 0.6 厘米。花期 8 月。

【生境与分布】分布于江苏、浙江。生于阴湿山坡，庭园也有栽培。我县均有分布。

【中药名称】稻草石蒜。

【来源】为石蒜科石蒜属植物稻草石蒜（*Lycoris straminea* Lindl.）的鳞茎。

【采收加工】通常在春、秋季采挖野生或栽培 2 ～ 3 年后的石蒜鳞茎，洗净晒干，或切片晒干。

【性味功效】苦，辛，甘，温，有毒。解毒，催吐，消肿，杀虫。外用治淋巴结结核，疔疮疖肿，风湿性关节痛，蛇咬伤，水肿。

【应用举例】外用，捣烂敷患处即可。

590. 葱莲 *Zephyranthes candida*（Lindl.）Herb.

【别名】玉帘、葱兰等。

【植物形态】多年生草本。鳞茎卵形，直径约 2.5 厘米，具有明显的颈部，颈长 2.5 ～ 5 厘米。叶狭线形，肥厚，亮绿色，长 20 ～ 30 厘米，宽 2 ～ 4 毫米。花茎中空；花单生于花茎顶端，下有带褐红色的佛焰苞状总苞，总苞片顶端 2 裂；花梗长约 1 厘米；花白色，外面常带淡红色；几无花被管，花被片 6，长 3 ～ 5 厘米，顶端钝或具短尖头，宽约 1 厘米，近喉部常有很小的鳞片；雄蕊 6，长约为花被的 1/2；花柱细长，柱头不明显 3 裂。蒴果近球形，直径约 1.2 厘米，3 瓣开裂；种子黑色，扁平。花期秋季。

【生境与分布】原产于南美。我国引种栽培供观赏。我县均有分布。

【中药名称】肝风草。

【来源】为石蒜科植物葱莲（*Zephyranthes candida*（Lindl.）Herb.）的全草。

【采收加工】全年可采，多鲜用。

【性味功效】甘，平。归肝经。主治小儿惊风，癫痫，破伤风。

【应用举例】内服：煎汤，3～4株；或绞汁饮。外用：适量，捣敷。

一百四十五、薯蓣科 Dioscoreaceae

缠绕草质或木质藤本，少数为矮小草本。地下部分为根状茎或块茎，形状多样。茎左旋或右旋，有毛或无毛，有刺或无刺。叶互生，有时中部以上对生，单叶或掌状复叶，单叶常为心形或卵形、椭圆形，掌状复叶的小叶常为披针形或卵圆形，基出脉3～9，侧脉网状；叶柄扭转，有时基部有关节。花单性或两性，雌雄异株，很少同株。花单生、簇生或排列成穗状、总状或圆锥花序；雄花花被片（或花被裂片）6，2轮排列，基部合生或离生；雄蕊6枚，有时其中3枚退化，花丝着生于花被的基部或花托上；退化子房有或无。雌花花被片和雄花相似；退化雄蕊3～6枚或无；子房下位，3室，每室通常有胚珠2，少数属多数，胚珠着生于中轴胎座上，花柱3，分离。果实为蒴果、浆果或翅果，蒴果三棱形，每棱翅状，成熟后顶端开裂；种子有翅或无翅，有胚乳，胚细小。

全国第四次中药资源普查秭归境内发现5种。

591. 黄独 *Dioscorea bulbifera* L.

【别名】黄药、山慈姑等。

【植物形态】缠绕草质藤本。块茎卵圆形或梨形，直径4～10厘米，通常单生，每年由去年的块茎顶端抽出，很少分枝，外皮棕黑色，表面密生须根。茎左旋，浅绿色稍带红紫色，光滑无毛。叶腋内有紫棕色，球形或卵圆形珠芽，大小不一，最重者可达300克，表面有圆形斑点。单叶互生；叶片宽卵状心形或卵状心形，长15（26）厘米，宽2～14（26）厘米，顶端尾状渐尖，边缘全缘或微波状，两面无毛。雄花序穗状，下垂，常数个丛生于叶腋，有时分枝呈圆锥状；雄花单生，密集，基部有卵形苞片2枚；花被片披针形，新鲜时紫色；雄蕊6枚，着生于花被基部，花丝与花药近等长。雌花序与雄花序相似，常2至数个丛生于叶腋，长20～50厘米；退化雄蕊6枚，长仅为花被片1/4。蒴果反折下垂，三棱状长圆形，长1.5～3厘米，宽0.5～1.5厘米，两端浑圆，成熟时草黄色，表面密被紫色小斑点，无毛；种子深褐色，扁卵形，通常两两着生于每室中轴顶部，种翅栗褐色，向种子基部延伸呈长圆形。

花期 7—10 月，果期 8—11 月。

【生境与分布】分布于河南南部、安徽南部、江苏南部、浙江、江西、福建、台湾、湖北、湖南、广东、广西、陕西南部、甘肃南部、四川、贵州、云南、西藏。本种适应性较大，既喜阴湿，又需阳光充足，海拔几十米至2000米的高山地区都能生长，多生于河谷边、山谷阴沟或杂木林边缘，有时房前屋后或路旁的树荫下也能生长。我县均有分布。

【中药名称】黄药子。

【来源】为薯蓣科薯蓣属植物黄独（*Dioscorea bulbifera* L.）的块茎。

【采收加工】植株经霜后逐渐萎蔫，此时将枯茎割下，除去支架，用锹将块茎挖出，除净泥土和须根，趁鲜切成 0.5 ~ 1 厘米的厚片，晒干或烘干即可。

【性味功效】苦，平，寒。凉血，降火，消瘿，解毒。用于吐血，衄血，喉痹，瘿气，疮痈瘰疬。

【应用举例】内服：煎汤，1.5 ~ 3 钱。外用：捣敷或研末调敷。

592. 毛芋头薯蓣 *Dioscorea kamoonensis* Kunth

【别名】白药子、马蹄细辛等。

【植物形态】缠绕草质藤本。块茎通常近卵圆形，外皮有多数细长须根。茎左旋，密生棕褐色短柔毛，老时变疏至近无毛。掌状复叶有 3 ~ 5 枚小叶；小叶片椭圆形至披针状长椭圆形或倒卵状长椭圆形，有时最外侧的小叶片为斜卵状椭圆形，长 2 ~ 14 厘米，宽 1 ~ 5 厘米，顶端渐尖，全缘，两面疏生贴伏柔毛，或表面近无毛。叶腋内常有肉质球形珠芽，表面有柔毛。花序轴、小苞片、花被外面密生棕褐色或淡黄色短柔毛；雄花序为总状花序，或再排列成圆锥花序，常数个着生于叶腋；雄花有短梗；小苞片 2，三角状卵形，其中 1 个顶端尾状尖，3 个发育雄蕊与 3 个退化雄蕊互生。雌花序为穗状花序，1 ~ 2 个着生于叶腋，雌花子房密生绒毛。蒴果三棱状长圆形，长 1.5 ~ 2 厘米，宽 1 ~ 1.2 厘米，疏生短柔毛；种子两两着生于每室中轴顶部，种翅向基部伸长。花期 7—9 月，果期 9—11 月。

【生境与分布】分布于浙江南部、福建、江西、湖北、湖南、广东、广西、四川、贵州、云南、西藏。生于海拔 500 ~ 2900 米林边、山沟、山谷路旁或次生灌丛中。我县均有分布。

【中药名称】毛芋头薯蓣。

【来源】为薯蓣科植物毛芋头薯蓣（*Dioscorea kamoonensis* Kunth）的块茎。

【采收加工】秋季采收，除去茎叶及须根，洗净，鲜用或切片晒干。

【性味功效】甘，温。归肝、肾二经。用于腰膝酸软，萎弱无力，肢麻拘挛，筋骨疼痛。

【应用举例】内服：煎汤，12 ~ 18 克，或研末冲服。

593. 穿龙薯蓣 *Dioscorea nipponica* Makino

【别名】穿山龙等。

【植物形态】缠绕草质藤本。根状茎横生，圆柱形，多分枝，栓皮层显著剥离。茎左旋，近无毛，长达5米。单叶互生，叶柄长10～20厘米；叶片掌状心形，变化较大，茎基部叶长10～15厘米，宽9～13厘米，边缘作不等大的三角状浅裂、中裂或深裂，顶端叶片小，近于全缘，叶表面黄绿色，有光泽，无毛或有稀疏的白色细柔毛，尤以脉上较密。花雌雄异株。雄花序为腋生的穗状花序，花序基部常由2～4朵集成小伞状，至花序顶端常为单花；苞片披针形，顶端渐尖，短于花被；花被碟形，6裂，裂片顶端钝圆；雄蕊6枚，着生于花被裂片的中央，药内向。雌花序穗状，单生；雌花具有退化雄蕊，有时雄蕊退化仅留有花丝；雌蕊柱头3裂，裂片再2裂。蒴果成熟后枯黄色，三棱形，顶端凹入，基部近圆形，每棱翅状，大小不一，一般长约2厘米，宽约1.5厘米；种子每室2枚，有时仅1枚发育，着生于中轴基部，四周有不等的薄膜状翅，上方呈长方形，长约比宽大2倍。花期6—8月，果期8—10月。

【生境与分布】分布于东北、华北、山东、河南、安徽、浙江北部、江西（庐山）、陕西（秦岭以北）、甘肃、宁夏、青海南部、四川西北部。常生于山腰的河谷两侧半阴半阳的山坡灌木丛中和稀疏杂木林内及林缘，而在山脊路旁及乱石覆盖的灌木丛中较少，喜肥沃、疏松、湿润、腐殖质较深厚的黄砾壤土和黑砾壤土，常分布于海拔100～1700米，多数集中分布于300～900米。我县均有分布。

【中药名称】穿山龙。

【来源】为薯蓣科植物穿龙薯蓣（*Dioscorea nipponica* Makino）的干燥根茎。

【采收加工】春、秋季采挖，去掉外皮及须根，切片晒干。

【性味功效】苦，微寒。归肝、肺经。活血舒筋，消食利水，祛痰截疟。用于风寒湿痹，慢性气管炎，消化不良，劳损扭伤，疟疾，痈肿。

【应用举例】内服：煎汤，15～30克（鲜者30～60克）；或浸酒。外用：鲜品捣敷。

1. 治腰腿酸痛、筋骨麻木：鲜穿山龙根茎二两，水一壶，可煎用五六次，加红糖效力更佳。
2. 治劳损：穿山龙五钱，水煎冲红糖、黄酒。每日早、晚各服一次。

594. 薯蓣 *Dioscorea opposita* Thunb.

【别名】野山豆、野脚板薯等。

【植物形态】缠绕草质藤本。块茎长圆柱形，垂直生长，长可达1米多，断面干时白色。茎通常带紫红色，右旋，无毛。单叶，在茎下部的互生，中部以上的对生，很少3叶轮生；叶片变异大，

卵状三角形至宽卵形或戟形，长 3 ～ 9（16）厘米，宽 2 ～ 7（14）厘米，顶端渐尖，基部深心形、宽心形或近截形，边缘常 3 浅裂至 3 深裂，中裂片卵状椭圆形至披针形，侧裂片耳状、圆形、近方形至长圆形；幼苗时一般叶片为宽卵形或卵圆形，基部深心形。叶腋内常有珠芽。雌雄异株。雄花序为穗状花序，长 2 ～ 8 厘米，近直立，2 ～ 8 个着生于叶腋，偶呈圆锥状排列；花序轴明显地呈"之"字状曲折；苞片和花被片有紫褐色斑点；雄花的外轮花被片为宽卵形，内轮卵形，较小；雄蕊 6。雌花序为穗状花序，1 ～ 3 个着生于叶腋。蒴果不反折，三棱状扁圆形或三棱状圆形，长 1.2 ～ 2 厘米，宽 1.5 ～ 3 厘米，外面有白粉；种子着生于每室中轴中部，四周有膜质翅。花期 6—9 月，果期 7—11 月。

【生境与分布】分布于东北、河北、山东、河南、安徽淮河以南（海拔 150 ～ 850 米）、江苏、浙江（海拔 450 ～ 1000 米）、江西、福建、台湾、湖北、湖南、广西北部、贵州、云南北部、四川（海拔 500 ～ 700 米）、甘肃东部（海拔 950 ～ 1100 米）、陕西南部（海拔 350 ～ 1500 米）等地。生于山坡、山谷林下，溪边、路旁的灌丛中或杂草中，或为栽培。我县均有分布。

【中药名称】山药。

【来源】为薯蓣科植物薯蓣（*Dioscorea opposita* Thunb.）的干燥根茎。

【采收加工】冬季茎叶枯萎后采挖，切去根头，洗净，除去外皮及须根，用硫黄熏后，干燥；也可选肥大顺直的干燥山药，置清水中，浸至无干心，闷透，用硫黄熏后，切齐两端，用木板搓成圆柱状，晒干。

【性味功效】甘，温，平，无毒。

【应用举例】内服：煎汤，9 ～ 12 克；或入丸、散剂。外用：捣敷。

治噤口痢：干山药一半炒黄色，一半生用，研为细末，米饮调下。

595. 盾叶薯蓣 *Dioscorea zingiberensis* C. H. Wright

【别名】黄姜、火头根等。

【植物形态】缠绕草质藤本。根状茎横生，近圆柱形，指状或不规则分枝，新鲜时外皮棕褐色，断面黄色，干后除去须根常留有白色点状痕迹。茎左旋，光滑无毛，有时在分枝或叶柄基部两侧微突起或有刺。单叶互生；叶片厚纸质，三角状卵形、心形或箭形，通常 3 浅裂至 3 深裂，中间裂片三角状卵形或披针形，两侧裂片圆耳状或长圆形，两面光滑无毛，表面绿色，常有不规则斑块，干时呈灰褐色；叶柄盾状着生。花单性，雌雄异株或同株。雄花无梗，常 2 ～ 3 朵簇生，再排列成穗状，花序单一或分枝，1 或 2 ～ 3 个簇生于叶腋，通常每簇花仅 1 ～ 2 朵发育，基部常有膜质苞片 3 ～ 4 枚；花被片 6，长 1.2 ～ 1.5 毫米，宽 0.8 ～ 1 毫米，开放时平展，紫红色，干后黑色；雄蕊 6 枚，着生于花托的边缘，花丝极短，与花药几等长。雌花序与雄花序几相似；雌花具花丝状退化雄蕊。蒴果三棱形，每棱翅状，长 1.2 ～ 2 厘米，宽 1 ～ 1.5 厘米，干后蓝黑色，表面常有白粉；种子通常每室2枚，着生于中轴中部，四周围有薄膜状翅。花期5—8月，果期9—10月。

【生境与分布】分布于河南南部、湖北、湖南、陕西秦岭以南、甘肃天水、四川。生于海拔100～1500米，多生长于破坏过的杂木林间或森林、沟谷边缘的路旁，常见于腐殖质深厚的土层中，有时也见于石隙中，平地和高山都有生长。我县均有分布。

【中药名称】火头根。

【来源】为薯蓣科植物盾叶薯蓣（*Dioscorea zingiberensis* C.H.Wright）的根茎。

【采收加工】春、秋季采挖，去净泥土，晒干。

【性味功效】辛，凉。归心经。解毒消肿。

【应用举例】外用：9～12克，研末调敷。

治阑尾炎：鲜盾叶薯蓣根茎2～3两，研末与凡士林适量混合调匀，每日一次外敷患处；亦可与菊叶、次黄连或苦参适量，共捣外敷。

一百四十六、雨久花科 Pontederiaceae

多年生或一年生的水生或沼泽生草本，直立或飘浮；具根状茎或匍匐茎，通常有分枝，富于海绵质和通气组织。叶通常二列，大多数具有叶鞘和明显的叶柄；叶片宽线形至披针形、卵形甚至宽心形，具平行脉，浮水、沉水或露出水面。某些属的叶鞘顶部具耳（舌）状膜片。有的种类叶柄充满通气组织，膨大呈葫芦状，如凤眼蓝。气孔为平列型。花序为顶生总状、穗状或聚伞圆锥花序，生于佛焰苞状叶鞘的腋部；花大至小型，虫媒花或自花受精，两性，辐射对称或两侧对称；花被片6枚，排成2轮，花瓣状，蓝色，淡紫色，白色，很少黄色，分离或下部连合成筒，花后脱落或宿存；雄蕊多数为6枚，2轮，稀为3枚或1枚，1枚雄蕊则位于内轮的近轴面，且伴有2枚退化雄蕊；二型雄蕊存在于 *Monochoria*、*Heteranthera* 和 *Scholleropsis* 属中；花丝细长，分离，贴生于花被筒上，有时具腺毛；花药内向，盾状，2室，纵裂或稀为顶孔开裂 ；花粉粒具2（3）核，1或2（3）沟；雌蕊由3心皮组成；子房上位，3室，中轴胎座，或1室具3个侧膜胎座；花柱1，细长；柱头头状或3裂；胚珠少数或多数，倒生，具厚珠心，或稀仅有1下垂胚珠。蒴果，室背开裂，或小坚果。种子卵球形，具纵肋，胚乳含丰富淀粉粒，胚为线形直胚。本科植物导管具梯状穿孔板，叶中无导管。

全国第四次中药资源普查秭归境内发现 2 种。

596. 凤眼蓝 *Eichhornia crassipes* (Mart.) Solms

【别名】水浮莲、水葫芦等。

【植物形态】浮水草本，高 30 ~ 60 厘米。须根发达，棕黑色，长达 30 厘米。茎极短，具长匍匐枝，匍匐枝淡绿色或带紫色，与母株分离后长成新植物。叶在基部丛生，莲座状排列，一般 5 ~ 10 片；叶片圆形，宽卵形或宽菱形，长 4.5 ~ 14.5 厘米，宽 5 ~ 14 厘米，顶端钝圆或微尖，基部宽楔形或在幼时为浅心形，全缘，具弧形脉，表面深绿色，光亮，质地厚实，两边微向上卷，顶部略向下翻卷；叶柄长短不等，中部膨大成囊状或纺锤形，内有许多多边形柱状细胞组成的气室，维管束散布其间，黄绿色至绿色，光滑；叶柄基部有鞘状苞片，长 8 ~ 11 厘米，黄绿色，薄而半透明；花葶从叶柄基部的鞘状苞片腋内伸出，长 34 ~ 46 厘米，多棱；穗状花序长 17 ~ 20 厘米，通常具 9 ~ 12 朵花；花被裂片 6 枚，花瓣状，卵形、长圆形或倒卵形，紫蓝色，花冠略两侧对称，直径 4 ~ 6 厘米，上方 1 枚裂片较大，长约 3.5 厘米，宽约 2.4 厘米，三色即四周淡紫红色，中间蓝色，在蓝色的中央有 1 黄色圆斑，其余各片长约 3 厘米，宽 1.5 ~ 1.8 厘米，下方 1 枚裂片较狭，宽 1.2 ~ 1.5 厘米，花被片基部合生成筒，外面近基部有腺毛；雄蕊 6 枚，贴生于花被筒上，3 长 3 短，长的从花被筒喉部伸出，长 1.6 ~ 2 厘米，短的生于近喉部，长 3 ~ 5 毫米；花丝上有腺毛，长约 0.5 毫米，3（2 ~ 4）细胞，顶端膨大；花药箭形，基着，蓝灰色，2 室，纵裂；花粉粒长卵圆形，黄色；子房上位，长梨形，长 6 毫米，3 室，中轴胎座，胚珠多数；花柱 1，长约 2 厘米，伸出花被筒的部分有腺毛；柱头上密生腺毛。蒴果卵形。花期 7—10 月，果期 8—11 月。

【生境与分布】现广布于我国长江、黄河流域及华南各省。生于海拔 200 ~ 1500 米的水塘、沟渠及稻田中。我县均有分布。

【中药名称】水葫芦。

【来源】为雨久花科植物凤眼蓝（*Eichhornia crassipes*（Mart.）Solms）的根或全草。

【采收加工】春、夏季采集，洗净，晒干或鲜用。

【性味功效】辛，淡，凉。清凉解毒，除湿，祛风热。外敷热疮。

【应用举例】内服：煎汤，0.5～1两。外用：捣敷。

597. 鸭舌草 *Monochoria vaginalis* (Burm. f.) Presl

【别名】薢草、薢荣、接水葱、鸭儿嘴等。

【植物形态】水生草本；根状茎极短，具柔软须根。茎直立或斜上，高（6）12～35（50）厘米，全株光滑无毛。叶基生和茎生；叶片形状和大小变化较大，由心状宽卵形、长卵形至披针形，长2～7厘米，宽0.8～5厘米，顶端短突尖或渐尖，基部圆形或浅心形，全缘，具弧状脉；叶柄长10～20厘米，基部扩大成开裂的鞘，鞘长2～4厘米，顶端有舌状体，长7～10毫米。总状花序从叶柄中部抽出，该处叶柄扩大成鞘状；花序梗短，长1～1.5厘米，基部有1披针形苞片；花序在花期直立，果期下弯；花通常3～5朵（稀有10余朵），蓝色；花被片卵状披针形或长圆形，长10～15毫米；花梗长不及1厘米；雄蕊6枚，其中1枚较大；花药长圆形，其余5枚较小；花丝丝状。蒴果卵形至长圆形，长约1厘米。种子多数，椭圆形，长约1毫米，灰褐色，具8～12纵条纹。花期8—9月，果期9—10月。

【生境与分布】产于我国南北各省区。生于平原至海拔1500米的稻田、沟旁、浅水池塘等水湿处。我县均有分布。

【中药名称】鸭舌草。

【来源】雨久花科雨久花属植物鸭舌草（*Monochoria vaginalis*（Burm. f.）Presl）以全草入药。

【采收加工】全年可采，鲜用或晒干。

【性味功效】甘，凉。清热解毒。用于肠炎，痢疾，咽喉肿痛，牙龈脓肿。外用治虫蛇咬伤，疮疖。

【应用举例】内服：50～100克。外用适量，捣烂敷患处。

治赤白痢疾：鸭舌草适量，晒干。每日泡茶服，连服三至四日。

一百四十七、鸢尾科 Iridaceae

多年生、稀一年生草本。地下部分通常具根状茎、球茎或鳞茎。叶多基生，少为互生，条形、剑形或为丝状，基部成鞘状，互相套迭，具平行脉。大多数种类只有花茎，少数种类有分枝或不分枝的地上茎。花两性，色泽鲜艳美丽，辐射对称，少为左右对称，单生、数朵簇生或多花排列成总状、穗状、聚伞及圆锥花序；花或几花序下有 1 至多个草质或膜质的苞片，簇生、对生、互生或单一；花被裂片 6，两轮排列，内轮裂片与外轮裂片同形等大或不等大，花被管通常为丝状或喇叭形；雄蕊 3，花药多外向开裂；花柱 1，上部多有三个分枝，分枝圆柱形或扁平呈花瓣状，柱头 3 ～ 6，子房下位，3 室，中轴胎座，胚珠多数。蒴果，成熟时室背开裂；种子多数，半圆形或为不规则的多面体，少为圆形，扁平，表面光滑或皱缩，常有附属物或小翅。

全国第四次中药资源普查秭归境内发现 5 种。

598. 射干 *Belamcanda chinensis*（L.）Redouté

【别名】交剪草、野萱花等。

【植物形态】多年生草本。根状茎为不规则的块状，斜伸，黄色或黄褐色；须根多数，带黄色。茎高 1 ～ 1.5 米，实心。叶互生，嵌迭状排列，剑形，长 20 ～ 60 厘米，宽 2 ～ 4 厘米，基部鞘状抱茎，顶端渐尖，无中脉。花序顶生，叉状分枝，每分枝的顶端聚生有数朵花；花梗细，长约 1.5 厘米；花梗及花序的分枝处均包有膜质的苞片，苞片披针形或卵圆形；花橙红色，散生紫褐色的斑点，直径 4 ～ 5 厘米；花被裂片 6，2 轮排列，外轮花被裂片倒卵形或长椭圆形，长约 2.5 厘米，宽约 1 厘米，顶端钝圆或微凹，基部楔形，内轮较外轮花被裂片略短而狭；雄蕊 3，长 1.8 ～ 2 厘米，着生于外花被裂片的基部，花药条形，外向开裂，花丝近圆柱形，基部稍扁而宽；花柱上部稍扁，顶端 3 裂，裂片边缘略向外卷，有细而短的毛，子房下位，倒卵形，3 室，中轴胎座，胚珠多数。蒴果倒卵形或长椭圆形，长 2.5 ～ 3 厘米，直径 1.5 ～ 2.5 厘米，顶端无喙，常残存有凋萎的花被，成熟时室背开裂，果瓣外翻，中央有直立的果轴；种子圆球形，黑紫色，有光泽，直径约 5 毫米，着生在果轴上。花期 6—8 月，果期 7—9 月。

【生境与分布】产于吉林、辽宁、河北、山西、山东、河南、安徽、江苏、浙江、福建、台湾、湖北、湖南、江西、广东、广西、陕西、甘肃、四川、贵州、云南、西藏。生于林缘或山坡草地，大部分生于海拔较低的地方，但在西南山区，海拔 2000 ～ 2200 米处也可生长。我县均有分布。

【中药名称】射干。

【来源】为鸢尾科植物射干（*Belamcanda chinensis*（L.）Redouté）的干燥根茎。

【采收加工】春初刚发芽或秋末茎叶枯萎时采挖，除去须根及泥沙，干燥。

【性味功效】苦，寒，微毒。清热解毒，散结消炎，消肿止痛，止咳化痰。用于扁桃腺炎及腰痛等。

【应用举例】内服：煎汤，0.8 ~ 1.5 钱；入散剂或鲜用捣汁。

外用：研末吹喉或调敷。

治腮腺炎：射干鲜根三至五钱。酌加水煎，饭后服，日服两次。

599. 雄黄兰 *Crocosmia crocosmiflora*（Nichols.）N. E. Br.

【别名】标竿花、倒挂金钩、黄大蒜、观音兰等。

【植物形态】多年生草本；高 50 ~ 100 厘米。球茎扁圆球形，外包有棕褐色网状的膜质包被。叶多基生，剑形，长 40 ~ 60 厘米，基部鞘状，顶端渐尖，中脉明显；茎生叶较短而狭，披针形。花茎常 2 ~ 4 分枝，由多花组成疏散的穗状花序；每朵花基部有 2 枚膜质的苞片；花两侧对称，橙黄色，直径 3.5 ~ 4 厘米；花被管略弯曲，花被裂片 6，2 轮排列，披针形或倒卵形，长约 2 厘米，宽约 5 毫米，内轮较外轮的花被裂片略宽而长，外轮花被裂片顶端略尖；雄蕊 3，长 1.5 ~ 1.8 厘米，偏向花的一侧，花丝着生在花被管上，花药“丁”字形着生；花柱长 2.8 ~ 3 厘米，顶端 3 裂，柱头略膨大。蒴果三棱状球形。花期 7—8 月，果期 8—10 月。

【生境与分布】本种为园艺杂交种，我国北方多为盆栽，南方则露地栽培，用于布置花坛及绿化庭园。常逸为半野生。我县均有分布。

【中药名称】雄黄兰。

【来源】为鸢尾科植物雄黄兰（*Crocosmia crocosmiflora*（Nichols.）N. E. Br.）的球茎。

【采收加工】地上部分枯萎后，或早春萌芽前挖取球茎，洗净泥土，晒干或鲜用。

【性味功效】甘，辛，平。消肿，止痛。用于蛊毒，胃脘痛，筋骨痛，痄腮，疮疡，跌打伤肿，外伤出血。

【应用举例】内服：煎汤 3 ～ 6 克；或入丸、散剂，或浸酒。外用：适量，研末或捣敷。

600. 唐菖蒲 *Gladiolus gandavensis* Van Houtte

【别名】十样锦、剑兰、菖兰、荸荠莲等。

【植物形态】多年生草本。球茎扁圆球形，直径 2.5 ～ 4.5 厘米，外有棕色或黄棕色的膜质包被。叶基生或在花茎基部互生，剑形，长 40 ～ 60 厘米，宽 2 ～ 4 厘米，基部鞘状，顶端渐尖，嵌迭状排成 2 列，灰绿色，有数条纵脉及 1 条明显而突出的中脉。花茎直立，高 50 ～ 80 厘米，不分枝，花茎下部生有数枚互生的叶；顶生穗状花序长 25 ～ 35 厘米，每朵花下有苞片 2，膜质，黄绿色，卵形或宽披针形，长 4 ～ 5 厘米，宽 1.8 ～ 3 厘米，中脉明显；无花梗；花在苞内单生，两侧对称，有红、黄、白或粉红等色，直径 6 ～ 8 厘米；花被管长约 2.5 厘米，基部弯曲，花被裂片 6，2 轮排列，内、外轮的花被裂片皆为卵圆形或椭圆形，上面 3 片略大（外花被裂片 2，内花被裂片 1），最上面的 1 片内花被裂片特别宽大，弯曲成盔状；雄蕊 3，直立，贴生于盔状的内花被裂片内，长约 5.5 厘米，花药条形，红紫色或深紫色，花丝白色，着生在花被管上；花柱长约 6 厘米，顶端 3 裂，柱头略扁宽而膨大，具短绒毛，子房椭圆形，绿色，3 室，中轴胎座，胚珠多数。蒴果椭圆形或倒卵形，成熟时室背开裂；种子扁而有翅。花期 7—9 月，果期 8—10 月。

【生境与分布】全国各地广为栽培，贵州及云南一些地方常逸为半野生，在我国北方，于秋末将球茎自地中挖出，放在室内干燥处过冬。我县均有分布。

【中药名称】搜山黄。

【来源】为鸢尾科唐菖蒲（*Gladiolus gandavensis* Van Houtte）的球茎。

【采收加工】秋季采挖，洗净，晒干备用或鲜用。

【性味功效】苦，辛，凉，有毒。清热解毒，散瘀消肿。用于跌打损伤，咽喉肿痛。外用治腮腺炎，疮毒，淋巴结炎。

【应用举例】内服：3 ～ 6 克，浸酒服或研粉吹喉。外用：适量，捣烂敷或磨汁搽患处。

601. 蝴蝶花 *Iris japonica* Thunb.

【别名】开喉箭、兰花草、扁竹、剑刀草、木绣球、聚八仙花等。

【植物形态】多年生草本。根状茎可分为较粗的直立根状茎和纤细的横走根状茎，直立根状茎扁圆形，具多数较短的节间，棕褐色，横走根状茎节间长，黄白色；须根生于根状茎的节上，分枝多。叶基生，暗绿色，有光泽，近地面处带红紫色，剑形，长 25 ～ 60 厘米，宽 1.5 ～ 3 厘米，顶端渐尖，无明显的中脉。花茎直立，高于叶片，顶生稀疏总状聚伞花序，分枝 5 ～ 12 个，与苞片等长或略超出；苞片叶状，3 ～ 5 枚，宽披针形或卵圆形，长 0.8 ～ 1.5 厘米，顶端钝，其中包含有 2 ～ 4 朵花，花淡蓝色或蓝紫色，直径 4.5 ～ 5 厘米；花梗伸出苞片之外，长 1.5 ～ 2.5 厘米；花被管明显，长 1.1 ～ 1.5 厘米，外花被裂片倒卵形或椭圆形，长 2.5 ～ 3 厘米，宽 1.4 ～ 2 厘米，顶端微凹，基部楔形，边缘波状，有细齿裂，中脉上有隆起的黄色鸡冠状附属物，内花被裂片椭圆形或狭倒卵形，长 2.8 ～ 3 厘米，宽 1.5 ～ 2.1 厘米，爪部楔形，顶端微凹，边缘有细齿裂，花盛开时向外展开；雄蕊长 0.8 ～ 1.2 厘米，花药长椭圆形，白色；花柱分枝较内花被裂片略短，中肋处淡蓝色，子房纺锤形，长 0.7 ～ 1 厘米。蒴果椭圆状柱形，长 2.5 ～ 3 厘米，直径 1.2 ～ 1.5 厘米，顶端微尖，基部钝，无喙，6 条纵肋明显，成熟时自顶端开裂至中部；种子黑褐色，为不规则的多面体，无附属物。花期 3—4 月，果期 5—6 月。

【生境与分布】产于江苏、安徽、浙江、福建、湖北、湖南、广东、广西、陕西、甘肃、四川、贵州、云南。生于山坡较阴湿的草地、疏林下或林缘草地，云贵高原一带常生于海拔 3000 ～ 3300 米处。我县均有分布。

【中药名称】扁竹根、蝴蝶花。

【来源】鸢尾科蝴蝶花（*Iris japonica* Thunb.）的干燥根茎为扁竹根，全草为蝴蝶花。

【采收加工】扁竹根：四季均可采挖，洗净，晒干。

蝴蝶花：开花时采。

【性味功效】扁竹根：凉，辛辣，有小毒。消食，杀虫，清热，通便。用于食积腹胀，蛔虫腹痛，牙痛，喉蛾，大便不通。

蝴蝶花：清热解毒，散瘀，止咳，利尿。用于咳嗽，小儿瘰疬，无名肿毒。

【应用举例】扁竹根：内服，煎汤，1 ～ 3 钱；或入散剂。外用捣敷。

治臌胀：扁竹根一两，煨水服；或用鲜根一钱，切细，米汤送服。

蝴蝶花：内服，煎汤，9 ～ 15 克。外用适量，捣敷。

602. 鸢尾 *Iris tectorum* Maxim.

【别名】屋顶鸢尾、蓝蝴蝶、紫蝴蝶、扁竹花等。

【植物形态】多年生草本，植株基部围有老叶残留的膜质叶鞘及纤维。根状茎粗壮，二歧分枝，直径约 1 厘米，斜伸；须根较细而短。叶基生，黄绿色，稍弯曲，中部略宽，宽剑形，长 15 ～ 50 厘米，宽 1.5 ～ 3.5 厘米，顶端渐尖或短渐尖，基部鞘状，有数条不明显的纵脉。花茎光滑，高 20 ～ 40 厘米，顶部常有 1 ～ 2 个短侧枝，中、下部有 1 ～ 2 枚茎生叶；苞片 2 ～ 3 枚，绿色，草质，边缘膜质，色淡，披针形或长卵圆形，长 5 ～ 7.5 厘米，宽 2 ～ 2.5 厘米，顶端渐尖或长渐尖，内包含有 1 ～ 2 朵花；花蓝紫色，直径约 10 厘米；花梗甚短；花被管细长，长约 3 厘米，上端膨大成喇叭形，外花被裂片圆形或宽卵形，长 5 ～ 6 厘米，宽约 4 厘米，顶端微凹，爪部狭楔形，中脉上有不规则的鸡冠状附属物，成不整齐的燧状裂，内花被裂片椭圆形，长 4.5 ～ 5 厘米，宽约 3 厘米，花盛开时向外平展，爪部突然变细；雄蕊长约 2.5 厘米，花药鲜黄色，花丝细长，白色；花柱分枝扁平，淡蓝色，长约 3.5 厘米，顶端裂片近四方形，有疏齿，子房纺锤状圆柱形，长 1.8 ～ 2 厘米。蒴果长椭圆形或倒卵形，长 4.5 ～ 6 厘米，直径 2 ～ 2.5 厘米，有 6 条明显的肋，成熟时自上而下 3 瓣裂；种子黑褐色，梨形，无附属物。花期 4—5 月，果期 6—8 月。

【生境与分布】产于山西、安徽、江苏、浙江、福建、湖北、湖南、江西、广西、陕西、甘肃、四川、贵州、云南、西藏。生于向阳坡地、林缘及水边湿地。我县均有分布。

【中药名称】川射干。

【来源】为鸢尾科鸢尾（*Iris tectorum* Maxim.）的干燥根茎。

【采收加工】全年可采，挖出根状茎，除去茎叶及须根，洗净，晒干，切段备用。

【性味功效】苦，寒。清热解毒，祛痰，利咽。

【应用举例】内服：3 ～ 5 钱。外用：适量，鲜根茎捣烂外敷，或干品研末敷患处。

治腹部积水、皮肤发黑：用川射干根捣汁，服下。

一百四十八、灯心草科 Juncaceae

多年生或稀为一年生草本，极少为灌木状（如灌木蔺属 *Prionium*）。根状茎直立或横走，须根纤维状。茎多丛生，圆柱形或压扁，表面常具纵沟棱，内部具充满或间断的髓心或中空，常不分枝，绿色。在某些种类茎秆常行光合作用。叶全部基生成丛而无茎生叶，或具茎生叶数片，常排成三列，稀为二列（*Distichia* 属和 *Oxychloe* 属）；有些多年生种类茎基部常具数枚低出叶（芽苞叶），呈鞘状或鳞片状；叶片线形、圆筒形、披针形，扁平或稀为毛鬃状，具横隔膜或无，有时退化呈芒刺状或仅存叶鞘；叶鞘开放或闭合（*Prionium* 属和 *Luzula* 属），在叶鞘与叶片连接处两侧常形成一对叶耳或无叶耳。花序圆锥状、聚伞状或头状，顶生、腋生或有时假侧生（即由一直立的总苞片将花序推向一侧，此总苞片圆柱形，似茎的直接延伸）；花单生或集生成穗状或头状，头状花序往往再组成圆锥、总状、伞状或伞房状等各式复花序；头状花序下通常有数枚苞片，最下面 1 枚常比花长；花序分枝基部各具 2 枚膜质苞片；整个花序下常有 1 ～ 2 枚叶状总苞片；花小型，两性，稀为单性异株，多为风媒花，有花梗或无，花下常具 2 枚膜质小苞片；花被片 6 枚，排成 2 轮，稀内轮缺如，颖状，狭卵形至披针形，长圆形或钻形，绿色、白色、褐色、淡紫褐色乃至黑色，常透明，顶端锐尖或钝；雄蕊 6 枚，分离，与花被片对生，有时内轮退化而只有 3 枚；花丝线形或圆柱形，常比花药长；花药长圆形，线形或卵形，基着，内向或侧向，药室纵裂；花粉粒为四面体形的四合花粉，每粒花粉具一远极孔；雌蕊由 3 心皮结合而成；子房上位，1 室或 3 室，有时为不完全三隔膜（胎座延伸但不及中部）；花柱 1，常较短；柱头 3 分叉，线形，多扭曲；胚珠多数，着生于侧膜胎座或中轴胎座上，或仅 3 枚（地杨梅属），基生胎座；倒生胚珠具双珠被和厚珠心。果实通常为室背开裂的蒴果，稀不开裂。种子卵球形、纺锤形或倒卵形，有时两端（或一端）具尾状附属物（常称为锯屑状，在地杨梅属则常称为种阜）；种皮常具纵沟或网纹；胚乳富于淀粉，胚小，直立，位于胚乳的基部中心，具一大而顶生的子叶。

全国第四次中药资源普查秭归境内发现 1 种。

603. 野灯心草 *Juncus setchuensis* Buchen.

【别名】秧草等。

【植物形态】多年生草本，高 25 ～ 65 厘米；根状茎短而横走，具黄褐色稍粗的须根。茎丛生，直立，圆柱形，有较深而明显的纵沟，直径 1 ～ 1.5 毫米，茎内充满白色髓心。叶全部为低出叶，呈鞘状或鳞片状，包围在茎的基部，长 1 ～ 9.5 厘米，基部红褐色至棕褐色；叶片退化为刺芒状。聚伞花序假侧生；花多朵排列紧密或疏散；总苞片生于顶端，圆柱形，似茎的延伸，长 5 ～ 15 厘米，顶端尖锐；小苞片 2 枚，三角状卵形，膜质，长 1 ～ 1.2 毫米，宽约 0.9 毫米；花淡绿色；花被片卵状披针形，长 2 ～ 3 毫米，宽约 0.9 毫米，顶端锐尖，边缘宽膜质，内轮与外轮者等长；雄蕊 3 枚，比花被片稍短；花药长圆形，黄色，长约 0.8 毫米，比花丝短；子房 1 室（三隔膜发育不完全），侧膜胎座呈半月形；花柱极短；柱头 3 分叉，长约 0.8 毫米。蒴果通常卵形，比花被片长，顶端钝，成熟时黄褐色至棕褐色。种子斜倒卵形，长 0.5 ～ 0.7 毫米，棕褐色。花期 5—7 月，果期 6—9 月。

【生境与分布】产于山东、江苏、安徽、浙江、江西、福建、河南、湖北、湖南、广东、广西、四川、贵州、云南、西藏。生于海拔 800 ～ 1700 米的山沟、林下阴湿地、溪旁、道旁的浅水处。我县均有分布。

【中药名称】野灯心草。

【来源】为灯心草科植物野灯心草（*Juncus setchuensis* Buchen.）的茎髓。

【采收加工】夏季采收，洗净，晒干。

【性味功效】苦，凉。利尿通淋，泻热安神。用于小便不利，热淋，水肿，小便涩痛，心烦失眠，鼻衄，目赤，齿痛，血崩。

【应用举例】内服：煎汤，5 ～ 8 分（鲜草单用，0.5 ～ 1 两）；或入丸、散剂。外用：煅存性研末撒或吹喉。

1. 治五淋癃闭：野灯心草一两，麦门冬、甘草各五钱，浓煎饮。

2. 治水肿：野灯心草四两，水煎服。

一百四十九、鸭跖草科 Commelinaceae

一年生或多年生草本，有的茎下部木质化。茎有明显的节和节间。叶互生，有明显的叶鞘；叶鞘开口或闭合。花通常在蝎尾状聚伞花序上，聚伞花序单生或集成圆锥花序，有的伸长而很典型，有的缩短成头状，有的无花序梗而花簇生，甚至有的退化为单花。顶生或腋生，腋生的聚伞花序有的穿透包裹它的那个叶鞘而钻出鞘外。花两性，极少单性。萼片3枚，分离或仅在基部连合，常为舟状或龙骨状，有的顶端盔状。花瓣3枚，分离，但在 *Cyanotis* 属和 *Amischophacelus* 属中，花瓣在中段合生成筒，而两端仍然分离。雄蕊6枚，全育或仅2～3枚能育而有1～3枚退化雄蕊；花丝有念珠状长毛或无毛；花药并行或稍稍叉开，纵缝开裂，罕见顶孔开裂；退化雄蕊顶端各式（4裂成蝴蝶状，或3全裂，或2裂叉开成哑铃状，或不裂）；子房3室，或退化为2室，每室有1至数颗直生胚珠。果实大多为室背开裂的蒴果，稀为浆果状而不裂。种子大而少数，富含胚乳，种脐条状或点状，胚盖（脐眼一样的东西，胚就在它的下面）位于种脐的背面或背侧面。

全国第四次中药资源普查秭归境内发现5种。

604. 饭包草 *Commelina bengalensis* L.

【别名】火柴头、竹叶菜、卵叶鸭跖草、圆叶鸭跖草等。

【植物形态】多年生披散草本。茎大部分匍匐，节上生根，上部及分枝上部上升，长可达70厘米，被疏柔毛。叶有明显的叶柄；叶片卵形，长3～7厘米，宽1.5～3.5厘米，顶端钝或急尖，近无毛；叶鞘口有疏而长的睫毛。总苞片漏斗状，与叶对生，常数个集于枝顶，下部边缘合生，长8～12毫米，被疏毛，顶端短急尖或钝，柄极短；花序下面一枝具细长梗，具1～3朵不孕的花，伸出佛焰苞，上面一枝有花数朵，结实，不伸出佛焰苞；萼片膜质，披针形，长2毫米，无毛；花瓣蓝色，圆形，长3～5毫米；内面2枚具长爪。蒴果椭圆状，长4～6毫米，3室，腹面2室每室具2颗种子，开裂，后面一室仅有1颗种子，或无种子，不裂。种子长近2毫米，多皱并有不规则网纹，黑色。花期夏秋。

【生境与分布】产于山东、河北、河南、陕西、四川、云南、广西、海南、广东、湖南（保靖）、湖北、江西、安徽、江苏、浙江、福建和台湾。生于海拔2300米以下的湿地。我县均有分布。

【中药名称】马耳草。

【来源】为鸭跖草科植物饭包草（*Commelina bengalensis* L.）的全草。

【采收加工】夏、秋季采收，洗净，鲜用或晒干。

【性味功效】苦，寒。清热解毒，利水消肿。用于热病发热，烦渴，咽喉肿痛，热痢，热淋，痔疮，疔疮痈肿，蛇虫咬伤等。

【应用举例】内服：煎汤，15～30克，鲜品30～60克。外用：适量，鲜品捣敷；或煎水洗。

1. 治小便不通、淋沥作痛：30～60克，酌加水煎，可代茶常饮。

2. 治赤痢：鲜（饭包草）全草60～90克，水煎服。

605. 鸭跖草 *Commelina communis* L.

【别名】竹节菜、鸭鹊草、耳环草、蓝花菜、翠蝴蝶等。

【植物形态】一年生披散草本。茎匍匐生根，多分枝，长可达1米，下部无毛，上部被短毛。叶披针形至卵状披针形，长3～9厘米，宽1.5～2厘米。总苞片佛焰苞状，有1.5～4厘米的柄，与叶对生，折叠状，展开后为心形，顶端短急尖，基部心形，长1.2～2.5厘米，边缘常有硬毛；聚伞花序，下面一枝仅有花1朵，具长8毫米的梗，不孕；上面一枝具花3～4朵，具短梗，几乎不伸出佛焰苞。花梗花期长仅3毫米，果期弯曲，长不过6毫米；萼片膜质，长约5毫米，内面2枚常靠近或合生；花瓣深蓝色；内面2枚具爪，长近1厘米。蒴果椭圆形，长5～7毫米，2室，2爿裂，有种子4颗。种子长2～3毫米，棕黄色，一端平截、腹面平，有不规则窝孔。

【生境与分布】产于云南、四川、甘肃以东的南北各省区。常见，生于湿地。我县均有分布。

【中药名称】鸭跖草。

【来源】为鸭跖草科植物鸭跖草（*Commelina communis* L.）的干燥地上部分。

【采收加工】夏、秋季采收，晒干。

【性味功效】甘，淡，寒。归肺、胃、小肠经。清热解毒，利水消肿。用于风热感冒，高热不退，咽喉肿痛，水肿尿少，热淋涩痛，痈肿疔毒等。

【应用举例】内服：煎汤，3～5钱（鲜者2～3两，大剂可用5～7两）；或捣汁。外用：捣敷或捣汁点喉。

治小便不通：鸭跖草一两，车前草一两。捣汁，入蜜少许，空腹服之。

治五淋、小便刺痛：鲜鸭跖草枝端嫩叶四两，捣烂，加开水一杯，绞汁调蜜内服，每日三次。

体质虚弱者，药量酌减。

606. 牛轭草 *Murdannia loriformis*（Hassk.）Rolla Rao et Kammathy

【别名】鸡嘴草、水竹草等。

【植物形态】多年生草本。根须状，直径 0.5 ～ 1 毫米，被长绒毛或否。主茎不发育，有莲座状叶丛，多条可育茎从叶丛中发出，披散或上升，下部节上生根，无毛，或一侧有短毛，仅个别植株密生细长硬毛，长 15 ～ 50（100）厘米。主茎上的叶密集，成莲座状，禾叶状或剑形，长 5 ～ 15（30）厘米，宽近 1 厘米，仅下部边缘有睫毛；可育茎上的叶较短，仅叶鞘上沿口部一侧有硬睫毛，仅个别植株在叶背面及叶鞘上到处密生细硬毛。蝎尾状聚伞花序单支顶生或有 2 ～ 3 支集成圆锥花序；总苞片下部的叶状而较小，上部的很小，长不过 1 厘米；聚伞花序有长至 2.5 厘米的总梗，有数朵非常密集的花，几乎集成头状；苞片早落，长约 4 毫米；花梗在果期长 2.5 ～ 4 毫米，稍弯曲；萼片草质，卵状椭圆形，浅舟状，长约 3 毫米；花瓣紫红色或蓝色，倒卵圆形，长 5 毫米；能育雄蕊 2 枚。蒴果卵圆状三棱形，长 3 ～ 4 毫米。种子黄棕色，具以胚盖为中心的辐射条纹，并具细网纹，无孔，亦无白色乳状突出。花果期 5—10 月。

【生境与分布】生于低海拔的山谷溪边林下、山坡草地。我县均有分布。

【中药名称】牛轭草。

【来源】为鸭跖草科植物牛轭草（*Murdannia loriformis*（Hassk.）Rolla Rao et Kammathy）的全草。

【采收加工】夏、秋季采收，洗净，晒干或鲜用。

【性味功效】甘，淡，微苦，寒。清热止咳，解毒，利尿。用于小儿高热，肺热咳嗽，目赤肿痛，热痢，疮痈肿毒，热淋，小便不利。

【应用举例】内服：煎汤，15 ～ 30 克。外用：适量，捣敷。

607. 杜若 *Pollia japonica* Thunb.

【别名】地藕等。

【植物形态】多年生草本，根状茎长而横走。茎直立或上升，粗壮，不分枝，高 30 ～ 80 厘米，被短柔毛。叶鞘无毛；叶无柄或叶基渐狭，而延成带翅的柄；叶片长椭圆形，长 10 ～ 30 厘米，宽 3 ～ 7 厘米，基部楔形，顶端长渐尖，近无毛，上面粗糙。蝎尾状聚伞花序长 2 ～ 4 厘米，常多个成轮排列，形成数个疏离的轮，也有不成轮的，一般地集成圆锥花序，花序总梗长 15 ～ 30 厘米，花序远远地伸出叶子，各级花序轴和花梗被相当密的钩状毛；总苞片披针形，花梗长约 5 毫米；萼片 3 枚，长约 5 毫米，无毛，宿存；花瓣白色，倒卵状匙形，长约 3 毫米；雄蕊 6 枚全育，近相等，或有时 3 枚略小些，偶有 1 ～ 2 枚不育的。果球状，果皮黑色，直径约 5 毫米，每室有种子数颗。种子灰色带紫色。花期 7—9 月。果期 9—10 月。

【生境与分布】生于海拔 1200 米以下的山谷林下。我县均有分布。

【中药名称】竹叶莲。

【来源】为鸭跖草科植物杜若（*Pollia japonica* Thunb.）的全草。

【采收加工】夏、秋季采收，鲜用或晒干。

【性味功效】辛，微温。理气止痛，疏风消肿。用于胸胁气痛，胃痛，腰痛，头肿痛，流泪。外用治毒蛇咬伤。

【应用举例】内服：煎汤，6 ～ 12 克。外用：适量，捣敷。

根茎：治跌打损伤。将根浸酒，半个月后饮之。

608. 竹叶子 *Streptolirion volubile* Edgew.

【别名】大叶竹菜、猪鼻孔、酸猪草、小竹叶菜等。

【植物形态】多年生攀援草本，极少茎近于直立。茎长 0.5 ～ 6 米，常无毛。叶柄长 3 ～ 10 厘米，叶片心状圆形，有时心状卵形，长 5 ～ 15 厘米，宽 3 ～ 15 厘米，顶端常尾尖，基部深心形，上面多少被柔毛。蝎尾状聚伞花序有花 1 至数朵，集成圆锥状，圆锥花序下面的总苞片叶状，长 2 ～ 6 厘米，上部的小而卵状披针形。花无梗；萼片长 3 ～ 5 毫米，顶端急尖；花瓣白色、淡紫色而后变白色，线形，略比萼长。蒴果长 4 ～ 7 毫米，顶端有长达 3 毫米的芒状突尖。种子褐灰色，长约 2.5 毫米。花期 7—8 月，果期 9—10 月。

【生境与分布】产于西藏东南部、云南、贵州、四川、甘肃、陕西、山西、河北、北京、辽宁、浙江、河南西部、湖北、湖南西部和广西。通常生于海拔 2000 米以下的山地，在云南、西藏可生长于海拔 3200 米的地方。我县均有分布。

【中药名称】竹叶子。

【来源】为鸭跖草科植物竹叶子（*Streptolirion volubile* Edgew.）的全草。

【采收加工】夏、秋季采收，洗净，鲜用或晒干。

【性味功效】甘，平。清热，利水，解毒，化瘀。用于感冒发热，肺痨咳嗽，口渴心烦，水肿，热淋，带下，咽喉疼痛，痈疮肿毒，跌打损伤，风湿骨痛。

【应用举例】内服：煎汤，15 ～ 30 克；鲜品 30 ～ 60 克。外用：适量，鲜品捣敷。

一百五十、谷精草科 Eriocaulaceae

一年生或多年生草本，沼泽生或水生，通常高仅 30 厘米或更矮，偶见匍匐茎或根状茎。根密生在茎的下部，索状。叶狭窄，螺旋状着生在茎上，常成一密丛，有时散生，基部扩展成鞘状，叶质薄常半透明，具方格状的“膜孔”（由许多绿色组织的薄片，横向排列于纵向的平行脉之间，隔成一个个横格）。花序为头状花序，向心式开放，通常小，白色、灰色或铅灰色；花葶很少分枝，直立而细长，具棱，多少向右扭转，通常高出于叶，基部被一鞘状的苞片所包围。总苞片位于花序下面，通常短于花序，1 至多列，覆瓦状排列；苞片通常每花 1 片，较总苞片狭，周边花常无苞片，总苞片在形态、大小、所处位置等方面均与苞片有逐渐移变的关系；花小，无柄或有短柄，多数，单性，辐射对称或两侧对称，集生于光秃或具密毛的总（花）托上，通常雌花与雄花同序，混生或雄花在外周雌花在中央，或与此相反，很少雌花和雄花异序；3 或 2 基数，花被 2 轮，有花萼、花冠之分，很少因退化而仅有花萼。雄花：花萼常合生成佛焰苞状，远轴面开裂，有时萼片离生；花冠常合生成柱状或漏斗状，富含水分，顶端 3 或 2 裂，或有时花瓣离生；雄蕊 1 ～ 2 轮，每轮 2 ～ 3 枚，花丝丝状，离生，花药 2 或 4 室，基着，内向，纵裂，黑色、白色或带棕色；花粉球形，具一至数个螺旋状萌发孔，表面具刺状雕纹，其间有长颗粒状突起。雌花：萼片离生或合生；花瓣常离生，顶端内侧常有腺体；子房上位，常有子房柄，1 ～ 3 室，每室 1 胚珠，花柱 1，大部分属（除谷精草属与 *Mesanthemum* 属以外）均有花柱附属体，与花柱分枝互生，同数或倍数。花柱分枝细长，与子房室同数；直生胚珠着生于子房底部。蒴果小，果皮薄，室背开裂。种子常椭圆形，棕红色或黄色，表面有六角形的网格，胚乳富含淀粉粒，充满种子的大部分，匀质，胚小，位于珠孔端，另一端有合点端胚乳。

全国第四次中药资源普查秭归境内发现 1 种。

609. 谷精草 *Eriocaulon buergerianum* Koern.

【别名】连萼谷精草、珍珠草等。

【植物形态】草本。叶线形，丛生，半透明，具横格，长 4 ～ 10（20）的厘米，中部宽 2 ～ 5 毫米，脉 7 ～ 12（18）条。花葶多数，长达 25（30）厘米，粗 0.5 毫米，扭转，具 4 ～ 5 棱；鞘状苞片长 3 ～ 5 厘米，口部斜裂；花序熟时近球形，禾秆色，长 3 ～ 5 毫米，宽 4 ～ 5 毫米；总苞片倒卵形至近圆形，禾秆色，下半部较硬，上半部纸质，不反折，长 2 ～ 2.5 毫米，宽 1.5 ～ 1.8 毫米，无毛或边缘有少数毛，下部的毛较长；总花托常有密柔毛；苞片倒卵形至长倒卵形，长 1.7 ～ 2.5 毫米，宽 0.9 ～ 1.6 毫米，背面上部及顶端有白短毛；雄花：花萼佛焰苞状，外侧裂开，3 浅裂，长 1.8 ～ 2.5 毫米，背面及顶端多少有毛；花冠裂片 3，近锥形，几等大，近顶处各有 1 黑色腺体，端部常有 2 细胞的白短毛；雄蕊 6 枚，花药黑色。雌花：萼合生，外侧开裂，顶端 3 浅裂，长 1.8 ～ 2.5 毫米，背面及顶端有短毛，外侧裂口边缘有毛，下长上短；花瓣 3 枚，离生，扁棒形，肉质，顶端各具 1 黑色腺体及若干白短毛，果成熟时毛易落，内面常有长柔毛；子房 3 室，花柱分枝 3，短于花柱。种子矩圆状，长 0.75 ～ 1 毫米，表面具横格及 T 字形突起。花果期 7—12 月。

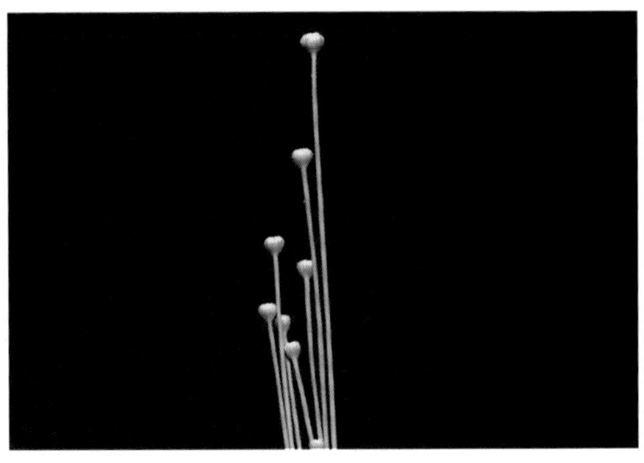

【生境与分布】产于江苏、安徽、浙江、江西、福建、台湾、湖北、湖南、广东、广西、四川、贵州等省区。生于稻田、水边。我县均有分布。

【中药名称】谷精草。

【来源】为谷精草科植物谷精草（*Eriocaulon buergerianum* Koern.）的干燥带花茎的头状花序。

【采收加工】秋季采收，将花序连同花茎拔出，晒干。

【性味功效】辛，甘，平。归肝、肺经。疏散风热，明目，退翳。用于风热目赤，肿痛羞明，眼生翳膜，风热头痛等。

【应用举例】内服：煎汤，3～4钱；或入丸、散剂。外用：烧存性研末撒。

1. 治风热目翳，或夜晚视物不清：谷精草一至二两，鸭肝一至二具（如无鸭肝用白豆腐）。酌加开水炖一小时，饭后服，每日一次。

2. 治小儿肝热，手足掌心热：谷精草全草二至三两，猪肝二两。加开水炖一小时服，每日一至二次。

一百五十一、禾本科 Gramineae

植物体木本（竹类和某些高大禾草亦可呈木本状）或草本。根的类型大多数为须根。茎多为直立，但亦有匍匐蔓延乃至如藤状，通常在其基部容易生出分蘖条，一般明显地具有节与节间两部分（茎在本科中常特称为秆；在竹类中称为竿，以示与禾草者相区别）；节间中空，常为圆筒形，或稍扁，髓部贴生于空腔之内壁，但亦有充满空腔而使节间为实心者；节处之内有横隔板存在，故是闭塞的，从外表可看出鞘环和在鞘上方的秆环两部分，同一节的这两环间的上下距离可称为节内，秆芽即生于此处。叶为单叶互生，常以1/2叶序交互排列为2行，一般可分3部分：①叶鞘，它包裹着主秆和枝条的各节间，通常是开缝的，以其两边缘重叠覆盖，或两边缘愈合而成为封闭的圆筒，鞘的基部稍可膨大；②叶舌位于叶鞘顶端和叶片相连接处的近轴面，通常为低矮的膜质薄片，或由鞘口縫毛来代替，稀为不明显乃至无叶舌，在叶鞘顶端之两边还可各伸出一突出体，即叶耳，其边缘常生纤毛或縫毛；③叶片，常为窄长的带形，亦有长圆形、卵圆形、卵形或披针形等形状，其基部直接着生在叶鞘顶端，无柄（少数禾草及竹类的营养叶则可具叶柄），叶片有近轴（上表面）与远轴（下表面）的两个平面，在未开展或干燥时可呈席卷状，有1条明显的中脉和若干条与之平行的纵长次脉，小横脉有时亦存在。

全国第四次中药资源普查秭归境内发现20种。

610. 芦竹 *Arundo donax* L.

【别名】芦荻头、楼梯杆等。

【植物形态】多年生，具发达根状茎。秆粗大直立，高3～6米，直径（1）1.5～2.5（3.5）厘米，坚韧，具多数节，常生分枝。叶鞘长于节间，无毛或颈部具长柔毛；叶舌截平，长约1.5毫米，先端具短纤毛；叶片扁平，长30～50厘米，宽3～5厘米，上面与边缘微粗糙，基部白色，抱茎。圆锥花序极大型，长30～60（90）

厘米，宽 3 ～ 6 厘米，分枝稠密，斜升；小穗长 10 ～ 12 毫米；含 2 ～ 4 朵小花，小穗轴节长约 1 毫米；外稃中脉延伸成 1 ～ 2 毫米之短芒，背面中部以下密生长柔毛，毛长 5 ～ 7 毫米，基盘长约 0.5 毫米，两侧上部具短柔毛，第一外稃长约 1 厘米；内稃长约为外稃之半；雄蕊 3，颖果细小黑色。花果期 9—12 月。

【生境与分布】产于广东、海南、广西、贵州、云南、四川、湖南、江西、福建、台湾、浙江、江苏。生于河岸道旁、沙质壤土上。南方各地庭园引种栽培。我县均有分布。

【中药名称】芦竹根。

【来源】为禾本科植物芦竹（*Arundo donax* L.）的根茎。

【采收加工】夏季拔起全株，砍取根茎洗净，剔除须根，切片或整条晒干。

【性味功效】苦，寒，甘。清热泻火，生津除烦，利尿。用于热病烦渴，虚劳骨蒸，吐血，热淋，小便不利，风火牙痛。

【应用举例】内服：煎汤，15 ～ 30 克；或熬膏。外用：适量，捣敷。

611. 薏苡 *Coix lacryma-jobi* L.

【别名】菩提子、苡米、薏仁米、沟子米等。

【植物形态】一年生粗壮草本，须根黄白色，海绵质，直径约 3 毫米。秆直立丛生，高 1 ～ 2 米，具 10 多节，节多分枝。叶鞘短于其节间，无毛；叶舌干膜质，长约 1 毫米；叶片扁平宽大，开展，长 10 ～ 40 厘米，宽 1.5 ～ 3 厘米，基部圆形或近心形，中脉粗厚，在下面隆起，边缘粗糙，通常无毛。总状花序腋生成束，长 4 ～ 10 厘米，直立或下垂，具长梗。雌小穗位于花序之下部，外面包以骨质念珠状之总苞，总苞卵圆形，长 7 ～ 10 毫米，直径 6 ～ 8 毫米，珐琅质，坚硬，有光泽；第一颖卵圆形，顶端渐尖呈喙状，具 10 余脉，包围着第二颖及第一外稃；第二外稃短于颖，具 3 脉，第二内稃较小；雄蕊常退化；雌蕊具细长之柱头，从总苞之顶端伸出，颖果小，含淀粉少，常不饱满，雄小穗 2 ～ 3 对，着生于总状花序上部，长 1 ～ 2 厘米；无柄雄小穗长 6 ～ 7 毫米，第一颖草质，边缘内折成脊，具有不等宽之翼，顶端钝，具多数脉，第二颖舟形；外稃与内稃膜质；第一及第二小花常具雄蕊 3 枚，花药橘黄色，长 4 ～ 5 毫米；有柄雄小穗与无柄者相似，或较小而呈不同程度的退化。花果期 6—12 月。

【生境与分布】产于辽宁、河北、山西、山东、河南、陕西、江苏、安徽、浙江、江西、湖北、

湖南、福建、台湾、广东、广西、海南、四川、贵州、云南等省区；多生于湿润的屋旁、池塘、河沟、山谷、溪涧或易受涝的农田等地方，海拔 200 ～ 2000 米处常见，野生或栽培。我县均有分布。

【中药名称】薏苡仁。

【来源】为禾本科植物薏苡（*Coix lacryma-jobi* L.）干燥成熟的种仁。

【采收加工】秋季果实成熟时采割植株，晒干，打下果实，再晒干，除去外壳、黄褐色种皮及杂质，收集种仁。

【性味功效】甘，淡，凉。归脾、胃、肺经。健脾渗湿，除痹止泻，清热排脓。用于水肿，脚气，小便不利，湿痹拘挛，脾虚泄泻，肺痈，肠痈，扁平疣。

【应用举例】内服：煎汤，0.3 ～ 1 两；或入散剂。

1. 治风湿痹气、肢体痿痹、腰脊酸痛：薏苡仁一斤，桑寄生、当归、川续断、苍术（米泔水浸炒）各四两，分作十六剂，水煎服。

2. 治肺痈咯血：薏苡仁，捣烂，水二大盏，入酒少许，分二服。

612. 狗牙根 *Cynodon dactylon*（L.）Pers.

【别名】绊根草、爬根草、咸沙草等。

【植物形态】低矮草本，具根茎。秆细而坚韧，下部匍匐地面蔓延甚长，节上常生不定根，直立部分高 10 ～ 30 厘米，直径 1 ～ 1.5 毫米，秆壁厚，光滑无毛，有时两侧略压扁。叶鞘微具脊，无毛或有疏柔毛，鞘口常具柔毛；叶舌仅为一轮纤毛；叶片线形，长 1 ～ 12 厘米，宽 1 ～ 3 毫米，通常两面无毛。穗状花序（2）3 ～ 5（6）枚，长 2 ～ 5（6）厘米；小穗灰绿色或带紫色，长 2 ～ 2.5 毫米，仅含 1 朵小花；颖长 1.5 ～ 2 毫米，第二颖稍长，均具 1 脉，背部成脊而边缘膜质；外稃舟形，具 3 脉，背部明显成脊，脊上被柔毛；内稃与外稃近等长，具 2 脉。鳞被上缘近截平；花药淡紫色；子房无毛，柱头紫红色。颖果长圆柱形。

【生境与分布】广布于我国黄河以南各省，近年北京附近已有栽培；多生长于村庄附近、道旁河岸、荒地山坡，其根茎蔓延力强，广铺地面，为良好的固堤保土植物，常用以铺建草坪或球场；唯生长于果园或耕地时，则为难除灭的有害杂草。全世界温暖地区均有。我县均有分布。

【中药名称】狗牙根。

【来源】为禾本科植物狗牙根（*Cynodon dactylon*（L.）Pers.）的全草。

【采收加工】夏、秋季采割全草，洗净，晒干或鲜用。

【性味功效】苦，微甘，凉。归肝经。祛风活络，凉血止血，解毒。用于风湿痹痛，半身不遂，劳伤吐血，鼻衄，便血，跌打损伤，疮疡肿毒。

【应用举例】内服：煎汤，30～60克；或浸酒。外用：适量，捣敷。

613. 马唐 *Digitaria sanguinalis*（L.）Scop.

【别名】羊麻、羊粟等。

【植物形态】一年生。秆直立或下部倾斜，膝曲上升，高10～80厘米，直径2～3毫米，无毛或节生柔毛。叶鞘短于节间，无毛或散生疣基柔毛；叶舌长1～3毫米；叶片线状披针形，长5～15厘米，宽4～12毫米，基部圆形，边缘较厚，微粗糙，具柔毛或无毛。总状花序长5～18厘米，4～12枚成指状着生于长1～2厘米的主轴上；穗轴直伸或开展，两侧具宽翼，边缘粗糙；小穗椭圆状披针形，长3～3.5毫米；第一颖小，短三角形，无脉；第二颖具3脉，披针形，长为小穗的1/2左右，脉间及边缘大多具柔毛；第一外稃等长于小穗，具7脉，中脉平滑，两侧的脉间距离较宽，无毛，边脉上具小刺状粗糙，脉间及边缘生柔毛；第二外稃近革质，灰绿色，顶端渐尖，等长于第一外稃；花药长约1毫米。花果期6—9月。

【生境与分布】产于西藏、四川、新疆、陕西、甘肃、山西、河北、河南及安徽等地；生于路旁、田野，是一种优良牧草，但也是危害农田、果园的杂草。我县均有分布。

【中药名称】马唐。

【来源】为禾本科植物马唐（*Digitaria sanguinalis*（L.）Scop.）的全草。

【采收加工】夏、秋季采割全草，晒干。

【性味功效】甘，寒。明目润肺。用于目暗不明，肺热咳嗽。

【应用举例】内服：煎汤，9～15克。

614. 牛筋草 *Eleusine indica*（L.）Gaertn.

【别名】蟋蟀草等。

【植物形态】一年生草本。根系极发达。秆丛生，基部倾斜，高10～90厘米。叶鞘两侧压扁而具脊，松弛，无毛或疏生疣毛；叶舌长约1毫米；叶片平展，线形，长10～15厘米，宽3～5毫米，无毛或上面被疣基柔毛。穗状花序2～7个指状着生于秆顶，很少单生，长3～10厘米，宽3～5毫米；小穗长4～7毫米，宽2～3毫米，含3～6朵小花；颖披针形，具脊，脊粗糙；第一颖长1.5～2毫米；第二颖长2～3毫米；第一外稃长3～4毫米，卵形，膜质，具脊，脊上有狭翼，内稃短于外稃，具2脊，脊上具狭翼。囊果卵形，长约1.5毫米，基部下凹，具明显的波状皱纹。鳞被2，折叠，具5脉。花果期6—10月。

【生境与分布】产于我国南北各省区，多生于荒芜之地及道路旁。我县均有分布。

【中药名称】牛筋草。

【来源】为禾本科牛筋草（*Eleusine indica*（L.）Gaertn.）的全草。

【采收加工】夏、秋季采，洗净晒干备用。

【性味功效】甘，淡，平。清热解毒，祛风利湿，散瘀止血。用于防治流行性乙型脑炎，流行性脑脊髓膜炎，风湿性关节炎，黄疸型肝炎，小儿消化不良，肠炎，痢疾，尿道炎。外用治跌打损伤，外伤出血，犬咬伤等。

【应用举例】内服：煎汤，3 ~ 5 钱（鲜者 1 ~ 3 两）；或捣汁。

1. 治高热、抽筋神昏：鲜牛筋草四两，水三碗，炖一碗，食盐少许，十二小时内服尽。

2. 治湿热黄疸：鲜牛筋草二两，山芝麻一两，水煎服。

615. 白茅 *Imperata cylindrica*（L.）Beauv.

【别名】茅、茅针、茅根等。

【植物形态】多年生，具粗壮的长根状茎。秆直立，高 30 ~ 80 厘米，具 1 ~ 3 节，节无毛。叶鞘聚集于秆基，甚长于其节间，质地较厚，老后破碎呈纤维状；叶舌膜质，长约 2 毫米，紧贴其背部或鞘口具柔毛，分蘖叶片长约 20 厘米，宽约 8 毫米，扁平，质地较薄；秆生叶片长 1 ~ 3 厘米，窄线形，通常内卷，顶端渐尖呈刺状，下部渐窄，或具柄，质硬，被有白粉，基部上面具柔毛。圆锥花序稠密，长 20 厘米，宽达 3 厘米，小穗长 4.5 ~ 5（6）毫米，基盘具长 12 ~ 16 毫米的丝状柔毛；两颖草质及边缘膜质，近相等，具 5 ~ 9 脉，顶端渐尖或稍钝，常具纤毛，脉间疏生长丝状毛，第一外稃卵状披针形，长为颖片的 2/3，透明膜质，无脉，顶端尖或齿裂，第二外稃与其内稃近相等，长约为颖之半，卵圆形，顶端具齿裂及纤毛；雄蕊 2 枚，花药长 3 ~ 4 毫米；花柱细长，基部多少连合，柱头 2，紫黑色，羽状，长约 4 毫米，自小穗顶端伸出。颖果椭圆形，长约 1 毫米，胚长为颖果之半。花果期 4—6 月。

【生境与分布】产于辽宁、河北、山西、山东、陕西、新疆等地区。生于低山带平原河岸草地、沙质草甸、荒漠与海滨。我县均有分布。

【中药名称】白茅花、白茅根。

【来源】禾本科植物白茅（*Imperata cylindrica*（L.）Beauv.）的干燥根茎为白茅根，花穗为白茅花。

【采收加工】白茅花：4—5 月花盛开前采收。摘下带茎的花穗，晒干。

白茅根：春、秋季采挖，洗净，晒干，除去须根及膜质叶鞘，捆成小把。

【性味功效】白茅花：甘，温。止血，定痛。用于吐血，衄血，刀伤。

白茅根：甘，寒。归肺、胃、膀胱经。凉血止血，清热利尿。用于血热吐血，衄血，尿血，热病烦渴，黄疸，水肿，热淋涩痛，急性肾炎水肿。

【应用举例】白茅花：内服，煎汤，9 ～ 15 克。外用：罨敷或塞鼻。

治鼻衄：白茅花五钱，猪鼻一个，同炖约一小时，饭后服，服多次，可望根治。

白茅根：内服，煎汤，9 ～ 15 克（鲜者 30 ～ 60 克）；捣汁或研末。

616. 箬竹 *Indocalamus tessellatus*（Munro）Keng f.

【别名】辽叶、辽竹、簝竹、簝叶竹、眉竹、楣竹、粽巴叶等。

【植物形态】竿高 0.75 ～ 2 米，直径 4 ～ 7.5 毫米；节间长约 25 厘米，最长者可达 32 厘米，圆筒形，在分枝一侧的基部微扁，一般为绿色，竿壁厚 2.5 ～ 4 毫米；节较平坦；竿环较箨环略隆起，节下方有红棕色贴竿的毛环。箨鞘长于节间，上部宽松抱竿，无毛，下部紧密抱竿，密被紫褐色伏贴疣基刺毛，具纵肋；箨耳无；箨舌厚膜质，截形，高 1 ～ 2 毫米，背部有棕色伏贴微毛；箨片大小多变化，窄披针形，竿下部者较窄，竿上部者稍宽，易落。小枝具 2 ～ 4 叶；叶鞘紧密抱竿，有纵肋，背面无毛或被微毛；无叶耳；叶舌高 1 ～ 4 毫米，截形；叶片在成长植株上稍下弯，宽披针形或长圆状披针形，长 20 ～ 46 厘米，宽 4 ～ 10.8 厘米，先端长尖，基部楔形，下表面灰绿色，密被贴伏的短柔毛或无毛，中脉两侧或仅一侧生有一条毡毛，次脉 8 ～ 16 对，小横脉明显，形成方格状，叶缘生有细锯齿。圆锥花序（未成熟者）长 10 ～ 14 厘米，花序主轴和分枝均密被棕色短柔毛；小穗绿色带紫，长 2.3 ～ 2.5 厘米，几呈圆柱形，含 5 或 6 朵小花；小穗柄长 5.5 ～ 5.8 毫米；小穗轴节间长 1 ～ 2 毫米，被白色绒毛；颖 3 片，纸质，脉上具微毛，第一颖长 5 ～ 7 毫米，先端钝，有 5 脉；第二颖长 7 ～ 10.5 毫米（包括先端长为 1.4 ～ 2 毫米的芒尖在内），具 7 脉；第三颖长 10 ～ 19 毫米（包括先端长为 2.3 ～ 2.7 毫米的芒尖在内），具 9 脉。第一外稃长 11 ～ 13 毫米（包括先端长为 1.7 ～ 2.3 毫米的芒尖在内），背部具微毛，有 11 ～ 13 脉，基盘长 0.5 ～ 1 毫米，其上具白色髯毛；第一内稃长约为外稃的 1/3，背部有 2 脊，脊间生有白色微毛，先端有 2 齿和白色柔毛；花药长约 1.3 毫米，黄色；子房和鳞被未见。笋期 4—5 月，花期 6—7 月。

【生境与分布】产于浙江西天目山、衢县和湖南零陵阳明山。生于山坡路旁。海拔 300 ～ 1400 米。

我县均有分布。

【中药名称】箬竹。

【来源】为禾本科植物箬竹（*Indocalamus tessellatus*（Munro）Keng f.）的叶。

【采收加工】全年均可采，晒干。

【性味功效】甘，寒。归肺、肝经。清热止血，解毒消肿。用于吐血，衄血，便血，崩漏，小便不利，喉痹，痈肿等。

【应用举例】内服：煎汤，9～15克；或炒存性入散剂。外用：适量，炒炭存性，研末吹喉。

治肺痈鼻衄：白面、箬叶灰各三钱。上二味，研令匀，分二服。

617. 淡竹叶 *Lophatherum gracile* Brongn.

【别名】碎骨子、山鸡米、金鸡米、迷身草等。

【植物形态】多年生，具木质根头。须根中部膨大呈纺锤形小块根。秆直立，疏丛生，高40～80厘米，具5～6节。叶鞘平滑或外侧边缘具纤毛；叶舌质硬，长0.5～1毫米，褐色，背有糙毛；叶片披针形，长6～20厘米，宽1.5～2.5厘米，具横脉，有时被柔毛或疣基小刺毛，基部收窄成柄状。圆锥花序长12～25厘米，分枝斜升或开展，长5～10厘米；小穗线状披针形，长7～12毫米，宽1.5～2毫米，具极短柄；颖顶端钝，具5脉，边缘膜质，第一颖长3～4.5毫米，第二颖长4.5～5毫米；第一外稃长5～6.5毫米，宽约3毫米，具7脉，顶端具尖头，内稃较短，其后具长约3毫米的小穗轴；不育外稃向上渐狭小，互相密集包卷，顶端具长约1.5毫米的短芒；雄蕊2枚。颖果长椭圆形。花果期6—10月。

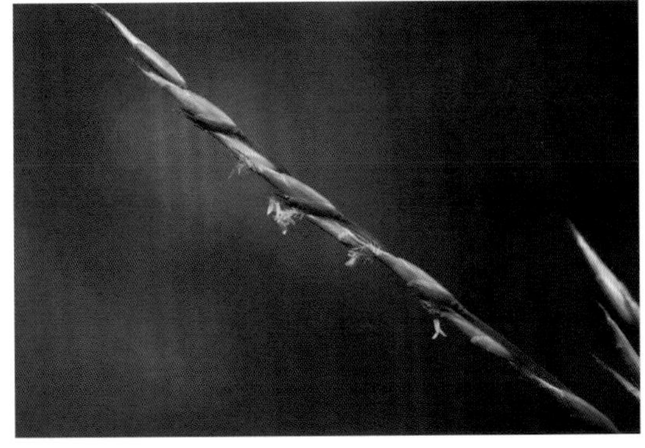

【生境与分布】产于江苏、安徽、浙江、江西、福建、台湾、湖南、广东、广西、四川、云南。生于山坡、林地或林缘、道旁阴凉处。我县均有分布。

【中药名称】淡竹叶。

【来源】为禾本科植物淡竹叶（*Lophatherum gracile* Brongn.）的干燥茎叶。

【采收加工】夏季未抽花穗前采割，晒干。

【性味功效】甘，淡，寒。归心、胃、小肠经。清热除烦，利尿。用于热病烦渴，小便赤涩淋痛，口舌生疮等。

【应用举例】内服：煎汤，3～5钱。

1. 治尿血：淡竹叶、白茅根各三钱，水煎服，每日一剂。

2. 治热淋：淡竹叶四钱，灯心草三钱，海金沙二钱，水煎服，每日一剂。

618. 五节芒 *Miscanthus floridulus*（Lab.）Warb. ex Schum. et Laut.

【别名】芒草、管芒、管草、寒芒等。

【植物形态】多年生草本，具发达根状茎。秆高大似竹，高 2 ~ 4 米，无毛，节下具白粉，叶鞘无毛，鞘节具微毛，长于或上部者稍短于其节间；叶舌长 1 ~ 2 毫米，顶端具纤毛；叶片披针状线形，长 25 ~ 60 厘米，宽 1.5 ~ 3 厘米，扁平，基部渐窄或呈圆形，顶端长渐尖，中脉粗壮隆起，两面无毛，或上面基部有柔毛，边缘粗糙。圆锥花序大型，稠密，长 30 ~ 50 厘米，主轴粗壮，延伸达花序的 2/3 以上，无毛；分枝较细弱，长 15 ~ 20 厘米，通常 10 多枚簇生于基部各节，具 2 ~ 3 回小枝，腋间生柔毛；总状花序轴的节间长 3 ~ 5 毫米，无毛，小穗柄无毛，顶端稍膨大，短柄长 1 ~ 1.5 毫米，长柄向外弯曲，长 2.5 ~ 3 毫米；小穗卵状披针形，长 3 ~ 3.5 毫米，黄色，基盘具较长于小穗的丝状柔毛；第一颖无毛，顶端渐尖或有 2 微齿，侧脉内折呈 2 脊，脊间中脉不明显，上部及边缘粗糙；第二颖等长于第一颖，顶端渐尖，具 3 脉，中脉呈脊，粗糙，边缘具短纤毛，第一外稃长圆状披针形，稍短于颖，顶端钝圆，边缘具纤毛；第二外稃卵状披针形，长约 2.5 毫米，顶端尖或具 2 微齿，无毛或下部边缘具少数短纤毛，芒长 7 ~ 10 毫米，微粗糙，伸直或下部稍扭曲；内稃微小；雄蕊 3 枚，花药长 1.2 ~ 1.5 毫米，橘黄色；花柱极短，柱头紫黑色，自小穗中部之两侧伸出。花果期 5—10 月。

【生境与分布】产于江苏、浙江、福建、台湾、广东、海南、广西等省区。生于低海拔撂荒地与丘陵潮湿谷地和山坡或草地。我县均有分布。

【中药名称】芭茅。

【来源】为禾本科植物五节芒（*Miscanthus floridulus*（Lab.）Warb. ex Schum. et Laut.）的茎。

【采收加工】夏、秋季采收，切段晒干。

【性味功效】甘，淡，平。清热通淋，祛风利湿。用于热淋，石淋，白浊，带下，风湿痹痛。

【应用举例】内服：煎汤，15 ～ 30 克。

619. 稻 *Oryza sativa* L.

【别名】糯、粳等。

【植物形态】一年生水生草本。秆直立，高 0.5 ～ 1.5 米，随品种而异。叶鞘松弛，无毛；叶舌披针形，长 10 ～ 25 厘米，两侧基部下延长成叶鞘边缘，具 2 枚镰形抱茎的叶耳；叶片线状披针形，长 40 厘米左右，宽约 1 厘米，无毛，粗糙。圆锥花序大型疏展，长约 30 厘米，分枝多，棱粗糙，成熟期向下弯垂；小穗含 1 成熟花，两侧甚压扁，长圆状卵形至椭圆形，长约 10 毫米，宽 2 ～ 4 毫米；颖极小，仅在小穗柄先端留下半月形的痕迹，退化外稃 2 枚，锥刺状，长 2 ～ 4 毫米；两侧孕性花外稃质厚，具 5 脉，中脉成脊，表面有方格状小乳状突起，厚纸质，遍布细毛端毛较密，有芒或无芒；内稃与外稃同质，具 3 脉，先端尖而无喙；雄蕊 6 枚，花药长 2 ～ 3 毫米。颖果长约 5 毫米，宽约 2 毫米，厚 1 ～ 1.5 毫米；胚比小，约为颖果长的 1/4。

【生境与分布】稻是亚洲热带广泛种植的重要谷物，我国南方为主要产稻区，北方各省均有栽种。种下主要分为 2 亚种，即籼稻与粳稻。我县均有分布。

【中药名称】稻芽。

【来源】为禾本科植物稻（*Oryza sativa* L.）的成熟果实和加工品。

【采收加工】将稻谷用水浸泡后，保持适宜的温、湿度，待须根长至约 1 厘米时，干燥。

【性味功效】甘，温。归脾、胃经。和中消食，健脾开胃。用于食积不消，腹胀口臭，脾胃虚弱，不饥食少。炒稻芽偏于消食，用于不饥食少。焦稻芽善化积滞，用于积滞不消。

【应用举例】内服：煎服，9～15克。生用偏于和中，炒用偏于消食。

620. 狼尾草 *Pennisetum alopecuroides*（L.）Spreng.

【别名】狗尾巴草等。

【植物形态】多年生。须根较粗壮。秆直立，丛生，高30～120厘米，在花序下密生柔毛。叶鞘光滑，两侧压扁，主脉呈脊，在基部者跨生状，秆上部者长于节间；叶舌具长约2.5毫米纤毛；叶片线形，长10～80厘米，宽3～8毫米，先端长渐尖，基部生疣毛。圆锥花序直立，长5～25厘米，宽1.5～3.5厘米；主轴密生柔毛；总梗长2～3（5）毫米；刚毛粗糙，淡绿色或紫色，长1.5～3厘米；小穗通常单生，偶有双生，线状披针形，长5～8毫米；第一颖微小或缺，长1～3毫米，膜质，先端钝，脉不明显或具1脉；第二颖卵状披针形，先端短尖，具3～5脉，长为小穗1/3～2/3；第一小花中性，第一外稃与小穗等长，具7～11脉；第二外稃与小穗等长，披针形，具5～7脉，边缘包着同质的内稃；鳞被2，楔形；雄蕊3，花药顶端无毫毛；花柱基部联合。颖果长圆形，长约3.5毫米。叶片表皮细胞结构为上下表皮不同；上表皮脉间细胞2～4行为长筒状、有波纹、壁薄的长细胞；下表皮脉间5～9行为长筒形，壁厚，有波纹长细胞与短细胞交叉排列。花果期夏、秋季。

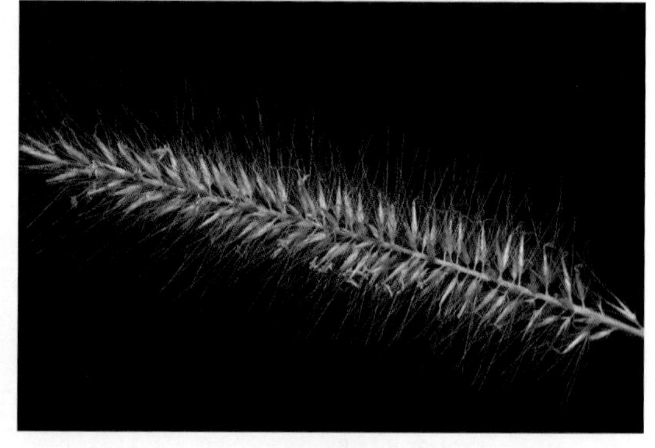

【生境与分布】我国自东北、华北经华东、中南及西南各省区均有分布。多生于海拔50～3200米的田岸、荒地、道旁及小山坡上。我县均有分布。

【中药名称】狼尾草、狼尾草根。

【来源】禾本科植物狼尾草（*Pennisetum alopecuroides*（L.）Spreng.）的全草为狼尾草，根及根茎为狼尾草根。

【采收加工】狼尾草：秋季采集，晒干。

狼尾草根：全年可采收，洗净，晒干或鲜用。

【性味功效】狼尾草：甘，平。清肺止咳，凉血明目。用于肺热咳嗽，咯血，目赤肿痛，痈肿疮毒。狼尾草根：甘，平。清肺止咳，解毒。用于肺热咳嗽，疮毒。

【应用举例】狼尾草：根或根茎30～60克，全草9～15克。治目赤肿痛多用全草入药，其余皆用根或根茎入药。

狼尾草根：内服，煎汤，30 ～ 60 克。

621. 芦苇 *Phragmites australis*（Cav.）Trin. ex Steud.

【别名】芦、苇、葭等。

【植物形态】多年生，根状茎十分发达。秆直立，高 1 ～ 3（8）米，直径 1 ～ 4 厘米，具 20 多节，基部和上部的节间较短，最长节间位于下部第 4 ～ 6 节，长 20 ～ 25（40）厘米，节下被腊粉。叶鞘下部者短于上部者，长于其节间；叶舌边缘密生一圈长约 1 毫米的短纤毛，两侧缘毛长 3 ～ 5 毫米，易脱落；叶片披针状线形，长 30 厘米，宽 2 厘米，无毛，顶端长渐尖成丝形。圆锥花序大型，长 20 ～ 40 厘米，宽约 10 厘米，分枝多数，长 5 ～ 20 厘米，着生稠密下垂的小穗；小穗柄长 2 ～ 4 毫米，无毛；小穗长约 12 毫米，含 4 花；颖具 3 脉，第一颖长 4 毫米；第二颖长约 7 毫米；第一不孕外稃雄性，长约 12 毫米，第二外稃长 11 毫米，具 3 脉，顶端长渐尖，基盘延长，两侧密生等长于外稃的丝状柔毛，与无毛的小穗轴相连接处具明显关节，成熟后易自关节上脱落；内稃长约 3 毫米，两脊粗糙；雄蕊 3，花药长 1.5 ～ 2 毫米，黄色；颖果长约 1.5 毫米。

【生境与分布】产于全国各地。生于江河湖泽、池塘沟渠沿岸和低湿地。为全球广泛分布的多型种。除森林生境不生长外，各种有水源的空旷地带，常以其迅速扩展的繁殖能力，形成连片的芦苇群落。我县均有分布。

【中药名称】芦根。

【来源】为禾本科植物芦苇（*Phragmites australis*（Cav.）Trin. ex Steud.）的新鲜或干燥根茎。

【采收加工】春、夏、秋季挖取，洗净泥土，剪去残茎、芽及节上须根，剥去膜状叶，晒干。或埋于湿沙中以供鲜用。

【性味功效】甘，寒。归肺、胃经。清热生津，除烦，止呕，利尿。用于热病烦渴，胃热呕哕，肺热咳嗽，肺痈吐脓，热淋涩痛。

【应用举例】内服：15 ～ 30 克，鲜品用量加倍，或捣汁用。

治心膈气滞、烦闷吐逆、不下食：芦根五两，锉，以水三大盏，煮取二盏，去滓，不计时，温服。

622. 水竹 *Phyllostachys heteroclada* Oliver

【别名】鸡舌草、鸡舌癀等。

【植物形态】竿可高 6 米许，粗达 3 厘米，幼竿具白粉并疏生短柔毛；节间长达 30 厘米，壁厚 3 ～ 5 毫米；竿环在较粗的竿中较平坦，与箨环同高，在较细的竿中则明显隆起而高于箨环；节内长约 5 毫米；分枝角度大，至接近于水平开展。箨鞘背面深绿带紫色（在细小的笋上则为绿色），无斑点，被白粉，无毛或疏生短毛，边缘生白色或淡褐色纤毛；箨耳小，但明显可见，淡紫色，卵形或长椭圆形，有时呈短镰形，边缘有数条紫色繸毛，在小的箨鞘上则可无箨耳及鞘口繸毛或仅有数条细弱的繸毛；箨舌低，微凹乃至微呈拱形，边缘生白色短纤毛；箨片直立，三角形至狭长三角形，绿色，绿紫色或紫色，背部呈舟形隆起。末级小枝具 2 叶，稀可 1 或 3 叶；叶鞘除边缘外无毛；无叶耳，鞘口繸毛直立，易断落；叶舌短；叶片披针形或线状披针形，长 5.5 ～ 12.5 厘米，宽 1 ～ 1.7 厘米，下表面在基部有毛。花枝呈紧密的头状，长（16）18 ～ 20（22）毫米，通常侧生于老枝上，基部托以 4 ～ 6 片逐渐增大的鳞片状苞片，如生于具叶嫩枝的顶端，则仅托以 1 或 2 片佛焰苞，后者的顶端有卵形或长卵形的叶状缩小叶，如在老枝上的花枝则具佛焰苞 2 ～ 6 片，纸质或薄革质，广卵形或更宽，渐向顶端者则渐狭窄；并变为草质，长 9 ～ 12 毫米，先端具短柔毛，边缘生纤毛，其他部分无毛或近于无毛，顶端具小尖头，每片佛焰苞腋内有假小穗 4 ～ 7 枚，有时可少至 1 枚；假小穗下方常托以形状、大小不一的苞片，此苞片长达 12 毫米，多少呈膜质，背部具脊，先端渐尖，先端及脊上均具长柔毛，侧脉 2 或 3 对，极细弱。小穗长达 15 毫米，含 3 ～ 7 朵小花，上部小花不孕；小穗轴节间长 1.5 ～ 2 毫米，棒状，无毛，顶端近于截形；颖 0 ～ 3 片，大小、形状、质地与其下的苞片相同，有时上部者则可与外稃相似；外稃披针形，长 8 ～ 12 毫米，上部或中上部被以斜开展的柔毛，9 ～ 13 脉，背脊仅在上端可见，先端锥状渐尖；内稃多少短于外稃，除基部外均被短柔毛；鳞被菱状卵形，长约 3 毫米，有 7 条细脉纹，边缘生纤毛；花药长 5 ～ 6 毫米；花柱长约 5 毫米，柱头 3，有时 2，羽毛状。果实未见。笋期 5 月，花期 4—8 月。

【生境与分布】产于黄河流域及其以南各地。多生于河流两岸及山谷中，为长江流域及其以南最常见的野生竹种。我县均有分布。

【中药名称】水竹。

【来源】为禾本科植物水竹（*Phyllostachys heteroclada* Oliver）的叶。

【采收加工】夏、秋季采收，洗净，鲜用或晒干。

【性味功效】甘，寒。归肺、膀胱经。清热解毒，利尿。用于发热，咽喉肿痛，肺热咳喘，咳血，热淋，热痢，痈疖疔肿，蛇虫咬伤。

【应用举例】内服：煎汤，9～15克，鲜品30～60克。外用：适量，捣敷。

1. 治肺炎高热咳喘：鲜水竹叶五至八钱，酌加水煎，调蜜服，每日二次。

2. 治肠热下痢赤白：鲜水竹叶一两，洗净，煎汤，调红糖少许内服。

623. 紫竹 *Phyllostachys nigra*（Lodd. ex Lindl.）Munro

【别名】黑竹、墨竹、竹茄、乌竹等。

【植物形态】竿高4～8米，稀可高达10米，直径可达5厘米，幼竿绿色，密被细柔毛及白粉，箨环有毛，一年生以后的竿逐渐先出现紫斑，最后全部变为紫黑色，无毛；中部节间长25～30厘米，壁厚约3毫米；竿环与箨环均隆起，且竿环高于箨环或两环等高。箨鞘背面红褐或更带绿色，无斑点或常具极微小不易观察的深褐色斑点，此斑点在箨鞘上端常密集成片，被微量白粉及较密的淡褐色刺毛；箨耳长圆形至镰形，紫黑色，边缘生有紫黑色繸毛；箨舌拱形至尖拱形，紫色，边缘生有长纤毛；箨片三角形至三角状披针形，绿色，但脉为紫色，舟状，直立或以后稍开展，微皱曲或波状。末级小枝具2或3叶；叶耳不明显，有脱落性鞘口繸毛；叶舌稍伸出；叶片质薄，长7～10厘米，宽约1.2厘米。花枝呈短穗状，长3.5～5厘米，基部托以4～8片逐渐增大的鳞片状苞片；佛焰苞4～6片，除边缘外无毛或被微毛，叶耳不存在，鞘口繸毛少数条或无，缩小叶细小，通常呈锥状或仅为一小尖头，亦可较大而呈卵状披针形，每片佛焰苞腋内有1～3枚假小穗。小穗披针形，长1.5～2厘米，具2或3朵小花，小穗轴具柔毛；颖1～3片，偶可无颖，背面上部多少具柔毛；外稃密生柔毛，长 1.2 ～ 1.5 厘米；内稃短于外稃；花药长约 8 毫米；柱头 3，羽毛状。笋期 4 月下旬。

【生境与分布】原产于我国，南北各地多有栽培，在湖南南部与广西交界处尚可见有野生的紫竹林。我县均有分布。

【中药名称】紫竹根。

【来源】为禾本科植物紫竹（*Phyllostachys nigra*（Lodd. ex Lindl.）Munro）的根茎。

【采收加工】全年均可采收，洗净，晒干。

【性味功效】辛，淡，凉。祛风除湿，活血解毒。用于风湿热痹，筋骨酸痛，闭经，症瘕，狂犬咬伤。

【应用举例】内服：煎汤，15 ～ 30 克。

治狂犬病：紫竹根二两，白花柴胡一两，搜山虎一两，熬水服。

624. 金丝草 *Pogonatherum crinitum*（Thunb.）Kunth

【别名】笔子草、金丝茅、黄毛草、牛母草等。

【植物形态】秆丛生，直立或基部稍倾斜，高 10 ～ 30 厘米，直径 0.5 ～ 0.8 毫米，具纵条纹，粗糙，通常 3 ～ 7 节，少可在 10 节以上，节上被白色髯毛，少分枝。叶鞘短于或长于节间，向上部渐狭，稍不抱茎，边缘薄纸质，除鞘口或边缘被细毛外，余均无毛，有时下部的叶鞘被短毛；叶舌短，纤毛状；叶片线形，扁平，稀内卷或对折，长 1.5 ～ 5 厘米，宽 1 ～ 4 毫米，顶端渐尖，基部为叶鞘顶宽的 1/3，两面均被微毛而粗糙。穗形总状花序单生于秆顶，长 1.5 ～ 3 厘米（芒除外），宽约 1 毫米，细弱而微弯曲，乳黄色；总状花序轴节间与小穗柄均压扁，长为无柄小穗的 1/3 ～ 2/3，两侧具长短不一的纤毛；无柄小穗长不及 2 毫米，含 1 两性花，基盘的毛长约与小穗等长或稍长；第一颖背腹扁平，长约 1.5 毫米，先端截平，具流苏状纤毛，具不明显或明显的 2 脉，背面稍粗糙；第二颖与小穗等长，稍长于第一颖，舟形，具 1 脉而呈脊，沿脊粗糙，先端 2 裂，裂缘有纤毛，脉延伸成弯曲的芒，芒金黄色，长 15 ～ 18 毫米，粗糙；第一小花完全退化或仅存一外稃；第二小花外稃稍短于第一颖，先端 2 裂，裂片为稃体长的 1/3，裂齿间伸出细弱而弯曲的芒，芒长 18 ～ 24 毫米，稍糙；内稃宽卵形，短于外稃，具 2 脉；雄蕊 1 枚，花药细小，长约 1 毫米；花柱自基部分离为 2 枚；柱头帚刷状，长约 1 毫米。颖果卵状长圆形，长约 0.8 毫米。有柄小穗与无柄小穗同形同性，但较小。花果期 5—9 月。

【生境与分布】产于安徽、浙江、江西、福建、台湾、湖南、湖北、广东、海南、广西、四川、贵州、云南等省区。生于海拔 2000 米以下的田埂、山边、路旁、河边、溪边、石缝瘠土或灌木下阴湿地。我县均有分布。

【中药名称】金丝草。

【来源】为禾本科植物金丝草（*Pogonatherum crinitum*（Thunb.）Kunth）的全草。

【采收加工】全年可采，洗净，晒干备用。

【性味功效】苦，寒，无毒。清热解毒，凉血止血，利湿。用于热病烦渴，吐血，衄血，咳血，尿血，血崩，黄疸，水肿，淋浊带下，泻痢，小儿疳热，疔疮痈肿。

【应用举例】内服：煎汤，9 ～ 15 克；鲜品可用至 30 ～ 60 克。外用：适量，煎汤熏洗，或研末调敷。

625. 大狗尾草 *Setaria faberii* Herrm.

【别名】法氏狗尾草、谷莠子、狗尾巴等

【植物形态】一年生，通常具支柱根。秆粗壮而高大、直立或基部膝曲，高 50 ～ 120 厘米，直径达 6 毫米，光滑无毛。叶鞘松弛，边缘具细纤毛，部分基部叶鞘边缘膜质无毛；叶舌具密集的长 1 ～ 2 毫米的纤毛；叶片线状披针形，长 10 ～ 40 厘米，宽 5 ～ 20 毫米，无毛或上面具较细疣毛，少数下面具细疣毛，先端渐尖细长，基部钝圆或渐窄狭几呈柄状，边缘具细锯齿。圆锥花序紧缩呈圆柱状，长 5 ～ 24 厘米，宽 6 ～ 13 毫米（芒除外），通常垂头，主轴具较密长柔毛，花序基部通常不间断，偶有间断；小穗椭圆形，长约 3 毫米，顶端尖，下托以 1 ～ 3 枚较粗而直的刚毛，刚毛通常绿色，少具浅褐紫色，粗糙，长 5 ～ 15 毫米；第一颖长为小穗的 1/3 ～ 1/2，宽卵形，顶端尖，具 3 脉；第二颖长为小穗的 3/4 或稍短于小穗，少数长为小穗的 1/2，顶端尖，具 5 ～ 7 脉，第一外稃与小穗等长，具 5 脉，其内稃膜质，披针形，长为其 1/3 ～ 1/2，第二外稃与第一外稃等长，具细横皱纹，顶端尖，成熟后背部膨胀隆起；鳞被楔形；花柱基部分离；颖果椭圆形，顶端尖。叶表皮细胞同莩草类型。花果期 7—10 月。

【生境与分布】产于黑龙江、江苏、浙江、安徽、台湾、江西、湖北、湖南、广西、四川、贵州等省区。生于山坡、路旁、田园或荒野。我县均有分布。

【中药名称】大狗尾草。

【来源】为禾本科植物大狗尾草（*Setaria faberii* Herrm.）的全草。

【采收加工】春、夏、秋季均可采。鲜用或晒干。

【性味功效】平，甘。清热消疳，祛风止痛。主治小儿疳积，风疹，牙痛。

【应用举例】内服：煎汤，10 ～ 30 克。

1. 小儿疳积：大狗尾草三至七钱，猪肝二两，水炖，服汤食肝。
2. 风疹：大狗尾草穗七钱，水煎，甜酒少许兑服。
3. 牙痛：大狗尾草根一两。水煎去渣，加入鸡蛋二个煮熟，服汤食蛋。

626. 金色狗尾草 *Setaria glauca*（L.）Beauv.

【别名】金狗尾、狗尾草、狗尾巴等。

【植物形态】一年生，单生或丛生。秆直立或基部倾斜膝曲，近地面节可生根，高 20 ～ 90 厘米，光滑无毛，仅花序下面稍粗糙。叶鞘下部扁压具脊，上部圆形，光滑无毛，边缘薄膜质，光滑无纤毛；叶舌具一圈长约 1 毫米的纤毛，叶片线状披针形或狭披针形，长 5 ～ 40 厘米，宽 2 ～ 10 毫米，先端长渐尖，基部钝圆，上面粗糙，下面光滑，近基部疏生长柔毛。圆锥花序紧密呈圆柱状或狭圆锥状，长 3 ～ 17 厘米，宽 4 ～ 8 毫米（刚毛除外），直立，主轴具短细柔毛，刚毛金黄色或稍带褐色，粗糙，长 4 ～ 8 毫米，先端尖，通常在一簇中仅具一个发育的小穗，第一颖宽卵形或卵形，长为小穗的 1/3 ～ 1/2，先端尖，具 3 脉；第二颖宽卵形，长为小穗的 1/2 ～ 2/3，先端稍钝，具 5 ～ 7 脉，第一小花雄性或中性，第一外稃与小穗等长或微短，具 5 脉，其内稃膜质，等长且等宽于第二小花，具 2 脉，通常含 3 枚雄蕊或无；第二小花两性，外稃革质，等长于第一外稃。先端尖，成熟时，背部隆起，具明显的横皱纹；鳞被楔形；花柱基部联合；叶上表皮脉间均为无波纹的或微波纹的、有角棱的壁薄的长细胞，下表皮脉间均为有波纹的、壁较厚的长细胞，并有短细胞。花果期 6—10 月。

【生境与分布】产于全国各地，生于林边、山坡、路边和荒芜的园地及荒野。我县均有分布。

【中药名称】金色狗尾草。

【来源】为禾本科植物金色狗尾草（*Setaria glauca*（L.）Beauv.）的全草。

【采收加工】全年均可采收，鲜用或晒干。

【性味功效】甘，淡，平。清热，明目，止泻。用于目赤肿痛，眼睑炎，赤白痢疾。

【应用举例】内服：9 ~ 15 克。

627. 高粱 *Sorghum bicolor*（L.）Moench

【别名】木稷、蜀黍、蜀秫、芦粟等。

【植物形态】一年生草本。秆较粗壮，直立，高 3 ~ 5 米，横径 2 ~ 5 厘米，基部节上具支撑根。叶鞘无毛或稍有白粉；叶舌硬膜质，先端圆，边缘有纤毛；叶片线形至线状披针形，长 40 ~ 70 厘米，宽 3 ~ 8 厘米，先端渐尖，基部圆或微呈耳形，表面暗绿色，背面淡绿色或有白粉，两面无毛，边缘软骨质，具微细小刺毛，中脉较宽，白色。圆锥花序疏松，主轴裸露，长 15 ~ 45 厘米，宽 4 ~ 10 厘米，总梗直立或微弯曲；主轴具纵棱，疏生细柔毛，分枝 3 ~ 7 枚，轮生，粗糙或有细毛，基部较密；每一总状花序具 3 ~ 6 节，节间粗糙或稍扁；无柄小穗倒卵形或倒卵状椭圆形，长 4.5 ~ 6 毫米，宽 3.5 ~ 4.5 毫米，基盘纯，有髯毛；两颖均革质，上部及边缘通常具毛，初时黄绿色，成熟后为淡红色至暗棕色；第一颖背部圆凸，上部 1/3 质地较薄，边缘内折而具狭翼，向下变硬而有光泽，具 12 ~ 16 脉，仅达中部，有横脉，顶端尖或具 3 小齿；第二颖 7 ~ 9 脉，背部圆凸，近顶端具不明显的脊，略呈舟形，边缘有细毛；外稃透明膜质，第一外稃披针形，边缘有长纤毛；第二外稃披针形至长椭圆形，具 2 ~ 4 脉，顶端稍 2 裂，自裂齿间伸出一膝曲的芒，芒长约 14 毫米；雄蕊 3 枚，花药长约 3 毫米；子房倒卵形；花柱分离，柱头帚状。颖果两面平凸，长 3.5 ~ 4 毫米，淡红色至红棕色，熟时宽 2.5 ～ 3 毫米，顶端微外露。有柄小穗的柄长约 2.5 毫米，小穗线形至披针形，长 3 ～ 5 毫米，雄性或中性，宿存，褐色至暗红棕色；第一颖 9 ～ 12 脉，第二颖 7 ～ 10 脉。花果期 6—9 月。

【生境与分布】我国南北各省区均有栽培。我县半高山以上区域均有种植。

【中药名称】高粱。

【来源】为禾本科植物高粱（*Sorghum bicolor*（L.）Moench）的种仁。

【采收加工】秋季种子成熟后采收，晒干。

【性味功效】甘，平。燥湿祛痰，宁心安神。用于湿痰咳嗽，胃痞不舒，失眠多梦，食积。

【应用举例】内服：煎汤，30 ～ 60 克；或研末。

治小儿消化不良：红高粱一两，大枣十个。大枣去核炒焦，红高粱炒黄，共研细末。2 岁小孩每服二钱，3 ～ 5 岁小孩每服三钱，每日服二次。

628. 黄背草 *Themeda japonica*（Willd.）Tanaka

【别名】黄背茅、进肌草、金丝茅、山红草、屈针草等。

【植物形态】多年生，簇生草本。秆高 0.5 ～ 1.5 米，圆形，压扁或具棱，下部直径可达 5 毫米，光滑无毛，具光泽，黄白色或褐色，实心，髓白色，有时节处被白粉。叶鞘紧裹秆，背部具脊，通常生疣基硬毛；叶舌坚纸质，长 1 ～ 2 毫米，顶端钝圆，有睫毛；叶片线形，长 10 ～ 50 厘米，宽 4 ～ 8 毫米，基部通常近圆形，顶部渐尖，中脉显著，两面无毛或疏被柔毛，背面常粉白色，边缘略卷曲，粗糙。大型伪圆锥花序多回复出，由具佛焰苞的总状花序组成，长为全株的 1/3 ～ 1/2；佛焰苞长 2 ～ 3 厘米；总状花序长 15 ～ 17 毫米，具长 2 ～ 5 毫米的花序梗，由 7 个小穗组成。下部总苞状小穗对轮生于一平面，无柄，雄性，长圆状披针形，长 7 ～ 10 毫米；第一颖背面上部常生瘤基毛，具多数脉。无柄小穗两性，1 枚，纺锤状圆柱形，长 8 ～ 10 毫米，基盘被褐色髯毛，锐利；第一颖革质，背部圆形，顶端钝，被短刚毛，第二颖与第一颖同质，等长，两边为第一颖所包卷。第一外稃短于颖；第二外稃退化为芒的基部，芒长 3 ～ 6 厘米，1 ～ 2 回膝曲；颖果长圆形，胚线形，长为颖果的 1/2。有柄小穗形似总苞状小穗，但较短，雄性或中性。花果期 6—12 月。

【生境与分布】我国除新疆、青海、内蒙古等省区以外均有分布。生于海拔 80 ～ 2700 米的干燥山坡、草地、路旁、林缘等处。我县均有分布。

【中药名称】黄背草根、黄背草苗、黄背草。

【来源】禾本科植物黄背草（*Themeda Japonica*（Wild.）Tanaka）的根为黄背草根，幼苗为黄背草苗，全草为黄背草。

【采收加工】黄背草根：夏、秋季采收，洗净，晒干。

黄背草苗：春、夏季采收黄背草，晒干。

黄背草：夏、秋季采收，晒干。

【性味功效】黄背草根：甘，平。祛风湿。用于风湿痹痛。

黄背草苗：甘，平。平肝。用于高血压。

黄背草：甘，温。归肝经。活血调经，平肝潜阳。用于闭经，月经不调，崩漏，头晕，目眩，心悸失眠，耳鸣，高血压，风湿疼痛。

【应用举例】黄背草根：内服，煎汤，30～60克。

黄背草苗：内服，煎汤，15～30克。

黄背草：内服，煎汤，3～9克。

629. 玉蜀黍 *Zea mays* L.

【别名】玉米、包谷、珍珠米、苞芦等。

【植物形态】一年生高大草本。秆直立，通常不分枝，高1～4米，基部各节具气生支柱根。叶鞘具横脉；叶舌膜质，长约2毫米；叶片扁平宽大，线状披针形，基部圆形呈耳状，无毛或具疵柔毛，中脉粗壮，边缘微粗糙。顶生雄性圆锥花序大型，主轴与总状花序轴及其腋间均被细柔毛；雄性小穗孪生，长达1厘米，小穗柄一长一短，分别长1～2毫米及2～4毫米，被细柔毛；两颖近等长，膜质，约具10脉，被纤毛；外稃及内稃透明膜质，稍短于颖；花药橙黄色；长约5毫米。雌花序被多数宽大的鞘状苞片所包藏；雌小穗孪生，成16～30纵行排列于粗壮之序轴上，两颖等长，宽大，无脉，具纤毛；外稃及内稃透明膜质，雌蕊具极长而细弱的线形花柱。颖果球形或扁球形，成熟后露出颖片和稃片之外，其大小随生长条件不同产生差异，一般长5～10毫米，宽略过于其长，胚长为颖果的1/2～2/3。花果期秋季。

【生境与分布】我国各地均有栽培。我县均有分布。

【中药名称】玉蜀黍、玉米须。

【来源】禾本科植物玉蜀黍（*Zea mays* L.）的种子为玉蜀黍，干燥花柱和柱头为玉米须。

【采收加工】玉蜀黍：于成熟时采收玉米棒，脱下种子，晒干。

玉米须：秋季收获玉米时采收，晒干或烘干。

【性味功效】玉蜀黍：甘，平。归胃，大肠经。调中开胃，利尿消肿。用于食欲不振，小便不利，水肿，尿路结石。

玉米须：甘，淡，平。归膀胱、肝、胆经。利尿消肿，平肝利胆。用于急、慢性肾炎，水肿，急、慢性肝炎，高血压，糖尿病，慢性鼻窦炎，尿路结石，胆道结石，小便不利，湿热黄疸等，并可预防习惯性流产。

【应用举例】玉蜀黍：内服，煎汤，30 ～ 60 克；煮食或磨成细粉做饼。

玉米须：内服，煎汤，15 ～ 30 克；大剂量 60 ～ 90 克；或烧存性研末。外用适量，烧烟吸入。

治水肿：玉米须二两，煎水服，忌食盐。

一百五十二、棕榈科 Palmae

灌木、藤本或乔木，茎通常不分枝，单生或几丛生，表面平滑或粗糙，或有刺，或被残存老叶柄的基部或叶痕，稀被短柔毛。叶互生，在芽时折叠，羽状或掌状分裂，稀为全缘或近全缘；叶柄基部通常扩大成具纤维的鞘。花小，单性或两性，雌雄同株或异株，有时杂性，组成分枝或不分枝的佛焰花序（或肉穗花序），花序通常大型多分枝，被一个或多个鞘状或管状的佛焰苞所包围；花萼和花瓣各 3 片，离生或合生，覆瓦状或镊合状排列；雄蕊通常 6 枚，2 轮排列，稀多数或更少，花药 2 室，纵裂，基着或背着；退化雄蕊通常存在或稀缺；子房 1 ～ 3 室或 3 个心皮离生或于基部合生，柱头 3 枚，通常无柄；每个心皮内有 1 ～ 2 个胚珠。果实为核果或硬浆果，1 ～ 3 室或具 1 ～ 3 个心皮；果皮光滑或有毛、有刺、粗糙或被以覆瓦状鳞片。种子通常 1 个，有时 2 ～ 3 个，多者 10 个，与外果皮分离或黏合，被薄的或有时是肉质的外种皮，胚乳均匀或嚼烂状，胚顶生、侧生或基生。

全国第四次中药资源普查秭归境内发现 1 种。

630. 棕榈 *Trachycarpus fortunei*（Hook.）H. Wendl.

【别名】栟榈、棕树等。

【植物形态】乔木状，高 3 ～ 10 米或更高，树干圆柱形，被不易脱落的老叶柄基部和密集的网状纤维，除非人工剥除，否则不能自行脱落，裸露树干直径 10 ～ 15 厘米甚至更粗。叶片呈 3/4 圆形或者近圆形，深裂成 30 ～ 50 片具皱折的线状剑形，宽 2.5 ～ 4 厘米，长 60 ～ 70 厘米的裂片，裂片先端具短 2 裂或 2 齿，硬挺甚至顶端下垂；叶柄长 75 ～ 80 厘米或甚至更长，两侧具细圆齿，顶端有明显的戟突。花序粗壮，多次分枝，从叶腋抽出，通常是雌雄异株。雄花序长约 40 厘米，具有 2 ～ 3 个分枝花序，下部的分枝花序长 15 ～ 17 厘米，一般只二回分枝；雄花无梗，每 2 ～ 3 朵密集着生于小穗轴上，也有单生的；黄绿色，卵球形，钝三棱；花萼 3 片，卵状急尖，几分离，花冠约 2 倍长于花萼，花瓣阔卵形，雄蕊 6 枚，花药卵状箭头形；雌花序长 80 ～ 90 厘米，花序梗长约 40 厘米，其上有 3 个佛焰苞包着，具 4 ～ 5 个圆锥状的分枝花序，下部的分枝花序长约 35 厘米，2 ～ 3 回分枝；雌花淡绿色，通常 2 ～ 3 朵聚生；花无梗，球形，着生于短瘤突上，萼片阔卵形，3 裂，基部合生，花瓣卵状近圆形，长于萼片 1/3，退化雄蕊 6 枚，心皮被银色毛。果实阔肾形，有脐，宽 11 ～ 12 毫米，高 7 ～ 9 毫米，成熟时由黄色变为淡蓝色，有白粉，柱头残留在侧面附近。种子胚乳均匀，角质，胚侧生。花期 4 月，果期 12 月。

【生境与分布】分布于长江以南各省区。通常仅见栽培，罕见野生于疏林中，海拔上限 2000 米左右，在长江以北虽可栽培，但冬季茎须裹草防寒。我县均有分布。

【中药名称】棕榈花、棕榈叶、棕榈子、棕榈。

【来源】棕榈科植物（*Trachycarpus fortunei*（Hook.）H. Wendl.）的干燥花蕾及花为棕榈花，干燥叶为棕榈叶，成熟的果实为棕榈子，干燥的叶柄为棕榈。

【采收加工】棕榈花：4—5 月花将开或刚开放时连序采收，晒干。

棕榈叶：全年均可采，晒干或鲜用。

棕榈子：霜降前后待果皮现青黑色时采收，晒干。

棕榈：采棕时割取旧叶柄下延部分及鞘片，除去纤维状的棕毛，晒干。

【性味功效】棕榈花：苦，涩，平。归肝、脾经。止血，止泻，活血，散结。主治血崩，带下，肠风泻痢，瘰疬等。

棕榈叶：苦，涩，平。归脾、胃经。收敛止血，降血压。主治吐血，劳伤，高血压等。

棕榈子：苦，甘，涩，平。归脾、大肠经。止血，涩肠，固精。主治崩漏，带下，泻痢，遗精等。

棕榈：苦，涩，平。归肺、肝、大肠经。收涩止血。主治吐血，衄血，尿血，便血，崩漏下血等。

【应用举例】棕榈花：内服，煎汤，3 ～ 10 克；或研末，3 ～ 6 克。外用适量，煎水洗。

治大肠下血：棕笋（即棕榈之花苞）煮熟切片，晒干为末，蜜汤或酒服一二钱。

棕榈叶：内服，煎汤，6 ～ 12 克；或泡茶。

治高血压，预防中风：鲜棕榈叶一两，槐花三钱。作一日量，泡汤代茶。

棕榈子：内服，煎汤，10 ～ 15 克；或研末，6 ～ 9 克。

治高血压、多梦遗精：棕树果二钱至一两，水煎服。

棕榈：内服，3 ～ 9 克，一般炮制后用。

一百五十三、天南星科 Araceae

草本植物，具块茎或伸长的根茎；稀为攀援灌木或附生藤本，富含苦味水汁或乳汁。叶单一或少数，有时花后出现，通常基生，如茎生则为互生，二列或螺旋状排列，叶柄基部或一部分鞘状；叶片全缘时多为箭形、戟形，或掌状、鸟足状、羽状或放射状分裂；大都具网状脉，稀具平行脉（如菖蒲属 *Acorus*）。花小或微小，常极臭，排列为肉穗花序；花序外面有佛焰苞包围。花两性或单性。花单性时雌雄同株（同花序）或异株。雌雄同序者雌花居于花序的下部，雄花居于雌花群之上。两性花有花被或否。花被如存在则为 2 轮，花被片 2 枚或 3 枚，整齐或不整齐地覆瓦状排列，常倒卵形，先端拱形内弯；稀合生成坛状。雄蕊通常与花被片同数且与之对生、分离；在无花被的花中；雄蕊 2 ～ 8 或多数，分离或合生为雄蕊柱；花药 2 室，药室对生或近对生，室孔纵长；花粉分离或集成条状；花粉粒头状椭圆形或长圆形，光滑。假雄蕊（不育雄蕊）常存在；在雌花序中围绕雌蕊（泉七属 *Steudnera* 的一些种），有时单一、位于雌蕊下部（千年健属 *Homalomena*）；在雌雄同序的情况下，有时多数位于雌花群之上（犁头尖属 *Typhonium*），或常合生成假雄蕊柱（如海芋属 *Alocasia*），但经常完全退废，这时全部假雄蕊合生且与肉穗花序轴的上部形成海绵质的附属器。子房上位或稀陷入肉穗花序轴内，一至多室，基底胎座、顶生胎座、中轴胎座或侧膜胎座，胚珠直生、横生或倒生，一至多数，内珠被之外常有外珠被，后者常于珠孔附近作流苏状（菖蒲属），珠柄长或短；花柱不明显，或伸长成线形或圆锥形，宿存或脱落；柱头各式，全缘或分裂。果为浆果，极稀紧密结合而为聚合果（隐棒花属 *Cryptocoryne*）；种子一至多数，圆形、椭圆形、肾形或伸长，外种皮肉质，有的上部流苏状；内种皮光滑，有窝孔，具疣或肋状条纹，种脐扁平或隆起，短或长。胚乳厚，肉质，贫乏或不存在。

全国第四次中药资源普查秭归境内发现 7 种。

631. 菖蒲 *Acorus calamus* L. var. *calamus*

【别名】溪菖蒲、野枇杷、石菖蒲、山菖蒲、水剑草、凌水挡、十香和等。

【植物形态】多年生草本。根茎横走，稍扁，分枝，直径 5 ～ 10 毫米，外皮黄褐色，芳香，肉质根多数，长 5 ～ 6 厘米，具毛发状须根。叶基生，基部两侧膜质叶鞘宽 4 ～ 5 毫米，向上渐狭，至叶长 1/3 处渐行消失、脱落。叶片剑状线形，长 90 ～ 100（150）厘米，中部宽 1 ～ 2（3）厘米，基部宽，中部以上渐狭，草质，绿色，光亮；中肋在两面均明显隆起，侧脉 3 ～ 5 对，平行，纤弱，大都伸延至叶尖。花序柄三棱形，长（15）40 ～ 50 厘米；叶状佛焰苞剑状线形，长 30 ～ 40 厘米；肉穗花序斜向上或近直立，狭锥状圆柱形，长 4.5 ～ 6.5（8）厘米，直径 6 ～ 12 毫米。花黄绿色，花被片长约 2.5 毫米，宽约 1 毫米；花丝长 2.5 毫米，宽约 1 毫米；子房长圆柱形，长 3 毫米，粗 1.25 毫米。浆果长圆形，红色。花期（2）6—9 月。

【生境与分布】全国各省区均产。生于海拔 2600 米以下的水边、沼泽湿地或湖泊浮岛上，也常有栽培。我县均有分布。

【中药名称】菖蒲。

【来源】为天南星科植物菖蒲（*Acorus calamus* L. var. *calamus*）的根茎。

【采收加工】栽后 3 ～ 4 年收获。早春或冬末挖出根茎，剪去叶片和须根，洗净晒干，除去毛须即成。

【性味功效】苦，辛，温。化痰，开窍，健脾，利湿。用于癫痫，惊悸健忘，神志不清，湿滞痞胀，泄泻痢疾，风湿疼痛，痈肿疥疮等。

【应用举例】内服：1.5～7.5克，不宜过量。用于明目、开音，投以1.5～3克作药引便可；如治疗神昏烦躁，用4.5～7.5克；如欲通利大小便，则常需用至9克左右。

菖蒲郁金汤：菖蒲4.5克，郁金4.5克，连翘9克，山栀仁6克，菊花6克，淡竹叶9克，岗梅根27克，水煎服。

632. 灯台莲 *Arisaema sikokianum* Franch. et Sav. var. *serratum*（Makino）Hand.-Mazt

【别名】路边黄、蛇包谷、老蛇包谷等。

【植物形态】块茎扁球形，直径2～3厘米，鳞叶2，内面的披针形，膜质。叶2，叶柄长20～30厘米，下面1/2鞘筒状，鞘筒上缘几截平；叶片鸟足状5裂，裂片卵形、卵状长圆形或长圆形，全缘，中裂片具0.5～2.5厘米的长柄，长13～18厘米，宽9～12厘米，锐尖，基部楔形；侧裂片与中裂片相距1～4厘米，与中裂片近相等，具短柄或否；外侧裂片无柄，较小，不等侧，内侧基部楔形，外侧圆形或耳状。花序柄略短于叶柄或几与叶柄等长。佛焰苞淡绿色至暗紫色，具淡紫色条纹，管部漏斗状，长4～6厘米，上部直径1.5～2厘米，喉部边缘近截形，无耳；檐部卵状披针形至长圆披针形，长6～10厘米，宽2.5～5.5厘米，稍下弯。肉穗花序单性，雄花序圆柱形，长2～3厘米，粗2毫米，花疏，雄花近无柄，花药2～3，药室卵形，外向纵裂。雌花序近圆锥形，长2～3厘米，下部粗1厘米，花密，子房卵圆形，柱头小，圆形，胚珠3～4；各附属器明显具细柄，直立，粗壮，粗4～5毫米，上部增粗成棒状或近球形。果序长5～6厘米，圆锥状，下部粗3厘米，浆果黄色，长圆锥状，种子1～2（3），卵圆形，光滑，具柄。花期5月，果8—9月成熟。

【生境与分布】产于福建、江苏、安徽、浙江、湖北。我县均有分布。

【中药名称】灯台莲。

【来源】为天南星科灯台莲（*Arisaema sikokianum* Franch. et Sav. var. *serratum*（Makino）Hand.–Mazt）的块茎。

【采收加工】夏、秋季采挖，除去茎叶及须根，洗净，鲜用或切片晒干。

【性味功效】苦，辛，温，有毒。归肺、肝经。用于痰湿咳嗽，风痰眩晕，癫痫，中风，口眼歪斜，破伤风，痈肿，毒蛇咬伤等。

【应用举例】内服：煎汤，3～6克。外用：适量，捣敷，或研粉醋调敷。

1. 治小儿热惊、夜啼：灯台莲15克，车前草9克，朱砂根3克，水煎服。

2. 治小儿烦热、口渴、尿短赤：灯台莲3克，车前草15克，芦根15克，青蒿6克，水煎服。

633. 天南星 *Arisaema heterophyllum* Blume

【别名】南星、半边莲、狗爪半夏、虎掌半夏等。

【植物形态】块茎扁球形，直径 2 ～ 4 厘米，顶部扁平，周围生根，常有若干侧生芽眼。鳞芽 4 ～ 5，膜质。叶常单 1，叶柄圆柱形，粉绿色，长 30 ～ 50 厘米，下部 3/4 鞘筒状，鞘端斜截形；叶片鸟足状分裂，裂片 13 ～ 19，有时更少或更多，倒披针形、长圆形、线状长圆形，基部楔形，先端骤狭渐尖，全缘，暗绿色，背面淡绿色，中裂片无柄或具长 15 毫米的短柄，长 3 ～ 15 厘米，宽 0.7 ～ 5.8 厘米，比侧裂片几短 1/2；侧裂片长 7.7 ～ 24.2（31）厘米，宽（0.7）2 ～ 6.5 厘米，向外渐小，排列成蝎尾状，间距 0.5 ～ 1.5 厘米。花序柄长 30 ～ 55 厘米，从叶柄鞘筒内抽出。佛焰苞管部圆柱形，长 3.2 ～ 8 厘米，粗 1 ～ 2.5 厘米，粉绿色，内面绿白色，喉部截形，外缘稍外卷；檐部卵形或卵状披针形，宽 2.5 ～ 8 厘米，长 4 ～ 9 厘米，下弯几成盔状，背面深绿色、淡绿色至淡黄色，先端骤狭渐尖。肉穗花序两性和雄花序单性。两性花序：下部雌花序长 1 ～ 2.2 厘米，上部雄花序长 1.5 ～ 3.2 厘米，此中雄花疏，大部分不育，有的退化为钻形中性花，稀为仅有钻形中性花的雌花序。单性雄花序长 3 ～ 5 厘米，粗 3 ～ 5 毫米，各种花序附属器基部粗 5 ～ 11 毫米，苍白色，向上细狭，长 10 ～ 20 厘米，至佛焰苞喉部以外呈之字形上升（稀下弯）。雌花球形，花柱明显，柱头小，胚珠 3 ～ 4，直立于基底胎座上。雄花具柄，花药 2 ～ 4，白色，顶孔横裂。浆果黄红色、红色，圆柱形，长约 5 毫米，内有棒头状种子 1 枚，不育胚珠 2 ～ 3 枚，种子黄色，具红色斑点。花期 4—5 月，果期 7—9 月。

【生境与分布】除西北、西藏外，大部分省区都有分布，海拔 2700 米以下，生于林下、灌丛或草地。我县均有分布。

【中药名称】胆南星、制天南星、天南星。

【来源】天南星科植物天南星（*Arisaema heterophyllum* Blume）的干燥的块茎为天南星，炮制加工品为制天南星，制天南星的细粉与牛、羊或猪胆汁可经加工而成胆南星。

【采收加工】胆南星：将生南星放在清水内反复漂至无麻辣感后，磨成细粉。用等量牛或猪、羊胆汁与天南星粉末拌匀，日晒夜露至无腥味为度。

制天南星：秋、冬季茎叶枯萎时采挖，除去须根及外皮，干燥。

天南星：秋、冬季茎叶枯萎时采挖，除去须根及外皮，干燥。或晒至半干时，用硫黄熏一次，则色白，易干。亦有用明矾水浸泡，待色白后去皮晒干者，此法外皮易于脱落。

【性味功效】胆南星：苦，微辛，凉。归肺、肝、脾经。清热化痰，息风定惊。用于痰热咳嗽，咯痰黄稠，中风痰迷，癫狂惊痫等。

制天南星：苦，辛，温。归肺、肝、脾经。燥湿化痰，祛风止痉，散结消肿。用于顽痰咳嗽，风痰眩晕，中风痰壅，口眼歪斜，半身不遂，癫痫，惊风，破伤风；外用治痈肿，蛇虫咬伤。

天南星：苦，辛，温，有毒。归肺、肝、脾经。祛风止痉，化痰散结。用于中风痰壅，口眼歪斜，半身不遂，手足麻痹，风痰眩晕，癫痫，惊风，破伤风，咳嗽多痰，痈肿，瘰疬，跌打麻痹，毒蛇咬伤。

【应用举例】胆南星：内服，煎汤，36 克；或入丸剂。

治痰涎喘急：胆南星、天竺黄各 15 克，雄黄 2.5 克，朱砂 2.5 克，牛黄、麝香各 2 克，共为末，以甘草水为丸，如梧桐子大。每服二丸，淡姜汤稍冷服。

制天南星：内服，3 ～ 9 克。

天南星：内服，煎汤，3 ～ 9 克，一般制后用；或入丸、散剂。外用生品适量，研末以醋或酒调敷。

治小儿惊风、大人诸风：生半夏七两，天南星三两，生白附子二两，生川乌头半两（去皮及脐）。

634. 芋 *Colocasia esculenta*（L.）Schott

【别名】芋头、水芋、芋岌、毛艿等。

【植物形态】湿生草本。块茎通常卵形，常生多数小球茎，均富含淀粉。叶 2 ～ 3 枚或更多。叶柄长于叶片，长 20 ～ 90 厘米，绿色，叶片卵状，长 20 ～ 50 厘米，先端短尖或短渐尖，侧脉 4 对，斜伸达叶缘，后裂片浑圆，合生长度达 1/3 ～ 1/2，弯缺较钝，深 3 ～ 5 厘米，基脉相交成 30° 角，外侧脉 2 ～ 3，内侧 1 ～ 2 条，不显。花序柄常单生，短于叶柄。佛焰苞长短不一，一般为 20 厘米左右；管部绿色，长约 4 厘米，粗 2.2 厘米，长卵形；檐部披针形或椭圆形，长约 17 厘米，展开成舟状，边缘内卷，淡黄色至绿白色。肉穗花序长约 10 厘米，短于佛焰苞：雌花序长圆锥状，长 3 ～ 3.5 厘米，下部粗 1.2 厘米；中性花序长 3 ～ 3.3 厘米，细圆柱状；雄花序圆柱形，长 4 ～ 4.5 厘米，粗 7 毫米，顶端骤狭；附属器钻形，长约 1 厘米，粗不及 1 毫米。花期 2—4 月（云南）至 8—9 月（秦岭）。

【生境与分布】原产于我国和印度、马来半岛等热带地区。我国南北长期以来进行栽培。我县均有分布。

【中药名称】芋叶、芋、芋头花。

【来源】天南星科植物芋（*Colocasia esculenta*（L.）Schott）的叶为芋叶，块茎为芋，干燥花序为芋头花。

【采收加工】芋叶：7—8 月采收，鲜用或晒干。

芋：8—9 月间采挖，去净须根及地上部分，洗净，晒干。

芋头花：花开时采收，鲜用或晒干。

【性味功效】芋叶：辛，甘，平。归肺、心、脾经。止泻，敛汗，消肿，解毒。用于泄泻，自汗，盗汗，痈疽肿毒，黄水疮，蛇虫咬伤等。

芋：辛，平。可宽肠胃，养肌肤，滑中等。

芋头花：辛，平，有毒。归胃、大肠经。理气止痛，散瘀止血。用于气滞胃痛，噎膈，吐血，子宫脱垂，小儿脱肛，内外痔，鹤膝风等。

【应用举例】芋叶：内服，煎汤，15～30克；鲜品30～60克。外用适量，捣汁涂或捣敷。

芋：内服，煎汤，60～120克；或入丸、散剂。外用适量，捣敷或醋磨涂。治癣气：生芋一斤，压破，酒渍二周，空腹一杯。

芋头花：内服，煎汤，0.5～1两。外用，捣敷。治子宫脱垂、小儿脱肛、痔核脱出：鲜芋头花三至六朵，炖陈腊肉服。

635. 虎掌 *Pinellia pedatisecta* Schott

【别名】掌叶半夏、麻芋果、半夏、绿芋子等。

【植物形态】块茎近圆球形，直径可达4厘米，根密集，肉质，长5～6厘米；块茎旁常生若干小球茎。叶1～3或更多，叶柄淡绿色，长20～70厘米，下部具鞘；叶片鸟足状分裂，裂片6～11，披针形，渐尖，基部渐狭，楔形，中裂片长15～18厘米，宽3厘米，两侧裂片依次渐短小，最外的有时长仅4～5厘米；侧脉6～7对，离边缘3～4毫米处弧曲，连结为集合脉，网脉不明显。花序柄长20～50厘米，直立。佛焰苞淡绿色，管部长圆形，长2～4厘米，直径约1厘米，向下渐收缩；檐部长披针形，锐尖，长8～15厘米，基部展平宽1.5厘米。肉穗花序：雌花序长1.5～3厘米；雄花序长5～7毫米；附属器黄绿色，细线形，长10厘米，直立或略呈“S”形弯曲。浆果卵圆形，绿色至黄白色，小，藏于宿存的佛焰苞管部内。花期6—7月，果期9—11月。

【生境与分布】我国特有，分布于北京、河北、山西、陕西、山东、江苏、上海、安徽、浙江、福建、河南、湖北、湖南、广西、四川、贵州、云南东北部，海拔1000米以下，生于林下、山谷或河谷阴湿处。我县均有分布。

【中药名称】虎掌。

【来源】为天南星科植物虎掌（*Pinellia pedatisecta* Schott）的块茎。

【采收加工】多在白露前后采挖，去净须根，撞去外皮，晒干，制用。

【性味功效】温，苦，辛，有小毒。祛风止痉，化痰散结。用于中风痰壅，口眼歪斜，半身不遂，手足麻痹，风痰眩晕，癫痫，惊风，破伤风，咳嗽痰多，痈肿，瘰疬，跌打麻痹，毒蛇咬伤等。

【应用举例】1. 治吐泻不止，四肢厥逆，甚至不省人事：将虎掌研为末，每服三钱，加枣二枚，水二盅，煎取八成，温服。无效，可再服。

2. 治喉风喉痹：用虎掌一个，挖空，放入白僵蚕七枚，纸包煨熟，研为末，姜汁调服一钱。病重者灌下，吐涎即愈。

636. 半夏 *Pinellia ternata* (Thunb.) Breit.

【别名】三叶半夏、三步跳等。

【植物形态】块茎圆球形，直径 1 ~ 2 厘米，具须根。叶 2 ~ 5 枚，有时 1 枚。叶柄长 15 ~ 20 厘米，基部具鞘，鞘内、鞘部以上或叶片基部（叶柄顶头）有直径 3 ~ 5 毫米的珠芽，珠芽在母株上萌发或落地后萌发；幼苗叶片卵状心形至戟形，为全缘单叶，长 2 ~ 3 厘米，宽 2 ~ 2.5 厘米；老株叶片 3 全裂，裂片绿色，背淡，长圆状椭圆形或披针形，两头锐尖，中裂片长 3 ~ 10 厘米，宽 1 ~ 3 厘米；侧裂片稍短；全缘或具不明显的浅波状圆齿，侧脉 8 ~ 10 对，细弱，细脉网状，密集，集合脉 2 圈。花序柄长 25 ~ 30（35）厘米，长于叶柄。佛焰苞绿色或绿白色，管部狭圆柱形，长 1.5 ~ 2 厘米；檐部长圆形，绿色，有时边缘青紫色，长 4 ~ 5 厘米，宽 1.5 厘米，钝或锐尖。肉穗花序：雌花序长 2 厘米，雄花序长 5 ~ 7 毫米，其中间隔 3 毫米；附属器绿色变青紫色，长 6 ~ 10 厘米，直立，有时“S”形弯曲。浆果卵圆形，黄绿色，先端渐狭为明显的花柱。花期 5—7 月，果 8 月成熟。

【生境与分布】除内蒙古、新疆、青海、西藏尚未发现野生的外，全国各地广布，海拔 2500 米以下，常见于草坡、荒地、玉米地、田边或疏林下，为旱地中的杂草之一。我县均有分布。

【中药名称】法半夏、姜半夏、清半夏、半夏。

【来源】天南星科植物半夏（*Pinellia ternata*（Thunb.）Breit.）的炮制品分为法半夏和姜半夏，生半夏用白矾加工炮制后入药为清半夏，干燥块茎为半夏。

【采收加工】法半夏：夏、秋季茎叶茂盛时采挖，除去外皮及须根，晒干。

姜半夏：生半夏用鲜姜或鲜姜、白矾共煮干燥而成的炮制加工品。

清半夏：为生半夏用白矾加工炮制后入药者。

半夏：夏、秋季采挖，洗净，除去外皮及须根，晒干。

【性味功效】法半夏：辛，温。归脾、胃、肺经。燥湿化痰。用于痰多咳喘，痰饮眩悸，风痰眩晕，痰厥头痛。

姜半夏：辛，温。降逆止呕。用于痰多咳喘，痰饮眩悸，风痰眩晕，痰厥头痛。

清半夏：辛，温，有毒。归脾、胃经。降逆止呕，消痞散结。

半夏：辛，温，有毒。归脾、胃、肺经。燥湿化痰，降逆止呕，消痞散结。用于痰多咳喘，痰饮眩悸，风痰眩晕，痰厥头痛，呕吐反胃，胸脘痞闷。生用外治痈肿痰核。

【应用举例】法半夏：内服，煎汤，3～9克；或入丸、散剂。外用适量，生品研末，水调敷，或用酒、醋调敷。

姜半夏：内服，煎汤，3～9克；或入丸、散剂。外用适量，生品研末，水调敷，或用酒、醋调敷。

清半夏：内服，5～9克，宜制用，水煎服；或入丸、散剂。外用，研末调敷。

半夏：内服，3～9克。外用适量，磨汁涂或研末以酒调敷。

637. 独角莲 *Typhonium giganteum* Engl.

【别名】滴水参、天南星、野芋、白附子等。

【植物形态】 块茎倒卵形，卵球形或卵状椭圆形，大小不等，直径2～4厘米，外被暗褐色小鳞片，有7～8条环状节，颈部周围生多条须根。通常1～2年生的只有1叶，3～4年生的有3～4叶。叶与花序同时抽出。叶柄圆柱形，长约60厘米，密生紫色斑点，中部以下具膜质叶鞘；叶片幼时内卷如角状（因而得名），后即展开，箭形，长15～45厘米，宽9～25厘米，先端渐尖，基部箭状，后裂片叉开成70° 锐角，钝；中肋背面隆起，Ⅰ级侧脉7～8对，最下部的两条基部重叠，集合脉与边缘相距5～6毫米。花序柄长15厘米。佛焰苞紫色，管部圆筒形或长圆状卵形，长约6厘米，粗3厘米；檐部卵形，展开，长达15厘米，先端渐尖常弯曲。肉穗花序几无梗，长达14厘米，雌花序圆柱形，长约3厘米，粗1.5厘米；中性花序长3厘米，粗约5毫米；雄花序长2厘米，粗8毫米；附属器紫色，长（2）6厘米，粗5毫米，圆柱形，直立，基部无柄，先端钝。雄花无柄，药室卵圆形，顶孔开裂。雌花：子房圆柱形，顶部截平，胚珠2；柱头无柄，圆形。花期6—8月，果期7—9月。

【生境与分布】我国特有，产于河北、山东、吉林、辽宁、河南、湖北、陕西、甘肃、四川至西藏南部。辽宁、吉林、广东、广西有栽培。生于荒地、山坡、水沟旁，海拔通常在1500米以下。为本属分布最广、最北的一种。我县均有分布。

【中药名称】白附子。

【来源】为天南星科植物独角莲（*Typhonium giganteum* Engl.）的干燥块茎。

【采收加工】秋季采挖，除去须根及外皮，晒干。

【性味功效】辛，温，有毒。归胃、肝经。祛风痰，定惊搐，解毒散结止痛。用于中风痰壅，口眼歪斜，语言涩謇，痰厥头痛，偏正头痛，喉痹咽痛，破伤风等。外治瘰疬痰核，毒蛇咬伤等。

【应用举例】内服：煎汤，3～6克；研末服0.5～1克，宜炮制后用。

外用：适量，捣烂敷；或研末调敷。

1. 治跌打扭伤、青紫肿痛：鲜独角莲全草适量，同酒糟或烧酒杵烂，敷伤处，一日换一次。

2. 治面部雀斑、粉刺及白屑风、皮肤瘙痒：白附子、白芷、滑石、绿豆研末洗面。

一百五十四、香蒲科 Typhaceae

多年生沼生、水生或湿生草本。根状茎横走，须根多。地上茎直立，粗壮或细弱。叶二列，互生；鞘状叶很短，基生，先端尖；条形叶直立，或斜上，全缘，边缘微向上隆起，先端钝圆至渐尖，中部以下腹面渐凹，背面平突至龙骨状凸起，横切面呈新月形、半圆形或三角形；叶脉平行，中脉背面隆起或否；叶鞘长，边缘膜质，抱茎，或松散。花单性，雌雄同株，花序穗状；雄花序生于上部至顶端，花期时比雌花序粗壮，花序轴具柔毛，或无毛；雌性花序位于下部，与雄花序紧密相接，或相互远离；苞片叶状，着生于雌雄花序基部，亦见于雄花序中；雄花无被，通常由1～3枚雄蕊组成，花药矩圆形或条形，二室，纵裂，花粉粒单体，或四合体，纹饰多样；雌花无被，具小苞片，或无，子房柄基部至下部具白色丝状毛；孕性雌花柱头单侧，条形、披针形、匙形，子房上位，一室，胚珠1枚，倒生；不孕雌花柱头不发育，无花柱，子房柄不等长、果实纺锤形、椭圆形，果皮膜质，透明，或灰褐色，具条形或圆形斑点。种子椭圆形，褐色或黄褐色，光滑或具突起，含1枚肉质或粉状的内胚乳，胚轴直，胚根肥厚。

全国第四次中药资源普查秭归境内发现1种。

638. 水烛 *Typha angustifolia* L.

【别名】蒲草、水蜡烛、狭叶香蒲等。

【植物形态】多年生，水生或沼生草本。根状茎乳黄色、灰黄色，先端白色。地上茎直立，粗壮，高1.5～2.5（3）米。叶片长54～120厘米，宽0.4～0.9厘米，上部扁平，中部以下腹面微凹，背面向下逐渐隆起呈凸形，下部横切面呈半圆形，细胞间隙大，呈海绵状；叶鞘抱茎。雌雄花序相距2.5～6.9厘米；雄花序轴具褐色扁柔毛，单出，或分叉；叶状苞片1～3枚，花后脱落；雌花序长15～30厘米，基部具1枚叶状苞片，通常比叶片宽，花后脱落；雄花由3枚雄蕊合生，有时2枚或4枚组成，花药长约2毫米，长距圆形，花粉单体，近球形、卵形或三角形，纹饰网状，花丝短，细弱，下部合生成柄，长（1.5）2～3毫米，向下渐宽；雌花具小苞片；孕性雌花柱头窄条形或披针形，长1.3～1.8毫米，花柱长1～1.5毫米，子房纺锤形，长约1毫米，具褐色斑点，子房柄纤细，长约5毫米；不孕雌花子房倒圆锥形，长1～1.2毫米，具褐色斑点，先端黄褐色，不育柱头短尖；白色丝状毛着生于子房柄基部，并向上延伸，与小苞片近等长，均短于柱头。小坚果长椭圆形，长约 1.5 毫米，具褐色斑点，纵裂。种子深褐色，长 1 ～ 1.2 毫米。花果期 6—9 月。

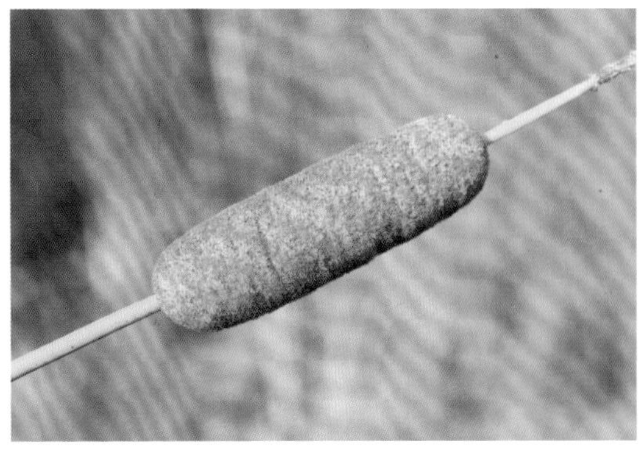

【生境与分布】产于黑龙江、吉林、辽宁、内蒙古、河北、山东、河南、陕西、甘肃、新疆、江苏、湖北、云南、台湾等省区。生于湖泊、河流、池塘浅水处，水深稀达 1 米或更深，沼泽、沟渠亦常见，当水体干枯时可生于湿地及地表龟裂环境中。我县均有分布。

【中药名称】蒲黄。

【来源】为香蒲科植物水烛（*Typha angustifolia* L.）干燥的花粉。

【采收加工】夏季花将开放时采收蒲棒上部的黄色雄性花穗，晒干后碾轧，筛取细粉。

【性味功效】甘，平。归肝、心包经。止血，化瘀，通淋。用于吐血，衄血，咯血，崩漏，外伤出血，闭经痛经，脘腹刺痛，跌打损伤，血淋涩痛。

【应用举例】内服：煎汤，5 ～ 10 克，须包煎；或入丸、散剂。外用：适量，研末撒或调敷。散瘀止痛多生用，止血多炒用，血瘀出血，生熟各半。

1. 治坠伤扑损，瘀血在内，烦闷者：蒲黄末，空腹温酒服三钱。

2. 治吐血、咯血：蒲黄一两，捣为散，每服三钱，温酒或冷水调。

3. 治肺热衄血：蒲黄、青黛各一钱，新汲水服之。或去青黛，入油发灰等分，生地黄汁调下。

一百五十五、莎草科 Cyperaceae

多年生草本，较少为一年生；多数具根状茎，少有兼具块茎。大多数具有三棱形的秆。叶基生和秆生，一般具闭合的叶鞘和狭长的叶片，或有时仅有鞘而无叶片。花序多种多样，有穗状花序、总状花序、圆锥花序、头状花序或长侧枝聚伞花序；小穗单生，簇生或排列成穗状或头状，具 2 至多数花，或退化至仅具 1 花；花两性或单性，雌雄同株，少有雌雄异株，着生于鳞片（颖片）腋间，鳞片覆瓦状螺旋排列或二列，无花被或花被退化成下位鳞片或下位刚毛，有时雌花为先出叶所形成的果囊所包裹；雄蕊 3 个，少有 1 ～ 2 个，花丝线形，花药底着；子房一室，具一个胚珠，花柱单一，柱头 2 ～ 3 个。果实为小坚果，三棱形，双凸状，平凸状，或球形。

全国第四次中药资源普查秭归境内发现 2 种。

639. 风车草 *Clinopodium urticifolium*（Hance）C. Y. Wu et Hsuan

【别名】紫苏等。

【植物形态】多年生直立草本，根茎木质。茎高 25 ～ 80 厘米，钝四棱形，具细条纹，坚硬，基部半木质，常带紫红色，有时近圆柱形，疏被向下的短硬毛，上部常具分枝，沿棱及节上较密被向下的短硬毛。叶卵圆形，卵状长圆形至卵状披针形，长 3 ～ 5.5 厘米，宽 1.2 ～ 3 厘米，先端钝或急尖，基部近平截至圆形，边缘锯齿状，坚纸质，上面榄绿色，被极疏的短硬毛，下面略淡，主要沿各级脉上被稀疏贴生具节疏柔毛，侧脉 6 ～ 7 对，与中肋在上面微凹陷下面明显隆起；下部叶叶柄较长，长 1 ～ 1.2 厘米，向上渐短，长 2 ～ 5 毫米，腹凹背凸，密被具节疏柔毛。轮伞花序多花密集，半球形，位于下部者直径达 3 厘米，上部者直径约 2 厘米，彼此远隔；苞叶叶状，下部者超出轮伞花序，上部者与轮伞花序等长，且呈苞片状；苞片线形，常染紫红色，明显具肋，为花萼长 2/3 ～ 3/4，被白色缘毛；总梗长 3 ～ 5 毫米，分枝多数；花梗长 1.5 ～ 2.5 毫米，与总梗及序轴密被腺微柔毛。花萼狭管状，长约 8 毫米，上部染紫红色，13 脉，外面主要沿脉上被白色纤毛，余部被腺微柔毛，内面在齿上疏被疏柔毛、果时基部稍一边膨胀，上唇 3 齿，齿近外反，长三角形，先端具短芒尖，下唇 2 齿，齿直伸，稍长，先端芒尖。花冠紫红色，长约 1.2 厘米，外被微柔毛，内面在下唇下方喉部具二列毛茸，冠筒伸出，基部宽 1 毫米，自基部 1/3 向上渐宽大，至喉部宽约 3 毫米，冠檐二唇形，上唇直伸，先端微缺，下唇 3 裂，中裂片稍大。雄蕊 4，前对稍长，几不露出或微露出，花药 2 室，室略叉开。花柱微露出，先端不相等 2 浅裂，裂片扁平。花盘平顶。子房无毛。小坚果倒卵形，长约 1 毫米，宽约 0.8 毫米，褐色，无毛。花期 6—8 月，果期 8—10 月。

【生境与分布】产于黑龙江、辽宁、吉林、河北、河南、山西、陕西、四川西北部、山东及江苏。生于山坡、草地、路旁、林下，海拔 300 ～ 2240 米。我县均有分布。

【中药名称】伞莎草。

【来源】为莎草科植物风车草（*Clinopodium urticifolium*（Hance）C. Y. Wu et Hsuan）的茎叶。

【采收加工】全年均可采，洗净，鲜用或晒干。

【性味功效】酸，甘，微苦，凉。行气活血，解毒。用于瘀血作痛，蛇虫咬伤。

【应用举例】内服：煎汤，9 ～ 15 克。外用：适量，浸酒擦。

治蛇虫咬伤：干全草 120 克，浸酒 600 克，2 周后可用。取药抹伤口，如系蛇咬伤，涂药后，内服此酒 1 小杯。

640. 香附子 *Cyperus rotundus* L.

【别名】莎草、地毛、吊马棕等。

【植物形态】匍匐根状茎长，具椭圆形块茎。秆稍细弱，高 15 ～ 95 厘米，锐三棱形，平滑，基部呈块茎状。叶较多，短于秆，宽 2 ～ 5 毫米，平张；鞘棕色，常裂成纤维状。叶状苞片 2 ～ 3（5）枚，常长于花序，或有时短于花序；长侧枝聚伞花序简单或复出，具（2）3 ～ 10 个辐射枝；辐射枝最长达 12 厘米；穗状花序轮廓为陀螺形，稍疏松，具 3 ～ 10 个小穗；小穗斜展开，线形，长 1 ～ 3 厘米，宽约 1.5 毫米，具 8 ～ 28 朵花；小穗轴具较宽的、白色透明的翅；鳞片稍密地覆瓦状排列，膜质，卵形或长圆状卵形，长约 3 毫米，顶端急尖或钝，无短尖，中间绿色，两侧紫红色或红棕色，具 5 ～ 7 条脉；雄蕊 3，花药长，线形，暗血红色，药隔突出于花药顶端；花柱长，柱头 3，细长，伸出鳞片外。小坚果长圆状倒卵形，三棱形，长为鳞片的 1/3 ～ 2/5，具细点。花果期 5—11 月。

【生境与分布】分布于华北、中南、西南及辽宁、河北、山西、陕西、甘肃、台湾等地。生于山坡草地、耕地、路旁水边潮湿处。我县均有分布。

【中药名称】香附。

【来源】为莎草科植物香附子（*Cyperus rotundus* L.）干燥根茎。

【采收加工】秋季采挖，燎去毛须，置于沸水中略煮或蒸透后晒干，或燎后直接晒干。

【性味功效】辛，微苦，微甘，平。归肝、脾、三焦经。疏肝解郁，理气宽中，调经止痛。用于肝郁气滞，胸胁胀痛，疝气疼痛，乳房胀痛，脾胃气滞，脘腹痞闷，胀满疼痛，月经不调，闭经痛经等。

【应用举例】内服：6 ～ 10 克。治偏正头痛：川芎 60 克，香附（炒）120 克，研为末。以茶调服。

一百五十六、姜科 Zingiberaceae

多年生（少有一年生）、陆生（少有附生）草本，通常具有芳香、匍匐或块状的根状茎，或有时根的末端膨大呈块状。地上茎高大或很矮或无，基部通常具鞘。叶基生或茎生，通常二行排列，少数螺旋状排列，叶片较大，通常为披针形或椭圆形，有多数致密、平行的羽状脉自中脉斜出，有叶柄或无，具有闭合或不闭合的叶鞘，叶鞘的顶端有明显的叶舌。花单生或组成穗状、总状或圆锥花序，生于具叶的茎上或单独由根茎发出，而生于花葶上；花两性（罕杂性，中国不产），通常二侧对称，具苞片；花被片 6 枚，2 轮，外轮萼状，通常合生成管，一侧开裂及顶端齿裂，内轮花冠状，美丽而柔嫩，基部合生成管状，上部具 3 裂片，通常位于后方的一枚花被裂片较两侧的为大；退化雄蕊 2 或 4 枚，其中外轮的 2 枚称侧生退化雄蕊，呈花瓣状，齿状或不存在，内轮的 2 枚联合成一唇瓣，常十分显著而美丽，极稀无；发育雄蕊 1 枚，花丝具槽，花药 2 室，具药隔附属体或无；子房下位，3 室，中轴胎座，或 1 室，侧膜胎座，稀基生胎座（中国不产）；胚珠通常多数，倒生或弯生；花柱 1 枚，丝状，通常经发育雄蕊花丝的槽中由花药室之间穿出，柱头漏斗状，具缘毛；子房顶部有 2 枚形状各异的蜜腺或无蜜腺而代之以陷入子房的隔膜腺。果为室背开裂或不规则开裂的蒴果，或肉质不开裂，呈浆果状；种子圆形或有棱角，有假种皮，胚直，胚乳丰富，白色，坚硬或粉状。

全国第四次中药资源普查秭归境内发现 4 种。

641. 华山姜 *Alpinia chinensis*（Retz.）Rosc.

【别名】绥、姜汇、箭杆风、山姜、小良姜、姜叶淫羊藿、九连姜等。

【植物形态】株高约 1 米。叶披针形或卵状披针形，长 20 ～ 30 厘米，宽 3 ～ 10 厘米，顶端渐尖或尾状渐尖，基部渐狭，两面均无毛；叶柄长约 5 毫米；叶舌膜质，长 4 ～ 10 毫米，2 裂，具缘毛。花组成狭圆锥花序，长 15 ～ 30 厘米，分枝短，长 3 ～ 10 毫米，其上有花 2 ～ 4 朵；小苞片长 1 ～ 3 毫米，花时脱落；花白色，萼管状，长 5 毫米，顶端具 3 齿；花冠管略超出，花冠裂片长圆形，长约 6 毫米，后方的 1 枚稍较大，兜状；唇瓣卵形，长 6 ～ 7 毫米，顶端微凹，侧生退化雄蕊 2 枚，钻状，长约 1 毫米；花丝长约 5 毫米，花药长约 3 毫米；子房无毛。果球形，直径 5 ～ 8 毫米。花期 5—7 月，果期 6—12 月。

【生境与分布】产于我国东南部至西南部各省区。为林荫下常见的一种草本，分布于海拔

100 ～ 2500 米的地区。我县均有分布。

【中药名称】廉姜。

【来源】为姜科植物华山姜（*Alpinia chinensis*（Retz.）Rosc.）的根茎。

【采收加工】秋季采挖，除去茎叶，洗净，切段晒干。

【性味功效】辛，温。归脾、胃、肝经。温中消食，散寒止痛，活血，止咳平喘。用于胃寒冷痛，噎膈吐逆，腹痛泄泻，消化不良，风湿性关节痛，跌打损伤，风寒咳喘等。

【应用举例】内服：煎汤，6 ～ 15 克；或浸酒。外用：适量，捣敷。

治肺痨咳嗽：廉姜、干姜、核桃仁各五钱，蒸蜂蜜一两服。

642. 姜花 *Hedychium coronarium* Koen.

【别名】蝴蝶花、白草果等

【植物形态】茎高 1 ～ 2 米。叶片长圆状披针形或披针形，长 20 ～ 40 厘米，宽 4.5 ～ 8 厘米，顶端长渐尖，基部急尖，叶面光滑，叶背被短柔毛；无柄；叶舌薄膜质，长 2 ～ 3 厘米。穗状花序顶生，椭圆形，长 10 ～ 20 厘米，宽 4 ～ 8 厘米；苞片呈覆瓦状排列，卵圆形，长 4.5 ～ 5 厘米，宽 2.5 ～ 4 厘米，每一苞片内有花 2 ～ 3 朵；花芬芳，白色，花萼管长约 4 厘米，顶端一侧开裂；花冠管纤细，长 8 厘米，裂片披针形，长约 5 厘米，后方的 1 枚呈兜状，顶端具小尖头；侧生退化雄蕊长圆状披针形，长约 5 厘米；唇瓣倒心形，长和宽各约 6 厘米，白色，基部稍黄，顶端 2 裂；花丝长约 3 厘米，花药室长 1.5 厘米；子房被绢毛。花期 8—12 月。

【生境与分布】产于我国四川、云南、广西、广东、湖南和台湾。生于林中或栽培。我县均有分布。

【中药名称】路边姜。

【来源】为姜科植物姜花（*Hedychium coronarium* Koen.）的根状茎。

【采收加工】冬季采挖，洗净切片，晒干。

【性味功效】辛，温。祛风除湿，温中散寒。

根状茎：用于感冒，头痛身痛，风湿筋骨疼痛，跌打损伤，寒湿白带。

果：用于胃脘胀闷，消化不良，寒滞作呕，胃腹微痛。

【应用举例】内服：煎汤，9 ～ 15 克。

643. 蘘荷 *Zingiber mioga*（Thunb.）Rosc.

【别名】野姜等。

【植物形态】株高 0.5 ～ 1 米；根茎淡黄色。叶片披针状椭圆形或线状披针形，长 20 ～ 37 厘米，宽 4 ～ 6 厘米，叶面无毛，叶背无毛或被稀疏的长柔毛，顶端尾尖；叶柄长 0.5 ～ 1.7 厘米或无柄；叶舌膜质，2 裂，长 0.3 ～ 1.2 厘米。穗状花序椭圆形，长 5 ～ 7 厘米；总花梗从没有到长达 17 厘米，被长圆形鳞片状鞘；苞片覆瓦状排列，椭圆形，红绿色，具紫脉；花萼长 2.5 ～ 3 厘米，一侧开裂；花冠管较萼为长，裂片披针形，长 2.7 ～ 3 厘米，宽约 7 毫米，淡黄色；唇瓣卵形，3 裂，中裂片长 2.5 厘米，宽 1.8 厘米，中部黄色，边缘白色，侧裂片长 1.3 厘米，宽 4 毫米；花药、药隔附属体各长 1 厘米。果倒卵形，熟时裂成 3 瓣，果皮里面鲜红色；种子黑色，被白色假种皮。花期 8—10 月。

【生境与分布】产于安徽、江苏、浙江、湖南、江西、广东、广西和贵州。生于山谷中阴湿处或在江苏有栽培。我县均有分布。

【中药名称】蘘荷、蘘荷子、蘘荷花。

【来源】姜科植物蘘荷（*Zingiber mioga*（Thunb.）Rosc.）的根茎为蘘荷，果实为蘘荷子，花为蘘荷花。

【采收加工】蘘荷：四季可采挖，洗净，鲜用或晒干。

蘘荷子：果实成熟开裂时采收，晒干。

蘘荷花：花开时采收，鲜用或烘干。

【性味功效】蘘荷：辛，温。温中理气，祛风止痛，止咳平喘。用于感冒咳嗽，气管炎，哮喘，风寒牙痛，脘腹冷痛，跌打损伤，腰腿痛，遗尿，月经错后，闭经，带下等；外用治皮肤风疹，淋巴结结核。

蘘荷子：辛，温。归胃经。温胃止痛。用于胃痛。

蘘荷花：辛，温。温肺化痰。用于肺寒咳嗽。

【应用举例】蘘荷：内服，煎汤，6 ～ 15 克；或研末；或鲜品绞汁。外用适量，捣敷，捣汁含漱或点眼。①治大叶性肺炎：蘘荷根茎三钱，鱼腥草一两，水煎服。②治月信滞：蘘荷根，细切，煎取二升，空腹酒调服。

蘘荷子：内服，煎汤，9 ～ 15 克。治胃痛：蘘荷开裂的果实三至四两，白糖适量，水煎服。或果轴连根茎五钱，水煎服。

蘘荷花：内服，煎汤，3～6克。

644. 姜 *Zingiber officinale* Rosc.

【别名】生姜、白姜、川姜等。

【植物形态】株高0.5～1米；根茎肥厚，多分枝，有芳香及辛辣味。叶片披针形或线状披针形，长15～30厘米，宽2～2.5厘米，无毛，无柄；叶舌膜质，长2～4毫米。总花梗长达25厘米；穗状花序球果状，长4～5厘米；苞片卵形，长约2.5厘米，淡绿色或边缘淡黄色，顶端有小尖头；花萼管长约1厘米；花冠黄绿色，管长2～2.5厘米，裂片披针形，长不及2厘米；唇瓣中央裂片长圆状倒卵形，短于花冠裂片，有紫色条纹及淡黄色斑点，侧裂片卵形，长约6毫米；雄蕊暗紫色，花药长约9毫米；药隔附属体钻状，长约7毫米。花期秋季。

【生境与分布】我国中部、东南部至西南部各省区广为栽培。我县均有分布。

【中药名称】干姜、姜皮、姜叶、炮姜、生姜。

【来源】姜科植物姜（*Zingiber officinale* Rosc.）干燥的根茎为干姜，根茎外皮为姜皮，干燥的叶为姜叶，干姜的加工品为炮姜，新鲜的根茎为生姜。

【采收加工】干姜：冬季采挖，除去须根及泥沙，晒干或低温干燥。趁鲜切片晒干或低温干燥者称为“干姜片”。

姜皮：将生姜洗净，浸于清水中过夜，用刀将深色的栓皮及附着的一部分皮层剥下，晒干。

姜叶：夏、秋季采收，切碎，鲜用或晒干。

炮姜：冬季采挖，除去须根及泥沙，晒干或低温干燥。

生姜：秋、冬季采挖，除去须根及泥沙。

【性味功效】干姜：辛，热。归脾、胃、肾、心、肺经。温中散寒，回阳通脉，燥湿消痰。用于脘腹冷痛，呕吐泄泻，肢冷脉微，痰饮咳喘等。

姜皮：辛，凉。行水，消肿。用于水肿胀满。

姜叶：辛，温。归肺经。活血散结。用于症积，扑损瘀血。

炮姜：辛，热。归脾、胃、肾、心、肺经。温中散寒，温经止血。用于脾胃虚寒，腹痛吐泻，吐衄崩漏，阳虚失血。

生姜：辛，微温。归脾、胃经。解表散寒，温中止呕，化痰止咳。用于风寒感冒，胃寒呕吐，寒痰咳嗽等。

【应用举例】干姜：内服，煎汤，3～10克；或入丸、散剂。外用适量，煎汤洗；或研末调敷。

1. 治中寒水泻：干姜（炮）研末，饮服二钱。

2. 治寒痢青色：干姜切豆大，海米饮服六七枚，日三夜一。

姜皮：内服，煎汤，1.5～4.5克。

姜叶：内服，研末，每次1.5克；或捣汁。

治外伤瘀血：姜叶一升，当归三两，为末。温酒服，日三服。

炮姜：内服，煎汤，3～6克；或入丸、散剂。外用适量，研末调敷。

生姜：内服，煎汤，3～10克；或捣汁冲。外用适量，捣敷；或炒热熨；或绞汁调搽。

治时行寒疟：生姜四两，白术二两，草果仁一两，水五大碗，煎至二碗，未发时早饮。

一百五十七、美人蕉科 Cannaceae

多年生、直立、粗壮草本，有块状的地下茎。叶大，互生，有明显的羽状平行脉，具叶鞘。花两性，大而美丽，不对称，排成顶生的穗状花序、总状花序或狭圆锥花序，有苞片；萼片3枚，绿色，宿存；花瓣3枚，萼状，通常披针形，绿色或其他颜色，下部合生成一管并常和退化雄蕊群连合；退化雄蕊花瓣状，基部连合，为花中最美丽、最显著的部分，红色或黄色，3～4枚，外轮的3枚（有时2枚或无）较大，内轮的1枚较狭，外反，称为唇瓣；发育雄蕊的花丝亦增大呈花瓣状，多少旋卷，边缘有1枚1室的花药室，基部或一半和增大的花柱连合；子房下位，3室，每室有胚珠多颗；花柱扁平或棒状。果为一蒴果，3瓣裂，多少具3棱，有小瘤体或柔刺；种子球形。

全国第四次中药资源普查秭归境内发现2种。

645. 大花美人蕉 *Canna generalis* Bailey

【别名】美人蕉等。

【植物形态】株高约1.5米，茎、叶和花序均被白粉。叶片椭圆形，长达40厘米，宽达20厘米，叶缘、叶鞘紫色。总状花序顶生，长15～30厘米（连总花梗）；花大，比较密集，每一苞片内有花1～2朵；萼片披针形，长1.5～3厘米；花冠管长5～10毫米，花冠裂片披针形，长4.5～6.5厘米；外轮退化雄蕊3，倒卵状匙形，长5～10厘米，宽2～5厘米。颜色各种，红、橘红、淡黄、白色均有。唇瓣倒卵状匙形，长约4.5厘米，宽1.2～4厘米；发育雄蕊披针形，长约4厘米，宽2.5厘米；子房球形，直径4～8毫米；花柱带形，离生部分长3.5厘米。花期秋季。

【生境与分布】我国各地常见栽培。我县均有分布。

【中药名称】大花美人蕉。

【来源】为美人蕉科植物大花美人蕉（*Canna generalis* Bailey）干燥的花。

【采收加工】夏、秋季采收，除去茎叶及须根，鲜用或切片晒干。

【性味功效】甘，淡，寒。清热利湿，解毒，止血。用于急性黄疸型肝炎，白带过多，跌打损伤，疮疡肿毒，子宫出血，外伤出血。

【应用举例】内服：煎汤，根茎 15 ～ 30 克，鲜品 60 ～ 90 克，花 9 ～ 15 克。外用：适量，捣敷。

646. 美人蕉 *Canna indica* L.

【别名】大花美人蕉、红艳蕉等。

【植物形态】植株全部绿色，高可达 1.5 米。叶片卵状长圆形，长 10 ～ 30 厘米，宽达 10 厘米。总状花序疏花；略超出于叶片之上；花红色，单生；苞片卵形，绿色，长约 1.2 厘米；萼片 3，披针形，长约 1 厘米，绿色而有时染红；花冠管长不及 1 厘米，花冠裂片披针形，长 3 ～ 3.5 厘米，绿色或红色；外轮退化雄蕊 2 ～ 3 枚，鲜红色，其中 2 枚倒披针形，长 3.5 ～ 4 厘米，宽 5 ～ 7 毫米，另一枚如存在则特别小，长 1.5 厘米，宽仅 1 毫米；唇瓣披针形，长 3 厘米，弯曲；发育雄蕊长 2.5 厘米，花药室长 6 毫米；花柱扁平，长 3 厘米，一半和发育雄蕊的花丝连合。蒴果绿色，长卵形，有软刺，长 1.2 ～ 1.8 厘米。花果期 3—12 月。

【生境与分布】我国南北各地常有栽培。我县均有分布。

【中药名称】美人蕉根、美人蕉花。

【来源】美人蕉科植物美人蕉（*Canna indica* L.）根或茎为美人蕉根，花为美人蕉花。

【采收加工】美人蕉根：全年可采，挖得后去净茎叶，晒干或鲜用。

美人蕉花：花开时采收，阴干。

【性味功效】美人蕉根：甘，微苦，涩，凉。归心、小肠、肝经。清热解毒，调经，利水。用于月经不调，带下，黄疸，痢疾，疮疡肿毒。

美人蕉花：甘，淡，凉。归心、脾经。活血止血。用于吐血，衄血，外伤出血。

【应用举例】美人蕉根：内服，煎汤，6～15克，鲜品30～120克。外用适量，捣敷。

治急性黄疸型肝炎：取鲜美人蕉根2～4两（最大量不超过半斤），水煎1次，早晚分服，20天为一个疗程。

美人蕉花：内服，煎汤，6～15克。

一百五十八、兰科 Orchidaceae

地生、附生或较少为腐生草本，极罕为攀援藤本；地生与腐生种类常有块茎或肥厚的根状茎，附生种类常有由茎的一部分膨大而成的肉质假鳞茎。叶基生或茎生，后者通常互生或生于假鳞茎顶端或近顶端处，扁平或有时圆柱形或两侧压扁，基部具或不具关节。花葶或花序顶生或侧生；花常排列成总状花序或圆锥花序，少有为缩短的头状花序或减退为单花，两性，通常两侧对称；花被片6，2轮；萼片离生或不同程度的合生；中央1枚花瓣的形态常有较大的特化，明显不同于2枚侧生花瓣，称唇瓣，唇瓣由于花（花梗和子房）作180°扭转或90°弯曲，常处于下方（远轴的一方）；子房下位，1室，侧膜胎座，较少3室而具中轴胎座；除子房外整个雌雄蕊器官完全融合成柱状体，称蕊柱；蕊柱顶端一般具药床和1个花药，腹面有1个柱头穴，柱头与花药之间有1个舌状器官，称蕊喙（源自柱头上裂片），极罕具2～3枚花药（雄蕊）、2个隆起的柱头或不具蕊喙的；蕊柱基部有时向前下方延伸成足状，称蕊柱足，此时2枚侧萼片基部常着生于蕊柱足上，形成囊状结构，称萼囊；花粉通常黏合成团块，称花粉团，花粉团的一端常变成柄状物，称花粉团柄；花粉团柄连接于由蕊喙的一部分变成固态粘块即粘盘，有时粘盘还有柄状附属物，称粘盘柄；花粉团、花粉团柄、粘盘柄和粘盘连接在一起，称花粉块，但有的花粉块不具花粉团柄或粘盘柄，有的不具粘盘而只有粘质团。果实通常为蒴果，较少呈荚果状，具极多种子。种子细小，无胚乳，种皮常在两端延长成翅状。

全国第四次中药资源普查秭归境内发现4种。

647. 黄花白及 *Bletilla ochracea* Schltr.

【别名】猫儿姜等。

【植物形态】植株高 25 ～ 55 厘米。假鳞茎扁斜卵形，较大，上面具荸荠似的环带，富黏性。茎较粗壮，常具 4 枚叶。叶长圆状披针形，长 8 ～ 35 厘米，宽 1.5 ～ 2.5 厘米，先端渐尖或急尖，基部收狭成鞘并抱茎。花序具 3 ～ 8 朵花，通常不分枝或极罕分枝；花序轴或多或少呈“之”字状折曲；花苞片长圆状披针形，长 1.8 ～ 2 厘米，先端急尖，开花时凋落；花中等大，黄色或萼片和花瓣外侧黄绿色，内面黄白色，罕近白色；萼片和花瓣近等长，长圆形，长 18 ～ 23 毫米，宽 5 ～ 7 毫米，先端钝或稍尖，背面常具细紫点；唇瓣椭圆形，白色或淡黄色，长 15 ～ 20 毫米，宽 8 ～ 12 毫米，在中部以上 3 裂；侧裂片直立，斜的长圆形，围抱蕊柱，先端钝，几不伸至中裂片旁；中裂片近正方形，边缘微波状，先端微凹；唇盘上面具 5 条纵脊状褶片；褶片仅在中裂片上面为波状；蕊柱长 15 ～ 18 毫米，柱状，具狭翅，稍弓曲。花期 6—7 月。

【生境与分布】产于陕西南部、甘肃东南部、河南、湖北、湖南、广西、四川、贵州和云南。生于海拔 300 ～ 2350 米的常绿阔叶林、针叶林或灌丛下、草丛中或沟边。我县均有分布。

【中药名称】黄花白及。

【来源】为兰科植物黄花白及（*Bletilla ochracea* Schltr.）干燥的块茎。

【采收加工】种植 2 ～ 3 年后，9—10 月份地上茎枯萎时，挖块茎去掉泥土，进行加工。将块茎单个摘下，选留新秆的块茎作种用，剪掉茎秆，在清水中浸泡 1 小时后，洗净泥土，放沸水中煮 5 ～ 10 分钟，取出炕至全干。去净粗皮及须根，筛去杂质。

【性味功效】苦，甘，涩，微寒。收敛止血，消肿生肌。用于咳血吐血，外伤出血，疮疡肿毒，皮肤皲裂，肺痨咯血，溃疡出血。

【应用举例】黄花白及配乌贼骨、贝母、甘草，共为细末，每服一至二钱，温开水送服，一日二三次。或黄花白及粉一钱配三七粉三至五分同服，一日二三次。治疗溃疡出血。

648. 白及 *Bletilla striata*（Thunb. ex A. Murray）Rchb. f.

【别名】白根、地螺丝、白鸡儿、白鸡娃、连及草、羊角七等。

【植物形态】植株高 18 ～ 60 厘米。假鳞茎扁球形，上面具荸荠似的环带，富黏性。茎粗壮，劲直。叶 4 ～ 6 枚，狭长圆形或披针形，长 8 ～ 29 厘米，宽 1.5 ～ 4 厘米，先端渐尖，基部收狭成鞘并抱茎。花序具 3 ～ 10 朵花，常不分枝或极罕分枝；花序轴或多或少呈“之”字状曲折；花苞片长圆状披针形，长 2 ～ 2.5 厘米，开花时常凋落；花大，紫红色或粉红色；萼片和花瓣近等长，狭长圆形，长 25 ～ 30 毫米，宽 6 ～ 8 毫米，先端急尖；花瓣较萼片稍宽；唇瓣较萼片和花瓣稍短，倒卵状椭圆形，长 23 ～ 28 毫米，白色带紫红色，具紫色脉；唇盘上面具 5 条纵褶片，从基部伸至中裂片近顶部，仅在中裂片上面为波状；蕊柱长 18 ～ 20 毫米，柱状，具狭翅，稍弓曲。花期 4—5 月。

【生境与分布】产于陕西南部、甘肃东南部、江苏、安徽、浙江、江西、福建、湖北、湖南、广东、广西、四川和贵州。生于海拔 100 ～ 3200 米的常绿阔叶林下或针叶林下、路边草丛或岩石缝中，在北京和天津有栽培。我县均有分布。

【中药名称】白及。

【来源】为兰科植物白及（*Bletilla striata*（Thunb. ex A. Murray）Rchb. f.）干燥块茎。

【采收加工】夏、秋季采挖，除去须根，洗净，置沸水中煮或蒸至无白心，晒至半干，除去外皮，晒干。

【性味功效】苦，甘，涩，微寒。归肺、肝、胃经。收敛止血，消肿生肌。用于咳血吐血，外伤出血，疮疡肿毒，皮肤皲裂，肺结核咳血，溃疡出血等。

【应用举例】内服：煎汤，3 ～ 10 克；研末，每次 1.5 ～ 3 克。外用：适量，研末撒或调涂。

治支气管扩张出血：成人每次服白及粉 2 ～ 4 克，每日 3 次，3 个月为一个疗程。

649. 斑叶兰 *Goodyera schlechtendaliana* Rchb. f.

【别名】大斑叶兰、白花斑叶兰等。

【植物形态】植株高 15 ～ 35 厘米。根状茎伸长，茎状，匍匐，具节。茎直立，绿色，具 4 ～ 6 枚叶。叶片卵形或卵状披针形，长 3 ～ 8 厘米，宽 0.8 ～ 2.5 厘米，上面绿色，具白色不规则的点状斑纹，背面淡绿色，先端急尖，基部近圆形或宽楔形，具柄，叶柄长 4 ～ 10 毫米，基部扩大成抱茎的鞘。花茎直立，长 10 ～ 28 厘米，被长柔毛，具 3 ～ 5 枚鞘状苞片；总状花序具几朵至 20 余朵疏生近偏向一侧的花；长 8 ～ 20 厘米；花苞片披针形，长约 12 毫米，宽 4 毫米，背面被短柔毛；子房圆柱形，连花梗长 8 ～ 10 毫米，被长柔毛；花较小，白色或带粉红色，半张开；萼片背面被柔毛，具 1 脉，中萼片狭椭圆状披针形，长 7 ～ 10 毫米，宽 3 ～ 3.5 毫米，舟状，先端急尖，与花瓣黏合呈兜状；侧萼片卵状披针形，长 7 ～ 9 毫米，宽 3.5 ～ 4 毫米，先端急尖；花瓣菱状倒披针形，无毛，长 7 ～ 10 毫米，宽 2.5 ～ 3 毫米，先端钝或稍尖，具 1 脉；唇瓣卵形，长 6 ～ 8.5 毫米，基部凹陷呈囊状，宽 3 ～ 4 毫米，内面具多数腺毛，前部舌状，略向下弯；蕊柱短，长 3 毫米；花药卵形，渐尖；花粉团长约 3 毫米；蕊喙直立，长 2 ～ 3 毫米，叉状 2 裂；柱头 1 个，位于蕊喙之下。花期 8—10 月。

【生境与分布】产于山西、陕西南部、甘肃南部、江苏、安徽、浙江、江西、福建、台湾、河南南部、湖北、湖南、广东、海南、广西、四川、贵州、云南、西藏。生于海拔 500 ～ 2800 米的山坡或沟谷阔叶林下。我县均有分布。

【中药名称】斑叶兰。

【来源】为兰科植物斑叶兰（*Goodyera schlechtendaliana* Rchb. f.）的全草。

【采收加工】夏、秋季采挖，鲜用或洗净晒干。

【性味功效】甘，辛，平。润肺止咳，补肾益气，行气活血，消肿解毒。用于肺痨咳嗽，气管炎，头晕乏力，神经衰弱，阳痿，跌打损伤，骨节疼痛，咽喉肿痛，乳痈，疮疖，瘰疬，毒蛇咬伤。

【应用举例】内服：煎汤，9～15克；或捣汁；或浸酒。外用：适量，捣敷。

治气管炎：鲜斑叶兰一至二钱，水煎服。

650. 见血青 *Liparis nervosa*（Thunb. ex A. Murray）Lindl.

【别名】雪里青、退血草、散血草、白夏枯草等。

【植物形态】地生草本。茎（或假鳞茎）圆柱状，肥厚，肉质，有数节，长2～8（10）厘米，直径5～7（10）毫米，通常包藏于叶鞘之内，上部有时裸露。叶（2）3～5枚，卵形至卵状椭圆形，膜质或草质，长5～11（16）厘米，宽3～5（8）厘米，先端近渐尖，全缘，基部收狭并下延成鞘状柄，无关节；鞘状柄长2～3（5）厘米，大部分抱茎。花葶发自茎顶端，长10～20（25）厘米；总状花序通常具数朵至10余朵花，罕有花更多；花序轴有时具很狭的翅；花苞片很小，三角形，长约1毫米，极少能达2毫米；花梗和子房长8～16毫米；花紫色；中萼片线形或宽线形，长8～10毫米，宽1.5～2毫米，先端钝，边缘外卷，具不明显的3脉；侧萼片狭卵状长圆形，稍斜歪，长6～7毫米，宽3～3.5毫米，先端钝，亦具3脉；花瓣丝状，长7～8毫米，宽约0.5毫米，亦具3脉；唇瓣长圆状倒卵形，长约6毫米，宽4.5～5毫米，先端截形并微凹，基部收狭并具2个近长圆形的胼胝体；蕊柱较粗壮，长4～5毫米，上部两侧有狭翅。蒴果倒卵状长圆形或狭椭圆形，长约1.5厘米，宽约6毫米；果梗长4～7毫米。花期2—7月，果期10月。

【生境与分布】产于浙江南部、江西、福建、台湾、湖南南部、广东、广西、四川南部、贵州、云南和西藏东南部（墨脱）。生于林下、溪谷旁、草丛阴处或岩石覆土上，海拔1000～2100米。我县均有分布。

【中药名称】见血青。

【来源】为兰科植物见血青（*Liparis nervosa*（Thunb. ex A. Murray）Lindl.）的全草。

【采收加工】3—4月或9—10月，采收全株，晒干，或鲜用。

【性味功效】苦，甘，寒。归肺、肝经。用于气管炎，吐血，衄血，赤痢，淋证，咽喉肿痛，疔疮，痈肿，跌打损伤。

【应用举例】内服：煎汤，10 ～ 30 克；鲜品 30 ～ 60 克；或捣汁。

外用：适量，捣敷；或煎水洗。

真菌门

Eumycota

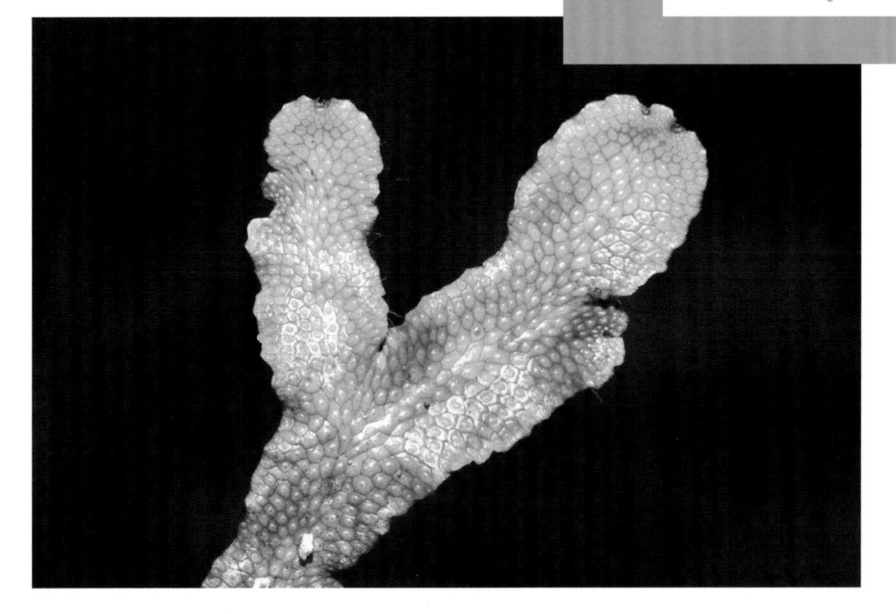

一百五十九、木耳科 Auriculariales

子实体呈胶质、蜡质、肉质，干燥时呈革质。子实层通常单面生，在子实体的腹面。以产生被横隔分为 4 个细胞的担子为特征。子实体形态多样，从简单的菌丝层到发育良好的、有菌盖和菌柄或珊瑚状的子实体。木耳目下只有木耳科 1 个科，大约有 21 属，其中木耳属的多数种可以食用。常见的如黑木耳。腐生或寄生于维管植物或苔藓植物上，有些寄生在昆虫上或显花植物的茎基部和根部。

全国第四次中药资源普查秭归境内发现 1 种。

651. 毛木耳 *Auricularia polytricha*（Mont.）Sacc.

【别名】构耳、粗木耳、黄背木耳等。

【植物形态】毛木耳子实体胶质，浅圆盘形、耳形成不规则形，宽 2 ～ 15 微米。有明显基部，无柄，基部稍皱，新鲜时软，干后收缩。子实层生里面，平滑或稍有皱纹，紫灰色，后变黑色。外面有较长绒毛，无色，仅基部褐色，（400 ～ 1100）微米 ×（4.5 ～ 6.5）微米。常成束生长。

【生境与分布】分布于我国河北、山西、内蒙古、黑龙江、江苏、安徽、浙江、江西、福建、台湾、河南、广西、广东、香港、陕西、甘肃、青海、四川、贵州、云南、海南等地区。我县均有分布。

【中药名称】毛木耳。

【来源】为真菌门木耳科毛木耳（*Auricularia polytricha*（Mont.）Sacc）的子实体。

【采收加工】耳片成熟时即可采收。

【性味功效】甘，平。补气血，润肺，止血。用于气虚血亏，四肢搐搦，肺虚咳嗽，咯血，吐血，衄血，崩漏，高血压，便秘。

【应用举例】内服：煎汤，3 ～ 9 克。

一百六十、蛇苔科 Conocephalaceae

叶状体大形，宽带状，多回二歧分叉，具明显六角形的气室分隔，气室内有短的营养丝，气孔单一型，呈火山口状突起。雌雄异株。精子器在叶状体分枝末端，集生于背面无柄的扁圆盘状雄托内。颈卵器生于具柄的雄性生殖托上，在钝圆雄状生殖托下着生 6 ～ 8 个总苞；每一总苞内生一梨形具短柄的孢蒴。蒴壁上具半环状加厚；具小蒴盖，在盖裂后，残余的蒴壁下半部成 4 ～ 8 片裂至中部；裂片向外反卷。孢子多在蒴内萌发成多细胞体。

全国第四次中药资源普查秭归境内发现 1 种。

652. 蛇苔 *Conocephalum conicum*（L.）Dum.

【别名】地皮斑、地皮花、小叶地钱等。

【植物形态】叶状体宽带状，革质，深绿，略具光泽，长 5 ～ 10 厘米，宽 1 ～ 2 厘米，花纹很像一种蛇的皮。雌雄异株。雄托椭圆状，紫色；雌托圆锥状，褐黄色，托下面着生总苞，苞内具一个苞蒴。

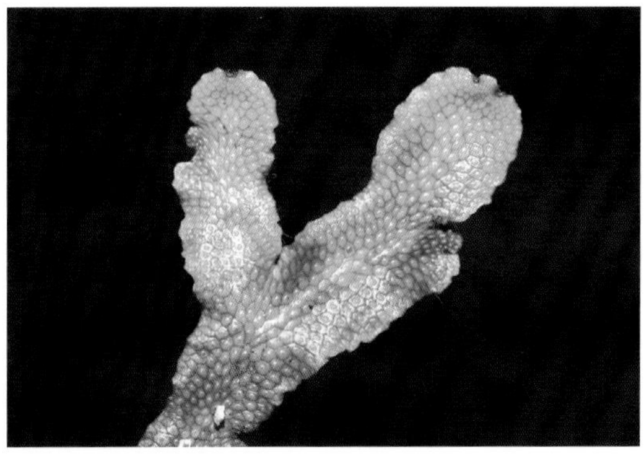

【生境与分布】多生于溪边林下湿碎石和土上。我县均有分布。

【中药名称】蛇地钱。

【来源】为蛇苔科蛇苔（*Conocephalum conicum*（L.）Dum.）的叶状体。

【采收加工】夏、秋季采收，去净泥土杂质，晒干或鲜用。

【性味功效】微甘，辛，寒。消肿止痛，清热解毒。用于痈疮肿毒，烧烫伤，蛇咬伤，骨折损伤等。

【应用举例】1. 治烧烫伤：蛇地钱适量，晒干研末，麻油调搽。

2. 治蛇咬伤：蛇地钱（鲜）适量，捣烂外敷。

3. 治婴儿湿疹：（蛇地钱）全草晒干，炒炭研成细粉，植物油调敷。

一百六十一、多孔菌科 polyporaceae

本科真菌子实体具多种形状，平伏、带菌盖，有柄或无柄，一年生或多年生，肉质、革质、木栓质或木质。菌肉通常无色或褐色。菌丝体有一体型、二体型和三体型。子实层生于菌管内。菌管通常位于子实体下面，一般是管状、齿状或迷路状，它们紧密地连结在一起，有共同的管壁，有囊状体、刚毛、菌丝柱等不孕器官。担子棒状，有 2 ～ 4 个孢子。孢子有多种形状，无色到褐色，平滑。

全国第四次中药资源普查秭归境内发现 1 种。

653. 彩绒革盖菌 *Coriolus versicolor*（L. ex Fr.）Quél.

【别名】云芝、杂色云芝、瓦菌等。

【植物形态】菌盖半圆形至肾形，革质，（1 ～ 6）厘米 ×（1 ～ 10）厘米，厚 0.1 ～ 0.3 厘米，色泽由灰黑色到灰黄色，多变，随生态条件不同而异，有色泽深浅交间的同心环带，环带宽 0.1 ～ 0.15 厘米，表面密生短绒毛，边缘薄，完整或呈波浪状。菌肉白色，厚 0.5 ～ 1.5 毫米，菌管长 0.5 ～ 3 毫米，管口白色至灰色，每毫米 3 ～ 5 个，近圆形。孢子腊肠形，（5 ～ 8）微米 ×（1.5 ～ 2.5）微米。

【生境与分布】生于阔叶树的倒木或枯立木上，有时亦长在针叶树的倒木上，导致木材腐朽。我县均有分布。

【中药名称】云芝。

【来源】为多孔菌科彩绒革盖菌（*Coriolus versicolor*（L. ex Fr.）Quél.）的干燥子实体。

【采收加工】全年均可采收，除去杂质，晒干。

【性味功效】甘，淡，微寒。归肝、脾、肺经。健脾利湿，止咳平喘，清热解毒，抗肿瘤。主治慢性活动性肝炎，肝硬化，慢性支气管炎，小儿痉挛性支气管炎，咽喉肿痛，肿瘤，类风湿性关节炎，白血病。

【应用举例】内服：煎汤，15 ～ 30 克，宜煎 24 小时以上。或制成片剂、冲剂、注射剂使用。

云芝、西洋参、丹参、白花蛇舌草各适量，瘦肉 250 克。做法：用清水 3 碗煎至 1 碗。

一百六十二、灵芝科 Ganoderma lucidum（Leyss. ex Fr.）Karst

该科真菌子实体无柄或有柄，菌肉苍白色到暗褐色或淡紫褐色。子实层体着生于菌盖的一面。菌管单层或多层，管口边缘不孕，通常较小，规则。担子略短，膨大，有 4 个孢子。孢子球形、椭圆形或截锥形，褐色或带微褐色，双层壁，内壁有小刺。本科真菌 1 年生或多年生，生于木上，主要分布于温带、亚热带和热带地区。中国以广东、福建、云南等省较多。依据孢子的构造、菌肉的颜色、子实体有无似漆光泽、菌柄有无以及着生方式等，本科下分 3 属。其中的灵芝是自古以来的滋补强体、扶正培本的珍贵药材；也有的种类如树舌既可作药用，也可引起严重的木材腐朽。

全国第四次中药资源普查秭归境内发现 1 种。

654. 赤芝 *Ganoderma lucidum* (Leyss. ex Fr.) Karst

【别名】丹芝、红芝、血灵芝、灵芝草等。

【植物形态】菌盖木栓质，半圆形或肾形，宽 12 ～ 20 厘米，厚约 2 厘米。皮壳坚硬，初黄色，渐变成红褐色，有光泽，具环状棱纹和辐射状皱纹，边缘薄，常稍内卷。菌盖下表面菌肉白色至浅棕色，由无数菌管构成。菌柄侧生，长达 19 厘米，粗约 4 厘米，红褐色，有漆样光泽。菌管内有多数孢子。

【生境与分布】产于江西、湖北、广西、广东、秦岭伏牛山、吉林长白山、江西庐山等地。我县均有分布。

【中药名称】灵芝。

【来源】为灵芝科赤芝（*Ganoderma lucidum*（Leyss. ex Fr.）Karst）的子实体。

【采收加工】秋季采收。

【性味功效】苦，平。补中益气，抗肿瘤，抗衰老。久食轻身。

【应用举例】灵芝水煎法：将灵芝切片，放入罐内，加水煎煮，一般煎煮 3 ～ 4 次，把所有煎液混合，分次口服。

灵芝清补汤：灵芝 15 克，红枣 23 克，党参 23 克，枸杞子 24 克，人参须 15 克，猪排骨 300 克，盐适量。

苔藓植物门

Bryophyt

一百六十三、真藓科 Bryaceae

植物体多年生，较细小，多丛生。多土生或生于岩面薄土，树干及腐木上。茎直立，短或较长，单一或分枝，基部多具密集假根。叶多柔薄，多列（稀3列），下部叶多稀疏而小，顶部多大而密集，卵圆形、倒卵圆形、长圆形至长的披针形，稀线形；边缘平滑或上部具齿，多形成由狭长细胞构成的分化边缘；中肋多强劲，长达叶中部以上或至顶、具突出的芒状小尖头；叶细胞单层，稀见边缘分化为双层或三层，叶基部细胞多长方形，比上部细胞明显长大，中上部细胞呈菱形，长六角形，狭长菱形至线形或蠕虫形。部分种常形成叶腋生或根生无性芽孢，叶腋生芽孢单一或丛集，呈椭圆形至线形。雌雄同株或雌雄异株，生殖苞多顶生。蒴柄细长。孢蒴多垂倾、倾立或直立，多数对称呈棒槌形至梨形，稀近圆球形；蒴台部明显分化，具气孔；环带多常存；蒴齿多两层，外齿齿片16枚，多发育完好，内齿具齿条及齿毛，但有时齿毛不发育或仅具基膜，少数种外齿发育不好或退失。蒴盖圆锥体形，顶部常具短尖头。蒴帽兜形。孢子小，绿色或黄绿色，平滑或具疣。

全国第四次中药资源普查秭归境内发现1种。

655. 暖地大叶藓 *Rhodobryum giganteum*（Schwaegr）Par.

【别名】回心草等。

【植物形态】体矮而形大，鲜绿色，略具光泽，成片散生。茎横生，匍匐伸展，直立茎下部叶片小而呈鳞片状，覆瓦状贴茎，顶部叶簇生呈大型花苞状，长倒卵形或长舌形，锐尖；叶边分化，上部具齿，下部略背卷；中肋单一，长达叶尖；叶细胞薄壁，六角形，基部细胞长方形。雌雄异株。蒴柄着生直立茎顶端，单个或多个簇生。孢蒴圆柱形，平列或重倾。暖地大叶藓和大叶藓药材宏观性状难以区分，但二者的显微特征不同，暖地大叶藓的叶中肋无厚壁细胞且叶缘具双列锐齿，

而大叶藓的叶中肋有厚壁细胞且叶缘为单列锐齿。

【生境与分布】分布于安徽、福建、甘肃、广东、贵州、广西、湖北、湖南、江西、陕西、四川、台湾、云南、西藏、浙江及山东。生于长江流域以南山林地，小溪边或滴水岩边亦可生长。我县均有分布。

【中药名称】一把伞。

【来源】为真藓科暖地大叶藓（*Rhodobryum giganteum*（Schwaegr）Par.）的植物体。

【采收加工】夏、秋季采收，晒干或鲜用。

【性味功效】辛，苦，平。养心安神，清肝明目。用于心悸怔忡，神经衰弱，目赤肿痛，冠心病，高血压。

【应用举例】内服：煎汤，3～9克。外用：适量，捣敷；或煎汤熏洗。

参 考 文 献

[1] 国家药典委员会 . 中华人民共和国药典 [M]. 北京：中国医药科技出版社，2015.

[2] 湖北省农业厅 . 湖北本草撷英 [M]. 武汉：湖北人民出版社，2016.

[3] 中国科学院中国植物志编辑委员会 . 中国植物志 [M]. 北京：科学出版社，1993.

[4] 傅书遐 . 湖北植物志（第 1 卷）[M]. 武汉：湖北科学技术出版社，2001.

[5] 傅书遐 . 湖北植物志（第 2 卷）[M]. 武汉：湖北科学技术出版社，2002.

[6] 傅书遐 . 湖北植物志（第 3 卷）[M]. 武汉：湖北科学技术出版社，2002.

[7] 傅书遐 . 湖北植物志（第 4 卷）[M]. 武汉：湖北科学技术出版社，2002.

[8] 中国科学院植物研究所 . 中国高等植物图鉴（1 ～ 5 册）[M]. 北京：科学出版社，1972.

[9] 汪毅 . 草药彩色图集 1[M]. 贵阳：贵州科技出版社，2006.

[10] 魏景超 . 真菌鉴定手册 [M]. 上海：上海科学技术出版社，1979.

[11] 方志先，廖朝林 . 湖北恩施药用植物志（上、下册）[M]. 武汉：湖北科学技术出版社，2006.

[12] 徐国均，何宏贤，徐珞珊，等 . 中国药材学（上、下册）[M]. 北京：中国医药科技出版社，1996.

[13] 《全国中草药汇编》编写组 . 全国中草药汇编（上册）[M]. 北京：人民卫生出版社，1975.

[14] 《全国中草药汇编》编写组 . 全国中草药汇编（下册）[M]. 北京：人民卫生出版社，1978.

[15] 湖北省中药资源普查办公室 – 湖北省中药材公司 . 湖北中药资源名录 [M]. 北京：科学出版社，1990.

[16] 傅立国 . 中国植物红皮书——稀有濒危植物（第一册）[M]. 北京：科学出版社，1991.

[17] 汪松，解焱 . 中国物种红色名录（第 1 卷 红色名录）[M]. 北京：高等教育出版社，2004.